中国科学技术大学研究生教育创新计划项目经费支持

一流规划教材

研究生系列教材

力 学

实验流体力学

EXPERIMENTAL FLUID MECHANICS

尹协振　贾来兵　编著

U0258928

中国科学技术大学出版社

内 容 简 介

本书是流体力学专业的研究生教材。本书分为四部分:第一部分为实验基础,介绍了实验模拟理论和数据处理方法;第二部分为测量技术,详细介绍了各种流体力学量的测量原理及应用,是本书的重点;第三部分为实验设备,介绍了从低速到高超声速各种实验设备的原理和特点;第四部分为实验设计与实践,通过若干实例介绍了开展实验研究的方法。本书在选材上力争做到重在基础、取舍适当、反映最新研究成果。

本书可以作为力学、热能工程、工程热物理、航空、航天、水利、气象、化工、船舶等专业的研究生教材,以及相关专业教师、科研人员和工程技术人员的参考书。

图书在版编目(CIP)数据

实验流体力学/尹协振,贾来兵编著.—合肥:中国科学技术大学出版社,2023.9
ISBN 978-7-312-05652-9

Ⅰ.实… Ⅱ.①尹… ②贾… Ⅲ.流体力学—实验—研究生—教材 Ⅳ.O35-33

中国国家版本馆 CIP 数据核字(2023)第 104641 号

实验流体力学
SHIYAN LIUTI LIXUE

出版	中国科学技术大学出版社
	安徽省合肥市金寨路 96 号,230026
	http://press.ustc.edu.cn
	https://zgkxjsdxcbs.tmall.com
印刷	安徽国文彩印有限公司
发行	中国科学技术大学出版社
开本	787 mm×1092 mm 1/16
印张	43
字数	1099 千
版次	2023 年 9 月第 1 版
印次	2023 年 9 月第 1 次印刷
定价	130.00 元

序

实验流体力学是力学的重要分支,是用实验方法研究流体运动规律的一门学科。实验是检验流体力学新理论和新方法的标准和判据,在流体力学的发展过程中起着不可替代的作用。在流体力学的理论还没有系统建立前,人们主要依靠仔细的观察、粗略的测量以及效益的比较等原始的实验方法了解各种流动现象,认识流体运动规律,并有意识地运用这些结果以改造世界。17世纪下半叶以后,流体力学的理论开始形成并逐渐完善。实验模拟和理论分析各自发挥着重要作用。许多流体力学的新现象、新规律都是由实验首先发现的,然后通过理论分析加以总结和提高。到20世纪后期,随着计算机的快速发展,计算流体力学逐渐成为一门新的学科。现在,理论模化、实验模拟和数值计算已经成为流体力学研究的三种重要手段,它们相辅相成、缺一不可。

中国科学技术大学流体力学专业是国务院首批博士学位授权点,通过几十年的发展,已经逐步形成完整的研究生教学和培养体系,为国家培养了大量的科学研究人才。"实验流体力学"是流体力学专业研究生的一门必修课程。为了适应国家创新型人才的培养要求,现在我校正在实施研究生教材编写创新计划,《实验流体力学》这本教材的出版就是这个计划的一部分。

本书作者尹协振教授长期在高等学校从事实验流体力学的教学和研究工作,在中国科学技术大学近代力学系为研究生开设"高等实验流体力学"课程近20次,在中国科学院大学开设研究生高级强化课程"流体力学实验技术和分析方法"6次。他携自己的高徒贾来兵副教授编写的这本教材,正是他们多年来教学心得和科研经验的积累。目前,本书已入选中国科学技术大学研究生教育创新计划项目优秀教材。

本书从实验基础、测量技术、实验设备和实验设计与实践四个方面系统论述了实验流体力学的基本内容。在相似理论部分,除了常用的量纲分析方法之外,还介绍了相似变换法和物理法则法,并比较了三种求相似参数方法的优劣。在测量技术部分,不仅介绍了传统的测量方法,而且侧重介绍了最新发展的各种测量技术。在实验设备部分,按照不同原理分类介绍了从低速到极高速的各种设备。在实验设计与实践部分,通过若干实例介绍了实验研究的全过程以及如何培养科学的研究态度和创新精神。总而言之,这是一本内容丰富、特色鲜明的研究生教材。

不揣冒昧作此序言,期望本书的出版有助于提高实验流体力学的教学和科研水平。

中国科学院院士

2022 年 12 月

前　言

　　力学作为一门技术科学,以工程实践为背景,以实践中共性的科学问题为研究对象,以建立工程技术的理论为目标,是介于自然科学和工程技术之间的桥梁。实验流体力学是力学的重要分支,是用实验方法研究流体运动规律的一门学科,在流体力学的发展过程中起着不可替代的作用。20世纪后期随着计算机的迅速发展,理论分析、实验模拟和数值计算已经成为力学研究的三种重要方法。因而,"理论流体力学""实验流体力学"和"计算流体力学"也成为流体力学专业研究生的必修课程。

　　笔者长期在高等学校从事实验流体力学的教学和研究,从1995年到2014年每年为中国科学技术大学近代力学系研究生开设"高等实验流体力学"课程,从2014年到2021年多次在中国科学院大学开设研究生高级强化课程"流体力学实验技术和分析方法"。在教学过程中深感有一本合适的实验流体力学教材的重要性,退休后开始着手整理多年的教学手稿,逐步形成此书。

　　本书分为四部分,共18章。第一部分是实验基础,含2章,介绍实验模拟理论和数据处理方法。第二部分是测量技术,含7章,详细介绍了各种力学测量方法的原理及应用。第三部分是实验设备,含3章,介绍了从低速到高超声速的各种设备的原理和特点。第四部分是实验设计与实践,含5章,通过若干实例介绍了实验研究的方法。本书在选材上力争做到重在基础,取舍适当。作为流体力学专业研究生教材,本书适用课时为80学时。如受课时限制,部分内容可作为选修。全书安排如下:

　　第一部分是所有实验研究的基础。进入20世纪以来大多数流体力学的实验已从现场原型实验转为在实验室内进行模拟实验,而相似理论是所有模拟实验的理论基础。本书第1章除了介绍三种求相似参数的方法外,还介绍了当模拟实验不能满足完全相似时,如何继续开展实验的方法。第2章介绍误差分析和数据处理方法,一般学生在本科生阶段就应该掌握这部分内容,遗憾的是,有些学生在博士论文中仍会出现有效数字的低级错误。故本书特别加入这一章的目的是提醒学生,希望学生重视。如果受学时限制,本章可以作为学生的自学内容。

第二部分测量技术是本书的重点内容。在这部分特别增加了一章介绍流体物性参数的测量,在一般实验流体力学的教材中往往没有这方面内容。进入 20 世纪后期,流体力学和其他学科不断融合形成众多交叉学科。在交叉学科的实验中往往涉及许多新材料物性的测量,因而这部分内容会给需要的学生以帮助。这部分其他章节较详细地介绍了各种流体力学的测量方法,除了传统的测量方法外,力争把最新的测量技术介绍给大家。希望学生在学习这部分内容时侧重掌握各种测量技术的原理。现在各个研究所和高校的实验条件都发生了巨大改变,各种先进测量仪器的增加给大家实验带来了方便。希望学生在实验中不要简单地成为仪器操作手,应该合理地使用仪器,最大限度地发挥这些仪器的功能。另外,当实验室一时还没有合适的测量仪器时,要学会自己动手搭建测量平台,所以掌握各种测试技术的原理是十分重要的。测量技术的发展是十分迅速的,各种新技术层出不穷。除了需要在教材中尽量介绍新方法外,学生也应该学会关注新技术的发展。

第三部分介绍了各种流体力学实验设备。20 世纪以来随着航空航天事业的高速发展,出现了各种空气动力学实验设备,从低速到极高速,这些设备的原理各不相同。本书把原理相近的设备放在一起介绍,如以不可压缩为基础的水洞和低速风洞,以一维可压缩流为基础的高速风洞,以一维非定常流为基础的管类特种设备,便于学生掌握和理解。有空气动力学基础的学生对这部分内容并不生疏,没有学过空气动力学的学生略微补充点有关知识后学习这部分内容也并不困难。

第四部分是想给学生介绍一些如何做实验研究的方法。写这部分内容难度较大,我们选择了几个具体实例抛砖引玉,其中有做基础研究的,有做应用基础研究的,有博士论文,也有硕士论文。由于个人能力有限,这些例子不一定确当,这部分内容可以作为学生自学材料。我们鼓励老师在教学中结合自己的研究经历向学生介绍如何开展实验研究。学生也只有通过自己的科研实践,才能慢慢学会科研方法。

本书绪论及第 9、13、17、18 章由贾来兵执笔,其余章节由尹协振执笔,全书由尹协振统编。我们衷心感谢陆夕云院士为本书作序,感谢中国科学院力学研究所王春研究员，中国科学技术大学韩肇元教授、尹协远教授、杨基明教授、李芳副教授等老师在本书写作过程中对笔者的鼓励，对有关章节内容的校核和修改。感谢曾在中国科学技术大学和中国科学院大学听过本课程的学生在教学过程中的认真讨论和对内容的补充。感谢中国科学技术大学研究生院对出版本教材的资助。感谢中国科学技术大学工程科学学院领导在教材项目审批过程中的帮助。

由于作者水平所限，在内容取舍、文字表述以及校对等方面错误和不当之处在所难免，衷心期望读者提出批评、建议和指正。

尹协振　贾来兵

2022 年 12 月于合肥

目　　录

绪　　论

　　本章的主要内容包括实验流体力学的定义、发展简史和我们对实验流体力学工作的一些思考与建议。希望这些内容可以让广大读者了解实验流体力学的一些基本知识,看到其历史发展的脉络、演化与趋势,并通过其中的一些观察与思考,能够给大家带来一些启发。

0.1　什么是实验流体力学

　　实验流体力学是流体力学的重要分支,也是实验科学和物理学的重要分支。实验流体力学的工作是围绕与流体力学相关的科学实验展开的,那么什么是科学实验呢?

　　根据辞海的定义,科学实验是根据一定目的,运用一定的仪器、设备等物质手段,在人工控制的条件下,观察、研究自然现象及其规律性的社会实践形式;是获取经验事实和检验科学假说、理论真理性的重要途径。它包括实验者、实验手段和实验对象三要素。

　　实验流体力学就是用实验的方法研究流体运动的规律。实验包括现场原型实验和实验室模拟实验。实验方法可以用肉眼直接观察,也可以借助仪器精细测量。在实验室进行实验需要人工创造一个与自然界相似的实验环境以及需要发展一套指导实验室正确进行模拟实验的理论。因而,实验流体力学作为一门学科,包含了模拟理论、实验设备、测量技术、数据处理和分析方法等一系列内容,这也是实验流体力学区别于其他学科的特点。

　　科学研究包括基础理论研究、应用基础研究和应用研究。基础研究的目的是揭示客观事物的本质和运动规律,获得新发现、建立新理论,往往不以具体实际应用为目标。应用研究直接为产品服务,是以提高产品质量、增加产品数量为目的开展的研究。应用基础研究是应用研究中的理论性研究,它的研究背景明确,是从一类应用中提炼出的共同理论问题,其成果可在一批工业应用中取得突破。力学或者说流体力学是一门工程科学,是介于工程和科学之间的桥梁,其主要研究应属于应用基础研究。因此,可以说实验流体力学面临的主要任务包括:

　　(1) 发现流体运动的新现象、找出新规律;

　　(2) 研究各种流动的本构关系;

（3）发展新型实验仪器和测量方法；

（4）直接解决工程实际中的问题。

0.2　实验流体力学发展简史

实验流体力学是流体力学的一部分，因此实验流体力学发展史一定与流体力学发展史密不可分。关于学科发展史的划分有许多不同的方法，大体有三种：

（1）纪传体，以人物的传记为主要线索展开；

（2）编年体，按照逐年发生的大事来叙述；

（3）纪事本末体，围绕一个时代发生的重大事件来叙述。

这里我们采用北京大学周光炯先生对流体力学和实验流体力学发展史的分期方法做以下简要介绍。

0.2.1　流体力学发展简史

周光炯先生在其主编的《流体力学（第 2 版）》绪论中将流体力学发展史分为五个时期。

第一时期（公元前 30 世纪～前 20 世纪），主要包括旧石器时代和新石器时代，这期间人类生产力极其低下，处于刀耕火种阶段。在中晚期为了生产和生活的需要，发明了弓箭、帆船等工具，出现了开沟引渠、人工灌溉工程，说明这个时期人类已经初步认识到浮力与反作用力并可以正确应用它们。

第二时期（公元前 20 世纪～17 世纪下半叶），这个时期人们的流体力学知识与工程设计概念仍然非常缺乏。在生产生活实践中人们主要依靠观察和测量手段，通过实践—提高—再实践—再提高的过程逐步认识流体运动的一般性质和定性规律。

第三时期（17 世纪下半叶～20 世纪初），这是流体力学理论形成与发展的重要时期。这期间人们提出了对流体运动的描述方法，完善了无黏无旋流动的基本理论，逐步建立与发展了描述黏性流体运动的基本方程，开展了旋涡和湍流的研究。在发展理论研究的同时，人们还开始制造了供实验用的各种设备，开始了实验室模拟试验。

第四时期（20 世纪初～20 世纪中叶），这是航空和航天事业大发展的时期。流体力学围绕航空航天的需求获得了迅猛发展，在升力理论、机翼理论、边界层理论、可压缩流理论和湍流理论方面有了突破性发展。特别是计算机的出现使得数值计算得到迅速发展，计算方法成为继实验与理论方法之后解决流体力学问题的第三种研究方法。

第五时期（20 世纪中叶以后），流体力学发展的主要特点是在传统研究领域基础上扩展到研究石油、化工、能源、环保、医药等领域中的流体力学问题。流体力学与邻近学科相互渗透，形成许多交叉学科，如工业和环境流体力学、生物流体力学、非牛顿流体力学、微流体力学、电磁流体力学、天体物理流体力学、地球物理流体力学、物理化学流体力学和渗流力学等。

0.2.2　实验流体力学发展简史

周光炯先生对实验流体力学的发展史也有详细的描述。流体力学实验通常分为现场和实验室实验两大类,每类中又有原型和模型实验之别。根据实验流体力学的这个特点,可以将实验流体力学发展史大致划分为三个时期。

1. 第一时期(17 世纪中叶以前):以现场原型实验为主

这个时期流体力学的分析方法还没有出现,流体的运动理论还没有系统建立,人们主要依靠仔细的观察、粗略的测量以及效益的比较等相当原始的实验方法了解各种流动现象,认识各种流体运动规律,并有意识地运用这些结果以改造世界。主要成就包括:

① 完整建立了流体静力学理论;

② 提出了流体与物体运动之间的相对性原理;

③ 定性研究了管流与某些无压流动;

④ 发展了各种流体机械。

(1) 水利工程

为了发展农业、便利交通和改善饮用水,各文明古国均大力整治河道,兴修水利和发展灌溉,人们通过这些实践活动,不但积累了丰富的经验,提高了对水流运动规律的认识,而且还大大增强了对水流的控制与驾驭能力。

最新良渚古城遗址考古发现,早在公元前 3300~前 2300 年人类就在良渚城附近兴修大型水利工程,这是人类早期开发利用湿地的杰出范例。此外,中国还有著名的古代四大水利工程:公元前 256~前 251 年(秦昭王末年)蜀郡太守李冰父子组织修建的都江堰;公元前 246 年(秦王政元年)由韩国水工郑国主持兴建的郑国渠;公元前 214 年开凿通航的位于广西壮族自治区兴安县境内的灵渠和公元 833 年(唐太和七年)由县令王元玮在浙江宁波市西南修建的它山堰。京杭大运河是中国古代又一项伟大的水利工程,也是世界上开凿最早、里程最长的大运河。其开凿经过了三个阶段:公元前 486 年吴王夫差首次在扬州开挖邗沟,沟通了长江和淮河;至 7 世纪的隋炀帝时期和 13 世纪的元代,又先后两次大规模地开凿运河,终于建成了这条沟通我国南北漕运的大动脉。

其他文明古国同样在水利工程方面有杰出表现,如公元前 5 世纪埃及开发法雍地区,开凿了连接尼罗河与红海的大运河;古巴比伦王国时期(公元前 3500~前 729 年)修建了幼发拉底河上的纳尔-汗谟拉比渠;公元前 714 年建设了阿基拉大坝;公元前 7 世纪古代也门修建了马里卜水坝;公元前 920~前 350 年苏丹修建了大蓄水池;罗马帝国时期建设了一系列城市供水系统以及引水渠道(如位于法国的嘉德水道);公元 793 年开挖了沟通莱茵河和多瑙河的运河,称为"查理曼大壕沟"或者"卡罗莱纳大水沟"。

除了用地面水灌溉以外,古人还学会科学利用地下水,通常称为井灌。特别是,约公元前 1000 年东土耳其与伊朗西北部的高原地区发明了用暗渠坎儿井进行灌溉,约 800 年后中国的新疆地区也广泛使用这一技术。

每一项工程实践都是一次大规模的现场原型实验,长期的实践大大加深了人们对流体运动规律的认识。如《管子》中指出"夫水之性,以高就下",《考工记》中载有"凡行奠水,磬折以参伍,欲为渊,购句为矩"[凡疏导停积的水,(所开渠道要顺地势)曲直交错。要想使水成渊,(渠道)弯曲度就要大于直角]。明朝徐霞客体察到"程愈迫则流愈速"(路程越短,水流越急)。明末清初揭瑄观察到"中流流者,恒迅于边"等。这些论述对后来的工程实践起了很好的指导作用。

(2) 流体静力学

① 浮力

第一个揭示浮力原理的应当是战国时期的墨翟。在《墨经》中记有"荆之大,其沉浅,说在具"[对于同样的载重量而言,负载重物(如船)的形体大时,其下沉也浅;反之,形体小时,下沉深]。"沉,荆之贝也。则沉浅,非荆浅也,若易五之一"(把物体放进水中,物体在水中平衡了。即使它沉下去的部分很浅,并不是它本身矮浅,而是物体的重量跟它所受浮力相比较的结果,就如同市场上商品交易,根据比价,一件商品可以换五件别的商品一样)。约两个世纪后阿基米德(公元前267~前212年)提出浮力的定量理论。

在中国,与阿基米德原理相类似应用浮力原理度量重物的是曹冲称象的故事。据《三国志》记载,大约在公元203年(建安八年),孙权曾将一头大象送给曹操。曹操想要知道大象的重量,而群臣拿不出称重的办法。这时曹操的小儿子曹冲提出:"置象大船之上,而刻其水痕所至,称物以载之,由校可知矣。"《符子》一书还记载了战国燕昭王时期(公元前311~前279年)为一头巨形猪称重时,"又命水官,舟而量之,其重千钧",应该是采用了和曹冲一样的办法。

② 流体静压强

1586年斯蒂文(S. Stevin)发现容器底面静压强仅与上方流体深度有关,与容器形状无关。这比我国将此原理用于修建堤坝时要求"大其下,小其上,随水而行"(《管子·地员》第五十七)大约晚2000年。1643年伽利略的学生托里拆利(E. Torricelli)通过观测提出托里拆利公式,容器中射出的水流速度与液体深度有关。第二年托里拆利与伽利略的另一个学生维维尼亚发明了水银压力计,并第一次测出大气压强。1647年帕斯卡(B. Pascal)发现大气压随高度增加而减少,结合斯蒂文的发现提出流体静力学基本关系式,由此导出连通器原理和帕斯卡定理。1647年他还专门进行了木桶压裂实验,通过实验验证完整建立了流体静力学理论。

③ 管流

漏壶是我国和埃及很早就使用的计时工具,人们早已发现漏壶出水量与壶水深度有关,为了稳定出水量采取了多种措施,其中之一是增加壶的数量并用细管联通各个壶。因此圆管流量成为关键问题。公元11世纪北宋科学家沈括系统研究、测量和分析了这一问题,写出《浮漏仪》一文,详细描述了管径、管长、水深、进水条件、水的黏性和室温对流量的影响。这些结论与约800年后的泊肃叶-哈根公式完全定性一致。

④ 血液循环

早在公元前2世纪的《黄帝内经》中就记有"诸血皆归于心""经脉流行不止,环周不休",说明古人对血液循环已有一定的认识。公元2世纪,古罗马名医盖伦(G. Galen)通过解剖动物发现动脉中充满血液。16世纪西班牙塞尔维特的研究促进了血液循环理论的建立,但因触犯了宗教,他在1553年惨死在火刑架上。17世纪初英国医生哈维(W. Harvey)做了蛇解剖实验,得出结论:心脏里的血液被推出后,一定进入了动脉;而静脉里的血液,一定会流回心脏。动脉与静脉之间的血液是相通的,血液在体内是循环不息的。后来,意大利人马尔比基(M. Malpighi)用显微镜观察到了毛细血管的存在,从而最终验证了哈维的血液循环理论。

（3）流体机械

在希腊与罗马,公元前5世纪时,恩贝多克里(公元前492～前432年)通过观察旋风和搅动盛于容器中的带颗粒液体发现了所谓的"茶杯现象"。100年后亚里士多德(公元前384年～前322年)探讨了运动物体的阻力问题和旋风与旋涡的成因等。再100年后,特斯贝斯(前3世纪)发明了单动式单活塞唧筒(泵)。公元前3世纪菲罗发明了用下击式水轮带动的链-筒式水车和虹吸管。公元前1世纪维特鲁维斯深入分析了鼓式、链-筒式、筒-轮式等各种下击式水车。公元1世纪希罗描述了一种用蒸汽转动的圆球,它实际上是喷气原理的最早应用。

几乎与菲罗提出链-筒式水车的同时,在地中海东部的西亚地区出现了筒-轮式水车。公元前2世纪在地中海北方的亚德里亚海东岸又出现了利用水力磨制玉米的水磨。至7世纪,始知伊朗存在风车。约两个世纪后,在伊朗与阿富汗的交界处出现了立轴式帆风车。12世纪时在欧洲出现平轴式帆风车。

当欧洲出现水磨时,中国也将水力用于推动石碓和石磨。公元1世纪毕岚与牡诗分别发明了用于灌溉提水的翻车(即龙骨车)和用于冶炼鼓风的水排。在风力利用方面,公元前40年中国发明了利用人造风分离谷糠与谷籽的旋转扇车(或飚车)。12世纪前后又发明了双动式单活塞风箱,随即发展为各式各样的风箱。这些鼓风装置如扇车、风箱和龙骨车均于16世纪后传入欧洲。水车、水磨与风车的出现标志着人类对自然力的进一步应用与控制。

在航空方面,中国早在公元前5世纪～前4世纪时,鲁班与墨子就分别用竹木制成了能在空中飞翔的鹊和木鸢,这是最早的风筝和飞行器。公元3世纪葛洪制造了"飞车"(即竹蜻蜓),被世界公认为是飞机螺旋桨与直升机旋翼的始祖。公元1161年中国将喷气推动的火箭和火箭式"霹雳炮"用于战争,这是世界航空史上最早使用火箭的纪录。其他如降落伞、热气球等亦均首先在中国出现。

（4）相对性原理

达·芬奇十分重视观察与实验方法,描绘和叙述了许多重要流动现象,公元1500年前后首先提出物体与流体之间运动的相对性原理,归纳了定常流动的连续性原理,但未被重视。约100年后(1628年)又被卡斯特里重新发现。1600年我国明朝的郭宗昌也独立提出这一原理。这是牛顿相对性原理的特例,也是模型实验的重要理论基础之一。

2. 第二时期(17世纪中叶至20世纪初):现场原型实验和实验室模拟实验并存

这个时期人们除在继续开展现场原型实验解决生产问题外,开始发展实验室实验所需仪器、设备和技术,并逐步开展实验室研究,发现了一些新现象,提出了一些新原理。主要成就包括:

① 发展了一批基本实验设备与仪器以及流动显示与测量技术;

② 发现了湍流与空化等现象;

③ 研究了流体中运动物体所受的力,特别是阻力;

④ 详细系统研究了圆管层流流动;

⑤ 提出了流体的动力相似理论。

（1）阻力测量

伽利略（G. Galilei）是第一个将实验方法引入力学研究的人，1632 年他演示了运动物体在空气中受到阻力的实验。1638 年他用双摆研究了空气阻力与速度的关系，因方法不当导致结果不合理。惠更斯（C. Huygens）于 1690 年用更精确的方法得到了正确的结果。1678 年牛顿（I. Newton）在他的《自然哲学的数学原理》一书第 II 卷第 7 节第 33 款中研究了运动物体的阻力，提出阻力是有限的，取决于流体的密度、速度和物体的形状，它的变化为 $\sin^2\theta$，其中 θ 是表面和速度方向之间的入射角，这就是著名的正弦平方定律。并且牛顿利用钟摆和落球在空气和水里进行了实验，获得自认为与理论一致的结果。然而，大家都不同意这个理论。达朗贝尔（J. L. R. d' Alembert）于 1777 年进行了一系列实验，测量了船只在运河中的阻力。结果表明，正弦平方定律只适用于 50°到 90°之间的角度，对于较小的角度必须放弃。1686 年马里奥特（E. Mariotte）在流水中测量了固定平板的摩擦阻力，他可能是第一个正确测量这种力的人，他更重要的贡献是发明了一种测量固定模型上流体动力的天平，实际上这是近代气动天平的始祖。

关于高速运动物体的阻力是结合炮弹飞行进行研究的。1742 年罗宾斯（B. Robins）就认识到高速运动物体的阻力不同于牛顿的中、低速物体阻力，他利用自制的弹道摆测量空气中圆球的阻力（$M=1.08$），发现这时阻力约为中、低速阻力值的 3 倍，并随速度下降逐渐接近牛顿值。1865～1870 年巴什福恩用自制的电计时器，测量炮弹飞行时间，推算出沿弹道的速度和阻力，他是第一个用高速实物做实验的人，他的标准弹头阻力表一直用到 20 世纪初。

（2）测量仪器

1732 年皮托（H. Pitot）发明了测量流体总压的皮托管。1905 年普朗特（L. Prandtl）将其发展为同时测量总压与静压的风速管。1872 年柯尼希发明测量微小压差的微压计。1915 年泰勒（G. I. Taylor）设计了测量压强分布的多管压力计。1799 年文丘里（G. B. Venturi）发现了文丘里管现象。1888 年赫歇尔将其用于测量流量。

（3）流动显示技术

为了直观了解流场情况，流动显示技术是较早出现的测量手段。对于液体，1843 年戴尔用固体粉末观察表面波的传播；1883 年著名的雷诺实验用苯胺染液作为示踪剂观察流态变化；1897 年海雷肖在狭窄水槽中显示高黏度运动液体的二维流线；1908 年艾尔顿使用铝粉、1911 年埃德姆使用牛奶作为示踪剂在水中实验。对于低速气体，1899 年马赫（L. Mach）和 1899 年马雷将浓烟引入风洞中观察流动图案。对于高速气体，1864 年特普勒提出了利用流场气体密度梯度变化的纹影法，22 年后他用此技术研究了火花和爆炸现象；1880 年德沃夏克提出了利用流场气体密度二阶导数变化的阴影法，13 年后博伊斯用此方法测量了子弹绕流；1887～1889 年马赫父子（父 E. Mach 和子 L. Mach）发明了测量气体密度变化的干涉法，并发表了子弹超声速运动的干涉照片。

（4）实验设备

1740 年罗宾斯（B. Robins）发明了旋臂机；1756 年拜尔德首次建造了 10 m 长的水池；1872 年弗劳德（W. Froude）主持建成 85 m×14 m×4 m 的水槽，开展了大量船舶实验和波阻实验；1896 年泊尔森斯建造了第一座水洞；1871 年温汉姆(F. H. Wenham)设计并建造了第一座低速风洞；1884 年菲利普斯(H. Phillips)又建造了一个改进的风洞，并正式做模型试验；1891 年茹可夫斯基(N. E. Joukowski)在莫斯科国立罗蒙诺索夫大学(简称莫斯科大学)建造了一个 0.6 m 直径的低速风洞；20 世纪初几乎每个发达国家都建造了风洞，如英国的 Stanton 和 Maxim，法国的 Rateau 和 Eiffel，德国的 Prandtl，意大利的 Crocco 和俄国的 Raibouchinski 都是低速风洞的建造者。另外，1899 年法国人维埃耶建造了第一根激波管并用以研究矿井爆炸。

（5）发现新现象

1738 年伯努利(D. Bernoulli)对孔口出流与变截面管道流动进行了仔细的观察与推理后提出了著名的定常、不可压缩流动的伯努利定理；1742 年其父伯努利(J. Bernoulli)对其进行完善并推广到非定常情况；1757 年欧拉(L. Euler)又将其推广到可压缩情况，并导出沿流线的伯努利方程；1856 年达西(H. Darcy)用沙土做渗流实验，经过努力得出达西定律；1883 年雷诺(O. Reynolds)用不同直径的管子做了一系列实验，改变流速，经过仔细观察，发现了两种流态——层流和湍流；1853 年马格纳斯(G. Magnus)在实验中发现了马格纳斯效应，后来又用它来解释了升力的产生；1894 年桑尼克罗夫特和巴纳比首先在船舶螺旋桨背面发现了空泡现象；1919 年泊尔森斯才在他建造的水洞中观察到了空泡的存在。

（6）管流

从 1838 年起泊肃叶(J. Poiseuille)对细圆管水流进行了系统研究，发现流量正比于压降梯度与管径的 4 次方。同期，哈根(G. Hagen)独立进行了同样的实验，得到了相同的结果。他们的文章分别发表于 1840 年和 1839 年，称为泊肃叶-哈根公式。1860 年哈根巴赫进行了更多的实验，并做了端缘效应修正，结果与斯托克斯 1847 年的理论结果十分吻合。1914 年斯坦顿和潘内尔又测量了管内速度分布，实验与理论结果也十分吻合。1860 年哈根巴赫用此方法确定黏性系数，现已成为一种标准方法。

（7）相似理论

1851 年斯托克斯(G. Stokes)首先从微分方程组出发研究了流体的动力相似理论；1873 年亥姆霍兹(H. Helmholtz)进一步发展了该理论；1892～1904 年瑞利(I. Rayleigh)首次用量纲分析法求流动相似参数；1914 年白金汉(E. Buckingham)首次显式地叙述了量纲分析中的 π 定理；1922 年布里奇曼(P. W. Bridgman)完整地叙述并证明了 π 定理，为实验流体力学奠定了坚实的理论基础。

3. 第三时期(20 世纪初以后)：以实验室模拟实验为主

这个时期人们围绕航海、航空、航天系统开展了实验研究，发展实验设备、仪器与技术，发现了一批新现象，提出了许多新概念，并将计算技术应用于流体实验中。主要成就包括：

① 进一步发展了实验设备、仪器及显示与测量技术；

② 发现了分离、湍斑、湍塞、相干结构、贝纳德对流等现象；

③ 提出了边界层概念并开展研究；

④ 研究了典型物体绕流问题及管流和渠道流动；

⑤ 围绕航空、航天需求研究了翼型、机翼、回转体及组合体的气动性能；

⑥ 研究了转捩和湍流现象；

⑦ 验证了一些理论（N-S 方程、边界层概念、积分关系式等）；

⑧ 在实验中大量应用计算技术。

（1）实验设备、测量技术及仪器

① 设备

欧美等发达国家的常规低速风洞建设主要集中在 20 世纪 20～50 年代。1931 年全球首座全尺寸（18.28 m×9.144 m）低速风洞在美国兰利研究中心投入使用。1980 年美国 NASA 埃姆斯研究中心建成世界最大的全尺寸（24.4 m×12.2 m 和 36.6 m×24.4 m）低速风洞。1905 年普朗特设计建造了第一座 $M=1.5$ 的超声速风洞。1920 年布斯曼改进设计了喷管，获得均匀的超声速气流。1930 年斯坦顿建造了 $M=3.0$ 供弹道实验用的超声速风洞。1956 年美国 NASA 埃姆斯研究中心建成世界上最大的超声速风洞（4.88 m×4.88 m，$M=0.8\sim4.0$）。1945 年美国普林斯顿大学建成第一座高超声速风洞。1982 年美国建成高 Re 数跨声速低温风洞（National Transonic Facility，NTF，0.85 m×2.50 m×7.62 m，$M=0.1\sim1.2$，$Re=1.3\times10^{7}\sim48.3\times10^{7}$/m）。

我国的风洞实验设备也经历了从无到有，不断发展壮大的过程。1929 年在清华大学建造了我国第一座 1.5 m 低速风洞。1937 年在南昌建造了一个 4.6 m 低速风洞。1949 年中华人民共和国成立以后，随着航空工业的发展我国出现了建设风洞的高潮。20 世纪 50～60 年代出现了一批 3 m 量级的低速风洞和 0.6 m 量级的跨超声速风洞。20 世纪 60 年代末开始，形成了我国第二个建造风洞的高潮。我国现有低速风洞 50 余座，跨声速和超声速风洞 30 余座。其中代表性的风洞有：中国空气动力研究与发展中心建成的低速风洞 FL-12（4 m×3 m）和 FL-13（8 m×6 m，12 m×16 m），跨超声速风洞 FL-21（0.6 m×0.6 m）和 FL-24（1.2 m×1.2 m）以及跨声速风洞 FL-26（2.4 m×2.4 m，0.45 MPa，$Re=1.2\times10^{7}$/m）。进入 21 世纪新的实验设备不断涌现，例如中国气动中心建成的 FL-28 超声速风洞（2 m×2 m，$M=1.5\sim4.25$，$Re=7.72\times10^{6}\sim7.41\times10^{7}$/m，柔壁喷管）、FL-15 立式风洞（5 m）和 2.4 m×2.4 m 连续式跨声速增压风洞等。2012 年中国科学院力学研究所建成了 JF-12 高超声速爆轰驱动激波风洞。此外，还建有沙风洞、结冰风洞、环境风洞、汽车风洞等一系列非航空型风洞。我国的风洞实验能力跨入世界先进行列。

② 测量技术

1914 年金（I. V. King）发现了加热细金属丝的热对流损耗与气流速度的关系，奠定了热线风速仪的理论基础；1929 年德赖登和 1931 年齐格勒独立提出了一种电子补偿线路用以克服热线风速仪的热惯性滞后；1932 年德赖登用自制的热线第一次测量了湍流涨落速度。20 世纪激光问世后很快被引入流场测量，1964 年叶（Y. Yeh）制成第一台激光多普勒速度仪（LDV），可以非接触地测量流场速度。后来又在 LDV 基础上发展出可以同时测量速度和粒径的粒子多普勒速度计（PDA）。21 世纪初随着数码相机和数字图像处理技术的成熟，发明了粒子成像测速计（PIV），可以非接触地测量一个面内的速度分布，现在已经发展出成熟的三维速度场测量（3D-3C-PIV）。

传感器技术的发展大大加速了流体力学实验中压力测量和速度测量的数字化和自动化

水平。进入 21 世纪后不断出现新技术、新方法,如成功将激光诱导荧光技术用于流场测量,发明了平面激光诱导荧光(PLIF)技术;非接触式测量中的压敏漆、热敏漆、热色液晶、红外成像等。众多新技术不断引入流体力学实验中,为发现新现象、解决新问题提供了有力的工具。

20 世纪后,流动显示技术也获得了极大发展。在示踪技术方面,除了传统的方法外,20 世纪 50 年代开始引入烟丝法、氢气泡、氢气泡、荧光技术等,特别是激光片光技术的应用大大提高了流动显示质量。在光学测量方面激光全息干涉的应用代替了古老的马赫干涉仪。可以预见到数字高速摄影的快速发展和数字图像处理技术的运用将为流动显示技术开辟一片新的天地。

(2) 航空、航天

20 世纪前 30 年为了航空航天事业的发展,人们对一些典型物体(如流线型旋转体、圆柱、圆球、平板)的绕流问题进行了仔细的研究,如观察流动图像,测量阻力、压力和速度分布等,分析各种因素对阻力和转捩的影响,获得至今公认的圆柱与圆球标准阻力系数曲线。30 年代中期实验流体力学的主要工作是研究各种翼型、旋转体、翼身组合体的气动性能。先是对不同形状、厚度、弯度的翼型进行了大量风洞实验,积累了丰富的资料,为推动航空事业发展做出了重要贡献。低速机翼的研究工作几乎持续了 20 年,而高亚声速和跨声速机翼、翼型的实验研究主要集中在四五十年代。因为超声速流动有较简单而又与实验结果一致的近似理论,机翼和翼型的实验研究极为有限,更多的是集中在翼身组合体和全机的模型实验研究。跨声速流动比较复杂,影响因素多,研究起来困难大。特别是高 Re 数跨声速流动一直受到极大的重视。

20 世纪 50 年代后航天事业发展十分迅速,各种高超声速实验设备和测量技术大量出现,围绕气动加热、气动力、真实气体效应等开展了大量的实验研究。

(3) 发现新现象

① 贝纳德对流

早在 1882 年汤姆孙(J. Thomson)就曾研究过上重下轻两层流体的对流问题;1901 年法国人贝纳德(H. Bénard)在覆盖一层液体的水平平板下方加热后详细观察了这一对流现象,后称为贝纳德对流问题;1916 年瑞利(I. Rayleigh)从理论上探讨了这一问题,因其复杂性及重要性至今仍是研究热点。

② 边界层、分离

1904 年普朗特利用几个简单实验说明了边界层的概念,并对分离现象做出了详细的观察,解释了产生的原因;后来他又把分离后的旋涡与阻力联系起来,并将阻力分为表面阻力和旋涡阻力;1908 年他的学生布拉修斯(P. Blasius)给出边界层方程的正式推导。边界层概念现在已经推广到湍流、可压缩流、传热传质问题,它的提出是对流体力学发展的重大贡献。

③ 脱体涡

1901 年马雷首先拍摄到了清晰的脱体涡照片;1908 年贝纳德注意到旋涡的周期性及间距与圆柱直径、水流速度、流体黏性之间的联系;1912 年冯·卡门从理论上分析这类涡系的稳定性,并得到阻力系数与旋涡间距或频率之间的关系,后这类涡系称为卡门涡街。

（4）典型流动现象

① 管流

继泊肃叶和哈根之后,20 世纪初人们对光滑圆管的湍流时均速度分布进行了测量,发现在离壁面不远处速度符合对数分布规律;40 年代尼古德拉斯系统地进行了圆管阻力与粗糙度的实验;1944 年穆迪对各种商用圆管的摩阻系数进行了系统测量,并制成著名的穆迪图,供设计人员使用;非圆形管道的时均速度分布与摩阻系数的关系由尼古德拉斯和希勒给出。

② 湍流

热线风速仪被发明后人们才真正开始对湍流的实验研究。1929 年德赖登提出湍流强度概念;1935 年左右泰勒(G. I. Taylor)引入均匀各向同性湍流、速度相关函数、谱函数等概念。1948 年巴切勒与汤森首先得出了湍流衰减的后期规律和纵向速度相关,并证明后者的确与高斯误差曲线接近。同年冯·卡门首先测量了湍谱与横向相关系数。

在壁面剪切湍流方面,1954 年克莱巴诺夫对光滑平板的湍流特性做了全面研究,包括边界层与恒应力层内湍流度的分布、边界层内湍流动能与湍流剪切应力的分布、间歇因子与湍流耗散的分布、轴向与横向湍流速度谱、剪应力谱和纵向涨落频率谱等。1967 年以来克兰、雷诺与施劳布等对这类流动的相干结构及其激励进行了实验研究。对于圆管中的湍流研究,1954 年劳弗实验研究了管内核心区的时均速度分布与能量平衡,管流湍流度、剪应力、涡黏性、湍流动能与湍流耗散等的分布,特别是这些量在壁面附近的变化。

在自由剪切湍流方面,1949 年和 1956 年汤森研究了圆柱尾流中的时均速度、湍流度、剪应力、涡黏性分布、湍流强度分量的湍流横向输运率、能量平衡与耗散以及间隙因子等。对于湍射流,四五十年代科辛研究了完全发展区内沿轴向时均速度、温度与速度、温度涨落强度的分布,湍流强度与温度涨落强度的径向分布,涡黏性系数、温度或浓度的径向分布,沿轴向的一维谱与沿径向的间歇因子分布以及湍流阵面的平均位置和鼓包的均方根高度等。1943 年科辛和 1947 年汤森分别在圆射流和圆柱尾流中发现湍流的大尺度有序运动。1964 年布雷德仔细研究了自由湍流的相干结构。

时间进入 20 世纪后半叶以后,实验流体力学在两个方面发生了显著变化。一是计算机的迅速发展,对实验流体力学产生巨大影响。这个影响表现在两个方面:计算流体力学(CFD)的发展在许多方面已经可以代替模型实验,计算和实验结果可以互相验证,互相补充,CFD 和实验研究已经互成帮手;计算机直接参与到流体力学实验中,成为数据采集、处理和显示的有力工具,大大促进了实验的精细化、自动化和数字化。二是实验在流体力学交叉学科发展方面起到不可替代的作用。在和其他学科的互相渗透过程中,往往都是先从实验观察入手,从实验观测中掌握新规律,发现新现象。实验、计算和理论模化已经成为交叉学科发展的三大工具。

0.3　实验模拟、理论分析和数值计算之间的关系

　　理论分析、实验模拟和数值计算已经成为力学研究的三种重要方法。因而,在研究生学习阶段"理论流体力学""实验流体力学"和"计算流体力学"也成为大家必学的三门基础课。

　　理论、实验和计算之间是互相支持、互相补充、相辅相成的关系。为了叙述清楚这个问题我们从历史上发生过的几个例子开始。

　　整个 19 世纪,人类在实现飞行梦想的探索中实际上经历了两个互不联系的发展方向。一方面是一群热心飞行的工程师,从鸟类飞行中苦苦寻找人类实现飞行的途径。他们研究了各种鸟类飞行数据,通过风洞试验,发现只有上表面外凸的翼型才能获得升力。虽然当时得不到理论上的解释,但对于飞机设计是十分重要的。实现载人动力飞行同时还得益于制造出了功率大、重量轻的汽油发动机。工程师们虽然不是科学家,但是他们熟悉实用的空气动力学概念,具有惊人的制造天赋和利用模型实验进行实体设计的能力,1903 年终于迎来了莱特兄弟第一次成功飞行。

　　与此同时,数学家们沿着另一个方向发展——数学流体力学。他们对流体的数学理论有重要贡献,可是对于人类飞行提不出有用的建议。这个发展方向的代表是达朗贝尔提出的"达朗贝尔佯谬",即从纯粹的理论只能推导出这样的结论:"假如一个物体在流体中运动,不计摩擦力的话,物体就遭遇不到阻力。"

　　这就是人类实现第一次飞行以前,曾经发生过的一段理论和实验分离的历史。其后数学家、物理学家和工程师们才知道共同合作的重要性,二者共同合作并统一起来发展才孕育出合理的升力和阻力的理论。边界层概念的提出进一步统一了有黏和无黏流体力学,标志着现代空气动力学的真正开端。

　　上面的例子是实践(实验)在前,理论随后跟上,历史上也有相反的例子,比如关于超声速流和激波的探索。

　　1687 年牛顿在《自然哲学的数学原理》一书正确提出了声速与空气弹性有关的理论。然而他错误地假设了声波是等温过程,从而计算出的数值比当时的测量数据低 15%。一个世纪后拉普拉斯纠正了这个错误,提出声波是绝热的,并推导出正确的声速表达式。

　　1858 年德国数学家黎曼用拉普拉斯的方法在等熵假设下首次计算了激波特性,注定失败了。1870 年兰金(W. Rankine)正确地假设了激波不是等熵的并考虑了激波内部的热传导,提出了正激波的连续、动量和能量方程。1887 年于戈尼奥(P. Hugoniot)独立地提出了正激波热力学性质方程,即后人称为的兰金-于戈尼奥关系。

　　然而,兰金和于戈尼奥的工作并没有确定激波的变化方向。直到 1910 年,首先是瑞利,然后是泰勒用热力学第二定律表明,只有压缩激波在物理上才是可能的。瑞利还指出了黏性在激波结构中扮演着重要的角色。至此,激波的理论已经完全建立起来了。

　　值得注意的是,由兰金、于戈尼奥、瑞利和泰勒研究的激波理论在当时被认为是一个相

对学术性的有趣的基础研究,谁也不知道它有什么用途。直到 30 年后第二次世界大战期间,随着人们对超音速飞行器兴趣的兴起,这一理论才开始迅猛地得到应用。这是基础理论研究重要性的一个经典例子,虽然当时这样工作的应用看起来很模糊,但事实上它潜藏了巨大的应用价值。20 世纪 40 年代超音速飞行的快速发展显然是由于激波理论在那时已经得到了充分的发展并做好了应用的准备。

1905 年普朗特制造了一个 1.5 马赫的小型超音速喷嘴,用于研究蒸汽涡轮流动和锯木厂中的锯末运动。在他学习超音速流的同时,莱特兄弟刚刚向世界介绍了实用的动力飞机飞行,最大速度不超过 40 英里/小时(1 英里 = 1.609344 千米)。其后,普朗特的学生迈耶(T. Mayer)在博士论文中提出了膨胀波和斜激波关系的实用理论,定义了马赫波和马赫角,推导出 Prandtl-Mayer 函数,并将其制成表格。并且迈耶的论文以一张壮观的超音速喷管内流照片结束。

普朗特和迈耶关于膨胀和斜激波的研究与瑞利和泰勒在 1910 年对正激波的研究是同时代的。因此,这再次提醒我们,基础研究的价值在于,那些在当时看来纯粹是学术性的问题,真正的实用价值直到 20 世纪 40 年代超音速飞行的出现才得以实现。

计算流体力学的发展同样对实验流体力学起到冲击作用。由于计算速度越来越快,计算方法越来越精细,故许多风洞试验已经可以由 CFD 代替,也发展出了一些数值风洞和数值水池等计算组件和平台。曾经有一段时间一些人认为计算机可以完全取代实验了,实验不需要了。但是很快人们就认识到这种思潮是错误的,相比于还在不断发展、推陈出新的计算方法,实验在可靠性上具有更大的优势,特别是在发现新物理现象、确立新理论方面有着至关重要的作用,在目前阶段实验在流体力学发展中还是不可替代的。

我们举一个弱激波反射和 von Neumann 悖论的例子。大家都知道激波在物面反射可以分为规则反射和马赫反射,在理论上常用二激波理论和三激波理论进行分析。历史上 20 世纪中期在研究激波反射,特别是转变规则时,理论分析和实验起了十分重要的作用,后期 CFD 也一起参与了研究。但是当入射激波很弱时,理论遇到了困难,三激波理论给不出任何解,但是实验结果却揭示其流动图像存在类似马赫反射的波系,人们把这种现象称为 von Neumann 悖论。长期以来人们一直对弱激波反射的很多现象争论不休,直到 21 世纪初才有了比较一致的共识。

在解开 von Neumann 悖论的过程中,首先是在理论上对三激波理论提出了异议。1947 年 Guderley 第一个提出假设,认为反射波后方还存在一个膨胀扇区。因此,不是三激波汇合,而是四波汇合,因而三激波理论不能描述这种反射。这个假设的反射称为 Guderley 反射(GR),但是一直没有得到实验和数值计算的支持。1999 年 Vasilev 对弱激波反射进行了数值研究,发现除了 GR 可能还存在另一种反射,其中发生了尚未完全理解的反射形式,后称为 Vasilev 反射(VR)。在数值计算方面虽然做出了极大的努力,但进展并不顺利。其中一条途径是进行全场计算,另一条途径是局部模拟三波点附近流场。结果一直不理想,都没能进一步揭示这一悖论。从而得出论断,Guderley 的工作几十年没有得到应有承认的原因是,这种结构发生的区域非常小,超出现有实验测量的范围,在数值计算中不使用特殊技术也很难分辨它。

2000 年 Hunter 在极细网格上求解一个非定常跨音速小扰动方程,完成了渐近激波反射问题的数值解,第一次在三波点后方发现了一个微小的超音速区域,推测超音速区域后面也可能存在小的激波,或者存在一系列这样的超声速小区域。2002 年 Tesdall 开发了一种新的数值方法证明了这一点。2000 年 Zakharian 采用六重自适应网格给出了欧拉方程的数值解,其结果与跨音速小扰动非定常方程的数值解非常一致,证明在三波点后方的确存在一个微小的超声速区域。

计算结果发现,对于理想气体($\gamma = 5/3$)、马赫数为 1.04、入射角为 11.46°的激波,超音速区域的高度大约是马赫杆高度的 0.5%,宽度比高度小 5 倍,整个超音速区域隐藏在比它大 5 倍的衍射波区内。在实验中从未观察到过这个超音速区域并不令人惊讶,因为它的尺寸极小。假设马赫数为 1.04 的激波遇到一个 11.50°的楔,估计激波沿着楔面传播 1 m 距离后的马赫杆高度是 0.1 m,垂直于楔面的超音速区域的高度是 1 mm,沿着楔面超音速区域的宽度是 0.1 mm。

为了彻底解开 von Neumann 悖论,2005 年 Skews 专门设计了一个用于弱激波反射研究的特殊激波管,该激波管实验段截面高为 1105 mm,宽为 100 mm,长近 4 m,右下方是照相窗口。在测试的马赫数范围($M = 1.05 \sim 1.1$)内拍摄了 40 幅纹影照片。实验照片清楚地显示了在反射波后面紧接着存在一个膨胀波区,证明了 Guderley 的假设和各种数值模拟的结果,从而 von Neumann 悖论基本得到解决。这是理论、实验和计算共同努力的结果。

0.4　实验流体力学的内容

实验流体力学作为一门学科应该包含四个方面的内容:模拟理论、测量技术、实验设备和研究方法。

正如在发展史中看到的,实验流体力学发展到今天主要是以在实验室内进行模拟实验为主。模拟实验首先要解决的问题就是如何保证实验室的实验是正确的,所以实验流体力学的第一部分内容是实验模拟理论,即回答怎样才能保证实验室模拟实验与现场实物实验是相似的,模拟实验的结果怎样用到实物实验中去以及如果做不到完全相似怎么办,等等。

做实验离不开测量各种物理量,和其他实验科学一样,实验流体力学的第二部分内容是各种测量技术以及仪器。各种现代新技术的飞速发展为实验流体力学带来了众多新方法和新仪器。作为研究人员掌握各种仪器的使用方法固然重要,深入了解各种测量技术的原理更重要。在实验室有条件购买新仪器时,需要尽可能地把仪器的性能发挥到最佳。在实验室还不具备添置新仪器条件时,能够自己动手搭建必要的测量系统更重要。我们应该牢记,最前沿的仪器是科研人员在实验室根据需要自己搭建出来的。因此,好的科研工作者应该具有自力更生创造实验条件的能力,所以深入理解各种测量原理远比掌握仪器使用细节更重要。

实验流体力学包括的第三部分内容是各种实验设备,这也是实验流体力学不同于其他实验学科的一个特点。由于实验流体力学主要是在实验室中做模拟实验,这就需要创造各种人造气流的环境。这就发展出了各种各样的流体力学实验设备,这些设备从低速到高速,它们的力学原理各不相同。因此,研制实验设备本身就是实验流体力学的一项重要内容。

在各种实验硬件条件具备以后,更重要的是科研人员如何开展实验研究,也就是如何掌握正确的研究方法。实验流体力学的第四部分内容是科学的实验研究方法,也就是如何正确地开展实验研究工作以及什么是创新型的实验研究。

实验流体力学现在主要面临的任务包括:

(1) 开展基础研究,探索流体力学中的新现象和新规律。虽然流体力学作为一门历史悠久的学科发展已经很成熟了,本身未解决的难题不多了(如湍流)。但是近年来流体力学在和其他学科融合的过程中,形成不少交叉学科。在这些交叉学科形成过程中又会出现各种新问题。历史上很多新现象和新规律都是首先从实验中发现的,在这些新兴的交叉学科中开展实验流体力学研究将推动这些学科进一步的发展。

(2) 开展应用基础研究。在生产实践和跨学科科学活动中往往存在一些具有共性的流体力学现象,对它们开展实验研究,基于一定的假设,建立简化的模型,着重找出现象的力学规律和作用机理,一旦找出了规律,可以解决一大批相关的实际问题。在应用基础研究中,实验具有不可替代的作用。

(3) 服务于其他相关学科与领域的发展。包括:① 为理论分析和数值计算提供所需要的物理参数、反应常数和经验公式等。如化学反应流动中的反应常数,目前还必须从实验中获得。湍流中的一些经验公式也是从实验得到的。② 验证计算流体力学的结果。随着计算机的快速发展,CFD 的作用越来越大。一般 CFD 的结果都需要通过实验来验证。

(4) 开展生产型实验,服务于各种工业产品(如飞机、导弹、轮船等)的设计、试制和改型,开展与流体力学有关的实验。例如,一架新型飞机在投产前需要进行上万小时的风洞吹风实验。

0.5　思考与建议

我们大学生的一个特点是非常善于做题,在从小学到大学的一系列标准化选拔与考试中,标准答案成了判断学生能力与回答正确与否的唯一尺度。而对于科学研究,特别是自然科学中的基础研究,它的研究对象是未知事物,对未知事物探索的一个重要特征就是它没有标准答案,未知就意味着不存在已知的答案,更可能不存在唯一的答案。如何科学有效地开展实验科学研究? 如何确保所开展的实验工作更加可靠? 本书希望给读者提供一些思考与建议做参考。

这里我们想讲几个流体力学相关的故事,希望可以在学习具体实验理论与方法之前给同学们一些启发。

第一个是广为人知的关于阿基米德发现浮力定律的故事。

相传叙拉古的赫农王让工匠替他做了一顶纯金的王冠。但是在做好后,有人密报国王,金冠并非纯金制作,因为工匠用白银来偷工减料,但这顶金冠确与当初交给金匠的纯金一样重,盛怒的国王,请来阿基米德检验。

由于不能毁坏王冠,阿基米德冥想多日,却无计可施。一天,他在家洗澡,当他跳进澡盆时,看到水往外溢,突然开悟,可以用测定固体在水中排水量的办法,来确定金冠的比重。他兴奋地跳出澡盆,连衣服都顾不得穿上就跑了出去,大声喊着"尤里卡,尤里卡!"(希腊语:εύρηκα,意即"发现了")

阿基米德来到了王宫,把王冠和同等重量的纯金,放在两个水盆中,比较两盆溢出来的水,发现放王冠的盆中溢出来的水比另一盆多。这就说明王冠的体积,比相同重量的纯金的体积大,即密度不相同,证明了王冠并非纯金,揭露了金匠的欺君之罪。

这次实验的意义非常重大,阿基米德从中发现了浮力定律(阿基米德原理):物体在液体中所获得的浮力,等于物体所排出液体的重量。此一成就影响后世至深,远胜揭露金匠的舞弊。

这是一个广为传播的经典儿童科普故事,当孩子们听到这个故事,无不为阿基米德的智慧感叹,同时也记住了阿基米德浮力定律。人对世界的认知是由一点点的知识与常识积累起来的,有时候父母长辈或者亲朋好友不经意的一句话,就被烙印在心中,成为我们所掌握的常识的一部分。那么如果我们把这个童年时代听到的故事当作是标准答案的话,按照这个故事里所讲的方案来做实验,能否真的鉴定出皇冠的纯度?

对于这一问题,有不少人提出了自己的观点,知乎网站上也有一些原创或引用的讨论。其实当我们学习了一些物理学知识以后再次审视这个故事的时候,就能从其中看到,一如牛顿的苹果,其故事性要多于科学性。

一个最直接的疑问是,这个故事其实并没有运用到浮力定律。故事所描述的过程实质上是体积或者说是密度的测量,即同等质量的物体,密度不同则对应的体积不同,所排开水的体积也不相同,并不能说明它所受到的浮力等于它所排开水的重量,用这个故事无法直接说明阿基米德原理的内容。基于故事本身一些学者也做了一些溯源和科学考古,主要有以下几点发现:

(1) 阿基米德,公元前287~前212年,他确实提出了浮力定律,在他的《论浮体》一书中写道,把比流体轻的任何固体放入流体中,它将刚好沉入到固体重量与它排开流体的重量相等这样一种状态。把一个比流体重的固体放入流体中,它将沉至流体底部,在流体中称量固体,其结果相较于其真实重量轻,差值为所排开流体重量。

(2) 阿基米德泡澡的故事最早出现在 Vitruvius 所著的《建筑十书:第九章》(*Ten Books on Architecture*,Ⅸ:*Introduction*:9-12),写于公元前30~前15年间。也就是在阿基米德逝世后近二百年,这个故事才有今天可考据的记载。

(3) 若黄金掺假,其颜色会随掺入物质发生变化。七青八黄九五赤,说的是在黄金中掺入不同比例的白银,合金对应的颜色,含金量65%~70%为青黄色,80%~85%为淡黄色,90%~95%为浅赤黄色,成色在95%以上才会与纯金一致,呈现深赤黄色。如果工匠要掺假而又不被一眼识破,则其掺入的白银量不能超过5%。黄金掺入铜也同样会带来颜色的改变。

从上述的第二点,故事发生的时间与被记录传承下来的时间相距较为久远,其真实性存疑。而从第三点,Chris Rorres教授在他的个人主页上做过一个计算,即便掺入30%的白银,在一般假设下,水位的变化只有0.41 mm。按这样的步骤来设计一个鉴别皇冠的实验,对测量精度和设备的要求就会变得非常高,且不易得到明确可靠的结论。当然我们可以对这个故事做一点点小小的变通,把对体积的比较转换为对质量的比较,从而让故事变得可行起来,甚至更有好事者为这个故事编写所谓"打脸"续集:设计工匠的母亲通过一个中空的黄金球为其子申冤,这也是有可能的,如果皇冠使用的是失蜡法浇筑的,就有可能因为排气不彻底在其内部留下气泡。

也许有人认为这样的考据是多此一举,因为这个故事今天已经属于儿童文学范畴,重要的是故事性和科普特色,而非其严谨性。整个故事即便有一定的夸大与文学加工也无伤大雅,毕竟它不是学术论文。

我们这里引述这个故事当然不是为了批评儿童文学在科学上的不严谨,而是想说,上述的故事正因为其儿童文学的特性,面向的是缺乏判断能力的儿童,使其中所包含的不准确性更隐蔽,在童年时代所接触到的知识,即便是二手、三手知识我们都会全盘接受,成为我们基础知识体系的一部分,如果不特意拿出来仔细思考,很难发现其中的逻辑问题或科学问题。在我们从事科学研究活动的时候,面对文献,其中还有一些是转述的二手、三手文献,其中难免夹杂一些不可靠的内容,需要我们理性思考,对转述的以及难以溯源的参考资料做出基本的逻辑判断。

这里还有一个与上面这个故事相呼应的一个中国特色的故事:蒸包子哪层先熟?相信读过《西游记》或者看过《西游记续集》的读者都会说,上层的先熟。

妖精们抓到唐僧、八戒与悟空,打算把他们蒸了吃,就如何安排笼屉顺序有了一番争议,最后决定把最难蒸的八戒放最下层。

行者道:"大凡蒸东西,都从上边起。不好蒸的,安在上头一格,多烧把火,圆了气,就好了;若安在底下,一住了气,就烧半年也是不得气上的。他说八戒不好蒸,安在底下,不是雏儿是甚的?"(《西游记》第七十七回)

这里说的是,如果要蒸东西,难蒸的放最上面,给足蒸汽,蒸汽到达蒸笼的顶部,所谓"圆了气",就可以快速把东西蒸熟。对此的科学解释是,在蒸汽量充足的情况下,在最上层水蒸气在蒸笼的顶盖处发生液化,由于水蒸气液化放热,这里的温度会更高,包子更容易熟。

而当我去问一些没有看过《西游记》的同学这个问题,答案和原因就变得不同了,有基于直觉地认为底下的先熟,也有分析蒸汽运动途径而得出底下先熟的结论的,还有根据对包子铺的观察而确认最下层包子先熟的。

那么如果把《西游记》作为文献看待,它是古人在蒸东西这一问题上的某种总结,而把包子铺的实践作为我们的实验观察,就会发现两者是矛盾的。按理说物理规律不应该随着时间发生改变,明朝蒸包子为啥和今天蒸包子不一样,对这一问题需要如何去看。

让我们重新读一遍原文,他所提到的是针对"不好蒸的"这一问题,提出的解决方案,即"安在上头一格",并"多烧把火"。多烧把火也就是保证"蒸汽量充足",在这种情况下,液化热才会产生,从而让最上层温度更高,更易熟。而反观包子铺,从经济的角度出发,它需要充分利用燃料,也就是尽量不要"多烧把火",而是利用好每一分蒸汽,不会无限量提供蒸汽,往往蒸汽所携带的热量还没有到达最顶上一层就已经消耗差不多了,在这种情况下,顶部没有液化热,也就没有了顶层先熟的现象。

大家在科研与工作中,对于来自文献的结论需要做出自己的判断,特别是一些溯源困难、无法看到原文的二手文献,要本着更谨慎的态度,运用逻辑对其进行分析判断。

写到这里,难免有勤于思考的读者会提出疑问,我怎么才能知道某个文献里的结论是对的呢? 我是否应该怀疑一切? 作为个体的我没有那样的能力或者精力对所阅读的文献逐一验证,又该如何处理?

虽然说"尽信书,不如无书",但盲目怀疑一切同样是不可取的,如果没有特别的证据或者疑问,对于既有理论,还是需要从善意的角度去认为它是具有信服力的,只有站在前人的工作基础上,我们才能不断推进科学的发展。我们在实践中发现了新证据,不同于旧理论的证据,则正是修正或完善前人理论不可缺少的材料:

（1）尊重事实,尊重我们在实验中所采集到的数据和观察到的现象;

（2）运用逻辑和既有理论对现象做出分析;

（3）对既有理论无法解释的现象:

① 分析原因,完善实验;

② 对既有理论做出修正,对新旧现象做出统一的解释;

③ 建立新理论。

当我们开展了某个实验研究,而其结论与既有理论相冲突时,怎么办其实是非常考验人的。这里我们想再分享三个故事,对应上面的①、②、③三点。

现在是 21 世纪的第三个十年了,如果现在有一群人告诉你"地球是平的",你的第一反应是什么? 事实上就在今天,世界上就有这么一个组织,他们宣称"地球",哦不,是"地平",是平的,还有人尝试自制火箭上天一探究竟,但不幸坠亡了。这一学说与中国传统的天圆地方的观念是不谋而合的,应该说反映了个人对世界的朴素认知。

近代地平说发端自一个实验观察——贝德福德莱弗尔实验（Bedford Level experiment）,在剑桥郡的一片名为贝德福德莱弗尔的平坦草沼地区,有一条运河,老贝德福德河,这条运河有一段 9.7 km 的非常笔直的河段。1838 年 Samuel Birley Rowbotham 在这条河上观察船只的运动,他把望远镜放在水面以上 20 cm 的高度,理论上如果地球是圆球,则在这一段尽头的韦尔尼桥处应该完全看不到船的桅杆,船的顶部在视线下 3.4 m 的地方,而实际上他却全程都看到不断远去的船。"桅杆和船在整个过程中都清晰可见",由此,他推断地球并不是球形,而是平的。当然 Rowbotham 也并没有这么武断,仅凭一次实验就做出结论,但在多年观测后,他发现该现象依旧可以重新看到,1849 年他将这一发现出版,并在 1865 年扩充为《天文学探究:地球不是球体》（*Zetetic Astronomy:Earth Not a Globe*）,这本书也成了信仰地平论者们的圣经。

反观这一实验,本该被弯曲的地球遮挡的船没有被遮住,这一现象与地球是球的理论相矛盾,那么这一观察是否足以否定地球是球的理论? 其实不尽然,这里忽略了一个因素,大气的折射。1870 年 Alfred Russel Wallace 挑战了前面所做的实验,为了避免大气折射的影响,他设计了一个新的实验。在这个重新设计的实验里使用了三根 4 m 高的杆子,还是在那个又直又长的河上,将杆子相距 3 英里立起,如果地球是平的,则三个杆子的顶端是一条线,而如果地球是圆的,则中间一根杆子的顶端将会高出两端杆子顶端连线 1.5 m,而实验的结果也确证了这一预测。这项工作的结果被刊载于 *Field* 并被 *Nature* 所报道。但是很遗憾这一实验并没有了结这一争议,而是诱发了一场争论。看起来有时候道理也非越辩越明,基于狂热、信仰、利益或者其他考量,一些人会选择性倾向于有利于他们的观点和证据而忽略其他不利证据。有兴趣进一步了解这个事情的读者可以参考文献[16]。

从理性的角度出发,既有理论如果存在多年,而新的观察与之不符,反观实验过程与条件,对其做出完善以确保观察不出现偏差是符合理性的做法,分析原因,完善实验才能将结论建立在坚实的基础之上。实际上 Rowbotham 也没有在第一时间将他的观察发表,而是花了 11 年,在发展了一套理论后才将其公之于众,在这个角度看,也算是严谨之人。但是此后新的实验不支持他的观察,而他选择的是坚持自己的理论而拒绝承认新的实验结果,他的理论在 21 世纪还吸引了一波信众,只能说科学精神在民众中的传播任重道远。同时需要说明的是,我们支持 Wallace 的工作是因为他对既有实验做出了完善,排除干扰因素,获得了更为准确客观的实验观察结果,而不应该是其他原因。

第二个故事是关于马格努斯效应(Magnus effect),这个效应最广为人知的例子是香蕉球,也就是一个旋转的足球不会沿直线运动,而是会拐弯。这一效应增加了足球运动的偶然性,它使得守门员无法通过对方球员的运动推测足球的运动轨迹,而不得不对足球的运动做出某种事先的猜测。也正因如此,它也增加了足球运动的趣味性。而 2010 年南非世界杯的专用球由于过于光滑,阻力曲线与传统足球差异较大还曾引起不小的争议。

马格努斯效应被牛顿观察到,被马格努斯仔细研究,可以通过伯努利原理做出解释。依据这一原理,下旋球会受到自下而上的作用力从而减缓下落速度。如果我们设计一个装置,专门产生特定平动速度的下旋球,而球的旋转速度不同,一个初步的测试可能会得到如图 0.1 所示的图。

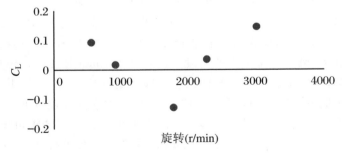

图 0.1　马格努斯效应实验

在这五次测量中,四个点都符合马格努斯效应的预测,即正的侧向力,而有一个点(第三个点)不符合马格努斯效应预测,而马格努斯效应是久经考验的物理现象,在层流及湍流情况下均成立,出现这一情况我们该怎么办?

- 这个点是不是测错了?
- 想想实验的时候好像有人开门了,会不会是风吹的。

- 不会是我的仪器太便宜了测不准导致的误差吧？
- 烦死了，把这个点删掉算了。

到实验室去亲手做实验，我们往往发现测量手段是如此有限，环境扰动又是如此之多，实验结果波动也超出理论预期。在重重压力与限制之下，出于实事求是的自我怀疑精神往往会让我们对自己的实验结果充满不确定性。套用物理学里的一个说法，"搞理论物理的人都认为自己的结论可信，但别人不信。实验物理的工作别人都相信，唯有自己不信。"

这时采用科学的方法论，合理的采集、验证与分析数据可以帮助我们对自己的结果更有信心，这也是本书的一个目标，向大家介绍实验设计与数据处理的基本方法。尊重事实，尊重数据应该成为我们开展实验时一个最基本的要求。

回到上面这个测量，如果我们贸然删掉中间那个点，则实际上是否定了反马格努斯效应的存在。反马格努斯现象在1924年就已经被实验观察并记录了，并在90年后，2014年得以精确的测量。通过引入湍流边界层的概念，对既有的马格努斯效应进一步发展，则让其与反马格努斯效应和谐共处，二者在一个统一的框架下得到解释。

最后我想介绍一下卡门涡街的发现历史。

冯·卡门1911年在哥廷根大学当助教时，普朗特教授当时的研究兴趣，主要集中在边界层问题上。普朗特交给其博士生哈依门兹（Karl Hiemenz）的任务，是设计一个水槽，使其能观察到圆柱体后面的流动分离，用实验来核对按边界层理论计算出来的分离点。哈依门兹做好了水槽，但出乎意外的是在进行实验时，发现在水槽中的水流不断地发生激烈的摆动。

哈依门兹报告这一情况后，普朗特告诉他："显然，你的圆柱体不够圆"。可是，当哈依门兹将圆柱体做了非常精细的加工后，水流还是在继续摆动。普朗特又说："水槽可能不对称"。哈依门兹又细心地调整水槽，但仍不能解决问题。

冯·卡门当时所做的课题与哈依门兹的课题并没有关系，但他每天早上进实验室时，总要关心地跑过去问："哈依门兹先生，现在流动稳定了没有？"哈依门兹非常懊丧地回答："始终在摆动"。

这时冯·卡门想，这个水流摆动的现象一定会有内在原因。在一个周末，冯·卡门用粗略的运算方法，试计算了一下涡系的稳定性。他假定只有一个涡旋可以自由活动，其他所有的涡旋都固定不动。然后让这一涡旋稍微移动一下位置，看看计算出来会有什么样的结果。冯·卡门得到的结论是：如果是对称的排列，那么这个涡旋就一定会离开它原来的位置越来越远；而对于反对称的排列，虽然也得到同样的结果，但当行列的间距和相邻涡旋的间距有一定比值对，这涡旋却停留在它原来位置的附近，并且围绕原来的位置做微小的环形路线运动。

星期一上班时，冯·卡门向普朗特教授报告了他的计算结果，并问普朗特对这一现象的看法。普朗特说，"这里面有些道理，写下来吧，我把你的论文提交到学院去"。冯·卡门后来回忆时写道："这就是我关于这一问题的第一篇论文。之后，我觉得，我的假定有点太武断。于是又重新研究一个所有涡旋都能移动的涡系。这样需要稍微复杂一些的数学计算。经过几周后，计算完毕，我写出了第二篇论文。有人问我：'你为什么在三个星期内提出两篇论文呢？一定有一篇是错的吧.'其实并没有错,我只是先得出个粗略的近似,然后再把它细致化,基本上结果是一样的;只是得到的临界比的数值并不完全相同。"

冯·卡门是针对哈依门兹的水槽实验出现的问题,进行涡旋排列的研究的。后来人们由于冯·卡门对其机理详细而又成功的研究,将它冠上了卡门的姓氏,称为卡门涡街。

在这个故事里,冯·卡门面对当时既有理论无法解释的流动现象,做出了大胆尝试,通过发展新理论而对现象做出解释。实际上哈依门兹最后也解决了水流摆动的问题,他的解决方案也是今天广为采用的抑制卡门涡街的一种方法——吹吸法,即在圆柱后缘将部分液体吸入,消除尾缘分离区,抑制边界层分离,从而抑制卡门涡街的诞生。

本书是面向研究生层面的一本实验流体力学教科书,你们可能正在或者即将进入实验室开展实验研究,作为新手,往往将自身定位为导师的手和脚的延伸,来实现导师所预定的目标,完成导师预期的任务。在还没有形成自己的学术观点的时候,这不失为一种合乎理性的定位。

国务院学位委员会对力学学科的要求包括,"博士生的科学研究能力体现在独立开展高水平研究的能力,硕士生应具有从事科学研究或应用基础研究的能力"。而这些能力不是一夜之间就能形成的,需要在平时的科研活动中积累与尝试,而不是满足于将自己定位在手脚延伸这个层面。希望大家可以秉承实事求是的思想,尊重数据,尊重科学,开展好每一次实验研究。

参 考 文 献

［1］ 周光炯. 流体力学发展的五个时期［J］. 力学与实践,2001,23(3)：71-75.

［2］ 颜大椿. 实验流体力学［M］. 北京：北京大学出版社,1992.

［3］ vonKarmen T. 空气动力学的发展［M］. 上海：上海科学技术出版社,1958.

［4］ Anderson J D. Modern compressible flow with historical perspective［M］. 3rd. New York：McGraw-Hill,2003.

［5］ Ben-Dor G. Shock wave reflection phenomena［M］. 2nd. Berlin：Springer,2007.

［6］ 维基百科编者. 阿基米德浮體原理［G/OL］. 维基百科,20220620/2022-06-20.

［7］ Biello D. Fact or fiction?：Archimedes coined the term "Eureka!" in the bath［J］. Scientific American,2006,December 8.

［8］ Rorres C. The golden crown［Z/OL］. https://www. math. nyu. edu/～crorres/Archimedes/Crown/CrownIntro. html,2016-10-01/2022-11-18.

［9］ Rowbotham S B. Zetetic astronomy：a description of several experiments which prove that the surface of the sea is a perfect plane and that the earth is not a globe!［M］. England：W. Cornish,1849.

［10］ Nature News. The Rotundity of the earth［J］. Nature,1870,1：581.

［11］ Nature News. The Rotundity of the earth［J］. Nature,1870,2：214-215.

［12］ Parallax. The Rotundity of the earth［J］. Nature,1870,2：236.

［13］ Magnus G. Ueber die Abweichung der Geschosse，und：Ueber eine auffallende Erscheinung bei rotirenden Körpern［J］. Annalen der physic，1853，164（1）：1-29.

［14］ Sakib N，Smith B L. Study of the reverse Magnus effect on a golf ball and a smooth ball moving through still air［J］. Experiments in Fluids，2020，61：115.

［15］ Kim J，Choi H，Park H，et al. Inverse Magnus effect on a rotating sphere：When and why［J］. Journal of Fluid Mechanics，2014，754：R2.

［16］ Von Kármán T. Aerodynamics：Selected topics in the light of their historical development［M］. New York：Cornell University Press，1954.

［17］ Břízová L，Gerbec K，Šauer J，et al. Flat Earth theory：an exercise in critical thinking［J］. Physics Education，2018，53（4）：045014.

第 1 章　流体力学实验模拟方法

实验研究分为两种:实物实验和模型实验。用真实物体或样机直接进行实验称为实物实验,实物实验的数据是真实可信的。但是,往往实物实验是危险的,不经济的。用模型代替实物在实验室中进行实验称为模型实验,模型实验一般是安全的,相对来说也是经济的。

但是在用模型进行模拟实验时需要回答几个问题:模型实验的数据是可靠的吗? 在什么情况下模型实验可以代替实物实验? 怎样把模型实验得到的数据用到实际情况中? 回答这些问题就涉及模拟实验的相似理论问题。

本章除了介绍相似三定律外,侧重介绍三种求相似参数的方法,接着通过几个例子了解三种方法的应用,最后介绍当不能做到完全相似时,如何进行实验。

1.1　相似的基本理论

在长期的生产实践和科学实验中人们已经总结出了相似理论的三条基本定律,相似理论也构成了一切实验工作的理论基础,有兴趣的同学可以阅读有关相似理论的著作。

1.1.1　相似的概念

1. 几何相似

若一个物体经过均匀变形后和另一个物体完全重合,则称两个物体**几何相似**。把变形后相重合的点称为**对应点**,把对应点的连线称为**对应线**。这里的"物体"不仅仅指固体,对于流体力学而言包含了运动的模型以及模型周围的流场。若两个流场对应的流线经过均匀变形后完全重合,则称两个流场几何相似。如果两个流场对应线的长度分别是 l_1 和 l_2,则几何相似表示为

$$\frac{l_1}{l_2} = 常数$$

2. 运动相似

若两个几何相似的物体,对应点的运动路径几何相似,并且对应点经过对应路径的时间之比是常数,则称两个物体**运动相似**。若两个几何相似的流场中,对应流线上流体微团运动

对应路径所需时间之比为常数,也就是对应点的速度之比为常数,则称两个流场运动相似。

$$\frac{\Delta l_1/\Delta t_1}{\Delta l_2/\Delta t_2} = 常数, \quad 即 \quad \frac{V_1}{V_2} = 常数$$

3. 动力相似

若两个几何相似和运动相似的物体,对应点受力成比例,则称两个物体**动力相似**。若两个几何相似的流场中,对应点的受力成比例,并且力的方向一致,则称两个流场动力相似。

$$\frac{F_1}{F_2} = 常数$$

相应还可以推广到**热力相似**、**质量相似**,等等。

1.1.2　相似理论

人们在长期的实践中总结出了相似现象的三条基本定律,作为公理存在。它们是:

相似第一定律:"彼此相似的现象,单值条件相同,它们的同名相似准则必相等。"这里**单值条件**是指现象的初始条件、边界条件等,**相似准则**又称相似参数、相似判据、相似准数等。相似第一定律是相似准则存在的定律。

相似第二定律:"相似的现象中由相似准则所描述的函数关系对两个现象是相同的。"相似第二定律解决了实验数据的整理方法和实验结果的应用问题。

相似第三定律:"凡具有同一特性的现象,当单值条件彼此相似,且由单值量所组成的相似准则数值相等时,则这类现象必定彼此相似。"**单值量**是指影响现象的物理量。相似第三定律确定了现象相似的充分必要条件。

在实验研究中我们一定要遵循相似三定律。相似三定律告诉我们相似的现象一定存在相似准则;相似准则描述的函数关系对相似的现象是相同的;要使现象相似必须对应的相似准则相等。因此,在做模拟实验时首先要做的事就是找出描述现象的相似准则,即相似参数。

1.2　三种求相似参数的方法

在相似理论中如何求出相似参数是十分重要的。在许多教科书中都涉及各种不同的求相似参数的方法,我们这里把这些方法归纳为下面三种求相似参数的方法,它们是相似变换法、量纲分析法和选定物理法则法。同学们可以针对具体应用对象灵活运用,不必拘泥于具体步骤。

下面首先通过一个例子来说明如何运用这三种方法求相似参数,它们各自的优缺点是什么。

例　假设在烘箱内做 6 kg 烤牛肉需要 3 h,求在相同的条件下做 30 kg 烤牛肉需要多长时间?

1.2.1 相似变换法

相似变换法是从已知的支配现象的基本方程出发,求相似参数。它的基本步骤是写出基本方程、方程无量纲化、由方程的无量纲系数求相似参数。

1. 写出基本方程

支配这个例子的基本方程是热传导方程:

$$\frac{\rho c}{k}\frac{\partial \theta}{\partial t} = \frac{\partial^2 \theta}{\partial x^2} + \frac{\partial^2 \theta}{\partial y^2} + \frac{\partial^2 \theta}{\partial z^2} \tag{1.1}$$

其中 ρ 是密度,c 是比热,k 是热传导系数,θ 是温度,t 是时间,x,y,z 是长度坐标。

2. 方程无量纲化

选定 $\rho_0, c_0, k_0, \theta_0, t_0, l$ 为特征量,方程(1.1)写为无量纲形式:

$$\frac{\rho_0 c_0 l^2}{k_0 t_0}\frac{\rho^* c^*}{k^*}\frac{\partial \theta^*}{\partial t^*} = \frac{\partial^2 \theta^*}{\partial x^{*2}} + \frac{\partial^2 \theta^*}{\partial y^{*2}} + \frac{\partial^2 \theta^*}{\partial z^{*2}} \tag{1.2}$$

其中带 * 的量表示是无量纲量。这个无量纲方程是普适的,对烤牛肉这类现象都适用,因此,要求方程(1.2)左手边由特征量组成的无量纲数是常数。这个无量纲数就是要求的相似参数。

3. 由方程的无量纲系数求相似参数

$$\pi = \frac{\rho_0 c_0 l^2}{k_0 t_0} \tag{1.3}$$

一般无量纲方程会有多个无量纲系数,我们应该逐一把它们整理出来。当存在多个相似参数时,相似理论只告诉我们由这些相似参数组成的函数关系对相似的现象是相同的,但具体函数关系的形式需要由实验、数值计算来确定。在现在这个特殊的例子里只有一个相似参数,在只有一个相似参数的现象中这个相似参数对相似的现象都一样,应等于常数,则问题可以直接求解。

4. 求解

做 6 kg 烤牛肉时用下标 1 表示,做 30 kg 烤牛肉时用下标 2 表示:

$$\frac{\rho_1 c_1 l_1^2}{k_1 t_1} = \frac{\rho_2 c_2 l_2^2}{k_2 t_2}$$

对两个现象牛肉是相同的,即 $k_1 = k_2, c_1 = c_2, \rho_1 = \rho_2$。于是有

$$\frac{t_2}{t_1} = \left(\frac{l_2}{l_1}\right)^2 = \left(\frac{m_2/\rho_2}{m_1/\rho_1}\right)^{\frac{2}{3}}$$

其中 m 是质量。又 $\rho_1 = \rho_2, m_1 = 6$ kg, $t_1 = 3$ h, $m_2 = 30$ kg,所以得 $t_2 = 8.77$ h。

1.2.2 量纲分析法(π 定理)

量纲分析法是从决定现象的物理量的量纲出发求相似参数。它的具体步骤是,在国际单位制(SI)下写出决定现象的物理量和它们的量纲,写出量纲矩阵,选择重复变量并检查量纲矩阵子行列式,用其他物理量分别和重复变量一起构成相似参数。量纲分析法通常又称

π 定理。

1. 写出决定现象的物理量和量纲

量纲分析法和具体的单位制有关,通常我们建议在国际单位制(SI)下写量纲。国际单位制中有 7 个基本量(长度、质量、时间、电流、温度、物质的量和光强度),所有导出量均可用这 7 个基本量导出。7 个基本量的量纲分别用大写字母表示,即 L(长度)、M(质量)、T(时间)、I(电流)、Θ(温度)、N(物质的量)和 J(光强度)。

在这个例子中,我们确定和现象有关的物理量有 5 个,它们是密度 ρ,比热 c,热传导系数 k,质量 m 和时间 t。它们的量纲分别是

$$\dim \rho = \mathrm{ML}^{-3}, \quad \dim c = \mathrm{L}^2\mathrm{T}^{-2}\Theta^{-1}, \quad \dim k = \mathrm{MLT}^{-3}\Theta^{-1}, \quad \dim m = \mathrm{M}, \quad \dim t = \mathrm{T}$$

或者记为

$$[\rho] = \mathrm{ML}^{-3}, \quad [c] = \mathrm{L}^2\mathrm{T}^{-2}\Theta^{-1}, \quad [k] = \mathrm{MLT}^{-3}\Theta^{-1}, \quad [m] = \mathrm{M}, \quad [t] = \mathrm{T}$$

2. 写出量纲矩阵

量纲矩阵就是把各个物理量量纲中的指数按照一定规律排成如下的形式:

	ρ	c	k	m	t
M	1	0	1	1	0
L	-3	2	1	0	0
T	0	-2	-3	0	1
Θ	0	-1	-1	0	0

3. 选择重复变量并检查量纲矩阵子行列式

在 5 个物理量中选择 4 个物理量作为重复变量。为什么选择 4 个重复变量? 是因为在我们现在研究的问题中涉及了 SI 中 4 个基本单位(长度、质量、时间、温度)。在一般不涉及温度的力学问题中应选择 3 个重复变量。

我们选择 ρ, c, k, m 作为重复变量。选择重复变量的条件是它们的量纲是线性无关的,即其中任一个物理量不能用其他物理量的幂次方表示出来。检查线性无关的方法是重复变量的量纲矩阵对应的子行列式不为 0。重复变量 ρ, c, k, m 构成的量纲矩阵子行列式是

$$\begin{vmatrix} 1 & 0 & 1 & 1 \\ -3 & 2 & 1 & 0 \\ 0 & -2 & -3 & 0 \\ 0 & -1 & -1 & 0 \end{vmatrix} = -\begin{vmatrix} -3 & 2 & 1 \\ 0 & -2 & -3 \\ 0 & -1 & -1 \end{vmatrix} = 3\begin{vmatrix} -2 & -3 \\ -1 & -1 \end{vmatrix} = -3 \neq 0$$

4. 确定相似参数

把除重复变量外的物理量依次和重复变量组合构成无量纲数。在现在这个问题中,5 个物理量选择了 4 个重复变量,还剩 1 个物理量(时间 t)。我们写出这个相似参数是

$$\pi = t \cdot \rho^\alpha c^\beta k^\gamma m^\delta$$

它的量纲应该为 1。

$$[t\rho^\alpha c^\beta k^\gamma m^\delta] = \mathrm{T} \cdot \mathrm{M}^\alpha \mathrm{L}^{-3\alpha} \cdot \mathrm{L}^{2\beta}\mathrm{T}^{-2\beta}\Theta^{-\beta} \cdot \mathrm{M}^\gamma \mathrm{L}^\gamma \mathrm{T}^{-3\gamma}\Theta^{-\gamma} \cdot \mathrm{M}^\delta = \mathrm{M}^0\mathrm{L}^0\mathrm{T}^0\Theta^0$$

对应幂指数相等,得到下列方程组:

$$\begin{cases} \alpha + \gamma + \delta = 0 \\ -3\alpha + 2\beta + \gamma = 0 \\ 1 - 2\beta - 3\gamma = 0 \\ -\beta - \gamma = 0 \end{cases}$$

解得 $\alpha = -1/3, \beta = -1, \gamma = 1, \delta = -2/3$。于是,相似参数是

$$\pi = \frac{kt}{\rho^{1/3} cm^{2/3}} = \frac{kt}{\rho c l^2}$$

1.2.3　选定物理法则法

选定物理法则法是从支配物理现象的物理法则出发的。它是由江守一郎教授在《模型实验的理论和应用》一书中推崇的。此方法的主要步骤是,先写出支配现象的物理法则,然后从物理法则求出相似参数。

1. 写出支配现象的物理法则

在这个例子中支配烤牛肉的物理法则是烤箱传热给牛肉和牛肉蓄热变熟。

对于传热过程有

$$Q_k = kA \frac{\theta}{l} t = kl\theta t$$

其中 Q_k 是传热量,A 是面积,l 是长度,θ 是温度,t 是时间,k 是热传导系数(热传导系数的定义是在稳定传热条件下,1 m 厚结构两侧温差为 1 K,单位时间通过单位面积传递的热量)。

对于蓄热现象有

$$Q_c = c\rho V\theta = c\rho l^3 \theta$$

其中 Q_c 是蓄热量,ρ 是密度,V 是体积,c 是比热(比热的定义是指单位质量物质升高 1 ℃ 的热量)。

2. 求相似参数

将两个物理法则相比,得

$$\pi = \frac{Q_k}{Q_c} = \frac{kl\theta t}{c\rho l^3 \theta} = \frac{kt}{\rho c l^2}$$

1.2.4　三种求相似参数方法的比较

相似变换法从基本方程出发求相似参数,需要用到较多的知识,而且还把这些好不容易才得到的知识浪费了。本来用程度较低的知识就够了,却要求较高程度的知识,这是这种方式的不合理之处。而量纲分析法与相似变换法完全相反,仅需要知道支配现象的物理量是什么。至于什么样的参数才与现象有关,除了根据过去的经验或想象外没有别的方法。这种方法更多地依赖于经验,有一定随意性。选定物理法则法介于二者之间,但是写出支配现象的物理法则,需要对所研究的问题有较深入的了解。

量纲分析法不仅是最常用的方法,而且也是最复杂的方法。其原因是不能忽略与现象有关的物理量,同时应避免列出与现象无关的物理量,这是非常困难的。

不论用哪种方法求相似参数,需要注意以下几点:

相似参数有两种:作为自变量的相似参数和作为因变量的相似参数。前者是在实验中需要模拟的相似参数,而后是实验结果表示的相似参数。

相似理论只能获得相似参数的个数和形式,不能得到相似参数之间的函数关系。这些函数关系只能从实验或数值计算中得到。例外的情况是,如果现象只有一个相似参数,则这个相似参数一定是常数,那么问题可以直接求解。

1.3　与流体力学有关的相似参数

1.3.1　与流体力学有关的物理法则

根据选定物理法则法,所有的相似参数都是由支配现象的物理法则导出的。在介绍常用的相似准则之前,我们先写出若干基本物理法则。

1. 惯性力

根据牛顿第二定律,**惯性力**写为

$$F_i = ma = m\frac{V}{t} = \rho\frac{l^4}{t^2} = \rho l^2 V^2$$

惯性力产生的**动能**写为

$$E_i = mV^2 = \rho l^3 V^2$$

特殊形式的惯性力有**离心力**

$$F_{ce} = \rho l^3 \frac{V^2}{l} = \rho l^4 \omega^2$$

科里奥利力

$$F_{co} = \rho l^3 \omega V$$

其中 m 是质量(kg),a 是加速度(m/s^2),V 是速度(m/s),ρ 是密度(kg/m^3),l 是长度(m),t 是时间(s),ω 是角速度(rad/s)。

2. 重力

重力可以写为

$$F_g = \rho g l^3$$

和重力有关的还有因温升产生的**浮力**

$$F_b = \rho g \beta l^3 \Delta\theta$$

其中 g 是重力加速度(m/s^2),β 是体膨胀系数(1/K),$\Delta\theta$ 是温升(K)。

3. 表面张力

表面张力可以写为

$$F_s = \sigma l$$

其中 σ 是表面张力系数（N/m）。

4．黏性力

牛顿流体的黏性力写为

$$F_{\mathrm{v}} = \mu l V$$

稀薄气体的黏性力

$$F_{\mathrm{v}} = \frac{\rho \bar{\lambda} a}{\sqrt{\gamma}} l V$$

其中 μ 是黏性系数（N·s/m²），a 是声速（m/s），γ 是比热比（1），$\bar{\lambda}$ 是分子平均自由程（m）。

5．弹性力

根据虎克定律，弹性力可以写为

$$F_{\mathrm{e}} = \frac{E \varepsilon l^2}{\nu}$$

弹簧产生的弹簧力可以写为

$$F_{\mathrm{s}} = k l$$

压强产生的力写为

$$F_{\mathrm{p}} = p l^2$$

其中 E 是杨氏弹性模量（N/m²），ε 是应变（1），ν 是泊松比（1），k 是弹簧常数（N/m），p 是压强（N/m²）。

6．扩散

由浓度差产生的质量扩散遵循斐克（Fick）定律，扩散的质量写为

$$m_{\mathrm{D}} = D \rho l t$$

其中 D 是扩散系数（m²/s）。

7．热传导

根据傅里叶定律写出传导热为

$$Q_{\mathrm{k}} = k l \Delta \theta t$$

其中 Q_{k} 是传导的热量（J），k 是热传导系数（J/(m·K·s)）。

8．对流传热

对流传热的热量写为

$$Q_{\mathrm{h}} = h l^2 \Delta \theta t$$

其中 Q_{h} 是对流传热的热量（J），h 是对流传热系数（J/(m²·K·s)）。

9．辐射热

根据斯蒂芬-波尔兹曼定律，辐射热写为

$$Q_{\mathrm{r}} = e \sigma l^2 \theta^4 t$$

其中 Q_{r} 是辐射的热量（J），e 是斯蒂芬-波尔兹曼常数（$= 5.069 \times 10^{-8}$ J/(m²·K⁴·s)）。

10．蓄热

蓄热写为

$$Q_{\mathrm{c}} = c m \Delta \theta = c \rho l^3 \Delta \theta$$

其中 Q_{c} 是积蓄的热量（J），c 是比热（J/(kgK)）。

11．潜热

发生相变所需要的热量为潜热，写为

$$Q_\lambda = m\lambda = \rho l^3 \lambda$$

其中 Q_λ 是潜热(J)，λ 是单位质量的潜热(J/kg)。

12．理想气体的绝热变化

理想气体的绝热变化可以写为

$$p = c\rho^\gamma$$

其中 c 是常数，γ 是定压比热与定容比热的比值。根据声速定义，理想气体的压缩力写为

$$F_c = pl^2 = l^2\rho\frac{a^2}{\gamma}$$

1.3.2　与流体力学有关的相似参数

与流体力学有关的相似参数很多，大多用科学家的姓名来命名。它们可以看成是由上述物理法则导出的，有的是以一个物理法则为基础导出的，有的是由两个、三个，甚至四个物理法则构成的。下面列出一些与流体力学有关的、常用的相似准则。

雷诺(O. Reynolds,英国物理学家,1842~1912)数，$Re = \dfrac{\rho Vl}{\mu}$。由流体惯性力与黏性力的比值构成$\left(Re = \dfrac{F_i}{F_v}\right)$。

马赫(E. Mach,德国物理学家、心理学家、哲学家,1838~1916)数，$M = \dfrac{V}{a}$。由气体的惯性力、压缩力和绝热变化构成$\left(M = \sqrt{\dfrac{F_i}{F_c\gamma}}\right)$。流体中扰动都以声速 a 传播，声速可以用小扰动量表示为 $a^2 = \dfrac{p'}{\rho'}$（上标$'$表示小扰动量）。压力扰动 p' 是 $\rho_\infty V^2$ 量级，流体的压缩性写为$\dfrac{\rho'}{\rho_\infty} = \dfrac{\rho'}{\rho_\infty a^2} = \left(\dfrac{V}{a}\right)^2$。因此，可以根据流体速度与声速的比值来衡量流体的压缩性。

欧拉(L. Euler,瑞士数学家、物理学家,1707~1783)数，$Eu = \dfrac{p}{\rho V^2}$。由流体压力产生的力和惯性力构成$\left(Eu = 2\dfrac{F_p}{F_i}\right)$，也就是压力与动压头的比值。在流体力学中欧拉数习惯称为压力系数。

牛顿(I. Newton,英国物理学家、自然哲学家,1642~1727)数，$Ne = \dfrac{F}{\rho V^2 A}$。由物体受到的流体动力和惯性力构成$\left(Ne = \dfrac{F}{F_i}\right)$。在流体力学中牛顿数习惯称为力系数或力矩系数。

弗劳德(W. Froude,英国造船专家,1810~1879)数，$Fr = \dfrac{V}{\sqrt{gl}}$。是惯性力与重力的比值

$\left(Fr = \sqrt{\dfrac{F_\mathrm{i}}{F_g}} \right)$。水波是重力波,在涉及水波的问题中常常与弗劳德数有关。

施特鲁哈尔(V. Strouhal,捷克物理学家,1850～1925)数,$St = \dfrac{fl}{V}$。是弹性力与惯性力的比值$\left(St = \sqrt{\dfrac{F_\mathrm{e}}{F_\mathrm{i}}} \right)$。原来在固体力学中施特鲁哈尔数表示弹簧的弹性力与惯性力的比值,在流体力学中开始用于卡门涡街中旋涡的振动,现在施特鲁哈尔数也表示流体的非定常运动。

韦伯(M. Weber,德国机械专家,1871～1945)数,$We = \dfrac{\rho l V^2}{\sigma}$。由惯性力和表面张力构成$\left(We = \dfrac{F_\mathrm{i}}{F_\mathrm{s}} \right)$。受表面张力影响的现象(如雾化、液滴、气泡等)大多与韦伯数有关。

邦德(N. Bond,英国物理学家,1897～1937)数,$Bo = \dfrac{\rho g l^2}{\sigma}$。由重力和表面张力构成$\left(Bo = \dfrac{F_g}{F_\mathrm{s}} \right)$。邦德数也可以写为韦伯数和弗劳德数的组合$\left(Bo = \dfrac{We}{Fr^2} \right)$。

卡门(T. von Kármán,匈牙利裔美国空气动力学家,1881～1955)数,$Ka = \dfrac{Re}{\sqrt{\gamma}}$。稀薄气体的雷诺数。

克努森(M. Knudsen,丹麦物理学家,1871～1949)数,$Kn = \dfrac{\bar{\lambda}}{l}$。由稀薄气体黏性力、理想气体绝热压缩力和牛顿惯性力构成$\left(Kn = \dfrac{F_\nu}{\sqrt{F_c F_\mathrm{i}}} \right)$。是气体平均自由程与特征长度的比值,常用于稀薄气体流动和微流体流动。克努森数也可写为马赫数与卡门数的组合$\left(Kn = \dfrac{M\sqrt{\gamma}}{Re} = \dfrac{M}{Ka} \right)$。

罗斯比(A. Rosseby,瑞典裔美国气象学家,1898～1957)数,$Ro = \dfrac{V}{\omega l}$。是离心力与科里奥利力的比值$\left(Ro = \dfrac{F_\mathrm{ce}}{F_\mathrm{co}} \right)$。主要适用于大气环流和海洋环流。

佩克莱特(E. Peclet,法国物理学家,1793～1875)(传质)数,$Pe^* = \dfrac{m}{m_D} = \dfrac{Vl}{D}$。是总质量与扩散引起的传递质量之比。

施密特(W. Schmidt,德国热力学家,1892～1975)数,$Sc = \dfrac{\nu}{D} = \dfrac{\mu}{\rho D}$。由扩散的质量、惯性力和黏性力构成$\left(Sc = \dfrac{m F_\nu}{m_D F_\mathrm{i}} \right)$。也可以写为传质佩克莱特数与雷诺数之比$\left(Sc = \dfrac{Pe^*}{Re} \right)$。

普朗特（L. Prandtl, 德国流体力学家, 1875～1953）数, $Pr = \dfrac{\nu}{\alpha}$。其中 $\alpha = \dfrac{k}{\rho c}$ 是热扩散系数（m^2/s）。普朗特数由流体惯性力、黏性力、蓄热和热传导构成 $\left(Pr = \dfrac{F_v}{F_i} \dfrac{Q_c}{Q_k} \right)$。也可以写成雷诺数和傅里叶数的组合 $\left(Pr = \dfrac{1}{Re \cdot Fo} \right)$。

埃克特（G. Eckert, 德国籍美国热力学家, 1904～2004）数, $Ec = \dfrac{V^2}{c \Delta \theta}$。由流体惯性能和蓄热构成 $\left(Ec = \dfrac{E_i}{Q_c} \right)$。

努塞特（W. Nusselt, 德国工程师, 1882～1957）数, $Nu = \dfrac{hl}{k}$。由对流传热和热传导构成 $\left(Nu = \dfrac{Q_h}{Q_k} \right)$。

毕奥（B. Biot, 法国物理学家、天文学家、数学家, 1774～1862）数, $Bi = \dfrac{h}{k/l}$。由对流传热和热传导构成 $\left(Bi = \dfrac{Q_h}{Q_k} \right)$。毕奥数与努塞特数的区别是, 在努塞特数中导热系数 k 是气体的导热系数, 但是当它换成固体导热系数时就称为毕奥数。

傅里叶（J. Fourier, 法国数学家、热力学家, 1768～1830）数, $Fo = \dfrac{kt}{\rho c l^2} = \dfrac{\alpha}{lV}$。由蓄热和热传导构成 $\left(Fo = \dfrac{Q_k}{Q_c} \right)$。

佩克莱特（E. Peclet, 法国物理学家, 1793～1875）数, $Pe = \dfrac{lV}{\alpha}$。是蓄热与传热之比 $\left(Pe = \dfrac{Q_c}{Q_k} \right)$。也是傅里叶数的倒数或者雷诺数与普朗特数之积 $\left(Pe = \dfrac{1}{Fo} = Re \cdot Pr \right)$。

格拉斯霍夫（F. Grashof, 德国工程师, 1826～1893）数, $Gr = \dfrac{g \beta l^3 \Delta \theta}{\nu^2}$。由浮力、惯性力和黏性力构成 $\left(Gr = \dfrac{F_b F_i}{F_v^2} \right)$。

斯坦顿（E. Stanton, 英国土木及机械专家, 1865～1931）数, $St = \dfrac{h}{\rho c V}$。由对流传热和蓄热构成 $\left(St = \dfrac{Q_h}{Q_c} \right)$。也可以写为努塞特数与傅里叶数之积（$St = Nu \cdot Fo$）。

刘易斯（K. Lewis, 美国化学家, 1882～1975）数, $Le = \dfrac{\alpha}{D}$。刘易斯数由热传导、蓄热和质量扩散构成 $\left(Le = \dfrac{m}{m_D} \dfrac{Q_k}{Q_c} \right)$。也可以写成几个相似参数的组合 $\left(Le = \dfrac{Sc}{Pr} = Pe^* \cdot Fr = \dfrac{Pe^*}{Pe} \right)$。

瑞利(L. Rayleigh,英国物理学家,1842～1919)数,$Ra = \dfrac{gl^3\beta\Delta\theta}{\alpha\nu}$。由浮力、黏性力、蓄热和热传导构成$\left(Ra = \dfrac{F_b}{F_v}\dfrac{Q_c}{Q_k}\right)$。也可写为格拉斯霍夫数与普朗特数的积$(Ra = Gr \cdot Pr)$。

思林(W. Thring,英国化学家,1915～)数,$Th = \dfrac{\rho c V}{e\sigma\theta^3}$。是蓄热与辐射热之比$\left(Th = \dfrac{Q_c}{Q_r}\right)$。

斯蒂芬(T. Stefan,奥地利物理学家,1835～1893)数,$St = \dfrac{e\sigma\theta^2 l}{k}$。是辐射热与传导热之比$\left(St = \dfrac{Q_r}{Q_k}\right)$。也可以写为思林数与傅里叶数积的倒数$\left(St = \dfrac{1}{Th \cdot Fo}\right)$,或者佩克莱特数与思林数之比$\left(St = \dfrac{Pe}{Th}\right)$。

1.4　相似理论应用举例

1.4.1　等截面直圆管阻力试验

密度为 ρ,黏性系数为 μ 的不可压缩流体在直径为 d,长度为 L 的水平光滑圆管内以速度 V 运动,圆管两端压差为 Δp(图 1.1),用量纲分析法求解圆管阻力实验中的相似参数。

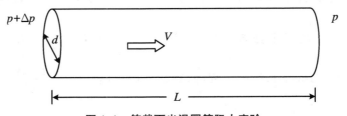

图 1.1　等截面光滑圆管阻力实验

用量纲分析法求解。

首先写出与现象有关的物理量及其量纲。直圆管的摩擦阻力 D 与流体速度 V、密度 ρ、压差 Δp、黏性系数 μ 以及管的几何尺寸等物理量有关,即 $D = f(d, V, \rho, \mu, \Delta p, L)$。它们的量纲如表 1.1 所示。

表 1.1　与现象有关的物理量的量纲

$[D]$	$[d]$	$[V]$	$[\rho]$	$[\mu]$	$[\Delta p]$	$[L]$
MLT^{-2}	L	LT^{-1}	ML^{-3}	$ML^{-1}T^{-1}$	$MT^{-2}L^{-1}$	L

这个例子中有 7 个物理量。这是一个力学问题,在 SI 中涉及力学的基本单位是 3 个,因此这个例子应取 3 个重复变量,这样就会得到 4 个相似参数。取 ρ, d, V 为重复变量,并检查其矩阵行列式不为零。用 $\mu, \Delta p$ 和 L 分别与 3 个重复变量 ρ, d, V 组合后,得

$$\pi_1 = \frac{\rho V d}{\mu} = Re, \quad \pi_2 = \frac{\Delta p}{\rho V^2}, \quad \pi_3 = \frac{L}{d} \tag{1.4}$$

用 D 和 ρ, d, V 组合后,得第 4 个相似参数

$$\pi_4 = \frac{D}{\rho V^2 d^2} = C_D \tag{1.5}$$

这是阻力系数。其中前 3 个无量纲数是支配管流现象相似的参数,是实验模拟中必须满足的。π_3 是几何相似参数,几何相似是一切相似现象的基础,实验中必须满足。另外两个相似参数 π_1 和 π_2 是模拟实验需要满足的。而第四个无量纲数 π_4 是实验结果应满足的相似参数,也就是说实验中测量的阻力应该表示成的无量纲形式。因此,对相似的圆管阻力实验,相似参数间函数关系应该是

$$C_D = f\left(Re, \frac{\Delta p}{\rho V^2}, \frac{L}{d}\right) \tag{1.6}$$

1.4.2　修复吊桥振动的实验

加拿大 Long Creek 吊桥全长 333 m,桥墩间距离 217 m(图 1.2)。1967 年大桥建成后发现当风速达 40~48 km/h 时,吊桥会产生频率 0.6 Hz 的纵向振动,中央振幅高达 10 cm 左右,特别是当桥两侧栏杆被雪堵塞时,有时振幅高达 20 cm。为了修复大桥,找到减小振幅的方法,需要事先在风洞中进行风洞模拟实验。

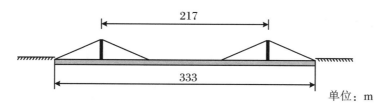

图 1.2　Long Creek 大桥示意图

用物理法则法求相似参数。

首先分析引起大桥振动的原因,这是一个典型的流致振动问题。当风吹过大桥时,会产生涡街。涡街会对大桥产生周期性的载荷。在周期性气动力作用下,大桥发生振动。因此可以认为,影响桥振动的物理法则有空气及桥的惯性、空气的黏性、桥的弹性及桥的内能损耗。首先认为在这个问题中空气黏性的影响是次要的,可以忽略。并假设桥振动引起的内能损耗表现为对数衰减比。

最后得到支配该现象的主要物理法则有:空气的惯性力写为

$$F_{\text{ia}} = \rho_a l^3 \frac{l}{t^2}$$

其中 ρ_a 是空气密度,l 长度,t 时间,下标 a 是空气;由于速度 $V = l/t$,空气的惯性力又可以

写为

$$F_{ia} = \rho_a l^2 V^2 \tag{1.7}$$

桥的惯性力为

$$F_{ib} = m_b \frac{l}{t^2} = m_b \frac{V^2}{l} \tag{1.8}$$

其中 m_b 是桥的质量,下标 b 是指桥。桥的弹性力为

$$F_{eb} = kl \tag{1.9}$$

其中 k 是弹性系数。还有一个是桥振动的对数衰减比 δ。

根据物理法则法,下面就可以直接写出相似参数了:

$$\pi_1 = \sqrt{\frac{F_{eb}}{F_{ib}}} = \frac{l}{V} \sqrt{\frac{k}{m_b}} = \frac{\omega l}{V} \tag{1.10}$$

其中用了桥的固有频率 $\omega = \sqrt{k/m_b}$。

$$\pi_2 = \frac{F_{ib}}{F_{ia}} = \frac{m_b}{\rho_a l^3} \tag{1.11}$$

$$\pi_3 = \delta \tag{1.12}$$

实验在低速风洞中进行,采用了缩尺 1/30 的部分桥模型(图 1.3)。这样不用模拟模型本身的弹性,但模型四角用弹簧支撑,用这个系统的固有频率模拟整个桥的固有频率。由于真实的桥振动中未发现扭转振动,因此实验中对模型加以约束,只有纵向振动。

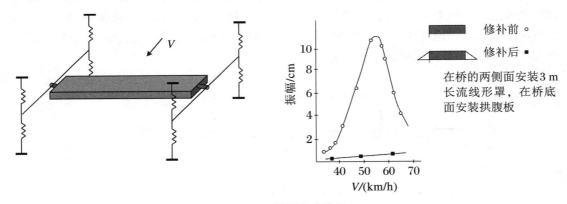

图 1.3　模型实验结果

认为实验和实际情况中空气密度不变,根据相似参数 π_2 有

$$\frac{m_b}{m_b'} = \left(\frac{l}{l'}\right)^3 \tag{1.13}$$

其中上标 ′ 表示模型实验值。根据相似参数 π_1 有

$$V' = \frac{\omega' l'}{\omega l} V \tag{1.14}$$

从(1.13)式可以得出模型的质量,从(1.14)式和实际桥振动频率 $\omega = 0.6\,\text{Hz}$,可以得出模型实验中风速和实际风速之间的关系是

$$V' = \frac{\omega'}{18} V$$

其中 ω' 为实验中电磁激振的频率。为了修复大桥提出了几种方案,其中一种简单有效的方案是在桥的两侧安装 3 m 长的流线形罩,在桥的底面安装拱形腹板。图 1.3 表示了修复前和修复后模型实验的结果,在用原型尺度给出的振幅与风速的关系曲线可以看出修复效果是明显的。实际大桥按此方案修复后,振动的确消除了。

1.4.3　确定引起脑震荡的危险角加速度

这是一个与生物力学有关的例子。人在汽车等交通工具发生事故时,有可能引起脑震荡。是否发生脑震荡与头的转动角加速度有关,一旦转动角加速度超过某个临界值,就有可能引起脑震荡。为了确定这个临界角加速度,需要通过实验决定。但是,又不能用人进行实验。因此可以用其他动物实验,最后确定人的临界角加速度,这就存在实验相似问题。这个实验中找出相似参数是十分重要的。

选用三种不同的类人猿做实验,首先假设三种类人猿的脑与人脑几何相似,材料性质相同。从其他实验已经知道,脑震荡可能是头脑中产生的应力超过某个界限引起的。所以,影响这个现象的物理法则有惯性力和脑的应力。

惯性力表示为

$$\boldsymbol{F}_{\mathrm{i}} = \rho l^3 \frac{l}{t^2} = \rho l^4 \ddot{\theta} \tag{1.15}$$

应力产生的力表示为

$$\boldsymbol{F}_{\mathrm{s}} = \sigma l^2 \tag{1.16}$$

其中 ρ 是脑的密度,l 是长度,t 是时间,$\ddot{\theta}$ 是角加速度,σ 是脑应力。于是可以直接写出

$$\pi = \frac{\boldsymbol{F}_{\mathrm{i}}}{\boldsymbol{F}_{\mathrm{s}}} = \frac{\rho l^2 \ddot{\theta}}{\sigma} = \frac{\rho^{\frac{1}{2}} m^{\frac{2}{3}} \ddot{\theta}}{\sigma} \tag{1.17}$$

这里 m 是脑质量。

实验在专门的装置上进行,实验中三种类人猿脑质量分别是:南美松鼠猿 $20\sim27$ g,印度红发猿 $70\sim100$ g,非洲黑猩猩 $350\sim500$ g。实验结果通过医学方法确定动物产生脑震荡的临界角加速度分别是:松鼠猿 19000 r/s,红发猿 10000 r/s,黑猩猩 3000 r/s。根据相似参数(1.17)式可知,假设人与类人猿脑密度 ρ 和容许应力 σ 相同,则容许角加速度与脑质量 2/3 次方成反比,即

$$\frac{\ddot{\theta}}{\ddot{\theta}'} = \left(\frac{m'}{m} \right)^{2/3}$$

图 1.4 是用脑质量与极限角加速度对数曲线表示的实验结果。人的脑质量是 $900\sim 1400$ g,从曲线外推,估计人脑容许的极限角加速度约是 1600 r/s。

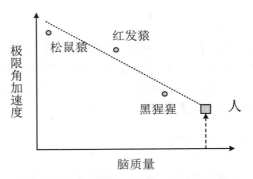

图 1.4 脑震荡容许转动角加速度实验结果示意图

1.4.4 柔性旗子在流体中摆动

日常生活中经常看到旗子在风中飘扬,水草在河流中摆动,这些是最常见到的流固耦合现象,类似的现象在工业生产和科学研究中屡见不鲜。比如,气流会引起高层建筑和桥梁振动,电线在大风中摆动,印刷业中高速运动的纸张会因摆动而破裂,有人在睡眠时会打鼾,鱼儿在水中摆尾游动等都是流固耦合的结果。

如果将物体简化为二维悬臂梁,影响悬臂梁与流体相互作用的因素可以列出如下:与流体有关的物理量有速度 U、黏性系数 μ、密度 ρ;与梁有关的物理量有长度 L、厚度 d、抗弯刚度 EI、单位长度质量 m_l、频率 f、振幅 A,共 9 个物理量。用量纲分析法,取 3 个重复变量,可以写出 6 个相似参数,如表 1.2 所示。

表 1.2 相似参数

$S = \dfrac{m_l}{\rho L d}$	$\hat{U}^2 = \dfrac{\rho U^2 \, d L^3}{EI}$	$St = \dfrac{fA}{U}$	$Re = \dfrac{\rho U L}{\mu}$	$\dfrac{L}{d}$	$\dfrac{L}{A}$
固体与流体质量之比	流体动能与固体弹性势能之比	非定常流动	流体惯性与黏性之比	几何尺寸之比	

这 6 个相似参数中,L/d 和 L/A 是几何相似参数,其中 L/d 是在实验中必须模拟的相似参数,L/A 是实验结果的相似参数。St 是实验得出的参数。而 S,$\hat{U}^2$ 和 Re 是实验和计算中需要满足的模拟参数,其中对于大尺度和高速流动来说,Re 数的影响也可以看成是第二位的,可以忽略。因此,在大多数此类研究中主要模拟的相似参数是无量纲质量 S 和无量纲速度 $\hat{U}$。

图 1.5 表示柔性旗子在流体中的稳定性曲线,其中实线和虚线表示二维旗子数值模拟的结果。曲线下方是旗子稳定区域,上方是不稳定区域。即在曲线下方区域,无论流体速度多大,旗子在流体中都不会摆动;而在曲线上方区域,旗子将会发生周期性摆动。图中孤立符号表示风洞实验结果。我们注意到所有实验点都在理论曲线上方,这是因为数值计算中用的是二维模型(无限展长),而风洞实验中模型旗子都是有限展长的,这也说明三维旗子比二维旗子更稳定。还需要说明的是,图中实心上三角表示上临界速度,实心下三角表示下临

界速度。说明在旗子比较轻时（小 S 数），存在比较严重的回滞现象。

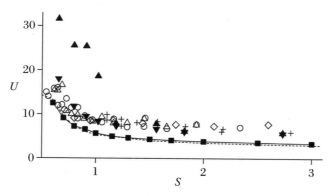

图 1.5　旗子与流体相互作用的稳定性曲线

1.4.5　确定返回舱入水的最大深度实验

在实验室中模拟宇宙飞船返回舱落入大海中的最大深度。用一个圆球模拟返回舱，在实验室用清水代替海水实验。与小球入水现象有关的物理量及其量纲是：小球质量 $[m]=$ M，球直径 $[d]=$ L，球入水速度 $[V]=$ LT^{-1}，水的密度 $[\rho]=$ ML^{-3}，水的黏性系数 $[\mu]=$ ML^{-1}T^{-1}，重力加速度 $[g]=$ LT^{-2} 和球的入水深度 $[H]=$ L。用量纲分析法，共 7 个物理量，取 ρ,V,d 为重复变量，可得到 4 个相似参数。它们是

$$\pi_1 = \frac{m}{\rho d^3}, \quad \pi_2 = \frac{\mu}{\rho V d}, \quad \pi_3 = \frac{gd}{V^2}, \quad \pi_4 = \frac{H}{d}$$

其中 π_1,π_2 和 π_3 是实验需要模拟的参数，而 π_4 是实验的结果。如果已知返回舱的质量 m_1、直径 d_1、入水速度 V_1、海水的密度 ρ_1、黏性系数 μ_1，实验中应该如何选取小球的参数呢？当然实验应该满足上述相似参数。

首先从相似参数 π_2 和 π_3 可知

$$\frac{V_2}{V_1} = \frac{\mu_2}{\mu_1}\frac{\rho_1}{\rho_2}\left(\frac{d_1}{d_2}\right) \tag{1.18}$$

$$\left(\frac{V_2}{V_1}\right)^2 = \frac{d_2}{d_1} \tag{1.19}$$

推导（1.19）式时认为重力加速度相等。合并（1.18）式和（1.19）式，有

$$\frac{d_2}{d_1} = \left(\frac{\mu_2}{\mu_1}\frac{\rho_1}{\rho_2}\right)^{\frac{2}{3}} \tag{1.20}$$

因为水的密度 ρ_2 和黏性系数 μ_2 也是已知的，从（1.20）式可求得小球直径 $d_2\left(=d_1\left(\frac{\mu_2}{\mu_1}\frac{\rho_1}{\rho_2}\right)^{2/3}\right)$。

接着从（1.19）式求得小球入水速度 $V_2\left(=V_1\left(\frac{\mu_2}{\mu_1}\frac{\rho_1}{\rho_2}\right)^{1/3}\right)$。再从相似参数 π_1 得到小球质量：

$$m_2 = m_1 \frac{\rho_1}{\rho_2} \left(\frac{\mu_2}{\mu_1} \right)^2 \tag{1.21}$$

最后根据相似参数 π_4 和实验测得的小球入水深度 H_2 求得返回舱的入水深度 H_1：

$$H_1 = H_2 \frac{d_1}{d_2} = H_2 \left(\frac{\mu_1}{\mu_2} \frac{\rho_2}{\rho_1} \right)^{2/3}$$

1.4.6 点源强爆炸问题

这是一个利用量纲分析解决复杂实际问题的经典事例。

这个问题源于美国的第一颗原子弹实验。1940 年英国著名科学家 GI. Taylor 从英国铀军事应用委员会（MAUD）主席 Thomson 处得知了要研制一种由原子核裂变放出巨大能量炸弹的消息。希望事先研究这种新型炸弹的机械效能是否与传统炸弹类似,显然这个问题的解决对原子弹研制非常重要。

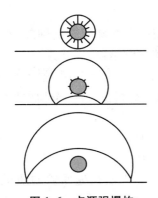

GI. Taylor 于 1941 年 6 月 27 日（星期五）向有关部门提交了他的研究报告。而正在参加曼哈顿工程的 J. von Neumenn 也在研究这一问题,他利用周末检查了报告中的 168 个公式,于 1941 年 6 月 30 日（星期一）向 Los Alamos 实验室提交了改进报告。由于保密原因,当时两份报告均没有公布。与此同时,苏联科学家 LI. Sedov 也在独立研究原子弹爆炸问题。1946 年 Sedov 首先公开发表了研究结果,1947 年 von Neumenn 发表了研究结果,到 1950 年 Taylor 才被允许发表研究报告。

图 1.6 点源强爆炸

GI. Taylor 的研究分为两部分:爆炸波的传播规律和爆炸波后流场的自相似解。在研究这个问题时,他认为一个点源强爆炸瞬间释放出的巨大但有限的能量,能对其周围的空气进行急剧的压缩和加温,前缘以超声速球形激波向外急速膨胀（图 1.6）。在强激波近似中有

$$\begin{cases} V_s = \dfrac{2}{\gamma + 1} W \\[2mm] p_s = \dfrac{2}{\gamma + 1} \rho_0 W^2 \\[2mm] \rho_s = \dfrac{\gamma + 1}{\gamma - 1} \rho_0 \end{cases} \tag{1.22}$$

其中 W 是激波运动速度,下标 s 是波后参数。在强爆炸时,冲击波前的压力与波后压力相比可以忽略不计。与此问题相关的物理量只有爆炸释放的能量 E、距离爆炸中心的距离 r、空气比热比 γ、波前密度 ρ_0 和时间 t。

这 5 个物理量的量纲分别为 $[E] = ML^2T^{-2}$,$[r] = L$,$[t] = T$,$[\rho_0] = ML^{-3}$,$[\gamma] = 1$。取 3 个物理量 E, ρ_0, t 为重复变量,得到两个相似参数。它们是

$$\pi_1 = r E^{-\frac{1}{5}} \rho_0^{\frac{1}{5}} t^{-\frac{2}{5}} \tag{1.23}$$

$$\pi_2 = \gamma \tag{1.24}$$

根据量纲分析理论可以写出

$$rE^{-\frac{1}{5}}\rho_0^{\frac{1}{5}}t^{-\frac{2}{5}} = S(\gamma) = \xi \tag{1.25}$$

在研究爆炸波传播规律问题时,物理量 r 用爆炸波波面半径 R 代替。也就是

$$R = S(\gamma)E^{\frac{1}{5}}\rho_0^{-\frac{1}{5}}t^{\frac{2}{5}} = \xi_0 E^{\frac{1}{5}}\rho_0^{-\frac{1}{5}}t^{\frac{2}{5}} \tag{1.26}$$

这就是 Taylor 著名的 $t^{2/5}$ 标度律,即冲击波波阵面半径与时间的 2/5 次方成正比。他在研究爆炸波后流场自相似解中,得出 $\gamma = 1.4$ 时 $\xi_0 = S(\gamma) = 1.033$。

对(1.26)式求导,得到爆炸波传播速度

$$W = \frac{2}{5}\xi_0 E^{\frac{1}{5}}\rho_0^{-\frac{1}{5}}t^{\frac{-3}{5}} = \frac{2}{5}\frac{\xi_0}{\xi}\frac{r}{t} \tag{1.27}$$

1947 年美国公布了原子弹爆炸火球从 0.1~1.93 ms 的照片(图 1.7),Taylor 在他的 1950 年论文中公布了从照片中测出的冲击波波阵面半径随时间的变化曲线(图 1.7),拟合出公式为

$$\frac{5}{2}\lg R - \lg t = 11.915 \tag{1.28}$$

式中 R 取厘米,t 取秒为单位。Taylor 把量纲分析得出的理论公式(1.26)式和实测曲线 (1.28)比较并利用 $\xi_0 = S(\gamma) = 1.033$ 的结果,可知

$$\frac{1}{2}\lg\frac{E}{\rho_0} = 11.915 - \frac{5}{2}\lg S(\gamma) = 11.880$$

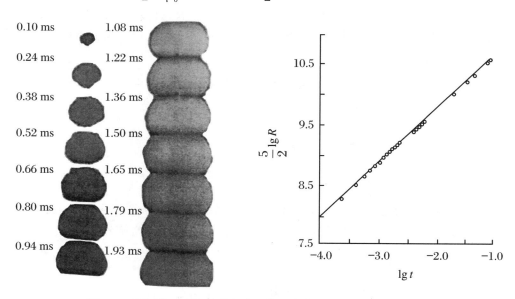

图 1.7　美国第一颗原子弹火球照片和波阵面半径随时间变化关系

由此,当 $\rho_0 = 1.25 \times 10^{-3}$ g/cm³ 时,就得出了第一颗原子弹的爆炸当量是,$E = 7.19 \times 10^{20}$ erg = 1.7 万吨 TNT 爆炸当量。这个结果震惊了美国军方,因为虽然原子弹爆炸照片公布了,但是这个爆炸当量当时是高度保密的。利用量纲分析预测出原子弹爆炸当量是 Taylor 的一大贡献,所以这个例子历史上特别有名。

在研究爆炸波后流场 $(r < R)$ 时,除了影响现象的 5 个物理量 E, r, t, ρ_0, γ 外,还有需求的 3 个物理量是流场的压力 p、密度 ρ 和速度 V。仍取 E, ρ_0, t 为重复变量,应该获得 5 个相似参数,除了已有的两个相似参数 ξ, γ 外,还增加了 3 个无量纲相似参数,即

$$\pi_P = \frac{p}{\rho_0^{\frac{3}{5}} E^{\frac{2}{5}} t^{-\frac{6}{5}}} = f_p(\xi, \gamma) \tag{1.29}$$

$$\pi_V = \frac{V}{\rho_0^{-\frac{1}{5}} E^{\frac{1}{5}} t^{-\frac{3}{5}}} = f_V(\xi, \gamma) \tag{1.30}$$

$$\pi_\rho = \frac{\rho}{\rho_0} = f_\rho(\xi, \gamma) \tag{1.31}$$

量纲分析可以告诉我们相似参数的个数和形式,但是相似参数之间的函数关系还需要从基本方程求出。

球面激波内流场的运动方程是球坐标下的一维非定常方程组:

$$\begin{cases} \dfrac{\partial \rho}{\partial t} + \rho \dfrac{\partial V}{\partial r} + V \dfrac{\partial \rho}{\partial r} + \dfrac{2\rho V}{r} = 0 \\[2mm] \dfrac{\partial V}{\partial t} + V \dfrac{\partial V}{\partial r} + \dfrac{1}{\rho} \dfrac{\partial p}{\partial r} = 0 \\[2mm] \left(\dfrac{\partial}{\partial t} + V \dfrac{\partial}{\partial r} \right) \ln \dfrac{p}{\rho^\gamma} = 0 \end{cases} \tag{1.32}$$

这是一个偏微分方程组,它的边界条件就是在激波面 $(r = R)$ 时波后的压力、速度、密度,也就是(1.22)式的值。直接求解此偏微分方程有困难,引入下列无量纲参数可以将偏微分方程组化为常微分方程组(1.36):

$$\bar{p} = \frac{25(\gamma + 1)}{8} \frac{p}{\rho_0^{\frac{3}{5}} E^{\frac{2}{5}} t^{-\frac{6}{5}}} = \frac{25(\gamma + 1)}{8} \frac{p}{\rho_0 (r/t)^2} \tag{1.33}$$

$$\bar{V} = \frac{5(\gamma + 1)}{4} \frac{V}{\rho_0^{-\frac{1}{5}} E^{\frac{1}{5}} t^{-\frac{3}{5}}} = \frac{5(\gamma + 1)}{4} \frac{V}{r/t} \tag{1.34}$$

$$\bar{\rho} = \frac{(\gamma - 1)}{\gamma + 1} \frac{\rho}{\rho_0} \tag{1.35}$$

(1.33)~(1.35)式和(1.29)~(1.31)式相比差一个常数。采用(1.33)~(1.35)式的目的是使得常微分方程组(1.36)的边界条件化为 $\bar{p} = \bar{V} = \bar{\rho} = 1$。得到的常微分方程是

$$\begin{cases} \left(\bar{V} - \dfrac{\gamma + 1}{2} \right) \dfrac{1}{\bar{\rho}} \dfrac{d\bar{\rho}}{d\xi} + \dfrac{d\bar{V}}{d\xi} = -\dfrac{3\bar{V}}{\xi} \\[3mm] \bar{p}(2\bar{V} - \gamma - 1) \dfrac{d\bar{V}}{d\xi} + (\gamma - 1) \dfrac{d\bar{p}}{d\xi} = \dfrac{1}{2\xi} \left[\bar{\rho}\bar{V}(5\gamma - 4\bar{V}) - 4(\gamma - 1)\bar{p} \right] \\[3mm] \dfrac{d}{d\xi} \left(\ln \dfrac{\bar{p}}{\bar{\rho}^\gamma} \right) = \dfrac{1}{\xi} \dfrac{5(\gamma + 1) - 4\bar{V}}{2\bar{V} - (\gamma + 1)} \end{cases} \tag{1.36}$$

从这个常微分方程组积分可以推导出波后流场的参数。

1.5　部　分　相　似

根据相似理论,现象相似的充分必要条件是"单值条件相同,同名相似参数相等"。然而,在模拟实验中经常遇到一些不能完全满足上述条件的情况。为了使实验模拟能继续进行,往往会放宽模拟条件,这就是部分相似。下面通过几个例子来解释部分相似的问题。

1.5.1　模拟影响现象的主要相似参数——飞机风洞实验

在飞机、导弹等常规风洞实验中通常认为影响现象的物理法则有流体惯性力、黏性力和绝热压缩力。由此得出风洞试验需要满足的相似参数主要有雷诺数 Re、马赫数 M 和气体比热比 γ。假设实物飞行和模型实验都在空气中进行,则认为比热比 γ 自动相等。剩余的两个相似参数 Re 数和 M 数在风洞实验中应当保证与实际飞行时相等,才能满足风洞试验与真实飞行相似。但是实际情况中要同时满足 Re 数和 M 数相等有一定困难,这时我们要首先抓住问题的主要矛盾。

如果飞机的飞行速度远小于声速时($M<0.3$),气体的可压缩性起次要作用,因此在低速风洞实验中可以不考虑 M 数影响,Re 数成为主要需要满足的相似参数。如果飞机的飞行速度为超声速时($M>1.4$),气体的可压缩性的影响成为主要矛盾,在超声速风洞实验中 M 数成为必须首先满足的相似参数。对于 Re 数的影响则与具体的实验内容有关,如果实验主要研究与飞行器升力有关的内容,则 Re 数的影响可以放到第二位。如果实验中研究与飞行器阻力有关的内容,则 Re 数的影响需要考虑。如果飞机的飞行速度在跨声速范围($0.8>M>1.4$),Re 数和 M 数都是影响跨声速飞行的重要因素,所以在跨声速风洞实验中必须同时满足 Re 数和 M 数。

即使在低速风洞实验中要满足 Re 数相等也有困难。一般大型低速飞机的 Re 数都很高,对于缩尺模型的低速风洞实验,若要 Re 数相等则可能使得模型实验的速度会很高。原本飞机的飞行速度远低于声速,可以不考虑气体的压缩性,但在模型实验中为了满足 Re 数相等,增大气流速度,使得气体的压缩性不得不考虑,显然这种方法是不可取的。一般做法是建造高 Re 数的低速风洞,如果没有高 Re 数的低速风洞,可以在常规低速风洞中继续实验,对实验结果进行 Re 数修正。

在风洞实验中除了要考虑满足相似参数的问题外,还需要考虑各种"单值条件"的影响。在风洞实验中不少条件与真实飞行是不一样的,例如来流条件,洞壁条件,模型支架等。因此,一般风洞实验与真实飞行不是完全相似的,需要对风洞实验结果进行各种修正,有关风洞实验数据修正的内容将在2.8节中介绍。

1.5.2　不同相似参数分开模拟——船舶水池实验

在一些模拟实验中,存在多个相似参数需要满足。当不能同时满足这些相似参数相等时,为了使实验能继续进行,可以采取不同相似参数分开实验的方法。下面通过船舶水池实验的例子介绍是如何放宽实验条件的。

船舶水池实验是船舶设计过程中经常进行的实验内容。测量船航行中受到的阻力是船舶研究的主要内容。通过分析可知,船泊航行中受到的阻力有三种,即在水面以下受到水的黏性阻力,在水面受到水波的阻力,在水面以上受到空气的阻力。这里我们首先忽略空气的阻力不计,或者另外专门研究。现在我们研究在无风环境下船舶的航行阻力问题,可以在水池中进行实验。

支配这个现象的物理法则有水的惯性力、黏性力和重力。根据选定物理法则法,在船舶水池实验中需要满足的主要相似参数是

$$\pi_1 = \frac{\rho V L}{\mu} = Re$$

和

$$\pi_2 = \frac{V^2}{gL} = Fr^2$$

进一步分析这两个相似参数,发现在实验中要同时满足 Re 数和 Fr 数相等是困难的。因为一方面,要做到实验和原型 Re 数相等,则有

$$\frac{\nu_1}{\nu_2} = \frac{V_1}{V_2}\frac{L_1}{L_2}$$

其中 $\nu = \mu/\rho$ 是运动黏性系数,下标 1 表示真实航行的船,下标 2 表示水池实验的船模型。假设真实的船和模型都是在水中运动的,则上式中运动黏性系数相同,即 $\nu_1 = \nu_2$。这时我们得出

$$\frac{V_1}{V_2} = \frac{L_2}{L_1} \tag{1.37}$$

另一方面,如果要做到实验和原型 Fr 数相等,则有

$$\frac{V_1^2}{g_1 L_1} = \frac{V_2^2}{g_2 L_2}$$

事件都发生在地球上,重力加速度相等,$g_1 = g_2$,则有

$$\frac{V_1}{V_2} = \sqrt{\frac{L_1}{L_2}} \tag{1.38}$$

比较(1.37)式和(1.38)式,显然两个结果是矛盾的。例如,假设模型尺寸缩小到原型的 1/100,从 Re 数相等出发,要求 $V_2 = 100V_1$,即模型速度是原型速度 100 倍;而从 Fr 数相等出发,要求 $V_1 = 10V_2$,即模型速度是原型速度 1/10。也就是说这是矛盾的,用水做实验时,不可能同时满足 Re 数和 Fr 数相等,除非模型和原型大小一样。

如果改变一种思路,不用水做实验,在其他介质中做实验会怎样呢? 要同时满足 Re 数和 Fr 数相等,很容易得到

$$\frac{\nu_1}{\nu_2} = \left(\frac{L_1}{L_2}\right)^{\frac{3}{2}}$$

假设模型尺寸仍然缩小到原型的 1/100,我们从上式有 $\nu_1 = 1000\nu_2$。我们知道,水的运动黏

性系数是 $\nu = 1 \times 10^{-6}$ m²/s,空气的黏性系数是 $\nu = 1.5 \times 10^{-5}$ m²/s。要找到和水的黏性系数差 1000 倍的介质还是相当困难的。

为了使实验能继续进行下去,可以采用放宽实验条件的方法,即不做到完全相似,而是采用部分相似。这样做需要对问题有深入的了解,抓住事物的主要矛盾。

在船舶水池实验这个问题中,我们知道,忽略空气阻力,船的阻力由两部分组成:来自水面的波阻和水下的黏性阻力。其中波阻主要来自重力影响,由 Fr 数起主导作用;黏性阻力主要来自摩擦阻力,由 Re 数起主导作用。现在放宽实验条件的做法是把测量摩阻和测量波阻分开进行实验。

把船的阻力系数 C_D 表示为摩阻系数 C_{D_f} 和波阻系数 C_{D_w} 之和,其中摩阻系数 C_{D_f} 仅是 Re 数的函数,波阻系数 C_{D_w} 是 Fr 数和肥瘦比 ψ 的函数:

$$C_D = C_{D_f}(Re) + C_{D_w}(Fr, \psi) \tag{1.39}$$

在实验过程中分别测量摩阻系数和波阻系数。摩阻系数可采用平板摩阻实验的结果代替,平板摩阻的公式为

$$\frac{0.242}{C_{D_f}} = \lg(Re \cdot C_{D_f}) \tag{1.40}$$

其中 Re 数是以平板长度为特征长度的雷诺数,摩阻系数 C_{D_f} 定义为

$$C_{D_f} = \frac{2D_f}{\rho V^2 S} \tag{1.41}$$

式中 D_f 是平板的摩擦阻力,S 是平板的浸湿面积。

实验过程中具体做法如下:

(1) 给定模型的缩尺比,根据 Fr 数相等原则,确定模型实验速度 V_2((1.38)式)。

(2) 测量模型的总阻力 D_2。

(3) 计算模型试验 Re 数,并根据平板摩阻公式(1.40)求出模型摩阻系数 $C_{D_{f2}}$,由 (1.41)式和模型的浸湿面积 S_2 计算模型的摩擦阻力 D_{f2}。

(4) 模型的总阻力减去模型的摩擦阻力,得到模型受到的波阻 $D_{w2} = D_2 - D_{f2}$,并可以计算出波阻系数 C_{D_w} 和总阻力系数 C_D。

真实船的阻力可以如下计算:

(1) 因为模型实验与真实船有相同的 Fr 数,二者的波阻系数也应该相同,即

$$\frac{2D_{w1}}{\rho_1 V_1^2 L_1^2} = \frac{2D_{w2}}{\rho_2 V_2^2 L_2^2}$$

得

$$D_{w1} = \frac{V_1^2 L_1^2}{V_2^2 L_2^2} D_{w2} = \left(\frac{L_1}{L_2}\right)^3 D_{w2}$$

(2) 计算真实船的 Re 数,并根据平板摩阻公式(1.40)求出船的摩阻系数 $C_{D_{f1}}$,由 (1.41)式和船的浸湿面积 S_1 计算船的摩擦阻力 D_{f1}。

(3) 真实船的总阻力是 $D_1 = D_{w1} + D_{f1}$。

1.5.3　用不同介质实验——昆虫飞行实验

在模型实验时为了满足多个相似参数相等,也可以换个思路,采用不同介质进行实验。

下面我们通过昆虫飞行实验的例子介绍这种放宽实验条件的方法。

昆虫飞行时依靠翅膀高频运动获得升力和推力,但用昆虫直接做实验是十分困难的。如果用模型做实验,则根据相似理论应该满足的相似参数有

$$\pi_1 = \frac{\rho VL}{\mu} = Re$$

和

$$\pi_2 = \frac{fL}{V} = St$$

其中 f 是频率。St 数是表征非定常运动的相似参数。Re 数和 St 数是模型实验需要模拟的相似参数,当然还存在表征实验结果的相似参数,如升力系数、阻力系数等。

昆虫一般尺度很小,扇翅频率很高。依靠特殊的扇翅方式,获得高升力。为了研究昆虫获得高升力的机理,Dickinson 提出在油介质中进行果蝇模型的测力实验的方法。下面我们通过一个例子来解释是如何通过改变介质实现实验模拟的。

例 1.1 已知果蝇特征尺寸 $L_1 = 2.5$ mm,扇翅频率 $f_1 = 350$ Hz;空气的密度 $\rho_1 = 1.29$ kg/m^3,运动黏性系数 $\nu_1 = 1.5 \times 10^{-5}$ m^2/s;模拟实验在矿物油中进行(图 1.8),矿物油的密度 $\rho_2 = 0.88 \times 10^3$ kg/m^3,运动黏性系数 $\nu_2 = 1.15 \times 10^{-4}$ m^2/s。如果模型翼外形与果蝇翼几何相似,模型翼特征尺寸 $L_2 = 25$ cm,特征面积 $S_2 = 0.0167$ m^2。求:

(1) 该实验应该满足的相似参数;

(2) 实验中模型的摆动频率 f_2 应选择多少?

(3) 若测得模型平均升力 $F_{L_2} = 0.25$ N,对应果蝇的飞行升力是多少? 升力系数 $C_L = 2F_L/(\rho r_2^2 V^2 S)$,其中 V 是翼尖速度,S 是特征面积,r_2^2 是翼的面积二阶矩($=0.4$)。

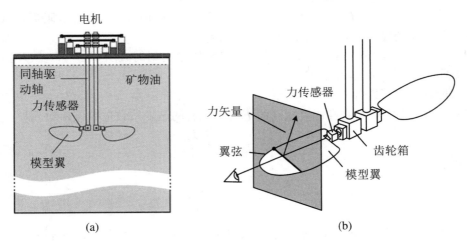

图 1.8 果蝇模型实验

根据量纲分析,本实验应该满足的相似参数是 Re 数和 St 数,要求模型和实物的 Re 数相等,则得出(下标 1 表示果蝇,2 表示模型)

$$\frac{V_2}{V_1} = \frac{L_1}{L_2} \frac{\nu_2}{\nu_1}$$

由模型和实物的 St 数相等,得出

$$\frac{V_2}{V_1} = \frac{f_2}{f_1} \frac{L_2}{L_1}$$

因此,同时满足 Re 数和 St 数相等,得到

$$\frac{f_2}{f_1} = \left(\frac{L_1}{L_2}\right)^2 \frac{\nu_2}{\nu_1}$$

模型实验应选择的频率 f_2 为

$$f_2 = \left(\frac{L_1}{L_2}\right)^2 \frac{\nu_2}{\nu_1} f_1 = \left(\frac{2.5}{250}\right)^2 \frac{1.15 \times 10^{-4}}{1.5 \times 10^{-5}} \times 350 = 0.268 \text{ Hz}$$

模型实验和昆虫飞行的升力系数应该相等,有

$$\frac{F_{L_2}}{\rho_2 r_2^2 V_2^2 S_2} = \frac{F_{L_1}}{\rho_1 r_2^2 V_1^2 S_1}$$

如果测得模型平均升力是 $F_{L_2} = 0.25 \text{ N}$,对应果蝇的升力是

$$F_{L_1} = \frac{\rho_1}{\rho_2} \left(\frac{V_1}{V_2}\right)^2 \left(\frac{L_1}{L_2}\right)^2 F_{L_2} = \frac{\rho_1}{\rho_2} \left(\frac{\nu_1}{\nu_2}\right)^2 F_{L_2} = 6.23 \text{ } \mu\text{N}$$

1.5.4　空间采用不同缩尺比——河道实验

在一些特殊实验中空间不同方向尺度差异很大,给实验模拟带来了困难。比如在河口和河川模型实验中,水平方向尺度与垂直方向尺度最多可以相差几个数量级。如果按完全几何相似制作模型,那么河床模型的深度就会变得很小。一来给模型加工带来困难,误差增大;二来原本对原型来说可以忽略的表面张力影响,而在模型实验中却变得很大,反而使得模拟不能令人满意。下面我们看一个河口潮汐的实验例子。

例 1.2　进行一个河口潮汐的模型实验,由于河道水平方向长度与河床深度差别较大,需要在水平和垂直方向采用不同的缩尺比。水平方向采用缩尺比为 λ_x,垂直方向缩尺比为 λ_z。如果实际河口潮汐周期为 T_1,问模型实验中应采用的潮汐周期时间是多少?

在分析这个问题时我们注意到支配河道流动的物理法则有水的惯性力、黏性力和重力。由于河道都是大尺度流动的,黏性力起次要作用(惯性力远大于黏性力),可以忽略。惯性力主要作用在水平方向,重力主要作用在垂直方向,我们可以在两个方向取不同的缩尺比。这两个方向之间是有联系的,河道是有坡度的,水平方向水流速度是依靠重力分量维持的。重力在水流方向的分量是

$$F_{gx} = \rho g h L^2 \frac{h}{L}$$

其中 ρ 是密度,g 是重力加速度,L 是水平方向特征长度,h 是垂直方向特征高度,h/L 是河道坡度。流动方向水流的惯性力

$$F_{\text{ix}} = \rho h L^2 \frac{L}{t^2}$$

其中 t 是时间。二者的比值

$$\pi_1 = \frac{F_{gx}}{F_{ix}} = \frac{ght^2}{L^2} = \frac{gh}{U^2}$$

其中 U 是水流速度。

在水平方向支配潮汐的物理法则有水流的惯性力 F_{ix} 和潮汐的非定常力：

$$F_t = \rho h L^2 fU$$

二者的比值

$$\pi_2 = \frac{F_t}{F_{ix}} = \frac{\rho h L^2 fU}{\rho h L U^2} = \frac{L}{UT}$$

其中 T 是潮汐周期。根据 π_1 相等,模型速度

$$U_2 = \sqrt{\frac{h_2}{h_1}} U_1 = \sqrt{\lambda_z} U_1$$

和根据 π_2 相等,模型潮汐周期

$$T_2 = \frac{L_2}{L_1} \frac{U_1}{U_2} T_1 = \lambda_x \lambda_z^{-\frac{1}{2}} T_1$$

其中 $\lambda_x = L_2/L_1$ 和 $\lambda_z = h_2/h_1$。在水工模型实验中由于采用了水平方向和垂直方向不同的缩尺比,因此模型的坡度一般都比原型大得多。模型的流量也和原型不同

$$Q_2 = \lambda_x \lambda_z^{\frac{3}{2}} Q_1$$

如果涉及泥沙、坝工结构等问题则更复杂。如有兴趣,读者可参阅专门相关文献。

1.6　不同物理现象之间的比拟

在有的实验中,可以采用不同物理现象之间的比拟。只要两种物理现象的基本方程属于同一种类型,就可以用另一种物理现象比拟流体力学现象。下面通过几个例子了解不同现象之间的比拟。

1.6.1　水电比拟

平面、定常、不可压、无黏流动和平面电场虽然是不同的物理现象,但是具有类似的控制方程,它们的基本方程如表 1.3 所示。

在表 1.3 的流体力学方程中,φ 是势函数,ψ 是流函数,v 是速度。在电学方程中,U 是电位函数,W 是电流函数,i 是电流密度,h 是液体层厚度,σ 是电阻率。下面我们通过一个例子说明如何用平面电场来比拟圆柱绕流的实验。实验在一个平面矩形容器中进行,容器内充满厚度为 h 的电解液。实验可以用两种方法进行,直接比拟和间接比拟。

表 1.3　平面、定常、不可压、无黏流动和平面电场的基本方程

平面、定常、不可压、无黏流动	平面电场
$\dfrac{\partial^2 \varphi}{\partial x^2} + \dfrac{\partial^2 \varphi}{\partial y^2} = \nabla^2 \varphi = 0$	$\dfrac{\partial^2 U}{\partial x^2} + \dfrac{\partial^2 U}{\partial y^2} = \nabla^2 U = 0$
$\dfrac{\partial^2 \psi}{\partial x^2} + \dfrac{\partial^2 \psi}{\partial y^2} = \nabla^2 \psi = 0$	$\dfrac{\partial^2 W}{\partial x^2} + \dfrac{\partial^2 W}{\partial y^2} = \nabla^2 W = 0$
$v_x = \dfrac{\partial \varphi}{\partial x} = \dfrac{\partial \psi}{\partial y}$	$i_x = -\dfrac{1}{\sigma}\dfrac{\partial U}{\partial x} = -\dfrac{1}{h}\dfrac{\partial W}{\partial y}$
$v_y = \dfrac{\partial \varphi}{\partial y} = -\dfrac{\partial \psi}{\partial x}$	$i_y = \dfrac{1}{\sigma}\dfrac{\partial U}{\partial y} = \dfrac{1}{h}\dfrac{\partial W}{\partial x}$
$\dfrac{\partial v_x}{\partial x} + \dfrac{\partial v_y}{\partial y} = 0$	$\dfrac{\partial i_x}{\partial x} + \dfrac{\partial i_y}{\partial y} = 0$
$\dfrac{\partial v_y}{\partial x} - \dfrac{\partial v_x}{\partial y} = 0$	$\dfrac{\partial i_y}{\partial x} - \dfrac{\partial i_x}{\partial y} = 0$

在直接比拟方法中,流体的势函数对应电学的电位函数,流体的流函数对应电学的电流函数。即

$$\varphi = K_1 U,\quad \psi = K_1 W,\quad v_x = \frac{\partial \varphi}{\partial x} = K_1\frac{\partial U}{\partial x},\quad v_y = \frac{\partial \varphi}{\partial y} = K_1\frac{\partial U}{\partial y}$$

其中 K_1 是比拟系数。在直接比拟中要求流场中的等势线对应电场中的等电位线,因此,采用如图 1.9 所示的电路布置。左右两端为电极,与直流电源相连,模拟均匀来流。而流场中要求模型为零流线,即等势线应垂直于模型,故模型需用绝缘材料制作。这时电场中的等电位线对应流场的等势线。

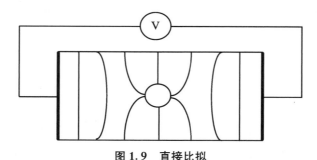

图 1.9　直接比拟

在间接比拟方法中,流体的流函数对应电学的电位函数,流体的势函数对应电学的电流函数。即

$$\psi = K_2 U,\quad \varphi = K_2 W,\quad v_x = \frac{\partial \psi}{\partial y} = K_2\frac{\partial U}{\partial y},\quad v_y = -\frac{\partial \psi}{\partial x} = -K_2\frac{\partial U}{\partial x}$$

其中 K_2 是比拟系数。实验装置与直接比拟类似,但是在间接比拟中要求流场中的流线对应电场中的等电位线,因此,采用如图 1.10 所示的电路布置。上、下两壁为电极,与直流电源相连,模拟壁面是一条流线。流场中要求模型为零流线,故模型需用导电材料制作。这时,电场的等位线对应于流场的流线。

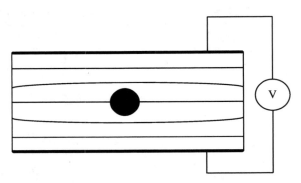

图 1.10　间接比拟

　　水电比拟是通过测量电场中各点的电位或两点间的电位差获得电场数据,从而得到流场数据。水电比拟可以模拟二维不可压无黏流动,方法直观、简单、准确,因而多用在教学实验中。如果改变模型,可以得到不同形状物体的绕流情况。现在也可以用于模拟非定常、不可压、无黏流动。

1.6.2　压力波/重力波比拟

　　一维、非定常、均熵流动和一维水波同样具有类似的控制方程。因此,可以用水槽实验比拟气体动力学压力波的实验。二者都是双曲型方程,因此都存在特征线和相应的特征关系。它们的基本方程如表 1.4 所示。

表 1.4　一维、非定常、均熵流动和一维水波的基本方程

一维、非定常流	一维水波
$\dfrac{\partial \rho}{\partial t} + u\dfrac{\partial \rho}{\partial x} + \rho\dfrac{\partial u}{\partial x} = 0$	$\dfrac{\partial h}{\partial t} + v\dfrac{\partial h}{\partial x} + h\dfrac{\partial v}{\partial x} = 0$
$\dfrac{\partial u}{\partial t} + u\dfrac{\partial u}{\partial x} = -\dfrac{1}{\rho}\dfrac{\partial p}{\partial x} = -\dfrac{a^2}{\rho}\dfrac{\partial \rho}{\partial x}$	$\dfrac{\partial v}{\partial t} + v\dfrac{\partial v}{\partial x} = -g\dfrac{\partial h}{\partial x}$
$a^2 = \dfrac{\partial p}{\partial \rho},\ M = \dfrac{u}{a}$	$c^2 = gh,\ M = \dfrac{v}{c}$
$\left[\dfrac{\partial}{\partial t} \pm (u \pm a)\dfrac{\partial}{\partial x}\right]\left(u \pm \dfrac{2}{\gamma-1}a\right) = 0$	$\left[\dfrac{\partial}{\partial t} \pm (v \pm c)\dfrac{\partial}{\partial x}\right](v \pm 2c) = 0$
$\mathrm{d}u \pm \dfrac{2}{\gamma-1}\mathrm{d}a = 0,沿\dfrac{\mathrm{d}x}{\mathrm{d}t} = u \pm a$	$\mathrm{d}v \pm 2\mathrm{d}c = 0,沿\dfrac{\mathrm{d}x}{\mathrm{d}t} = v \pm c$

　　在上述非定常流方程中,ρ 是密度,u 是速度,p 是压力,a 是声速。在水波方程中,h 是水深,v 是速度,g 是重力加速度,c 是声速。比较两组方程可以看出水波方程中的深度 h 对应于非定常流方程中的密度 ρ,水波方程中的速度 v 对应于非定常流方程中的速度 u,水波方程中的波速 c 对应于非定常流方程中的声速 a。对照两组特征线方程可知,用水波可以比拟非定常流中比热比为 $\gamma = 2$ 的气体流动现象。

参 考 文 献

［1］　谢多夫. 力学中的相似方法和量纲理论［M］. 北京：科学出版社，1982.

［2］　江守一郎. 模型实验的理论和应用［M］. 北京：科学出版社，1984.

［3］　左东启. 模型试验的理论和方法［M］. 北京：水利电力出版社，1984.

［4］　谈庆明. 量纲分析［M］. 合肥：中国科学技术大学出版社，2005.

［5］　孙博华. 量纲分析与 Lie 群［M］. 北京：高等教育出版社，2016.

［6］　Kline S J. Similitute and approximation theory［M］. New York：McGraw-Hill，1965.

［7］　Wardlaw P L，Ponder C A. An example of the use of wind tunnels for investigating the aerodynamic stability of bridges［R］. Ottawa，Canada：Quar. Bull. Div. of Mech. Eng. and Nail. Aeronautical Establishment，Natl. Res. Council Canada，Rep. No. DME/NAR 1969（3），Jul. 1 to Sep. 30.

［8］　Ommaya A K，Hirsch A E. Tolerance for cerebral concussion from head impact and whiplash in primates［J］. J. Biomech，1971，4：13-21.

［9］　Dickinson M H，Lehman F O，Sane S P. Wing rotation and the aerodynamic basis of insect flight［J］. Science，1999，284：1954-1960.

［10］　Douglas J F. Solution of problem in fluid mechanics［M］. London：Pitman Publishing Limited，1975.

第 2 章　流体力学实验数据处理

　　流体力学实验结果的精确度直接受到多种因素的影响,如实验方案的选取、实验模型加工的精度、实验条件和真实环境的差异、测量仪器及设备的精度、数据处理方法等。因此,只有对整个实验过程的各个环节做出详细的分析,才能正确地评估流体力学实验结果的精度。本章主要针对实验中数据测量环节的误差进行分析,其他环节的误差评估还需要大家在具体实验过程中自行分析。

2.1　测量误差的基本概念

2.1.1　误差的概念

1. 真值和测量值

　　真值是指在一定时间和空间条件下,某物理量所体现的真实的值。它与所选用的测量仪器及测量方法无关,严格说真值是无法测量到的值。由于受到测量手段和测量水平的限制,测量值只是对真值的近似。

　　一般来说,真值是未知的。但是在某些条件下,真值是可以知道或者从相对意义上认为是已知的。它们包括:

　　(1) 理论真值。例如,平面三角形三个内角之和恒为 $180°$,同一测量值自身之差为 0,自身之比为 1,还有理论设计值、理论公式表达值等都认为是理论真值。

　　(2) 计量学约定真值。凡是符合国际计量大会规定的 7 个基本单位条件复现的量值都认为是真值。

　　(3) 标准器相对真值。通常通过多级计量检测网进行一系列量具的逐级比对确定使用量具的量值。在每一级比对中,常以上一级标准器的量值作为近似真值,也称之为参考值或传递值。

2. 误差

　　误差定义为某物理量的给出值(包括测量值、实验值、预置值等)与真值之差。即误差＝给出值－真值。

误差又分为绝对误差、相对误差、分贝误差和引用误差。

（1）绝对误差

若某物理量真值为 a，给出值为 x，则其绝对误差 δ 定义为

$$\delta = x - a \tag{2.1}$$

绝对误差反映了给出值偏离真值的大小，绝对误差越小表明测量值越接近真值。但是在有些情况下绝对误差并不能完全反映出测量值的准确程度。例如，用风速表测量得到室外风速值是 $2.1\,\mathrm{m/s}$，而真实风速是 $2.0\,\mathrm{m/s}$，测量的绝对误差是 $0.1\,\mathrm{m/s}$。用热线风速仪在风洞中测量到气流速度是 $40.5\,\mathrm{m/s}$，而气流真实速度是 $40.0\,\mathrm{m/s}$，测量的绝对误差是 $0.5\,\mathrm{m/s}$。看起来似乎风速表的测量精度比热线风速仪还高，事实却相反。下面引入相对误差的概念。

（2）相对误差

相对误差表示测量值偏离真值的相对程度，用百分比 % 表示。相对误差 ε 定义为

$$\varepsilon = \frac{\delta}{a} \tag{2.2}$$

显然相对误差比绝对误差更直接地表明了测量的精确程度。例如上述例子中，风速表的测量相对误差是 5%，热线风速仪的测量相对误差是 1.25%，可见用相对误差表示仪器的精度更合理。

（3）分贝误差

在电学和声学计量中常用分贝误差来表示相对误差，如果两个电压分别是 U_1 和 U_2，其比值是 $\alpha = U_2/U_1$，则分贝的定义是

$$A = 20\lg\frac{U_2}{U_1} = 20\lg\alpha \quad (\mathrm{dB}) \tag{2.3}$$

如果比值 α 产生一个误差 $\delta\alpha$，则有

$$\delta A = 20\lg(1 + \delta\alpha/\alpha) \quad (\mathrm{dB}) \tag{2.4}$$

(2.4)式给出了比值 α 的相对误差与分贝误差之间的关系。注意到

$$\lg(1 + \delta) = 0.4343\ln(1 + \delta) \approx 0.4343\delta$$

有

$$\begin{cases} \delta A(\mathrm{dB}) \approx 8.69(\delta\alpha/\alpha) \\ (\delta\alpha/\alpha) \approx 0.1151\delta A \quad (\mathrm{dB}) \end{cases} \tag{2.5}$$

(2.4)式和(2.5)式是分贝误差和相对误差之间的换算关系。

（4）引用误差

引用误差是一种简单、实用、方便的相对误差表示方法，广泛用于各种测量仪表中。为了计算测量误差和划分仪表等级方便，引用误差一律用该仪表在该量程的最大刻度值作为相对误差的分母，由此得到引用误差 ε_{m} 的定义是

$$\varepsilon_{\mathrm{m}} = \frac{\Delta x}{x_{\mathrm{m}}} \tag{2.6}$$

其中 x_{m} 是最大刻度值，Δx 是示值误差。引用误差 ε_{m} 常以百分数表示，表示使用仪表时可能出现的误差。

现在常用仪表的精度等级分别为 0.1,0.2,0.5,1.0,1.5,2.5,5.0 七级,它表明仪表的引用误差不能超过的界限。一般说,仪表为 s 级,仅说明合格仪表的最大引用误差不会超过 $s\%$,而不认为它在各刻度点上的示值都具有 $s\%$ 的精度。假设仪表满量程刻度值是 x_m,测量点的读数是 x,则 s 级仪表在 x 点附近的示值误差是

$$绝对误差 \leqslant x_m \times s\%$$
$$相对误差 \leqslant x_m \times s\%/x$$

因此 x 值愈靠近 x_m 时,测量的精度愈高;x 值愈远离 x_m 时,测量的精度愈低。我们在选用仪表时应选择适当的量程,尽量能在仪表满刻度值的 2/3 以上范围内测量。

例如,要测量 10 V 左右的电压,有两只电表。一只 1.5 级,量程 150 V;另一只 2.5 级,量程 15 V,应选用哪一只测量? 第一只的测量误差可以达到 150×1.5% = 2.25 V;第二只的测量误差仅为 15×2.5% = 0.375 V,显然应该选用第二只。由此可以得出结论:不能片面追求仪表的高级别,应根据被测量值的大小和仪器级别合理选择。

2.1.2 算术平均值和残差

在实际测量中,真值往往是不确定的,因此绝对误差和相对误差也是无法求出的。实际测量中通常对某一物理量在相同的条件下反复测量多次,取其算术平均值来代替真值进行误差估计。

设 $x_1,x_2,\cdots,x_n$ 为 n 次测量值,n 是测量次数,则算术平均值 $\bar{x}$ 定义为

$$\bar{x} = \frac{x_1 + x_2 + \cdots + x_n}{n} = \frac{\sum\limits_{i=1}^{n} x_i}{n} \tag{2.7}$$

测量值 x_i 与算术平均值 $\bar{x}$ 的差称为残差 ν_i,即

$$\nu_i = x_i - \bar{x} \tag{2.8}$$

残差和绝对误差是有区别的,但是在通常数据处理中已习惯用残差代替绝对误差,用算术平均值代替真值。相应地,相对误差表示为

$$\varepsilon = \frac{\nu_i}{\bar{x}} \tag{2.9}$$

2.1.3 误差的来源和分类

1. 误差的来源

测量中产生误差的原因有很多,例如:

(1) 装置误差,包括:

① 标准器误差,如标准砝码、标准量块、标准电池本身有的误差。

② 仪器误差,如天平、温度计、压力计等测量仪器的误差。

③ 附件误差,为测量方便或必不可少的辅助器件,如电源、热源、导线等的误差。

(2) 环境误差

由于实验环境(如温度、大气压、湿度)与要求的标准状态不一致,以及时间、空间的变化

引起测量装置变化,机构失灵、相互位置改变引起的误差。因此,应该注意使仪器在出厂规定的使用条件下工作,定期校测工作环境,确保仪器的重复性、稳定性、零点漂移等性能。

（3）人员误差

测量人员本身因生理和心理变化,反应速度快慢以及个人固有习惯等因素引起的测量结果不一致。随着自动化技术的发展,数字仪表的增多,这类误差正在不断减少。

2. 误差的分类

误差分为三类:系统误差、随机误差和粗差。

（1）系统误差

系统误差简称系差,又称恒定误差,是由某些固定因素引起的误差。在同一条件下多次测量同一物理量,误差的大小和符号保持不变,或在条件改变时误差按一定规律变化的误差都属于系统误差。系统误差产生的原因是测量方法中有固定误差、仪器设备不准确或者操作人员的习惯与偏向。通过测量中采取某些措施或者测量后修正,可以消除或减少系统误差。但是,在相同的测量条件下,增加测量次数并不能减少系统误差。

（2）随机误差

随机误差又称偶然误差。在同一条件下,多次测量同一物理量时,误差时大时小、时正时负,没有固定的大小和偏向,但多次测量后具有抵偿性,即误差的平均值趋于零,这种误差称为随机误差。随机误差既不能在测量中消除,也不能在测量后修正。我们只能通过分析,正确地估计出它对测量的影响。研究随机误差,正确确定误差的合理分布范围是误差分析的主要任务。

系统误差与随机误差的合成称为综合误差。

（3）粗差

粗差又称过失误差。粗差是与事实明显不符的误差,往往是由仪器故障、环境意外变化、操作失误、数字读错记错等原因引起的。粗差是不允许存在的误差,应将此类数据按一定的规则从测量值中剔除。

2.1.4　随机误差的表示方法

1. 标准误差 σ

标准误差又称均方根误差、均方差。它的表示形式是

$$\sigma = \sqrt{\frac{\sum_{i=1}^{n} \delta_i^2}{n}} \quad (n \rightarrow \infty) \tag{2.10}$$

其中 $\delta_i = x_i - a$,x_i 为第 i 次的测量值,a 为真值,δ_i 为绝对误差,n 为测量次数。通常真值是不知道的,如果测量次数足够多,可以用算术平均值代替真值。

2. 或然误差 γ

在一组测量中,误差大于 γ 和小于 γ 的值各占一半时,所对应的误差称为或然误差,用 γ 表示。后面可以证明,$\gamma = 0.6745\sigma$。

3. 极限误差 Δ

极限误差用来规定各次测量误差实际中不超过某个范围的界限值,用 Δ 表示。Δ 的求

法是 $\Delta = c\sigma$，c 称为置信系数。一般取 $c = 2\sim3$。可以根据极限误差来剔除数据中的粗差。

2.1.5 测量精度

测量精度泛指测量结果与真值的接近程度，它与误差大小相对应，即误差大，精度低；误差小，精度高。因为误差包括系统误差和随机误差，所以精度又细分为精密度、正确度和精确度（准确度）。

（1）精密度（precision）表示测量值之间相互接近的程度或集中的程度。它反映的是随机误差的大小。

（2）正确度反映的是系统误差的大小，正确度高的测量表示系统误差小。

（3）精确度或准确度（accuracy）表示测量值与真值的接近程度，是精密度和正确度的综合反映。

图 2.1 表示三种精度的含义，其中图（a）表示系统误差小，随机误差大；图（b）表示系统误差大，随机误差小；图（c）表示系统误差和随机误差都小。

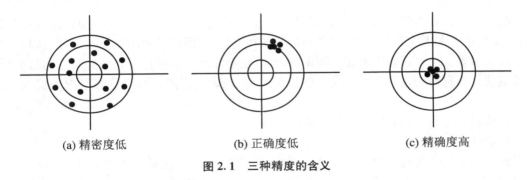

(a) 精密度低   (b) 正确度低   (c) 精确度高

图 2.1　三种精度的含义

2.2　随　机　误　差

随机误差表现为测量结果时大时小、时正时负。如果逐个分析每次测量产生误差的原因，分别对每个误差进行修正，这种做法是十分困难的，也是不现实的。然而，就随机误差的总体而言，却具有确定的统计规律。通常借助统计的方法，设法估计出随机误差对测量结果总的影响程度，给出测量结果的误差。对随机误差做概率统计处理，是在完全消除系统误差的前提下进行的。因此，本节讨论的内容都认为系统误差不存在，或者已修正，或者小到可以忽略不计。

2.2.1　随机误差的正态分布

1. 用直方图表示随机误差

下面通过一个具体的例子来说明随机误差遵循的统计规律。用一个热线风速仪在风洞中测量风速。热线风速仪的输出信号如图 2.2 所示。这是一条不规则的曲线,在平均风速附近随机地变化着。

如果对这条曲线做离散化处理,在 1 s 内等间隔地采集 150 个瞬时风速数据,看作 150 次风速测量。$n=150$,每次测量的风速为 x_i。求得平均风速为 $\bar{u}=13.01$ m/s,每次测量的误差记为 $\delta_i=x_i-\bar{x}$。对 150 个数据做一统计,就会发现其中有一定规律。把 150 个数据按表 2.1 的形式整理排列,发现其中误差 $\delta=-0.06$ 的测点共出现过 4 次,$\delta=0.01$ 的测点共出现过 17 次,即误差为 δ_i 的测点出现过 ν_i 次。我们把 $P_i=\nu_i/n$ 叫作误差 δ_i 出现的频率(相对次数),把 $y_i=P_i/\Delta\delta$ 称为频率密度(单位长度上的频率)。

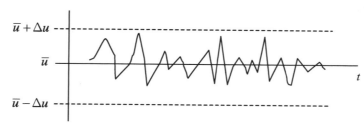

图 2.2　热线风速仪的输出信号

表 2.1　热线风速仪测量数据的误差统计

区间序号	中心值 x_i	误差 δ_i	次数 ν_i	频率 $P_i=\nu_i/n$	频率密度 y_i
1	12..95	-0.06	4	0.027	2.7
2	12.96	-0.05	6	0.040	4.0
3	12.97	-0.04	6	0.040	4.0
4	12.98	-0.03	11	0.073	7.3
5	12.99	-0.02	14	0.094	13.3
6	13.00	-0.01	20	0.133	16.0
7	13.01	0.00	24	0.160	11.3
8	13.02	0.01	17	0.113	8.0
9	13.03	0.02	12	0.080	8.0
10	13.04	0.03	12	0.080	8.0
11	13.05	0.04	10	0.067	6.7
12	13.06	0.05	8	0.053	5.3
13	13.07	0.06	4	0.027	2.7
14	13.08	0.07	2	0.013	1.3

然后再把表 2.1 的数据以 δ 为横坐标,以 y 为纵坐标作图。结果如图 2.3 所示,图 2.3 称为统计直方图。如果测量次数足够多($n\to\infty$),$\Delta\delta$ 足够小($\Delta\delta\to\mathrm{d}\delta$),直方图的边缘就形

成一条光滑的连续曲线 $y = f(\delta)$。

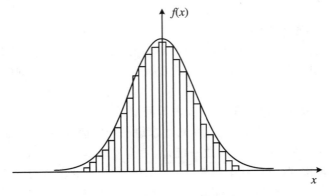

图 2.3　测量数据误差的直方图

从图中我们可以得出几点结论：

(1) 小误差出现的次数多，大误差出现的次数少。图中曲线中间高，两边低，具有单峰性。

(2) 大小相等符号相反的误差出现的次数大致相等，曲线具有对称性（相对于 y 轴对称）。

(3) 极大误差出现的几率极小，即 $|\delta| \to \infty$ 时，$y \to 0$。也就是说极大误差一般不出现。

(4) 每个直长条的面积 $P_i = y_i \Delta\delta$ 代表误差落在 $(\delta_i \pm \Delta\delta/2)$ 区间内的概率。因此误差落在 (a,b) 区间的概率为

$$P_{(a,b)} = \int_a^b f(\delta)\mathrm{d}\delta$$

误差落在 $(-\infty, \infty)$ 区间的概率为 1，即所有误差出现的概率是 1（必然事件）。

$$P_{(-\infty, \infty)} = \int_{-\infty}^{\infty} f(\delta)\mathrm{d}\delta = 1 \tag{2.11}$$

2. 随机误差的正态分布曲线

上述四条结论是从图 2.3 的曲线直观分析得出的误差分布曲线特征。大多数随机误差都服从以上规律，称为正态分布规律。也有些误差服从其他规律，如均匀分布、三角分布和反正弦分布等。在实际应用中我们需要知道 $y = f(\delta)$ 的具体表达式。

正态分布曲线可以表示为

$$y = f(\delta) = \frac{1}{\sqrt{2\pi}\sigma}\mathrm{e}^{-\frac{\delta^2}{2\sigma^2}} \tag{2.12}$$

或者

$$y = f(\delta) = \frac{h}{\sqrt{\pi}}\mathrm{e}^{-h^2\delta^2} \quad \left(h = \frac{1}{\sqrt{2}\sigma}\right) \tag{2.13}$$

式中 σ 为标准误差，δ 为绝对误差，h 为精密度指数。这个函数形式是高斯于 1795 年发现的，又称为高斯分布定律。

3. 正态分布曲线的性质

下面我们进一步讨论高斯定律中 h 和 σ 的物理意义。如图 2.4 所示，当 $\delta = 0$ 时，$f(0) = \dfrac{h}{\sqrt{\pi}}$。$h$ 越大，曲线越陡，反映了测量精度越高；h 越小，曲线越平坦，反映了测量精度越低。因此 h 称为精密度指数。

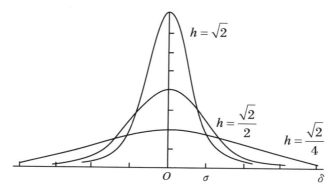

图 2.4　h 和 σ 的物理意义

对 (2.13) 式做二次微分，并令其为零，得到

$$f(\delta) = -\frac{2h^3}{\sqrt{\pi}} \mathrm{e}^{-h^2 \sigma^2} (1 - 2h^2 \delta^2) = 0, \quad 1 - 2h^2 \delta^2 = 0$$

$$\delta = \frac{1}{\sqrt{2} h} = \sigma$$

即曲线的拐点处所对应的误差就是标准误差 σ，标准误差代表了曲线的宽度，也就是我们常常用标准误差来评定测量质量的原因。

2.2.2　概率计算

误差落在 δ_1 和 δ_2 之间的概率可以写为

$$P_{(\delta_1, \delta_2)} = \int_{\delta_1}^{\delta_2} f(\delta) \mathrm{d}\delta = \int_{\delta_1}^{\delta_2} \frac{1}{\sqrt{2\pi}\,\sigma} \mathrm{e}^{-\frac{\delta^2}{2\sigma^2}} \mathrm{d}\delta$$

$$= \frac{1}{\sqrt{2\pi}} \int_0^{\delta_2/\sigma} \mathrm{e}^{-\frac{1}{2}\left(\frac{\delta}{\sigma}\right)^2} \mathrm{d}\left(\frac{\delta}{\sigma}\right) - \frac{1}{\sqrt{2\pi}} \int_0^{\delta_2/\sigma} \mathrm{e}^{-\frac{1}{2}\left(\frac{\delta}{\sigma}\right)^2} \mathrm{d}\left(\frac{\delta}{\sigma}\right)$$

令 $\Phi(Z) = \dfrac{1}{\sqrt{2\pi}} \displaystyle\int_0^Z \mathrm{e}^{-u^2/Z} \mathrm{d}u$ 为拉普拉斯函数，已按 Z 值编成表格，在一般数学手册中都可以查到。在使用该表时需注意，$\Phi(-Z) = -\Phi(Z)$。还应该注意，有的表中制表时积分限是 $(-\infty, Z)$，如果积分限是 $(0, Z)$，需要扣除从 $-\infty$ 到 0 的积分值 0.5。

例 2.1　求误差落在 $\pm 2.58\sigma$ 区间的概率。

$Z = \delta/\sigma = 2.58$，从数学手册查表或计算得 $\Phi(2.58) = 0.49506$，所以

$$P_{(|\delta| < 2.58\sigma)} = 2\Phi(2.58) = 0.99$$

误差落在 $\pm 2.58\sigma$ 区间的概率是 99%。

我们同样可以计算出误差落在 $\pm\sigma$ 区间内的概率为 68.3%，误差落在 $\pm 2\sigma$ 区间内的概率为 95.45%，误差落在 $\pm 3\sigma$ 区间内的概率为 99.73%。也就是说，出现大于 2.58σ 误差的可能性仅有 1%，出现大于 3σ 误差的可能性仅有 0.27%。因此，可以认为小概率事件在有限次测量中不可能出现，如果测量中偶尔出现误差特别大的数据，则可以认为是不正常的，可以从数据中剔除。

另外，可以计算出对应 $P = 0.5$ 时的 $Z = 0.6745$，也就是或然误差 $\gamma = 0.6745\sigma$。

2.2.3　标准误差

1. 标准误差的物理含义

前面我们介绍过标准误差常被用作评价测量质量优劣的标准，下面我们从概率论的观点再来阐述这个问题。

在一组等精度测量中，误差为 $\delta_1, \delta_2, \cdots, \delta_n$ 同时出现的概率为

$$P = f(\delta_1) \bullet f(\delta_2) \cdots f(\delta_n) \mathrm{d}\delta_1 \mathrm{d}\delta_2 \cdots \mathrm{d}\delta_n$$

$$= \left(\frac{1}{\sqrt{2\pi}\sigma}\right)^n \exp\left[-\frac{1}{2\sigma^2}(\delta_1^2 + \delta_2^2 + \cdots + \delta_n^2)\right] \mathrm{d}\delta_1 \mathrm{d}\delta_2 \cdots \mathrm{d}\delta_n$$

根据概率论中最或然原理，使概率 P 最大的值应该对应于最佳的 σ 值，即 $\dfrac{\mathrm{d}P}{\mathrm{d}\sigma} = 0$，化简后得

$$\sigma = \sqrt{\frac{\sum_{i=1}^{n} \delta_i^2}{n}} \tag{2.14}$$

由此可知，衡量测量优劣的最佳标准就是前面介绍过的标准误差。

2. 有限次测量的标准误差(贝塞尔公式)

用(2.14)式计算标准误差时应该具备三个条件：① 需要已知测量的真值；② 各测量值没有系统误差；③ 测量次数无限大，$n \to \infty$。在实际测量中很难满足这些条件，一般来说测量次数都是有限的。在有限次测量中，只能得到测量的平均值，而不是真值。因此，上述三个条件中有两个不能满足。那么能否得到一个有限次测量时计算标准误差的公式呢？这就是这里要介绍的贝塞尔公式。

令真值为 a，测量值为 x_i，平均值为 $\bar{x}$，绝对误差为 δ_i，残差为 ν_i，测量次数为 n，有

$$\nu_i = x_i - \bar{x} \tag{2.15}$$

和

$$\delta_i = x_i - a \tag{2.16}$$

$$\sum_{i=1}^{n} \delta_i = \sum_{i=1}^{n} x_i - na \tag{2.17}$$

因为 $\bar{x} = \dfrac{\sum_{i=1}^{n} x_i}{n}$，所以 $\sum_{i=1}^{n} x_i = n\bar{x}$，代入(2.17)式，得 $\sum_{i=1}^{n} \delta_i = n\bar{x} - na = n(\bar{x} - a)$，即

$$\bar{x} = a + \frac{\sum\limits_{i=1}^{n} \delta_i}{n} \tag{2.18}$$

代入(2.15)式有

$$\nu_i = x_i - a - \frac{\sum\limits_{i=1}^{n} \delta_i}{n} = \delta_i - \frac{\sum\limits_{i=1}^{n} \delta_i}{n}$$

$$\nu_i^2 = \delta_i^2 - 2\delta_i \frac{\sum\limits_{i=1}^{n} \delta_i}{n} + \left(\frac{\sum\limits_{i=1}^{n} \delta_i}{n}\right)^2$$

$$\sum\limits_{i=1}^{n} \nu_i^2 = \sum\limits_{i=1}^{n} \delta_i^2 - \frac{\left(\sum\limits_{i=1}^{n} \delta_i\right)^2}{n} \tag{2.19}$$

测量中正负误差出现的概率相等,$\left(\sum\limits_{i=1}^{n} \delta_i\right)^2$ 展开后,交叉乘积项 $\delta_i \delta_j (i \neq j)$ 正负数目相等,彼此相消,只有平方项 $\delta_1^2, \delta_2^2, \cdots$ 存在。因此,(2.19) 式为

$$\sum\limits_{i=1}^{n} \nu_i^2 = \sum\limits_{i=1}^{n} \delta_i^2 - \frac{\sum\limits_{i=1}^{n} \delta_i^2}{n} = \frac{n-1}{n} \sum\limits_{i=1}^{n} \delta_i^2 \tag{2.20}$$

根据标准误差定义,有

$$\sigma = \sqrt{\frac{\sum\limits_{i=1}^{n} \delta_i^2}{n}} = \sqrt{\frac{\sum\limits_{i=1}^{n} \nu_i^2}{n-1}}$$

在有限次测量中标准误差用 σ^* 表示

$$\sigma^* = \sqrt{\frac{\sum\limits_{i=1}^{n} \nu_i^2}{n-1}} \tag{2.21}$$

(2.21)式就是有限次测量中计算标准误差的贝塞尔公式。

　　还需要说明的是,标准误差并不是一个具体的误差,标准误差 σ 的大小只说明在一定条件下等精度测量时随机误差出现的概率分布情况。在该条件下任何单次测量结果的误差都未必等于 σ,但这一系列测量都具有同样一个标准误差。标准误差是误差理论中最重要的一种表示方法。由于标准误差与精密度指数有着对应关系,所以也常用精密度指数来表示随机误差的大小。

3. 最小二乘法原理

　　最小二乘法是说,在一组等精度测量中,其最佳值只能是各测量值误差的平方和最小的那个值。最小二乘法原理是实验中非常广泛使用的原理,它可以由正态分布函数导出。

　　假设在一组等精度、独立、无系统误差的测量中,测量值为 x_i,测量次数为 n,真值为 a,各次测量的误差为 $\delta_i = x_i - a$。若 δ_i 服从正态分布,则误差为 δ_i 的值出现的概率是

$$P_i = f(\delta_i) \mathrm{d}\delta_i = \frac{1}{\sqrt{2\pi}\sigma} \mathrm{e}^{-\frac{\delta_i^2}{2\sigma^2}} \mathrm{d}\delta_i$$

所有误差同时出现的概率是

$$P = P_1 P_2 \cdots P_n = \left(\frac{1}{\sqrt{2\pi}\sigma}\right)^n \exp\left(-\frac{1}{2\sigma^2}\sum_{i=1}^{n}\delta_i^2\right)\mathrm{d}\delta_1 \mathrm{d}\delta_2 \cdots \mathrm{d}\delta_n$$

令 $Q = \sum\limits_{i=1}^{n}\delta_i^2$ 有

$$P = \left(\frac{1}{\sqrt{2\pi}\sigma}\right)^n \exp\left(-\frac{Q}{2\sigma^2}\right)\mathrm{d}\delta_1 \mathrm{d}\delta_2 \cdots \mathrm{d}\delta_n \tag{2.22}$$

根据最或然原理,当 P 为最大时可以获得真值的最佳值 x_k。这可以从误差的正态分布来理解,在正态分布中,小误差出现的概率大,大误差出现的概率小。使各种误差同时出现的概率最大时的那个值,最能反映出各种误差的现象,因此是最可信赖的值。要使 P 最大,从(2.22)式可知,应使 Q 最小。即

$$Q = \sum_{i=1}^{n}\delta_i^2 = (x_1 - x_k)^2 + (x_2 - x_k)^2 \cdots + (x_n - x_k)^2 = \min \tag{2.23}$$

也就是误差的平方和最小,这就证明了最小二乘法原理。

4. 算术平均值是有限次测量的最佳值

假如有限次测量的最佳值是 x_k,根据最小二乘法原理,Q 最小的条件是,$\dfrac{\mathrm{d}Q}{\mathrm{d}x_k} = 0$ 和 $\dfrac{\mathrm{d}^2 Q}{\mathrm{d}x_k^2} > 0$。即

$$\frac{\mathrm{d}Q}{\mathrm{d}x_k} = -2\sum_{i=1}^{n}(x_i - x_k) = -2\left(\sum_{i=1}^{n}x_i - nx_k\right) = 0 \tag{2.24}$$

$$\frac{\mathrm{d}^2 Q}{\mathrm{d}x_k^2} = 2n > 0 \tag{2.25}$$

由(2.24)式得

$$x_k = \frac{\sum\limits_{i=1}^{n}x_i}{n} = \bar{x} \tag{2.26}$$

因此说算术平均值是最佳值或最可信赖的值。

2.2.4 测量结果的置信度

在 2.1.4 节我们提到过极限误差为 $\Delta = c\sigma$,那么误差落在 $\pm\Delta$ 中的概率为

$$P_{(|\delta|<\Delta)} = P_{(|\delta|<c\sigma)} = \Phi(c\sigma/\sigma) - \Phi(-c\sigma/\sigma) = \Phi(c) - \Phi(-c) = 2\Phi(c)$$

$\pm c\sigma$ 称为置信区间,$c\sigma$ 称为置信限,c 称为置信系数。令

$$P_{(|\delta|<c\sigma)} = 1 - \alpha$$

P 或 $1 - \alpha$ 称为置信水平,置信概率或置信度,α 称为显著水平或显著度。显然,置信限愈宽,置信概率就愈大。然而,若置信限或不确定度给得很大,则测量结果就没有意义。给定显著度

α 可以求得置信系数 c，给定置信系数 c 也可以求得显著度 α，其常用值列于表 2.2 中。

表 2.2　置信系数、置信概率与显著度的关系

置信系数 c	置信限 Δ	置信概率 P	显著度 α
0.67	0.67σ	0.4972	0.5028
1.0	1.0σ	0.6827	0.3174
1.96	1.96σ	0.9500	0.0500
2.0	2.0σ	0.9545	0.0455
2.58	2.58σ	0.9900	0.0100
3.0	3.0σ	0.9973	0.0027
∞	∞	1.0000	0

2.2.5　粗差的判断和剔除

1．处理可疑测量值的基本原则

在进行等精度多次测量时，有时会发现一个或者几个测量值特别可疑，即残差绝对值特别大的值。对这样的测量数据如果处理不当将会严重歪曲测量结果和精密度。对于可疑数据必须查明原因，不能随意剔除。更不应该为了追求数据一致性而轻易舍弃。当出现可疑数据时，应按照一定原则进行处理。

（1）仔细分析产生可疑数据的原因

一般出现可疑数据都有一定原因，例如仪表指示值读错、记错等。这样就有充分理由把该可疑测量值作为坏值而剔除。剔除坏值后再进行结果处理。

（2）增加测量次数

如果测量中出现可疑数据，而又不能肯定它是坏值时，可以在维持等精度条件下，多增加测量次数。取得更多的数据，以减弱个别特大误差对统计结果的影响。

（3）根据准则判断剔除粗差

根据统计学原理很大误差出现的概率极低，可以人为规定一个准则，用以判断一个可疑数据是正常随机误差还是属于粗差。当然这样的准则会有一定假设条件，因而也会有一定适用范围。应用最多的准则有拉依达准则、肖维勒准则和格拉布斯准则。

2．粗差剔除准则

（1）拉依达准则（3σ 准则）

这是最常用最简单的判断粗差的准则。假设一组等精度测量结果中，某次测量值 x_d 的误差 δ_d 满足下式：

$$|\delta_d| > 3\sigma \tag{2.27}$$

则认为该误差为粗差，x_d 是坏值，应予从数据中剔除。

拉依达准则采用了 0.99 的置信概率。可能大家会问，根据置信度概念，置信限 3σ 对应的置信概率不是 0.9973 吗？这是因为在有限次测量中，σ 只能用 σ^* 来估计。在正态分布情况下，算术平均值的误差遵循 t 分布，在 $\alpha = 0.01$，$n = 14$ 时 t 分布的置信系数 $t_\alpha(n-1) =$

3。所以一般用 3σ 作为剔除粗差的标准,其置信概率是 0.99。

拉依达准则本质上是建立在 $n \to \infty$ 的前提下的。当 n 有限时,特别是当 n 较小时,3σ 准则并不很可靠。

(2) 肖维勒准则

假设一组等精度测量结果中,某次测量值 x_d 的误差 δ_d 满足下式:

$$|\delta_d| > \omega_N \sigma \qquad (2.28)$$

则认为该误差为粗差,x_d 是坏值,应予从数据中剔除。(2.28)式中,肖维勒系数 ω_N 由表 2.3 给出。肖维勒准则也是以正态分布为前提的,其出现粗差的概率是

$$P_{(|\delta_d| > \omega_N\sigma)} = 1 - \mathrm{erf}(\omega_d) = \frac{1}{2n} \qquad (2.29)$$

或者

$$P_{(|\delta_d| \leqslant \omega_N\sigma)} = \mathrm{erf}(\omega_d) = 1 - \frac{1}{2n} = \frac{2n-1}{2n} \qquad (2.30)$$

其中 erf 是误差函数。在 $n < 10$ 时,使用肖维勒准则是比较勉强的;当 $n \approx 200$ 时,这个准则与 3σ 准则相当;$n < 185$ 时比 3σ 窄,$n > 185$ 时则比 3σ 宽。

表 2.3　肖维勒准则中系数 ω_N 数值表

N	3	4	5	6	7	8	9	10	11	12	13	14
ω_N	1.38	1.53	1.65	1.78	1.80	1.86	1.92	1.96	2.00	2.03	2.07	2.10
N	15	16	17	18	19	20	25	30	50	100	200	500
ω_N	2.13	2.15	2.17	2.20	2.22	2.24	2.33	2.39	2.58	2.81	3.02	3.20

(3) 格拉布斯准则

格拉布斯准则是建立在统计理论基础上且较为科学合理的判据。假设对某物理量进行了 n 次测量,计算出算术平均值 $\bar{x}$ 和标准误差 σ,将测量值从小到大排列成

$$x_1 \leqslant x_2 \cdots \leqslant x_i \cdots \leqslant x_n$$

格拉布斯导出了

$$g = \frac{x_i - \bar{x}}{\sigma}$$

的分布函数,其分布密度为 $f(g)$。选取显著度 α(一般取 5% 或 1%),于是由分布密度 $f(g)$ 求出一个极限值 $g_d(n, \alpha)$,而

$$P_{\{g \geqslant g_d(n, \alpha)\}} = \alpha \qquad (2.31)$$

于是,格拉布斯准则认为,如果测量值 x_d 的误差满足下式:

$$|\delta_d| > g_d(n, \alpha)\sigma \qquad (2.32)$$

则 x_d 是含有粗差的坏值,应剔除。格拉布斯准则中极限值 g_d 的数值列于表 2.4 中。

表 2.4　格拉布斯准则用表 $g_d(n,\sigma)$

n	$\alpha=0.05$	$\alpha=0.01$	n	$\alpha=0.05$	$\alpha=0.01$
3	1.158	1.155	17	2.475	2.785
4	1.463	1.492	18	2.594	2.821
5	1.672	1.749	19	2.532	2.854
6	1.822	1.944	20	2.557	2.884
7	1.988	2.097	21	2.580	2.912
8	2.032	2.221	22	2.603	2.939
9	2.110	2.323	23	2.624	2.903
10	2.176	2.410	24	2.644	2.987
11	2.234	2.485	25	2.663	3.009
12	2.285	2.550	30	2.745	3.103
13	2.321	2.607	35	2.811	3.178
14	2.373	2.659	40	2.866	3.240
15	2.409	2.705	45	2.914	3.292
16	2.443	2.747	50	2.956	3.336

3. 剔除粗差的步骤

在一组等精度测量值中如果出现误差特别大的数据,应根据采用的粗差判别准则判断其是否属于粗差,确定是粗差后予以剔除。如果测量数据中不止一个可疑数据,应该先把误差最大的一个粗差数据剔除。剔除后,重新计算 σ,根据新的 σ 值,再次使用准则判断是否还存在坏值。如此类推,每次仅剔除一个数据,直到全部数据都满足判断准则为止。

2.3　系　统　误　差

2.3.1　系统误差的性质及一般处理原则

测量中总是同时存在着随机误差、系统误差与粗差。其中随机误差大多数服从正态分布规律,可以按概率统计理论方法进行处理;粗差明显违反正态分布规律,可以利用统计检验的方法将其剔除。而系统误差则不同,它的出现有一定规律性,但不能依靠概率统计的方法来消除或减弱。

一般来说,处理系统误差属于测量技术上的问题,不可能得出一些普遍的通用处理方法,而只能针对具体情况采取不同的处理措施。因此,系统误差是否处理得当很大程度上取决于观察者的经验、学识和技巧。

2.3.2 消除和减弱系统误差的典型技术

1. 测量前消除系统误差

测量前消除系统误差常用的方法有：

（1）仪器校准。定期用高一级精度的仪器校准低一级的仪器，可以减小仪器不准确带来的系统误差。

（2）注意环境影响。如恒温、散热、隔振、电磁屏蔽等环境因素对测量的影响，应做到环境符合仪器测量条件的要求。

（3）改进设备。如采用数字仪表等。

2. 测量过程中消除系统误差

测量分为直接测量和间接测量，直接测量又分为直读法和比较法。比较法的测量精确度较高，常用的方法有：

（1）零示法

测量中使被测量的作用和已知量（如量具）的作用互相抵消（平衡），以致总的作用减到零。例如，用电桥测量电阻时，输出端电表指示零时表示四臂电阻平衡，被测电阻和其他三个电阻满足一定关系。

（2）微差法

微差法是一种不彻底的零示法，又称虚零法。测量中被测量的作用和已知量的作用不能完全抵消，产生一个微小的差值，用仪器测量这个差量。在微差法中，即使差值的测量精确度不是很高，而最终测量结果仍能达到较高的精确度。

（3）替代法（又称置换法）

在一定的测量条件下，选择一个大小适当的标准已知量（通常是可调标准器）代替被测量的物理量，并保证仪器示值不变。于是被测量的数值就等于该标准量。

（4）补偿法

补偿法是替代法的一种特殊应用。在两次测量中，第一次让标准器的量值 N 与被测量 x 相加，在 $N+x$ 的作用下，仪器给出一个示值。第二次去掉被测量 x，改变标准器量值为 N'，使仪器给出与第一次同样的示值，于是得到 $x=N'-N$。标准器系统的恒差由于相减而被消除，其余的系统误差也可以抵消一部分。

（5）对照法

在一个测量系统中，略微改变一下测量安排，可以测量出两个结果。对照这两个结果，往往可以检查出是否存在某种系统误差，取两次测量的几何平均或算术平均，可消除系统误差。

（6）交叉读数法（也称对称观测法）

当测量系统呈现对称性时，可以相应进行两次略有不同而互相对称的测量，根据两次测量求最终结果。这是对照法的一种特殊形式。例如，拉伸实验中在试件两侧对称位置分别贴两个应变片，取平均值，可以减小由于加载偏离轴线形成的系统误差。

2.3.3　系统误差的发现与检验

1. 发现系统误差的一些简单方法

当系统误差明显大于随机误差时,可以由直接观察残差的规律发现系统误差。

（1）准则 1

将测量列依次排列,如残差的大小有规则地增大或减小,如图 2.5(a)所示。则可以认为在测量数据中含有累进性系统误差。如中间有微小波动,说明有随机误差影响。

（2）准则 2

将测量列依次排列,如残差的符号有规则地交替变化,如图 2.5(b)所示。则可以认为在测量数据中含有周期性系统误差。

（3）准则 3

将测量列依次排列,如存在某一个条件时,测量列残差保持统一符号;当该条件不存在时,残差均改变符号,如图 2.5(c)所示。则可以认为在测量中含有随条件改变而改变的系统误差。

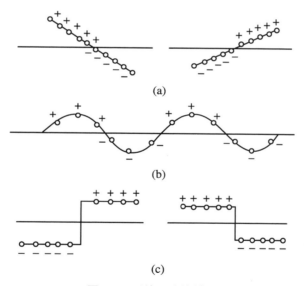

图 2.5　系统误差的判别

2. 马利科夫判据

假设对某物理量进行了 N 次等精度测量,按顺序得到 $x_1, x_2, \cdots, x_N$,相应的残差为 $\nu_1,\nu_2,\cdots,\nu_N$。把所有残差分为前后两部分,并求其差值。当 N 为偶数时,

$$D = \sum_{i=1}^{k} \nu_i - \sum_{i=k+1}^{N} \nu_i \tag{2.33}$$

当 N 为奇数时,

$$D = \sum_{i=1}^{\frac{N+1}{2}} \nu_i - \sum_{i=\frac{N+1}{2}}^{N} \nu_i \qquad (2.34)$$

如果 D 近似为零,则说明测量列中不含有累进性系统误差。如果 D 显著不为零,或不小于最大残差绝对值时,则认为测量列中含有累进性系统误差。但是,此种方法并不能检查周期性系统误差是否存在。

3. 阿贝判据

阿贝判据特别适用于周期性系统误差检验。其基本思想是,在一组等精度测量中,将测量值按先后顺序排列,得出相应的误差序列。然后计算相邻两个误差的差值,如果存在系统误差,则差值中系统误差将互相抵消,或部分抵消。如果抵消过程中残留的未抵消部分存在周期性正负号变化,则说明测量中存在周期性系统误差。具体表述为,如果

$$\left| \sum_{i=1}^{N} \nu_i \nu_{i+1} \right| > \sqrt{N} \sigma^2 \qquad (2.35)$$

认为存在系统误差。

4. 阿贝-赫梅特判据

阿贝-赫梅特判据是阿贝判据的变形。具体表述为,如果

$$\left| \sum_{i=1}^{N-1} \nu_i \nu_{i+1} \right| > \sqrt{N-1} \sigma^2 \qquad (2.36)$$

则认为存在系统误差。

2.4 间接测量误差的估计

2.4.1 误差传递公式

测量分为直接测量和间接测量。2.2 节介绍的是对单一物理量做多次测量时随机误差特性的分析和处理方法。更多的测量中,许多物理量是不能直接测量的,而是要根据一定的函数关系计算出来的,如气流速度、马赫数、动压等,这叫间接测量。如何计算间接测量值的误差是本节讨论的问题。

假设间接测量值 Y 是由若干物理量的直接测量值 $u_1, u_2, \cdots, u_n$ 按一定函数关系计算出来的,即

$$Y = f(u_1, u_2, \cdots, u_n) \qquad (2.37)$$

若 $\delta u_i (i = 1, 2, \cdots, n)$ 是值 $u_i (i = 1, 2, \cdots, n)$ 的绝对误差,δY 是值 Y 的绝对误差。则下式成立:

$$Y + \delta Y = f(u_1 + \delta u_1, u_2 + \delta u_2 + \cdots + u_n + \delta u_n) \qquad (2.38)$$

(2.38)式按泰勒级数展开后,取一阶近似有

$$Y + \delta Y \approx f(u_1, u_2, \cdots, u_n) + \left[\frac{\partial f}{\partial u_1}\delta u_1 + \frac{\partial f}{\partial u_2}\delta u_2 + \cdots + \frac{\partial f}{\partial u_n}\delta u_n\right]$$

$$\delta Y = \frac{\partial f}{\partial u_1}\delta u_1 + \frac{\partial f}{\partial u_2}\delta u_2 + \cdots + \frac{\partial f}{\partial u_n}\delta u_n \qquad (2.39)$$

(2.39)式是间接测量量 Y 的绝对误差。它的相对误差是

$$\varepsilon_Y = \frac{\delta Y}{Y} = \frac{\partial f}{\partial u_1}\frac{\delta u_1}{Y} + \frac{\partial f}{\partial u_2}\frac{\delta u_2}{Y} + \cdots + \frac{\partial f}{\partial u_n}\frac{\delta u_n}{Y} \qquad (2.40)$$

因为直接测量量的误差有正有负，如果能够确定各个误差的符号，则可以直接代入(2.39)式和(2.40)式计算。如果只知道各直接测量量误差的大小，不能肯定其符号，则可以取误差的绝对值算出间接测量量的最大绝对误差和最大相对误差。

例 2.1　$N = \dfrac{a^m b^n c^p}{d^q e^r}$，求 N 的相对误差。

$$\varepsilon_N = \frac{\partial N}{\partial a}\frac{\delta a}{N} + \frac{\partial N}{\partial b}\frac{\delta b}{N} + \frac{\partial N}{\partial c}\frac{\delta c}{N} + \frac{\partial N}{\partial d}\frac{\delta d}{N} + \frac{\partial N}{\partial e}\frac{\delta e}{N}$$

$$= m\left(\frac{\delta a}{a}\right) + n\left(\frac{\delta b}{b}\right) + p\left(\frac{\delta c}{c}\right) - q\left(\frac{\delta d}{d}\right) - r\left(\frac{\delta e}{e}\right)$$

$$= m\varepsilon_a + n\varepsilon_b + p\varepsilon_c - q\varepsilon_d - r\varepsilon_e$$

最大相对误差是

$$\varepsilon_N = m\left|\frac{\delta a}{a}\right| + n\left|\frac{\delta b}{b}\right| + p\left|\frac{\delta c}{c}\right| + q\left|\frac{\delta d}{d}\right| + r\left|\frac{\delta e}{e}\right|$$

下面推导间接测量值标准误差的公式。假设 $Y = f(u_1, u_2, u_3, \cdots)$，其中 $u_1, u_2, u_3, \cdots$ 为直接测量量，共进行了 N 次测量。有

$$\begin{cases} Y_1 = f(u_{11}, u_{21}, u_{31}, \cdots) \\ Y_2 = f(u_{12}, u_{22}, u_{32}, \cdots) \\ \cdots \\ Y_N = f(u_{1N}, u_{2N}, u_{3N}, \cdots) \end{cases}$$

第 i 次测量中对应的 Y_i 的绝对误差是

$$\delta Y_i = \frac{\partial f}{\partial u_1}\delta u_{1i} + \frac{\partial f}{\partial u_2}\delta u_{2i} + \frac{\partial f}{\partial u_3}\delta u_{3i} + \cdots$$

两边平方后，因正误差和负误差数目相等，所以非平方项互相抵消，得

$$(\delta Y_i)^2 = \left(\frac{\partial f}{\partial u_1}\right)^2 (\delta u_{1i})^2 + \left(\frac{\partial f}{\partial u_2}\right)^2 (\delta u_{2i})^2 + \left(\frac{\partial f}{\partial u_3}\right)^2 (\delta u_{3i})^2 + \cdots$$

求平方和，有

$$\sum_{i=1}^{N} (\delta Y_i)^2 = \left(\frac{\partial f}{\partial u_1}\right)^2 \sum_{i=1}^{N} (\delta u_{1i})^2 + \left(\frac{\partial f}{\partial u_2}\right)^2 \sum_{i=1}^{N} (\delta u_{2i})^2 + \left(\frac{\partial f}{\partial u_3}\right)^2 \sum_{i=1}^{N} (\delta u_{3i})^2 + \cdots$$

标准误差是

$$\frac{\sum\limits_{i=1}^{N} (\delta Y_i)^2}{N} = \left(\frac{\partial f}{\partial u_1}\right)^2 \frac{\sum\limits_{i=1}^{N} (\delta u_{1i})^2}{N} + \left(\frac{\partial f}{\partial u_2}\right)^2 \frac{\sum\limits_{i=1}^{N} (\delta u_{2i})^2}{N} + \left(\frac{\partial f}{\partial u_3}\right)^2 \frac{\sum\limits_{i=1}^{N} (\delta u_{3i})^2}{N} + \cdots$$

$$\sigma_Y^2 = \left(\frac{\partial f}{\partial u_1}\right)^2 \sigma_{u_1}^2 + \left(\frac{\partial f}{\partial u_2}\right)^2 \sigma_{u_2}^2 + \left(\frac{\partial f}{\partial u_3}\right)^2 \sigma_{u_3}^2 + \cdots \tag{2.41}$$

(2.41)式是计算间接测量值标准误差的一般公式。其中称 $\dfrac{\partial f}{\partial u_1}, \dfrac{\partial f}{\partial u_2}, \dfrac{\partial f}{\partial u_3}, \cdots$ 为误差传递系数。

2.4.2 算术平均值的标准误差

下面是利用误差传递公式求算术平均值的标准误差的一个例子。算术平均值是一组等精度测量的最佳值,也就是说它最能反映真值。在无限多次测量中算术平均值 $\bar{x}$ 就是真值 a,可是在有限次测量中,用算术平均值代替真值有多大误差呢?

假设对某物理量作了 n 次等精度测量,测量值(泛指直接测量值和间接测量值)为 x_1, $x_2, \cdots, x_n$,其算术平均值为 $\bar{x}$,即

$$\bar{x} = \frac{\sum\limits_{i=1}^{n} x_i}{n}$$

因是等精度测量,可以认为每次测量的误差相同。即 $\sigma_1 = \sigma_2 = \cdots = \sigma_n = \sigma$。根据(2.41)式有

$$\sigma_{\bar{x}}^2 = \left(\frac{\partial \bar{x}}{\partial x_1}\right)^2 \sigma_{x_1}^2 + \left(\frac{\partial \bar{x}}{\partial x_2}\right)^2 \sigma_{x_2}^2 + \cdots + \left(\frac{\partial \bar{x}}{\partial x_n}\right)^2 \sigma_{x_n}^2$$

$$= \left(\frac{1}{n}\right) \sum_{i=1}^{n} \sigma_i^2 = \left(\frac{1}{n}\right)^2 n\sigma^2 = \frac{\sigma^2}{n}$$

$$\sigma_{\bar{x}} = \frac{\sigma}{\sqrt{n}} = \sqrt{\frac{\sum\limits_{i=1}^{n} (x_i - \bar{x})^2}{n(n-1)}} \tag{2.42}$$

虽然在实验中增加测量次数可以提高平均值的可靠性,但是增加测量次数势必增加工作量。而从(2.42)式可知,算术平均值的标准误差是按 $1/\sqrt{n}$ 的规律减少的。当 $n > 10$ 以后收敛就不显著了,因此,单纯靠增加测量次数并不是提高测量精度的最为有效的办法,只有采用更高精度的测量仪器,改善仪器的使用情况,提高每次测量的精度才是最根本的办法。

2.4.3 误差传递公式的应用

误差传递公式在科学实验中有广泛的应用。通常会遇到下列三类问题。

1. 正问题

正问题就是从直接测量值的误差利用误差传递公式求出间接测量值的误差。这类问题利用误差传递公式直接计算即可。

例2.2 用皮托管测量直流风洞实验段气流速度,共测量 8 次($n = 8$),结果如表2.5所示。

表 2.5　测量结果

次数	大气压力 P_0/mbar	大气温度 T/℃	液柱高度 h/mm	酒精密度 γ/(g/cm³)
1	1013.4	13.5	100.0	0.80
2	1012.8	13.0	98.0	0.80
3	1013.0	14.0	101.5	0.78
4	1013.5	13.5	100.5	0.79
5	1013.6	13.5	98.5	0.81
6	1013.8	14.0	101.0	0.81
7	1013.4	14.5	99.0	0.80
8	1013.2	14.5	99.5	0.18

上述数据整理后得表 2.6。

表 2.6　整理后的数据

直接测量物理量	平均值	最大误差	最大相对误差	标准误差
大气压力 P_0/mbar	1013.3	0.5	0.05%	0.3
大气温度 T/℃	286.8	0.8	0.28%	0.5
液柱高度 h/mm	99.8	1.8	1.8%	1.2
酒精密度 γ/(g/cm³)	0.80	0.02	2.5%	0.01

低速风洞中求风速的公式是(SI)

$$V = \sqrt{\frac{2RTh\gamma g}{P_0}}$$

其中 R 是气体常数;$R_{air} = 286.9$ J/(kg·K),P_0 是大气压,单位:Pa;T 是大气温度,单位:K;h 是压力计液柱高度差,单位:m;γ 是酒精密度,单位:kg/m³;g 是重力加速度,单位:m/s²。得到的速度单位:m/s。将表中各值代入公式求得气流平均速度是 $\bar{V} = 35.6$ m/s。注意上式中大气压需从 mbar 换算成 Pa。各直接测量物理量的误差传递系数分别是

$$\frac{\partial V}{\partial T} = \frac{V}{2T} = 0.0621 \ (\text{m/(s·K)})$$

$$\frac{\partial V}{\partial \gamma} = \frac{V}{2\gamma} = 0.022 \ (\text{m}^4/(\text{kg·s}))$$

$$\frac{\partial V}{\partial h} = \frac{V}{2h} = 178 \ (1/\text{s})$$

$$\frac{\partial V}{\partial P_0} = \frac{V}{2P_0} = -0.0001796 \ ((\text{m}^2 \cdot \text{s})/\text{kg})$$

最大绝对误差是

$$\delta_{V\max} = \left|\frac{\partial V}{\partial T}\delta_T\right| + \left|\frac{\partial V}{\partial \gamma}\delta_\gamma\right| + \left|\frac{\partial V}{\partial h}\delta_h\right| + \left|\frac{\partial V}{\partial P_0}\delta_{P_0}\right| = 0.8 \ (\text{m/s})$$

最大相对误差是

$$\varepsilon_{V\max} = \left| \frac{\partial V}{\partial T} \frac{\delta_T}{V} \right| + \left| \frac{\partial V}{\partial \gamma} \frac{\delta_\gamma}{V} \right| + \left| \frac{\partial V}{\partial h} \frac{\delta_h}{V} \right| + \left| \frac{\partial V}{\partial P_0} \frac{\delta_{P_0}}{V} \right| = \frac{1}{2} \varepsilon_T + \frac{1}{2} \varepsilon_\gamma + \frac{1}{2} \varepsilon_h + \frac{1}{2} \varepsilon_{P_0} = 2\%$$

标准误差是

$$\sigma_V = \left[\left(\frac{\partial V}{\partial T} \right)^2 \sigma_T^2 + \left(\frac{\partial V}{\partial \gamma} \right)^2 \sigma_\gamma^2 + \left(\frac{\partial V}{\partial h} \right)^2 \sigma_h^2 + \left(\frac{\partial V}{\partial P_0} \right)^2 \sigma_{P_0}^2 \right]^{\frac{1}{2}} = 0.4 \text{ (m/s)}$$

2. 反问题

如果事先规定了间接测量的误差不得超过某个值,求各直接测量值的允许误差,也就是如何分配误差的问题,从而确定应该选择什么样的仪器来测量。

因为间接测量值通常都是由一个以上的直接测量量组成的,根据误差传递公式,一个方程要解出多个未知数在数学上是不确定的。因此,在实际处理这类问题时,往往是通过以下途径来解决的:

(1)试凑法

一般实验都是根据实验室现有仪器设备条件来进行的。因此,应该先以已有的各种测量仪器的精度为依据,进行估算。如果事先规定的间接测量误差不能得到满足,就再进行分析,找出对测量结果影响大的那些直接测量值,设法更换精度更高的仪器,再重新进行验算。通过反复试凑,直到满足要求为止。

(2)等效法

这种方法是事先假设各直接测量值的误差对间接测量值误差的影响相等。即(2.41)式写为

$$\sigma_u = \sqrt{\left(\frac{\partial f}{\partial x} \right)^2 \sigma_x^2 + \left(\frac{\partial f}{\partial y} \right)^2 \sigma_y^2 + \left(\frac{\partial f}{\partial z} \right)^2 \sigma_z^2 + \cdots} = \sqrt{m \left(\frac{\partial f}{\partial x} \right)^2 \sigma_x^2}$$

$$= \sqrt{m} \frac{\partial f}{\partial x} \sigma_x = \sqrt{m} \frac{\partial f}{\partial y} \sigma_y = \cdots$$

其中 m 是直接测量物理量的数目。进行误差分配时,要求各个直接测量值的标准误差是

$$\sigma_x = \sigma_u \left/ \sqrt{m} \frac{\partial f}{\partial x} \right.$$

$$\sigma_y = \sigma_u \left/ \sqrt{m} \frac{\partial f}{\partial y} \right.$$

$$\cdots$$

在等效法的基础上,再根据实际情况做调整。

例 2.3 如果要求例 2.2 中风速测量相对误差不大于 0.5%,求各直接测量值允许的误差。

根据等效法原则,有

$$\varepsilon_V = \left| \frac{\partial V}{\partial T} \frac{\delta_T}{V} \right| + \left| \frac{\partial V}{\partial \gamma} \frac{\delta_\gamma}{V} \right| + \left| \frac{\partial V}{\partial h} \frac{\delta_h}{V} \right| + \left| \frac{\partial V}{\partial P_0} \frac{\delta_{P_0}}{V} \right|$$

$$= 4 \frac{\partial V}{\partial T} \frac{\delta_T}{V} = 4 \frac{\partial V}{\partial \gamma} \frac{\delta_\gamma}{V} = 4 \frac{\partial V}{\partial h} \frac{\delta_h}{V} = 4 \frac{\partial V}{\partial P_0} \frac{\delta_{P_0}}{V}$$

$$\delta_T = \frac{V\varepsilon_V}{4 \cdot V/2T} = \frac{T}{2}\varepsilon_V = 0.7\,(\text{K})$$

$$\delta_\gamma = \frac{\gamma}{2}\varepsilon_V = 8\,(\text{kg/m}^3) = 0.008\,(\text{g/cm}^3)$$

$$\delta_h = \frac{h}{2}\varepsilon_V = 0.0002\,(\text{m}) = 0.2\,(\text{mm})$$

$$\delta_{P_0} = \frac{P_0}{2}\varepsilon_V = 253\,(\text{Pa}) = 2.5\,(\text{mbar})$$

根据这个结果,现有测量大气压和大气温度的仪器精度高于计算值,但是液柱高度差和酒精密度的测量误差较大。可以再调整误差的分配或者设法使用新的测量仪器。

3. 寻求最有利的测量条件

根据误差传递公式(2.41),间接测量误差不但和各直接测量误差有关,而且和误差传递系数有关。这类问题就是寻求这些系数的最小值,从而确定最佳实验条件。在很多情况下这类问题也可能没有解。

2.5　有　效　数　字

有效数字的选取和处理在实验中是一件十分重要的事情。那种认为有效数字无关紧要和有效数字取得越多越精确的看法都是不正确的。虽然这里再讲有效数字问题有点老生常谈,因为大家早就熟悉了。但是还是应该再次强调有效数字的问题,特别是现在普遍使用数字化仪表,稍不注意就会发生错读有效数字的错误。

1. 有效数字的记数法则

(1) 测量结果有效数字应与仪器精确度一致。

例如,微压计的读数 125.7 mmH$_2$O 中前 3 位是准确知道的,最后一位 7 通常是估计得到的欠准数字。这四个数字对测量结果都是有效的和不可缺少的,因此,125.7 的有效数字位数是四位。

(2) 记录测量数据时一般只保留一位可疑数字。

(3) 除另有规定外,一般认为可疑数字表示末位上有 ±1 个单位或下一位有 ±0.5 单位的误差。

(4) 表示精确度(误差)时,一般只取 1~2 位有效数字。

(5) 测量结果有效数字应与误差位数一致。

例如,长度测量结果为 125.72 mm,测量误差是 ±0.1 mm,则测量结果应改为 125.7 mm。

(6) 计算中,常数 π,e 以及 1/7,$\sqrt{2}$ 等都认为具有无限多位有效数字,需要几位就写几位。

(7) 有效数字的位数确定后,其余数字一律要进行舍入处理。

舍入的规则是,以保留数字末位为单位,它后面的数大于 0.5 者,末位进 1;小于 0.5 者,末位不变;当恰巧等于 0.5 时,则末位为奇数时进 1,末位为偶数时不变。即四舍五入,奇进偶弃。例如,下列数保留四位有效数字是:$3.14159 \approx 3.142$,$1.41423 \approx 1.414$,$1.73250 \approx 1.732$,$5.62350 \approx 5.624$,$6.370691 \approx 6.371$。

2. 有效数字运算法则

（1）加法运算

在各数中,以小数位数最少的数为准,其余各数均凑整成比该数多一位。例如,$60.4 + 2.02 + 0.222 + 0.9467 \approx 60.4 + 2.02 + 0.22 + 0.95 = 62.59$。

（2）减法运算

当相减的数差得较远时,有效数字的处理与加法相同。但如果相减的数非常接近时,由于将失去若干有效数字,因而除了多保留有效数字外,应从计算方法或测量方法上加以改进,使之不出现两个相近的数相减的情况。

（3）乘除法运算

在各数中,以有效数字位数最少的数为准,其余各数及积（或商）均凑整成比该数多 1 位有效数字。例如,$603.21 \times 0.32 \div 4.011 \approx 603 \times 0.32 \div 4.01 = 48.1$。

（4）计算平均值

若有四个或四个以上数求平均,则平均值的有效数字位数可增加 1 位。

（5）乘方或开方运算

乘方或开方运算结果比原数据多保留 1 位有效数字。例如,$25^2 = 625$,$\sqrt{4.8} = 2.19$。

（6）对数运算

取对数前后的有效数字位数应该相等。例如,$\lg 2.345 = 0.3701$,$\lg 2.3456 = 0.37025$。

2.6　实验数据的表示方法

实验研究的目的除了直接获得物理图像外,总希望找出各物理量之间的定量关系。表达这些实验数据的方法有列表法、图示法和函数法三种。

2.6.1　列表法

实验中,总是按最便于测量的条件去测定函数的各数值。列表法是将一批实验数据中的自变量和因变量的数值按一定次序——对应地列出来。数据分度是使自变量做等距顺序变化,对应地列出因变量的数值。这样的数据表应用方便且较准确,简单易行,一目了然,形式紧凑,便于查阅和对比。

一个完整表格的要求如下:

（1）应包括序号、名称、项目、说明和数据来源等项。表的名称应简明扼要,一目了然;项目应包括名称和单位,一般用公认的符号代表,主项代表自变量,副项代表因变量。

（2）数据填写要整齐统一。同一竖行的数值,其小数点应上、下对齐,数值过大、过小时应采用科学计数法,即用 10^n 或 10^{-n}（n 为整数）,如 136000 记为 1.36×10^5。

（3）自变量的间距应选择适当,通常取 1,2,5 或 10^n 倍为宜;间距过小,表格太繁;间距过大,使用时常需插值,会降低精度。

（4）表中各同类量的有效位数应相同。如自变量无误差,则函数的位数取决于实验精度,两者的有效位数可以不相同。

列表也是图形表示和方程表示的基础。规范的原始数据表是得到正确实验结果的前提,也是实验者优秀素养的体现。使测量结果和计算后的一切数据都有条不紊地列于设计适当的表格中,不要让实验数据零星的分散在各种临时性的记录纸张上。

2.6.2　图示法

图示法简明直观、便于比较,以显示出数据的规律（如最大值、最小值、转折点、周期性等）。图示法分为直方图、饼图和曲线等,科学实验结果多采用曲线图示方法。曲线图示应注意几个问题。

1. 坐标系的选定

常用的有直角坐标系、极坐标系、对数或半对数坐标系等,应根据需要选定。选择坐标系的原则是使所得的曲线最为简单。直线是图形中最简单易作、精度高、便于使用的曲线,因此应当用变量代换的方法使图形尽可能为直线。

2. 坐标的最小分度

分格的大小应反映实验值的精度,分度过细,会造成曲线的人为弯曲,具有虚假精度;分度过粗,又会使曲线过于平直,降低实验精度。分度可以不从零开始,以便使曲线占满全部坐标纸。

3. 按数据点描绘曲线

若实验数据足够多（直线至少有 5 个点,曲线有 10～15 个点）,应根据数据点作出连续光滑的曲线。曲线应均匀,只有尽量少的拐点和奇异点。拐弯处要多选数据点。连线时,应使曲线尽量接近所有点（注意:并不是通过所有数据点,尤其是端点）,并使曲线两侧的点数接近相等。如有需要应标出数据误差带。

2.6.3　函数法

用经验公式的形式表示实验数据是一种常用的方法,它不仅形式紧凑,而且便于微分、积分、内插或外推,尤其便于计算机处理。在有理论公式时,经验公式应尽可能和理论公式一致。从实验数据拟合经验公式时,一般先在适当的坐标纸上作图,根据曲线形状估计经验公式可能的类型,经过反复验证找出最合理的公式。通常拟合曲线最常采用的方法是最小二乘法。

2.7 用最小二乘法拟合实验曲线

2.7.1 曲线拟合

1. 理论曲线与经验公式

如果 x 和 y 都是被测量的物理量,并且 y 是 x 的函数,函数关系由理论曲线公式(2.43)给出。

$$y = f(x, c_1, c_2, \cdots, c_m) \tag{2.43}$$

如果曲线(2.43)的函数形式已经确定,但是其中含有 m 个未知参数 $(c_1, c_2, \cdots, c_m)$。在实验中,共测量得到 N 对 x 和 y 的观测值

$$(x_1^*, y_1^*), (x_2^*, y_2^*), \cdots, (x_N^*, y_N^*) \tag{2.44}$$

曲线拟合的任务就是根据这些观测值,寻求参数 $(c_1, c_2, \cdots, c_m)$ 的最佳估计值 $(\hat{c}_1, \hat{c}_2, \cdots, \hat{c}_m)$,即寻求理论曲线(2.43)的最佳估计 $y = f(x, \hat{c}_1, \hat{c}_2, \cdots, \hat{c}_m)$。曲线拟合有如下几种情况:

(1) 假设实验值没有误差

如果实验不存在误差,则(2.44)式中的各个观测点都应该准确地落在理论曲线(2.43)上,即满足下式:

$$y_i^* = f(x_i^*, c_1, c_2, \cdots, c_m) \quad (i = 1, 2, \cdots, N) \tag{2.45}$$

只需选择 m 对不同的观测点,解方程(2.45)即可。

(2) 假设 x 的误差远小于 y 的误差

实验总是有误差的,观测点并不能都准确地落在理论曲线上。在 $N > m$ 的情况下,方程组(2.45)成为矛盾方程,不能直接解出要求的参数值,只能采用曲线拟合的方法。

在很多实际问题中,x 和 y 这两个物理量中总有一个量的测量精度比另一个高得多,其误差可以忽略。把精度高的量选作自变量 x_i,则观测值 x_i^* 可以看作 x 的准确值 x_i。对应于某个固定的 x_i 值,y 的观测值 y_i^* 是一个随机变量。曲线拟合的任务是根据 y 观测值 y_i^* 与对应理论值 y_i 的误差寻求参数 $(c_1, c_2, \cdots, c_m)$ 的最佳估计值。

(3) 理论曲线形式未知的情况

还有另一种曲线拟合情况,即物理量 x 和 y 之间的函数关系不知道,需要从观测点求出 x 和 y 之间函数关系的经验公式。例如,对于 N 组观测数据 (x_i^*, y_i^*) $(i = 1, 2, \cdots, N)$ 用 $m - 1$ 阶多项式

$$y = c_1 + c_2 x + c_3 x^2 + \cdots + c_m x^{m-1} \tag{2.46}$$

拟合,求得 $(\hat{c}_1, \hat{c}_2, \cdots, \hat{c}_m)$。就得到经验公式

$$y = \hat{c}_1 + \hat{c}_2 x + \hat{c}_3 x^2 + \cdots + \hat{c}_m x^{m-1}$$

对于 N 组观测数据用 $N - 1$ 阶多项式拟合并不合理,得出的曲线会很不理想。显然应

该用较低阶多项式来拟合数据,曲线比较平稳。但是多项式的阶数太低又不能反映真实变化趋势,恰当选取函数形式也是曲线拟合的一个重要问题。

2. 最小二乘法拟合曲线原理

使用得最广泛的曲线拟合方法是最小二乘法。最小二乘法选用各观测点残差的加权平方和作为目标函数。如果 x 的测量误差可以忽略,观测点 i 的残差 ν_i 定义为 y 的观测值与理论值之差,即

$$\nu_i = y_i^* - y_i = y_i^* - f(x_i, c_1, \cdots, c_m) \tag{2.47}$$

若观测值 y_i^* 的标准误差为 σ_i,则观测值 y_i^* 的权重因子记为

$$\omega_i = \frac{1}{\sigma_i^2}$$

用 Q^2 表示观测值加权残差的加权平方和

$$Q^2 = \sum_{i=1}^{N} \omega_i \nu_i^2 = \sum_{i=1}^{N} \omega_i \left[y_i^* - f(x_i, c_1, \cdots, c_m) \right]^2 \tag{2.48}$$

曲线拟合的最小二乘法用 Q^2 作为目标函数,寻求使 Q^2 最小的参数值 $(\hat{c}_1, \hat{c}_2, \cdots, \hat{c}_m)$ 作为参数的估计值。使 Q^2 最小的条件是

$$\frac{\partial Q^2}{\partial c_k} = \frac{\partial}{\partial c_k} \sum_{i=1}^{N} \omega_i \nu_i^2 = \sum_{i=1}^{N} \omega_i \nu_i \frac{\partial \nu_i}{\partial c_k} = 0 \quad (k = 1, 2, \cdots, m)$$

即由方程组

$$\sum_{i=1}^{N} \omega_i \left[y_i^* - f(x_i, c_1, \cdots, c_m) \right] \frac{\partial f(x_i, c_1, \cdots, c_m)}{\partial c_k} = 0 \quad (k = 1, 2, \cdots, m) \tag{2.49}$$

解出参数的最小二乘法估计值 $(\hat{c}_1, \hat{c}_2, \cdots, \hat{c}_m)$。

如果理论曲线是参数的线性函数,则(2.49)式是线性方程组,可以直接求解。一般情况下,(2.49)式是参数的非线性方程组,不能直接求解。可以将函数对参数做近似泰勒展开,使方程组(2.49)线化,用逐次迭代法求解。

上面介绍的最小二乘法的前提是,认为 x 的测量误差可以忽略。这种情况称为经典的最小二乘法。更复杂的情况请参阅有关文献。

2.7.2　最小二乘法拟合直线方程

下面作为一个例子介绍用经典的最小二乘法拟合直线方程,这也是实验中最常遇到的情况。例如,各种标定实验中一般都是用最小二乘法拟合直线方程。

假设进行了 N 组测量,测量值是 $(x_1^*, y_1^*), (x_2^*, y_2^*), \cdots, (x_N^*, y_N^*)$,并且认为 x 的测量误差远小于 y 的测量误差,可以忽略。用直线方程

$$y = a + bx \tag{2.50}$$

拟合实验数据。第 i 点 y 的残差

$$\nu_i = y_i^* - (a + bx_i)$$

残差 ν_i 的几何意义如图 2.6 中所注,因为假设 x 的值没有误差,所以认为 y 的残差就是点 (x_i, y_i^*) 到点 (x_i, y_i) 的垂直距离。残差的平方和

$$Q^2 = \sum_{i=1}^{N} \left[y_i^* - (a + bx_i) \right]^2$$

使 Q^2 最小的条件是 $\dfrac{\partial Q^2}{\partial a} = 0$ 和 $\dfrac{\partial Q^2}{\partial b} = 0$。也就是得

$$\sum_{i=1}^{N} - 2(y_i^* - a - bx_i) = 0$$

和

$$\sum_{i=1}^{N} - 2x_i(y_i^* - a - bx_i) = 0$$

整理后有

$$a = \frac{\sum x_i^2 \sum y_i - \sum x_i \sum x_i y_i}{n \sum x_i^2 - \left(\sum x_i\right)^2}$$

$$b = \frac{n \sum x_i y_i - \sum x_i \sum y_i}{n \sum x_i^2 - \left(\sum x_i\right)^2}$$

(2.51)

(2.51)式是用经典的最小二乘法拟合直线方程的公式。式中为了书写方便，y_i^* 用 y_i 代替，求和符号的上下限也省略了。

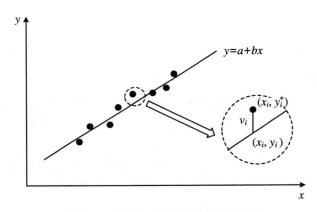

图 2.6　用最小二乘法拟合直线方程

　　还需要提到的是，用最小二乘法拟合出的直线方程也有误差，即系数 a 和 b 也是估计值，它们的标准误差可以从误差传递公式推导出来。在经典的最小二乘法中，认为 x 是没有误差的，y 可以认为是等精度测量的，它的标准误差是 $\sigma_i = \sigma$。根据误差传递公式可以推导出系数 a 和 b 的标准误差

$$\sigma_a^2 = \frac{\sigma^2}{D}\left(\sum x_i^2\right)$$

$$\sigma_b^2 = \frac{n}{D}\sigma^2$$

(2.52)

其中 $D = n \sum x_i^2 - \left(\sum x_i\right)^2$。

2.7.3　二次曲线方程的确定

若实验结果所描述的曲线是二次曲线,方程式为 $y = a + bx + cx^2$。按最小二乘法原理可以求解系数 a,b 和 c 的三个联立方程:

$$\begin{cases} a \sum x_i^2 + b \sum x_i^3 + c \sum x_i^4 = \sum x_i^2 y_i \\ a \sum x_i + b \sum x_i^2 + c \sum x_i^3 = \sum x_i y_i \\ na + b \sum x_i + c \sum x_i^2 = \sum y_i \end{cases} \tag{2.53}$$

现在已有计算机程序用于计算上述方程。

用经验公式拟合实验曲线除了上述方程外还有很多方程式,如 $y = ab^x$,$y = ae^{bx}$,$y = ax^b$,$y = \dfrac{x}{a + bx}$,$y = e^{a + bx}$ 等。具体采用什么类型的经验公式要根据实验数据曲线的形状来定,确定这些方程中系数都可以采用最小二乘法原理。

2.8　风洞实验数据的修正

风洞实验与真实飞行肯定是不一样的。根据相似理论,要使二者相似需要对应相似参数相等以及对应边界条件、初始条件相同。在尽可能满足相似理论要求的情况下,多数风洞实验仍然与真实飞行存在一定差别,因此需要对风洞实验数据进行修正,给出能用于真实飞行实验的数据。

风洞实验数据修正包括两方面的内容:一是由风洞实验气流本身不完善引起的数据修正,包括气流偏角、紊流度、水平压力梯度、模型自重等引起的修正;二是由风洞实验不能做到完全模拟引起的数据修正,包括模型支杆、洞壁干扰、雷诺数等引起的修正。对于由风洞设备本身不完善引起的数据修正可以通过流场校测完成。在风洞建成以后都要进行系统的流场校测,一次性确定风洞的气流偏角、紊流度、水平压力梯度等。对于模型支杆、洞壁干扰、雷诺数等的修正则需要针对具体模型,在风洞实验过程中修正。

2.8.1　平均气流偏角修正

由于风洞在制造过程中的不完善,会造成风洞实验段内气流稍稍偏离几何轴线,称为气流平均偏角。由风洞实验段内气流平均偏角引起的误差需要进行修正。

通常是在流场校测中测量实验段内的气流平均偏角 $\Delta\alpha$。具体做法是,将模型正反安装,分别进行测力实验(图 2.7)。

模型轴线与风洞水平面夹角叫作名义攻角,对于正装模型名义攻角是 α_1,假设风洞存在一个正的偏角 $\Delta\alpha$(图 2.7),那么正装模型的实际攻角

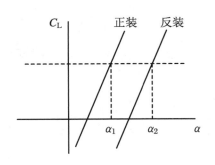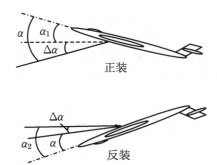

图 2.7　气流平均偏角修正

$$\alpha = \alpha_1 + \Delta\alpha \qquad (2.54)$$

反装模型的实际攻角

$$\alpha = \alpha_2 - \Delta\alpha \qquad (2.55)$$

正装模型测力实验测得升力 C_L 与名义攻角 α_1 的曲线 $C_L = f(\alpha_1)$，反装模型测得 $C_L = f(\alpha_2)$ 曲线。取升力系数相等时（$C_L = C_L$）两条曲线对应的名义攻角 α_1 和 α_2。因为同一模型升力相等时实际攻角应该相等，即

$$\alpha_1 + \Delta\alpha = \alpha_2 - \Delta\alpha$$

所以，平均气流偏角

$$\Delta\alpha = \frac{1}{2}(\alpha_2 - \alpha_1) \qquad (2.56)$$

用类似的方法，可以进行气流侧向偏角 $\Delta\beta$ 的修正。

国家标准规定合格的低速风洞实验段平均气流偏角必须达到下列标准：

$$|\Delta\alpha| \leqslant 0.2° \quad \text{和} \quad |\Delta\beta| \leqslant 0.2°$$

风洞实验中需对攻角和偏航角进行修正，修正公式是

$$\alpha_{实际} = \alpha_{名义} - \Delta\alpha$$
$$\beta_{实际} = \beta_{名义} - \Delta\beta \qquad (2.57)$$

风洞平均气流偏角是个小量，对升力的修正量较小，但对阻力的修正不能忽视。

2.8.2　水平压力梯度修正

几乎在所有的风洞实验段内，沿风洞轴线方向都存在静压变化，这和风洞壁面边界层修正有关。假如风洞实验段是等截面闭口的，实验中实验段壁面边界层沿气流向下游发展，边界层厚度逐渐变厚，因而实验段内均匀流面积越来越小，沿风洞轴线气流速度就越来越大，静压越来越低，因而存在一个逆向压力梯度（$dp/dx < 0$）。这种负的轴向静压梯度有一种将模型向下游"推"的趋势，从而产生额外的附加阻力。在大部分风洞中为了补偿实验段壁面边界层增厚，都进行边界层修正（例如，将壁面做成有一定扩张角）。如果边界层修正不恰当，扩张角过大，又会产生正的轴向压力梯度；如果边界层修正不够，仍旧会存在负的轴向压力梯度。这种由轴向静压梯度引起的实验数据修正，都称为"水平浮力"修正。这是因为从原理上看，它和物体浸在液体中受到的浮力类似。

如图 2.8 所示，在模型上取两个截面，其水平距离为 $\mathrm{d}x$，横截面积为 S，作用在这两个截面间的力是

$$\mathrm{d}Q = -\,\mathrm{d}p \cdot S = -\,\frac{\mathrm{d}p}{\mathrm{d}x}S\mathrm{d}x$$

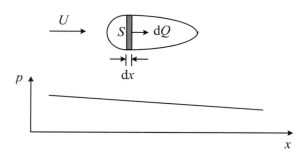

图 2.8　水平浮力修正

如果轴向静压梯度为常数，则上式积分后有

$$Q_{\mathrm{fu}} = -\,\frac{\mathrm{d}p}{\mathrm{d}x}\int S\mathrm{d}x = -\,\frac{\mathrm{d}p}{\mathrm{d}x}V \tag{2.58}$$

其中

$$V = \int S\mathrm{d}x$$

是模型的体积，Q_{fu} 是附加阻力。上式也可以写为无量纲形式，分别定义为浮阻系数 C_{xfu} 和压力系数 C_{p}，

$$C_{\mathrm{xfu}} = \frac{Q_{\mathrm{fu}}}{q \cdot S_0} \tag{2.59}$$

和

$$C_{\mathrm{p}} = \frac{p - p_\infty}{q} \tag{2.60}$$

其中 q 为动压头，S_0 是参考面积。将(2.58)式、(2.60)式代入(2.59)式有

$$C_{\mathrm{xfu}} = -\,\frac{V}{S_0}\frac{\mathrm{d}C_{\mathrm{p}}}{\mathrm{d}x} \tag{2.61}$$

正式实验前风洞需要进行流场校测，流场校测时就要测量出风洞的轴向静压梯度的大小。国标规定在模型区内轴向静压梯度应达到：

$$L\left|\frac{\mathrm{d}C_{\mathrm{p}}}{\mathrm{d}x}\right| \leqslant 0.005$$

其中 L 是模型区长度。

风洞的轴向静压梯度需要用轴向探测管测量。轴向探测管是一根有许多静压孔的长管，沿轴线安装后可以直接测量沿风洞轴线的静压分布。具体计算静压梯度可运用最小二乘法进行，

$$\frac{\mathrm{d}C_{\mathrm{p}}}{\mathrm{d}x} = \frac{n \sum\limits_{i=1}^{n} x_i C_{\mathrm{p}i} - \sum\limits_{i=1}^{n} x_i \sum\limits_{i=1}^{n} C_{\mathrm{p}i}}{n \sum\limits_{i=1}^{n} x_i^2 - \left(\sum\limits_{i=1}^{n} x_i \right)^2} \tag{2.62}$$

其中 x_i 是第 i 测点位置, n 是测点数, $C_{\mathrm{p}i}$ 是第 i 测点压力系数。

一般开口实验段风洞压力梯度较大,闭口实验段风洞如果边界层修正恰当,那么压力梯度可以很小。如果需要进行水平压力梯度修正时,对于不同形状的模型,浮力修正公式可以从有关文献中查到,这里不再一一列举。

2.8.3 模型支架干扰修正

模型在风洞实验中都需要支撑,因而都存在模型支架,而真实飞机在飞行过程中并没有支架。从相似理论的观点这两个事件是不相似的,也就是说风洞实验不能完全反映真实飞行。这种由支架引起的不一致称为"支架干扰",需要进行修正。

一般模型支撑方式有两种:腹部支撑和尾支撑。低速风洞实验大多采用腹部支撑,高速风洞实验大多采用尾支撑,个别实验有例外。下面我们简要介绍两种支撑的修正方式。

在低速风洞测力实验中大多采用模型腹部支撑方式,便于天平测量。腹部支撑中有天平支杆和支杆外的防护罩。支杆和护罩的存在肯定对模型有影响,需要估计出这个影响的大小并在风洞实验数据中修正。

一般通过实验的方法测出这个干扰的大小,其基本的想法是认为这种干扰是小量,扰动是可以线性叠加的。支架干扰实验有三步法和两步法两种,两步法较常用,三步法要多做一次实验。下面介绍两步法实验过程。

两步法是在正常实验外再做两次实验,如图 2.9 所示,(a)表示的是正常的正装模型实验,测量的力中除模型受的力外,还有支杆的力、支杆对模型和模型对支杆的干扰力。

$$F_1 = F_{\mathrm{m正}} + (F_z + F_{\mathrm{m-z}} + F_{\mathrm{z-m}})_正 \tag{2.63}$$

其中下标 m 表示模型, z 表示支架, z - m 和 m - z 分别表示支架对模型和模型对支架的干扰, 正表示模型正装。第二次实验将模型反装,并安装镜像支架(图 2.9(b)),测量的力

$$F_2 = F_{\mathrm{m反}} + (F_z + F_{\mathrm{m-z}} + F_{\mathrm{z-m}})_反 + (F_z + F_{\mathrm{m-z}} + F_{\mathrm{z-m}})_正 \tag{2.64}$$

第三次实验将镜像支杆拆除再测量一次(图 2.9(c)),有

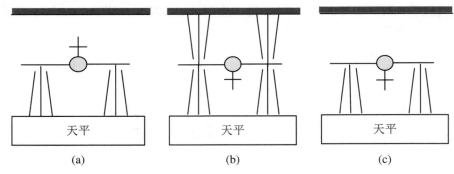

图 2.9 低速风洞支架干扰修正

$$F_3 = F_{m反} + (F_z + F_{m-z} + F_{z-m})_反 \tag{2.65}$$

支架干扰修正后模型的力

$$F_{m正} = F_1 - (F_2 - F_3) \tag{2.66}$$

在高速风洞实验中大多采用尾支撑方式。在超声速时,尾支撑对模型气动特性影响很小,除了底压修正外,可以不考虑。在跨声速和亚声速时,尾支撑对模型气动性能的影响可以通过实验和计算两种方法得出。实验方法中可以通过测量不同尾支撑形状和距离对模型测力的影响找出一般性规律,进行修正。计算方法中可以通过在尾支撑上布置基本解,汇同下一节讲的洞壁干扰修正一起进行。

彻底消除模型支架干扰的方法是采用磁悬浮天平。磁悬浮天平在风洞壁面安装多个强磁铁,将模型悬浮在实验段内,这样就彻底消除了模型支架的影响。实验前,通过模型四周多个激光束定位模型在固定的攻角位置。吹风实验时,模型受到气动力的影响,会改变位置。这时通过激光信号控制磁铁磁力强度,使得模型恢复到原来的位置。这样磁铁的电流信号就反映了模型受到的气动力大小。如果要改变攻角就需要改变激光束的位置。详细内容可阅读第 7 章。

2.8.4　洞壁干扰修正

大部分空气动力学实验是在风洞中进行的,而风洞实验段是有边界的。闭口风洞实验段为固壁边界,开口风洞实验段为射流边界,通气壁实验段壁面为开孔壁或开槽壁。而真实飞行的物体是在无边界的大气中运动的。这种由风洞实验段边界带来的不完全相似,统称为"洞壁干扰"。洞壁干扰引起的实验数据的误差,应该进行修正,这就是洞壁干扰修正。

亚、跨、超声速风洞中的洞壁干扰是不相同的。对于超声速风洞洞壁干扰,主要是由于模型头激波在壁面反射后,反射波作用在模型上引起的。因此在超声速风洞实验中,只要模型长度足够小,保证反射波不打到模型上,就可以认为消除了洞壁干扰。

跨声速风洞实验比较复杂。如果模型表面局部激波到达洞壁前就已消失,可按亚声速风洞洞壁干扰修正方法进行。如果激波到达洞壁并反射,反射波作用到模型上,表现为反射波干扰,情况就比较复杂,目前还没有好的理论或实验方法用于这类洞壁干扰修正。

下面简单介绍几种亚声速风洞洞壁干扰的处理方法。一般说,有以下三种方法:① 在大风洞中进行模型实验,使洞壁干扰量小到可忽略的程度;② 采用自适应壁实验段;③ 对洞壁干扰进行修正。

洞壁干扰修正方法又可以分为三类:① 实验修正方法;② 计算修正方法;③ 计算与实验相结合的修正方法。

（1）实验修正方法

通过实验方法修正洞壁干扰有两种方法:

一种方法是用一组(四个以上)几何相似但尺寸不同的模型进行实验,然后将实验数据外插到几何尺寸为零(即无洞壁干扰)的结果。这样做的一个困难是,尺寸不同的模型做到完全几何相似很不容易。另一个困难是,不同尺寸的模型实验做到雷诺数完全一致也不容易。因而这种方法未被广泛使用。

另一种方法是,用同一个模型主要在小风洞中进行实验,同时也在大风洞中做部分对比实验。把大风洞的实验数据看成无洞壁干扰的数据，可以用此数据求出小风洞实验的洞壁干扰因子，再用它来修正小风洞的实验数据。

（2）镜像法

镜像法是用来修正低速风洞洞壁干扰常用的方法。此方法简单，物理概念清楚，可以用解析方法估计出洞壁干扰影响。镜像法以布置基本解的方法来模拟实验模型，如用点涡模拟模型的升力效应，用源汇来模拟模型的体积效应。再用这些基本解的镜像来代替洞壁的影响。求出所有镜像基本解在模型区的影响，代替洞壁的存在对模型的影响。

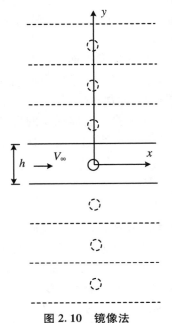

图 2.10　镜像法

下面以二维圆柱风洞实验为例介绍镜像法的基本思想，更复杂的模型基本思路是一致的，做起来更复杂。最简单的例子是在二维风洞中做圆柱实验。均匀流中的圆柱绕流可用一个偶极子代替，偶极子的势函数可写为

$$\varphi = V_\infty r_0^2 \frac{x}{x^2 + y^2} \tag{2.67}$$

其中 V_∞ 为来流速度，r_0 为圆柱半径。根据镜像法原理，上下洞壁的影响可以等效于以上下壁面为镜面的无穷多个偶极子对风洞轴线产生的诱导速度之和。

如图 2.10 所示，取坐标原点在圆柱中心，x 轴沿气流方向为正，y 轴向上为正。那么第 i 个偶极子位置在 $(0, ih)$，第 i 个偶极子的势函数为

$$\varphi_i = V_\infty r_0^2 \frac{x}{x^2 + (y - ih)^2} \tag{2.68}$$

它在原点处的轴向诱导速度为

$$\Delta v_i = \frac{\partial \varphi_i}{\partial x}\Big|_{\substack{x=0 \\ y=0}} = \frac{V_\infty r_0^2}{h^2} \frac{1}{i^2} \tag{2.69}$$

所有偶极子在原点的轴向诱导速度为

$$\Delta v = 2\sum_{i=1}^{\infty} \Delta v_i = \frac{\pi^2}{3} \frac{r_0^2}{h^2} V_\infty \tag{2.70}$$

（2.70）式表明，洞壁的存在使得实验段气流速度增大，这种洞壁的影响需要进行修正。

对于无升力模型绕流情况，模型在实验段占据了一定体积，把这种修正称为"固体堵塞修正"，用"固体堵塞修正系数"ε_s 表示：

$$\varepsilon_s = \frac{\Delta v}{V_\infty} = \frac{\pi^2}{3} \frac{r_0^2}{h^2} \tag{2.71}$$

圆柱是一种最简单的模型，可以解析地写出固体堵塞修正系数。对于更复杂的模型，可以用各种特定的奇点分布组合来模拟，其固体堵塞系数可以在有关文献上找到。

尾流的存在可能使尾流外气流速度增大，这也是洞壁的影响所致。要克服尾流阻塞的影响可在模型后缘放置一个点源，下游放置一点汇，通过源汇代替尾流。再用镜像法求出洞壁影响，最后用"尾流阻塞修正系数"表示。

当模型有升力面并升力不为零时,引起的洞壁干扰称为"流线弯曲效应",流线弯曲效应会引起模型攻角变化。例如,对于翼型实验,可以在机翼 1/4 弦处安放一个点涡代替机翼,再用镜像法估计洞壁的影响。

对于三元风洞应该考虑所有洞壁的影响,情况更为复杂。以上复杂模型和三维风洞中的各种修正系数可以在有关的文献中查到详细说明。

（3）有限基本解方法

虽然镜像法简单,得到了广泛的应用,但对于复杂的外形,镜像法的误差较大。有限基本解方法是一种基于数值计算的理论方法,原则上说,可以解决任意形状模型的洞壁干扰问题,因而当前应用比较广泛。

有限基本解的做法大致如下:先把模型和洞壁划分成许多网格(在考虑支架干扰时可以包括在支架上一起布置网格),每个网格内布置一个基本解(源、汇、点涡、偶极子等)。然后根据模型表面的无穿透边界条件,计算出在自由大气条件下模型面上的基本解强度。再计算出模型上基本解在洞壁各网格上的诱导速度。根据这些诱导速度,按照洞壁边界条件满足的方程,解出洞壁上各网格上基本解的强度。知道洞壁上基本解后,可以计算出这些基本解在模型表面的诱导速度以及模型上的气动力。这样就获得了一级洞壁干扰量。以这个一级干扰为基础,重复上述过程,求出二级干扰量。如此循环,直至前后两级干扰量的差值在预定误差范围内为止。

无疑有限基本解方法比镜像法前进了一大步,但是由于它是基于线化微分方程求解的,因此对于大攻角严重分离的情况,仍然误差较大。

（4）壁压信息法

壁压信息法是 20 世纪 80 年代提出的一种计算和实验相结合的方法,它具有一定优越性。壁压信息法的基本做法是,在进行模型实验的同时,测出壁面的静压分布。这种洞壁静压分布由两部分组成:一是模型在自由状态时,在洞壁处产生的扰动,称为"模型远场扰动";另一种是洞壁干扰所产生的扰动,称为"模型近场扰动"。远场扰动是可以用数值计算方法得出的。从测出的洞壁静压分布中扣除远场扰动的贡献,可得到洞壁的近场扰动。据此就可以求得洞壁的基本解分布,进而求得这些基本解对模型的影响。

壁压信息法原理上不需要对模型及尾流做理论的描述和推测,而只需根据实测的洞壁压力分布,求解洞壁基本解分布。因而,此方法不仅适用于大、中、小攻角的模型实验,也适用于带大功率装置、高升力以及降落伞等模型实验中的洞壁干扰修正。这些优点是镜像法和有限基本解法无法比拟的。此方法的缺点是必须在模型实验的同时,直接测量壁面压力分布,为了修正准确,测量点还不能太少,这为实验带来一定的麻烦。在计算机高度发展的今天,当计算机和风洞一体化后,壁压信息法的优越性就更显著了。

（5）自修正风洞

自修正风洞的概念是 20 世纪 70 年代提出的,是消除洞壁干扰的有效方法。洞壁干扰实质上是由于洞壁的存在限制了模型周围的流场,使风洞实验的流场偏离了大气飞行时的流场。如果能改变洞壁形状或者改变通气壁开孔率分布,使洞壁附近流线和真实飞行时的流线一致,就可以获得无洞壁干扰的实验数据。

自修正风洞通过传感器测量壁面压力分布,通过计算机计算模型无约束的流场,通过执行机构调节壁面形状或开孔率,反复迭代,获得无洞壁干扰的流场。因此,它是实验和计算机相结合的典型,被视为当今风洞发展的主要趋势之一。目前国内外已有高、低速自修正风洞 20 多座,其中多数是二元风洞,并且多数采用柔壁式。

2.8.5 Re 数效应修正

目前在航空航天中,大部分飞行器的 Re 数都在 10^8 以上,而大部分风洞实验的 Re 数在 10^6 附近,很难满足 Re 数相似的要求。Re 数表示了黏性力与惯性力的比值。一般说,黏性起主要作用的流动现象或者黏性在物面附近的流动与外流的无黏流动相互作用较强的流动现象,都受 Re 数的影响较大,比如边界层的增长与转捩、分离流与旋涡、激波边界层干扰等。

雷诺数效应在跨声速范围最为敏感。这是因为气流马赫数等于 1 附近时,流动截面微小的变化都会导致 M 数和压力很大的变化。不同的 Re 数,引起不一样的分离图像,从而导致流线很大差异,最终引起气动性能不同。

目前在低、亚、超声速风洞实验中修正 Re 数,传统的做法是采用人工转捩的方法。在固定的地方加粗糙带或绊线,使模型表面提前实现转捩,从而保持模型上的流态与真实飞行器接近或一致。采用人工转捩时,修正后的数据应扣除转捩带引起的附加阻力。在跨声速范围内,雷诺数的影响只有通过建立高雷诺数风洞才能解决。

参 考 文 献

[1] 张家箕. 测量误差及数据处理[M]. 北京:科学出版社,1979.
[2] 陈克城. 流体力学实验技术[M]. 北京:机械工业出版社,1983.
[3] 李惕碚. 实验的数学处理[M]. 北京:科学出版社,1980.
[4] 何国伟. 误差分析方法[M]. 北京:国防工业出版社,1978.

第 3 章 流体物理性质测量

所有的流体力学实验首先涉及流体介质本身的物理性质。因此,准确获得和测量流体物性参数是经常发生和十分必要的。当然有很多材料的物性参数可以从教科书或者从手册中查找到。但是,我们知道很多材料物性是会随环境改变而变化的,例如,水的黏性系数会随温度变化。因此,在实验中准确测量流体的物性是十分重要的。遗憾的是,在我们的流体力学实验教学中介绍测量流体物性方法的教材很少。虽然,随着科学技术进步现在市场上可以买到各种测量材料物性的仪器。但是,我们仍然有必要全面了解流体主要物性的各种测量方法,这有助于我们正确选用仪器或者自己在实验室里搭建测量装置。

3.1 密 度 测 量

流体密度(density)的定义是单位体积内所包含流体的质量,用符号 ρ 表示,单位是 kg/m^3。流体密度是一个热力学参数,它随压力和温度变化。众所周知,气体密度比液体更易受压力和温度的影响。相比而言,测量液体密度要方便一些。

通常也用比重(specific gravity)来表示相对密度,流体比重的定义是流体的密度与参考流体密度之比,用符号 sg 表示,比重是无量纲量。液体比重的参考物密度是在标准大气压下 4 ℃时水的密度,气体比重的参考物密度是标准大气压下 15 ℃时空气的密度。

常规条件下,最直接的测量流体密度的方法是称重法,即用天平测量已知体积流体的质量。

测量密度的仪器称为密度计。按应用场所不同,密度计可以分为台式密度计、便携式密度计和在线密度计;按被测对象不同,可以分为固体密度计、液体密度计和气体密度计。下面我们按照工作原理不同分别介绍静压式密度计(hydrostatic pressure-based)、振动元密度计(vibrating-element)、浮力型密度计(buoyancy)、放射性同位素密度计(radioisotope)。

对于密度不均匀的气体可以用光学方法测量密度分布。密度不均匀的原因可能是气体可压缩性,也可能是温度或者化学组分不均匀。光学方法常用于高速气体动力学、燃烧学的研究。这些方法将在第 8 章中介绍。

3.1.1 静压式密度计

静压式密度计的原理是在温度一定的条件下流体的静压力与该液体的密度成正比。现在已经发展出各种高精度的测量压力的传感器,可以根据压力测量仪器测出的静压数值来计算流体的密度。

1. 单管吹气式密度计

单管吹气式密度计是最简单的一种密度计。如图 3.1 所示,将一根吹气管插入被测液体液面以下一定深度,压缩空气通过吹气管不断从管底逸出。此时压力表指示的压力便等于被测液体那段液柱高度的压力。它通过测量气体压力代替直接测量液柱压力。压力值可按下式换算成密度:

$$p = \rho g h \tag{3.1}$$

其中 p 是压力,ρ 是密度,h 是液柱高度,g 是重力加速度。

2. 差压式密度计

差压式密度计是一种在线式密度计。如图 3.2 所示,差压式密度计可直接安装在管道上,两个传感器(或一个差压传感器)用于测量两个不同垂直位置处的静压差,并通过(3.1)式计算液体密度。差压式密度计可数字化管理,远程控制,广泛应用于化工、食品加工、石化、炼油、乳制品等行业。

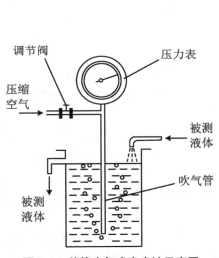

图 3.1　单管吹气式密度计示意图

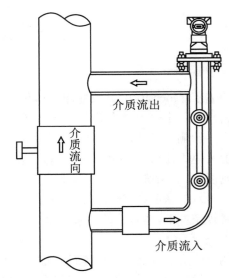

图 3.2　差压式密度计示意图

3. 压力计式密度计

在高温、高压等特殊条件下通过测量压力实现流体密度测量的仪器又称为压力计式密度计(piezometer)。压力计式密度计有三种工作方式:固定体积式、变体积式和膨胀式。

(1) 固定体积式密度计比较容易理解。在独立测量温度和压力的同时,直接测量已知体积流体的质量。为了测量容器内流体的质量,分别用天平测量有和没有流体时容器的质量。如果测量的流体是气体,也可以让气体膨胀到很大的体积,以至于接近常规环境,可以用比较简单的状态方程来计算容器中气体的质量。

（2）变体积式密度计的容器体积在测量中可以改变，通常改变体积的方法是用波纹管或者活塞。图 3.3 是一个活塞式密度计的示意图。该系统用于测量压力到 500 MPa 的液体密度，实验盒放在恒温浴中，温度在 263～333 K 范围内变化。测量盒（图 3.3(b)）盒体 3 由不锈钢制成，中央一个高精度的孔 4 装测试样品，棒 5 通过密封垫 6 穿入孔中。如图 3.3(a)所示，实验时将样品注入圆柱形测量体中，步进电机带动棒旋转向前推进，给样品加压。系统配有高精度传感器独立测量样品的温度和压力变化，样品的体积变化通过棒的位移来测量。实验前先用精密密度计测量样品 1 个大气压时的密度，已知测量体的初始体积，就可计算出测试样品的质量。样品加压后，受压样品的密度可以通过样品质量和变化的体积算出。整个测试过程在计算机控制下进行。严格控制整个加工和测量精度，初始体积的测量不确定性估计为 ±0.05%。考虑到温度和压力对体积测量的影响，加压后样品的体积修正为

$$V(T, p) = V_0(1 + \kappa_T p + \alpha T) \tag{3.2}$$

其中 V_0 是初始体积，κ_T 和 α 是不锈钢的等温压缩系数和热膨胀系数。修正后体积测量的不确定性估计为 ±0.1%。样品质量测量的不确定性估计为 ±0.065%。

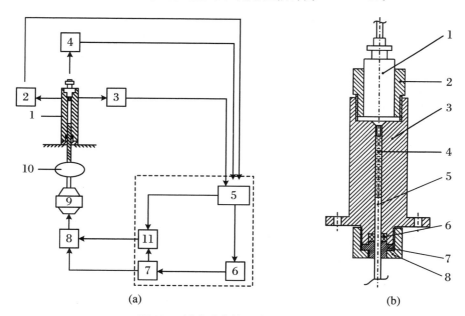

图 3.3　活塞式变体积密度计示意图

（a）1. 测量盒；2. 体积探头；3. 压力传感器；4. 温度传感器；5. 前置放大和数据预处理单元；

　　6. 计算机；7. 设置块；8. 驱动装置；9. 步进电机；10. 减速箱；11. 反馈系统

（b）1. 温度传感器；2,8. 螺母；3. 盒体；4. 液体试样；5. 棒；6. 密封垫；7. 衬套

（3）膨胀式密度计多用于气体密度测量。它的原理是把体积 V_a 的样品膨胀到第二个已抽真空的体积 V_b 的容器，膨胀前后气体的密度比为

$$\frac{\rho_0}{\rho_f} = \frac{V_a + V_b}{V_a} = r$$

其中 ρ_0 和 ρ_f 分别是气体膨胀前后的密度。可以采用一次膨胀也可以多次膨胀,最后状态需要接近大气环境,可以用简单的状态方程从测量的压力和温度计算最后的密度。这个方法的优点是不用直接测量样品的质量和体积,仅需测量膨胀前后的压力和温度。

3.1.2　振动元密度计

如果驱动一个充满流体或者被流体包围的固体弹性元件振动,那么这个流/固组合体的谐振频率将与流体的性质,特别是流体的密度密切相关。当然谐振频率也与固体振元的质量 M 和模量 K 有关。因此,所有流/固组合体振动频率可以用下式表示:

$$f = \sqrt{\frac{K}{M + k\rho}} \tag{3.3}$$

其中 k 是与振子有关的系数。

所有振动元密度计都需要激发固体元件振动并观测它的谐振频率。一般有两种方法达到这个目的:电磁驱动或者压电驱动。振动元件可以是 U 形管、圆柱、细丝、音叉等。流体可以充满元件内部,也可以把振动元浸没在流体中。

1. U 形管密度计

U 形管密度计是目前实验室检测和工业测量中非常常用的仪器,市场上已经有产品出售。它测量范围广,既可以测量气体,也可以测量液体,甚至可以测量泥浆。驱动充满被测流体的 U 形管在一个平面内做横向振动,流体的质量决定了振动的频率。不同的流体有不同的频率,通过测量频率的变化就可以测量密度的变化。通常测量中并不采用(3.3)式直接计算密度,而是通过下式计算:

$$\rho = A\tau^2 - B$$

其中 τ 是振动周期,A 和 B 是待定系数,是温度和压力的函数。系数 A 和 B 可以通过两种已知密度 ρ_1 和 ρ_2 的流体在相同条件下标定获得:

$$\rho = \frac{(\rho_1 - \rho_2)(\tau^2 - \tau_2^2)}{(\tau_1^2 - \tau_2^2)} + \rho_2 \tag{3.4}$$

其中 τ_1, τ_2 分别是两种标定流体的振动周期。一般说,压力和温度对系数 A, B 的影响不明显。如果要求仪器有适当的精度,可以将 A, B 两个系数看成是常数。如果要求高精度测量,最好在每个热力学状态下用(3.4)式计算。

2. 音叉密度计

音叉密度计以音叉作为振动元件,浸入在被测液体中。音叉通过固定于叉体底部一端的压电晶体产生振动,由固定于叉体另一端的压电晶体检测振动频率,然后通过顶部的电路放大信号。当音叉置于不同介质中时,因周围介质质量不同引起谐振频率不同。音叉密度计可以在线安装在生产管线上,广泛用于石油化工、酿酒、食品生产、制药和矿物加工(如黏土、碳酸盐、硅酸盐)等行业。实际使用的音叉密度计用下式计算密度:

$$\rho = K_0 + K_1 T + K_2 T^2$$

其中 T 是测量的振动周期,K_0, K_1, K_2 是标定系数,出厂时给定,可以看作是常数。需要注意的是,音叉振动时带动周围流体一起振动,形成以音叉端部为中心的一个椭球区域,称为敏感区。如果音叉离管壁太近,管壁会反射振动波,从而影响测量的准确性,称之为边界效应。在使用音叉密度计时需要注意避免边界效应。

3.1.3　浮力型密度计

浮力型密度计的原理是基于阿基米德原理。物体在流体内受到的浮力与流体密度有关,流体密度越大浮力越大。图 3.4 是一个浮力型密度计的示意图。一个已知体积和质量的重锤通过细丝被浸入测量液体中,精密天平用来测量支撑重锤的力。一旦测得重锤的质量、体积以及支撑重锤在液体中的力,便可以获得液体的密度。

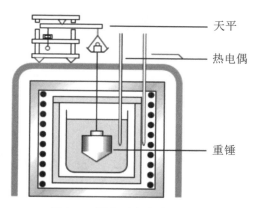

$$\rho = \frac{m_s - m_{s,\mathrm{fluid}}}{V_s(T, p)}$$

图 3.4　浮力型密度计示意图

其中 m_s 是重锤的真实质量(排空测量室内的液体时),$m_{s,\mathrm{fluid}}$ 是重锤的表观质量(液体淹没重锤时),V_s 是重锤的体积,它是温度和压力的函数。对于高精度的密度测量,这时必须考虑细丝表面上表面张力以及重锤热膨胀系数的影响。改进的浮力型密度计采用磁悬浮技术,在温度 295~400 K,压力到 100 MPa 条件下,密度测量精度可以达到 ±0.2%。

密度计也可以用比重数值作为刻度值。浮力型密度计中最简单的是目测浮子式玻璃比重计,如图 3.5 所示。比重计玻璃管下部装有铅块作为配重,上部细玻璃管上均匀刻有标尺。测量时将比重计放入待测液体中,比重计垂直浮在液体中,从标尺刻度可读出液体的比重。

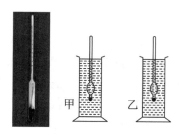 

图 3.5　浮子式玻璃比重计

3.1.4　放射性同位素密度计

放射性同位素密度计内设有放射性同位素辐射源,它的放射性辐射(例如 γ 射线),在透过一定厚度的被测样品后被射线检测器所接收。射线穿过被测物质后,其强度随密度的变化而相应变化。一定厚度的样品对射线的吸收量与该样品的密度有关,而射线检测器的信号则与该吸收量有关,因此反映出样品的密度(图 3.6)。

放射性同位素密度计是非接触式密度计。更适合应用于腐蚀性、高压、高温环境。最新设计的核辐射密度计,部件少、安装方便、降低安装与配线成本。配有自我检测和报警系统,可减少故障排除时间。

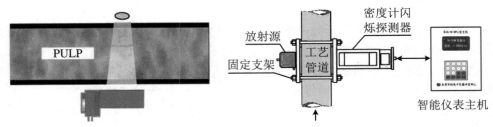

图3.6 放射性同位素密度计

3.2 表(界)面张力和接触角的测量

3.2.1 表面张力和界面张力定义

1. 表面张力

同类物质分子之间的吸引力称为内聚力(cohesion),不同类型分子之间的作用力称为黏合力(adhesion)。液体内部的分子在每个方向上都被邻近的液体分子平均地包围着,结果是净力为零,而液体表面的分子在垂直液面的方向没有同类分子存在。表面张力(surface tension)是由于液体内部分子比液面分子有更大的吸引力而产生的。这就产生了内部压力,迫使液体表面收缩到最小面积,使液体表面表现得好像它的表面被拉伸的弹性膜覆盖着一样。因此,液体表面会因不平衡的力而处于张紧状态,这可能是"表面张力"一词的来源。

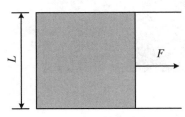

图3.7 表面张力定义

表面张力系数用符号 σ 表示,它的单位是单位长度的力,N/m,或单位面积的能量,J/m^2。这两个单位是等价的,但是当提到单位面积能量时,通常使用"表面能"这个术语,这是一个更一般的术语,它也适用于固体。

为了从力和能量的概念解释表面张力,我们可以想象如图3.7所示的实验。图中长方形的框架由三个不可移动的边组成,形成一个"U"形,右边第四个边可以向右滑动。框架内张一个液膜。表面张力会把可移动的边拉向左边,维持边不动的力 F 与边长 L 成正比。因此,比值 F/L 只取决于液体的性质,而与它的几何形状无关。因此我们将表面张力定义为

$$\sigma = \frac{F}{2L} \tag{3.5}$$

式中1/2的含义是膜有两个面,每个面对张力的贡献相等,所以除以2。

从能量的观点来解释,表面张力是表面能变化的比值,也是表面面积变化的比值。力 F 拉动右侧的边向右匀速移动距离 Δx,力做的功是 $W = F\Delta x$,膜的总面积增加 $A = 2L\Delta x$。所以

$$\sigma = \frac{W}{A} = \frac{F\Delta x}{2L\Delta x} = \frac{F}{2L} \tag{3.6}$$

功 W 是一个有用的参数,它已解释为液体储存的势能。力学系统总是试图处于最小势能状态。自由水滴自然保持球形,因为对于给定的体积,球形有最小的面积。

当内聚力比黏合力强时,液体就会表现为一个凸半月牙形(就像玻璃容器中的水银)。另一方面,当黏合力更强时,液体表面就会表现为一个凹半月牙形(就像玻璃管中的水)。

2. 界面张力

界面是指任何两相介质间的分隔区域,包括气固界面、气液界面、液液界面、液固界面、固固界面等。界面张力(interfacial tension)是指两相介质间界面上的力,如液液界面张力、液固界面张力等。两相中有一相是气相时,称为表面张力。因此,界面张力系数的单位与表面张力系数一致。

为了进一步理解界面张力与表面张力之间的关系,我们假想一个如图 3.8 所示的实验。两种不相溶的液体 a,b 之间形成一个界面 ab,如果想象从面 ab 处把两种液体分开足够远的距离。在分开前,界面上单位面积的界面能是 σ_{ab};分开后,单位面积的表面能之和是 $\sigma_a + \sigma_b$。黏合两种液体的能量称附着功(work of adhesion)E_a,界面张力定义为

$$\sigma_{ab} = \sigma_a + \sigma_b - E_a$$

因此,如果能独立计算出附着功 E_a,就可以从两种液体的表面张力计算出它们间的界面张力。可惜,现在还不能准确地计算或测量出附着功的大小。不过已经有一些近似方法可以用来计算附着功。

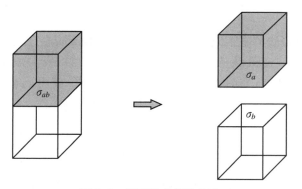

图 3.8　界面张力假想实验

3.2.2　Young-Laplace 方程

两种静止流体(流体 1 和流体 2)之间由一界面隔开。如果界面两侧的压力相等,那么界面就会保持平坦。但是如果界面一侧的压强与另一侧的压强不相等,压强差乘以表面积就会产生一个法向的力。法向力作用会使得表面弯曲,从而表面张力增大,表面张力抵消由于

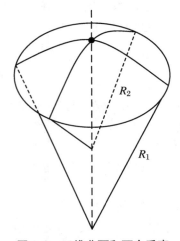

图 3.9 三维曲面和两个垂直平面的交线

压力差而产生的法向力。当所有的力平衡时,遵循的方程被称为 Young-Laplace 方程:

$$p_2 - p_1 = 2\sigma_{\text{lf}}\kappa_{\text{m}} \qquad (3.7)$$

其中 p_2 和 p_1 分别是流体 2 和流体 1 的压力,p_2 是定义曲率半径侧界面的压强,p_1 是界面另一侧的压强,σ_{lf} 是界面张力系数,κ_{m} 是界面的平均曲率。平均曲率的定义可以通过图 3.9 解释。两个互相垂直的平面和曲面相交,两条交线的二维曲率半径分别是 R_1 和 R_2。两条交线交点附近的平均曲率是

$$2\kappa_{\text{m}} = \frac{1}{R_1} + \frac{1}{R_2}$$

曲率半径的正负取决于曲线是凸的还是凹的。对于球形,平均曲率就是 $1/R$,R 是球半径。因为对于球形,$R_1 = R_2 = R$。对于圆柱形,方便的方法是选择一个平面平行于圆柱轴线($R_1 = \infty$),另一个平面垂直于轴线($R_2 = R$,R 是圆柱半径),因此圆柱的平均曲率是 $1/2R$。我们注意到,Young-Laplace 方程(3.7)对于空气中的水滴或者水中的空气泡都是正确的。对于球形水滴,p_2 是水滴内压力,p_1 是大气压力,R 是正的,$p_2 > p_1$。对于气泡,p_2 是泡外水的压力,p_1 是泡内空气压力,R 是负的,$p_2 < p_1$,对于水滴或者气泡都是曲面内压力大。

3.2.3 表面(界面)张力测量方法

1. 测力法(force methods)

(1)滴重法

滴重(drop weight)法的基本原理如图 3.10(a)所示,液滴悬挂在毛细管口时,界面张力和液滴重量平衡。因此,当液滴从管口脱落时,界面张力($2\pi r\sigma_{\text{lf}}$)就等于脱落液滴的重量(W_{d})。原则上,只要测量出毛细管内径 r 和液滴重量 W_{d} 就可以得到界面张力系数 σ_{lf}。图 3.10(b)和图 3.10(c)分别表示测量表面张力和界面张力。

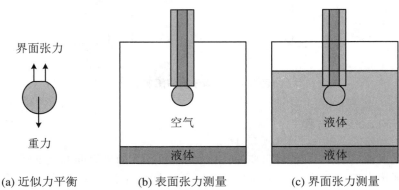

(a) 近似力平衡　　　(b) 表面张力测量　　　(c) 界面张力测量

图 3.10　滴重法

滴重法的基本原理看起来很简单,但是实际操作过程有些复杂。液滴从毛细管口脱落过程是十分复杂的,球形液滴不是直接从管口脱离,而是在球形液滴和毛细管间先形成一个收窄的颈部,然后颈部逐步变细,最后液滴脱离管口(这个过程可以从实验高速录像或者数值计算结果证实)。因此,滴重法仅从液滴平衡的静态照片测量是不准确的。实际测量中引入一个修正因子 f_w:

$$W_d = 2\pi r \sigma_{lf} f_w \tag{3.8}$$

修正因子 f_w 是毛细管半径 r 和液滴体积 V 的函数,$f_w = f_w(r/V^{1/3})$。由于液滴脱落是一个动态过程,(3.8)式还应该考虑液体黏性的影响。滴重法是一种方便、便宜、有一定精度的方法,实际应用时方便的方法是用已知表面张力的液体先对测量系统标定,确定修正因子大小。

（2）环法

环法(ring method)是测量从液体界面中分离一个金属丝环所需的力。如图 3.11(a)所示,与天平相连的金属丝环浸入液体中,然后向上拉起,直到从液体界面中分离出来。环法中测量的最大力 F_r 是环的重量 W_r 和作用于环内外周长的界面张力的总和。由于环的厚度与半径相比非常小,所以这两个周长被看成有相同半径 R_r。与滴重法的情况一样,分离过程是复杂的,因此需要引入修正因子 f_r 来从简单的力平衡中计算精确的界面张力。

$$F_r = W_r + 4\pi R_r \sigma_{lf} f_r \tag{3.9}$$

式中修正因子 f_r 与两个无量纲比值有关:$f_r = f_r(R_r/V_r^{1/3}, R_r/r_r)$,其中 V_r 是金属丝环从液面带起的月牙面体积,r_r 是金属丝横截面半径。

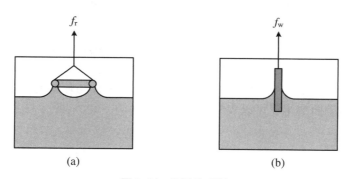

图 3.11　环法和板法

环法是测量界面张力常用的方法,它的优点是简单,仪器容易实现自动化,修正因子可以成为仪器软件的一部分。缺点是要求金属丝(通常是铂金丝)很清洁,并且金属丝环保持一个平面。

（3）Wilhelmy 板法

Wilhelmy 板法(Wilhelmy plate method)与环法类似,差别只是用一个已知周长的垂直薄板代替金属丝环(图 3.11(b))。天平测量的力为

$$F_w = W_p + P_p \sigma_{lf}$$

其中 P_p 是板的横截面的周长,W_p 是板的重量。

2. 形状法(shape methods)

在外力可忽略的情况下,液滴保持球形。但当外力(如重力等)足够大时,会影响液滴形状偏离球形,液滴的形状由外力和界面张力的平衡确定。

(1)滴形状法

此方法用的液滴可以是悬挂在毛细管口的液滴(悬挂滴(pendant drop))或者附着在固体平面上的液滴(固着滴(sessile drop)),见图3.12。

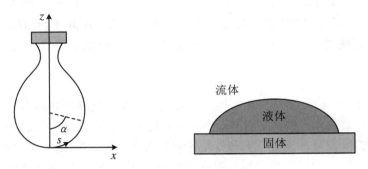

图3.12 悬挂滴和固着滴形状

滴形状法(drop shape)的做法是对液滴形状拍照,用数值方法计算出液滴形状,然后比较理论和实验的液滴形状。首先滴形状法要求液滴足够大,以保证重力对液滴形状有明显的影响;其次要求液滴是轴对称的,以便可以和理论结果比较。比较的目的是找出使实验和理论误差最小的界面张力值。下面介绍理论计算液滴形状的方法。

穿过界面每一点压力差表示为

$$p_i - p_o = (p_i - p_o)_{z=0} - \Delta\rho gz \tag{3.10}$$

图3.12中 x,z 为描述液滴界面形状的坐标,坐标原点与液滴顶点重合,z 轴为液滴对称轴。p_i 和 p_o 分别是液滴内部和外部环境的压力,$\Delta\rho$ 是被测液体与环境流体的密度差,g 是重力加速度。轴对称液滴曲率半径可以表达为

$$\begin{cases} \dfrac{1}{R_1} = \dfrac{\mathrm{d}(\sin\alpha)}{\mathrm{d}x} \\[2mm] \dfrac{1}{R_2} = \dfrac{\sin\alpha}{x} \end{cases} \tag{3.11}$$

其中 R_1 是在包含 z 轴的液滴截面内测量点处的主曲率半径,R_2 是在垂直上述截面内测量点处的主曲率半径。α 是测量点处液滴界面法线与 z 轴的夹角。将(3.10)式和(3.11)式代入 Young-Laplace 方程(3.7)得

$$\frac{\mathrm{d}(\sin\alpha)}{\mathrm{d}x} = \frac{(p_i - p_o)_{z=0}}{2\sigma_{lf}} - \frac{\Delta\rho gz}{2\sigma_{lf}} - \frac{\sin\alpha}{x} \tag{3.12}$$

由于顶点处的对称性,$R_1 = R_2 = b$,则有 $(p_i - p_o)_{z=0} = \dfrac{2\sigma_{lf}}{b}$。最后得到计算液滴形状的方程

$$\begin{cases} \dfrac{\mathrm{d}(\sin\alpha)}{\mathrm{d}x} = \dfrac{1}{b} - \dfrac{\Delta\rho g z}{2\sigma_{\mathrm{lf}}} - \dfrac{\sin\alpha}{x} \\[2mm] \dfrac{\mathrm{d}x}{\mathrm{d}s} = \cos\alpha \\[2mm] \dfrac{\mathrm{d}z}{\mathrm{d}s} = \sin\alpha \end{cases} \tag{3.13}$$

认为顶点曲率半径 b 和密度差 $\Delta\rho$ 是已知参数,以界面张力系数 σ_{lf} 为参数,用数值方法求解上述常微分方程组,得到一个液滴形状。将计算出的液滴曲线形状与实验拍摄的结果比较求出误差,若误差未达到要求,改变张力系数,继续上述过程,直至误差最小。现在已经有完整的程序,在计算机内整个过程可在几秒内完成。形状法还可以测量接触角、动态表面张力变化等。

（2）旋转圆柱法

旋转圆柱法（rotating cylinder）原理是利用界面张力和离心力平衡。如图 3.13 所示,将一个气泡（或者另一种液体泡）注入水平圆管中,管中液体的密度大于流体泡的密度。然后绕轴旋转圆管,离心力增大了管内液体的压力,压迫管内气泡。如果没有界面张力,泡将压成细长的圆柱体。而界面张力力图保持泡成球形,最终界面张力与离心力平衡,泡产生一个固定的形状。

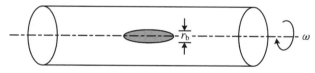

图 3.13　旋转圆柱法

为简单起见,假设泡的形状类似一个半径为 r_{b} 的圆柱体。系统能（动能与表面能之和）最小导致有下面近似公式:

$$\sigma_{\mathrm{lf}} \approx \frac{\omega^2 \Delta\rho r_{\mathrm{b}}^3}{4} \tag{3.14}$$

其中 ω 是旋转角速度。为了能方便地测量泡的尺寸,实验中可使用频闪灯照明,与旋转频率同步。实验中主要的困难是使得圆管旋转稳定,以便可以精确测量泡的直径。旋转越快测量越困难。因此,这个方法特别适用于测量很低的界面张力,此时不需要很高的旋转频率。

（3）最大泡压法

最大泡压法（maximum bubble pressure）的思路是利用 Young-Laplace 方程(3.7),又避免直接测量泡的半径。将一根毛细管一端插入液体中,从另一端吹气。刚开始吹泡时,泡体积较小,曲率半径较大,压力较低（图 3.14 虚线 a）;随压力增大,泡增大,曲率半径减小（图 3.14 虚线 b）;从几何观点,最小曲率半径是管的内径（气泡为球形）,这时压力最大（图 3.14 实线 c）。随后泡体积增大必伴随曲率半径增大,压力减小（图 3.14 虚线 d）。通过测量最大压力差 $\Delta P_{\max}$ 和毛细管内径 r_{c} 可以计算表面张力系数:

$$\sigma_1 = \frac{\Delta P_{\max} r_{\mathrm{c}}}{2} \tag{3.15}$$

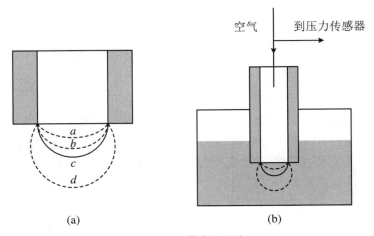

空气　到压力传感器

(a)　　　　　　　　(b)

图 3.14　最大泡压法

实际操作时,一般连续吹气,多次产生气泡,连续测量压力。此方法需注意气泡应保持较小,保证泡呈球形。吹气应尽可能缓慢,以便获得表面张力的平衡值,避免相继气泡之间的干扰。此方法应选用高精度的压力传感器。

3. 振动频率法

振动频率法(vibrational frequency)是比较特殊的一种测量表面张力方法。为了准确测量液氦的表面张力,使用一种磁悬浮装置将 2 mm 直径的 ^{4}He 液滴稳定地悬浮在势阱中。根据 Rayleigh 公式,球形液滴的振动频率为

$$\omega_l^2 = \frac{\sigma}{\rho a^3}(l - 1)l(1 + 2)$$

其中 ρ 是密度, a 是液滴半径, l 是振动模态(等于或大于 2 的整数)。通过测量 $l = 2$ 振动模式的频率,得到了温度在 $0.6 \sim 1.6$ K 范围超流体 ^{4}He 的表面张力,外推后估计在 0 K 温度时表面张力的值是 (0.375 ± 0.004) dyn/cm。

3.2.4　接触角定义

1. 平衡接触角

平衡接触角(equilibrium contact angle)是指液滴在固体表面保持静止时形成的接触角。根据固体表面性质不同,平衡接触角有多种定义。

2. 理想接触角

图 3.15 表示一个典型的浸润系统,它由三个界面构成:液气界面、液固界面和气固界面。三相交界线称为接触线(contact line),在接触线附近液气界面的切线与固体表面之间的夹角称为接触角(contact angle) θ。注意,接触角在液体一侧测量,是表征固体材料浸润性质的参数,它可以小于 $90°$(对亲水材料),也可以大于 $90°$(对疏水材料)。

接触角与界面张力之间的关系最早由 Young 方程描述:

$$\cos\theta_Y = \frac{\sigma_s - \sigma_{sl}}{\sigma_l} \tag{3.16}$$

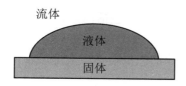
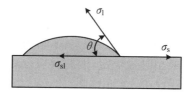

图 3.15　接触角

其中 σ_s 和 σ_1 是固体和液体的表面张力，σ_{sl} 是液固界面张力。由方程（3.16）描述的接触角 θ_Y 称为理想接触角（ideal contact angle），因为该方程仅对光滑、刚性、化学上均匀、不可溶、无反应性的固体平面成立。我们注意到（3.16）式仅与三相的化学性质有关，与重力无关。也就是说，重力会影响液滴的形状，但不会影响接触角。

3. 实际接触角和表观接触角

理想接触角定义了液滴在理论平面上的接触角，但是实际的固体表面都具有一定程度的粗糙度和化学不均匀性。图 3.16 表示了液滴在粗糙表面上的两种接触角定义。实际接触角（actual）是气液界面切线和当地实际固体面切线之间的夹角，用 θ_{ac} 表示。表观接触角（apparent contact angles）是气液界面切线和宏观名义固体面的夹角，用 θ_{ap} 表示。目前日常实验能够测量的是表观接触角，而没有方法测出实际接触角。

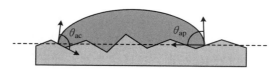

图 3.16　粗糙表面接触角

4. 接触角滞后

一个如图 3.17(a) 所示的实验，一根细针向液滴（实线）注入液体。当液滴体积增加时，接触线保持不动而接触角不断增加（虚线）。接触角达到最大时，称为前进接触角（advancing contact angle）θ_a。如果进一步增加液滴体积，接触线会向前运动。类似地，当减少液滴体积时（图 3.17(b)），接触线不动，接触角减小。接触角达到最小时，称为后退接触角（receding contact angle）θ_r。如果进一步减少液滴体积，接触线会向后退。接触线运动有时称为黏滑运动（stick-slip motion）。前进接触角和后退接触角之间的差称为接触角滞后（contact angle hysteresis）。静态、前进或后退接触角可以用来代替平衡接触角，这取决于应用场合。

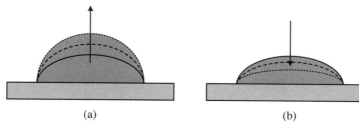

(a)　　　　　　　　　　　　(b)

图 3.17　接触角滞后

5．最稳定表观接触角

和理想平面假设不同,实际平面上测量的表观接触角(包括前进接触角和后退接触角)可能有多个。这和真实表面的 Gibbs 能曲线有关,该曲线表现出存在多个极小值。原则上系统趋于能量最小时最稳定,因此对应全局能量最小的接触角称为最稳定表观接触角(most stable apparent contact angle)。

(1) 对于粗糙表面,液滴与粗糙面的实际接触面积大于名义面积(即投影面积),这两个面积之比定义为粗糙比 r。对于理想平面 $r=1$,对粗糙平面 $r>1$。Wenzel 给出了粗糙面最稳定表观接触角 θ_W(Wenzel 接触角)与理想接触角 θ_Y 之间的关系:

$$\cos \theta_W = r\cos \theta_Y$$

此式给出以下有趣的结论:如果 $\theta_Y<90°$,则 $\theta_W<\theta_Y$,即粗糙度增强了浸润;如果 $\theta_Y>90°$,则 $\theta_W>\theta_Y$,即粗糙度减少了浸润。

(2) 对于化学异质表面,Cassie 给出下面方程:

$$\cos \theta_C = x_1 \cos \theta_{Y1} + (1 - x_1)\cos \theta_{Y2}$$

其中 θ_C 是化学异质平面最稳定表观接触角,x 是给定化学材料的面积分数,下标 1,2 表示两种不同的化学材料,θ_{Y1} 和 θ_{Y2} 是两种化学材料对应的理想接触角。

上述最稳定表观接触角的公式是近似关系式,为了使关系式正确,要求实验中液滴的尺寸要比固体表面特征尺寸(粗糙度尺寸或化学组分尺寸)大 2～3 个数量级。

6．动态接触角

在许多工业和材料加工过程中,不仅要求知道液体是否在固体表面浸润,还要求知道液体会以多快速度浸润一个给定的固体表面。这些信息在石油开采、油漆、印刷、植物保护、胶合和润滑等行业中有重要作用。液体可能包括油漆、墨水、杀虫剂、黏合剂或其他液体,可能是牛顿流体也可能是非牛顿流体。固体表面可能是光滑的或粗糙的、均匀的或化学异质的,可以是片状的或纤维状的,也可能是多孔的。

简单说,动态浸润过程涉及的主要参数有两个:液体在固体表面移动的相对速度,即接触线移动速度 v;动态接触角(dynamic contact angle)θ_D,也就是流动的液体界面和固体表面之间形成的角度。动态接触角是浸润过程的关键边界条件。实验观察到的动态接触角通常与静态接触角 θ_S 不同。下面介绍两个动态接触角的例子:强迫浸润(或强迫去浸润)和自发浸润(或自发去浸润)。

强迫浸润(forced wetting)和强迫去浸润(forced dewetting):接触线的移动受外力作用。这种情况下,动态接触角 θ_D 和接触线运动速度 v 之间的关系与实验条件有很大的关系,也就是说,θ_D 和 v 之间的关系以十分复杂的方式依赖于流场。概括地说,随着接触线移动速度的增加,前进接触角增大,而后退接触角减小。接触角不仅依赖于接触线移动速度的大小,也依赖于运动的方向。

自发浸润(spontaneous wetting)和自发去浸润(spontaneous dewetting):液滴在固体表面靠毛细力作用自发地漫延开来称为自发浸润。在这些瞬态条件下,瞬间的动态接触角将会松弛,从接触瞬间的 180° 下降到其静态接触角。同时,接触线速度将从初始值降为平衡时的零。与此相反,如果我们强行将液体撒在一个表面上,然后液膜分裂并回缩成单个的液滴,那么称这种为自发去浸润。在这种情况下,接触角将从撕裂时的值增加到它的静态值。

由于接触角滞后,最终的静态值可能有所不同。

3.2.5 接触角测量方法

1. 接触角测定仪

测量接触角最常用的方法是照相法,这种方法既适用于测量静态接触角,也适用于测量动态接触角。测量接触角的仪器称为接触角测定仪(图3.18)。仪器由注射器、实验平台、光源、照相系统、计算机等部分组成。通常用一个微型注射器提供测量用的液滴,针头呈90°。为了方便起见,固体基板应该安装在三轴平动实验平台上。微注射器和平台都可以由计算机自动控制,重复测量。如果需要的话,这个平台可以恒温加热,整个系统被封闭在一个密闭环境室里。在开始测量之前,必须允许有足够的时间来平衡系统。

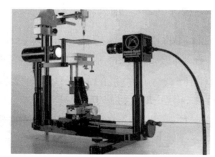

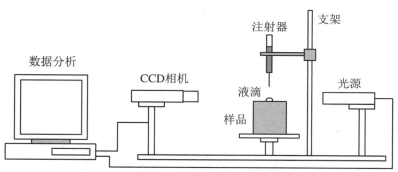

图 3.18 接触角测定仪照片和示意图

使用高分辨率的黑白数码摄像机,可以很容易地捕捉到这些液滴的轮廓,这些相机配有合适的微距镜头或长距离显微镜头,具有必要的放大率。摄像机连接到计算机上,使得图像可以实时处理或存储在存储器内以便后续处理。为了获得清晰的液滴轮廓,适当的照明是至关重要的。漫反射式的背景照明是常规视频成像的最佳选择。而准直光源则更适合于在润湿线附近或非常小的液滴附近进行精确测量。

拍摄一个液滴的侧视图像,并从这幅图中获取接触角。可以直接测量角度(最好是取液滴两侧角度的平均值),或者通过曲线拟合液滴剖面,并计算出这条曲线的角度。曲线的拟合可以通过一个多项式或者用 Young-Laplace 方程(3.13)的解来完成。这种方法简单、直接,并且易于自动处理。然而,这种方法的缺点是要求液滴是轴对称的。因此,必须同时拍摄一张液滴的顶视图。如果从这张顶视图片确定了液滴是轴对称的,那么基于侧视图的计算才是有意义的。

2．静态接触角测量

在用照相方法测量液滴静态接触角时，有两种方法来处理实验数据：迟滞法和最稳定接触角法。

在迟滞法中，通过增加液滴体积，直至测量尽可能高的前进接触角 θ_a；并且，通过减少液滴体积来测量尽可能低的后退接触角 θ_r；从它们中估计出最稳定接触角或理想接触角。在迟滞法中有下列三种处理方法。第一种方法：Decker 等人建议采用角度平均，即

$$\theta_{ms} = \frac{\theta_a + \theta_r}{2}$$

第二种方法：Andrieu 等人建议采用余弦平均，即

$$\cos \theta_{ms} = \frac{\cos \theta_a + \cos \theta_r}{2}$$

第三种方法：只适用于粗糙表面，目的是计算理想接触角 θ_Y。Kamusewitz 等人提出了以下步骤：① 测量同一化学性质并有不同粗糙度的一系列表面的前进和后退接触角；② 绘制前进和后退的接触角度与迟滞范围 $(\theta_a - \theta_r)$ 关系的曲线；③ 对步骤②中两组数据拟合最佳直线；④ 从这两条线外推到迟滞值，得到理想接触角。

最稳定接触角法的目的是直接测量最稳定接触角。基本的想法是，通过适当振动表面，液滴可以达到它最稳定的状态。实际问题是如何识别这个最稳定的状态。一个足够大的液滴在水平的、真实的表面上被振动并处于最稳定状态时，液滴就会变成轴对称的。因此，测量过程中一边振动表面，一边从顶部观察液滴的对称性，一旦液滴变得对称，它的接触角就被测量。

特别要强调的是，在所有情况和方法中都应采用以下两项原则：① 液滴应该足够大，至少比粗糙度尺寸或化学异质性尺寸大两到三个数量级；② 在测量的时候，液滴应该是轴对称的。

3．动态接触角测量

（1）接触角测定仪

一种广泛用于测量动态接触角的方法是接触角测定仪。此方法和测量静态固着液滴方法类似，通过照相方法获得液滴在固体表面扩散时的轮廓，进而计算接触角。动态过程可以用高速录像机记录，更有利于测量接触线移动速度。另外有一种可能性是放弃整个液滴轮廓测量，专注在测量接触线附近。根据需求不同，用接触角测量仪可以测量许多不同的实验，例如，测量动态接触角随接触线移动速度的关系曲线，固着液滴动态接触角随时间变化的曲线，测量固体材料的异质性等。

（2）动态 Wilhelmy 板法

另一种测量动态接触角的方法是 Wilhelmy 板法，实验装置与图 3.11(b) 一致。与测量表面张力实验的区别是，两片相同性质的样品材料粘在板两侧，板和精密天平相连，测量用的液体表面张力系数已知。将板垂直下降到液体池中（事实上是天平固定，而是液体向下抽出）。这个天平测量的力与接触角有关。可通过下列方程计算：

$$\cos \theta_D = (F - F_b)/P_p\sigma$$

其中 F 是天平测量的总的力，F_b 是浮力，P_p 是浸润长度，σ 是液体的表面张力，θ_D 是动态接

触角。

在 Wilhelmy 板法中,可以用单根纤维代替板测量前进和后退的接触角度。如果不用天平测量力,也可以直接用照相方法直接测量纤维液面月牙面角度,得到前进和后退接触角。

（3）毛细上升法

毛细上升法（capillary rise method）是一种测定液体表（界）面张力的方法:将一根半径均匀的毛细管插入可润湿的液体中,液面将在毛细管中上升至平衡位置。支配此方法的方程称为 Lucas-Washburn 方程:

$$2\pi r\sigma\cos\theta - \rho\pi r^2 \frac{\partial}{\partial t}\left[h(t)\frac{\partial h(t)}{\partial t}\right] - 8\pi\eta h(t)\frac{\partial h(t)}{\partial t} - \rho\pi r^2 gh(t) = 0 \quad (3.17)$$

方程左手边四项分别是表面张力、惯性力、黏性力和重力。其中 r,σ,θ 和 η 分别是毛细管半径、表面张力系数、接触角和黏性系数,g 是重力加速度,h 是液面上升高度,是时间 t 的函数。直接求解这个方程是困难的,多数情况下针对具体情况需做一定的简化。在忽略重力和惯性力作用时,可得到

$$h = \sqrt{\frac{r\sigma\cos\theta}{2\eta}t} \quad (3.18)$$

也可以对忽略重力或者忽略惯性力情况,获得方程的解。这种情况比较复杂一些。

3.3　黏　度　测　量

3.3.1　定义

黏度（或称黏性系数）是指流体抵抗流动变形的能力。

根据本构关系不同,流体分为牛顿流体和非牛顿流体。对于牛顿流体,应力与应变率呈线性关系,它的本构关系是

$$\sigma_{ij} = -p\delta_{ij} + \mu\left(\frac{\partial v_i}{\partial x_j} + \frac{\partial v_j}{\partial x_i} - \frac{2}{3}\delta_{ij}\frac{\partial v_k}{\partial x_k}\right) \quad (i,j,k=1,2,3) \quad (3.19)$$

其中 σ_{ij} 是应力张量,p 是静压力,v 是速度,δ_{ij} 是克罗内克符号,μ 是动力黏性系数。方程右手括号内前两项与流体剪切变形有关,第三项与流体体积变化有关,因此只在可压缩流体中出现。除了动力黏性系数外,流体力学中还经常使用运动黏性系数:

$$\nu = \frac{\mu}{\rho} \quad (3.20)$$

动力黏性系数 μ 在 SI 单位制中的单位是 Pa·s 或 kg/(m·s),有时也使用单位 PI（泊肃叶）;在 cgs 制中用 P（泊）,不过 PI（泊肃叶）不常用。它们的换算关系为

$$1\,\text{PI} = 1\,\text{Pa·s}$$
$$1\,\text{P} = 0.1\,\text{Pa·s} = 0.1\,\text{kg/(m·s)}$$

$$1 \text{ cP} = 0.001 \text{ Pa} \cdot \text{s} = 0.001 \text{ kg}/(\text{m} \cdot \text{s})$$

运动黏性系数 ν 在 SI 单位制中的单位是 m^2/s，在 cgs 制中用斯托克斯（St）。它们的换算关系为

$$1 \text{ St} = 1 \text{ cm}^2/\text{s} = 10^{-4} \text{ m}^2/\text{s}$$
$$1 \text{ cSt} = 1 \text{ mm}^2/\text{s} = 10^{-6} \text{ m}^2/\text{s}$$

流体的黏性系数与热力学状态有关，是压力 p 和温度 T 的函数。对液体来说，动力黏性系数 μ 与压力关系不大，但随温度升高剧烈减小；对气体来说，作为一级近似可以认为动力黏性系数 μ 与压力关系不大，但随温度升高而增大。因为液体密度随温度变化很小，所以可以认为运动黏性系数 ν 对温度的依赖关系与 μ 相同；但是气体密度随温度升高而显著减小，所以气体运动黏性系数 ν 随温度升高而迅速增加。

应力和应变率不满足关系式(3.19)的流体称为非牛顿流体。气体、水和许多一般液体都属于牛顿流体，更多的液体属于非牛顿流体。非牛顿流体大体上可以分成以下几种：

- 剪切增稠（shear-thickening）液体，黏性随剪切应变率增加而增大；
- 剪切变稀（shear-thinning）液体，黏性随剪切应变率增加而减小；
- 触变（thixotropic）液体，随着摇晃、振动或受压时，会变得不那么黏稠；
- 胀流性（rheopectic, dilatant）液体，随着摇晃、振动或受压时，会变得更加黏稠；
- 宾汉塑性（bingham plastics）流体，在低应力下像固体，在高应力下像黏性流体；
- 电/磁流变（electrorheological/magnetorheological）液体，在电或磁场作用下变得像固体。

通常我们把测量牛顿流体黏度的仪器叫黏度计，测量非牛顿流体黏性度的仪器叫流变仪。

3.3.2　黏度计

根据工作方式不同，黏度计可以分为落体黏度计、毛细黏度计、振动黏度计和旋转黏度计等。

1. 落体黏度计

落体黏度计（falling-body viscometers）的原理是，物体在流体中自由下落时，受到重力、浮力和阻力的作用，阻力与黏度有关，可以根据物体降落的时间来确定黏性系数。一般来说，下落的物体是轴对称旋转体，最常见的是用球体或圆柱体。

（1）落球黏度计

落球黏度计（falling sphere viscometers）的原理是基于著名的 Stokes 圆球阻力公式。当平行均匀来流缓慢通过一个圆球时，圆球受到的阻力

$$F_D = 6\pi \mu r U_\infty \tag{3.21}$$

其中 r 是球半径，μ 是运动黏性系数，U_∞ 是来流速度。落球黏度计中小球在装满液体的圆管内落下，当圆球阻力、浮力和重力平衡时，小球以速度 U 落下。在管内测量小球通过指定距离 L 的时间 t，可以按照下式计算运动黏度系数：

$$\mu = \frac{2r^2(\rho_s - \rho)gt}{9L}f_w \tag{3.22}$$

其中 ρ 和 ρ_s 分别是液体和固体球的密度，f_w 是修正因子。由于 Stokes 公式(3.21)成立的条件是小雷诺数($Re \ll 1$)，因而，落球黏度计一般适合于测量黏度高的流体或者在高压条件下的测量。Stokes 公式对无限大流体成立，实验中小球在圆管中落下，因此，壁面不可避免会带来影响。在 $r \ll R$ 的条件下，可以理论推导出修正圆管壁影响的修正因子

$$f_w = 1 - 2.109\left(\frac{r}{R}\right) + 2.09\left(\frac{r}{R}\right)^3 - 0.95\left(\frac{r}{R}\right)^5 \tag{3.23}$$

如果液体是透明的，可以用光学方法测量小球通过指定距离的时间。如果液体是不透明的，可以用传感器测量。

图 3.19　落球黏度计

（2）下落活塞式黏度计

落体黏度计中用圆柱形活塞代替小球测量液体黏度，称为下落活塞式黏度计(falling piston viscometers)，又称 Norcross 黏度计。该黏度计由活塞和汽缸组成，开始由一个空气提升机构升起活塞，被测量液体通过活塞和气缸壁之间的间隙进入活塞下面的空间。通常会被搁置几秒钟，然后活塞依靠重力落下，液体通过同一路径排进活塞上方的空间。活塞和气缸之间的间隙形成了测量通道，被测液体受到剪切力影响，使得这种黏度计对测量某些触变液体特别敏感。通过测量活塞下落时间来度量黏度。该仪器因结构简单、重复性好、低维护和长寿命在工业使用中广受欢迎。

2. 毛细黏度计

毛细黏度计(capillary viscometers)的原理是基于 Hagen-Poiseuille 流。无限长等截面直圆管中完全发展的层流速度剖面呈抛物线分布，其体积流量 Q 满足下列方程：

$$Q = \frac{\pi R^4}{8\mu L}\Delta p \tag{3.24}$$

其中 R 是圆管半径，μ 是运动黏性系数，Δp 是距离 L 间的压力差。Poiseuille 方程在 $Re < 2000$ 时成立。实际黏度计成 U 形管状(图 3.20(a)右侧)，毛细管两端与玻璃容器相连。因此，实际毛细管中的流动一定会偏离理想的 Hagen-Poiseuille 流动。实际黏度计使用的测量黏度的公式是 Poiseuille 方程的修正形式：

$$\mu = \frac{\pi R^4 \Delta p}{8Q(L + nR)} - \frac{m\rho Q}{8\pi(L + nR)} \tag{3.25}$$

其中 n 是端部修正因子，m 是动能修正因子。上式是在以下假设下推导出来的：① 毛细管

是直的均匀等截面圆管；② 流体是不可压缩的牛顿流体；③ 流动是层流，管壁无滑移。已经有不少学者从理论和实验方面研究了在不同 Re 数下 m 和 n 的值。由于体积流量 $Q = V/t$，一般日常使用的毛细黏度计都是测量已知体积 V 的液体流过的时间 t。因此(3.25)式变为

$$\mu = c_1 t - \frac{c_2}{t} \tag{3.26}$$

式中系数 c_1, c_2 一般用已知黏度的液体标定确定，很少用理论值。黏度计一般放在恒温水浴中，温度可控，如图 3.20(b)所示。

毛细管法也适用于高压下的气体和液体的黏度测量。然而，除了上面讨论的修正因子外，还需要考虑一些特别的因素。例如，对于气体，测量流量是很困难的，并且要考虑到可压缩性和在毛细管壁面滑移的修正。此外，在高压下测量要求整个系统具有耐高压的结构以及有一个能在高压背景下测量小压差的压力传感器。

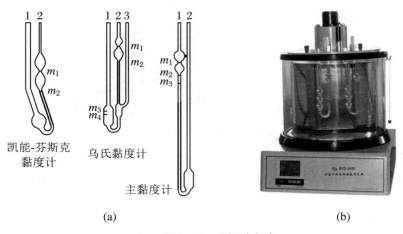

(a)   (b)

图 3.20　毛细黏度计

2. 振动黏度计

振动黏度计(vibrational viscometers)的工作原理是，处于流体内的物体在外界激励下振动时会同时受到流体的阻碍作用，此作用的大小与流体的黏度有关。振子可以有圆盘、圆柱、杯、球等，通称振子黏度计。

(1) 电磁黏度计

电磁黏度计(electromagnetic viscometers，EMV)又称振动圆柱黏度计。黏度计由测量室和活塞组成，测量室外由电磁铁包围(图 3.21)。测量的方法是，首先将试验样品注入活塞所在的热控制测量室。通过控制磁场驱动活塞进行振荡运动。由于活塞的运动，对液体(或气体)施加了剪切力，活塞的运动周期受到流体黏性影响。通过测量活塞的行程时间来确定黏度。根据牛顿黏度定律，利用活塞与测量室之间的环形间隙、电磁场强度和活塞的行程距离来计算黏度。

振荡活塞式黏度计的特点是测量试样需要量小，也可用于高压力黏度和高温黏度测量。在实验室和工业环境中振荡活塞式黏度计获得广泛应用，如用于压缩机和发动机测量的小型黏度计，用于浸渍涂层工艺的流动黏度计，在炼油厂使用的在线黏度计以及其他应用。随

着现代电子技术发展,黏度计灵敏度获得提高,正在尝试用于测量气体黏度。

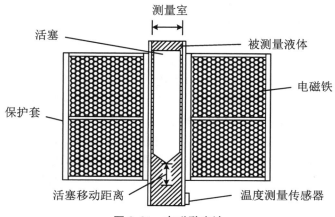

图 3.21　电磁黏度计

（2）超声黏度计

超声黏度计是一种常用的振动式黏度计,其核心测量元件是一个弹性片。在受到脉冲电流激励时,弹性片产生超声波范围的机械振动。当弹性片浸在被测样品中时,弹性片的振幅与样品的黏度和密度有关。在已知密度的情况下,可从测出的振幅数据求得黏度数值。

（3）晶体扭转黏度计

压电晶体扭转黏度计(torsional-crystal viscometer)是一种特殊的振动黏度计。它和其他黏度计相比有几个重要的优点,它可以测量很宽范围黏度的流体,从大约 $10\ \mu\mathrm{Pas}\sim$ $10^5\ \mu\mathrm{Pas}$;允许在不同的流体状态下测量,从低压气体到接近冰点的液体。晶体的振动频率虽然很高,但幅度却非常小。它的基本原理是,圆柱形压电材料(如石英)沿电轴(x 轴)切割,正弦电压加在晶体四个电极上,圆柱晶体做内部扭转振动。晶体浸没在流体中,流体中会产生剪切波。流体对晶体表面施加的黏性阻力使得晶体的谐振频率、谐振电导和谐振带宽与真空中的值不同。图 3.22 是一个典型的石英材料的晶体扭转黏度计示意图,其中石英晶体长 5 cm,直径 3 mm,有 39.5 kHz 的谐振频率,它可以产生约 10^{-4} cm 厚的流体边界层,而包含流体的间隙约 5×10^{-2} cm 宽。

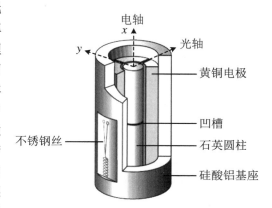

图 3.22　晶体扭转黏度计

（4）振体黏度计

振体黏度计(oscillating-body viscometers)由悬挂在扭力丝上的轴对称物体组成,该物体围绕其对称轴在流体中自由振动。振动物体可以是圆盘、球或杯子。液体通常包围在振动物体周围,但在球或杯子的情况下,流体可以在物体里面。扭力丝是有弹性的,物体开始轻轻地转动,在流体阻力作用下振幅慢慢衰减。轴对称物体在流体中扭转振动的频率 ω、振幅 A 与其在

真空中振动的频率 ω_0、振幅 A_0 不同。其振幅的差别与流体的密度、黏度及物体的物理特性有关。实验中如果流体密度已知，只要测量 ω,A,ω_0 和 A_0，就可以得出流体的黏度，精度较高。

图 3.23(a) 是一个早期研制的振盘黏度计示意图。35 μm 厚 1.5 cm 直径的石英盘用一根细石英丝悬挂在两个固定平板之间，可以绕丝做扭转振动。两个平行固定板的存在可以增加盘上的黏性阻力，减少流体内自由对流的影响，更易于高精度测量。该黏度计可以用于测量气体或温度高达 650 K 蒸汽的黏度，精度达到 0.1%～0.3%。

图 3.23(b) 是一个振杯黏度计示意图。黏度计测量的是与样品接触时振动的圆柱体的阻尼，该圆柱体可以是浸没在液体中的固体圆柱体，也可以是盛有液体的圆柱形空心杯。图中使用一个完全充满试样的空心杯子。为了保持杯子充满液体，在杯子底部固定一个毛细管，插入位于室温下的样品容器中。样品容器的顶部是开放的，固定在杯上的毛细管在测量过程中可以自由摆动。这个系统允许改变温度设定值，并且仍然保持杯子完全装满样品。一个 50 cm 长的注射器针头通过储液器底部插入，可以通过毛细管向上进入空心杯内部。注射器用于提取研究中某些样品在最高温度下产生的溶解气体。储液器相对于毛细管可以上下移动。测量时毛细管的末端位于液面下 1 mm 处，而在等待下一个稳定温度时，则位于储液器更深处。该黏度计可用于测量温度高达 150 ℃ 的碳氢化合物黏度，精度达 0.5%。

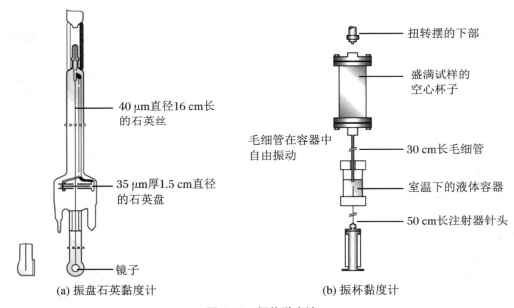

(a) 振盘石英黏度计 (b) 振杯黏度计

图 3.23 振体黏度计

4. 旋转黏度计

（1）锥板黏度计

常见的旋转黏度计（rotational viscometers）是锥板黏度计。如图 3.24 所示，它主要包括一块平板和一块锥板，电机经变速齿轮带动平板恒速旋转。平板和锥板之间的间隙内充满待测液体，借助样品摩擦力带动锥板旋转。在扭矩检测器内扭簧的作用下，锥板旋转一定角度后不再转动。此时，扭簧所施加的扭矩与被测样品的摩擦力（即黏度）有关，样品黏度越大，扭矩越大。扭矩通过电容传感器检测并显示出来。旋转黏度计中平板/锥板也可以用两块同轴平板,或者两个同轴圆柱代替。

（2）电磁旋球黏度计

图 3.25 表示了电磁旋球黏度计（electromagnetically spinning sphere viscometer, EMSV）的测量原理。两个磁体连接到一个转子上产生一个旋转磁场,测量的样品③放在一个试管②中,试管里有一个铝球④,试管位于温度可控制的腔室①内,并使球体位于两个磁体的中心。旋转磁场在球体中产生涡流,磁场和涡流之间的洛伦兹相互作用产生了旋转球体的扭矩。球体的旋转速度取决于磁场的旋转速度、磁场的强度和球体周围样本的黏度。球体的运动由位于盒子下方的摄像机⑤进行监控。作用于球体的力矩正比于磁场角速度 Ω_B 和球体角速度 Ω_S 的差。因此,$(\Omega_B - \Omega_S)/\Omega_S$ 和液体的黏度之间呈线性关系。

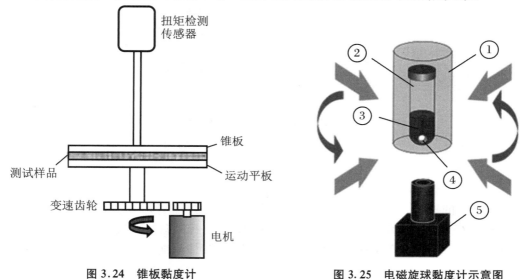

图 3.24　锥板黏度计　　　　图 3.25　电磁旋球黏度计示意图

3.3.3　流变仪

1. 流变仪定义和分类

流变仪（rheometer）是在不知道流变学本构方程的情况下,用于测量流体应力和应变过程的仪器。常用的流变仪可以归纳为四种基本形式,它们是同轴圆柱、同轴平板、同轴锥-板和圆柱毛细管（图 3.26）。前三种的原理与旋转黏度计相同（拖动流（drag flow））,后一种与毛细黏度计相同（压力驱动流（pressure-driven flow））。

流变仪测量分为剪切流（shear flow）测量和拉伸流（elongation flow）测量。简单剪切流在工程应用中非常重要,因为这种流动在实验室中很容易实现,在工程中也经常发生。然而,拉伸流测量也十分重要,因为在高分子工程中,这些流动也起着重要的作用。实际上流动往往是简单剪切流和拉伸流动的复杂混合。这里我们主要介绍有关剪切流测量的基本内容,关于拉伸流测量的内容请参考相关文献。

2. 局部应力和局部剪切率

（1）局部应力和局部坐标

不可压缩各向同性弹性液体的流变行为可以分别用 σ_{21},$N_1 = \sigma_{11} - \sigma_{22}$ 和 $N_2 = \sigma_{22} - \sigma_{33}$

描述,其中 σ_{ij} 表示应力张量的分量,N_1 和 N_2 是第一和第二法向应力差。由于剪切流的对称性和材料的各向同性,应力张量的其他分量往往等于零。应力张量 σ_{ij} 分量按照局部坐标系定义。局部坐标系的定义按照以下规则进行:方向 1 是流动方向,也就是当地流线的切线方向;方向 2 是垂直于当地剪切面的方向,一般流速增大的方向为正;方向 3 按右手法则定义。对于同轴圆柱、同轴平板和圆柱毛细管流动,习惯采用柱坐标系;对于同轴锥-板流动习惯采用球坐标系。因此,局部坐标中坐标 1 是对应 r,φ 或 z 取决于使用的仪器。

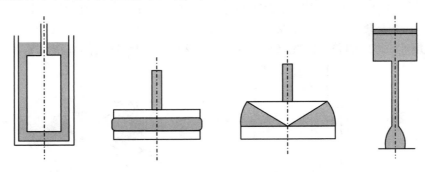

图 3.26　流变仪的四种基本形式

(2) 剪切率

① 剪切面定义

首先我们给出剪切面(shearing planes)的定义:剪切面是所有粒子相互保持一定距离并具有相同速度的平面。在两个无限长平行板间的剪切流动中,剪切面是平行于板的流体面;在同轴圆柱 Couette 流动中,剪切面是同轴圆柱面;在平行圆盘流变仪中,剪切面是垂直于轴的圆盘面;在锥-板流变仪中,剪切面是同轴锥面;在圆柱毛细管流变仪中,剪切面是同轴圆柱面。

② 剪切率定义

剪切率的定义:不同剪切面间的(角)速度差。在直线剪切流中(图 3.27(a)),剪切率写为

$$\dot{\gamma} = \frac{\mathrm{d}\gamma}{\mathrm{d}t} = \frac{\mathrm{d}}{\mathrm{d}t}\left(\frac{\mathrm{d}x_1}{\mathrm{d}x_2}\right) = \frac{\mathrm{d}}{\mathrm{d}x_2}\left(\frac{\mathrm{d}x_1}{\mathrm{d}t}\right) = \frac{\mathrm{d}v_1}{\mathrm{d}x_2} \tag{3.27}$$

可见在直线剪切流中速度梯度就是剪切率。在同轴圆柱 Couette 流动中,速度梯度是

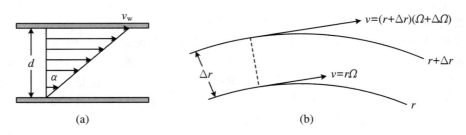

(a)　　　　　　　　　　　　　　　(b)

图 3.27　剪切率的定义

$$\frac{\mathrm{d}v}{\mathrm{d}r} = \frac{\mathrm{d}(\Omega r)}{\mathrm{d}r} = \Omega + r\frac{\mathrm{d}\Omega}{\mathrm{d}r}$$

我们假想,如果内外圆筒以相同的角速度 Ω 旋转,$\mathrm{d}\Omega/\mathrm{d}r = 0$,这时流体的速度梯度是 Ω,但是流体像刚体一样旋转,流体的剪切率是 0。所以为了计算剪切率,必须从速度差中减去刚体旋转分量,$\Omega\Delta r$。最后,剪切率写为

$$\dot{\gamma} = \lim_{\Delta r \to 0}\frac{v(r + \Delta r) - \Omega\Delta r - v(r)}{\Delta r} = r\frac{\mathrm{d}\Omega}{\mathrm{d}r} \tag{3.28}$$

3. 同轴圆柱 Couette 流

从这一小节开始我们分别介绍四种流变仪的测量原理。首先介绍同轴圆柱 Couette 流的流变仪原理。

（1）剪切率

同轴圆柱外筒内径为 r_i,内筒外径为 r_o。剪切率同(3.28)式,但是由于两筒间的间隙很小,$(r_i - r_o)/r \ll 1$。剪切率可以简化为

$$\dot{\gamma}_0 \approx \frac{r_{av}}{\Delta r}\Omega_0 \tag{3.29}$$

其中 $r_{av} = (r_i + r_o)/2$,$\Delta r = r_i - r_o$ 和 $\Omega_0 = \Delta\Omega = \Omega(r_i) - \Omega(r_o)$。上式表明,如果 Ω_0 是常数,则剪切率也不随时间变化。显然更好的近似可以写为

$$\dot{\gamma}(r) = \frac{\Omega_0}{r^2}\cdot\frac{r_o^2 r_i^2}{r_{av}\Delta r} \tag{3.30}$$

（2）运动方程

图 3.28(a)表示了采用柱坐标描述的同轴圆柱 Couette 流,柱坐标运动方程写为

$$\frac{\partial\sigma_{rr}}{\partial r} + \frac{1}{r}\frac{\partial\sigma_{r\varphi}}{\partial\varphi} + \frac{\partial\sigma_{rz}}{\partial z} + \frac{\sigma_{rr} - \sigma_{\varphi\varphi}}{r} = -\rho b_r$$

$$\frac{\partial\sigma_{r\varphi}}{\partial r} + \frac{1}{r}\frac{\partial\sigma_{\varphi\varphi}}{\partial\varphi} + \frac{\partial\sigma_{\varphi z}}{\partial z} + \frac{2\sigma_{r\varphi}}{r} = -\rho b_\varphi \tag{3.31}$$

$$\frac{\partial\sigma_{rz}}{\partial r} + \frac{1}{r}\frac{\partial\sigma_{z\varphi}}{\partial\varphi} + \frac{\partial\sigma_{zz}}{\partial z} + \frac{\sigma_{rz}}{r} = -\rho b_z$$

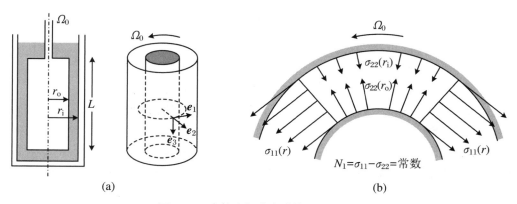

(a)　　　　　　　　　　(b)

图 3.28　在柱坐标中表达的 Couette 流

以上方程忽略了惯性项。根据局部坐标定义，方向 1 对应 φ 方向，方向 2 对应 r 方向，方向 3 对应 z 方向。并注意到运动方程可以进一步简化：① 对于轴对称状态有 $\partial/\partial\varphi = 0$；② $\sigma_{\varphi z} = \sigma_{z\varphi} = \sigma_{rz} = \sigma_{zr} = 0$，即 $\sigma_{13} = \sigma_{31} = \sigma_{23} = \sigma_{32} = 0$；③ 体积力 b_z 为重力加速度 g。运动方程 (3.31) 简化为

$$\frac{\partial\sigma_{22}}{\partial r} - \frac{\sigma_{11} - \sigma_{22}}{r} = 0 \tag{3.32}$$

$$\frac{\partial\sigma_{21}}{\partial r} + \frac{2\sigma_{21}}{r} = 0 \tag{3.33}$$

$$\frac{\partial\sigma_{33}}{\partial z} = -\rho g \tag{3.34}$$

(3) 第一法向应力差 N_1 测量

从运动方程 (3.32) 有

$$N_1 = \sigma_{11} - \sigma_{22} = r\frac{\partial\sigma_{22}}{\partial r} \approx r\frac{\sigma_{22}(r_0) - \sigma_{22}(r_1)}{r_0 - r_1}$$

于是进一步写为

$$N_1 \approx r_{\mathrm{av}}\frac{\Delta\sigma_{22}}{\Delta r} \tag{3.35}$$

实验中通过测量内外筒壁压力测得 σ_{22}。注意到 $\sigma_{22}(r_0)$ 和 $\sigma_{22}(r_i)$ 是负的（图 3.28(b)），但 $\Delta\sigma_{22}$ 是正的，第一法向应力差 N_1 是正的。

第一法向应力系数写为

$$\Psi_1 \equiv \frac{\sigma_{11} - \sigma_{22}}{\dot\gamma_0^2} = \frac{N_1}{\dot\gamma_0^2} = \frac{\Delta\sigma_{22}}{\Omega_0^2}\frac{\Delta r}{r_{\mathrm{av}}} \tag{3.36}$$

上式引用了 (3.29) 式。

(4) 黏度测量

积分 (3.33) 式，有 $r^2\sigma_{21} = \beta = $ 常数。作用在流体上剪切力的矩（对 z 轴）写为

$$T_{\mathrm{M}}(r) = Fr = \sigma_{21}2\pi rLr = 2\pi\beta L$$

T_{M} 也就等于流体作用在圆筒上的力矩，这是可以测量的。上式改写为

$$\frac{T_{\mathrm{M}}}{2\pi L} = \beta = r^2\sigma_{21} = r^2\eta\dot\gamma$$

或者

$$\eta(\dot\gamma) \equiv \frac{\sigma_{21}}{\dot\gamma} = \frac{T_{\mathrm{M}}}{4\pi\Omega_0 L}\frac{r_0^2 - r_1^2}{r_0^2 r_1^2} \tag{3.37}$$

于是通过改变外筒角速度，测量内筒力矩，可以测到作为剪切率函数的黏度。

4. 锥-板流动

如图 3.29 所示，上部是大锥角（大于 $170°$）的尖锥，下部是圆盘。尖锥顶点与圆盘圆心对准，尖锥以角速度 Ω_0 旋转，圆盘固定。尖锥与圆盘间夹角为 $\Delta\Theta$（小于 $5°$），充满待测液体，剪切面是顶角介于 $\pi \sim (\pi - 2\Delta\Theta)$ 的同轴锥面。锥-板流动采用球坐标。根据局部坐标定义，方向 1 对应 φ 方向，方向 2 对应 θ 方向，方向 3 对应 r 方向。

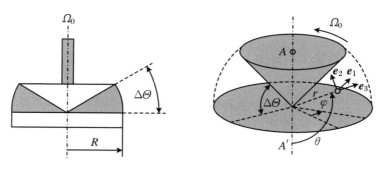

图 3.29　锥-板流动

（1）剪切率

根据剪切率定义可以获得

$$\dot{\gamma}_0 = \sin\theta \frac{\mathrm{d}\Omega}{\mathrm{d}\theta} \approx \frac{\Omega_0}{\Delta\Theta} \tag{3.38}$$

在所研究的锥-板流动中，由于 $\sin\theta$ 变化很小（从 1 到 0.996），剪切率几乎是常数。这就使得锥-板流动的仪器特别适合于测量作为剪切率函数的液体黏度和法向应力系数。

（2）运动方程

为了节约篇幅，下面直接写出简化后的球坐标运动方程（忽略惯性项和体积力项）：

$$\frac{\partial \sigma_{33}}{\partial r} - \frac{N_1 + 2N_2}{r} = 0 \tag{3.39}$$

$$\frac{1}{r}\frac{\partial \sigma_{22}}{\partial \theta} - \frac{N_1}{r}\cot\theta = 0 \tag{3.40}$$

$$\frac{1}{r}\frac{\partial \sigma_{21}}{\partial \theta} + \frac{2\sigma_{21}}{r}\cot\theta = 0 \tag{3.41}$$

（3）黏度测量

由积分（3.41）式可得，$\sigma_{21}(\theta) =$ 常数 $= \sigma_{21}(\pi/2) = C$，即圆盘上的剪切应力。圆盘上的力矩是

$$T_{\mathrm{M}} = \int_0^R r\sigma_{21}\left(\frac{\pi}{2}\right)2\pi r\mathrm{d}r = \frac{2\pi}{3}CR^3$$

改写为

$$\sigma_{21} = \frac{3T_{\mathrm{M}}}{2\pi R^3}$$

因而根据黏度定义和（3.38）式有

$$\eta \equiv \frac{\sigma_{21}}{\dot{\gamma}_0} = \frac{3T_{\mathrm{M}}}{2\pi\dot{\gamma}_0 R^3} \approx \frac{3T_{\mathrm{M}}\Delta\Theta}{2\pi R^3\Omega_0} \tag{3.42}$$

因而对不同的 Ω_0 测量 T_{M}，就得到不同剪切率对应的黏度。

（4）法向应力差 $N_1 + 2N_2$ 测量

因为 N_2 仅是剪切率的函数，而剪切率不依赖于 r，有

$$\frac{\partial N_2}{\partial r} = \frac{\partial \sigma_{22}}{\partial r} - \frac{\partial \sigma_{33}}{\partial r} = 0$$

即 $\dfrac{\partial \sigma_{22}}{\partial r} = \dfrac{\partial \sigma_{33}}{\partial r}$。代入(3.39)式，写为

$$\frac{\partial \sigma_{22}}{\partial \ln r} = N_1 + 2N_2 \tag{3.43}$$

$\sigma_{22}(r)$ 是在圆盘上测量的量，将测量结果按对数坐标画出直线，直线的斜率就是法向应力差 $N_1 + 2N_2$。

（5）第一和第二法向应力差测量

流体作用在圆盘上的法向力

$$F_n = -\int_0^R \sigma_{22}(r) 2\pi r \mathrm{d}r \tag{3.44}$$

注意到 $N_1 + 2N_2$ 仅是剪切率函数与 r 无关，分步积分后最终得到

$$N_1 = \frac{2F_n}{\pi R^2} \tag{3.45}$$

在推导(3.45)式时考虑到液体在圆盘外缘液面呈球形，因此忽略了表面张力影响。在积分(3.44)式时出现的 $\sigma_{33}(R)$ 等于 0。只要在不同剪切率下测量了作用在圆盘上的法向力 F_n，就可求出作为剪切率函数的第一法向力差 N_1，从而也求出了第一法向力差系数 $\Psi_1 = N_1 / \gamma^2$。进而根据 $N_1 + 2N_2$ 可求出第二法向力差 N_2 及其系数 Ψ_2。

5. 同轴圆盘旋转流

两个间隙为 z_0 的同轴圆盘充满被测液体，上圆盘以角速度 Ω_0 旋转，下圆盘固定。在柱坐标下，根据局部坐标定义有，方向 1 为 φ 方向，方向 2 为 z 方向（下圆盘对应 $z = 0$，上圆盘对应 $z = z_0$），方向 3 为 r（$r = 0$ 为旋转轴，$r = R$ 为外边界）方向。并有 $z_0 \ll R$（图 3.30）。

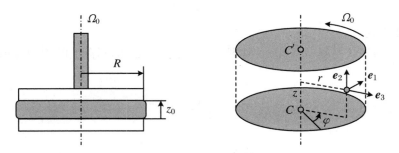

图 3.30　同轴圆盘旋转流

（1）剪切率

根据定义剪切率为

$$\dot{\gamma} = \lim_{\Delta z \to 0} \frac{r\Omega(z + \Delta z) - r\Omega(z)}{\Delta z} = r\frac{\mathrm{d}\Omega}{\mathrm{d}z} \tag{3.46}$$

可见在两圆盘间流体剪切率不是常数，是 r 的函数，这是该仪器的缺点。它只能在黏弹性不受剪切率影响的范围内使用。后面我们将说明如何克服这个缺点。

（2）运动方程

对应这种情况，简化后的柱坐标方程是

$$\frac{\partial \sigma_{33}}{\partial r} = \frac{N_1 + N_2}{r} \tag{3.47}$$

$$\frac{\partial \sigma_{12}}{\partial z} = 0 \tag{3.48}$$

$$\frac{\partial \sigma_{22}}{\partial z} = \rho g \tag{3.49}$$

从（3.48）式可知，σ_{12} 与 z 无关，只是 r 的函数，从而剪切率 γ 只能是 r 的函数。从剪切率公式可知，$\mathrm{d}\Omega/\mathrm{d}z$ 是常数。因此

$$\dot{\gamma}(r) = r\frac{\mathrm{d}\Omega}{\mathrm{d}z} = r\frac{\Omega_0}{z_0} \tag{3.50}$$

（3）确定黏度 η，第一和第二法向应力差系数 $\Psi_1 - \Psi_2$

保持下圆盘不动的力矩 T_M 是

$$T_M = 2\pi \int_0^R r^2 \sigma_{12} \mathrm{d}r \tag{3.51}$$

根据（3.50）式，做变量替换 $r = \frac{z_0}{\Omega_0}\dot{\gamma}(r) = \frac{R}{\dot{\gamma}_R}\dot{\gamma}(r)$，其中 $\dot{\gamma}_R = \frac{R\Omega_0}{z_0}$ 是最外沿的剪切率。并且 $\mathrm{d}r = \frac{R}{\dot{\gamma}_R}\mathrm{d}\dot{\gamma}$，代入（3.51）式有

$$T_M = 2\pi \int_0^{\dot{\gamma}_R} \left(\frac{R}{\dot{\gamma}_R}\right)^3 \dot{\gamma}^2 \sigma_{12} \mathrm{d}\dot{\gamma}$$

根据 Leibnitz 法则，将上式对 $\dot{\gamma}_R$ 求导，整理后得到

$$\sigma_{12}(\dot{\gamma}_R) = \frac{T_M}{2\pi R^3}\left(3 + \frac{\mathrm{d}\ln T_M}{\mathrm{d}\ln \Omega_0}\right) \tag{3.52}$$

或者根据 $\sigma_{12} = \eta\dot{\gamma}$，（3.52）式可写为

$$\eta(\dot{\gamma}_R) = \frac{T_M}{2\pi\dot{\gamma}_R R^3}\left(3 + \frac{\mathrm{d}\ln T_M}{\mathrm{d}\ln \Omega_0}\right) \tag{3.53}$$

根据定义 $N_1 = \sigma_{11} - \sigma_{22}$，$N_2 = \sigma_{22} - \sigma_{33}$ 和（3.47）式，有

$$\frac{\mathrm{d}\sigma_{22}}{\mathrm{d}r} = \frac{\mathrm{d}N_2}{\mathrm{d}r} + \frac{\mathrm{d}\sigma_{33}}{\mathrm{d}r} = \frac{\mathrm{d}N_2}{\mathrm{d}r} + \frac{1}{r}(N_1 + N_2)$$

从 r 积分到 R，得

$$\sigma_{22}(r) = N_2(r) - \int_r^R \frac{N_1 + N_2}{\xi}\mathrm{d}\xi$$

保持下盘不动的法向力

$$F_n = -2\pi\int_0^R N_2 r\mathrm{d}r + 2\pi\int_0^R\int_r^\xi \frac{N_1 + N_2}{\xi}r\mathrm{d}r\mathrm{d}\xi = -\pi\int_0^R(N_2 - N_1)r\mathrm{d}r$$

和（3.52）式类似，做变量替换并对 $\dot{\gamma}_R$ 求导，得到

$$(N_1 - N_3)\dot{\gamma}_R = \frac{2\dot{\gamma}_R F_n}{\pi R^2} + \frac{\dot{\gamma}_R^2}{\pi R^2}\frac{\mathrm{d}F_n}{\mathrm{d}\dot{\gamma}_R} \tag{3.54}$$

或者

$$N_1(\dot\gamma_R) - N_2(\dot\gamma_R) = \frac{F_n}{\pi R^2}\left(2 + \frac{\mathrm{d}\ln F_n}{\mathrm{d}\ln \Omega_0}\right) \tag{3.55}$$

在双对数坐标纸上画出 T_M，F_n 随 Ω_0 的变化，可以确定斜率 $(\mathrm{d}\ln T_M)/(\mathrm{d}\ln \Omega_0)$ 和 $(\mathrm{d}\ln F_n)/(\mathrm{d}\ln \Omega_0)$，于是得出 η 和 $N_1 - N_2$ 随 $\dot\gamma_R$ 的变化。

6. 圆柱毛细管流

圆柱毛细管流剪切面是同轴圆柱面，剪切面内速度是常数，速度沿径向减小，流线是平行于轴的直线。采用柱坐标，根据局部坐标定义，方向 1 是 z 方向，方向 2 是 r 方向，方向 3 是 φ 方向（图 3.31）。

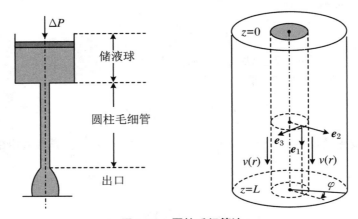

图 3.31　圆柱毛细管流

（1）剪切率

根据定义剪切率写为

$$\dot\gamma(r) = \lim_{\Delta r \to 0} \frac{v(r + \Delta r) - v(r)}{\Delta r} = \frac{\mathrm{d}v}{\mathrm{d}r} \leqslant 0 \tag{3.56}$$

（2）运动方程

直接写出简化后的柱坐标运动方程：

$$\frac{\partial \sigma_{22}}{\partial r} + \frac{\partial \sigma_{21}}{\partial z} + \frac{N_2}{r} = 0$$

$$\frac{\partial \sigma_{21}}{\partial r} + \frac{\partial \sigma_{11}}{\partial z} + \frac{\sigma_{21}}{r} = -\rho g$$

如果忽略毛细管入口影响，对于完全发展的层流，σ_{21} 与 z 无关，即 $\partial\sigma_{21}/\partial z = 0$。上式简化为

$$\frac{\partial \sigma_{22}}{\partial r} + \frac{N_2}{r} = 0 \tag{3.57}$$

$$\frac{1}{r}\frac{\partial(r\sigma_{21})}{\partial r} + \frac{\partial \sigma_{11}}{\partial z} = -\rho g \tag{3.58}$$

认为 $\partial\sigma_{11}/\partial z = $ 常数，积分 (3.58) 式得

$$\sigma_{21}(r) = -\frac{1}{2}r\left(\rho g + \frac{\partial \sigma_{11}}{\partial z}\right) \tag{3.59}$$

对于(3.59)式右边可以区分两种情况：① 如果测量液体是稀溶液，$\partial \sigma_{11}/\partial z$ 和重力大小相当，这类情况属于垂直毛细黏度计讨论的范畴；② 如果测量液体是高分子溶体，驱动压力 ΔP 起主要作用，重力可以忽略，这是现在要讨论的情况。

（3）剪切应力

对于第二种情况，$\sigma_{11}(0) = -\Delta P$，$\sigma_{11}(L) = 0$，于是 $\partial \sigma_{11}/\partial z = \Delta P/L$。由(3.59)式忽略重力得

$$\sigma_{21}(r) = -\frac{r\Delta P}{2L} < 0 \tag{3.60}$$

剪切应力是 r 的线性函数，在壁面最大，

$$\sigma_{\mathrm{w}} = \sigma_{21}(R) = -\frac{R\Delta P}{2L} \tag{3.61}$$

在轴上为 0。于是应力分布是

$$\frac{\sigma}{\sigma_{\mathrm{w}}} = \frac{\sigma_{21}(r)}{\sigma_{21}(R)} = \frac{r}{R} \tag{3.62}$$

（4）速度剖面

对于幂律流体有

$$\sigma = K\dot{\gamma}^{n}, \quad \eta = K\dot{\gamma}^{n-1} \tag{3.63}$$

其中 n 是幂律指数，K 是稠度系数。于是有

$$\eta(\dot{\gamma}) = \frac{\sigma_{21}}{\dot{\gamma}} = -\frac{r\Delta P}{2L(\mathrm{d}v/\mathrm{d}r)} = K\left(\frac{\mathrm{d}v}{\mathrm{d}r}\right)^{n-1} \tag{3.64}$$

积分上式得速度分布

$$v(r) = \left(\frac{\Delta P}{2KL}\right)^{\frac{1}{n}} \frac{n}{n+1}(R^{1+1/n} - r^{1+1/n}) \tag{3.65}$$

平均速度

$$\langle v \rangle = \frac{\int_0^R 2\pi r v(r)\mathrm{d}r}{\int_0^R 2\pi r\mathrm{d}r} = \left(\frac{\Delta P}{2KL}\right)^{\frac{1}{n}} \frac{n}{3n+1}R^{1+1/n}$$

归一化速度分布是

$$v_{\mathrm{rel}}(r) = \frac{v(r)}{\langle v \rangle} = \frac{3n+1}{n+1}\left[1 - \left(\frac{r}{R}\right)^{1+1/n}\right] \tag{3.66}$$

注意 $n = 1$ 时就是牛顿流体的 Poiseuille 速度剖面。图 3.32 是幂律流体（$n = 1/3$）的速度分布和剪切应力分布。相对照的是牛顿流体（$n = 1$）和塞状流（$n = 0.001$）的速度剖面。

（5）壁面剪切率测量

流过毛细管的流量

$$Q = 2\pi \int_0^R v(r) r\mathrm{d}r$$

用分部积分并注意到壁面无滑移条件，得到

$$Q = -\pi \int_0^R r^2 \left(\frac{\mathrm{d}v}{\mathrm{d}r}\right)\mathrm{d}r \tag{3.67}$$

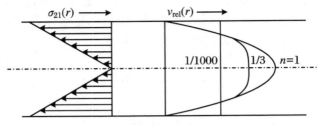

图 3.32　幂律流体速度分布和剪切应力分布

由(3.62)式,有 $r = R\sigma_{21}/\sigma_{\mathrm{w}}$ 和 $\mathrm{d}r = (R/\sigma_{\mathrm{w}})\mathrm{d}\sigma_{21}$。对(3.67)式做变量替换,得

$$\frac{Q\sigma_{\mathrm{w}}^3}{\pi R^3} = -\int_0^{\sigma_{\mathrm{w}}} \sigma^2_{21} \left(\frac{\mathrm{d}v}{\mathrm{d}r}\right)\mathrm{d}\sigma_{21}$$

对 σ_{w} 微分后得到

$$-\left(\frac{\mathrm{d}v}{\mathrm{d}r}\right)_{\sigma_{\mathrm{w}}} = \dot{\gamma}_{\mathrm{w}} = \frac{1}{4}\Gamma_{\mathrm{a}}\left(3 + \frac{\mathrm{d}\log|\Gamma_{\mathrm{a}}|}{\mathrm{d}\log|\sigma_{\mathrm{w}}|}\right) = -\frac{Q}{\pi R^3}\left(3 + \frac{\mathrm{d}\log Q}{\mathrm{d}\log\Delta P}\right) \tag{3.68}$$

这是 1929 年推导的 Rabinowitch 方程,描述了剪切率和流量 Q 的关系,其中 Γ_{a} 是表观剪切率,记为

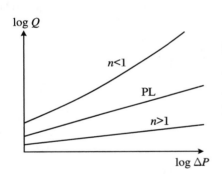

图 3.33　流量 Q 和驱动压力差 ΔP 变化

$$\Gamma_{\mathrm{a}} = -\frac{4Q}{\pi R^3} \tag{3.69}$$

测量流量 Q 和驱动压力差 ΔP,并按对数坐标画出关系曲线,找出斜率(图 3.33)。对于牛顿流体,这是斜率为 1 的直线;对于剪切稀化伪塑性流体($n<1$),是斜率大于 1 并逐渐增大的曲线;对于膨胀剪切增稠流体($n>1$),是斜率小于 1 的直线。

7. 几种流变仪可测量结果的比较

在表 3.1 中,对所讨论的几种流变仪的可能结果进行了总结。表中的(a)表示这些参数原则上可以测量,但是需要更复杂的仪器。

表 3.1　几种流变仪可能测量参数的小结

仪器	剪切率	黏度	法向应力差	法向应力差系数	
同轴圆柱	$\dot{\gamma}\approx$常数	$\eta(\dot{\gamma})$	$N_1(\dot{\gamma})$	$\Psi_1(\dot{\gamma})$	(a)
同轴锥/板	$\dot{\gamma}=$常数	$\eta(\dot{\gamma})$	$N_1(\dot{\gamma})$ $N_1(\dot{\gamma})+N_2(\dot{\gamma})$	$\Psi_1(\dot{\gamma})$ $\Psi_1(\dot{\gamma})+\Psi_2(\dot{\gamma})$	(a)
同轴圆盘	$\dot{\gamma}=\dot{\gamma}(r)$	$\eta(\dot{\gamma}_{\mathrm{R}})$	$N_1(\dot{\gamma}_{\mathrm{R}})-N_2(\dot{\gamma}_{\mathrm{R}})$	$\Psi_1(\dot{\gamma}_{\mathrm{R}})-\Psi_2(\dot{\gamma}_{\mathrm{R}})$	
圆柱毛细管	$\dot{\gamma}=\dot{\gamma}(r)$	$\eta(\dot{\gamma}_{\mathrm{w}})$	$2N_1(\dot{\gamma}_{\mathrm{w}})+N_2(\dot{\gamma}_{\mathrm{w}})$	$2\Psi_1(\dot{\gamma}_{\mathrm{w}})+\Psi_2(\dot{\gamma}_{\mathrm{w}})$	(a)

3.4 热传导系数和热扩散系数测量

3.4.1 热传导系数和热扩散系数

热量从系统的一部分传到另一部分或由一个系统传到另一个系统的现象叫传热。传热有三种模式:热传导、对流传热和辐射传热。热传导是由于大量分子、原子或电子的互相撞击,使能量从温度较高部分传至温度较低部分的过程。在气体或液体中,热传导过程往往与对流传热同时发生。对于各向同性流体,热传导率(thermal conductivity)或热传导系数 k 的定义由 Fourier 定律给出

$$Q = -k\nabla T \tag{3.70}$$

其中 Q 是单位面积的热流量,∇T 是温度梯度。热传导系数 k 的单位是 $W/(m \cdot K)$。

热扩散是量度物体中某一点的温度扰动传递到另一点的速率。热扩散率(thermal diffusivity)或热扩散系数 α 的定义是

$$\alpha = \frac{k}{\rho C_p} \tag{3.71}$$

其中 ρ 是流体密度,C_p 是定压比热。热扩散系数 α 的单位是 m^2/s。

从不可压能量守恒方程出发,忽略传热和辐射影响后,得到无热源的热传导方程是

$$\rho C_p \frac{\partial T}{\partial t} = k\nabla^2 T \tag{3.72}$$

这个方程是实验测量热传导系数的基础。根据这个方程,实验测量热传导系数的方法可以分为两种:非定常瞬态技术和定常技术。

3.4.2 测量热传导系数的瞬态方法

在地球上由于重力的影响完全避免对流的影响几乎是不可能的,采用瞬态方法测量热传导系数的基础是,认为由浮力加速流体的特征时间远长于由局部温度梯度引起的温度传播时间。

瞬态测量热传导系数包括两种方法:瞬态热线技术和干涉技术。瞬态热线技术的优点是通过一个精确的工作方程来获得导热系数,该方程消除了测量过程中对流对传热的影响。瞬态热线技术能够提供尽可能低的不确定性。它已成功地应用于相图中除了非常接近临界点附近的大部分区域。然而,干涉技术非常适合在临界点附近测量。因此,这两种瞬态技术是互补的。

1. 瞬态热线技术

瞬态热线技术是在流体中用一根细丝既作为热源也作为温度传感器。它的物理模型可以描述为无限长的理想连续线热源向无限介质传热。由于丝很细,线源假设为有无限热传

导率和零热容量。热传导方程(3.72)改写为柱坐标形式:

$$\frac{1}{r}\frac{\partial}{\partial r}\left(r\frac{\partial T}{\partial r}\right) = \frac{1}{\alpha}\frac{\partial T}{\partial t} \tag{3.73}$$

方程(3.73)的边界条件是,当 $t=0$ 和 $r=0$ 时,有

$$\lim_{r \to 0}\left(r\frac{\partial T}{\partial r}\right) = -\frac{q}{2\pi k} \tag{3.74}$$

当 $t \geqslant 0$ 和 $r \to \infty$ 时,有

$$\lim_{r \to \infty}\Delta T(r,t) = 0 \tag{3.75}$$

其中 q 是热流率,$\Delta T = T(r,t) - T_0$ 是温度差,T_0 是初始温度。

选择相似自变量 $\eta = \dfrac{r^2}{4\alpha t}$,有 $\dfrac{\partial \eta}{\partial t} = -\dfrac{\eta}{t}$ 和 $\dfrac{\partial \eta}{\partial r} = \dfrac{2\eta}{r}$。代入(3.73)式得二阶常微分方程 $\alpha\eta T'' + (\eta + \alpha)T' = 0$,其中 $T' = \mathrm{d}T/\mathrm{d}\eta$。该方程积分一次得 $2\eta T' = 2c_1 \mathrm{e}^{-\eta/\alpha}$,其中 c_1 由边界条件(3.74)确定。$c_1 = -\dfrac{q}{4\pi k}$,得 $T' = -\dfrac{q}{4\pi k}\dfrac{\mathrm{e}^{-\eta/\alpha}}{\eta}$。它的解是 $T = -\dfrac{q}{4\pi k}\displaystyle\int\dfrac{\mathrm{e}^{-\eta/\alpha}}{\eta}\mathrm{d}\eta + c_2$。由边界条件(3.75)确定常数 c_2,最后得到方程(3.73)的解为

$$\Delta T(r,t) = T(r,t) - T_0 = \frac{q}{4\pi k}\mathrm{Ei}\left(\frac{r^2}{4\alpha t}\right) \tag{3.76}$$

其中 Ei 是指数积分函数,$\mathrm{Ei}(x) = \displaystyle\int_{-\infty}^{x}\dfrac{\mathrm{e}^x}{u}\mathrm{d}u$。可写为

$$\Delta T(r,t) = \frac{q}{4\pi k}\left\{-\gamma + \ln\left(\frac{4\alpha t}{r^2}\right) + \left[\frac{\left(\frac{r^2}{4\alpha t}\right)}{1\cdot 1!} - \frac{\left(\frac{r^2}{4\alpha t}\right)^2}{2\cdot 2!} + \cdots\right]\right\}$$

或者

$$\Delta T(r,t) = T(r,t) - T_0 = \frac{q}{4\pi k}\left\{-\gamma + \ln\left(\frac{4\alpha t}{r^2}\right)\right\} \tag{3.77}$$

其中 $\gamma = 0.577216$ 是欧拉常数。在同一径向位置取两个相邻时刻温度的变化,得到

$$\Delta T_2 - \Delta T_1 = \frac{q}{4\pi k}\ln\left(\frac{t_2}{t_1}\right)$$

在温度和时间对数的曲线中呈直线关系,直线的斜率正比于热传导系数:

$$k = \frac{q}{4\pi}\frac{\mathrm{d}\ln t}{\mathrm{d}\Delta T} \tag{3.78}$$

以上仅是一个理想模型,实际测量仪器中需要做若干偏离理想模型的修正。此外,实践中常采用两根长度不同,但其他性质完全相同的细丝代替单根丝测量,自动地补偿细丝有限长度的影响。在测量电绝缘流体时,常采用铂(platinum)丝。而在测量导电流体时,常用钽(tantalum)丝。

2. 干涉技术

在流体临界点附近,热传导率变得很大,热扩散率变得很小。已经发展了一些技术用于测量这个范围的热传导率,这里我们仅介绍干涉技术。该技术原理是简单的,在半无限大的固体和流体交界面处有一无限薄的均匀热源。$t=0$ 时刻热流 q 引起流体温度上升,升高的

温度表达为

$$\Delta T(z,t) = \frac{2q}{k}\sqrt{at}\,\mathrm{erfc}\left(\frac{z}{2}\sqrt{at}\right) \tag{3.79}$$

其中 z 是流体中垂直于界面(热源)的距离, erfc 是误差函数。温度的变化引起流体密度的变化, 进而引起流体折射率变化。于是可以采用光学方法测量, 例如干涉法、全息干涉法等。干涉条纹的级数 i 表达为

$$i = 2\sqrt{at}\,\frac{ql}{\lambda k}\left|\frac{\partial n}{\partial T}\right|\mathrm{erfc}\left(\frac{z}{2}\sqrt{at}\right) \tag{3.80}$$

其中 λ 是光波长, l 是光线穿过流体的距离。干涉法特别灵敏, 可以感受到 10^{-4} K 的温度变化。

4.4.3　测量热传导系数的定常方法

在定常方法中热传导方程(3.72)变为

$$k\nabla^2 T = 0 \tag{3.81}$$

在定常方法中, 重要的是需要维持两个面有恒定温差, 并必须避免其他传热方式(如自然对流或热辐射)的重大影响。这类仪器通常采用两个同心圆柱或者两个平行板。

1. 同轴圆柱技术

同轴圆柱技术是一种稳态方法, 它由两个同心圆柱组成, 两个同心圆柱之间由一个小间隙隔开, 间隙内充满流体样品, 同心圆柱表面保持恒温。然而, 在精密加工两个圆柱面时必须特别小心, 圆柱面必须精细抛光。两圆柱间保持一个小的环形间隙(通常为 0.2~0.3 mm), 可以使同轴圆柱系统中对流引起的传热忽略不计。此外, 需要选择低发射率的材料来制造圆柱, 可以大大减少辐射传热。银是理想的材料, 因为它具有低发射率, 高导热性和良好的耐化学试剂。同轴圆柱技术的主要优点之一是它的通用性, 几乎任何流体都可以被研究, 不管它是不是电导体。

该技术的基本原理是, 假设一薄层导热系数为 k 的均匀流体被封闭在两个无限长同轴圆筒之间。内筒的外径为 r_1, 外筒的内径为 r_2。我们假设在稳态条件下, 热通量在内筒内均匀产生, 并通过试样径向传播到外筒散热器。然后, 内筒外表面和外筒内表面的温度分别为 T_1 和 T_2。从(3.81)式有, 单位长度单位时间内通过流体层传递的热量为

$$Q = \frac{2\pi k}{\log(r_2/r_1)}(T_1 - T_2) \tag{3.82}$$

由(3.82)式, 通过测量通过试样的热通量 Q 和温度差 $T_1 - T_2$, 得到导热系数 k。测定的导热系数值对应于平均温度 $(T_1 + T_2)/2$。

实际应用中圆柱的长度是有限长的, 必须考虑通过圆柱两端的传热影响。图 3.34(a) 是一个同轴圆柱形测量热传导系数的仪器示意图。在内圆柱端部设有保护圆柱, 与内圆筒保持完全相同的温度 T_1, 使得所有的热量沿径向传递。另外, 如果端部与外圆柱的内表面保持相同的温度, 则流体的导热系数由以下方程得到:

$$Q = \frac{k}{C}(T_1 - T_2) \tag{3.83}$$

其中 Q 为内圆柱产生的总热量,C 为几何仪器常数。常数 C 只取决于同轴圆柱的几何形状。因此,它可以通过标定已知导热系数的标准流体来确定。

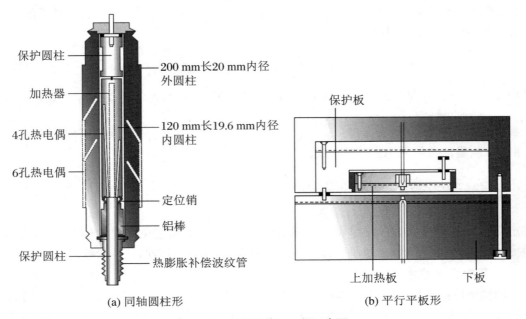

保护圆柱

加热器

4孔热电偶

6孔热电偶

保护圆柱

200 mm长20 mm内径外圆柱

120 mm长19.6 mm内径内圆柱

定位销

铝棒

热膨胀补偿波纹管

保护板

上加热板   下板

(a) 同轴圆柱形   (b) 平行平板形

图 3.34   测量热传导系数示意图

2. 平行平板技术

在平行板技术中,被测流体被限制在两个水平板之间。系统从上方加热,使上板的温度高于下板的温度。假设流体的导热系数是恒定的,板的尺寸是无限的,热通量是一维的。由(3.81)式可知,如果上下板温度保持恒定,分别为 T_1 和 T_2,则通过面积为 A 和厚度为 d 的流体层的热流

$$Q = kA \frac{(T_1 - T_2)}{d} \tag{3.84}$$

在实际应用中,上板被一保护板所包围(图 3.34(b)),该保护板与上板足够靠近,以消除上板边缘温度的变化。由(3.84)式可知,除了温度差,准确测量面积 A 和厚度 d 非常重要,板也必须完全平行。由于这些条件都不能完全满足,因此必须考虑几个修正。在实际中,防护板与上板之间的距离小于厚度 d,因此,A 不是上板的面积,而是传热的有效面积。为了减小对流传热的影响,非常小心地使板在水平位置对齐并采用小的距离 d。在大多数情况下,为了减少辐射影响,平板表面必须具有较低的发射率。电镀板的表面被抛光并防止氧化,有时采用镍、铬、银或二氧化银涂层。

3.5　有关流体电学参数测量

3.5.1　定义

1. 电磁波的传播

在真空中电磁波的传播速度用光速 c 表示，$c = 2.99792458 \times 10^8$ m/s。光速可以通过真空中的介电常数（permittivity）ε_0 和磁导率（permeability）μ_0 表示：

$$c^2 = \frac{1}{\varepsilon_0 \mu_0} \tag{3.85}$$

其中 $\varepsilon_0 = 8.85418782 \times 10^{-12}$ F/m 和 $\mu_0 = 4\pi \times 10^{-7}$ N/A^2。电磁波在一般物质中的传播速度 v 是辐射频率和介质性质的函数，v 小于真空中光速 c。二者比值用介质的折射率 n 表示：

$$n = \frac{c}{v} \tag{3.86}$$

而电磁波在一般物质中的传播速度 v 由介质的介电常数 ε 和磁导率 μ 确定：

$$v^2 = \frac{1}{\varepsilon \mu} \tag{3.87}$$

于是，折射率写为

$$n^2 = \frac{\varepsilon \mu}{\varepsilon_0 \mu_0} \tag{3.88}$$

或者

$$\varepsilon = \varepsilon_r \varepsilon_0, \quad \mu = \mu_r \mu_0$$

其中 ε_r 和 μ_r 称为介质的相对介电常数和相对磁导率。

2. 介电常数

介电常数是衡量电介质在电场作用下的极化行为或存储电荷的能力。在电磁学中，介电常数 ε 也表示为介质的电位移矢量 $\boldsymbol{D}$ 与电场强度 $\boldsymbol{E}$ 的比值。一般可以将介电常数定义为复数，实部表示反射表面性质（菲涅耳反射系数），虚部表示射电吸收系数。

当电场作用于介质时有电流传播。在真实介质中传播的总电流一般由传导电流 $\boldsymbol{J}_c$ 和位移电流 $\boldsymbol{J}_d$ 两部分组成。绝缘体中只有位移电流，漏电介质（leaky dielectric medium）中总电流密度

$$\boldsymbol{J}_{\text{total}} = \boldsymbol{J}_c + \boldsymbol{J}_d = \sigma \boldsymbol{E} + \mathrm{j}\omega\varepsilon \boldsymbol{E} = \mathrm{j}\omega\varepsilon^* \boldsymbol{E} \tag{3.89}$$

其中 σ 是介质的电导率，ω 是外电场角频率，复介电常数 ε^* 定义为

$$\varepsilon^* = \varepsilon - \mathrm{j}\frac{\sigma}{\omega} \tag{3.90}$$

3. 良导体、绝缘介质和漏电介质

早期人们根据流体的导电性把流体分为导电介质和绝缘介质,对于完全导体或不包含自由电荷的电介质,电应力的方向应垂直于界面。当界面形状改变时,界面张力与电应力一起组合达到应力平衡。从 20 世纪 60 年代开始,人们开始研究导电性能不好的一类介质,称为漏电介质。对于漏电介质,因为界面上积累的自由电荷改变了电场,特别是产生了剪应力,这时仅依靠界面张力不能达到力的平衡。黏性流的发展提供了切向应力,可以平衡作用于界面电荷的切向电场所产生的剪应力分量的作用。漏电介质模型包括用以描述流体运动的 Navier-Stokes 方程和利用欧姆电导率的电荷守恒方程两部分。力学和电学的耦合只发生在界面处,在界面通过传导到达界面的电荷产生的电应力方向与绝缘介质或完全导体中存在的应力不同。

可以通过尺度分析建立漏电介质模型。从麦克斯韦方程,电现象的特征时间 τ_c 可以定义为介电常数和电导率的比值:

$$\tau_c = \varepsilon / \sigma \tag{3.91}$$

磁现象的特征时间 τ_M 可以定义为磁导率、电导率和特征长度平方的乘积:

$$\tau_M = \mu \sigma l^2 \tag{3.92}$$

流体运输过程的时间尺度 τ_p 来自流体的黏性松弛、扩散、外场振荡或边界的运动。过程的缓慢程度确定为 $\tau_p \geqslant \tau_c \gg \tau_M$。

对于后一个不等式,$\tau_c \gg \tau_M$,可以重新整理为 $(\varepsilon_r / \mu_r)^{1/2} \varepsilon_0 / \sigma \gg l (\varepsilon_0 \mu_0)^{1/2}$,由于 $c = (\varepsilon_0 \mu_0)^{-1/2}$,这个不等式的右边对于漏电介质(例如大多数聚合物溶液)是非常小的。当静电过程的特征时间比磁现象的特征时间大得多时,可以认为电现象和磁现象是相互独立的。静电方程提供了一个精确的近似,当没有外部磁场时,磁场效应可以完全忽略。

另一方面,如果 $\tau_p \geqslant \tau_c$,液体可以被认为是一个完全导体。而当 $\tau_p \sim \tau_c$ 时,介质是漏电的(不良导体)。对于漏电介质,电学和流体力学的相互作用是非常重要的,尽管流体整体是电中性的,但在界面上积累了电荷。

4. 电导率

电导率是衡量材料传输电荷能力的参数。电导率 σ 是电阻率 ρ 的倒数($\sigma = 1/\rho$),单位是 S/m(S $= \Omega^{-1}$,西门子)。电导是一种电学现象,在这种现象中,材料含有可移动的带电粒子。当电位差作用于导体上时,导体上的可移动电荷流动,就产生了电流。导体具有很高的导电性;绝缘体具有极低的导电性;而半导体的导电性可能随条件而变化。

在普通非金属液体中,电荷和电流通常与溶解的离子有关,电流是带电离子的流动。例如,NaCl 溶液中存在 Na^+ 和 Cl^-,当电场作用于 NaCl 溶液时钠离子会向负极移动,氯离子会向正极移动。在电流体力学领域,早期研究大都集中在良导体或绝缘介质的行为上。直到 20 世纪 60 年代,开始研究导电性不好的漏电介质。

5. 离子迁移率

一般来说,离子负责液体中电荷的传输。离子的运动方式有两种:一种是个体运动,这涉及单个离子的动力学行为,这些离子的运动在方向和速度上基本上是随机的;第二种离子运动具有群体方式,众多的离子沿特定方向运动,产生离子的迁移或运动,这种离子运动具有特殊的意义。产生离子流动的原因有三种:第一,如果电解质(漏电介质)不同区域的离子

浓度不同,则由此产生的浓度梯度会产生离子流,这种现象称为扩散。第二,如果电解质中不同点的静电势不同,那么产生的电场就会在电场方向上产生额外的电荷流(离子也会这样),这被称为迁移或传导。第三,如果电解质的不同区域存在压力、密度或温度的差异,那么液体就开始作为一个整体或部分相对于其他部分运动。这就是普通的流体力学运动,也会导致离子/电荷对流。当然,在某些液体中,电荷是由电子和空穴传输的,而与液体中分子/离子的运动无关,这是金属流体(如汞或熔融合金)的特征。流体中的电荷载体可以由离子和电子组成,这种液体的例子包括导电聚合物的溶液,如 MEH-PPV,聚吡咯和掺杂聚苯胺。

离子与电子一样,在携带电荷从一点运动到另一点时不会以光速运动。溶液中的离子参与随机(布朗)运动,与其他分子和离子碰撞而改变动量。无电场离子运动的统计偏差是由于离子数在不同区域的分布不均匀而导致的扩散结果。在没有其他力的情况下,可以方便地将电场视为代表性的力。在本书中,我们将集中讨论电场作为离子迁移的驱动力。

离子在外力 F 的作用下运动,其漂移速度 v_d 可以估计为加速度 dv/dt 和两次碰撞平均时间 τ 的乘积。$v_d = dv/dt\ \tau = (\tau/m)\ F$($m$ 是离子质量)。其中比例常数 τ/m 称为绝对迁移率 M_{abs},它表征了离子是怎样迁移的。

$$M_{abs} = \frac{v_d}{F} \tag{3.93}$$

当电场力是主要作用力时,电场(E)作用在离子上的力等于离子的电荷乘以离子所在点的电场 $F = z_i e_0 E$,其中 e_0 是电子电荷,z_i 是离子的化合价。电迁移率 M_e 通常定义为 v_d 与 E 的比值:

$$M_e = \frac{v_d}{E} = M_{abs} z_i e_0 \tag{3.94}$$

M_{abs} 和 M_e 都不能方便地测量,但可以得出它们与当量离子电导率 λ 的关系,λ 可以测量。

$$M_e = \frac{\lambda}{F_a} \quad 和 \quad M_{abs} = \frac{\lambda}{z_i F_a^2} \tag{3.95}$$

其中 F_a 是法拉第数(电荷与阿伏伽德罗常数的积,$F_a = e_0 N_A = 96485\ C/mol$)。

离子 X 的 M_{abs} 与 K^+(钾离子)的 M_{abs} 的比值定义为离子 X 的相对迁移率 $M_{rel\,X}$。因此,价 z_X 的离子 X 的相对迁移率是

$$M_{rel\,X} = \frac{\lambda_X}{z_X \lambda_{K^+}} \tag{3.96}$$

对于单价离子 Y,它的相对迁移率可以简单给出

$$M_{rel\,Y} = \frac{\lambda_Y}{\lambda_{K^+}} \tag{3.97}$$

5.5.2　电导率测量

测量低导电液体电导率是十分困难的工作。最常用的方法是获得它们的电流/电压特性,并从曲线的线性部分估计电导率。对于导电性非常低的液体,电极之间的间隙必须足够

小,以便在中等电压下能产生可检测的电流。例如,对于电导率为 10^{-12} S/m 量级的液体,在面积 25 cm² 和 1 mm 间隙的电极间加 100 V 电压时,将产生皮安培级的电流。因此,需要非常灵敏的静电计或皮安表。

图 3.35 是一个测量低电导率液体的装置。仪器的核心是上、下两块平行圆电极板,它们之间的间隙可以调节。如图 3.35(a)所示,下方电极是固定的,上方电极可以上、下滑动。上方电极由中心圆电极和保护环组成,保护环的作用是抑制电极的边缘效应,保证所有测量

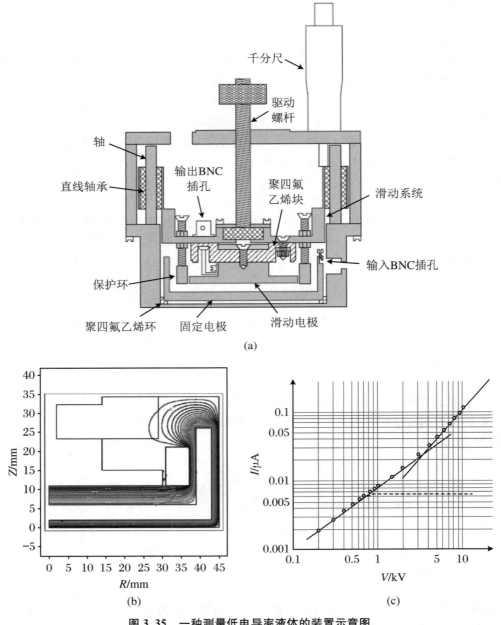

(a)

(b)   (c)

图 3.35   一种测量低电导率液体的装置示意图

到的电流都来自均匀的电场区域。图 3.35(b)表示电极间电势分布的数值模拟结果。在设计中选取材料也很重要,不锈钢被广泛用作电极材料,电极上的化学反应可能是附加载流子的来源。此外,绝缘部分也是值得关注的,它们必须与被测液体是化学稳定的,因为许多测量液体是有机的。聚四氟乙烯因其优异的绝缘性能而经常被使用,但它的孔隙率使其不适合做与液体接触的部件,因为它可能是杂质的储藏库。

图 3.35(c)表示了一个典型的电流-电压特性曲线,其中在低电压下线性部分是可分辨的。在饱和电压之后,电流的增长速度超出了线性增长速度,偏离了欧姆法则。实验应该确认电导率一直在低于饱和电压的情况下测量。

电导率应该由下式确定:

$$\sigma = \frac{d}{S}\frac{I}{V} \tag{3.98}$$

其中 I 是电流(单位 A),V 是电压(V),d 是间隙(mm),S 是电极面积(mm²)。

在测量低导电液体的电导率时还会遇到一些其他的问题,如稳定性和重现性。稳定性是指测量值在时间上的稳定性。通常情况液体的导电性可能随时间变化高达一个数量级。这种行为的原因可能是存在的杂质对导电率的影响。此外,所得到的值可能是不可重复的,这也与样品的化学成分有关。只有对液体进行非常仔细的净化,然后对添加剂及其纯度进行完全控制,才能得出可重复的值。

3.5.3　迁移率测量

漏电介质的自然导电性一般很小,为了使电荷迁移率的测量更容易,有必要以一种可控的方式提高正常电荷密度,通常的做法是通过某种形式的外部瞬态激励。

测量离子迁移率有两种方法。第一种方法是所谓的飞行时间法,这种方法的原理是测量离子穿越两个电极之间距离需要的时间。图 3.36(a)是测量迁移率的原理图,在发射极 E 产生过量的电荷,在电压 V 作用下,离子向集电极 C 运动。两对控制栅极 AB 和 DF 的作用就像开关,控制载流子通过漂移空间距离 BD。一定频率的交流电压加在栅极上来控制通道的开或关。如果频率连续变化,当离子穿越栅极的时间等于脉冲的周期或者周期的整数倍

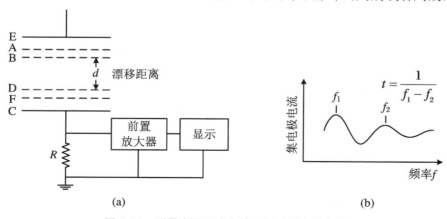

图 3.36　测量离子迁移率的飞行时间法示意图

时,到达集电极 **C** 的离子数量达到最大。集电极电流的变化如图 3.36(b)所示,其中传输时间由相邻电流最大值对应的频率差的倒数给出。随着栅极电压频率增加,振荡幅值趋于下降。随着漂移距离增大和穿越时间缩短,方法的灵敏度降低。

第二种方法是在两个平行电极间施加一个阶跃电压,然后观察电流的瞬态反应。在原理上,如果施加的电压高于饱和电压,预计有两种瞬态反应。图 3.37(a)是体积导电的典型特征,电流是时间的递减函数,达到的饱和值对应于饱和电流。在这种情况下,输运时间 τ_i 就是离子的飞行时间 $\tau_i = l^2/(KV)$。图 3.37(b)是注入过程的典型特征。在这种情况下,达到最大值的时间对应于离子的飞行时间。只在强注入时可以很好地定义这个峰值,而在弱注入时定义不明确,从而导致测量结果不确定。

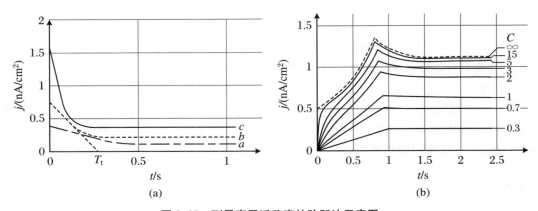

图 3.37 测量离子迁移率的阶跃法示意图

第二种方法的主要缺点是,通常传输电流不容易解释,也不能清楚地表示属于哪种类型。这可能有多种原因。首先,可能有不止一种载流子主导着传导过程,使曲线变得模糊。其次,其他过程也可能参与其中,例如,场增强传导和双极注入。为了保证所测量的是迁移率,使用具有可变间隙的测量装置是非常方便的。这样就可以测试飞行时间与电压和距离的正确关系。

3.5.4 介电常数和导电率的宽频带测量

为了测量流体的电导率 σ 和介电常数 ε_r,使用如图 3.38 所示的装置。它由一个玻璃注射器和两个黄铜活塞作为电极组成。电极 1 连接到线性平移导轨上,可以精确设置电极之

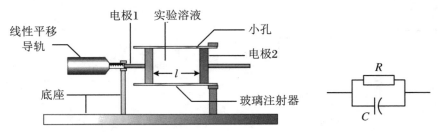

图 3.38 测量流体的电导率和介电常数的装置

间的距离 l。电极 2 固定在玻璃注射器的小孔附近,当电极之间的距离改变时,测量液体可以通过小孔逸出。

利用频谱分析仪在不同频率 f 和不同距离 l 下测量电极间体积液体的复阻抗 Z。复阻抗的实部和虚部分量分别是 $\text{Re}(Z)$ 和 $\text{Im}(Z)$。为了确定 σ 和 ε_r 的值,用一个电阻和电容组成的电路模拟测试流体的阻抗。图 3.38 中所示电路阻抗

$$Z = \frac{R}{1 + \mathrm{j}\omega RC} \tag{3.99}$$

其中 R 是电阻,C 是电容,ω 是角频率。上式的实部和虚部写为

$$\text{Re}(Z) = \frac{R}{1 + \omega^2 R^2 C^2}$$
$$\text{Im}(Z) = \frac{-\omega R^2 C}{1 + \omega^2 R^2 C^2} \tag{3.100}$$

图 3.39 表示了聚氧化乙烯水溶液的典型实验结果。其中实验曲线用 (3.100) 式拟合,找出 R 和 C 的值。用拟合的电阻 R 和电容 C 的值,求出介电常数 ε_r 和电导率 σ:

$$\sigma = \frac{L}{RS}$$
$$\varepsilon_r = \frac{CL}{\varepsilon_0 S} \tag{3.101}$$

其中 L 是电极间长度,S 是电极面积。

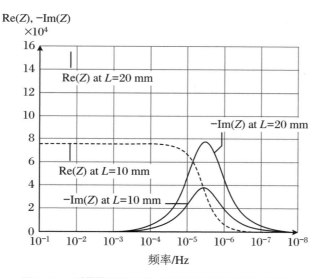

图 3.39　测量聚氧化乙烯水溶液阻抗的实部和虚部

参 考 文 献

[1] Tropea C, Yarin A L, Foss J S. Handbook of experimental fluid mechanics[M]. Berlin: Springer, 2007.

[2] Belonenko V N, Troitsky V M, Belyaev Y E, et al. Application of a micro-(p, V, T) apparatus for measurement of liquid densities at pressures up to 500 MPa[J]. J. Chem. Thermodynamics, 2000, 32(9): 1203-1219.

[3] Rio O I, Neumann A W. Axisymmetric drop shape analysis: computational methods for the measurement of interfacial properties from the shape and dimensions of pendant and sessile drops[J]. J. Coll. Interf. Sci. , 1997, 196(2): 136-147.

[4] Vicente C, Yao W, Maris H J, et al. Surface tension of liquid ^{4}He as measured using the vibration modes of a levitated drop[J]. Phys. Rev. B, 2002, 66: 214504.

[5] Liu Z, Yu X, Wan L. Capillary rise method for the measurement of the contact angle of soils[J]. Acta Geotechnica. 2016, 11: 21-35.

[6] Macosko C W. Rheology: principle, measurements and applications[M]. New York: Wiley-VCH, 1993.

第4章 流体压力测量技术

在流体力学中压力分为静压、动压、总压、表面压等。在一般定常流动实验中,压力不随时间变化,或者说我们主要关心压力的平均值。但是在另外一些实验中,我们十分关注压力随时间的变化值。所以我们在介绍流体压力测量时,分为静态压力(或者平均压力)测量和动态压力测量。压力测量系统包括一次仪表和二次仪表,一次仪表是指直接感受压力的探头、传感器等。二次仪表是把一次仪表获得的信号显示为测量数据的装置,一般包括放大器、显示器、压力计等。一次仪表和二次仪表之间由传递系统连接,例如管道或导线。

随着现代数字技术的发展,二次仪表已经可以做到比较高程度的自动化和数字化。但是,我们应该认识到,整个压力测量系统的精度是由一次仪表、二次仪表以及传递系统的精度共同决定的。目前特别应该关注的是一次仪表和传递系统的精度,因为提高一次仪表的精度要比提高二次仪表精度困难得多。

4.1 平均压力测量

4.1.1 静压测量

静压是流体力学测量中一个重要的物理量。通过测量静压可以测量其他的物理量,例如流体速度。同时,测量模型表面压力分布又可以为获得模型气动载荷及分布提供方便。根据静压定义,静压必须由一个相对于流体静止的装置来测量。实际上这是不可能的,因为任何探头放入流体都会对流体产生扰动。通常测量静压有两种方法,即在壁面开孔和在自由流中用静压探头。

1. 壁面开孔

最常用的测量静压的方法是在壁面开一个小孔(图4.1),再通过管道把压力信号传到感受压力的传感器或仪器仪表上。图4.1中管道直径 d_c 可以大于孔径 d_s,也可以小于 d_s。如果在风洞洞壁开孔,测量的是壁面压力;在模型表面开孔测量的是模型表面压力。壁面开测压孔测量静压的基本原理是基于边界层理论。洞壁或者模型表面都存在速度边界层,垂直于边界层方向静压是相等的,所以理论上说壁面开测压孔测量的就是外流的静压力。

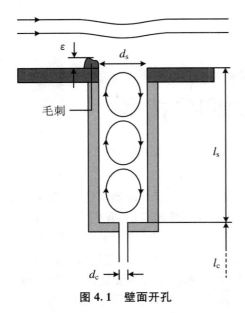

图 4.1　壁面开孔

前人已经对在壁面开孔测量压力进行了大量研究,结果表明,这种方法测量压力的精度与众多因素有关。首先孔的形状和孔的垂直度对压力测量误差有显著影响。从流体力学角度讲,壁面开孔使得孔外部流线发生局部弯曲,在孔腔内形成复杂涡系,这些都是造成测量误差的原因。

对于垂直于壁面的圆孔,影响测量误差的主要因素有孔腔的直径 d_s 和深度 l_s、管道的直径 d_c 和长度 l_c、孔口的瑕疵高度 ε、流动 Re 数和 M 数等。用壁面剪切应力 τ_w 表示的无量纲测量误差

$$\Pi = \frac{\Delta p}{\tau_w} = f\left(d_s^+, \frac{d_s}{D}, M, \frac{l_s}{d_s}, \frac{d_c}{d_s}, \frac{\varepsilon}{d_s}\right)$$

其中 Δp 是压力测量误差,$\Delta p = p_m - p$,p_m 是测量的压力值,p 是真值。

（1）孔直径 d_s 的影响

孔的直径对壁面静压测量误差的影响记为

$$\Pi = \frac{\Delta p}{\tau_w} = f\left(d_s^+, \frac{d_s}{D}\right) \tag{4.1}$$

其中 $d_s^+ = d_s u_\tau / \nu$ 是孔直径与黏性尺度的比值,相当于当地 Re 数,$u_\tau = \sqrt{\tau_w/\rho}$ 是摩擦速度,ν 是运动黏度;d_s/D 是孔直径与流动特征长度的比值,例如,特征长度 D 可以取边界层位移厚度。实验确定(4.1)式的误差相当困难。已有的实验结果表明,孔的尺度大小带来的误差是正的,给定 d_s/D,随 d_s^+ 增大,误差增大;给定 d_s^+,随 d_s/D 增大,误差减小。

（2）孔深度 l_s 的影响

这里孔的深度是指从壁面到连接管道或者到传感器的距离。孔的深度直接与孔内涡系结构有关,以十分复杂的方式影响测量误差。当孔深超过某个界限,比如 $l_s/d_s > 2$ 时,测量误差将与孔深无关。

然而,连接管道直径 d_c 对测量误差也有明显影响。有实验证明,对于较大的 d_c（$= 14d_s$）,深孔界限会变大（$l_s/d_s = 7.5$）。当孔深 $l_s/d_s > 7.5$ 时,测量误差与孔深无关,仅随 d_s^+ 变化。在较小孔深时测量误差会变为负值。对于较小的 d_c（$= 2d_s$）,深孔界限会变小（$l_s/d_s = 1.5$）。误差 Π 都是正的,随 d_s^+ 增大而增大。对于浅孔（$l_s/d_s < 1.5$）,深度越小,误差越小。有文献给出以下测量误差的关系:

$$\Pi = f\left(\frac{l_s}{d_s}\right)\sqrt{d_s^+} \quad (1.7 < d_s^+ < 31.6) \tag{4.2}$$

其中当 $l_s/d_s = 1.75$ 时,$f(l_s/d_s) = 0.25$;当 $l_s/d_s = 0.1$ 时,$f(l_s/d_s) = 0.54$。

（3）可压缩性的影响

有实验表明,在超声速范围,马赫数减小,测量误差将增大,d_s/δ^* 增大,误差增大,$d_s/\delta^* > 10$ 后近似有

$$C_{ps} \approx \frac{0.04}{\sqrt{M_e^2 - 1}} \tag{4.3}$$

其中 C_{ps} 是压力系数($C_{ps} = \Delta p/(0.5\rho U^2)$),$M_e$ 是边界层外缘马赫数。也有文献指出,马赫数对测量误差的影响在层流比湍流更重要。

（4）孔口瑕疵高度 ε 的影响

无论是钻孔留下的毛刺还是加工后抛光引起孔径扩大都会影响压力测量误差,因为孔口瑕疵会改变孔内和孔口的流动状态。

孔边缘的影响可以总结如下:增加圆角半径会增加正误差,增加倒角深度会增加负误差。对给定的 ε/d_s,瑕疵高度 ε 引起的误差 Π 随 d_s^+ 增加而线性增大;ε/d_s 越大误差 Π 越大。甚至停留在孔口的灰尘都会产生测量误差。

2. 静压探头

图 4.2 是用于测量自由来流静压的静压探头,它的头部是封闭的球形,管道呈 L 形,在离开头部某位置沿周向均匀开数个小孔,另一端通过管道连接压力计。事实上,静压探头放入来流中已经对流动产生了扰动,所以探头上的静压孔位于头部和支杆之间的某个截面处,而且在同一截面开了多个测压孔。当 $3000 \leqslant Re_d \leqslant 53000$ 时,黏性对静压探头测量影响不大。

影响静压探头测量误差的因素除了上一节提到的各点外,还有头部形状、孔的位置、探头方向等。

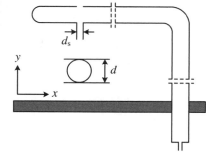

图 4.2　静压探头

（1）头部形状

用于测量亚声速流的标准静压探头头部有两种形状:半球形和半椭球形。其他形状的静压探头在亚声速流测量中也有采用的,如楔形、圆盘形等。下面的讨论主要针对标准头部形状的探头进行。

（2）孔的位置

静压探头上的测压孔位于头部和支杆之间,因此头部和支杆都会对测量误差产生直接影响。头部附近的流体受到局部加速,这个区域内的测压孔测量的压力会低于来流静压。后部支杆的存在对气流有阻挡作用,因而支杆前方测压孔测量的压力会偏高。图 4.3 表示

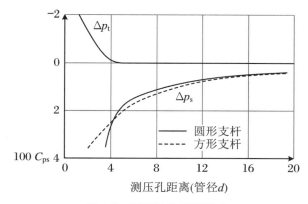

图 4.3　测压孔位置的影响

了头部和支杆对测量误差的影响,其中 Δp_t 表示头部影响(负值),Δp_s 表示支杆影响(正值)。综合考虑后,若测压孔开在适当位置可以抵消头部和支杆的影响。图中实线表示圆形支杆,虚线表示方形支杆。有文献提议测压孔位于头部下游 6 倍管径($6d$)并且在支杆上游 8 倍管径($8d$)时测量误差可以互相抵消。图中压力系数 C_{ps} 定义为测量误差(测量值 p_m 与真值 p 之差)与动压头的比值,记为

$$C_{ps} = \frac{p_m - p}{\frac{1}{2}\rho U^2} \tag{4.4}$$

(3) 探头方向

静压探头对气流方向是敏感的,原则上说探头轴线应该与来流方向一致。因为椭球形比球形分离点偏后,因而椭球头静压探头的方向敏感性低于半球头静压探头。偏航角小于 15°时椭球头静压探头的测量误差很小,但是偏航角大于 15°后测量误差迅速增加,甚至超过半球头探头。在同一截面采用多个静压孔可以降低对方向的敏感性。在层流中测量比在湍流中测量对气流方向更敏感。对于湍流,偏航角小于 5°可以获得 1%的 C_{ps} 测量精度,偏航角大于 26°可以获得 2%的精度。对于层流,仅在很窄的偏航角范围对方向不敏感,偏航角稍大一点测量误差将迅速增大。

(4) 超声速气流中的静压探头

以上讨论的静压探头仅适用于亚声速流,如果在超声速流中测量静压,为了使头激波附体,大多采用小角度尖头的探头,如图 4.4 所示。用于超声速流的静压探头分为楔形和锥形两种。超声速静压探头的特点是头部成尖角,目的是为了尽量减少对气流的扰动。在超声速气流中有扰动就会产生头激波,小尖角头部产生的扰动小,激波也可以较弱。测压孔开在直管部分,实际上探头测量的是波后静压。

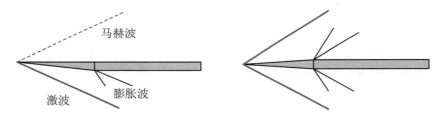

图 4.4　超声速静压探头

4.1.2　总压测量

总压又称滞止压力或驻点压力,是指气流等熵静止后的压力,用 p_0 表示。

在低速气流中测量总压用总压探头。如图 4.5(a)所示,在 L 形探头头部正对气流处开一小孔,因为头部正对气流处流线停止,速度为零,该处测量的压力可以代表气流总压。该点称为驻点,因此总压也称驻点压力,表示为

$$p_0 = p + \frac{1}{2}\rho U^2 \tag{4.5}$$

在超声速气流中情况就复杂得多。当总压探头放入超声速气流时,探头前方一定会产生一

道头激波(图 4.5(b))。超声速总压探头一般做成平头,这样就保证在头部产生的一定是脱体激波。因此,总压探头测量的波后总压(又称皮托压 p_t)与来流马赫数 M 的关系可以采用正激波关系表示:

$$\frac{p_0}{p_t} = \left(\frac{M^2 + 5}{6M^2}\right)^{\frac{7}{2}} \left(\frac{7M^2 - 1}{6}\right)^{\frac{5}{2}} \quad (\gamma = 1.4) \tag{4.6}$$

其中 p_0 是来流总压。

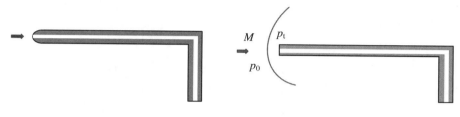

(a) 低速气流总压探头　　　　　　　(b) 超声速气流总压探头

图 4.5　总压探头

有时在超声速风洞中把几个总压探头做成一排,又称皮托耙,用来在风洞流场校测时测量实验段内 M 数分布。这时实际上测量的是各点正激波波后总压,与此同时测量风洞稳定段内压力(近似看成来流总压),用二者之比可以计算出各点的气流 M 数。

4.1.3　压力计

压力计是把压力探头感受的压力显示出来的装置,属于二次仪表。压力计的种类繁多,大致可分为机械式压力计和液柱式压力计。

1. 机械式压力计

机械式压力计就是日常生活中经常使用的各种压力表,用指针显示。图 4.6(a)表示一种最常使用的机械式压力表。在选用机械式压力计时需注意以下几点:

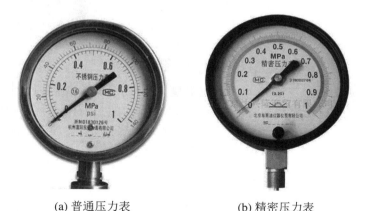

(a) 普通压力表　　　　　　　　(b) 精密压力表

图 4.6　机械式压力表

(1) 压力计表示的压力有不同的单位,如图 4.6(a)中有两圈数字,内圈数字的单位是

MPa,外圈的数字单位是 psi(英制压力单位,bl/in^2)。

(2) 压力计有量程,即该压力计最大可测量的压力,图 4.6(a)中压力表最大可测量 1 MPa 压力(表压)。

(3) 图 4.6 中压力表指示的是表压,绝对压力应该是表压加当时的大气压强。

(4) 压力表是有精度的,图 4.6(a)中压力表是 1.6 级。1.6 级表示用该表测量压力时测量的绝对误差是满量程值的 1.6%。因此,一般在选用压力表时应该注意量程,最好使测量的压力值在该表满量程的 2/3 附近。实验室中使用的机械式压力表精度较高,如图 4.6(b)所示压力表是 0.25 级的。

2. 液柱式压力计

最常用的液柱式压力计是 U 形管。U 形管是由 U 形的玻璃管组成的,通过液柱的高度差来显示压力差大小。在 U 形管内装入液体,根据所要测量压力差的大小采用不同的液体,一般用酒精、水、水银等。图 4.7 表示一个 U 形管及示意图,当压力 p_1 和 p_2 分别接入 U 形管两端时,液柱的高度差是 h,测量的压力差

$$\Delta p = \gamma g h \tag{4.7}$$

其中 γ 是液体的密度,g 是重力加速度。由于液体表面张力的作用液面存在月牙面,在用 U 形管测量时应该注意读数方法(沿月牙面水平切线)。根据液体亲水性的不同,月牙面可呈凹形或凸形。

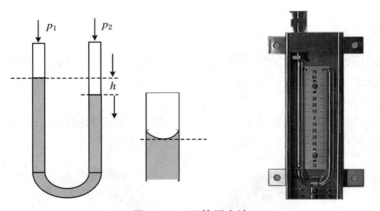

图 4.7 U 形管压力计

有时由于测量的压力差较小,U 形液柱高度差小,测量误差增大。为了更精密地测量压力差,把 U 形管改造成倾斜压力计。如图 4.8 所示,初始没有压力差时,杯内液体高度为 h_0,在压力差 $\Delta p(\Delta p = p_2 - p_1)$ 作用下,杯内液体高度降为 h_1,倾斜管内液柱长 L。杯内减少的液体体积等于管内液柱的体积,因此倾斜压力计液柱读数 L 与压力差 Δp 的关系为

$$\Delta p = \gamma g \left(1 + \frac{d}{D}\right) L \sin \alpha = \gamma g K L \tag{4.8}$$

其中 d 和 D 分别是倾斜管和杯的直径,α 是管倾斜的角度,K 是压力计系数。有的压力计系数包括液体密度 γ 和重力加速度 g。出厂时在压力计上已经标出压力计系数,注意这个系数是针对给定液体(如酒精)在特定温度下标定的,使用时仍要用给定液体(如酒精),并且

要注意液体(如酒精)密度随温度变化的修正。

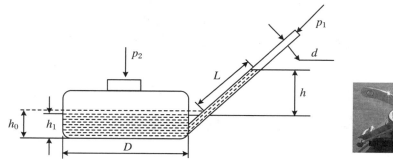

图 4.8　倾斜压力计

液体密度随温度的变化关系是

$$\gamma = \gamma_0 [1 - k(T - T_0)] \tag{4.9}$$

其中 k 是液体温度系数,γ_0 是液体在温度 T_0 时的密度。在使用倾斜压力计时需要仔细阅读说明书。与 U 形管压力计相比,倾斜压力计的优点是测量同样的压力差,液柱长度增加了,并且变两次读数为一次读数,这样可以减少误差。

液柱式压力计根据用途不同有很多种类,如测量大气压力的单管水银大气压力计、测量多点压力的多管压力计、用于标定的补偿式微压计等(图 4.9)。在早期的风洞实验中,由于一次需要测量的压力点很多,多采用大型多管压力计,测量时通过照相的方法读数。补偿式微压计精度较高(可达 $0.01\,\mathrm{mmH_2O}$),但反应较慢,多用于标定。

(a) 大气压力计　　　　(b) 多管压力计　　　　　　　(c) 微压计

图 4.9　其他形式的液柱式压力计

4.1.4　连接管道及其延迟效应

在压力探头和压力计之间一般通过导管连接。在低速气流测量中管内外压力差较低,导管可用乳胶管、塑料管、橡胶管等。在高速气流测量中压力差大,一般用铜管。在使用导管时需注意保证导管无泄漏、无堵塞。

连接导管就是本章开始讲的一次仪表和二次仪表间的传递系统。在压力测量中传递系统与整个测量系统的响应密切相关,一般说传递系统具有滞后效应。即从一次仪表感受的压力到二次仪表读出压力之间的时间差。滞后效应的大小与传递系统的特性有关,如管道的粗细、长短,空腔的大小等。滞后效应的测量是一个比较复杂的过程,用一般压力探头和液柱式压力计测量压力时具有较大的滞后效应,因此这种方法只适用于测量稳态压力或平均压力。对于测量动态压力需要用响应快的其他方法(如压力传感器)测量。

4.2 压力传感器及其动态性能

4.2.1 压力传感器种类

传感器技术发展十分迅速,种类也非常繁杂。流体力学实验中涉及的传感器主要有压力传感器和温度传感器。本节仅介绍各种压力传感器的原理和特点,选择何种传感器需要根据具体的测量对象确定。

1. 压电式压力传感器

压电式压力传感器是一种自发电式传感器。它的基本原理是利用压电晶体的压电效应,将力、压力、加速度等物理量转换为电荷量。压电传感器使用时需要通过前置放大器或者电荷放大器与示波器相连,具体有关压电传感器的内容将在下一节介绍。压电传感器的主要特点是响应快、频带宽、灵敏度高、信噪比高、结构简单、重量轻、可靠,适合测量瞬态信号。

2. 电阻式压力传感器

这里把所有能将力和压力信号转换为电阻变化的传感器都归为电阻式压力传感器。因此包括电位器式传感器、应变片式传感器、锰铜压阻式传感器等。

（1）电位器式压力传感器

电位器式压力传感器是在机械式压力计基础上改装的。机械式压力计是压力通过膜盒带动指针转动,为了使测量数字化,在机械式压力计的指针处加装一个电位器(图4.10),将指针转动转换为电位器电压输出。电位器式压力传感器的特点是结构简单、价格低、工作可

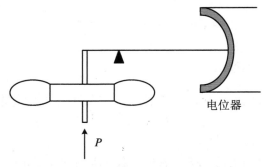

图 4.10 电位器式压力传感器示意图

靠、输出信号大。缺点是动态响应慢、精度低、分辨率有限。

(2) 应变片式压力传感器

电阻应变式传感器是以电阻应变片为转换元件的电阻式传感器。电阻应变式传感器由弹性敏感元件、电阻应变计、补偿电阻和外壳组成,可根据具体测量要求设计成多种结构形式。

图 4.11(a)是应变片示意图。在材料力学课程中大家已经了解了应变片的结构,如图所示,应变片中电阻丝规则地排在在基底上,表面覆盖一层保护层。应变片贴在敏感元件上,元件的变形引起应变片的变形(图 4.11(b))。

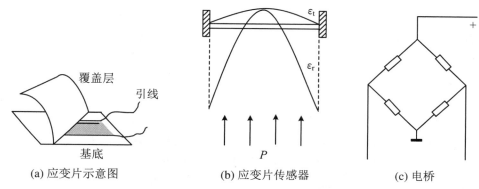

(a) 应变片示意图　　　(b) 应变片传感器　　　(c) 电桥

图 4.11　应变片式压力传感器示意图

电阻的定义是

$$R = \rho \frac{l}{A}$$

式中 ρ 是电阻率,l 是长度,A 是截面积。电阻的变化是由电阻率、长度和截面积变化引起的,

$$\frac{\Delta R}{R} = \frac{\Delta \rho}{\rho} + \frac{\Delta l}{l}(1 + 2\mu) \tag{4.10}$$

式中 μ 是泊松比。对应变片来说,电阻率不会变化。电阻变化是由应变片变形引起电阻丝变形产生的。长度的变化 $\Delta l / l$ 就等于应变 ε。

$$\frac{\Delta R}{R} = K\varepsilon \tag{4.11}$$

式中 K 是应变片灵敏度系数。应变传感器的变形元件种类很多(如梁、板、圆盘等),根据需要制作。在弹性元件应变最大处贴应变片。每四个应变片组成一个电桥(图 4.11(c))。

应变式压力传感器的优点是种类多、选择余地大、线性度好、精度高,在实验中广泛使用。缺点是有温度效应,体积也较大。

(3) 锰铜压阻式压力传感器

锰铜合金在压力作用下电阻率会发生变化。电阻率 ρ 是压力 p 和温度 T 的函数,$\rho = \rho(p, T)$。所以电阻率表示为

$$\rho = \rho_0 - \rho_p + \rho_T = \rho_0(1 - kp + \alpha T) \tag{4.12}$$

其中 k 是压力系数，α 是温度系数。锰铜材料电阻率很大，很短的材料就可以有足够的电阻，而且温度系数远小于压力系数，$\alpha \ll k$，所以十分有利于做压力传感器。

锰铜压阻式压力传感器属电阻式压力传感器。受一维平面压力，形式上可做成丝式、箔式、线圈式等。理论上可用于测量极高的压力，采用恒流源或恒压源供电，工作电流大，可测量静压，也可测动压，可用于测量爆炸波、核爆等。锰铜压力传感器具有测压范围广、精度高等优点，缺点是制造和使用不方便。

3. 硅压力传感器

这里把所有用硅作为敏感材料的传感器都归纳为硅压力传感器，包括半导体应变传感器和固态压阻压力传感器。在许多文献中把半导体应变传感器并入了应变式传感器。

(1) 半导体应变传感器(又称体型压力传感器)

这种传感器与应变式传感器完全相同，差别在于这里采用了硅材料的半导体应变片。半导体应变片的灵敏度远大于普通应变片。(4.10)式和(4.11)式是对一般金属而言的，$\mu \approx 0.25 \sim 0.5$，$k = 1.5 \sim 2.0$。对半导体应变片而言，灵敏度系数 $k = 50 \sim 100$。

(2) 固态压阻压力传感器

固态压阻压力传感器又称压阻传感器。用硅片作为弹性元件，用硅加工工艺直接在硅片上制作电阻，构成电桥(图 4.12)。固态压阻传感器的优点是频响高、体积小、可微型化、精度高、无摩擦部件、工作可靠、既可测静态压力也可测动态压力。缺点是有温度效应、工艺复杂、价格高。目前在实验室测量中广泛采用压阻传感器，由于体积小也可用于电子扫描阀中。

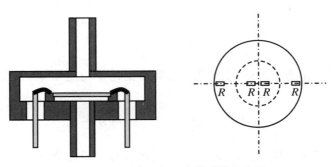

图 4.12　固态压阻压力传感器示意图

4. 电容式压力传感器

电容式压力传感器利用电容敏感元件将压力信号转换成电信号。由绝缘介质分开的两个平行金属板组成电容器，其电容量 C 与真空介电常数 ε_0，极板间介质的相对介电常数 ε_r，极板的有效面积 A 以及两极板间的距离 δ 有关：

$$C = \frac{\varepsilon_0 \varepsilon_r A}{\delta} \tag{4.13}$$

电容传感器一般采用圆形金属薄膜或镀金属薄膜作为电容器的一个电极，当薄膜感受压力而变形时，薄膜与固定电极之间的电容量发生变化，通过测量电路即可输出与电压成一定关系的电信号(图 4.13)。电容式压力传感器分为单电容式压力传感器和差动电容式压力传感器。它特点是灵敏度高、动态响应快。

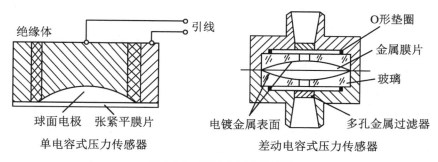

图 4.13　电容式压力传感器

　　单电容式压力传感器由圆形薄膜与固定电极构成。薄膜在压力的作用下变形,从而改变电容器的容量,其灵敏度大致与薄膜的面积和压力成正比,而与薄膜的张力和薄膜到固定电极的距离成反比。这种传感器适于测量动态高压。单电容传感器还有传声器式(话筒式)和听诊器式等。

　　差动电容式压力传感器的受压膜片电极位于两个固定电极之间,构成两个电容器。在压力的作用下一个电容器的容量增大而另一个则相应减小,测量结果由差动式电路输出。它的固定电极是在凹曲的玻璃表面上镀金属层而制成的。过载时膜片受到凹面的保护而不致破裂。差动电容式压力传感器比单电容式的灵敏度高、线性度好,但加工困难(特别是难以保证对称性)。

5. 电感式压力传感器

　　电感式压力传感器是用电感线圈电感量变化来测量压力的传感器。电感式压力传感器的工作原理是由于磁性材料和磁导率不同,当压力作用于膜片时,气隙大小发生改变,气隙的改变影响线圈电感的变化,处理电路可以把这个电感的变化转化成相应的信号输出,从而达到测量压力的目的。这种压力传感器按磁路变化可以分为变磁阻和变磁导两种。电感式压力传感器的优点在于灵敏度高、测量范围大,缺点就是不能应用于高频动态环境。

　　变磁阻式压力传感器的主要部件是铁芯和膜片(图 4.14)。它们与其间的气隙形成了一

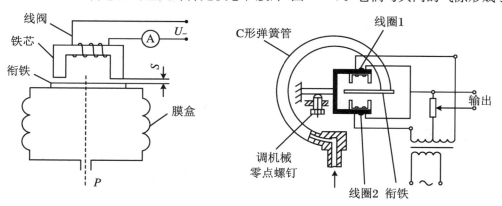

图 4.14　电感式压力传感器

个磁路。当有压力作用时,气隙大小改变,即磁阻发生了变化。如果在铁芯线圈上加一定的电压,电流会随着气隙的变化而变化,从而测出压力。

在磁通密度高的场合,铁磁材料的磁导率不稳定,这种情况下可以采用变磁导式压力传感器测量。变磁导式压力传感器用一个可移动的磁性元件代替铁芯,压力的变化导致磁性元件的移动,从而磁导率发生改变,由此得出压力值。

6. 谐振式压力传感器

谐振式压力传感器是利用谐振元件把被测压力转换成频率信号的压力传感器。主要有振弦式、振筒式、振膜式和石英晶体谐振式压力传感器。

谐振式石英晶体压力传感器以其高精度、良好的长期稳定性广泛应用于压力测量、压力自动校准以及精密过程控制等。以石英谐振梁为力敏元件,用波登管或金属膜盒来感受压力,并将压力转换成力作用到谐振梁上,谐振梁的频率随作用压力变化而变化,利用谐振梁的频率变化来检测被测压力的大小。这种压力传感器结构较为复杂,对材料和制造工艺都要求很高。

图 4.15 是一种谐振式石英晶体压力传感器示意图。它主要由压力敏感元件和激振电路组成。压力敏感元件是传感器的核心,它包括弹性膜片和音叉式力敏谐振器。当压力作用于弹性膜片时,使膜片产生变形,导致膜片沿直径方向产生拉力或压力,并将该力作用到谐振梁上,谐振梁的频率随作用力变化而变化,利用谐振梁的频率变化来检测被测压力的大小。压力敏感元件各部均由石英晶体材料制成。石英力敏谐振器通过光刻和化学腐蚀工艺加工完成,并采用烧结工艺装配到弹性膜片上,然后,在真空条件下,将弹性膜片烧结到已研磨出空腔的基座上,在完成基座与弹性膜片烧结同时也形成了真空参考力腔,这既符合制作绝对压力传感器的设计要求,又满足了谐振器的真空工作环境需要。

研制出的传感器具有结构简单、精度高、体积小等优点,其量程为 0~120 kPa,中心频率为 (40±4) kHz,精度为 0.05%,适用于高精度绝对压力测量要求。

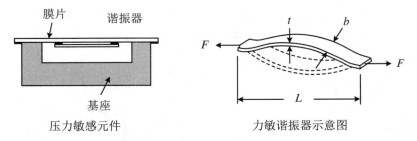

图 4.15 谐振式石英晶体压力传感器

7. 光纤式压力传感器

光纤传感器分为两种:一种是功能型,利用光纤本身的某种敏感特性或功能制成;另一种是传光型,光纤仅仅起传输光的作用,它在光纤端面或中间加装其他敏感元件感受被测量的变化。

功能型光纤传感器是利用光纤本身对环境变化的敏感性,把光纤作为敏感元件,将输入物理量变换为调制的光信号。其工作原理基于光纤的光调制效应,即光纤在外界环境因素

（如温度、压力、电场、磁场等）改变时，其传光特性（如相位与光强）也会发生变化。因此，如果能测出通过光纤的光的相位、光强变化，就可以知道被测物理量的变化。这类传感器又被称为敏感元件型或功能型光纤传感器。如图 4.16（a）所示，激光器的光扩散为平行波，经分光器分为两路，一为基准光路，另一为测量光路。外界参数（温度、压力、振动等）引起光纤长度变化和光的相位变化，两路光会合，从而产生不同数量的干涉条纹，就可测量温度或压力等的变化。光纤在其中不仅是导光媒质，而且也是敏感元件，光在光纤内受被测物理量调制，多采用单模光纤。功能型光纤传感器的优点是结构紧凑、灵敏度高。缺点是需用特殊光纤，成本高，典型例子有光纤陀螺、光纤水听器等。

传光型光纤传感器是利用其他敏感元件感受被测物理量的变化，光纤仅作为信息的传输介质，常采用多模光纤。如图 4.16（b）所示，传光型光纤传感器是由光检测元件（敏感元件）与光纤传输回路及测量电路所组成的测量系统。其中光纤仅作为光的传播媒质，所以又称为传光型或非功能型光纤传感器。传光型光纤传感器的优点是光纤既可用于电气隔离，又用于数据传输，且光纤传输的信号不受电磁干扰的影响。

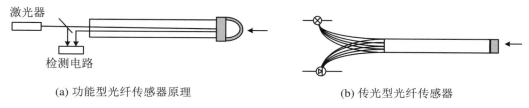

（a）功能型光纤传感器原理　　　　　　（b）传光型光纤传感器

图 4.16　光纤式压力传感器

4.2.2　压电式压力传感器及其测量电路

上一节介绍了各种压力传感器的一般原理和特点。为了更深入了解压力传感器的性能，本节以压电式压力传感器为例子，从原理到测量电路以及性能指标等对压力传感器做较全面的介绍。

1. 压电效应

压电式压力传感器的原理是利用晶体的压电效应。具有压电效应的晶体叫压电晶体，压电晶体具有正压电效应和负压电效应。正压电效应是当晶体受到压力变化时，会在晶体表面积累电荷；负压电效应是当晶体受到交变电压时，会产生微小变形。利用正压电效应可以制作压力传感器，利用负压电效应可以制作超声发生器。

晶体使用时一般都会按一定方向切割成需要的形状。图 4.17 表示压电晶体几种可能的受力情况，包括厚度受压、长度受压、体积受压和厚度受剪。不同的受力状态可能对应不同的传感器种类。

描述压电晶体的力和电荷之间关系通常用下式表示：

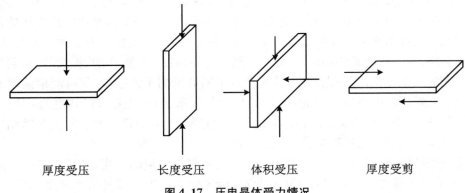

厚度受压　　　　长度受压　　　　体积受压　　　　厚度受剪

图 4.17　压电晶体受力情况

$$
\begin{pmatrix} \delta_1 \\ \delta_2 \\ \delta_2 \end{pmatrix} = \begin{pmatrix} d_{11} & d_{12} & d_{13} & d_{14} & d_{15} & d_{16} \\ d_{21} & d_{22} & d_{23} & d_{24} & d_{25} & d_{26} \\ d_{31} & d_{32} & d_{33} & d_{34} & d_{35} & d_{36} \end{pmatrix} \begin{pmatrix} \sigma_1 \\ \sigma_2 \\ \sigma_3 \\ \sigma_4 \\ \sigma_5 \\ \sigma_6 \end{pmatrix} \tag{4.14}
$$

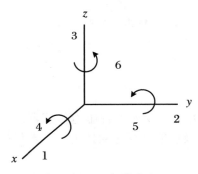

图 4.18　下标的定义

其中 δ 表示电荷，σ 表示应力，d 表示材料特性。下标的含义示于图 4.18 中，图中 1,2,3 分别表示 x,y,z 三个力方向，4,5,6 分别表示绕 x,y,z 轴的力矩方向。

我们以一个厚度受压的晶体元件为例(图 4.19)，该晶体上下表面的法线方向为 x 方向，上下表面受到压力 F_x，并在上下表面积累电荷。因此，法线为 x 轴的表面积累的电荷是 δ_1，作用在上下表面的正应力是 σ_1，系数 d_{11} 下标中第一个数字 1 表示电荷积累在法线为 x 轴的面上，第二个数字 1 表示作用力为 x 方向，A 表示上(下)表面面积。

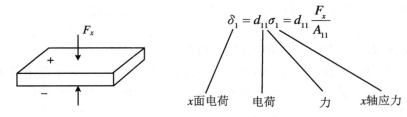

$$
\delta_1 = d_{11}\sigma_1 = d_{11}\frac{F_x}{A_{11}}
$$

x 面电荷　　电荷　　力　　x 轴应力

图 4.19　厚度受压晶体表面电荷与受力的关系

2. 压电材料

压电传感器使用的压电晶体分为两种:天然石英晶体和人造压电陶瓷。

(1) 石英晶体

天然石英晶体成柱状，横截面为六边形。石英晶体有三个轴，六面柱的轴向是光轴

（z 轴），横截面内顶点连线是电轴（x 轴），垂直于电轴是机械轴（y 轴）。压电传感器的晶体在制作时，在偏振显微镜下定位切片。图 4.20 所示的晶体元件是 x 0°切片。石英晶体的材料系数矩阵是

$$\boldsymbol{D} = \begin{bmatrix} 2.3 & -2.3 & 0 & 0.67 & 0 & 0 \\ 0 & 0 & 0 & 0 & -0.67 & -4.62 \\ 0 & 0 & 0 & 0 & 0 & 0 \end{bmatrix}$$

以图 4.20 所示的纵向压电效应为例，$\delta_1 = d_{11}\sigma_x$，晶体表面积累的电荷量是 $Q_1 = d_{11}F_x$，其中 $d_{11} = 2.3\,\text{pc/N}$。晶体两面之间的电压是

$$U_1 = Q_1/C_{11} = d_{11}F_x/C_{11} = \frac{4\pi d_{11}\delta}{\varepsilon lb}F_x = \frac{4\pi d_{11}\delta}{\varepsilon}p_x \text{（矩形）}$$

$$= \frac{16 d_{11}\delta}{\varepsilon d^2}F_x = \frac{4\pi d_{11}\delta}{\varepsilon}p_x \text{（圆形）}$$

其中 ε 是介电常数，δ 是石英片厚度，l 和 b 是方形石英片长和宽，d 是圆形石英片直径。

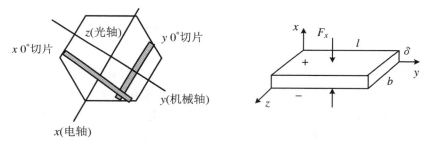

图 4.20　石英晶体材料

（2）压电陶瓷

压电传感器使用的另一种压电晶体是压电陶瓷。现在使用较多的压电陶瓷是锆钛酸铅材料（lead zirconate titanate，PZT），化学反应式是 $PbTiO_3 + PbZrO_3 \Longrightarrow Pb(TiZr)O_3$。图 4.21 表示压电陶瓷材料制作的厚度受压元件。该元件沿 z 轴方向受力，电荷积累在法线为 z 轴的表面。$Q_3 = d_{33}F_z$，$d_{33} = 593\,\text{pc/N}$。可见人造压电陶瓷灵敏度比天然石英晶体高数百倍。

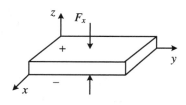

图 4.21　压电陶瓷材料

3．压电传感器典型结构

压电传感器的种类众多，根据需要可以设计出不同结构的传感器。图 4.22 是一种典型

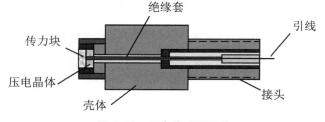

图 4.22　压电传感器结构

的传感器结构。传力块在压电晶体前方,压力通过传力块加载到晶体上。和传力块接触的晶体表面是正极,晶体中心有一个圆孔,导线将正电荷引出。晶体另一面的负电极与壳体相连,壳体接地。两电极间用绝缘管隔开。

4. 二次仪表:前置放大器和电荷放大器

(1) 等效电路

晶体元件就像一个电容器,只有传感器内部无"漏损",外部电路负载无限大时,晶体积累的电荷才能长期保存。因此压电传感器不宜测量稳态压力,更适合测量快速变化的压力。

压电传感器的等效电路如图 4.23 所示。压电晶体类似一个电容,晶体表面积累电荷后,等效为一个电荷源 q 和一个电容 C_a 并联。

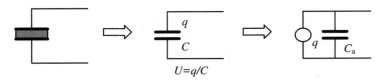

$$U = q/C$$

图 4.23　压电传感器等效电路

① 外部电路影响

传感器测量时总要和外部仪器相连,外部仪器可以用仪器的输入电阻 R_i、输入电容 C_i 和电缆电容 C_c 表示。图 4.24 表示传感器与外接仪器一起的等效电路。传感器上的电压为 U_1,电路输出电压为 U_2。总电容 C 代表晶体电容 C_a、电缆电容 C_c 和仪器输入电容 C_i 的并联。总电阻 R 代表晶体电阻 R_a 和仪器输入阻抗 R_i 并联。

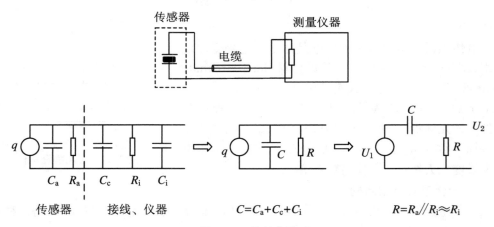

图 4.24　等效电路

传感器测量的信号 U_1 与仪器输出信号 U_2 之间的关系是频率 ω 的函数:

$$\frac{U_2}{U_1} = \frac{\mathrm{j}\omega RC}{1 + \mathrm{j}\omega RC} \tag{4.15}$$

其中 j 是虚部单位。信号幅值比是

$$\frac{U_{2\mathrm{m}}}{U_{1\mathrm{m}}} = \frac{\omega RC}{\sqrt{1 + \omega^2 R^2 C^2}} = \frac{1}{\sqrt{1 + (1/\omega RC)^2}} \tag{4.16}$$

(4.16)式表示输出与输入信号之比是信号频率 ω 和阻抗的函数,只有当 $RC \to \infty$ 或者 $\omega \to \infty$ 时,输出信号才不失真,$U_{2\mathrm{m}} = U_{1\mathrm{m}}$。

② 低端截止频率

从(4.16)式可知,压电传感器适合测量频率高的信号,如果用压电传感器测量低频信号会失真。那么我们定义一个低端截止频率 ω_{c},对应这个频率时输出是输入信号的 $1/\sqrt{2}$。即 $U_{2\mathrm{m}}/U_{1\mathrm{m}} = 0.707$ 时,$\omega RC = 1$,得 $\omega_{\mathrm{c}} = 1/RC$。可以得出一个结论,输入阻抗 RC 越大,低端截止频率 ω_{c} 越小。也就是说,要测量低频信号,需要输入阻抗足够高。

例如,要测量 $f = 0.01$ Hz 的信号,要求幅值下降小于 5%,那么 $U_{2\mathrm{m}}/U_{1\mathrm{m}} = 0.95$,从 (4.16)式得 $RC = 4.8 \times 10^9$ Ω。

(2) 前置放大器(电压放大器)

图 4.25 是前置放大器的原理图。假设晶片上受到压力 $p = p_{\mathrm{m}}\sin \omega t$ 作用,晶片面积为 A,产生的电荷和电压是

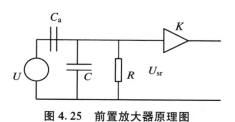

$$U = \frac{p_{\mathrm{m}}Ad}{C_{\mathrm{a}}}\sin \omega t = U_{\mathrm{m}}\sin \omega t \tag{4.17}$$

图 4.25 前置放大器原理图

放大器 K 的输入端电压是

$$U_{\mathrm{sr}} = U\frac{X_{\mathrm{c}} /\!/ R}{X_{C_{\mathrm{a}}} + (X_{\mathrm{c}} /\!/ R)} = U\frac{\mathrm{j}\omega RC_{\mathrm{a}}}{1 + \mathrm{j}\omega R(C_{\mathrm{a}} + C_{\mathrm{c}} + C_{\mathrm{i}})}$$

$$= p_{\mathrm{m}}Ad\frac{\mathrm{j}\omega RC_{\mathrm{a}}}{1 + \mathrm{j}\omega R(C_{\mathrm{a}} + C_{\mathrm{c}} + C_{\mathrm{i}})}\sin \omega t$$

幅值是

$$U_{\mathrm{srm}} = \frac{p_{\mathrm{m}}Ad\omega R}{\sqrt{1 + \omega^2 R^2 (C_{\mathrm{a}} + C_{\mathrm{c}} + C_{\mathrm{i}})^2}} \tag{4.18}$$

当 $\omega^2 R^2 (C_{\mathrm{a}} + C_{\mathrm{c}} + C_{\mathrm{i}})^2 \gg 1$ 时,U_{srm} 和 ω 无关。说明 U_{srm} 和电缆电容 C_{c} 有关。

因此,使用前置放大器测量时要求:

- 电缆不能太长,否则 C_{c} 太大,影响灵敏度。
- 标定和测量时要用同一根电缆,更换电缆需要重新标定。
- 标定和测量时需要用同一量程,即 C_{i} 不变。

图 4.26 是前置放大器的具体线路图。

(3) 电荷放大器

图 4.27 是电荷放大器的原理图。由反向运算放大器 K 和负反馈电容 C_{f} 组成。假设放大器有无限大输入电阻,则晶片上电荷都积累在 C_1 和 C_{f} 上。可以写出 $Q_1 = U_1 C_1$ 和 $Q_{\mathrm{f}} = (U_1 - U_2)C_{\mathrm{f}}$,并且 $U_2 = -KU_1$,K 是放大器放大倍数。所以,传感器的总电荷是

$$Q = U_1 C_1 + (U_1 - U_2)C_{\mathrm{f}} = -\frac{U_2}{K}(C_1 + C_{\mathrm{f}}) - U_2 C_{\mathrm{f}} = -U_2\left(\frac{C_1 + C_{\mathrm{f}}}{K} + C_{\mathrm{f}}\right)$$

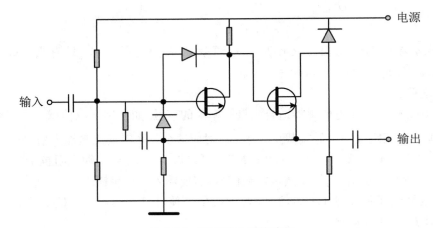

图 4.26　前置放大器线路图

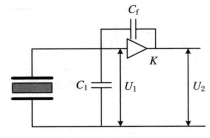

图 4.27　电荷放大器原理图

整理后得输出电压和电荷的关系是

$$U_2 = -\frac{Q}{\dfrac{C_1 + C_f}{K} + C_f}$$ (4.19)

如果 $K \gg 1$,则有 $U_2 = -\dfrac{Q}{C_f}$。

可见使用电荷放大器测量时,电缆长度影响可以忽略,改变 C_f 可以改变仪器的量程。图 4.28 是一种电荷放大器的线路图。

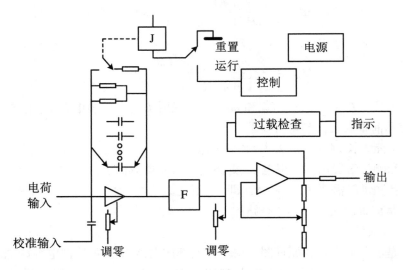

图 4.28　电荷放大器线路图

（4）压电式压力传感器的主要性能指标

衡量压电式压力传感器的主要性能指标有:

① 量程：传感器的使用范围。如 1～10 MPa。

② 灵敏度：静态工作时，单位压力积累的电荷。单位为 pC/bar 或 pC/MPa。

③ 线性度：工作范围内，最大偏差与满量程之比。一般小于 0.1%。

④ 绝缘电阻：传感器出厂时应给出的指标。

⑤ 加速度灵敏度：惯性力与振动叠加产生加速度效应，需补偿。

⑥ 工作温度范围：热电效应的影响，需补偿。

⑦ 固有频率：通过动标确定，传感器出厂时应给出的指标。

⑧ 上升时间：输出从零到第一次达到平均值的时间。

表 4.1 给出了早期两种压电传感器主要性能的比较，可供大家选用传感器时参考。

表 4.1　两种压电传感器主要性能比较

	Kistler 603 B	扬无二厂 203
量程	1～200 bar	0～300 bar
灵敏度	-5 pC/bar	10 pC/0.1 MPa
线性度	1% FS	$<1\%$
绝缘电阻	$>10^{13}$ Ω	$>10^{13}$ Ω
加速度灵敏度	$<10^{-4}$ bar/g	
工作温度范围	-196～260 ℃	-40～150 ℃
固有频率	>400 kHz	70 kHz
上升时间	1 μs	

4.2.3　压力传感器的动态性能

1. 动态压力测量的特点

图 4.29 是某温度传感器动态响应的示意图。实线表示温度随时间的变化，虚线表示一个传感器（例如热电偶）的响应。当温度突然上升时，热电偶需要有一段响应时间才能达到实际温度。当温度突然下降时，热电偶也需要有一段响应时间才能达到实际温度。压力传感器也一样，对压力突然变化有一定响应时间，但是响应规律会有所不同。传感器的动态响应特性与传感器的动态性能密切相关。

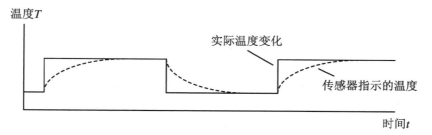

图 4.29　传感器信号的动态响应

2. 压力传感器的力学模型和传递函数

（1）力学模型：单自由度二阶力学系统

压力传感器可以简化为一个单自由度的二阶力学系统，如图4.30所示。系统由弹簧、阻尼器和质量块组成。质量块受到压强为 p 的力的作用，系统的输入是

$$x(t) = Ap(t) \tag{4.20}$$

其中 A 是受力面积。

二阶力学系统的基本方程是

$$m\ddot{y} + c\dot{y} + Ky = x(t) \tag{4.21}$$

其中 $y(t)$ 是位移，m 是质量，c 是阻尼系数，K 是刚度系数。写为标准形式：

$$\ddot{y} + 2\zeta\omega_0\dot{y} + \omega_0^2 y = \frac{\omega_0^2}{K}x(t) \tag{4.22}$$

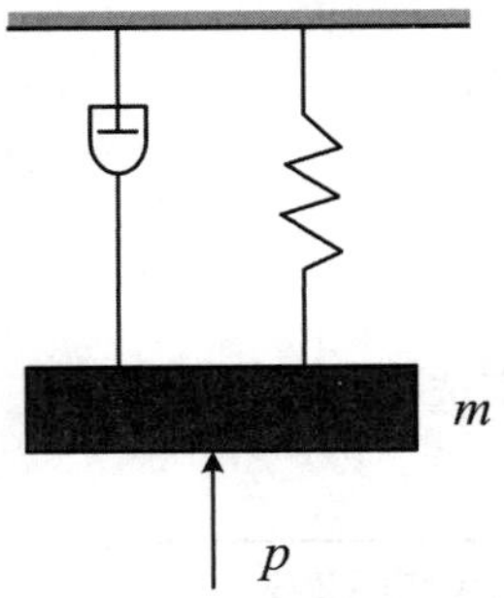

图 4.30　压力传感器力学模型

其中无阻尼固有频率 ω_0 和阻尼比 ξ 是

$$\omega_0 = \sqrt{\frac{K}{m}} \quad \text{和} \quad \zeta = \frac{c}{2\sqrt{mK}}$$

（2）传递函数

研究传感器动态性能离不开传递函数。对方程（4.22）两边做 Laplace 变换，得

$$Y(s)\left[s^2 + 2\zeta\omega_0 s + \omega_0^2\right] = \frac{\omega_0^2}{K}X(s) \tag{4.23}$$

其中（4.23）式是频域方程，s 是频域变量，$X(s)$ 和 $Y(s)$ 分别是时域输入 $x(t)$ 和输出 $y(t)$ 的 Laplace 变换。二阶系统的传递函数写为

$$H(s) = \frac{Y(s)}{X(s)} = \frac{\omega_0^2/K}{s^2 + 2\zeta\omega_0 s + \omega_0^2} \tag{4.24}$$

3. 压力传感器的动态性能分析

（1）频率特性

系统的频率特性是系统对谐振信号的响应。研究谐振信号的重要性在于一般信号可以看作是不同频率谐振信号的组合。因此研究系统的频率响应有助于弄清系统的动态特性。假设系统的输入函数是频率为 ω 的正弦函数 $x(t) = x_{\mathrm{m}}\sin\omega t$，或者写为 $x(t) = x_{\mathrm{m}}\mathrm{e}^{\mathrm{j}\omega t}$。系统的输出也是频率为 ω 的正弦函数，不过振幅和位相不同，写为

$$y(t) = y_{\mathrm{m}}\sin(\omega t + \varphi) = y_{\mathrm{m}}\mathrm{e}^{\mathrm{j}(\omega t + \varphi)} \tag{4.25}$$

图 4.31　简谐输入和频率响应

输入函数的 Laplace 变换是

$$X(s) = \frac{x_{\mathrm{m}}}{s - \mathrm{j}\omega} \tag{4.26}$$

根据传递函数(4.24)式的定义得到

$$Y(s) = H(s)X(s) = \frac{x_m}{s - j\omega}H(s) \tag{4.27}$$

上式两边做 Laplace 逆变换有

$$y(t) = H(j\omega)x_m e^{j\omega t} \tag{4.28}$$

比较(4.28)式和(4.25)式,有 $y_m e^{j(\omega t + \varphi)} = H(j\omega)x_m e^{j\omega t}$。即

$$H(j\omega) = \frac{y_m}{x_m}e^{j\varphi} = |H(j\omega)|e^{j\varphi} \tag{4.29}$$

$H(j\omega)$ 称为系统的频率特性。可见,系统的频率特性就是将传递函数中的变量 s 用 $j\omega$ 代替就可以了。(4.29)式中 $H(j\omega)$ 的模称为幅频特性,表征振幅与频率的关系;相位角称为相频特性,表征位相与频率的关系。

(2) 二阶系统的幅频特性和相频特性

二阶系统的频率特性是

$$H(j\omega) = \frac{1/K}{\left[1 - \left(\frac{\omega}{\omega_0}\right)^2\right] + j\left(2\zeta\frac{\omega}{\omega_0}\right)} = \frac{1/K}{(1 - \beta^2) + j(2\zeta\beta)} \tag{4.30}$$

其中 $\beta = \dfrac{\omega}{\omega_0}$ 是无量纲频率。

幅频特性是

$$K|H(j\omega)| = \frac{1}{\sqrt{(1 - \beta^2)^2 + (2\zeta\beta)^2}} \tag{4.31}$$

幅频特性表示了系统输出函数幅值随输入频率的变化规律,是频率和阻尼比的函数。图 4.32 表示了对于不同阻尼的二阶系统的幅频特性曲线。图中横坐标是无量纲频率 β,纵坐标是振幅比 $K|H|$,图中数字表示阻尼比 ζ 的值。可以看到,当无阻尼($\zeta = 0$)时,在无量

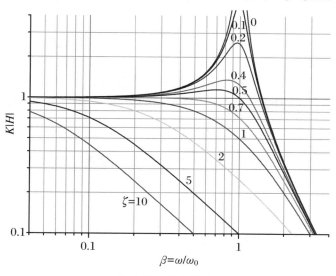

图 4.32 幅频特性

纲频率为 $1(\beta=1)$ 附近振幅比无限大。也就是在输入信号频率接近传感器固有频率时发生共振现象，这个共振现象随阻尼比增加而减弱。还可以看出，图中 $K|H|=1$，表示输出信号振幅等于输入信号振幅，也就是信号未失真。但是幅频曲线只在 $\beta<1$ 的一小部分区间做到不失真，而且这个区间的大小与阻尼比有关。

相频特性是

$$\varphi(j\omega) = \arctan\frac{-2\zeta\beta}{1-\beta^2} \tag{4.32}$$

相频特性表示了系统输出函数相位角随频率的变化规律，也是频率和阻尼比的函数。图 4.33 表示了对于不同阻尼的二阶系统的相频特性曲线。

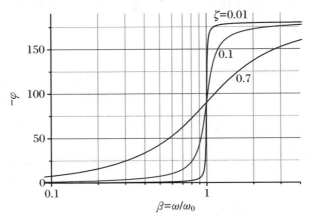

图 4.33　相频特性

(3) 传感器静态特性和理想传感器

当 $\omega=0$（即 $\beta=0$）时，被测压力是静态压力，记为 y_0。这时传感器的幅频特性和相频特性是 $K|H(0)|=1$ 和 $\varphi(0)=0$。这是传感器的静态特性，也就是传感器静态标定时的特性。

另一方面，当 $\omega_0\to\infty$ 时，也有 $\beta=0$，即传感器的固有频率趋向无穷大，这时称为理想传感器。对于理想传感器同样有 $K|H(0)|=1$ 和 $\varphi(0)=0$。也就是说，用理想传感器测得的动态压力与测量静态压力是一致的。虽然理想传感器事实上是不存在的，但是给我们一个启示，如果设法使传感器理想化（固有频率无限大），测量动态压力与测量静态压力是一样的。

(4) 实际传感器

用实际传感器测量动态压力一定会与静态压力 y_0 有误差，即

$$\frac{|H(j\omega)|}{|H(0)|} = \frac{y_m}{y_0} = \frac{1}{\sqrt{(1-\beta^2)^2 + (2\zeta\beta)^2}} \tag{4.33}$$

$$\varphi = \arctan\frac{-2\zeta\beta}{1-\beta^2} \tag{4.34}$$

从图 4.32 和图 4.33 可以发现，在低频段，$\beta\ll1$，有 $y_m/y_0\approx1$，$\varphi\approx0$。就是说，当被测压力频率很低或者传感器固有频率很高时，可以近似将静态标定的灵敏度系数用于测量结

果。在高频段,被测信号频率 ω 远大于传感器固有频率 ω_0, $\beta \gg 1$,有 $y_m \approx 0$, $\varphi \approx -180°$。即用固有频率很低的传感器测量很高频率信号时,传感器输出很小,趋于零,位相差为 $180°$。在中频段,$\beta \approx 1$, y_m 一般大于 y_0,数值取决于阻尼比 ζ,阻尼比越小,y_m/y_0 越大,即处于共振区域。

不同阻尼比下,y_m/y_0 和 φ 对应不同 β 值的数值见表 4.2。

表 4.2　不同阻尼比时输出信号振幅和位相差

$\zeta = 0.01$			$\zeta = 0.1$		
β	y_m/y_0	$-\varphi/°$	β	y_m/y_0	$-\varphi/°$
0	1.000	0	0	1.000	0
0.1	1.010	0.116	0.1	1.010	1.157
0.2	1.042	0.239	0.2	1.041	2.386
0.3	1.099	0.378	0.3	1.097	3.772
0.4	1.190	0.548	0.4	1.185	5.440
0.5	1.333	0.764	0.5	1.322	7.595
0.6	1.562	1.074	0.6	1.536	10.620
1.0	50.000	90.0	1.0	5.0	90
2.0	0.333	179.24	2.0	0.330	172.40
3.0	0.125	179.57	3.0	0.125	175.71
6.0	0.042	179.76	6.0	0.042	177.61
$\zeta = 0.6$			$\zeta = 0.707$		
β	y_m/y_0	$-\varphi/°$	β	y_m/y_0	$-\varphi/°$
0	1.000	0	0	1.000	0
0.1	1.003	6.911	0.1	0.000	8.13
0.2	1.011	14.04	0.2	0.999	16.41
0.3	1.022	21.58	0.3	0.996	24.99
0.4	1.034	29.74	0.4	0.987	33.95
0.5	1.041	38.66	0.5	0.970	43.31
0.6	1.038	48.37	0.6	0.941	52.97
0.7	1.018	58.74	0.7	0.898	62.74
0.8	0.975	69.44	0.8	0.842	72.35
1.0	0.833	90	1.0	0.707	90
2.0	0.260	141.34	2.0	0.243	138.69
3.0	0.114	155.77	3.0	0.110	152.07
5.0	0.042	165.97	5.0	0.040	61.71

一般传感器阻尼比 ζ 是一个很小的值,一般在 $0.01 \sim 0.1$ 之间。在低频段(4.33)式近似为

$$\frac{y_m}{y_0} = \frac{1}{1 - \beta^2} \tag{4.35}$$

根据(4.35)式得到表 4.3,其中数值与表 4.2 十分接近。

表 4.3　低频段近似的振幅特性

β	y_m / y_0
0.1	1.010
0.2	1.042
0.3	1.099
0.4	1.091

从表 4.3 可知,当 $\beta=0.1$,即被测信号频率为固有频率十分之一时($\omega=1/10\ \omega_0$),幅值误差在 1% 以内,相移 $-1°$ 左右。也就是说,要使被测信号误差小于 1%,必须 $\omega<1/10\ \omega_0$。同样道理,当 $\beta=0.3$,即被测信号频率 $\omega=1/3\ \omega_0$ 时,幅值误差在 10% 以内,相移 $-4°$ 左右。也就是说,要使被测信号误差小于 10%,必须 $\omega<1/3\ \omega_0$。

用传感器测量动态信号时,一是要选择阻尼比较小的传感器,二是要选择固有频率高的传感器。固有频率越高,在保证误差的条件下,可测量的信号频率越高,也就是传感器频响特性越高。

4. 压力传感器的瞬态响应

(1) 脉冲输入和脉冲响应

把传感器看作一个线性系统,如果输入一个 $\delta(t)$ 函数,那么系统的输出 $h(t)$ 叫作脉冲响应(图 4.34)。

图 4.34　线性系统和脉冲响应

输入函数 $\delta(t)$ 的 Laplace 变换是 $X(s)=1$,代入(4.24)式可得

$$Y(s) = H(s) = \frac{\omega_0^2/K}{s^2 + 2\zeta\omega_0 s + \omega_0^2} \tag{4.36}$$

对(4.36)式做 Laplace 逆变换,就得到时域内的脉冲响应 $h(t)$。为了方便做 Laplace 逆变换,(4.36)式进一步改写为($\xi>1$)

$$Y(s) = \frac{\omega_0^2}{2K\sqrt{\zeta^2-1}}\left[\frac{1}{s+(\zeta-\sqrt{\zeta^2-1})\omega_0} - \frac{1}{s+(\zeta+\sqrt{\zeta^2-1})\omega_0}\right] \tag{4.37}$$

(4.37)式的 Laplace 逆变换是

$$h(t) = \frac{\omega_0^2}{2K\sqrt{\zeta^2-1}}\left[e^{-(\zeta-\sqrt{\zeta^2-1})\omega_0 t} - e^{-(\zeta+\sqrt{\zeta^2-1})\omega_0 t}\right] \quad (\xi>1) \tag{4.38}$$

(2) 阶跃输入和阶跃响应

图 4.35 是阶跃输入和阶跃响应示意图。

如果输入函数是阶跃函数,定义为

$$x(t) = \begin{cases} 0, & t \leqslant 0 \\ 1, & t > 0 \end{cases} \tag{4.39}$$

图 4.35　阶跃输入和阶跃响应

阶跃函数的 Laplace 变换是

$$X(s) = \frac{1}{s} \tag{4.40}$$

代入传递函数(4.24)式得

$$Y(s) = \frac{1}{s} \frac{\omega_0^2/K}{s^2 + 2\zeta\omega_0 s + \omega_0^2} = \frac{1}{K}\left\{\frac{1}{s} - \frac{s + 2\zeta\omega_0}{(s + \zeta\omega_0)^2 - (\zeta^2 - 1)\omega_0^2}\right\} \tag{4.41}$$

在频域内对(4.41)式进一步分解,对于过阻尼 $\zeta > 1$ 有

$$Y(s) = \frac{1}{K}\left\{\frac{1}{s} - \frac{\frac{1}{2}\left[1 - \frac{\zeta}{\sqrt{\xi^2 - 1}}\right]}{s + (\zeta + \sqrt{\zeta^2 - 1})\omega_0} - \frac{\frac{1}{2}\left[1 + \frac{\zeta}{\sqrt{\zeta^2 - 1}}\right]}{s + (\zeta - \sqrt{\zeta^2 - 1})\omega_0}\right\} \tag{4.42}$$

对于临界阻尼 $\xi = 1$ 有

$$Y(s) = \frac{1}{K}\left\{\frac{1}{s} - \frac{1}{s + \omega_0} - \frac{\omega_0}{(s + \omega_0)^2}\right\} \tag{4.43}$$

对于欠阻尼 $\zeta < 1$ 有

$$Y(s) = \frac{1}{K}\left\{\frac{1}{s} - \frac{s + \zeta\omega_0}{(s + \zeta\omega_0)^2 + (1 - \zeta^2)\omega_0} - \frac{\zeta}{\sqrt{1 - \zeta^2}}\frac{\sqrt{1 - \zeta^2}\,\omega_0}{(s + \zeta\omega_0)^2 + (1 - \zeta^2)\omega_0}\right\}$$
$$\tag{4.44}$$

对于无阻尼 $\zeta = 0$ 有

$$Y(s) = \frac{1}{K}\left\{\frac{1}{s} - \frac{s}{s^2 + \omega_0^2}\right\} \tag{4.45}$$

将上述各式做 Laplace 逆变换得到时域内阶跃响应和曲线。对于过阻尼 $\xi > 1$ (图 4.36)有

$$y(t) = \frac{1}{K}\left\{1 + \frac{\zeta - \sqrt{\zeta^2 - 1}}{2\sqrt{\zeta^2 - 1}}e^{-(\zeta + \sqrt{\zeta^2 - 1})\omega_0 t} - \frac{\zeta + \sqrt{\zeta^2 - 1}}{2\sqrt{\zeta^2 - 1}}e^{-(\zeta - \sqrt{\zeta^2 - 1})\omega_0 t}\right\} \tag{4.46}$$

对于临界阻尼 $\zeta = 1$ 有

$$y(t) = \frac{1}{K}\left[1 - (1 + \omega_0 t)e^{-\omega_0 t}\right] \tag{4.47}$$

对于欠阻尼 $\zeta < 1$(图 4.37)有

$$y(t) = \frac{1}{K}\left\{1 - \frac{1}{\sqrt{1 - \zeta^2}}e^{-\zeta\omega_0 t}\sin\left(\sqrt{1 - \zeta^2}\,\omega_0 t + \varphi\right)\right\} \tag{4.48}$$

和 $\varphi = \sin^{-1}\sqrt{1 - \zeta^2}$。

对于无阻尼 $\xi = 0$(图 4.38)有

$$y(t) = \frac{1}{K}(1 - \cos\omega_0 t) \tag{4.49}$$

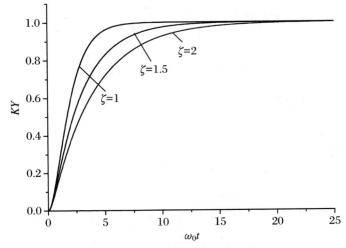

图 4.36　过阻尼和临界阻尼曲线

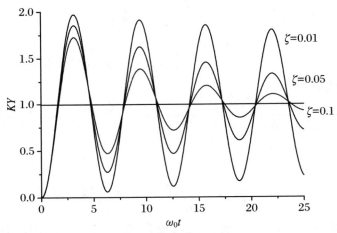

图 4.37　欠阻尼曲线

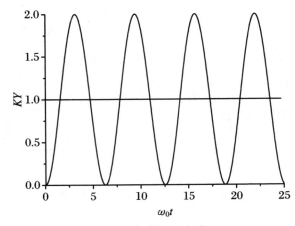

图 4.38　无阻尼曲线

5．压电传感器的动态指标

图 4.39 是典型压电传感器的阶跃响应曲线。可以看出,该曲线是围绕一个平衡值做衰减振荡。曲线从零首先到达第一个峰值,然后振幅逐渐衰减,最后达到一个平衡值。我们给定一个小量 ε,当曲线绕平衡值的振幅小于 ε 时,认为达到了稳定。我们定义以下几个动态指标:

（1）上升时间 t_r：曲线从零第一次达到平均值的时间；

（2）建立时间 t_s：曲线达到平衡值的时间；

（3）过冲量 σ：曲线第一个峰值距离平衡值的大小；

（4）固有频率 $\omega_d = (1 - \xi^2)^{1/2} \omega_0$。

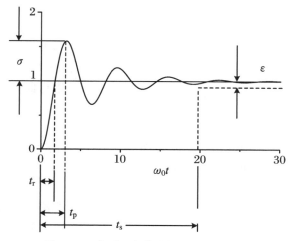

图 4.39　典型压电传感器阶跃响应曲线

4.2.4　压力传感器的标定

1．静标

压力传感器静标的目的是获得传感器灵敏度系数。通常用于传感器静标的仪器是活塞式压力计,如图 4.40 所示。阀门 1,2,3 分别是用于控制砝码、传感器和压力表。如果是校

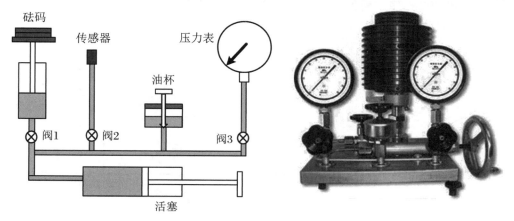

图 4.40　活塞式压力计

准传感器,可以只打开阀门 1 和 2;如果是校准压力表,可以只打开阀门 1 和 3。传感器静校时,首先,在砝码盘上装规定量的砝码,打开油杯阀门,处于开启状态,通过手柄控制活塞向外退使油从油杯流入活塞筒。然后关闭油杯阀门,活塞式压力计便成为一个密闭的压力系统。再通过手柄控制活塞向左推进,为这一密闭的系统进行加压操控。在整个工作进程中,活塞式压力计将遵循流体静力学平衡原理稳定工作。

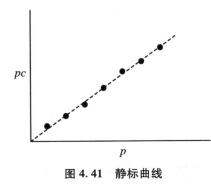

图 4.41　静标曲线

当活塞式压力计加压时,使得砝码底盘逐渐升高。这时加在传感器上的压强与砝码盘底部的压强是相等的(注意:切不可以将砝码盘升得太高,抵住保护杆)。然后快速打开油杯阀门,使得整个油路接通大气,传感器上压力突然下降。这时与传感器相连的仪器将会有输出。这是减压法标定,加压法标定操作相反。

逐次改变砝码数量,可以获得一条标定曲线(图 4.41)。用最小二乘法求得曲线斜率,就是要求的灵敏度系数。

2. 动标

传感器动标的目的是获得传感器的动态性能,就是求它的幅频特性和相频特性。对于二阶系统也可以用固有频率和阻尼比表征传感器的动态性能。传感器动标分为正弦压力信号输入法和阶跃压力信号输入法。

正弦压力输入法用两个传感器,一个是已知动态性能的标准传感器,另一个是待标定的传感器。由正弦压力发生装置(如活塞形、转盘形)将正弦压力信号同时加在两个传感器上,然后比较两个传感器的输出信号,求幅值比和位相差。

阶跃压力输入法是直接法,传感器安装在标定激波管端部标定,通过标定求出传感器的幅频和相频特性。本书仅就阶跃压力输入法的动标过程和数据处理方法做介绍。

图 4.42 是激波管的示意图。激波管原理将在第 12 章(特种设备)中详细介绍。待标定的压力传感器安装在标定激波管的端部。当高低压段之间的膜片破裂时,传感器受到一个

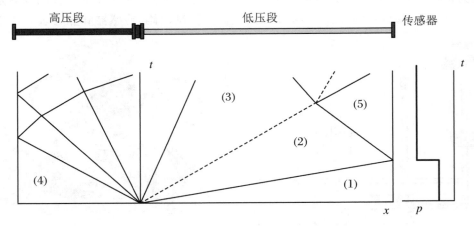

图 4.42　标定激波管示意图

标准的阶跃信号((5)区压力),传感器的输出信号就是阶跃响应,标定过程就是通过阶跃信号求解传感器的幅频和相频特性。(5)区压力 p_5 和激波马赫数 M_s 的关系是(见第 12 章)

$$p_5 = \frac{\left[2\gamma_1 M_s^2 - (\gamma_1 - 1)\right]\left[(3\gamma_1 - 1)M_s^2 - 2(\gamma_1 - 1)\right]}{(\gamma_1 + 1)\left[(\gamma_1 - 1)M_s^2 + 2\right]}p_1$$

激波马赫数通过安装在低压段侧壁的传感器测量。标定激波管的运行激波马赫数一般都不高,在 $1.25\sim1.70$ 之间。

下面介绍几种从传感器阶跃响应曲线求动态性能的方法。

(1) 直接从时域曲线求 ζ,ω_0——对于理想的二阶系统

这种方法的前提是假设传感器是理想的二阶力学系统,安装在标定激波管端部的传感器输出的曲线应如图 4.43 所示。

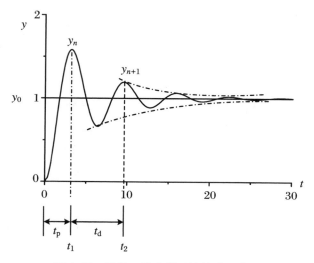

图 4.43　理想二阶力学系统的阶跃响应

对于理想的 $\zeta<1$ 的二阶力学系统传感器,理论上的输出曲线应为

$$y(t) = \frac{1}{K}\left\{1 - \frac{1}{\sqrt{1-\zeta^2}}\mathrm{e}^{-\zeta\omega_0 t}\sin\left(\sqrt{1-\zeta^2}\,\omega_0 t + \varphi\right)\right\}, \quad \varphi = \sin^{-1}\sqrt{1-\zeta^2}$$

现在的目的是从图 4.43 所示的曲线和(4.48)式出发,求出传感器的主要参数,即无阻尼固有频率 ω_0 和阻尼比 ξ。

从(4.48)式有

$$\frac{y(t)}{y_0} = 1 - \frac{1}{\sqrt{1-\zeta^2}}\mathrm{e}^{-\zeta\omega_0 t}\sin\left(\sqrt{1-\zeta^2}\,\omega_0 t + \varphi\right) \tag{4.50}$$

式中 y_0 是压力平衡值。从图 4.43 所示的曲线可得曲线周期

$$t_d = t_2 - t_1 = t_{n+1} - t_n$$

于是,曲线的频率是

$$\omega_d = \sqrt{1-\zeta^2}\,\omega_0 = \frac{2\pi}{t_d} \tag{4.51}$$

从(4.50)式有

$$\frac{y_n - y_0}{y_{n+1} - y_0} = \frac{e^{-\zeta\omega_0 t_n}}{e^{-\zeta\omega_0 t_{n+1}}} = \frac{e^{-\zeta\omega_0 t_n}}{e^{-\zeta\omega_0 (t_n + t_d)}} = e^{\zeta\omega_0 t_d} \tag{4.52}$$

从(4.51)式和(4.52)式有

$$\begin{cases} \delta = \ln \dfrac{y_n - y_0}{y_{n+1} - y_0} = \zeta\omega_0 t_d \\[3mm] \omega_0 = \dfrac{2\pi}{t_d \sqrt{1 - \zeta^2}} \end{cases} \tag{4.53}$$

式中 δ 为对数衰减率。(4.53)式也可以写为

$$\begin{cases} \zeta = \dfrac{\delta}{\sqrt{\delta^2 + 4\pi^2}} \\[3mm] \omega_0 = \dfrac{2\pi}{t_d \sqrt{1 - \zeta^2}} \end{cases} \tag{4.54}$$

其中 t_d 及 δ 均可以从阶跃响应曲线求出。

(2) 阶梯线法

上一种方法的前提是假设传感器为理想的二阶力学系统,当传感器不是严格的二阶系统时,可以用现在这种方法数值求解。阶梯线法(Bowexsox-Carlson)是一种实验-解析方法。

传感器可以看作一个线性系统,输入函数是 $x(t)$,输出函数是 $y(t)$。根据(4.29)式,传感器的频率特性写为

$$H(j\omega) = \lim_{\sigma \to 0} \frac{Y(s)}{X(s)} \tag{4.55}$$

其中 s 是频域变量,$s = \sigma + j\omega$,$X(s)$ 是输入函数 $x(t)$ 的 Laplace 变换,$Y(s)$ 是输出函数 $y(t)$ 的 Laplace 变换

$$X(s) = \int_0^\infty x(t)e^{-st}dt \tag{4.56}$$

$$Y(s) = \int_0^\infty y(t)e^{-st}dt \tag{4.57}$$

阶梯线法是先分别对(4.56)式和(4.57)式进行数值计算,然后再求 $\sigma \to 0$ 时(4.55)式的极限,得到传感器的频率特性。

① 计算 $X(s)$

在用激波管做动态标定时,输入函数 $x(t)$ 是阶跃函数,数值近似(4.56)式,有

$$X(s) = \int_0^\infty x_0 e^{-st}dt \approx \lim_{N \to \infty} x_0 \sum_{n=0}^{N-1} e^{-sn\Delta t}\Delta t = \Delta t \cdot x_0 \sum_{n=1}^{\infty} e^{-sn\Delta t}$$

其中 Δt 是离散 $x(t)$ 的时间间隔。上式求和部分是比例因子为 $e^{-s\Delta t}$ 的等比级数。所以有

$$X(s) = \Delta t \cdot x_0 \frac{e^{-s\Delta t}}{1 - e^{-s\Delta t}} = x_0 \cdot \Delta t \frac{e^{-s\Delta t} + 1}{e^{s\Delta t} - e^{-s\Delta t}}$$

当 $\sigma \to 0$ 时,$s = j\omega$,上式写为

$$X(j\omega) = x_0 \cdot \Delta t \frac{e^{-j\omega\Delta t} + 1}{e^{j\omega\Delta t} - e^{-j\omega\Delta t}}$$

令 $\theta = \omega\Delta t$，又 $\mathrm{e}^{\pm \mathrm{j}\theta} = \cos\theta \pm \mathrm{j}\sin\theta$，上式为

$$X(\mathrm{j}\omega) = x_0 \cdot \Delta t \frac{(\cos\theta + 1) - \mathrm{j}\sin\theta}{2\mathrm{j}\sin\theta} = -\frac{x_0\Delta t}{2}\frac{\sin\theta + \mathrm{j}(\cos\theta + 1)}{\sin\theta}$$

$$= -\frac{x_0\Delta t}{2}\left(1 + \mathrm{j}\frac{\cos\theta + 1}{\sin\theta}\right)$$

简化后得

$$X(\mathrm{j}\omega) = -\frac{x_0\Delta t}{2}\left(1 + \mathrm{j}\cot\frac{\theta}{2}\right) \tag{4.58}$$

由此得出 $X(\mathrm{j}\omega)$ 的模 $|X(\mathrm{j}\omega)|$ 和相角 $\mathrm{Arg}\,X(\mathrm{j}\omega)$ 分别是

$$|X(\mathrm{j}\omega)| = \frac{x_0\Delta t}{2\sin\dfrac{\theta}{2}} \tag{4.59}$$

$$\mathrm{Arg}\,X(\mathrm{j}\omega) = -\left(\frac{\pi}{2} + \frac{\theta}{2}\right) \tag{4.60}$$

② 计算 $Y(s)$

$y(t)$ 是实验测量的传感器曲线，是如图 4.44 所示的阶跃响应函数。曲线 $y(t)$ 经过一段时间振荡后趋于平衡值 y_0。将该曲线分为两段，前一段 $y_1(t)$ 是衰减振荡曲线，后一段 $y_2(t)$ 是围绕 y_0 小幅波动曲线。假设两段曲线的分界处是 $N\Delta t$，Δt 是曲线离散的时间间隔。$y(t)$ 的 Laplace 变换(4.57)式写为

$$Y(s) = \int_0^{N\Delta t} y_1(t)\mathrm{e}^{-st}\mathrm{d}t + \int_{(N+1)\Delta t}^{\infty} y_2(t)\mathrm{e}^{-st}\mathrm{d}t \approx \Delta t\sum_{n=1}^{N} y_n \mathrm{e}^{-sn\Delta t} + y_0\Delta t\sum_{n=N+1}^{\infty} \mathrm{e}^{-sn\Delta t}$$

$$= Y_1(s) + Y_2(s)$$

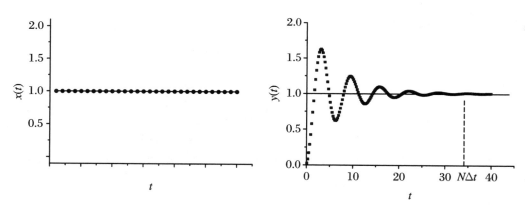

图 4.44　$X(s)$ 和 $Y(s)$ 计算图

当 $\sigma \to 0$ 时，$s = \mathrm{j}\omega$，并令 $\theta = \omega\Delta t$，得

$$Y_1(\mathrm{j}\omega) = \Delta t\sum_{n=1}^{N} y_n \mathrm{e}^{-\mathrm{j}n\theta} = \Delta t\sum_{n=1}^{N} y_n(\cos n\theta - \mathrm{j}\sin n\theta) \tag{4.61}$$

$$Y_2(\mathrm{j}\omega) = y_0\Delta t\sum_{n=N+1}^{\infty} \mathrm{e}^{-\mathrm{j}n\theta} = y_0\Delta t\frac{\mathrm{e}^{-\mathrm{j}(N+1)\theta}}{1 - \mathrm{e}^{-\mathrm{j}\theta}} = y_0\Delta t\frac{\cos(N+1)\theta - \mathrm{j}\sin(N+1)\theta}{(1 - \cos\theta) + \mathrm{j}\sin\theta}$$

进一步整理后得

$$Y_2(j\omega) = -\frac{y_0 \Delta t}{2\sin\frac{\theta}{2}} \left\{ \sin\left(N + \frac{1}{2}\right)\theta + j\cos\left[\left(N + \frac{1}{2}\right)\theta\right] \right\} \tag{4.62}$$

(4.61)式和(4.62)式相加得

$$Y(j\omega) = \frac{y_0 \Delta t}{2\sin\frac{\theta}{2}} [R(\omega) + jI(\omega)] \tag{4.63}$$

其中

$$R(\omega) = 2\sin\frac{\theta}{2} \sum_{n=1}^{N} \frac{y_n}{y_0} \cos n\theta - \sin\left(N + \frac{1}{2}\right)\theta \tag{4.64}$$

$$I(\omega) = -2\sin\frac{\theta}{2} \sum_{n=1}^{N} \frac{y_n}{y_0} \sin n\theta - \cos\left(N + \frac{1}{2}\right)\theta \tag{4.65}$$

$Y(j\omega)$ 的模 $|Y(j\omega)|$ 和相角 $\text{Arg } Y(j\omega)$ 分别是

$$|Y(j\omega)| = \frac{y_0 \Delta t}{2\sin\frac{\theta}{2}} \sqrt{R^2(\omega) + I^2(\omega)} \tag{4.66}$$

$$\text{Arg } Y(j\omega) = \arctan\frac{I(\omega)}{R(\omega)} \tag{4.67}$$

③ 求传递函数和频率特性

传递函数是

$$H(j\omega) = \frac{Y(j\omega)}{X(j\omega)}$$

由此得到传感器的幅频特性是

$$|H(j\omega)| = \frac{y_0}{x_0} \sqrt{R^2(\omega) + I^2(\omega)} \tag{4.68}$$

相频特性是

$$\varphi(j\omega) = \arctan\frac{I(\omega)}{R(\omega)} + \frac{\theta}{2} + \frac{\pi}{2} \tag{4.69}$$

阶梯线法是实验和数值结合的方法,整个计算通过编程由计算机完成。计算时先选定采样间隔 Δt,并对输出函数 $y(t)$ 每隔 Δt 取样一次,得到一系列幅值 $y_n(n = 1, 2, \cdots, N)$。然后选取一系列角频率 $\omega_i(i = 1, 2, \cdots, m)$,对每隔列角频率 ω_i 进行计算。计算时应注意以下几点:

① 采样间隔 Δt 越小,近似计算结果越精确,特别是相角 φ 的计算精度与 Δt 大小关系很大。

② 选择角频率 ω_i 时应避免使 $\theta/2$ 接近 π 的整数倍,避免计算中溢出。

③ 选择角频率最高值 ω_m 时,应使 $\omega_m < \pi/\Delta t$。根据采样理论,采样率应比最高频率大2倍以上,否则误差很大。因此要考察较高频率下的频响特性,就要选择较小的 Δt 值。

④ 选择 $N\Delta t$ 要慎重,应满足 $y(t)$ 的波动值与稳定值 y_0 充分接近的条件。

（3）FFT 法

随着计算机技术和计算软件的高度发展,用快速傅里叶变换(FFT)方法进行数据处理是十分方便的。有关 FFT 的内容在各种教科书中都能找到,而且有现成的 FFT 应用软件可以选用,这里不再叙述了。进行 FFT 时有几个问题需要注意:

① 采样时间。在对实验曲线采样时,应该满足采样定理,选取合适的采样率。

② 非周期截断。由于进行傅里叶变换需要在时间域(+∞,−∞)上进行积分,对原函数取无限多的点,这是不可能的。因此势必对原函数进行截断,人为截断函数将增大积分的高频部分。为了克服这个困难,可以人为按图 4.45 的方法拼接一个周期函数,这样输入为矩形函数,输入和输出函数首尾都是 0。

③ 窗函数。在进行数据截断时,相当于在函数上加了一个矩形窗。也可以采用其他形式的窗函数,以减轻高频分量的影响。有关窗函数的内容可以在各种有关信号处理的书中找到。

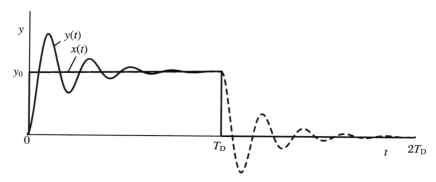

图 4.45　人为拼接的输入方波和输出波形

4.2.5　压力传感器动态误差修正

压力传感器以及整个测量系统的频响范围总是有限的。由于幅频特性不平坦,被测信号中各种频率的谐波有的被放大,有的被衰减甚至完全被过滤。由于相频特性不是理论的直线,各种频率的谐波相互之间的相位差被改变。所有这些都使得测量到的信号与被测信号之间发生了畸变。这种畸变引起的动态误差可以借助适当的技术措施,在一定条件下被限制在可容忍的范围内。下面我们介绍几种动态修正的方法,以供参考。

1. 校正电路

假设传感器是典型的二阶系统,根据(4.22)式,它的微分方程可写为

$$\ddot{y} + 2\zeta\omega_0\dot{y} + \omega_0^2 y = \frac{\omega_0^2}{K}x(t)$$

上式改写为线性系统的普遍公式:

$$T_1^2\ddot{y} + T_2\dot{y} + y = k_1 x(t) \tag{4.70}$$

其中 $T_1 = \dfrac{1}{\omega_0}$, $T_2 = \dfrac{2\zeta}{\omega_0}$ 和 $k_1 = \dfrac{1}{K}$。(4.70)式的传递函数为

$$H_1(s) = \frac{k_1}{T_1^2 s^2 + T_2 s + 1} \tag{4.71}$$

如果在传感器后方接入一校正电路,其传递函数是 $H_2(s) = T_1^2 s^2 + T_2 s + 1$,则可以修正传感器的不足,其电路方块图示于图 4.46。

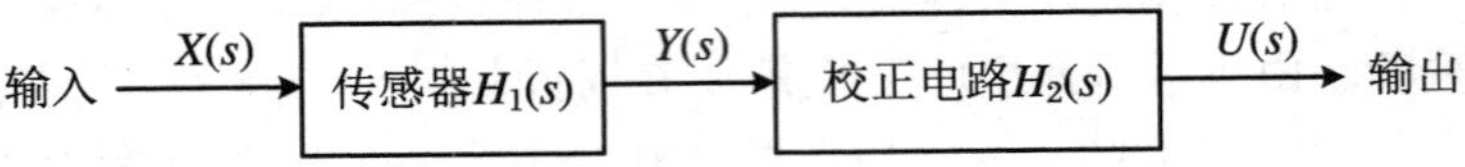

输入 → $X(s)$ → 传感器$H_1(s)$ → $Y(s)$ → 校正电路$H_2(s)$ → $U(s)$ → 输出

$$H_1(s) = \frac{k_1}{T_1^2 s^2 + T_2 s + 1} \qquad H_2(s) = T_1^2 s^2 + T_2 s + 1$$

图 4.46　校正电路方块图

这时包括传感器和校正电路在内系统的传递函数 $H(s)$ 写为

$$H(s) = \frac{U(s)}{X(s)} = \frac{Y(s)}{X(s)} \frac{U(s)}{Y(s)} = H_1(s)H_2(s) \equiv k_1 \tag{4.72}$$

图 4.47 是传感器系统校正后的频率特性示意图。原来传感器的频率特性曲线被完美校正,这就是采用校正电路修正传感器动态缺陷的原理。校正后传感器系统的频率特性是

$$H(j\omega) = k_1$$
$$\varphi(j\omega) = 0 \tag{4.73}$$

当然这是一种理想情况,校正电路的输出和传感器的输入之比是一个常数,并且该常数就等于传感器的静态标定得到的灵敏度系数,同时位相差为零。这样做的结果是把传感器的频率特性曲线水平段延伸到很高的频率范围(图 4.47)。

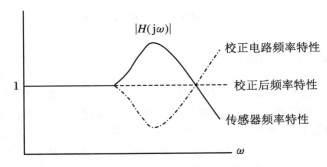

图 4.47　校正后传感器系统的频率特性

但是,实际上实现起来有很多困难。首先传感器并不是完美的二阶系统,其次实现校正电路并不简单。从校正电路的传递函数可以看出,校正电路有两个时间常数 T_1 和 T_2,并且需要满足 $T_2 = 2\zeta T_1$ 的关系。要想在电路上做到独立改变两个时间常数是比较困难的,考虑到压力传感器的阻尼系数 ζ 一般都比较小(一般 $\zeta = 0.01 \sim 0.1$),在引入校正电路时往往只引入二阶微分电路。图 4.48 是校正电路的原理图,运算放大器 F_1 和 F_2 构成两级微分,运算放大器 F_3 构成加法器。依靠调节电阻 R 实现改变时间常数 $T_1 = RC$。为了保证校正电路有较好的特性,运放应在工作频率内具有水平的频率特性。

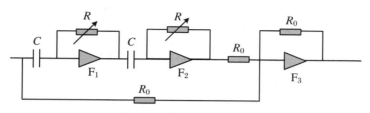

图 4.48　校正电路原理图

二阶微分电路的传递函数是

$$H_2(s) = T_1^2 s^2 + 1 \tag{4.74a}$$

修正后系统的传递函数是

$$H(s) = \frac{(T_1^2 s^2 + 1)k_1}{T_1^2 s^2 + T_2 s + 1} \tag{4.74b}$$

它的频率特性是

$$H(j\omega) = \frac{(1 - T_1^2 \omega^2)k_1}{(1 - T_1^2 \omega^2) + j T_2 \omega} \tag{4.75}$$

也可以写为

$$H(j\omega) = \frac{(1 - \beta^2)k_1}{(1 - \beta^2) + j2\zeta\beta} \tag{4.76}$$

幅频特性是

$$|H(j\omega)| = \frac{y_m}{y_{m0}} = \frac{(1 - \beta^2)}{\sqrt{(1 - \beta^2) + (2\zeta\beta)^2}} \tag{4.77}$$

2. 频域修正

在计算机高度发达的今天,我们也可以通过数字技术进行修正。如果我们从动态标定结果知道了传感器的频率特性 $H(j\omega)$,同时在实际测量中测得 $y(t)$,那么可以通过 FFT 得到频域 $Y(j\omega)$,继而利用(4.78)式求得输入信号的 Fourier 变换 $X(j\omega)$。

$$X(j\omega) = \frac{Y(j\omega)}{H(j\omega)} \tag{4.78}$$

再对 $X(j\omega)$ 做 Fourier 逆变换,就得到动态修正后的输入信号 $x(t)$,它应该更接近真实信号。

在用频域修正方法修正数据误差时,我们注意到需要保证 $H(j\omega) \neq 0$。也就是,应该尽量使被测信号中所有值得重视的频率成分都能通过测量系统,虽然有的谐波分量被放大了,有的被衰减了。如果某些分量被消灭了,那么它们就再也不可能被修正恢复了。

在这种修正方法中,所有在动态标定中用 FFT 方法遇到的困难,这里同样存在,需要特别注意。

3. 时域数值修正

时域数值修正方法需要事先知道输入和输出信号之间满足的方程,那么可以直接对测得的信号 $y(t)$ 进行修正,而得出输入信号 $x(t)$。一般系统满足的方程都是微分方程形式,因此这种方法需要运用大量的数值微分。

假设传感器的阶跃响应曲线是一个规则的衰减振荡曲线(图 4.44),那么它可以看作一个单自由度二阶系统,它满足的方程是

$$\ddot{y} + 2\zeta\omega_0\dot{y} + \omega_0^2 y = \frac{\omega_0^2}{k}x(t) \tag{4.79}$$

其中无阻尼固有频率 ω_0 和阻尼比 ζ 可以用(4.52)式的方法求得。现在动态修正的任务就是把测量得出的曲线 $y(t)$ 代入方程(4.79),求出 $x(t)$。

一般的做法是用一个多项式函数去拟合测量曲线,然后再对拟合的多项式函数微分,代入(4.79)式求 $x(t)$。因此曲线拟合方法十分重要,计算精度太差就达不到修正误差的目的。

用这种方法进行动态误差修正,必须事先掌握系统的精确可靠的方程。然而我们所能得到的系统方程一般只是一个近似关系式。这就使该方法的应用范围受到很大的限制。

4. 叠加积分法

叠加积分又称 Duhamel 积分。用这种方法修正动态误差,既不需要事先已知传感器的频率特性,也不需要知道精确的系统方程,只需要事先知道传感器的单位阶跃响应曲线就可以了。

所谓单位阶跃响应就是当幅值为一个单位的阶跃信号作用于传感器时,传感器的输出曲线就叫单位阶跃响应曲线。当用激波管进行动态标定时获得如图 4.43 所示曲线 $y(t)$,其平衡值是 y_0。用 y_0 作为一个单位去测量曲线的高度就得到了传感器的单位阶跃响应曲线,用 $C(t)$ 表示,

$$C(t) = \frac{y(t)}{y_0} \tag{4.80}$$

获得传感器的阶跃响应 $C(t)$ 以后,就可以用叠加积分法建立起传感器输入信号与输出信号之间的数学关系。这里我们不做严格的数学推导,而用形象的几何方法来说明。

如图 4.49(a)所示,传感器的输入函数 $x(t)$ 可以用一系列阶梯线近似,而这些阶梯线又可以用一系列阶跃函数叠加表示(图 4.49(b))。

$$x(t) \simeq \sum_{k=0}^{N} \Delta x_k \cdot u(t - t_k) \tag{4.81}$$

其中 t_k 时刻的阶跃幅值表示为 $\Delta x_k = x_k - x_{k-1}$,$t_k$ 时刻的单位阶跃函数表示为

$$u(t - t_k) = \begin{cases} 1, & t \geqslant t_k \\ 0, & t < t_k \end{cases} \tag{4.82}$$

如果已知传感器的单位阶跃响应为 $C(t)$,则传感器对函数 $x(t)$ 中所包含的每一个阶跃响应应该为 $\Delta x_k \cdot C(t - t_k)$(图 4.49(c))。而总的响应曲线 $y(t)$ 应该是所有这些响应曲线的叠加,即传感器的输出函数近似写为

$$y(t) \simeq \sum_{k=0}^{N} \Delta x_k \cdot C(t - t_k) \tag{4.83}$$

为了计算方便一般用等间隔取样,即 $\Delta t = t_2 - t_1 = t_3 - t_2 = \cdots = t_k - t_{k-1}$。同样将 $x(t)$ 和 $C(t)$ 也按等间隔 Δt 取样,得到以下数列:

时间:$t_1, t_2, t_3, \cdots, t_N$;

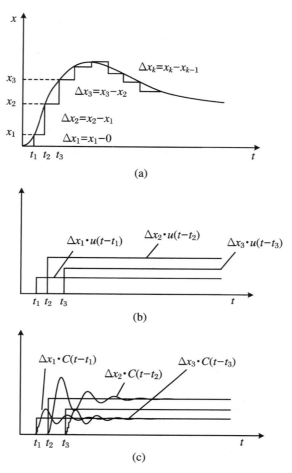

图 4.49 叠加积分的图解说明

输出信号：$y_1, y_2, y_3, \cdots, y_N$；

单位响应：$C_1, C_2, C_3, \cdots, C_N$。

根据(4.83)式可以写出下列方程组：

$$
\begin{cases}
y_1 = \Delta x_1 \cdot C_1 \\
y_2 = \Delta x_1 \cdot C_1 + \Delta x_2 \cdot C_2 \\
\cdots \\
y_N = \Delta x_1 \cdot C_1 + \Delta x_2 \cdot C_2 + \cdots + \Delta x_N \cdot C_N
\end{cases}
\tag{4.84}
$$

将 $\Delta x_1 = x_1 - 0, \Delta x_2 = x_2 - x_1, \cdots, \Delta x_k = x_k - x_{k-1}(k = 1, 2, \cdots, N)$，代入(4.84)式得

$$
\begin{cases}
x_1 = y_1/C_1 \\
x_2 = x_1 + (y_2 - x_1 \cdot C_2)/C_1 \\
\cdots \\
x_N = x_{N-1} + [y_N - x_1 \cdot C_N - (x_2 - x_1) \cdot C_{N-1} \cdots - (x_{N-1} - x_{N-2}) \cdot C_2]/C_1
\end{cases}
\tag{4.85}
$$

利用(4.85)式进行时域动态误差修正有一定限制条件。首先系统的静态灵敏度必须是

线性的,否则叠加原理根本就不适用。其次必须有 $C_1 \neq 0$,即选取的第一个采样周期 Δt 内系统的单位阶跃响应必须达到足以分辨的程度。同时采样周期 Δt 不能随意增大,必须满足采样定律。最后在计算中后一步要用到前一步的计算结果,因此如果计算中误差不衰减,而是增大,会造成数字不稳定。

4.3 压敏漆技术

4.3.1 引言

压敏漆(pressure-sensitive paint,PSP)是一种非接触式测量新技术。该技术是把某种具有特殊性质的漆涂在模型表面上,这种漆在光照射下会发光,而且发光强度与模型表面的压强有关。用相机记录下模型表面的光强分布,进而得出模型表面的压力分布。因此压敏漆技术是一种非接触式、场测量方法。

1935 年,Kautsky 和 Hirsch 首先发现了氧分子具有淬灭有机体发光的现象。1919 年,Stern 和 Volmer 建立了描述淬灭现象的方程。1980 年,Peterson 和 Fitzgerald 使用对氧淬灭现象敏感的荧光染料显示了氧射流吹过物体表面的图像。直到 1985 年,Pervushin 才第一次用压敏漆技术在风洞中测量了模型表面的压力分布。随着成像技术、高分辨率 CCD 相机、数字图像处理技术的迅速发展,PSP 技术被越来越多的技术人员接受。

4.3.2 压敏漆技术的测量原理

压敏漆技术的原理是氧淬灭(quenching)现象。典型的 PSP 涂层结构如图 4.50 所示。先在模型表面涂一层约 15 μm 厚的基础涂层(base coat),起漫反射作用。然后再涂一层约 10 μm 厚的活跃层(active layer),该活跃层由黏合剂(binder)组成,发光体分子被固化在黏

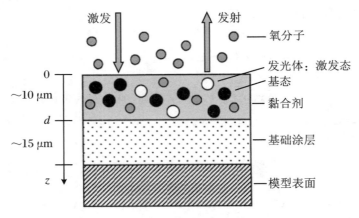

图 4.50　典型的 PSP 涂层结构和尺度

合剂中,黏合剂是透明的,具有透氧特性。在外界辐射激发下发光体基态分子吸收特定波长的辐射能量跃迁到激发态。激发态的分子有多种可能回到基态,这些可能的途径主要包括辐射衰减(冷发光)和无辐射衰减(热释放)。有些材料也可以通过和氧分子碰撞回到基态,称为"氧淬灭"。淬灭速率正比于当地氧的分压,因此,PSP 涂层的发光强度反比于当地表面压力。

1. Jablonski 能级图和光物理理论

进一步介绍压敏漆发光理论需要借助 Jablonski 能级图(图 4.51)和光物理理论来描述。

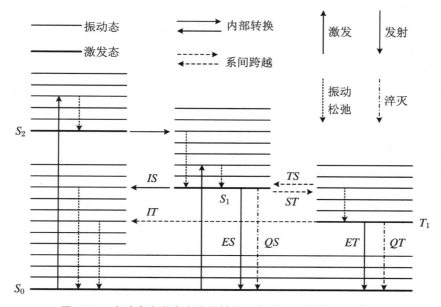

图 4.51　光致发光激发态能量转换示意图(ES 荧光,ET 磷光)

光物理理论采用了分子激发态量子化和电子自旋的概念。图 4.51 中纵向高度越高表示能量越高,横向分为单线态(singlet)和三重态(triplet)。单线态是电子自旋方向相反的状态,用电子自旋态 S_0,S_1,S_2,$\cdots$ 表示;三重态是电子自旋方向相同的状态,用电子自旋态 T_1,T_2,$\cdots$ 表示。一般电子都处于能量最低的基态 S_0,基态的电子一般都是相反方向自旋的(S_0),如果一个电子激发到高能级(S_1,T_1),电子自旋可以是反向的,也可以是同向的。图中粗横线表示激发态,细横线表示电子振动能级。

图 4.51 中表示的与分子有关的发光过程有以下几种:激发(excitation)($S_0 \rightarrow S_1$,$S_0 \rightarrow S_2$);振动松弛(vibrational relaxation),(状态内过程);内部转换(internal conversion)($S_2 \rightarrow S_1$,$S_1 \rightarrow S_0$);系间跨越(intersystem crossing)($S_1 \rightarrow T_1$,$T_1 \rightarrow S_1$,$T_1 \rightarrow S_0$);发射(emission)($S_1 \rightarrow S_0$,$T_1 \rightarrow S_0$);淬灭(quenching)($S_1 \rightarrow S_0$,$T_1 \rightarrow S_0$)。内部转换和系间跨越没有能量变化,用横线表示,其他过程都改变分子能量,但只有激发和发射涉及辐射。

分子发光会经历以下过程:

(1) 吸收、激发

室温下几乎所有的分子都处于 S_0 的最低能态。在外界光辐射照射下,发光材料基态分子吸收了足够能量后将激发到 S_1 或 S_2 的一个振动态。这个过程几乎是瞬时发生的（10^{-15} s），然后，分子将通过向周围分子转变热能的方式，松弛到激发电子态的最低振动态。

（2）$S_2 \rightarrow S_1$

如果分子处在 S_2，那么它将先经历内部转换到 S_1 的激发振动态，再松弛到 S_1 的最低振动能级，通常在激发后 10^{-12} s 内完成这个过程。然而，如果两个能级间能量差大于 1 eV，松弛通常会减慢。从基态直接激发到三重态基本上被排除。

（3）在 S_1 的几种可能途径

一旦分子在单线态（S_1）达到平衡，过程会慢下来，并且存在以下几种可能性：

① 通过荧光辐射（ES）回到 S_0（$k_{ES} = 10^6 \sim 10^9$ s^{-1}）；

② 通过内部转换（IS）回到 S_0——因为 S_0 和 S_1 间能量差较大，这个过程比从 S_2 到的 S_1 内部转换慢得多（$k_{IS} = 10^5 \sim 10^9$ s^{-1}）；

③ 通过淬灭（QS）——即通过和氧分子碰撞转变到 S_0，反应速率很大并与氧的浓度成正比（$k_{QS} = \kappa_{QS}[O_2] = 0 \sim 10^8$ s^{-1}），其中比例常数 $\kappa_{QS}[O_2]$ 称为双分子淬灭率（bimolecular quenching rate）；

④ 通过系间跨越（ST）到 T_1——对于某些发光基团，如铂卟啉（platinum porphyrins）和钌配合物（ruthenium complexes），这个过程十分迅速（$k_{ST} = 10^4 \sim 10^{12}$ s^{-1}）。

（4）在 T_1 的几种可能途径

如果此时分子还没有回到基态仍处于第一三重态 T_1，则存在几种新的可能性：

① 通过磷光（ET）辐射转换到 S_0。这是一个被“禁止”的过程，因此非常得慢（$k_{ET} = 10^{-2} \sim 10^6$ s^{-1}）。因为 T_1 能量比 S_1 低得多，磷光的波长比荧光长。

② 通过系间跨越（IT）到 S_0（$k_{IT} = 10 \sim 10^9$ s^{-1}）。

③ 通过淬灭（QS）到 S_0（$k_{QT} = \kappa_{QT}[O_2] = 0 \sim 10^8$ s^{-1}）。

④ 通过系间跨越（IT）到 S_1，因为 S_1 能量比 T_1 高，这个过程必须依靠热激活。根据 Arrhenius 方程，其速率常数依赖于能量差和温度：$k_{TS} = A_{TS} \exp(-\Delta E_{TS}/RT)$，其中 $A_{TS} = k_{ST}/3$ 和 $R = 8.314$ J/(mol·K) $= 8.616 \times 10^{-5}$ eV/K。

如果分子仍然没有回到基态，它现在将回到第一激发单线态（S_1），所有上述事件将再次成为可能。此时出现的荧光称为延迟荧光。它具有荧光光谱和磷光的衰减时间，并且高度依赖于温度。早期的 PSP 使用延迟荧光，但目前大多数 PSP 使用磷光（如金属卟啉和钌配合物）或荧光（如芘）。

2. 氧淬灭

氧分子为什么会是淬灭剂呢？氧分子主要以双原子结构存在于大气中，并且是顺磁的。在这方面，氧分子不同于其他气体。由于它的两个外层电子具有平行自旋。这个不耦合的电子对把氧最低的能态归为三重态。接下来的两个较高能量态是单线态，它们分别比三重态高 22.5 kcal/mol 和 37.5 kcal/mol。这使得氧分子的激发相对容易。通过将染料中多余的能量传递给氧分子，氧可以成功地淬灭染料的发光。淬灭剂与激发态发光基团的相互作用通常是通过向基态氧分子转移能量完成的，使其处于最低能量的单线态。获得的能量通过发光（$\lambda > 1240$ nm）和系间跨越到振动激发的基态，然后依靠振动弛豫回到基态。单线态氧的寿命强烈依赖于所处的环境，并且可能变化几个数量级。

由于单线态氧不淬灭发光,所以氧分子的激发分数保持较小数量是很重要的。单线态氧也是高度活泼的,很可能与易受影响的黏合剂或发光体发生不可逆的化学反应。这是 PSP 光降解的主要机理。幸运的是,氧从基态(三重态)到单线态的直接光激发基本上是被禁止的。

3. 材料

激发态的分子回到基态有多种途径,哪一种途径占上风取决于发光材料的性质,即不同状态的反应速率 k。因此压敏漆技术关键是找到合适的发光材料和黏合剂。

(1) 发光材料

成为合格的发光材料需要满足以下几点:

① 需要这些发光染料能在黏合剂中使氧和染料分子之间的淬火碰撞成为可能。在一个被激发的染料分子的寿命内,如果这些碰撞不可能,则不会观察到氧压对发光的影响。相反,如果大量的碰撞发生,就看不到发光。这意味着,非常低和非常高灵敏度的发光染料都不允许高精度的压力测量,而且 PSP 有一个最佳的压力灵敏度,允许最小的压力测量误差。

② 染料分子应附着在模型表面,PSP 涂层应能承受法向和切向负荷的气流。为了增加荧光信号,从而提高测量的准确性,染料分子的数量必须尽可能大,但这些分子不能相互影响。将染料分子附着在模型表面有两种不同的方法:将其分散到聚合物黏合剂中或将其吸附在微孔表面。

③ 要在空气动力学研究中使用 PSP,它应该相对较薄、光滑,并应充分黏合到模型表面。要用 PSP 进行精确的压力测量,提供相同的 PSP 特性也非常重要。

发光染料可分为三大类,使用钌聚吡啶(ruthenium polypyridyls)、铂/钯卟啉(platinum/palladium porphyrins)或芘衍生物(pyrene derivatives)作为染料。钌化合物被蓝光激发,发出红光,非常耐光。然而,它们很难与聚合物体系结合,而且对氧的敏感性较低。卟啉化合物可以在紫外或绿光中激发并产生红光。它们有很长的发光寿命,对氧气非常敏感,但在大气压下信号强度通常很低。芘衍生物被紫外激发,发出蓝光,热稳定性最好,但存在光降解。

(2) 黏合剂

合适的黏合剂应该具有高度透氧性,可抛光,无需高温即可快速固化,安全并容易拆卸,不会损坏模型。

倾向于使用二甲基硅氧烷聚合物(dimethylsiloxane polymers),因为它们具有高的氧渗透性。这些橡胶含有强大的黏合剂,可与许多基材结合。它们可能是自我平衡的,但无法被抛光。其他热激活聚合物固化后形成可以抛光的平面硬表面。然而,热的应用对这种黏合剂覆盖的风洞模型是有害的。

(3) 溶剂

溶剂是用来溶解染料和黏合剂的。它还可使油漆变薄,这样就可以喷洒并蒸发,留下一层均匀的油漆。大多数压敏涂料使用氯化有机溶剂,如二氯甲烷和三氯甲烷。

4.3.3 Stern-Volmer 方程

描述上一节所讨论的所有发光过程同时作用的动力学方程是一对相互耦合的一阶

方程：

$$\frac{\mathrm{d}n_{S_1}}{\mathrm{d}t} = I_1(z,t)\sigma n_{S_0} - (k_{ES} + k_{IS} + k_{QS} + k_{ST})n_{S_1} + k_{TS}n_{T_1} \tag{4.86a}$$

$$\frac{\mathrm{d}n_{T_1}}{\mathrm{d}t} = k_{ST}n_{S_1} - (k_{ET} + k_{IT} + k_{QT} + k_{TS})n_{T_1} \tag{4.86b}$$

$$n_{S_0} + n_{S_1} + n_{T_1} = n \tag{4.86c}$$

其中 I_1 是入射光的强度，σ 是材料的有效吸收面积，k 是一阶速率常数，n 是浓度（某过程的分子数），它们下标的含义见上一节能级图的讨论，$k_{QS} = \kappa_{QS}[\mathrm{O}_2]$ 和 $k_{QT} = \kappa_{QT}[\mathrm{O}_2]$。方程 (4.86a) 左手边表示浓度 n_{S_1} 随时间的增加，右手第一项表示吸收过程从基态 S_0 激发到 S_1 的分子数，第二项括号中四项分别表示单线态 S_1 的分子通过四种可能途径减少的浓度，最后一项表示通过系间跨越从三重态 T_1 到单线态 S_1 的分子数。方程 (4.86b) 的含义和方程 (4.86a) 类似，表示三重态浓度 n_{T_1} 的变化。方程 (4.86c) 表示所有状态的浓度平衡。

将方程 (4.86) 中浓度 n_{S_1} 和 n_{T_1} 解耦后通常是二阶微分方程。但在有些条件下方程可以获得简化，这些简化条件可以归纳为：① 大多数发光材料分子在基态，即 $n_{S_1} \ll n_0$，$n_{T_1} \ll n_0$；② 单线态（荧光）寿命远小于三重态（磷光）寿命；③ 方程中 $k_{TS}n_{T_1}$ 项（延迟荧光的来源）可忽略；④ 在时间尺度上氧浓度变化远长于观察的发光寿命。这些条件对 PSP 一般都是满足的。

简化后的方程是一阶微分方程：

$$\frac{\tau_S \mathrm{d}n_{S_1}}{\mathrm{d}t} + n_{S_1} = \tau_S I_1(z,t)\sigma n_{S_0} = \tau_S a(z,t) \tag{4.87a}$$

$$\frac{\tau_T \mathrm{d}n_{T_1}}{\mathrm{d}t} + n_{T_1} = \tau_T \Phi_T I_1(z,t)\sigma n = \tau_T \Phi_T a(z,t) \tag{4.87b}$$

其中时间常数 τ_S 和 τ_T 分别是单线态和三重态的寿命，它们对应于荧光和磷光的寿命：

$$\frac{1}{\tau_S} = k_{ES} + k_{IS} + k_{QS} + k_{ST} = k_{ES} + k_{IS} + \kappa_{QS}[\mathrm{O}_2] + k_{ST} \tag{4.88a}$$

$$\frac{1}{\tau_T} = k_{ET} + k_{IT} + k_{QT} = k_{ET} + k_{IT} + \kappa_{QT}[\mathrm{O}_2] \tag{4.88b}$$

式 (4.87) 中 $a(z,t) = I_1(z,t)\sigma n$ 是单位体积的吸收。Φ_T 是三重态量子产率，即最终产生三重态发光体分子在吸收光子中的一部分，这等价于离开 S_1 的发光体分子中有多少是通过系间跨越到达 T_1 的，

$$\Phi_T = \frac{k_{ST}}{k_{ES} + k_{IS} + k_{QS} + k_{ST}} = k_{ST}\tau_S \tag{4.89}$$

荧光和磷光的发射率（单位体积）应该是 $e_F = k_{ES}n_{S_1}$ 和 $e_P = k_{ET}n_{T_1}$。(4.87) 式可写为

$$\frac{\tau_S \mathrm{d}e_F}{\mathrm{d}t} + e_F = k_{ES}\tau_S a(z,t) = \Phi_F a(z,t) \tag{4.90a}$$

$$\frac{\tau_T \mathrm{d}e_P}{\mathrm{d}t} + e_P = k_{ET}\tau_T \Phi_T a(z,t) = \Phi_P a(z,t) \tag{4.90b}$$

其中 Φ_F 和 Φ_P 分别是荧光和磷光的量子产率。

因为在大多数 PSP 中都是采用磷光,下面以磷光为例讨论(荧光的情况类似)。(4.90b)式的准定常条件是

$$e_P = \Phi_P a = \Phi_T k_{ET} \tau_T a = \frac{\Phi_T k_{ET} a}{k_{ET} + k_{IT} + k_{QT}} = \frac{\Phi_T k_{ET} a}{k_{ET} + k_{IT} + \kappa_{QT}[O_2]} \quad (4.91)$$

如果在真空条件下(无氧)发射率用 e_{P_0} 表示,寿命用 τ_{T_0} 表示,那么无氧和有氧发射率之比等于寿命之比:

$$\frac{e_{P_0}}{e_P} = \frac{\tau_{T_0}}{\tau_T} = \frac{k_{ET} + k_{IT} + k_{QT}}{k_{ET} + k_{IT}} = 1 + \tau_{T_0} k_{QT} = 1 + K_{s \cdot v}[O_2] \quad (4.92)$$

其中 $K_{s \cdot v} = \tau_{T_0} \kappa_{QT}$ 称为 Stern-Volmer 常数。(4.92)式成立的条件是认为真空和有压力时温度是相同的。但是实际上压敏材料对压力和温度都敏感。

根据 Smoluchowski 方程,氧分子淬灭率 κ_{QT} 主要与黏合剂的性质有关,$k_{QT} = 4\pi N \alpha r D$,其中 D 是氧和发光体在黏合剂中的扩散率之和,r 是氧分子和发光体碰撞半径,α 是淬灭效率,N 是 Avagadro 常数。对于准定常压力变化,黏合剂中的氧浓度与其上方的氧分压成正比。因此,氧灭率与压力成正比:

$$k_{QT} = \kappa_{QT}[O_2] = \kappa_{QT} S \chi p = 4\pi N \alpha r D S \chi p = 4\pi N \alpha r P \chi p \quad (4.93)$$

式中 S 是氧在黏合剂中的溶解度,χ 是氧在气体中的摩尔分数(空气中 $\chi = 0.21$),p 是气体压力,χp 是氧分压,$P = DS$ 是黏合剂中氧的渗透性。根据 Arrhenius 关系,氧的渗透性随温度变化而改变。因此,(4.93)式写为

$$k_{QT}(p, T) = A_{QT} \exp\left(-\frac{\Delta E_{QT}}{RT}\right) \chi p \simeq k_{QT}(p_0, T_0)\left(1 + \frac{\Delta E_{QT}}{RT_0} \frac{\Delta T}{T_0}\right)\frac{p}{p_0} \quad (4.94)$$

其中 A_{QT} 是组合常数,ΔE_{QT} 是黏合剂中氧渗透的活化能,p_0 是任意参考压力。

测量的光强 I 正比于发射率 e_P,$I = C\int_0^d e_P \mathrm{d}z$,其中 C 是常数,d 是厚度。于是得到 Stern-Volmer 方程:

$$\frac{I_0}{I} = \frac{I_0(p_0, T_0)}{I(p, T)} = \frac{\tau_T(p_0, T_0)}{\tau_T(p, T)} = A + B\frac{p}{p_0} \quad (4.95)$$

其中

$$A = \frac{k_{ET} + k_{IT}(T)}{k_{ET} + k_{IT}(T_0) + k_{QT}(p_0, T_0)}, \quad B = \frac{k_{QT}(p_0, T)}{k_{ET} + k_{IT}(T_0) + k_{QT}(p_0, T_0)} \quad (4.96)$$

如果 $T = T_0$,有 $A + B = 1$。A 和 B 称为 Stern-Volmer 系数。I_0 和 I 分别是参考的和测量的光强,p_0 和 p 是参考和测量的压力,τ_T 是磷光寿命。

(4.95)式是用于 PSP 测量的工作公式。在 PSP 测量中有两种方法用于测量压力:强度法和寿命法。

对于强度法测量,在已知压力 p_0 和温度 T_0 情况下测量参考光强 $I_0(p_0, T_0)$,另外在未知压力 p 和已知(或假设)温度 T 下测量光强 $I(p, T)$。如果在两次测量中吸收 a 是相同的,系数 A 和 B 可以事先标定,则可从(4.95)式得到测量的压力。

对于寿命法测量,同样通过测量磷光寿命 $\tau(p, T)$ 和测量参考寿命 $\tau_0(p_0, T_0)$ 来确定未知的压力 p。然而它和强度法有两点差别:① 不需要在两次测量中吸收(激发)的值是相同的;② 参考寿命 τ_0 可以随同标定系数一起事先确定,这就简化了测量的步骤。

4.3.4　压敏漆技术测量系统

1. 一般装置

图 4.52 表示一个典型的 PSP 测量系统。图中左边是把一个带有 PSP 涂层的模型安装在风洞实验段内,用特定波长的光照射模型(与涂层的吸收谱有关)。同时用一个 CCD 相机记录模型图像,记录的图像存入计算机通过特定软件进行分析。同时在模型上安装若干压力传感器用于标定。

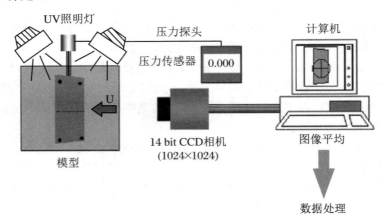

图 4.52　典型的 PSP 测量系统

PSP 技术的主要优点是可以直接获得整个模型的压力分布,进而通过积分可以获得整个模型的空气动力载荷。另一个优点是在未经处理的 PSP 图像上就可以分辨出激波、边界层分离和再附点的位置,因此 PSP 技术也可以直接作为一种流动显示在线测量工具。PSP 技术的缺点主要是需要较高的一次性投资,当然每次实验时仅需涂料的投资。

PSP 照片的空间精度与 CCD 相机的镜头以及芯片的分辨率有关,与照明的强度也有关系。PSP 涂层对温度等条件十分敏感,因此需要进行标定。

2. 两种测量方法

（1）寿命法

寿命法测量采用脉冲光照明并用门控探测测量。在脉冲光的照射下,压敏漆的发光强度 J_{pulse} 按指数方式衰减,可以用下式拟合发光强度的衰减:

$$J_{\text{pulse}} = J_0 \exp(- t/\tau) \tag{4.97}$$

其中 J_0 是 $t = 0$ 时的发光强度,τ 是寿命。(4.92)式可改写为

$$\frac{\tau_0}{\tau} = 1 + Kp \tag{4.98}$$

其中 τ_0 是真空($p = 0$)时的寿命,K 是 Stern-Volmer 常数。图 4.53 是钌基和芘基涂料的指数衰减曲线。钌的衰变时间是在 $2\sim10\,\mu\text{s}$ 范围内,芘基油漆衰减时间在 $50\sim100$ ns 范围,并且衰减几乎是单指数函数。

为了计算寿命,必须在衰减曲线上两个相同的时间间隔 t_d 内测量光强。并用(4.99)式来预测两个光强比 LR 与压力的关系:

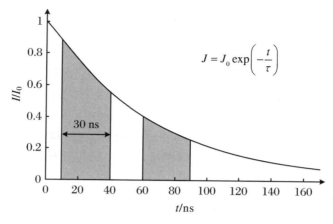

$$J = J_0 \exp\left(-\frac{t}{\tau}\right)$$

图 4.53　发光强度的指数衰减函数

$$LR = \frac{\int_{t_d}^{2t_d} J_{pulse} \, dt}{\int_0^{t_d} J_{pulse} \, dt} = \exp\left[-(1 + Kp)\frac{t_d}{\tau_0}\right] \qquad (4.99)$$

该方法的一个重要优点是，比值(4.99)式与光照强度和发光体浓度无关，因此无需通过在参考条件下获得的测量数据进行归一化处理。寿命法测量不需要拍摄参考图像，这克服了与模型移动和辐射测量方法相关的问题。

（2）强度法

强度法用连续光源或者脉冲光源照射模型，用相机分别记录有气流和无气流两种情况的发光光强之比(I_0/I)，通过 Stern-Volmer 方程(4.95)求模型上的压力分布。强度法要求事先对系统进行标定，确定 Stern-Volmer 方程中的系数 A 和 B。在强度法测量中任何影响光强变化的因素都会带来测量误差，因此对光源、相机以及模型移动都有极高的要求，需要对测量数据进行修正。

3. 主要部件

（1）相机

在压敏漆测量中一般采用科学型 CCD 或 CMOS 相机，对相机的基本要求是低噪音、高信噪比、高线性、高动态范围、高量子效率。

（2）光源

对光源的要求是有足够的能量、波长与发光体吸收谱匹配、有希望的时间分辨率、价格合理。典型使用的光源有闪光灯、激光器和高功率 LED。闪光灯有氙灯、氩灯，具有功率高、价格相对便宜、脉冲时间可控的特点。激光器有红宝石激光器、Nd：YAG 激光器、钛蓝宝石激光器、N_2 分子激光器等，具有短脉冲、高功率、窄光谱、价格昂贵等特点。高功率 LED是近年迅速发展的光源，具有价格相对便宜、功率高、稳定的特点。在选择光源时重要的是光源的频谱与发光体的吸收谱匹配。

（3）软件

PSP 测量中除了必要的硬件外，测量软件是必不可少的。一般商用的 PSP 系统带有专用软件,如果是实验室自行研制的系统,必须注意适用软件的研制。

4.3.5 压敏漆技术的标定方法

压敏漆标定的目的是使用独立的压力和温度测量来建立图像强度比、压力和温度之间的关系。标定有三种方法:现场标定、事先标定和混合方法。

1. 现场标定(in situ calibration)

标定在现场进行,实验模型上安装有若干压力传感器。在现场校准时,模型上每个压力探头测量的压力都与在每个探头或附近位置测量的 PSP 强度比相关。一般说,压力 p 可以表示为强度比 I_0/I 的多项式函数:

$$p = c_0 + c_1\left(\frac{I_0}{I}\right) + c_2\left(\frac{I_0}{I}\right)^2 + \cdots \tag{4.100}$$

采用最小二乘法拟合实验数据,建立其中的校准系数。这种标定方法没有表现出明显的温度影响,温度影响已经隐含在系数中了。拟合曲线的标准误差就是这种标定方法的测量精度。在许多应用中采用线性拟合就足够了,这时 $A = -c_0/c_1$ 和 $B = p_0/c_1$(A,B,p_0 见 Stern-Volmer 方程)。

为了确保从现场标定曲线使用内插法确定模型表面压力分布,理想情况下压力探头的量程应位于表面最高压力和最低压力范围内,但是这个范围是无法预先知道的。此外,为了充分确定标定曲线,在最大和最小压力之间的中间值内需要有"合理数量的"压力探头。

2. 事前标定(a priori calibration)

事前标定在标定室中进行。典型的标定室如图 4.54 所示,标定室内的压力和温度可以被精确控制。标定室上方有一个光源和一个 CCD 相机,涂有压敏漆的样品放置在标定室下方。控制室内的温度可以被控制在特定的温度保持不变,在这个温度下,改变控制室内压力,用相机记录压敏漆的光强分布。

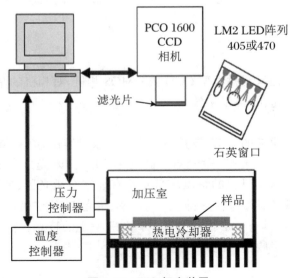

图 4.54　PSP 标定装置

标定时,测量的标定室压力可以用测量的光强比和温度的四次方程表示:

$$p = a_{00} + a_{01}\left(\frac{I_{\text{ref}}}{I}\right) + a_{02}\left(\frac{I_{\text{ref}}}{I}\right)^2 + a_{10}T + a_{11}T\left(\frac{I_{\text{ref}}}{I}\right) + a_{12}T\left(\frac{I_{\text{ref}}}{I}\right)^2$$

$$+ a_{20}T^2 + a_{21}T^2\left(\frac{I_{\text{ref}}}{I}\right) + a_{22}T^2\left(\frac{I_{\text{ref}}}{I}\right)^2 \tag{4.101}$$

其中 I_{ref} 是在任意参考条件$(p_{\text{ref}},T_{\text{ref}})$时样品的光强。注意在拟合上述方程时需要有足够的数据(多于 9 次不同压力和温度组合的样品测量值)。如果参考条件$(p_{\text{ref}},T_{\text{ref}})$和无风的实验条件$(p_0,T_0)$相同,那么 Stern-Volmer 方程(4.95)可以直接用于从测量的 I_0/I 和温度 T 计算压力 p。如果参考条件和无风条件不相同,那么在使用(4.95)式计算压力 p 前,需要通过因子 I_{ref}/I_0 调整测量的模型上的光强比 I_0/I。用 p_0,T_0 代替(4.101)式中的 p,T,并求解方程(4.101)就可以找到光强比 I_{ref}/I_0。

如果在增压风洞中测试模型,风洞本身有时可以作为标定室,但是在大多数风洞中无法独立控制无风时的温度。

事前标定的优点是,压敏漆像是一个独立的传感器一样,可以用于任何模型。然而,由于存在许多影响测量的误差,压力的绝对值可能很难计算。在所有标定中,测量的主要误差来源是温度和照明误差。这迫使许多研究者不得不对模型不同部位采用不同标定方法,这样给数据处理带来了不便。

3. 混合方法(hybrid techniques)

混合方法是由 Morris 发展的 K-fit 方法,这是一种将现场标定和事前标定结合起来的混合方法,通常当压力探头提供的测量范围不足够大,不能单独使用现场标定时特别适合使用这种技术。

混合方法的基本想法如下:在处理风洞实验数据时使用的标定曲线应该是

$$\frac{p}{p_{\text{ref}}} = c_1 + c_2\left(\frac{I_{\text{ref}}(T_{\text{ref}})}{I_{\text{run}}(T_{\text{run}})}\right) + c_3\left(\frac{I_{\text{ref}}(T_{\text{ref}})}{I_{\text{run}}(T_{\text{run}})}\right)^2 \tag{4.102}$$

但是实际上常常假设参考温度与风洞运行温度相同,$T_{\text{ref}} = T_{\text{run}} = T_1$,上式变为

$$\frac{p}{p_{\text{ref}}} = c_1' + c_2'\left(\frac{I_{\text{ref}}(T_1)}{I_{\text{run}}(T_1)}\right) + c_3'\left(\frac{I_{\text{ref}}(T_1)}{I_{\text{run}}(T_1)}\right)^2 \tag{4.103}$$

其中系数 c_1',c_2',c_3' 是不随温度变化的常数。我们知道,风洞的启动和运行时温度是变化的,混合方法在上述方程中引入一个考虑温度影响的比例因子 K,模仿参考温度取另一个温度 T_2 的情况。这个因子写为

$$K = \frac{I_{\text{ref}}(T_1)}{I_{\text{ref}}(T_2)} = f(T_1,T_2) \tag{4.104}$$

代入(4.103)式,得

$$\frac{p}{p_{\text{ref}}} = c_1' + c_2'\left(\frac{K \cdot I_{\text{ref}}(T_2)}{I_{\text{run}}(T_1)}\right) + c_3'\left(\frac{K \cdot I_{\text{ref}}(T_2)}{I_{\text{run}}(T_1)}\right)^2 \tag{4.105}$$

如果我们假设 T_1,T_2 在整个模型表面是常数,那么(4.104)式中 K 是常数。

在混合方法中,在标定室内事先确定等温的系数 c_1',c_2',c_3',现场标定数据用来确定 K(取 $T_1 = T_{\text{run}},T_2 = T_{\text{ref}}$)。混合方法是一种经验方法,此时在实验模型表面温度也是不均匀的。

5.3.6　压敏漆技术中的修正

1．图像校准

模型及其支架在气动载荷作用下会产生变形和位移，这就使得模型在吹风和不吹风两个状态下拍摄的 PSP 图像位置不一致。为了正确计算模型表面吹风和不吹风时的光强比 I/I_0，必须首先使得两个图像位置准确对齐。具体做法是在模型表面预先布置若干标志点，在两个图像中这些标志点被识别，并通过计算软件将一个图像准确变换到另一个图像，使两个图像完全重叠。标志点的数量取决于应用的算法和模型运动的程度，标志点的大小取决于图像的空间分辨能力，重叠精度应该做到 0.5 像素。

2．照明补偿

在吹风和不吹风两个状态时模型表面照明的差别也会影响 PSP 的测量精度，需要补偿照明的差别。目前采用自参考双组分压敏涂料（self-referencing binary pressure paints）是最成功的照明补偿方法。该涂料由压力敏感和压力不敏感两种涂料组成，每个获得的压力敏感发光体的图像（I_p）都由获得的压力不敏感发光体参考图像（I_r）归一化。这就修正了照明强度和发光体浓度变化引起的 I_p 图像，原则上消除了对无风压力图像（I_0）$_p$ 的需要。自参考涂料的其他好处包括更短的数据采集时间，I_p 和 I_r 可以同时获得，且 I_p 和 I_r 的模型位置是相同的。此外，如果两个发光体的温度响应相互抵消，则自参考涂料可以使温度误差最小。

3．温度补偿

温度补偿取决于标定技术。对于现场标定方法，标定系数已经包含了温度的影响，而温度的空间变化已经在标定的所有点中取平均了。重要的是必须在模型温度稳定后才获取吹风和不吹风的图像。如果模型不同部分的温度存在显著差异，就需要对各个部分分别进行局部校准计算。

对于事前标定，允许进行完整的逐个像素的温度补偿，因为强度、温度和压力之间的关系是由标定室内的测量数据预先确定的。然而必须同时测量模型上的温度分布。实验中可以同时采用压敏涂料（PSP）和温敏涂料（TSP），数据处理前，先通过计算程序将 PSP 图像与 TSP 图像重叠，然后点对点地通过标定曲线修正温度的影响。

最后，"*K*-fit"标定方法使用一个参数考虑了吹风和不吹风条件下的温度差异。

4．时间分辨率的改进

前面介绍过传统的 PSP 是将发光分子嵌入高分子黏合剂中（图 4.55（a）），这种方法使得 PSP 的时间分辨率受到扩散时间的限制。这个问题可以采用新的方法得到解决，这就是多孔 PSP（图 4.55（b））。模型由铝制作，表面做阳极化处理，使其产生一定粗糙度。将发光材料分子直接粘在粗糙表面上，时间分辨率得到大大增加。也可以在模型表面涂一层有一定粗糙度的涂层，再将发光材料粘在涂层上，可以达到同样的效果。

5．自发光修正

自发光是指在两个或两个以上的涂漆表面之间反射的光，从而增加了反射表面的亮度。它最可能发生在复杂的模型上，表面彼此呈直角或锐角（如翼/身连接处、尾翼），并能产生 10% 的压力测量误差。有人提出一种解析的修正方法，假设所有的油漆表面都有漫反射。它需要确定各表面网格对模型的影响系数，并测量发光波长处的表面反射系数。更精确的方法可以考虑方向反射,但需要更多的校准和计算工作。在自发光修正前,必须把无风和有风图像映射到几何模型上。

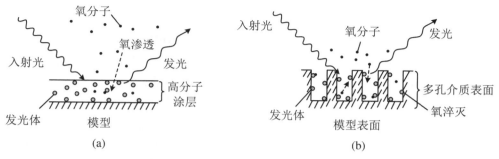

图 4.55　传统 PSP 与多孔 PSP 的比较

4.3.7　应用

图 4.56 表示了一个基于强度法的典型应用,图中是一个高速民用运输机(HSCT)模型在 NASA Ames 7×10 ft 风洞实验期间进行的 PSP 测量。其中图 4.56(a)和图 4.56(b)是拍摄的无风和有风时的 PSP 原始图像。模型垂直安装在实验段内,250 W 的紫外线灯从两侧照射,并用 Roper ScientificTEA/CCD-1024 TKB 相机从两侧观察。有风图像是在动压 $q = 5.5$ kPa(对应流动速度为 96 m/s 或 $M = 0.28$)时拍摄的。这个风洞是不加压的,所以总压固定在 1 atm。为了提高信噪比,这些图像是由 16 次 4.5 s 的单独曝光叠加而成的。图中可以在机翼上看见用于定位的圆形黑色标志。然而,这两张图片几乎没有明显的区别。模型中由照明强度变化引起的亮度变化远远大于由有风和无风状态的压力差引起的亮度变化。

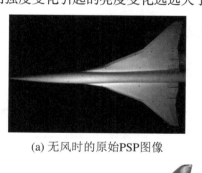

(a) 无风时的原始PSP图像

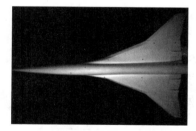

(b) 吹风时原始PSP图像

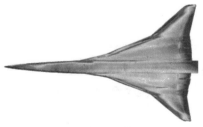

(c) 强度比伪彩色图

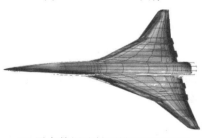

(d) 压力数据映射到模型表面网格

图 4.56　高速民用运输机模型的 PSP 图像($T = 33\ ℃, \alpha = 12°$)

以上两张照片经过一系列修正后,得到如图 4.56(c)所示的有风和无风的强度比(I/I_0)图,图中像素强度与压力成线性正比。根据安装在模型上的 20 个压力探头,对强度比图进行了现场校准。图像显示造成的压力分布是由前缘涡吸力引起的,在相对较低的攻角($\alpha = 12°$)下前缘涡还未破裂。

图 4.56(d)表示压力数据通过变换投射到模型表面的伪彩色图。模型表面有近 30000 个网格。模型表面绘制的粗网格显示被映射图像覆盖的部分。注意,下翼根和后机身没有着色,因为没有数据映射到模型的这些部分。PSP 数据处理的最后一步是画出其他三个摄像机,获得完整覆盖整个模型的数据(实验中总共使用了四个摄像机)。

图 4.57 是大飞机机翼模型的双组分 PSP 部分实验结果,实验在 2.4 m 跨声速风洞中进行,实验马赫数范围为 0.3~1.2,雷诺数范围为(1.76~17.00)$\times 10^6$。实验用的双组分涂料,吸收谱为波长 405 nm 的蓝光,发出 2 个波长的光,压力敏感的光为 650 nm 红光,压力不敏感的参考光为 550 nm 绿光。双组分压敏漆具有较高的压力灵敏度(0.7%/kPa)和较低的温度灵敏度(0.05%/℃)。压力测量范围为 5~200 kPa,工作温度范围为 0~50 ℃。

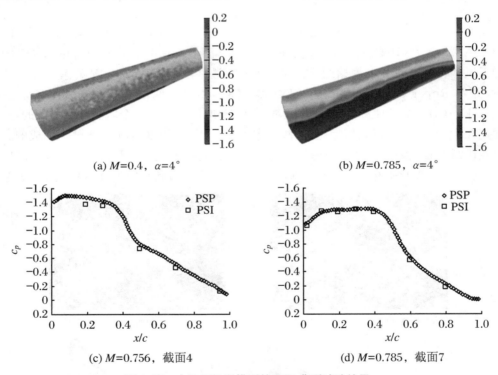

(a) $M=0.4$,$\alpha=4°$ (b) $M=0.785$,$\alpha=4°$

(c) $M=0.756$,截面4   (d) $M=0.785$,截面7

图 4.57　大飞机机翼模型的 PSP 典型试验结果

图 4.57(a)和(b)分别是左机翼上表面在 $M=0.4$ 和 0.785 时的压力系数云图,图(a)中压力变化平缓,图(b)中出现激波区。图(c)和(d)分别是两个截面的 PSP 结果与传统电子扫描阀(PSI)测压结果的对比。

图 4.58 是一组机翼模型在不同攻角时的 PSP 测量结果。实验条件为 $M=0.65$,$Re=4\times 10^6$,图中曲线表示沿弦向上表面压力分布。

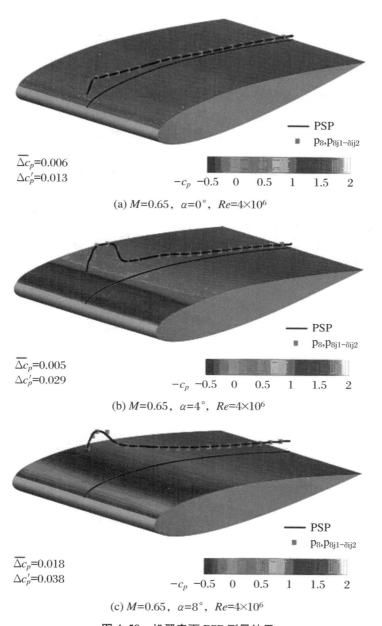

$\overline{\Delta c_p}=0.006$
$\Delta c_p'=0.013$

$-c_p$　-0.5　0　0.5　1　1.5　2

(a) $M=0.65$，$\alpha=0°$，$Re=4\times10^6$

$\overline{\Delta c_p}=0.005$
$\Delta c_p'=0.029$

$-c_p$　-0.5　0　0.5　1　1.5　2

(b) $M=0.65$，$\alpha=4°$，$Re=4\times10^6$

$\overline{\Delta c_p}=0.018$
$\Delta c_p'=0.038$

$-c_p$　-0.5　0　0.5　1　1.5　2

(c) $M=0.65$，$\alpha=8°$，$Re=4\times10^6$

图 4.58　机翼表面 PSP 测量结果

参 考 文 献

［1］ 王维赟. 动态压力测量原理及方法［M］. 北京：中国计量出版社，1986.

［2］ 朱明武，梁仁杰，柳光辽，等. 动压测量［M］. 北京：国防工业出版社，1983.

［3］ Tropea C，Yarin A L，Foss F S. Handbook of experimental fluid mechanics［M］. Berlin：Springer，2007.

［4］ Bell J H，Schairer E T，Hand L A，et al. Surface pressure measurements using luminescent coating［J］. Annu. Rev. Fluid Mech.，2001，33：155-206.

［5］ Woodmansee M A，Dutton J C. Treating temperature-sensitivity effects of pressure sensitive paint measurements［J］. Exp. Fluids，1998，24(2)：163-174.

［6］ 熊健，李国帅，周强，等. 2.4 m 跨声速风洞压敏漆测量系统研制与应用研究［J］. 实验流体力学，2016，30(3)：76-84.

第 5 章 流动速度测量方法及仪器

5.1 基于压力测量的速度测量方法

5.1.1 皮托管

皮托管（又名风速管）是一种基于压力测量速度的仪器，实际上它是把静压管和总压管集成在一起的探头。皮托管在工业和科学研究中广泛使用，是一种用来测量平均速度的仪器。图 5.1 和图 5.2 是两种形式的皮托管，这两种皮托管都是 L 形的，头部小孔用于测量总压；在头部与支杆之间某个位置周向均匀开 6 个小孔，用于测量静压。这两种皮托管的差别在头部，AMCA 型皮托管（ISO3966 推荐）是半球形，NPL 型皮托管（ISO3966 推荐）头部是椭球形。

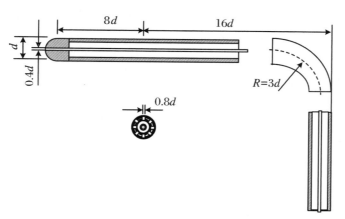

图 5.1 AMCA 型皮托管

1. 皮托管标定

在低速不可压缩流动中，用于皮托管测量风速的公式是不可压缩伯努利方程：

$$p_0 = p + \frac{1}{2}\rho V^2 \tag{5.1}$$

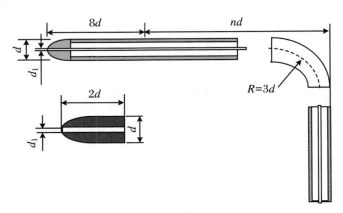

图 5.2　NPL 型皮托管

其中 p_0 是总压, p 是静压, V 是风速, ρ 是密度。密度可以通过测量室温和大气压强并用状态方程得到。实际使用的皮托管会偏离理论公式(5.1),一般通过标定系数修正。皮托管的标定系数定义为

$$V = \alpha \sqrt{\frac{2(p_0 - p)}{\rho}} = \alpha \sqrt{\frac{2\Delta p}{\rho}} \tag{5.2}$$

式中 α 是皮托管标定系数。这是国际标准中的定义,而在英国标准中定义为

$$V = \sqrt{\frac{2\Delta p}{c_0 \rho}} \tag{5.3}$$

式中 c_0 是皮托管标定系数。我国这两种标准都在使用。

　　皮托管出厂时或者使用一段时间后需要定期进行标定。标定在低速风洞中进行,用一个标准皮托管和待标定皮托管放在风洞实验段同一截面内,在不同风速下测量两个皮托管的输出压力,最后用最小二乘法求标定系数。

2. 可压缩性修正

　　当用皮托管测量可压缩气流时,必须考虑气体压缩性的影响。对于定常等熵流有

$$\frac{V^2}{2} + \frac{\gamma}{\gamma - 1} \frac{p}{\rho} = \frac{\gamma}{\gamma - 1} \frac{p_0}{\rho_0}$$

通过等熵关系得到

$$V = \left\{ \frac{\gamma}{\gamma - 1} \frac{p}{\Delta p} \left[\left(\frac{\Delta p}{p} + 1 \right)^{\frac{\gamma - 1}{\gamma}} - 1 \right] \right\}^{\frac{1}{2}} \sqrt{\frac{2\Delta p}{\rho}} = (1 - \varepsilon) \sqrt{\frac{2\Delta p}{\rho}} \tag{5.4}$$

其中

$$1 - \varepsilon = \left[1 - \frac{1}{2\gamma} \left(\frac{\Delta p}{p} \right) + \frac{\gamma + 1}{6\gamma^2} \left(\frac{\Delta p}{p} \right)^2 - \cdots \right]^{\frac{1}{2}}$$

或者

$$1 - \varepsilon = \left(1 + \frac{M^2}{4} + \frac{2 - \gamma}{24} M^4 + \cdots \right)^{\frac{1}{2}}, \quad M = \left\{ \frac{2}{\gamma - 1} \left[\left(\frac{\Delta p}{p} + 1 \right)^{\frac{\gamma - 1}{\gamma}} - 1 \right] \right\}^{\frac{1}{2}}$$

　　国际标准 ISO3966 规定:当 $M < 0.25$ 时,气体的压缩性影响可以忽略($M = 0.25, 1 - \varepsilon =$

1.008)。$M>0.25$ 后，需要考虑压缩性修正。当 $M>1$ 时，皮托管头部出现激波需考虑头激波影响，另行处理。

3.黏性影响

国际标准 ISO3966 规定，皮托管必须在 $Re>200$ 条件下使用（Re 数中特征长度取管径 d）。当皮托管在小 Re 数下测量时，皮托管标定系数将随 Re 数变化，并且没有理论解。

5.1.2 多孔探头

速度是矢量，用皮托管只能测量到速度的大小，多孔探头可以用来同时测量速度的大小和方向。用于低速气流测量的多孔探头如图 5.3 和 5.4 所示，中心部位一根细管用于测量

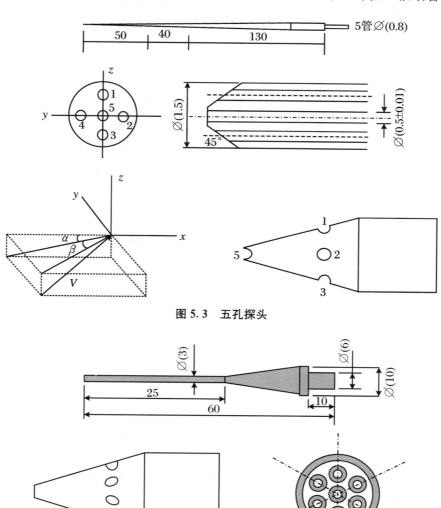

图 5.3　五孔探头

图 5.4　七孔探头

总压,下后方沿周向均匀对称地成对布置测压管,用于测量静压,头部加工成 30° 或 45° 锥角。例如,对于五孔探头来说,上下静压孔 1 和 3 用于感受气流俯仰方向的变化,左右静压孔 2 和 4 用于感受气流偏航方向的变化。

多孔探头有两种工作方式。第一种是零读数方式,将探头对准气流,调节探头的方位,使得孔 1 和 3 的压差读数为零时,得到气流的攻角;使得孔 2 和 4 的压差读数为零时,得到气流的偏航角。第二种是标定方式,事先在标准风洞中标定出攻角、偏航角与静压孔测量值的关系,测量时直接用多孔探头测量值从标定的数值表中插值获得气流的方向角。第一种方式比较费时,并要求探头本身是高精度加工的。

五孔探头可以用于测量 30° 以内俯仰和偏航方向气流角度的变化。角度过大,五孔探头用标定方法确定角度变化就失效了,而七孔探头可以适用于更大的角度。

当测量超声速气流方向时,由于探头头部会出现激波,超声速多孔探头大多加工成角度很小的尖锥形或者尖楔形(图 5.5),在上下两面对称开测压孔。这时头激波是附体的,如果气流正对探头,激波面是对称的,两个测压孔测量的静压也相等。如果来流与探头轴线有一定攻角,那么激波是不对称的,上下两个测压孔测量的压力也就有偏差。

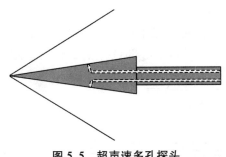

图 5.5　超声速多孔探头

5.2　基于传热的速度测量方法

热线风速仪(hot wire anemometry,HWA)的理论基础诞生于 1914 年,100 多年来热线风速仪在科学研究和工程应用中发挥了巨大作用。特别是对于推动湍流研究起了重要作用,几乎垄断了整个湍流脉动测量领域。

5.2.1　热线风速仪的结构

图 5.6 表示了热线风速仪的基本结构。一根细金属丝(即热线)焊接在两根叉杆上,叉杆通过连接线接到插接杆上,连接线外面是保护套,保护套内有绝缘填料。一个标准的热线

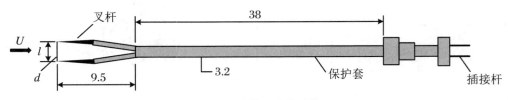

图 5.6　热线风速仪结构

探头应该满足:① 金属丝与叉杆焊接牢固,焊点不能太大;② 金属丝平整,不紧不松,太紧有预应力,太松测量时会摆动;③ 叉杆电阻要小,刚度要大;④ 插接头与支杆接触电阻小;⑤ 金属丝电阻系数尽量高,强度尽量大。

通常选用钨丝或镀铂钨丝作为热线金属丝。一般丝直径 d 为 4～5 μm,丝长 l 为 1.25 mm。钨丝强度好,熔点高达 3400 ℃,但容易氧化,只能用于 250 ℃ 以下环境。铂丝易脆,抗拉强度仅为钨丝的 5.7%,但不易氧化。因而,镀铂钨丝兼具抗拉强度高、抗氧化双重优点。此外,铂-铑、铂-铱丝有时也被使用。

为了适应不同测量要求,热线探头有不同形式。有单丝形用于测量一个速度分量的探头,有专门用于边界层测量的探头,有 X 形用于测量两个速度分量的探头,也有三丝形用于三个速度分量的探头(图 5.7)。

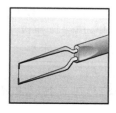

图 5.7   热线探头形式

当需要测量液体流速时,热线探头抗冲击能力太差,一般使用热膜探头。热膜敏感元件是由沉积在热绝缘衬底(通常是石英)上的 0.01 μm 铂金膜或镍膜构成的。一般衬底形状是圆锥形、楔形、圆柱形,如图 5.8 所示。

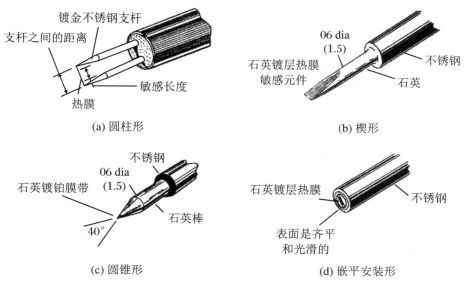

图 5.8   热膜探头形式

5.2.2　热线风速仪的工作原理

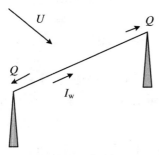

图 5.9　热线风速仪原理

将一根通过电加热的金属丝放入气流中,这时气流会带走一部分热量,电流又会补充一部分热量,如果二者达到平衡,就可以用给金属丝加热的电学参数表达气流速度的大小(图 5.9)。因此,热线风速仪的物理基础是传热学。

传热方式分为热辐射、热传导、自由对流传热和强迫对流传。对于热线风速仪来说,当金属丝工作在 600 ℃ 以下时,可忽略热辐射的影响;热传导主要通过热线两端支杆传热,假设金属丝无限长,或者当金属丝长径比为 100 : 1 以上时,支杆热传导也可忽略。另外当气流速度 $U > 0.5$ m/s 时,强迫对流远大于自由对流。因此,热线风速仪工作时强迫对流传热占主导地位。强迫对流传热的表达式是

$$Q_f = h(\pi l d)(T_w - T) \tag{5.5}$$

其中 Q_f 是强迫对流传热的热损耗,h 是强迫对流传热系数,l 和 d 是金属丝的长度和直径,T 是温度,下标 w 表示金属丝。

与热损耗有关的物理量:流体的速度;热线与介质之间的温度差;流体的物性,如密度、黏度、导热性;热线的物性,如电阻率、电阻温度系数、热传导率;热线的长度、直径;流体的可压缩性;流动的方向角等。从量纲分析出发,考虑主要因素可以写出以下用无量纲参数表示的关系式:

$$Nu = f(Re, M, Pr, Gr, \gamma, a_t) \tag{5.6}$$

其中 Nu 是 Nusselt 数,表征强迫对流传热和流体热传导的比值,$Nu = hd/\lambda_f$,h 是强迫对流传热系数,d 是丝直径,λ_f 是流体热传导系数;Re 是 Reynolds 数,表征流体惯性与黏性的比值,$Re = \rho U d/\mu$,ρ 是流体密度,U 是速度,μ 是动力黏性系数;M 是 Mach 数,表征流体可压缩性,$M = U/a$,a 是当地声速;Pr 是 Prandtl 数,表征流体特性,$Pr = C_p\mu/\lambda_f$,C_p 是流体定压比热;Gr 是 Grashof 数,表征热浮力与黏性力的比值,$Gr = g\beta(T_w - T_a)\rho^2 d^3/\mu^2$,$g$ 是重力加速度,β 是热膨胀系数;$\gamma = C_p/C_v$ 是气体比热比;a_t 是过热比,表征丝加热的程度,$a_t = (T_w - T_a)/T_w$,T_w 是加热时金属丝的温度,T_a 是丝在相同位置未加热时的温度,在液体和低亚声速流中 T_a 是环境流体的温度,在可压缩流中 T_a 是丝的恢复温度 T_r。

量纲分析仅能得到与热线相关的相似参数,不可能得到相似参数之间的函数关系。科学家经过长期研究得到以下一些能够具体指导热线风速仪工作的关系式:

$$\text{King:} Nu = A + BRe^{0.5} \tag{5.7}$$

适用于液体的公式,Kramers:$Nu = 0.42 Pr^{0.26} + 0.57 Pr^{0.33} Re^{0.50}$;

　　　　适用条件:$Pr = 0.71 \sim 525$,$Nu = 2 \sim 20$。

适用于气体的公式,Collis-Willianms:$Nu = (A + BRe^n)(1 + a_t/2)^{0.17}$;

　　　　适用条件:$Re = 0.02 \sim 44$ 时,$n = 0.45$,$A = 0.24$,$B = 0.56$;

　　　　$Re = 44 \sim 140$ 时,$n = 0.51$,$A = 0$,$B = 0.48$。

适用于自由对流的公式,Hatton:$Nu = 0.525 + 0.422 GrPr^{0.315}(1 + a_t/2)^{-0.154}$。

适用于可压缩流的公式，Lowell：$\dfrac{Nu}{Pr^{0.5}} = A + B Re^{0.5} f(M)$。

适用于超声速流的公式，Kovasznay：$Nu = (A Re^{0.5} - B)(1 - C)$；

适用条件：$1.2 < M < 5, A = 0.58, B = 0.795, C = 0.18$。

这些公式中 King 公式是最简单，也是最常用的。它的适用条件是无限长圆柱体，在无限大不可压缩流体中的强迫对流。

5.2.3　热线风速仪的静态特性

热线风速仪的静态特性是指热线和周围流体处于热平衡状态，流体从热线带走的热量等于电流给热线提供的热量。也就是说，在排除热传导等因素的情况下，加热电流在金属丝中产生的热量应该等于流动强迫对流耗散的热量。根据(5.5)式和 King 公式(5.7)得到

$$Nu = \frac{Q_f}{\lambda_f \pi l (T_w - T_a)} = A_1 + B_1 Re^{0.5}$$

强迫对流的热损耗率为

$$Q_f = \lambda_f \pi l (T_w - T_a) \left[A_1 + B_1 \sqrt{\frac{\rho d}{\mu}} \sqrt{U} \right]$$

电流加热率为

$$Q_w = I_w^2 R_w$$

热平衡时 $Q_f = Q_w$，将系数合并后简化为

$$I_w^2 R_w = (T_w - T_a)(A_2 + B_2 \sqrt{U}) \tag{5.8}$$

金属丝的电阻随温度变化，一般假设电阻与温度间存在线性关系：

$$R_w \approx R_0 [1 + \alpha_0 (T_w - T_0)] \tag{5.9}$$

其中 T_0 是参考温度，R_0 是丝在参考温度时对应的电阻，α_0 是丝电阻的温度系数。对于金属材料，温度系数 α_0 是正的，例如，铂的温度系数 $\alpha_0 = 3.9 \times 10^{-3}/\mathrm{K}$，钨的温度系数 $\alpha_0 = 4.5 \times 10^{-3}/\mathrm{K}$。对于热敏电阻，温度系数 α_0 是负的。对于多晶硅，α_0 可正可负，依赖于掺的杂质即其浓度。

从(5.9)式有

$$T_w - T_a = \frac{R_w - R_a}{\alpha_0 R_0}$$

式中 R_a 是丝对应温度 T_a 时的电阻。于是重新整理后的热平衡方程(5.8)写为

$$\frac{I_w^2 R_w}{R_w - R_a} = A + B \sqrt{U} \tag{5.10}$$

5.2.4　热线风速仪的工作方式

在热平衡方程(5.10)中，流体速度与丝的电流和电阻两个物理量有关。因此，在热线工作时对应存在三种工作方式。当保持流过金属丝的电流 I_w 不变时，称为恒流式热线风速仪（CCA）；当保持金属丝的电阻 R_w 不变，也就是保持丝的温度 T_w 不变时，称为恒温式热线风

速仪（CTA）；当保持金属丝两端的电压 $I_w R_w$ 不变时，称为恒压式热线风速仪（CVA）。

1. 恒流式

恒流式（CCA）热线风速仪的原理电路如图 5.10 所示。热线 R_w 和电阻 R_2 在电路中串联，使得 $R_2 \gg R_w$，保证了流过热线的电流 I_w 不变。R_1 用于调整电流 I_w 的大小。(5.10) 式中 I_w 不变时，R_w 与速度 U 之间的关系是

$$R_w \big|_{I_w = \text{cont.}} = \frac{-R_a(A + B\sqrt{U})}{I_w^2 - (A + B\sqrt{U})} \tag{5.11}$$

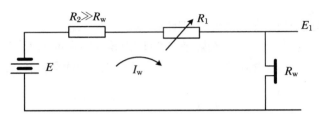

图 5.10　恒流式风速仪原理电路

2. 恒温式

图 5.11 是恒温式（CTA）热线风速仪的原理电路。热线探头 R_w 接在电桥的一个臂上，电桥的输出接到一个放大器上，放大器的输出通过反馈回路接到电桥的 B 点。假设初始状态电桥是平衡的，如果流体速度 U 稍有增加，热线上的温度 T_w 会减小，并引起热线电阻 R_w 减小。这时电桥会不平衡，电位 E_1 减小，电桥输出 $E_2 - E_1$ 增大，放大器的输出 E_0 增加。同时反馈电路的电流 I_B 增加，B 点电位 E_B 增加，电桥电流 I_1 增加，热线温度 T_w 增加，电阻 R_w 增加。这就完成了一个反馈回路，同样，如果流体速度 U 稍有减小，上述过程同样适用。这就实现了热线的温度和电阻始终保持不变，输出端电压 E_0 的波动反映了气流速度的波动。

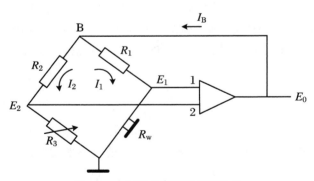

图 5.11　恒温式风速仪原理电路

对于恒温式热线，(5.10) 式中 R_w 不变时，I_w 与速度 U 之间的关系是

$$I_w \big|_{R_w = \text{cont.}} = \sqrt{\frac{(R_w - R_a)(A + B\sqrt{U})}{R_w}} \tag{5.12}$$

3. 恒压式

图 5.12 是恒压式（CVA）热线风速仪的基本原理电路。该电路由运算放大器 G 电路和

T 形电阻网络构成。热线位于 T 形网络的中心接地单元,电路的输入电压 E_i 由稳定的直流电源提供,电路的输出电压用 E_o 表示。根据运算放大器特点输入端有 $E_+ = E_- = 0$。在运算放大器倒相输入端运用 Kirchoff 定律有

$$E_w = -\frac{R_1}{R_i}E_i \tag{5.13}$$

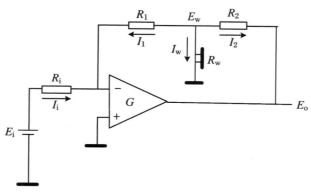

图 5.12　恒压式风速仪基本原理电路

此式表明加在热线两端的电压仅依赖于输入电压和电阻参数,因此热线是运行在恒压状态下。进而,热线电压与丝电阻无关,也就是说,由气流或温度波动引起的电阻变化会产生热线电流的波动。在 T 形网络结点运用 Kirchoff 定律有

$$\frac{E_w}{R_1} + \frac{E_w}{R_w} + \frac{E_w - E_o}{R_2} = 0 \tag{5.14}$$

从(5.14)式写出丝电阻为

$$R_w = \frac{R_2}{\dfrac{E_0}{E_w} - \left(\dfrac{R_1 + R_2}{R_1}\right)}$$

或者通过丝电流写出输出电压为

$$E_o = R_2 I_w + \frac{R_1 + R_2}{R_1}E_w \tag{5.15}$$

(5.15)式表明,因为丝的电压是常数,所以输出电压的波动正比于丝电流的波动,反馈回路电阻 R_2 起到放大器作用。当 R_2 较大时,恒压式风速仪有较高的静态灵敏度,这是恒压式风速仪的特点。

下面再考虑一下电路在环境变化时是如何做到恒压运行的。假设通过热线的气流速度增大,丝的电阻减少,引起对应丝的电压(E_w)减少。因为电路的输入电压(E_i)是常数,丝电压减少引起电流(I_1)减少,进而引起运放反相输入端电压(E_-)增大以及放大器输出电压(E_o)增大。输出电压增大引起反馈电流(I_2)增大,同时使得电流(I_w)增大。因为一般 R_1 比 R_w 大得多,大部分反馈电流都通过热线探头。最后,丝电流的增加导致丝电压保持在原有的值。

5.2.5 热线风速仪的动态特性

上一节介绍了热线风速仪的静态特性,但是热线最重要的特性是测量脉动速度的能力。热线探头金属丝能否及时反映气流速度的变化,是由热线的动态特性决定的。经验表明,在正常工作条件下,热线的瞬时热损耗与同样速度时的静态热损耗十分接近,称为热线的"准静态"近似。

1. 动态方程

根据热平衡原理,单位时间内热线存储的热能应该等于单位时间内热线中电加热产生的热量,减去单位时间内流体从热线中带走的热量,记为

$$\frac{\mathrm{d}E}{\mathrm{d}t} = I_{\mathrm{w}}^2 R_{\mathrm{w}} - (T_{\mathrm{w}} - T_{\mathrm{a}})(A + B\sqrt{U}) \tag{5.16}$$

其中 E 是热线存储的热能,写为 $E = cm(T_{\mathrm{w}} - T_{\mathrm{a}})$, c 是丝的比热, m 是丝的质量。E 的时间变化率是

$$\frac{\mathrm{d}E}{\mathrm{d}t} = cm\frac{\mathrm{d}T_{\mathrm{w}}}{\mathrm{d}t} = \frac{cm}{\alpha_0 R_0}\frac{\mathrm{d}R_{\mathrm{w}}}{\mathrm{d}t}$$

代入(5.16)式并令

$$I_{\mathrm{w}} = \bar{I}_{\mathrm{w}} + i_{\mathrm{w}}(t), \quad R_{\mathrm{w}} = \bar{R}_{\mathrm{w}} + r_{\mathrm{w}}(t), \quad H = A + B\sqrt{U}, \quad \bar{H} = \bar{H} + h(t)$$

其中上横杠表示平均值,小写表示变化量。代入原始方程,再利用静态热平衡方程即可得到动态方程的一般形式:

$$\frac{cm\tilde{R}}{\bar{H}}\frac{\mathrm{d}}{\mathrm{d}t}\left(\frac{r_{\mathrm{w}}}{\bar{R}_{\mathrm{w}}}\right) + \left(\frac{r_{\mathrm{w}}}{\bar{R}_{\mathrm{w}}}\right) = 2(\tilde{R} - 1)\left(\frac{i_{\mathrm{w}}}{\bar{I}_{\mathrm{w}}}\right) - (\tilde{R} - 1)\left(\frac{h}{\bar{H}}\right) \tag{5.17}$$

式中 $\tilde{R} = R_{\mathrm{w}}/R_{\mathrm{a}}$ 是过热比。

2. 恒流式热线的动态方程和频率特性

对于恒流式热线, $\bar{I}_{\mathrm{w}}$ 等于常数, $i_{\mathrm{w}} = 0$,上述动态方程简化为

$$M_{\mathrm{cc}}\frac{\mathrm{d}}{\mathrm{d}t}\left(\frac{r_{\mathrm{w}}}{\bar{R}_{\mathrm{w}}}\right) + \left(\frac{r_{\mathrm{w}}}{\bar{R}_{\mathrm{w}}}\right) = -(\tilde{R} - 1)\left(\frac{h}{\bar{H}}\right) = f(t) \tag{5.18}$$

其中 $M_{\mathrm{cc}} = \dfrac{cm\tilde{R}}{\bar{H}}$ 是恒流时间常数。方程(5.18)简写为

$$M_{\mathrm{cc}}\frac{\mathrm{d}}{\mathrm{d}t}(\Delta r_{\mathrm{w}}) + (\Delta r_{\mathrm{w}}) = f(t)$$

方程两边做 Laplace 变换,得

$$(M_{\mathrm{cc}}s + 1)R(s) = F(s)$$

其中 R 和 F 是 Δr_{w} 和 f 的 Laplace 变换。恒流式热线的频率特性为

$$H(\mathrm{j}\omega) = \frac{R(\mathrm{j}\omega)}{F(\mathrm{j}\omega)} = \frac{1}{1 + \mathrm{j}M_{\mathrm{cc}}\omega} \tag{5.19}$$

恒流式热线的幅频特性和相频特性分别为

$$|H(\mathrm{j}\omega)| = \frac{1}{\sqrt{1 + M_{\mathrm{cc}}^2\omega^2}} \tag{5.20}$$

$$\varphi(\mathrm{j}\omega) = \arctan(M_{\mathrm{cc}}\omega) \tag{5.21}$$

上式表明，热线存在热惯性，脉动电阻与脉动速度相比，在振幅上有衰减，相位上有滞后。衰减和滞后都与时间常数 M_{cc} 及频率 ω 有关。

假设输入函数是一个阶跃函数

$$f(t) = \begin{cases} f_0, & t \geqslant 0 \\ 0, & t < 0 \end{cases}$$

它的 Laplace 变换是 $F(s) = \dfrac{f_0}{s}$，代入频域方程得

$$R(s) = \frac{f_0}{s}\frac{1}{M_{\mathrm{cc}}s + 1} = f_0\left(\frac{1}{s} - \frac{M_{\mathrm{cc}}}{M_{\mathrm{cc}}s + 1}\right)$$

再做 Laplace 逆变换，得到

$$\Delta r_{\mathrm{w}}(t) = f_0\left(1 - \mathrm{e}^{-\frac{t}{M_{\mathrm{cc}}}}\right)$$

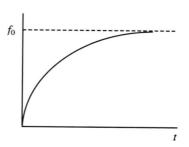

图 5.13　恒流式风速仪阶跃响应

图 5.13 表示恒流式热线对阶跃的响应是一个渐近上升的过程。响应的快慢取决于时间常数 M_{cc}，M_{cc} 越小响应越快。恒流时间常数 M_{cc} 与丝的材料、尺寸、过热比等参数有关。

恒流式热线的热惯性可以通过电路进行补偿。由恒流热线的频率特性 (5.19) 式可知，只要补偿电路的频率特性为 $1 + \mathrm{j}\omega M_{\mathrm{cc}}$ 就可以补偿热线热惯性的影响。用图 5.14 所示的微分电路就可以达到这个目的。

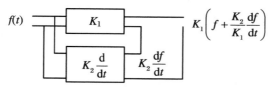

图 5.14　恒流式风速仪补偿电路

如果电路的输入是 $f(t) = f_0 \mathrm{e}^{\mathrm{j}\omega}$，整个电路的输出是

$$K_1 f(t) + K_2 \frac{\mathrm{d}f}{\mathrm{d}t} = K_1\left(f + \frac{K_2}{K_1}\frac{\mathrm{d}f}{\mathrm{d}t}\right)$$

如果令 $K_2/K_1 = M_{\mathrm{cc}}$，则上式为

$$K_1\left(f + M_{\mathrm{cc}}\frac{\mathrm{d}f}{\mathrm{d}t}\right) = K_1 \mathrm{e}^{\mathrm{j}\omega}(1 + \mathrm{j}\omega M_{\mathrm{cc}})$$

这样就实现了振幅和位相的补偿。电路补偿参数的调节采用方波实验法。

3. 恒温式热线的动态方程

对于恒温式热线，问题有点复杂，因为恒温式热线不仅有热线本身，还包括电桥和放大器及反馈回路。恒温式热线的动态响应包括热线、电桥和闭环放大器的动态特性。写出它们的方程如下：

热线动态方程：

$$M_{\mathrm{cc}}\frac{\mathrm{d}}{\mathrm{d}t}\left(\frac{r_{\mathrm{w}}}{R_{\mathrm{w}}}\right) + \left(\frac{r_{\mathrm{w}}}{R_{\mathrm{w}}}\right) = 2(\widetilde{R} - 1)\left(\frac{i_{\mathrm{w}}}{\overline{I}_{\mathrm{w}}}\right) - (\widetilde{R} - 1)\left(\frac{h}{\overline{H}}\right)$$

电桥的方程：

$$E_{12} = I_w(R_w - R_B)$$

式中 E_{12} 是电桥输出电压，R_B 是电桥平衡时丝的电阻。

闭环放大器的方程：

$$I_w + \tau \frac{dI_w}{dt} + \sigma^2 \frac{d^2 I_w}{dt^2} = I_B - sE_{12}$$

式中 I_B 是电桥平衡时流过热丝的偏置电流，s 是反馈系统的跨导，τ 和 σ 是与电容、电感有关的量，$\dfrac{dI_w}{dt}$ 和 $\dfrac{d^2 I_w}{dt^2}$ 是描写高频时放大器输出的滑移特性的量。合并电桥方程和放大器方程，并考虑到 $I_w = \bar{I}_w + i_w$，$R_w = \bar{R}_w + r_w$ 以及测量定常流场时，$\bar{I}_w = I_B - s\bar{I}_w(\bar{R}_w - \bar{R}_B)$，有

$$\frac{r_w}{R_w} = -\left(1 - \frac{R_B}{R_w}\right)\frac{i_w}{\bar{I}_w} - \frac{1}{s\bar{R}_w}\left[\left(\frac{i_w}{\bar{I}_w}\right) + \tau \frac{d}{dt}\left(\frac{i_w}{\bar{I}_w}\right) + \sigma^2 \frac{d^2}{dt^2}\left(\frac{i_w}{\bar{I}_w}\right)\right]$$

代入热线动态方程后有

$$\frac{M_{cc}\sigma^2}{G}\frac{d^3}{dt^3}\left(\frac{i_w}{\bar{I}_w}\right) + \frac{M_{cc}\tau + \sigma^2}{G}\frac{d^2}{dt^2}\left(\frac{i_w}{\bar{I}_w}\right) + \frac{M_{cc}\eta + \tau}{G}\frac{d}{dt}\left(\frac{i_w}{\bar{I}_w}\right) + \left[2(\tilde{R} - 1) + \frac{\eta}{G}\right]\left(\frac{i_w}{\bar{I}_w}\right)$$
$$= (\tilde{R} - 1)\frac{h}{H}$$

式中 $G = s\bar{R}_w$ 是回路增益，$\eta = I_B/\bar{I}_w$ 是偏置比。实际情况中，总是满足 $G \gg 100$；η 介于 0.25 和 1.0 之间；$\tilde{R}$ 的值在 1.8 附近；放大器带宽远高于滑移频率，因而 $M_{cc} \gg \tau$；放大器高频截止点附近不应该出现谐振现象，所以 $\sigma < \tau/2$。

上述条件下有，$M_{cc}\tau \gg \sigma^2$，$\eta M_{cc} \gg \tau$，$\eta/G \ll 2(\tilde{R} - 1)$。于是得到恒温式热线的动态方程：

$$\frac{M_{cc}}{2G(\tilde{R} - 1)}\left[\sigma^2 \frac{d^3}{dt^3}\left(\frac{i_w}{\bar{I}_w}\right) + \tau \frac{d^2}{dt^2}\left(\frac{i_w}{\bar{I}_w}\right) + \eta \frac{d}{dt}\left(\frac{i_w}{\bar{I}_w}\right)\right] + \left(\frac{i_w}{\bar{I}_w}\right) = \frac{1}{2}\frac{h}{H} \tag{5.22}$$

式中 $\dfrac{M_{cc}}{2G(\tilde{R} - 1)} = M_{ct}$ 称为恒温时间常数。

显然，恒温时间常数 M_{ct} 比恒流时间常数 M_{cc} 要小 $2G(\tilde{R} - 1)$ 倍。如果 $G = 1000$，$\tilde{R} = 2$，则 $M_{ct} = M_{cc}/2000$。可见恒温风速仪时间常数要比恒流风速仪时间常数小很多，响应的滞后现象也小很多，这正是恒温式风速仪获得迅速发展的一个重要原因。

恒温式风速仪的频率特性可以很容易获得。对 (5.22) 式改写为

$$M_{ct}\left[\sigma^2 \frac{d^3}{dt^3} + \tau \frac{d^2}{dt^2} + \eta \frac{d}{dt}\right]\Delta i_w + \Delta i_w = \frac{1}{2}\frac{h}{H} = f(t) \tag{5.23}$$

两边做 Laplace 变换后，得到

$$[M_{ct}(\sigma^2 S^3 + \tau S^2 + \eta S) + 1]I(S) = F(S)$$

恒温式热线的频率特性是

$$H(j\omega) = \frac{1}{(1 - \tau M_{ct}\omega^2) + j(\eta - \sigma^2\omega^2)M_{ct}\omega} \tag{5.24}$$

幅频特性是

$$|H(\omega)| = \frac{1}{\sqrt{(1 - \tau M_{ct}\omega^2)^2 + (\eta - \sigma^2\omega^2)^2 M_{ct}^2\omega^2}} \tag{5.25}$$

相频特性是

$$\varphi(\omega) = \arctan\frac{M_{ct}\omega(\sigma^2\omega^2 - \eta)}{1 - \tau M_{ct}\omega^2} \tag{5.26}$$

4. 恒压式热线的动态方程

对于恒压式热线有 $E_w = I_w R_w =$ 常数，进而得到 $i_w/\bar{I}_w = -r_w/R_w$。代入一般形式动态方程(5.17)式有

$$\frac{cm\widetilde{R}}{\overline{H}}\frac{\mathrm{d}}{\mathrm{d}t}\left(\frac{r_w}{R_w}\right) + (1 + 2(\widetilde{R} - 1))\left(\frac{r_w}{R_w}\right) = -(\widetilde{R} - 1)\left(\frac{h}{\overline{H}}\right)$$

或者

$$M_{cv}\frac{\mathrm{d}}{\mathrm{d}t}\left(\frac{r_w}{R_w}\right) + \left(\frac{r_w}{R_w}\right) = f(t) \tag{5.27}$$

式中 $M_{cv} = \dfrac{M_{cc}}{1 + 2(\widetilde{R} - 1)}$ 是恒压时间常数，M_{cc} 是恒流时间常数。可见恒压式热线的响应应该比恒流式热线快。但是这样的推导是不严格的。

严格推导恒压式热线动态特性有点麻烦。图 5.15 是标准的恒压式热线的电路图，与图 5.12 基本线路的区别是原 T 形电阻网络中的电阻 R_2 由一个 RC 回路代替，电容 C 接在电位计 R 的中心接头处（x 从 0 变到 1）。热线探头的电缆和导线电阻集中用 R_L 表示。

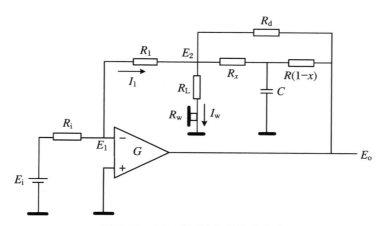

图 5.15　恒压式风速仪的标准电路

对于开环运放 G，支配输出电压的方程为

$$\frac{1}{\omega_h}\frac{\mathrm{d}E_o}{\mathrm{d}t} + E_o = -G_0 E_1 \tag{5.28}$$

其中 G_0 表示放大器的零频增益，ω_h 是开环频宽，E_1 是运放反向输入端电压。

运用 Kirchoff 定律到电路中得到以下一组方程：

$$\frac{E_i - E_1}{R_i} = I_1 \tag{5.29}$$

$$E_2 = \left(\frac{R_\mathrm{i} + R_1}{R_\mathrm{i}} \right) E_1 - \left(\frac{R_1}{R_\mathrm{i}} \right) E_\mathrm{i} \tag{5.30}$$

$$E_\mathrm{w} = \left(\frac{R_\mathrm{i} + R_1}{R_\mathrm{i}} \right) E_1 - \left(\frac{R_1}{R_\mathrm{i}} \right) E_\mathrm{i} - R_\mathrm{L} I_\mathrm{w} \tag{5.31}$$

$$\left(\frac{CR^2 x(1-x)}{R + R_\mathrm{d}} \frac{\mathrm{d}}{\mathrm{d}t} + 1 \right) E_\mathrm{o} = \left(\frac{CR(1-x)}{R + R_\mathrm{d}} (R_x + R_\mathrm{d}) \frac{\mathrm{d}}{\mathrm{d}t} + 1 \right) E_2$$
$$- \frac{R_\mathrm{d} R}{R + R_\mathrm{d}} \left(CR_x (1-x) \frac{\mathrm{d}}{\mathrm{d}t} + 1 \right) (I_1 - I_\mathrm{w}) \tag{5.32}$$

最后加上热线的支配方程:

$$E_\mathrm{w}^2 = R_\mathrm{w} (R_\mathrm{w} - R_\mathrm{a}) (X + YU^n) + cR_\mathrm{w} \frac{\mathrm{d}R_\mathrm{w}}{\mathrm{d}t} \tag{5.33}$$

其中 X, Y, c 是常数。

方程(5.28)~(5.33)线化后得

$$\frac{1}{\omega_\mathrm{h}} \frac{\mathrm{d}e_0(t)}{\mathrm{d}t} + e_0 = - G_0 e_1(t) \tag{5.34}$$

$$i_1(t) = - \frac{e_1(t)}{R_\mathrm{i}} \tag{5.35}$$

$$e_2(t) = \frac{R_\mathrm{i} + R_1}{R_\mathrm{i}} e_1(t) \tag{5.36}$$

$$e_\mathrm{w}(t) = \frac{R_\mathrm{i} + R_1}{R_\mathrm{i}} e_1(t) - R_\mathrm{L} i_\mathrm{w}(t) \tag{5.37}$$

$$\left(\frac{CR^2 x(1-x)}{R + R_\mathrm{d}} \frac{\mathrm{d}}{\mathrm{d}t} + 1 \right) e_0(t)$$
$$= \left(\frac{CR(1-x)}{R + R_\mathrm{d}} (R_x + R_\mathrm{d}) \frac{\mathrm{d}}{\mathrm{d}t} + 1 \right) e_2(t) - \frac{R_\mathrm{d} R}{R + R_\mathrm{d}} \left(CR_x (1-x) \frac{\mathrm{d}}{\mathrm{d}t} + 1 \right) (i_1(t) - i_\mathrm{w}(t))$$
$$\tag{5.38}$$

其中小写字母表示扰动量。合并(5.35)~(5.38)式并取 Laplace 变换后有

$$E_1(s) = \frac{A_1 s + 1}{A_4 s + A_5} E_\mathrm{o}(s) - \frac{A_2 s + A_3}{A_4 s + A_5} I_\mathrm{w}(s) \tag{5.39}$$

(5.34)式和(5.37)式取 Laplace 变换后有

$$E_\mathrm{o}(s) = - \frac{G_0}{s/\omega_\mathrm{h} + 1} E_1(s) \tag{5.40}$$

$$E_\mathrm{w}(s) = \frac{R_\mathrm{i} + R_1}{R_\mathrm{i}} E_1(s) - R_\mathrm{L} I_\mathrm{w}(s) \tag{5.41}$$

热线方程(5.33)线化后取 Laplace 变换后有

$$I_\mathrm{w}(s) = \frac{K_U}{\tau_\mathrm{w} s + 1} U(s) + \frac{K_{T_\mathrm{g}}}{\tau_\mathrm{w} s + 1} T_\mathrm{g}(s) + \left[K_1 - \frac{K_2}{\tau_\mathrm{w} s + 1} \right] E_\mathrm{w}(s) \tag{5.42}$$

其中 s 是 Laplace 变量,$A_1 \sim A_5$,$K_1, K_2, \tau_\mathrm{w}$ 是系数,K_U 和 K_{T_g} 是速度和温度扰动的灵敏度,具体表达式请查阅有关文献。推导过程中已考虑了电阻和温度的关系。

(5.39)～(5.42)式构成了四个变量(E_1,E_o,E_w,I_w)的方程组。方程组对输出变量 E_o 的解就是要求的恒压热线的传递函数。假设温度没有扰动,写出速度扰动的传递函数是

$$\frac{E_o(s)}{U(s)} = \frac{K_U R_i G_0 (A_2 s + A_3)}{D_3 s^3 + D_2 s^2 + D_1 s + D_0} \tag{5.43}$$

式中系数的表达式已忽略。同理可以写出温度扰动的传递函数与(5.43)式类似,只要把系数 K_U 换成 K_{T_g}。

在实际使用的热线中运算放大器增益很大($G_0 > 10^5$),在这个假设下速度扰动的传递函数写为较简单的形式

$$\frac{E_o(s)}{U(s)} = \frac{K_U \dfrac{RR_d}{R + R_d} \omega_n^2 (CR_x(1-x)s + 1)}{(\tau_w s + 1)(s^2 + 2\zeta\omega_n s + \omega_n^2)} \tag{5.44}$$

其中

$$\omega_n^2 = \frac{G_0 \omega_h K_U R_i}{C\Psi}$$

$$\zeta = \frac{\sqrt{G_0 \omega_h R_i C R^2 x(1-x)}}{2(R + R_d)\Psi^{1/2}}$$

$$\Psi = \frac{R_x(1-x)}{R_w}\frac{RR_d}{R + R_d}(R_i + R_1) + \frac{R(1-x)}{R + R_d}\left[R_d R_x + (R_x + R_d)(R_i + R_1)\right]$$

5.2.6　几个问题

1. 支杆的冷却效应(支杆热传导)

King 公式(5.7)适用的前提是对于无限长圆柱体传热,实际使用的热线探头金属丝都是有限长的。有限长的金属丝两端和支杆连接,支杆温度一般是时间平均的环境温度,而丝的工作温度一般会高于支杆温度。这样沿丝一定存在热传导,使得沿丝的温度分布会变得不均匀,本节将介绍有限长丝的影响(图 5.16)。

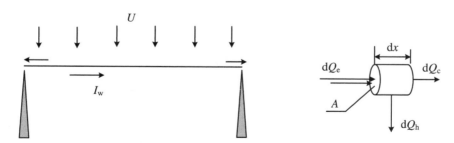

图 5.16　支杆的影响

沿丝取一小段微元,长为 dx,截面积 A(图 5.16)。写出微元的热平衡方程:

$$dQ_e = dQ_h + dQ_c + dQ_r + dQ_t \tag{5.45}$$

其中 dQ_e 是电加热率,$dQ_e = I_w^2 \gamma_w dx/A$,$\gamma_w$ 是电阻率;dQ_h 是强迫对流传热率,$dQ_e =$

$\pi hd(I_w - I_a)dx$；dQ_c 是热传导率，$dQ_c = -k_w A \dfrac{\partial^2 T_w}{\partial x^2}dx$，$k_w$ 是丝的热传导系数；dQ_r 是辐射传热率，可以忽略；dQ_t 是热存储率，$dQ_t = \rho_w C_w A \dfrac{\partial T_w}{\partial t}dx$。代入上式得到

$$k_w A \frac{\partial^2 T_w}{\partial x^2} + \frac{I_w^2}{A}\gamma_w - \pi hd(I_w - I_a) - \rho_w C_w A \frac{\partial T_w}{\partial t} = 0 \tag{5.46}$$

稳定条件下，$\partial T_w/\partial t = 0$，并且 $\gamma_w = \gamma_a + \gamma_0 \alpha_0 (T_w - T_a)$，$\gamma_a$ 是对应环境温度的电阻率，γ_0 和 α_0 是参考温度（0 ℃）时的电阻率和温度系数。

$$k_w A \frac{d^2 T_w}{dx^2} + \left(\frac{I_w^2 \gamma_0 \alpha_0}{A} - \pi dh\right)(T_w - T_a) + \frac{I_w^2 \gamma_a}{A} = 0 \tag{5.47}$$

注意到环境温度沿丝是不变的，(5.47)式写为

$$\frac{d^2 T_1}{dx^2} - K_1 T_1 + K_2 = 0 \tag{5.48}$$

其中 $T_1 = T_w - T_a$，$K_1 = \dfrac{I_w^2 \gamma_0 \alpha_0}{k_w A^2} - \dfrac{\pi dh}{k_w A}$，$K_2 = \dfrac{I_w^2 \gamma_a}{k_w A^2}$。方程(5.48)的边界条件是

$$T_1 = 0, \text{对于 } x = \pm \frac{l}{2} \tag{5.49}$$

满足方程(5.48)和边界条件(5.49)的解为

$$T_1 = T_w - T_a = \frac{K_2}{|K_1|}\left[1 - \frac{\cosh\left(|K_1|^{\frac{1}{2}}x\right)}{\cosh\left(|K_1|^{\frac{1}{2}}\dfrac{l}{2}\right)}\right] \tag{5.50}$$

定义一个"冷长度"，$l_c = \dfrac{1}{|K_1|^{\frac{1}{2}}}$，方程的解写为

$$T_w = \frac{K_2}{|K_1|}\left[1 - \frac{\cosh(x/l_c)}{\cosh(l/2l_c)}\right] + T_a \tag{5.51}$$

下面介绍两种表示解的方法：一种是用无限长线温表示，另一种是用平均线温表示。

第一种方法：对于无限长的热线不存在两端热传导，由(5.48)式以及 $d^2 T_1/dx^2 = 0$，得 $K_2 = K_1 T_1$。写出

$$T_{w,\infty} = \frac{K_2}{|K_1|} + T_a \tag{5.52}$$

式中 $T_{w,\infty}$ 是无限长的热线加热时的温度。用有限长热线与无限长热线加热时的线温比表示方程的解，有

$$\frac{T_w - T_a}{T_{w,\infty} - T_a} = 1 - \frac{\cosh(x/l_c)}{\cosh(l/2l_c)} \tag{5.53}$$

第二种方法：将解(5.51)沿线长积分得到平均线温 $T_{w,m}$，

$$T_{w,m} = \frac{K_2}{|K_1|}\left[1 - \frac{\tanh(l/2l_c)}{l/2l_c}\right] + T_a \tag{5.54}$$

于是，方程的解用平均线温表示，写为

$$\frac{T_{\mathrm{w}} - T_{\mathrm{a}}}{T_{\mathrm{w,m}} - T_{\mathrm{a}}} = \frac{1 - \dfrac{\cosh\left(x/l_{\mathrm{c}}\right)}{\cosh\left(l/2l_{\mathrm{c}}\right)}}{1 - \dfrac{\tanh\left(l/2l_{\mathrm{c}}\right)}{\left(l/2l_{\mathrm{c}}\right)}} \tag{5.55}$$

图 5.17 是用两种方法表示的沿有限长热线的温度分布。

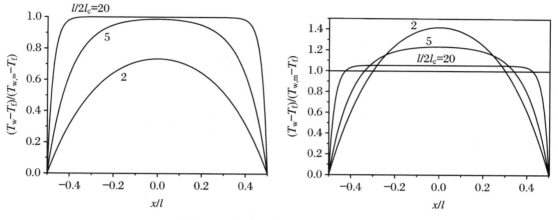

图 5.17　沿有限长热线的温度分布

2. 热线校准

热线风速仪在使用过程中需要经常现场校准(而不是仅出厂校准),并且必须定期地、反复地进行,因此校准问题对于平时使用热线十分重要。

(1) 校准装置

热线的校准装置包括直接速度传递装置和间接速度传递装置。

直接速度传递装置是流体不动,让探针按给定速度在流体中运动。直接速度传递装置包括旋臂机、牵引机、旋转槽等(图 5.18)。

旋臂机由悬臂和环形通道组成,被校准的热线或者皮托管安装在悬臂一端。当电机带动悬臂旋转时,热线在封闭的环形通道内做圆周运动。悬臂机的一个问题是带动风速问题。热线在前一圈运动中留下的尾迹不会很快消失,因而尾迹将影响热线在下一圈的运动。如何扣除这些影响是旋臂机校准的研究课题。实验证明,旋臂机对于 6 m/s 以上的风速校准系数误差较小,对于 6 m/s 以下的风速影响较大。

牵引机由牵引机构、工作台、悬臂梁、屏蔽板、校准槽组成。被校准的热线安装在悬臂梁端部,由牵引机构带动在校准槽内移动。这就克服了旋臂机尾迹影响的问题,牵引机特别适合于低速时的校准。

间接速度传递装置是探针不动,而流体按预定速度运动。间接速度传递装置包括校准风洞、射流喷嘴等(图 5.19)。

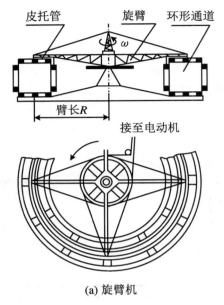

(a) 旋臂机

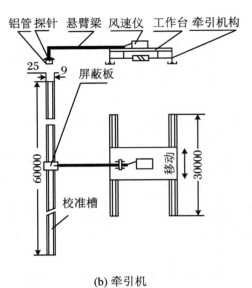

(b) 牵引机

图 5.18　直接速度传递装置

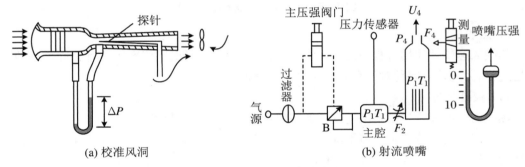

(a) 校准风洞　　　　　　　　　　　(b) 射流喷嘴

图 5.19　间接速度传递装置

校准风洞可以用 U 形管测量风洞收缩段两端压差来确定标定气流速度,也可以用激光流速计直接测量速度。校准风洞可以在较宽的速度范围校准,例如 1～150 m/s。

射流喷嘴中气源气流来自空气瓶或者其他气源,经过过滤器去水、去油、除尘,通过压力调节器 B 到达主腔。主腔内压力是恒定的,其大小可以由主压强阀门调节。主腔压力 P_1 由压力传感器测量,主腔气流经过可调喷管 F_2 调节空气流量后进入喷嘴。喷嘴内气流经过湍流、噪音过滤器和整流器产生低湍流自由射流。喷嘴压力降由 U 形压力计测量。对定常等熵理想流动,喷嘴出口速度 U_4 可以写为 $U_4 = KP_1(1-\alpha)$,只要读出 P_1 就可以知道校准速度。α 是压缩性修正因子。

(2) 校准表达式

校准热线风速仪是为了建立热线探头输出电压与气流速度大小和方向之间的关系。这里仅讨论气流垂直于热线的情况。热线风速仪一般对速度或温度变化呈现出非线性关系,一部分原因是来自热线探头本身,另一部分原因是来自电路。两部分的影响都包含在标定曲线中。

对于接近大气条件的大多数实用情况,可以忽略密度变化的影响,引用 King 公式获得校准表达式:

$$E^2 = A + BU^n$$

其中 E 是热线输出电压,A,B 是常数,与热线性质、流体性质及流动条件有关。指数 n 在一定速度范围内可认为是常数,但是在大范围内随速度而变。考虑到温度效应也可以改写为

$$E^2 = (T_w - T_a)(A + BU^n)$$

King 建议 $n = 0.5$。但 1959 年 Collis 和 Willianms 论证 Re 数在 $0.02 \sim 44$ 之间时 $n = 0.45$。后来更详细的研究表明 n 的变化如图 5.20 所示。1972 年 Fand 和 Keswani 以及 Davies 和 Patrick 建议使用扩展的 King 公式:

$$E^2 = A + B\sqrt{U} + CU$$

后来又有人提出分段结合的表达式:

$$E^2 = \sum_i^m (A_i + B_iU + C_iU^2 + D_iU^3)$$

这种分段结合的表达给出更好的近似,特别在低速范围内与实际情况相当接近。

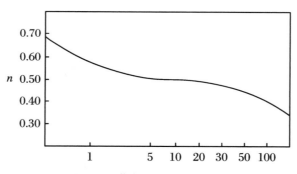

图 5.20　指数 n 随流速的变化

3. 倾角效应

实际测量时热线往往不与来流垂直,而是成一定角度,如图 5.21 所示。对于无限长热线,沿丝方向均匀加热,如果过热比不太大,那么单位长热线的热损耗仅与垂直于丝的速度分量 $U_\infty \cos \alpha$ 有关。即

$$U_{\text{eff}} = U_\infty \cos \alpha \qquad (5.56)$$

实验表明,只要 $l/d \geqslant 250$ 和 $\alpha < 60°$,实验结果与 (5.56) 式基本一致。但是,对于有限长热线沿丝方向确实存在热损耗,于是人们引入偏航因子 k 来描述 (5.56) 式:

$$U_{\text{eff}} = U_\infty \sqrt{(\cos^2 \alpha + k^2 \sin^2 \alpha)} \qquad (5.57)$$

在铂丝情况,$l/d = 200$ 时,$K \cong 0.2$;而随 l/d 增

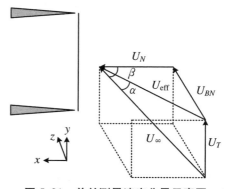

图 5.21　单丝测量速度分量示意图

大，k 逐渐减少；当 $l/d = 600 \sim 800$ 时，k 几乎为零。

对三维空间工作的热线，人们又引入坡度因子 h 来描述：

$$U_{\text{eff}} = U_\infty \sqrt{U_N^2 + k^2 U_T^2 + h^2 U_{BN}^2} \tag{5.58}$$

其中 U_N, U_T, U_{BN} 是沿 x, y, z 方向的速度分量（U_N 方向垂直于热线、平行于支杆；U_{BN} 方向垂直于热线、垂直于支杆；U_T 方向平行于热线）。h 的值一般在 $1 \sim 1.1$ 之间。

如果用单根热线来测量一个速度分量时，平均流动方向在 U_N 方向上。用 $1,2,3$ 分别表示 x, y, z 三个速度方向，则有 $\bar{U}_2 = \bar{U}_3 = 0$，脉动速度则为 u_1, u_2, u_3。测量的速度是

$$U_{\text{eff}} = U_\infty \sqrt{(\bar{U}_1 + u_1)^2 + k^2 u_2^2 + h^2 u_3^2} \tag{5.59}$$

由于 $k \ll 1, h \simeq 1$，上式简化为

$$U_{\text{eff}} = U_\infty \sqrt{(\bar{U}_1 + u_1)^2 + u_3^2} \tag{5.60}$$

4. 二维速度测量

X 形探针由两根互相垂直的热线或热膜组成，它们的放置方向与平均来流成 $\pm 45°$ 角，常用来测量两个速度分量（图 5.22(a)）。

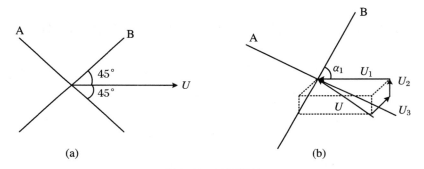

(a)　　　　　　　　　(b)

图 5.22　X 形探针

两个互相垂直的敏感元件 A 和 B 处于 U_1-U_2 平面内时，对于每一个敏感元件根据 (5.58) 式有

$$\begin{cases} U_{A,\text{eff}}^2 = (U_1 \cos\alpha_1 - U_2 \sin\alpha_1)^2 + k^2 (U_1 \sin\alpha_1 + U_2 \cos\alpha_1)^2 + h^2 U_3^2 \\ U_{B,\text{eff}}^2 = (U_1 \sin\alpha_1 + U_2 \cos\alpha_1)^2 + k^2 (U_1 \cos\alpha_1 - U_2 \sin\alpha_1)^2 + h^2 U_3^2 \end{cases} \tag{5.61}$$

如果选择坐标系使得 $\bar{U}_3 = 0$，并且元件足够长，则 $k \to 0, h \to 1$，(5.61) 式简化为

$$\begin{cases} U_{A,\text{eff}}^2 = (U_1 \cos\alpha_1 - U_2 \sin\alpha_1)^2 + h^2 U_3^2 \\ U_{B,\text{eff}}^2 = (U_1 \sin\alpha_1 + U_2 \cos\alpha_1)^2 + h^2 U_3^2 \end{cases} \tag{5.62}$$

如果湍流度很小，u_3 可以忽略，并且调整热线方向使得 $\alpha_1 = 45°$，则上式就简化为

$$\begin{cases} U_1 = \dfrac{1}{\sqrt{2}} (U_{A,\text{eff}} + U_{B,\text{eff}}) \\ U_2 = \dfrac{1}{\sqrt{2}} (U_{A,\text{eff}} - U_{B,\text{eff}}) \end{cases} \tag{5.63}$$

这就是说，将两个通道的恒温热线的线性输出电压相加就得到 U_1，相减就得到 U_2。

在大多数应用中，总是选取平均流方向 U 在 U_1 方向，因而 $\bar{U}_2 = 0$，于是就有

$$\overline{U} = \frac{1}{\sqrt{2}} \overline{(U_{A,eff} + U_{B,eff})}$$

$$\overline{U_1^2} = \overline{(U_{A,eff} + U_{B,eff})^2}/2$$

$$\overline{U_2^2} = \overline{(U_{A,eff} - U_{B,eff})^2}/2$$

$$\overline{U_1 U_2} = \overline{(U_{A,eff} + U_{B,eff})(U_{A,eff} - U_{B,eff})}/2$$

关于用三根热线测量三个速度分量以及专用探针的测量请参阅有关专著。

5.3　基于声学的速度测量方法

5.3.1　定义

超声风速仪(sonic anemometry/thermometry, SAT)是基于超声原理测量气流速度的仪器。SAT 可以同时测量空间某处的三个速度分量, 多数 SAT 还能提供虚温(virtual temperature) T_v 的测量。虚温是指和湿空气有相同压力、相同密度的干空气的温度。根据这个定义可以写出一般形式的状态方程 $p = \rho R_d T_v$, 其中 p 是包含湿空气的总的空气压力, ρ 是空气总的密度, R_d 是干空气的气体常数(287 J/(kg·K))。虚温写为 $T_v = T(1 + 0.61q)$, 其中 T 是绝对温度。比湿度 q 定义为湿空气质量(M_w)与空气总质量($M_w + M_d$)之比, $q = M_w/(M_w + M_d)$。

SAT 没有运动部件, 不需要经常标定, 可以在恶劣的空气环境中工作。SAT 还能提供雷诺应力、湍流热通量等测量。因此广泛应用于气象、风能、森林覆盖、城市大气边界层、农业、水文等领域研究。这种技术在探测大气边界层的研究人员中很受欢迎。虽然超声风速计相当稳定, 但它的响应可能会受到强降雨、严重污染(灰尘、尘埃等)、结冰和结构振动的影响。

图 5.23 是各种形式的超声风速仪照片。

  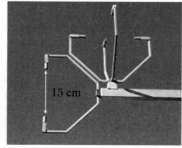

(a) 2D垂直安装　　(b) 3D垂直安装　(c) 3D水平安装(非正交脉冲)　(d) 3D水平安装(正交脉冲)

图 5.23　各种超声风速仪

5.3.2 超声风速仪的原理

超声风速仪的测量原理是,两个相对安装的传感器同时向对方发送声脉冲,通过测量声脉冲的传播时间差来确定沿已知路径长度的速度分量。用多组传感器沿不同方向发送声脉冲就可以测量速度矢量的多个分量。通常超声风速仪的传感器采用压电传感器,既可作为发射头也可作为接收头。压电传感器的声阻抗是 1.2×10^7 kg/($m^2 \cdot$ s)量级,地球大气的声阻抗是 400 kg/($m^2 \cdot$ s)。根据声学原理,在大气中用压电传感器测量时,这个声阻抗比产生的超声信号衰减是可以容许的。但是在其他环境下可能需要采用其他形式的传感器,比如在火星上需要采用电容传感器来测量。

超声风速仪通常分为脉冲型和连续型两种方式。脉冲型测量时间差,连续型测量相位差。目前超声风速仪常用的是脉冲型。图 5.24 是超声风速仪测量原理示意图,传感器 1,2 沿 x 方向布置,它们之间距离为 L。气流在 x-z 平面内做二维运动,两个速度分量分别是 u, w。声脉冲从传感器 1 运动到传感器 2 的时间表示为 t_{12},同理从传感器 2 运动到传感器 1 的时间表示为 t_{21}。从图 5.24 可以写出关系式:

$$ct_{12}\cos\beta + ut_{12} = L$$

其中 $\sin\beta = w/c$,c 是声速。于是得到

$$t_{12} = \frac{L}{c\cos\beta + u} \tag{5.64}$$

类似地,从传感器 2 运动到传感器 1 的时间是

$$t_{21} = \frac{L}{c\cos\beta - u} \tag{5.65}$$

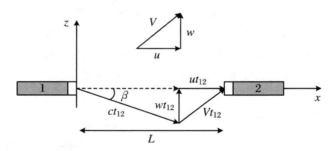

图 5.24　超声风速仪测量原理图

声脉冲传播时间差是

$$\Delta t = t_{21} - t_{12} = \frac{2uL}{c^2\cos^2\beta - u^2} \tag{5.66}$$

因为 $\cos^2\beta + \sin^2\beta = 1$ 和 $u^2 + w^2 = V^2$,故(5.66)式可写为

$$\Delta t = \frac{2uL}{c^2 - V^2} \tag{5.67}$$

对于低速流动,$V \ll c$,所以(5.67)式简化为

$$u = \frac{c^2}{2L}\Delta t \tag{5.68}$$

这种方法的缺点是需要已知声速的大小,而声速与温度及许多其他因素有关。

然而,大多数 SAT 都采用两个传感器为一组,同时从传感器 1 向传感器 2 和从传感器 2 向传感器 1 发出脉冲。这类仪器通过电子线路直接从数据中摘取时间倒数(频率):

$$\frac{1}{t_{12}} - \frac{1}{t_{21}} = \frac{2u}{L}$$

这样就不需要另外计算(或测量)声速,直接获得速度分量

$$u = \frac{L}{2}\left(\frac{1}{t_{12}} - \frac{1}{t_{21}}\right) \tag{5.69}$$

应该指出,在实际应用中由于物理限制脉冲不会同时发送(从技术上讲,传感器不可能同时充当发射器和接收器)。在实践中存在脉冲发射之间的时间延迟,约 0.001 s。当超声风速仪用于测量湍流速度和温度谱时,必须考虑脉冲间时间延迟的影响。

这种方法还同时可以用于直接测量声速,因而也提供了估计虚温的方法。从(5.64)式和(5.65)式写出时间倒数和的平方为

$$\left(\frac{1}{t_{12}} + \frac{1}{t_{21}}\right)^2 = \frac{4c^2}{L^2}\cos^2\beta = \frac{4c^2}{L^2}\left(1 - \frac{w^2}{c^2}\right) \tag{5.70}$$

从(5.70)式解出声速

$$c^2 = \frac{L^2}{4}\left(\frac{1}{t_{12}} + \frac{1}{t_{21}}\right)^2 + w^2 \tag{5.71}$$

其中速度分量 w 可由其他分量探头测量。

考虑到温度和水蒸气含量的影响,把声速近似写为 $c^2 = C_T T(1 + 0.32e/p)$,其中 T 是绝对温度(K),e 是空气中的水蒸气压,p 是大气压强,$C_T = 403\ \text{m}^2/(\text{s}^2 \cdot \text{K})$。虚温近似为 $T_v = T(1 + 0.32e/p)$,因此得到 $c^2 = C_T T_v$。我们熟知声速的定义是 $c^2 = \gamma p/\rho$,γ 是比热比。根据前面给出的状态方程 $p = \rho R_d T_v$,就得到 $c^2 = \gamma R_d T_v$。

根据 $c^2 = C_T T_v$ 和(5.71)式,得到虚温

$$T_v = \frac{L^2}{4C_T}\left(\frac{1}{t_{12}} + \frac{1}{t_{21}}\right) + \frac{w^2}{C_T} \tag{5.72}$$

其中 $C_T = 403\ \text{m}^2/(\text{s}^2 \cdot \text{K})$。测量的温度实际上是声温(sonic temperature),在多数应用中代表虚温。

5.3.3 超声风速仪的技术指标和校准

超声风速仪的技术指标一般随不同生产商而异。对于典型的超声风速仪,传感器测量距离为 0.10~0.20 m。速度范围约为 -30~30 m/s,速度精度为 ±0.02~0.05 m/s。温度测量精度在 ±0.1~2.0 ℃范围。采样频率范围通常为 100 Hz 左右。

超声风速仪的优点之一就是它们通常只需要初始校准。通常只有在传感器被严重干扰(例如,导致传感器距离 L 改变)时,需要重新校准。有些型号需要在消声室中定期调零。一般来说,在部署仪器之前在静室中检查仪器的零点是一种很好的做法。如果距离 L 发生变化,则通常参考风洞中的标准校准(例如静压探头或热线探头)。

5.4 基于粒子的速度测量技术

在流体中播撒示踪粒子,以粒子的运动代替流体的运动,是测量流体速度和开展流动显示的常用方法。涉及示踪粒子的测量方法中,有用于测量流动速度的激光多普勒测速仪(LDV)、激光粒子测径仪(PDA)、粒子成像速度计(PIV)、纳米激光散射技术(NPLS)、分子示踪速度计(MTV)、飞秒激光电子激发标记速度计(FLEET)等,有用于测量流体浓度和速度的平面激光诱导荧光技术(PLIS)以及在流动显示中常用的示踪方法。所涉及的示踪粒子直径从毫米、微米、纳米量级直到分子量级;涉及的粒子材料有固体、液体和气体等。因此有必要首先了解粒子的力学特性和光学特性,这有助于了解为什么在不同的技术中用不同的粒子。

5.4.1 示踪粒子

1. 示踪粒子的力学特性(跟随性)

在小雷诺数近似下,流体中小直径球形粒子的运动方程写为

$$\frac{1}{6}\pi\rho_p d_p^3 \frac{du_p}{dt} = \underbrace{3\pi\mu d_p(U_f - u_p)}_{\text{term 1}} - \underbrace{\frac{1}{6}\pi\rho_f d_p^3 \nabla p}_{\text{term 2}} + \underbrace{\frac{1}{12}\pi\rho_f d_p^3 \frac{d}{dt}(U_f - u_p)}_{\text{term 3}}$$

$$+ \underbrace{\frac{3}{2}d_p^2\sqrt{\pi\rho_f\mu}\int_{t_0}^{t}\frac{1}{\sqrt{t-\tau}}\frac{d}{d\tau}(U_f - u_p)d\tau}_{\text{term 4}} + \underbrace{\sum_{k}F_k}_{\text{term 5}} \tag{5.73}$$

这就是著名的 BBO(Basset-Boussinesq-Oseen)方程,式中 d_p 是粒子直径,U_f 是周围流体速度,u_p 是粒子速度。方程左手边是粒子加速度项,右手边是粒子受到的各种力。其中,第一项是 Stokes 黏性阻力,第二项是未扰动场压力梯度引起的力,第三项是附加质量,第四项是 Basset 力,表示偏离定常流动引起的力,第五项是其他情况引起的力。这个方程的解在有关文献中已有讨论,下面我们介绍几种具体特例情况。

(1)层流中粒子做直线运动

在流体速度测量中所用的粒子都是小直径的球形粒子,这些粒子在均匀流中做直线运动时,开始粒子速度与流体速度不一致,然后逐渐趋于一致。粒子受到的力主要是 Stokes 黏性阻力。BBO 方程简化为

$$\frac{1}{6}\pi d_p^3\rho_p\frac{du_p}{dt} = 3\pi\mu d_p(U_f - u_p)$$

简写为

$$\frac{du_p}{dt} = \frac{1}{\tau}(U_f - u_p) \tag{5.74}$$

其中 $\tau = \frac{\rho_p d_p^2}{18\mu}$ 是时间常数。假设 U_f 等于常数,$t=0$ 时,$u_p=0$,方程(5.74)的解为

$$\eta = \frac{u_p}{U_f} = 1 - e^{-t/\tau}$$

其中 η 是粒子速度与流体速度之比,随时间增加 η 趋于 1。时间常数 τ 越小,粒子跟随越快。时间常数 τ 与流体黏性、粒子直径以及粒子密度有关。虽然增大流体黏性和减小粒子密度也可以减小时间常数,但采用直径小的粒子效果会更好。

（2）旋转层流中粒子的运动

假设流体以角速度 Ω 像刚体一样转动,悬浮在流体中的粒子受到离心力和黏性阻力作用。在小 Re 数近似下,粒子沿径向的运动方程写为

$$\frac{1}{6}\pi\rho_p d_p^3 \frac{d^2 r}{dt^2} = \frac{1}{6}\pi\rho_p d_p^3 \frac{(r\Omega)^2}{r} - 3\pi\mu d_p \frac{dr}{dt} - \frac{1}{6}\pi d_p^3 \frac{dp}{dr}$$

其中方程右手边第一项是离心力,第二项是 Stokes 阻力,第三项是压力梯度引起的力。r 是粒子位置的径向坐标。流体压力梯度写为 $\dfrac{dp}{dr} = r\Omega^2 \rho_f$,上式整理为

$$\frac{d^2 r}{dt^2} + \frac{1}{\tau}\frac{dr}{dt} - r\Omega^2\left(1 - \frac{\rho_f}{\rho_p}\right) = 0 \tag{5.75}$$

方程（5.75）的解是

$$r = \frac{r_0}{h_2 - h_1}(h_2 e^{h_1 t} - h_1 e^{h_2 t}) \tag{5.76}$$

其中

$$h_1 = -\frac{1}{2\tau} + \sqrt{\frac{1}{4\tau^2} + \Omega^2\left(1 - \frac{\rho_f}{\rho_p}\right)}$$

$$h_2 = -\frac{1}{2\tau} - \sqrt{\frac{1}{4\tau^2} + \Omega^2\left(1 - \frac{\rho_f}{\rho_p}\right)}$$

其中 r_0 是 $t = 0$ 时粒子的径向位置。由（5.76）式可以求出粒子径向速度 dr/dt 与流体速度 $r\Omega$ 之间的夹角 θ：

$$\tan\theta = \frac{h_1 h_2}{\Omega}\frac{e^{h_1 t} - e^{h_2 t}}{h_1 e^{h_1 t} - h_2 e^{h_2 t}} \tag{5.77}$$

由（5.77）式可以得出,开始时随时间增加,角 θ 增大,一定时间后角 θ 减小,最后达到一个定值 $\theta_0 = \arctan(h_1/\Omega)$。这一结果表明,粒子进入旋转流体后,粒子很快就随流体一起运动,粒子运动方向最后与流体速度方向保持一定角度 θ_0。大粒子容易流向直径大的地方,旋转流中心保留较小的粒子。

（3）湍流中粒子的跟随性

粒子在湍流中的跟随性问题一直受到大家的关注,也有不少研究结果。本节介绍的研究结果参见文献[2]。用 Fourier 积分求得 BBO 方程的解,得到两个可供应用的公式：

$$\eta = \frac{u_p}{U_f} = \sqrt{\frac{\left[a + c\sqrt{\dfrac{\pi\omega}{2}}\right]^2 + \left[b\omega + c\sqrt{\dfrac{\pi\omega}{2}}\right]^2}{\left[a + c\sqrt{\dfrac{\pi\omega}{2}}\right]^2 + \left[\omega + c\sqrt{\dfrac{\pi\omega}{2}}\right]^2}} \tag{5.78}$$

$$\tau = \arctan \frac{\omega \left[a + c\sqrt{\dfrac{\pi\omega}{2}}\right](b-1)}{\left[a + c\sqrt{\dfrac{\pi\omega}{2}}\right]^2 + \left[b\omega + c\sqrt{\dfrac{\pi\omega}{2}}\right]\left[\omega + c\sqrt{\dfrac{\pi\omega}{2}}\right]} \tag{5.79}$$

式中 $a = \dfrac{36\mu}{(2\rho_p + \rho_f)d_p^2}$，$b = \dfrac{3\rho_f}{2\rho_p + \rho_f}$，$c = \dfrac{18}{(2\rho_p + \rho_f)d_p}\sqrt{\dfrac{\rho_f\mu}{\pi}}$。$\omega$ 是湍流的角频率，η 是粒子跟随性，τ 是粒子滞后时间。

表 5.1 和表 5.2 给出了在水中和在空气中不同粒子的跟随特性。

表 5.1 湍流(水)中几种散射粒子的跟随性($\eta = u_p/U_f$)

$$\left(u_p = 0.12 \text{ mm/s}, \quad f = \frac{\omega}{2\pi} = 1 \text{ kHz}\right)$$

$d_p/\mu\text{m}$ ＼ ρ_p/ρ_f	细砂 (2.65)	玻璃球 (2.3)	有机玻璃 (1.7)	聚氯乙烯 (1.54)	聚苯乙烯 (1.05)	空气泡 (0.25×10^{-4})	氢气泡 (0.86×10^{-4})
2	1.000	1.000	1.000	1.000	1.000	1.000	1.000
4	1.000	1.000	1.000	1.000	1.000	1.000	1.000
6	0.997	0.998	0.999	1.000	1.000	1.000	1.000
8	0.994	0.995	0.998	0.999	1.000	1.003	1.003
10	0.991	0.993	0.996	0.997	1.000	1.005	1.005
12	0.985	0.989	0.994	0.996	1.000	1.007	1.007
14	0.979	0.983	0.991	0.993	1.000	1.012	1.012
16	0.971	0.977	0.988	0.991	0.999	1.016	1.016
18	0.960	0.970	0.983	0.987	0.999	1.021	1.021
20	0.951	0.961	0.980	0.982	0.999	1.028	1.028

表 5.2 湍流(空气)中几种散射粒子的跟随性($\eta = u_p/U_f$)

$$\left(u_p = 1.57 \text{ mm/s}, \quad f = \frac{\omega}{2\pi} = 1 \text{ kHz}\right)$$

$d_p/\mu\text{m}$ ＼ ρ_p/ρ_f	二氧化钛 (3500)	铝粉 (2080)	烟(碳粒子) (1830)	硅油 (900)	水滴 (800)	DOP 气溶胶 (797)	乙二醇蒸气 (0.463)
0.2	1.000	1.000	1.000	1.000	1.000	1.000	1.000
0.4	1.000	1.000	1.000	1.000	1.000	1.000	1.000
0.6	0.999	1.000	1.000	1.000	1.000	1.000	1.000
0.8	0.998	0.999	0.999	1.000	1.000	1.003	1.000
1	0.996	0.997	0.998	1.000	1.000	1.000	1.000
1.2	0.992	0.996	0.996	0.999	1.000	0.999	1.000
1.4	0.989	0.995	0.996	0.998	1.000	0.998	1.000
1.6	0.981	0.981	0.993	0.997	0.999	0.997	1.000
1.8	0.967	0.986	0.989	0.997	0.999	0.997	1.000
2	0.952	0.980	0.984	0.996	0.999	0.996	1.000

（4）高速流中粒子的跟随性

在高速流动中，粒子会遇到许多复杂的情况。例如，当粒子很小、流体压力很低时，可能存在稀薄气体效应；当粒子与流体的相对速度较大时，相对马赫数和相对雷诺数变大，可能存在可压缩效应和惯性效应；当流场存在激波或膨胀波时，粒子会受到瞬时很大的速度梯度影响；如果粒子是液滴穿过激波或在高湍流区域时，可能会变形或破碎；如果存在燃烧时，还应该考虑高温和化学反应的影响。

当粒子尺寸很小和流体压力和密度很低时，可能导致粒子周围的连续流假设被破坏以及稀薄气体条件成立。衡量气体流动模式的无量纲参数是克努森数 Kn，它的定义是 $Kn = \lambda / L$，其中 λ 是分子平均自由程（$\lambda = \mu / \rho_\infty \sqrt{\pi / (2RT_\infty)}$），$L$ 是流动特征长度。根据 Kn 数的大小，流动可以分为连续流（$Kn \leqslant 0.01$）、过渡流（$Kn \sim 1$）和自由分子流（$Kn \geqslant 10$）。在高速流动中研究粒子的跟随性，关键是研究高速流中粒子的阻力系数。在不同流动区域圆球的阻力系数是不同的。

在连续流区域，常用的圆球阻力公式有：

Stokes 公式（$Re \ll 1$）：

$$C_D = \frac{24}{Re} \tag{5.80}$$

Oseen 提出改进的阻力公式（$Re < 1$）：

$$C_D = \frac{24}{Re}\left(1 + \frac{3}{16}Re\right) \tag{5.81}$$

Schiller 和 Nauman 提出的经验公式（$Re < 200, M \leqslant 0.25$）：

$$C_D = \frac{24}{Re}(1 + 0.15Re^{0.687}) \tag{5.82}$$

对于非常稀薄的流动，Patterson 提出的阻力系数公式是

$$C_D = \frac{2 - \sigma' + \sigma}{S^3}\left[\frac{4S^4 + 4S^2 - 1}{4S}\mathrm{erf}(S) + \frac{\mathrm{e}^{-S^2}}{\sqrt{\pi}}\left(S^2 + \frac{1}{2}\right)\right] + \frac{2\sqrt{\pi}\sigma'}{3S}\sqrt{\frac{T_w}{T_\infty}} \tag{5.83}$$

其中 S 是分子速度比，$S = U_0 / \sqrt{2RT_\infty} = \sqrt{\gamma/2}M$；$\mathrm{erf}(S)$ 是误差函数；σ 和 σ' 是动量调节系数（约 0.9）。当 $S \ll 1$ 时，上式简化为

$$C_D = \frac{1}{3S\sqrt{\pi}}\left\{[16 + 8\sigma + 2(\pi - 4)\sigma'] + \left[-10 - 5\sigma + \left(\frac{4\sigma}{9} + 5\right)\sigma'\right]S^2\right\} \tag{5.84}$$

Cunningham 基于 Stokes 定律提出了适用于连续流和稀薄气体的圆球阻力公式（$Re \ll 1$，$M \ll 1$ 和 $Kn \leqslant 0.1$）：

$$C_D = \frac{24}{Re}\left(1 + \frac{9}{2}Kn\right)^{-1} \tag{5.85}$$

Tedeschi 基于 Schiller 和 Nauman 的公式（5.82）提出了一个从连续流到自由分子流都适用的新公式（$Re \leqslant 200$ 和 $M \leqslant 1$）：

$$C_D = \frac{24}{Re}k[1 + 0.15(kRe)^{0.687}]\xi(Kn)C \tag{5.86}$$

其中

$$k = \left(1 + \frac{9}{2}Kn\right)^{-1}$$

$$\xi(Kn) = 1.177 + 0.177\frac{0.851Kn^{1.16} - 1}{0.851Kn^{1.16} + 1}$$

$$C = 1 + \frac{Re^2}{Re^2 + 100}e^{-0.225/M^{2.5}}$$

大量实验已经验证(5.86)式计算的结果与实验基本一致。特别地,当 Kn 数是常数时,该式可以大大简化。

2. 示踪粒子的光学特性(散射特性)

在基于粒子的速度测量技术和流动显示方法中,除了对粒子的跟随性有要求外,对粒子的散射特性也有要求。关于微粒子光散射的完整理论是 1908 年由 Mie 导出的,一般称为Mie 散射理论。

散射光的特性是粒子半径 r_p 与辐射波长 λ 之比的函数,常引用无量纲数 $q = 2\pi r_p/\lambda$作为判别标准:当 $q \ll 0.1$ 时为 Rayleigh 散射;当 $q \geqslant 0.1$ 时为 Mie 散射;当 $q > 50$ 时适用几何光学。通过精确计算散射场可以发现,当粒子尺度很小时,Mie 散射就简化为 Rayleigh散射,而当其尺度较大时,Mie 散射的结果又与几何光学散射导出的结果一致,所以 Mie 散射理论是球状粒子散射的通用理论。

考虑一个平面线偏振光被一个球形粒子散射,其空间坐标如图 5.25 所示。假设粒子是静止的,散射光的频率与入射光相同,Mie 散射理论推导出的散射光电矢量表达式为

$$E_\theta = -\frac{j}{kr}e^{j(\omega t - kr)}\cos\varphi S_{/\!/}(\theta)$$

$$-E_\varphi = -\frac{j}{kr}e^{j(\omega t - kr)}\sin\varphi S_\perp(\theta) \tag{5.87}$$

式中 $k = 2\pi/\lambda$ 是波数,ω 是光波频率。设定入射光和散射光方向组成的平面为观察平面(图中阴影表示的面),E_θ 和 E_φ 分别是与观察平面平行和垂直的电场强度,$S_{/\!/}(\theta)$ 和 $S_\perp(\theta)$是由特殊函数组成的复振幅。知道了函数 S,就可以把平行和垂直于观察平面的光强 $I_{/\!/}$ 和$I_\perp$ 表示为无量纲粒径 q、复折射率 m 和散射光方向角 θ 的函数:

$$|E_\theta|^2 = I_{/\!/}\cos^2\varphi$$

$$|E_\varphi|^2 = I_\perp\cos^2\varphi \tag{5.88}$$

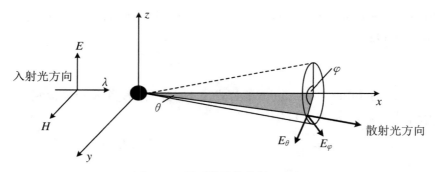

图 5.25　圆球粒子的散射示意图

Mie 理论的推导十分复杂,我们给出以下主要的结论:

(1)散射波是由包括不同阶的球谐函数(分波)的贡献组成的,它们的强度取决于两种介质的特性和 q 值。

(2)当 $q \ll 1$ 时,即粒子半径很小时,只要考虑第一分波。结果比较简单,有

$$E_\theta = k^2 r_p^2 \frac{m^2 - 1}{m^2 + 2} \cos \varphi \cos \theta \frac{e^{jkr}}{r}$$

$$E_\varphi = - k^2 r_p^2 \frac{m^2 - 1}{m^2 + 2} \sin \varphi \frac{e^{jkr}}{r}$$

(5.89)

图 5.26 是粒径 $q \to 0$ 时金粒对线偏振光散射的极坐标图,这种散射称为 Rayleigh 散射。

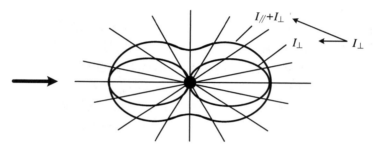

图 5.26　Rayleigh 散射

Rayleigh 散射具有如下特点:① 散射光强与波长四次方成反比。② 粒子前半部和后半部的散射光通量相等。③ 前向($\theta = 0°$)和后向($\theta = 180°$)的散射光最强,都比垂直方向($\theta = 90°, 270°$)强一倍。④ 前向和后向的散射光与入射光偏振状态相同;而垂直方向的散射光为全偏振,即其平行分量(振动方向与观测平面平行的分量)为零,只存在垂直分量。

(3)当粒径逐渐增大,散射光强度的极坐标图偏离对称,前向散射光强度比后向散射增多。这种散射称为 Mie 散射。随 q 值进一步增大,几乎所有的散射光能量都在前向($\theta = 0°$)周围。当 $q > 3.14$ 时,极坐标图出现一系列极大值和极小值,它们的分布不规则。随粒径增大,光强增加很快(图 5.27)。

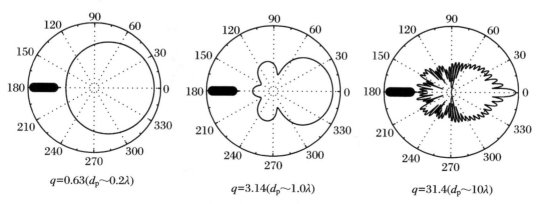

$q = 0.63 (d_p \sim 0.2\lambda)$　　　$q = 3.14 (d_p \sim 1.0\lambda)$　　　$q = 31.4 (d_p \sim 10\lambda)$

图 5.27　小球形粒子的 Mie 散射

(4) 散射光在周向（φ 向），由(5.88)式可知，当 $\varphi = 0°$ 和 $\varphi = 90°$ 时，E_θ 或 E_φ 为零。所以当观察平面平行或垂直于入射光振动平面时，散射光是线偏振光。对于其他方向(θ,φ)，因为比值 E_θ/E_φ 是复数，散射光一般是椭圆偏振光。Rayleigh 散射是特殊情况，比值 E_θ/E_φ 总是实数，所以散射光都是线偏振光。

(5) 由 Mie 理论的解还可以得到，在空间不同方向上散射光之间存在位相差。因为合成的散射光电场强度可写为

$$E_s(t) = \left| S(\theta,\varphi) \right| e^{j(\omega t + \Delta\Psi)}$$

$$\Delta\Psi = \arctan \frac{\mathrm{Im}\{S(\theta,\varphi)\}}{\mathrm{Re}\{S(\theta,\varphi)\}} \tag{5.90}$$

式中 $S(\theta,\varphi)$ 是复振幅，$\Delta\Psi$ 是位相差。现已证明，散射光的位相变化包含了粒子直径的信息，是 PDA 测量的基本原理。

从上述粒子散射光的性质可知，LDV 和 PIV 使用的粒子大多在 Mie 散射范围，前向散射比后向散射强很多。所以前向接受的 LDV 中散射光信号强，但是光路安排困难一些；而后向接受的 LDV 中光路安排容易一些，但要求激光光源强度要高。PIV 接受的是侧向$(\theta = 90°)$的散射光，信号最弱，对激光光源强度要求最高。

散射光强度还与相对折射率有关，空气中使用的液体或固体粒子相对折射率为 1.3～1.5，在液体中是 1.2 或更小，所以在水中使用的粒子比空气中要大。

5.4.2　激光多普勒测速仪

激光多普勒测速仪（LDV）是继热线风速仪之后迅速发展起来的新型测速仪器。测量范围为 10^{-3} cm/s～2×10^3 m/s，空间分辨率达 10^{-6} mm^3。LDV 的优点是输出信号和速度呈线性关系；是一种非接触式测量技术，不扰动流场。

1. 多普勒频移原理

多普勒效应大家并不陌生，当声源和接收器发生相对运动时，接受到的声波频率与声源发出的声波频率会发生改变，这个频率差叫作多普勒频移，多普勒频移的大小与相对速度成正比。但是对于激光多普勒测速仪，情况有点复杂。激光器和光检测器都是固定不动的，粒子是运动的（图 5.28）。事实上存在两次多普勒频移。运动的粒子接受了静止激光器发出的

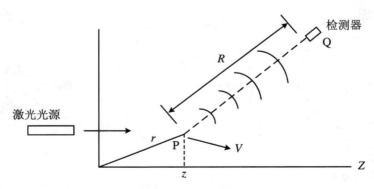

图 5.28　激光多普勒原理

激光会产生一次多普勒频移；运动粒子发出的散射光作为光源，散射光被静止的检测器接受，又发生一次多普勒频移。下面我们通过严格的数学语言叙述 LDV 的原理。

从激光光源发出一束平行光照射到粒子 P 上，在粒子 P 位置的光波可以写为

$$E_0(r) = A_0(t)\exp[-\mathrm{j}(\omega_0 t + \varepsilon_0 - k_0 \cdot r)] \tag{5.91}$$

其中 A 是振幅，ω 是频率，ε 是位相，k 是波数，r 是粒子的位置，$\mathrm{j}^2 = -1$，下标 0 表示激光器发出的激光。

粒子 P 接受的光波也可以写为

$$E_0(r) = A_0(t)\exp[-\mathrm{j}(\omega_P t + \varepsilon_0)] \tag{5.92}$$

其中 ω_P 是粒子 P 接受的光频率。考虑到 $k_0 = k_0 e_0$ 和 $r \cdot e_0 = z = V \cdot e_0 t$，其中 e_0 是入射光方向单位矢量，V 是粒子速度矢量。比较 (5.91) 式和 (5.92) 式有

$$\omega_P = \omega_0 - k_0 V \cdot e_0 \tag{5.93}$$

假设粒子散射过程无相位损失（粒子以频率 ω_P 发出球面散射光），散射光到达检测器 Q 位置的光波是

$$E_s(R) = A_s(t)\frac{1}{R}\exp[-\mathrm{j}(\omega_P t + \varepsilon_0 - k_s \cdot R)] \tag{5.94}$$

其中 k_s 是散射光波数，R 是粒子与检测器之间的距离，R 也是时间的函数。注意到 $k_s = k_s e_s$ 和 $R = R_0 - V \cdot e_s t$，其中 e_s 是散射光单位矢量，R_0 是 $t = 0$ 时 PQ 的距离。检测器 Q 收到的光波写为

$$E_s(R) = A_s(t)\frac{1}{R}\exp[-\mathrm{j}(\omega_s t + \varepsilon_s)] \tag{5.95}$$

其中 ω_s 是检测器 Q 接受的散射光频率，于是有

$$\omega_s = \omega_P + k_s V \cdot e_s = \omega_0 + (k_s - k_0) \cdot V \tag{5.96}$$

或者多普勒频移 ω_D 是

$$\omega_D = \omega_s - \omega_0 = (k_s - k_0) \cdot V \tag{5.97}$$

也可以写成

$$f_D = f_s - f_0 = \frac{1}{\lambda}(e_s - e_0) \cdot V \tag{5.98}$$

式中 λ 是入射光波长。可见多普勒频移与粒子速度成正比。

2. 基本光学布置

(1) 直接检测

图 5.29 是 LDV 中不常采用的一种光学布置示意图，这种布置叫作直接检测方法。激光光源发出的一束激光聚焦在流场一点，流场中粒子通过该点发出的散射光直接进入接受系统。这种方法直接测量散射光的频率。我们知道，可见光波的频率在 10^{14} Hz 左右，通常有意义的多普勒频移最高不过 10^9 Hz。常用的光电器件（如光电倍增管）响应不了光波的频率，所以在图 5.29 所示的直接检测技术中，采用扫描 Fabray-Perot 干涉仪测量散射光的频率。F-P 干涉仪典型的分辨率是 5 MHz，因此直接检测方法适于测量高速流动，不适于测量低速流动，测量下限约 300 m/s。

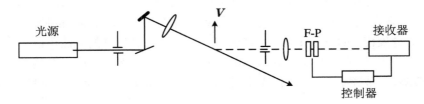

图 5.29　直接检测光路图

（2）外差检测

鉴于直接测量方法不适合于测量低速流动，通常在一般的 LDV 光路中都采用光学外差检测方法。所谓光学外差技术就是用光电倍增管测量两束相干光之间的频率差，在下一小节中我们将详细介绍光学外差的原理。

在 LDV 中有三种常见的外差检测基本模式，即参考光模式、单光束-双散射模式和双光束-双散射模式。

（3）参考光模式

图 5.30 表示参考光模式的光路。激光器发出的一束光被分束器分为两束，一束直接进入接收系统（参考光 e_r），另一束光 e_0 聚焦在流场一点。流场中粒子通过该点发出的散射光 e_s 同时进入接收系统。因此光电倍增管阴极板上接收到的是参考光 e_r 和散射光 e_s。

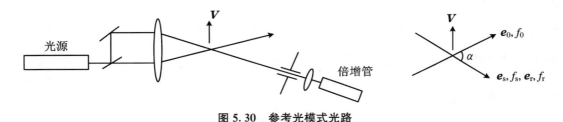

图 5.30　参考光模式光路

（4）单光束-双散射模式

图 5.31 表示单光束-双散射模式的光路。激光器发出的激光聚焦在流场一点，通过该点的粒子向四周发出散射光。通过光阑仅有两个方向的散射光（e_{s1}，e_{s2}）进入接收系统，因此光电倍增管阴极板上接受到的是两个不同方向的散射光 e_{s1} 和 e_{s2}。

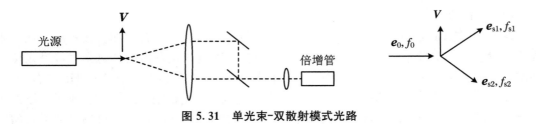

图 5.31　单光束-双散射模式光路

（5）双光束-双散射模式

图 5.32 表示双光束-双散射模式的光路。激光器发出的激光通过分束器分为两束平行的光束（e_{01}，e_{02}），经过会聚透镜聚焦在流场中一点。流场中的粒子经过该点发出散射光，两

束入射光的散射光通过光阑进入接收系统,因此光电倍增管阴极板上接收到的是两个不同入射光(e_{01},e_{02})产生的散射光,散射光方向相同(e_s),但频率不同(f_{s1},f_{s2})。

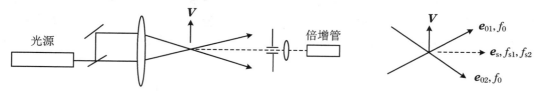

图 5.32　双光束-双散射模式光路

3. 光电外差技术

光电外差检测技术是指两束不同频率的光照射到光电倍增管光阴极上,通过检测器的平方律效应实现测量两束光的频率差。要实现外差检测需要一定条件,也称为天线条件。

如图 5.33 所示,两束平面光波 1 和 2 以一个小角度 θ 入射到倍增管阴极面上,倍增管输出电流为 i。假设光波 1 垂直入射,光波 2 以角 θ 倾斜入射。光波 1 和 2 的电矢量分别表示为

$$E_1(r,\varphi,t) = E_1 e^{-j\omega_1 t}$$
$$E_2(r,\varphi,t) = E_2 e^{-j\left[\frac{2\pi}{\lambda}\theta r\cos\varphi + \omega_2 t\right]} \tag{5.99}$$

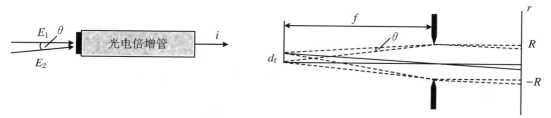

图 5.33　光电外差技术

其中 r,φ 表示阴极面的极坐标,阴极面半径为 R,λ 是光波长。光阴极 (r,φ) 处,微元 dA 面积上光电流输出正比于入射到微元上光强总和,写为

$$di(r,\varphi,t) = c\left| E_1 e^{-j\omega_1 t} + E_2 e^{-j\left[\frac{2\pi}{\lambda}\theta r\cos\varphi + \omega_2 t\right]} \right|^2 r dr d\varphi$$

$$= c\left[E_1^2 + E_2^2 + 2E_1 E_2 \cos\left((\omega_2 - \omega_1)t + \frac{2\pi}{\lambda}\theta r\cos\varphi\right)\right] r dr d\varphi$$

式中 c 是比例常数。光阴极上总光电流输出是

$$i(t) = \int_0^R \int_0^{2\pi} c\left[E_1^2 + E_2^2 + 2E_1 E_2 \cos\left((\omega_2 - \omega_1)t + \frac{2\pi}{\lambda}\theta r\cos\varphi\right)\right] r dr d\varphi$$

$$= cE_1^2 A + cE_2^2 A + 2cE_1 E_2 2\pi(\omega_2 - \omega_1)t \int_0^R J_0\left(\frac{2\pi}{\lambda}r\theta\right) r dr$$

$$= i_1 + i_2 + 2\sqrt{i_1 i_2}\cos(\omega_2 - \omega_1)t \frac{2J_1(2\pi\theta R/\lambda)}{2\pi\theta R/\lambda} \tag{5.100}$$

式中 i_1,i_2 是只有一束光单独入射时阴极面产生的电流。J_0 和 J_1 是第一类 Bessel 函数。

(5.100)式前两项是直流项,我们关心的是第三项——交流项(也称干涉项),其中包括了多普勒频移$(\omega_2 - \omega_1)$的信息。

(5.100)式中交流项的大小与函数$2J_1(2\pi\theta R/\lambda)/(2\pi\theta R/\lambda)$有关。函数$2J_1(x)/x$示于图 5.34,从图可知,自变量 x 很小时,该函数值接近 1;随自变量 x 增大,函数值波动减小。该函数定义为外差效率系数 ε,为了得到高效率外差效果,必须使 $\varepsilon\approx1$,也就是 $2R\theta\ll\lambda$,这就是外差条件。由图 5.33 知

$$\lambda \geqslant 2R\theta = 2\left(\frac{R}{f}\right)(f\theta) = \alpha \cdot 2r_f = \alpha d_f \tag{5.101}$$

式中 d_f 称为测量体的相干宽度。假设检测器透镜光阑面积为 $A = \pi R^2$,它与测量体中心对应的立体角是 $\Omega_0 = \pi\alpha^2$,以相干宽度 d_f 为直径的面积 A_f 所对应的立体角为 $\Omega = \pi\theta^2$。于是我们可以将外差条件写为检测器透镜焦平面中的共轴准则:

$$\lambda^2 \geqslant A\Omega = \Omega_0 A_f \tag{5.102}$$

此式的物理意义是:要得到高的外差效率,则从检测器光阑处看测量体,测量体积对应的立体角与光阑面积的乘积应小于波长的平方;或者说,从测量体看光阑所对应的立体角与测量体截面积的乘积应小于波长的平方。这就是外差条件。

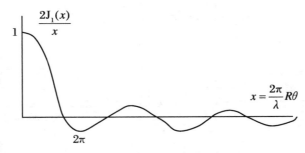

图 5.34　平面波的光外差效率

(5.100)式满足外差条件即得到

$$i(t) = i_1^2 + i_2^2 + 2\sqrt{i_1 i_2}\cos(\omega_2 - \omega_1)t \tag{5.103}$$

光检测器(光电倍增管)将光信号转换为电流信号有一个时间平均效应。看我们最关心的上式第三项:

$$\langle i(t) \rangle = \frac{2\sqrt{i_1 i_2}}{T}\int_t^{t+T}\cos(\omega_2 - \omega_1)t\,\mathrm{d}t$$

$$= \frac{2\sqrt{i_1 i_2}}{(\omega_2 - \omega_1)T}\left[\sin(\omega_2 - \omega_1)(t + T) - \sin(\omega_2 - \omega_1)t\right]$$

$$= \frac{2\sqrt{i_1 i_2}}{(\omega_2 - \omega_1)T}2\cos\left[(\omega_2 - \omega_1)(t + T/2)\right]\sin\left[(\omega_2 - \omega_1)T/2\right]$$

$$= 2\sqrt{i_1 i_2}\,\mathrm{sinc}\left[(\omega_2 - \omega_1)T/2\right]\cos\left[(\omega_2 - \omega_1)(t + T/2)\right]$$

式中$\langle\cdot\rangle$表示时间平均,T 是时间常数,与检测器特性有关。函数 $\mathrm{sinc}(x) = (\sin x)/x$ 称为辛格(Singer)函数,在信号处理中是常用的函数。它的特征是当 x 很小时接近于 1,随 x

增大迅速减小(图 5.35)。当 $x < \pi/4$ 时,sinc $x \approx 0.9$。我们取 $(\omega_2 - \omega_1)T/2 < \pi/4$,认为 sinc x 近似为 1。则第三项光电流为

$$\langle i(t) \rangle = 2\sqrt{i_1 i_2} \cos\left[(\omega_2 - \omega_1)(t + T/2)\right]$$

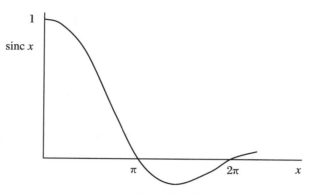

图 5.35　辛格函数

最后得到光阴极电流是

$$i(R,t) = a\left\{ i_1 + i_2 + 2\sqrt{i_1 i_2} \cos\left[k_0(e_1 - e_2) \cdot Vt \right] \right\} \tag{5.104}$$

积分时间 T 由光检测器性能确定。典型值 $T = 10^{-9}$ s,代入 $\omega_2 - \omega_1 < \pi/2T$ 得 $\omega_2 - \omega_1 < 1.5 \times 10^9$ rad/s,或者 $f_2 - f_1 < 2.5 \times 10^8$ Hz。这种典型的频移 f_D 值,对于 $\lambda_0 = 6328$ Å,$\alpha = 45°$,有速度 $V = 200$ m/s。这对应于光学外差技术测速的最大值。

4. 条纹模型

LDV 的原理也可以用条纹模型直观地解释。以双光束双散射模式为例,当来自同一激光光源的两束光在空间相遇时,会发生干涉,产生明暗相间的条纹。如图 5.36 所示,条纹的

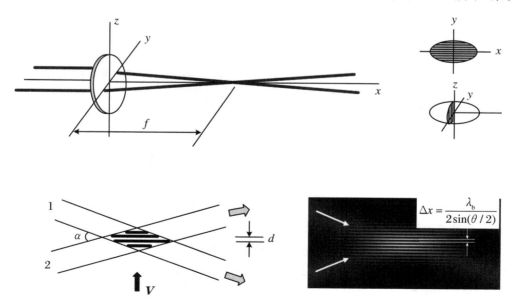

图 5.36　条纹模型

间距

$$d = \frac{\lambda}{2\sin\dfrac{\alpha}{2}} \tag{5.105}$$

其中 α 是两光束的夹角。当粒子以速度 V 垂直穿过条纹时,发出散射光的频率

$$f_{\mathrm{D}} = \frac{2\sin\dfrac{\alpha}{2}}{\lambda_0} |V_y| \tag{5.106}$$

此式与(5.98)式一致,$|V_y|$ 表示与粒子穿过条纹的正反方向无关。

5. 多维 LDV

从条纹模型可知,LDV 测量的是与条纹垂直方向的速度分量。用于测量不同速度分量的 LDV 可以采用色分离和偏振分离方法。

(1) 二维色分离系统(Ar⁺ 激光)

如果测量两个速度分量,可以采用色分离方法。这种方法适用于用 Ar⁺ 激光器作光源的系统,Ar⁺ 激光器发出的激光可以包含多个波长的光,主要的有蓝光(0.4880 μm)和绿光(0.5145 μm)。我们知道只有同波长的光才能发生干涉,使蓝光和绿光分别沿水平和垂直方向在空间同一点会聚。这样在测量体位置形成两套互相垂直的条纹,可以实现两个方向的速度分量的测量。接收系统中在倍增管前加滤色片将两种颜色的散射光分离开来。图 5.37 表示了两种形成色分离条纹的方法。

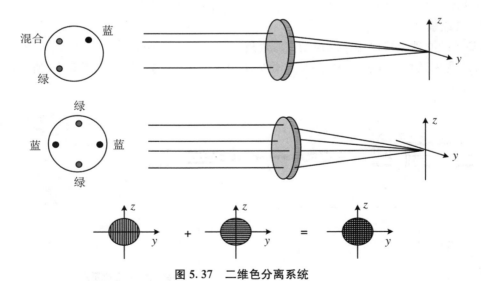

图 5.37 二维色分离系统

(2) 二维偏振分离系统(He-Ne 激光)

如果采用 He-Ne 激光器作光源,就不能采用色分离方法,因为 He-Ne 激光器只能发出一种波长的激光,这时可以采用偏振分离方法。只要使沿水平方向和垂直方向会聚的光束产生互相垂直的偏振,可以获得与色分离相同的效果(图 5.38)。在接收系统中用偏振片将两种散射光分开。

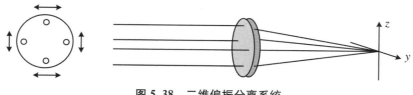

图 5.38　二维偏振分离系统

（3）三维 LDV 系统

速度有三个速度分量，目前市场购买的 LDV 一般都可以测量三个速度分量。其中两个速度分量采用上述的色分离方法，第三个速度分量从另一个方向用两束光会聚在空间同一点上，实现第三个速度分量测量（图 5.39）。现在 Ar^+ 激光器都采用光纤输出，使得三维 LDV 光路调节方便了很多。

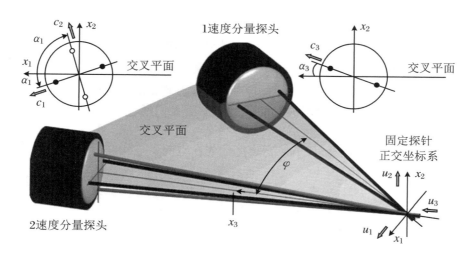

图 5.39　三维 LDV 系统

6. 频移技术和速度正反方向判别

（1）为什么需要频移技术

从激光测速原理(5.106)式可知，对于大小相等、方向相反的速度产生的频移值是相同的。图 5.40(a)表示了一般 LDV 的情况，其中横坐标表示垂直于测量体条纹的速度分量，纵坐标表示产生的多普勒频移。横坐标上方两条倾斜直线表示多普勒频移 f_D 与速度分量 U_y 的关系。根据(5.106)式，正的 U_y 与负的 U_y 产生的频移是相同的。横坐标下方的正弦曲线表示真实的气流速度，其中有正的速度分量也有负的速度分量（例如后台阶下游的旋转流）。横坐标上方的曲线表示根据(5.106)式得到的输出信号，其中负的速度分量产生的多普勒频移发生了畸变。也就是说，如果气流出现反向速度，可能产生严重的输出波形失真。

为了解决这个问题，可以采用频移技术。即在两束入射光路中插入两个频移器件，使得两束光在原频率 f_0 基础上分别得到 f_{s1} 和 f_{s2} 的频移。图 5.40(b)表示了平移技术的原理，采用频移技术以后，f_D 与 U_y 的关系曲线整体向左移动了一定距离。也就是说，对于负的速度分量也可以有正确的信号输出，使得输出信号不失真。采用频移技术后对应的关系式是

$$f_D = \left| f_s + \frac{2\sin\alpha/2}{\lambda_0} V_y \right| \tag{5.107}$$

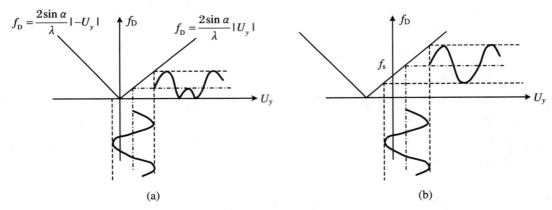

图 5.40　平移技术原理示意图

（2）用条纹模型解释频移技术

可以通过条纹模型来解释频移技术的原理。两束有频差的光束在空间相遇会产生运动的干涉条纹，从而解决了反向速度失真的问题。下面我们通过数学表达描述频移技术的原理。

① 两束频率为 $f_1 = f_0 + f_{s1}$ 和 $f_2 = f_0 + f_{s2}$ 的光在空间一点相交。两束光的电矢量分别写为

$$\boldsymbol{E}_1 = A_1 \exp[-\mathrm{j}(2\pi f_1 t + \boldsymbol{k}_1 \cdot \boldsymbol{r} + \varepsilon_1)]$$
$$\boldsymbol{E}_2 = A_2 \exp[-\mathrm{j}(2\pi f_2 t + \boldsymbol{k}_2 \cdot \boldsymbol{r} + \varepsilon_2)]$$

其中 $\boldsymbol{k}$ 为波数，$\boldsymbol{r}$ 为空间位置，ε 为初始位相。空间 $\boldsymbol{r}$ 处光强为

$$|\boldsymbol{E}_1 + \boldsymbol{E}_2|^2 = A_1^2 + A_2^2 + 2A_1 A_2 \cos\theta \tag{5.108}$$

其中

$$\theta = 2\pi(f_1 - f_2)t + (\boldsymbol{k}_1 - \boldsymbol{k}_2) \cdot \boldsymbol{r} + (\varepsilon_1 - \varepsilon_2) \tag{5.109}$$

（5.108）式表示两束频率不同的光在空间相遇，会产生明暗相间的光强分布（即条纹），但是光强分布是时间和空间的函数（条纹不稳定）。

② 如果两束光均没有发生频移，即 $f_1 = f_2$ 时，（5.109）式为

$$\theta = (\boldsymbol{k}_1 - \boldsymbol{k}_2) \cdot \boldsymbol{r} + (\varepsilon_1 - \varepsilon_2) \tag{5.110}$$

表示光强分布仅是空间的函数，即在空间形成明暗相间的条纹，并且条纹是静止不动的，这就是一般 LDV 测量体中的情况。其中

$$\boldsymbol{k}_1 - \boldsymbol{k}_2 = \frac{2\pi}{\lambda_0}(\boldsymbol{e}_1 - \boldsymbol{e}_2) = -\frac{2\pi}{\lambda_0}2\sin\frac{\alpha}{2}\boldsymbol{i}_y \tag{5.111}$$

式中 λ_0 是入射光波长，α 是两光束夹角，$\boldsymbol{i}_y$ 是 y 方向单位矢量。进一步可以求得条纹间距是

$$d = \frac{\lambda_0}{2\sin\dfrac{\alpha}{2}}$$

③ 如果两束光有频移，$f_1 > f_2$ 时 $f_1 - f_2 = f_s$，(5.109)式有

$$\theta = 2\pi f_s t + (\boldsymbol{k}_1 - \boldsymbol{k}_2) \cdot \boldsymbol{r} + (\varepsilon_1 - \varepsilon_2) \tag{5.112}$$

θ 是时间的函数，表示对空间同一点，干涉条纹是运动的。假设在空间一点处，t_1 时刻是亮条纹，有

$$\theta_1 = 2\pi f_s t_1 + (\boldsymbol{k}_1 - \boldsymbol{k}_2) \cdot \boldsymbol{r} + (\varepsilon_1 - \varepsilon_2) = 0$$

$t_1 + \Delta t$ 时刻是下一级亮条纹：

$$\theta_2 = 2\pi f_s (t_1 + \Delta t) + (\boldsymbol{k}_1 - \boldsymbol{k}_2) \cdot \boldsymbol{r} + (\varepsilon_1 - \varepsilon_2) = 2\pi$$

两式相减得，$2\pi f_s \Delta t = 2\pi$，即 $\Delta t = 1/f_s$。表明 Δt 时间内移动了一个条纹距离 d，条纹移动速度是

$$U_s = \frac{d}{\Delta t} = \frac{\lambda}{2\sin\dfrac{\alpha}{2}} f_s \tag{5.113}$$

条纹速度方向如图 5.41 所示。

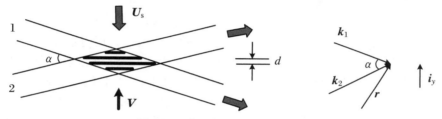

图 5.41　条纹模型解释频移技术

④ 有频移时条纹间距变化了吗？

(5.112)式中，固定 t_1 时刻，$\boldsymbol{r}_1$ 处为亮条纹，有

$$2\pi f_s t_1 + (\boldsymbol{k}_1 - \boldsymbol{k}_2) \cdot \boldsymbol{r}_1 + (\varepsilon_1 - \varepsilon_2) = 0$$

$\boldsymbol{r}_2$ 处为下一级亮条纹，有

$$2\pi f_s t_1 + (\boldsymbol{k}_1 - \boldsymbol{k}_2) \cdot \boldsymbol{r}_2 + (\varepsilon_1 - \varepsilon_2) = 2\pi$$

两式相减得

$$(\boldsymbol{k}_1 - \boldsymbol{k}_2) \cdot (\boldsymbol{r}_1 - \boldsymbol{r}_2) = 2\pi$$

所以条纹间隔不变，仍为

$$d = \frac{\lambda_0}{2\sin\dfrac{\alpha}{2}}$$

⑤ 有频移时的多普勒信号

粒子以速度 V 穿过运动速度为 U_s 的条纹区时，散射光的频率

$$f_D = \left| f_s + \frac{2\sin\dfrac{\alpha}{2}}{\lambda_0} V_y \right| \tag{5.114}$$

两束光的频移量 $f_s \ll f_0$，可以忽略引起的波长变化，所以上述公式中仍采用激光光源波长 λ_0。LDV 中采用的频移量 f_s 应该适当。

（3）实现频移的方法

LDV 中实现频移的方法有旋转光栅法、声光调制法和电光调制法。这些方法的优缺点如表 5.3 所示。

表 5.3　三种频移方法比较

特性	旋转光栅	声光器件	电光器件
效率	20%	80%	55%
频率范围	$0\sim10^6$ Hz	$10^7\sim10^8$ Hz	$10^3\sim10^8$ Hz
测速范围	低	高	广
调整准确	不需要	需要	需要
运动部件	有	无	无
高频干扰	无	有	强
价格	低	高	高

目前广泛采用的是声光调制法。该方法核心器件是 Bragg 盒，其工作原理基于声光效应。如图 5.42 所示，当超声波传过声光材料时，由于光弹效应使介质折射率发生周期性变化，形成超声光栅。光栅常数就是超声波的波长。激光束通过光栅时会发生衍射。当激光垂直入射时，一系列衍射光出现在入射方向两侧，称为 Raman-Nath 衍射。当改变入射角达到一定特征值 α_B 时，声光作用最大。这时一级衍射光强度最大，其他级衍射光消失，这种现象称为 Bragg 衍射。Bragg 角是 $\sin\alpha_B = \lambda_0/(2\varLambda)$，其中 λ_0 是入射激光波长，$\varLambda$ 是超声波波长。一级衍射光强度是 $I_1 = \sin^2(\xi/2)$，ξ 是与介质折射率和长度有关的参数。衍射光频率产生 f_s 的变化。在 LDV 中使用 Bragg 盒后，衍射光偏转了一定角度，需要再通过一个光楔矫正过来。

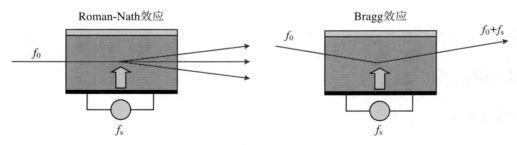

图 5.42　声光调制法

7. 信号处理

（1）多普勒电信号的特点

以双光束光路为例（图 5.43(a)），两束入射光以高斯光强分布在空间传播，在测量体内形成的干涉条纹外包络也呈高斯分布。粒子穿过条纹区发出的散射光信号也具有这一特性，以致倍增管电信号呈图 5.40(b)所示的形状。该电信号由两部分组成：一部分是最大幅值为 i_d 的呈高斯分布的基底信号；另一部分是包络为高斯分布的余弦信号。该信号的 Fourier 变换如图 5.43(c)所示，其频谱由两部分组成：一部分是低频的基底信号频谱，另一部分是多普勒信号频谱。

大多数激光测速仪通常首先用高通滤波器滤去基底信号频谱,保留所需要的多普勒频率信号再进行处理。

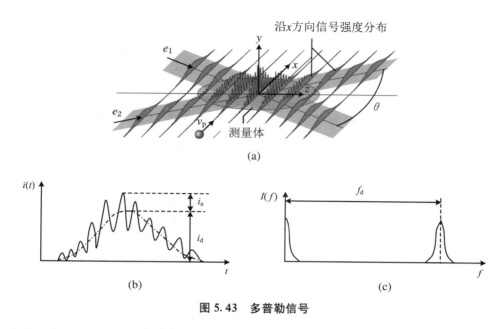

图 5.43　多普勒信号

在实际使用中,信号电流由许多随机通过测量体的粒子产生的光电流叠加而成。根据散射体的不同情况,高通滤波后的信号可能有以下几种情况:

① 连续等幅波(图 5.44(a))。当激光照射在运动固体表面时,固体表面的粒子发出均匀的散射光,倍增管的电流信号就会产生这种连续等幅振动波。表明激光多普勒测速仪原则上可以测量固体的运动速度。

② 连续随机振幅波(图 5.44(b))。当流体中粒子浓度较大时,每时每刻都会有粒子存在测量体中,因此可以得到连续振动波形。但是波形振幅是随机变化的,因为测量体中粒子的数目是随机的。测量体中多个粒子散射光的位相也会是随机的,有可能使信号增强,也有

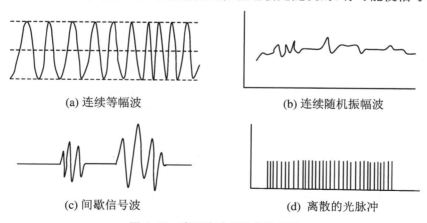

(a) 连续等幅波　　　　　　　　　(b) 连续随机振幅波

(c) 间歇信号波　　　　　　　　　(d) 离散的光脉冲

图 5.44　高通滤波后的电流信号

可能使信号抵消,称为噪音。

③ 间歇信号波(图 5.44(c))。当流体中粒子浓度较小时,不能保证每个时刻都有粒子在测量体中,这就使得电信号以单个"闪烁"形式出现。

④ 光强极低的信号。当粒子散射光强非常低时,倍增管接受的是单个光子。由于光电子发射的离散性,倍增管产生的是离散的光电子流。输出信号呈现为离散的脉冲(图 5.44(d))。

(2) 频谱分析法

频谱分析法是 LDV 发展早期广泛采用的一种方法,其原理图示于图 5.45 中。来自倍增管的信号(频率 f_D)经滤波放大后与电压控制振荡器(VCO)的频率输出 f_{0s} 混频,然后将二者之间的差频($f_{0s} - f_D$)送入一个窄带滤波器中,该窄带滤波器中心频率是 f_0,带宽是 Δf_0。窄带滤波后的信号处于中频通带范围内,其幅值与输入信号幅值有关。检波、平方、平滑器的功能是将中频滤掉,得到与输入信号幅值成正比的模拟信号,输入 XY 记录仪。

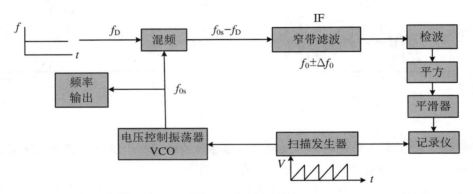

图 5.45　频谱分析法原理图

扫描发生器实际上是一个锯齿波振荡器,一方面供给 VCO 得到与电压成比例的频率变化,另一方面输入 XY 记录仪,在记录仪上得到被测信号的频谱。频率扫描信号总是周期性地从一端扫到另一端,只要扫描周期与被测信号的频率变化速率相比足够长,中频滤波的输出信号幅值就与输入信号中频率出现的概率密度成比例。

频谱分析法的优点是,可以用于对流动做初步分析;适用于稳定流动;可在很宽的频率范围内工作。缺点是,不能得到瞬时速度的实时记录;信息利用率太低;粒子尺寸和浓度不均匀或脉动会引起频谱严重失真;处理数据慢、精度差。

(3) 频率跟踪解调

频率跟踪解调是通过反馈回路自动跟踪一个具有频率调制的信号,并把调制信号用模拟电压解调出来。其原理图示于图 5.46 中,频率跟踪解调法与频谱分析法相比最大的特点是,电压控制振荡器的输入电压受输入信号频率的反馈控制,因而能使 VCO 频率随输入信号频率的变化而变化。频率鉴别器是实现频率—电压转换,产生与中频频率呈线性关系的电压信号 u,此电压再经过积分放大后,控制 VCO 的振荡频率。

为了实现负反馈跟踪,必须保证频率鉴别器的变换性。当输入信号频率 f_D 增大时,如果 f_{0s} 不变,则 f_{IF} 将减小;通过鉴频器,u 将增大,E 也增大,最后导致 f_{0s} 增大,促使 f_{IF} 回复到接近原来的状态。这就是负反馈过程,实现频率跟踪。

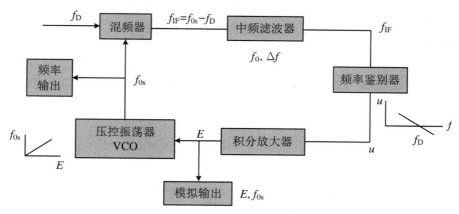

图 5.46 频率跟踪解调法原理图

频率跟踪法的优点是,可以得到正比于速度的实时信息。因此,不仅可以用数字电压表和均方根电压表得到平均速度和均方根脉动速度,还可以得到与时间有关的统计量,如自相关、湍流能谱、空间相关等。得到的结果比频谱分析法的精度高。与数字式处理器相比对信号的信噪比要求低。频率跟踪法的缺点是,难以在高速、高湍流度、低粒子浓度、低信噪比场合使用。可测频率上限受动态特性限制。精度较差。

(4)计数式信号处理

计数式信号处理是一种计时法(图 5.47),它的主要原理是,对高通滤波后的多普勒信号测量规定数目的信号周期所对应的时间。这个时间就是粒子穿过测量体同样数目的条纹所需要的时间。利用快速数字电子装置就可以得到多普勒信号的频率和对应的粒子瞬时速度。计数法有固定周期计数法和固定闸门计数法。

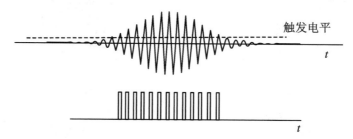

图 5.47 触发器输出信号

计数式信号处理器的优缺点是,可以适用于粒子很稀少的流动场合,即使信号不连续也可以快速得到瞬时速度信息。计数法是一种时域测量法,没有动态响应问题,可以得到较高的时间分辨率。但是计数法对噪音十分敏感。

5.4.3 相位多普勒分析仪

相位多普勒分析仪(Phase Doppler Analyzer,PDA)是近年来在激光多普勒测速仪(LDV)基础上发展起来的一种测速仪器,它既可以测量粒子速度,也可以用来测量粒子直径。所以它有时又被称为相位多普勒粒子分析仪(phase doppler particle analyzer,PDPA)或相位多普勒雾化分析仪(phase doppler spray analyzer,PDSA)。

1. 测量原理

相位多普勒分析仪在 LDV 基础上,用两个(或多个)检测器,检测不同方位散射光的位相差,从而测量粒子的直径。在介绍 PDA 原理时必须涉及粒子的散射特性,我们知道 Mie 散射理论很好地描述了粒子的散射特性,但是由于数学模型的复杂性,用计算机模拟有一定困难。幸运的是,当粒子尺寸大于光波长,并且球形粒子与周围介质折射率比足够大时,可以用几何光学来近似 Mie 散射理论。已经证明几何光学近似理论与 Mie 散射理论具有一致性。

(1) 几何光学近似

von de Hulst 证明了当无量纲粒子直径 $q = \pi d_{\mathrm{p}}/\lambda \geqslant 10$ 时,球形粒子散射光可简化为衍射、折射和反射。其中衍射光强表示为

$$S_{\mathrm{diff}}(q,\theta) = \frac{q^2 \lambda}{4\pi}\left(\frac{\mathrm{J}_1(q\sin\theta)}{q\sin\theta}\right) \tag{5.115}$$

式中 J_1 是 Bessel 函数,θ 是散射角。由 Bessel 函数可知,当 $d_{\mathrm{p}} \geqslant 3\ \mu\mathrm{m}$ 时,衍射光能量集中在 $\theta < 10°$ 的近轴区域中。因此在较大散射角区域内,衍射光可以忽略。

忽略衍射光后的几何光学模型如图 5.48 所示。模型主要考虑反射($p=0$),一次折射($p=1$),二次折射($p=2$)和三次折射($p=3$)的情况。入射光线照射到粒子表面某位置用入射角 α_{p} 表示(图 5.48(b)),其变化范围为 $[-\pi/2,\pi/2]$,而出射光线散射角 θ 的变化范围为 $[-\pi,\pi]$。并且,相对折射率 m 会对散射光分布有影响,图 5.48(c) 和 (d) 分别表示空气中水滴和水中空气泡产生的散射光分布(图中为了清楚,仅画了部分入射光线)。

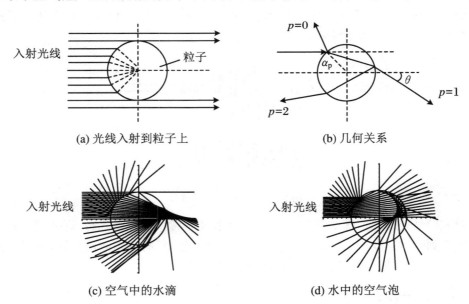

(a) 光线入射到粒子上　　　　　　(b) 几何关系

(c) 空气中的水滴　　　　　　(d) 水中的空气泡

图 5.48　光散射的几何光学模型

因为对称性,考虑散射角在 $[0,\pi]$ 时,θ 与入射角 α_{p} 的关系可以表示为

- 当 $p=0$,$-90° \leqslant \alpha_{\mathrm{p}} \leqslant 0$ 时,$\theta = \pi + 2\alpha_{\mathrm{p}}$;

- 当 $p=1,2,0 \leqslant \alpha_p \leqslant 90°$ 时，$\theta = (p-1)\pi - 2p\arcsin\left(\dfrac{\sin \alpha_p}{m}\right) + 2\alpha_p$；

- 当 $p=3,-90° \leqslant \alpha_p \leqslant 0$ 时，$\theta = -2p\arcsin\left(\dfrac{\sin \alpha_p}{m}\right) + 2\alpha_p$。

（2）双检测器 PDA 光路布置

图 5.49 表示了两个检测器的 PDA 基本光路布置图。图中存在两套坐标系：实验室坐标系 $Oxyz$ 和检测器所在的坐标系 $O'x'y'z'$。坐标系 $Oxyz$ 的 x 轴与坐标系 $O'x'y'z'$ 的 x' 轴平行，坐标系 $O'x'y'z'$ 的 y' 轴与坐标系 $Oxyz$ 的 y 轴成 θ_0 角，称为散射角，坐标原点 OO' 的距离为 R_θ。两束入射光位于 xy 平面内，夹角为 2κ，球形粒子沿 x 方向穿过测量体。两个方形光阑的接收器相距为 D，放置在 $x'z'$ 平面内与 z' 轴对称。当球形粒子穿过测量体（O 点处）时，检测器上一点任意时刻的散射光振幅写为

$$S = |S_{i,p,n}| \cos(\omega t + \sigma_{i,p,n})$$

其中 $i=1,2$ 表示入射光束 1 和 2，$p=1,2,3$ 表示散射光等级；$n=a,b$ 表示平行和垂直偏振方向。σ 是位相，ω 是光频率。

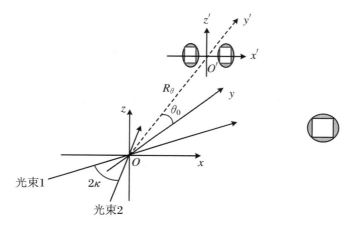

图 5.49　双检测器 PDA 光路布置

（3）散射光振幅

检测器上一点散射光的振幅函数可以写为

$$\left| S_{i,p,n}\left(\frac{d_p}{R}, m, I_{inc,n}, \theta_i\right) \right| = \frac{d_p}{R} \sqrt{I_{inc,n}(\alpha_{i,p})} \cdot |\varepsilon_n(m,\alpha_{i,p})| \cdot \sqrt{G(\theta_i,\alpha_{i,p})}$$

（5.116）

其中 d_p 是粒子直径，R 是粒子到透镜的距离，$I_{inc,n}(\alpha_{i,p})$ 表示入射光光强，m 为相对折射率。$\alpha_{i,p}$ 和 θ_i 分别是对应第 i 条光线的入射角和散射角。光线发散度 G 写为

$$G(\theta_i,\alpha_{i,p}) = \frac{\sin\alpha_{i,p}\cos\alpha_{i,p}}{\sin\theta_i \left|\dfrac{\mathrm{d}\theta_i}{\mathrm{d}\alpha_{i,p}}\right|}$$

（5.117）

以及当 $p=0$ 时，有

$$\varepsilon_n(m,\alpha_{i,p}) = r_n(m,\alpha_{i,p})$$

（5.118）

和当 $p = 1, 2, 3$ 时,有

$$\varepsilon_n(m, \alpha_{i,p}) = \left[1 - r_n(m, \alpha_{i,p})^2\right]\left[-r_n(m, \alpha_{i,p})\right]^{p-1} \tag{5.119}$$

式中 $r_n(m, \alpha_{i,p})$ 为 Fresnel 系数。对应 $n = a, b$,Fresnel 系数表达式是

$$r_a(m, \alpha_{i,p}) = \frac{\cos \alpha_{i,p} - m\cos\left[\arcsin\left(\dfrac{\sin \alpha_{i,p}}{m}\right)\right]}{\cos \alpha_{i,p} + m\cos\left[\arcsin\left(\dfrac{\sin \alpha_{i,p}}{m}\right)\right]}$$

$$r_b(m, \alpha_{i,p}) = \frac{m\cos \alpha_{i,p} - \cos\left[\arcsin\left(\dfrac{\sin \alpha_{i,p}}{m}\right)\right]}{m\cos \alpha_{i,p} + \cos\left[\arcsin\left(\dfrac{\sin \alpha_{i,p}}{m}\right)\right]}$$

(4) 散射光的位相

散射光的位相由三部分组成:反射光、光程长度和焦线。

① 反射光影响

折射光不改变光的位相,反射光产生 π 的位相变化。反射光的影响通过 Fresnel 系数体现在前述系数 $\varepsilon_n(m, \alpha_{i,p})$ 中。

② 光程长度的影响

不同级数 p 的折射光在散射过程中经过不同的路线,因此有不同的光程长度。可以用位相变化 $\sigma_{i,p}$ 来进行描述:

$$\sigma_{i,p} = 2q\left\{\cos \alpha_{i,p} - mp\cos\left[\arcsin\left(\sin\frac{\alpha_{i,p}}{m}\right)\right]\right\} \tag{5.120}$$

③ 焦线产生的位相变化

当入射光照到球形粒子上时,会产生两类焦线。光线穿过焦线时会产生 $\pi/2$ 的位相变化。根据 von de Hulst 的论证,光线全程通过焦线数目引起的总位相改变可表示为

$$\sigma_{\text{focus},i,p} = \frac{\pi}{2}\left(p - 2k + \frac{s}{2} - \frac{p}{2}\right) \tag{5.121}$$

其中系数 k, s 为

$$s = 2 - \frac{2p\cos \alpha_{i,p}}{\sqrt{m^2 - \sin^2 \alpha_{i,p}}}$$

$$k = \text{int}\left(\frac{\theta'}{2\pi} + N + \frac{1}{2}\right) - N$$

式中 N 为足够大的自然数(对 $p \leqslant 3$ 的情况取 4 即可),并且

$$\theta' = (1 - p)\pi - 2\alpha_{i,p} + 2p\arcsin\left(\frac{\sin \alpha_{i,p}}{m}\right)$$

(5) 检测器上接受的散射光

图 5.49 中某接收器上一点处接收到的球形粒子对光束 1 和 2 的散射光可以表示为

$$|E_{1n}|\cos(\omega_1 t + \eta_{1n}) = \sum_{p=0}^{3} |S_{1pn}|\cos(\omega_1 t + \sigma_{1pn}) \tag{5.122}$$

$$|E_{2n}|\cos(\omega_2 t + \eta_{2n}) = \sum_{p=0}^{3} |S_{2pn}|\cos(\omega_2 t + \sigma_{2pn}) \tag{5.123}$$

其中 E_{1n} 和 E_{2n} 是光束 1 和 2 的电矢量振幅，$n = a$ 表示平行偏振光，$n = b$ 表示垂直偏振光，S 是散射光光强，σ 是位相。在该点处相同偏振的散射光相干叠加得

$$I_n(x', z') = |E_{1n}|^2 + |E_{2n}|^2 + 2|E_{1n}||E_{2n}|\cos[(\omega_1 - \omega_2)t + (\eta_{1n} - \eta_{2n})]$$

$$(5.124)$$

式中 $\omega_1 - \omega_2 = \omega_d$ 是多普勒频率，$\eta_{1n} - \eta_{2n} = \eta_n$ 是合成位相。

同一检测器上各点光强积分后得

$$\sum_{x'}\sum_{z'}I_n(x', z') = A_j + B_j\cos(\omega_d t + \Phi_j)$$

$$(5.125)$$

其中 j 是检测器编号。从两个检测器的积分结果可以求得位相差

$$\Phi_{12} = \Phi_1 - \Phi_2$$

$$(5.126)$$

此式表示两个检测器信号的位相差是粒子直径的函数。如果使用三个检测器，可以再增加一个位相差：

$$\Phi_{13} = \Phi_1 - \Phi_3$$

$$(5.127)$$

2. 数值模拟结果

前人已经对上述原理进行了大量的计算机模拟，证实了理论的正确。

图 5.50 给出了当给定入射光波长为 $0.6328\ \mu\text{m}$，两束光夹角为 $5°$，平均接收角为 $30°$，

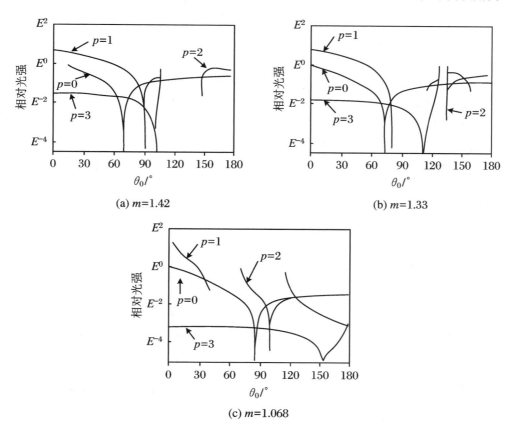

(a) $m=1.42$　　　　　　　　(b) $m=1.33$

(c) $m=1.068$

图 5.50　不同相对折射率下粒子周围各级散射光的光强分布

平均接收距离为 500 mm,相对折射率 m 分别为 1.42(空气中油滴)、1.33(空气中水滴)和 1.068(水中油滴)时,粒子散射光光强分布的计算结果。

结果表明,对于相对折射率为 1.42 和 1.33,在前向 30°接收时有反射光、一次折射光和三次折射光。一次折射光光强是反射光的 10 倍左右,是三次折射光的 100 倍,因此接收光主要为一次折射光。对于相对折射率为 1.068,在前向 30°接收时一次折射光光强与反射光接近,而三次折射光光强已经弱了。此时最佳接受角在前向 40°~60°之间,此区域接收光主要是反射光。

如果检测器位于一种散射模式为主的位置,则检测到的位相差和粒子直径呈线性关系。如果检测器同时检测相同强度的不同散射模式的散射光,则位相差和粒径之间呈非线性关系。图 5.51 是对于水中的空气泡和空气中的水滴计算得到的粒径与位相之间的关系。

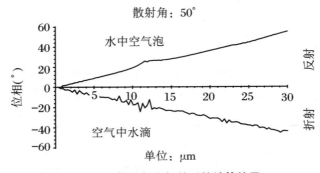

图 5.51　粒子与位相关系的计算结果

3. PDA 测量系统及应用

PDA 的典型测量系统如图 5.52 所示。由激光器发出的光束通过分束器分为两束光,并由光纤传递到发射头,汇聚到空间一点。在聚焦点形成测量体,测量体内出现干涉条纹。粒子穿过测量体发出散射光,散射光被多个检测器接受。检测器与光轴偏离一定角度,检测器产生的电信号之间存在一定的位相差。从 PDA 原理分析已经知道,检测器电信号中频率差包含了粒子的速度信息,位相差包含了粒子直径的信息。检测器输出的信号通过数据处理器处理就得出了粒子的速度和粒径数据。

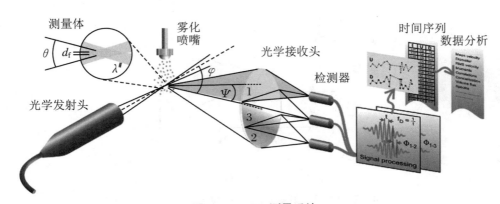

图 5.52　PDA 测量系统

PDA 是在 LDV 基础上发展出的一种仪器,包含了 LDV 的原有功能,并扩展了可以测量粒子直径的功能。因此 PDA 获得了广泛的应用。雾化在工农业生产和科学研究中有重要作用,比如,内燃机喷嘴燃料雾化、消防中的水雾化、喷涂、药物雾化等都需要测量液滴的尺寸和分布,PDA 的发明就提供了一种非接触式的测量方法,不仅提供测量粒子速度、尺寸、分布,还可以测量流量等。

5.4.4 粒子成像速度计

1. 引言

粒子成像速度计(particle image velocimeter,PIV)是一种在流场中同时测量多点(如数千点)流体或粒子速度矢量的光学图像技术。用于测量流场中被光照亮的区域内的速度分布,精度和空间分辨率可与 LDV 及 HWA 比较。

PIV 是非接触式测量技术,实际上测量的是流场中粒子的速度,因此该技术与流场中粒子的浓度密切相关。描述粒子浓度的物理量是源密度和像密度。源密度的定义是

$$N_s = C \Delta Z_0 \frac{\pi d_e^2}{4M^2} \tag{5.128}$$

其中 C 为粒子浓度,ΔZ_0 为片光源的厚度,M 为相机的放大率,d_e 为底片上粒子图像的直径。源密度 N_s 的物理意义是:在像平面上的粒子像斑返回到流体平面上(直径 d_e/M 的圆)和片光源相交形成的一个圆柱体体积内所包含的粒子数。$N_s = 1$,表示这个像是由一个粒子生成的像。如果 $N_s \gg 1$,那么它们的像就高度重叠。根据源密度大小,如果 $N_s \gg 1$ 称为散斑模式(laser speckle velocimetry,LSV),如果 $N_s \ll 1$ 称为图像模式。

类似的推理也可以应用于描述查询区内的粒子数量,即像密度。像密度的定义是

$$N_I = \frac{C \Delta Z_0}{4M^2} \pi d_I^2 \tag{5.129}$$

式中 d_I 为诊断点的直径。像密度的物理意义是:在查询点返回到流体平面上(直径 d_I/M 的圆)和片光源相交形成的一个圆柱体体积内所包含的粒子数(如果不使用查询点,d_I/M 也可以用粒子的最大位移 $|\Delta x|_{max}$ 代替。)。当 $N_I \gg 1$ 时,由于查询区内粒子像较多,不可能跟随每个粒子来求它的位移,而只能采用统计方法来处理,这就是粒子成像速度计(PIV)。当 $N_I \ll 1$ 时,由于成像密度极低,因而在诊断区内不能使用统计处理的方法,而采用跟随每个粒子求它的位移量,所以就整场而言,速度测量是随机的,我们称之为粒子示踪速度计(PTV)。图 5.53 表示了不同粒子浓度对应的不同测量模式。

PIV 与 LDV 相比,相同点是它们都是非接触式测量技术。不同点有:PIV 是在一个瞬时对多点进行测量,获得瞬时速度场(场测量),LDV 是在一个时间周期内进行单点测量,获得一点速度的时间平均统计(点测量);PIV 的空间分辨率由最大图像位移确定,LDV 由测量体积尺寸决定空间分辨率。

2. PIV 的原理和典型系统

粒子成像速度计的原理简单说是在流场中播撒一定浓度粒子,通过双曝光照相方法记录粒子的图像。第一次曝光获得一个粒子的图像,Δt 时间后第二次曝光获得粒子的第二个图像(图 5.54)。两个粒子图像水平和垂直方向的距离分别是 ΔX 和 ΔY,那么粒子的速度

分量是

$$V_x = \frac{\Delta X}{\Delta t}, \quad V_y = \frac{\Delta Y}{\Delta t} \tag{5.130}$$

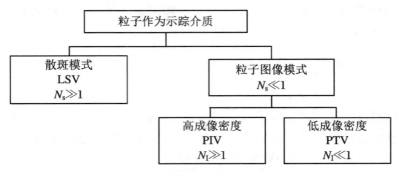

图 5.53　粒子图像测量速度方法的分类

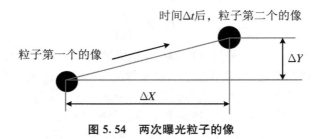

图 5.54　两次曝光粒子的像

　　PIV 原理看起来很简单,但是实际操作起来会有问题。因为 PIV 中粒子的像密度较高,两幅不同时间相继曝光的照片中有成千上万的粒子像。我们不可能一个一个地分辨这些像,只能通过图像处理的方法获得粒子的位移信息。

　　图 5.55 是一个典型的 PIV 系统。光源是双脉冲 Nd:YAG 激光器,该激光器由两个单脉冲 Nd:YAG 激光器组成。这样不仅两个光脉冲的强度可以做到基本相同,而且两个脉冲之间的间隔也可以比较方便地通过延时打开光电开关来调节。从激光器发出的激光束通过透镜系统形成一个片光源,照亮流场一个截面。CCD 相机拍摄流场图像,最后由计算机进行数据处理。控制系统控制激光器和相机的运行。

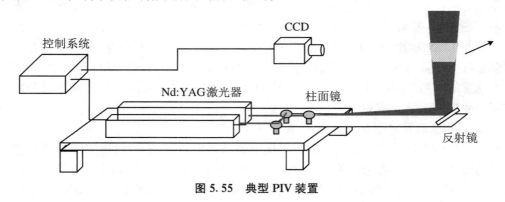

图 5.55　典型 PIV 装置

3．系统部件

（1）光源

PIV 系统对光源的第一个要求是有窄的脉冲宽度,粒子在脉冲持续时间内的位移要明显小于粒子图像本身的尺寸,使粒子的像是一个圆点而不是一个模糊的光斑。第二个要求是光源有足够强度,使得图像记录设备可以清楚地记录粒子的图像。光的强度与片光的照明面积有关。

常用的激光器是倍频 Nd:YAG 激光,光波长为 532 nm,脉冲宽度为 5~15 ns,光强在 10 mJ~1 J 之间,重复频率在 10~50 Hz 之间。为了获得双脉冲常用两个激光器联用,可以自由地调节光脉冲间的间隔。

近年用于高重复率照明的二极管泵浦 Nd:YLF 激光器获得快速发展,Nd:YLF 激光器能够以 1 kHz~5 kHz 的重复频率发射 10~40 mJ 的能量脉冲。它们的脉冲持续时间大约是 Nd:YAG 激光器的 10 倍。也可以选用连续激光器和摄像机联用,就是时间分辨的粒子成像速度计(TR-PIV),用于非定常流动测量。

（2）片光系统

通常用柱面和球面透镜将激光束扩展为片光。图 5.56(a)是柱面透镜和球面透镜组合,使形成的片光在水平方向成宽度为 D 的平行光,而厚度方向有束腰 w(waist)。这种布置照明均匀,但是照亮的面积有限,不适用于大场景测量。图 5.56(b)是两个柱面透镜组合,可以用于测量大场景流动。

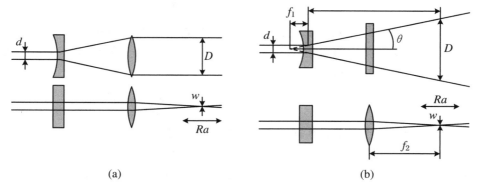

(a)　　　　　　　　　　　(b)

图 5.56　产生片光的柱面镜系统

（3）记录媒介

在 PIV 中,目前使用较多的记录仪器是 CCD 或 CMOS 相机。它们都是数字输出的,便于后续计算机图像处理。早期的全息粒子速度计采用全息胶片,但是后续数字化不方便,已使用不多。随着 CCD 芯片精度提高,现在全息粒子速度计也开始使用 CCD 相机,但是仅用于同轴测量。随着 TR-PIV 发展,高速数字摄像机也多用于 PIV 记录。

4．图像处理方法

（1）查询区的确定

如果示踪粒子密度很低,不同粒子之间的距离比位移大得多,这样就很容易计算单个示踪粒子的位移。这种工作模式通常被称为低像密度 PIV 或粒子跟踪测速(PTV)。如果示踪粒子浓度较高,粒子位移大于粒子像间距,不再能够清晰地识别匹配粒子对。这种操作模式通常称为高像密度 PIV。

对于一般 PIV,由于粒子较多,粒子在两次曝光间的位移不可能一个一个粒子地查看,而是采用统计的方法处理。具体流程如图 5.57 所示。首先把计算机记录的图像分成若干小的查询区。要求每个查询区面积很小,可以认为查询区内粒子速度是相同的,同时查询区内必须有足够多的粒子数,可以用统计的方法处理。每个查询区图像处理后得到该查询区的速度,所有查询区处理后就得到全流场的速度分布。

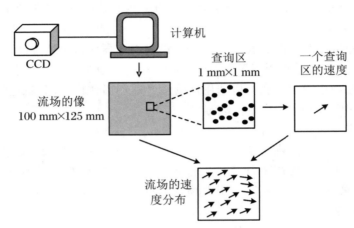

图 5.57 PIV 中的图像处理流程

假设查询区足够小并且粒子数足够多,可以认为查询区内所有粒子具有相同的速度。PIV 通过统计的方法计算出两次曝光之间查询区内粒子的位移。处理方法很多,下面介绍变换方法、直接算法和最小平方差方法。

(2) 变换方法

① 自相关

如果两次曝光的粒子像重叠在同一张图像中,可以用自相关(auto-correlation)方法处理。自相关方法对每个查询区做两次快速 Fourier 变换(FFT)。原理具体分析如下:第一次曝光的图像记为 $g_1(x, y)$,第二次曝光的图像记为 $g_2(x, y) = g_1(x + \Delta x, y + \Delta y)$。$g$ 是查询区内用灰度表示的图像函数,Δx 和 Δy 是两次曝光间粒子在 x 和 y 方向的位移。一个查询区的图像记为

$$g(x, y) = g_1(x, y) + g_1(x + \Delta x, y + \Delta y) \tag{5.131}$$

对该图像做第一次 FFT 得

$$G(\omega_x, \omega_y) = \frac{1}{2\pi} \iint g(x, y) \mathrm{e}^{-\mathrm{j}(\omega_x x + \omega_y y)} \mathrm{d}x \mathrm{d}y = G_1(\omega_x, \omega_y) \left[1 + \mathrm{e}^{-\mathrm{j}(\omega_x \Delta x + \omega_y \Delta y)} \right]$$

其中 G 是 g 的 Fourier 变换,ω 是频域变量。根据 Fourier 变换公式,如果 $f(t)$ 的 Fourier 变换是 $F(\omega)$,则 $f(t)$ 的自相关函数 $R_f(\tau)$ 的 Fourier 变换是 $F(\omega)$ 模的平方,即如果 $f(t) \underset{\mathrm{FFT}^-}{\overset{\mathrm{FFT}^+}{\rightleftarrows}} F(\omega)$,则 $R_f(\tau) \underset{\mathrm{FFT}^-}{\overset{\mathrm{FFT}^+}{\rightleftarrows}} |F(\omega)|^2$。那么

$$|G(\omega_x,\omega_y)|^2 = 4|G_1(\omega_x,\omega_y)|^2\cos^2\left[\frac{1}{2}(\omega_x\Delta x + \omega_y\Delta y)\right] \tag{5.132}$$

(5.132)式表示在谱平面内用灰度表示的图像是黑白相间的杨氏干涉条纹。对(5.132)式做 Fourier 逆变换就得到自相关函数：

$$R_g(x,y) = 4\iint|G_1(\omega_x,\omega_y)|^2\cos^2\left[\frac{1}{2}(\omega_x+\Delta x,\omega_y+\Delta y)\right]e^{j(\omega_x+\Delta x,\omega_y+\Delta y)}d\omega_x d\omega_y$$

$$= 2c_1(x,y) + c_1(x+\Delta x,y+\Delta y) + c_1(x-\Delta x,y-\Delta y) \tag{5.133}$$

其中 c_1 是 $|G_1(\omega_x,\omega_y)|^2$ 的逆 FFT，式中用了相移定理。自相关分析的结果表明，图像中灰度值有三个峰值，除了在原点$(0,0)$及点$(\Delta x,\Delta y)$处外，在与原点对称的点$(-\Delta x,-\Delta y)$处也有峰值。也就是说，用自相关方法可以得到粒子的位移大小，但是不能判别位移的正负。

② 互相关

如果两次曝光的图像分别在两张图像中，用互相关(cross-correlation)方法处理。根据 Fourier 变换定理，如果函数 $f(t)$ 和 $g(t)$ 的 Fourier 变换分别是 $F(\omega)$ 和 $G(\omega)$，则 $f(t)$ 和 $g(t)$ 的互相关函数 $R_{fg}(t)$ 的 Fourier 变换是 $F(\omega)$ 和 $G(\omega)$ 的共轭的积，即如果

$$f(t)\overset{FFT^+}{\underset{FFT^-}{\rightleftarrows}}F(\omega)$$

$$g(t)\overset{FFT^+}{\underset{FFT^-}{\rightleftarrows}}G(\omega)$$

则 $R_{fg}(t)\overset{FFT^+}{\underset{FFT^-}{\rightleftarrows}}F(\omega)G^*(\omega)$。

互相关方法对每个查询区做三次 FFT，具体分析如下：第一次曝光的图像记为 $g_1(x,y)$，第二次曝光的图像记为 $g_2(x,y)=g_1(x+\Delta x,y+\Delta y)$。对两次图像分别做 FFT：

$$G_1(\omega_x,\omega_y) = \frac{1}{2\pi}\iint g_1(x,y)e^{-j(\omega_x x+\omega_y y)}dxdy \tag{5.134}$$

$$G_2(\omega_x,\omega_y) = \frac{1}{2\pi}\iint g_1(x+\Delta x,y+\Delta y)e^{-j(\omega_x x+\omega_y y)}dxdy = G_1(\omega_x,\omega_y)e^{j(\omega_x\Delta x+\omega_y\Delta y)} \tag{5.135}$$

第三次对 $G_1 G_2^*$ 做 Fourier 逆变换，得到互相关函数

$$R_{g_1 g_2}(x,y) = \iint G_1(\omega_x,\omega_y)G_1(\omega_x,\omega_y)e^{-j(\omega_x\Delta x+\omega_y\Delta y)}e^{j(\omega_x x+\omega_y y)}d\omega_x d\omega_y$$

$$= c_1(x+\Delta x,y+\Delta y) \tag{5.136}$$

$c_1(x,y)$ 是 $G_1(\omega_x,\omega_y)$ 和 $G_2^*(\omega_x,\omega_y)$ 积的逆 FFT。互相关的结果表明，图像灰度仅有一个峰值，峰值的位置就是要求的位移。也就是说，用互相关方法可以得到明确的速度大小和方向。

③ 互相关与自相关比较

互相关的优点是空间分辨率高；查询区内允许有更多的有效粒子对；不需要像移装置；提高了信噪比；测量范围宽，精度提高。互相关的缺点是计算量大；可测量的最大速度受硬件限制；时间分辨率受到限制。

(3) 直接算法

归一化的互相关直接算法写为

$$R(\Delta x, \Delta y) = \frac{\sum\limits_{i=1}^{M} \sum\limits_{j=1}^{N} \left[g_1(x_i, y_i) - \bar{g}_1\right]\left[g_2(x_i + \Delta x, y_i + \Delta y) - \bar{g}_2\right]}{\sqrt{\sum\limits_{i=1}^{M} \sum\limits_{j=1}^{N} \left[g_1(x_i, y_i) - \bar{g}_1\right]^2 \sum\limits_{i=1}^{M} \sum\limits_{j=1}^{N} \left[g_2(x_i + \Delta x, y_i + \Delta y) - \bar{g}_2\right]^2}}$$

(5.137)

其中

$$\bar{g}_1 = \sum_{i=1}^{M} \sum_{j=1}^{N} g_1(x_i, y_i)$$

和

$$g_2 = \sum_{i=1}^{M} \sum_{j=1}^{N} g_2(x_i + \Delta x, y_i + \Delta y)$$

其中 $g_1(x_i, y_i)$ 和 $g_2(x_i + \Delta x, y_i + \Delta y)$ 分别代表相邻时间间隔的两张粒子图像对应的查询窗口，M 和 N 分别代表查询窗口的横向和纵向尺寸。当 g_2 中的窗口相对于 g_1 中窗口的平均位移为 $(\Delta x, \Delta y)$ 时，所对应的互相关值就为 $R(\Delta x, \Delta y)$。PIV 互相关算法就是要找到最大互相关值 $R(\Delta x, \Delta y)$ 所对应的平均位移 $(\Delta x, \Delta y)$，继而求出流体在该窗口位置的平均速度。

(4) 最小平方差方法(minimum quadratic difference method, MQD)

假设两次曝光图像(一个查询区)用灰度表示的函数分别是 $g_1(i, j)$ 和 $g_2(i, j)$，它们的大小是 MN 个像素。g_2 是 g_1 在 Δt 时间后的图像，Δt 内粒子的位移是 (m^*, n^*)。也就是说，对应位移 (m^*, n^*) 时的两个图像最相似(差最小)。两个图像的差可以写为

$$D(m, n) = \frac{1}{MN} \sum_{i=1}^{M} \sum_{j=1}^{N} (g_1(i, j) - g_2(i + m, j + n))^2$$

现在的任务就是找到所有 m 和 n 中对应 D 最小时的 (m^*, n^*)，这就是 MQD 方法。上式也可以写为

$$\frac{MN}{2} D(m, n) = \frac{1}{2} \sum_{i=1}^{M} \sum_{j=1}^{N} (g_1(i, j))^2 - \sum_{i=1}^{M} \sum_{j=1}^{N} g_1(i, j) g_2(i + m, j + n)$$
$$+ \frac{1}{2} \sum_{i=1}^{M} \sum_{j=1}^{N} (g_2(i + m, j + n))^2$$

(5.138)

其中第一项是常数项，第二项最重要，D 最小时的位置直接与第二项有关。第三项是与 m 和 n 有关的常数项，只有当粒子均匀分布并均匀照明时，第三项才与 m 和 n 无关。

(5) 实际图像处理中的情况

实际的两幅图像 g_1 和 g_2 包含平均值和波动值两部分，即 $g_1(X) = \langle g_1 \rangle + g_1'(X)$ 和 $g_2(X) = \langle g_2 \rangle + g_2'(X)$。其中 $\langle g_1 \rangle$ 和 $\langle g_2 \rangle$ 是平均值，$g_1'(X)$ 和 $g_2'(X)$ 是波动值。平均值相当于噪声，波动值中含有粒子图像。图像 g_1 和 g_2 的互相关 $R(s)$ 包括三部分：

$$R(s) = R_C(s) + R_F(s) + R_D(s)$$

(5.139)

其中 $R_C(s)$ 是平均项 $\langle g_1 \rangle$ 和 $\langle g_2 \rangle$ 的空间互相关，$R_F(s)$ 是 $\langle g_1 \rangle$ 和 $g_2'(X)$ 以及 $\langle g_2 \rangle$ 和 $g_1'(X)$ 的互相关，$R_D(s)$ 是 $g_1'(X)$ 和 $g_2'(X)$ 的互相关(图 5.58)。

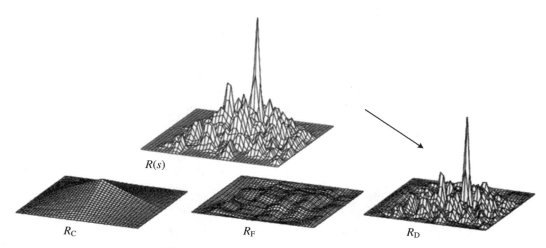

图 5.58　查询区图像的互相关可以分为三项

在实际应用中,这意味着可以通过从图像中减去平均强度来消除 R_C 和 R_F 这两项。剩下的 R_D 项又可以分为均值和波动部分:

$$R_D(s) = \langle R_D(s) \,|\, u \rangle + R'_D(s) \tag{5.140}$$

其中 $\langle R_D(s) \,|\, u \rangle$ 是与速度有关的所谓位移相关峰,$R'_D(s)$ 是随机相关项。图 5.59 是一个典型的例子,R_D 中峰值位置对应粒子的位移。相关计算能得到正确的查询区内速度,需要这个峰值比次要峰值高,便于正确获得位移值。

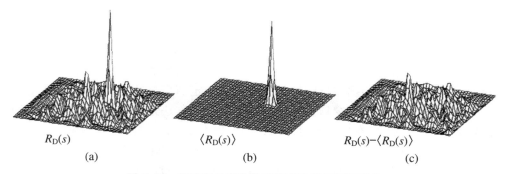

图 5.59　位移相关项分为峰值项和随机项两部分

(6) 预处理和后处理

实际的 PIV 计算中需要对图像进行各种处理。光片照明光强的高斯分布、流场粒子分布不均匀等因素使得在图像处理中需要采取一系列方法,以便获得正确的速度分布。经过多年的发展,PIV 算法已经比较成熟,陆续出现了许多处理方法和技巧,下面列出部分常用的方法。

① 滤波(peak 和 range)

peak 是对单个查询区进行噪声过滤。做法是预先给定一个阈值 k,当最高峰值与次高峰值之比大于 k 时,认为最高峰值代表真实位移信号。反之,则认为真实信号和噪声之间不可辨认,该查询区粒子位移暂时空缺,在后续计算中填补这些空缺。range 的任务是对全流场进行辨别。做法是预先给定最小速度和最大速度,如果每个查询区的速度介于二者之间,则认为该速度是可以接受的。反之,则认为这个速度是噪声信号,使这个查询区速度空缺。

② 光滑(moving-average 和 filter)

moving-average 和 filter 是一种流场光滑过程。做法是对流场任一点(x,y),在其周围取 $m \times n$ 个点(如 3×3)的速度进行平均,如果该点速度与平均速度的偏差在一个可容许的范围内,则认为该查询区的速度是可以接受的。否则该点速度用周围的平均流速代替。

③ 亚像素拟合

互相关计算只能得到像素级精度的位移,如果要想得到亚像素级精度的位移,要对互相关值进行插值。一般常用的拟合插值方法有三种:中心拟合、抛物线拟合和高斯拟合。具体做法可见相关文献。

④ 迭代算法

迭代算法是为了同时提高 PIV 计算的空间分辨率和可靠性。先从粒子图像出发,用较大的查询窗口和较大的最大位移值计算"粗略"的速度场;根据初始计算的速度场,设定预偏值,窗口自适应尺寸及窗口变形值,再由粒子图像出发,用较小的查询窗口和较小的最大位移值计算"精细"的速度场;迭代计算的次数可根据计算的收敛情况而定。迭代算法不仅可以提高计算精度和数据可靠性,同时还可以节省计算时间。

⑤ 窗口变形算法

窗口变形算法需要与迭代算法结合使用。通过上一步的 PIV 计算,可以得到一个"粗略"的速度场,这样我们就可以"预测"出 t 时刻的矩形查询窗口在 $t + \Delta t$ 时刻的变形。而"预测"的方法是利用查询窗口的平均速度及其各阶导数,对其做泰勒展开,得到查询窗口内不同位置的局部速度。

⑥ 自适应查询窗口

查询窗口尺寸越大,可靠性越高,而空间分辨率越低,反之亦然。自适应查询窗口结合迭代算法具有可靠性和空间分辨率较高的优点。根据所依赖的参数不同,自适应窗口方法可以分为两大类。一类是根据粒子图像的相关特性确定窗口自适应尺寸,另一类是根据流体速度方向或者速度曲率确定窗口自适应尺寸。前一种方法是通过计算图像的相关特性,得出图像的局部粒子密度,在粒子密度大的地方,使用较小的查询窗口,在粒子密度小的地方,使用较大的查询窗口。后一种方法是结合迭代算法,计算出流体的速度方向和速度梯度,在速度梯度较大的方向上,使用较小的查询窗口尺寸,速度梯度较小的方向上,使用较大的查询窗口尺寸。由于不同方向可能对应不同的查询窗口尺寸,所以查询窗口不一定是正方形。

⑦ 后处理

PIV 图像后处理目的是更好地描述流场,例如有以下处理程序:

Subtract　为了看清楚流场信息,通常需要在速度场中减去来流速度,可以清楚地看到像旋涡的位置等信息。

Vorticity　根据涡量定义计算出垂直于拍摄平面的涡量值。

Streamlines　根据流线定义对全流场画出流线图形。

5. 立体 PIV

前面介绍的粒子成像速度计是测量流体在片光照亮的平面内的两个速度分量。也就是,测量区域是二维平面,测量的速度是该平面内的两个速度分量,所以写为 2D2C-PIV。立体 PIV(stereo-PIV)是希望利用光片的一定厚度测量垂直光片方向的第三个速度分量,因此属于 2D3C-PIV。stereo-PIV 的光路和一般 PIV 光路基本相同,差别在于 stereo-PIV 用两个相机记录照明平面内的粒子图像(图 5.60),它的数据处理也会有差别。

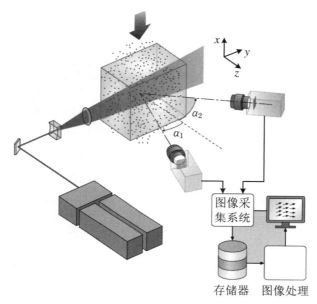

图 5.60　stereo-PIV

stereo-PIV 中两个相机的安装方法有两种:平行(translation)方案和倾斜(angular)方案(图 5.61)。在平行方案中,物平面和像平面是平行的,因此放大倍数是恒定的。缺点是它仅限于很小视角(约 15°),容易产生光学像差。倾斜方案允许有更大的视角和近轴成像,但图像的放大率不再是恒定的。这将导致图像的透视变形和在图像域内的分辨率变化。近年来,立体视图中的图像重建方法得到了广泛的应用。

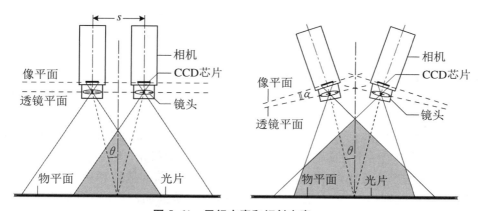

图 5.61　平行方案和倾斜方案

　　对于倾斜方案,两个相机的像平面与物平面不平行。为了使所有图像处于对焦状态,需要满足 Scheimpflug 条件,如图 5.62(a)所示。所谓 Scheimpflug 条件是指当相机的像平面与物平面不平行时,必须旋转成像透镜,使得物平面、像平面和透镜平面交于一点。如果满足 Scheimpflug 条件,可以使整个像平面清楚地对焦。倾斜方案带来的结果是,整个图像的放大倍数会随着视场的变化而变化,结果两个相机拍摄的图像发生了透视变形,如图 5.62(b)所示。

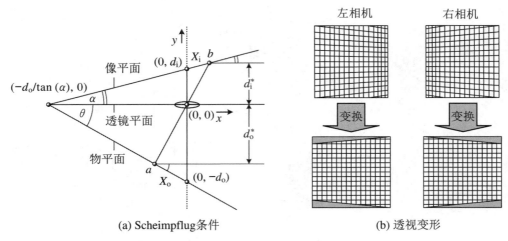

(a) Scheimpflug条件　　　　　　　　　　(b) 透视变形

图 5.62　Scheimpflug 条件和透视变形

像平面位置(X,Y)投影回物平面(x,y)上的几何关系为

$$x = \frac{fX\sin\alpha}{M_0\sin\theta(X\sin\alpha + fM_0)}, \quad y = \frac{fX}{X\sin\alpha + fM_0}$$

其中角 α 和 θ 的定义示于图 5.62(a)。这种映射方法要求光学参数和几何参数准确取值,如果不准确会导致 PIV 结果中出现明显的系统误差。通用的方法是使用标定方法确定映射函数:

$$x = \frac{a_0 + a_1X + a_2Y + a_3X^2 + a_4Y^2 + a_5XY + \cdots}{1 + a_1'X + a_2'Y + \cdots}$$

$$y = \frac{b_0 + b_1X + b_2Y + b_3X^2 + b_4Y^2 + b_5XY + \cdots}{1 + b_1'X + b_2'Y + \cdots}$$

其中参数向量 a, a', b, b' 由标定靶确定。当 $a' = b' = 0$ 时,通过求解一组线性方程,可以从任意数量的标定点找到参数向量 a 和 b。对于校正透视图像畸变(将直线成像为直线),原则上使用二阶多项式就足够了。

　　倾斜方案中相机相对光片有三种配置方法,各有利弊。如图 5.63 所示,图中箭头表示光传播方向。其中第一个方案的两个相机接收的是 90°散射光,从散射光光强角度说是不利的;第二个方案两个相机在光片的同一侧,接收的分别是前向散射和后向散射光,两个相机的光强会有较大差别;第三个方案两个相机都接收的是前向散射光,但是相机在光片在两侧,安排光路需要较大的空间。

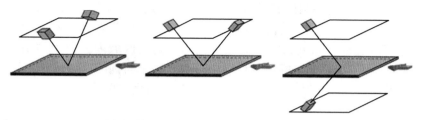

图 5.63　倾斜方案中相机的三种配置方法

在 stereo-PIV 中,获得离面速度分量通用的方法是通过所谓的三维标定。一个有许多明显圆点标记的校准靶被放置在光片位置,用两个相机记录校准靶在不同 z 坐标(纵向)的像。物平面的三维位置(x)和每个像平面的二维位置(X)之间的关系通过多项式 $F(x)$ 拟合。粒子的图像位移 ΔX 通过 $\Delta X \cong (\nabla F) \cdot \Delta x$ 给出:

$$\begin{pmatrix} \Delta X_l \\ \Delta Y_l \\ \Delta X_r \\ \Delta Y_r \end{pmatrix} \cong \begin{pmatrix} F_{1,1}^l & F_{1,3}^l & F_{1,3}^l \\ F_{2,1}^l & F_{2,2}^l & F_{2,3}^l \\ F_{1,1}^r & F_{1,3}^r & F_{1,3}^r \\ F_{2,1}^r & F_{2,2}^r & F_{2,3}^r \end{pmatrix} \cdot \begin{pmatrix} \Delta x \\ \Delta y \\ \Delta z \end{pmatrix} \tag{5.141}$$

其中 $F_{i,j} = \partial F_i / \partial x_j$,$l$ 和 r 分别表示左相机和右相机数据。方程组(5.141)通过最小二乘法求解。

6. 粒子跟踪速度计

粒子跟踪速度计(particle tracking velocimetry,PTV)是一种低像密度($N_1 \ll 1$)时的粒子测速方法。PTV 方法的基本思想是跟踪单个粒子,因此这是一种拉格朗日方法。而 PIV 是一种测量流体速度场的欧拉方法,这是二者的区别。粒子跟踪速度计有两种不同的实验方法:二维(2D)PTV 和三维(3D)PTV。本小节仅介绍 2D-PTV 的原理,3D-PTV 放在 5.5 节介绍。

二维粒子跟踪速度计是用片光源照亮流场中的一个二维平面,激光片内低像密度的粒子被照亮,并允许在几帧中分别跟踪每个粒子,从而得到二维平面内的速度分布。PTV 查询图像的直观方法是匹配单个粒子-图像对,最简单的查询算法是最近邻匹配方法(nearest-neighbor matching)。在众多 PTV 算法中,有一类算法是基于粒子丛思想的,即以目标粒子与其周围粒子的相对位置关系为判断基准来实现前后帧粒子匹配的方法。典型的粒子丛类算法有弹簧模型算法和速度梯度张量算法。这里我们介绍的是另外两类算法,即基于德劳内划分(Delaunay tessellation,DT)的算法以及基于沃罗诺伊划分(Voronoi diagram,VD)技术的算法。

DT 是有限元计算中生成网格的一种方法,能有效地将空间每一个离散点连接起来,在二维平面形成三角形网格,在三维空间形成金字塔形网格。DT-PTV 将图像中离散粒子分布转化成为非结构化网格,通过匹配前后两帧的网格单元来实现粒子的匹配。

在二维 DT-PTV 算法中,假设经过图像处理,我们已经获得了连续两幅图像中粒子的位置。图 5.64 表示分别在不同时间 t_0 和 $t_0 + \Delta t$ 的图像 A 和 B。图中表示通过对每个图像使用 DT 生成了三角形网格。图像 A 中所有镶嵌的三角形网格表示为 $\{\mathrm{tr}\, i_i\}$($i = 1, 2, \cdots, N$),在 $\{\mathrm{tr}\, i_i\}$ 中选择任意一个网格 $\mathrm{tr}\, i_i$,用 x_c 和 y_c 表示该网格中心的坐标(图中阴影部分)。DT-PTV 的目的是在图像 B 的询问区域中找出最可能与网格 tr i_i 配对的三角形网格,询问区域为中心在(x_c, y_c),半径为 R 的圆。半径 R 的取值需要大于两帧间粒子的最大位移,这个位移可以通过实际流场的主流速度估算。询问区域内三角形网格记为$\{$tr $i_{i,j}\}$$(j=1,2,\cdots,M)$。为了找出配对网格,可以计算网格 tr i_i 与询问区域内任一网格 tr $i_{i,j}$ 的互相关系数,具有最大互相关系数的三角形网格被认为是最有可能配对的网格。

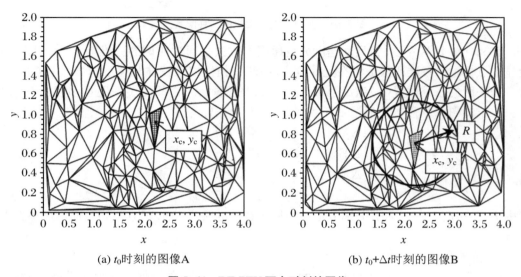

(a) t_0时刻的图像A   (b) $t_0+\Delta t$时刻的图像B

图 5.64　DT-PTV 两个时刻的图像

根据互相关系数定义,有

$$R_{ij} = \frac{\iint f_i(x,y)f_j(x+p, y+q)\mathrm{d}x\mathrm{d}y}{\iint f_i^2\mathrm{d}x\mathrm{d}y\iint f_j^2\mathrm{d}x\mathrm{d}y} \tag{5.142}$$

其中 f_i, f_j 是像 A,B 中的三角形,p,q 是两个三角形中心之间 x,y 方向的距离。(5.142)式也可以写为

$$R_{ij} = \frac{\mathrm{area}(\mathrm{tr}\ i_i \bigcap \mathrm{tr}\ i_{i,j})}{\sqrt{\mathrm{area}(\mathrm{tr}\ i_i)\mathrm{area}(\mathrm{tr}\ i_{i,j})}} \tag{5.143}$$

其中 area 表示三角形面积,tr $i_i \bigcap$ tr $i_{i,j}$ 表示两个三角形重叠面积。最大互相关系数对应的两个三角形就是配对的三角形,获得配对三角形对应的三个顶点之间的距离就可以求出对应点的速度。

　　DT-PTV 方法中由于三角形或四面体结构简单,在粒子浓度较高时会出现形状趋同,从而导致匹配难度增加。而以沃罗诺伊划分为基础的算法更为简洁高效。沃罗诺伊图是德劳内三角剖分的对偶图,它是由一组由连接两邻点直线的垂直平分线组成的连续多边形组成的(图 5.65)。在构建沃罗诺伊网格时,先将离散点构成 DT 三角形网格,再将相邻三角形的垂心连接起来就得到 VD 划分,因此 VD 网格和 DT 网格互为对偶,而原始粒子是 VD 多边形的中心。在三维空间中,VD(多面体)和三维 DT(四面体)同样互为对偶。两种结构在运用时各有好处,可根据实际情况选择合适的结构。

图 5.65 中"＋"号表示原始粒子,经划分之后得到的封闭区域被称为 VD 多边形,它们紧密排列且绝对没有交叠,并与原始粒子呈一一对应的关系,即每一个 VD 多边形都拥有一个核。对参与匹配的前后两帧粒子群分别做 VD 划分,基于两帧流动相关性假设,同一粒子在前后两帧中对应的 VD 多边形变形有限。利用这一特性,将 VD 多边形定义为基本匹配单元。

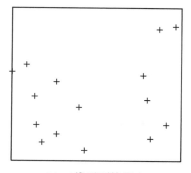
(a) 二维平面粒子点

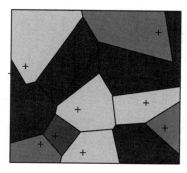
(b) 沃罗诺伊多边形

图 5.65　粒子群的沃罗诺伊划分

二维 VD 算法中的匹配单元如图 5.66(a)所示,以原始粒子位置(x_0,y_0)为中心建立笛

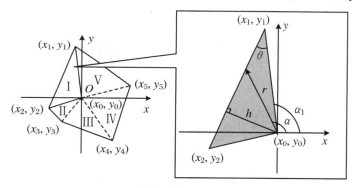
(a) 二维算法中的匹配单元

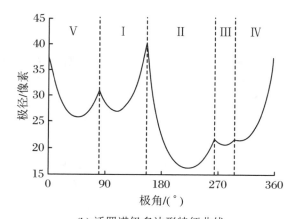
(b) 沃罗诺伊多边形特征曲线

图 5.66　沃罗诺伊多边形单元

卡儿坐标系,它所对应的匹配单元由若干个三角形 Ⅰ,Ⅱ,…,Ⅴ组成,三角形的极半径 r 与极角 α 的关系为

$$r(\alpha) = \frac{h}{|\sin(\alpha + \theta_1 - \alpha_1)|} \tag{5.144}$$

$$h = \sqrt{(x_0 - x_1)^2 + (y_0 - y_1)^2} |\sin\theta_1| \tag{5.145}$$

表示此多边形的特征曲线示于图 5.66(b)中。

特征曲线(图 5.63(b))表示了 VD 多边形的特征,通过对比特征曲线可以判断匹配单元的相关性。具体做法是,在 t_0 时刻图像中找出一个目标粒子,在 $t_0 + \Delta t$ 时刻的图像中选择某一个候选粒子,假设它们对应的特征曲线分别表示为 r_1 和 r_2。对二者均除以 $(|r_1|^2 + |r_2|^2)^{\frac{1}{2}}$ 得出无量纲特征曲线 r'_1, r'_2,然后计算两条无量纲特征曲线的相关系数

$$R_{12} = \frac{\Gamma(r'_1, r'_2)}{\sqrt{D(r'_1)D(r'_2)}} \tag{5.146}$$

其中 Γ 是协方差运算,D 是方差运算。相关系数最大的候选粒子就是匹配的粒子,从而就确定了目标粒子的速度。

5.5 速度测量技术的新进展

前面我们介绍了热线风速仪(HWA)、激光多普勒测速仪(LDV)、粒子成像速度计(PIV)等测速技术,近年来在这些技术基础上发展了一些新的技术和方法。例如,在 LDV 基础上发展了多普勒全场速度仪、激光双焦点速度仪;在 PIV 基础上发展了显微粒子成像速度计、时间序列粒子成像速度计、三维三分量粒子成像速度计和纳米示踪平面激光散射技术等。

5.5.1 多普勒全场速度仪

激光多普勒测速仪的一个缺点是只能测量一个点的速度,如果需要了解一个截面或者全场的速度信息,只能逐点扫描。多普勒全场测速仪(Doppler global velocimetry,DGV),又称为平面多普勒测速仪,是一类利用分子滤波器的吸收特性来确定散射激光多普勒频移的激光测速技术。它的优点是非接触式测量和场测量。

1. 基本原理

在 DGV 中所用的分子滤波器是基于碘蒸气对光线吸收特性的碘蒸气盒,将不同频移的散射光转化为不同的光强,使测量频移问题转化为测量光强问题,从而简化了处理全场散射光信号的难度。图 5.67 表示了碘蒸气的光线吸收特性,不同频率的光通过碘蒸气吸收后光的强度会不同。当粒子散射光产生多普勒频移时,对应的散射光通过碘蒸气盒后光强也会发生变化。

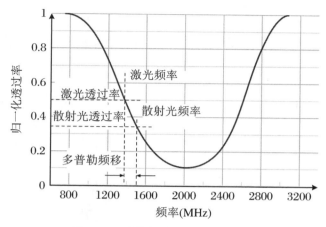

图 5.67　碘蒸气对光线的吸收特性

碘蒸气在光谱的绿光部分有多个吸收谱线，这刚好和多种激光器匹配，如 Ar$^+$ 激光器（用 514.5 nm），倍频 Nd∶YAG 激光器（532 nm）和倍频 Yb∶YAG 激光器（515 nm）。

2. 光学布置

图 5.68 是 DGV 的装置示意图。来自激光器的光束通过柱面透镜成为片光照亮流场一个平面，流场中的粒子发出的散射光被相机接受。散射光带有多普勒频移信息，图 5.68 表示了 DGV 测量的速度分量方位。从多普勒频移公式可知

$$f_D = \frac{\boldsymbol{U} \cdot (\boldsymbol{e}_s - \boldsymbol{e}_0)}{\lambda_0} \tag{5.147}$$

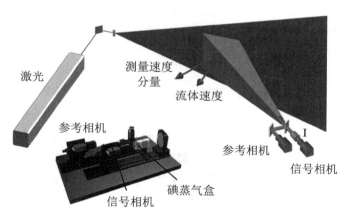

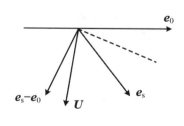

图 5.68　DGV 装置示意图

其中入射光方向是 $\boldsymbol{e}_0$，相机收集的散射光方向是 $\boldsymbol{e}_s$，因此 DGV 测量的是沿 $\boldsymbol{e}_s - \boldsymbol{e}_0$ 方向的速度分量。如果需要测量其他速度分量可以改变入射激光的方向，也可以改变相机的方向，比如采用多个相机 $\boldsymbol{e}_{sA}, \boldsymbol{e}_{sB}, \boldsymbol{e}_{sC}$ 等同时测量。

图 5.69 表示 DGV 中相机采集的两种方案。一种方案是用两个相机：信号相机和参考相机。来自流场的粒子散射光分为两路：一路通过碘蒸气盒，由信号相机接受；另一路不经

过碘蒸气盒,由参考相机接受。通过对比两个相机的图像,得出图像强度的变化,从而得到多普勒频移的大小。另一种方案是用一个分幅相机,粒子的散射光同样分为两路:一路通过碘蒸气盒,另一路不经过碘蒸气盒,两路光同时进入一个相机,产生两个图像。

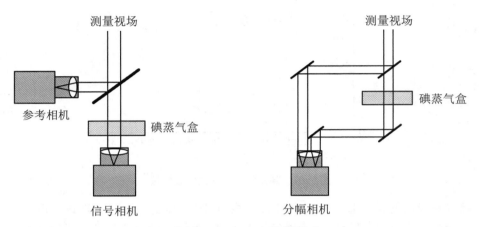

图 5.69　DGV 光路布置

5.5.2　激光双焦点测速仪(L2F)

激光双焦点测速仪(laser two focus velocimeter,L2F),又称激光输运风速仪(laser transit anemometry,LTA)。早在 1968 年 Thompson 就首次提出了 L2F 的想法,其后许多学者研制了多种不同结构的 L2F,但基本原理都是相同的。它的优点是光学装置简单、数据处理简单、仅需要低功率激光器。缺点是仅能用于测量低紊流度(<10%)气流。1973 年以后 L2F 获得了大发展,成功用于测量高速流、光学通道狭窄流动、旋转流等;可用于紊流度 <30% 的流动。

1. 基本原理

激光双焦点测速仪的基本原理示意图示于图 5.70,简单说就是在流场中产生两个高强度的聚焦光束,聚焦区就是光探测区,它呈现出两个焦点。焦点直径 d 约 10 μm,焦点之间的距离 s 固定不变,并被精确测定,约数百微米。通过测量流体中粒子通过两个焦点的时间 t,从而获得粒子的运动速度,即流体的运动速度 U:

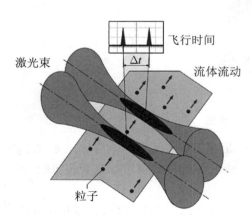

图 5.70　激光双焦点测速仪原理示意图

$$U = \lim_{\substack{\Delta s \to 0 \\ \Delta t \to 0}} \frac{\Delta s}{\Delta t} \simeq \frac{s}{t} \qquad (5.148)$$

2. 光学布置

图 5.71 表示了首次在湍流中应用的 L2F 光路图。图中 Ar^+ 激光器用作光源,四分之一波片将线偏振激光束转换成圆偏振光束。Rochon 棱镜将圆偏振激光束分割成两束有一定夹角、强度

相同、偏振方向互相垂直的光束。其中一束光沿原入射光束的方向传播,而另一束光偏转一个小角度 δ(详见细节 A)。接着两束光进入透镜 L_1,离开 L_1 的两束光互相平行并且在透镜后焦平面处形成两个高度聚焦、且强度相等的光斑。然后,两束光通过反射镜和传输透镜组 L_2 的中央部分在测量区内形成聚焦光斑的像,就是测量体积,测量体积位于流场(如风洞)中选定的测量位置(详见细节 B)。Rochon 棱镜可以旋转,从而可以改变测量区内两个光斑的方向。

穿过测量区域的粒子发射散射光脉冲,后向散射回来的光由透镜组 L_2 的外部区域检测,通过双孔装置发送到两个光电探测器上,每个探测器分别测量到测量体积的一束光。空间滤波装置的作用是将由于激光束从通道壁上反射而在狭窄通道中产生的背景噪音降至最低。两个非常小的后向散射光束非常精确地调整到两个针孔上。

L2F 系统测量的是在垂直于光轴平面(焦平面)内的二维速度分量。在焦平面内,两个焦点连线与参考平面的夹角定义为 α。通过旋转 Rochon 棱镜可以改变 α 角。

这种用于双焦点的光学装置多年来没有发生重大变化,因为其光学设计已经相当优化。随着光纤和激光二极管等新兴技术的出现,推动了 L2F 系统改进,使该系统更容易操作,也更可靠。

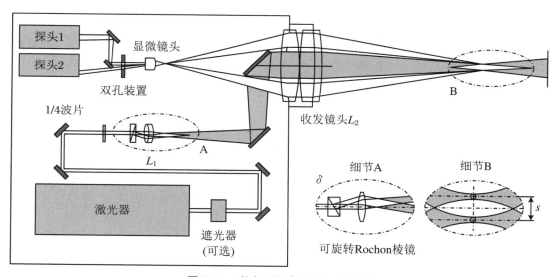

图 5.71　激光双焦点测速仪光路图

3. 三分量 L2F 系统

一种专门设计的三分量 L2F 系统(3C-Doppler-L2F)的布置如图 5.72 所示。把一个频率稳定的带腔内标准具的 Ar^+ 激光器用作光源。在多模运行时,Ar^+ 激光发出三种频率的光(514.5 nm,496.5 nm 和 488.0 nm),其中稳频器使绿光(514.5 nm)频率稳定。激光束用光纤连接到发射头上。透镜 f_1 将激光束对准色散棱镜,使得三种不同颜色的光产生不同的角度偏转。再借助透镜 f_2,分开的不同颜色的平行光束会聚焦在测量体 PV 中,细节如图 5.72 右下方所示。

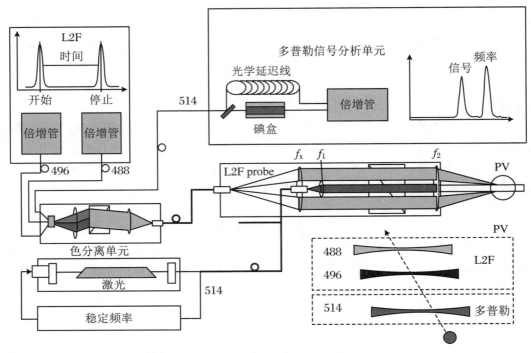

图 5.72　3C-Doppler-L2F 示意图

粒子穿越测量体 PV 发出多色的散射光,通过透镜 f_2 的外部区域和色散棱镜,会聚在透镜 f_3 的焦点上。同时散射光被耦合到一个多模接收光纤中,它的另外一个作用是作为空间滤波小孔。接收纤维将多色散射光引导到色分离单元,在该分色单元中,检测到的各种颜色的光被分开并发射到指定的三根光纤中。

测量体中 488 nm 和 496 nm 的散射光脉冲被引导到 L2F 处理单元,在那里测量飞行时间的开始和停止信号,标准 L2F 信号处理器提供了两个速度分量 $v_\perp$ 和在垂直于光轴平面中的角度 α。

测量体中 514 nm 的散射光脉冲进入多普勒频移分析单元,获得沿光轴的速度分量 v_z。在多普勒分析单元中,514 nm 散射光通过分束器分为两束强度相等的光束,一束通过碘蒸气盒,提供信号光脉冲;另一束通过多模光纤作为光学延迟线。这两个脉冲由一个光电倍增管检测,这两个脉冲的振幅比正比于碘蒸气盒的传输特性,从它可以得出散射光的频率。测量的速度分量 v_z 的不确定性是 ±0.5 m/s。这样就获得了三维速度的 L2F 测量。

现在全场测速系统,如 PIV 和 DGV,是比较普遍采用的测速系统,因为它们具有效率高、成本低等优点。这些场测量系统与点测量技术相比还提供了一些额外信息,如流动结构可视化等。正因为如此,这些系统今天得到了广泛的应用。然而,场测量系统需要一定的光学通道,这个问题在一些应用中无法解决。因此,我们相信点测量技术,如 LDV 和 L2F 测速技术,仍具有重要的意义,尤其是在叶轮机械的流动研究中。

5.5.3　显微 PIV

1. 显微 PIV 的特点

随着微流体研究的发展,亟需开发在微小空间内测量流动速度的新方法。特别是在微小管道中,任何接触式测量都是不现实的。因此显微 PIV(micro-PIV 或 μPIV)成为了微流体研究中一种重要的测量方法。

要把 PIV 技术用于微小管道内测量需要克服两个困难。首先是照明问题,在普通 PIV 中是用片光照射流场的,测量的是片光照明的那个平面内的速度场,片光的厚度在毫米量级。但是微流体研究中的管道内径一般在微米量级,那么只能采用体照明,即把整个管道都照亮。如果采用体照明方法会带来一个问题,管道一般加工在硅片上,当流场中的粒子被照明时不可避免地照亮管道壁。粒子的散射光会淹没在管壁反射光中。解决这个困难的方法是采用荧光粒子,这样荧光粒子散射光的波长比入射光波长要长,而壁面反射光的波长就是入射光波长。可以通过滤光片过滤掉壁面反射光,仅获取粒子的散射光信息。

采用体照明后带来第二个困难是分层问题。体照明把整个管道都照亮了,PIV 照片中包含了整个管道的速度信息,需要把管道中每一层的速度区分出来。解决的方法是在 μPIV 中采用短景深的镜头,通过景深解决聚焦平面的问题。

2. 光学布置

用于微管道研究的 μPIV 是一个倒置的体视显微镜,如图 5.73 所示。在显微镜物镜上方是微流芯片,通过泵把带有示踪粒子的流体泵入芯片管道,芯片出口是废料池。倍频 Nd：YAG 激光器(532 nm)或者一般白炽光源用作 μPIV 的光源,一般输出的激光需要衰减(不大于 5 mJ),激光太强会损坏仪器。波长 532 nm 的激光照亮管道,反射光中包括两种波长的光：波长 532 nm 的管壁反射光和波长 560 nm 的粒子散射荧光。然后通过滤光片只让 560 nm 的荧光进入相机。CCD 相机记录数据后,后续的数据处理方法与一般 PIV 相同。

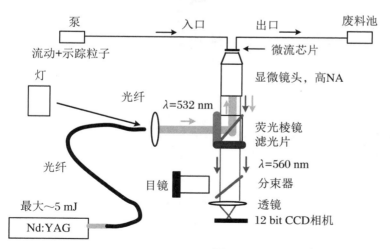

图 5.73　μPIV 示意图

5.5.4 时间序列 PIV

PIV 是一种提供高空间分辨率数据的测量技术,其中单张速度矢量图反映的是某一时刻的速度场,与时间无关。当需要研究与时间相关流动信息时,可以采用点测量技术(HWA,LDV)。随着高帧频摄相机和高重复率脉冲光源的出现,用 PIV 方法实时采集高空间分辨率的速度矢量图成为可能。这就是时间序列 PIV(time resolved PIV, TR-PIV),即随时间变化的 PIV。TR-PIV 的发展在湍流和非定常流体力学研究中有重要作用。

在 TR-PIV 中,有两种光源可以选择:连续激光光源(如 Ar$^+$ 激光器、半导体激光器等)和脉冲激光光源(如倍频双脉冲 Nd:YAG 和 Nd:YLF DPSS 激光器)。在选择光源和相机联用方式时有两种操作模式:时间序列模式(time series mode, TSM)和跨帧模式(frame straddling mode, FSM)。每种方式都有其独特的优点,选择哪种模式取决于实验条件以及如何使用数据。

图 5.74 表示了 TR-PIV 中的两种操作模式。如果使用连续激光作为光源,则一般采用时间序列模式。高帧频相机采集的相连图像用于计算速度场。如果相机的采集率为 f_{acq},则用于计算速度场的时间间隔 $\Delta t = 1/f_{\mathrm{acq}}$。

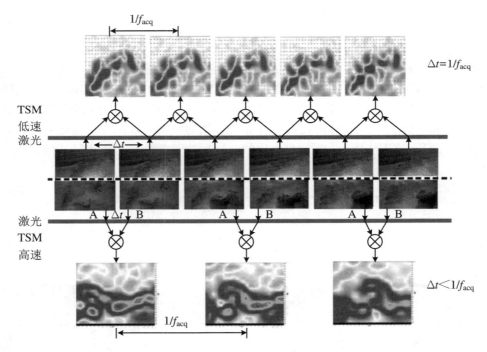

图 5.74　TR-PIV 中时间序列模式和帧跨模式

如果使用脉冲激光作为光源,既可以采用时间序列模式,也可以采用帧跨模式。在采用时间序列模式时,对应相机每一帧图像都发射一个激光脉冲。从每一对相邻图像中计算出一个矢量场,因此摄像机帧速率就等于矢量场采集率 f_{acq}。采集率的选择应该与速度大小匹配,这样可获得精确的随时间变化的矢量场。这些数据可以用于产生功率谱、拉格朗日跟踪和时空关联等与时间相关的信息。在采用跨帧模式时,激光脉冲 A 在第一帧结束时发射,激光脉冲 B 在第二帧开始时发射。这种模式使用户可以灵活选择 Δt,而不必与相机的帧速率耦合,$\Delta t < 1/f_{acq}$。当被测量的速度很高时可选择跨帧模式。例如,在吹气式超声速风洞实验中,用跨帧模式在短时间内捕获大量数据。

在时间序列 PIV 中,数据处理大多采用互相关算法。对摄像机拍摄的一系列图像可以依次两两进行互相关计算,也可以每隔几幅进行互相关计算。如果事件是周期性的,则常用的做法是相位平均方法。选择 5～10 个周期,首先将相同位相的图片数据平均,然后再进行互相关计算,这样会大大增加精度。图 5.75 是相位平均法对测量的圆柱下游 Karman 涡街流场。

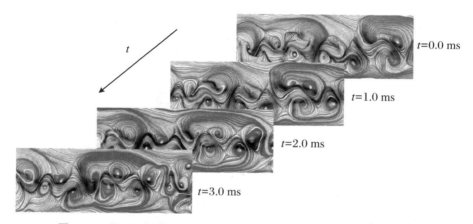

图 5.75　用 TR-PIV 测量的圆柱下游 Karman 涡街流场($Re = 12000$)

5.5.5　三维三分量 PIV(3C-3D-t-PIV)

1. 什么是 3C-3D-t-PIV?

所谓 3D 是指三维(three-dimensional),3C 是指三个速度分量(three-component),t 是指随时间变化的速度场。早期的 PIV 采用片光照亮流场一个截面,用一个相机拍摄图像,应该属于 2D-2C-PIV,因为它仅测量一个平面内的两个速度分量。stere-PIV 用一定厚度的片光照亮流场截面,把两个相机摆成一定角度拍摄图像,应该属于 2D-3C-PIV,因为它可以测量一个平面内的三个速度分量。如果用摄像机拍摄一系列 2D-2C-PIV 图像就属于 2D-2C-t-PIV,因为它记录了随时间变化的二维速度场。

长期以来人们一直追求能够测量三维随时间变化的速度场和压力场。要获得三维速度场首先需要能够分辨三维粒子场,分辨粒子 3D 位置有许多方法,大体上落在三个范畴:多视角(multiple-viewpoints)、全息(holography)、内部光学畸变(internal optical alteration)。图 5.76 列出了各种实现 2D-3C-PIV 的方法。

2. 面照明方法

（1）双平面 PIV

早期研究三维场测量时采用多个面的照明方式。图 5.77 表示用两个片光平行照明流

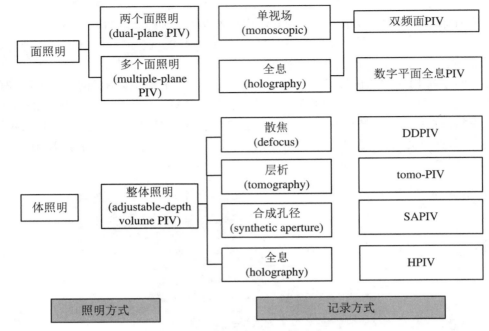

图 5.76　2D-3C-PIV 的分类

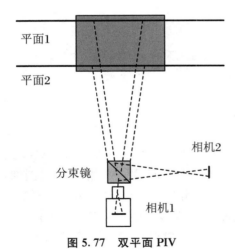

图 5.77　双平面 PIV

场两个截面,这两个片光可以是不同颜色的,也可以是不同偏振方向的。然后用两个相机通过滤光片或者偏振片分别采集每个平面的图像,达到同时测量相邻两个平面速度场的目的。两个光片之间的距离可以通过机构调节,同时相机也跟随调节,保持相机中的图像始终聚焦。图 5.77 表示的是单相机模式,也可以采用双相机模式,也就是用四个相机获得两个平面内的三个速度分量。这种模式可以用于测量应力张量或者涡矢量。

（2）多平面 PIV

多平面 PIV（multiple-plane PIV）的主要思想是用多个等间隔的平面片光覆盖整个三维流场。这种方法的优点是每个面内的光能量密度比体照明高,因此粒子像的信噪比较高;光片的位置明确,因此可以较好确定粒子的空间位置。主要的困难是如何产生多个等间距的光片以及如何有效记录粒子的图像。

图 5.78(a)和(b)表示了产生多个片光的两种方法:一种是产生固定间距的片光,另一种是产生可变间距的片光。

图 5.78(a)中采用偏振分束镜 PBS 产生多个光束,用半波板 HP 控制每个光束的强度。这种方法的优点是可以控制每个光片的强度和偏振方向相同,缺点是需要多个分束器和半波板,光片之间的间距受到限制。

图 5.78(b)中采用多分束器 MBS 产生多个光片,MBS 是一个玻璃平板,一个面镀了全反射膜,另一个面镀了部分反射膜。光片的数目和间距可以通过改变 MBS 的角度来改变,但是每个光束的强度不均匀。

多平面 PIV 的记录方式有点特殊。图 5.78(c)表示了用全息方法记录多个平面内粒子的技术,称为数字像平面全息技术(digital image plane holography,DIPH)。其中参考光通过光纤稍微离轴地照射到 CCD 上。采用短相干长度的光,通过调整相干长度,使得每个相干光仅和一个平面的物光干涉。这样多个干涉图重叠在 CCD 芯片上。数字干涉图的再现通过光传播的数字模型计算出来。DIPH 方法已经不常使用。

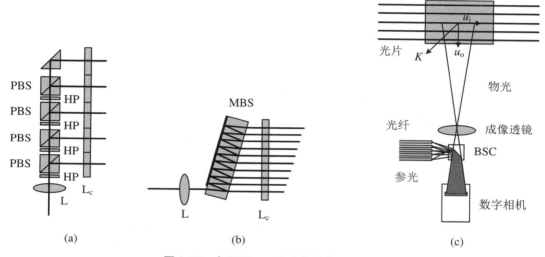

图 5.78　多平面 PIV 中光片的产生和记录

(3) 扫描 PIV

图 5.79 表示扫描 PIV(scan-PIV)示意图,这也是一种面照明方案。如图所示,半导体激光光源(532 nm,1000 mW)和高速 CCD 相机(2000 fps)都安装在滑行导轨上,激光光束通过柱面镜和反射镜照亮流场一个平面,相机聚焦到光片平面,光源和相机同步在导轨上等速滑行(150 mm/s)。扫描 PIV 可以测量三维流场,粒子的像也很清楚,信噪比较高,但是仅适用于测量定常稳定的流场,如果是测量周期性流场也可以通过相位平均方法测量。对于高度非定常流动扫描 PIV 不太适用。

3. 散焦数字 PIV

散焦数字粒子成像速度计(defocus digidal PIV,DD-PIV)是利用光学滤波原理测量粒子空间位置的一种方法。如图 5.80 所示,对于一个标准成像系统(图 5.80(a)),由一个成像透镜和一个小孔光阑组成。物平面点 A 聚焦在像平面点 A',物平面和透镜间的点 B 应聚焦在 C 点,它在像平面产生离焦的像,是一模糊的点 B'。对于一个离焦成像系统(图 5.80(b)),透镜后方放置一个编码的掩膜(为了方便解释散焦技术,掩膜为两个对称的小孔光阑)。则物平面点 A 仍聚焦在像平面点 A',而物平面和透镜间的点 B 在像平面为两个模糊的点 B' 和 B''。它们之间的距离 b 仅与点 B 的离焦程度有关。

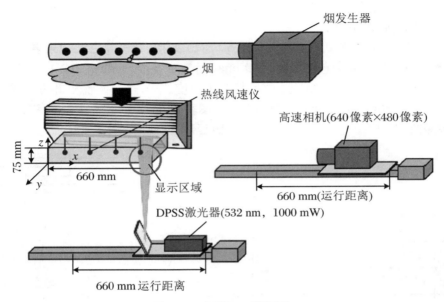

图 5.79　扫描 PIV 装置图

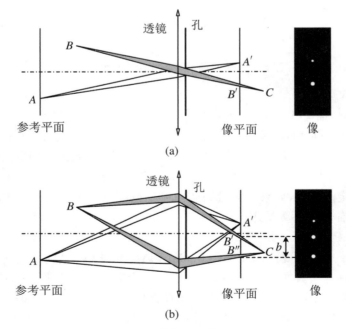

(a)

(b)

图 5.80　散焦 PIV 原理图

图 5.81 是一个简化的光学模型,如果掩膜有两个对称的针孔,令针孔间的距离为 d,参考平面与掩膜间的距离为 L,透镜焦距为 f。参考平面的成像平面(相机 CCD 平面)距掩膜距离为 l。参考平面外一点 $P(X,Y,Z)$ 在相机平面留下的两个光斑间的距离为 b。假设定义参考平面的放大倍数 M 和点 P 的放大倍数 M_Z 分别为

$$M = \frac{l}{L} = \frac{f}{L-f}, \quad M_Z = \frac{l}{Z} = M\frac{L}{Z}$$

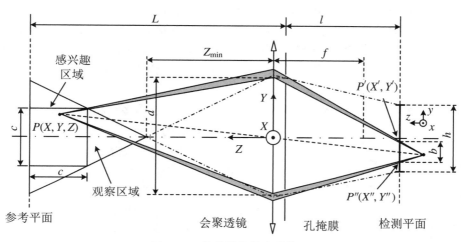

图 5.81 简化的散焦光学模型

f 为透镜焦距。根据几何关系可以得出光斑距离 b 与点 P 坐标 Z 的关系:

$$b = \frac{1}{K}\left(\frac{1}{Z} - \frac{1}{L}\right) \tag{5.149}$$

其中 $K = \dfrac{1}{MdL}$ 是增益系数。当 $Z<L$,即点 P 位于参考平面和透镜之间时,$b>0$。但当 $Z>L$,即点 P 在参考平面左侧时,$b<0$,两个光斑位置翻转,之间距离相同。所以 (5.149) 式应写为

$$b = \frac{1}{K}\left|\frac{1}{Z} - \frac{1}{L}\right| \tag{5.150}$$

为了克服这个问题,掩膜可以采用三角形分布的三个针孔或其他形状的掩膜。

当 $Z=L$ 时,$b=0$,两个光斑合并为一个聚焦的像。图 5.81 中阴影部分表示散焦方法可以适用的区域。其中当两个光斑间距离 b 等于 CCD 芯片高度 h 时对应 Z_{min}:

$$Z_{min} = \frac{d(L-c)}{c+d} \tag{5.151}$$

其中 c 是感兴趣区域的特征尺寸。同理,可以得出散焦光斑和点 P 之间的坐标关系:

$$x' = x'' = M_Z X$$
$$y' = \frac{M}{2Z}\left|d(L-Z) - 2LY\right| \tag{5.152}$$
$$y'' = \frac{M}{2Z}\left|-d(L-Z) - 2LY\right|$$

在 DDPIV 中大致分以下步骤进行:第一步是经典的图像预处理,背景去除、强度归一化、定义研究区域、低通滤波。第二步是快速检测局部峰值。需要克服粒子重叠、残余背景噪音和照明不均匀等。第三步是建立粒子模型。从一个局部峰值出发,非对称扫描,直到局部强度梯度达到一个阈值,用高斯函数拟合等。第四步是跟踪粒子的像,匹配一个给定的图形(与光阑形状有关)。第五步是计算粒子的空间坐标(X,Y,Z)。DDPIV 技术要做的事是建立一个好的软件,把这些离焦的像区分出来。

离焦法的优点是实验平台较为简单,一般的单相机加上光阑、透镜或衍射光栅就能实现三维的体测量,但是这也是其本身非常突出的缺陷,即流场空间分辨率很低。由于采用单相机成像,在使用光阑的实验中一个粒子有多个成像,因此为了保证粒子成像配对的准确性,流场中的示踪粒子浓度必须很低。此为离焦法不能被广泛推广的主要原因。

4. 层析 PIV

层析粒子成像速度计(tomographic PIV,tomo-PIV)是用多个相机进行多视角测量、重构三维速度场的一种新技术,该方法现在已经在3D-3C 速度测量方面获得广泛应用。

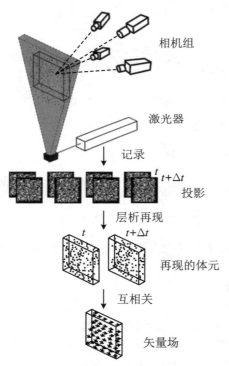

图 5.82　层析 PIV 原理图

如图 5.82 所示,tomo-PIV 分以下步骤:第一步是记录过程。激光照亮一部分流场(体照明),多个相机按照 Scheimpflug 条件布置拍摄流场,获得多个系列图像。第二步是层析再现粒子三维位置。再现粒子的三维分布是一个逆问题,它的解可能不是唯一的。确定最可能的粒子 3D 分布是 tomo-PIV 的关键。第三步是求粒子的三维速度。对相应的一对查询区粒子图通过 3D 互相关技术获得查询区速度,进而得到三维速度场。

在 tomo-PIV 中,无疑重构算法是最关键的步骤。因为从有限张照片计算粒子空间位置是一个反问题,解不是唯一的,因而算法就特别重要了。过去基于投影方法的代数重构技术(algebraic reconstruction technique,ART)得到了很好的发展。在 ART 基础上又发展出了乘法代数重构技术(multiplicative algebraic reconstruction technique,MART)。图 5.83 表示了 ART 的基本思想。为了方便图中用一个平面问题来代表,ART 将整个测量体空间分割成一个个体素(voxel),多个相机从不同角度记录粒子图像。

假设离散的体素坐标为(X,Y,Z),它的光强分布是$E(X,Y,Z)$,每个体素元内有非零值,而在体素元外的值为零。然后将光强分布$E(X,Y,Z)$投影到相机 CCD 像素(x_i,y_i)上,得到像素强度$I(x_i,y_i)$,写为线性方程

$$\sum_{j\in N_i}w_{i,j}E(X_j,Y_j,Z_j)=I(x_i,y_i) \tag{5.153}$$

其中 N_i 表示在相机第 i 个像素 (x_i, y_i) 对应的视线范围内或其邻近截取的体素(图 5.83 中阴影部分)。权重系数 $w_{i,j}$ 表示第 j 个体素光强 $E(X_j, Y_j, Z_j)$ 对像素强度 $I(x_i, y_i)$ 的贡献,它的大小依赖于体素离视线的垂直距离 d,介于 0 和 1 之间。求解上述代数方程组 (5.153) 是逆问题,解不是唯一的。评估算法的依据是重建精度和收敛性。

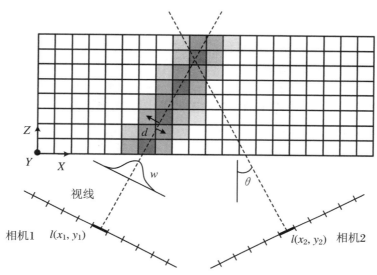

图 5.83　用于层析 PIV 再现的图像模型

在 ART 和 MART 算法中,从一个合适的初始猜想 $E(X, Y, Z)^0$ 开始,目标 $E(X, Y, Z)$ 在每次完整迭代中更新为

$$\text{ART}: E(X_j, Y_j, Z_j)^{k+1} = E(X_j, Y_j, Z_j)^k + \mu \frac{I(x_i, y_i) - \sum_{j \in N_i} w_{i,j} E(X_j, Y_j, Z_j)^k}{\sum_{j \in N_i} w_{i,j}^2} w_{i,j}$$

$$\text{MART}: E(X_j, Y_j, Z_j)^{k+1} = E(X_j, Y_j, Z_j)^k \left(I(x_i, y_i) / \sum_{j \in N_i} w_{i,j} E(X_j, Y_j, Z_j)^k \right)^{\mu w_{i,j}}$$

其中 μ 是标量松弛参数,在 ART 中 μ 介于 0 和 1 之间,在 MART 中 μ 必须小于等于 1。

基于上述算法在实现三维粒子场重构时,是假设粒子成像灰度等于相机视线上所有粒子灰度积分的,因此这一算法带来的一个优点是,如果出现粒子影像部分重叠的情况,那么可以通过迭代直接还原那些被遮挡粒子的空间灰度分布,避免这些被遮挡粒子成像中心难于被识别的问题。算法能适用于示踪粒子浓度相对较高的流场测量。但事物具有两面性,MART 算法的一个突出的缺点就是增加了产生虚假粒子(ghost particles)的概率,进而影响测量精度。

5. 合成孔径 PIV

合成孔径粒子成像速度计(synthetic aperture PIV,SA-PIV)和 tomo-PIV 类似,属于多视场观察成像,是利用合成孔径聚焦算法再现三维粒子场的新方法。SA-PIV 采用多个透镜成像,相当于扩大成像透镜孔径,减小景深。

SA-PIV 包括以下几个步骤:

① 图像采集。图像采集用相机阵列从多视角捕捉图像，相机可以在不同位置和角度，只要希望拍摄的视场在每个相机内。每个相机的景深足够大，整个感兴趣的区域都被聚焦。

② 合成孔径再聚焦。用合成孔径再聚焦技术重新参数化光场。从多相机拍摄的图像产生一个在特定平面聚焦的图像。

③ 三维强度场再现。从合成孔径方法再聚焦的图像中摘取粒子的三维强度场。

④ 三维互相关。类似 tomo-PIV 中采用的互相关技术，从三维强度场获得三维速度场。

图 5.84 通过一个简化的实例说明合成孔径技术的工作原理。图中两个位于不同 X 位置的相机 1 和 2 具有足够景深，观察参考平面相同部分。如果把每个相机的图像映射到参考平面，那么点 A 将在映射图像中处于相同位置而不在参考平面上的点会因为相机之间的视差而出现失焦。例如在对参考平面映射的图像中，不在参考平面内的点 B，会出现在不同位置，它们之间的距离为 Δ。

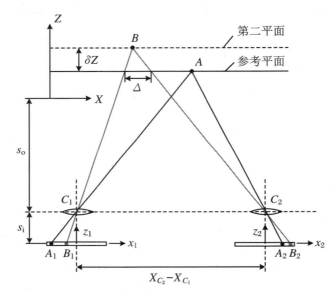

X-Z 是全局坐标系，x-z 是当地图像坐标

图 5.84　显示光学排列和视差概念的示意图

通过增加更多的相机，将图像映射到参考平面上，并进行平均，参考平面内点 A 的信号将越来越强，参考平面外的点作为"噪声"。请注意，这个"噪声"并不是指实际的图像噪声，而是来自不在感兴趣的平面上的粒子的信号。

图 5.85 表示多个相机图像再聚焦的示意图。(a)中两个相机 1,2 图像平面的 z 轴对齐；(b)中相机 2 图像平面平移 S_A 距离，点 A 对齐；(c)中多个相机图像分别平移不同距离，并取平均值以生成重聚焦图像；(d)中以 3D 形式图示了 9 个摄像机阵列捕获的图像以及随后对两个平面的重新聚焦。通过将摄像机放置在足够大的基线上（摄像机投影中心之间的较大间隔），一些摄像机可以看到其他图像中遮挡的粒子。因此，部分遮挡的粒子在重聚焦图像中保留了高信号。为了实现合成孔径重聚焦，必须建立图像坐标与实验室坐标中焦平面之间的关系（即一组映射函数）。

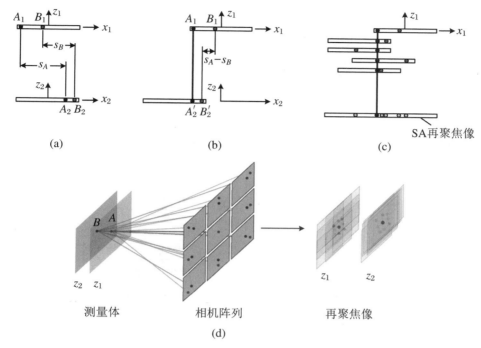

(a)　　　　　　　　　(b)　　　　　　　　　(c)

测量体　　　　　相机阵列　　　　　再聚焦像

(d)

图 5.85　合成孔径再聚焦方法示意图

6. 全息 PIV

全息技术是记录物体三维信息最理想的方法。它分为两步:在记录时,将来自物体的光波(物光)与另一束参考的光波(参考光)在记录介质处重合产生干涉条纹(称为全息图),全息图上记录了这些干涉条纹。在再现时,用共轭参考光照射处理后的全息图,全息图上的干涉条纹就像衍射光栅一样,再现光通过全息图后产生的衍射光波中包含了原物体光波的全部信息(包括强度和位相)。全息技术的详细介绍可见第 8 章。

全息技术在激光问世后得到了突飞猛进的发展和广泛的应用,当然也成为人们测量三维粒子速度场的首选方法。全息粒子成像速度计(holographic PIV, H-PIV)虽然听起来十分理想,但是和二维 PIV 相比要复杂得多,有几种实现 H-PIV 的方法。

第一种方法是传统的 H-PIV(traditional HPIV),即用胶片记录,光学方法再现。卤化银全息胶片有极高的分辨率,参光和物光在全息图处可以以一定角度相交,形成较大幅度的干涉图。但缺点是胶片化学处理很麻烦。光学再现可以立即产生再现的像,但是需要复杂的三维机械扫描装置获取粒子三维位置。

第二种方法是过渡 H-PIV(intermediate HPIV),即用胶片记录,数值方法再现。全息胶片由于其高分辨率仍在使用,显影后的胶片被扫描成数字格式,然后在计算机中进行数字再现。这种方法的优点是只需要进行二维机械扫描,不需要光学再现,避免了繁琐且往往不可行的参考波束匹配。

第三种方法是数字 H-PIV(digital HPIV),即用数字方式记录,数值方法再现。全息胶片用数码相机(CCD 或 CMOS)取代,完全消除了化学处理步骤,这使得硬件类似于传统

PIV,并具有数值再现的优点。虽然现在 CCD 还达不到胶片那么高的分辨率,但是随着技术的发展,当数字 H-PIV 完善时,它将会像今天的数字 PIV 一样易于使用和受到广泛欢迎。

全息图上干涉条纹的密度是与物光和参光的夹角成正比的。由于全息胶片的分辨率要比 CCD 芯片的分辨率高 1~2 个数量级,因此限制了数字 H-PIV 目前仅能采用同轴(in-line)记录的方式。

存在多种同轴 H-PIV 的记录方法,图 5.86 是三种记录数字 H-PIV 的光路。图 5.86(a)是一种典型的同轴 H-PIV 记录方法,采用单光束照明流场,同时用作物光和参光。相机记录粒子的前向散射光,可以有较强的散射光强。图 5.86(b)和(c)采用双光束光路,优点是参考光有明确的定义,不存在参光畸变的问题。图 5.86(b)中采集了粒子的侧向散射光,散射光强较弱,优点是可以控制测量体的位置和尺寸。图 5.86(c)中采用了粒子的前向散射,但是在物光光路中使用了高通滤波,挡住物光中的直流分量。

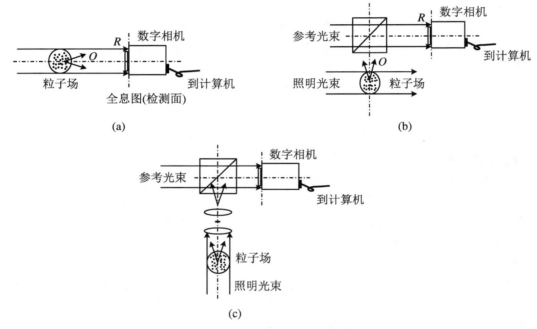

图 5.86　数字 H-PIV 记录光路图

用 CCD 相机记录的全息图可以直接在计算机中数值再现。根据全息学原理,全息图处的光强分布可以表达为

$$I = (R + O)(R^* + O^*) = RR^* + RO^* + R^*O + OO^* \tag{5.154}$$

其中 R,O 分别表示参光和物光,上标 * 表示共轭光波,I 表示干涉图处的光强。RR^* 表示参考光平均光强,RO^* 和 R^*O 表示干涉花样,OO^* 表示物光光强。化学处理后全息图的干涉图或者数字全息图的强度分布正比于全息图处的光强分布:

$$H(x_b, y_b) = b_0 + \alpha I(x_b, y_b)$$

其中 b_0 是常数,α 是曝光系数。对于数字全息图,$b_0 = 0$ 和 $\alpha \approx 1$;对于胶片全息图,$\alpha < 1$ 和 b_0 与胶片性质有关。

当全息图再现时,共轭参光照射全息图后,透射光场写为

$$U_r = R^* H = |R|^2 R^* + |R|^2 O^* + R^{*2} O + R^* OO^* \tag{5.155}$$

其中 $|R^2|R^*$ 是原共轭参光,$|R|^2 O^*$ 是物体的实像,$R^{*2}O$ 是物体的虚像,$R^* OO^*$ 是调制后的物光。在数字 H-PIV 再现时,再现的光场可以近似表达为通过二维全息图窗口的衍射光波,根据 Huygens 原理写为

$$U_r(x,y,z) = \iint_{x_b, y_b} U_r(x,y,z=0) \left[-\frac{\partial G}{\partial n}(x-\xi, y-\eta, z) \right] d\xi d\eta \tag{5.156}$$

其中 x,y,z 是空间坐标,$z=0$ 是全息图位置,ξ, η 是全息图平面的坐标,x_b, y_b 是全息图窗口尺寸。$\partial G/\partial n$ 是 Green 函数的法向导数,常采用两种核函数表示,即 Rayleigh-Sommerfeld 公式:

$$-\frac{\partial G}{\partial n}(x,y,z) = \frac{1}{\lambda} \frac{\exp(-jk\sqrt{x^2+y^2+z^2})}{\sqrt{x^2+y^2+z^2}} \cos\theta \tag{5.157}$$

和 Kirchhoff-Fresnel 近似:

$$-\frac{\partial G}{\partial n}(x,y,z) = \frac{\exp(j\lambda z)}{j\lambda z} \exp\left[j\frac{k}{2z}(x^2+y^2) \right] \tag{5.158}$$

其中 λ 是波长,k 是波数,倾斜因子 $\cos\theta = z/\sqrt{x^2+y^2+z^2}$。方程(5.156)实际上是两个函数的卷积,可以用 FFT 求解,也可以直接数值求解。对每一个 z 为常数的位置逐个计算衍射光场 U_r 以及光强分布 $U_r U_r^*$。

数字 H-PIV 的步骤大体如下:首先用数字相机直接记录两幅双曝光的粒子全息图;接着对全息图做预处理,去除不完善的参光和其他背景噪音;然后对预处理后的全息图进行数值再现,获得原物光波;从再现的物光中得到粒子的三维坐标,最后计算出粒子的三维速度。

表 5.4 比较了几种 3D-3C-t-PIV 方法的特征。

表 5.4　几种 3D-3C-t-PIV 方法的比较

	每个像素内的例子数/ppp	测量区域大小/mm³
DDPIV	0.038	100 × 100 × 100（模拟）
	0.034	150×150×150（实验）
HPIV	0.001～0.008（1～8 particles · mm⁻³）	46.6×46.6×42.25
	0.014	1.5 × 2.5 × 1.5
tomo-PIV	0.02～0.08	
SA-PIV	0.17（6.68 particles · mm⁻³）	50 × 50 ×10（模拟）
	0.05（1.08 particles · mm⁻³）	40 × 40 ×30

7. 三维 PTV

在 5.4.4 节中我们介绍过二维 PTV 中确定粒子位置的 DT-PTV 算法和 VD-PTV 技术。DT-PTV 算法是将空间每一个粒子像连接起来形成三角形网格,通过匹配前后两帧的网格单元来实现粒子对的匹配。VD-PTV 技术是在 DT 的基础上,将相邻三角形的垂心连

接起来得到 VD 多边形。

推广到三维情况,将 DT 三角形网格转化为空间四面体群,此时名义上的匹配单元为所有包含同一粒子 n 的四面体所聚合而成的多面体,或者此多面体可以被划分成若干个以粒子 n 为共同顶点的四面体,如图 5.87 所示。但是,实际操作中的基本匹配单元则是这些四面体,因为多面体的参数化远比二维多边形要困难得多。

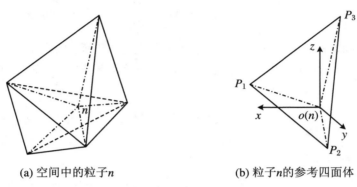

(a) 空间中的粒子n (b) 粒子n的参考四面体

图 5.87   三维 PTV 算法中的匹配单元

这些作为基本匹配单元的四面体被称为粒子的参考四面体。如果一个四面体单元可在空间中做任意旋转且具有一个基点,那么它一共有 6 个自由度。因此,选取 6 个线性无关量作为参考四面体的特征量,包括从粒子 n 指向其余 3 个顶点的向量的长度,以及代表这 3 个向量间的点积。将上述特征量汇总为如下两个四面体特征向量:

$$l = (OP_1 \cdot OP_1 \quad OP_2 \cdot OP_2 \quad OP_3 \cdot OP_3)$$
$$a = (OP_1 \cdot OP_2 \quad OP_2 \cdot OP_3 \quad OP_3 \cdot OP_1) \tag{5.159}$$

两个参考四面体之间的差异 d_{ij} 计算式为

$$d_{ij} = \|l_{ni} - l_{mj}\|_1 + \|a_{ni} - a_{mj}\|_1 \tag{5.160}$$

其中下标 n 和 m 分别为第 1 和第 2 帧中的粒子,下标 i 和 j 分别表示第 1 帧和第 2 帧中粒子的参考四面体,$\|\cdot\|_1$ 为向量的 1 范数(1 范数定义是向量元素绝对值之和)。$d_{\min}$ 为 d_{ij} 的最小值,取得最小值的参考四面体标记为 j',对应的四面体特征向量为 $l_{mj'}$ 和 $a_{mj'}$。对 $d_{\min}$ 进行无量纲化处理,即

$$d_{\min}^* = d_{\min} \cdot (\|l_{ni}\|_1 + \|a_{ni}\|_1 + \|l_{mj'}\|_1 + \|a_{mj'}\|_1)^{-1} \tag{5.161}$$

为了避免多面体局部大变形或者粒子缺失带来的影响,引入参考四面体投票机制来确定匹配粒子。粒子 n 的全部参考四面体即为选民,粒子 n 的候选粒子即为候选人。选民根据如下公式来决定投票与否,获得最多认可的候选人当选,即

$$v_{im} = \begin{cases} 1, & d_{\min}^* \leqslant \alpha \\ 2, & d_{\min}^* > \alpha \end{cases} \tag{5.162}$$

其中 $\alpha \in [0,1]$ 为差异系数,代表两个参考四面体间的差异,在算法中决定是否能参加投票。

候选粒子 m 所得到的总票数为 $v_m = \sum\limits_{i}^{N_i} v_{im}$,其中 N_i 为粒子 n 对应的参考四面体个数。除上述条件外还有一个附加条件,即只有获得足够多票数的候选人才能当选:

$$v_m/N_i > \beta \qquad\qquad (5.163)$$

其中 $\beta \in [0,1]$ 为投票系数,代表两个粒子之间相似性的预判,在算法中决定投票最终是否有效。如果上述条件成立,则对粒子 n 的所有候选粒子进行相同操作,否则认为本次投票结果无效,此时 v_m 为 0。v_m 值最大的候选粒子即为粒子 n 在第 2 帧中的匹配粒子,若 v_m 的最大值为 0,则认为粒子 n 在第 2 帧粒子中没有匹配结果。

5.5.6　纳米示踪平面激光散射技术

纳米示踪平面激光散射技术(nano-tracer planar laser scattering,NPLS)是由国防科技大学易仕和教授首先提出的一种用于高超声速流动速度测量的新方法。

1. NPLS 原理和系统组成

NPLS 与常规 PIV 技术的原理相同,其核心是采用了纳米示踪粒子。常规 PIV 技术中示踪粒子直径在微米到毫米量级,属于米氏散射。常规 PIV 粒子在(高)超声速流场测量时存在跟随性问题,测量有激波流场时存在一定的困难。激光诱导荧光(PLIF)技术中示踪粒子是分子量级的,属于瑞利散射,跟随性没有问题,但是在(高)超声速流场测量时存在信号弱、信噪比差的问题。而 NPLS 技术采用纳米示踪粒子,粒子松弛时间短(小于 40 ns),在(高)超声速流场测量时既解决了粒子跟随性问题,也解决了信噪比问题。可以用于(高)超声速流场高分辨率显示和测量。

在 NPLS 技术中采用了超声速 PIV 系统和 PLIF 系统的光路布置。如图 5.88 所示,这是一个标准的 PIV 光路,双腔 Nd:YAG 脉冲激光器发出的光脉冲经光臂形成片光照亮流场,CCD 相机拍摄流场照片。计算机控制整个系统各部件的运行,并且保存和处理采集的图像。

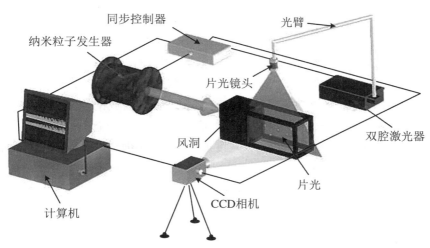

图 5.88　NPLS 测量系统

在 NPLS 技术中重要的是如何播撒纳米粒子。为了解决纳米粒子的团聚问题,专门设计了纳米粒子发生器。该装置由高压气源、粒子流化器、粒子过滤器、粒子分离器和播撒喷嘴组成。高压气源为发生器提供了稳定、可调的运行压力。粒子流化器与高压气源相连,内部有方向可调的流化喷嘴,充分流化纳米粒子。粒子过滤器位于流化器出口,内部装有多层过滤网,可以过滤掉大粒子,也可以粉碎团聚的粒子。过滤器下游是粒子分离器,其侧壁装有大粒子收集器,保证了纳米粒子的分离和大粒子的收集。过滤器顶部出口与喷嘴相连,可以根据需要更换不同的喷嘴。整个工作过程中,通过控制高压气源的压力大小调整纳米粒子的尺寸分布。

2. 测量超声速密度场

NPLS 技术不仅可以用于测量超声速速度场,而且可以用于测量超声速密度场,成为 NPLS 技术的主要特点。

由于 NPLS 技术采用纳米示踪粒子,在超声速流场中粒子具有良好的跟随性。如果粒子在上游流场是均匀投放的,则在超声速流场中密度越高的区域,所包含的粒子数越高。当激光片光照亮流场时,粒子浓度越高的地方散射光的信号越强,拍摄的流场照片灰度值越高。因此,流场的密度值与 NPLS 图像的灰度值存在对应关系,如图 5.89 所示。只要获得流场密度与图像灰度之间的对应关系,就可以实现超声速密度场的定量测量。

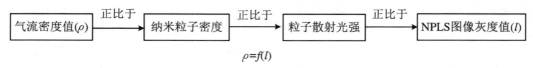

$$\rho = f(l)$$

图 5.89 NPLS 技术测量密度场原理

为了获得流场密度与图像灰度的对应关系,事先在超声速风洞中进行校准实验。校准实验模型是安装在风洞试验段中的一个偏折角 θ 连续可调的斜劈。可以在同一个马赫数 M 下进行一系列斜劈试验,获得如图 5.90 所示的一系列照片。从照片可知,超声速来流经过斜劈后会产生斜激波,激波后的流场是均匀的。来流密度 ρ_1 可以根据来流总温、总压和马赫数计算得到。不同偏折角 θ 下的激波角 β 可以从实验照片测得。那么斜激波波后密度 ρ_2 可以从下式计算得到:

$$\rho_2 = \frac{(\gamma + 1) M^2 \sin^2 \beta}{2 + (\gamma - 1) M^2 \sin^2 \beta} \rho_1 \tag{5.164}$$

NPLS 图像中激波前后的灰度值可以通过计算采样区域的平均灰度 l_1 和 l_2 得到(图 5.90)。在保持来流粒子数浓度、激光强度、CCD 和片光源位置不变的条件下,通过改变偏折角 θ,得到一系列波后密度 ρ_2 与图像灰度值 l_2,通过多项式拟合得到以下关系:

$$\rho = f(l) = a_0 + a_1 l + a_2 l^2 + a_3 l^3 + \cdots \tag{5.165}$$

在进行校准时需要注意几个问题,激光光束呈高斯分布,可能使得片光不十分均匀,需要对 NPLS 图像进行预处理。斜劈的角度变化范围尽可能大一些,每次变化角度小一些,使得拟合关系式更准确。

图 5.91 是用 NPLS 拍摄的流场照片,图中伪彩色表示流场密度分布。从图中可以清楚地观察到模型头激波、膨胀波以及湍流边界层。

3. 测量超声速速度场

图 5.92 表示用 NPLS 技术得到的模型周围流场的速度分布。NPLS 和 PIV 一样是可以测量流场速度分布的。其原理和技术是相同的,这里就不再叙述了。

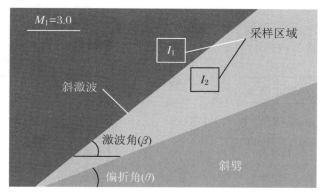

图 5.90　流体密度与图像灰度校准

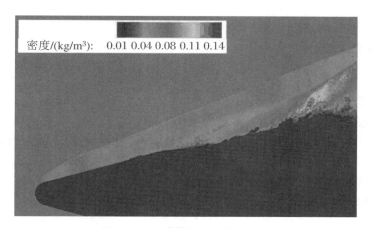

图 5.91　导弹模型流场密度分布

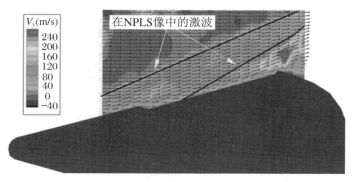

图 5.92　导弹模型流场速度分布

4．同时测量超声速密度场和速度场

在一次实验中同时测量流场的速度分布和密度分布是很有意义的，NPLS 技术就提供了这样的可能。拍摄两张相继时刻的 NPLS 图像，进行互相关处理，就获得了速度场。每幅图像根据密度/灰度关系就可以得到密度分布，这就实现了速度和密度场同时测量（图 5.93）。

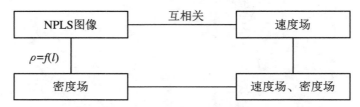

图 5.93　NPLS 技术同时测量速度场和密度场

大粒子的存在会使密度场测量误差增加，因此，测量密度时需要选取小尺寸的粒子。粒子尺寸太小会引起散射信号减弱，因此不利于速度测量。所以同时测量速度和密度时，对粒子尺寸选取提出了更严格的要求。

5.5.7　分子标记速度计

基于粒子的速度测量技术的固有缺点是必须在流体中播撒粒子，因此我们测量的是粒子的速度，而不是期望的流体速度；而且粒子本身可能改变流场。每次实验必须小心播撒粒子，确保播撒的粒子能最好地接近感兴趣的流体。对于高速流动，需要知道精确的粒子阻力关系，以从测量的粒子响应中推断出对流体的跟随性，特别是测量通过激波的流动。最后，从实际角度来看，由于模型或设备本身可能受到污染，并不是所有的测试设备都允许播撒粒子，这使得研究者在测速时只能试图选择无粒子的测量方法。

分子标记速度计（molecular tagging velocimetry，MTV）就是一种无粒子的测速方法，它是一种光学测量方法，属于非接触式场测量技术。分子受到适当波长的光子激发，成为长寿命的示踪子。这些分子可以是预混合的，也可以是流场自然存在的。采用脉冲激光对感兴趣的流场区域做标记，然后在相继两个时刻查询该区域。测量示踪区域的位移矢量给出速度场。本质上 MTV 技术可以看成是分子领域的 PIV 技术。

1．MTV 中的光化学

如果 MTV 中作为示踪剂的寿命相对于流体对流时间尺度足够长，使得在查询时间内标记区域有足够的位移，那么它就适合于分子标记应用。示踪剂的光物理性质反过来又决定了产生示踪剂所需的光波长和光子源的数量（即标记过程）。

所有 MTV 技术的基础都是电子激发态分子的化学性质。分子通常处于基态，当它们从环境中吸收能量后进入激发态。电子激发态的分子通常不稳定，最终要回到原来的基态，或者回到新的基态。分子可以在没有其他反应分子的情况下离开激发态（称为分子内衰变），也可以在另一个分子的帮助下离开（称为分子间衰变），如图 5.94 所示。

图 5.94(a)描述了单个激发态分子的分子内衰变过程。光子发射（辐射）和热松弛（非辐射）过程分别由辐射速率常数（k_r）和非辐射速率常数（k_{nr}）来描述。辐射速率常数 k_r 是分子的固有性质，它反映了激发态发射一个给定频率光子的概率。k_r 与分子吸收光的能力直

接相关,用振子强度或摩尔吸收常数来描述。非辐射速率常数 k_{nr} 包含所有不会导致光子发射的衰变过程,最典型的非辐射衰变是激发态的电子能量振动弛豫到基态分子(M),振动弛豫的过程伴随着热释放($k_{nr}^{(M)}$)。另外,剩余的振动能量可能生成为另一种不同基态的分子($k_{nr}^{(P)}$),称为光产物。因此,总的非辐射衰变速率常数 $k_{nr} = k_{nr}^{(M)} + k_{nr}^{(P)}$。

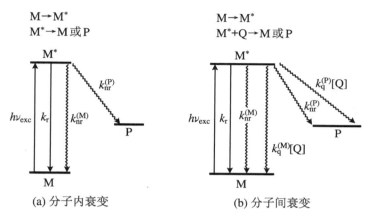

(a) 分子内衰变　　　　　　　(b) 分子间衰变

图 5.94　分子内衰变和分子间衰变

k_r 和 k_{nr} 之间的相互作用决定了分子在激发态下的基本性质。发光强度 I_0 直接依赖于发光效率,通常称为发射量子产率 Φ_e,它是发射的光子数与吸收光子数的比率。发射量子产率与 k_r 和 k_{nr} 有直接关系:

$$I_0 \sim \Phi_e = \frac{k_r}{k_r + k_{nr}} = k_r \tau_0 \tag{5.166}$$

其中 τ_0 是观察到的电子激发态的寿命:

$$\tau_0 = \frac{1}{k_r + k_{nr}} \tag{5.167}$$

通常非辐射松弛过程占主导地位($k_{nr} \gg k_r$),从(5.166)式可知,分子在这种条件下保持不发光。然而,当热发射相对于光子发射效率较低时(即 $k_r \gg k_{nr}$),激发态会发光。

(5.166)式和(5.167)式只考虑了分子内衰变过程。由于电子被激发的分子具有很高的能量,它们很容易受到分子间反应的影响。图 5.94(b)描述了分子内和分子间的衰变过程,在这些反应中,激发态分子 M* 在物理上或化学上与环境中的其他分子相互作用(称为淬灭剂 Q),从而再次返回到基态 M 或另一个基态分子 P。当存在淬灭过程时,(5.166)式和(5.167)式将在分母中加入 $k_q[Q]$:

$$I \sim \Phi_e = \frac{k_r}{k_r + k_{nr} + k_q[Q]} \tag{5.168}$$

$$\tau = \frac{1}{k_r + k_{nr} + k_q[Q]} \tag{5.169}$$

其中 k_q 是淬灭速率常数,$[Q]$ 是淬灭剂的浓度。淬灭过程是耗散的,它的存在使得发光强度减弱,寿命缩短。Stern-Volmer 公式定义了淬灭过程对发光强度和寿命减小的影响(参见第 4 章):

$$\frac{I_0}{I} = \frac{\tau_0}{\tau} = 1 + \tau_0 k_q [\mathrm{Q}] \tag{5.170}$$

其中 I_0, I 和 τ_0, τ 分别是有和没有淬灭时的发光强度和寿命。

有两种形式的发光对 MTV 技术有重要意义:荧光和磷光。对荧光而言,分子在单线激发态和单线基态之间转换。在量子力学上,从单线态到单线态的跃迁是允许的,它们发生的概率很高($k_r \gg k_{nr}$)。因此,荧光的强度高、寿命短。对磷光而言,激发态分子是三重态,激发态和基态之间的跃迁是被禁止的,因此,磷光的强度低、寿命长。由于单线激发态寿命短,淬灭荧光需要较高的 Q 浓度(通常为 0.01 mol 或更大)。但磷光则不是这样,磷光激发态的寿命长,使它们特别容易在极低浓度的 Q 下发生淬灭。

2. MTV 的四种机理

图 5.95 表示了 MTV 包含的四种基本机理。其中 M 和 M* 分别表示处于基态和电子激发态的分子,P 表示形成的新分子。实箭头表示辐射跃迁,而波状箭头表示非辐射跃迁。这些图总结了产生了各种 MTV 技术的光化学和光物理。

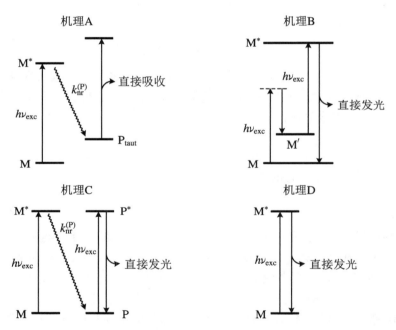

图 5.95　不同的 MTV 机理

(1) 机理 A:依靠吸收的 MTV

机理 A 测量的是由光致变色颜料(photochromic dye)产生的图像,是唯一依靠测量吸收的 MTV 技术(颜料由透明变为不透明)。在光致变色过程中,激光激发基态分子 M 产生电子受激的高能分子 M* ,然后 M* 依靠非辐射衰减($k_{nr}^{(M)}$ 和 $k_{nr}^{(P)}$)松弛。其中大部分振动能松弛生成热($k_{nr}^{(M)}$),其余振动能生成高能形式的分子 P_{taut},化学术语称为互变异构体(tautomer),即有相同的分子结构,但通过不同的键合方式连接。因为 P_{taut} 和 M 的吸收谱不同,可以用白光作光源来检测 M-to-P_{taut} 转变时伴随的颜色变化。P_{taut} 可作为具有长寿命的示踪子(持续数秒至分钟量级),用于 MTV。常用的变色颜料有螺吡喃颜料(spiropyran dye)和苯基吡啶(benzyl pyridines)。通常需要两种光源:先用紫外激光(351 nm)作为"写(write)激光"照射,生成 P_{taut} 并且沿照射路径产生不透明的像;然后用白光光源照射,"读(read)"这些像。

利用光变色染料的 MTV 技术具有示踪物持续时间长和可以重复使用的优点。但是这种技术的缺点是变色染料不溶于水,许多实验只能在有机液体(如煤油)中完成。

(2) 机理 B:依靠振动激发态荧光的 MTV

机理 B 描述的是拉曼激发(Raman excitation) + 激光诱导电子荧光(laser-induced electronic fluorescence)技术(缩写 RELIEF)。空气中的氧分子 M 由激光(Nd:YAG 倍频后的波长 532 nm 激光 + 波长 580 nm 的染料激光)拉曼激发,生成振动激发态的氧分子 M′作为示踪子。M′的寿命(27 ms)还不足以满足测速示踪记录用。查询时用 ArF 准分子激光(193 nm 波长)激发 M′到电子激发态 M*,然后发出波长 200～400 nm 的荧光。

(3) 机理 C:依靠光致荧光的 MTV

机理 C 称为光催化非接触示踪分子运动方法(PHANTOMM)。在 PHANTOMM 中示踪物是另外生成的发光激光染料。首先用"写激光"激发不活动的基态分子 M 到激发态 M*,非辐射松弛产生具有高发射量子效率的荧光染料 P。长寿命的示踪物可持续很长的时间,作为标记跟随流体运动。它的位移用另一种"读激光"激发染料到 P* 后再发出荧光。不同的技术来源于生成不同的 P 物种:在氧标记测速(OTV)技术中生成臭氧,在羟基标记测速(HTV)技术中生成羟自由基以及另外两种技术基于光释放 NO。机理 C 和机理 A 相反,一个是基于发光,一个是基于吸收。

在机理 C 中,我们还采用了相反的方法,如光漂白,即用荧光染料产生非发光物质,而不是释放荧光示踪剂,从而产生负像。

(4) 机理 D:依靠直接磷光的 MTV

机制 D 是最直接的 MTV 技术,也是最容易实现的一种方法。仅需要一种激光,激发基态分子 M 产生具有长寿命的激发态分子 M*。激发态分子 M* 发出磷光直到返回基态,通过直接检测磷光图像获得流动位移。示踪物可以再激发,反复使用。

淬灭是基于机理 D 的 MTV 测量中一个普遍存在的问题。水、氧和环境中残余金属都是淬灭剂。随着淬灭剂浓度增加,发光强度和寿命会减少。氧是最严重的淬灭剂,在无氧的情况下,常用的示踪染料有丁二酮、丙酮等。丁二酮有很宽的吸收谱(270～420 nm),无毒、有相对高的蒸气压,高量子产出(0.15),在氩气和氮气流中有接近 1.5 ms 的寿命,广泛用于无氧环境的流动中。基于机理 D 的其他 MTV 示踪物也在研究中。

3. 标记和检测的例子

(1) 正弦俯仰振动的机翼模型实验

图 5.96 表示 NACA0012 机翼模型在水洞中进行的正弦俯仰振动的实验照片(简约频率 $k=0.8$,振幅为 2°)。在该实验中利用磷光超分子(机理 D)在模型尾部做多线标记(图 5.96(a)),标记线垂直于来流。图 5.96(b)和 5.96(c)分别表示模型做向上和向下俯仰振动时的尾流照片。标记和查询的时间间隔约为 20 ms,允许标记线有较大的位移,可以观察到明显的涡结构。用这种线标记方法仅允许测量一个速度分量,因此不可避免地带来较大误差。

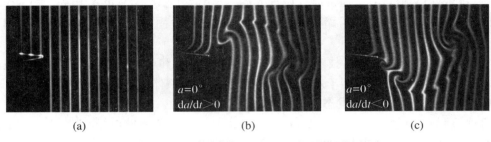

图 5.96　俯仰振动的 NACA0012 机翼模型流场

（2）涡环垂直撞击平板实验

图 5.97 是一张在空间形成交叉网格状标记的磷光照片（机理 D），其中图 5.97(a) 是用脉冲准分子激光器（脉宽 20 ns，波长 308 nm）的交叉光束在空间形成的平面网格标记像（脉冲 1 μs 后）。图 5.97(b) 是脉冲 8 ms 后网格标记的像，图 5.97(c) 是用空间相关方法计算的流场速度分布，该技术可以提供两个速度分量。图中显示的是一个涡环垂直撞击平板形成的流场。原理上，用这个技术完全可以实现三维空间的网格标记以及三维三个速度分量的速度测量。空间交叉网格标记是依靠各种光学元器件把一根激光束分裂成若干等强度的激光束形成的。

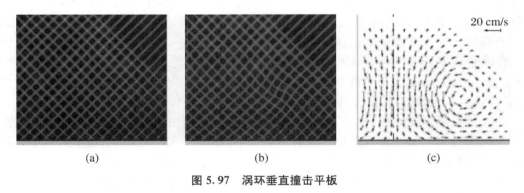

图 5.97　涡环垂直撞击平板

5.5.8　飞秒激光电子激发标记速度计

1. 什么是 FLEET

基于粒子的速度测量方法（LDV，DGV，PIV，PTV）现在已被广泛应用于亚声速到低超声速流动测量，而分子标记测速（MTV）技术也显示出在高速流动测量中的潜力。然而，并不是所有的 MTV 技术都很容易实现，因为大多数 MTV 方法是针对特定分子能级的，因此需要能产生特定波长的可调谐激光器（通常是紫外（UV）激光器），这就增加了实验装置的复杂性。有时还需要多个这样的激光系统，使得测量系统更加复杂和昂贵。此外，有时还要求将荧光物质全部或局部（如果不是自然存在的话）植入流体中，从而改变测试介质的组成，并且可能改变流动本身。这些机械和光学的复杂性，加上大型高速地面实验设备带来的复杂环境，在很大程度上阻碍了 MTV 技术在实际工程测量中的应用。

近十年来发展的飞秒激光作为标记含氮流场的方法,称为飞秒激光电子激发标记(femtosecond laser electronic excitation tagging,FLEET)技术,为精确的流速测量提供了一种有用且相对简单的 MTV 方法。

FLEET 是一种易于实现但强有力的分子标记方法。首先,FLEET 的标记对象是惰性氮气(N_2),而氮气普遍存在于许多流体/燃烧系统中,也是一般地面测试设备中存在的气体。因此,测量时不需要另外播撒介质到流场中。其次,FLEET 是一个非谐振多光子过程。因此,只需一个极快的激光光源就可以在各种激发波长上产生 FLEET 信号,避免了对激光系统输出进行频率调整的要求。短时间尺度的飞秒激光脉冲提供的能量允许光解焦点附近的氮气,产生的氮原子在重组过程中释放长寿命荧光,可实现对流场一至三个分量的标记测速。

2011 年普林斯顿大学 Michael 发明了 FLEET 技术,由于 FLEET 测速方法使用单激光器和单摄像机极大地简化了实验装置和数据采集,因此,其成为一种有吸引力的测速工具,并迅速被应用于各种高速地面实验设备中。

2. FLEET 原理

FLEET 方法是在氮气中聚焦高强度飞秒激光脉冲,通过激发氮荧光进行实时跟踪来实现速度测量的。这种荧光有时被称为"细丝"或"线"(filament),就像用凸透镜聚焦光束产生的光斑那样,但确切的 FLEET 线形成机制仍存在争议。认为该物理过程分三个阶段发生:① 由多个入射光子引起氮分子离解、电离和电子激发;② 离解的氮原子延迟重组成高能级的氮分子;③ 这些高能级分子回到基态并发射光子。持续数十微秒的 FLEET 信号主要来自 N_2 从高能态到基态的光子发射,在可见光光谱中呈黄—橙—红色。经历这一过程的分子被称为标记物。

大多数实验流体力学研究者可能更熟悉纳秒级的激光诱导气体击穿,即聚焦纳秒激光脉冲,在焦点处产生强烈的火花。由于能量沉积的时间尺度相差约 10^6($1\ s = 10^3\ ms = 10^6\ \mu s = 10^9\ ns = 10^{12}\ ps = 10^{15}\ fs$),飞秒级的击穿从本质上是不同于纳秒级击穿的。

图 5.98 描述了在氮气中聚焦高能激光脉冲后焦点附近发生的多光子电离和解离过程,并描述了纳秒和飞秒激光脉冲和氮分子相互作用的差异。对于纳秒激光脉冲(图 5.98(a)),氮分子经历了多光子电离,产生了一批自由电子。几百飞秒后,每个自由电子在激光照射下吸收 n 个光子,电子能量增加到($E_\circ + n\nu$)(称为逆轫致辐射(inverse bremsstrahlung))。当电子能量高于气体电离势(IP)时,气体介质最终发生级联电离(cascade ionization),产生光学击穿。在激光焦点处产生明亮的火花并发出强烈的冲击波,伴随产生超数万度的高温,火花呈白色。图 5.98(a)右侧图像是按时间描述这些事件的照片,其中顶部是纳秒级的明亮火花(门控发射成像),中部是微秒级的冲击波(纹影成像)以及底部是在初始火花后持续数毫秒的诱导流场(纹影成像)。正如从 CFD 和实验研究中可以看出的,纳秒级击穿对流动具有很强的扰动。

然而,对于飞秒激光脉冲,光子向介质传递能量的持续时间非常短,一般仅持续在电子从离子分离的平均自由时间内(在空气中约 300～800 fs),因此,电子将不会参与逆轫致辐射和随后的级联电离。离解后的氮原子重组成高能态的氮分子,当这些分子从高能级返回基态时发出荧光。图 5.98(b)描述了三种重组为 B 态氮分子以及返回到 A 态氮分子时相继发射光子的过程。因此，飞秒激发可以使能量沿着聚焦光束腰部形成一条荧光线（甚至一条细丝），而不是一个火花。图 5.98(b)右部图像描述了飞秒击穿不同时间的荧光线，可以用作测速标记。

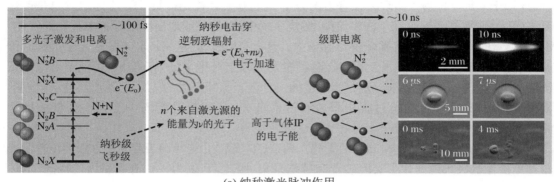

(a) 纳秒激光脉冲作用

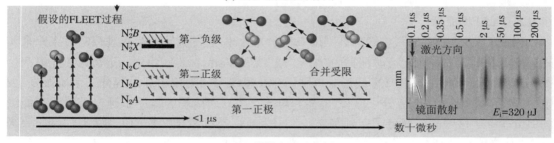

(b) 飞秒激光脉冲作用

图 5.98　纳秒和飞秒激光脉冲和氮气的相互作用

3. 测量装置

（1）激光器

典型的飞秒激光器是钛宝石固体激光器，其输出中心波长为 800 nm（光子能量约 1.5 eV），这是 Michael 第一次应用 FLEET 时采用的波长。其后不同波长的钛宝石激光也多次被使用，包括倍频 400 nm/3.1 eV，三倍频 267 nm/4.6 eV 以及用于选择性双光子吸收谐振 FLEET（selective two-photon absorptive resonance FLEET，STARFLEET）的四倍频钛宝石激光（～202 nm/6.1 eV）和用于皮秒激光电子激发标记（PLEET）的 Nd：YAG 激光（1064 nm/1.2 eV）。用高频率（短波长）激光，则需要较少的光子，从而用更少的脉冲能量可以将分子提升到所需的状态。实验已经证明用较低能量的 267 nm 激光输出能产生更长、更细的标记线，从而测量精度更高。

目前市场可用的钛宝石激光器重复频率在 1 kHz～10 kHz 范围，这个频率可用于低速流动测量，对于高速流动测量需要更高重复频率的激光器。现在有文献报道用重复频率 100 kHz 的 Nd：YAG 激光进行了 PLEET 测量，用重复频率 200 kHz 的 Nd：glass 激光进行了 FLEET 测量，并有可能扩展到 1 MHz。

（2）工作介质

FLEET 技术的关键是依赖于工作介质发出荧光的寿命。第一次在氮气中采用 FLEET

技术,是因为氮原子重组时发出荧光的寿命有几十微秒。十年时间内发现除氮气外还有多种介质具有类似性质,如空气、低温氮、纯氩气、氩-氮混合物、纯 R134a(四氟乙烷)、R134a-空气混合物、具有磷光超分子的水、氮与氩、氧、甲烷和二氧化碳的混合物、室温甲烷-空气、甲烷-空气燃烧产物、预混的氢-氧-氮火焰,等等。一般说,在纯氮气中 FLEET 信号最强,在空气中因为有氧气会引起淬灭,空气中 FLEET 信号强度大约是纯氮气的十分之一。

(3) 信号的产生和采集

FLEET 信号在聚焦透镜后的束腰处产生,根据透镜焦距长短信号可以呈一条线,也可以呈一个点。图 5.99 表示了多种产生信号的方法。其中图 5.99(a)表示采用长焦距(400~1000 mm)透镜产生的荧光线,线的方向应该垂直于主流方向。图 5.99(b)表示采用短焦距(<250 mm)透镜产生的荧光点,点信号可以用于二维和三维速度测量。图 5.99(c)表示用特定光路产生的交叉线信号。如果有足够的空间和资源,可以用这种方式生成整个网格。图 5.99(d)表示利用周期性掩模放置在激光束中,通过透镜组(柱面和球面透镜)聚焦后产生多条平行的 FLEET 线,其间距取决于狭缝宽度和掩模的间距。

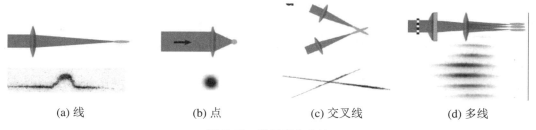

| (a) 线 | (b) 点 | (c) 交叉线 | (d) 多线 |

图 5.99　信号产生方法

图 5.100 表示了三种 FLEET 信号(线或点)的成像方法。图 5.100(a)表示最常采用的正交测量方法,激光束聚焦在射流中心,带像增强的 CCD 相机在垂直方向拍摄信号图像。另一种方法是图 5.100(b)所示的轴视方法,激光束传播和相机成像在风洞同一侧,这种安排空间上比较紧凑,适用于实验场地有限的地方,也可以用于测量两个垂直速度分量。图 5.100(c)表示一种分屏测量方法,用两组光学系统从不同方向(90°夹角)将 FLEET 信号

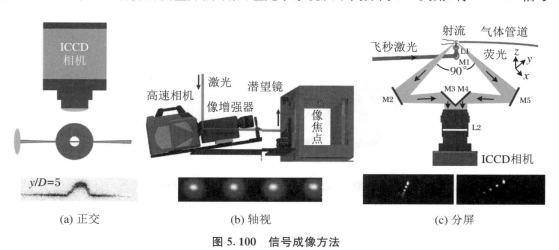

| (a) 正交 | (b) 轴视 | (c) 分屏 |

图 5.100　信号成像方法

成像在同一个相机中,这种方法可以测量三维速度和加速度。

采集 FLEET 图像信号也有不同方法。最简单的方法是单次曝光方法,对应每个激光脉冲采集一个图像,这种方法需要相机系统的快门频率是激光脉冲频率的整数分之一。另一种方法是多次曝光方法,在一次曝光中采集多个信号图像,例如允许相机以 1 kHz 采集图像,而控制像增强器以 100 kHz 运行,这种方法适合测量高速流动。还有一种方法是高速成像,利用高速摄像机和增强器系统在每个飞秒激光脉冲后获取一系列图像。

4. 应用举例

这里举的例子是天津大学和中国气动中心合作开展的一项研究,他们在氮气中加入少量甲烷,利用飞秒激光诱导产生化学反应并生成信号强度强、发光持续时间长的氰基荧光信号,进而实现高信噪比、高精度、宽范围的速度测量。

(1) 实验装置

实验系统如图 5.101(a)所示,图中钛宝石飞秒激光器输出光束的中心波长为 800 nm,脉宽为 45 fs,重复频率为 1 kHz,最大脉冲能量为 7 mJ,激光经过三倍频后输出中心波长为 267 nm。实验采用 267 nm 飞秒激光的原因是相较于 800 nm、267 nm 激光诱导的光丝更细、更长,能够提高速度测量的精度,扩大速度测量的空间范围,同时 267 nm 激光所需的成丝阈值能量更低,有助于减小热效应等对流场的扰动。267 nm 的飞秒激光的最大脉冲能量为 300 μJ,经过能量衰减器可以调节激光的能量。激光通过焦距 300 mm 的透镜聚焦于 McKenna 燃烧器中产生飞秒光丝。CH_4/N_2 混合气分别通过 McKenna 燃烧器的中心管和烧

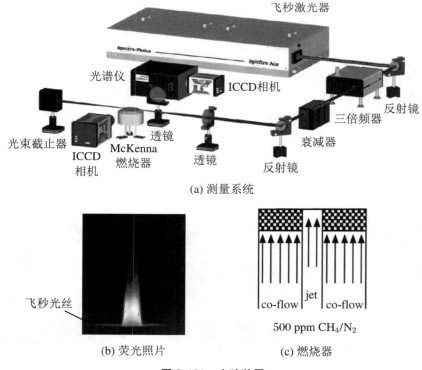

(a) 测量系统

(b) 荧光照片　　(c) 燃烧器

图 5.101　实验装置

结多孔金属板产生中心射流和外围流。燃烧器中心管的直径为 2 mm,烧结多孔金属板的直径为 60 mm(图 5.101(c))。气体的流速由质量流量控制器控制。图 5.101(b)是飞秒光丝穿过流场激发产生的荧光信号照片,图中水平方向的细线为飞秒光丝所在位置,其激发的荧光信号随流场向上移动。从图中可以看出,该荧光信号非常明亮,且荧光信号的持续时间较长。

测量系统分为光谱测量和速度测量。对于荧光光谱测量,使用焦距为 100 mm 的聚焦透镜,将荧光信号成像至光谱仪入射端的狭缝中。狭缝宽度为 100 μm,平行于流场的流动方向放置,以便获得沿流场速度方向的空间分辨光谱。光谱仪收集到的荧光信号经光栅(300 线/mm,波长为 300 nm)分光后,由光谱仪出口端连接的 ICCD 相机拍摄成像。对于流场速度测量,被标记分子的荧光信号由一台 ICCD 相机直接拍摄成像,以便获得不同延迟时间下(微秒量级)被标记分子的位移。成像系统的空间分辨率为 27 μm。

(2) 光谱测量

图 5.102(a)是荧光信号经光谱仪分光后,用 ICCD 相机拍摄的空间分辨光谱图,横坐标为波长,纵坐标为高度。ICCD 相机的延迟时间为 0 μs,快门为 100 μs。沿着图中白色虚线提取数据,可获得该位置处的光谱曲线,如图 5.102(b)所示。可以看出,较强的荧光信号分布在 358 nm、387 nm、414 nm 和 448 nm 附近。这四处信号都是由 CN 自由基 $B^2\Sigma^+ \to X^2\Sigma^+$ 的振动能级跃迁产生。CH_4/N_2 混合流场的荧光信号要比纯 N_2 流场的荧光信号强 1~2 个数量级。长荧光持续时间和高强度的荧光信号可以为速度测量提供重要保证。

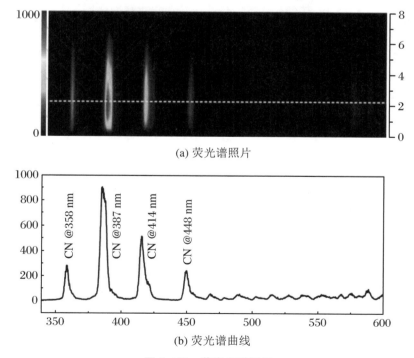

(a) 荧光谱照片

(b) 荧光谱曲线

图 5.102 荧光光谱测量

实验研究了 CH_4 浓度对荧光强度和荧光持续时间的影响。CH_4 浓度越高,荧光强度达到峰值的时间越短,峰值越大,衰减速率越快。在进行速度测量时,需要综合考虑测速所需的荧光强度和持续时间,选择合适的 CH_4 浓度,以实现最佳的速度测量效果。在测量高速流场时,几微秒的延迟时间便足够了,可以选择 CH_4 浓度较大的 CH_4/N_2 混合气,在较短的延迟时间下获得更大的信号强度,从而提高测量精度;而测量低速流场时,需要几十微秒甚至更长的延迟时间,可以选择较低的 CH_4 浓度以获得更长的荧光持续时间。

(3) 速度测量

图 5.103 是 CH_4/N_2 混合气(CH_4 浓度 2000 ppm)中拍摄的单脉冲光丝图片,其中图 5.103(a)和图 5.103(b)分别是延迟 $0~\mu s$ 和 $10~\mu s$ 时的照片(相机快门为 $1~\mu s$)。外围气流的速度为 0.1 m/s,其位移在 $1~\mu s$ 的时间内可以忽略不计,所以认为图 5.103(a)中标记的外流位置为测速起始时刻的位置。图 5.103(b)表示 $10~\mu s$ 延迟后标记的中心射流发生的位移。将两张图片中荧光位置相减即为延迟时间内射流分子的位移。在进行测速实验时,由于光丝具有一定的直径,所以荧光信号也有一定的宽度,需要对荧光位置进行精确定位。分别截取图 5.103(a)和图 5.103(b)中的信号区域进行高斯拟合,取拟合最大值所对应的位置为荧光信号的位置,如图 5.103 中虚线所示。两条虚线的距离为射流在延迟时间内的位移。将位移除以延迟时间,即可求出射流的速度。

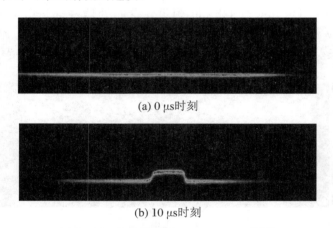

(a) $0~\mu s$ 时刻

(b) $10~\mu s$ 时刻

图 5.103　速度测量(2000 ppm,$1~\mu s$ 快门)

影响速度测量精度的因素很多,荧光信号的宽度对测量精度有一定的影响,宽度越窄,定位的准确度越高,速度测量的精度越高。荧光信号的宽度除了与光丝直径有关外,还受相机快门的影响。相机的快门越快,荧光信号的宽度越小。但快门过小又会减弱荧光信号强度,也影响定位的准确性。所以在速度测量时,需要综合考虑相机快门宽对荧光信号宽度和强度的影响。另外延迟时间、激光脉冲能量、CH_4 浓度都对速度测量精度有影响,在实验中需要综合考虑多方面因素的影响。对于高速流场,流速越快,所需的延迟时间越短,荧光信号的强度越高,图片的信噪比越大。而对于低速流场,流速越低,所需的延迟时间越长,荧光信号的强度越小,图片的信噪比越差,所以本方法存在测速下限。

5.6　流　量　测　量

5.6.1　定义

流量测量在工农业生产、科学研究以及日常生活中都有十分重要的应用,可以说我们时时刻刻都离不开流量的测量。根据应用场合不同,流量的定义可以包括体积流量、质量流量、瞬时流量以及累积流量等。体积流量是指单位时间流过横截面的流体体积,写为

$$Q = \int_A V \mathrm{d}A \tag{5.171}$$

其中 Q 是体积流量,单位是 $\mathrm{m^3/s}$,A 是横截面积,V 是流体速度。质量流量是指单位时间流过横截面的流体质量,记为

$$G = \rho Q = \int_A \rho V \mathrm{d}A \tag{5.172}$$

其中 G 是质量流量,单位是 $\mathrm{kg/s}$,ρ 是密度。瞬时流量是指某一时刻的流量,例如,水灾时报告河流的流量就是瞬时流量。累积流量是指某一段时间内总共流过的流量,记为

$$W = \int Q \mathrm{d}t \quad 或 \quad M = \int G \mathrm{d}t \tag{5.173}$$

其中 W 是累积体积流量,M 是累积质量流量。家用水表、煤气表都是累积流量。

5.6.2　种类

流量计根据其原理和结构可以分为许多种类,目前市场上出现的流量计上百种,本章根据原理粗略地列出以下几种:

(1) 节流流量计:孔板、喷管、文特利管;

(2) 容积流量计:往复活塞、旋转活塞、圆板、刮板、齿轮、薄膜;

(3) 面积流量计:浮子;

(4) 叶轮流量计:水表、涡轮;

(5) 电磁流量计;

(6) 超声流量计;

(7) 流体振动流量计:涡街、涡流、射流;

(8) 其他:热线、皮托管、堰槽、LDV、标记。

5.6.3　节流流量计

在各种工业管道中经常使用节流流量计。节流装置包括孔板、喷管和文特利管(图 5.104)。它们共同的特点是在管道某一段插入节流装置,节流处面积减少、速度增大、

压力减小。管道前后形成压差。通过测量压差达到测量流量的目的。

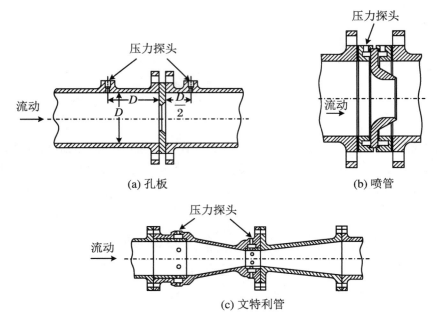

(a) 孔板   (b) 喷管

(c) 文特利管

图 5.104　节流装置

一维定常流的伯努利方程和连续性方程为

$$\frac{V^2}{2} + \int \frac{1}{\rho}\mathrm{d}p = 常数, \quad \rho VA = 常数$$

假设同一管道有两个截面,面积分别是 A_1 和 A_2。对于不可压缩流动,上式写为

$$\frac{V_2^2 - V_1^2}{2} = \frac{1}{\rho}(p_1 - p_2), \quad V_1 A_1 = V_2 A_2$$

其中 V 是速度,p 是压强,下标 1,2 代表截面。于是从上述两式可以得到管道的质量流量

$$G = \rho V_2 A_2 = A_2 \sqrt{\frac{2\rho(p_1 - p_2)}{1 - \beta^4}} \tag{5.174}$$

其中 $\beta = \sqrt{A_2/A_1}$。令 $A_2 = \lambda \chi F_0$,改写质量流量为

$$G = \lambda \chi F_0 \sqrt{\frac{2\rho(p_1 - p_2)}{1 - \beta^4}} = C F_0 \sqrt{\frac{2\rho\Delta p}{1 - \beta^4}} \tag{5.175}$$

其中 C 是流量系数,F_0 是实际最小面积,λ 是考虑黏性影响的系数。

对于可压缩流动,质量流量可以写为

$$G = A_2 \sqrt{\frac{2\rho_1 \Delta p}{1 - \beta^4}} \sqrt{\frac{(1 - \beta^4)\dfrac{\gamma}{\gamma - 1}\dfrac{1 - p_{21}^{\frac{\gamma-1}{\gamma}}}{1 - p_{21}}p_{21}^{\frac{2}{\gamma}}}{1 - \beta^4 p_{21}^{\frac{2}{\gamma}}}} = \varepsilon C F_0 \sqrt{\frac{2\rho_1 \Delta p}{1 - \beta^4}} \tag{5.176}$$

其中 ε 是膨胀修正系数,γ 是比热比,$p_{21} = p_2/p_1$。

节流流量计中孔板结构最简单,而且可以直接安装在管道两个法兰之间,无需对管道长度做改动,但是孔板的压力损失最大。文特利管压力损失最小,但是需要占据管道一定长度。节流流量计根据国家标准加工,流量计系数可以从有关图表中查出。节流流量计在安装时需要注意弯管和上下段长度的影响,应在流量计上下游留有足够长度的直管道。

5.6.4　面积流量计

面积流量计,又称转子流量计或浮子流量计,是测定流体流量的一种装置(图 5.105)。其原理是保持压降不变,利用节流面积的变化来测量流量的大小。它由一个由下往上逐步扩大的锥形管和一个放在锥形管内的转子或浮子组成。当流体流经锥形管时,管内的浮子被推高到与流量相对应的高度处漂浮着。当流量变大时,作用在浮子上的力加大,由于浮子在流体中的重量是恒定的,浮子就上升,相应的浮子与锥形管间的环隙亦增加,流体流经环隙的流速降低,作用力也降低,使浮子在新的位置上达到平衡。根据浮子的位置,可测得瞬时流量值。

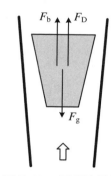

图 5.105　面积流量计

浮子受到重力 F_g,浮力 F_b 和流体阻力 F_D 作用。重力 $F_g = \rho_b g V_b$,ρ_b 是浮子密度,g 是重力加速度,V_b 是浮子体积。浮力 $F_b = \rho g V_b$,ρ 是流体密度。流体阻力 $F_D = \rho A V^2 C_D$,A 是浮子迎风面积,V 是流体速度,C_D 是阻力系数(阻力系数是 Re 数的函数,认为 C_D 在较宽 Re 范围内为常数)。重力和浮力及阻力平衡,$F_g = F_b + F_D$。适用的面积流量计公式是流量与浮子高度成正比:

$$Q = C \Delta h \sqrt{\frac{2 V_b (\rho_b - \rho) g}{\rho A}} \tag{5.177}$$

其中 Δh 是浮子在垂直方向的位移,C 是流出系数。

面积流量计的优点是计量精度高,结构简单,测试简便,可用于高黏度液体的测量。其缺点是容易受到流体密度、压力和黏度等因素的影响。对烟道气流量进行测试时,由于烟气中含有粉尘,不能使用面积流量计。

5.6.5　超声流量计

超声流量计是通过检测超声波(或超声脉冲)在流体中的传播测量流量的仪表。按测量原理分类有传播时间法、多普勒效应法、波束偏移法、相关法、噪声法等。目前主要采用的是传播时间法和多普勒效应法。

1. 传播时间法

沿管道安装两个换能器(图 5.106),超声波从换能器 1 传播到换能器 2 的时间记为 t_{12},从换能器 2 传播到换能器 1 的时间记为 t_{21}。它们分别是

$$t_{12} = \frac{D}{(C + V\cos\theta)\sin\theta}$$

$$t_{21} = \frac{D}{(C - V\cos\theta)\sin\theta}$$

其中 C 是声速，V 是平均流速，D 是管道直径。从二式计算得

$$V = \frac{D}{2\sin\theta\cos\theta}\left(\frac{1}{t_{12}} - \frac{1}{t_{21}}\right) = \frac{X^2 + D^2}{2X}\left(\frac{1}{t_{12}} - \frac{1}{t_{21}}\right) \tag{5.178}$$

其中 X 是两个换能器之间的距离。体积流量写为

$$Q = \frac{\pi D^2}{4}\frac{V}{K} \tag{5.179}$$

其中 K 是管道流速分布修正系数，大小随管道雷诺数 Re_D 变化。

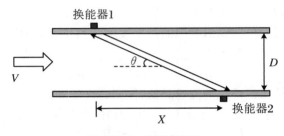

图 5.106　传播时间法

按测量的具体参数不同，又分为时（间）差法、相（位）差法和频（率）差法。它们之间的基本关系为

$$\Delta f = f_{21} - f_{12} = \frac{1}{t_{21}} - \frac{1}{t_{12}} \tag{5.180}$$

$$\Delta\varphi = 2\pi f(t_{12} - t_{21}) \tag{5.181}$$

三种方法没有本质上的差别。目前相位差法已不采用，频差法的仪表也不多。

2. 多普勒效应法

多普勒效应法是利用超声波的多普勒频移效应测量流量的方法。如图 5.107 所示，超声换能器 1 向流体发出频率 f_1 的连续超声波，经照射域内液体中散射体、悬浮颗粒或气泡散射，散射的超声波产生多普勒频移 f_d。接收换能器 2 收到频率为 f_2 的超声波，其值为

$$f_2 = f_1\frac{C + V\cos\theta}{C - V\cos\theta} \tag{5.182}$$

多普勒频移是

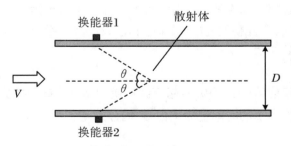

图 5.107　多普勒效应法

$$f_{\mathrm{d}} = f_2 - f_1 = f_1 \frac{2V\cos\theta}{C - V\cos\theta} \approx f_1 \frac{2V\cos\theta}{C} \tag{5.183}$$

流体速度为

$$V = \frac{C}{2\cos\theta}\frac{f_{\mathrm{d}}}{f_1} \tag{5.184}$$

多普勒频移法的缺点是需要事先已知液体的声速,而声速受许多因素的影响。

3. 优缺点

超声流量计是一种非接触测量方法。夹装式换能器无需停流、截管安装,只要在现有管道外部安装换能器即可。这是超声流量计在工业用流量仪表中具有的独特优点,可做移动性(即非定点固定安装)测量,无额外压力损失。适用于大型圆形管道和矩形管道,且原理上不受管径限制,其造价基本上与管径无关。多普勒超声流量计可测量固相含量较多或含有气泡的液体。超声流量计可测量非导电性液体。

超声流量计的缺点是传播时间法只能用于测量清洁液体和气体,不能测量悬浮颗粒和气泡超过某一范围的液体;反之多普勒法只能用于测量含有一定异相的液体。外夹装换能器不能用于衬里或结垢太厚的管道,或锈蚀严重的管道。

5.6.6　流体振动流量计

1. 涡街流量计

涡街流量计的原理是利用钝体在流体中产生卡门涡街的特性,涡街振荡产生物体两侧压力不平衡,通过测量压力信号达到测量流量的目的。

物体尾流中卡门涡街满足一定关系, $St = f(Re)$,其中斯特哈罗数 $St = fd/V$ 和雷诺数 $Re = \rho Vd/\mu$。 f 是涡街振动频率, d 是物体特征尺寸, V 是流体速度, ρ 是密度, μ 是动力黏性系数。 St 数与 Re 数之间的关系如图 5.108(a)所示,当 $Re > 200$ 后, St 数在常数 0.2 左右。因此,可以得出,涡街频率与流动速度的关系是

$$f = \frac{0.2V}{d} \propto V \tag{5.185}$$

因此,只要测出频率 f,就可以获得速度和流量。一般在管道中心安装一个旋涡发生体(如圆柱、三角铁等,图 5.108(b)),在该物体两侧安装传感器,测量压力信号。

涡街流量计的特点是压力损失小,量程范围大,精度高,在测量体积流量时几乎不受流体密度、压力、温度、黏度等参数的影响。无活动机械零件,因此可靠性高,维护量小。仪表参数能长期稳定。

2. 射流流量计

射流流量计是利用射流的附壁效应和控制射流反馈的原理,产生流体振动,获得与体积流量成正比的流体振动频率来测量流量的。流体通过仪表前端的喷嘴进入测量室。测量室内设置了两块特殊形状的侧墙。两侧墙内侧之间形成了流体流动的主通道。两侧墙的外侧与测量室的内壁之间构成了两条流体的反馈通道。

流体进入测量室之后,由于一些随机的因素,不可能不偏不倚地沿着主通道轴线笔直流动。流体总是随机地依附两个渐扩的侧墙中的任意一个(假设侧墙 1),由于附壁效应,有一

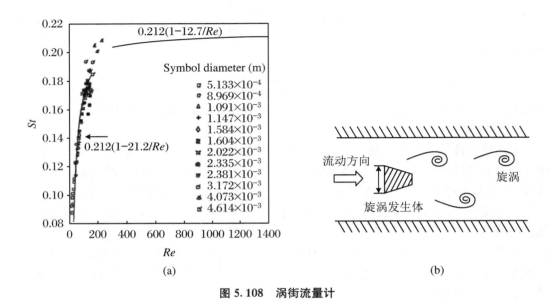

图 5.108　涡街流量计

股流体流入该侧的反馈通道 1(图 5.109(a))。因两个侧墙摆设成前窄后宽的八字形,所以反馈通道内的压力前低后高。这样流体在反馈通道内就会从后向前流动。当反馈通道 1 内的流体从控制口 1 返回到主通道,并作用到主流时,就会促使主流偏向另一侧墙 2(图 5.109(b))。这样在侧墙 2 与测量室内壁构成的反馈通道 2 内,有一股反馈流体从后向前返回,从另一个控制口反馈,作用于主流,产生相同的反馈控制作用,迫使主流再次偏向侧墙 1。

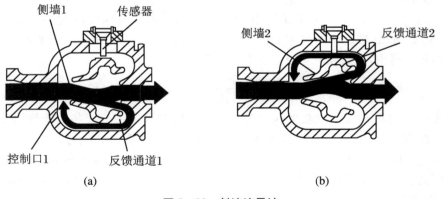

图 5.109　射流流量计

随着流体连续流动,这种反馈控制作用就会持续下去,使主流产生持续地偏摆振动。实验证明,流体的偏摆振动频率与流速成正比,而不受流体的物理性质影响,仅与仪表的结构参数有关。

射流流量计的优点主要表现在下限雷诺数很低,可把仪表的尺寸做得很小,用于微小流量测量。这两个特点有效地弥补了其他流量计的不足。

5.6.7　堰、槽流量计

1.　堰流量计

堰(weir)流量计是在明渠适当位置装一挡板,水流被阻断,水位升到挡板上端堰(缺)口时测量水位高度的仪器。水流刚流出的流量小于渠道中原来的流量,水位继续上升,流出流量随之增加,直到流出量等于渠道原流量,水位便稳定在某一高度,测出水位高度便可求取流量。

根据流体力学关系,溢流的水速 V 与高度 y 有关(图 5.110):

$$V = \sqrt{2gy}$$

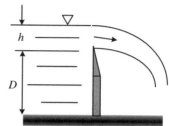

图 5.110　堰流量计

其中 g 为重力加速度。因此,流量 Q 写为

$$Q = \int_0^h b \sqrt{2gy}\,\mathrm{d}y = \frac{2}{3} b \sqrt{2g} h^{\frac{3}{2}} \quad (5.186)$$

其中 b 是堰的宽度, h 是水位高。一般堰的流量记为

$$Q = kbh^n \qquad (5.187)$$

堰根据形状分为三角堰、矩形堰等,其系数如表 5.5 所示。

表 5.5　各种堰的规格

堰名称和形状	流量公式	适用范围/m	典型流量范围		
			宽度 B 或 $B \times b$/m	水头范围/m	流量范围 /(m³/h)
60°三角堰	$Q = Kh^{5/2}$	$B = 0.44 \sim 1.0$ $h = 0.04 \sim 0.12$ $D = 0.1 \sim 0.13$	0.45	0.04~0.120	1.08~15.6
90°三角堰	$Q = Kh^{5/2}$	$B = 0.5 \sim 1.2$ $h = 0.07 \sim 0.26$ $< B/2$ $D = 0.1 \sim 0.75$	0.6~0.8	0.07~0.260	6.6~174
矩形堰	$Q = Kbh^{3/2}$	$B = 0.5 \sim 6.3$ $b = 0.15 \sim 5.0$ $D = 0.15 \sim 3.5$ $h = 0.03 \sim 0.45$	$(0.9 \times 0.36) \sim$ (0.2×0.48)	0.03~0.312	12.6~540
	$Q = Kbh^{3/2}$	$B \geqslant 0.5$ $D = 0.3 \sim 2.5$ $h = 0.03 \sim D$ (但 h 为 0.8 以下 且为 $B/4$ 以下)	0.6~8.0h	0.03~0.8	21.6~40260

2. 文特利水槽

槽(flume)流量计是在渠道中收缩其中一段截面积,收缩部分液位低于其上游液位,测量其液位差求流量的测量槽,一般称作文特利水槽。还有适用于矩形明渠的巴歇尔槽(Parshall,P 槽),适用于圆形暗渠的帕尔默·鲍鲁斯槽(PaImer BowIus fiume,PB 槽)。

图 5.111 是一个槽流量计示意图,上图是俯视图,下图是侧视图。取两个截面,记为 1 和 2。根据伯努利方程可写出

$$p_1 + \frac{1}{2}\rho v_1^2 + \rho g h_1 = p_2 + \frac{1}{2}\rho v_2^2 + \rho g h_2 \tag{5.188}$$

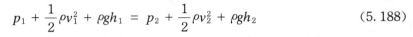

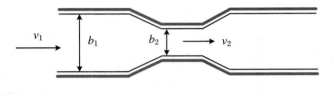

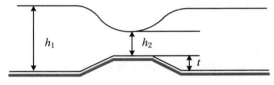

图 5.111　槽流量计

沿水面压力为 1 个大气压,有

$$p_1 = p_2 = p_{\text{atm}} \tag{5.189}$$

代入(5.188)式,有

$$h_1 - h_2 - t = \frac{1}{2g}(v_2^2 - v_1^2) = \frac{Q^2}{2g}\left[\frac{1}{(h_2 b_2)^2} - \frac{1}{(h_1 b_1)^2}\right] \tag{5.190}$$

其中流量 $Q = v_1 b_1 h_1 = v_2 b_2 h_2$。所以

$$Q = C \sqrt{\frac{2g}{1 - \dfrac{b_2 h_2}{b_1 h_1}}} b_2 h_2 \sqrt{h_1 - h_2 - t} \tag{5.191}$$

几何尺寸 b_1,b_2 和 t 已知,需要测量 h_1,h_2,C 是流量计系数。

参 考 文 献

［1］ Tropea C,Yarin A L,Foss F S. Handbook of experimental fluid mechanics［M］. Berlin:Springer,2007.

［2］ 盛森芝,舒玮,沈熊. 流速测量技术［M］. 北京:北京大学出版社,1987.

［3］　颜大椿. 实验流体力学［M］. 北京：北京大学出版社，1992.

［4］　沈熊. 激光多普勒测速技术及应用［M］. 北京：清华大学出版社，2004.

［5］　Kegerise M A，Spina E F. Determination of the frequency response of a constant-voltage hot-wire anemometer. AIAA paper 97-1915［C］//Snowmass Village：28th Fluid Dynamics Conference，29 June—2 July 1997.

［6］　Kegerise M A，Spina E F. A comparative study of constant-voltage and constant-temperature hot-wire anemomenters—part 1 The static response［J］. Exp. Fluids，2000，29：154-164.

［7］　Kegerise M A，Spina E F. A comparative study of constant-voltage and constant-temperature hot-wire anemomenters—Part 2 The dynamical response［J］. Exp. Fluids，2000，29：165-177.

［8］　Tedeschi G，Gouin H，Elena M. Motion of tracer particles in supersonic flows［J］. Exp. Fluids，1999，26：288-296.

［9］　彭涛，沈熊. 光检测器参数对位相多普勒粒子分析系统特性的影响［J］. 实验力学，2001，16（2）：171-179.

［10］　Song X，Yamamoto F，Iguchi M，et al. A new tracking algorithm of PIV and removal of spurious vectors using Delaunay tessellation［J］. Exp. Fluids，1999，26：371-380.

［11］　吴长松，白旭峰，张洋，等. 利用沃罗诺伊划分的粒子追踪测速算法及其在大速度梯度流场中的应用［J］. 西安交通大学学报，2019，53（1）：150-156.

［12］　Arroyo M P，Hinsch K D. Recent developments of PIV towards 3d measurements［M］//Schroeder A and Willert C E（Eds.）. Particle image velocimetry. Berlin Heidelberg：Springer-Verlag，2008：127-154.

［13］　Funatani S，Amano S，Takeda T，et al. Scanning PIV method and its applicatimon to the calorimetry of ground source heat pump systems［J］. J. Flow Contr. Meas. & Visua.，2018，6：48-55.

［14］　Willert C E，Gharib M. Three-dimensional particle imaging with a single camera［J］. Exp. Fluids，1992，12：353-358.

［15］　Pereira F，Gharib M，Dabiri D，et al. Defocussing digital particle image velocimetry：a 3-component 3-dimensional DPIV measurement technique，application to bubbly flows［J］. Exp Fluids，2000，29：S78-S84.

［16］　Belden J，Truscott T T，Axiak M C，et al. Three-dimensional synthetic aperture particle image velocimetry［J］. Meas. Sci. Technol.，2010，21：125403.

［17］　Meng H，Pan G，Pu Y，et al. Holographic particle image velocimetry：from film to digital recording［J］. Meas. Sci. Technol.，2004，15：673-685.

［18］　Katz J，Sheng J. Applications ofholography in fluid mechanics and particle dynamics［J］. Annu. Rev. Fluid Mech.，2010，42：531-555.

［19］　易仕和，赵玉新，田立丰，等. 超声速流场 NPLS 精细测试技术及典型应用［M］. 北京：国防工业出版社，2013.

［20］　Danehy P M，Burns R A，Reese D T，et al. FLEET velocimetry for aerodynamics［J］. Annu. Rev. Fluid Mech.，2022，54：525-553.

［21］　Michael J B，Edwards M R，Dogariu A，et al. Femtosecond laser electronic excitation tagging for quantitative velocity imaging in air［J］. App. Opt.，2011，50（26）：5158-5162.

［22］　李明，高强，陈爽，等. 基于飞秒激光诱导化学发光的流场速度测量研究［J］. 光子学报，2022，51（3）：0314001.

［23］　盛森芝，徐月亭，袁晖靖. 热线热膜流速计［M］. 北京：中国科学技术出版社，2003.

第 6 章　温度和热流测量方法

6.1　常规测温仪器

用于测量流体温度的常规仪器见表 6.1。

表 6.1　常规测温仪器

温度计		原理	范围
膨胀式温度计	液体式 固体式	受热膨胀	−200～500 ℃
压力表式温度计	液体式 气体式 蒸汽式	利用封闭容器中液体、气体或饱和蒸汽受热后引起容器内压力变化	0～300 ℃
电阻温度计		利用导体、半导体受热后电阻变化	−200～500 ℃
热电偶温度计	热电效应	0～1600 ℃	
辐射式温度计	光学式 辐射式 比色式	热辐射性质	600～2000 ℃

6.2　热电偶及温度探头

6.2.1　热电偶原理

两种不同导体(半导体)A 和 B 组成回路,两接点处温度不同,可以产生热电势(图 6.1)。

热电势分为温差电势和接触电势。导体 A 两端温度分别为 t 和 t_0，导体 A 的温差电势记为

$$E_A(t, t_0) = \int_{t_0}^{t} \sigma_A dt = -E_A(t_0, t) \tag{6.1}$$

其中 σ 为汤姆逊系数。不同导体 A 和 B 在一点接触，其接触电势记为

$$E_{AB}(t) = \frac{Kt}{e} \ln \frac{N_{At}}{N_{Bt}} = -E_{BA}(t) \tag{6.2}$$

其中 K 是波尔兹曼常数，e 是电荷量，N_{At} 和 N_{Bt} 是自由电子密度。

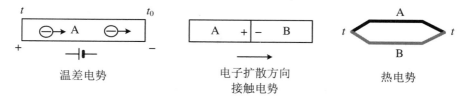

温差电势　　　　　电子扩散方向　　　　热电势
　　　　　　　　　接触电势

图 6.1　热电效应

导体 AB 两端分别接触在一起，两点温度分别是 t 和 t_0，其热电势是

$$
\begin{aligned}
E_{AB}(t, t_0) &= \frac{Kt}{e} \ln \frac{N_{At}}{N_{Bt}} + \int_{t_0}^{t} \sigma_B dt - \frac{Kt_0}{e} \ln \frac{N_{At_0}}{N_{Bt_0}} - \int_{t_0}^{t} \sigma_A dt \\
&= \left[\frac{Kt}{e} \ln N_{At} - \frac{Kt}{e} \ln N_{Bt} + \sigma_B t - \sigma_A t \right] \\
&\quad - \left[\frac{Kt_0}{e} \ln N_{At_0} - \frac{Kt_0}{e} \ln N_{Bt_0} + \sigma_B t_0 - \sigma_A t_0 \right] \\
&= f_{AB}(t) - f_{AB}(t_0)
\end{aligned}
$$

其中 t 是热端（又称工作端、测量端）温度；t_0 是冷端（又称自由端、参考端）温度。一般保持冷端温度不变（0 ℃），有

$$E_{AB}(t, t_0) = f_{AB}(t) - C \tag{6.3}$$

其中 C 是常数。

6.2.2　热电偶基本定理

热电偶有以下几个基本定理和推论。

1. 均质定理

由同一种导体组成的回路，无热电势。

推论：① 热电偶必须由两种不同性质的材料构成；② 如果同种材料构成回路，在温差下有热电偶，则表明该材料不均匀。用此方法可检查材料的均匀性。

2. 中间导体定理

不同材料组成的回路，无温差时，无热电势。

推论：① 回路中加入第三种均质材料，只要它两端温度相同，对回路就无影响（解决了引线问题）；② 如果导体 A, B 对参考导体 C 的热电势已知，则 AB 组成的热电势是它们对 C

热电势之和,即 $E_{AB} = E_{AC} + E_{CB}$(图 6.2)。铂常作为标准电极,这就简化了热电偶的选配工作。

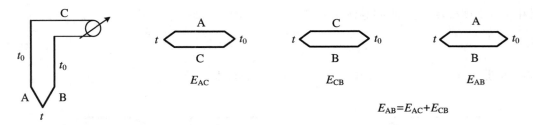

图 6.2　中间导体定理

3. 中间温度定理

$t_1 t_3$ 热电势等于 $t_1 t_2$ 和 $t_2 t_3$ 热电势之和。

推论:① 已知热电偶在给定冷端温度下进行的分度(一般为 0 ℃),只要做适当修正可以在其他温度下使用(即冷端不必为 0 ℃);② 补偿导线可以引入回路中,相当于延长了热电偶,不影响热电偶。工作端远离冷端时,可采用补偿导线(图 6.3)。

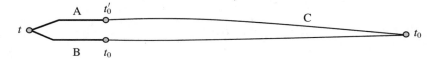

图 6.3　中间温度定理

6.2.3　温度探头

流体力学中常遇到的温度有静温 T、总温 T_0 和绝热壁温 T_{ad} 等。

静温是指跟随流体一起运动,对流体无扰动时测得的温度,因此一般用探头测量不到流体静温。在低速流体中,因为流速对温度贡献小,可以近似用温度计测量的温度代替静温。在高速流中,用光谱仪可以测量到静温,测得的温度又分为非平衡时平动温度、转动温度和振动温度等。

总温 T_0 是指运动流体绝热静止下来达到的温度。与气流 M 数有关系:

$$T_0 = T + \frac{1}{2C_p} u^2 = T\left(1 + \frac{\gamma - 1}{2} M^2\right) \tag{6.4}$$

在跨、超声速风洞中,近似认为稳定段中气体温度为总温,可以用热敏电阻、热电偶等在稳定段中测量。在可压缩流场中可用总温探头测量总温。总温探头如图 6.4 所示,热电偶安装在总温探头内部。

绝热壁温是指壁面绝热时由气流黏性(在壁面边界层内部)耗散作用而产生的壁面温度分布。该温度与边界层特性及 Pr 数有关。与绝热壁温有关的参数是恢复因子 γ,定义为

$$\gamma = \frac{T_w - T_\infty}{T_{ad} - T_\infty} = \begin{cases} Pr^{\frac{1}{2}}, & \text{层流} \\ Pr^{\frac{1}{3}}, & \text{湍流} \\ Pr, & \text{couwtte 流} \end{cases} \tag{6.5}$$

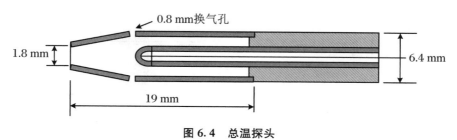

图 6.4　总温探头

6.3　热流测量

6.3.1　定常热流测量方法(热流计)

1. 传导热流计——热电堆

热流密度(heat flux)定义为单位时间内通过物体单位截面积上的热量,一般用 q' 表示,单位为 J/(m² · s)。热电堆是一种用于测量定常热流的传感器。热电堆是把一系列热电偶串联安装在一块热阻板中(图 6.5)。根据热流密度 q 定义:

$$q' = \frac{k}{d}(T_1 - T_2) \tag{6.6}$$

其中 d 是板的厚度,T 是温度,k 是导热系数。如果热电堆内有 n 个热电偶,热电堆的输出电压是 E,测得的热流密度是

$$q' = \frac{k}{d}\frac{E}{ne_0} = KE \tag{6.7}$$

式中 e_0 是一个热电偶的热电势,K 是系数。

2. 辐射热流计

辐射热流计是测量热辐射能量传递大小和方向的传感器,它的结构如图 6.6 所示。绝热外壳上加一个半径为 R、厚度为 δ 的金属薄片,金属片背面焊接热电偶。金属片受到的辐射热是

$$Q = \frac{4k\delta}{R^2}(T_0 - T_R) \tag{6.8}$$

其中 T 是温度,R 是半径。用热电偶测到 $T_0 - T_R$ 后可得 Q。

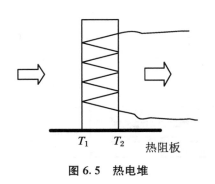

图 6.5　热电堆

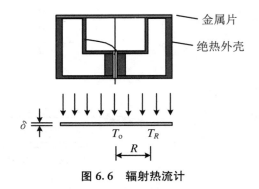

图 6.6　辐射热流计

6.3.2　瞬时热流率测量方法

1. 热流传感器一维分析

在高速空气动力学设备中,如激波风洞一类脉冲型风洞中,模型表面温度可以用不同方法获得,如薄膜温度计、半导体电阻温度计、热敏漆等,它们的原理是一致的,都可以通过一维传热方程分析。如图 6.7 所示,传感器由两种材料组成,基质材料 2 上覆盖一薄层材料 1,材料 1 厚度为 l,材料 2 可看成半无限长。热流透过材料 1 和 2 传导,它们遵循的方程分别是

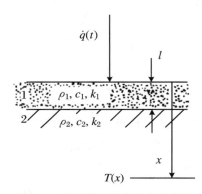

图 6.7　传感器一维传热分析模型

$$\frac{\partial^2 T_1}{\partial x^2} = \frac{1}{\alpha_1}\frac{\partial T_1}{\partial t}$$
$$\frac{\partial^2 T_2}{\partial x^2} = \frac{1}{\alpha_2}\frac{\partial T_2}{\partial t} \tag{6.9}$$

其中 T 是温度,t 是时间,x 是长度。热扩散系数 $\alpha = k/\rho c$,k 是热传导系数,ρ 是密度,c 是比热。(6.9)式满足的边界条件是

$$x = 0: q_s = -k_1\frac{\partial T_1}{\partial x}$$
$$x = l: k_1\frac{\partial T_1}{\partial x} = k_2\frac{\partial T_2}{\partial x}, \quad T_1 = T_2 \tag{6.10}$$
$$x = \infty: T_2 = 0$$

其中 q_s 是表面热流率。对方程(6.9)做 Laplace 变换有

$$\frac{\mathrm{d}^2 \overline{T}_1(s,x)}{\mathrm{d}x^2} = \frac{s}{\alpha_1}\overline{T}_1(s,x)$$
$$\frac{\mathrm{d}^2 \overline{T}_2(s,x)}{\mathrm{d}x^2} = \frac{s}{\alpha_2}\overline{T}_2(s,x) \tag{6.11}$$

其中 $\overline{T}$ 是 T 的拉氏变换,s 是拉氏变量。对边界条件(6.10)做 Laplace 变换有

$$x = 0 : \bar{q}_s = -k_1 \frac{\partial \bar{T}_1}{\partial x}$$

$$x = l : k_1 \frac{\partial \bar{T}_1}{\partial x} = k_2 \frac{\partial \bar{T}_2}{\partial x}, \quad \bar{T}_1 = \bar{T}_2 \tag{6.12}$$

$$x = \infty : \bar{T}_2 = 0$$

方程(6.11)满足边界条件(6.12)的解是

$$\bar{T}_1 = \frac{\bar{q}_s \sqrt{\alpha_1} \left[(1+a) e^{-(x-l)\sqrt{s/\alpha_1}} + (1-a) e^{(x-l)\sqrt{s/\alpha_1}} \right]}{k_1 \sqrt{s} \left[(1+a) e^{l\sqrt{s/\alpha_1}} - (1-a) e^{-l\sqrt{s/\alpha_1}} \right]}$$

$$\bar{T}_2 = \frac{2\bar{q}_s \sqrt{\alpha_1} e^{(l-x)\sqrt{s/\alpha_2}}}{k_1 \sqrt{s} \left[(1+a) e^{l\sqrt{s/\alpha_1}} - (1-a) e^{-l\sqrt{s/\alpha_1}} \right]} \tag{6.13}$$

式中 $a = \sqrt{\dfrac{\rho_2 c_2 k_2}{\rho_1 c_1 k_1}}$。以上方程是解释一般量热传感器的基础,既可以用于薄膜传感器,也可以用于厚膜传感器。

对于薄膜传感器,膜的厚度可以忽略,即 $l = 0$。基质 2 内的温度为

$$\bar{T}_2 = \frac{\bar{q}_s \sqrt{\alpha_1}}{k_1 a \sqrt{s}} e^{-x\sqrt{s/\alpha_2}} = \sqrt{\frac{1}{\rho_2 c_2 k_2}} \frac{\bar{q}_s}{\sqrt{s}} e^{-x\sqrt{s/\alpha_2}} \tag{6.14}$$

在表面($x = 0$)处,(6.14)式写为

$$\bar{T}_s = \sqrt{\frac{1}{\rho c k}} \frac{\bar{q}_s}{\sqrt{s}} \tag{6.15}$$

其中 $\rho c k$ 的下标已忽略,表示材料 2 的性质。求(6.15)式的 Laplace 逆变换得

$$T_s = \frac{1}{\sqrt{\pi} \sqrt{\rho c k}} \int_0^t \frac{q_s(\tau)}{(t-\tau)} d\tau \tag{6.16}$$

对于表面热流率,从(6.15)式有

$$\bar{q}_s = s\bar{T}_s \frac{1}{\sqrt{s}} \sqrt{\rho c k} \tag{6.17}$$

做 Laplace 逆变换,求得表面热流率:

$$q_s = \frac{\sqrt{\rho c k}}{\sqrt{\pi}} \int_0^t \frac{dT(\tau)/d\tau}{(t-\tau)^{\frac{1}{2}}} d\tau \tag{6.18}$$

(6.18)式包含表面温度的微分,计算起来不方便。对(6.18)式做分步积分有

$$q_s = \sqrt{\frac{\rho c k}{\pi}} \left[\frac{T(t)}{\sqrt{t}} + \int_0^t \frac{T(t) - T(\tau)}{(t-\tau)^{3/2}} d\tau \right] \tag{6.19}$$

当热流率 q_s 不是常数时,(6.19)式是数据处理最方便的解。但是,当 $t = \tau$ 时,积分项有奇异,将会带来大的误差。

如果热流率 q_s 是常数,则(6.15)式中 q_s 的拉氏变换 $\bar{q}_s$ 是 q_s/s,(6.15)式写为

$$\bar{T}_s = \sqrt{\frac{1}{\rho c k}} \frac{q_s}{s\sqrt{s}} \tag{6.20}$$

求 Laplace 逆变换得表面温度 T_s 是

$$T_s = \frac{2q_s}{\sqrt{\pi}} \sqrt{\frac{t}{\rho c k}}$$ (6.21)

另一个问题:使上述分析正确的条件是什么? 薄膜厚度应该是多少? 假设热流率是阶跃函数,拉氏变换是 q_s/s。求得材料中的温度分布和热流分别是

$$T_x = \frac{q_s}{\sqrt{\rho c k}} \left[\frac{2\sqrt{t}}{\sqrt{\pi}} e^{-\frac{x^2}{4\alpha t}} - \frac{x}{\sqrt{\alpha}} \mathrm{erfc} \sqrt{\frac{x^2}{4\alpha t}} \right]$$ (6.22)

$$q_x = -k \frac{\partial T}{\partial x} = q_s \mathrm{erfc} \sqrt{\frac{x^2}{4\alpha t}}$$ (6.23)

其中 erfc 是误差函数,$\sqrt{\alpha t}$ 是穿透深度。引入无量纲参数 $x^* = x/\sqrt{4\alpha t}$,让(6.22)~(6.23)式中 $x = 0$ 得到表面温度和表面热流率,得到

$$\frac{T_x}{T_s} = e^{-(x^*)^2} - \sqrt{\pi} x^* \mathrm{erfc}\, x^*$$ (6.24)

$$\frac{q_x}{q_s} = \mathrm{erfc}\, x^*$$ (6.25)

也就是说,当 $x^* = 0.5$ 时,$T_x/T_s = 35\%$,$q_x/q_s = 50\%$。如果保持 T_x/T_s 和 q_x/q_s 在 0.01 范围内,需要 x^* 分别为 1.58 和 1.87。

2. 铂膜温度计和热电模拟网络

铂膜温度计的结构如图 6.8 所示,一个直径为 3~5 mm 的石英玻璃棒一端磨平、抛光,在表面镀 5~10 μm 厚的金属铂,两侧用导线引出,就构成了铂膜传感器。它的优点是响应快、灵敏度高、校测使用简单可靠。缺点是抗冲刷能力差,不适于大热流测量。

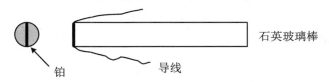

石英玻璃棒

铂 导线

图 6.8 铂膜温度计

从前面分析已知,对于不随时间变化的热流率,解是

$$q_s = \frac{1}{2} \sqrt{\pi \rho c k} \frac{T_s(t)}{\sqrt{t}}$$ (6.26)

对于随时间变化的热流率,解是

$$q_s = \sqrt{\frac{\rho c k}{\pi}} \left[\frac{T_s(t)}{\sqrt{t}} + \int_0^t \frac{T_s(t) - T_s(\tau)}{(t - \tau)^{3/2}} \mathrm{d}\tau \right]$$ (6.27)

从定常解(6.26)可知,当热流率是常数时,温度随时间的变化是 $T(t) \propto \sqrt{t}$。当热流率 q_s 流过时,引起温度变化 $\Delta T(t)$。电阻与温度的关系是

$$\Delta R(t) = R_{f0} \alpha \Delta T$$ (6.28)

其中 α 是电阻温度系数,R_{f0} 是参考电阻。温度变化 $\Delta T(t)$ 引起电阻变化 $\Delta R(t)$。在图 6.9 所

示的电路中,因为流过铂膜温度计的电流 I_{f0} 是常数,因此输出电压 $\Delta V(t) = I_{f0}\, R_{f0}\, \alpha\, \Delta T(t)$。代入(6.26)式有

$$q_0 = \frac{1}{2}\sqrt{\pi\rho ck}\,\frac{1}{I_{f0}R_{f0}\alpha}\,\frac{\Delta V(t)}{\sqrt{t}} \qquad (6.29)$$

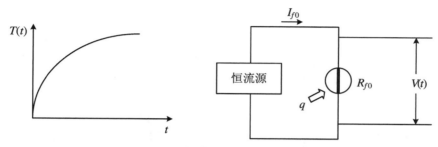

图 6.9　铂膜温度计测量原理图

从非定常解(6.27)可知,要得到非定常热流需要求积分,十分困难。常用的方法是采用热电模拟网络。在第 1 章我们知道,如果两个物理现象具有相似的支配方程,可以实现两个不同物理现象之间的比拟。

我们现在研究的现象是流进半无限长介质的热流,和它相比拟的现象是流进包含分布电阻和分布电容传输线的电流,二者具有相似的形式,都是抛物型方程(图 6.10)。

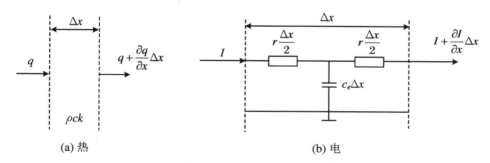

(a) 热　　　　　　　　　(b) 电

图 6.10　热电比拟方程推导

对于热学方程,取长为 Δx 的微元,根据能量守恒有 $-\frac{\partial q}{\partial x}\Delta x = \rho c\Delta x\frac{\partial T}{\partial t}$,即

$$\frac{\partial q}{\partial x} = -\rho c\frac{\partial T}{\partial t} \qquad (6.30)$$

传热方程为

$$q = -k\frac{\partial T}{\partial x} \qquad (6.31)$$

合并(6.30)式和(6.31)式有

$$\frac{\partial^2 T}{\partial x^2} = \frac{\rho c}{k}\frac{\partial T}{\partial t} \qquad (6.32)$$

对于电学方程，取长为 Δx 的微元，根据电荷守恒有 $-\dfrac{\partial I}{\partial x}\Delta x = c_e \Delta x \dfrac{\partial V}{\partial t}$，其中 I 是电流，c_e 是单位长度电容，V 是电压。即

$$\frac{\partial I}{\partial x} = -c_e \frac{\partial V}{\partial t} \tag{6.33}$$

欧姆定律为

$$I = -\frac{1}{r} \frac{\partial V}{\partial x} \tag{6.34}$$

其中 r 是单位长度电阻。合并(6.30)式和(6.31)式有

$$\frac{\partial^2 V}{\partial x^2} = rc_e \frac{\partial V}{\partial t} \tag{6.35}$$

方程(6.31)~(6.32)和方程(6.34)~(6.35)构成了热电比拟的方程组，会同示意图一起示于表6.2中。比较两类方程有

$$\frac{1}{r} = A_1 k, \quad \frac{1}{c_e} = \frac{A_2}{\rho c}, \quad V = A_3 T, \quad I = A_4 q \tag{7.36}$$

其中 A 是比例常数。代入传输线方程并和热传导方程比较后，有

$$A_1 A_2 = 1, \quad A_1 A_3 = A_4 \tag{6.37}$$

即有

$$\frac{1}{rk} \frac{\rho c}{c_e} = 1, \quad \frac{1}{rk} \frac{V}{T} = \frac{I}{q} \tag{6.38}$$

表 6.2　热电比拟

传输线方程	热传导方程
$\dfrac{\partial V}{\partial t} = \dfrac{1}{rc_e} \dfrac{\partial^2 V}{\partial x^2}$	$\dfrac{\partial T}{\partial t} = \dfrac{k}{\rho c} \dfrac{\partial^2 T}{\partial x^2}$
$I_s = -\dfrac{1}{r} \dfrac{\partial V}{\partial x}\Big|_{x=0}$	$q_s = -k \dfrac{\partial T}{\partial x}\Big|_{x=0}$

实际使用的模拟网路电路中，用一系列集中电阻 R、电容 C_E 代替分布电阻 r、分布电容 c_e，用有限节网络代替无限长传输线。令 $R = r\Delta x$ 和 $C_E = c_e \Delta x$ 得

$$\Delta x = \sqrt{\frac{RC_E}{rc_e}} = \sqrt{\frac{RC_E k}{\rho c}} \tag{6.39}$$

和

$$A_1 = \sqrt{\frac{RC_E}{\rho ck}} \frac{1}{R}, \quad A_3 = \frac{\Delta V}{\Delta T} = I_{f0} R_{f0} \alpha = E_{f0} \alpha \tag{6.40}$$

由图 6.11 所示的模拟网路,测量第一节网络电流,有

$$I = \frac{\Delta V}{R/2} = \frac{2[V(t) - V_1(t)]}{R} \tag{6.41}$$

再从 I 求 q,得

$$q = \frac{I}{A_4} = \frac{I}{A_1 A_3} = \frac{2}{E_{f0}} \frac{1}{\sqrt{RC_E}} \frac{\sqrt{\rho ck}}{\alpha} [V(t) - V_1(t)] \tag{6.42}$$

式中 RC_E 是模拟网络的时间常数,ρck 是石英材料的特性参数,一般需要事先标定确定。

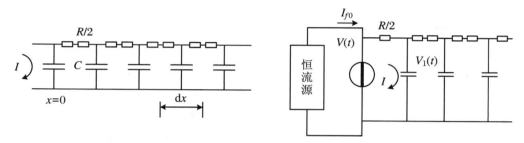

图 6.11　热电模拟网络

热电模拟网络的响应时间近似为 RC_E,网络对阶跃函数响应的持续时间 t 与网络的节数 n 有关($t = 0.2 n^2 RC_E$)。图 6.12 是典型的热电模拟网络电路,也存在其他用于热电比拟的电路。

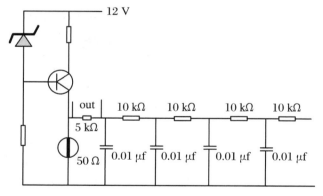

图 6.12　典型的热电比拟网络电路

铂膜温度计响应快,灵敏度高,校测使用简单可靠。但是,铂膜温度探头抗冲刷能力差,实验中探头损坏严重,需经常更换。

3. 铜箔量热计及微分电路

铜箔量热计是一种厚膜量热计,利用量热元件吸收热量,测量量热元件的平均温度变化率计算表面热流率(图 6.13)。它的优点是稳定、抗冲刷。缺点是灵敏度较低、热惯性大,适用于测量驻点处和大攻角迎风区热流。

对于量热计原理如图 6.13(b)所示,材料 1 用于测量温度,如果材料 2 无限长。做一维分析,表面热流率定义为

$$q_{s} = \int_{0}^{l} \rho c \frac{\partial T}{\partial t} \mathrm{d}x \tag{6.43}$$

其中 l 是材料 1 的厚度。如果材料 1 密度 ρ 和比热 c 是常数,(6.43)式可近似为

$$q_{s} = \rho c l \frac{\partial T_{\mathrm{mean}}}{\partial t} = \rho c l \frac{\partial T_{\mathrm{exp}}}{\partial t} \tag{6.44}$$

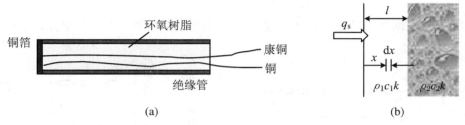

图 6.13　铜箔量热计

铜箔量热计前端是圆形铜箔,铜箔背面中心处焊接细康铜丝,该点即为热电偶一个结点。圆周焊接铜丝,作为铜-康铜热电偶引出线。铜箔用环氧树脂粘结在绝缘管上。认为铜箔背面及侧面绝热。T_{exp} 是热电偶测量的铜箔平均温度。假设铜箔均匀,热电偶的热电势是 $E(t) = BT_{\mathrm{exp}}$,B 为常数。则由

$$q_{s}(t) = \frac{\rho c l}{B} \frac{\mathrm{d}E(t)}{\mathrm{d}t}$$

可见,要得出热流 q_s 需要测出热电势并接微分电路。实验中测量背面温度代替平均温度是有误差的。取铜箔厚度 $l = 0.1 \sim 0.3\,\mathrm{mm}$,直径 $d = 3 \sim 4\,\mathrm{mm}$,量热计的时间响应见表 6.3。

表 6.3　铜箔量热计的响应时间

工作时间/ms	l/mm	$\tau_0/\mu s$
5	$0.17 \sim 0.24$	$17 \sim 150$
10	$0.24 \sim 0.33$	$150 \sim 300$

4. 同轴热电偶

测量瞬态热流有几种不同的方法,一种方法是在某种基底上沉淀一层金属膜,通过测量膜的电阻变化达到测量温度的目的,铂膜温度计属于这种方法,但是铂膜温度计表面的金属膜易受到环境的影响,在高速气流冲刷下太容易损坏。为了克服这个缺点产生了铜箔量热计,用金属铜皮代替了铂膜,抗冲刷能力增加了,但是热惯性增大。另一种方法是利用不同金属之间产生的热电动势(热电偶)测量温度。同轴热电偶(coaxial thermocouple)又称表面结点热电偶(surface junction thermocouple),就属于这种方法。

同轴热电偶用金属本身作衬底材料,设计制作这种传感器的主要问题是将形成热电偶的两种导体之间绝缘,从而形成一个薄的表面结。常见的做法是在同轴圆柱形热电偶材料之间构造出由环氧树脂或陶瓷绝缘的涂层。可由电解或真空沉积形成金属膜,或者通过细砂纸打磨表面形成表面结。在这些情况中都要求两种金属之间间隙有非常精细的公差,有效结的厚度直接与间隙的大小有关。随着测试时间的减少,需要更小的同轴间隙来保持测

量性能。

同轴热电偶是一种具有快速响应能力,适合在高超声速设备中测量瞬态热流的传感器。同轴热电偶的结构如图 6.14 所示,传感器由两个同轴圆柱体组装而成,内外两层圆柱体分别为不同材料,圆柱体之间由绝缘层隔开。在传感器表面两种材料形成结点,构成热电偶。

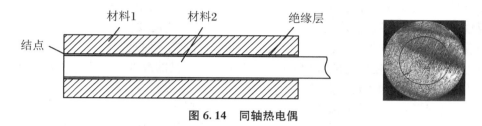

图 6.14　同轴热电偶

6.4　光学方法测量表面温度

描述瞬态温度场是流体力学实验研究的热点之一。但是,进行准确的温度测量并非易事。如果研究的模型有复杂的构型,那么常见的点测量方法通常提供的信息不足。全场测量虽然不那么精确,但与数值结果相比较,可以提供更大的可信度。下面我们介绍几种全场温度测量方法,内容包括热色液晶、红外热成像和热敏漆等技术。

6.4.1　热色液晶

1. 热色液晶原理

首先介绍热色液晶(thermochromic liquid crystals,TLCs)方法。它成功用于传热、流动可视化和热成像等与温度相关的研究,并发挥着越来越重要的作用。

液晶是一种高度各向异性的流体,对温度敏感的液晶是基于胆甾(zāi)类手性向列相液晶的性质(图 6.15)。该类液晶的长形分子是扁平的,依靠端基的相互作用,彼此排列在非常

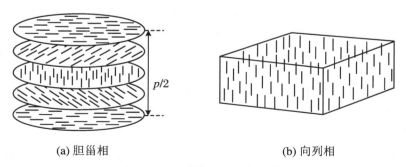

(a) 胆甾相　　　　　　　　　　　　(b) 向列相

图 6.15　胆甾相和向列相结构

薄的一层内。但他们的长轴在层平面内与向列型相似,而相邻两层间,分子长轴的取向,依次规则地扭转一定角度,层层累加而形成螺旋面结构。胆甾醇中间相的一个重要特征是节距 p,节距是指在向列相层的螺旋结构中,取向方向旋转一圈的距离。液晶材料的螺旋结构使其能够选择性地反射与节距有关的波长的光。当入射光通过 TLCs 材料时,折射率周期性变化会调节光的偏振,并在多层材料内产生干涉。当分子间距等于可见光中相应波长时,就会反射出单一的颜色。温度变化或者应力变化都会改变连续分子层的取向,从而改变节距的长度。这使得不同温度下液晶可以反射不同颜色的光。但是同时液晶对应力也十分敏感,在温度测量中应该使应力的影响最小化,避免引起提供的温度信息模糊不清。当然液晶在流体力学中也可以用于检测剪切或压力的变化。

TLCs 材料通常是透明的或外观略呈乳白色的。随着温度的升高,它的颜色变成了红色,然后是黄色、绿色、蓝色、紫色,最后在更高的温度下再次变成无色。只要材料没有受到物理或化学损伤,TLCs 的颜色变化是可重复和可逆的。现在引入了一种微胶囊工艺,将液晶材料封装在高分子胶囊中,解决了液晶材料的应力敏感性和易化学污染问题。

TLCs 可以涂在模型表面也可以悬浮在液体中显示温度分布。典型的 TLCs 材料直径为 $20 \sim 50 \ \mu m$,密度接近于水的密度,温度响应时间为 $3 \sim 10 \ ms$。TLCs 作为示踪剂可以方便地瞬时测量温度场和速度场(如用作 PIV 示踪粒子,可测量速度),它是一种结合全场温度和速度测量的独特方法。

2. 材料、照明和标定

(1) 材料

通常有三种不同形式的热色液晶可供选择:未密封的纯胆固醇材料、封装在微胶囊内的热色液晶浆液和机械保护的液晶薄膜。需要根据具体应用情况正确选择材料。液晶有一定的工作温度范围,选择温度范围窄的液晶可以提供精确的温度分辨率,但只能在非常窄的范围内工作。这便于检测温度的瞬态变化,容易检测到明确定义的等温线。选择温度范围宽的液晶可以提供定性的信息,对热区和冷区进行了区分,但测得的温度值准确度较低。

液晶有机化合物在化学污染和紫外线照射下很容易被降解。轻微的化学污染可能会改变颜色的变化范围,甚至完全消除 TLCs 的温度灵敏度。根据经验,建议仅在水及其甘油溶液中使用未密封的 TLCs,其他情况下应使用密封的 TLCs 材料。纯 TLCs 作为一种稠的液体在市场是可以买到的,它可以溶解在多种有机溶剂中,并喷射到固体表面或直接进入待研究的流体中,也可以与载体流体混合乳化成液体。当使用未密封的 TLCs 作为示踪剂时,重要的是实现小液滴、均匀、稀释悬浮。应尽量减小示踪剂的尺寸,以避免浮力效应,并确保示踪剂跟随流动图案。

流动可视化实验中最常用的可能是封装的胶囊浆液,每个微胶囊,大小为 $50 \sim 150 \ \mu m$,包含约 40% 重量的封闭 TLCs 材料。从理论上讲,在任何液体中使用这种微胶囊都是可以的,只要液体对胶囊材料不具腐蚀性。

TLCs 薄膜仅限于用来测量传热系数或者测量特定区域的温度分布,因为在这些区域用红外热像仪等仪器很难测量。在直接监测长波红外辐射受到阻碍的情况下,例如水膜从研究表面下落,TLCs 薄膜比红外技术具有优势。然而,用 TLCs 薄膜获得定量测量是不容易的,在许多情况下是不可能的,因为被研究对象的不均匀照明所产生的人工影响不可克服。其他不确定的因素还有表面与热色薄膜之间发生的热流阻碍以及喷涂在表面的热敏涂料有效厚度的不确定变化等。

（2）照明

TLCs 通过选择性反射入射白光来显示颜色。观察到的颜色既取决于 TLCs 温度,也取决于反射光的方向角。在用于模型表面涂层和液晶薄膜时,照明光源应具有平滑稳定的光谱特性,相机与入射光方向的角度应在整个测量区域保持固定。常用的光源是强卤素灯或氙灯。

对于表面温度测量,需要注意避免在 TLCs 覆盖表面形成镜面反射。有时偏振滤波器可以帮助减少这种影响。在照明复杂表面几何形状时常采用漫射光照明,这会引起色温关系的不确定性,并且局部照明与观测角度的变化限制了测量的准确性。为避免辐射光造成额外的加热,应使用红外滤光片及短脉冲光。

用热色液晶测量流场内温度和速度场,可以参照 PIV 测量技术。

（3）标定

校准过程是 TLCs 测量中最繁琐、最精细的环节。由于 TLCs 的性质不稳定,并且其颜色响应对实验条件的敏感性较大,因此在校准和测量时应采用相同的照明和记录系统。这就限制了外部光学效应造成的颜色偏差。用于定量测量的典型实验装置包括一套照明设备、一个三芯片 CCD 彩色相机和一个 24 位帧捕捉器。

使用 TLCs 进行温度测量是基于图像的颜色分析,需要进行适当的校准。将光分为三个基本的组成部分,即红(R)、绿(G)、蓝(B),这个过程称为三色分解。每一个颜色分量通常记录为一个单独的 8 位强度图像。从三色 RGB 信号中提取颜色信息的方法有很多,最直接的方法是基于色调(hue)、饱和度(saturation)和亮度(intensity)(即 HSI),将 RGB 三色分解转换为 HSI 三色分解,也是将彩色图像转换为黑白图像的一种自然方法。

从 RGB 彩色空间到 HSI 分解的经典转换方法是基于三个简单的关系。亮度 I（或强度）定义为三个主分量之和：

$$I = \sqrt{\frac{R^2 + G^2 + B^2}{3}} \tag{6.45}$$

其中 R, G, B 分别为红、绿、蓝三个分量的强度,用 8 位表示最大强度等于 255。饱和度 S 表示颜色纯度,即减去无色(白色)光后剩余的相对值：

$$S = 255\left(1 - \frac{\min(R, G, B)}{I}\right) \tag{6.46}$$

纯色的饱和度等于 255。色调 H 与主色调有关,通常由两个主色调之间的代数或三角关系得到,定义为

$$H = \begin{cases} 63 + [(G' - R')63]/(G' + R'), & B' = 0 \\ 189 + [(B' - G')63]/(G' + B'), & R' = 0 \end{cases} \tag{6.47}$$

其中 $R' = R - \min(R, G, B)$, $G' = G - \min(R, G, B)$ 和 $B' = B - \min(R, G, B)$。

通过标定确定色调与温度的校准曲线,是 TLCs 热成像最关键的步骤。建议对所研究表面的每一小块区域生成单独的校准曲线,并用这些曲线归一化地测量颜色信息。为了达

到好的效果,校准应该与测量的实验装置相同。对于测量液体中的温度场,需要保持实验腔壁面为恒定的温度,并不断地用磁力搅拌器搅拌液体。对于颜色变化范围窄的实验,温度的稳定性和均匀性需要低于 0.1 ℃。为了获得校准数据,需要仔细调整液体温度增量(通常是每次 0.3 ℃),并且每次采集数个图像以便进一步数据处理。

　　每次实验前获取完整的校准曲线十分繁琐,而且限制了不同实验配置的快速重复。观察相似条件下的不同标定曲线形状,可以发现其相似性很大。因此,在某些情况下,可以假设存在一个不依赖于测量范围的通用校准曲线。基于这种主曲线的校准过程只需要几个测量值就可以在整个测量范围内产生一个有用的校准。

3．例子

(1) 立方腔内的自然对流

　　第一个例子研究的是两个垂直等温壁面在不同温度下的立方腔内的自然对流。图 6.16 表示的是水在冰点附近的自然对流图像,左壁是热壁,保持在 10 ℃,右壁为冷壁,图 6.16(a) 和图 6.16(b) 中为 0 ℃,图 6.16(c) 中右壁为 −10 ℃。三种液晶示踪子用来显示温度,图 6.16(a) 中采用了胶囊包裹的液晶(BM100/R6C12W),图 6.16(b) 中采用了对低温敏感的液晶混合物(TM445 和 TM912),图 6.16(c) 中采用了和冰点匹配的液晶成分。加热腔内的流动结构强烈地依赖于 Rayleigh 数。在较小的 Rayleigh 数($Ra < 10^3$)时,流动以热传导为主,在腔内温度分布为垂直等温线。在中等 Rayleigh 数($Ra = 2 \times 10^4 \sim 10^5$)时,对流和传导都是重要的。在这个范围内低端,对流换热开始起作用,在腔体中心产生垂直的温度梯度,水平温度梯度处处为正,对应流线表现为在腔中形成单个旋涡。在甘油流动所携带的液晶示踪剂的多次曝光照片中可以很好地观察到这个现象(图 6.16(a))。在更高的 Rayleigh 数($Ra > 6 \times 10^4$)时,水平温度梯度在一些地区会局部为负值,这将导致流线的水平伸长,在核中卷起第二个旋涡(图 6.16(b))。进一步增加 Rayleigh 数,可以观察到一种新的流动状态(图 6.16(c)),该流动状态的中心温度分布具有较强的分层性,在两个等温侧壁处都存在薄的热边界层。当 Rayleigh 数增加到 10^8 以上时,这种状态会导致向湍流的过渡。

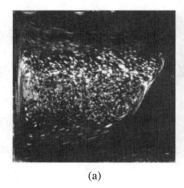 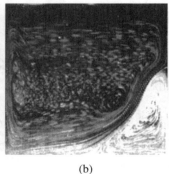 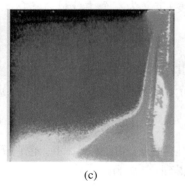

(a)　　　　　　　　　　(b)　　　　　　　　　　(c)

图 6.16　不同 Rayleigh 数时立方腔内的自然对流

　　在典型的不同加热壁面结构中,冰点附近水的自然对流表现出一个有趣的特征。它主要表现为密度在 4 ℃ 有一个极值,正浮力和负浮力的相互作用产生了两种截然不同的环流。在左上腔区,有一个正常顺时针旋转的环流;在右下腔区,有一个逆时针旋转的反常环流。由于 TLCs 仅允许在有限的显色范围内检测温度,因此用单一品牌 TLCs 不可能精确测量到大范围变化的温度信息。对于稳定或可重复的流动,可以使用不同类型的 TLCs 重复相同的实验。如在图 6.16(a)和图 6.16(b)中使用了两种不同的示踪液晶显示温度的分布。

在图 6.16(c)中,为了研究有相变的自然对流,右壁温度保持在 −10 ℃。由于低于水的冰点温度,在冷壁形成冰层。初始均匀生长的冰层很快就受到正常和反常环流碰撞的影响。在腔上部,热壁的对流换热受到反常环流的限制,与冻结面分离。以上实验结果也得到数值模拟的证实。

(2) 立方腔内的凝固流动

第二个例子研究的是只有一个等温壁的立方腔内的凝固流动。如图 6.17 所示,一个有机玻璃盒子放在 20 ℃ 的水浴中,顶部的金属等温壁保持在 −10 ℃ 的低温,其他五个壁是非绝热的,允许热量交换。未包裹的液晶混合物(TM445 和 TM912)用于显示温度和速度场。该实验研究了有相变和无相变(顶壁上水的凝结)的对流流动。当相变发生时,其结构在某种程度上类似于用于晶体生长的 Bridgman 炉中的定向凝固。这种结构在物理上与 Rayleigh-Bénard 问题有一些相似之处。图 6.17(a)显示了 5 张重叠的实验照片,图 6.17(b)是换算的温度分布图,图 6.17(c)是速度分布图。外壳的对称性沿垂直对称轴产生一个向下的流动。然而,在达到最终稳定的流动结构之前,可以观察到几个振荡变化的模式。在 TLCs 显示的温度场和速度场中,可以很好地观察到初始流动的不稳定性,数值模拟也可以验证这一点。通过减少顶盖温度到 −10 ℃,研究了冰的形成。研究发现,在顶盖处形成的冰层对流动具有稳定作用。这源于固体冰表面的对称性,它限制了流动的方向和特征,消除了纯对流情况下观察到的不稳定性。在顶盖下还存在反向密度梯度,使主射流减速并限制了该区域的对流热流。

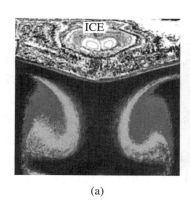 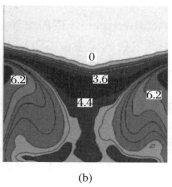 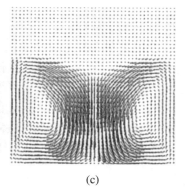

(a)   (b)   (c)

图 6.17 立方腔内的凝固流动

6.4.2 红外热像仪

所有高于绝对零度的物体都会发出红外辐射。红外热像仪(infrared thermography, IRT)利用光学成像系统将被测目标的红外辐射能量分布投射到红外探测器的光敏元件上,从而获得物体的红外热像图,这种热像图与物体表面的热分布场相对应。通俗地讲,红外热像仪就是将物体发出的不可见红外能量转变为可见的热图像,热图像上面的不同颜色代表被测物体的不同温度。

红外摄像系统一般运行在三个不同波长的红外波段。这三个波段是:① 短波红外(SWIR)或近红外(NIR)波段,波长从 $0.4\ \mu m$ 到 $3\ \mu m$;② 中波红外(MWIR)或红外波段,波长从 $2\ \mu m$ 到 $5\ \mu m$;③ 长波红外(LWIR)或远红外波段,波长从 $8\ \mu m$ 到 $12\ \mu m$。

所采用的红外波段取决于应用和测量对象。例如,短波红外一般用于激光测量,中波红外和长波红外通常用于热成像和温度检测。在不同波段上工作的相机所采用的技术存在重大差异,中波红外波段相机与长波波段红外相机相比,通常可以产生更高质量的图像,具有更好的分辨率和噪声等效温差(NETD)。相比之下,长波红外相机通常使用未冷却的焦平面探测器阵列,这使得它们更便宜。短波红外波段最常用的探测器是碲化汞、镉或砷化镓铟(InGaAs)。中波红外波段最常用的探测器是锑化铟(InSb)或碲化汞镉。长波红外波段最常用的探测器是微辐射热计、砷化镓(GaAs)或碲化汞镉。每种相机红外探测器尺寸都是 320×256 或 640×512 焦平面阵列,帧速率一般为 25 Hz、30 Hz 或 60 Hz。

红外摄像系统测量时标定是必需的程序。通常在用红外摄像机获得测量数据的同时进行现场校准。所谓现场校准就是在记录每个红外图像的同时,在离散的位置使用热电偶测量表面温度。利用该方法,确定了每幅红外图像的灰度与表面温度的关系。这是一个三阶多项式,其中温度是灰度值的函数。利用该标定多项式记录的数据和热电偶位置可以确定整个测试表面的温度分布。

最新的研究结果表明,红外热像仪可以用来测量感兴趣表面的与温度有关的量。比如沿表面随时间变化的空间温度分布、表面 Nusselt 数、表面热流率等。

6.4.3　热敏漆

温度敏感涂料(temperature-sensitive paint,TSP)方法是在物体表面涂一层热敏材料,这个涂层受到入射光激发,热敏材料发射的光通过 CCD 相机检测,对物体表面的温度进行可视化和定量评估。与使用点传感器(如热电偶或温敏电阻)进行的温度测量不同,这种方法可以一次绘制一个完整的三维温度分布图。

最常用的热敏涂料是热成像荧光涂料(thermographic phosphors),主要由黏合剂和发光晶体荧光粉组成。荧光粉通常为过渡金属化合物或稀土化合物,如硫氧化钇或钒酸盐,也可用单独掺铕(Eu)、铽(Tb)或镝(Dy)的硫氧化物和磷酸盐。热敏材料可以作为涂料用喷枪喷涂在模型表面上。一般来说,已知的荧光涂料种类繁多,覆盖的温度范围很广,从低温到 2000 K。

除了荧光粉,有机发光体也可以用于涂料的温度测量,但它们在较高的温度下会被热破坏,因此不能用于高超声速风洞或燃烧测试。此外,在合适的黏合剂中,温度敏感化合物的溶解度也存在差异,荧光粉往往比有机发光体聚集得更多,而且更难获得发射均匀的涂料。下面我们将使用热敏涂料(TSP)这个术语来描述基于荧光粉或有机分子的涂料。

热敏涂料测量温度的原理是基于混合到黏合剂基体中的发光分子的热淬灭(thermal quenching)过程。发光分子吸收一定波长的入射光而激活,电子从基态激发到某种激发态,受激电子再通过辐射和无辐射过程的组合返回基态。辐射过程会发出光,发光包括荧光和磷光。发射光的波长相对于入射激发光的波长会发生位移,出现较长的波长(Stokes 位移)。例如,钌配合物可以用作发光体,用蓝光激发(420~550 nm),并发出红光(590~740 nm)。铕配合物可以用紫外光((340±10) nm)激发,发出红光(615 nm)。

发光体的激发态可以通过与系统其他成分相互作用而失活。例如,它们可以通过与氧分子的碰撞而失活(称为氧淬灭,是压敏漆 PSP 的原理)。激发态失活的另一个过程称为热淬灭。热淬灭由于发光的量子效率随着温度的升高(分子碰撞频率增加)而降低。这意味着 TSP 的发光强度随着温度的升高而减小,也就是使得拍摄图像中的暗区表示温度较高,亮区表示温度较低,这恰好与红外图像相反。

与压敏漆 PSP 相比,TSP 的黏合剂不需要有透氧性,用传统的透明黏合剂即可,如聚氨酯,效果很好。额外的好处是表面可以做高光洁度抛光,这是非常重要的,特别在低温测试时。为了防止金属模型表面热传导的快速温度平衡,在涂 TSP 涂层之前,必须先在金属模型表面涂上一层隔热涂料。此外,保温层的颜色应为白色,作为屏蔽层,强度分布均匀,信噪比高。

另一方面,TSP 可以采用与 PSP 相同的测量系统,即 TSP 图像的评价过程与 PSP 几乎相同,TSP 测量方法也有强度法和寿命法。热敏涂料发出的光可能是不连续的线谱,也可能是宽带连续光谱。虽然评价 TSP 热像图可能因发射光谱是线谱还是连续谱而有所不同,但原则上是可以比较的。用于 TSP 温度测量的一种方法是所谓"强度法",即用涂料发光的总能量来评价温度。另一种方法是所谓"寿命法",即荧光/磷光的衰减时间(或寿命)也对温度敏感(而且这也是强度随温度变化的原因)。在某些应用中,用荧光/磷光的寿命而不是积分强度来评价更为准确。然而,基于寿命测量的表面热像图很难得到完整的表面热像图,因为需要使用像增强 CCD 相机进行直接的二维评价,或者使用基于光电倍增管的一维扫描系统。在寿命法测量中,必须用一种短光脉冲(一般由激光或大功率发光二极管(LED)系统产生)对热敏涂漆激励。脉冲持续时间是纳秒量级。激发后,TSP 的发光强度呈指数衰减,指数衰减时间即寿命 τ,可以从微秒到毫秒。寿命对温度的依赖性可以成为那个温度范围一个好的测量标志。

基于两种物理性质(温度敏感的光谱分布和寿命),至少可以定义三种使用 TSP 进行热成像的方法:第一,用红绿蓝(RGB)三色摄像机测量热敏漆发出的具有线光谱光的颜色。然而,由于这些热敏漆光的颜色变化没有液晶那么明显(TPS:在 100 K 范围内由橙白到红色。窄带 LC:在 1 K 范围内为由红到蓝。宽频带 LC:在 20 K 范围内为红到蓝),该方法具有较高的不确定性。第二,可以使用带有滤光片的两个黑白(B/W)相机,只截取 TPS 发射光谱中的两条谱线。然后,通过两幅图像的比例进行温度校准(这两幅图像必须精确对齐,以适应不同的视角)。第三,两个摄像头可以同时使用一个光学集光系统和一个分束器来保证相同的视角(但这是一种比较老式的方法)。

另一种可能性是将温度变化下的图像与恒定温度下的参考图像联系起来,类似于 PSP 评价中,将一幅恒定压力不吹风(wind-off)图像与一幅吹风(wind-on)实验图像联系起来。该方法适用于热敏涂料具有宽频带发射而非线谱(强度法)的情况。

6.4.4　三种光学方法比较

表 6.4 主要比较了上述三种光学方法作为边界层转捩检测工具的特点。没有详细分析它们在绝对温度测量方面的用处，因为检测转捩所有方法都不需要传感器校准。然而，绝对温度测量与转捩检测中使用的温差测量是密切相关的。此外，热图法还可以用来测量（传导和对流）热流和壁面剪切应力（由于雷诺类比），这里没有讨论在这些测量中的应用。

表 6.4　三种光学测温方法的比较

方法	原理	运行范围 /K	带宽 /K	典型帧速率/Hz	最大分辨率 /K	优点	缺点
热色液晶 TLC	检测散射光的颜色变化	240~390	0.5~2（窄带 NB）5~30（宽带 WB）	5 Hz	0.1	• 可供选择各种 TLC • 白光激发 • 不需要特殊的光学、窗户或摄像机	• 带宽相对较窄 • 对光照和视角敏感
红外热成像 IRT	检测辐射热	200~1400	≈200	50	0.02	• 准备在大多数应用程序中使用 • 无需对非金属模型进行表面处理 • 可用各种摄像机 • 无需校准，具有良好的温度敏感性 • 高温和时间分辨率高	• 红外系统相对昂贵 • 必要的特殊光学、窗户和照相机 • 空间分辨率低
热敏漆 TSP	荧光/磷光发光强度和寿命的变化	80~2000	≈100	10	0.1	• 覆盖所有风洞试验给定的温度 高空间分辨率 • 不需要特殊的光学、窗户或摄像头 • 可使用与 PSP 相同的设备 • 可以非常光滑的表面处理	• 需要应用油漆层 • 与 IRT 相比，温度分辨率更低 • 需要激发光源、灯的滤光片和照相机

这些方法的发展是十分迅速的，未来将在温度灵敏度、易用性、测量温度范围、带宽和空间分辨率方面做出改进。TLCs 将扩大低温测量范围。红外相机除了提高帧速率外，其空间分辨率将与今天的标准 CCD 相机相当。温度敏感涂料将进一步改进现有的配方，并将开发新的配方用于风洞测量。最后，随着现代高灵敏度、高动态范围 CCD 相机的发展以及高强度激发光源（如高能可见光范围 LED 和 UV-LED）的发展，TSP 技术将扩大热成像的应用范围。

参 考 文 献

［1］　Schultz D L，Jones T V. Heat-transfer measurements in short-duration hypersonic facilities［R］. AGARDograph No. 165. 1973.

［2］　Tropea C，Yarin A L，Foss F S. Handbook of experimental fluid mechanics［M］. Berlin：Springer， 2007.

［3］　Sanderson S R，Sturtevant B. Transient heat flux measurement using a surface junction thermocouple［J］. Rev. Sci. Instrum. ，2002，73（7）：2781-2787.

第7章 流体动力(和力矩)测量

在空气动力学实验中测量模型受到的流体动力和力矩是非常重要的实验内容,它可以为航行器设计提供有力的依据。最常用的测力仪器是空气动力天平,测量结果一般习惯用无量纲系数表示。在一些特殊情况下,如测力天平不便安装的实验和活体动物实验等,现在也开始讨论用动量法来间接测量流体动力。本节先介绍二维定常情况下的动量法测量阻力实验,这是最简单的一种动量法测量方法。然后以应变天平为例介绍气动天平测量的有关知识。

7.1 动量法测量流体动力

7.1.1 动量法测量二维翼型阻力实验

这是一个教学实验。根据动量定理,气流通过模型后会损失一部分动量,并且损失的动量就等于模型受到的阻力。因此,利用动量定理可以测量模型的阻力,这个阻力叫型阻,动量法在二维低速风洞实验中有应用。

如图 7.1 所示,一个二维翼型安装在风洞实验段内,其中沿气流方向为 x 轴正方向,垂直 x 轴为 y 方向,向上为正。在实验段内按如下方式取一个控制体:在模型远前方取平行于

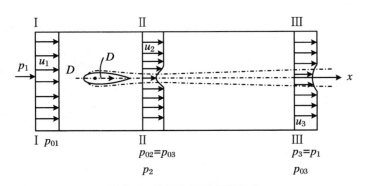

图 7.1 动量法测量模型阻力

y 轴的控制面 I-I,在远离翼型下游取另一控制面 III-III。假设控制面 III-III 处静压已经恢复到未受扰动时的静压,即 $p_3 = p_1$。上、下控制面高度分别为 $\pm h$,并且 h 取在翼型尾迹区之外。单位时间内,从控制面 I-I 流入控制体的流体动量为

$$\int_{-h}^{h} \rho u_1^2 \mathrm{d} y_1$$

单位时间内,从控制面 III-III 流出控制体的动量为

$$\int_{-h}^{h} \rho u_3^2 \mathrm{d} y_3$$

不计流体质量力,控制面内流体只受到压力 p 和模型对流体的作用力 D' 的作用。

压力 p_1 作用在控制面 I-I 上的力为

$$\int_{-h}^{h} p_1 \mathrm{d} y_1$$

压力 p_3 作用在控制面 III-III 上的力为

$$\int_{-h}^{h} p_3 \mathrm{d} y_3$$

沿 x 方向写出动量定理为(假设流场 z 方向厚度为 1)

$$\int_{-h}^{h} \rho u_3^2 \mathrm{d} y_3 - \int_{-h}^{h} \rho u_1^2 \mathrm{d} y_1 = \int_{-h}^{h} p_1 \mathrm{d} y_1 - \int_{-h}^{h} p_3 \mathrm{d} y_3 + D' \tag{7.1}$$

由于 $p_3 = p_1$,而模型受到的阻力 D 和流体受到模型的力 D' 大小相等,方向相反。所以,模型受到的阻力是

$$D = \int_{-h}^{h} \rho u_1^2 \mathrm{d} y_1 - \int_{-h}^{h} \rho u_3^2 \mathrm{d} y_3 \tag{7.2}$$

在实际风洞实验中,受到风洞实验段长度的限制,控制面 III-III 很难选到远离模型的地方。习惯的做法可以在离开模型后缘不远的地方取另一截面 II-II(例如,对机翼模型可取 $0.5 \sim 1.0$ 倍弦长),由 II-II 截面测得的速度分布推算翼型阻力(Jones 方法)。

首先,沿一根流管应用连续方程有

$$u_1 \mathrm{d} y_1 = u_2 \mathrm{d} y_2 = u_3 \mathrm{d} y_3 \tag{7.3}$$

则(7.2)式可写为

$$D = \int_{-h}^{h} \rho u_1^2 \mathrm{d} y_1 - \int_{-h}^{h} \rho u_3^2 \mathrm{d} y_3 = \int_{-h}^{h} \rho u_1 u_2 \mathrm{d} y_2 - \int_{-h}^{h} \rho u_3 u_2 \mathrm{d} y_2$$

$$= \int_{-h}^{h} \rho u_2 (u_1 - u_3) \mathrm{d} y_2 \tag{7.4}$$

根据定义,阻力系数 C_D 写为

$$C_D = \frac{D}{\dfrac{1}{2} \rho u_1^2 b} = \frac{2}{b} \int_{-h}^{h} \frac{u_2}{u_1} \left(1 - \frac{u_3}{u_1} \right) \mathrm{d} y_2 \tag{7.5}$$

其中 b 为机翼弦长。

假定从 II-II 截面到 III-III 截面流动没有损失,也就是两截面之间沿流线总压保持不变,$p_{02} = p_{03}$,根据伯努利方程,有

$$p_1 + \frac{1}{2} \rho u_1^2 = p_{01}$$

$$p_2 + \frac{1}{2}\rho u_2^2 = p_{02}$$

$$p_3 + \frac{1}{2}\rho u_3^2 = p_{03} \tag{7.6}$$

将 (7.6) 式内 u_3 用 I-I 和 II-II 截面参数表示出来:

$$u_3 = \sqrt{\frac{2(p_{02} - p_1)}{\rho}} \tag{7.7}$$

代入 (7.5) 式后,得到

$$C_D = \frac{2}{b} \int_{-h}^{h} \sqrt{\frac{p_{02} - p_2}{p_{01} - p_1}} \left(1 - \sqrt{\frac{p_{02} - p_1}{p_{01} - p_1}}\right) \mathrm{d}y_2 \tag{7.8}$$

其中 p_{01}, p_1, p_{02}, p_2 需在实验中测量。以上介绍的方法是由 Jones 提出的。

应该注意到,动量法不能用来测量失速状态下机翼或者襟翼偏转后翼型的阻力。因为在这些状态下,大部分阻力是由气流旋转损失引起的,不表现为线性变化和动量的损失。

7.1.2 旋涡动力学理论用于测量空气动力的原理简介

上一小节介绍的动量法一般仅适用于定常二维模型的测力实验,但是我们看到动量法的本质是从测量的运动学数据计算模型的动力学参数。对于一些非定常实验,特别是近年来发展的生物运动实验,直接用天平测量其受力是十分困难甚至是不可能的。根据动量法的思想,能否通过测量物体周围流场的速度分布和涡量分布,进而计算出物体受到的流体动力呢?涡动力学理论就是这样一种方法,涡量矩定理是涡动力学理论中非常主要的理论。下面简要介绍涡动力学理论在测量流体动力方面的应用。

为了分析作用在物体上的流体动力,我们把流体动力与涡量场联系起来。设物体在不可压缩流体中以速度 $\boldsymbol{v}$ 运动,流体充满无穷大的空间,并且假设流体在无穷远处静止。该假设也就是说,涡量只分布在物体附近一个有限的区域内,该区域外是无旋场。我们可以通过测量有限区域内的涡量分布,推算物体的受力状态。物体不一定是刚体,可以包括旋转、变形等。

从涡量守恒定理和 N-S 方程出发,可以推导出无限空间中不可压缩流体的涡量矩定理,表述为

$$\boldsymbol{F} = -\rho \frac{\mathrm{d}\boldsymbol{I}}{\mathrm{d}t} + \rho \frac{\mathrm{d}}{\mathrm{d}t} \int_{V_\mathrm{b}} \boldsymbol{v}\mathrm{d}\boldsymbol{v} \tag{7.9}$$

其中冲量 $\boldsymbol{I}$ 表示为

$$\boldsymbol{I} = \frac{1}{N-1} \int_{V_\mathrm{b} + V_\mathrm{f}} \boldsymbol{r} \times \boldsymbol{\omega} \mathrm{d}\boldsymbol{v} \tag{7.10}$$

其中 $N = 3$ (三维), $N = 2$ (二维)。$\boldsymbol{F}$ 是物体受到的力矢量,ρ 是流体密度,$\boldsymbol{r}$ 是位置矢量,$\boldsymbol{\omega}$ 是涡矢量,V_b 是物体占有的体积,V_f 是流体占有的体积。

(7.9) 式右边的第一项表示分布涡量的矩在整个空间内积分的时间变化率,这个涡量包括流体和有旋转运动的固体,如果固体旋转角速度为 $\boldsymbol{\Omega}$,则相当于这部分空间被涡量 $\boldsymbol{\omega} =$

2Ω 的流体占据。而第二项是假想的"排斥流体"的动量变化率,也就是非定常过程中的附加质量效应。

现在基于粒子成像速度仪(PIV)实验已经可以测量到物体(包括生物柔性变形体)周围运动学参数(即涡量场)变化,涡动力学理论的意义在于,该理论提供了一种从运动学数据求动力学数据的可能。

(7.9)式表述的涡量矩定理要求的条件有点苛刻,要求物体在无限大空间内并且初始流场静止。往往实验测量是在一个有限的小区域内进行的,特别地,许多实验在有来流的条件下进行。如果取一个有限大小的控制体,就会有涡量从控制面流进流出,(7.9)式表述的涡量矩定理就不再适用。现在已经发展出了一种控制面积分方法解决这个问题,流体动力的具体表达式是

$$F = -\frac{\rho}{N-1}\frac{\mathrm{d}}{\mathrm{d}t}\int_{V_b+V_f} r \times \omega \mathrm{d}v + \rho\int_{S_a} n \cdot \Lambda \mathrm{d}s - \frac{\rho}{N-1}\frac{\mathrm{d}}{\mathrm{d}t}\int_{S_b} r \times (n_b \times V_b)\mathrm{d}s \qquad (7.11)$$

其中 S_b 是物体边界,n_b 是物体法线单位矢量,V_b 是物体运动速度,S_a 是控制面外边界,Λ 是二阶张量:

$$\Lambda = \frac{1}{2}\mid V\mid^2 I - VV - \frac{1}{N-1}(V-w)(r\times\omega) + \frac{1}{N-1}\omega(r\times V)$$

$$+ \frac{\nu}{N-1}\big[(r\cdot\nabla^2 V)I - r\nabla^2 V\big] + 2\nu E$$

其中 I 是单位二阶张量,w 为控制面 S_a 的速度,ν 为运动黏性系数。(7.11)式右边第二项体现了速度和涡量在外控制面的流动。上式虽然复杂,但是仅需要测量流场速度和涡量信息,即可获得流体力的信息。

7.2　气动天平分类

用空气动力天平直接测量模型上受到的空气动力载荷是风洞实验的重要内容。一般说,模型在气流中受到的气动载荷可以分解为三个方向的气动力分量和三个方向的力矩分量,具体说是升力、阻力、侧力和俯仰力矩、偏航力矩、滚转力矩。

相应地,气动天平按测力数目可分为六分量、四分量、三分量和单分量天平。同时测量三个力和三个力矩的气动天平称为六分量天平。有时,在比较简单的实验中也采用四分量天平(测量升力、阻力、侧力、俯仰力矩)、三分量天平(测量升力、阻力、俯仰力矩)或单分量天平(测量升力或阻力)。一般教学实验中,大多采用三分量天平,测量模型的升力、阻力和俯仰力矩。

气动天平也可以按工作原理分为机械天平、应变天平、压电天平和磁悬挂天平。

气动天平按测力数和工作原理分类,如图 7.2 所示。

气动天平还可以按安装方式分为外部式天平和内部式天平。外天平一般安装在风洞外

部,依靠一套机械装置把各个气动力和力矩分解开来,因此,又称为机械天平。机械天平大多用在低速风洞实验中。内天平安装在风洞实验段内,应变天平和压电天平都是内天平,它们用应变片(或压电元件)把测力元件的应变转化为电信号。内天平在高速风洞实验中已广泛使用,在低速风洞实验中也有应用。下面我们先简要介绍机械天平,然后以三分量应变天平为例,简单介绍应变天平测力的原理。

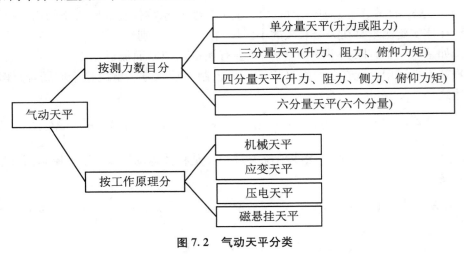

图 7.2　气动天平分类

7.3　机　械　天　平

7.3.1　机械天平特点

机械天平是在低速风洞中经常使用的一种测力装置,体积和重量都很大,一般安装在实验段外部。机械天平由模型支撑系统、模型姿态角机构、力与力矩分解机构、传力系统、平衡测量元件、架车与天平测量控制系统等组成。

机械天平具有以下特点:能将各个力和力矩分量分解开独立测量,测量精度高;各力分量之间的干扰能减到最小,测量准度高;具有较大的刚度,不需弹性角修正;测量量程大,灵敏度高;受环境影响小,稳定性好。

7.3.2　机械天平分类

机械天平按结构形式可分为塔式天平和台式天平。这两种天平都由力矩平台和力平台组成。

塔式天平是具有塔式结构的机械天平,如图7.3所示。模型由腹支杆和尾支杆支撑并安装在攻角机构上,攻角机构安装在力矩平台上。力矩平台由三根斜吊线支撑,斜吊线的延

长线交于 O 点,即塔心。塔心 O 为天平的力和力矩分解中心。力矩平台吊装在力平台上,力平台和力矩平台上的力和力矩分解后通过传力系统传至各个测量单元。传力系统主要由拉杆、杠杆、配重和弹性支撑组成。

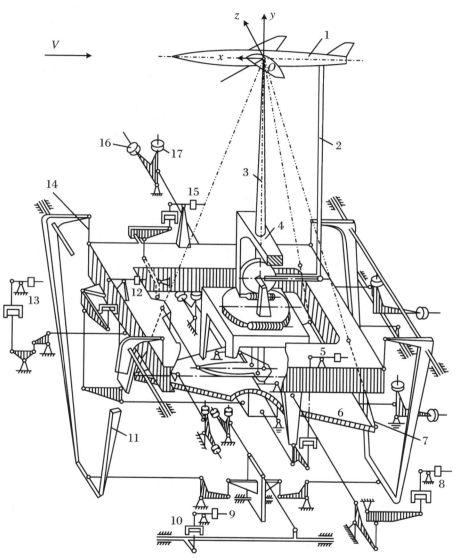

1. 模型,2. 尾支杆,3. 腹支杆,4. 支杆导轨,5. M_x 元件,6. 力矩平台,7. 力矩台斜吊线,8. F_z 元件,
9. F_y 元件,10. 应变测力环,11. 升力摇臂,12. M_z 元件,13. F_x 元件,14. 力平台垂直吊线,
15. M_y 元件,16. 平衡配重,17. 灵敏度配重

图 7.3　塔式机械天平

台式天平的力平台和力矩平台都分别由四根垂直吊杆悬吊起来,如图 7.4 所示。模型通过支杆安装在力矩平台上。与塔式天平类似,分解后的力和力矩通过传力系统传至各个测量元件分别测量。

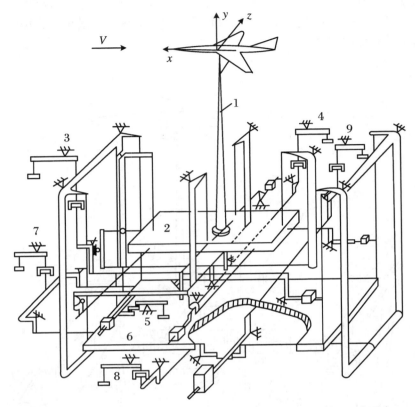

1. 支杆, 2. 力矩平台, 3. M_z 元件, 4. M_x 元件, 5. M_y 元件, 6. 力平台,
7. F_x 元件, 8. F_z 元件, 9. F_y 元件

图 7.4　台式机械天平

7.3.3　力与力矩的分解原理

在机械天平中分解力和力矩分量是十分关键的。在塔式天平中(图 7.5),力平台由四根拉杆悬挂在升力大摇臂上,组成平移机构。当气动载荷传到力平台时,阻力使平台左右移动,侧力使平台垂直纸面移动,升力使平台上下移动。这些移动量由测量元件分别测量,从而实现对力的分解。在在塔式天平中,力矩平台通过斜拉杆实现吊装,斜拉杆延长线交于塔心。当气动载荷传到力矩平台时,俯仰力矩使平台绕通过塔心的 z 轴转动,偏航力矩使平台绕通过塔心的 y 轴转动,滚转力矩使平台绕通过塔心的 x 轴转动,从而实现了对力矩的分解。在塔式天平中,由于斜拉杆延长线交于塔心,斜拉杆的反支力与三个气动力构成平衡共点力系,气动力的作用不会引起力矩平台的转动,因此力对力矩的干扰很小。

在双台式天平中(图 7.6(a)),力矩平台通过四根垂直拉杆悬吊在力平台的四个力矩摇臂上,力平台再通过四根垂直平移吊线悬吊在四个升力大摇臂上,分别实现对力矩和力的分解。由于台式天平中力矩参考中心与力分解中心不重合,力会对力矩产生干扰。为了消除这种干扰,台式天平中都有消除干扰装置。图 7.6(b)表示消除阻力对俯仰力矩干扰的装置

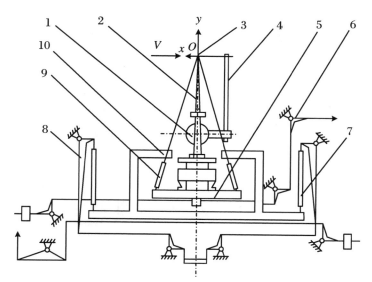

1. 攻角机构，2. 模型前支杆，3. 塔心，4. 尾支杆，5. 力矩平台，6. 传力系统，
7. 平移吊线，8. 升力大摇臂，9. 斜吊线，10. 力平台

图 7.5　塔式天平的力分解示意图

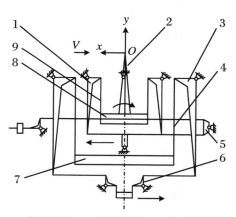

1. 力矩摇臂，2. 模型支杆，3. 升力大摇臂，
4. 平移吊线，5. 消扰机构，6. 升力传力系统，
7. 力平台，8. 力矩平台，9. 力矩平移吊线

(a) 双台式天平的力和力矩分解机构

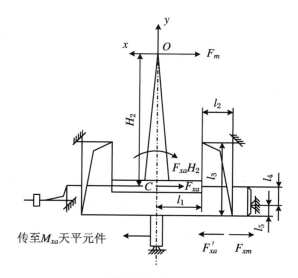

(b) 消除对俯仰力矩干扰的机构

图 7.6　台式天平的力分解示意图

示意图。作用在 O 点的阻力 F_{xa} 对于力矩平台中心 C 点而言,等效于一个力 F_{xa} 和一个力矩 $F_{xa}H_2$ 作用。对力矩摇臂来说,力矩 $F_{xa}H_2$ 的作用产生力 F_{xm},对消扰装置来说,力 F_{xa} 的作用产生力 F'_{xa}。我们有

$$F_{xm} = \frac{F_{xa}H_2}{l_1} \frac{l_2}{l_3}, \quad F'_{xa} = \frac{F_{xa}l_4}{l_5}$$

只要调整 l_4 长度,使之满足

$$l_4 = \frac{H_2 l_2 l_5}{l_1 l_3}$$

有 $F_{xm} = F'_{xa}$,即阻力不会对俯仰力矩单元产生干扰。

7.4 应 变 天 平

7.4.1 应变天平特点和分类

应变天平在空气动力学测量中已经成为最广泛使用的测力仪器,与机械天平相比,它具有体积小,重量轻,响应快,精度高等优点。

应变天平从结构形式上可以分为杆式天平和盒式天平两类。杆式天平外形为圆柱形或方柱形。天平一端与模型相连(称为模型端),另一端与攻角机构相连(称为支撑端),各个测力元件串联地布置在两端之间。盒式天平外形为盒状,盒本体由浮动框和固定框组成。浮动框与模型相连,固定框与支杆相连,测力元件都设置在固定框内。此外在特种实验中还有采用轮辐式、环式和片式天平的。

在应用应变天平测量模型受到的气动力和力矩过程中,从力和力矩到最后读数,需要经过以下几个环节:

首先模型受到的气动载荷,通过天平和模型配合面传到天平本体上,再通过力和力矩分解,天平上各个测量元件分别感受到各个气动力分量,并产生相应的应变。应变片粘贴在测力元件上,测力元件的弹性变形引起应变片的变形。应变片的变形产生电阻变化。应变片接在电桥中,应变片的电阻变化从而引起电桥输出电压变化。最后,电桥输出电压经过二次仪表变为读数变化。一个好的天平应该保证在上述各环节上保持线性变化(图 7.7)。

7.4.2 应变片和电桥

在材料力学中我们已经学习过应变片技术,本章主要是介绍应变片技术在天平测量中的应用。应变片贴在天平弹性元件上,几个应变片构成一个电桥(图 7.8)。这一步骤需要保证从应变 ε 到电桥输出 ΔV 呈线性关系。众所周知,电桥保持平衡的条件是 $R_1 R_4 = R_2 R_3$。在天平测量中往往挑选电阻值相同的应变片构成一个电桥,也就是说,使 $R_1 = R_2 = R_3 = R_4$。这时如果电桥一个臂电阻发生微小变化都会引起电桥不平衡,输出端产生电压差

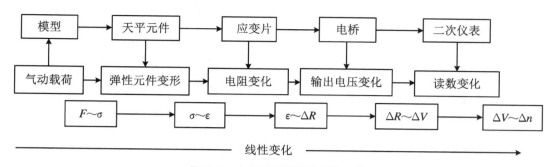

图 7.7　应变天平测量模型的环节

ΔV。应变片电阻变化是由应变引起的，因此，电桥输出电压变化与电阻（应变）变化的关系为

$$\frac{\Delta V}{V} = \frac{1}{4}\left(\frac{\Delta R_1}{R_1} - \frac{\Delta R_2}{R_2} - \frac{\Delta R_3}{R_3} + \frac{\Delta R_4}{R_4}\right) = \frac{1}{4}K(\varepsilon_1 - \varepsilon_2 - \varepsilon_3 + \varepsilon_4) \qquad (7.12)$$

从(7.12)式可以定性得出这样的结论：相邻臂电阻（应变）变化相同，作用相消；相对臂电阻（应变）变化相同，作用相加。在天平贴片时会充分考虑到电桥的这个性质。

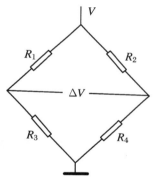

图 7.8　应变片和电桥

7.4.3　应变天平元件特点

下面以杆式天平为例介绍应变天平各个测力元件的特点。

1. 法向力元件、俯仰力矩元件、侧向力元件和偏航力矩元件

测量法向力、俯仰力矩、侧向力和偏航力矩的元件有片梁式和柱梁式组合元件。

（1）片梁式组合元件

片梁式组合元件分为二片梁式和三片梁式。这里我们以三片梁式为例介绍法向力元件和俯仰力矩元件的特点。

图 7.9(a)是典型的三片梁式元件，图 7.9(b)是梁的截面图。上下两片梁 1,3 用于测量俯仰力矩 M_z，中间梁 2 用于测量法向力 Y。三片梁长度相同，1,3 片梁截面相同。

当三片梁式设置在天平设计中心时，在法向力 Y 的作用下，中间梁 2 受到的力

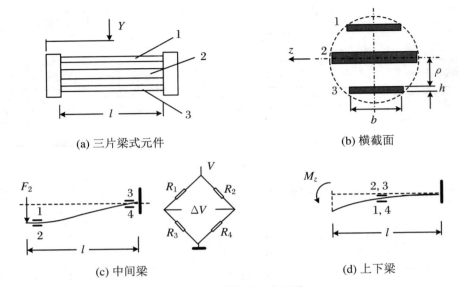

(a) 三片梁式元件　　　　　　　　　(b) 横截面

(c) 中间梁　　　　　　　　　　　(d) 上下梁

图 7.9　三片梁式组合元件

$$F_2 = \frac{I_{z2}}{I_{z1} + I_{z2} + I_{z3}} Y$$

其中 I_z 是各个梁对 z 轴的惯性矩。梁 2 在 F_2 作用下简化为一个超静定梁（图 7.9(c)），根据超静定梁计算，梁 2 的最大应变发生在两端，大小为

$$\varepsilon_{\max} = \frac{3h_2 l}{E(2b_1 h_1^3 + b_2 h_2^3)} Y \tag{7.13}$$

其中 E 为材料的弹性模量，b,h,l 分别为梁的宽、高和长，下标表示梁。

上下梁 1,3 用于测量俯仰力矩 M_z。在力矩 M_z 作用下梁 1,3 简化为悬臂梁（图 7.7(d)），梁 1 上受到的力矩是

$$M_1 = \frac{I_{z1} + \rho_1^2 S_1}{I_{z1} + \rho_1^2 S_1 + I_{z2} + I_{z3} + \rho_3^2 S_3} M_z$$

其中 ρ 为梁 1,3 的形心到天平轴线的距离，S 为梁的截面积。根据悬臂梁计算，梁 1 的最大应变发生在中部，大小为

$$\varepsilon_{\max} = \frac{6(2\rho_1 + h_1)}{E(2b_1 h_1^3 + 24\rho_1^2 b_1 h_1 + b_2 h_2^3)} M_z \tag{7.14}$$

对于中间梁 2，应变片贴在梁的两端。如图 7.9(c) 所示，超静定梁右上边和左下边受拉，而右下边和左上边受压。根据电桥特性，对边电阻变化相同时，输出信号增加；邻边电阻变化相反时，根据输出信号增强的原则，应变片应该按照图 7.9 所示的方法布置，这样电桥的输出信号最大。同理，对于上下悬臂梁 1,3 可在梁中部并行贴片，而且注意到梁上边受拉，下边受压。

同时我们注意到，俯仰力矩引起中间梁的应变是很小的，因此俯仰力矩对法向力测量的干扰较小。

将上述片梁式组合元件旋转 90° 垂直设置时，就可以用来测量侧向力 Z 和偏航力矩

M_x,原理完全相同。

(2) 柱梁式组合元件

当组合元件的横截面是矩形时称为柱梁式组合元件,分为单柱梁式、三柱梁式和四柱梁式(图 7.10)。单柱梁式在一个梁上测量两个力(法向力、侧向力)和两个力矩(俯仰力矩、偏航力矩)。三柱梁式和四柱梁式用左右对称的梁测量侧向力和偏航力矩,用中间梁或上下梁测量法向力和俯仰力矩。柱梁式元件刚度大,干扰小,输出高,是常用的形式之一。在特殊情况下也采用五柱梁式、六柱梁式和米字梁式等。

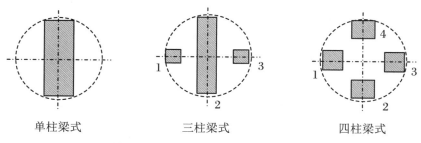

单柱梁式　　　　　　三柱梁式　　　　　　四柱梁式

图 7.10　柱梁式组合元件

三柱梁和四柱梁式组合元件可用来测量除轴向力外的其他五个分量,是常用的元件形式之一。

① 测量法向力 Y

以三柱梁为例(图 7.11),左右对称的两个梁为梁 1,3,中间为梁 2。梁 2 用于测量俯仰力矩 M_z 和法向力 Y。在法向力 Y 作用下,作用在三柱梁组合元件上的最大力矩为

$$M_{\max} = \frac{1}{2} YL$$

其中 L 是前后两个组合元件间的距离。这个力矩由三个梁分担,作用在梁 2 上的力矩为

$$M_2 = \frac{I_{z2}}{2I_{z1} + I_{z2}} M_{\max} = \frac{b_2 h_2^2}{2(2b_1 h_1^2 + b_2 h_2^2)} YL$$

梁 2 上的最大应变为

$$\varepsilon_{\max} = \frac{3 h_2 YL}{E(2b_1 h_1^3 + b_2 h_2^3)} \tag{7.15}$$

② 测量侧向力 Z

同理,用梁 1,3 测量侧向力 Z 时,作用在三柱梁式组合元件上的最大力矩为

$$M_{\max} = \frac{1}{2} ZL$$

这个力矩由三个梁分担,作用在梁 1 上的力矩为

$$M_1 = \frac{I_{y1}}{2(I_{y1} + \rho_1^2 b_1 h_1) + I_{y2}} M_{\max} = \frac{b_1^3 h_1 ZL}{2(b_1^3 h_1 + 24\rho_1^2 b_1 h_1 + b_2^3 h_2)}$$

梁 1 上的最大应变为

$$\varepsilon_{\max} = \frac{3(2\rho_1 + b_1) ZL}{E(2b_1^3 h_1 + 24\rho_1^2 b_1 h_1 + b_2^3 h_2)} \tag{7.16}$$

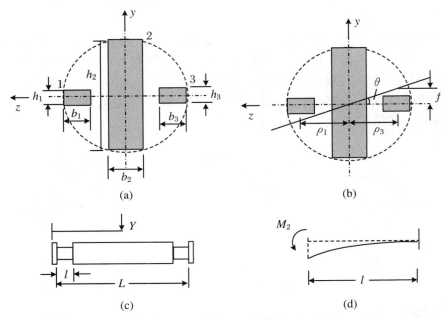

图 7.11　三柱梁式组合元件示意图

③ 测量俯仰力矩 M_z

用梁 2 测量俯仰力矩 M_z 时，梁 2 上承载的力矩 M_2 为

$$M_2 = \frac{I_{z2}}{2I_{z1} + I_{z2}} M_z = \frac{b_2 h_2^3 M_z}{2b_1 h_1^3 + b_2 h_2^3}$$

梁 2 上的最大应变为

$$\varepsilon_{\max} = \frac{6 h_2 M_z}{E(2b_1 h_1^3 + b_2 h_2^3)} \tag{7.17}$$

④ 测量偏航力矩 M_y

同理，用梁 1，3 测量偏航力矩 M_y 时，作用在在梁 1 上的力矩为

$$M_1 = \frac{I_{y1}}{2(I_{y1} + \rho_1^2 b_1 h_1) + I_{y2}} M_y = \frac{b_1^3 h_1 M_y}{2b_1^3 h_1 + 24\rho_1^2 b_1 h_1 + b_2^3 h_2}$$

梁 1 上的最大应变为

$$\varepsilon_{\max} = \frac{6(2\rho_1 + b_1) M_y}{E(2b_1^3 h_1 + 24\rho_1^2 b_1 h_1 + b_2^3 h_2)} \tag{7.18}$$

2. 滚转力矩元件

由材料力学可知，圆形截面弹性杆受力矩 M_n 作用发生扭转时（图 7.12），沿表面 45°斜线应变最大为

$$\varepsilon_{\varphi = 45°} = \frac{16 M_n}{E\pi D^3}(1 + \mu) \tag{7.19}$$

其中 D 为圆柱直径，μ 为泊松比。

力矩 M_n 作用于一个矩形截面杆时，情况比较复杂。如果忽略横截面上的正应力，在纯

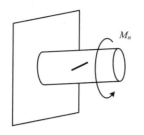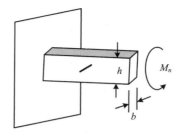

图 7.12　滚转力矩元件

扭转假设下可套用圆截面杆的公式。最大应变 $\varepsilon_{\max}$ 在长边中点沿 $45°$ 方向，

$$\varepsilon_{\max} = \frac{M_n}{E\alpha hb^2}(1 + \mu) \tag{7.20}$$

两端相对扭转角

$$\varphi = \frac{M_n l}{G\beta hb^3}$$

其中 l 是杆的长度，G 是剪变模量，α,β 是与截面长短边之比有关的参数，在一般材料力学书中可以查到。

对于六分量杆式应变天平来说，滚转力矩的设计量程较小，另外，为了承受其他分量的载荷，则滚转力矩元件的刚度往往偏大。因此，难以获得理想的滚转力矩信号。滚转力矩元件可以像轴向力元件一样组成一个独立的元件，但一般与法向力、俯仰力矩、侧向力、偏航力矩元件一起组成一个组合元件。

在三梁柱组合元件中，可用中间梁 2 测量滚转力矩 M_x。M_x 的作用由三根梁一起分担，梁 2 在扭矩 M_{x2} 作用下发生扭转，角位移为 θ_2；梁 1,3 在扭矩 M_{x1} 和 M_{x3} 作用下发生扭转变形，角位移为 θ_1 和 θ_3，并在力 F_1 和 F_3 作用下发生弯曲变形，线位移为 f_1 和 f_3。考虑到梁 1,3 对称布置，因此有 $M_{x1} = M_{x3}$，$F_1 = F_3$，$\theta_1 = \theta_3$ 和 $f_1 = f_3$。在滚转力矩作用下天平元件有静力平衡方程和变形协调方程：

$$M_x = M_{x2} + 2M_{x1} + 2F_1\rho_1$$

和

$$\theta_1 = \theta_2 = \theta$$

考虑到

$$M_n = \frac{GI_n\theta}{l}$$

和

$$f \approx \rho\theta, \quad F = \frac{12EI_z f}{l^3}$$

求出作用在梁 2 上的扭矩为

$$M_{x2} = \frac{GI_{n2}l^2 M_x}{GI_{n2}l^2 + 2GI_{n1}l^2 + 24EI_{z1}\rho_1^2}$$

这时在梁 2 长边 $45°$ 方向最大正应力与最大剪应力相等，最大应变为

$$\varepsilon_{max} = \frac{G\beta_2 b_2 l^2 M_x}{E\alpha_2(G\beta_2 b_2^3 h_2 l^2 + 2G\beta_1 b_1 h_1^3 l^2 + 2Eb_1 h_1^3 \rho_1^2)} \tag{7.21}$$

3. 轴向力元件

轴向力 X 是天平测量中最难测量的一个气动力分量,一般是采用独立的测量元件。轴向力元件由测量元件和支撑片组成。轴向力元件结构形式包括拉压梁式、水平梁式、偏心梁式、竖直梁式和悬臂梁式(图 7.13)。一般轴向力元件主要采用竖直梁式,竖直梁式轴向力元件可以在平行四边形结构的对边设置更多的支撑片,以提高轴向力的测量精度。竖直梁式轴向力元件根据竖直梁的形状和设置方式又有很多不同的形式。常用的是"I"字形和"T"字形竖直梁轴向力元件。

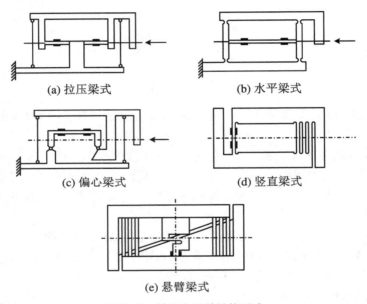

(a) 拉压梁式   (b) 水平梁式

(c) 偏心梁式   (d) 竖直梁式

(e) 悬臂梁式

图 7.13　轴向力元件结构形式

图 7.14 是常用的一种"I"字形竖直梁轴向力元件结构。测量元件由两根竖直梁组成,在天平设计中心,对称处于天平纵对称面两侧。支撑片由 12 根竖直梁组成,分列在天平设计中心前后。在轴向力作用下,测量元件和支撑片都可简化为超静定梁,呈双弯曲变形。

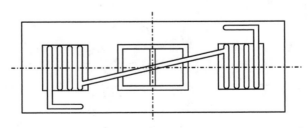

图 7.14　"I"字形竖直梁轴向力元件

天平测力元件的种类很多,上文仅就几种常见的元件形式做了简要介绍。在实际设计天平时,不必拘泥于以上介绍的内容,可以大胆提出新的元件形式。现在设计软件发展很快,可以在天平元件设计时充分利用设计软件,一边设计一边就可以给出应力应变分布。

7.4.4　应变天平总体布置

一个合格的天平必须能正确测量出各个气动力(力矩)分量,并使各单元之间互相干扰最小。因此,天平测力元件的布局十分重要。针对不同用途,天平元件的设计也各不相同。按天平各测量元件相对位置,应变天平总体布局分为串联式和复合式布局。

图 7.15 表示了一个典型的串联式天平布局示意图。在这种布置中各个测量元件首尾相接,最前面测量元件的自由端与模型相接,最后面测量元件的固定端与支杆相接。

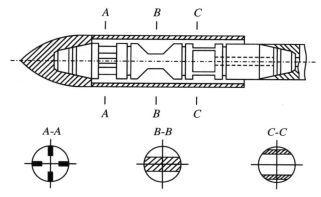

图 7.15　串联式天平元件布局

图 7.16 表示了一个典型的复合式天平布局示意图。对称处于设计中心前后的组合元件同时测量除阻力外的其他力和力矩分量,整个天平结构紧凑,长度缩短,刚度提高。

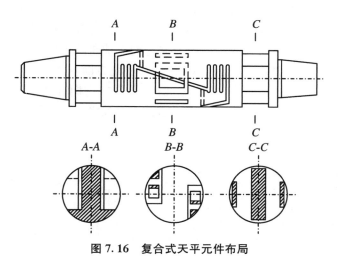

图 7.16　复合式天平元件布局

7.5 压 电 天 平

压电天平是利用压电材料的压电效应原理来测量模型上空气动力载荷的天平,主要用于脉冲型风洞中模型测力实验。压电天平具有结构简单、灵敏度高、线性好、刚度大、载荷范围宽和频率响应快的优点,但是低频性能较差。

7.5.1 压电天平原理

1. 压电材料和压电效应

有关压电材料和压电效应的内容在第 4.2.2 节中已经介绍,读者可以参阅有关内容。

2. 压电天平分类

压电天平按测力元件不同可分为有弹性元件天平和无弹性元件天平。有弹性元件压电天平是在弹性元件上粘贴压电元件;无弹性元件压电天平是由不同极化方向的压电元件组装而成的。

7.5.2 压电天平设计

1. 无弹性元件压电天平

图 7.17 是一台无弹性元件六分量压电天平示意图。它由六个不同极化方向的压电元件组装而成,利用各向同性压电元件在不同极化条件下对力的方向具有特定的敏感性,每一个压电元件测量一个分量。法向力元件与侧向力元件分别使用极化方向指向法向和侧向的剪切型压电元件;轴向力元件使用一个极化方向为天平轴向的正压型压电元件;俯仰力矩元件由两块正压型压电元件组成,它们上下对称设置,极化方向与天平轴线平行,指向相反;偏航力矩元件使用与俯仰力矩元件相同的压电元件,只是将它们绕天平轴线旋转 $90°$;滚转力矩元件由四块剪切型压电元件组成,每一块压电元件的极化方向都垂直于天平轴线,在垂直轴线的平面内极化方向沿顺时针(或逆时针)指向。

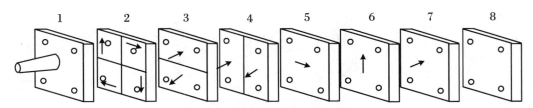

1. 模型端,2. 滚转力矩元件,3. 俯仰力矩元件,4. 偏航力矩元件,
5. 侧向力元件,6. 法向力元件,7. 轴向力元件,8. 支杆端

图 7.17　无弹性元件六分量压电天平

压电元件由锆钛酸铅压电陶瓷烧结后经极化处理而成,每片厚度为 2.5 mm,表面积为 30 mm×30 mm,呈正方形,每片有四个孔,用螺栓将各片连接在一起。风洞实验时作用在模型上的气动力载荷全部由四根螺栓承受并传递,因此,螺栓的设计很重要。一方面,连接时需要有一定的预紧力,保证在载荷作用下法向力元件与侧向力元件不产生滑移。另一方面,要保证在天平设计量程内俯仰力矩与偏航力矩的输出信号不出现非线性。同时,螺栓必须有足够的强度。

无弹性元件压电天平没有挠性结构,结构简单、加工制造容易、造价低廉,可根据需要任意组装三分量、四分量或六分量天平。图 7.18 是一台三分量压电天平示意图,组装时有两种方式:在不同分量压电元件之间有隔离陶瓷片隔离和没有隔离陶瓷片分隔。图 7.18(a)表示用隔离陶瓷片分隔不同分量压电元件的安装方式。为了消除隔离片产生的天平各分量之间的干扰,压电元件要选用介电常数很大的锆钛酸铅材料,而隔离陶瓷片则选用介电常数极小的高频陶瓷材料。图 7.18(b)表示无隔离陶瓷片的安装方式。该方法中每个分量由成对的压电元件组成,并在连接处夹有铜箔制作的聚集电荷的电极板。这时天平灵敏度可成倍增加,干扰较小。

为了减小天平各分量之间的干扰,压电元件的压电特性与尺寸形状应尽可能保持一致性。另外精心组装和细致调整也是十分重要的。

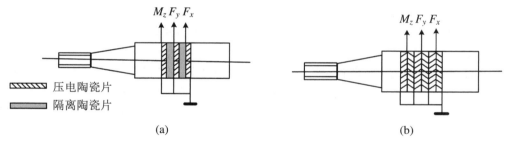

图 7.18　无弹性元件压电天平组装方式

2. 有弹性元件压电天平

有弹性元件的压电天平与一般应变天平的设计原理基本相同,结构形式也很相近,不同的是在粘贴应变片的位置粘贴非常薄(0.1~0.3 mm)的压电元件。

图 7.19 表示一台在激波风洞中使用的有弹性元件的六分量压电天平。弹性元件由两

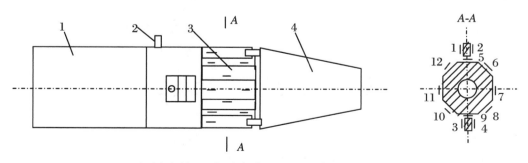

1. 天平支杆端, 2. 加速度计, 3. 测量元件, 4. 天平模型端

图 7.19　有弹性元件压电天平

部分组成,滚转力矩元件采用两片梁式,在上下梁两侧 1,2,3,4 面上分别对称粘贴四片压电元件(图 7.19 右图)。另外五个分量的测量元件采用正八角形截面的梁式组合元件,在梁的 6,8,10,12 面上对称设置四片压电元件测量轴向力。在梁的 5,9 面上对称设置四片压电元件测量法向力和俯仰力矩。在梁的 7,11 面上对称设置四片压电元件测量侧向力和偏航力矩。

7.5.3 压电天平冲击补偿和校准

在脉冲型风洞中,用天平进行测力实验时,由于风洞起动时的冲击载荷会引起模型、天平与支撑系统的机械振动,天平输出的测力信号中含有惯性力的信号,需要进行惯性补偿或修正。

补偿的基本原理是在天平输出的测量信号中加一个正比于模型加速度的信号,用以抵消因振动产生的惯性力的干扰。首先要根据风洞的运行时间确定一个截止频率,对在截止频率以内的低频率信号进行补偿,对高于截止频率的振动信号用低通滤波器滤除。为了对压电天平信号进行惯性补偿,需要在模型腔内安装加速度计。理论上对六分量天平需要设置六个加速度计,对每个分量进行补偿。加速度计位置的选择十分重要,使每个加速度计只感受该种振动模式有关的加速度。

压电天平惯性补偿的好坏是在脉冲型风洞中能否成功测量气动力的关键。随着电子技术与数字信号处理技术的进步,目前除了传统的惯性补偿方法外,还发展了惯性自补偿技术与数字补偿技术。

由于压电天平的低频特性较差,其静态校准与应变天平有很大差异。其一是压电天平的静态校准是一个动态测量过程,加(卸)载后,天平输出是一个阶跃信号;其二是压电天平校准多采用卸载方法,即先对天平施加砝码,按动电荷放大器的复位开关,放掉加载过程中在压电元件上产生的电荷,然后采用熔断丝线的方法或人工快速托起砝码的方法突然卸掉天平上的载荷。这时天平上产生与加载时数值相等、符号相反的载荷量。

图 7.20 是一种压电天平校准的单点卸载多元校准装置。天平加载架上斜置一根钢丝,钢丝的延长线与天平坐标轴线不相交,钢丝的另一端通过滑轮挂上一定量的砝码。滑轮可以在某一平面内做两个自由度的运动,测量钢丝上两点的空间坐标,再通过空间矢量分解原

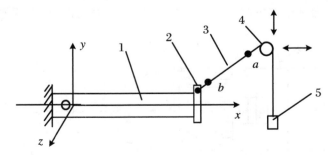

1. 压电天平,2. 加载架,3. 钢丝,4. 滑轮,5. 砝码

图 7.20　压电天平单点卸载校准装置

理计算出施加在天平上的六个分量的载荷。校准时,每变化一次滑轮位置,测量一次钢丝上两点的坐标,然后,卸载一次,如此反复进行,即可完成对天平的校准。

7.6　磁悬挂天平

在风洞实验模拟中,模型一般都是通过支架固定在实验段中的,而飞行器真实飞行时是没有支架的。因此,风洞实验中必须消除支架干扰。常规的方法是在正常实验后再做几次实验,估计出支架干扰的大小。磁悬挂天平是通过磁场将模型悬浮在实验段内并测量其气动力的设备,这是一种彻底消除支架干扰的理想方法。

7.6.1　磁悬挂天平原理

磁悬浮的原理可以先从单自由度闭环磁悬浮系统开始说明。如图 7.21 所示,模型由磁性材料制作,系统由电磁线圈、功率放大器、反馈控制器、位移传感器等组成。

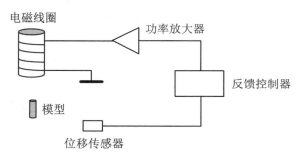

图 7.21　单自由度闭环磁悬浮系统示意图

模型受到的电磁力是模型与电磁线圈距离的函数,当电磁力与重力平衡时,模型就悬浮在空间某位置,这个位置由位移传感器检测。如果模型受到外力作用远离线圈时,位移传感器会发出信号,通过反馈线路增加电磁线圈的电流,从而增加磁力,使模型回到平衡位置。因此,通过线圈的电流大小就反映了模型受到的外力大小。

这种单自由度的闭环磁悬挂系统奠定了磁悬挂天平的基础,磁悬挂天平的自由度(又称控制度)数目可以从一个到六个。磁悬挂天平一般由电磁铁系统、模型系统、控制系统、测量系统组成。风洞外部的电磁铁系统在风洞实验段内提供一个梯度磁场,与模型腔内磁芯相互作用,将模型悬挂在风洞实验段中的某个悬挂点,并可绕悬挂点做六个自由度的运动。通过闭环位置控制系统,对模型的位置与姿态进行控制,并通过测量电磁铁系统的电流量变化来确定作用在模型上的空气动力载荷。

7.6.2 磁悬挂天平系统

1. 电磁铁系统

电磁铁系统是磁悬挂天平系统中最关键的部件。电磁铁系统按照电磁线圈结构可以分为磁芯线圈型和空心线圈型。磁芯线圈型的电磁铁线圈内含有磁芯,空心线圈型的电磁铁线圈内不含有磁芯。一般说,在相同条件下,磁芯线圈型电磁铁消耗的电功率小,但磁力随模型位置的分布非线性大。空心线圈型电磁铁消耗的电功率大,但磁力分布非线性小。因此,前者适合于进行小攻角静态实验,后者适合于进行大攻角静态和动态实验。

实际的磁悬挂天平由几组电磁铁系统组成。电磁铁排列方式有"L"形、"V"形、正交形和对称形。图 7.22 是一种对称型结构的电磁铁系统示意图,它由一对不含磁芯的空心线圈(9 号和 10 号)和四对含磁芯的线圈组成,可以产生五对相对独立、正交的磁场,对模型施加五个磁力,即产生除滚转方向外的五个约束力,对模型五个自由度实施主动控制。其中 9 号与 10 号线圈控制模型轴向自由度,1 号与 3 号、5 号与 7 号线圈控制模型法向和俯仰方向的自由度,2 号与 4 号、6 号与 8 号线圈控制模型侧向和偏航方向的自由度。

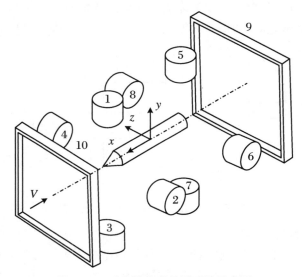

图 7.22　对称结构磁悬浮系统示意图

2. 模型系统

磁悬挂天平的模型外壳用非导磁材料制作,模型腔内沿轴向安装磁芯。磁芯可以是工程软铁,通过外部电磁铁激励产生恒定磁场;也可以是永磁铁,外加磁化后产生恒定磁场;或者用液氮冷却的超导磁芯,可以增大作用在模型上的磁力和磁力矩,减小电磁铁系统消耗的功率。

模型系统还包括模型的位置检测系统,用于准确测量模型空间位置和姿态。一般要求模型线位移精度为 0.01 mm,角位移精度为 0.02°。位置检测系统可以分为模拟光电式、电磁感应式和数字光电式。

模拟光电式模型位置检测系统由感光元件(光电池或光电阻)和平行光源组成。当模型产生位移时,感光元件的受光面积发生变化,从而产生电量变化,得到相应的位移量。这种检测系统制作容易,但是易受自然光干扰,对不同外形模型适应性差,测量范围有限。

数字光电式模型位置检测系统采用点阵式的光电器件作为感光元件,可分为主动光源式和被动光源式。主动光源式数字光电模型位置检测系统的光路与模拟光电式模型位置检测系统类似。由于感光元件上每个点的检测信号都可给出读数,因此它的抗干扰能力强,测量范围也大。被动光源式数字光电模型位置检测系统原理与摄像机类似,通过镜头将模型表面的标记成像在 CCD 阵列上,通过图像分析出模型的位置信息(图 7.23)。这种系统具有通用性,检测精度可达 μm 量级。

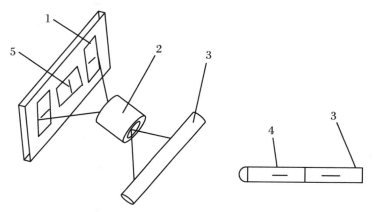

1. CCD 阵列,2. 镜头,3. 模型,4. 条纹,5. 条纹阴影
图 7.23　被动光源式数字光电模型位置检测系统

3. 控制系统

为了将模型悬挂在实验段某个悬挂点,并能绕该点做六个自由度的运动,必须有一个多变量、高精度的反馈伺服控制系统。为了控制模型位置,必须控制磁力与磁力矩的大小和方向,即控制电磁铁系统中各个电磁铁线圈的电流大小和方向。

控制系统中,首先通过模型位置检测系统测量模型质心位置和姿态角,并与事先给定的模型位置和姿态角比较,根据偏差大小对磁场进行反馈控制,使电磁铁线圈电流增大(或减小),将偏差归为零。与此同时,记录各线圈的电流值,根据天平校准时得到的力—位置—电流的函数关系式,得到作用在模型上的气动力和力矩。

4. 测量系统

用磁悬挂天平测量空气动力载荷有两种方法,即直接测量法和间接测量法。

直接测量法是在磁芯与模型外壳之间安装测力传感器,用于直接测量气动载荷(图 7.24)。传感器的测力数据通过光电管传递到风洞实验段外处理。直接测量法的测量精度高,天平校准工作简单。

间接测量法是通过测量电磁铁系统各个电磁线圈的电流变化来确定气动载荷大小的。在测量电流的同时需要测量模型位置与姿态的信息。间接测量法的关键是要准确知道力—电流—位置之间的函数关系,这就需要通过天平校准来确定。在已有的磁悬挂天平中,主要采用这种方法,比较容易实现。

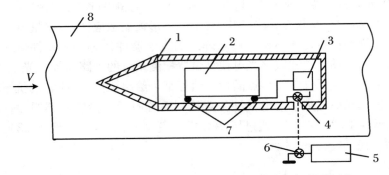

1. 模型外壳, 2. 磁芯, 3. 电子采集装置, 4. 光电二极管(发射),
5. 测量装置, 6. 光电二极管(接受), 7. 压电测力元件, 8. 实验段

图 7.24　磁悬挂天平直接测量系统

7.6.3　磁悬挂天平应用

1937 年美国弗吉利亚大学首次提出了在风洞中使用磁悬挂天平的概念, 1947 年苏联中央流体动力研究所首次在风洞实验中实际使用了磁悬挂天平。20 世纪 50 年代法国航空研究院成功研制了五个自由度的磁悬挂天平。此后, 美国、英国、日本、苏联的许多研究机构与学校相继开展了磁悬挂天平技术的研究。20 世纪 70 年代该技术进入低谷, 80 年代再度受到重视。到 1995 年世界上已建造了 20 余台磁悬挂天平, 我国也在 1987 年开始了磁悬挂天平的研究。

磁悬挂天平最大的优点是消除了模型支架的干扰, 因此在动导数、大攻角、喷流、马格努斯力等实验中有很好的应用前景。随着超导技术、计算机技术、自动控制技术和传感器技术的发展, 磁悬挂天平还将获得进一步的发展。

7.7　天平的校准

7.7.1　天平的校准

天平加工或重新贴片后, 必须进行校准。天平校准分为静校和动校两部分。静校是将天平安装在专门制作的静校架上, 通过加载来确定信号和载荷的关系, 一般称为静校公式。动校是将静校后的天平安装在风洞中, 并安装一个标准模型, 通过吹风实验, 测量标准模型上受到的载荷, 综合评价天平的性能和精度。

7.7.2　天平的校准通式和工作公式

天平校准公式包括校准通式和工作公式, 校准通式是校准时求校准系数的公式, 工作公式是风洞实验时求气动力系数的公式。

天平校准系数包括主系数、一次干扰系数、二次干扰系数、三次干扰系数、一次非对称干扰系数、二次非对称干扰系数和三次非对称干扰系数。

一个六分量天平对每个分量都有主系数 1 项,一次干扰系数 5 项,二次平方项干扰系数 6 项,二次交叉项干扰系数 15 项,三次立方项干扰系数 6 项,一次非对称干扰系数 6 项,二次非对称干扰系数 51 项,三次非对称干扰系数 6 项,共计 96 项。目前,在天平校准公式中一般不考虑非对称性,使用 27 项或 33 项(考虑三次立方项干扰系数)校准系数。如再考虑一次非对称干扰系数时,则使用 39 项系数。

1. 校准通式

校准通式分显式和隐式两种。一个六分量天平不考虑一次非对称干扰项和三次立方干扰项时,它们的校准通式如下:

显式为

$$F_i = F_{0i} + \sum_{j=1}^{6} a_i^j \Delta V_j + \sum_{j=1}^{6} \sum_{l=j}^{6} c_i^{jl} \Delta V_j \Delta V_l \quad (i = 1, 2, \cdots, 6) \tag{7.22}$$

隐式为

$$F_i = F_{0i} + A_i^i \Delta V_i + \sum_{\substack{j=1 \\ j \neq i}}^{6} A_i^j F_j + \sum_{j=1}^{6} \sum_{l=j}^{6} C_i^{jl} F_j F_l \quad (i = 1, , \cdots, 6) \tag{7.23}$$

或

$$\Delta V_i = \Delta V_{0i} + \sum_{j=1}^{6} A_i^j F_j + \sum_{j=1}^{6} \sum_{l=j}^{6} C_i^{jl} F_j F_l \quad (i = 1, 2, \cdots, 6) \tag{7.24}$$

其中 F 为校准中加的标准载荷,ΔV 为输出信号增量。式中 a_i^j,A_i^j 为一次系数,$j = i$ 时,称为主系数,$j \neq i$ 时,称为 j 分量对 i 分量的一次干扰系数。c_i^{jl},C_i^{jl} 为 j 分量与 l 分量对 i 分量的二次干扰系数,$j = i$ 时,称为二次平方项干扰系数,$j \neq i$ 时,称为二次交叉项干扰系数。

2. 工作公式

工作公式也有显式和隐式两种,当天平校准通式采用(7.22)式和(7.23)式时,天平工作公式和校准通式形式一致,天平校准系数不需要转换。当采用(7.24)式时,对应的工作公式应为

$$F_i = F_{0i} + \sum_{j=1}^{6} a_i^j \Delta V_j + \sum_{j=1}^{6} \sum_{l=j}^{6} c_i^{jl} F_j F_l \quad (i = 1, 2, \cdots, 6) \tag{7.25}$$

当采用显式工作公式计算载荷时,不需要迭代,直接将天平各测量元件输出的电压信号增量代入即可计算载荷。当采用隐式工作公式时,需要迭代处理。

7.7.3　单元校和多元校

天平静校方法分为单元校和多元校。

单元校是在一个单元加载,记录所有单元的输出。反复加载多次,用最小二乘法计算出系数。比如,在 i 单元加载,可求出 i 单元的主系数和二次平方项干扰系数以及 i 单元对其他单元的一次干扰系数和二次平方干扰系数。在单元校中要分别进行单分量加载,二分量

组合加载,重复加载和综合加载。处理数据前要先剔除坏值,用剔除坏值后的单分量和二分量组合加载记录数据计算天平校准系数,用剔除坏值后的重复加载数据计算静校精度,用剔除坏值后的综合加载数据计算静校准度。

多元校是用多元组合加载方法确定静校系数,多元校比单元校更接近天平工作状态,但加载方法需要正确。常用的方法有正交多元加载法和混合多元加载法。两种都是按照正交设计方法设计加载表,多元校可以大大提高静校工作效率,缩短静校时间。

7.7.4 动校

天平动校包括冲击载荷实验、温度效应实验和标模实验。标模实验是对风洞天平、风洞流场以及测控系统的综合检验。国家对低速风洞和高速风洞测力实验分别制定了国家军用标准 GJB1061—91,只有符合国家标准的风洞和天平才能进行型号实验。

7.8 坐标系及气动力系数

在风洞测力实验中经常采用三种坐标系:风轴系、体轴系和半体轴系。内天平测得的气动力一般是对体轴系而言的;外天平测得的气动力一般是对风轴系而言的;而在空气动力学计算中,一般气动力按风轴系给出,气动力矩按体轴系给出。两种坐标系都是右手坐标系(图 7.25),其定义如表 7.1。

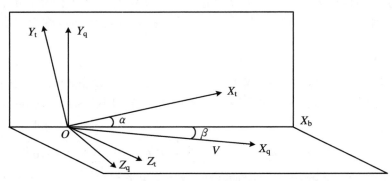

图 7.25　两种坐标系的关系

表 7.1　两种坐标系的定义

	体轴系	风轴系
坐标原点	天平设计中心或校准中心	天平设计中心或校准中心
X	OX_t 平行机身,向前为正	OX_q 沿飞行方向,向前为正
Y	OY_t 在纵对称面内,向上为正	OY_q 在纵对称面内,向上为正
Z	OZ_t 垂直纵对称面,指向右翼为正	OZ_q 垂直于 $X_q Y_q$ 平面,向右为正

而半体轴系是不同于风轴系和体轴系的一种坐标系。风洞实验时,当攻角为零时,半体轴系与体轴系一致;当偏航角为零时,半体轴系与风轴系一致。

从体轴系变换到风轴系满足下列关系:

$$\begin{bmatrix} X_q \\ Y_q \\ Z_q \end{bmatrix} = \begin{bmatrix} \cos\alpha\cos\beta & -\sin\alpha\cos\beta & \sin\beta \\ \sin\alpha & \cos\alpha & 0 \\ -\cos\alpha\sin\beta & \sin\alpha\sin\beta & \cos\beta \end{bmatrix} \begin{bmatrix} X_t \\ Y_t \\ Z_t \end{bmatrix} \tag{7.26}$$

其中 α 是攻角, β 是偏航角。上式中 X_q, Y_q, Z_q 表示风轴系, X_t, Y_t, Z_t 表示体轴系。

气动载荷各分量在风轴系内分别称为阻力 D、升力 L 和侧力 Z,在体轴系内称为轴向力 X_t、法向力 Y_t、侧向力 Z_t、俯仰力矩 M_z、偏航力矩 M_y 和滚转力矩 M_x。在测力实验中,实验数据应以无量纲气动力系数给出。例如,风轴系内三个气动力系数分别为

$$C_D = \frac{D}{qS}, \quad C_L = \frac{L}{qS}, \quad C_Z = \frac{Z}{qS} \tag{7.27}$$

体轴系内三个气动力系数和三个力矩系数分别为

$$C_{X_t} = \frac{X_t}{qS}, \quad C_{Y_t} = \frac{Y_t}{qS}, \quad C_{Z_t} = \frac{Z_t}{qS}$$
$$m_x = \frac{M_x}{qSl}, \quad m_y = \frac{M_y}{qSl}, \quad m_z = \frac{M_z}{qSb_A} \tag{7.28}$$

其中 C_D, C_L 和 C_Z 称为阻力系数、升力系数和侧力系数; C_{X_t}, C_{Y_t} 和 C_{Z_t} 称为轴向力系数、法向力系数和侧向力系数; m_x, m_y 和 m_z 称为滚转力矩系数、偏航力矩系数和俯仰力矩系数; q 为动压($q = 1/2\rho V^2$), S 为机翼面积, l 为机翼全展长, b_A 为机翼平均气动弦(图 7.26)

$$b_A = \int_{-\frac{1}{2}l}^{\frac{1}{2}l} b^2(z) \frac{dz}{S}$$

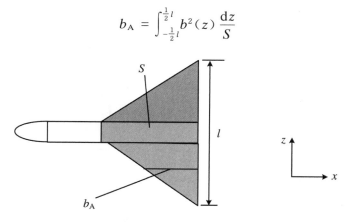

图 7.26　气动力系数定义示意图

参 考 文 献

［1］ Plint M A，Böswirth L. Fluid mechanics：A laboratory course［M］. London and High Wycombe：Charles Griffin and Company Ltd，1975.

［2］ Wu J C(吴镇远). Elements of vorticity aerodynamics［M］. 北京：清华大学出版社/Springer，2005.

［3］ 童秉纲，尹协远，朱克勤. 涡运动理论［M］. 2版. 合肥：中国科学技术大学出版社，2009.

［4］ 贺德馨. 风洞天平［M］. 北京：国防工业出版社，2001.

［5］ 空气动力学专著编委会. 实验空气动力学［M］. 北京：宇航出版社，1996.

第 8 章　光学测量方法和流动显示技术

8.1　引　　言

流动显示是流体力学重要的测量方法之一。流动显示方法大体上可以分为光学方法、外加示踪法和计算流体力学显示方法等。光学方法是利用光学原理显示流体的流动,包括阴影法、纹影法、干涉法、差分干涉法、全息干涉法、云纹法、流动双折射和激光诱导荧光等,一般来说,它适用于高速流动。外加示踪法是在流体中加入某种示踪物质,用显示示踪物的轨迹来代替透明流体的流动,包括壁面示踪法、丝线法、注入法等,一般来说,它适用于低速流动。计算流体力学显示方法是把计算流体力学(CFD)的结果用流动显示的方法表示出来,随着计算流体力学的迅速发展该方面的内容大大丰富了传统流动显示的内容。

8.2　光学测量方法原理

8.2.1　折射率 n 和流体密度 ρ 的关系

用光学方法测量流体密度变化的基本原理是描述流体折射率 n 与密度 ρ 关系的 Glasdtone-Dale 公式:

$$n - 1 = k\rho \tag{8.1}$$

其中常数 k 称为 Glasdtone-Dale 常数。这个公式有一定的适用范围,本节将根据初等色散理论简要介绍该公式的由来。

1. 根据 Maxwell 理论得到的折射率 n

对于透明、电绝缘、无电荷、非磁性介质的 Maxwell 电磁学方程为

$$\nabla^2 \boldsymbol{E} - \frac{\varepsilon}{c^2}\ddot{\boldsymbol{E}} = 0 \tag{8.2}$$

其中 E 是光波的电矢量，ε 是介电常数，c 是真空中的光速。(8.2)式说明光波在介质中的传播速度 v 可表示为

$$v = \frac{c}{\sqrt{\varepsilon}} = \frac{c}{n}$$

即

$$n = \sqrt{\varepsilon} \tag{8.3}$$

用这个公式计算的折射率 n，对一些物质符合得很好，但对另一些物质则符合得不好。其原因是对于各向同性均匀介质的介电常数 ε 为常数。如果不满足以上条件，情况则复杂得多。

2. Lorentz-Lorenz 公式

为了描述物质在场影响下的特性，采用物质方程表述，物质方程有所谓"乘式关系"和"加式关系"，它们是

$$D = \varepsilon E \tag{8.4}$$
$$D = E + 4\pi P \tag{8.5}$$

其中 D 是电位移矢量，P 是电极化强度。(8.5)式右边第一项表示真空场，第二项表示物质的影响。在一级近似下，可以假设 P 和 E 成正比，即

$$P = \eta E \tag{8.6}$$

式中 η 是介电极化率。(8.6)式代入(8.5)式并与(8.4)式比较后得到

$$\varepsilon = 1 + 4\pi\eta \tag{8.7}$$

假设组成物质的分子总是处于真空中（对于气体而言，认为分子占有空间远小于分子间的距离）。分子原来是中性的，在光波电场作用下分子会极化，产生电极矩，可用简单偶极子来描述。引入有效场和平均场的概念：

$$E' = E + \frac{4}{3}\pi P \tag{8.8}$$

其中 E' 是有效场，指作用在一个分子上的场；E 是平均场，指在包括大量分子的区域取平均得到的场。

假设单个分子在场作用下产生的电偶极矩和有效电场成正比，有

$$p = \alpha E' \tag{8.9}$$

其中 α 是极化率。如果单位体积内有 N 个分子，则每单位体积的总电极矩是

$$P = Np = N\alpha E' = N\alpha\left(E + \frac{4}{3}\pi p\right) \tag{8.10}$$

和(8.6)式比较后，得到

$$\eta = \frac{N\alpha}{1 - \frac{4\pi}{3}N\alpha} \tag{8.11}$$

此式代入(8.7)式，得到介电常数的表达式：

$$\varepsilon = \frac{1 + \frac{8\pi}{3}N\alpha}{1 - \frac{4\pi}{3}N\alpha} \tag{8.12}$$

以及折射率 n 和极化率 α 的表达式:

$$n^2 = \varepsilon = \frac{1 + \dfrac{8\pi}{3} N\alpha}{1 - \dfrac{4\pi}{3} N\alpha} \tag{8.13}$$

和

$$\alpha = \frac{3}{4\pi N} \frac{n^2 - 1}{n^2 + 2} \tag{8.14}$$

这个公式称为 Lorentz-Lorenz 公式。它是连接 Maxwell 唯象理论与微观物质理论的一个桥梁。

3. Gladstone-Dale 公式

下面用初等色散理论解释折射率 n 与外场频率 ω 有关的现象。考虑一个最简单的模型:如果一个无极(中性)分子被置于电场作用下,则电子和核产生位移,因而形成一电偶极矩。单位体积内所有分子偶极矩的矢量和,实质上就是上小节讲的极化强度矢量 $\boldsymbol{P}$。

假定一个电子在电场作用下受的 Lorentz 力为

$$\boldsymbol{F} = e\left(\boldsymbol{E}' + \frac{\boldsymbol{V}}{c} \times \boldsymbol{B} \right)$$

式中 e 是电子电荷,$\boldsymbol{V}$ 是电子速度,$\boldsymbol{B}$ 是磁感应强度。因为电子速度 V 远小于真空中光速 c,所以上式中磁场的贡献可以忽略。虽然电子和核的位移问题是一个复杂的量子力学问题,但是可以合理地认为,电子的行为可以近似看作,它受到一个准弹性恢复力 $\boldsymbol{Q}$ 的作用束缚在平衡位置上,

$$\boldsymbol{Q} = -q\boldsymbol{r}$$

假设,电子在平衡位置附近做简谐振动,它离开平衡位置的位移为 $\boldsymbol{r}$,其运动方程是

$$m_e \ddot{\boldsymbol{r}} + q\boldsymbol{r} = e\boldsymbol{E}' \tag{8.15}$$

其中 m_e 是电子质量,q 是弹性恢复力系数。假设入射光的频率是 ω,则

$$\boldsymbol{E}' = \boldsymbol{E}'_0 \mathrm{e}^{-\mathrm{j}\omega t} \tag{8.16}$$

则方程(8.15)的解为

$$\boldsymbol{r} = \frac{e\boldsymbol{E}'}{m_e(\omega_0^2 - \omega^2)} \tag{8.17}$$

其中 ω_0 是电子振动固有频率:

$$\omega_0 = \sqrt{q/m_e} \tag{8.18}$$

按照(8.17)式,电子随入射光频率振动。一个电子对极化强度的贡献 $\boldsymbol{p}_e$ 写为(认为核位移极小)

$$\boldsymbol{p}_e = e\boldsymbol{r}$$

一个分子有 k 个电子,每个电子的固有频率是 ω_k,振子强度是 f_k,则一个分子对极化强度的贡献为

$$\boldsymbol{p} = e^2 \frac{\boldsymbol{E}'}{m_e} \sum_k \frac{f_k}{\omega_k^2 - \omega^2}, \quad 0 < f_k < 1 \tag{8.19}$$

单位体积内有 N 个分子,所有分子对极化强度的贡献为单个分子极化强度贡献之和。单位

体积内总极化强度为

$$P = Np = \frac{Ne^2}{m_e}E'\sum_k \frac{f_k}{\omega_k^2 - \omega^2} \tag{8.20}$$

考虑到 P 与 α 的关系(8.10)式,得到

$$\alpha = \frac{e^2}{m_e}\sum_k \frac{f_k}{\omega_k^2 - \omega^2} \tag{8.21}$$

由 Lorentz-Lorenz 公式(8.14)有

$$\frac{n^2-1}{n^2+2} = \frac{4\pi Ne^2}{3m_e}\sum_k \frac{f_k}{\omega_k^2 - \omega^2} \tag{8.22}$$

密度为 $\rho = \dfrac{NW}{N_m}$,其中 W 是分子量,N_m 是 Avogadro-Loschmidt 常数,N 是单位体积分子数。由(8.22)式得 Clausius-Mosotti 关系:

$$\frac{n^2-1}{n^2+2} = \frac{4\pi N_m e^2}{3m_e W}\rho\sum_k \frac{f_k}{\omega_k^2 - \omega^2} \tag{8.23}$$

(8.23)式对中低温气体可以进一步简化,$n^2-1\approx 2(n-1)$,$n^2+2\approx 3$。所以有

$$n-1 \approx \frac{2\pi N_m e^2}{3m_e W}\rho\sum_k \frac{f_k}{\omega_k^2 - \omega^2} = k\rho \tag{8.24}$$

此式称为 Gladstone-Dale 公式,系数 k 称为 Gladstone-Dale 常数。

需要对上式做几点说明:

(1) Clausius-Mosotti 关系适用于液体和气体;

(2) Gladstone-Dale 公式推导中未考虑介质的光吸收和阻尼力,对某些液体和高温气体,假设被破坏;

(3) Gladstone-Dale 常数 k 和气体性质及入射光波长有关;

(4) Gladstone-Dale 公式只适用于中低温气体;

(5) 对混合气体有

$$n-1 = \sum_i k_i\rho_i \quad \text{和} \quad k = \sum_i \frac{k_i\rho_i}{\rho} = \sum_i k_i a_i$$

其中 a_i 是组元质量分数。

表8.1列出了空气在 288 K 时常数 k 随波长的变化情况。表8.2列出了不同气体的常数 k 值。

表 8.1　空气在温度 288 K 时各种波长下的 k 值

$\lambda/\mu m$	$k/(\mathrm{cm^3/g})$
0.9125	0.2239
0.7034	0.2250
0.6074	0.2259
0.5097	0.2274
0.4079	0.2304
0.3562	0.2330

表 8.2　不同气体的 k 值

气体	$k/(cm^3/g)$	波长/μm	温度/K
He	0.196	0.633	295
Ne	0.075	0.633	295
Ar	0.157	0.633	295
Kr	0.115	0.633	295
Xe	0.119	0.633	295
H_2	1.55	0.633	273
O_2	0.190	0.589	273
N_2	0.238	0.589	273
CO_2	0.229	0.589	273
NO	0.221	0.633	295
H_2O	0.310	0.633	273
CF_4	0.122	0.633	302
CH_4	0.617	0.633	295
SF_6	0.113	0.633	295

在有的文献中将空气 k 值随波长的变化拟合成下列经验公式：

$$k = 2.2244 \times 10^{-4} \left[1 + \left(\frac{6.7132 \times 10^{-2}}{\lambda} \right)^2 \right] \quad \text{和} \quad k = 2.23 \times 10^{-4} \left(1 + \frac{7.52 \times 10^{-3}}{\lambda^2} \right)$$

这两个公式与表 8.1 还有些偏差。我们建议采用下面更精确的拟合公式：

$$k = 2.22217 \times 10^{-4} \left(1 + \frac{6.1216 \times 10^{-3}}{\lambda^2} \right)$$

8.2.2　光线通过非均匀介质时的弯曲

1. 一般情况

光线在空间传播时,每个时刻的波阵面记为 $f(r)$。波阵面的法线 τ 就是光线传播方向的切线。光线和波阵面就构成正交网络。如果 r 是一条光线上某点的位置矢量,s 是光线从某固定点量起的长度。我们可以写出光波的波阵面方程为(图 8.1)

$$F(t, r) = t - f(r) = 0 \qquad (8.25)$$

方程(8.25)对时间求导得,$dF/dt = 0$,即

$$\frac{df(r)}{dr} \cdot \frac{dr}{dt} = v \cdot \nabla f(r) = 1$$

其中 v 是波阵面的速度矢量,考虑到 $v = \dfrac{c}{n}\tau$ 以及

$\nabla f(r) = |\nabla f(r)|\tau$,有 $\nabla f(r) = \dfrac{n}{c}\tau$。又 $\tau = \dfrac{dr}{ds}$,得

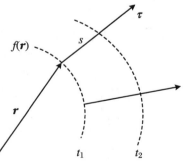

图 8.1　光线的弯曲

$$\nabla f(\boldsymbol{r}) = \frac{n}{c}\frac{\mathrm{d}\boldsymbol{r}}{\mathrm{d}s} \qquad (8.26)$$

(8.26)式两边对 s 求导,得

$$\frac{\mathrm{d}}{\mathrm{d}s}\left(n\frac{\mathrm{d}\boldsymbol{r}}{\mathrm{d}s}\right) = \nabla n \qquad (8.27)$$

当光线通过均匀介质时,$n = $ 常数,(8.27)式有

$$\frac{\mathrm{d}^2\boldsymbol{r}}{\mathrm{d}s^2} = 0$$

因此,$\boldsymbol{r} = s\boldsymbol{a} + \boldsymbol{b}$。$\boldsymbol{a}$ 和 $\boldsymbol{b}$ 是常数矢量,说明光线在均匀介质中沿直线传播。

当光线通过非均匀介质时,如图 8.2 所示,实线表示光线,它的切矢量是 $\boldsymbol{\tau}$,法线矢量是 $\boldsymbol{v}$,虚线表示与光线正交的波阵面。$\boldsymbol{r}$ 是位置矢量。

从(8.27)式有

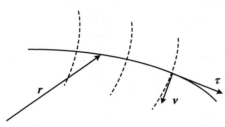

图 8.2 光线通过非均匀介质时的弯曲

$$\frac{\mathrm{d}}{\mathrm{d}s}\left(n\frac{\mathrm{d}\boldsymbol{r}}{\mathrm{d}s}\right) = \frac{\mathrm{d}}{\mathrm{d}s}(n\boldsymbol{\tau}) = n\frac{\mathrm{d}\boldsymbol{\tau}}{\mathrm{d}s} + \frac{\mathrm{d}n}{\mathrm{d}s}\boldsymbol{\tau} = \nabla n$$

根据曲率定义,$\dfrac{\mathrm{d}\boldsymbol{\tau}}{\mathrm{d}s} = \dfrac{1}{R}\boldsymbol{v}$,$R$ 是曲率半径,$\boldsymbol{v}$ 是主法线矢量。上式写为

$$\frac{n}{R}\boldsymbol{v} = \nabla n - \frac{\mathrm{d}n}{\mathrm{d}s}\boldsymbol{\tau}$$

两边同点乘 $\boldsymbol{v}$,得 $\dfrac{n}{R} = \boldsymbol{v}\cdot\nabla n$,或者

$$\frac{1}{R} = \frac{1}{n}\boldsymbol{v}\cdot\nabla n \qquad (8.28)$$

因为曲率半径 R 总是正的,所以有 $\boldsymbol{v}\cdot\nabla n > 0$。$\boldsymbol{v}$ 和 ∇n 之间的夹角是锐角,表明光线在不均匀介质中传播时,弯向折射率增大的方向。

2. 风洞实验情况

图 8.3 表示当光线垂直入射到风洞实验段窗口时光线的传播,也就是(8.27)式具体应用到风洞实验时的表达方式。

假设光线垂直进入实验段,即光线沿 z 轴传播,仅在 x, y 方向发生偏折。光线进入实验段的位置为 (ξ_1, η_1, ζ_1),离开实验段位置为 (ξ_2, η_2, ζ_2)。光线离开实验段时有小的角位移,即光线稍稍偏离入射方向。光线主要沿 z 方向传播,离某固定点光线传播的距离 s 可以近似表示为 z 的函数:

$$s = s(z) = s(x(z), y(z), z)$$

$$\mathrm{d}s^2 = \mathrm{d}x^2 + \mathrm{d}y^2 + \mathrm{d}z^2 = \left[\left(\frac{\mathrm{d}x}{\mathrm{d}z}\right)^2 + \left(\frac{\mathrm{d}y}{\mathrm{d}z}\right)^2 + 1\right]\mathrm{d}z^2$$

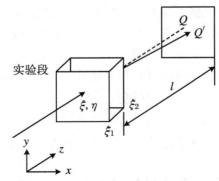

图 8.3 光线通过风洞实验段时的情况

由(8.27)式 $\dfrac{\mathrm{d}}{\mathrm{d}s}\left(n\dfrac{\mathrm{d}\boldsymbol{r}}{\mathrm{d}s}\right)=\nabla n$，改写为 $n\dfrac{\mathrm{d}^2\boldsymbol{r}}{\mathrm{d}s^2}=\nabla n-\dfrac{\mathrm{d}\boldsymbol{r}}{\mathrm{d}s}\dfrac{\mathrm{d}n}{\mathrm{d}s}$。

$$\frac{\mathrm{d}^2\boldsymbol{r}}{\mathrm{d}z^2}=\left(\frac{\mathrm{d}s}{\mathrm{d}z}\right)^2\left[\frac{1}{n}\nabla n-\frac{1}{n}\frac{\mathrm{d}\boldsymbol{r}}{\mathrm{d}s}\frac{\mathrm{d}n}{\mathrm{d}s}\right]=\left[\left(\frac{\mathrm{d}x}{\mathrm{d}z}\right)^2+\left(\frac{\mathrm{d}y}{\mathrm{d}z}\right)^2+1\right]\left[\frac{1}{n}\nabla n-\frac{1}{n}\frac{\mathrm{d}\boldsymbol{r}}{\mathrm{d}s}\frac{\mathrm{d}n}{\mathrm{d}s}\right]$$

沿 x,y 方向投影写为

$$\frac{\mathrm{d}^2x}{\mathrm{d}z^2}=\left[\left(\frac{\mathrm{d}x}{\mathrm{d}z}\right)^2+\left(\frac{\mathrm{d}y}{\mathrm{d}z}\right)^2+1\right]\left[\frac{1}{n}\frac{\partial n}{\partial x}-\frac{1}{n}\frac{\mathrm{d}x}{\mathrm{d}z}\frac{\partial n}{\partial z}\right]$$

$$\frac{\mathrm{d}^2y}{\mathrm{d}z^2}=\left[\left(\frac{\mathrm{d}x}{\mathrm{d}z}\right)^2+\left(\frac{\mathrm{d}y}{\mathrm{d}z}\right)^2+1\right]\left[\frac{1}{n}\frac{\partial n}{\partial y}-\frac{1}{n}\frac{\mathrm{d}x}{\mathrm{d}z}\frac{\partial n}{\partial z}\right] \tag{8.29}$$

光线在 x,y 方向的偏折角写为

$$\frac{\mathrm{d}x}{\mathrm{d}z}_e=\int_{\zeta_1}^{\zeta_2}\frac{\mathrm{d}}{\mathrm{d}z}\left(\frac{\mathrm{d}x}{\mathrm{d}z}\right)\mathrm{d}z=\int_{\zeta_1}^{\zeta_2}\left[\left(\frac{\mathrm{d}x}{\mathrm{d}z}\right)^2+\left(\frac{\mathrm{d}y}{\mathrm{d}z}\right)^2+1\right]\left[\frac{1}{n}\frac{\partial n}{\partial x}-\frac{1}{n}\frac{\mathrm{d}x}{\mathrm{d}z}\frac{\partial n}{\partial z}\right]\mathrm{d}z\approx\int_{\zeta_1}^{\zeta_2}\frac{1}{n}\frac{\partial n}{\partial x}\mathrm{d}z$$

$$\frac{\mathrm{d}y}{\mathrm{d}z}_e=\int_{\zeta_1}^{\zeta_2}\frac{\mathrm{d}}{\mathrm{d}z}\left(\frac{\mathrm{d}y}{\mathrm{d}z}\right)\mathrm{d}z=\int_{\zeta_1}^{\zeta_2}\left[\left(\frac{\mathrm{d}x}{\mathrm{d}z}\right)^2+\left(\frac{\mathrm{d}y}{\mathrm{d}z}\right)^2+1\right]\left[\frac{1}{n}\frac{\partial n}{\partial y}-\frac{1}{n}\frac{\mathrm{d}y}{\mathrm{d}z}\frac{\partial n}{\partial z}\right]\mathrm{d}z\approx\int_{\zeta_1}^{\zeta_2}\frac{1}{n}\frac{\partial n}{\partial y}\mathrm{d}z$$

$$\tag{8.30}$$

式中下标 e 表示光线出实验段窗口位置。(8.30)第一式表示光线传出实验段时在 x 方向偏离入射方向的角度，第二式表示光线在 y 方向的偏离角度。

3. 对应三种测试方法

光线穿过风洞实验段后偏离了入射方向，相应于风洞光学测量有三种传统的测量方法，它们分别是阴影法、纹影法和干涉法。

（1）阴影法

测量的是在记录平面上光线的位移量 QQ'，

$$QQ'_x=l\left(\frac{\mathrm{d}x}{\mathrm{d}z}\right)_e$$

$$QQ'_y=l\left(\frac{\mathrm{d}y}{\mathrm{d}z}\right)_e$$

式中下标 x,y 分别指位移量 QQ' 沿 x,y 方向的投影，l 是实验段窗口到记录平面的距离。

（2）纹影法

纹影法测量的是光线离开实验段时的角位移 ε，

$$\tan\varepsilon_x=\left(\frac{\mathrm{d}x}{\mathrm{d}z}\right)_e$$

$$\tan\varepsilon_y=\left(\frac{\mathrm{d}y}{\mathrm{d}z}\right)_e$$

其中 ε_x 和 ε_y 分别表示光线离开实验段窗口时偏离 x 轴和 y 轴的角度。

（3）干涉法

干涉法测量的是光线通过流场的时间差 t_2-t_1，

$$t_2-t_1=\frac{1}{c}\int_{\zeta_1}^{\zeta_2}\left[n_2(x,y,z)-n_1\right]\mathrm{d}z$$

式中 c 是光速，n 是折射率，t 是光线通过实验段的时间，下标 1 表示未扰动光线，2 表示受扰动光线，n_1 是均匀场折射率，是常数。

8.3 经典的光学方法

8.3.1 阴影仪

图 8.4 是阴影仪(shadowgraph)的光路示意图。一个点光源通过透镜形成一束平行光,垂直于观察窗入射,进入风洞实验段。离观察窗距离 l 的地方放置观察屏。实验段内无流场时,屏幕被均匀照亮,某一条光线照射到观察屏上的坐标记为 $Q(x,y)$,屏幕光强分布记为 $I_0(x,y)$,是常数。当实验段内有气流时,原照射到点 Q 的光线现在照射到 Q^* 点,Q^* 点的坐标记为 $Q^*(x^*,y^*)$,屏幕上光强分布记为 $I^*(x^*,y^*)$。点 $Q^*(x^*,y^*)$ 的光强 I^* 来自所有和 $Q^*(x^*,y^*)$ 有关的点 $Q(x_i,y_i)$ 的光强 I:

$$I^*(x^*,y^*) = \sum \frac{I(x_i,y_i)}{|\partial(x^*,y^*)/\partial(x,y)|} = \frac{I_0}{|\partial(x^*,y^*)/\partial(x,y)|} \tag{8.31}$$

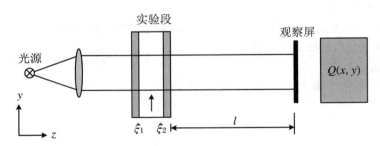

图 8.4 阴影仪光路

式中 Jacobian 行列式表示两套坐标系间的面积关系。两套坐标之间有以下位移关系,即 $x^* = x + \Delta x(x,y)$ 和 $y^* = y + \Delta y(x,y)$。因为

$$\left|\frac{\partial(x^*,y^*)}{\partial(x,y)}\right| = \begin{vmatrix} \dfrac{\partial x^*}{\partial x} & \dfrac{\partial y^*}{\partial x} \\ \dfrac{\partial x^*}{\partial y} & \dfrac{\partial y^*}{\partial y} \end{vmatrix} = \begin{vmatrix} \dfrac{\partial \Delta x}{\partial x}+1 & \dfrac{\partial \Delta y}{\partial x} \\ \dfrac{\partial \Delta x}{\partial y} & \dfrac{\partial \Delta y}{\partial y}+1 \end{vmatrix} = 1 + \frac{\partial \Delta x}{\partial x} + \frac{\partial \Delta y}{\partial y} + o\left(\frac{\partial^2 \Delta x}{\partial x^2},\cdots\right)$$

又 $\Delta x = l\int_{\xi_1}^{\xi_2} \frac{1}{n}\frac{\partial n}{\partial x}\mathrm{d}z$ 和 $\Delta y = l\int_{\xi_1}^{\xi_2} \frac{1}{n}\frac{\partial n}{\partial y}\mathrm{d}z$,所以,我们得到阴影图像的反差

$$R = \frac{\Delta I}{I} \approx \frac{\partial \Delta x}{\partial x} + \frac{\partial \Delta y}{\partial y} = lk\int_{\xi_1}^{\xi_2}\left(\frac{\partial^2 \rho}{\partial x^2} + \frac{\partial^2 \rho}{\partial y^2}\right)\mathrm{d}z \tag{8.32}$$

如果感到上面描述不很直观的话,下面我们可以通过图示的方法简单地介绍阴影法的原理。如图 8.5 所示,假设在无流场时取一小块屏幕面积 $A = \mathrm{d}x \cdot \mathrm{d}y$。在风洞吹风时,对应这块面积的光线发生了偏折,新的照射面积是 $A + \Delta A$。根据图示,我们有

$$A + \Delta A$$
$$= \left[dx + l(\varepsilon_x + d\varepsilon_x) - l\varepsilon_x \right]\left[dy + l(\varepsilon_y + d\varepsilon_y) - l\varepsilon_y \right]$$
$$\approx dxdy + l\left(\frac{\partial \varepsilon}{\partial x} + \frac{\partial \varepsilon}{\partial y} \right)dxdy$$

照射面积 A 的光强是 I,照射面积 $A + \Delta A$ 的光强是 $I - \Delta I$,阴影图的反差写为

$$R = \frac{\Delta I}{I} = \frac{\Delta A}{A} = l\left(\frac{\partial \varepsilon}{\partial x} + \frac{\partial \varepsilon}{\partial y} \right) = lk\int_{\zeta_1}^{\zeta_2} \left(\frac{\partial^2 \rho}{\partial x^2} + \frac{\partial^2 \rho}{\partial y^2} \right)dz$$

(8.33)

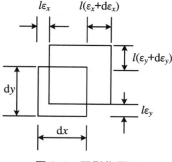

图 8.5　阴影仪原理

(8.33)式表明,阴影法测量的是流场密度的二阶导数。

图 8.6 比较形象地解释了屏幕亮度和折射率变化的关系。图 8.6(a)中平行光线透过一块平板玻璃后均匀地照亮了屏幕,说明光线穿过折射率是常数的场,光强分布是均匀的。图 8.6(b)中平板玻璃换成了玻璃斜楔,光线透过玻璃楔后均匀地平移了一段距离,屏幕仍然均匀地被照亮,说明光线穿过折射率一阶导数为常数的场,光强分布仍是均匀的。图 8.6(c)中玻璃块换成了透镜,光线穿过透镜在屏幕上光强发生了变化,说明光线穿过折射率一阶导数不为常数的场时,光强分布发生变化。

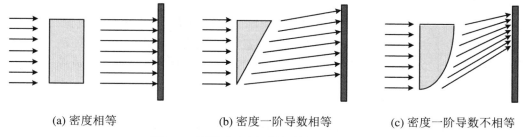

(a) 密度相等　　　　　(b) 密度一阶导数相等　　　　(c) 密度一阶导数不相等

图 8.6　阴影法中光强与折射率导数的关系

图 8.7 是一张超声速飞行的圆球模型头激波的阴影照片。我们发现一个奇特的现象,激波是一条暗线接着一条亮线。几乎所有的阴影照片中,激波都有类似的图像。为了解释这个现象,在右图中画了一个示意图。我们知道,激波波后密度高,对应折射率也高。当一束平行光线穿过激波层时,激波层外的光线仍然可以均匀地照亮屏幕。而激波层就像一个凸透镜,穿过激波层的光线会发生偏折,使得在屏幕上一些地方照射的光线少了,形成暗带。另一些地方照射的光线多了,形成亮线。我们知道,阴影照片中激波的准确位置应该对应于暗线的外缘。

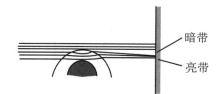

暗带

亮带

图 8.7　阴影照片中激波的特点

图 8.8 是一张超声速飞行的导弹模型周围流场的阴影照片。我们除了可以看见激波外,还可以看到模型后部清晰的尾迹,特别可以看见模型周围流场中的声波。说明阴影图的分辨率是很高的。

图 8.8 超声速飞行导弹模型流场的阴影照片

8.3.2 纹影仪

1. 纹影仪原理

图 8.9 是纹影仪(schlieren)的原理示意图。成像透镜 L_1 将线光源 S 成像在整形狭缝 G 处。狭缝 G 放在纹影透镜 M_1 的前焦平面位置,形成的平行光穿过实验区 T。另一个纹影透镜 M_2 将平行光束会聚,在 M_2 的后焦平面处放置一个刀口 K。最后由成像透镜 L_2 在屏幕 Ph 处获得实验流场的像。

我们需要注意,在纹影仪光路中存在两个成像过程,一个由纹影透镜 M_1 和 M_2 将光源成像在刀口位置;另一个由纹影镜 M_2 和成像透镜 L_2 组成组合透镜,将实验区 T 成像在屏幕 Ph 位置。

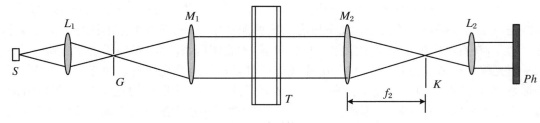

图 8.9 纹影仪原理图

在纹影仪中最关键的部件是纹影镜 M_1,M_2 和刀口 K。对纹影透镜的要求很高,不仅要求制造透镜的材料是高质量的光学玻璃(无气泡、无条纹),而且要求加工透镜的工艺是高水平的(消色差、消像差)。况且一般风洞实验段观察窗都比较大,这就使得制造合格的纹影透镜更困难了。通常在风洞中使用的纹影镜大多采用前表面镀膜的球面反射镜代替透镜,这就使得加工难度和价格大大降低了。

纹影仪的刀口在纹影仪中起到十分重要的作用。刀口一般由边缘锋利的刀片组成,位置可调,精确放置在纹影镜 M_2 的后焦平面处。在调整光路时可以在刀口位置清晰地观察到光源的像。刀口可以水平放置,也可以垂直放置,它的方位应该与光源的像同步。刀口安放在可移动支架上,可以切割一部分光源的像。

图 8.10 表示一个水平放置的刀口,刀口在实验前预先在垂直方向切割一部分光源的像,剩余的光源像高度是 a。在实验前实验段内无气流时,屏幕应该被均匀照明,光强分布是

$$I(x, y) = \eta I_0 \frac{ab}{f_2^2} = 常数$$

其中 I_0 是光源原有的光强,η 是衰减因子,f_2 是纹影镜 M_2 的焦距。当实验段内有气流时,刀口处光源的像有微小位移,在垂直刀口方向位移为 Δa,使得屏幕上光强发生变化,变化的光强是

$$\Delta I = \eta I_0 \frac{\Delta a \cdot b}{f_2^2}$$

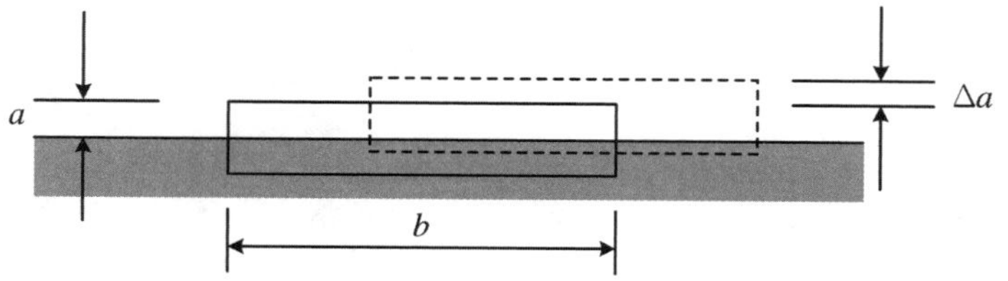

图 8.10　刀口的作用

又因为光源像移动距离 Δa 正比于纹影镜焦距 f_2 和光线角位移 ε_y(对于水平放置的刀口),即 $\Delta a = f_2 \tan \varepsilon_y \approx f_2 \varepsilon_y$。于是得到图像的反差是

$$R = \frac{\Delta I}{I} = \frac{\Delta a}{a} = \frac{f_2 \varepsilon_y}{a} = \frac{f_2}{a} \int_{\zeta_1}^{\zeta_2} \frac{1}{n} \frac{\partial n}{\partial y} \mathrm{d}z \tag{8.34}$$

(8.34)式表明,纹影法测量的是垂直于刀口方向流场密度的一阶导数。具体地说:

刀口垂直放置:

$$R = \frac{f_2}{a} \int_{\zeta_1}^{\zeta_2} \frac{1}{n} \frac{\partial n}{\partial x} \mathrm{d}z$$

刀口水平放置:

$$R = \frac{f_2}{a} \int_{\zeta_1}^{\zeta_2} \frac{1}{n} \frac{\partial n}{\partial y} \mathrm{d}z$$

2. 实用的纹影仪形式

图 8.9 是纹影仪的原理光路图。在风洞实验中实用的纹影仪光路变化较大,一是因为风洞窗口较大,为了减低大口径透镜的加工价格,大多采用前表面镀膜的球面反射镜作为纹影镜;二是为了提高灵敏度,纹影镜的焦距都比较长(数米至十余米),使得光路比较特殊和具有多样性。

下面介绍几种在风洞实验室经常采用的纹影仪形式。

(1) 光路之一

图 8.11 是一般跨超声速风洞实验室经常采用的一种光路。两个纹影反射镜放在风洞

两侧,光源和相机也分别在风洞两侧,呈 Z 形布置,光束一次性通过实验段。由于是一种离轴工作方式,光路中角度 θ 不能太大,一般要求小于 $7°$。这个光路的特点是光线一次通过实验段,光源利用率高,是一般常规风洞的首选光路。

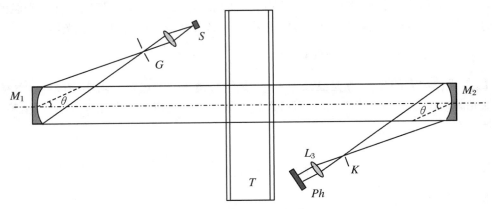

图 8.11　实用纹影仪光路之一

（2）光路之二

图 8.12 是激波风洞等高超声速风洞经常采用的光路。由于风洞实验段气流密度很低,为了提高纹影仪器灵敏度,光束二次通过实验段,并且光源和刀口放置在球面反射镜的球心位置。光源 S 发出的光先由半反射分束器 SP 反射,射向球面反射镜 M。由于狭缝 G 位于球面镜的球心处,光线由球面镜反射原路返回。返回的光线再次通过分束器 SP,在刀口 K 位置形成光源的像。这样的光路是同轴工作,光束二次通过实验段,灵敏度大大增加。缺点是采用了半反射分束镜,有效利用的光强减少,对光源的亮度要求增加。另外通过实验段的光束不是平行光。这样的光路中纹影镜的焦距特别长,有的达到十几米。

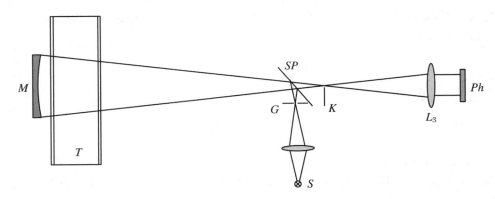

图 8.12　实用纹影仪光路之二

（3）光路之三

图 8.13 所示的光路采用了一个球面反射镜 M_2 和一个平面反射镜 M,这样既可以保持光束是平行光,又保持二次通过实验段,灵敏度大大增加。缺点是光线离轴工作,为了保证平行光通过实验段,最好反射镜 M_2 采用抛物面反射镜;另外光源利用率不高,对光源亮度

要求高。

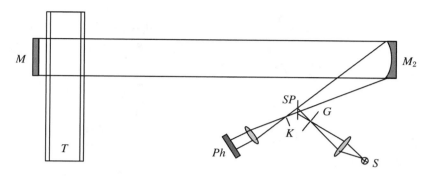

图 8.13　实用纹影仪光路之三

（4）光路之四

图 8.14 所示的光路与图 8.13 光路类似,不同处是用透镜代替了球面反射镜,将离轴光路改为了同轴光路。采用一个透镜和一个平面反射镜,使光束既是平行光,又能保持二次通过实验段,增加了灵敏度。缺点是对透镜要求大大提高,因为透镜口径大,高质量光学玻璃价格昂贵,同时要求透镜消像差、消色差,故加工困难,并且对光源亮度也有高要求。

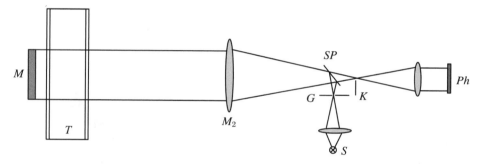

图 8.14　实用纹影仪光路之四

（5）光路之五

图 8.15 所示光路在光路二的基础上略做改进,半反射分束器改成全反射镜,入射光线和反射光线略分开一点距离。这样,该光路保持了灵敏度高、光源利用率高的优点,主要缺点是光束两次通过实验段时不是同一路线,使得实验图像有重影。

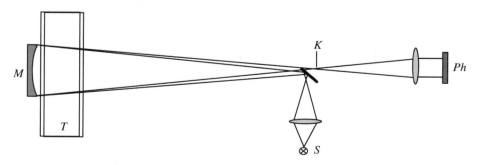

图 8.15　实用纹影仪光路之五

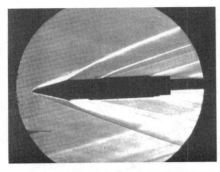

图 8.16 超声速风洞中典型的纹影照片

3. 纹影照片的判读

图 8.16 是一张典型的超声速风洞模型实验的纹影照片。从这张纹影照片中应该可以判读出不少信息。下面我们就介绍判读纹影照片的方法。

图 8.17 解释了刀口不同切割方向时纹影照片中波的图案形状。图中是一个放在超声速流场中的双楔模型。在模型头部形成附体斜激波,在模型肩部形成膨胀波,在后缘有尾流和尾激波。如果模型零攻角安装,则模型上下流场是对称的。

流体通过激波密度增大,通过膨胀波密度减少,图 8.17(a)中箭头表示密度增加的方向。

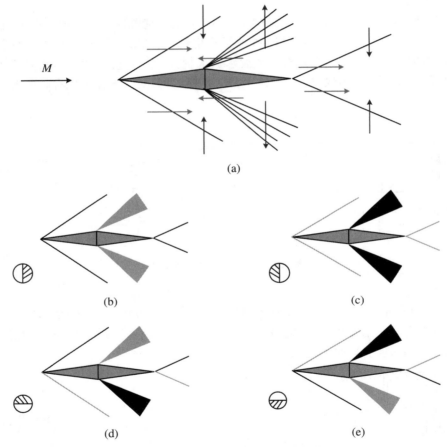

图 8.17 纹影照片的判读

我们知道纹影仪测量的是垂直于刀口方向的密度梯度。图 8.17(b)表示了刀口垂直放置时的纹影图像,这时图像反映的是水平方向的密度梯度,因此,图中模型上方的激波和膨胀波是黑白相反的,但是模型上方的激波(膨胀波)和下方的激波(膨胀波)是相同的。

图 8.17(c)中刀口也是垂直放置的,但是和图 8.17(b)中刀口切割方向相反,因此图(c)中激波(膨胀波)和图(b)中激波(膨胀波)是相反的。

图 8.17(d)表示了刀口水平放置时的纹影图像,这时图像反映的是垂直方向的密度梯度,因此图中模型上方的激波(膨胀波)和下方的激波(膨胀波)是相反的。也就是模型上方的激波是黑的,模型下方的激波是白的;模型上方的膨胀波是白的,模型下方的膨胀波是黑的。图 8.17(e)中刀口虽然也是水平放置的,但是和图 8.17(d)中刀口切割方向相反,因此图(e)中激波(膨胀波)和图(d)中激波(膨胀波)是相反的。

4. 纹影仪的灵敏度、测量范围、放大倍数和景深

纹影仪的灵敏度可以根据(8.35)式给出,对于水平放置的刀口,最小可测偏折角是

$$\varepsilon_{ymin} = a\,\frac{\Delta I}{I}\,\frac{1}{f_2} \tag{8.35}$$

这个式子的单位是弧度,如果乘以 206265 就得到角秒(arcseconds)单位。灵敏度和反差 R、光源像切割剩余高度 a 及第二纹影镜焦距 f_2 有关。一般可以认为 10% 反差是可接受的值,刀口切割越多,纹影镜焦距越长,灵敏度越高。

假设光源像的未切割高度是 h,切割后剩余高度是 a,测量范围可以定义如下:一旦光源像完全移出刀口或者完全移进刀口,对应的图像点就分别达到最亮或最暗的值。再大的偏转角也不再产生图像反差的变化。在这两个极限之间范围就是仪器的测量范围。假设刀口切割光源像的 50%,根据(8.35)式可以写出

$$\varepsilon_{ymax} = \frac{\Delta I}{I}\,\frac{h}{2f_2} \tag{8.36}$$

如果第二纹影镜焦距是 f_2,实验流场离第二纹影镜距离是 $s+f_2$,照相机镜头焦距是 f_3,其他元件间的距离如图 8.18 所示。如果给定图像的放大倍数为 m,可以根据下式选择聚焦透镜的焦距:

$$f_3 = \frac{m(f_2^2 - sg)}{f_2 - ms} \tag{8.37}$$

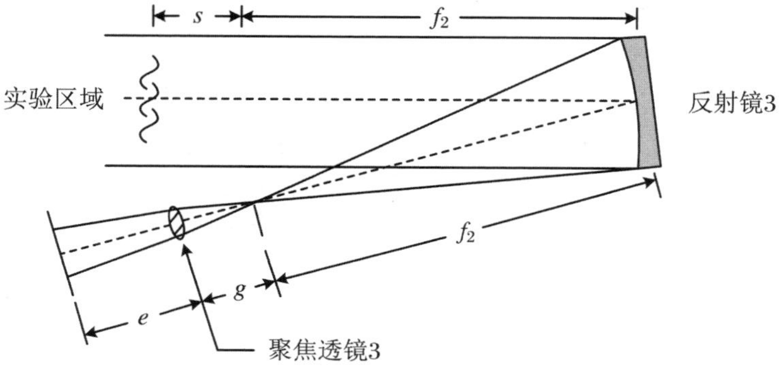

图 8.18   纹影仪的放大倍数

选定相机焦距后,可以计算流场像到镜头的距离(有时是有用的):

$$e = m\left(f_2 - \frac{sg}{f_2}\right) = \frac{f_3(f_2^2 - sg)}{f_2^2 - sg + f_3 s} \tag{8.38}$$

如果流场靠近纹影镜,s 可取负值。在大多数风洞实验中流场离纹影镜的距离近似为焦距,s 很小,以上两式可以近似为

$$m \approx \frac{f_3}{f_2} \quad 和 \quad e \approx f_3 \tag{8.39}$$

这个近似关系在实验室调试纹影仪时有时是有用的。

纹影仪的景深定义为沿光轴 z 图像可以锐聚焦的距离 Δz。纹影仪景深可以用下式估计:

$$\Delta z = \frac{\delta}{\alpha} = \frac{\delta f_1}{b} \tag{8.40}$$

其中 f_1 是第一纹影镜焦距,b 是光源的宽度,δ 是可采纳的离焦模糊斑直径。

8.3.3 干涉仪

1. 相干条件

从物理光学我们知道,两束光在空间相遇发生干涉,能形成稳定的干涉条纹的条件是:两束光必须具有相同的频率、相同的偏振方向并有固定的位相差;在相遇点两束光的振幅应该相差不大;在相遇点两束光波光程差相差不太大。

为了满足这些条件,最好两束光是由同一光源发出的。在安排光路时注意两束光的路程相等,光强相差不大。要求光源具有较好的时间相干性(较长的相干长度)和空间相干性(单模)。这样的光源最好是激光,在激光问世前也有采用火花光源的。

2. Mach-Zender 干涉仪

图 8.19 是 Mach-Zender(M-Z)干涉仪(interferometrer)的光路图。光源发出的光经过小孔和滤光片后进入干涉仪。光束进入干涉仪后,由分束镜 M_1' 分为两束,一束经过实验段称为实验光束,另一束从实验段外通过称为参考光束。两束光经过反射镜 M_1 和 M_2 后,在分束镜 M_2' 处合并为一束,最后成像在 Ph 处。为了使两束光的光程相近,在参考光束中设置了补偿室。补偿室是密闭的盒子,有两块与实验段观察窗一样的玻璃窗,盒内空气密度可以调节。M-Z 干涉仪的四面镜子安装在固定架子上,保持严格平行。四面镜子要求玻璃质量和加工精度控制在 1/10 波长范围内。由于轻微振动和室内空气流动都可能影响干涉图质量,所以整个干涉仪做成一个整体,跨在风洞两侧。

干涉仪拍摄的干涉条纹反映了两束光的光程差 Δl,

$$\frac{\Delta l}{\lambda} = \frac{1}{\lambda}\left[\int_{\zeta_1}^{\zeta_2} n(x,y,z)\mathrm{d}z - \int_{\zeta_1}^{\zeta_2} n_0 \mathrm{d}z\right] = 0, \pm 1, \pm 2, \cdots$$

其中 λ 是光波长,n_0 表示补偿室内的折射率。上式表示当光程差为波长整数倍时,为亮条纹。

图 8.20 是两种干涉图照片,其中左边的照片在未扰动区域(激波左边的均匀区)没有干涉条纹,称为无限条纹干涉图(infinite fringe width interferogram),右边的照片在未扰动区域有等间隔的水平条纹或垂直条纹(称为背景条纹),称为有限条纹干涉图(finite fringe width interferogram)。

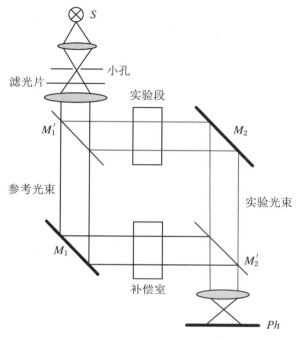

图 8.19　Mach-Zender 干涉仪

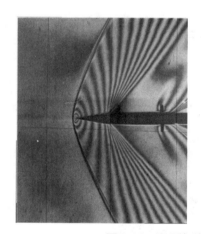 

图 8.20　无限条纹干涉图和有限条纹干涉图

　　无限条纹干涉图是用图 8.19 的光路拍摄的,拍摄时四面镜子保持严格平行,补偿室的玻璃与实验段观察窗完全一样,补偿室内密度需与实验段均匀区密度一致。这样实验光束和参考光束的光程完全相同,在干涉图均匀区内是均匀照明的。如果不吹风时实验段内密度与补偿室内密度相同,吹风时实验段密度下降,则在无限条纹干涉图中均匀流动区照度会均匀变化。所谓无限条纹干涉图是指干涉图中背景条纹的宽度无限大,看起来像没有条纹一样。

为了计算方便,希望在均匀区中人为生成背景条纹,这就是有限条纹干涉图。为了生成规则的背景条纹,在图 8.19 的光路中稍微旋转一面镜子,比如绕点 O 转动 M_2' 镜子 ε 角(图 8.21)。图中虚线表示原来干涉仪光路的延伸,从照片底板处看干涉仪,就像从两个光源发出的光发生干涉,S_1 和 S_2 表示镜子旋转后的两个光源。两束光在 P 点处的光程差

$$\Delta l = OP - QP = b\frac{1 - \cos 2\varepsilon}{\sin 2\varepsilon} = b\tan\varepsilon \approx b\varepsilon$$

其中 $b = PP'$,OO' 是角 2ε 的角平分线。零级条纹在 O' 点,在 P 点是 N 级条纹,则有 $N\lambda = b\varepsilon$。背景条纹的宽度是

$$S = \frac{b}{2N} = \frac{\lambda}{2\varepsilon}$$

条纹是直的,等间距的,垂直于纸面。背景条纹是可控的,不仅方向可控,条纹疏密也可控。

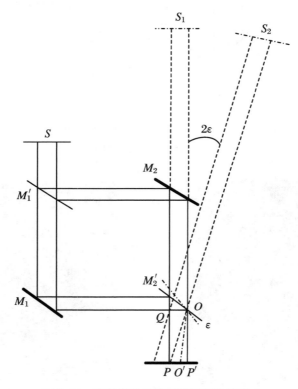

图 8.21　有限条纹干涉图背景条纹的形成

激光问世以后有了好的相干光源,特别是激光全息干涉技术的发展,已经完全可以代替 M-Z 干涉仪了。

8.4 其他光学方法

8.4.1 其他形式的纹影仪

1. 从光学 Fourier 变换观点看纹影仪

在现代光学理论中,光波是电磁波,可以用复数表示。光线的传播、衍射以及通过光学系统成像都可以看成"系统"的输入和输出。从 Fourier 光学的观点看薄透镜就是一个空间 Fourier 变换器,纹影仪的刀口就是一个空间滤波器。

(1) 薄透镜是一个空间 Fourier 变换器

假设光线通过薄透镜后,不发生偏折,仅发生位相变化。薄透镜的透过率可以写为

$$t_1(x,y) = \exp[\mathrm{j}kn\Delta_0]\exp\left[-\mathrm{j}\frac{k}{2f}(x^2+y^2)\right]$$

其中 j 是虚数单位,n 是透镜材料的折射率,k 是波数,f 是透镜焦距,Δ_0 是透镜最大厚度。z 轴为光轴,x,y 为透镜所在平面坐标。

图 8.22 中薄透镜的光轴是 z 轴,在透镜前焦平面光场函数为 U_0,后焦平面光场为 U_f',透镜前后的光场为 U_1 和 U_1'。认为透镜无限薄,通过透镜仅有位相变化。紧靠在透镜前的光波 $U_1(x,y)$ 通过透镜后为

$$U_1'(x,y) = U_1(x,y)P(x,y)t_1(x,y) = U_1(x,y)\exp\left[-\mathrm{j}\frac{k}{2f}(x^2+y^2)\right]$$

其中 $P(x,y)$ 是光瞳函数,透镜孔径内为 1,孔径外为 0。上式忽略了与透镜变换相联系的常数位相延迟,因为它不会对结果带来有意义的影响。根据 Fresnel 衍射公式,光波 $U_1'(x,y)$ 传到后焦平面 $(x_\mathrm{f},y_\mathrm{f})$ 上为

$$U_\mathrm{f}'(x_\mathrm{f},y_\mathrm{f}) = \frac{\exp\left[\mathrm{j}\dfrac{k}{2f}(x_\mathrm{f}^2+y_\mathrm{f}^2)\right]}{\mathrm{j}\lambda f}\iint U_1(x,y)\exp\left[-\mathrm{j}\frac{2\pi}{\lambda f}(xx_\mathrm{f}+yy_\mathrm{f})\right]\mathrm{d}x\,\mathrm{d}y$$

此式表明,透镜后焦平面光场的振幅和位相分布是透镜前光场的 Fourier 变换,频域内空间频率表示为

$$u = \frac{x_\mathrm{f}}{\lambda f}, \quad v = \frac{y_\mathrm{f}}{\lambda f}$$

如果物体 $U_0(x,y)$ 在透镜前焦平面处,假定光波从前焦平面传播到透镜前方也遵循 Fresnel 衍射,可以得到透镜后焦平面处的光场:

$$U_\mathrm{f}'(x_\mathrm{f},y_\mathrm{f}) = U_\mathrm{f}'(u,v) = \frac{A}{\mathrm{j}\lambda f}\iint U_0(x_0,y_0)\exp[-\mathrm{j}2\pi(x_0u+y_0v)]\mathrm{d}x_0\mathrm{d}y_0 \tag{8.41}$$

可见,薄透镜可以看作为一个 Fourier 变换器,在透镜后焦平面可以获得前焦平面物体准确的 Fourier 变换。

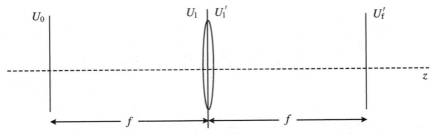

图 8.22　薄透镜和空间 Fourier 变换

（2）从光学 Fourier 变换观点看纹影仪

图 8.23 是纹影仪光路示意图。光源 S 发出的光经过透镜 L_1 后，形成平行光束通过实验区 T。透镜 L_2 将平行光汇聚，在后焦平面 K 形成光源 S 的像。刀口放置在 K 平面。成像透镜 L_3 在记录平面 P 获得实验区 T 的像。

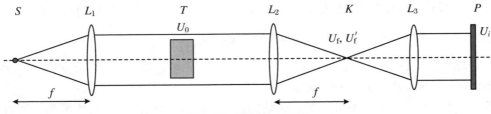

图 8.23　纹影仪原理图

从光学 Fourier 变换观点看，实验流场可以看成为一个位相物体，透镜 L_2 作为 Fourier 变换器，在 K 平面获得实验光波的谱。刀口作为一个空间滤波器，在谱平面进行空间滤波。信息处理后的光波再经透镜 L_3 进行 Fourier 变换获得原实验区的像。

实验流场作为一个位相物体（振幅不衰减）表示为

$$U_0(x_0, y_0) = \exp[\mathrm{j}\varphi(x_0, y_0)] \tag{8.42}$$

假设刀口透过率为（垂直放置）

$$t(x_\mathrm{f}, y_\mathrm{f}) = \frac{1}{2}[1 + \mathrm{sgn}(x_\mathrm{f})] \tag{8.43}$$

其中符号函数 $\mathrm{sgn}(x)$ 为

$$\mathrm{sgn}(x_\mathrm{f}) = \begin{cases} 1, & x_\mathrm{f} > 0 \\ 0, & x_\mathrm{f} = 0 \\ -1, & x_\mathrm{f} < 0 \end{cases}$$

在纹影镜 L_2 后焦平面光场为实验光波的 Fourier 变换（谱平面）

$$U_\mathrm{f}(x_\mathrm{f}, y_\mathrm{f}) = F\{U_0(x_0, y_0)\} \tag{8.44}$$

刀口作为一个滤波器，通过刀口后的光波是

$$U_\mathrm{f}'(x_\mathrm{f}, y_\mathrm{f}) = F\{U_0(x_0, y_0)\}[1 + \mathrm{sgn}(x_\mathrm{f})] \tag{8.45}$$

忽略成像过程的像倒置和光瞳的有限大小，并认为像放大率为 1，在像平面光波表示为

$$U_i(x_i, y_i) = F\{U_\mathrm{f}'(x_\mathrm{f}, y_\mathrm{f})\} = \frac{1}{2}\left[U_0(x_i, y_i) + \frac{\mathrm{j}}{\pi}\int_{-\infty}^{\infty} \frac{U_0(x', y_i)}{x_i - x'}\mathrm{d}x'\right] \tag{8.46}$$

方括号内第一项是原实验光波,第二项是 U_0 和 $\mathrm{sgn}\,(x_\mathrm{f})$ Fourier 变换的卷积。$\mathrm{sgn}\,(x)$ 的 Fourier 变换是

$$F\{\mathrm{sgn}\,(x)\} = \frac{1}{\mathrm{j}\pi f_x}$$

假设实验光波的位相变化是一个小量,$\varphi \ll 1$,近似表示为(忽略二阶量)

$$U_0(x_0, y_0) = 1 + \mathrm{j}\varphi(x_0, y_0) \tag{8.47}$$

代入(8.46)式得像平面的光波为

$$U_\mathrm{i}(x_\mathrm{i}, y_\mathrm{i}) = \frac{1}{2}\left[\,[1 + \mathrm{j}\varphi(x, y_\mathrm{i})] + \frac{\mathrm{j}}{\pi}\int_{-\infty}^{\infty}\frac{1 + \mathrm{j}\varphi(x', y_\mathrm{i})}{x_\mathrm{i} - x'}\mathrm{d}x'\,\right] \tag{8.48}$$

像平面光强分布为

$$I_\mathrm{i}(x_\mathrm{i}, y_\mathrm{i}) = \frac{1}{4}\left[1 - \frac{2}{\pi}\int_{-\infty}^{\infty}\frac{\varphi(x', y_\mathrm{i})}{x_\mathrm{i} - x'}\mathrm{d}x'\right] \tag{8.49}$$

从光学 Fourier 变换观点出发,纹影仪刀口仅是一种简单的滤波器,如果在谱平面采用其他适当的滤波器,可以获得希望的图像处理效果。

相衬法(phase-contrast)就是利用滤波方法成功观察位相物体的范例。荷兰物理学家 Frits Zernike 因论证相衬法,特别是发明了相衬显微镜,获得了 1953 年诺贝尔物理学奖。在相衬法中,位相物体表示为

$$U_0(x_0, y_0) = 1 + \mathrm{j}\varphi(x_0, y_0) \tag{8.50}$$

在谱平面光场为 U_0 的 Fourier 变换

$$U_\mathrm{f}(x_\mathrm{f}, y_\mathrm{f}) = \delta(x_\mathrm{f}, y_\mathrm{f}) + \mathrm{j}\Phi(x_\mathrm{f}, y_\mathrm{f}) \tag{8.51}$$

此式表示在透镜后焦平面的光场为中心聚焦的亮点(光源的像)和较高空间频率的衍射光,二者位相差 $\pi/2$。相衬法的滤波器为一块变相板,变相板可以由一块玻璃片上涂一小滴透明电解质构成。电解质小点位于中心焦点处,其厚度即折射率使得焦点的光通过后位相延迟 $\pi/2$。

变相板透过率表示为

$$t(x_\mathrm{f}, y_\mathrm{f}) = \exp\left(\frac{\mathrm{j}\pi}{2}\right) \tag{8.52}$$

通过变相板的光波是

$$U_\mathrm{f}'(x_\mathrm{f}, y_\mathrm{f}) = \exp\left(\frac{\mathrm{j}\pi}{2}\right)\delta(x_\mathrm{f}, y_\mathrm{f}) + \mathrm{j}\Phi(x_\mathrm{f}, y_\mathrm{f}) \tag{8.53}$$

在像平面光场为

$$U_\mathrm{i}(x_\mathrm{i}, y_\mathrm{i}) = \mathrm{j}[1 + \varphi(x_\mathrm{i}, y_\mathrm{i})] \tag{8.54}$$

像平面光强分布为

$$I_\mathrm{i}(x_\mathrm{i}, y_\mathrm{i}) = 1 + 2\varphi(x_\mathrm{i}, y_\mathrm{i}) + \varphi^2(x_\mathrm{i}, y_\mathrm{i}) \approx 1 + 2\varphi(x_\mathrm{i}, y_\mathrm{i}) \tag{8.55}$$

于是相衬法中像的强度与位相呈线性关系。

从光学 Fourier 变换观点出发,可以设计出各种滤波器代表纹影仪中的刀口,形成各种形式的纹影仪。

2. 彩色纹影

在经典纹影仪的基础上发展出各种改进形式的纹影仪,包括增加通过物体的光束直径,

允许测量大尺寸的物体；提高纹影仪的光学灵敏度，允许测量微弱密度变化的流场；与高速摄像机连用，允许记录高速瞬态流动现象等。

经典纹影系统的信号模式是灰度的平面分布，最有趣的纹影仪改进形式是在信号模式中添加颜色，例如，使用透明的滤色器代替纹影刀口。彩色纹影（colour schlieren）照片除了美观外，颜色的使用还使人能够区分光在不同方向上的偏折以及偏折程度的大小。

彩色纹影仪一般用白光作为光源，在图 8.24 中总结了它的分类，从图中可以看到大多数彩色纹影在光源平面是圆形的孔或矩形的缝，在谱平面是一维或二维的彩色滤波器。这些滤波器原则上可以互换，但是需要和光源匹配。

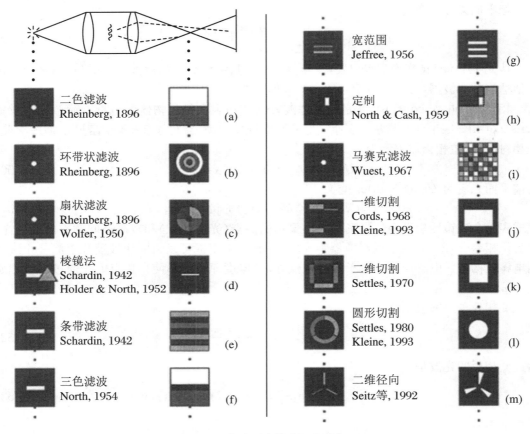

图 8.24　彩色纹影中的光源和彩色刀口

Rheinberg（1896）首先提出彩色纹影的概念，光源采用圆孔白光光源，传统纹影仪的刀口由二色滤波器代替（图 8.24(a)）。纹影照片通过颜色变化反映光线偏折方向信息，为了获得满意的色彩，建议采用淡黄色和中蓝色滤波器，可以获得明显的反差和柠檬绿色背景。图 8.24(b)采用环带状滤波器，产生在 x,y 平面对称的彩色照片，并通过色彩反映偏折的大小。图 8.24(c)采用扇形彩色滤波，通过色彩饱和度反映偏折的大小，用色调反映偏折的方向。

图 8.24(d)是由 Schardin 提出的棱镜法，光学元件的典型排列如图 8.25 所示。利用棱

镜将光束扩展为纹影系统的有效光源,在透镜 2 后焦平面部分频谱图像被狭缝遮挡。在测试区域的光折射改变了光谱中与狭缝相关的基本图像,导致图像中出现对比色,形成彩色图像。

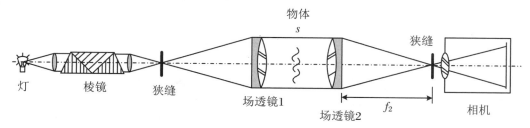

图 8.25　棱镜型彩色纹影系统

图 8.24(e)原理上类似于图 8.24(d)的棱镜法,不同的是在谱平面用条带状滤波代替狭缝,此方法比棱镜法简单。这种方法在不需要高灵敏度的情况下是最佳的,而定量测量只有在实验流场基本上是二维的情况下才是适用的。光源狭缝图像的大小应与色带的宽度密切对应,以免纹影图像缺乏敏感性或颜色对比度。图 8.24(f)是三色滤波法,在原理上几乎是与图 8.24(e)相同的,不同的是滤波器中两种颜色色带被一个中心色带分开,这个中心色带产生图像背景色,这种方法在定性研究中非常流行。它生成的图像易于解释,只需要对现有纹影系统稍做修改(用颜色滤波器替换刀口)。图 8.24(g)是一种扩大了测量范围的方法,在光源平面采用彩色带状掩模,在谱平面用多个狭缝滤波。在强折射的情况下,颜色循环重复几次,从而在不降低对弱折射灵敏度的情况下,扩大了测量范围。

图 8.24(a)、(d)、(e)、(f)、(g)所示的技术都是一维的,它们只能显示垂直于色带方向的折射矢量分量。图 8.24(i)提出了一种"马赛克"滤波器,数十种不同颜色组成滤波器,可用于测量强折射纹影对象。图 8.24(j)是彩色纹影技术的一个重要发展,将光源平面的彩色掩模的色带分开了几毫米,在谱平面不再需要用一个窄的狭缝来获得高灵敏度。相反,灵敏度是由每个色带图像的切割程度来控制的,而色带之间的间距(从而刀口掩模的孔径)可以任意大。这种技术可以扩展到二维,将光源平面的彩色掩模安排成矩形(图 8.24(k))或者三种原色组成的圆形(图 8.24(l)),在谱平面掩模形状做相应的改变。图 8.24(m)使用一种替代的 3 色 2D 方案,120°间隔的径向色缝形成光源掩模。彩色纹影技术已经在各种应用中获得了巨大的发展。

图 8.26 是同一个二维平板模型在超声速风洞中的黑白纹影和彩色纹影照片比较,其中

水平刀口(黑白)　　　　　　垂直刀口(黑白)　　　　　　2D彩色纹影

图 8.26　彩色纹影和黑白纹影的比较

黑白纹影照片包括刀口水平放置和垂直放置的情况。

3. 高速纹影

（1）高速单幅成像

在测量高速事件或者非定常流动时，对传统纹影仪提出了特殊要求。例如，在激波风洞和爆炸冲击一类实验中，由于事件发生非常快，对传统纹影仪的要求是，能准确捕捉到清晰的纹影照片。在研究非定常流动时，往往不仅希望能获得一张一张纹影照片，而且希望了解事件发生的全过程。解决这类的途径是在传统纹影仪的基础上改进光源系统和记录系统。我们把测量这两类问题用的纹影仪都称为高速纹影（high-speed schlieren）。

在没有高速摄影机的情况下，最简单的解决方法是改进普通纹影仪的光源，采用发光时间很短的脉冲光源，一次实验拍摄一张照片。可以根据所研究事件的时间长短，选择不同的脉冲光源。目前常用的脉冲光源有脉冲氙灯、火花光源、脉冲激光等。

在使用脉冲光源拍摄单张纹影照片时，需要做到光源、事件和相机同步，一般情况是用事件控制光源和相机。例如，在激波管和激波风洞实验中，在低压段某处安装一个传感器，当激波管破膜后，运动激波到达该位置时传感器发出信号，通过延时电路触发光源。和相机同步有两种方法。比较简单的方法是在黑暗实验室环境下做实验，实验中相机打开 B 门等待，实验结束后关闭快门。另一种方法是控制相机的快门，这就要求相机具有电子快门的功能（比如数码相机）。

脉冲氙灯是利用贮存的电能或化学能，在极短时间内发生高强度闪光的光源。脉冲氙灯一般由密封在玻璃或石英玻璃体内的两个电极组成，壳体中充氙气等惰性气体。脉冲光源的闪光持续时间是指 1/3 峰值光强所对应的时间间隔，称为脉冲宽度。它主要由光源的结构和发光电路决定。脉冲氙灯可以是重复频率的，也可以是单脉冲的。

图 8.27 表示脉冲氙灯的两种触发方式。触发式氙灯是在氙灯玻璃管外缠绕一段金属丝，灯发光前通过高压电源在两端电极预加一定电压。实验时触发电源在金属丝上瞬时加脉冲高压，使得灯管内氙气电离，整个氙灯瞬间发光。预燃式氙灯是在氙灯发光前通过高压电源在两端电极预加一定高电压，这时灯管尚未发光。实验时触发电源瞬间再加脉冲高压，使氙灯瞬间发光。

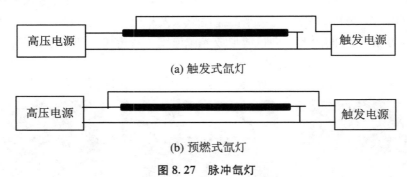

图 8.27　脉冲氙灯

火花光源是最早发明的脉冲光源。现在最好的火花光源脉冲宽度可以做到几十纳秒量级。火花光源的原理是通过电容放电，产生电火花。如图 8.28 所示，火花光源分为侧面出光和端部出光两种。侧面出光（图 8.28(a)）布局是用两块金属电极板固定两个电容器，两个金属板间安装两个距离可调的电极。下面电极中部打一通孔,孔内安装细丝作为触发电极,触发电极外部有绝缘导管和主电极绝缘。注意,触发电极需稍高于主电极。端部出光(图 8.28(b))布局和侧面出光类似,不同之处是使用棋子形电容,电容均匀分布并由两块金属板固定,在出光一侧的金属板中央打一小孔。

火花光源在发光前需事先给电容充高压,这时主电极之间的距离应该调节到电容不会放电。在实验时触发电极瞬间加一高压,使得触发电极与下方主电极间发出小火花,主电极间由于瞬间电离,电阻减小,电极间放电通道打开,产生火花。火花光源脉冲宽度的长短取决于电容的电感,在火花光源中应该使用无感电容。

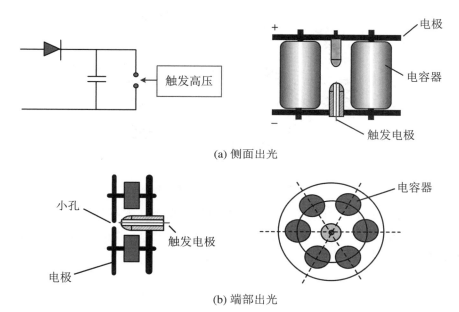

(a) 侧面出光

(b) 端部出光

图 8.28　火花光源

常用的脉冲激光器都是通过调 Q 技术获得短的光脉冲,调 Q 技术是压缩激光器输出脉冲宽度、提高脉冲峰值功率而采取的一种特殊技术。所谓 Q 值是由共振腔内损耗和反射镜光学反馈能力所决定的。Q 值愈高,所需要的泵浦阈值就越低,也就是激光愈容易起振。调 Q 技术是使光泵开始后相当长一段时间内,有意降低共振腔的 Q 值而不产生激光振荡,则工作物质内的粒子数反转程度会不断通过光泵积累而增大。然后在某一给定时刻,突然快速增大共振腔的 Q 值,使腔内迅速发生激光振荡,积累到较高程度的反转粒子数能量会在很短的时间间隔内被快速释放出来,从而获得很窄脉冲宽度和极高的峰值输出功率。

调 Q 开关有转镜开关、电光开关、声光开关和染料开关等,现在用得最多的是电光开关。常用的脉冲激光器有红宝石激光器、YAG 激光器和半导体激光器,脉冲宽度可达纳秒量级。

当测量非定常流动现象时,如果现象具有明显的周期性或者可重复性,也可以通过单幅高速纹影成像测量。做法是选定某一时刻作为参考点,实验时都以该时刻作为发出触发信号的位置,触发信号通过延时电路触发脉冲光源。只要每次实验采用不同的延时时间,就可以通过多次反复实验,获得完整的非定常现象。

（2）Cranz-Schardin 相机

在研究高速和超高速事件时，采用单幅拍摄明显很麻烦，效率太低，而且精度受到限制。采用高速摄影机是一个好的选择，但是机械式（如转镜式）高速摄影机的速度受到限制，而且每次冲洗胶片也不方便。代替的一种选择是数字式摄影机，虽然数字高速摄影机发展十分迅速，但是目前适用于超高速研究的数字高速摄影机还没有问世。早期研发的 Cranz-Schardin 相机是一个好的选择。

Cranz-Schardin 相机是对 20 世纪高速摄影的重要贡献。如图 8.29 所示，它使用多个火花光源作为阴影仪或纹影仪的光源，在同一张摄影胶片上曝光多个阴影或纹影图像。其帧速率是由电子线路控制，而不是通过移动部件实现的，因此频率可以高达 1 MHz 或更高。这为高速物理学研究开辟了新的前景，并且在其问世 70 多年后仍然是一个重要的仪器。

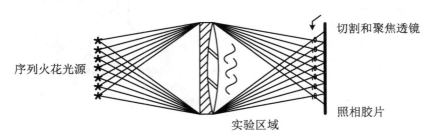

图 8.29　Cranz-Schardin 相机

初期的 Cranz-Schardin 相机麻烦的多火花间隙现在经常被更可靠的 LED 或激光二极管所取代。但是随着半导体工业的迅速发展，最终 Cranz-Schardin 相机一定会被高速数字成像的进步所取代，但是高速数字成像还有很长的路要走。

（3）数字高速摄影机

用电影摄影机和高速摄影机与纹影仪连用可以得到理想的连续变化的流场照片，对于研究非定常流动和周期变化的流动有很大帮助。随着数字摄影机的发展，由于克服了冲洗胶片的麻烦，并且可以直接通过计算机处理图像，数字摄影机受到极大的欢迎。遗憾的是高速数字摄影机发展速度还不能满足高速实验的要求。随着 CMOS 技术的发展，现在已经有每秒百万次的数字摄影机可用，相信未来数字高速摄影机一定会在高速现象研究中发挥巨大作用。

4．大视场纹影

（1）大尺寸单镜和双镜纹影系统

为了获得全尺寸纹影照片，最直观的方法是在传统纹影仪中采用大口径纹影镜。大家知道纹影镜对光学质量要求很高，因此加工大口径纹影镜价格十分昂贵，一般也很少采用。据报道宾州气体动力实验室有一个口径 1 m 焦距 4 m 的纹影镜，采用两次通过实验区的光路，灵敏度非常高。

（2）透镜-栅格技术

图 8.30 表示一种采用透镜和栅格技术的全尺寸纹影技术。如图所示，光源是在仓库的一面墙上布置一个 4.6 m×5.8 m 可反光的栅格，在墙的对面有一个大画幅的相机，在同一位置有两个大探照灯（图 8.30（b）中 2），灯发出的光照亮对面墙上的栅格，作为纹影光源。

相机透镜(图 8.30(b)中 3)产生栅格的像(图 8.30(b)中 4)作为纹影切割栅格。正常实验区域位置在光源和相机距离的中间,视场面积可达 2.3 m×2.9 m,实验区由透镜成像在切割栅格的后方(图 8.30(b)中 5)。

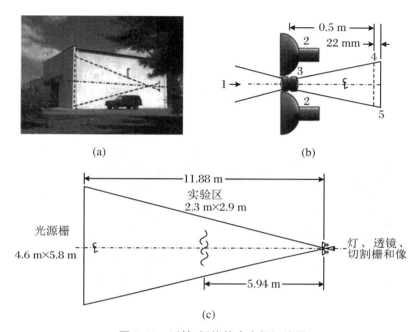

图 8.30　透镜-栅格技术大视场纹影

大视场纹影(large-field schlieren)技术在工业生产和科学研究方面获得重要应用。比如,在工业生产中从燃烧和热喷涂技术到通风和泄漏检测都有应用。大视场纹影技术最主要的应用仍然是空气动力学研究和风洞测试,美国宇航局为风洞建造了几个大型聚焦纹影系统,不仅比传统纹影镜系统更便宜,同时还避免了风洞窗口的问题。图 8.31 是全尺寸纹影照片的几个例子。

图 8.31　全尺寸纹影照片的例子

(3) 大视场扫描纹影系统

如图 8.32(a)所示的光路中,在光源平面存在一条黑白边界,根据传统纹影概念,在胶片的像中也存在一条边界,在边界附近存在纹影效应。当实验物体穿过视场时,如果同时胶片也运动,那么物体的像在胶片上保持相对静止,相当于黑白边界扫描过整个视场。图 8.32(c)中表示的是高速磁悬浮火箭撬模型($M = 1.8$)的全尺寸纹影照片。

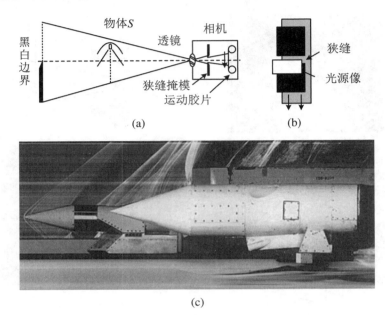

(c)

图 8.32　大视场扫描纹影系统

　　图 8.33 是专门用于测量飞行中飞机的纹影系统。和图 8.32 不同的地方是本系统用太阳作为光源,用望远镜作为记录系统,黑白边界是图 8.33(b)所示的太阳像的掩模。图 8.33(a) 中用 16 mm 扫描摄影机(streak camera)记录飞机的纹影像。望远镜和飞机距离事先定好,使得飞机能很好地聚焦在相机上。当飞机穿过太阳时,太阳的像在掩模位置保持不变,相机胶片的扫描速度调整确当,使得飞机在胶片上位置不变。图 8.33(c)是用此系统拍摄的 T-38 飞机以马赫数 1.1 飞过太阳时的纹影照片。照片垂直尺寸是 28 m。

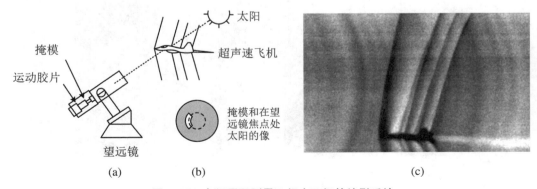

图 8.33　专门用于测量飞行中飞机的纹影系统

　　在扫描相机中使用胶片作为记录介质,会有一些限制。现在数字相机高速发展,一种用于全尺寸飞机成像的改进的电子相机代替了传统扫描相机。该相机采用"延时积分"原理，通过扫描垂直于运动方向的连续像素行，有效地跟踪了运动图像。由于扫描速率是可变的，因此可以通过调整扫描速率，匹配飞机的像来记录平面上的运动。

5. 聚焦纹影

图 8.34 是由 Weinstein 首先倡导的聚焦纹影（sharp-focusing schlieren）光路图。他首次使用了 Fresnel 透镜和高品质的相机镜头。Fresnel 透镜将光源成像到照相机镜头处，Fresnel 透镜后方放置一个黑白相间的光源栅格。实验流场位于光源栅格和相机镜头之间，照相机镜头分别对源栅格和实验流场成像。在源栅格像的位置放置切割栅格，起到类似纹影刀口的作用。制作切割栅格的方法是当源栅格被照亮时用胶片在像平面直接曝光、显影、定影。光路中各个元器件的位置和距离示于图中。

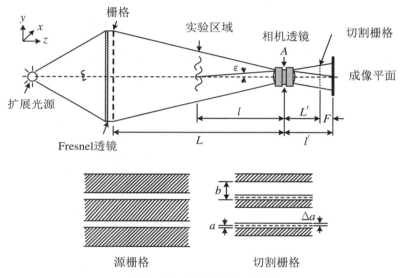

图 8.34　聚焦纹影仪光路

聚焦纹影具有短景深，因而它的一个重要特征是能够检测三维流场中各二维流场切片的特征，景深就是指每个切片的有效厚度。可以定性地解释为什么聚焦纹影具有这样的特性。一般纹影仪的光源是位于光轴上的点光源（或很小的线光源），而聚焦纹影采用光源栅格作为光源，每一个格栅都相当于一个点光源。这些光源是离轴的，它们发出的光以不同角度穿过流场。获得的流场照片是许许多多流场图像的叠加。聚焦纹影的景深远小于传统纹影，如果我们聚焦流场某一截面，表示这一截面附近的图像重叠在一起了，而其他截面的图像作为噪声出现。通过移动像平面位置，可以得到不同平面清晰的流场照片。

聚焦纹影光路设计时需要在灵敏度、景深、分辨率和视场大小之间权衡。根据一般纹影仪灵敏度的公式（8.35），用 $L'(L-l)/L$ 取代 f_2，并认为可分辨的最小反差 $\Delta I/I = 0.1$，聚焦纹影的灵敏度可写为

$$\varepsilon_{\min} = 206265a\,\frac{L}{L'(L-l)} \quad ('') \tag{8.56}$$

或者给定最小可测偏折角时，光源像的高度

$$a = 4.85 \times 10^{-5} \varepsilon_{\min} \frac{L'(L-l)}{L} (\text{mm}) \tag{8.57}$$

在聚焦纹影中 L' 比一般纹影仪中的 f_2 要小，意味着聚焦纹影的灵敏度比一般纹影低。要获得高灵敏度需要更小的 a 值。

在聚焦纹影中分辨率取决于切割栅格的衍射效应，图像分辨率 w 写为

$$w = 2\frac{(l'-L')\lambda}{mb} \tag{8.58}$$

其中 λ 是波长，m 是放大倍数。

任何纹影系统的景深都与穿过测试区域中不同光线之间的最大角度 α 成反比。对于传统纹影来说，这是光源在测试区域所形成的角度，它非常小，以至于景深几乎可以扩展到整个流场区域。对于聚焦纹影，成像透镜孔径是最大角度的来源，物体在较短的距离内就会散焦。聚焦纹影的景深可以写为

$$\Delta z = 2Rw \tag{8.59}$$

其中 R 近似为透镜孔径角的倒数 $(R = l/A)$，l 为测试区到透镜的距离，A 为透镜孔径。因子 2 表示聚焦平面两侧。根据 Weinstein 建议可以取 2 mm 作为使流场细节模糊的条件，那么上式可以进一步近似为

$$\Delta z = 4R (\text{mm})$$

聚焦纹影和大视场纹影方法中的"栅格-透镜"方案原理上是一致的，只是各自的应用侧重点不同。在大视场纹影中侧重视场大，因而源栅格采用更大尺寸的反射栅格。聚焦纹影已经获得了广泛的应用，不仅有助于研究三维流场结构，而且仪器价格便宜，对实验窗口要求低。下面是几个用聚焦纹影获得的图像。

图 8.35 是一个射流的聚焦纹影照片。其中在聚焦平面可以清晰地看到射流中的波格结构；而离开 5 mm 的平面射流边界有些模糊，波系还可以看到；离开 10 mm 的平面波系就模糊不清了。

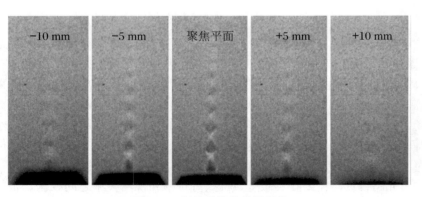

图 8.35　射流的聚焦纹影照片

图 8.36 是在直径 120 mm 激波风洞中拍摄的聚焦纹影照片。其具体采用的聚焦纹影光学元器件参数如下：光源采用功率为 100 W、面积为 4 cm×4 cm 的 LED 灯；Fresnel 透镜的通光直径为 300 mm，焦距为 320 mm；源栅格通光直径为 300 mm，垂直黑白条纹，黑条纹宽

度为 4 mm,透明条纹宽度为 2 mm;成像透镜焦距为 400 mm,通光孔径为 100 mm;源栅格的物距 $L = 1380$ mm,流场的物距 $l = 720$ mm;像栅格采用数字方式现场制作。即在源栅格的成像位置放置一个透射式成像屏,采用高品质数码相机进行记录,然后通过图像处理软件进行反相等处理,严格控制其缩放比例,并打印到透明胶片上,将得到的胶片复位到源栅格的成像位置作为切割栅格。

实验模型是一个带导光筒的平窗气动光学模型,从图中可以看到,当对风洞轴线聚焦时,模型锥形头激波很清晰,当对导光筒聚焦时模型头激波已经看不见了。图中两张照片对焦距离是 30 mm。

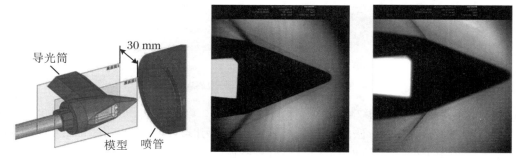

图 8.36　带导光筒的平窗气动光学模型的聚焦纹影照片

图 8.37 是在同一个系统中拍摄的一个小型流场校测架的聚焦纹影照片。校测架倾斜放置,下面三张照片是分别对三个截面聚焦的照片,可以看出聚焦纹影的效果。

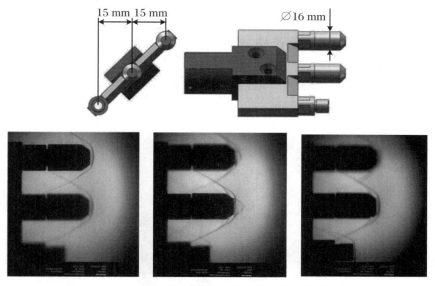

图 8.37　一个小型流场校测架的聚焦纹影照片

6. 纹影中的一些特殊技术

（1）前方照明纹影

在纹影照片中实验物体是以黑影的形式出现的,常常会使人混淆。可以在纹影技术中加入前方照明,它使纹影图像更清晰和更容易理解。前方照明是二次照明,与主纹影照明无关。照明必须来自纹影仪照相机一侧,而不是光源一侧。而且应该尽可能接近轴向,大的入射角会导致大部分反射光离开光路。图 8.38 表示了常规纹影和前方照明纹影(front-lighting schlieren)照片的比较。

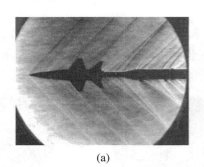 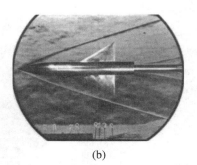

(a)　　　　　　　　　　　　　　　　(b)

图 8.38　常规纹影和前方照明纹影的比较

(2) 不可压缩流动中的纹影技术

我们知道纹影法和阴影法的基础是流体密度变化引起折射率的变化,因此一般这些光学测量方法多用于可压缩流动中。但是通过一些附加技术,这些光学方法也可以用于低速流动。图 8.39 显示了几个在低速流动中使用纹影仪的例子。

图 8.39(a)表示水洞中楔形模型下游的旋涡照片。为了显示旋涡,在模型表面涂了一层糖。旋涡脱落时流体带着糖流向下游,糖水剧烈地改变了水的折射率,并且不易扩散。类似地,在低速空气流动实验时,在模型表面涂一层苯或萘也可以达到同样的效果。

图 8.39(b)表示活玉米周围流体的纹影照片。由于呼吸,植物叶子附近 CO_2 溶度与周围大气不同,溶度差引起密度差,从而引起折射率差。用纹影仪可以观察到植物附近的流场。

图 8.39(c)表示了在低速风洞中均匀气流从上向下流过模型的纹影照片。在视场上方放置了电阻丝,电阻丝加热后,热气流的密度与周围气流不同,可以用纹影仪显示流线。这种方法可以代替流体中加入示踪子,特别在有些不便加示踪物的实验中,这种方法更好,因为热气流不会污染气流。

(a) 水洞中模型下游的"糖"纹影照片　(b) 玉米周围流体的纹影照片　(c) 低速风洞中空气流的纹影照片

图 8.39　纹影技术在不可压缩流体中的应用

7. 背景导向纹影

背景导向纹影(background oriented schlieren,BOS)是 21 世纪初发展出的一项以数字图像处理为基础的新技术。和传统光学方法(纹影、阴影、干涉)相比,BOS 减轻了对光学元件的苛刻要求,此方法可以用于大场景实验。和激光散斑照相方法比较,BOS 用白光代替激光作为光源,以实验场地平面为背景代替毛玻璃产生散斑。BOS 作为传统纹影技术的补充,已经获得了广泛应用。

(1) 原理

背景导向纹影(BOS)是纹影法的一部分,它的基本原理还是基于气体折射率与气体密度间的 Gladstone-Dale 公式以及光线通过折射率场时向折射率增大方向偏折。

BOS 技术选择实验物体背后的某个平面为背景产生散斑图案,选择背景的条件是背景图案必须有高空间频率和高反差,通常由随机分布的小点组成。实验光路如图 8.40(a)所示,记录分两步完成,先在未实验时拍一张背景照片,再在实验时拍一张背景照片。实验时折射率发生变化,引起两张背景照片存在微小的位移。然后通过两张照片的互相关分析评估折射率变化引起的位移大小。从位移大小可以反推出沿光线的折射率变化。现有的算法(如粒子成像速度计或者激光散斑分析)可以直接用来进行 BOS 分析。

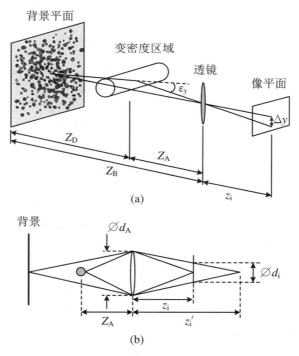

图 8.40 背景导向纹影技术的原理图

在近轴近似下可以得到像的位移(图 8.40(a))

$$\Delta y = Z_D M \varepsilon_y \tag{8.60}$$

其中背景放大因子 $M = z_i / Z_B$,Z_D 是背景平面和实验物体间的距离。利用成像公式有

$$\Delta y = f\left(\frac{Z_D}{Z_D + Z_A - f}\right)\varepsilon_y \tag{8.61}$$

其中 Z_A 是透镜到物体的距离，f 是透镜焦距。从(8.61)式可知，大的 Z_D 和小的 Z_A 可以得到大的位移，足够大的 $Z_D(Z_D \to \infty)$ 有最大位移 $f\varepsilon_y$。

另一方面，由于透镜是聚焦在背景图像上的，为了使得实验物体在成像平面也能有足够清晰的像，需要对减小 Z_A 有一些限制。假设实验物体清晰地成像在 z_i' 平面，透镜对实验物体的成像公式是(图 8.40(b))

$$\frac{1}{f} = \frac{1}{z_i'} + \frac{1}{Z_A} \tag{8.62}$$

由于相机是对背景聚焦的，这样实验物体像的锐度就会受到限制。引入孔径(光圈)d_A 和实验物体成像的放大因子 $M' = z_i'/Z_A$，就得到实验平面(Z_A)一点在像平面(z_i)几何模糊斑的大小：

$$d_i = d_A\left(1 + \frac{1}{f}M'(f - Z_A)\right) \tag{8.63}$$

其中 d_i 是 Z_A 处一点在像平面 z_i 的斑点大小。

另外，背景平面中的小尺度结构成像时受到衍射的限制，衍射受限的最小像径 d_d 是

$$d_d = 2.44 f/d_A(M + 1)\lambda \tag{8.64}$$

其中 λ 是光波长($\sim 0.5\ \mu m$)。整体成像的模糊度可以写为

$$d_\Sigma = \sqrt{d_d^2 + d_i^2} \tag{8.65}$$

当我们试图通过整体图像模糊度 d_Σ 最小来优化 BOS 记录的清晰度时，会出现以下问题：大的光圈 d_A 会降低衍射极限的最小成像直径 d_d，但会增加几何模糊斑 d_i。然而，对于大多数 BOS 设置，后者的影响更强烈，导致通常使用小光圈进行 BOS 记录。这增加了对增强背景照明的需求，但也保持了其他成像问题，如小的透镜球差和色差。由于相关技术是对查询区窗口进行平均处理，因此只要 d_Σ 比查询窗口小得多，整个图像模糊度 d_Σ 就不会导致明显的信息损失。

图 8.41 是一个测量本生灯火焰场的例子。图 8.41(a)是参考像，即灯未点燃时拍摄的背景照片。图 8.41(b)是灯点燃时的背景照片。图 8.41(c)是以上两张照片经过互相关计算后得到的火焰场 BOS 照片，其大小正比于沿查询视线的 $d\rho/dx$ 与 $d\rho/dy$ 之和。火焰温度达 1500 ℃，呈蓝色，和背景光相比强度较低，因此记录时对背景图案没有明显的影响。

BOS 技术的优点之一是减少了对光学器件的要求，促进了它在恶劣工业环境和复杂实验装置中的应用。BOS 技术发明后出现了多种形式的 BOS 方法。下面介绍几种代表性的新应用，更多的内容可以参考文献[33]。

(2) 逆反射 BOS(retroreflective background oriented schlieren，RBOS)

当涉及大尺度和短曝光的 BOS 应用时，即使在有利的实验室条件下，光照也成为限制因素之一。利用逆反射材料作为 BOS 背景，大大提高了短时间脉冲光源的效率。高效照明在两个方面很重要：首先，透镜的光圈越小，所需的光强就越大。如前所述，小孔径可以减少图像模糊，因此具有更高的灵敏度，产生更高的空间分辨率。其次，运动产生的模糊斑应该通过减少曝光时间来最小化。当使用轴向照明时，逆反射材料提供了从背景中返回光线的

最有效的方法。下面介绍两个 RBOS 的例子。

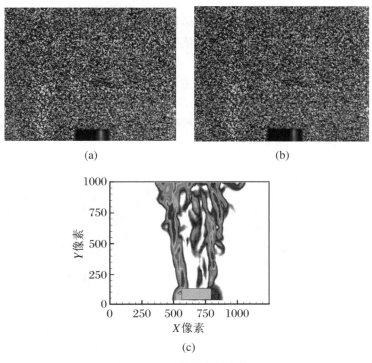

图 8.41　测量本生灯火焰场

图 8.42 是一个风洞中 RBOS 成像的例子。实验在 NASA Ames 研究中心的 11 英尺 *
跨音速风洞中进行，实验模型是猎户座太空舱发射中止塔（launch abort tower of the Orion
space capsule），实验马赫数是 1.3。通过在风洞地板上小心翼翼地喷涂逆反光涂料作为背
景，然后用数码相机对背景进行成像。其中图 8.42（a）是参考图，图 8.42（b）是有模型的实
验照片，图 8.42（c）是互相关计算处理后的纹影图。纹影图像是水平偏转距离 dx 的等高线
图（以像素为单位）。这里激波和压缩波是暗的，而膨胀扇是亮的。

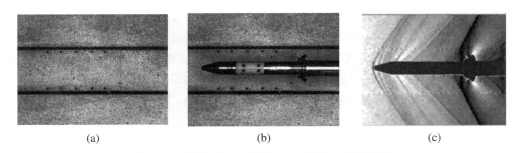

图 8.42　猎户座太空舱发射中止塔的 RBOS 照片

* 1 英尺 = 0.3048 m。

图 8.43 是在 NASA Ames 9×7 超声速风洞中对小型三角翼模型进行测试时的 RBOS 照片。其中图 8.43(a)和(b)分别是无风和有风时的原始图像。请注意图 8.43(b)中没有使用漫反射环照明源,模型和支杆组件产生了硬阴影。图 8.43(c)和(d)显示了互相关和光流(optical flow)计算的输出结果。光流是一项成熟的技术,用于图像对和视频的运动估计,处理图像之间由于亮度变化而产生的视觉运动。图 8.43(c)中互相关计算对模型和支杆区进行了遮挡,但图 8.43(d)中没有遮挡。在每种方法的解中都能很好地捕捉到总体流动特征。图中有两个特性值的比较。首先,光流再次提供了更多的细节,特别是在自由流中捕捉到非定常压缩波。其次,光流在求解阴影区域部分是完全失败的。虽然互相关也没有完全解决阴影区域,但机翼后缘尾迹并没有被淹没。

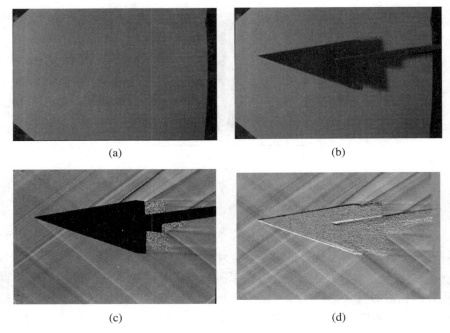

(a)   (b)

(c)   (d)

图 8.43 三角翼的 RBOS 照片

(3) 用于飞行实验的 BOS

用于飞行实验的 BOS(AirBOS)是一种空对空的背景导向纹影(air-to-air BOS),即以自然植物为背景从高空拍摄飞机飞行实验的纹影图方法。这里给出的例子是美国航空航天局商业超声速技术项目的一部分,该项目的最终目的是研制 X59 静音超声速技术(QueSST)低声爆飞行演示机。项目需要显示超声速飞机产生的激波,从而发展了三种纹影显示技术,Air-BOS 技术是其中一种。

AirBOS 选择爱德华兹空军基地附近黑山超声速走廊的莫哈韦沙漠植物群作为背景,比奇 B-200 空中之王(Beechcraft B-200 super king air)作为观察飞机在高空低速飞行,空军 T-38 作为实验机从背景上空高速飞过(图 8.44)。所有参数都经过精密计算,具体数据见文献[34]。

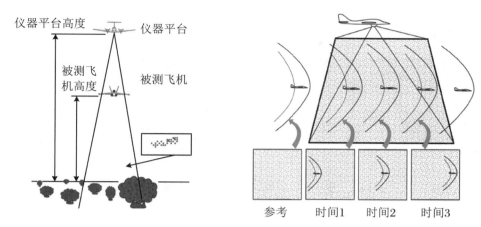

图 8.44　AirBOS 示意图

图 8.45 显示了互相关后的一系列单幅 BOS 图像。图中目标飞机以 $M = 1.05$ 在观察飞机下方 5000 ft 飞行,每个图像显示垂直偏折 $dy = \pm 2$ 像素。注意,在图像的侧面和底部有一个累积的噪声带。如果观测者是完全静止的,那么这个噪声带就是看不见的。

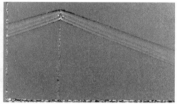

图 8.45　一系列单幅 BOS 图像

随机相关噪音总是限制了 BOS 照片的质量,在超声速风洞实验中用相同条件下的多幅图像组成的数据可以简单地求平均。在 AirBOS 中,目标飞机通过视场移动,这样序列的简单平均处理是不适用的。针对这种情况专门编写了程序处理,得到多幅图像的平均图像。图 8.46 是 150 幅瞬时图像的平均,可以清楚地看到飞机产生的主要激波结构和膨胀扇。

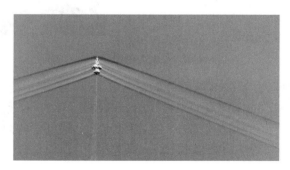

图 8.46　150 幅瞬时图像的平均

图 8.47 表示了多幅平均后的不同刀口方向的纹影照片。图 8.47(a)是 $dy = \pm 2$ 像素

（水平刀口）的 BOS 像,图 8.47(b)是 dx = ±1 像素（垂直刀口）的 BOS 像,图 8.47(c)表示偏折绝对值的 BOS 像。

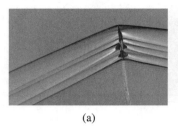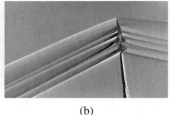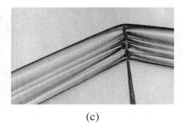

(a)   (b)   (c)

图 8.47　不同刀口方向的 BOS 图

（4）彩色 BOS

为了提高传统 BOS 技术的性能,提出一种改进方法,用彩色点状图案代替单色背景,使用适当的相关算法分别处理不同的颜色,称之为彩色 BOS(colored BOS,CBOS)。CBOS 可以提高测量精度和空间分辨率。

CBOS 技术的背景通常用计算机随机生成的点状图案制成,这个图案必须具有高的空间频率和高反差。生成图案的原则是三原色(红、绿、蓝)的比例相同,随机分布在背景图像上。这导致了纯色和复合色在背景上的特定分布(图 8.48),每个原色的填充率为 35%,复合色和原色的分布也接近 30%。

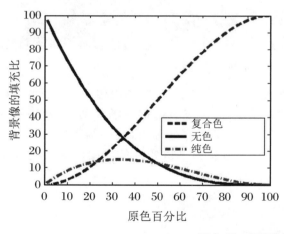

图 8.48　CBOS 的背景色彩

在记录图像时考虑到数字 CMOS 相机都有三原色红、绿、蓝的传感器。在 CMOS 传感器上点的像应该至少覆盖 2×2 像素。来自传感器的数据使用一种特殊的原始格式直接存储,无需任何处理或压缩。由于三基色的分解,以规定的方式可以从图像中提取出 8 个基本的点的图案。分别对 8 个基本图案做互相关处理得出了图像位移,具体算法可参阅文献[36]。

图 8.49 表示两张 CBOS 的实验照片(原图为彩色)。图 8.49(a)是一个锥柱模型在超声速风洞中的实验结果。实验中采用带望远镜头(f = 400 mm)的高分辨率相机(佳能 EOS1Ds

Mark II)记录,为了增加景深,使用最小孔径(1/64)拍摄。该相机 CMOS 传感器的分辨率为 4992×3328 像素,互相关窗口的宽度为 40 像素。照相机聚焦人工彩色背景。背景与模型之间的距离为 600 mm,模型与相机镜头之间的距离为 1400 mm,闪光灯持续时间为 2.5 ms。

图 8.49(b)是一个宇宙飞船(European Spatial Agency,ESA)模型的自由飞行实验结果。模型直径为 92 mm,长度为 50.75 mm,由口径为 100 mm 的加农炮发射,模型实际速度为 555 m/s(对应马赫数为 1.63)。相机数据同上一个实验,背景与模型之间的距离为 417 mm,模型与相机镜头之间的距离为 2345 mm,闪光灯持续时间为 2.5 ms。背景打印在 410 mm×630 mm 的透明胶片上,闪光灯从背后照射,闪光时间为 2 μs。由于脱体激波后的密度梯度太大,照片中未能很好地区分出头部密度变化,不过尾流中的密度变化图中清楚地显示出来了。

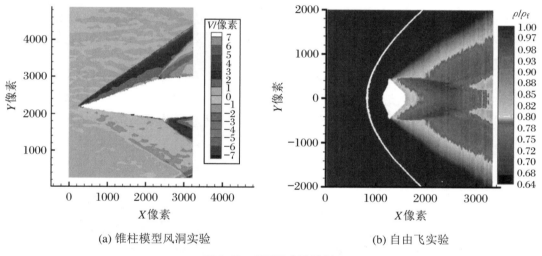

(a) 锥柱模型风洞实验　　　　(b) 自由飞实验

图 8.49　CBOS 实验结果

(5) 其他类型的 BOS

BOS 发明以来,获得了快速发展,提出了多种不同形式的 BOS。主要有用于非定常流动和高速流动测量的脉冲照明 BOS(pulsed illumination BOS)和高帧频 BOS(high-framing-rate BOS),用于测量密度对流速度的 BOS 速度计(BOS velocimetry),用于野外测量的自然背景 BOS(natural background BOS),用于水面测量的自由面 BOS(free surface BOS),用于三维流场测量的层析 BOS(tomographic BOS)以及用于快速跟踪运动物体的无参考 BOS(reference-free BOS)等。

8.4.2　云纹法

两块黑白相间的条纹图案重叠在一起,可以观察到新的明暗相间的花样叫作云纹(moire)。在实验力学领域利用云纹法可以测量物体的变形和形状。

1. 云纹的形成和原理

用云纹法测量时,一般将两个规则的等间隔的平行线栅重叠构成云纹。一个栅随物体变形而变形,称为试件栅(或变形栅),另一个栅保持不变,称为参考栅(或基准栅)。它们重叠在一起所产生的云纹,将给出试件变形或形状的信息。沿参考栅线法线方向,称为主方向,栅线的间隔称为节距,常用 p 表示,$1/p$ 为栅的空间频率,几何云纹所用栅的空间频率一般低于每毫米几线到 50 线或 100 线。

云纹法大体分两大类:一类是平面云纹,主要应用于测量面内位移;另一类是离面云纹,包括测量等高线或离面位移的影栅云纹(shadow moire)和投影云纹(project moire)。

(1) 平面云纹

图 8.50 是平面云纹原理图。分别给参考栅和试件栅的栅线编号,记为 m 和 n,主方向是 x 方向。初始时刻两栅相互重合,变形后试件栅与参考栅重叠形成云纹图,以 N 表示云纹亮条纹的级数。沿零级亮云纹,试件栅上各点均没有 x 方向位移;沿 1 级云纹,试件栅各点在 x 方向的位移都是 p;沿 2 级云纹,试件栅各点在 x 方向的位移都是 $2p$,以此类推。从图中可以看出,这些云纹正是 x 方向位移分量等值线。云纹级数与两个栅级数的关系是 $N = m - n$。试件栅在 x 方向位移分量是

$$u = (m - n)p = Np \tag{8.66}$$

平面云纹的测量灵敏度(最小可测位移)是 p。如用 50 线/毫米的栅,可测到 0.02 mm 的位移。图 8.50 中线栅画的比较夸张,在实际云纹法中,由于线栅密度很高,在云纹照片中只能看到云纹图案,看不出线栅。

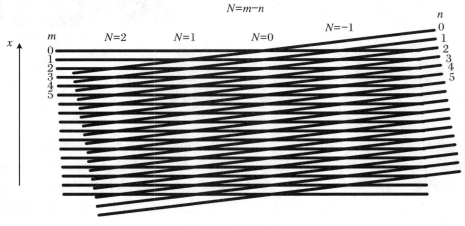

图 8.50 平面云纹

(2) 离面云纹

离面云纹分为影栅云纹和投影云纹。

① 影栅云纹

图 8.51 是影栅云纹的示意图。一个线栅水平放在平面 $A\text{-}A$ 处,作为基准面。假设其主方向为 x 方向,a 为原点,取 ab 为正方向。线栅下方曲面的形状是待测的,光源 S 是和栅线平行的线光源。栅的影子就投影到物表面上。由于物表面不是平的,栅的影子就不再

是平行线了。线栅(作为参考栅)和它照到物体表面的影子(作为试件栅)构成云纹系统。在 O 处观察(用眼或相机),就可以看到此畸变了的影子和基准栅构成的云纹。图中基准平面上的 d 点和物体表面的 f 点在照相机的像平面上是重合的。而投影到 f 点的是参考栅上 b 点的栅线。如果过 d 点的参考栅阶数为 m;过 f 点的试件栅阶数为 n,即有

$$ab = np, \quad ad = mp$$

如果满足

$$bd = (m - n)p = Np$$

N 为整数,则该 f 点必在相机平面形成的 N 级云纹亮条纹中心线上。而

$$bd = bc + cd = h(\tan \alpha + \tan \beta)$$

所以有

$$h = \frac{Np}{\tan \alpha + \tan \beta}$$

从几何关系,进一步推导出

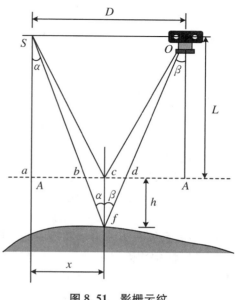

图 8.51 影栅云纹

$$h = \frac{LNp}{D - Np} \tag{8.67}$$

(8.67)式表明,同样的 N 对应着同样的 h,表明影栅云纹是曲面的等高线。但 h 与 N 的关系是非线性的,因此相邻等高线对应的高差是随 N 变化的。当 $h \ll L$ 或 $D \gg bd$ 时,上式可近似为

$$h = N \frac{Lp}{D} \tag{8.68}$$

即影栅云纹是高差为 Lp/D 的等高线。通常采用节距 p 为 $l \sim 2\,\text{mm}$ 的栅,并期望出现 $20 \sim 30$ 条等高线。在此情况下,只要 $D > 0.5\,\text{m}$,上述近似就只带来很小的误差。

② 投影云纹

在许多用影栅云纹不方便的情况下,可以用投影云纹解决这个问题。采用类似图 8.51 的光路,将光源换成幻灯机或投影仪 S_1,将节距为 p 的线栅 G_1 投影到物体表面上。这样,只需有如幻灯片大小的栅就够了。照相机 S_2 是和 S_1 一样的系统,成像平面有栅 G_2,其节距也是 p,但用于接收。把带有投影栅的像,由成像透镜成像到 G_2 上与栅 G_2 一起构成云纹图,它表示物体的等高线。

利用(8.68)式可以导出投影云纹的相应公式。必须注意到该式中的线栅节距 p 是基准平面上栅的节距,而不是我们这里的栅 G_1 与栅 G_2 的节距 p。为区分,我们下面将 G_1 的节距记为 p_0,现在来求 p。在投影云纹系统中,S_1 和 S_2 均对基准平面成像。设其焦距均为 f,其像距均为 L,则成像的放大倍数为

$$m = \frac{L - f}{f}$$

因此有

$$p = \frac{L - f}{f} p_0$$

代入(8.68)式,则有

$$h = \frac{L(L - f)Np_0}{fD - (L - f)Np_0} \tag{8.69}$$

其中 f 为透镜 L_1, L_2 的焦距,N 是云纹级数。现在借助于图像处理系统,可以使投影云纹的实现和分析变得很方便。把 S_2 带有物体形状信息的畸变栅,输入到图像处理系统并数字化。数字化生成的基准栅预先存在计算机内,将两个图像相减得到云纹。

有关平面云纹和离面云纹的具体细节可以参阅有关实验力学的文献和教科书。

2. 平面云纹在流体力学实验中的应用

在纹影法中用刀口定性显示了光线穿过实验区后产生的偏折角,用云纹法可以定量测量偏折角的大小。如图 8.52 所示,把两块相同的线栅 G_1 和 G_2 分别放在实验区两侧。当实验区无扰动时,调整到两块栅完全重合,视场为均匀照明。当实验区有扰动后,光线发生偏折,两个栅产生云纹。云纹级数 N 是主法线方向的位移:

$$v = Np = L \tan \varepsilon_y \approx L\varepsilon_y$$

或者

$$\varepsilon_y = \frac{Np}{L} \tag{8.70}$$

其中 L 是实验段窗口到栅 G_2 的距离。也可以把两个栅放在同一侧,这时 L 就是两个栅之间的距离。如果要同时测量水平和垂直方向的偏折角,可以采用互相垂直的线栅。通过滤波方法把两个方向区分开来。

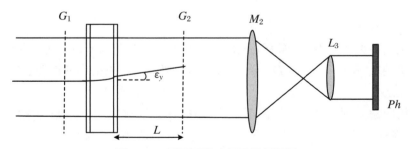

图 8.52 平面云纹法用于风洞测量

3. 离面云纹在流体力学实验中的应用

离面云纹技术是将光栅投影到物体表面,对应于流体就是两种流体的界面,如水面。但是这种界面自身犹如镜面,如果表面没有足够多颗粒物用于反射或散射光线,就很难成像,这也就是离面云纹技术在流体力学实验中较少使用的原因。对这一局限,可以采取的措施包括:在界面处或某一相流体中人工播撒一些颗粒,增强反射;只定性展示界面变形而不做定量测量。

采用如图 8.51 所示的投影云纹方法,用投影仪投射线栅,用高速摄像机记录水面反射的线栅图案,并和事先生成的基准栅比较产生云纹。现在图像处理发展十分迅速,整个过程可以在计算机内进行。由于水波是运动的,通过 FFT 方法分析云纹图案,可以定量地获取水波的时间和空间振动分量,该方法精度较高。

图 8.53 是用投影云纹法测量一个液滴撞击到平面上几何形貌的变化。其中图 8.53(a)是测量装置图。图 8.53(b)表示水滴不同时期的高度图,顶部是早期 $t = 3.5$ ms 时水滴的高度,中部是 $t = 10.3$ ms 时水滴半径扩展到最大时的形态,底部是 $t = 19.7$ ms 时水滴最小厚度的形状。图 8.53(c)是水滴达到最大半径前的高度值,图 8.53(d)是水滴从最大半径到最小厚度过程的高度图,图中曲线对应的时间间隔是 0.74 ms。图 8.53 显示了水滴撞击平面时扩展过程的形貌演化,这是一个毛细力和黏性力相互作用的过程。

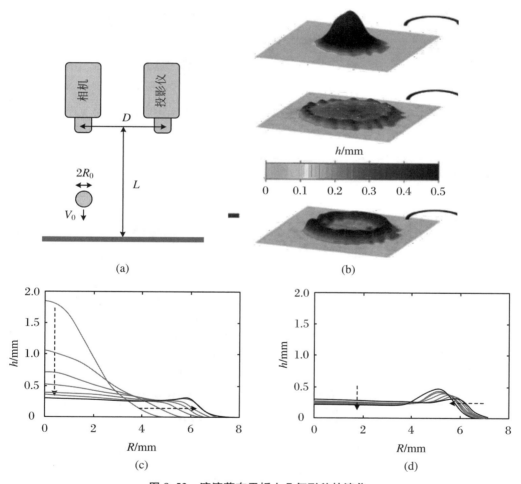

图 8.53　液滴落在平板上几何形貌的演化

图 8.54 表示了毫米液滴在振动液浴表面反弹产生的微米表面波的实验结果。十多年前发现的液滴在振动水浴上行走的现象越来越引起人们的兴趣,表示对微观量子粒子提出的导航波(pilot-wave)力学在宏观实现了,它展示了量子系统的许多特性。因为液滴是毫米

级的,它们产生的波的特征振幅为 10 μm,用肉眼很难识别,因此实验采用了投影云纹方法。实验在 80 Hz 正弦振动的 20 cst 油浴中进行,高强度光源被放置在彩色条纹图案纸后面,液滴及其导航波的图像用高速摄像机拍摄。

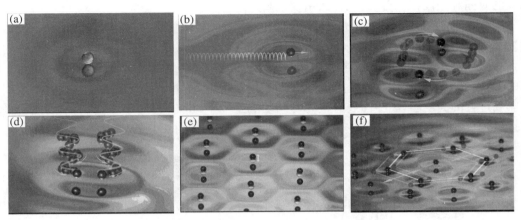

图 8.54　油浴振动频率低于 Faraday 阈值时液滴在油面运动及产生的导航波

图 8.54 给出了油浴振动频率低于 Faraday 阈值时液滴在油面的跳动及产生的导航波。其中图(a)是一个 1 mm 直径的水滴在振动面上跳动,图(b)表示当垂直力足够大时单个液滴自发地在油面自主推进。图(c)和(d)表示两个液滴通过波场产生的相互作用,图(c)表示锁定轨道模式,图(d)表示肩并肩漫步模式。图(e)和(f)表示多个液滴相互作用,图(e)表示六方点格结构,图(f)表示力足够大时点格不稳定结构。图中白线表示完整的(b)~(e)或部分的(c)、(d)和(f)液滴轨迹。

图 8.55 是油浴振动频率高于 Faraday 阈值时的结果。图(a)表示频率高于临界值时即使没有液滴液面也出现 Faraday 波。图(b)和(c)表示液滴以不规则方式在 Faraday 波场上跳动以及可能合并。

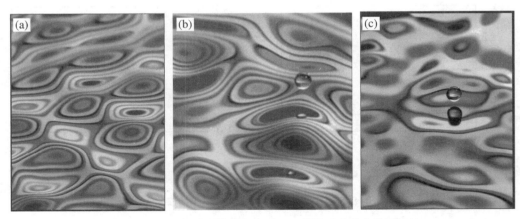

图 8.55　油浴振动频率高于 Faraday 阈值时液滴在油面运动

8.4.3　剪切干涉术

剪切干涉仪(shearing interferometrer)又称差分干涉仪(schlieren interferometrer),它的主要特点是两个相干光束同时通过测试区域,只是两束光通过的空间位置略有微小位移。测试区内密度变化不均匀,使得这两束光之间产生位相差,形成干涉条纹。常用的剪切干涉仪大多是在纹影仪的基础上增加关键的差分器件改装而成的,所以也称为纹影干涉仪。常用的差分器件有 Wollaston 棱镜、平晶、光栅等。本小节仅介绍以 Wollaston 棱镜为器件的差分干涉仪。

1. 双折射现象和 Wollaston 棱镜

在普通物理光学部分我们都学过双折射现象,在各向异性介质中,一束入射光分为两束折射光的现象称为双折射。这两束光中遵循 Snell 折射定律的光称为寻常光或 o 光(oridiray),不遵循 Snell 折射定律的光称为非常光或 e 光(extraoridiray)。各向异性介质中,不发生双折射现象的方向称为主轴,包括光轴和入射光线的平面称为主截面。o 光的偏振方向垂直于主截面,e 光偏振方向在主截面内。几种常用的具有双折射现象的材料和它们的折射率见表 8.3。

表 8.3　几种常用材料的双折射性质

	n_o	n_e	
方解石	1.658	1.486	$n_o > n_e$
硝酸钠	1.585	1.339	$n_o > n_e$
电气石	1.64	1.62	$n_o > n_e$
石英	1.544	1.522	$n_o < n_e$
冰	1.306	1.307	$n_o < n_e$

为了方便描述 Wollaston 棱镜原理,先看看以下几种双折射现象(以方解石为例,$n_o > n_e$)。如图 8.56 所示,界面上方为空气,下方为晶体。如果晶体光轴 zz' 在纸面内并平行于界面(图 8.56(a)和(b)),光线从空气方入射,则主截面即为纸面。如果光线斜入射(图 8.43(a)),由于 $n_o > n_e$,则折射光中 o 光和 e 光分为两束。并且根据定义,o 光的偏振方向垂直主截面(纸面),e 光的偏振方向在纸面内。如果入射角减小并最终垂直界面入射(图 8.56(b)),o 光和 e 光将按同一方向传播,但是它们的偏振方向和传播速度不同。

如果光轴 zz' 平行于界面但是垂直于纸面(图 8.56(c)和(d)),那么主截面垂直于纸面。如果光线斜入射(图 8.56(c)),则折射光中 o 光和 e 光分为两束。o 光的偏振方向在纸面内,而 e 光的偏振方向垂直于纸面。如果光线垂直界面入射(图 8.56(d)),o 光和 e 光将按同一方向传播,但是它们的偏振方向和传播速度不同。

Wollaston 棱镜(以方解石为例)的结构如图 8.57 所示,由两个直角棱镜组成,两个棱镜沿斜边胶合在一起。棱镜 ABC 的光轴平行于直角边 AB,棱镜 ACD 的光轴垂直于纸面(图 8.57(a))。光线垂直于 AB 面入射棱镜 ABC,在棱镜 ABC 内 o 光和 e 光不分开,但是 e 光比 o 光传播得快,e 光在纸面内偏振,o 光垂直纸面偏振(图 8.57(b))。在 AC 界面,由于棱镜 ACD 的光轴垂直于棱镜 ABC 的光轴,原来棱镜 ABC 中的 o 光成为棱镜 ACD 中的 e

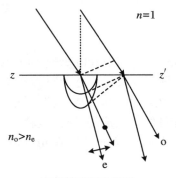

(a) 光轴平行于界面；
主截面为纸面；斜入射

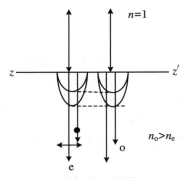

(b) 光轴平行于界面；
主截面为纸面；垂直入射

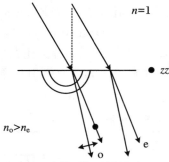

(c) 光轴平行于界面；
主截面垂直纸面；斜入射

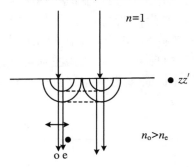

(d) 光轴平行于界面；
主截面垂直纸面；垂直入射

图 8.56　光在方解石/空气界面的双折射现象

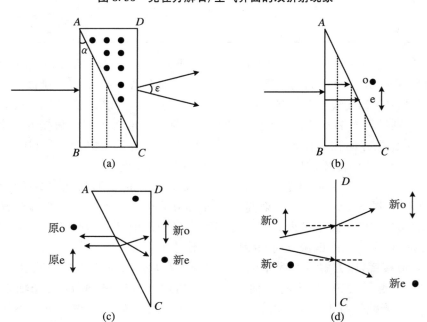

图 8.57　光线通过 Wollaston 棱镜的折射现象

光,同样地,原来棱镜 *ABC* 中的 e 光成为棱镜 *ACD* 中的 o 光(图 8.57(c))。最后在直角边 *CD*,两束光以一定夹角从 Wollaston 棱镜射出(图 8.57(d))。可以证明,从 Wollaston 棱镜射出的两束光偏振方向互相垂直,其夹角 ε 写为

$$\varepsilon = 2\arcsin\left[(n_{\text{o}} - n_{\text{e}})\tan\alpha\right] \tag{8.71}$$

其中 α 是三角棱镜的夹角。

2. Wollaston 棱镜剪切干涉仪

Wollaston 棱镜剪切干涉仪的光路如图 8.58 所示,其是在原有纹影仪的基础上改装而成的。用 Wollaston 棱镜代替原纹影仪中的刀口,并在棱镜前后加两个偏振片。

图 8.58　Wollaston 棱镜剪切干涉仪光路

Wollaston 棱镜在剪切干涉仪中的作用如图 8.59 所示。当 Wollaston 棱镜中心位于纹影镜 M_2 焦点时,考虑任意两条光线 1 和 2,经过 *W* 棱镜后分别形成两条偏振方向垂直的光线,1↑,1·,2↑,2·。其中光线 1· 和 2↑ 重合,但是这两条光线偏振方向互相垂直,不能干涉。为了使它们能干涉,在 Wollaston 棱镜后方放置一个偏振片,使得两束光偏振方向旋转 45°,成为同偏振方向光线,可以发生干涉。回溯发生干涉的这两条光线在实验区的垂直距离是 d,

$$d \approx \varepsilon f_2 \tag{8.72}$$

其中 f_2 是纹影镜焦距,ε 是 Wollaston 棱镜的光束分离角。为了获得高反差的干涉图,两条相互干涉的光线应有大体相同的振幅,所以在 Wollaston 棱镜前方放置另一个偏振片 *P*,两个偏振片的方向应该互相垂直。

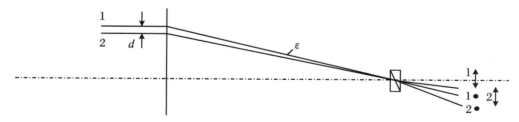

图 8.59　Wollaston 棱镜在剪切干涉仪中的作用

如果旋转 Wollaston 棱镜,可以想象将改变干涉条纹的方向。如图 8.59 所示,棱镜垂直放置,获得的图像是垂直方向相距为 d 的两个流场图像的差分,获得水平方向的条纹。如果 Wollaston 棱镜旋转 90° 水平放置,则可获得垂直方向的条纹。

当 Wollaston 棱镜中心放在纹影镜焦点时,获得的是无限条纹干涉图。如果水平移动 Wollaston 棱镜会产生有限条纹干涉图。

如图 8.60 所示,假设 Wollaston 棱镜宽度为 1,ε 角很小,棱镜沿光轴方向水平移动距

离 u。前半个棱镜中为 o 光,后半个棱镜中为 e 光的光线的光程近似写为

$$l_1 \approx n_o\left(\frac{1}{2} + \alpha\,\frac{uy}{f_2}\right) + n_e\left(\frac{1}{2} - \alpha\,\frac{uy}{f_2}\right)$$

前半个棱镜中为 e 光,后半个棱镜中为 o 光的光线的光程近似写为

$$l_2 \approx n_e\left[\frac{1}{2} + \alpha\,\frac{u(y+d)}{f_2}\right] + n_o\left[\frac{1}{2} - \alpha\,\frac{u(y+d)}{f_2}\right]$$

两束光线的光程差是

$$\Delta l = l_1 - l_2 \approx 2\alpha(n_o - n_e)\frac{u}{f_2}y = \varepsilon\frac{u}{f_2}y \tag{8.73}$$

上式用到 $d \ll 1$。当 $\Delta l/\lambda = N$ 时为亮条纹;当 $\Delta l/\lambda = (2N+1)/2$ 时为暗条纹。条纹宽度为

$$s = \frac{\lambda f_2}{\varepsilon}\frac{1}{u} \tag{8.74}$$

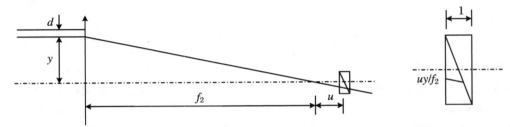

图 8.60 Wollaston 棱镜沿水平方向移动

棱镜水平移动距离越大,条纹越密;移动距离越小,条纹越宽;$u=0$,无限条纹。

同理可以推导出,如果垂直方向移动 Wollaston 棱镜,会改变条纹级数。如果棱镜垂直移动距离为 v,产生的光程差是

$$\Delta l = 2\alpha(n_o - n_e) \approx \varepsilon v \tag{8.75}$$

垂直移动棱镜不会改变条纹宽度,只改变条纹级数。如果既水平移动棱镜又垂直移动棱镜,得到总光程差是

$$\Delta l_{\text{total}} = \varepsilon\left(\frac{u}{f_2}y + v\right) \tag{8.76}$$

在 Wollaston 棱镜剪切干涉仪中需要使用单色光源。可以用普通白色光源加滤光片,也可以用激光光源。为了提高干涉仪测量灵敏度,可以采用两块 Wollaston 棱镜的光路(图 8.61)。在纹影镜 M_1 的前焦平面放置另一块 Wollaston 棱镜,把其中一块偏振片也一同移动。在第一块 Wollaston 棱镜内分离出来的光线可以在第二块 Wollaston 棱镜中汇合,第一块 Wollaston 棱镜的作用可以改善干涉仪的灵敏度。不过要求两块棱镜的光学性能尽

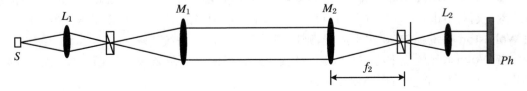

图 8.61 用两块 Wollaston 棱镜的剪切干涉仪光路

可能一致。如果使用激光光源,由于相干性好,只需使用一块 Wollaston 棱镜。

图 8.62 是两张蜡烛的剪切干涉图照片,其中左边是无限条纹干涉图,右边是有限条纹干涉图。

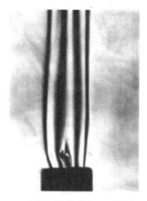 

(a) 无限条纹剪切干涉图   (b) 有限条纹剪切干涉图

图 8.62　蜡烛的剪切干涉图照片

8.4.4　全息干涉技术

1. 全息术原理

光波是电磁波,数学上常常用复数表示,写为

$$E(x,y,z,t) = A(z,y,z)e^{j\varphi(x,y,z)}e^{j\omega t} = u(x,y,z)e^{j\omega t}$$

其中 E 是光的电矢量, A 是振幅, φ 是位相, ω 是频率。光波中包含了丰富的时间和空间信息,在一般照相术中由于光的频率太高,在曝光时间内仅记录了时间平均信息,所以一般不考虑 $e^{j\omega t}$ 因子。把 $A(x,y,z)e^{j\varphi(x,y,z)}$ 称为复振幅,用 $u(x,y,z)$ 表示。复振幅的模 $A(x,y,z)$ 称为实振幅,幅角中 $\varphi(x,y,z)$ 称为位相。在普通照相中相机仅能记录物体发出光波的实振幅,不能记录位相。而全息照相是能够记录光波全部信息(振幅和位相)的方法。

全息照相分两步——记录和再现。记录过程是干涉过程,物光 O 和参光 R 在全息干板上产生干涉花样;再现过程是衍射过程,再现光 C 照射全息干板 H(相当光栅)后,产生的衍射光(图 8.63)中包含了原物光的信息。

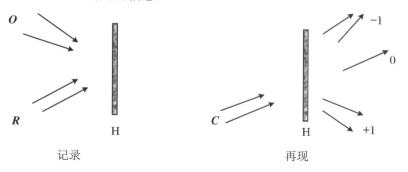

图 8.63　全息术原理

具体数学上,入射物光 O、参考光 R、再现光 C 分别写为

$$O = Oe^{j\varphi_O}, \quad R = Re^{j\varphi_R}, \quad C = Ce^{j\varphi_C}$$

记录过程全息干板上光强分布为

$$I = (O + R)(O^* + R^*) = |O|^2 + |R|^2 + OR^* + O^*R \tag{8.77}$$

上标 $*$ 表示共轭。全息干板显影、定影后,在全息干板上透过率写为

$$T = \beta(O^2 + R^2 + OR^* + O^*R) \tag{8.78}$$

用再现光 C 照射全息干板时,透过的再现光光波是

$$G = \beta\left[(O^2 + R^2)C + OR^*C + O^*RC\right] \tag{8.79}$$

再现光波由三部分组成,其中第一项是 0 级衍射,沿光波 C 的方向传播,其他两项分别是 $+1$ 级和 -1 级衍射光,写为

$$+1\text{级}: OR^*C = ORCe^{j(\varphi_O - \varphi_R + \varphi_C)}$$

$$-1\text{级}: O^*RC = ORCe^{j(\varphi_R - \varphi_O + \varphi_C)}$$

如果使得再现光束与参考光束完全一样,从上式可知,$+1$ 级再现光就是 O 光重现,-1 级再现光是共轭 O 光。

2. 激光全息在流体力学中的应用

下面以激光全息照相在超声速风洞实验中的应用为例介绍它的基本光路。一般是在纹影仪光路的基础上布置全息照相实验的光路。如图 8.64 所示,把纹影仪中的光源部分换成激光光源。一般在高速风洞实验中由于实验环境复杂,多采用脉冲激光器(如红宝石激光器)作为光源。激光器发出的激光分为两束,一束沿原纹影仪光路,作为物光;另一束从风洞实验段外传播,作为参考光。干板放置在原刀口位置前方,参考光最后准直为平行光和物光一起照射到干板上。为了便于调整光路,用一个 He-Ne 激光器调整到和红宝石激光器一致,代替红宝石激光器调光路。

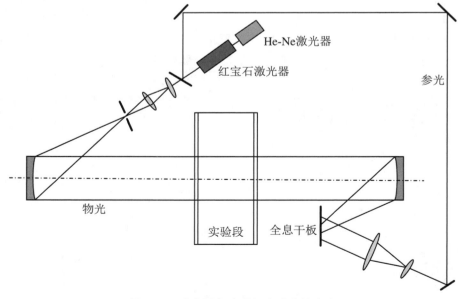

图 8.64　全息照相在风洞实验中的光路

再现过程可以事后在光学实验室内进行,全息干板显影、定影后在光学平台上用准直再现光照射。再现的光波就是原物光的重现,因此,在干板后方会出现一会聚光束,形成一个聚焦点,就像纹影仪中光源的像。如图 8.65 所示,对于再现的光波,可以用阴影、纹影、干涉和剪切干涉等不同方法再现。

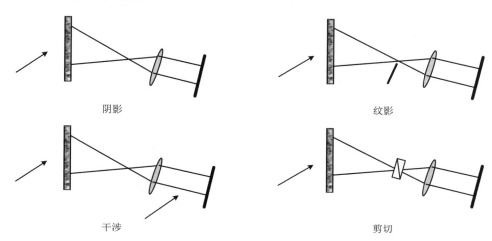

阴影　　　　　　　　　　　　　　纹影

干涉　　　　　　　　　　　　　　剪切

图 8.65　全息照相在光学实验室的再现方法

3. 激光全息干涉技术及应用

激光全息方法在风洞实验中最重要的应用是全息干涉技术(holographic interferometry),通过干涉技术可以获得定量的流场密度测量。全息干涉通过两次曝光方法实现两个事件之间的比较。这两次曝光可以采用:① 第一次曝光有模型、有流动,第二次曝光有模型、无流动;或者② 第一次曝光有流动、有模型,第二次曝光有流动、无模型。

双曝光全息干涉方法的数学描述如下:未扰动的物光(无流动或空风洞)写为 $O = Oe^{j\varphi_O}$,扰动后的物光(有模型风洞实验)写为 $O' = Oe^{j(\varphi_O + \Delta\varphi)}$,参考光写为 $R = Re^{j\varphi_R}$。

第一次曝光的光强写为

$$I_1 = (O + R)(O^* + R^*) = |O|^2 + |R|^2 + OR^* + O^*R \tag{8.80}$$

第二次曝光的光强写为

$$I_2 = (O' + R)(O'^* + R^*) = |O|^2 + |R|^2 + O'R^* + O'^*R \tag{8.81}$$

两次曝光都记录在一张全息干板上,全息干板的透过率写为

$$T = \beta(I_1 + I_2) = \beta[2(|O|^2 + |R|^2) + (O + O')R^* + (O^* + O'^*)R] \tag{8.82}$$

再现时,令 $C = R$,再现的 $+1$ 级光的光强是

$$G_{+1} = \beta|(O + O')RR^*|^2 = \beta R^4(2O^2 + O'O^* + OO'^*) = 2\beta O^2 R^4(1 + \cos\Delta\varphi) \tag{8.83}$$

上式表明,双曝光全息干涉图是黑白相间的干涉条纹,干涉条纹反映了扰动流场引起的位相变化 $\Delta\varphi$。图 8.66 是一张双曝光全息干涉照片。具体如何从干涉条纹计算流场参数,可见下一节介绍。

4. 有限全息干涉图背景条纹的控制

在双曝光全息干涉图制作过程中,如果两次曝光之间所有光学元件保持不动,那么得到

的干涉图就是无限条纹干涉图。如果两次曝光之间有某一个元件产生微小移动,那么就可以产生有限条纹干涉图。为了准确控制背景条纹的方向和间距,可以采用一些特种方法,比如双板全息法、夹层全息法等。

图 8.66　双曝光全息干涉照片

8.4.5　干涉图的计算

这一节介绍的内容包括 M-Z 干涉图、全息干涉图、剪切干涉图等的计算。

1. 光线通过实验区时位相的变化

如图 8.67 所示,实验区内存在三维折射率场 $n(x,y,z)$,光线沿 z 方向穿过实验区,在测量屏(照相干板)上产生干涉条纹图案。测量屏在 (x,y) 平面内,干涉条纹函数描述为 $D(x,y)$。干涉图的计算是从已知的条纹函数 $D(x,y)$ 求折射率场 $n(x,y,z)$,进而求密度场 $\rho(x,y,z)$。

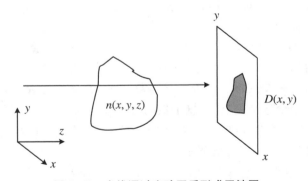

图 8.67　光线通过实验区后形成干涉图

形成干涉图时两束光线的位相差记为

$$\varphi(x,y) = \frac{2\pi}{\lambda} \int_{\zeta_1}^{\zeta_2} \left[n_1(x,y,z) - n_2(x,y,z) \right] \mathrm{d}z \tag{8.84}$$

其中 φ 是位相差,λ 是光波长,ζ_1 和 ζ_2 是光线经过实验区的始末点坐标,n_1 和 n_2 分别是两次曝光时实验区的折射率分布。当位相差是 2π 整数倍时,即

$$\varphi(x,y) = 2\pi m, \quad m = 0,1,2,\cdots$$

为亮条纹。

需要说明的是,在(8.84)式中 n_1 和 n_2 有不同的含义。在 M-Z 干涉图中,n_1 是风洞实验段内折射率分布,n_2 是补偿室内折射率,因此是常数 n_0。在全息干涉图中,n_1 是风洞模型在实验段内吹风实验时的折射率分布,n_2 是有模型、无流动或者无模型、空风洞吹风时的折射率,也是常数 n_0。在剪切干涉图中,n_1 和 n_2 代表同一流场,不同位置(有水平位移或垂直位移)的折射率分布。

2. 二维流场干涉图的计算

所谓二维流场是指沿光线传播方向(z 方向)流场密度分布是常数,密度分布仅是坐标 x,y 的函数。对于二维流场的 M-Z 干涉图和全息干涉图,由于实验段内折射率与 z 无关,(8.84)式中积分可以直接写出,因此得到的条纹函数写为

$$D(x,y) = \frac{L}{\lambda}\left[n(x,y) - n_0(x,y)\right] \tag{8.85}$$

其中 L 是光线通过实验区的长度,即风洞实验段的宽度。$D(x,y)$ 是条纹函数,反映了干涉图中条纹位移量。因此,风洞实验段内的折射率分布写为

$$n(x,y) = n_0 + \frac{\lambda D(x,y)}{L} \tag{8.86}$$

或者密度分布为

$$\rho(x,y) = \rho_0 + \frac{\lambda D(x,y)}{kL} \tag{8.87}$$

其中 k 是 Glasdtone-Dale 常数。可见在二维干涉图中,等条纹线就是等密度线。

对于二维流场的剪切干涉图,如果垂直差分(水平条纹),密度分布写为

$$\rho\left(x, y+\frac{d}{2}\right) - \rho\left(x, y-\frac{d}{2}\right) = \frac{\lambda D(x,y)}{kL} \tag{8.88}$$

如果水平差分(垂直条纹),密度分布写为

$$\rho\left(x+\frac{d}{2}, y\right) - \rho\left(x-\frac{d}{2}, y\right) = \frac{\lambda D(x,y)}{kL} \tag{8.89}$$

其中 d 是差分量。在计算时,已知某一点的密度,就可以计算出全流场的密度分布。

3. 轴对称流场干涉图的计算

轴对称流场(图 8.68)是指将一个轴对称的模型放置在均匀流场中的流动,来流沿 x 方向,模型对称轴是 x 轴,流场关于 x 轴对称,光线沿 z 方向传播,干涉图在 (x,y) 平面内记录。图 8.68 中右图表示某 x 位置的流场截面图,半径为 R 的圆形表示锥形激波位置,激波外是均匀流场(折射率 n_0),激波内是轴对称流场,折射率分布是 $n(r)$,r 是径向坐标。光线沿 z 方向穿过流场,某光线距离 z 轴为 y,进入激波位置是 z_1,离开激波位置是 z_2。

对轴对称流场可以写出下列关系:

$$r = \sqrt{y^2 + z^2} \quad \text{和} \quad \mathrm{d}z = \frac{r\,\mathrm{d}r}{\sqrt{r^2 - y^2}}$$

条纹函数和折射率的关系有

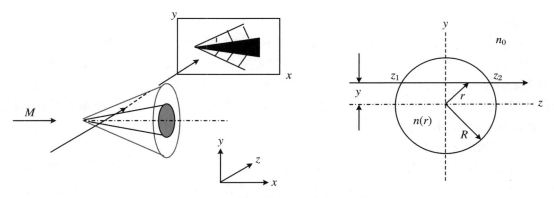

图 8.68　轴对称流场干涉图的计算

$$D(y) = \frac{2}{\lambda} \int_y^R \left[n(r) - n_0 \right] \frac{r\,\mathrm{d}r}{\sqrt{r^2 - y^2}} \tag{8.90}$$

这是函数 $n(r) - n_0$ 的 Abel 变换,它的反演公式是

$$f(r) = n(r) - n_0 = -\frac{\lambda}{\pi} \int_r^R \left[\frac{\mathrm{d}D(y)/\mathrm{d}y}{\sqrt{y^2 - r^2}} \right] \mathrm{d}y \tag{8.91}$$

这个反演公式计算很不方便,下面介绍几种常用的计算轴对称干涉图的方法。

(1) 环带法

将要计算的轴对称区域分为 N 个等宽度 d 的环带(图 8.69),

$$0 = r_0 < r_1 \cdots < r_{\mu-1} < r_\mu < r_{\mu+1} \cdots < r_N = R$$
$$|r_\mu - r_{\mu-1}| = d$$

可以假设每个环带内折射率与 r 呈线性分布、抛物线分布或者为常数,不同的假设会得到不同的结果。比较简单的是认为每个环带内折射率均匀分布,那么第 μ 个环的折射率函数 $f(r) = n(r) - n_0$ 写为

$$f_\mu = n\left(r_{\mu-1} + \frac{d}{2} \right) - n_0 \tag{8.92}$$

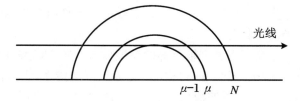

光线

图 8.69　环带法

通过第 μ 个环(坐标为 $r = y_{\mu-1}$)的光线引起的条纹位移是 D_μ,它与 $r > y_{\mu-1}$ 的环有关。(8.90)式写为

$$D_\mu = \frac{1}{\lambda} \int_{r=y_{\mu-1}}^R \left[n(r) - n_0 \right] \frac{\mathrm{d}(r^2)}{\sqrt{r^2 - y^2}} = \frac{1}{\lambda} \left[\int_{r=y_{\mu-1}}^{r=y_\mu} + \int_{r=y_\mu}^{r=y_{\mu+1}} + \cdots + \int_{r=y_{N-1}}^{r=y_N} \right]$$

$$= \frac{1}{\lambda} \sum_{i=\mu}^{N} \left[n\left(r_{i-1} + \frac{d}{2}\right) - n_0 \right] \int_{y_{i-1}}^{y_i} \frac{\mathrm{d}(r^2)}{\sqrt{r^2 - y_{\mu-1}^2}} = \frac{1}{\lambda} \sum_{i=\mu}^{N} \alpha(\mu, i) f_i \tag{8.93}$$

其中

$$\alpha(\mu, i) = \int_{y_{i-1}}^{y_i} \frac{\mathrm{d}(r^2)}{\sqrt{r^2 - y_{\mu-1}^2}} = 2(r^2 - y_{\mu-1}^2)^{1/2} \Big|_{y_{i-1}}^{y_i}$$

$$= 2d\left\{ \left[i^2 - (\mu - 1)^2 \right]^{1/2} - \left[(i-1)^2 - (\mu-1)^2 \right]^{1/2} \right\}$$

(8.93)式写为

$$D_\mu = \frac{1}{\lambda} \left[\alpha(\mu, \mu) f_\mu + \sum_{i=\mu+1}^{N} \alpha(\mu, i) f_i \right] \tag{8.94}$$

得到以下递推公式:

$$f_\mu = \frac{1}{\alpha(\mu, \mu)} \left[\lambda D_\mu - \sum_{i=\mu+1}^{N} \alpha(\mu, i) f_i \right]$$

其中 $\alpha(\mu, \mu) = 2d(2\mu - 1)^{1/2}$, 代入上式得

$$f_\mu = \frac{1}{2d(2\mu - 1)^{1/2}} \left[\lambda D_\mu - \sum_{i=\mu+1}^{N} \alpha(\mu, i) f_i \right] \tag{8.95}$$

(2) Laplace 变换法

条纹函数和折射率的关系是

$$D(y) = \frac{2}{\lambda} \int_y^R \left[n(r) - n_0 \right] \frac{r \mathrm{d} r}{\sqrt{r^2 - y^2}}$$

首先, 用多项式函数逼近条纹函数 D, 并令 $T = 1 - y^2/R^2$ 和 $V = 1 - r^2/R^2$, 有

$$D(y) = D(T) = \sqrt{T} \sum_{j=0}^{\infty} B_j T^j \tag{8.96}$$

积分方程(8.90)改写为

$$D(T) = \frac{1}{\lambda} \int_T^0 \frac{\left[n(V) - n_0 \right](-R^2) \mathrm{d} V}{R \sqrt{T - V}} = \frac{R}{\lambda} \int_0^T \frac{n(V) - n_0}{\sqrt{T - V}} \mathrm{d} V \tag{8.97}$$

令 $f_1 = n(V) - n_0$, $f_2 = \dfrac{1}{T^{1/2}}$, (8.97)式写为 f_1 和 f_2 的卷积, 即

$$D(T) = \frac{R}{\lambda} f_1 \otimes f_2$$

两边做 Laplace 变换, 则有

$$L\{D(T)\} = \frac{R}{\lambda} L\{f_1\} \cdot L\{f_2\} \tag{8.98}$$

函数 f_2 的 Laplace 变换是 $L\{f_2\} = \sqrt{\dfrac{\pi}{s}}$, s 是 Laplace 变量。条纹函数 D 的 Laplace 变换是

$$L\{D(T)\} = G(s) = L\left\{ \sqrt{T} \sum_{j=0}^{\infty} B_j T^j {}_1 \right\} = \sum_{j=0}^{\infty} \frac{(2j+1)!!}{2^{j+1}} \sqrt{\pi} B_j \frac{1}{s^{j+3/2}}$$

从(8.98)式有 $L\{f_1\} = \dfrac{\lambda}{R} \sqrt{\dfrac{s}{\pi}} G(s)$。做 Laplace 逆变换, 得

$$f_1 = \frac{\lambda}{R\sqrt{\pi}} L^{-1}\left\{\sqrt{s} \cdot G(s)\right\} = \frac{\lambda}{2R}\sum_{j=0}^{\infty}\frac{(2j+1)!!}{2^j j!}B_j T^j$$

一般多项式取到 $j=3$ 已足够了。折射率函数写为

$$f_1 = n(V) - n_0 = \frac{\lambda}{2R}\left(B_0 + \frac{3}{2}B_1 T + \frac{15}{8}B_2 T^2 + \frac{35}{16}B_3 T^3\right) \tag{8.99}$$

系数 B_j 由实验数据拟合得到。

5. 轴对称流场剪切干涉图计算

剪切干涉图反映了通过流场相距 d 的两条光线之间的光程差：

$$\Delta l = \int_{z_1}^{z_2}\left[n\left(x,y+\frac{d}{2}\right) - n\left(x,y-\frac{d}{2}\right)\right]\mathrm{d}z = d\int_{z_1}^{z_2}\frac{\partial n(x,y,z)}{\partial y}\mathrm{d}z$$

上式认为差分距离 d 和测量视场相比是小量。条纹函数 D 写为

$$D(y) = \frac{d}{\lambda}\int_{z_1}^{z_2}\frac{\partial n(x,y,z)}{\partial y}\mathrm{d}z \tag{8.100}$$

对于轴对称流场有 $r^2 = y^2 + z^2$。(8.100)式为

$$\frac{1}{y}D(y) = \frac{d}{\lambda}\int_{z_1}^{z_2}\frac{\mathrm{d}n(r)}{\mathrm{d}(r^2)}\frac{\mathrm{d}(r^2)}{\sqrt{r^2 - y^2}} \tag{8.101}$$

(1) 方法一

令 $\bar{D}(y) = \frac{1}{y}D(y)$ 和 $\bar{f}(r) = \frac{\mathrm{d}n(r)}{\mathrm{d}(r^2)}$，上式写为

$$\bar{D}(y) = \frac{d}{\lambda}\int_{z_1}^{z_2}\bar{f}(r)\frac{\mathrm{d}(r^2)}{\sqrt{r^2 - y^2}} \tag{8.102}$$

此式和上面介绍的轴对称干涉图一致，可以用计算轴对称干涉图的方法计算轴对称剪切干涉图。求出 $\mathrm{d}n/\mathrm{d}r$，再积分求出折射率 n 的分布。

(2) 方法二——环带法

考虑两条光线分别从 $y - d/2$ 和 $y + d/2$ 位置穿过轴对称实验区(图 8.70)，两条光线产生的条纹位移函数 D 是

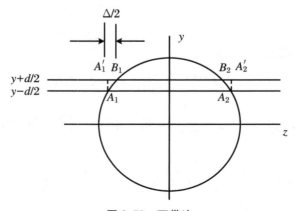

图 8.70 环带法

$$D(y) = \frac{1}{\lambda} \int_{r=y-\frac{d}{2}}^{R} \frac{n(r)\mathrm{d}(r^2)}{\left[r^2 - \left(y - \frac{d}{2} \right)^2 \right]^{1/2}} - \frac{1}{\lambda} \int_{r=y+\frac{d}{2}}^{R} \frac{n(r)\mathrm{d}(r^2)}{\left[r^2 - \left(y + \frac{d}{2} \right)^2 \right]^{1/2}} - \frac{\Delta(y)}{\lambda}$$

$$(8.103)$$

其中有一条光线在折射率均匀区($n_0 = $ 常数)中传播了 Δ 距离,所以

$$\Delta(y) = 2n_0 \left\{ \left[R^2 - \left(y - \frac{d}{2} \right)^2 \right]^{\frac{1}{2}} - \left[R^2 - \left(y + \frac{d}{2} \right)^2 \right]^{\frac{1}{2}} \right\}$$

比较(8.103)式和一般干涉图的(8.102)式可知,(8.103)式中两个积分内容不同,不能直接沿用前面的方法计算轴对称流场的差分干涉图。现在我们仍然运用环带法,将实验区等分为 N 个环,取每个环带的宽度就等于差分干涉仪的差分量 d。在 $r = y_\mu$ 位置的条纹函数 $D(y_\mu)$ 是

$$D(y_\mu) = \frac{1}{\lambda} \int_{r=y_\mu-\frac{d}{2}}^{R} \frac{n(r)\mathrm{d}(r^2)}{\left[r^2 - \left(y_\mu - \frac{d}{2} \right)^2 \right]^{1/2}} - \frac{1}{\lambda} \int_{r=y_\mu+\frac{d}{2}}^{R} \frac{n(r)\mathrm{d}(r^2)}{\left[r^2 - \left(y_\mu + \frac{d}{2} \right)^2 \right]^{1/2}} - \frac{\Delta(y_\mu)}{\lambda}$$

在最外一个环(y_N),上式第二个积分消失。于是可以得出下列递推公式:

$$D(y_\mu) = \frac{1}{\lambda} \int_{r=y_\mu-\frac{d}{2}}^{R} \frac{n(r)\mathrm{d}(r^2)}{\left[r^2 - \left(y_\mu - \frac{d}{2} \right)^2 \right]^{1/2}} - D(y_{\mu+1}) - \frac{\Delta(y_\mu) - \Delta(y_{\mu+1})}{\lambda}$$

$$D(y_{\mu-1}) = \frac{1}{\lambda} \int_{r=y_{\mu-1}-\frac{d}{2}}^{R} \frac{n(r)\mathrm{d}(r^2)}{\left[r^2 - \left(y_{\mu-1} - \frac{d}{2} \right)^2 \right]^{1/2}} - D(y_{\mu+1}) - D(y_\mu) - \frac{\Delta(y_\mu) - \cdots}{\lambda}$$

$$D(y_{\mu-2}) = \cdots$$

$$(8.104)$$

6. 三维流场干涉图的计算

从 8.4.5 节开始我们已经知道,光线沿一个方向穿过三维折射率区,只能获得一张二维干涉图。原则上说,从一张二维干涉图不可能求出三维折射率场,只有当折射率场退化为二维或轴对称时积分方程(8.84)才有解。如果要真正求解三维折射率场,必须获得多个方向的干涉图。理论上说需要沿物体 360°方向拍摄干涉照片,才能获得完整的三维折射率场数据。

图 8.71 表示一个三维位相物体 $n(x,y,z)$ 在 $z = $ 常数的平面(x,y)内的折射率分布,有

$$f(x,y) = n(x,y) - n_0$$

光线传播方向与 x 轴夹角为 θ,在与光线垂直方向获得干涉图 D。用极坐标(r,ψ)表示的折射率分布函数为

$$f(r,\psi) = n(r,\psi) - n_0$$

对每一个 θ 方向条纹位移函数与折射率函数的关系是

$$D(r,\psi) = \frac{1}{\lambda} \int_{-\infty}^{\infty} \int_{-\infty}^{\infty} f(r,\psi) \delta[p - r\sin(\psi - \theta)] \mathrm{d}x\mathrm{d}y \qquad (8.105)$$

这叫 Radon 变换。它的逆变换是

$$f(r,\psi) = \frac{\lambda}{2\pi^2} \int_{-\pi/2}^{\pi/2} \mathrm{d}\theta \int_{-\infty}^{\infty} \frac{(\partial D/\partial p)\mathrm{d}p}{r\sin(\psi-\theta)-p} \tag{8.106}$$

从干涉图计算三维折射率场有两种方法,基于 Radon 变换的数值方法和基于逆 Radon 变换的数值方法。

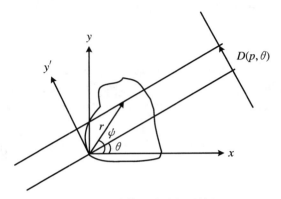

图 8.71 计算三维流场干涉图

(1) 基于 Radon 变换(代数重构技术)

假设在与 z 轴垂直的平面 (x,y) 划分为均匀网格,x 方向分为 $M+1$ 个网格,y 方向分为 $N+1$ 个网格(图 8.72)。网格步长分别为

$$\Delta x = \frac{L_x}{M+1}, \quad \Delta y = \frac{L_y}{N+1}$$

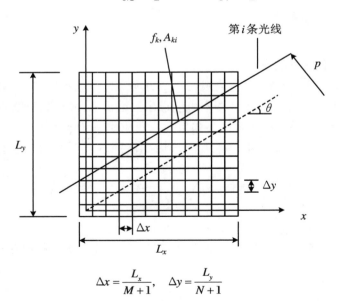

$$\Delta x = \frac{L_x}{M+1}, \quad \Delta y = \frac{L_y}{N+1}$$

图 8.72 代数重构技术

有一条与 x 轴成夹角 θ 的光线(第 i 条光线)穿过实验区,该光线在检测面的坐标由 (p,θ) 确定。假设网格足够小,认为每个网格内折射率均匀。f_k 表示第 k 个(中心点位于 $x=mx$,

$y = ny$）单元格内折射率变化。k 表示对全网格编号，k 与 m，n 关系是

$$k = n(M+1) + (m+1)$$

A_{ki} 表示第 i 条光线在第 k 个单元格截断的长度。$f_k A_{ki}$ 表示第 i 条光线在第 k 个网格内的光程差。由此可以得到第 i 条光线对应的条纹函数 D_i 为

$$\lambda D_i = \sum_{k=1}^{K} A_{ik} f_k \tag{8.107}$$

K 是总网格数，$K = (M+1)(N+1)$。构成 K 个线性代数方程组可写成矩阵形式：

$$\begin{bmatrix} A_{11} & A_{12} & \cdots & A_{1K} \\ A_{21} & A_{22} & \cdots & A_{2K} \\ \vdots & \vdots & & \vdots \\ A_{M1} & A_{M2} & \cdots & A_{MK} \\ \vdots & \vdots & & \vdots \\ A_{K1} & A_{K2} & \cdots & A_{KK} \end{bmatrix} \begin{bmatrix} f_1 \\ f_2 \\ \vdots \\ f_M \\ \vdots \\ f_K \end{bmatrix} = \lambda \begin{bmatrix} D_1 \\ D_2 \\ \vdots \\ D_M \\ \vdots \\ D_K \end{bmatrix} \tag{8.108}$$

其中 A_{ki} 可以用几何方法确定：

$$A_{ki} = \begin{cases} \Delta x \sec\theta, & |b| \leqslant \dfrac{\Delta y - \Delta x |\tan\theta|}{2}, |\tan\theta| \leqslant \dfrac{\Delta y}{\Delta x} \\[2mm] \dfrac{\Delta y \sec\theta}{|\tan\theta|}, & |b| \leqslant \dfrac{\Delta x |\tan\theta| - \Delta y}{2}, |\tan\theta| \leqslant \dfrac{\Delta y}{\Delta x} \\[2mm] \dfrac{\sec\theta}{|\tan\theta|} \left(\dfrac{\Delta x |\tan\theta| + \Delta y}{2} - |b| \right), \\[1mm] \qquad \dfrac{|\Delta y - \Delta x |\tan\theta||}{2} \leqslant |b| \leqslant \dfrac{|\Delta y + \Delta x |\tan\theta||}{2} \\[2mm] \Delta y, & |c| < \dfrac{\Delta x}{2}, |\tan\theta| \to \pm\infty \\[2mm] 0, & |c| > \dfrac{\Delta x}{2}, |\tan\theta| \to \pm\infty \\[2mm] 0, & |b| > \dfrac{\Delta x |\tan\theta| - \Delta y}{2} \end{cases}$$

$$b = p \sec\theta + m\Delta x \tan\theta - n\Delta y$$

$$c = p + m\Delta x$$

　　这种方法的关键是求解代数方程组，由于待求参数与测量参数的数目不同，可以是一个"病态"方程。为了克服病态的影响，求解过程拟采用超量数据方法，使得测量的条纹位移数据个数大于待求折射率变化的个数，从而求解该超定方程组的最小二乘解。

　　（2）基于逆 Radon 变换

　　图 8.73 表示记录三维折射率场干涉图时垂直于 z 轴截面内（$z =$ 常数位置）的光路。n 个等 $\Delta\theta$ 间隔观察，在每个观察角度得到 m 个等间隔 Δp 的采样数据。根据采样定理，$D(p, \theta)$ 拟合为

$$D(p, \theta) = \sum_{m=-\infty}^{\infty} D(m\Delta p, \theta) \operatorname{sinc}\left(\frac{p - m\Delta p}{\Delta p} \right) \tag{8.109}$$

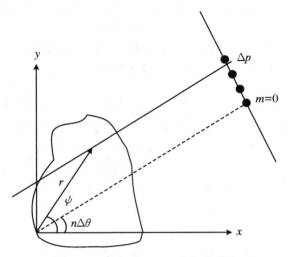

图 8.73　基于逆 Radon 变换的算法

其中 sinc(x)是辛格函数。逆 Radon 变换(8.106)式为

$$f(r,\psi) = \frac{\lambda}{2\pi^2}\int_{-\pi/2}^{\pi/2}\mathrm{d}\theta\int_{-\infty}^{\infty}\frac{(\partial D/\partial p)\mathrm{d}p}{r\sin(\psi-\theta)-p} \tag{8.110}$$

此式中关于 dp 的积分表示为

$$I_1 = \int_{-\infty}^{\infty}\frac{(\partial D/\partial p)\mathrm{d}p}{r\sin(\psi-\theta)-p} = -\sum_{m=-\infty}^{\infty}\frac{1}{\Delta p}D(m\Delta p,\theta)\int_{-\infty}^{\infty}\frac{\dfrac{\mathrm{d}(\mathrm{sinc}\,\xi)}{\mathrm{d}\xi}\mathrm{d}\xi}{\xi-x}$$

其中 $x=(r/\Delta p)\sin(\psi-\theta)-m$ 和 $\xi=\dfrac{p}{\Delta p}-m$。此式中积分为 d(sinc ξ)/dξ 的 Hilbert 变换，其值为 $\pi^2\left(-\mathrm{sinc}\,x+\dfrac{1}{2}\mathrm{sinc}^2\dfrac{1}{2}x\right)$。如果 $\Delta\theta=\pi/N$ 和 $\Delta\psi=\pi/k$，并且 $j=\dfrac{r}{\Delta p}\sin(k\Delta\psi-n\Delta\theta)$是整数，则

$$I_1 = \frac{\pi^2}{\Delta p}\sum_{m=-\infty}^{\infty}D(m\Delta p,n\Delta\theta)\left\{\mathrm{sinc}\,(j-m)-\frac{1}{2}\mathrm{sinc}^2\left[\frac{1}{2}(j-m)\right]\right\}$$

注意到

$$\frac{1}{2}\mathrm{sinc}^2\left[\frac{1}{2}(j-m)\right] = \begin{cases}\dfrac{1}{2}, & j-m=0 \\[2mm] 0, & j-m=\text{偶数} \\[2mm] \dfrac{2}{\pi^2(j-m)}, & j-m=\text{奇数}\end{cases}$$

有

$$I_1 = \frac{\pi^2}{\Delta p}\left\{\frac{1}{2}D(j\Delta p,n\Delta\theta)-\frac{4}{\pi^2}\sum_{m=\text{奇数}}\frac{D[(j+m),n\Delta\theta]}{i^2}\right\},\quad i=j-m$$

$$f(r_0, k\Delta p) = -\frac{\lambda \Delta \theta}{4\Delta p} \sum_{n=1}^{M} \left\{ D(j\Delta p, n\Delta \theta) - \frac{4}{\pi^2} \sum_{i=\text{奇数}} \frac{D\left[(j-i), n\Delta \theta\right]}{i^2} \right\} \quad (8.111)$$

（3）基于 FFT 的算法

在电镜三维重构技术研究中，D. DeRosier 和 A. Klug 提出利用计算机数字图像处理技术进行电子显微图像三维重构测定生物大分子结构的概念和方法。他们提出电镜三维重构思想的数学基础是 Fourier 变换的投影与中央截面定理。

中心截面定理：沿所有平行于直线 $y = x\tan q$ 对 $f(x, y)$ 积分的一维 FFT，等于沿径向线 $v = u\tan(q + p/2)$ 计算的 $f(x, y)$ 的二维 FFT。

如图 8.74 所示，光线沿 x' 轴穿过实验区，与 x 轴成 θ 角。取 $z =$ 常数的一个截面，在垂直 x' 轴方向得到条纹位移函数

$$D(y') = \frac{1}{\lambda} \int_{-\infty}^{\infty} f(x', y')\mathrm{d}x'$$

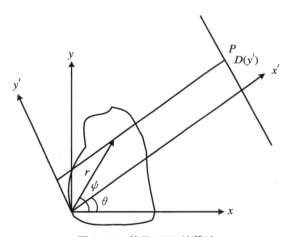

图 8.74　基于 FFT 的算法

条纹函数的一维 Fourier 变换是

$$F(v') = \int_{-\infty}^{\infty} D(y')\exp(\mathrm{j}2\pi v'y')\mathrm{d}y' = \frac{1}{\lambda}\iint f(x', y')\exp(\mathrm{j}2\pi v'y')\mathrm{d}x'\mathrm{d}y' \quad (8.112)$$

和 $f(x, y)$ 的二维 Fourier 变换比较可知

$$F(u, v) = \iint f(x, y)\exp\left[\mathrm{j}2\pi(ux + vy)\right]\mathrm{d}x\mathrm{d}y$$

(8.112)式是 $u' = 0$ 时的 $f(x, y)$ 的二维 Fourier 变换。

将每个方向测得的数据做一维 FFT，就是对应于频域内 θ 方向的二维 FFT。所有方向的一维 FFT 组成 $f(x, y)$ 的二维 FFT 函数 $F(u, v)$，再做 $F(u, v)$ 的逆 FFT，即得原函数 $f(x, y)$。所有 $z =$ 常数截面就构成三维折射率场。

（4）非完全数据再现的困难

三维数据重构技术在医学 CT 诊断、电子显微图像再现方面已经取得了巨大成功。与医学 CT 相比，流体力学中三维折射率场重构有自身的困难。大致如下：

① 不含遮挡物的有限观察角算法

实际流场的谱是无限的,测量中割去高频部分为有限带宽,使图像细节模糊,精度降低。具体算法有级数展开法、sinc 法、网格法、频率平面恢复法、FFT 迭代法。

② 有遮挡物的有限观察角算法

在风洞实验中一般存在模型,模型一般是由不透明材料制作的,因此在记录的干涉图中有相当一部分数据被模型遮挡了。另一方面风洞洞壁使观察角度受到更多限制,进而数据不完整。主要研究方法有迭代卷积法、迭代法。

③ 强折射率场再现

在干涉方法中,我们一直认为光线在流场中是沿直线传播的。但是在本章开始我们就知道光线在折射率不均匀场中会发生偏折,尤其在折射率梯度很大的流场中(如边界层区域)情况会很严重,这方面的研究工作还有待开展。

8.4.6　流动双折射

1. 双折射流体

虽然分子一般都是光学各向异性的,但由于分子的热运动,在静止状态下的溶液都是各向同性的,不表现出宏观的双折射行为。在流动时非圆球对称的分子会在速率梯度场中做旋转运动,它们在各个方向上的转动速率是不同的。对包含大量分子的宏观体系来说,在每一时刻,分子的取向分布就不再是均匀的,因而呈现出宏观的双折射行为,使高分子溶液在流动时会呈现出光学各向异性的现象。马赫和麦克斯韦分别于 1873 年和 1890 年观察到了加拿大香脂和一些黏稠液体的流动双折射(flow birefringence)现象。流动双折射现象也被称为麦克斯韦效应。

我们在 8.4.3 节中已经介绍过晶体的双折射现象。通常流体不具有双折射现象,但是在某些特殊情况流体也会具有双折射性质。比如:① 流体分子本身是无序的,在外界电场或磁场作用下,有可能产生双折射现象(Kerr 效应),例如电流变液、磁流变液等。② 流体在剪切力作用下,发生变形,分子沿剪切方向排列,微团的方向性产生双折射现象。高分子溶液会有这种性质。③ 流体本身是晶体,比如液晶。

具有双折射性质的流体称为双折射流体,这里我们主要讨论第二种情况,常用的液体有 Milling Yellow 水溶液、高分子溶液等。

双折射流体的特点是:① 偏振光线通过时,分为寻常光(o 光)和非常光(e 光);② 光线通过双折射介质时有一个方向不产生双折射现象,即 $n_o = n_e$,此方向为主轴;③ 光线垂直主轴入射时,寻常光和非常光沿同一方向传播,但传播速度不同。其产生的位相差为

$$\delta = 2\pi(n_e - n_o)d/\lambda \tag{8.113}$$

其中 d 是光线通过实验区的物理路程,λ 是光波长。

2. 光学布置

流动双折射实验可以借助光弹仪的光路测量,光路分为两种,如图 8.75 所示。在第一种光路中(图 8.75(a)),以平面偏振光通过实验区。光源发出的光通过透镜 M_1 准直为平行光穿过实验区,实验区前后有两块偏振片。在实验区前方的是起偏镜 P,在实验区后方的是检偏镜(又称分析镜)A。由透镜 M_2 和 L_2 在照相底片 Ph 上获得实验区的像。在第二种光

路中(图 8.75(b)),以圆偏振光通过实验区。在实验区前后各增加了一块 1/4 波片、Q_1 和 Q_2。1/4 波片的快慢轴与偏振器的偏振轴成 45°角。其他光学器件与第一种光路相同。

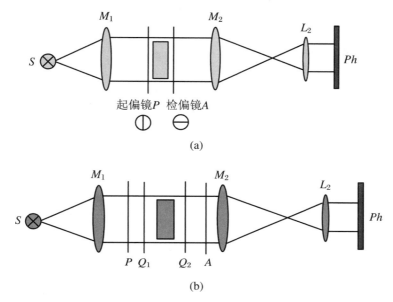

图 8.75　流动双折射实验光路

在第一种光路中,如果起偏镜 P 与分析镜 A 的偏振轴一致时,获得的条纹图案称明场;如果起偏镜 P 与分析镜 A 的偏振轴互相垂直时,称暗场。在第二种光路中,有四种可能的组合:

(1) 两偏振片的偏振轴一致,两 1/4 波片的快轴与快轴重合;获得暗场;

(2) 两偏振片的偏振轴一致,两 1/4 波片的快轴与慢轴重合;获得明场;

(3) 两偏振片的偏振轴互相垂直,两 1/4 波片的快轴与慢轴重合,获得暗场;

(4) 两偏振片的偏振轴互相垂直,两 1/4 波片的快轴与快轴重合,获得明场。

在光弹仪测量中一般习惯采用暗场测量。

3.分析

如图 8.76 所示,光线沿 z 轴方向穿过实验区。光线电矢量表示为 $E\mathrm{e}^{\mathrm{j}\omega t}$,沿 x 和 y 方向分量是 $E_x\mathrm{e}^{\mathrm{j}\omega t}$ 和 $E_y\mathrm{e}^{\mathrm{j}\omega t}$。因为光的振动频率太高,通常测量仪器仅能感受到时间平均量,因此一般分析时可以不考虑时间分量,仅考虑复振幅部分。首先光线通过起偏镜 P 后沿 y 轴方向偏振,偏振光的复振幅表示为 E_y。

假设双折射流体的主轴与 x 轴的角度是 χ(按规定迎光线看逆时针方向为正),主轴与 z 轴所在平面是主截面。进入流场的光线($z=0$),沿主轴方向(x')和垂直主轴方向(y')电矢量分解为 $E_x' = E_y\sin\chi$ 和 $E_y' = E_y\cos\chi$ 两部分。偏振方向垂直于主截面的是 o 光,偏振方向在主截面内的是 e 光。光线在流场中沿同一方向传播,但传播速度不同。当光线离开流场($z=d$)时,沿主轴方向偏振(e 光)和垂直主轴方向偏振(o 光)的光线分量分别是

$$E_\mathrm{o} = E_y' = E_y\cos\chi\exp(\mathrm{j}2\pi n_\mathrm{o}d/\lambda)$$

$$E_\mathrm{e} = E_x' = E_y\sin\chi\exp(\mathrm{j}2\pi n_\mathrm{e}d/\lambda)$$

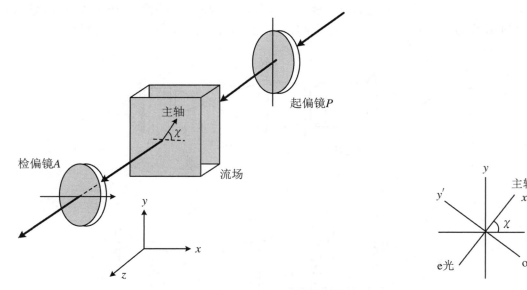

图 8.76　流动双折射分析

光线再经过检偏镜 A，沿 x 轴方向投影，复振幅写为

$$E_A = - E_o \sin \chi + E_e \cos \chi$$

$$= 2E_y \sin 2\chi \left[- \sin \frac{\pi(n_e + n_o)d}{\lambda} \sin \frac{\pi(n_e - n_o)d}{\lambda} + \mathrm{j} \cos \frac{\pi(n_e + n_o)d}{\lambda} \sin \frac{\pi(n_e - n_o)d}{\lambda} \right]$$

光强为

$$I_A = E_A E_A^* = E_y^2 \sin^2 2\chi \sin^2 \frac{\delta}{2} \tag{8.114}$$

其中

$$\delta = 2\pi d(n_e - n_o)/\lambda \tag{8.115}$$

4. 两种条纹

通过检偏镜光线的光强是 $I_A = E_y^2 \sin^2 2\chi \sin^2 \dfrac{\delta}{2}$。当 $I_A = 0$ 时，对应暗条纹。有两种情况会出现暗条纹，即 $\sin 2\chi = 0$ 和 $\sin \delta/2 = 0$，分别称为等倾线和等色线。

等倾线（isoclines）：对应 $\sin 2\chi = 0$，即 $\chi = 0$ 或 $\chi = \pi/2$。条纹与波长无关，是黑白条纹。等倾线与流体剪切力大小无关，仅与主轴方向有关。显然，如果同步旋转起偏镜和检偏镜，等倾线将发生变化；如果起偏镜和检偏镜旋转了 χ 角度，我们得到的等倾线为 χ 角度等倾线，线上各点的主应力方向为 χ 角和 $90° - \chi$ 角。

等色线（isochrimates），对应 $\sin \delta/2 = 0$，即

$$\frac{d(n_e - n_o)}{\lambda} = i, \quad i = 0, 1, 2, \cdots \tag{8.116}$$

等色线与波长有关，如果用白光作为光源，条纹为彩色的。等色线与流体剪切力大小有关。i 称为条纹阶数。条纹的阶数确定以后，可以求出条纹上各点的折射率差。进一步结合下面介绍的光—力学关系才能求出流场应力分布。

在实际接收的光场中二族条纹交织在一起，使得我们很难使用。为此人们发展了圆偏振光光路，它能将等色线分离出来。

5. Jones 矢量和 Jones 矩阵

在光弹力学分析中习惯用 Jones 矢量描述偏振光线，用 Jones 矩阵描述光学元件。

对于平面偏振光，假设偏振方向与 x 轴成 $\pm \theta$ 角，则 Jones 矢量表示为 $\begin{pmatrix} \cos\theta \\ \pm\sin\theta \end{pmatrix}$。因此水平偏振光表示为 $\begin{pmatrix} 1 \\ 0 \end{pmatrix}$，垂直偏振光表示为 $\begin{pmatrix} 0 \\ 1 \end{pmatrix}$。对于椭圆偏振光，Jones 矢量表示为 $\begin{bmatrix} \cos\theta \cdot \mathrm{e}^{-\mathrm{j}\delta/2} \\ \sin\theta \cdot \mathrm{e}^{\mathrm{j}\delta/2} \end{bmatrix}$，其中 δ 为 x 方向和 y 方向的位相差。因此对于右旋圆偏振光，可以表示为 $\dfrac{1}{\sqrt{2}}\begin{pmatrix} -\mathrm{j} \\ 1 \end{pmatrix}$ 或 $\dfrac{1}{\sqrt{2}}\begin{pmatrix} 1 \\ \mathrm{j} \end{pmatrix}$；左旋圆偏振光，可以表示为 $\dfrac{1}{\sqrt{2}}\begin{pmatrix} \mathrm{j} \\ 1 \end{pmatrix}$ 或 $\dfrac{1}{\sqrt{2}}\begin{pmatrix} 1 \\ -\mathrm{j} \end{pmatrix}$。

用 Jones 矩阵描述偏振片时，假设偏振片的偏振轴与 x 轴成 θ 角，则表示为 $\boldsymbol{J}_\theta = \begin{bmatrix} \cos^2\theta & \sin\theta\cos\theta \\ \sin\theta\cos\theta & \sin^2\theta \end{bmatrix}$。因此，偏振轴与 x 轴成 $0°$ 角和 $90°$ 角的偏振片分别表示为 $\boldsymbol{P}_0 = \begin{pmatrix} 1 & 0 \\ 0 & 0 \end{pmatrix}$ 和 $\boldsymbol{P}_{90} = \begin{pmatrix} 0 & 0 \\ 0 & 1 \end{pmatrix}$。

用 Jones 矩阵描述双折射类元器件时，假设双折射介质快轴与 x 轴成 θ 角，二轴出射光波位相差为 δ，则表示为

$$\boldsymbol{J}_\theta = \begin{bmatrix} \mathrm{e}^{\mathrm{j}\delta}\cos^2\theta + \sin^2\theta & (\mathrm{e}^{\mathrm{j}\delta}-1)\sin\theta\cos\theta \\ (\mathrm{e}^{\mathrm{j}\delta}-1)\sin\theta\cos\theta & \mathrm{e}^{\mathrm{j}\delta}\sin^2\theta + \cos^2\theta \end{bmatrix}$$

对于具有双折射性质的流场也可以这样表示。对于 1/4 波片，$\delta = \pi/2$，则表示为

$$\boldsymbol{Q}_\theta = \begin{bmatrix} \mathrm{j}\cos^2\theta + \sin^2\theta & (\mathrm{j}-1)\sin\theta\cos\theta \\ (\mathrm{j}-1)\sin\theta\cos\theta & \mathrm{j}\sin^2\theta + \cos^2\theta \end{bmatrix}$$

如果 1/4 波片快轴与 x 轴成 $45°$ 角，则表示为 $\boldsymbol{Q}_{\pm45} = \dfrac{1}{\sqrt{2}}\begin{pmatrix} 1 & \pm\mathrm{j} \\ \pm\mathrm{j} & 1 \end{pmatrix}$。

6. 用 Jones 矩阵表示流动双折射实验

用 Jones 矩阵表示图 8.75(a) 所示的平面偏振光通过实验区的光路时，按光路中元器件顺序写出以下矩阵：

$$\begin{bmatrix} E'_x \\ E'_y \end{bmatrix} = \boldsymbol{J}_A\boldsymbol{J}_F\boldsymbol{J}_P\boldsymbol{E} = \boldsymbol{J}_A \begin{bmatrix} \mathrm{e}^{\mathrm{j}\delta}\cos^2\chi + \sin^2\chi & (\mathrm{e}^{\mathrm{j}\delta}-1)\sin\chi\cos\chi \\ (\mathrm{e}^{\mathrm{j}\delta}-1)\sin\chi\cos\chi & \mathrm{e}^{\mathrm{j}\delta}\sin^2\chi + \cos^2\chi \end{bmatrix} \begin{pmatrix} 0 \\ 1 \end{pmatrix} E_y$$

$$= \boldsymbol{J}_A \begin{bmatrix} (\mathrm{e}^{\mathrm{j}\delta}-1)\sin\chi\cos\chi \\ \mathrm{e}^{\mathrm{j}\delta}\sin^2\chi + \cos^2\chi \end{bmatrix} E_y$$

其中 $\boldsymbol{J}_A, \boldsymbol{J}_F, \boldsymbol{J}_P$ 分别表示分析镜、流场、起偏镜矩阵，起偏镜的偏振轴沿 y 方向，E_y 为入射光 y 方向分量实振幅。χ 为双折射流体主轴与 x 轴夹角，δ 为 e 光和 o 光通过实验区后的位相差。

如果分析镜 A 的偏振轴与起偏镜 P 垂直（沿 x 方向），则 $\boldsymbol{J}_A = \begin{pmatrix} 1 & 0 \\ 0 & 0 \end{pmatrix}$，获得暗场条纹，

代入上式,得

$$\begin{pmatrix} E'_x \\ E'_y \end{pmatrix} = \begin{pmatrix} (\mathrm{e}^{\mathrm{j}\delta} - 1)\sin \chi \cos \chi \\ 0 \end{pmatrix} E_y$$

光强分布是

$$I = E'_x E'^*_x = E_y^2 \sin^2 2\chi \, \sin^2 \frac{\delta}{2} \tag{8.117}$$

如果分析镜 A 偏振轴与起偏镜 P 一致,沿 y 方向,则 $\boldsymbol{J}_A = \begin{pmatrix} 0 & 0 \\ 0 & 1 \end{pmatrix}$,获得明场条纹,代入上式,得

$$\begin{pmatrix} E'_x \\ E'_y \end{pmatrix} = \begin{pmatrix} 0 \\ \mathrm{e}^{\mathrm{j}\delta} \sin^2 \chi + \cos^2 \chi \end{pmatrix} E_y$$

光强分布是

$$I = E_y^2 \left(1 - \sin^2 \frac{\delta}{2} \sin^2 2\chi \right) \tag{8.118}$$

对于图 8.75(b)所示的圆偏振光通过实验区的光路,用 Jones 矩阵表示为

$$\begin{pmatrix} E'_x \\ E'_y \end{pmatrix} = \boldsymbol{J}_A \boldsymbol{J}_Q \boldsymbol{J}_F \boldsymbol{J}_Q \boldsymbol{J}_P \boldsymbol{E}$$

$$= \boldsymbol{J}_A \frac{1}{\sqrt{2}} \begin{pmatrix} 1 & -\mathrm{j} \\ -\mathrm{j} & 1 \end{pmatrix} \begin{pmatrix} \mathrm{e}^{\mathrm{j}\delta} \cos^2 \chi + \sin^2 \chi & (\mathrm{e}^{\mathrm{j}\delta} - 1)\sin \chi \cos \chi \\ (\mathrm{e}^{\mathrm{j}\delta} - 1)\sin \chi \cos \chi & \mathrm{e}^{\mathrm{j}\delta} \sin^2 \chi + \cos^2 \chi \end{pmatrix} \frac{1}{\sqrt{2}} \begin{pmatrix} 1 & \mathrm{j} \\ \mathrm{j} & 1 \end{pmatrix} \begin{pmatrix} 0 \\ 1 \end{pmatrix} E_y$$

$$= \frac{1}{2} \boldsymbol{J}_A \begin{pmatrix} (\mathrm{e}^{\mathrm{j}\delta} - 1)\mathrm{i}\mathrm{e}^{-\mathrm{j}2\psi} \\ \mathrm{e}^{\mathrm{j}\delta} + 1 \end{pmatrix} E_y$$

如果分析镜 A 偏振轴与起偏镜 P 垂直,沿 x 方向,获得暗场条纹。代入上式,得

$$\begin{pmatrix} E'_x \\ E'_y \end{pmatrix} = \frac{1}{2} \begin{pmatrix} (\mathrm{e}^{\mathrm{j}\delta} - 1)\mathrm{i}\mathrm{e}^{-\mathrm{j}2\chi} \\ 0 \end{pmatrix} E_y$$

光强分布是

$$I = E_y^2 \sin^2 \frac{\delta}{2} \tag{8.119}$$

如果分析镜 A 偏振轴与起偏镜 P 一致,沿 y 方向,获得明场条纹。代入上式,得

$$\begin{pmatrix} E'_x \\ E'_y \end{pmatrix} = \frac{1}{2} \begin{pmatrix} 0 \\ \mathrm{e}^{\mathrm{j}\delta} + 1 \end{pmatrix} E_y$$

光强分布是

$$I = E_y^2 \cos^2 \frac{\delta}{2} \tag{8.120}$$

可见光路中增加 1/4 波片后,以圆偏振光通过实验区,仅得到等色线。而在平面偏振光通过实验区的光路中,等色线与等倾线重合在一起。

7. 光—力学关系

为了解释等倾条纹和等色条纹与流体应力的关系,也就是光—力学关系,需要了解流体产生双折射现象的机理。我们把双折射流体介质分为三类:纯牛顿流体、聚合物溶液和胶状

溶液。

（1）具有牛顿黏性性质的纯流体：对于某些油类和有机液体，如红棕色酒精，在较大剪应变范围内表现为牛顿流体，但具有双折射性质。一般说这类流体的双折射效应较弱，仅适用于光电法逐点测量。这里不予讨论了。

（2）聚合物溶液：绝大多数聚合物溶液都具有双折射现象，并表现为非牛顿流体性质。聚合物一般分子较大，由于分子相互作用将各个分子连接起来形成一个网状整体。当流体受到剪切应力作用时，其响应中起主导作用的不是分子的旋转，而是整体变形，就像橡皮状弹性体一样。网状结构整体变形导致了力学和光学上的各向异性，即产生双折射现象。因此可以认为力学和光学的椭圆主轴是一致的，其关系式为

$$\begin{cases} \tan 2\chi = \dfrac{2\sigma_{21}}{\sigma_{11} - \sigma_{22}} \\ \Delta n \cdot \sin 2\chi = c \cdot \sigma_{21} \end{cases}$$

其中 χ 是等倾线角度，σ_{ij} 是应力分量，Δn 是双折射的折射率差，c 是标定常数。许多聚合物溶液具有黏弹性，在应用上式时需要确定聚合物溶液的延迟时间是否足够短。

（3）胶状溶液：在流动双折射实验中经常使用的双折射流体就是胶状溶液，如 Milling Yellow 水溶液等。这类液体由刚性旋转椭圆体粒子组成，之所以产生双折射，一般认为是刚性棒状分子定向排列的结果。

目前有两种理论可以解释这类液体的双折射现象。第一种是物理化学学家使用的所谓"定向理论"。在一系列假设下，它的最终表达式为

$$\begin{cases} \Delta n = \left(\dfrac{4\pi}{15}\right)\left(\dfrac{Gcb}{\bar{n}}\right)\left(\dfrac{\gamma_{\max}}{D}\right)\left[1 - \left(\dfrac{\gamma_{\max}^2}{18D}\right)^2\left(\sin^2 2\Lambda_0 + \dfrac{6b^2}{35}\right) + o\left(\dfrac{\gamma_{\max}^2}{D^4}\right)\right] \\ \Lambda_0 - \chi = -\sin^2 2\Lambda_0\,\dfrac{\gamma_{\max}}{D}\left[1 - \left(\dfrac{\gamma_{\max}^2}{27D}\right)^2\left(\sin^2 2\Lambda_0 + \dfrac{24b^2}{35}\right) + o\left(\dfrac{\gamma_{\max}^2}{D^4}\right)\right] \end{cases} \tag{8.121}$$

其中 b 是粒子椭圆度，D 是旋转扩散系数，c 是体积浓度，$\gamma_{\max}^2$ 是最大主应变率，G 表示粒子的光学各向异性性质，$\bar{n}$ 是平均折射率，Δn 是折射率之差，χ 和 Λ_0 的含义如图 8.77 所示。

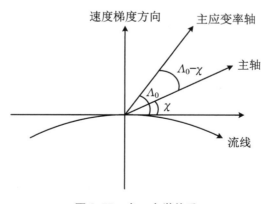

图 8.77　光—力学关系

研究发现（8.121）式对于 Milling Yellow 溶液仅在一定范围内成立。实验证实，液体双

折射程度与液体溶度呈非线性关系,说明粒子的相互作用是不可忽视的。然而在通常流动显示实验中(8.121)式是成立的。该式线化后有

$$\Delta n = C_1 \cdot \gamma_{max}$$
$$\Lambda_0 - \chi = C_2 \cdot \gamma_{max} \sin 2\Lambda_0 \tag{8.122}$$

对于纯剪切流,$\Lambda_0 = 45°$;或者对于剪切流起主导作用的流动,$\Lambda_0 \approx 45°$。所以,可以认为主应变率方向与主轴方向一致。

第二种理论常为实验力学家使用,认为条纹级次与最大剪应变率成比例,等倾线的方向即为主剪应变率的方向。这样流体双折射就与光弹性在原理上是很相似了。即

$$\gamma_{max} = \frac{f}{d} i \tag{8.123}$$

其中 d 是光线通过实验区的厚度,i 是条纹级数,f 是液体条纹值。条纹值 f 可以通过特定的实验标定。

8. 用流动双折射方法定量分析二维流场

用流动双折射方法定量分析二维流场是比较成熟的方法,其基本技术与光弹力学相同,很自然地就把光弹力学中的概念和技巧用于流动双折射测量。

(1) 只用等差线不用等倾线的方法

对于黏性流体有

$$\begin{cases} \sigma_x = 2\mu \dfrac{\partial u}{\partial x} \\[2mm] \sigma_y = 2\mu \dfrac{\partial v}{\partial y} \\[2mm] \tau_{xy} = \mu \left(\dfrac{\partial u}{\partial y} + \dfrac{\partial v}{\partial x} \right) \end{cases} \tag{8.124}$$

其中 $\sigma_x, \sigma_y, \tau_{xy}$ 是黏性流体应力,μ 是动力黏性系数,u, v 是 x, y 方向速度分量。对于任一应力单元体有

$$\tau_{max} = \sqrt{\left(\frac{\sigma_y - \sigma_x}{2} \right)^2 + \tau_{xy}^2} \tag{8.125}$$

对于牛顿流体有 $\tau_{max} = \mu \gamma_{max}$。代入(8.124)式和(8.125)式,有

$$\gamma_{max} = \sqrt{\left(\frac{\partial v}{\partial y} - \frac{\partial u}{\partial x} \right)^2 + \left(\frac{\partial u}{\partial y} + \frac{\partial v}{\partial x} \right)^2} \tag{8.126}$$

对于不可压缩流体引入流函数 Ψ,可推导出

$$\left(\frac{f}{d} i \right)^2 = 4 \left(\frac{\partial^2 \psi}{\partial x \partial y} \right)^2 + \left(\frac{\partial^2 \psi}{\partial x^2} - \frac{\partial^2 \psi}{\partial y^2} \right)^2 \tag{8.127}$$

式中 f, d, i 可由实验测得,这就是关于流函数 ψ 的非线性偏微分方程。求出流函数 ψ 就可求得速度 u, v。在求解过程中,可以首先用三次样条函数插出网格点处的条纹级次,然后用最速降线法求 ψ。

(2) 既用等差线又用等倾线的方法

根据应变率张量理论有

$$\gamma_{xy} = \gamma_{\max} \sin 2\chi = \frac{\partial v}{\partial x} + \frac{\partial u}{\partial y} \qquad (8.128)$$

其中 χ 是主轴与 x 轴夹角。引入流函数 ψ，得

$$\frac{\partial^2 \psi}{\partial x^2} - \frac{\partial^2 \psi}{\partial y^2} = \left(\frac{f}{d}i\right)\sin 2\chi \qquad (8.129)$$

其中 χ 由等倾条纹确定，i 是等色条纹级数，d 是实验区宽度。函数 f 由标定确定。(8.129)式由有限差分方法计算。

图 8.78 表示一个圆柱绕流的流动双折射实验结果。实验段垂直放置，实验介质是 Willing Yellow 水溶液，溶液自下往上流动，圆柱模型放置在实验段中部。图 8.78(a)是圆偏振光通过实验区得到的等色线，图 8.78(b)是用平面偏振光通过实验区得到的等倾线。

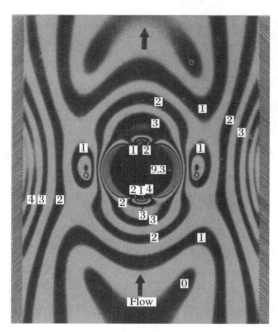
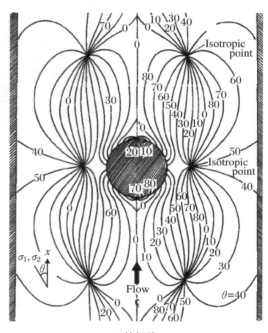

(a) 暗场等色线 　　　　　　　　　　　(b) 等倾线

图 8.78　圆柱绕流的流动双折射实验结果

标定条纹值函数 f 在专门的实验区进行，实验流是两个平行平板间的 Poiseuille 流。图 8.79 是得到的等色条纹。理论上 Poiseuille 流速度分布是抛物线形的，$\gamma_{xy} = \gamma_{\max}$，速度梯度垂直于速度方向并正比于距离 y，应变条纹值 f 为

$$f = \frac{3Q}{2b^3}\frac{\Delta y}{\Delta i}$$

其中 Q 是两板间的流量，$2b$ 是两板间的距离，Δy 是选择的两条纹间的距离，Δi 是选择的两条纹的级数。图 8.79 得到的条纹值是 $f = 1.34\ \mathrm{cm/s \cdot fringes}$。

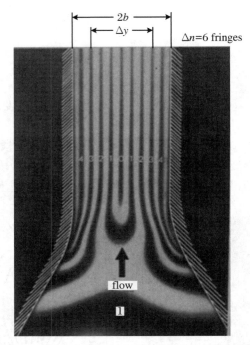

图 8.79　用于校准的两个平行板之间的流动双折射条纹

8.4.7　平面激光诱导荧光

1．基本原理

激光诱导荧光（laser-induced fluorescence，LIF）指在激光激发下，原子中的电子从基态被激发到高能态，通过碰撞回到低能态，发出荧光。LIF 强度 I_{lif} 可表达为（弱激发模式）

$$I_{lif} = cI_{laser}N(p,T)f_{v,J}(T)B_{ik}\Gamma(p,T)\varphi \tag{8.130}$$

其中 c 是与实验装置有关的常数；I_{laser} 是激发激光的强度；$N(p,T)$ 是单个组分的数密度；$f_{v,J}(T)$ 是温度相关的 Boltzmann 分数，给出了初始能级 i 的总数；B_{ik} 是 Einstein B 系数，描述了电子从能级 i 转换到 k 的吸收概率；$\Gamma(p,T)$ 是激发激光和吸收谱线的光谱重叠，最后荧光量子产率 φ 给出了荧光自发辐射速率与松弛过程（辐射和非辐射）总速率的比值：

$$\varphi = \frac{A_{ki}}{\sum_j A_{ki} + Q_k(p,T) + P_k}$$

其中 A_{kj} 是 Einstein A 系数，Q_k 是淬灭速率，P_k 是预离解速率。

最初 LIF 在激光化学领域用于研究化学反应动力学，由于激光聚焦于一点，对激光强度和接受仪器要求不高。当 LIF 用于流体力学研究时，激光被扩展成一个片光照亮一片流场，称为平面激光诱导荧光（plane laser-induced fluorescence，PLIF）。PLIF 提高了对激光强度的要求，同时由于荧光很弱，为了得到清晰的图像，需要相机的灵敏度很高，通常带像增强器。

PLIF 是一种非接触式测量方法，用于测量给定流场区域内流体的浓度或温度变化，也可以像 PIV 一样获得速度信息,或者用于流动显示。

2. 装置图

图 8.80 是 PLIF 的实验装置示意图。激光器发出的激光被柱面镜扩展为片光源照射流场,流场中发出的荧光用 CCD 相机接受。如果流场是瞬变的,则需要采用脉冲激光器。如果采用脉冲激光器,则需要通过延时器和 CCD 相机同步。如果荧光很弱,则需要增加像增强器。根据 PLIF 应用的领域不同(液体、气体、燃烧等),装置的元器件有增减。

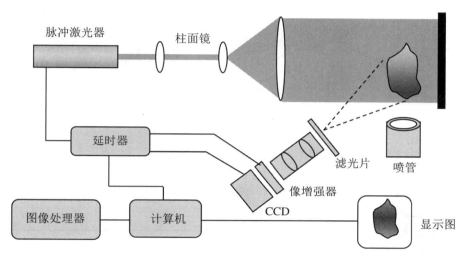

图 8.80　PLIF 实验装置示意图

3. 应用领域分类

PLIF 的应用领域可以分为液体应用、气体应用和燃烧(或温度测量)应用三类。在 PLIF 的应用中首先需要有"稳定"的示踪子,需要这些示踪物质在对应测量时间内能提供不变的定量信息。

在液体应用中示踪物质采用荧光材料,例如罗丹明染料(rhodamine)、荧光染料(fluorescein)等。

在气体应用中可以采用丙酮(acetone)、苯(benzene)、甲苯(toluene)、NO_2 等作为示踪物质。

在燃烧应用中利用燃烧过程的反应物和生成物作为示踪物质。

由于不同示踪物质的吸收谱不同,因此在不同的应用中采用不同的激光器,一般产生的荧光的波长都大于激励激光的波长。下面通过几个例子介绍采用的仪器装置。

4. 例子

(1) 液体应用

图 8.81 表示一个在水槽中测量横向射流的例子。该图表示可以同时进行 PLIF 和 PIV 流场测量。在 PLIF 测量中用荧光染料作为示踪物质,用 Nd∶YAG 激光器作为激励光源,在 PIV 测量中专门注入粒子作为示踪子。测量采用两个相机,一个用于 PLIF 测量,另一个用于 PIV 测量。Nd∶YAG 激光器首先通过倍频器发出波长为 532 nm 的绿色激光片光,照亮流场一个平面。由于用于 PLIF 测量的荧光波长较长,而用于 PIV 测量的粒子散射波长

就是绿光,因此可以用两个相机分别加不同的滤光片同时测量。

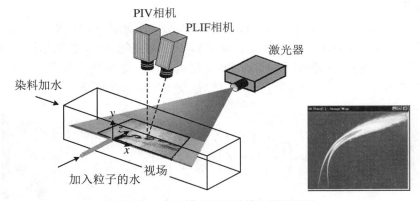

图 8.81　在水槽中进行的横向射流实验

（2）气体应用

图 8.82 表示用 PLIF 方法测量空气射流实验的装置示意图。实验对象是从一个喷管发

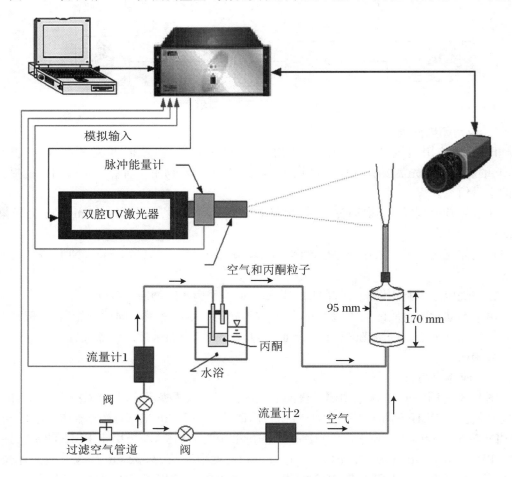

图 8.82　PLIF 方法测量空气射流实验的装置示意图

出的空气射流,用丙酮(acetone)作为 PLIF 示踪物质。双腔 Nd:YAG 激光器作为光源,该激光器倍频(532 nm)时输出的能量为 120 mJ,四倍频(266 nm)时输出的能量为 27 mJ。激光器发出的紫外光形成片光激发丙酮产生荧光。荧光图像由 CCD 相机拍摄,再进入计算机处理。

图 8.83 是在不同流量时测量到的射流 PLIF 图像。图中具体的浓度值是根据事先标定曲线确定的。在实验前需要事先进行标定,将标定值存入计算机程序。标定和实验时每次激光的强度需要准确知道,因此在激光器前方有一个测量激光能量的装置。

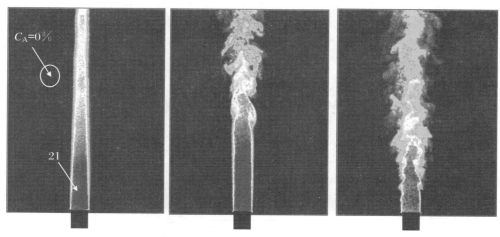

图 8.83　射流 PLIF 图像

如果同时进行 PIV 测量,PIV 信号可采用 532 nm 绿光,而丙酮 PLIF 信号在 350～520 nm 范围。

(3) 燃烧应用

燃烧过程中会产生许多不同的物质,它们可以用作 PLIF 的示踪物。这些物质有不同的光谱特性,因此对用于研究燃烧的 PLIF 激光光源和成像系统有更高的要求。

在燃烧应用研究中大致包括这几个方面:① 燃料混合,通过 PLIF 或 PIV 研究在燃烧前燃料的预混合程度;② 火焰显示,在燃烧过程中利用 OH、CH、HCHO(甲醛)作为示踪物研究火焰的形成(图 8.84);③ 燃烧生成物诊断,通过 PLIF 测量燃烧中生成的 NO、CO 和 CO_2、烟灰(soot)浓度;④ 测量火焰温度,利用 NO 进行 PLIF 温度测量。

图 8.85 是 PLIF 测量系统的示意图。用于燃烧 PLIF 研究的激光器要求激光器发出的激光波长可调谐,因此染料激光器成为燃烧 PLIF 研究的首选。染料激光器需要用其他激光器泵浦(比如 Nd:YAG 激光器),发出的每一个激光脉冲需要用能量计测量脉冲能量。激光由光学元件形成片光照亮流场,PLIF 图像由带有像增强的 CCD 相机拍摄。最后 CCD 图像进入计算机由专门计算软件给出结果。

5. 激光诱导炽光法

在许多实际的燃烧过程(如发电厂和内燃机)中都会产生烟灰,烟灰的形成一直是燃烧研究的一个重要问题。如果没有足够的氧气进行充分氧化,那么碳氢化合物不完全燃烧就会产生烟灰。燃烧产生的烟灰由初级颗粒组成,典型尺寸在 5～100 nm 之间,数百个初级粒子形成聚集体,具有分形结构。

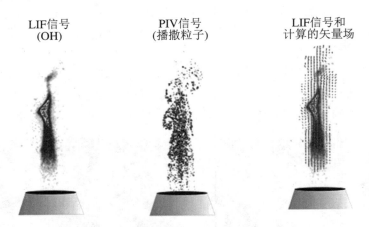

图 8.84　用于燃烧研究的 PLIF 和 PIV 技术

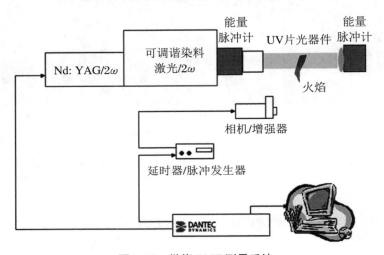

图 8.85　燃烧 PLIF 测量系统

激光诱导炽光(laser-induced incandescence,LII)属于是非接触式测量方法,是一种强大的烟灰诊断工具,主要测量火焰中随时间变化的烟灰颗粒体积分数和主要颗粒尺寸。由强脉冲激光加热粒子产生热辐射引起 LII 信号。和 LIF 不同的是,LIF 信号的波长比激发波长要长(红移),而 LII 信号的波长比激发波长要短(蓝移)。

LII 的测量装置与 LIF 测量类似,激光被扩展成片照亮火焰,用带像增强器和适当滤光片的 CCD 相机拍摄烟灰的二维图像。由于激光加热的烟灰辐射接近黑体辐射,可以通过辐射率进行校正,因此可以选择多种探测波长。实验和理论研究表明,对较长波长的检测可以最大限度地减少颗粒大小和环境气体温度变化的影响。然而,在大多数实际环境中,首选是在 400 nm 附近的蓝光检测,可以更好地区别 LII 信号和火焰光。

用于激发的激光是倍频 Nd:YAG 激光器(532 nm)。为了获得绝对烟灰体积分数,需要对 LII 信号进行校准。因此,LII 的精度受到标定方法精度的强烈影响。

8.5　流动显示技术

流体(包括气体和液体)一般是无色、透明的,通常肉眼无法观察到流动结构。流动显示的是使用某些特种方法使得流动现象可见的方法,是研究流体力学的重要手段。正如本章开始介绍的,流动显示方法可分类如下:光学方法、外加示踪物质法、计算机辅助显示和计算流体结果显示。其中光学方法已经在本章前几节介绍了,下面主要介绍另外几种方法。

8.5.1　外加示踪物质法

外加示踪物质法(addition of foreign materials into flows)是在流体中投入某种示踪物质,在光线的照射下示踪物产生反射或散射光,使得示踪物的运动可以观察到。这种方法的本质是用示踪物的运动代替流体的运动,因此示踪物能否正确反映流体的运动关键在于示踪物质的跟随性(见第 5.4.1 节)。不同示踪粒子的尺寸差别很大,从分子量级到毫米量级。不同直径粒子跟随性不同,光学特性也不同,选择什么示踪粒子决定了使用什么显示方法。另一个需要注意的问题是如何解释流动显示获得的照片。这个问题比较复杂,与粒子投放方式、投放地点有关,也与光源的使用、拍摄曝光时间有关,需要针对具体问题进行分析。外加示踪物质法主要应用范围是显示低速流动现象。

1. 壁面示踪法

(1) 壁面示踪法的分类和应用范围

壁面示踪法(suface tracing method)是将示踪物质涂在物体表面,当流体通过物体时表面留下痕迹。根据示踪物对流体的反应可以将该方法分为力学方法、物理方法、化学方法、电化学方法以及丝线法。具体这些方法进一步的细分以及它们的应用范围请见表 8.4。

表 8.4　壁面示踪法分类

示踪方法			应用范围	
力学方法	油膜法		气,10 m/s～$M=5$	水,0.5～15 m/s
	油点法		气,5 m/s～$M=5$	水,0.5～5 m/s
物理方法	物质移动法	溶解法		水,0.01～4 m/s
		升华法	气,0.1 m/s～$M=2$	
	液晶法		气,水,对温度敏感	
化学方法			气体,0.2～10 m/s	水,0.05～0.1 m/s
电化学法	电解腐蚀法			水,0.01～0.1 m/s
	电解沉淀法			水,0.25～0.1 m/s
丝线法	一般丝线法			
	荧光微丝法		空气	
	流动锥			

（2）力学方法

力学方法包括油流法和油点法。实验前设法在模型表面涂抹一薄层油膜或者规则的油点，实验中依靠流体的力学作用，使得示踪物改变位置或者改变厚度，留下痕迹，显示表面的流动过程。

油流法（又称油膜法）是流动显示中比较常用的方法，是把含有颜料粉末的油料薄薄地涂在模型表面，在水流或者气流的作用下，可以在模型表面留下痕迹。然后根据油流痕迹判读壁面的流动特性以及空间流动结构。油流法最重要的是涂料的配制和流谱的判读。

好的涂料配方应该做到，在流场未达到一定流速时油膜不流动，流动结束时油膜不受回流影响，无毒、无腐蚀作用。一般没有统一的配方可以适应所有的实验条件，需要在实验中摸索最适合现有实验条件的配方。通常配方由三部分组成：载体、指示剂和抗凝剂。载体要求有一定黏性又能被流体带动，通常选各种油作为载体。油的黏性、表面张力、密度都是需要考虑的因素。常用的油有煤油、柴油、机油、硅油、变压器油、真空泵油等。指示剂加入载体中是为了增加图像对比度。因此指示剂要求颗粒细（微米量级）、分散性好、具有鲜明的色彩。常用的指示剂粉末有氧化镁（白色）、二氧化钛（白色）、高岭土（白色）、氧化锌（灰白）、铬酸铅（黄色）、红丹（红色）、灯黑（黑色）、炭黑（黑色），也有用荧光粉作指示剂的。采用抗凝剂是为了用来阻止指示剂结团和调节黏度。常选用油酸、丙酮、石油醚作抗凝剂。

图 8.86 是三角翼模型的油流照片。有关油流流谱的判读后面专门进行介绍。

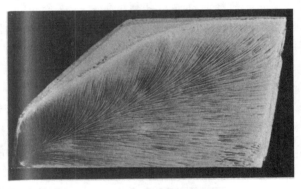

图 8.86 三角翼模型的油流照片

油点法是在模型表面事先布置油漆点，在流体作用下油点拖出一条痕迹，痕迹的长度直接和流体的剪切应力有关。

油流法和油点法实验对流动速度有要求，在液体中做实验时一般流动速度在 0.5 m/s 以上，在气体中做实验时流动速度在 10 m/s 以上直到超声速。

（3）物理方法

物理方法是基于模型表面涂层在流体中升华、蒸发、溶解等过程引起的模型表面变化。在层流和湍流中这些物理过程的强度和速率都不同，因此物理方法可以用于显示转捩等现象。

溶解法是在水中常用的显示方法。模型表面先涂一层黑色油漆，再在黑色油漆面上喷涂一层浅色的涂料。在流体作用下，湍流区域涂料溶解快，模型露出黑色，层流区域涂料溶解慢,模型为白色。常用的涂料材料有乙酰乙酰替苯胺、甲基乙酰苯胺、乙酰苯胺、非那西汀、对苯二酚二乙酸酯和二苯氧代乙醇。常用的溶剂有丙酮、石油醚馏分和苯甲酸。按 4%～5% 比例配置成溶液后用喷枪喷到模型表面,溶剂挥发后在模型表面就形成涂层。涂层厚 5～12 mm,必须是光滑的。模型黑色底层油漆必须是耐腐蚀的、抗丙酮的。

升华法是在空气中采用的显示方法,升华法利用某些物质易从固态直接升华为气态的特性达到显示流动特性的目的。升华法经常用于显示模型边界层转捩,由于湍流边界层内气流脉动速度大,比在层流边界层内物质更易升华,利用这个特点可以显示边界层转捩位置。将易升华物质(如六氯乙烷、萘、联二苯、萘嵌戊烷、对苯二酚、乙醚、芴、冰片)溶化到有机溶剂中(如丙酮、苯、石油醚馏分、二甲苯),再用喷枪均匀涂在模型表面上。准备完成后把模型放入风洞进行吹风实验,需要有一定吹风时间(数分钟)才能形成清楚的分离线图案。

蒸发法是另一种在空气中采用的显示方法。模型表面涂成黑色,然后在模型表面喷涂高岭土悬浮液。高岭土干后,应该用金刚砂细研磨,保证高岭土层光滑。实验前再用挥发性液体喷洒高岭土表面,对于低速流动(100 m/s)用硝基苯,对于高亚声速流动用苯甲酸乙酯、水杨酸甲酯。这样的模型放在气流中时,湍流区域的液体挥发得要比层流区域更快,可以表现出不同的颜色。为了使图案更明显,可以采用偏振光。此方法的优点是高岭土层可以重复使用。

高岭土悬浮液可以采用 100 mL 乙酸丁酯、100 mL 丁醇、50 mL 二甲苯和 100 g 高岭土。

（4）化学方法

在液体(主要是水)中用化学方法显示时,需要在模型表面涂一层化学物质,利用化学试剂和水的作用产生不同的色彩。化学试剂需要和黏合剂混合,常用的黏合剂有油漆、胶水和明胶。黏合剂干燥后,需固化、研磨。常用的化学试剂有铅白-硫酸铵(棕色)、氯化亚汞-氨水(黑色)、碘化钾-硫代硫酸钠(紫)、氯化铁-连本三酚(黑色)。

在空气中用化学方法显示时,一种方法是用 10 g 碳酸铅和 5 mL 水、0.5 mL 甘油制成涂料,用刷子涂在模型表面。实验时在来流中模型表面附近用管道通入硫化氢(由盐酸和硫化碘反应生成),硫化氢和表面涂料反应成黑色。在 25 m/s 流速中,可得到满意的效果。但是这些化学反应是有害的,可以用氯化汞代替碳酸铅,在空气流中加入氨水流过模型表面。这些涂料不能反复使用,再次实验时需要去除原来的涂层。代替的方法是用化学试剂浸透滤纸,贴在模型表面,再次实验可以很容易替换滤纸。

另一种方法是在模型表面涂碘化钾加淀粉,气流中加少量氯气,反应颜色为紫色。涂料配方是 10 g 钛白粉、0.5 g 碘化钾、1 mL 的 1% 淀粉水溶液、0.5 mL 甘油和 1 mL 硫代硫酸钠,混合涂料用刷子涂在模型表面。

其他可用的配方还有苯酚-氨(黄-紫)、奈红-氨(蓝-红)、溴百里酚-氨(黄-蓝)。

（5）电化学方法

电化学方法是在水中的显示方法。这种方法中模型用金属材料制作,作为一个电极,流动介质采用电解液,另一个电极放在电解液中。两个电极间加直流电压后,电极表面会发生变化,根据金属模型是阳极还是阴极不同,在它表面可能释放原子或者沉淀原子,对应于电解腐蚀法和电解沉淀法。

电解腐蚀法中模型表面用锡制作用作阳极,自来水用作电解液,阴极材料不重要。模型表面出现条纹,显示电解液的流动。电解沉淀法中模型用铜作为阴极,电解液配方是 1 L 蒸馏水中加 50 g 的 H_2SO_4 和 150 g 的 $CuSO_4$。电解液中必须加入一定有机化合物,比如 1 L 电解液加 100 mg 聚乙烯吡咯烷酮(PVP),防止在铜模型表面沉淀晶体状结构。

电化学方法适用于低速流动,0.01~0.1 m/s,获得满意图案的显示时间需要数分钟。

(6) 丝线法

丝线法是利用细丝线作为示踪物显示壁面流动的一种古老的方法。在模型表面规则地画出标记,将柔软的丝线一端粘贴在模型表面。在气流吹动下,丝线另一端随风飘动。拍摄丝线的运动方向,确定表面的流动状态。常用的材料有细丝线、尼龙线和细羊毛。丝线不宜太长,应小于预计的流线曲率半径。在层流中,丝线稳定,它的方向就表示流动的方向;在湍流中,丝线有一定不稳定性;在分离流中,丝线剧烈摆动,并有离开表面的趋势。图 8.87 表示用丝线法显示的运输机模型在低速风洞实验时的表面流动状态。

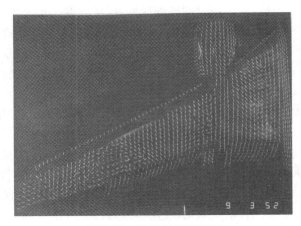

图 8.87 运输机模型显示

丝线法有时也可以用于显示空间流动结构。图 8.88 表示三角翼下游翼尖涡的位置。在低速风洞模型下游某截面处粘贴一张有规则网格的网,在每个网格点上粘一根细丝。在

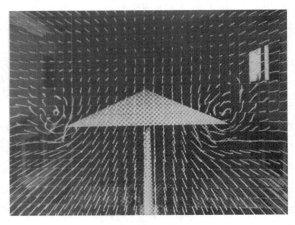

图 8.88 三角翼下游流场显示

网的下游用照相机拍摄丝线的照片。当风洞运行时,三角翼模型产生的翼尖涡诱导网格上的细丝摆动,产生如图所示的图像。从图中可以清楚地看到涡的旋转方向和位置。

荧光微丝是在普通丝线法基础上发展起来的另一种方法。当丝线很细时,平时用照相方法很难拍清楚丝线的运动。荧光微丝是在尼龙丝制作过程中加入荧光物质,实验时用紫外灯照射后,微丝会发出荧光。虽然微丝很细,但是在黑暗背景下丝线发光,仍可以拍摄到清楚的流动图像。荧光微丝比普通丝线细得多,也轻得多,因此跟随性更好。图 8.89(a)是飞机模型在低速风洞实验中用荧光微丝显示的表面照片。

用一根细不锈钢针,在头部粘一根长 30～50 mm 的荧光微丝组成微丝探针。用微丝探针在流场中可以探测空间旋涡的位置和大小,称为"流向锥法"。将微丝探针装在三维坐标架上,在空间移动微丝探针位置。当微丝形成一个对称圆锥时,表示这时探针位于旋涡中心。当微丝形成非对称锥时,表示探针偏离旋涡中心。当微丝不动时,表示探针位于旋涡外侧。以此方法可以在空间确定集中旋涡的位置和大小(图 8.89(b))。

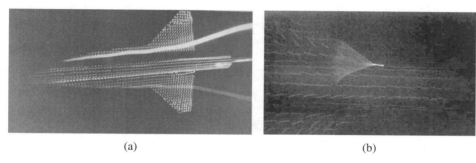

(a)　　　　　　　　　　　　　(b)

图 8.89　荧光微丝

(7) 油流显示的相关理论

油膜法是在模型表面涂一薄层油膜,在流体作用下油膜产生变形达到显示流动图案的目的。那么,油流图案反映的是什么呢？我们可以画出如图 8.90 所示的流动示意图,在模型上方存在速度边界层,假设油膜的厚度小于边界层的厚度,油膜在剪切力驱动下发生变形。油膜的下边界与模型表面接触满足无滑移条件,油膜的上表面与气体接触,油/气的速度应相等。在此种边界条件的限制下,油膜上表面的运动可以写成

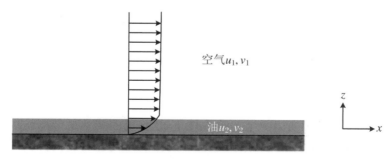

图 8.90　油膜的示意图

$$(u_2)_{z=h} = \lambda\left[-\frac{h^2}{2}\left(\frac{1}{\mu_1}\frac{\partial p}{\partial x}\right) + h\left(\frac{\partial u_1}{\partial z}\right)_{z=h}\right]$$

$$(v_2)_{z=h} = \lambda\left[-\frac{h^2}{2}\left(\frac{1}{\mu_1}\frac{\partial p}{\partial x}\right) + h\left(\frac{\partial v_1}{\partial z}\right)_{z=h}\right]$$

(8.131)

其中 h 是油膜厚度, u, v 分别是 x, y 方向的速度分量(z 轴垂直于物面), 下标 1, 2 分别表示空气和油膜, λ 是气体与液体黏性系数的比值, μ 是黏性系数, p 是边界层外流的压力。

当在壁面切线方向上的压力梯度远小于沿壁面法线方向上的气体速度梯度时 ($\partial p/\partial x \ll \partial u/\partial z\cdots$), (8.131)式中的压力梯度项可以忽略。从而油膜表面的运动可以直接反映出气体剪切力的方向。即

$$\frac{\mathrm{d}y}{\mathrm{d}x} = \frac{v_2}{u_2} \approx \frac{(\partial v_1/\partial z)_{z=0}}{(\partial u_1/\partial z)_{z=0}} = \frac{\tau_{yw}}{\tau_{xw}}$$

(8.132)

(8.132)式说明当压力沿模型表面切向的梯度相比于速度梯度可以忽略时, 油膜的流线与当地的剪切力相切。但是当压力沿模型表面切向的梯度相比于速度梯度不可以忽略时, 油膜的流线就不能够严格地与当地的剪切力相切。

$$\frac{\mathrm{d}y}{\mathrm{d}x} = \frac{(\partial v_1/\partial z)_{z=0} + \mu_1^{-1}(\partial p/\partial y)\left(\frac{1}{2}z - h\right)}{(\partial u_1/\partial z)_{z=0} + \mu_1^{-1}(\partial p/\partial x)\left(\frac{1}{2}z - h\right)}$$

例如, 在分离区域, 考虑到速度沿模型表面法向的速度梯度为零, 导致剪切力为零, 此时油膜的运动将完全依赖于压力梯度的影响。所以, 应用油流法进行流场显示不能够精确地刻画出分离点的位置。但是利用油流法捕捉到的分离位置与实际情况的差别不大, 其仍可以作为一种有效的手段来捕捉分离位置。

当我们得到一幅质量较高的油流谱时, 就可以来分析油流谱的结果, 从而得到模型周围流场的流动特性。在分析油流谱时, 我们经常用到油流谱奇点的相平面理论。首先介绍一下奇点的概念, 我们知道油流谱是油层中油墨微团的流线(对于定常流动), 它代表的是边界层表面剪切力的方向。在油膜上任何一点应当只有一条方向确定的流线, 流线不能相交。但是对于油膜上表面剪切力为零的点, 流线可以存在多个方向, 且流线可以在该点相交。这样的点我们称作奇点。

利用相平面理论分析, 我们可以将这样的奇点分成三大类。分别是分离(再附)结点、分离(再附)焦点和鞍点。

图 8.91(a)给出了分离结点的流谱, 在分离点周围质点的流动方向都指向分离点。因此, 油膜在剪切力的驱动下, 将会逐渐向剪切力为零的分离点运动并且堆积, 如果油流实验中用的示踪粒子是钛白粉, 那么最终在分离点的位置上会有一个明显的白点生成。通常情况下分离点不会单独存在, 而是集中在一条曲线上, 这样的曲线就是分离线。同样在分离线上气体运动的剪切力为零, 在分离线的两边质点的流动方向都将指向分离线。图 8.91(b)给出了一张从实验中得到的分离线的油流照片, 可以清楚地看到一条由白色示踪粒子聚集而成的线, 且白线两边的流动都指向这条线。

再附结点的流谱与图 8.91(a)相似只是流动的方向相反。由于在剪切力为零的再附结

点周围油墨的流动是背离该点的,所以和分离结点对比,在再附结点上不会产生油墨的堆积。而对于再附线,再附线两边质点的流动方向都是背离分离线的。图 8.92(b)给出了从实验中得到的一张再附线的油流显示照片,黑线所示位置即是再附线的位置,由于再附线两边质点的流动方向都是背离再附线的,所以再附线上没有示踪粒子的堆积,我们只有通过判读两侧的质点的运动才能够判定再附线的位置。

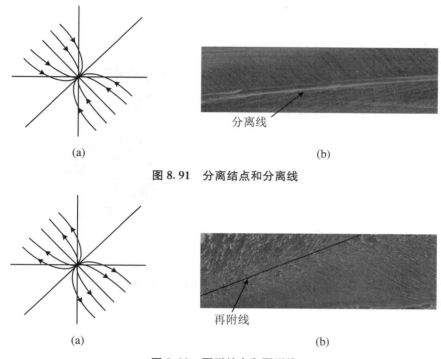

图 8.91　分离结点和分离线

图 8.92　再附结点和再附线

图 8.93(a)给出了螺旋点的流谱,图 8.93(b)给出了实验中得到的一张关于螺旋点的油流显示结果。可以看到示踪粒子在箭头所示位置聚集,并旋成涡旋状。对于螺旋点也可以

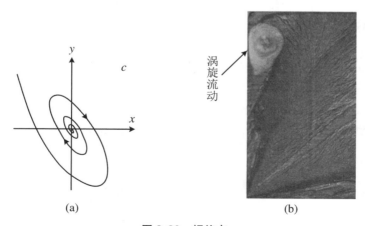

图 8.93　螺旋点

分为分离螺旋点和再附螺旋点。对于分离螺旋点,周围的质点将向螺旋点流动,造成油墨在螺旋点附近的堆积。图8.93(b)便是一个分离螺旋点。而对于再附螺旋点,周围的质点都背离螺旋点流动,所以对于再附螺旋点我们将无法看到油墨的堆积。

图8.94(a)给出了鞍点的流谱,鞍点附近的流动类似于平板射流问题,两股相向的流动(a,a')在O点汇集,并在O点发生分叉向两个背离的方向流动(b,b')。图8.94(b)给出了实验中得到的一张关于鞍点的油流显示结果,图中箭头所示位置即是一个鞍点的位置。两股迎面的流动在鞍点处发生碰撞,在鞍点处流体质点的速度为零表面剪切力为零。从而我们可以在鞍点处看到有一块菱形的未改变的白色油墨停留在该点。

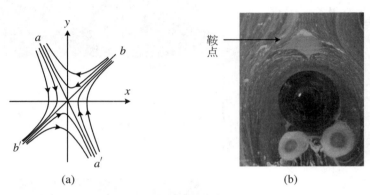

(a)   (b)

图8.94 鞍点

油流实验中物面流场奇点的数目、类型和分布情况随来流条件、模型形状和攻角不同而变化,形成千变万化的油流谱。对流谱中奇点的分布和组合规律可借助拓扑学进行分析。下面从实用角度出发给出油流谱分析中奇点分布和组合的几条规律。

(1) 油流谱中存在一个或一个以上的分离结点和再附结点。

(2) 同类型结点或螺旋点不能互相连接。同类型指同为分离结点(或螺旋点)或者同为再附结点(或螺旋点)。

(3) 整个物面(指单连通物面)油流谱中的结点加上螺旋点总数比鞍点总数多2。

(4) 油流谱中出现分离螺旋点必然伴随着一个或多个响应的鞍点,而且从鞍点发出的一条摩擦力线将进入分离螺旋点,这条线通常是分离线。

2. 注入法

注入法(injection)是常用的一种显示流场的方法,既适用于液体也适用于气体。由于流体一般是无色透明的,在流场中加入示踪物质的目的是使流动变得可见,图案清楚。因而注入法就要求示踪物质具有好的跟随性,低扩散性,照相反差大,对流场扰动小等。用注入法显示非定常流场时需要注意图片的判读、流线、迹线和脉线的区别。

(1) 液体中

① 染色线法

染色线法是在液体实验中常用的注入方法,将预先配置好的彩液用导管从模型特定位置注入流场,再用照相机或摄像机拍摄流场照片。彩液的配制方法一般是,用食用色素溶于水中,加入牛奶或白色乳胶,再加入适量酒精。添加牛奶或白色乳胶的目的是利用它们的不透光性,提高照片的反差,加酒精的目的是调整彩液的密度,使其与水相近。配制好的彩液装入容器内,通过细塑料管和针头注入水流中。在染色线法中注入彩液针头的位置需要仔细安排,不同的注入方式可以获得不同效果的流场图案。

为了得到好的照片需要十分注意灯光的选择和布置。可以采用全场照明,也可以采用片光照明。光源可以用激光,也可以用舞台灯。用激光便于产生片光,照明效果好。用白光光源可以获得漂亮的彩色照片。一般照相时背景呈黑色,反差效果好。图 8.95(a)是在水洞中用彩液显示的机翼模型的流场照片,彩液从上游排管规则小孔中流出。图 8.95(b)是水洞中大攻角细长体模型背风面的体涡照片,彩液从弹体侧面小孔以稍高的压力流出。

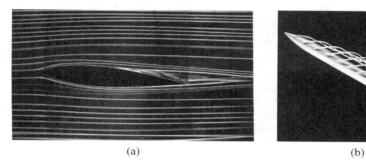

(a)　　　　　　　　　　　　(b)

图 8.95　水洞中用染色线法得到的照片

② 悬浮粒子(铝粉、镁粉、玻璃珠)

在液体中撒入微米级的悬浮粒子,在片光照射下可以清楚地看到很亮的粒子运动轨迹。常用的粒子有微米尺寸的铝粉、镁粉和玻璃微珠。特别地,现在可以买到表面镀银的空心玻璃微珠,它们密度和水相近,反光也很好。这种玻璃珠在 PIV 实验中常用到。图 8.96(a)是用铝粉显示的隔板前后分离流场的旋涡。图 8.96(b)是用玻璃珠显示的振动圆柱周围的流场结构。

(a)　　　　　　　　　　　　(b)

图 8.96　水洞中用悬浮粒子得到的照片

③ 电解沉淀

在壁面示踪法中已经介绍了电解沉淀法的原理。图 8.97 是用电解沉淀法拍摄的圆柱下游卡门涡街照片。直径为 1 cm 的圆柱放在速度为 1.4 cm/s 水流中($Re = 140$),电解沉淀形成的示踪粒子随水流向下游流动,在片光照亮下,获得清晰的涡街照片。

图 8.97　水洞中电解沉淀法拍摄的涡街照片

④ 空气泡法

空气泡法是在水中常用的流动显示方法。微小的空气泡在水中跟随性很好,在光线照射下十分明亮,是在水中进行流动显示的一种好的示踪物质。

空气泡的制作方法有两种,一种方法是在一个容器中把高压空气通入水中,产生大量气泡。等待一段时间,大的气泡很快飘到水面上,小的气泡可以在水中保留一段较长的时间。在气泡大小和气泡量合适时把容器内气泡通入水洞中做实验。另一种方法是在容器中加入发泡剂(如洗衣液、十二烷基硫酸钠等),搅拌后可产生大量气泡。搁置一段时间,等待大气泡浮上水面消失后,将含有大量微小气泡的水倒入实验水洞中。

实验时采用片光照明,由于空气泡十分细小,显示的图像细节很清晰。适当控制曝光时间,可以得到不同效果的实验照片。较长的曝光时间可以得到连续的流线图;曝光时间短,每个气泡运动的距离短,得到的图像是间断的线段,条件合适时可以用来判断流场的速度分布。

图 8.98 是两张空气泡做示踪物的照片。其中图 8.98(a) 是层流边界层从曲壁的分离照片。边界层从壁面开始弯曲处分离,在分离点上游边界层呈一条黑线,分离后一段距离保持层流状态,然后变得不稳定称为湍流状态。图 8.98(b) 是 $Re = 2000$ 时的圆柱尾流照片,在这个 Re 数,圆柱前半部是层流边界层,然后分离,破碎成湍流尾迹。随 Re 数增加,分离点前移。

⑤ 氢气泡法

氢气泡法也是在水中进行流动显示常用的方法。如图 8.99(a) 所示,利用水可以电解的特点,在水中用一根细金属丝作为阴极,放在流场上游。在下游放一个阳极板(没有特别要求)。在电极两端加直流电压,即可在阴极产生氢气泡。在阴极细丝上产生的氢气泡,随水流流向下游,作为示踪物质,在光片照射下氢气泡很亮,作为示踪物质非常清晰。氢气泡的大小与金属细丝的直径有关,一般希望用微米量级的金属丝,但是金属丝太细强度低,在水流冲刷下易折断。

适当控制电压和丝,可以产生不同的流动图案,甚至可以进行定量测量。如图 8.99(b) 所示,当电极两端加直流电压时,细丝上连续地产生气泡,在片光照射下形成一片白色。当

(a) 层流边界层从曲壁分离(Re=20000)

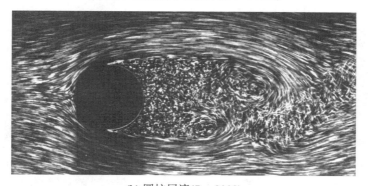

(b) 圆柱尾流(Re=2000)

图 8.98　空气泡法获得的照片

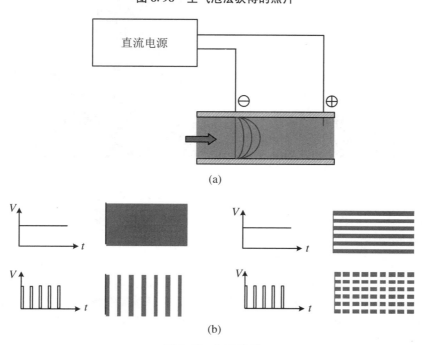

图 8.99　氢气泡法

电极两端加周期性脉冲电压时,细丝下游产生周期性等间距的条纹,条纹的宽度由脉冲的占空比决定。如果在细丝上等间隔地涂上绝缘漆,当加直流电压时,细丝下游产生等间距的连续条纹。当加脉冲电压时下游产生格状条纹。采用不同的方法可以得到效果不一样的流动图案。

图 8.100(a)是凹壁上方边界层流动的二次不稳定性照片。流动从左向右,氢气泡从上游垂直壁面的金属丝发出,可以看出来流的速度分布(称为"时间线")。在凹壁上方非定常边界层中的 Taylor-Gortler 涡之间的流向区域观察到三维 Tollmien-Schlichting 不稳定。图 8.100(b)是圆柱下游起动涡的氢气泡照片。图 8.100(c)是在收缩管道内的流动照片。这两张照片中显示的氢气泡图案称为"联合时间线和脉线",每个方块的面积在定常不可压流动中保持不变(代表流量)。

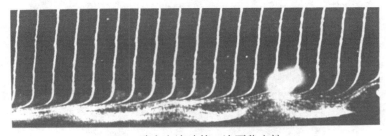

(a) 凹壁上方流动的二次不稳定性

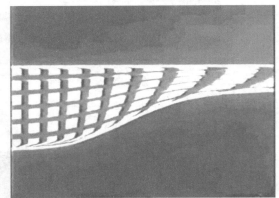

(b) 圆柱起动涡　　　　　　　　　(c) 收缩管道内流动

图 8.100　氢气泡法显示的流动图案

(2) 空气中

① 烟流法

烟流法是风洞实验中一种常用的显示方法,专门用于做烟流实验的风洞叫作烟风洞。在风洞外设计制作一个发烟装置,通过管道把烟送入烟耙。烟耙由一排细管子等间距并行排列组成,垂直于来流放在实验段上游。烟耙横截面应该呈流线形,减少扰动。在定常流场中烟线代表流线。发烟装置中装有加热的电阻丝和输送烟的风扇,一般用矿物油作为发烟的燃料,油加热后发出烟,经管道送入烟耙。

图 8.101(a)是一张在烟风洞中拍摄的翼型绕流的烟流照片。图 8.101(b)是用另一种

产生烟的方法,显示的机翼尾流的照片。在模型表面涂上四氯化钛（$TiCl_4$）。室温下,四氯化钛为无色液体,在空气中生成二氧化钛固体和盐酸液滴的混合物,片光照射下表现为白色的烟。图中可以看见层流边界层在机翼后缘分离,形成尾流。

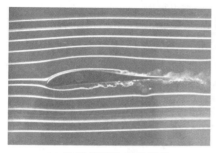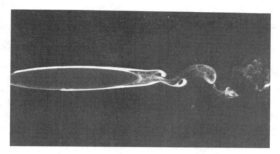

(a) 机翼模型的烟流照片　　　　　　　(b) 四氯化钛显示的尾流照片

图 8.101　烟流法的照片

② 烟丝法

烟流法一般显示的流线较粗、较稀,为了显示更精细的流动照片,发展了烟丝法。烟丝法是在风洞实验段上游垂直来流方向拉一根金属丝,金属丝需张紧。细丝上刷一层液状石蜡(或甘油、煤油),由于表面张力作用,油在细丝上形成细小的油珠。在金属丝两端通脉冲电流,油加热后发出的烟顺气流流入流场作为示踪用。金属细丝的直径一般为 0.1 mm,形成的油珠直径也很小。因而,烟丝法形成的烟线十分精细,显示的照片细节很清楚。但是烟丝法的发烟量小,时间短,照相时需要将发烟电源、照明灯及相机快门同步运行。条件许可也可以用高速摄影机拍摄。

图 8.102 表示了用烟丝法拍摄的照片。其中图 8.102(a)是两个涡环“蛙跳”的照片。左方是一个 8 cm 直径的喷管,活塞在管内向左运动,使得气流从管口喷出,在管口外形成向左运动的涡环。金属丝附着在管口,在片光照射下涡环清晰可见。当活塞相继运动两次时,形成两个相继向左运动的涡环。后面的涡环在前面涡环诱导下运动得比前面的涡环快,从前

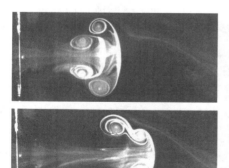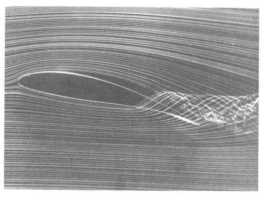

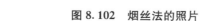

(a)　　　　　　　　　　　　(b)

图 8.102　烟丝法的照片

一个涡环中心穿过。然后上述现象重复发生,称为"蛙跳"。图 8.102(b)是一张用烟丝法拍摄的机翼绕流照片。

③ 蒸汽屏法

蒸汽屏技术是用于高速风洞流动显示的一种方法,它的基本原理是利用湿空气在低温时会凝结成小雾滴的现象进行流动显示。用片光照射时雾滴非常明亮,作为示踪物质十分理想。在回流式高速风洞中可在实验段下游喷入水,水很快蒸发后使得空气中湿度增大,在直流式风洞中可在喷管上游喷入水雾。在喷管喉道下游气流静温急剧下降,在气流中形成雾滴。在实验段中垂直气流方向用片光照射,可显示某一截面内的旋涡、激波等。

在正常高速风洞中一般气流需事先干燥,以免在实验中发生凝结现象。因此,在高速风洞中进行蒸汽屏实验对流场性质是有影响的。文献中认为当 $M<1.5$ 时影响不明显,$M>1.5$ 后有明显影响。改进的方法可以使用高功率激光作光源,可以减少注水量,从而降低凝结的影响。也可以用蒸发潜热低的物质做实验(如四氯化碳),影响比用水小得多。

④ 火花示踪法

火花示踪法不是一种常用的流动显示方法。火花示踪法的原理是利用在空气中产生的电火花作为示踪物。因此,此方法需要有一个产生高频高压电脉冲的装置(图 8.103(a))。当空气被击穿后,产生的电弧随气流一起向下游运动,可以得到火花示踪的流场照片。图 8.103(b)表示在均匀流、管流等不同情况时电极的布置。图 8.103(c)是一张用火花示踪法显示的圆球绕流照片。

(3) 流线、迹线、脉线和时间线

在注入法流动显示中人们看到一张张漂亮三维照片会问它们显示的图像代表什么。在回答这个问题前我们需要先了解在流体力学中定义的流线、迹线、脉线和时间线的概念。

流线(stream line)是某一相同时刻在流场中画出的一条空间曲线,在该曲线上的所有质点的速度矢量均与这条曲线相切。流线是一种用欧拉观点描述流动的方法。

迹线(path line)是单个流体质点在空间运动时的流动轨迹线。它的切线给出同一流体质点在不同时刻的速度方向。迹线是一种用拉格朗日观点描述流动的方法。

脉线(streak line)是在某一时间间隔内相继经过空间一固定点的流体质点依次串联起来而成的曲线。在流动显示中,从流场某一固定点不断向流体内输入示踪物质,这些示踪质点在流场中构成的曲线即为脉线。

时间线(time line)是由一系列相邻流体质点在不同瞬时组成的曲线。某一时刻沿一垂直于流动方向的直线同时释放许多小粒子,这些粒子在不同时刻组成的线就是时间线。

在流体力学教科书中都能找到流线和迹线的方程表达式。在流体力学实验中应该知道的是流动显示照片中代表的是什么线。

首先看一个在收缩管道内用氢气泡做的实验。阴极金属丝垂直安装在管道入口,如果金属丝上受到周期性脉冲电压,这时获得的流场照片中得到一条条平行的线条(图 8.104(a)),这些线条是由同一时刻从金属丝上发出的氢气泡做成的。这些氢气泡随水流向下游流动,我们称它们为"时间线"。当阴极金属丝等间隔地涂上绝缘漆时,同时加周期性脉冲电压,就得到如图 8.104(b)所示的图案,我们称它们为"联合时间线和脉线"。每一个小方块代表了流量的大小,它们的面积在流动过程中保持不变。

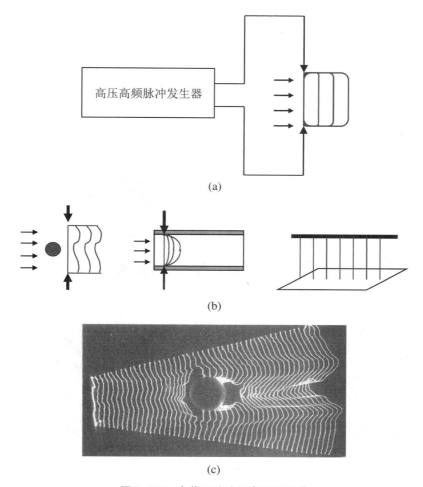

图 8.103　火花示踪法示意图和照片

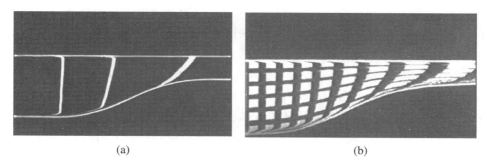

图 8.104　时间线以及联合时间和脉线

我们知道对于定常流场,脉线就是迹线,同时也就是流线,三者是重合的。而对于非定常流场,三者各不相同。下面我们通过一个例子来进一步说明这个问题。

图 8.105 表示在均匀在来流中一个周期性旋转摆动的平板。图 8.105(a)表示在某一时刻流场中一个粒子运动的轨迹,也就是这个粒子的迹线。图 8.105(b)表示在平板振动不同位相时刻从同一地点出发的粒子迹线,表明在非定常流动中同一地点不同时刻出发的粒子迹线是不同的。图 8.105(c)表示流场中的迹线和脉线,即使从同一点发出的粒子的脉线也是和迹线不一样的。迹线是单个粒子随时间运动的轨迹,而脉线是不同时刻通过一点的粒子留下的轨迹。图 8.195(d)表示某一时刻流场中的流线。在非定常流场中,不同时刻流场的流线是不同的。

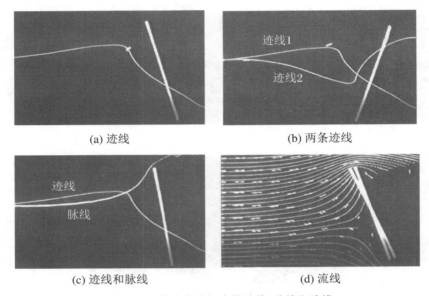

(a) 迹线   (b) 两条迹线

(c) 迹线和脉线   (d) 流线

图 8.105   非定常流场中的流线、迹线和脉线

8.5.2   计算机辅助显示

与计算机有关的流动显示包括两部分:一种是用各种传感器测量流场物理量后,通过计算机用图像处理的方法把流场参数直观地显示出来;另一种是计算流体力学(CFD)的后处理方法,把 CFD 的大量数据用图像直观显示出来(见 8.5.3 节)。

这里的计算机辅助显示(computer-aided flow visualization)指在流体力学实验中测量的各种物理量借助计算机显示为流动图像。作为一个例子,图 8.106(a)表示在风洞中用风速管进行机翼模型尾流测量实验。风速管安装在一个三维坐标架上,在模型下游某个截面内扫描测量各点气流速度。坐标架的移动、位置以及气流速度数据都由计算机控制。计算机将采集的数据用图像的方式显示出来,而不是简单地用表格或曲线表示。图 8.106(b)是在风洞中用风速管测量的机翼尾流中的速度分布。图 8.106(c)是用风速管测量的三角翼背风面不同截面内的速度分布图。

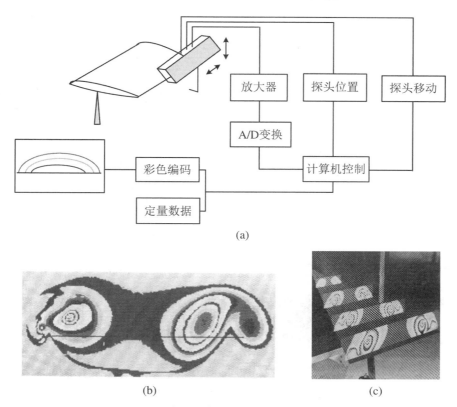

(a)

(b)　　　　　　　　　　　　　(c)

图 8.106　在风洞中测量机翼流场内速度分布

8.5.3　计算流体力学结果显示

　　近年来随着计算机技术的高速发展,计算流体力学(CFD)在流体力学研究中发挥了越来越重要的作用。如何把 CFD 的数据表现出来,如何更科学地分析 CFD 的结果,成为一项十分重要的工作。通过图像处理方法展现 CFD 计算结果,既直观形象,又易于与实验结果比较,已成为 CFD 后处理的重要部分,也成为流动显示方法中的重要组成部分。这里我们通过一些具体例子介绍 CFD 流动显示的内容。

1. 可压缩流场中各种波的显示

(1)用等压力线或等密度线显示可压缩流场

　　在可压缩流场中不可避免地会出现激波、膨胀波以及滑移线等。最直接的方法是用等压力线或者等密度线来显示激波和膨胀波等现象。为了显示滑移面(或接触面),用等密度线更好。图 8.107 显示的是二维劈在 $M=5$ 的超声速流场中出现激波规则反射和马赫反射现象的计算结果,计算采用了高阶有限体积 MUSCL TVD 格式模拟了无黏欧拉方程。图中可以清楚地看出激波、膨胀波和滑移线的位置。

(2)用阴影图、纹影图和干涉图表示密度场

　　对于 CFD 计算结果,特别是对于可压缩流动的计算结果,根据阴影法、纹影法和干涉法

原理将计算结果中的密度场通过阴影图、纹影图和干涉图表示出来,可以方便地与实验结果比较。

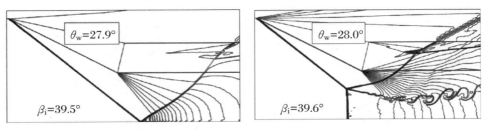

图 8.107　二维劈头激波在平面反射的数值结果

图 8.108 是用纹影方法表示的在 $M=4$ 流场中两个斜激波在空间相遇产生规则反射和马赫反射现象的数值结果。

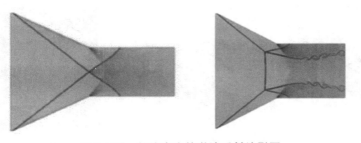

图 8.108　数值产生的激波反射纹影图

为了进一步介绍可压缩流场计算结果如何用干涉图表示,下面我们通过一个例子具体讲解如何实现用干涉图显示。

例　*一个半锥角 $\delta=15°$ 尖锥放在 $M=3$ 的超声速流场中,攻角 $\alpha=0°$。画出周围的流场干涉图。*

假设通过 CFD 已经求出圆锥周围的密度分布。这是一个轴对称密度场,轴对称的锥形激波把流场分为两部分,激波外是均匀流场(密度是常数),激波内是轴对称流场(密度是半径 r 的函数),整个流场是自相似的(密度是 r/x 的函数)。

为了用干涉图表示密度场,用一个矩阵阵列模拟条纹图,算出阵列中每一点的条纹级数,进而求出每一点的相对光强。矩阵阵列中的点可分为三个区域:

① 激波波前区

这是均匀区,对于无限条纹干涉图其条纹级数为零,相对光强为 1。对于有限条纹干涉图,其条纹级数有一个仅与位置有关的附加值,相对光强取决于条纹级数。

② 圆锥模型区

该区域是不透明区域,相对光强始终为零。

③ 激波波后区

这是激波与模型之间的区域,也是计算的主要区域,需要单独加以计算。分为有限条纹与无限条纹两种情况。对于无限条纹干涉图,条纹级数只来源于气体密度变化。对于有限条纹干涉图,条纹级数来源于两个方面:一个仅与点的位置有关的附加值;气体密度变化导致的增值。

下面介绍用环带法求激波波后区的光程差(图8.109(a))。首先根据每一点的位置确定光线通过激波波后区域的路径。将流场分为 n 等分环带,用插值方法算出每一环带中点位置的气体密度作为该环带的平均密度,用该密度减去波前密度乘以该段长度,就是该段的光程差。再将 n 段环带的光程差相加,就是该点由于气体密度变化导致的光程差,即条纹级数。已知了条纹数就可以算出光强。

图8.109(b)是一张用无限条纹干涉图表示的尖锥密度场,图8.109(c)和(d)分别是用有限条纹干涉图表示的尖锥密度场。其中波前均匀流场中的背景条纹分别是垂直条纹和水平条纹。

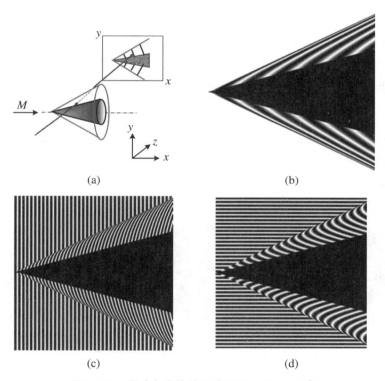

(a)　　　　　　　　　　(b)

(c)　　　　　　　　　　(d)

图 8.109　零攻角尖锥的干涉图($M = 3, \delta = 15°$)

2. 两相界面显示

水波波面是两相介质的界面,在计算和显示方面有其特殊性。

(1) 卷跃波破碎

图8.110是深水卷跃波(plunging wave)破碎数值模拟的显示结果。计算采用 VOF 方法模拟了两种流体(空气和水)间的界面。具体细节见参考文献[19]。图中照片是从录像中摘取的固定画面,强调了深水波的破碎过程。其中图(a)表示波面变成垂直;图(b)中卷跃波破碎的尖端触到下水面,引起一个卵形空穴;图(c)中上一状态形成的射流向下迫使产生一个向上的二次射流;图(d)表示空穴再次和自由面接触;图(e)尖端破碎终止;图(f)二次射流撞击自由面;图(g)～(h)剩下的过程越来越弱。

右手边的图表示投影到体积分数 50% 等高线上的速度值。涡管和可见的发卡结构在主卷跃波的初始空穴的后面是明显的。类似结构在录像中也观察到。

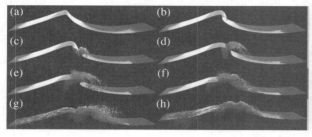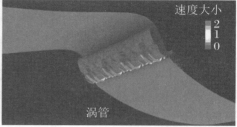

图 8.110   卷跃波的破碎过程

（2）圆柱在静水中做简谐振动

图 8.111 表示了一个圆柱在静止水中做简谐振动时，水面形状随时间演化的数值模拟结果，清晰地显示了水面上漩涡在圆柱后自由脱落。现象比较复杂，关键参数是 KC 数和 Re 数，$KC = 2\pi a/d$，$Re = 2\pi ad/(T\nu)$，其中 a 是振动振幅，T 是周期，d 是圆柱直径，ν 是运动黏性系数。

图 8.111(a) 和 (b) 是初始阶段，涡的脱落是对称的，随时间进程（图 8.111(c) 和 (d)），两个涡存在小的差别和不对称。有实验报道在临界参数 $KC = 15$，涡脱落图像会从横向（transverse）模式转变为对角（diagonal）模式。图中计算参数是 $KC = 12.56$，$Re = 6.28 \times 10^4$，略低于实验临界值。

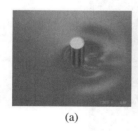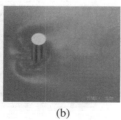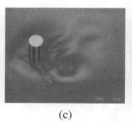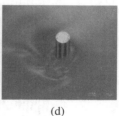

    (a)   (b)   (c)   (d)

图 8.111   圆柱在静止水中做简谐振动

3. 旋涡显示

旋涡是流体力学计算中常见的现象。在三维黏性流场中如何识别旋涡一直是未完全解决的问题。

（1）旋涡的识别准则

长期以来，为了在复杂流场中识别旋涡人们提出了各种准则，大致可以归纳为以下几种方法：$\widetilde{\Delta}$-准则，Q-准则，λ_2-准则，Ω-准则。

$\widetilde{\Delta}$-准则是用速度梯度张量 ∇V 复本征值虚部的等值面表示旋涡。Q-准则是用速度梯度张量正的第二不变量 Q 来定义旋涡。Q 表示剪切应变率和涡量强度之间的平衡，$Q = 1/2(\|\Omega\|^2 - \|S\|^2)$，其中 S 和 Ω 是 ∇V 的对称和反对称部分。λ_2-准则是用对称张量 $S^2 + \Omega^2$ 的第二本征值表示旋涡。

这三种准则共同的问题是都需要事先选择适当的阈值,不适当的阈值可能会导致捕捉到强旋涡,而忽略弱旋涡,获得不同的涡结构。2016 年刘超群提出新的 Ω-准则,Ω 介于 0 和 1 之间,$\Omega = 0$ 对应于流体纯变形,$\Omega = 1$ 对应流体像刚体旋转。定义旋涡,变形和涡量都是重要的。该方法认为,当旋涡形成时,涡量追赶上了变形。建议统一取 $\Omega = 0.52$ 为可以确定涡边界合适的值。

图 8.112 表示平板边界层转捩的数值结果。图中三种准则显示了相同的涡结构,但更多的结果表明当 Q 和 λ_2 取不同值时显示的涡结构会有较大的差别。

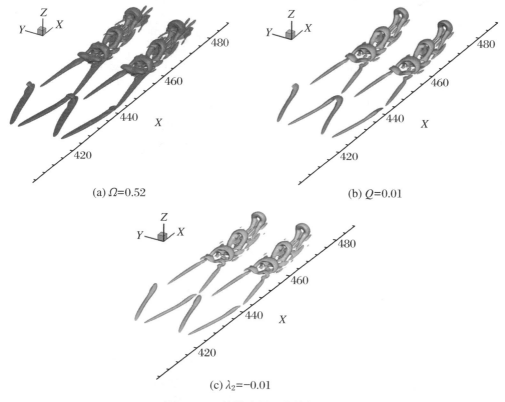

(a) $\Omega = 0.52$　　　　　　(b) $Q = 0.01$

(c) $\lambda_2 = -0.01$

图 8.112　转捩边界层中的涡显示

(2) 轴对称涡环与密度界面相互作用

图 8.113 表示了一个轴对称涡环和密度界面相互作用的数值模拟结果。计算方法是用二阶投影法(second-order projection method)求解有限幅度(非 Boussinesq 型)密度变化带有质量守恒的不可压缩 NS 方程。初始条件是一个具有 Gaussian 核的轴对称涡环从下方接近一个稳定的密度界面($At = 2/3, Fr^{-2} = 0.0123, Re = 5000, At$ 是密度比)。

图中对称面的左方是用等涡量图表示的流场,右方是用等密度图表示的流场。图中四张图按时间顺序表示了涡环与界面相互作用的全过程。(a) 随涡环接近界面,界面稍微变形,开始仅鼓起一个小包,沿界面产生斜压和反符号的涡量。(b) 从上界面在轻流体中挖取小口袋,注入重流体。(c) 接着形成二次、三次涡环。(d) 最终泡破碎,产生强烈后下的射流,这就是 Kelvin-Helmholtz 不稳定,并且重力波沿界面传播开去。

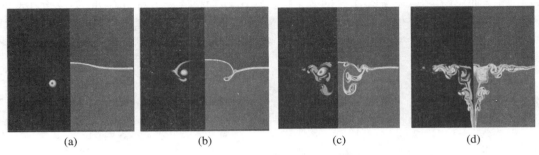

图 8.113　轴对称涡环和密度界面相互作用

我们可以看出,用等密度图和用等涡量图表示计算结果时是有差异的,也各有优缺点,需要我们认真考虑。

(3) 运动激波和球形氦气泡相互作用

图 8.114 详细显示了一个 $M=3$ 的正激波和一个空气中的球形氦气泡($At=-0.76$)相互作用的现象。这是一个三维透视显示图,左边的图表示密度分布(深色表示高密度,浅色表示低密度),右边的图表示涡量分布(深色表示高涡量值,浅色表示低涡量值)。计算过程采用均匀网格的有限体积法求解一个三维两相可压缩流欧拉方程。采用了五阶 WENO 主变量重构、HLL 型数值通量和三阶 TVD Runge-Kutta 时间步进方法。模拟结果揭示了激波压缩气泡,并且沿密度界面上产生斜压涡量。涡量和压缩性的初始分布导致形成空气射流、界面卷起以及形成持久的涡核。

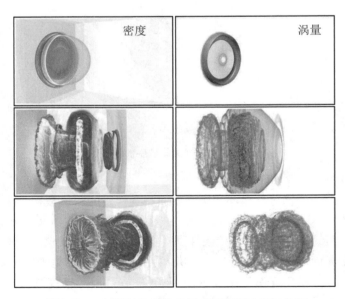

图 8.114　正激波和空气中的球形氦气泡相互作用

激波撞击初期,界面被压缩并且涡量集中在波面处($t=1.0$,上)。其后,波面上的涡片在远侧卷起,形成一个环状结构并和细长的周向涡结构相互作用($t=2.5$,中)。最后阶段,观察到一个有持续主涡环的细长结构和一个密度场中的羽毛状区域($t=4.0$,下)。分析指出在较高马赫数时,产生涡量的初始膨胀远高于斜压源项。进而在流动的后期阶段,中间平面的环量正比于马赫数和的平方根和密度比。

4. 空间旋涡结构的三维显示

(1) 左心室中旋涡的形成和不稳定性

该研究首先从健康人体的核磁共振图像重现了解剖左心室(LV)的几何形状,接着完成了高分辨率的直接数值模拟,研究了生理条件下舒张相左心室内的血流涡动力学。LV 动力学模型和计算装置的细节可见文献[21]。

图 8.115 中用等涡量面显示了左心室舒张阶段两个时刻的冠状涡环。图 8.115(a)和(b)显示的是从心脏顶部观察的涡结构,图 8.115(c)是图(b)时刻侧向观察的涡结构。每张图中体积流量曲线上的圆点表示心动周期中的对应时间。从图 8.115 中可以看到,随着二尖瓣涡环向顶点推进,其最初的圆形形状(图 8.115(a))发生了变形,向侧面拉伸得到了如图 8.115(b)所示的椭圆形状。初始的圆涡环逐渐变斜,并朝 LV 后壁传播。涡-壁干扰诱导形成二次涡管,它们从壁面生成并围绕主涡环缠绕。这些二次涡管相互作用并通过复杂的缠绕核不稳定性使得主涡环不稳定。

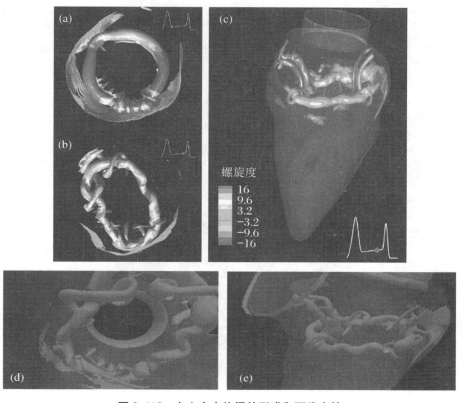

图 8.115 左心室中旋涡的形成和不稳定性

图 8.115(d)和(e)表示在舒张后期涡环撞击左心室壁面,并开始破碎成小尺度涡。由数值模拟揭示的冠状涡环动力学明显类似于倾斜喷管的涡环动力学。在两种情况中,涡的演

化和相继破碎都是受三个因素支配的,即由于壁-涡干扰和涡-涡干扰生成二次涡管、这些涡管围绕主涡核缠绕以及复杂的缠绕不稳定模式增长。图 8.115(d)为前/后向的视图;图 8.115(e)为从心尖处的视图。

(2) 横向射流的稳定性

图 8.116 表示小 R 值时的横向流射流直接数值模拟(DNS)结果,其中 R 是射流与横向流速度比。图 8.116(a)中左边是俯视图,右边是侧视图,从上向下分别表示 $R=1$,$R=2$ 和 $R=3$。随 R 增大,流动从单周期涡脱落(单极限环)演化为更复杂的准周期行为,最终变为湍流。发现第一分叉发生在 $R=0.7$ 附近,观察到的发卡涡脱落是与紧邻射流下游剪切层可能存在的当地绝对不稳定相联系的。重点是注意这个第一分叉,发现整体线性稳定性分析可准确预计在 $R=0.7$ 时非线性 DNS 模拟的频率和初始增长率。

另外还计算了 $R=0.7$ 时相邻的整体本征模态,图 8.116(b)表示最不稳定本征模态和对应的相邻模态的叠加,也称为造波子"wavemaker"(图 8.116(c))。结果也证明,第一不稳定的起源的确位于射流出口下游回流区上方的剪切层内。

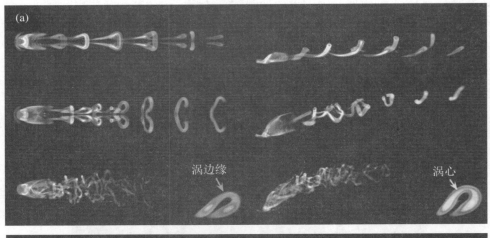

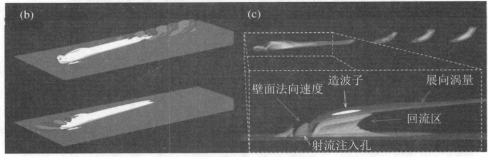

图 8.116　横向射流的稳定性

5. 数据分析

这一小节介绍的内容既适用于数值计算获得的数据,也适用于实验获得的数据分析。无论实验或者 CFD 都会产生的大量数据,如何更好地从数据中获取更多有用的信息是十分重要的。下面整理了几种分析数据的方法,这些方法的理论基础由于篇幅有限没有详细介绍,读者如有兴趣可以参考有关文献。

（1）用小波分析表示湍流相干结构

二维湍流的一般行为是涡量场聚合成涡状图案,称为相干结构,其中集中了流体大多数的能量和涡量拟能,它们起着重要的动力学作用。图 8.117(a),(b)和(d)是从计算地转情况 Saint-Venant 方程得到的二维衰减湍流不同再现的涡量场。图 8.117(a)和(b)对应于流动的早期阶段,其中可以看到从初期随机涡量分布产生的螺旋状相干结构。图 8.117(d)对应于流动的后期阶段,特征是涡量场进一步集中为孤立的轴对称涡,并随时间强烈的相互作用。

  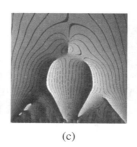 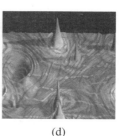

　　　　(a)　　　　　　　　(b)　　　　　　　　(c)　　　　　　　　(d)

图 8.117　用小波分析表示湍流相干结构

为了深入研究湍流结构,该研究用小波变换通过空间和强度分析了涡量场。于是测量了相干结构的能量谱分布,研究了流动的空间间歇现象。该研究选择了 Morlet 小波,它是复的,因此可以把小波系数分解为模和位相。图 8.117(c)表示了从图(b)涡量场摘取的一个剖面的一维小波变换。图(d)表示了涡量场、给定强度的小波系数的模和对应的位相的叠加。

小波分解表示最小强度在早期阶段空间上并不靠近初期随机条件,而在流动演化过程中变得越来越集中到相干结构内。这些小规模的集中证实了猜想的流动间歇和相干结构之间的关系。与 Fourier 变换相比,小波变换是空间(时间)和频率的局部变换,因而能有效地从信号中提取信息。通过伸缩和平移等运算功能可对函数或信号进行多尺度的细化分析,解决了 Fourier 变换不能解决的许多困难问题。

（2）用有限时间 Lyapunov 指数表示涡街 Lagrangian 相干结构

在计算流体力学和实验流体力学中表示和分析复杂流场中的旋涡结构都是十分重要的。表示旋涡有很多方法,用 Lyapunov 指数表示是众多方法中的一种。该研究以圆柱下游 Karman 涡街为例,分析了涡街的 Lagrangian 特性,在两个脱落周期中考察了粒子的时间会聚和分离。在这个时间窗口中相邻粒子的距离被用来作为衡量 Lagrangian 特性的参数。有限时间 Lyapunov 指数(LTLE)测量了这些相邻粒子最大距离的对数。

图 8.118 中表示了向前时间内粒子发散的区域。向后时间内粒子会聚的区域和两个对应 LTLE 变量的最大值。流动方向用面上的线表示。两条曲线的交线标志一侧高度分离,另一侧高度会聚。这些点在拓扑学中被解释为鞍点的 Lagrangian 形式。进而 LTLE 的脊构成粒子吸引和分离的区域。Lagrangian 鞍点和对应的区域代表了 Karman 涡街的特性。

图 8.118　圆柱下游涡街结构

关于有限时间 Lyapunov 指数和 Lagrangian 相干结构的具体定义和算法可参考有关文献[25]。

（3）用本征正交分解分析数据

本征正交分解（proper orthogonal decomposition，POD）是一种用于提取离散数据特征信息的数学方法。这种方法有两个目的：一是通过将高维数据投影到低维空间来进行降阶近似，二是通过揭示数据中隐藏的相关信息提取复杂随机过程的本质特征。

POD 的基本思想是将随机量分解为由其自身特征所确定的一组基函数来表示，基函数的确定原则为在每一次分解的过程中使得最低阶的模式上含能最多。关键做法是将大量相互依赖的变量减少到数量少得多的不相关变量，同时尽可能保留原始变量的变化。对样本协方差矩阵的特征向量的基进行正交变换，将数据投影到由最大特征值对应的特征向量张成的子空间上。这种变换使信号成分脱去了联系，使方差最大化。

POD 最早由 Lumley 和 Sirovich 提出。其后 Schmid 认识到降阶系统的模态可以通过考查其演化矩阵的特征值给出其动力学过程，该方法称为动态模态分解（dynamic mode decomposition，DMD）。在 DMD 基础上发展的新方法称为最佳模态分解（optimal mode decomposition，OMD），该方法用实验和数值数据来计算具有用户自定义秩的最优低阶模态，能够最好地捕捉非定常流和湍流的系统动力学。

图 8.119 是对一个在横向流中射流的直接数值模拟结果进行处理后的流场。该流场投射到垂直于基本流流线的平面上，从射流喷嘴流出，沿喷管等速排列（图 8.119(a)）。对于主导的 Strouhal 数，可以检测到沿弯曲流线具有明显空间波数的空间不稳定性。两个典型的动力学模式（图 8.119(b) 和 (c)）显示了在对旋涡对的两侧附近的相干涡旋模式。

（4）用涡动力学理论分析旋涡与受力及功耗特性的关系

所谓涡动力学理论是从基本方程出发用导数矩理论推导出的一套积分关系式，这些关系式表述了物体周围的流动结构（如旋涡、分离等）和物体受的流体动力之间的关系。涡动力学理论有两个用途：一个是在实验中通过测量物体周围流场的运动学数据，如用 PIV 测量的速度场，去推算物体受的力。这对于一些不能使用天平测力的物体（如鱼、鸟、昆虫等）十分重要。另一个用途是在分析 CFD 计算结果时可以利用涡动力学理论分析物体受力与周围旋涡的关系，加深对物体运动机理的理解。

根据涡动力学理论，模型受到的力和模型对流体做的功表示为

$$F = -\frac{\mathrm{d}I}{\mathrm{d}t} - F_1 - F_B - F_\Sigma \tag{8.133}$$

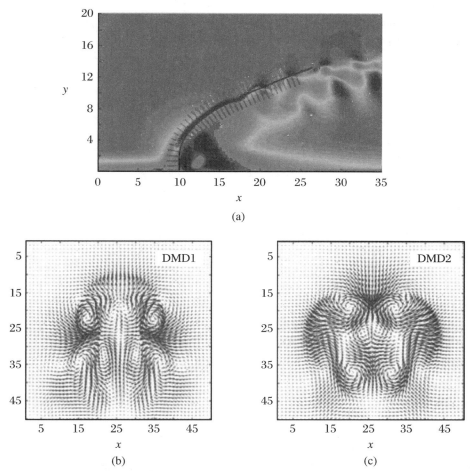

(a)

(b)　　　　　　　　　　　　　　　　(c)

图 8.119　横向射流的分析

$$P = \frac{\mathrm{d}K}{\mathrm{d}t} + P_{\mathrm{B}} + \Phi + P_{\Sigma} \tag{8.134}$$

其中 I 是涡冲量,$I = \dfrac{\rho}{2} \displaystyle\int_V \boldsymbol{x} \times \boldsymbol{\omega} \mathrm{d}V$, $V = V_{\mathrm{f}} + V_{\mathrm{B}}$ 包括了流体占据的区域 V_{f} 和物体占据的区域 V_{B},它的外边界是 Σ。ρ 是流体密度,F_1 是涡力,F_{Σ} 和 P_{Σ} 是沿边界 Σ 积分的贡献。K 是动能,Φ 表示耗散。每一项的具体表达式可见文献[28]。

Li 和 Lu 介绍了不同形状平板做周期性沉浮和俯仰运动时的计算结果。图 8.120(a)为矩形板的三维流场的侧视图,其中旋涡结构用 Q 准则($Q=2$)显示。其他形状板的涡结构有类似的形状,模型每运动一个周期脱落一对涡,旋涡规则地在尾迹中排列。为了分析这些尾涡与模型受力的关系,把这些涡区域用直线分割为 R_1,R_2,R_3,$\cdots$ 等子区域。用(8.133)式和(8.134)式计算每个子区域的贡献,图 8.120(b)和(c)表示每个涡对模型受的推力及功的贡献。推力系数 $C_T = -F_x/(0.5\rho U_\infty^2 A)$ 和功率系数 $C_P = P/(0.5\rho U_\infty^3 A)$,其中 F_x 是力 F 的流向分量,A 是板的面积。如图所示,可以确定 C_T 和 C_P 的主要部分与 R_1 和 R_2 的贡献有关,而尾流中的其他涡结构只占很小的一部分,约小于 C_T 和 C_P 平均值的 5%。需要指出,R_1 和 R_2 所提供的力和功率,也明显地包含了尾流中其他涡结构的全部诱导效应。从本质上讲,靠近物体的局部流动结构可以很好地提取力和能量。

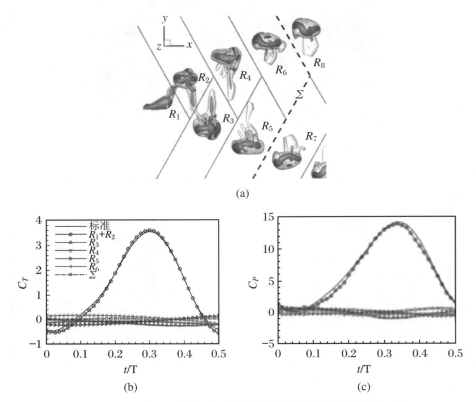

图 8.120　矩形板周期性振荡产生的瞬时涡结构和推力及功率系数

8.5.4　自然界中的流动显示

大自然中存在大量精彩的图片,可以看作流动显示的一部分。下面展示一小部分有关的照片,供大家欣赏。

1. 空间拍摄

图 8.121 是一组来自宇宙空间的照片。其中图 8.121(a)是美国 NASA 公布的哈勃望远镜拍摄的银河系星云照片。银河系是一个旋涡星系,大多数的恒星集中在一个扁球状的空间范围内,扁球的形状好像铁饼。扁球体中间突出的部分叫"核球",半径约为 7000 光年。核球的中部叫"银核",四周叫"银盘"。在银盘外面有一个更大的球状区域,那里恒星少,密度小,被称为"银晕",直径为 7 万光年。图 8.121(b)是美丽的木星照片。图 8.121(c)是 NASA 公布的卫星拍摄的地球图片,可以看到洋流的运动。图 8.121(d)是 2019 年公布的第一张黑洞照片。天文学家为了观测黑洞视界边缘上的物理过程,动用了分布在全球的 8 座毫米/亚毫米波射电望远镜,这些望远镜组成了一个虚拟的口径接近整个地球的"事件视界

望远镜"。这颗黑洞位于代号为 M87 的星系当中,距离地球 5500 万光年之遥,质量相当于 65 亿颗太阳。

(a) 银河系照片　　　　　　　　　　　　　(b) 木星照片

(c) 卫星拍摄的地球照片　　　　　　　　　(d) 第一张黑洞照片

图 8.121　宇宙空间的照片

图 8.122 是从卫星拍摄的台风形成的大气旋涡照片,中心黑点是台风眼。这样的照片在天气预报中经常能看到。图 8.123 是卫星从南太平洋上空拍摄的在环流中由岛屿形成的卡门涡街照片。

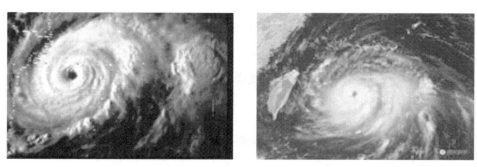

图 8.122　卫星拍摄的台风照片

2. 地面拍摄

图 8.124 是两张在地面拍摄的山脉形成的景观。图 8.124(a)是由于湿空气沿夏威夷拉奈岛(Lanai)斜坡上升,随高度增加慢慢冷却,水汽凝结,形成雾。在从右向左吹的微风中,湿气显示为山峰的尾流。图 8.124(b)是富士山顶的"山帽云"。山帽云是湿空气经地形强迫上升、冷却和凝结而在孤立山峰上空形成的几乎不动的静止云,它是幞状云的一个特例。

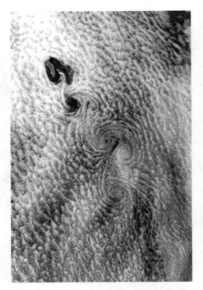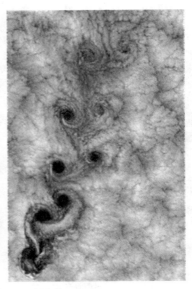

图 8.123　卫星拍摄的岛屿产生的涡街照片

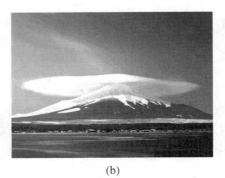

(a)　　　　　　　　　　　　　　　　(b)

图 8.124　在山顶形成的奇特景观

图 8.125 是龙卷风和超级气流柱的照片。图 8.125(a)是一张龙卷风三维照片,它多发生在高温高湿的不稳定气团中。那里空气扰动得非常厉害,上下温度差相当悬殊。当地面上的温度约为 30 ℃时,到 8000 m 的高空时温度已降至 −30 ℃。这种温度差使冷空气急剧下降,热空气迅速上升,上下层空气对流速度过快,从而形成许多小旋涡。当这些小旋涡逐渐扩大,再加上激烈的震荡,就容易形成大旋涡,成为袭击地面或海洋的风害。图 8.125(b)是两张超级气流柱照片,它是在强烈暴风雨(比如中气旋:直径 16 km 以下的旋风)中持续出现纵深旋转上升的气流,这一自然现象看上去非常可怕。该现象可持续数个小时,有时可能会分割成两半,位于暴风的两侧。超级气流柱席卷某一地区通常会带来冰雹或暴风雨,有时还会产生龙卷风。有时超级气流柱会降落一些巨大的冰雹,该现象可能出现于地球的任何地区,但在美国大平原出现的概率较高。

图 8.126 是拍摄的沙漠照片。图 8.126(a)是新月形沙丘的照片,在沙丘体两侧有顺风向延伸的两个翼,像弯弯的月亮。新月形沙丘最初只是一种较小的盾形沙丘,在定向风的作

用下,风沙遇到了草丛或灌木的阻挡堆起了小沙堆。此后风从迎风坡面上发生吹蚀,在背风坡形成旋涡进行堆积。与此同时,沙堆的左右两侧形成向内回转的气流,使两翼不断扩展,逐渐形成新月形沙丘的弓形形态。在沙子供应比较丰富的情况下,由密集的新月形沙丘相互连接,形成新月形沙丘链。图 8.126(b)是沙丘背风面的涡侵蚀照片,沙丘背风面由于气流分离产生旋涡,沙子在涡的侵蚀下形成图中的空洞。图中还可以看到在气流作用下形成的沙波纹,像水波一样。

 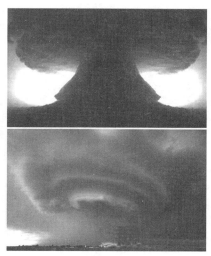

(a) 龙卷风　　　　　　　　　　(b) 超级气流柱

图 8.125　龙卷风和超级气流柱

(a) 飞机拍摄的新月形沙丘照片　　(b) 沙波纹和沙丘背风面的涡侵蚀

图 8.126　沙漠照片

3. 飞机

图 8.127 是两张飞机周围形成的"凝结云"的照片。当飞机飞过高含水量空气时,因飞

机附近局部流场温度降低至露点或露点以下,将形成水汽凝结云团,称为 Prandtl-Glauert 凝结云,简称凝结云。产生凝结云的条件是大气有足够高的水汽含量和飞机附近足够低的局部温度。凝结云分为 3 类:低亚声速不规则凝结云、高亚声速锥形凝结云和超声速锥形凝结云。由于凝结云不一定都伴随着超声速激波和"声爆"现象,因此"音爆云"的名称并不一定合适,而将其称为"凝结云"更为恰当。

图 8.127　凝结云照片

图 8.128 是一组有关飞机的流动显示照片。其中图 8.128(a)显示了飞机发动机喷流在高空冷却形成的图案。图 8.128(b)显示了飞机和导弹发动机的尾流。图中可以清楚地看到飞机发动机超声速喷流中的波结构。图 8.128(c)和(d)显示了飞机螺旋桨翼尖形成的尾迹,虽然桨翼旋转很快,但是照片非常清晰。

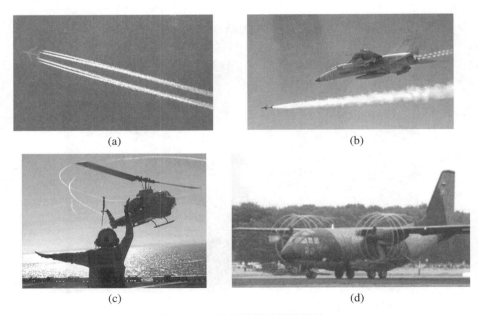

图 8.128　飞机的流动显示照片

4. 极光

图 8.129 是一种北极光的照片。毋庸置疑,北极光是地球上极为美丽的景色。自从人

们发现北极光现象之后就被该现象的神秘和美丽所深深吸引。太阳释放的高能带电粒子以 $300\sim1200$ km/s 的速度从太空释放出来,这些带电粒子形成的云状结构叫等离子区。从太阳释放出来的等离子流叫太阳风。当太阳风与地球磁场边缘发生接触时,一些带电粒子被地球磁场所捕获,它们沿着磁力线进入地球电离层,电离层从地球表面向空中延伸 $60\sim600$ km 的大气层部分。当带电粒子与电离层中的气体碰撞后就开始发亮,产生绚丽的景色,这种美妙的极光现象还出现在南极地区。

图 8.129　北极光照片

5. 雷电

雷电是自然界中极为常见的现象,夜晚天空瞬间出现的闪电,千变万化的形态,形成了美妙的显示图案(图 8.130)。

图 8.130　雷电的照片

6. 海洋

海洋中的波浪具有多种形式,也是流体力学关心的课题之一。图 8.131 展现的是在海宁钱塘江口特有的海浪。由于天体引力和特有的地形地势,形成"万叠云继起,千寻练不收"的雄奇壮丽景象。涌潮未来之前,钱塘江平静浩瀚;江潮初起时,远处显出一条长长的银线;潮头临近,沧海横流,江水猛涨,万顷波涛;顷刻一条白练变成了一道数米高的矗立水墙,潮声犹如万马奔腾,惊雷贯耳;霎时间,潮峰从眼前呼啸闪过,向西而去(图 8.131(a))。杭州湾另一景观是碰头潮和交叉潮(图 8.131(b))。东潮和南潮奔涌而来,并且在江中相交,激起浪花。等到交叉潮一结束,潮水便在古老的海塘上掀起十几米的巨浪,并汇合成一股壮观的东潮,奔涌西去。

(a) 海宁"宝塔一线潮"

(b) 碰头潮与交叉潮

图 8.131　海洋中的波

7. 公路夜景

图 8.132 是两张公路上车流的照片。其中图 8.132(a)是一张长时间曝光的照片,照片中一辆辆汽车就像流动显示中的粒子,照片中的亮线就像一条条粒子迹线。而图 8.132(b)是堵车时的照片,图中汽车就成了一个个固定粒子。

(a)

(b)

图 8.132　公路上的车流照片

参 考 文 献

[1]　玻恩,沃耳夫. 光学原理[M]. 北京:科学出版社,1978.

[2]　Merzkirch W. Flow visualization[M]. New York:Academic Press,1974.

[3]　Goodman J W. Introduction to fourier optics[M]. New York:McGraw-Hill,1968.

[4]　Settles G S. Schlieren and shadowgraph techniques, visualizing phenomena in transparent media[M]. Berlin Heidelberg:Springer-Verlag,2001.

[5]　Panigrahi P K,Muralidhar K. Schlieren and shadowgraph methods in heat and mass transfer[M]. New York Heidelberg Dordrecht London:Springer,2012.

[6]　Weinstein L M. Large-field high-brightness focusing schlieren system[J]. AIAA J.,1993,31(7):

1250-1255.

［7］　徐翔等. 聚焦纹影显示技术在激波风洞的初步应用［J］. 实验流体力学，2009，23(3)：75-79.

［8］　朱德忠. 热物理激光测试技术［M］. 北京：科学出版社，1990.

［9］　中国人民解放军总装备部军事训练教材编辑工作委员会. 流动显示技术［M］. 北京：国防工业出版社，2002.

［10］　范洁川等. 近代流动显示技术［M］. 北京：国防工业出版社，2002.

［11］　陈瑜海，贾有权，舒玮. 流体双折射方法及其应用［J］. 实验力学，1990，5(1)：19-30.

［12］　陈瑜海，贾有权，舒玮. 液体双折射方法及其在流场测量中的应用［J］. 实验力学，1988，3(1)：7-13.

［13］　Durelli A J，Norgard J S. Experimental analysis of slow viscous flow using photoviscosity and bubbles［J］. Exp. Mech.，1972，12(4)：169-177.

［14］　Yang W J. Handbook of flow visualization［M］. New York：Hemisphere Publishing Corporation，1989.

［15］　Samimy M，Breuer K S，Leal L G，et al. A gallery of fluid motion［M］. Cambridge：Cambridge University Press，2003.

［16］　Van Dyke M. An album of fluid motion［M］. Stanford：The Parabolic Press，1982.

［17］　Marcus D L，Bell J B，Welcome M，et al. Numerical simulation of a vortex ring interaction with a density interface［J］. Phys. Fluids，1991，3(9)：2028.

［18］　Hejazialhosseini B，Rossinelli D，Koumoutsakos P. 3D shock-bubble interaction［J］. Phys. Fluids，2013，25：091105.

［19］　Adams P，George K，Stephens M，et al. A Numerical simulation of a plunging breaking wave［J］. Phys. Fluids，2010，22：091111.

［20］　Chiba S，Kuwahara K. Numerical analysis for surface flow around a harmonically oscillating cylinder［J］. Phys. Fluids，1990，2(9)：1522.

［21］　Le T B，Sotiropoulos F，Coffey D，et al. Vortex formation and instability in the left ventricle［J］. Phys. Fluids，2012，24：091110.

［22］　Ilak M，Schlatter P，Bagheri S，et al. Stability of a jet crossflow［J］. Phys. Fluids，2011，23：091113.

［23］　Farge M. Wavelet analysis of coherent structures in two-dimensional turbulent flows［J］. Phys. Fluids，1991，3(9)：2029.

［24］　Kasten J，Petz C，Hotz I，et al. Lagrangian feature extraction of the cylinder wake［J］. Phys. Fluids，2010，22：091108.

［25］　Haller G. Distinguished material surfaces and coherent structures in three-dimensionalflows［J］. Phys. D，2001，149：248-77.

［26］　Henningson D S. Description of complex flow behaviour using global dynamic modes［J］. J. Fluid Mech.，2010，656：1-4.

［27］　Liu C Q，Wang Y Q，Yang Y，et al. New omega vortex identification method［J］. Sci. China-Phys. Mech. Astron.，2016，59：684711.

［28］　Li G J，Lu X Y. Force and power of flapping plates in a fluid［J］. J. Fluid Mech.，2012，721：598-613.

［29］　李桂春. 气动光学［M］. 北京：国防工业出版社，2006.

［30］　殷兴良. 气动光学原理［M］. 北京：中国宇航出版社，2003.

［31］　Lagubeau G，Fontelos M，Josserand C，et al. Spreading dynamics of drop impacts［J］. J. Fluid

Mech. , 2012, 713: 50-60.

[32] Brun P T, Harris D M, Prost V, et al. Shedding light on pilot-wave phenomena[J]. Phys. Rev. Fluids, 2016, 1(5): 050510.

[33] Raffel M. Background-oriented schlieren (BOS) techniques[J]. Exp Fluids, 2015, 56: 60.

[34] Heineck J T, Banks D W, Smith N T, et al. Background-oriented schlieren imaging of supersonic aircraft in flight[J]. AIAA J., 2021, 59(1): 11-21.

[35] Smith N T, Heinecky J T, Schairer E T. Optical flow for flight and wind tunnel background oriented schlieren imaging[C]//55th AIAA Aerospace Sciences Meeting, Grapevine, Texas: 9-13 January 2017, AIAA 2017-0472.

[36] Sourgen F, Leopold F, Klatt D. Reconstruction of the density field using the colored background oriented schlieren technique(CBOS)[J]. Optics and Lasers in Engineering, 2012, 50: 29-38.

[37] Richard H, Raffel M. Principle and applications of the background oriented schlieren (BOS) method[J]. Meas. Sci. Technol. , 2001, 12: 1576-1585.

[38] Tropea C, Yarin A L, Foss F S. Handbook of experimental fluid mechanics[M]. Berlin: Springer, 2007.

第 9 章　图像处理在实验流体力学中的应用

在本章中,我们将介绍图像的基本知识、图像处理原则及处理方法,并展示几个简单的处理实验中所采集的图像的例子。

9.1　图像与图形的基本知识

在这一节里我们将介绍几个最基本的概念。

9.1.1　图像与图形

在介绍具体的图像处理方法之前,让我们首先了解一些图像和图形相关的基本知识。首先我们需要了解两个基本概念:图像与图形。这两个名词在以前可能有各种不同的定义,但是随着计算机技术和图形学的发展,两者现在的定义如下:

图像:用数字描述的一系列离散像素点,其描述信息可以用于显示器上显示的 RGBA(红、绿、蓝颜色和透明度)、HSB/HSV(色相、饱和度和明度)、HSL(色相、饱和度和亮度);用于印刷的 CMYK(青、品红、黄和黑)、黑白二值、基于索引的颜色(即用一个编号表达的颜色,具体颜色需要通过编号与具体颜色的索引列表得到)等。

图形:用描述性的语言或指令表达图形的内容,其语言或指令可以描述构成该图的各种基本形状,如点、线、面、体、圆、球、多边形、多面体、曲线和曲面等,以及该图形所在的位置、颜色、粗细、线形等信息。

在计算机存储里,图像存储的形式是光栅图,也称作图像格式或者光栅格式。图形存储的形式是矢量图,也称作图形格式或者矢量图。

图像采用的是基于离散像素点的方式记录信息,那么像素点的密度将很大程度上影响记录内容的细节。图像与图形的最大区别在于缩放过程中是否会损失细节或产生锯齿。图 9.1 表示一个函数 $x\sin\left(\dfrac{1}{x}\right)$ 的例子,用图像和图形记录这个函数,其结果都是如图 9.1(a)所示的效果。但是如果我们放大这张图,看 $x\in[0.03,0.06]$ 的情况,其效果大不一样。我们会发现,在使用图像方式记录时,如果我们采用两种分辨率,图 9.1(b)是分辨率为 256

像素/厘米密度的像素点记录的图像放大后的效果,图 9.1(c)是 1024 像素/厘米记录的图像放大后的效果,二者效果明显不同。在使用图形方式记录时,图形放大后的效果则不受影响,如图 9.1(d)所示。

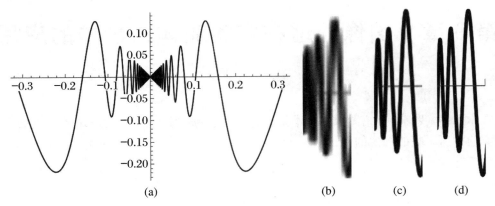

图 9.1　图像与图形表述函数的差异

图形格式具有高度的保真性,不会在缩放之后丢失信息,因此表现最佳。高分辨率的图像格式在放大后也可以较为清晰地展示细节,而低分辨率的图像在放大后则模糊一片。那是不是说图形格式或者高分辨率的图像就是最好的呢?也不尽然,这需要看需求。

一般来说,线条图和文字需要尽可能地保留细节,同时保留细节需要占用的存储空间不大,适宜采用图形格式记录。而相机拍摄的照片,本身就是光栅格式,因此也适合用图像格式存储。还有一类比较特殊的图形,标量场云图(简称云图,contour map)。这类图在专业绘图软件里是以图形格式保存的,其中包含了标量场的网格信息和按等级划分的标量场分布。如果按照尽可能保留细节的角度出发,这类图应该以图形格式保存为佳。但是一般标量场网格信息包含了巨大的数据量,如果直接以矢量图保存,则一张图有几兆乃至几十兆字节,一篇论文如果包含两三张这样的云图,其大小会超过电子邮件或者投稿允许的最大文件尺寸。在这种情况下,平衡信息传播的代价与需要表达的细节,用光栅格式记录是更为妥当的选择。

如果使用光栅格式,就需要了解图像的一个重要参数分辨率。图像分辨率的单位是单位距离有多少像素点,记作 ppi,即每英寸多少像素。但通常也使用打印分辨率的单位 dpi,也就是每英寸多少点。究其原因一方面是约定俗成,另外也是因为打印分辨率作为输出分辨率,对图像的最终呈现更有意义。一般常见的图像分辨率有屏幕显示分辨率 72 ppi 和 96 ppi,数值与屏幕的真实物理分辨率无关,仅代表这样的分辨率可以正常显示在屏幕上;电子邮件分享最低建议分辨率为 96 ppi,网页使用最低分辨率为 150 ppi,打印及出版用彩色图片建议分辨率为 300 ppi,黑白图片建议分辨率为 600 ppi。

9.1.2　常见的光栅格式

常见的光栅格式有以下几种:

jpg/jpeg 格式:这是最为常用的光栅图像格式,它是一种有损压缩格式,图像以损失部分原始数据的形式实现较小的文件大小,保存与原始图像近似的图像。对 jpg 格式的图像做修改再保存可能会进一步丢失原始信息。jpg 格式最大的优点是通用性极强,虽然后续有很多性能比它好的格式出现,但是目前它依然是最广泛被支持的光栅图像格式。

bmp 格式:这是一种最基本的光栅图像格式,它无损也基本不压缩,采用的是最简单的RLE 压缩技术。这也是一种被广泛支持的图像格式,因为不使用图像编码及很少使用压缩技术,文件占用存储空间相对较大。

tiff 格式:这是一种不常见的图像格式,曾经是出版行业的标准格式,但近年来也逐渐被弃用了,图像文件非常大。

png 格式:这是无损压缩格式,在不损失图像原始数据的情况下使用高压缩比的算法,实现图像质量与文件大小兼顾,也支持透明度等信息的存储。它也是被广泛支持的光栅图像格式。

gif 格式:这是一种采用索引颜色编码的图像格式,支持动画,目前被广泛用于动图等互联网素材图像及动画文件上。

在科研领域,主要使用的有 jpg 和 png 两种格式。

9.1.3　常见的矢量格式

常见的矢量格式有以下几种:

eps 格式:这是最为广泛使用的矢量图形格式,但 winword 对其支持不够友好。

svg 格式:这是伴随互联网而得以推广开的矢量图形格式,但目前使用仍然有限。

wmf/emf:这一格式来自微软,但是包括微软在内,对它的支持仍然有限。

pdf:这是最为广泛使用的文件分享格式,同时它也支持矢量图形。

在矢量图中也可以混合存储光栅图,因此上面提到的云图,如果可以做的等高线用矢量格式表示,而彩色的不同区域用光栅图记录,则是最完美的存储方案。

这里还有一点需要注意,在实践中我们发现很多人习惯使用屏幕截图来保存图像,这样保存下来的图像一般分辨率都较低,并不是最优的方法。很多的画图软件都支持导出功能,可以将其生成的图形图像保存成指定的光栅或矢量格式。

9.1.4　彩色、灰度和黑白图像

在计算机里,彩色图像一般采用红、绿和蓝三种色彩记录,现在较常用的是每种颜色 1个字节即 8 个二进制位来表示,每个像素点用 3 个字节来表示。灰度图像的每个像素一般用 1 个字节表示。而黑白图像的每个像素则用 1 个二进制位来记录。图 9.2 是这三种色彩的一个例子,图 9.2(a)为彩色图像(此外用文字标记颜色以区分),它由三层色彩数据组成。图 9.2(b)是灰度图,它只有一层数据。图 9.2(c)是黑白图,它的每个像素点非黑即白,是由逻辑位描述的图像。

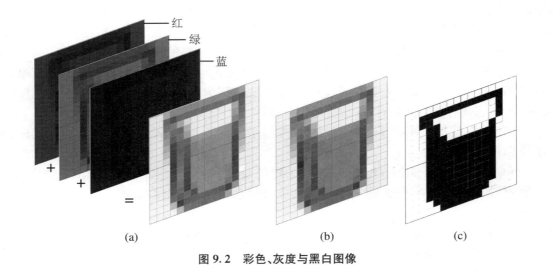

图 9.2　彩色、灰度与黑白图像

9.2　基本的图像处理软件

常用的图像处理工具包括：

GIMP：它是开源软件，可以部分实现 Photoshop 早期功能，可以实现对图像各种编辑操作。

ImageJ：这是由美国国立卫生研究院（National Institutes of Health，NIH）开发的免费的图像分析软件，其最大的优势在于有很多人为其开发专门的图像分析扩展插件，比如通过悬滴法测量液体的表面张力的插件（https://imagej. net/plugins/pendent-drop，Daerr，A. and Mogne，A. ，2016. Pendent_Drop：An ImageJ Plugin to Measure the Surface Tension from an Image of a Pendent Drop. Journal of Open Research Software，4（1），p. e3. ），做粒子成像速度计的插件（https://imagej. net/plugins/piv-analyser）等，该软件是科学影像分析的利器。

MATLAB 编程语言：这也是一个非常强大的工具，可以对图像进行各种操作和分析。

PowerPoint：这是微软办公套件的一个组件，其设计用途是制作各种演示文档，但由于其支持图形绘制功能，因而也是一个绘制基本图形、程序框图、实验装置示意图和优化各种图形的有力工具。一般简单图形均可以用它高效率的完成，也可以用它来对图像进行简单的调色剪裁等操作。

WinDig/WebPlotDigitizer：这两个软件的功能非常单纯，从图像中提取数据点。当我们开展研究时，常常需要将自己的结果与文献中的结果进行对比，然而文献中的结果常常是一张图，手工从图中的曲线上提取一堆数据点出来费时费事，这两个软件则可以将科研人员从中解放出来。其中 WinDig 是一个非常古老的软件,开发于 20 世纪 90 年代,最后一次更新是 1996 年,16 bit 代码,已经无法运行在今天主流的 Windows 64 位平台上了。幸运的是一位 Ansys 程序员在业余时间开发了 WebPlotDigitizer,实现了与 WinDig 近乎一样的功能。商业软件 OriginPro 也提供了类似功能。

9.3　以展示为目的的图像处理

我们在实验过程中,会得到各种图片,为了展示结果或者演示数据处理方法,都需要展示图像,在这一节里我们简单介绍一下以展示为目的的图像处理。首先我们需要知道一些图像处理的基本原则,对于展示结果用的图像,一个基本要求是不能依主观意愿添加或者扭曲图片所呈现的信息。也就是你不能编造图像误导读者。下面是 *Nature* 杂志对图像的部分要求:

(1) 不应将在不同时间或从不同位置收集的图像组合成单个图像,除非说明所得图像是时间平均数据或延时序列的产物。如果并列图像是必不可少的,则应在图中清楚地划分边界并在图例中描述。

(2) 使用修饰工具(例如 Photoshop 中的克隆和修复工具)或任何故意掩盖操作的功能是不可接受的。

(3) 对图像的处理应该应用于整个图像而非局部,同时对于参照组的图像也需要做相同的图像处理。不应调整对比度以使数据消失。过度的操作,例如以牺牲其他区域为代价来强调图像中的一个区域是不合适的。

用于展示图像的基本处理方法包括剪裁、旋转、调整亮度和对比度。

图 9.3 所示的是我们对在肥皂膜水洞中拍摄的圆柱尾迹图像的一系列处理过程,图 9.3(a) 是在实验中用高速摄影机捕捉到的原始图像。摄像机本身的性能、摄像机架设位置、拍摄参数设置和打光等都会影响到最终拍摄得到的图片效果。如图中图像相对灰暗,主题偏右,且有轻微倾斜。这些都可以通过后处理来部分修正与弥补,当然最好还是在实验时重复调整好参数,获得足够高质量的原始图像。图 9.3(b) 是旋转矫正后的图像,圆柱涡街的轻微倾斜被转过来。图 9.3(c) 是剪裁后的图像,去除了因为旋转带来的黑边,同时将涡街调整到图像的中心对称位置。这里裁减掉的部分是相对单一的区域,没有重要信息被裁减掉,也没有因为剪裁歪曲原始图像所记录的信息。图 9.3(d) 则是对图像做了对比度调整,原始图像较为昏暗,通过调整对比度,可以将图像明暗部分更明确的展示出来,更有利于读者观察卡门涡街的结构。

一般来说,高速摄影机记录的图像适合用来分析实验过程和现象,但是记录的图像质量受制于成像芯片、分辨率和曝光时间等因素,有时得到的图像用来展示实验过程效果并不是非常好。如果能够在实验过程中同时用照相机同步拍摄,则可以同时获得一些非常适合展示用的图像。图 9.4 所示的是两张在实验中用照相机记录的图像,其中图 9.4(a) 是流动的肥皂膜中的细丝摆动耦合产生了对称的尾迹涡结构,图 9.4(b)是圆盘突然启动后涡环失稳开始阶段发生扭曲的形态。可以看到照相机记录的照片色彩和细节都很丰富,非常适合用于展示。

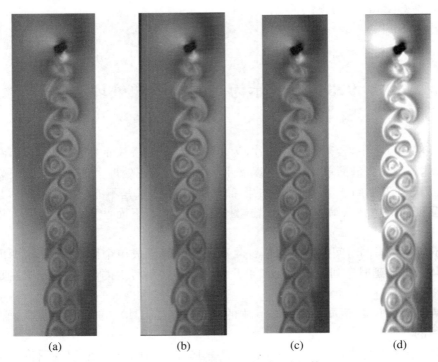

图 9.3　图像旋转、剪裁与对比度调整

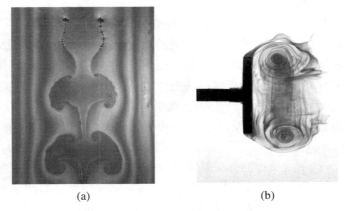

图 9.4　实验中用照相机拍摄的图像

9.4　以数据为目的的图像处理

不同于以展示为目的的图像处理,以获取数据为目的的图像处理要更为激进。为了避免无关信息的干扰,常常会对图像采用大幅度剪裁、遮罩、二值化、腐蚀等操作,以最大程度从中寻找可以定量的内容。具体操作按数据需求而定,这里给出三个实验作为例子供大家参考。

9.4.1　投影网格法测量水波

第一个例子是采用投影网格法测量水面波的一张早期实验照片,如图 9.5 所示。在这张原始照片上,除了投影到水面的棋盘格①外,还包含了很多其他元素,比如②船模、③拖曳实验台上的一根梁、④投影光线在水池底部的反光、⑤周围黑色无信息区域。一般来说,相机的分辨率和记录像素是固定的。我们在记录实验图像的时候应该尽可能只记录实验主体对象,减少拍摄不必要的内容。但是有时受制于场景和镜头,会拍摄到较大范围,这时如果有条件可以换用其他焦距的镜头或选用高质量的变焦镜头来进行拍摄。

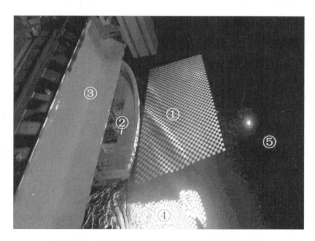

图 9.5　投影网格法测量水面波原始照片

对于如图 9.5 所示这样的照片,我们希望得到的是其中①棋盘格上的格点数据,对于其他信息并没有兴趣,因此可以将它们都裁减掉。同时使用一个遮罩(mask)仅保留棋盘格所在的区域,如图 9.6(a)所示。MATLAB 提供了识别棋盘格的命令 detectCheckerboardPoints,但是由于这里拍摄到的棋盘格非常暗和模糊,以至于这条命令对图 9.6(a)直接识别得到的结果非常不理想。如图 9.6(b)所示,其中大半的棋盘格都识别不出来。这种情况极为常见,实验中拍摄的图像有很多需要经过增强处理才能继续分析。图 9.6(c)和(d)是对图 9.6(a)分别使用 imadjust 和 histeq 增强后再执行 detectCheckerboardPoints 识别得到的结果。可以看到,相比图 9.6(b),结果明显改善,大半棋盘格点都被识别出来了。

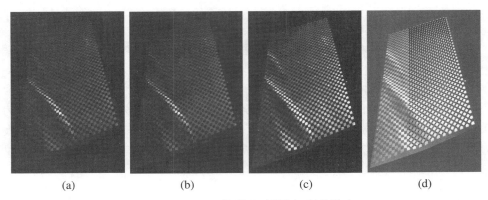

图 9.6 不同图像增强对图像识别的影响

　　如果进一步处理,采用局部对比度增强、降噪、分区识别等方法还可以优化识别结果。但是由于原始图像质量非常差,仍然存在少数位置无法通过程序识别出来。这时就需要再人工处理或者编制更复杂的程序,实现在更好的自动处理之间做出选择。选择的标准可以是需要的时间、程序的普适性以及能否为学界更多人带来益处等。

　　用后处理的方法对图像进行增强,以提高图像的可用性是一种补救方法。从根本上来说,还是需要在实验中就尽可能记录高质量的图像,这可以从相机的选取、照明光源的功率选择、拍摄角度、镜头光圈大小等多方面入手。高质量的原始图像可以大幅度减轻后处理中用于图像增强花费的时间精力,也可以获得更高质量的数据。

9.4.2　肥皂膜水洞中圆柱后方的卡门涡街

　　第二个例子是我们分析肥皂膜水洞中圆柱后方的卡门涡街图像序列时遇到的问题。图 9.3(a)所示就是其中一张图像。为了分析这些图像序列,一位同学从网上找到了MATLAB 语言写的一段本征正交分解(proper orthogonal decomposition,POD)代码,并略做调整来处理卡门涡街的图像序列,得到了图像序列的平均值,如图 9.7(a)所示。获得图像序列的平均值是为了后续 POD 分解做准备。将某帧图像减去平均值后的结果示于图 9.7(b)。这两个结果看上去没什么,其中平均值如预期般只有顶上的圆柱以及一些云雾般的条纹痕迹。减去平均值之后的图像还可以看到更多的细节。但是细心的读者可能会发现问题,这里得到的平均值亮度要远高于图 9.3(a)所看到的亮度,如果照明光源稳定的话,那么在圆柱上游,不会产生亮度的大提升。同样地,减去了平均值之后,整个图像虽然对比可能会提升,但是不变化或者微弱变化的区域应该会更暗,而非变亮,这样的结果不合理。

　　实际上也确实是那段网上找到的代码有点问题。这里涉及一点计算机方面的知识,前面说过,灰度图像的每个像素一般用 1 个字节表示,即 8 个比特位。在灰度图像中灰度范围是[0,255],这时 8 个比特位表达无符号数的范围。同样 8 个比特位,如果表示有符号数,则其范围是[−128,127]。在计算平均值时,为了避免总和太大导致溢出,代码将图像的 8 比特无符号数转换为双精度浮点数求和,再将总和除以总图片数,得到平均值。这时的平均值仍然是浮点数,需要转换回 8 比特用于显示。而代码的问题就出现在这个转换过程中,它使用了 int8 来转换,int8 是将数字转换为有符号数,而非用来表示图像的无符号数,正确的做法应是使用 uint8 函数。

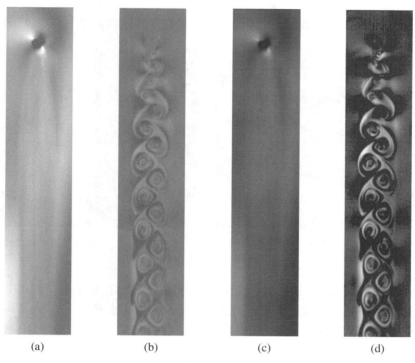

(a)　　　　　　　(b)　　　　　　　(c)　　　　　　　(d)

图 9.7　图像处理中的数字转换

在修复这个小问题后,程序给出了合理的结果,如图 9.7(c)和(d)所示,这里图 9.7(d)出于展示原因做了 5 倍灰度拉伸。

很多同学都不是计算机专业的,在大学期间也只是低年级的时候上过计算机课,可能在遇到这样的问题时,都意识不到是哪里的问题。这里应该分两步考虑,第一步是发现处理出来的结果可能存在的问题,而不是说结果就是这样,有问题也是别人的问题。甩锅其他人并不能改变处理出来的结果有问题这样一件事。要知道很多数据处理用的代码,特别是网上得到的代码,往往不是针对你的问题编写的,同时编写的人也不一定对代码做过细致的调试检测,有时也是本着能用就行的原则对待这些代码的。发现问题是第一步,这一步并不需要太多的计算机知识。在发现问题之后,即便自己没有相关的能力去解决它,但至少是意识到了问题的存在,这样才能迈出第二步。向专业人士寻求帮助或者通过学习补上知识缺口,解决问题。从事实验研究的人不可避免地要和计算机、软硬件打交道。应该说,能够在学校学习期间对这方面有所涉及,对今后的学习与工作都是有益的。

9.4.3　空泡溃灭过程

在实验中使用高速摄影可以记录下现象发生的整个过程,有时候我们也可以用这些高速摄影记录的图像作为素材,创造出新的图像,从不同的角度去观察发生的现象。高速摄影记录了海量数据,好的一面是可以详细地记录下整个实验过程,不好的地方是海量数据往往超出了人类的处理能力或理解范围,有时候适当做减法可以帮助我们认识事物的内在变化与规律。图 9.8 所示是空化泡溃灭的过程,数据来自 2016 年 APS DFD 会议的 Gallery of Fluid Motion 参选作品 V0075。这里我们用高速摄影图像序列创建出一张狭缝相机照片。

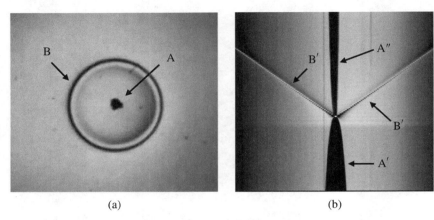

(a)   (b)

图 9.8 空泡溃灭

图 9.8(a)展示的是其中一帧,空化泡溃灭后的一张照片,在其中可以看到 A 是空化泡,B 是空化泡溃灭后产生的激波。如果我们选取空化泡的中心水平切一刀,水平取出高度为 2 像素,宽度为整个图像宽度的像素行,然后按时间堆叠起来,就是图 9.8(b)所示的结果。图 9.8(b)横坐标方向是空间,纵坐标方向是时间,这就是一张空泡中心的狭缝相机照片。从中我们可以清晰地看到激波界面 B′ 是一条射线,这条线的斜率就是声波在水下传播的速度。自下而上看空化泡的直径,也即看空化泡直径随时间的演化规律,可以看到空化泡先迅速缩小,再缓慢长大,其直径变化是非线性的。更进一步的分析可以包括对这个黑色区域的边缘做拟合和分析,找出驱动空化泡变化的原因,与理论预测或者计算结果结合,分析空化溃灭瞬间发生了什么,建立更为完善的模型描述空化过程。

9.5 人工智能技术在实验图像处理与分析中的兴起

在本章的最后,对近些年来迅速发展的人工智能技术做个简短的介绍。近些年来,人工智能技术在各个研究领域都有了广泛的运用,这一趋势也同样发生在实验流体力学领域,借助人工智能图像识别方法,研究人员可以有效地识别实验得到图像中的运动物体,分析其运动轨迹与运动模态,这一技术目前仍然在高速发展,相信随着技术的进步,会有更多、更好的新分析框架和平台出现,为处理和分析实验图像提供高性能工具包。对此技术感兴趣的同学可以了解一下国内外最新人工智能框架和平台。

关于人工智能,早期人们幻想出如匹诺曹这样的木偶变真人的故事,现代意义上的人工智能起始于二战末期,伴随电子计算机的诞生,科研人员开始探索制造人工大脑的可能性,并迅速掀起了一股研究热潮,在同一时期的日本,公众对人工智能的热情驱动了铁臂阿童木、机器猫等一系列经典卡通形象的诞生。1973 年 Lighthill 的报告如一盆冷水泼下,人工智能研究在西方进入寒冬。直到神经生物学基础研究的新发现以及计算机技术的进一步发展,人工智能研究在新的基础之上重新起飞,并迅速渗透到各行各业。

谈到人工智能,机器学习、深度学习和神经网络这几个名词常常伴随出现,那么它们都指的是什么?

人工智能即能够像人一样可以在未给定具体指令的情况下去执行一项或多项任务的技术。具体来说可以分为强人工智能和弱人工智能。强人工智能是无所不能的机器,有像人一样乃至超越人类思考能力;弱人工智能则是能够像人一样或者更好地在某项特定技能上完成任务,比如 1997 年 IBM 的深蓝计算机战胜国际象棋冠军卡斯帕罗夫,2017 年 Google 公司 AlphaGo 战胜围棋冠军柯洁。

机器学习是一种实现人工智能的方法。在这里学习(learning)指的是从数据中寻找信息,发现规律。按照人工参与的模式可以分为无监督学习、监督学习和强化学习。其中无监督学习是给定数据让机器从数据中发掘信息,对没有人工标签的数据开展归类(也称聚类),比如将水果分为绿的、红的、黄的等。监督学习则是根据人工给定的标签对数据开展分类,预测给定数据的标签,比如通过学习已标记好的香蕉图像来判断未分类的水果是否是香蕉。而强化学习则是模仿人和动物的奖励回馈机制,用回馈来促进学习,在给定的数据上选择动作以实现最大化的奖励。

深度学习是实现机器学习的一种技术。建立在模仿人脑进行分析学习的神经网络的基础上,深度学习之所以被称为深度(deep),是因为这种方法添加了许多额外的"层"来从数据中学习。深度学习模型正在学习时,它通过优化函数更新各层内部向量的权重。而层则是人工"神经元"的中间组成。当添加到模型中的层越多,学习就越深入,因此称为"深度"学习。

神经网络是一种机器学习的算法。如前面说的,在深度学习中的基础就是神经网络这种算法。这是当前正在迅速发展并普及的技术,并且逐渐从软件层面渗透到硬件实现,今天很多的芯片都内置了不同形式的神经网络算法。

那么人工智能,或者是机器学习与流体力学有什么样的关系呢?这里借用 Steve Brunton 教授的演讲 *Machine Learning for Fluid Mechanics* 中展示的一张图来做说明,传统的流体力学,围绕流体的是理论、实验与仿真,它们共同从流体中产出流动数据,而通过人工智能的辅助,可以从流动建模、流动控制、降维分析与优化四个方面对数据进行运用以驱动实际的工程应用(图 9.9)。

上面是关于人工智能的一些基本概念,人工智能非常适用于分析和处理海量数据,特别是图像数据,在实验流体力学领域,可以用于分析高速摄影的图像,提取图像特征,分析数据。

下面介绍两个采用人工智能技术应用于流体力学实验的具体例子。

1. idTracker.ai

在我们做实验的时候,往往需要关注流场中某个运动的物体,比如研究鱼类游动,那么作为游动主体的鱼必然是需要关注的,在需要追踪的鱼数量较少时,传统的图像处理和识别算法也可以应对这一需求,但当视场里存在大量鱼群的时候,传图图像算法就不是那么适用了。Polavieja 所领导的研究人员开发了一套基于人工智能的动物运动追踪程序,并持续改进,使之可以适用于在不添加标记的情况下追踪不超过 100 个个体组成的群体中每个个体的运动轨迹。图 9.10 所示的是用该程序追踪斑马鱼群游的一个结果。

图 9.9　人工智能驱动的流体力学研究

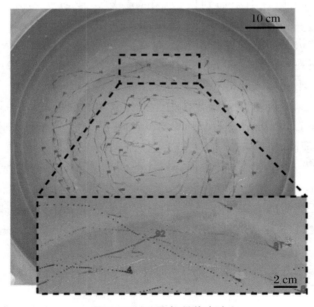

图 9.10　斑马鱼群游追踪

idTracker 使用了两个深度学习网络来支持斑马鱼的追踪,一个用来识别出游动中身体形状不断变化的斑马鱼。另一个求解当两条斑马鱼交错时,将它们区分开。图 9.10 所示的是用该程序追踪斑马鱼群游的一个结果。

2. Hidden Fluid Mechanics

2020 年,Raissi,Yazdani 和 Karniadakis 等人在 *Science* 杂志上发表了一项工作,提出了从流场可视化中"猜"出流场的速度与压力,而这种"猜"的背后则是基于物理规则的机器学习。通过已知流场的数据与流动显示图像去训练神经网络,用训练好的神经网络来分析流动显示的图像,获得可能的流场数据,虽然在这篇论文里还是主要使用的数值模拟的结果来验证这一思想的可行性,但这一方法一经提出就迅速获得了关注,并运用到了流体力学实验中。

图 9.11 是用这一方法从一杯咖啡的纹影图像去重建其上方空气的速度场与压力场。在这里六个摄像机围绕着一杯咖啡,记录带有点状图案背景的图像,使用体视层析背景导向纹影(Tomo-BOS)处理采集的图像数据(Tomo-BOS 见 8.4.1)。这里获得的流场可视化纹影图像被用作内嵌物理知识神经网络(PINN)的输入,该神经网络集成了可视化数据和流动控制方程,它从密度场的变化推断出温度场,进而推断出三维速度场与压力场。从目前来看集成物理知识的神经网络可以有效地将既有知识与观测结合起来,充分发挥人工智能和已积累知识体系的优势,二者结合应该会更有效率地将人工智能运用到科学研究当中。

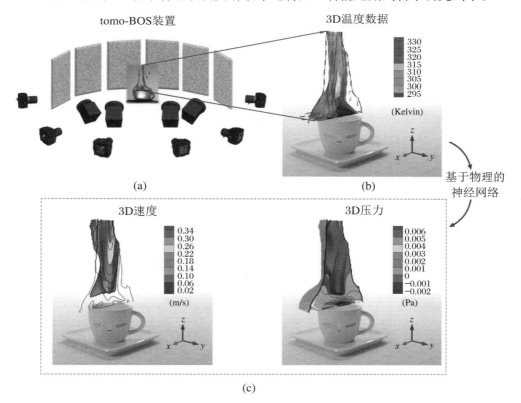

图 9.11　从流场显示到流场信息

参 考 文 献

［1］ Rohatgi R. WebPlotDigitizer［CP/OL］. https：//automeris. io/WebPlotDigitizer，2022-09-01/2022-11-18.

［2］ Supponen O，Obreschkow D，Farhat M. V0075：Shocking Bubbles［R/OL］. https：//doi. org/10. 1103/APS. DFD. 2016. GFM. V0075，2016-11-22/2022-11-18

［3］ Pérez-Escudero A，Vicente-Page J，Hinz R C，et al. idTracker：tracking individuals in a group by automatic identification of unmarked animals［J］. Nature Methods，2014，11：743-748.

［4］ Romero-Ferrero F，Bergomi M G，Hinz R C，et al. idtracker. ai：tracking all individuals in small or large collectives of unmarked animals［J］. Nature Methods，2019，16：179-182.

［5］ Raissi M，Yazdani A，Karniadakis G E. Hidden fluid mechanics：Learning velocity and pressure fields from flow visualizations［J］. Science，2020，367(6481)：1026-1030.

［6］ Karniadakis G E，Kevrekidis I G，Lu L，et al. Physics-informed machine learning［J］. Nature Reviews Physics，2021，3：422-440.

第 10 章 低速流体力学实验设备

20 世纪初以来,大部分流体力学实验已经从现场实验转为在实验室中进行模拟实验。因此研制各种实验装置成为实验流体力学中的重要组成部分。根据不同的应用范围,流体力学实验设备(图 10.1)已经发展出了丰富多彩的种类,例如水动力学设备、空气动力学设备、多相流体力学设备、地球流体力学设备、环境流体力学设备、生物力学设备等。

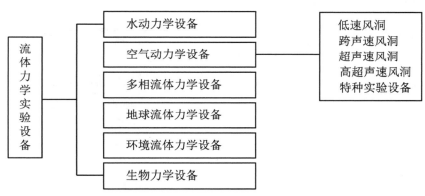

图 10.1 流体力学实验设备

在所有设备中,空气动力学设备在航空和航天技术的促进下是发展得最完备、最丰富,也是最复杂的。根据其速度范围可以分为低速风洞、跨声速风洞、超声速风洞和高超声速风洞以及特种实验设备。不同的设备所依据的流体力学原理也不相同,从本章开始我们将用三章分别介绍各种风洞设备的原理和功能。

10.1 水力学模拟设备

水动力学实验设备是以水为工作介质的一类设备。在水利学、船舶学、海洋学、气象学等方面都有应用。常用的水动力学设备有很多种类,大体上分为固定模型和运动模型两大类型。

10.1.1 水槽和水池

1. 水槽

水槽和水池是水介质保持静止而模型运动的设备。图10.2表示一种拖曳式水槽。拖曳式水槽是一维槽道,由很长的方截面槽道构成。水槽上方铺有高精度轨道,在轨道上安装了速度可控的小车,实验模型安装在小车下方,靠小车拖曳在静水中运动。小车上装有测压、测力的仪器,拖曳式水槽可用来做舰船模型阻力实验和自航实验、水上飞机实验等。通常在水槽一端可安装造波机,在水槽另一端安装消波装置。水槽也可用来研究一维波浪运动、舰船模型的波阻实验等。水槽可大可小,教学用的水槽一般较小,约宽 0.5 m、深 0.5 m、长 10 m。工程实验用的水槽都比较大,例如,交通部天津水运工程科学研究院的波浪水槽达到宽 5 m、深 8~12 m、长 456 m,能产生 3.5 m 的波浪和 20 m³/s 的水流,以 1:1~1:5 的大比尺模拟 16 m 巨浪和 10 m 海啸,复演灾害全过程,是目前世界上尺寸最大、造波能力最强、功能最为齐全的大比尺波浪水槽。

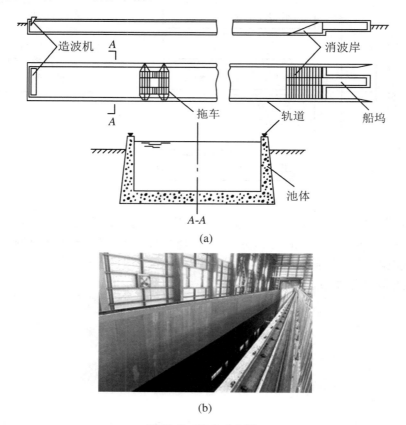

(a)

(b)

图 10.2 拖曳式水槽

分层水槽是利用水槽开展分层流实验的装置。实验前把不同浓度的盐水小心地一层一层注入水槽中,形成分层状态。也可以利用加温形成不同温度层的状态。分层水槽可以用于研究大气环境污染、火灾烟气运动、海洋环流等复杂现象。

　　风水槽由多功能风洞和分层流循环水槽两部分构成。二者既可独立使用,也可相互关联,形成风浪流及分层流环境条件下船舶与海洋结构物的流体动力性能实验能力。该装置可实施流体动力及精细流场的长时间、多目标、自动化测量以及流场可视化实验,特别适合于开展船型优化、新船型开发等研究;能够模拟分层流、内波、不规则波浪及变动风所形成的复杂海洋环境,可开展海洋环境非线性相互作用、内波及其作用机理、涡激振动机理、流固耦合机理等基础研究。

　　2. 水池

　　旋臂水池装置是一个大型的圆形静水池,如图 10.3 所示。水池中央有中央岛,中央岛上安装有旋臂。旋臂一端安装在中央岛,另一端安装在水池周围的圆形轨道上。旋臂上安装有活动拖车,模型安装在拖车上。旋臂绕中央岛做等角速度旋转,在活动拖车上安装有测试仪器,可以测量舰船模型受到的力和力矩。

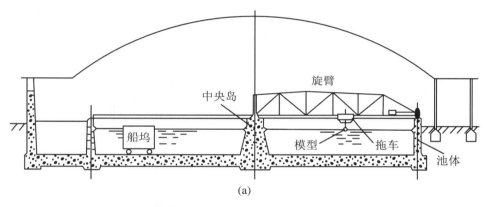

(a)

(b)

图 10.3　旋臂水池

　　除旋臂水池外还有波浪水池。波浪水池是专门用来研究江河湖海中波浪运动的设备。与拖曳式水槽中研究波浪的区别在于,水槽是用于研究一维波浪运动的,而波浪水池可以模拟二维波浪运动。波浪水池呈长方形,相邻两侧分别装有空气造波机,对边装有消波装置。在水池上方有旋转大桥,桥上装有模型的小车可以滑动。因此,舰船模型和波浪可以有一定的角度,可测试波浪对船舶的作用力、研究船舶的稳定性等。

10.1.2　水洞

水洞(water tunnel)是一种能产生均匀水流的管道系统。通常水洞由稳定段、蜂窝器、阻尼网、收缩段、实验段、扩散段和动力系统组成。水洞又分为两种:一种是直立式水洞,水流依靠重力从稳定段,经由收缩段流入实验段,这种称为自由降落式水洞,如图 10.4(a)所示。另一种是由回流管道将稳定段和扩散段连接起来,构成循环管道,因此又称为回流式水洞,如图 10.4(b)所示。自由降落式水洞的湍流度较低,一般流速较慢,通常可作流动显示用。回流式水洞大多用于研究舰船模型实验、空化、流体弹性、湍流和边界层等课题研究。做空化实验用的水洞,实验段内能产生高速水流,并可用真空泵抽取实验段内空气,改变水流静压;从而改变空化数。水洞的结构和原理与低速风洞十分相似,因此我们将与低速风洞一起介绍水洞的原理。

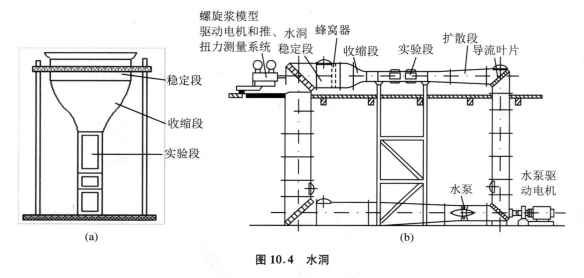

图 10.4　水洞

在水动力学研究设备中,依据研究对象不同需要模拟的相似参数也不同。可能涉及的相似参数有雷诺数 Re、弗劳德数 Fr 数和空化数 σ 等。

10.2　低 速 风 洞

低速风洞(low-speed wind tunnel)是用来产生均匀人造气流的实验装置,在低速风洞中实验气流速度一般远小于声速($M<0.3$),因此在低速风洞运行中主要遵循的原理是定常、不可压缩流动。

10.2.1　不可压缩流体力学关系式

在低速风洞中实验气流速度一般远小于声速,属于定常、不可压缩流动。因此在低速风洞运行中主要遵循的原理是定常、不可压伯努利方程和连续性方程。

$$p_0 = p + \frac{1}{2}\rho V^2 \tag{10.1}$$

$$VA = 常数 \tag{10.2}$$

其中 p_0 是总压,p 是静压,ρ 是气体密度,V 是气流速度,A 是管道面积。

10.2.2　低速风洞分类和结构

1. 低速风洞分类

低速风洞可分为直流式和回流式。

直流式低速风洞(图 10.5(a)和(b))由稳定段、收缩段、实验段、扩散段和风扇组组成。气流通过风扇连续地从大气环境进入风洞,然后又从扩散段出口排到外界大气环境。回流式低速风洞(图 10.5(c))除了直流式风洞的所有部件外,还通过回流管道使风洞形成一个封闭回路。气流在封闭管道内循环运动。回流式风洞又分为单回流式和双回流式两种。一般说,回流式风洞的气流品质高于直流式风洞。直流式风洞一般结构简单,占地面积小,多用于教学实验或者超大型低速风洞。研究性低速风洞大多是回流式风洞。

低速风洞实验段还分为闭口式和开口式两种。闭口式低速风洞(图 10.5(a))实验段是一段封闭的管道,开口式低速风洞(图 10.5(b))实验段没有管壁,实验气流从收缩段出口呈射流状喷出。开口实验段有利于实验操作,但实验气流区域小于闭口实验段。直流式低速风洞开口实验段周围需用密闭间封闭,改善气流质量。一般来说闭口实验段气流品质高于开口实验段。

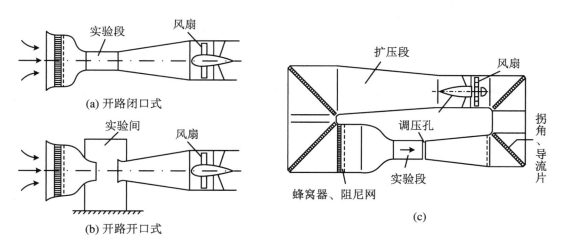

图 10.5　低速风洞

2. 低速风洞结构

图 10.6 是一个单回流式低速风洞示意图。低速风洞由全封闭或部分封闭的管道系统组成。主要部件由稳定段、蜂窝器、阻尼网、收缩段、实验段、扩散段、拐角、回流管道和动力系统等部件组成。

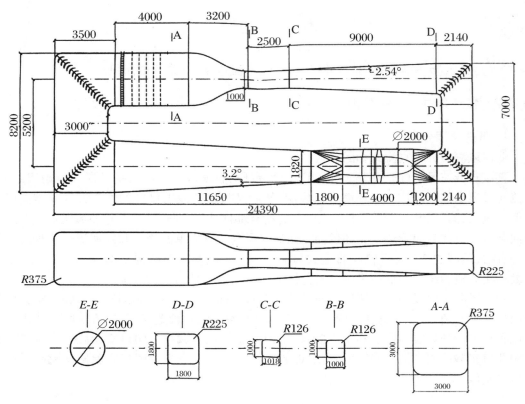

图 10.6　单回流式低速风洞

（1）稳定段、蜂窝器和阻尼网

稳定段（settling chamber）是整个风洞管道系统中截面积最大，也是气流速度最低的地方。稳定段的尺寸直接和收缩比有关（有关收缩比内容在收缩段介绍）。一般在低速风洞稳定段中都安装有蜂窝器和阻尼网，用以改善实验段内的气流品质。

蜂窝器（honeycombs）通常用方形、六角形及圆形直管构成。蜂窝器长细比一般为 5～10。由于其形状类似蜂窝，故名蜂窝器。它的作用是气流导向，使进入实验段的气流方向平直，改善实验段内气流的方向性。它的另一个作用是把气流中的大旋涡分割为小旋涡，有利于加快旋涡衰减。但是安装蜂窝器也会增加摩擦阻力，损失一部分能量。根据近年来国外风洞设计的发展，常规低速风洞多使用长细比达 15 的六角形薄壁蜂窝器。

阻尼网（screens）是多层细密的金属网，安装在蜂窝器下游。阻尼网对降低气流脉动的效果比蜂窝器好得多。阻尼网开孔率 β（阻尼网开孔面积/总面积）应大于 0.57，两层网之间距离应大于 30 倍孔宽度或 500 倍丝直径，以便使前一层阻尼网后的旋涡充分衰减后再进入后一层阻尼网。一般低速风洞安装一至二层阻尼网,对于低紊流风洞可能安装六层或更多层阻尼网。安装的阻尼网层数越多,实验段气流紊流度越低,能量损失也越大。有时为了使蜂窝器更好地发挥作用,在蜂窝器前加一层阻尼网。由于阻尼网容易聚集灰尘,设计时需注意便于清洗阻尼网,特别是上游第一层阻尼网需方便清洗。

在阻尼网下游需设计一段静流段,使气流进入收缩段前充分均匀和稳定,使气流紊流度进一步减低。在稳定段中静流段长度可为稳定段长度的一半。

(2) 收缩段

收缩段(entrance cone)是连接稳定段和实验段的部件,它的作用是为实验段提供均匀的气流,使稳定段中速度较低的气流均匀地加速为实验段中的高速气流。

收缩段一个重要的指标是收缩比 $n(n = A_1/A_2)$。其中 A_1 为收缩段进口面积(即稳定段面积),A_2 为收缩段出口面积(即实验段入口面积)。气流经过收缩段后速度大幅度增大,紊流度明显降低。收缩前后气流紊流度之比与收缩比平方成正比。增大收缩比有助于减小实验段气流的紊流度,提高流场品质。但收缩比也由风洞总体尺寸决定,因此直接由风洞造价决定。早期的低速风洞收缩比在 4~5 之间,新建的低速风洞收缩比可以大到 10 以上,低紊流度风洞收缩比可达到 20 以上。现在也有一种说法,认为收缩比增大,虽然有助于减少纵向气流脉动,但也可能增大横向气流脉动,所以低紊流度风洞的收缩比应该适当。

收缩段长度应适中,过长会使风洞造价增加;过短则气流易发生分离。一般收缩段长度可采用进口直径的 0.5~1.0 倍。收缩比越大,长度与进口直径的比值越小。

(3) 收缩段壁面型线

收缩段的作用是均匀地加速气流,在实验段产生高品质的高速气流。收缩段的壁面型线对提高风洞气流品质十分重要,必须细心设计和加工。设计壁面型线应满足以下几条:① 气流在收缩段加速时在壁面不发生分离;② 收缩段出口气流均匀、平直、稳定;③ 收缩段不宜过长。

对于三维收缩段的收缩曲线设计通常有钱学森方法、Syczeniowski 方法或 Thwaites 方法等。其基本思想是给定一个轴向流速分布,例如

$$f(x) = A + B\int_0^x e^{-\frac{1}{2}x^2}dx$$

使气流速度沿流向 x 方向单调增加。在理想不可压缩流体假设下求出外围流场,选取一条单调变化的流线为型线。

比较简单有效的型线设计方法有维氏(Витощинский)公式:

$$R = \frac{R_2}{\sqrt{1 - \left[1 - \left(\frac{R_2}{R_1}\right)^2\right]\frac{\left(1 - \frac{3x^2}{a^2}\right)^2}{\left(1 + \frac{x^2}{a^2}\right)^3}}} \tag{10.3}$$

其中 R_1 和 R_2 分别是收缩段入口和出口半径,R 为离进口 x 处的半径,$a = \sqrt{3}l$,l 为收缩段总长度(图 10.7)。(10.3)式也可以写为

$$\left(\frac{R_2}{R}\right)^2 = 1 - \left(1 - \frac{1}{n}\right)\frac{[1 - (x/l)^2]^2}{\left[1 + \frac{1}{3}(x/l)^2\right]^3} \tag{10.4}$$

此公式是根据理想不可压缩轴对称流动的结果推导出来的,收缩比 $n = 4$ 时最理想,是目前使用较多的一种方法。此方法不仅适用于轴对称型线设计,对于矩形或二维收缩型线设计也能得到较好效果,不过此时 n 取单边收缩比。如果收缩比较大,可以采用下面的移轴方法设计,令 R_h 为型线移轴量,则实际型线位置 R_1' 和 R_2' 为, $R_1' = R_1 + R_h$ 和 $R_2' = R_2 + R_h$。用收缩比 $n = (R_1'/R_2')^2$ 代入(10.4)式计算,如图 10.7 所示。

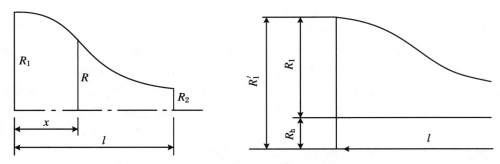

图 10.7　维氏曲线和移轴维氏曲线

对于二维收缩段型线的设计方法有林同骥方法、Hughes 方法和 Libby 方法等。它们的基本思想是采用保角变换方法将壁面型线变为简单的几何图形(如单位圆等),由流函数和进出口速度确定流线,使其满足一定的单调增长规律,然后再变换确定壁面型线。

Betchelor-Shaw 提出了另一种简单的方法,他们假设每个截面上速度是均匀的,并且给出一个轴向加速度分布:

$$a = K\sin^2\frac{\pi x}{l} \tag{10.5}$$

根据一维理想不可压缩流动公式,可以推导出壁面型线满足下面公式:

$$A = A_1\sqrt{\frac{1}{\left[\left(\frac{A_1}{A_2}\right)^2 - 1\right]\left(\frac{x}{l} - \frac{1}{2\pi}\sin\frac{2\pi x}{l}\right) + 1}} \tag{10.6}$$

其中 A_1, A_2 和 A 分别是收缩段进口、出口和距离进口 x 处截面的面积, l 为收缩段长度。此方法当收缩比较小、收缩段又较长时是合理的。

(4) 实验段

实验段(test section)是安装实验模型,进行实验研究的地方。也是整个风洞气流速度最高、气流品质最好的地方。实验段可分为开口和闭口两种形式(直流式风洞开口实验段一般应有气密室)。

① 截面形状

实验段截面形状应根据实验要求确定,有圆形、椭圆形、方形、矩形、八角形等。方形截面有利于做大攻角模型实验;扁矩形(宽大于高)截面有利于做大展弦比模型实验;长矩形(高大于宽)截面有利于做二维翼型实验;圆形截面有利于做螺旋桨和尾旋模型实验;八角形截面有利于做螺旋桨模型实验。

② 长度

实验段的长度应根据实验要求确定。闭口实验段长度一般应保持在 $1.75D_0 \sim 3.0D_0$ 的范围，D_0 是实验段入口水力学直径。如果风洞以做大展弦比飞机模型实验为主，实验段长度可取 $2.0D_0 \sim 2.5D_0$；如果风洞以做小展弦比飞机和导弹模型实验为主，实验段长度可取 $3.0D_0 \sim 4.0D_0$；标准常规低速风洞实验段长度可取 $2.5D_0$。模型应安装在实验气流均匀的流场区域，模型头部离实验段入口保持一定距离，大致在 $0.25D_0 \sim 0.50D_0$ 范围。模型长度一般应为 $0.75D_0 \sim 1.25D_0$ 之间。模型尾部至扩散段入口也应保持一定距离，为 $0.75D_0 \sim 1.25D_0$ 之间。由于开口实验段能量损失要比闭口实验段情况严重得多，气流均匀区也比闭口实验段减少很多。开口实验段长度一般取 $1.0D_0 \sim 1.5D_0$ 范围。

③ 边界层修正

闭口实验段沿壁面会产生边界层。由于沿气流方向壁面边界层不断增厚，如果不修正壁面，会使实验段内核心气流速度不断增大，沿轴向产生一个负的静压梯度（沿流向静压不断减小）。这样模型会受到一个真实飞行中所没有的附加阻力，称为水平浮力。因而，在风洞实验段设计时应考虑进行边界层修正。

边界层修正有两种方法：一种方法是将实验段侧壁加工成稍带锥度，沿气流方向实验段截面不断增加。由于边界层位移厚度的增加率随风速的不同而变化，一般以常用的风速为准，定出实验段表面的扩张角，一般小于 $0.5°$。这种方法的缺点是实验段壁面不是水平的，对安装模型和观察窗带来不便。另一种方法是对于方形和矩形截面实验段采用小切角的方法（在截面四角各切除 $45°$ 角），沿气流方向逐渐减小切角，保持位流截面积不变。用这种方法实验段壁面仍然是平的，便于安装模型和观察。目前国内大多数风洞采用后一种方法。

（5）调压孔（缝）

在回流式风洞闭口实验段下游，实验段和扩散段之间，开有调压孔（缝）（breather），又称压力平衡孔（缝），如图 10.5(c) 所示。调压孔用于调节风洞内部压力，使得吹风时实验段内的静压近似等于外部环境压力。如果不开调压孔，实验过程中实验段内静压将低于环境压力。因此，如果实验段的门窗以及模型支杆与壁面交接处密封不好，外部空气将会进入实验段，从而破坏流场的均匀性。调压孔或调压缝的开孔面积通常为实验段截面积的 $15\% \sim 20\%$，而缝的宽度约为实验段的 5% 左右。最好是把调压孔或缝设计成可调节的，风洞建成后，通过实验调整以获得最佳效果。

（6）扩散段

风洞扩散段的功能是把实验段气流的动能转化为压力能。由于风洞能量损失与流速的三次方成正比，所以经过实验段的高速气流应尽量降低速度，把动能转化为压力能，减少气流在下游各段中的能量损失。

扩散段（diffuser）是一段扩张的管道，气流通过扩散段也会有损失，即动能不会全部转化为压力能。压力损失 Δp 可以写为 $\Delta p = p_2' - p_2$，其中 p_2' 是根据理想流体计算的扩散段出口压力，p_2 是实际测量的扩散段出口压力。扩散段压力损失包括摩擦损失和扩压损失两种。

摩擦损失是由壁面摩擦引起的。摩擦损失 Δp_f 可以写为

$$\Delta p_f = \lambda_{平均} \frac{1}{2}\rho V_1^2 \frac{1}{8\tan\dfrac{\alpha}{2}}\left[1-\left(\frac{D_1}{D_2}\right)^4\right] \tag{10.7}$$

其中 $\lambda_{平均}$ 是根据扩散段中段 Re 数计算的摩擦损失系数，α 是扩散角，D 是管道直径，下标 1 为入口，2 为出口。从(10.7)式可知，给定扩散比(出口与入口面积之比)时，摩擦损失随扩散角减小而增大(图 10.8)，这是由于扩散角减小导致的管道长度增加，因而摩擦损失增大。

另一类损失是扩压损失。由于扩散段中气流处于逆压状态，边界层内气流受到阻碍，边界层厚度增加很快，损失增加。扩压损失 Δp_e 可以写为

$$\Delta p_e = \frac{1}{2}\rho V_1^2 \times 0.6\tan\frac{\alpha}{2}\left[1-\left(\frac{D_1}{D_2}\right)^4\right] \tag{10.8}$$

从(10.8)式可知，扩压损失随扩散角增大而增大(图 10.8)。合并以上两式，以扩散段入口动压作参考值，写出总的压力损失系数为

$$K = \frac{\Delta p}{\dfrac{1}{2}\rho V_1^2} = \left(\frac{\lambda_{平均}}{8\tan\alpha/2}+0.6\tan\frac{\alpha}{2}\right)\left[1-\left(\frac{D_1}{D_2}\right)^4\right] \tag{10.9}$$

从(10.9)式和图 10.8 可以看出扩散段应取一个适中的扩散角，使得压力损失系数 K 最小。对(10.9)式微分可以得到对应最小 K 值的最佳扩散角是 $\alpha=\sqrt{\lambda/4.8}$。若 λ 的大致范围是 0.006～0.009，则最佳扩散角是 $\alpha=4°\sim5°$。

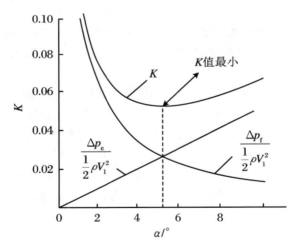

图 10.8　扩散段损失系数和扩散角关系

表示扩散段性能好坏的参数是扩压效率

$$\eta = \frac{p_2-p_1}{\dfrac{1}{2}\rho V_1^2-\dfrac{1}{2}\rho V_2^2} \tag{10.10}$$

可以推导出扩散段效率与压力损失系数之间的关系为

$$\eta = 1 - \frac{K}{1 - \left(\dfrac{D_1}{D_2}\right)^4} \tag{10.11}$$

或者

$$K = (1 - \eta)\left[1 - \left(\frac{D_1}{D_2}\right)^4\right] \tag{10.12}$$

从上式可知,压力损失系数越大,效率越低。影响扩压效率的主要因素是扩散角,管道截面形状、扩散比以及壁面粗糙度也有影响。实验表明,圆形截面效率最高,长方形次之,正方形再次之。同样扩散比,三维扩散段效率要高于二维扩散段。

大多数风洞二维扩散段的扩散角取 $10°\sim12°$,三维扩散段的扩散角取 $6°$ 为宜。扩散角过大会引起气流分离,增大能量损失。扩散段面积比同样要控制适当,当扩散角一定时,扩散段面积比过大,也会引起气流分离。常规低速风洞扩散段面积比应控制在 2 左右。某些风洞为了提高扩散段效率采用曲壁式边界层控制等方法。

(7) 风扇及动力系统

风扇段由风扇、电机、整流罩、预旋片和止旋片组成(图 10.9)。风扇(fan)是吸收动力系统(power system)能量对气流做功的部件,是整个风洞的核心部件之一。风扇段在回流式风洞中一般位于第二拐角下游,这里管道直径不太大,流速较高,气流也比较均匀,有利于提高风扇效率。在直流式风洞中,风扇段大多位于扩散段出口(吸气式),少数风洞由于某种需要位于稳定段上游(吹气式)。

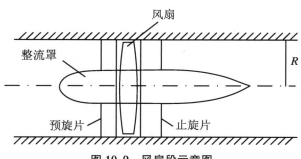

图 10.9　风扇段示意图

风扇段通常是等截面管道,截面为圆形。风扇上游可安装预旋片(前导流片),目的是产生与风扇旋转方向相反的气流(也可以不安装预旋片)。在风扇下游安装止旋片(后导流片),以消除风扇产生的气流旋转。驱动风扇转动的电机可以是直流电机,也可以是交流电机。电机要求转速稳定,可以在较宽的范围内连续调速,体积小,容易控制,造价低,维护方便。使用直流电机需要配有整流电路或者直流发电机系统。使用交流电机需要配有变频系统。电机应安装在整流罩内,整流罩直径为风扇段直径的 $0.3\sim0.7$ 倍,长细比应大于 4。整流罩外形采用流线型,下游当量扩散角应小于 $7°$。风扇的桨叶形状和导流片形状都应专门设计。

(8) 其他部件

回流式风洞还包括回流管道、四个拐角,拐角内装有导流片。拐角导流片有圆弧形、圆弧直线形和翼剖面形。安装导流片后可以防止气流在拐角处发生分离,起整流作用,对提高气流的均匀性和降低紊流度有好处。

10.2.3　能量比

1. 能量损失

气流在风洞管道内流动时必然有能量损失。这种损失来自几个方面:一是由气流与固壁、拐角导流片、蜂窝器以及实验模型之间摩擦引起的;二是由气流在壁面分离,产生旋涡引起的;三是由直流式风洞中,气流从扩散段出口排入大气,动能损失引起的;在开口实验段中,射流也会引起能量损失。损失的能量全部由动力系统通过风扇提供。当然,动力系统本身和风扇也存在一个效率问题。

在水力学中,一段(如第 i 段)直管道内的能量(功率)损失可以通过压力损失系数 K_i 表示。管道入口和出口截面的压力差 ΔP_i 和压力损失系数之间的关系为

$$\Delta P_i = K_i \cdot \frac{1}{2}\rho V_1^2$$

其中 V_1 是入口速度,ρ 为流体密度。

对于低速风洞系统,我们仿照水力学的定义,也通过压力损失系数来表示系统的能量损失。由于低速风洞各部件形状及截面积都各不相同,在这里我们引入当量压力损失系数 K_{0i} 的概念。用实验段的动压代替当地管道的动压,则当量压力损失系数 K_{0i} 表示为

$$K_{0i} = \frac{\Delta P_{0i}}{\frac{1}{2}\rho V_\mathrm{T}^2} \tag{10.13}$$

其中 V_T 是实验段内的气流速度,P_{0i} 是第 i 段总压。单位时间内第 i 段管道的能量损失写为

$$\Delta N_i = \Delta P_{0i} A_i V_i = K_{0i} \cdot \frac{1}{2}\rho V_\mathrm{T}^2 \cdot A_i V_i \tag{10.14}$$

其中 A_i 和 V_i 分别是第 i 段管道的面积和速度,考虑到连续性方程 $A_i V_i = A_\mathrm{T} V_\mathrm{T}$,$A_\mathrm{T}$ 是实验段截面积。(10.14)式可改写为

$$\Delta N_i = K_{0i} \cdot \frac{1}{2}\rho V_\mathrm{T}^3 A_\mathrm{T} \tag{10.15}$$

整个风洞的功率损失为风洞所有部件功率损失之和,有

$$N_\mathrm{WT} = \sum \Delta N_i = \sum K_{0i} \cdot \frac{1}{2}\rho V_\mathrm{T}^3 A_\mathrm{T} \tag{10.16}$$

N_WT 是整个风洞的功率损失,具有功率的量纲 $[\mathrm{ML^2 T^{-3}}]$。风洞稳定运行时,单位时间内风洞气流损失的能量转化为热能不可逆地损耗掉了,这就需要由风扇给气流输送能量,补偿这个损失。所以,N_WT 也是风扇供给气流的功率。

假设风扇及轴系的效率为 η_fan,则风扇轴需要的功率(也是电机供给风扇系统的功率)为

$$N_\mathrm{fan} = N_\mathrm{WT} \frac{1}{\eta_\mathrm{fan}} = \sum K_{0i} \cdot \frac{1}{2}\rho V_\mathrm{T}^3 A_\mathrm{T} \frac{1}{\eta_\mathrm{fan}} \tag{10.17}$$

如果电机系统的效率为 η_e，则电机系统的输入功率或者电网的输出功率为

$$N_{\mathrm{inp}} = N_{\mathrm{WT}} \frac{1}{\eta_{\mathrm{fan}}} \frac{1}{\eta_e} = \sum K_{0i} \frac{1}{2} \rho V_{\mathrm{T}}^3 A_{\mathrm{T}} \frac{1}{\eta_{\mathrm{fan}}} \frac{1}{\eta_e} \tag{10.18}$$

2. 能量比

衡量低速风洞经济性能的指标称为能量比（energy ratio）。能量比定义为实验段内气流的动能流率（即单位时间内通过实验段的气流动能）与动力系统输入风洞的功率之比。根据计量功率的范围不同，存在三种能量比定义。

（1）洞体能量比 $\mathrm{ER_T}$

$$\mathrm{ER_T} = \frac{\frac{1}{2}\rho V_{\mathrm{T}}^3 A_{\mathrm{T}}}{N_{\mathrm{WT}}} = \frac{1}{\sum K_{0i}} \tag{10.19}$$

其中分子 $\frac{1}{2}\rho V_{\mathrm{T}}^3 A_{\mathrm{T}}$ 是单位时间内通过实验段的气流动能，分母是风扇输给气流的功率也是风洞洞体损耗的功率。洞体能量比是衡量风洞洞体本身经济性能的指标，因此与风扇及动力系统无关。

（2）风扇能量比 $\mathrm{ER_F}$

$$\mathrm{ER_F} = \frac{\frac{1}{2}\rho V_{\mathrm{T}}^3 A_{\mathrm{T}}}{N_{\mathrm{WT}}/\eta_{\mathrm{fan}}} = \frac{\eta_{\mathrm{fan}}}{\sum K_{0i}} = \eta_{\mathrm{fan}} \cdot \mathrm{ER_T} \tag{10.20}$$

其中分母表示电机输入风扇的功率。风扇能量比是衡量风洞（包括风扇系统在内）机械部件经济性能的指标。它与电机系统的效率无关。

（3）输入能量比 $\mathrm{ER_I}$

$$\mathrm{ER_I} = \frac{\frac{1}{2}\rho V_{\mathrm{T}}^3 A_{\mathrm{T}}}{N_{\mathrm{inp}}} = \frac{\eta_e \cdot \eta_{\mathrm{fan}}}{\sum K_{0i}} = \eta_e \cdot \eta_{\mathrm{fan}} \cdot \mathrm{ER_T} \tag{10.21}$$

其中分母表示电网输入电机的功率。输入能量比是衡量整个风洞系统（包括机械系统和电力系统）经济性能的指标。

现有的风洞由于设计和制造工艺的差别，各种风洞能量比的差别较大。能量比愈高，表示风洞经济性能越好。需要指出的是能量比的数值可以大于 1，因为它不同于效率的概念。风洞一旦设计、加工完成后，能量比就确定了。在设计风洞时可以事先计算各部件压力损失系数，也可参考现有风洞的数据，预先估计风洞能量比。

直流式风洞的能量比要低于回流式风洞，开口实验段风洞的能量比要低于闭口实验段的风洞。据统计常规低速风洞输入能量比范围是：直流式风洞是 0.5～6，回流式闭口风洞是 3～7，回流式开口风洞是 1.5～4.5。

风洞的电机功率可以从输入能量比估算出来：

$$N_{\mathrm{inp}} = \frac{1}{2} \frac{\rho V_{\mathrm{T}}^3 A_{\mathrm{T}}}{\mathrm{ER_I}} \propto V_{\mathrm{T}}^3 A_{\mathrm{T}} \tag{10.22}$$

风洞电机的功率和实验段截面积成正比，和气流速度的三次方成正比。

10.3　专门用途的低速风洞

低速风洞承担的研究内容十分丰富,对应各种具体的研究领域,已经发展出了形式多样特殊用途的低速风洞。

10.3.1　立式风洞

立式风洞是一种特殊形式的风洞,它具有垂直安装的实验段,气流垂直向上,模型可以悬浮在实验段内。立式风洞有单回流式和双回流式(图 10.10)。最初立式风洞用于研究如何改出飞机尾旋状态,又称为尾旋风洞。实验段为开口式,模型在向上气流作用下悬浮在实验段内,模型姿态可以由人遥控,实验过程由高速摄像机记录。

图 10.10　立式风洞

获得实验数据采用两种方法:一是用人工方法投放实验模型到实验段气流内,测量其飞行轨道,再换算成所需要的数据;二是用旋臂天平直接测量所需要的实验数据。

立式风洞是研究飞机尾旋现象最重要的手段,也是完善和提高各种再入体(如飞船、行星探测器)在其飞行末端轨道所采用的降落伞特性,以及这些降落伞和降落飞行器所构成的回收系统性能的重要地面模拟设备。立式风洞还可以进行许多常规风洞不能完成的实验。例如,在立式风洞中进行降落伞特性和稳定性研究,直升机垂直下降爬升气动特性研究,飞行员跳伞训练等。

10.3.2　低紊流度风洞

紊流度(turbulence intensity,又称湍流度)是度量气流速度脉动程度的量,通常用脉动速度的均方和与时均速度之比来表示紊流度的大小。许多与边界层转捩有关的流体力学现象都和气流的紊流度密切相关。实际大气中的紊流度很低(约 0.01%~0.03%),因此要求风洞实验段中气流的紊流度不能太高。低紊流度风洞的紊流度应低于 0.08%,力争达到 0.01%~0.02%。

要达到低紊流度要求,低紊流度风洞与常规低速风洞的差别有以下几点:① 大收缩比,增加收缩比可以明显降低气流紊流度,低紊流度风洞收缩比可达 20。② 多层阻尼网,阻尼网层数越多,紊流度越低。但增加阻尼网会增加损耗、降低能量比。③ 尽量避免发生气流在壁面分离。④ 降低风扇噪声。

10.3.3　环境风洞

专门用于研究大气污染物扩散规律的风洞。大气环境风洞分两类:一类是只模拟大气边界层平均速度剖面和大气湍流结构的大气扩散风洞;另一类是同时模拟大气速度边界层和大气温度边界层的温调扩散风洞。大气环境风洞的形式有闭口回流式、直流下吹式、直流吸入式、环形直流式等。

和常规风洞相比,大气环境风洞具有以下设计特点:

实验段尺寸　从风洞模拟实验考虑,大气环境风洞都有很长的实验段,一般国内外研究用的大气环境风洞实验段长度多在 20 m 以上。实验段的宽度至少应达到 3 m,以使侧壁壁面效应减少至最小。实验段的高度应考虑到可能需要模拟的最大边界层厚度,并且应使位于实验段顶壁附近安装测量仪器的移测架不干扰底壁边界层流动。

风速范围　一般认为大气环境风洞实验段风速范围是 0.3~10 m/s。如果实验特殊需要也可能将上限风速调到 15 m/s,下限风速调到 0.1 m/s。从实用角度看,10 m/s 相当于 5 级风(清风),大气污染扩散实验的常用风速一般都小于这个值。从实验模拟角度看,最低风速应低至使大气流动中浮力效应能被再现,因而风速下限至少应低至 0.3 m/s。

速度剖面形成　大气环境风洞实验段内需要复现大气边界层,实际大气边界层厚度是在 500~1000 m 范围内变化,如果风洞用缩尺 1:1000 的模型,那么在实验段内需要有 1 m 厚的边界层。为了达到这个目的,需要在实验段入口底壁上安装湍流发生器,大面积布置粗糙元,使在实验区域形成需要的速度剖面。

温度剖面形成　在有特殊需求的实验中要求复现大气层温度分布。温度车可用来获得特殊需要的温度剖面。它沿高度方向均分出若干通道并用隔板隔开,各层内布置主电加热棒(形成温度剖面)和辅电加热棒(消除温度横向不均匀)。温度车各层温度能单独调节,形成需要的任意温度剖面。

实验段壁面　为了消除风洞实验段侧壁和顶壁边界层增长的影响和实验模型的堵塞效应,通常侧壁和顶壁应采用两种措施:一是使顶壁高度可以适当调节,二是使侧壁减少扩散角。实验段地板是水平的,但是沿流向是分块可更换的。比如:可换成带转盘的;可采用扩散地板;可设置加热、冷却地板等。

10.3.4　汽车风洞

汽车风洞是专门为研究汽车的稳定性、升力、阻力、噪音、污染、散热和风挡刮水器性能而建造的专用风洞。可以在风洞实验段内进行整车实验,也可以进行模型实验。汽车风洞的结构与常规低速风洞类似,但是在实验段和部分特殊部件方面有不同的要求。

实验段尺寸　汽车风洞实验段横截面形状多为扁矩形。横截面的大小与模型有关,实验段的高度起码应大于模型高的 3 倍,实验段的宽度应大于模型最大迎风宽度的 3 倍。汽车风洞实验段的长度应考虑模型的位置和长度,模型前方应保留一定长度使来流均匀并能保证完成地板边界层控制,模型后方也应保留一定长度,使模型尾流得以充分发展。一般认为实验段长度应为模型长度的 5～7 倍,而实验段宽度为模型的 3 倍,所以汽车风洞实验段长度约为其宽度的 2 倍。

模拟地板 汽车在公路上行驶时,空气与地面之间没有相对运动,因而路面没有边界层存在。而在风洞实验中,气流与底板有相对运动,沿地板形成了边界层。为了模拟真实情况,应尽量减薄或消除地板边界层厚度。办法是采用带有前后缘调整片的模拟地板,并使前后调整片的角度可以在风洞停止运行时进行调节,而且要求模拟地板高度可以调节。更好的办法是采用活动地板,活动地板以风洞气流相同的速度和方向运动,以模拟真实的地面条件。

模型支撑 汽车模型实验需要测量模型的六个气动力分量和每个轮子上的升力。汽车模型可以采用腹部支撑或者轮支撑。为了获得偏航角,模型最好支撑在转盘上。

汽车风洞还应能模拟雨、雪、雹和太阳辐射环境,并安装有天平,测量汽车模型的升力、阻力、俯仰力矩和偏航力矩等。

10.3.5 结冰风洞

当飞机在 8000 m 以下高空穿云破雾飞行时会在飞机表面出现结冰现象。结冰的影响:使飞机机翼阻力增大、升力减小;螺旋桨效率降低;机身阻力增加;发动机推力降低。结冰风洞是为了进行飞行结冰实验设计建造的专用风洞。

结冰风洞的主要结构特点表现在与结冰、防冰、除冰有关的问题上。为了在实验段造成结冰条件,在实验段上游设置了专门的结冰喷雾装置。喷雾装置一般在稳定段出口截面,要求喷出的水滴大小均匀,不凝结。第一拐角导流片驻点和压力面须用蒸汽加热方法进行防冰处理。在风扇段加防护网,对防护网和风扇叶片也要进行防冰、除冰处理。在第三拐角下游设置大型冷却器,处理喷雾总量的 50%～90% 的防冰问题,确保风洞不因部件结冰总压损失过大而停止运行。结冰风洞中各种测试设备必须进行专门防冰设计,如总压管配加热器和除水汽装置。

10.3.6 风沙环境风洞

风沙环境风洞(wind tunnel of blown sand environment)是研究风沙运动规律的专用设备。用来模拟研究风对自然界地表结构的影响以及风和沙粒的吹蚀、搬运和堆积过程中相互作用与相互关系。

风沙风洞与常规风洞相比,特点是实验段长度较长。需要模拟实际地表边界层厚度。如我国沙漠与沙漠化重点实验室的风沙环境风洞为直流闭口吹气式风洞,实验段长 16 m多,截面积为 0.6 m×1.0 m,风速范围为 2～40 m/s,实验段边界层厚度可达 15 cm,洞体对进出的气流无阻滞,且不受外界的干扰,风洞电动控制系统具有自动稳速压、无级调速和计算机统一监控性能,整个实验过程基本实现自动化操作。

10.4　肥皂膜水洞

　　1981 年第一次提出将肥皂膜作为流体力学实验的工具,1989 年提出了一种改进的肥皂膜实验装置,1995 年实现了通过重力驱动肥皂膜运动的新装置。经历了这三个阶段的发展之后,肥皂膜水洞(soap-film tunnel)逐渐发展成熟起来,可以实现长时间稳定运行。Rutgers 等及 Georgiev 等先后在 *Review of Scientific Instruments* 上撰文介绍了重力驱动型竖直肥皂膜水洞和水平肥皂膜水洞装置,这两种装置可以实现不同流速范围的肥皂膜流动。

10.4.1　竖直肥皂膜水洞

　　竖直肥皂膜水洞垂直放置,装置自上而下由溢水杯、肥皂膜支撑框架、肥皂液回收水槽组成,并通过管道和阀门连接如图 10.11 所示。

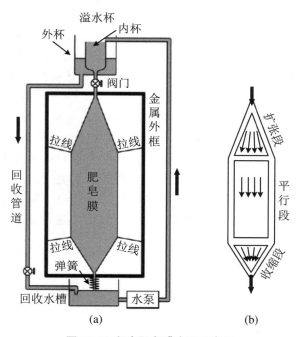

图 10.11 竖直肥皂膜水洞示意图

　　溢水杯由嵌套的两个水杯构成。实验中首先由水泵将肥皂液泵入溢水杯的内层水杯,当内层水杯装满后肥皂液溢出进入外层水杯,进入外杯的肥皂液沿回收管道很快回到底部的肥皂液回收水槽。这种结构可以保证内杯的水头压力保持一定,从而使内层水杯流出的肥皂液的流量保持稳定。肥皂液从溢水杯内层水杯底部沿管道流出,通过一个流量调节阀门后即进入肥皂膜支撑框架上。

肥皂膜支撑框架包含一个金属外框和一个由尼龙线构成的弹性导流框。在金属外框正中是两根竖直安置的直径为 1 mm 的高弹力尼龙鱼线,尼龙线上部与固定在金属框上的流量调节阀门连接,下部连接着弹簧。每根尼龙线上各有两个可以将其向外拉的拉线,当拉线松开时,在弹簧的作用下两根尼龙线合拢在一起。当拉线拉紧后,弹簧收缩,两根尼龙线就构成如图 10.11(a)所示的六边形导流框。

在实验准备阶段,松开拉线,两根尼龙线合拢着一起,打开溢水杯下的流量调节阀,肥皂液从阀门处流出,流过尼龙线进入回收水槽。当两根尼龙线间有肥皂液流过后,拉紧拉线,由于肥皂液的表面张力很小,在两根尼龙线之间的肥皂液就张成了一片肥皂膜,而尼龙线在拉线的作用下构成导流框。导流框分为三个部分:扩张段、平行段和收缩段,如图 10.11(b)所示。肥皂液从阀门喷嘴流出后,进入导流框的扩张段,由于在扩张段两根尼龙线有一定的张开角度,在这里肥皂液迅速张开成为肥皂膜,成膜后肥皂膜继而流入平行段。在平行段两尼龙线平行,由于重力加速作用,肥皂膜在平行段的头部做加速运动,后因空气阻力与重力平衡而达到稳定速度。只有平行段中段流速稳定的部分才可以作为实验段。流过平行段的肥皂膜最后进入收缩段,重新汇聚成为肥皂液并流入底部回收水槽。

回收水槽位于整个装置的最下端,可将从溢水杯和沿肥皂膜支撑框架流下的肥皂液收集起来并通过水泵将肥皂液重新提升至装置顶部的溢水杯中。为了避免水泵振动对整个系统的影响,回收水槽不可与框架等直接接触。

需要注意的是,回收水槽所收集的肥皂液中常有大小不等的气泡,较大的气泡漂浮在表面影响不大,但是细小的气泡常可能随肥皂液通过水泵重新回到溢水杯,并经内层水杯及管道流至调节阀门处。由于调节阀门处管道狭窄,气泡聚集就会改变流入支撑框架的肥皂液流量,从而改变肥皂膜的流速并缩短肥皂膜维持的时间。

产生气泡有两个方面的原因:一是由于回收水槽水位过低,没有能够淹没水泵,少量空气进入水泵入口后,在水泵搅拌下形成细小气泡;二是由于溢水杯外杯中流出的流量大于流入的流量,外杯中时而有水时而无水,在管道里形成肥皂液和空气间隔的情形,这种夹杂着空气的肥皂液流入回收水槽就会产生大量气泡。因此要解决气泡的问题,一是需要将水泵整个埋入肥皂液中,或者从水槽底部通过管道连接水泵,避免水泵吸入空气产生气泡;二是要在回收管道下端加装阀门,将外杯沿回收管道流下的肥皂液的流量控制住,使其与溢水杯向外杯溢出水量相当,避免在管道中产生气泡。

10.4.2　水平肥皂膜水洞

图 10.12 所示为水平肥皂膜水洞装置。水平肥皂膜水洞与竖直肥皂膜水洞一样,也是由溢水杯、肥皂膜支撑框架和回收水槽组成的。肥皂液从溢水杯内层水杯经由管道,通过流量调节阀进入由高弹力尼龙线围成的导流框,肥皂膜沿导流框流动,最后流入回收水槽。由于在水平肥皂膜水洞中肥皂膜实验段为水平布局,照明和照相都不方便,所以在装置的实验段上方布置了 45°平面镜。

与竖直肥皂膜水洞装置相比,两者主要的差别在于弹性导流框的结构。水平肥皂膜水洞将弹性导流框的平行段由竖直布置改为略微倾斜的水平布置,并且倾角可调。这一修改大幅度减小了重力在肥皂膜水洞流动方向的分量,可以显著降低肥皂膜流动的速度。为了保证肥皂膜流动稳定,扩张段和收缩段也相应地由竖直变为倾斜设计。为了使肥皂膜在扩张段与平行段连接处的流动更稳定,避免在转角处形成旋涡,在装置设计上增加了这里的拉线数,使两段可以更为顺滑地连接在一起。

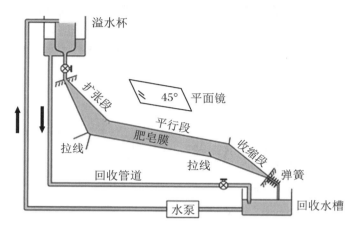

图 10.12 水平肥皂膜水洞示意图

10.4.3 测量系统

肥皂膜水洞主要采用光学干涉方法测量肥皂膜厚度的变化。照射在肥皂膜上的光线在肥皂膜的两层气液界面上发生反射,由于肥皂膜的厚度与光波波长可以比拟,从两层界面上反射的光线发生干涉,形成干涉条纹,这些干涉条纹可以直接反映肥皂膜厚度的变化。为了更清晰地显示流场结构,在照明装置的选择上需要考虑单色性好的光源,有利于形成清晰的干涉条纹。由于肥皂膜是透明液体,其表面反射率低,光源应有足够的亮度,所反射的光线才足以使干涉条纹记录装置感光而将流动结构记录下来。同时还需考虑光源的光电转换效率,光源在长时间工作时不会因发热量过大而损坏。目前肥皂膜水洞实验中使用的照明光源多为低压钠灯,钠灯发出的是黄光,它具有单色性好、亮度高、光电转换率高的特点。可以用相机拍照,也可以用高速摄像机记录运动图像。

10.4.4 肥皂膜水洞原理

在肥皂膜中存在大量表面活性剂分子,这些分子的一端是亲水结构,一端是疏水结构。分子的疏水结构端为了远离肥皂膜中的水分子而聚集在肥皂膜的表面。由于表面活性剂的作用,水的表面张力减小到纯水的三分之一左右,这使得水溶液更易被拉开成膜。

在对肥皂膜的研究中人们发现两种效应:随着表面活性剂浓度减小,肥皂膜的表面张力会增加,称为 Gibbs 效应;随着肥皂膜表面局部浓度的改变,新近发生变化的区域的表面张力总是高于之前平衡态时的表面张力,称为 Marangoni 效应。Gibbs 效应关注于表面活性剂浓度的平衡值,而 Marangoni 效应关注于表面活性剂的瞬态值,这两种效应的共同作用形成了肥皂膜的弹性。

2001 年 Chomaz 从理论上研究了在平行于肥皂膜表面方向尺度远大于肥皂膜厚度的前提下肥皂膜的一级近似动力学问题。从理论上证明了当肥皂膜的运动速度远小于在肥皂膜表面传播的 Marangoni 弹性波波速时，肥皂膜的运动遵循二维不可压 N-S 方程，肥皂膜的厚度变化反映了流场中压力场和涡量场变化；当肥皂膜的运动速度与 Marangoni 弹性波的波速相当时，肥皂膜的运动遵循单位比热容（$\gamma = 1$）的二维可压缩 Euler 方程。

由于肥皂膜厚度仅数微米，流向和横向可达数分米或米的量级，它可以很好地模拟二维流动。因此，肥皂膜水洞可以用于研究涡街的稳定性、二维湍流、二维涡的产生等物理现象。近年来肥皂膜水洞还被用来研究大量流固耦合的现象。

参 考 文 献

[1] Pope A，Harper J H. Low-speed wind tunnel testing[M]. New York：John Wiley & Sons, Inc.，1966.

[2] 伍荣林，王振羽. 风洞设计原理[M]. 北京：北京航空学院出版社，1985.

[3] 恽起麟. 实验空气动力学[M]. 北京：国防工业出版社，1991.

[4] 任思根等. 实验空气动力学[M]. 北京：宇航出版社，1996.

[5] 恽起麟. 风洞实验[M]. 北京：国防工业出版社，2000.

[6] 中国人民解放军总装备部军事训练教材编辑工作委员会. 低速风洞试验[M]. 北京：国防工业出版社，2002.

[7] 中国人民解放军总装备部军事训练教材编辑工作委员会. 高低速风洞气动与结构设计[M]. 北京：国防工业出版社，2003.

[8] 贾来兵. 二维流场中板状柔性体与流体相互作用的研究[D]. 合肥：中国科学技术大学，2009.

[9] Chomaz J M. The dynamics of a viscous soap film with soluble surfactant[J]. Journal of Fluid Mechanics，2001，442：387-409.

第 11 章　高　速　风　洞

高速风洞(high-speed wind tunnel)是指实验段气流马赫数 $M>0.3$ 的风洞,在这类风洞中可压缩现象是不可避免的。本章介绍的高速风洞包括高亚声速风洞、跨声速风洞、超声速风洞和常规加热高超声速风洞。因为这些风洞具有相同的空气动力学原理,所以放在一起介绍。本章将以超声速风洞为切入点,较全面介绍超声速风洞的特点、结构、起动和运行。对于跨声速风洞和高超声速风洞主要介绍它们与超声速风洞的差别,也就是它们各自的特点。

11.1　可压缩空气动力学关系式

在高速风洞运行中主要涉及的空气动力学原理是一维、定常、可压缩、等熵流动以及正激波理论。

11.1.1　一维定常等熵流关系

高速风洞和低速风洞一样是由各种不同大小的管道连接而成的。在风洞起动和运行过程中我们可以将风洞内的流动简化成一维流动。一维理想流动理论可以分为连续流理论和间断流理论。高速风洞连续流理论主要涉及一维定常可压缩等熵关系。这里我们罗列出本章将要用到的一些等熵流关系式,如表 11.1 所示,忽略了具体推导过程。

表 11.1 中,A 是截面积,M 是马赫数,p 是压力,ρ 是密度,T 是温度,ω 是流量,γ 是比热比。下标 0 表示总参数(驻点参数),上标 * 表示喉道参数。

11.1.2　正激波关系

一维间断流理论主要涉及正激波关系。这里我们罗列出本章将要用到的一些正激波关系式,如表 11.2 所示,忽略了具体推导过程。

表 11.2 中,下标 1 表示正激波波前参数,下标 2 表示正激波波后参数。

表 11.1　一维定常等熵流关系式

	一般关系式	（$\gamma = 1.4$）	
面积关系	$\dfrac{A}{A^*} = \dfrac{1}{M}\left(\dfrac{1 + \dfrac{\gamma-1}{2}M^2}{\dfrac{\gamma+1}{2}}\right)^{\frac{\gamma+1}{2(\gamma-1)}}$	$= \dfrac{1}{M}\left(\dfrac{1 + 0.2M^2}{1.2}\right)^3$	(11.1)
压力	$\dfrac{p_0}{p} = \left(1 + \dfrac{\gamma-1}{2}M^2\right)^{\frac{\gamma}{\gamma-1}}$	$= (1 + 0.2M^2)^{3.5}$	(11.2)
密度	$\dfrac{\rho_0}{\rho} = \left(1 + \dfrac{\gamma-1}{2}M^2\right)^{\frac{1}{\gamma-1}}$	$= (1 + 0.2M^2)^{2.5}$	(11.3)
温度	$\dfrac{T_0}{T} = \left(1 + \dfrac{\gamma-1}{2}M^2\right)$	$= (1 + 0.2M^2)$	(11.4)
流量	$\omega = \sqrt{\dfrac{\gamma}{R}}\left(\dfrac{2}{\gamma+1}\right)^{\frac{\gamma+1}{2(\gamma-1)}}\dfrac{p_0}{\sqrt{T_0}}A^*$	$= 0.0404\dfrac{p_0}{\sqrt{T_0}}A^*$	(11.5)

表 11.2　正激波关系式

	一般关系式	（$\gamma = 1.4$）	
压力比	$\dfrac{p_2}{p_1} = \dfrac{2\gamma M_1^2 - (\gamma-1)}{\gamma+1}$	$= \dfrac{7M_1^2 - 1}{6}$	(11.6)
密度比	$\dfrac{\rho_2}{\rho_1} = \dfrac{(\gamma+1)M_1^2}{(\gamma-1)M_1^2 + 2}$	$= \dfrac{6M_1^2}{M_1^2 + 5}$	(11.7)
温度比	$\dfrac{T_2}{T_1} = \dfrac{[2\gamma M_1^2 - (\gamma-1)][(\gamma-1)M_1^2 + 2]}{(\gamma+1)^2 M_1^2}$	$= \dfrac{(7M_1^2 - 1)(M_1^2 + 5)}{36M_1^2}$	(11.8)
波后 M 数	$M_2^2 = \dfrac{(\gamma-1)M_1^2 + 2}{2\gamma M_1^2 - (\gamma-1)}$	$= \dfrac{M_1^2 + 5}{7M_1^2 - 1}$	(11.9)
总压比	$\dfrac{p_{01}}{p_{02}} = \left[\dfrac{2\gamma M_1^2 - (\gamma-1)}{\gamma+1}\right]^{\frac{1}{\gamma-1}}\left[\dfrac{(\gamma-1)M_1^2 + 2}{(\gamma+1)M_1^2}\right]^{\frac{\gamma}{\gamma-1}}$	$= \left(\dfrac{7M_1^2 - 1}{6}\right)^{2.5}\left(\dfrac{M_1^2 + 5}{6M_1^2}\right)^{3.5}$	(11.10)
总温比	$T_{01} = T_{02}$	$T_{01} = T_{02}$	(11.11)

11.2　超声速风洞的特点和结构

　　超声速风洞(supersonic wind tunnel)是用来研究超声速飞行器的实验设备,超声速风洞实验段气流马赫数 M 范围一般为 1.4~5.0。超声速风洞可以分为连续式和暂冲式两种。连续式风洞可以连续工作,而暂冲式风洞一次运行的时间在几分钟到几十分钟范围内。连续式风洞需要消耗很大的功率才能维持风洞长时间高压力比运行,而暂冲式风洞是事先把空气压缩后存储在储气罐内,然后短时间内把储气罐内压缩空气释放出来。目前大部分的超声速风洞都是采用暂冲式。暂冲式风洞实验时间的长短由储气罐压力和容积大小决定。根据结构形式不同,暂冲式超声速风洞还分为吹气式和抽气式两种。吹气式风洞需要一个储气罐,把储气罐内压缩的空气通过风洞吹向大气,而吸气式风洞需要一个真空罐,把空气通过风洞吸入真空罐。

11.2.1　超声速风洞的特点

　　本节首先以暂冲式风洞为例介绍超声速风洞的特点。和低速风洞比较,我们总结出超声速风洞具有以下五个特点:

　　(1) 超声速风洞的第一个特点:要在超声速风洞实验段内获得超声速气流必须具有一个先收缩后扩张的 Laval 喷管。

　　对于变截面管道,根据一维、定常、无黏、可压缩流的连续方程和动量方程,我们可以得到

$$\frac{\mathrm{d}A}{A} = -(1 - M^2)\frac{\mathrm{d}u}{u} \tag{11.12}$$

其中 A, M, u 分别是面积、马赫数和速度。该式表明,在亚声速气流中($M<1$),随着管道横截面积减小($\mathrm{d}A<0$),气流速度增大($\mathrm{d}u>0$);而在超声速气流中($M>1$),随着管道横截面积增大($\mathrm{d}A>0$),气流速度增大($\mathrm{d}u>0$)。因此,在一个变截面管道中气流要从低速加速到超声速,管道应该设计成在亚声速部分面积逐渐减小,在超声速部分中面积逐渐增大,管道最小截面处对应声速。这样一种先收缩后扩张的管道称为 Laval 喷管。一般超声速风洞实验段前方一定有一个 Laval 喷管。

　　(2) 超声速风洞的第二个特点:吹气式风洞需要在上游安装储气罐,吸气式风洞需要在下游安装真空罐,维持 Laval 喷管两端有足够的压力差。

　　是否有了一个先收缩后扩张的喷管就一定能得到超声速气流呢? 答案是否定的。通过先收缩后扩张管道的气流不一定都能产生超声速气流,因为(11.1)式对于给定的面积比(A/A^*)有两个解,一个超声速解($M>1$),一个亚声速解($M<1$)。要在 Laval 喷管出口产生超声速气流必须在喷管两端具有足够的压力差。在超声速风洞中为了维持在实验段内是超声速气流,风洞上下游必须有足够的压力差。也就是说,吹气式风洞需要在上游有储气

罐,吸气式风洞需要在下游有真空罐,以维持喷管进出口有足够压力差。

(3) 超声速风洞的第三个特点:风洞起动过程一定会产生起动激波,起动所需的压力比远大于维持风洞正常运行时的压力比。

超声速风洞实验段内气流从静止到产生超声速气流的过程,称为风洞的起动过程。在风洞起动过程中,为了满足上下游压力边界条件,一定会在喷管内产生一道起动激波(下一节将具体介绍起动激波的形成)。只有当起动激波随压力比增大,推出实验段后,才能在实验段内获得稳定的超声速气流(起动激波的产生原理可以参考一般空气动力学教材)。

(4) 超声速风洞的第四个特点:只有改变喷管的面积比才能改变实验气流 M 数。

根据(11.1)式,在超声速风洞中,实验段内的气流 M 数由实验段与喷管喉部的面积比 $(A_{\mathrm{T}}/A_{\mathrm{I}}^{*})$ 唯一确定。因此,超声速风洞为了获得不同的试验气流 M 数,必须采用不同面积比的喷管。一般超声速风洞采用两种形式的喷管:配有一系列不同面积比的固定喷管块,或者采用可以改变面积比的柔壁喷管。

(5) 超声速风洞的第五个特点:一般超声速风洞都具有干燥、除油等附属设备。

由(11.4)式可知,在超声速风洞实验段内气流温度由于急剧膨胀而降低。在很低的温度下,空气中的水蒸气会发生凝结,严重影响实验气流的品质。为了消除水蒸气凝结问题,气体在进入风洞前需要事先进行干燥,使气体中的含水量降到最低程度。

11.2.2　超声速风洞的结构

正因为超声速风洞具有以上特点,所以超声速风洞在结构上比一般低速风洞更复杂。图 11.1 表示了一种暂冲吹气式超声速风洞示意图,它由供气系统和洞体两部分组成。

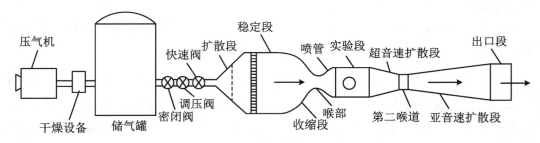

图 11.1　暂冲吹气式超声速风洞

供气系统是为超声速风洞实验提供高压气源的装置,主要包括压气机、油水分离器、干燥器和储气罐。为了防止水蒸气在实验段内发生凝结,实验气体进入实验段前需要进行干燥处理。油水分离器和干燥器就是对气体进行去湿、去油处理的装置。储气罐是用来存储高压气体的装置,它的容积大小直接决定了超声速风洞工作时间的长短。

超声速风洞洞体部分包括稳定段、Laval 喷管、实验段、第二喉道、扩散段和消音器。和低速风洞一样,稳定段的作用是使气流在进入实验段前相对安静下来。稳定段内安装有阻尼网,它的作用是为了把旋涡打碎,在实验段内获得相对均匀的气流。

Laval 喷管是获得超声速气流的重要部件。一般超声速风洞采用二维型面喷管,即两个侧壁为平面,上下壁为曲面。喷管型面设计和加工的好坏,直接影响到风洞实验段气流品质的优劣,因此喷管型面需根据特征线理论精心设计。根据超声速风洞第四个特点,实验段气流 M 数由实验段和喷管喉道面积比唯一确定。因此,超声速风洞喷管有两种形式:一种为固定喷管,即一付喷管对应一个实验段气流 M 数,要改变实验段气流 M 数必须更换喷管;另一种为柔壁喷管,由计算机和轴动筒控制喷管形线,通过改变喷管形线直接改变实验段气流 M 数。固定喷管加工相对容易一些,但是一座风洞需要制造多付喷管;柔壁喷管制作困难,一次性投资较大,使用较方便。目前两种形式的喷管在国内外风洞中均被采用。

实验段是风洞中进行实验研究的地方,因此气流 M 数最均匀。通常为了便于光学测量,实验段侧壁均安装有光学观察窗。

扩散段是一段扩张型管道,扩散角在 4°～6°间。扩散段的作用是使高速气流逐渐减速,使气流动能转化为压力能。超声速风洞扩散段包括超声速扩散段和亚声速扩散段两部分,两段之间是第二喉道。这是一个倒置的 Laval 喷管,使超声速气流变为亚音速气流后进入亚声速扩散段。第二喉道的作用在 11.4 节还要介绍。为了减小和消除出口噪音,吹气式风洞出口一般还安装有消音器,以便达到保护环境的要求。

在超声速风洞中一般还有几个特殊阀门(图 11.1)。在储气罐下游,安装有一个闸阀,闸阀是密闭阀,密闭性能和安全性较好,但动作较缓慢,一般实验结束后关闭闸阀。闸阀下游安装有快速阀,快速阀特点是动作很快,但密封性较差。在风洞起动时,先打开闸阀,然后打开快速阀,这样可以减少起动时间。在密闭阀与快速阀之间还装有一个调压阀。在吹风过程中,储气罐压力不断下降,调压阀的作用是通过调节调压阀开度保持稳定段内压力不变。

超声速风洞除了吹气式外,还有吸气式、吹引式、吸引式等其他形式。图 11.2～11.4 表示了吸气式、压力真空式(吹引式)和引射式超声速风洞示意图。

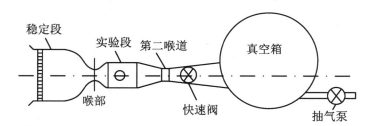

图 11.2　吸气式超声速风洞

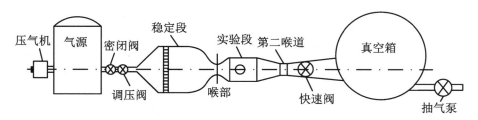

图 11.3　压力真空式超声速风洞

吸气式超声速风洞没有压气机等供气系统,但在扩散段下游有一个真空系统。其目的和吹气式风洞相同,为了在风洞上下游产生足够的压力差。吸气式风洞入口始终是一个大气压,因此风洞没有调压阀。吸气式风洞起动时上下游有足够的压差保证风洞起动。风洞运行过程中,真空罐内压力不断升高,当上下游压力差不足以维持风洞运行时,风洞关闭。

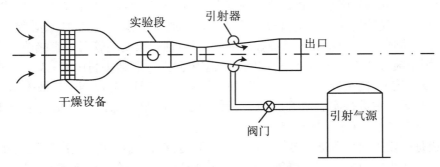

图 11.4　引射式超声速风洞

吹吸式(压力真空式)超声速风洞既在上游有储气罐又在下游有真空罐,这样可以保持风洞上下游有足够的压力差,在高 M 数高超声速风洞中多采用这种形式。

引射式风洞是在扩散段入口安装有引射器。引射器的作用可以在管道局部产生低压区,有助于风洞起动。

图 11.5 是一种吹引式风洞布局,这是一个跨超风洞,风洞安装了两个引射器,其中引射器 1 是为了增大起动压比,一般在做高 M 数实验时使用;引射器 2 安装在回流管道中,是为了节省能源回收一部分空气。

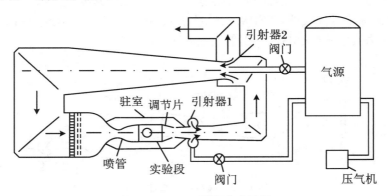

图 11.5　AT-1 型超声速风洞

11.2.3　超声速喷管设计

Laval 喷管是超声速风洞中非常重要的部件,它的作用是在实验段形成稳定、均匀的超声速气流。超声速喷管分为二维和三维喷管两种。二维喷管上下壁为曲壁,侧壁为平壁。三维喷管为轴对称喷管,截面为圆形。前面已经提到,喷管结构上又分为固壁式和柔壁式两种。本节主要介绍二维固壁喷管设计方法。

1. 喷管形状

图 11.6 是一个超声速喷管的形状示意图。如图所示,超声速喷管分为亚声速段和超声速段,在亚声速段气流 $M<1$,在超声速段气流 $M>1$,在两段之间是 $M=1$ 的喉道(A 截

面),也是喷管面积最小的地方。喷管超声速段又分为超声速前段(AB 段)和超声速后段(BC 段)。超声速前段又称为膨胀段,该段不断产生膨胀波,加速气流。超声速后段又称为消波段,所有超声速前段产生的波在后段壁面都不产生反射波,使得在喷管出口形成均匀的超声速气流。

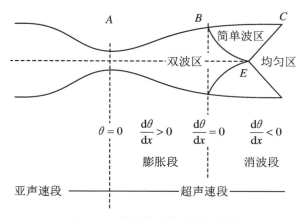

图 11.6 超声速喷管外形示意图

从喷管壁面形状来说,亚声速段壁面是一段光滑的收缩曲线,从稳定段一直到喉道截面,一般说四个壁面同时收缩。喉道截面处 $\theta = 0$(θ 是壁面曲线某点切线与轴线的夹角)。膨胀段(AB 段)曲线 $\mathrm{d}\theta/\mathrm{d}x > 0$,消波段($BC$ 段)曲线 $\mathrm{d}\theta/\mathrm{d}x < 0$,在出口 C 点 $\theta = 0$,B 点为曲线拐点,$\mathrm{d}\theta/\mathrm{d}x = 0$,倾角记为 θ_B。

喷管超声速段流场分为几个区域:超声速前段是双波区,该区域内存在两个方向的波。CE 是一条马赫线,它与轴线夹角 μ_1 是实验段气流马赫数对应的马赫角。CE 下游是均匀区。CE 上游的区域 BCE 是简单波区,只存在一个方向的波。

2. 设计原则

对于固定喷管块,要求每个喷管块的长度是固定的,实验段的尺寸也是固定的。每个喷管 M 数不同,喉道面积也就差别很大。稳定段面积很大,每个喷管块不可能包括整个收缩段。更换的喷管从喉道上游开始到实验段入口。

设计喷管大体上可以分为三个步骤:① 假设喷管内流动是理想流动,根据等熵公式设计喷管的曲线形状,称为势流曲线;② 估算喷管的边界层厚度;③ 修改势流曲线,消除边界层的影响。三个步骤是互相关联的。

3. 收缩段设计

收缩曲线的设计方法与低速风洞介绍的方法相同,比较常用的经验公式是维氏公式(10.3),差别是将(10.3)式中的 R_2 用 R^* 代替,R^* 是喉道高度。式中 R_1 用稳定段尺寸代替。

4. 超声速前段设计

设计超声速前段曲线的基本思想是把喉道的声速来流变为转折点 B 处的泉流。如图 11.7 所示,假设前段曲线 AB 已保证 B 点处达到泉流。因此有

$$y^* u^* \rho^* = \rho^* u^* r_0 \theta_B$$

和

$$r_0 = \frac{y^*}{\theta_B} \tag{11.13}$$

式中 y^* 为喉道高度，r_0 为泉流的声速半径，θ_B 是 B 点的壁面曲线倾角，ρ^*，u^* 为喉道处气流的密度和速度。

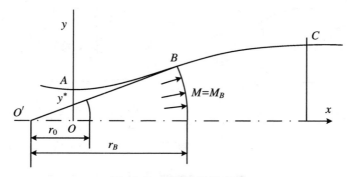

图 11.7 喷管前段的泉流

已知实验段气流 M 数为 M_T，对应的 Prandt-Meyer 膨胀角应为 ν_T。B 点泉流的气流方向是 θ_B，那么 B 点的气流 M 数 M_B 可以从对应的膨胀角（$\nu_T - \theta_B$）求出。一旦 M_B 确定，可以由

$$\frac{r_B}{r_0} = \frac{1}{M_B} \left[\left(\frac{2}{\gamma + 1} \right) \left(1 + \frac{\gamma - 1}{2} M_B^2 \right) \right]^{\frac{\gamma+1}{2(\gamma-1)}} \tag{11.14}$$

确定 r_B。于是可以确定 B 点 y 坐标是

$$y_B = r_B \sin \theta_B \tag{11.15}$$

B 点的纵向坐标确定了，但是横向坐标还没有确定，横坐标取决于以下几种前段的设计方法：

（1）Folsch 方法

这是一种经验方法。假设前段曲线为

$$y = A + Bx + Cx^2 + Dx^3$$

该方程应满足几个边界条件：

$$x = 0, \quad y = y^*$$

$$x = 0, \quad \frac{\mathrm{d}y}{\mathrm{d}x} = 0$$

$$x = x_B, \quad \frac{\mathrm{d}y}{\mathrm{d}x} = \tan \theta_B, \frac{\mathrm{d}^2 y}{\mathrm{d}x^2} = 0$$

得曲线方程为

$$y = y^* + \left(\frac{\tan \theta_B}{x_B} \right) x^2 \left(1 - \frac{x}{3x_B} \right) \tag{11.16}$$

在 B 点应满足，$x = x_B$，$y = y_B$，得

$$x_B = \frac{3}{2} (y_B - y^*) \cot \theta_B \tag{11.17}$$

对于角 θ_B,Folsch 方法建议在 $M_T < 5$ 时取

$$\theta_B = \frac{1}{2}\nu_T \left(\frac{y^*}{h}\right)^{\frac{2}{9}}$$

其中 ν_T 是对应实验气流马赫数 M_T 的膨胀角,h 是喷管出口处纵坐标。θ_B 角越大喷管越长,θ_B 角越小喷管越短。

（2）Crown 方法

该方法根据 Folsch 方法的经验,推荐前段曲线取

$$y = y^* + x_B\tan\theta_B \left(\frac{x}{x_B}\right)^3 \left(1 - \frac{x}{2x_B}\right) \tag{11.18}$$

式中

$$x_B = 2(y_B - y^*)\cot\theta_B \tag{11.19}$$

（3）圆弧加直线方法

这也是一种经验方法。基本思想是前段曲线由一圆弧和一条直线构成。圆弧圆心位于通过喉道的 y 轴上,半径取大于 8 倍 y^*。直线取斜率 $\tan\theta_B$。圆弧作用是使声速流过渡到泉流,直线段作用是有利于产生泉流。直线越长,越能使流动接近泉流。该方法具体做法可参考有关资料。

5. 超声速后段设计

超声速前段设计保证了在转折点 B 处形成泉流,即圆弧 BB' 上是完全的泉流（图 11.8）。从 B 点发出的一条第二族特征线（马赫线）交 x 轴于 E 点。BE 上游应该都是泉流,所以沿 BE 上每一点气流的 M 数都不相同,则 BE 不是直线。沿线 BE,从 B 点到 E 点,气流 M 数从 M_B 增加到 M_T,气流方向从 θ_B 减小到 0。超声速后段 BC 的设计目的是使所有从上游发出的马赫线在壁面不发生反射。于是 $BCEB$ 区域是简单波区,即从 BE 上发出的每一条第一族特征线都终止于 BC 段。在 BE 上任取一点 M,过 M 点作一条特征线 MN,与壁面 BC 交于 N 点。根据马赫线定义,MN 与 $O'M$ 的夹角为 μ。

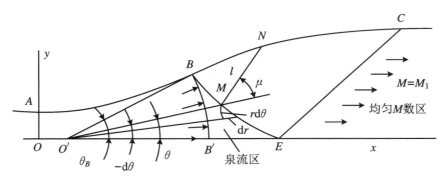

图 11.8　喷管后段曲线设计

过 M 点气流的 M 数假设为 M(界于 M_B 和 M_T 间),气流方向沿 $O'M$,与 x 轴夹角是 θ。实验段气流 M 数为 M_T,方向为 $\theta_T = 0$。根据 Prandt-Meyer 关系(ν-M 关系),有

$$\nu = \sqrt{\frac{\gamma+1}{\gamma-1}}\arctan\left[\sqrt{\frac{\gamma-1}{\gamma+1}(M^2-1)}\right] - \arctan\sqrt{M^2-1} \tag{11.20}$$

可以从(11.20)式和 M_T 求出 M 点气流的 M 数 M。

流过 BM 的流量是 $\rho u r(\theta_B - \theta)$，流过 MN 的流量是 $\rho u \sin\mu\, l_1$。流过 BM 的气体都会从 MN 流过，因此，二者相等可求得

$$l_1 = (\theta_B - \theta)Mr \tag{11.21}$$

其中 l_1 是 MN 的长度。所以，N 点坐标可写为

$$\begin{cases} x_N = x_B + r\cos\theta - r_B\cos\theta_B + l_1\cos(\theta+\mu) \\ y_N = r\sin\theta + l_1\sin(\theta+\mu) \end{cases} \tag{11.22}$$

其中 M 点泉流半径 r 根据面积关系计算：

$$\frac{r}{r_0} = \frac{1}{M}\left(\frac{\gamma-1}{\gamma+1}M^2 + \frac{2}{\gamma+1}\right)^{\frac{\gamma+1}{2(\gamma-1)}}$$

式中 r_0 由(11.13)式求得。

6. 喷管长度

如果采用 Folsch 方法设计前段，得到喷管长高比为

$$\frac{l}{h} = \frac{1}{2}\frac{\cos\theta_B}{\theta_B}\left(\frac{S_B}{S}\right) + \frac{1}{\theta_B} + M_T\cos\mu_T - \frac{3}{2}c\tan\theta_B\left(\frac{1}{S}\right) \tag{11.23}$$

其中

$$\frac{S_B}{S} = \frac{M_T}{M_B}\left(\frac{1+\frac{\gamma-1}{2}M_B^2}{1+\frac{\gamma-1}{2}M_T^2}\right)^{\frac{\gamma+1}{2(\gamma-1)}}$$

$$\frac{1}{S} = M_T\left[\left(\frac{2}{\gamma+1}\right)\left(1+\frac{\gamma-1}{2}M_T^2\right)\right]^{-\frac{\gamma+1}{2(\gamma-1)}}$$

如果采用 Crown 方法设计前段，得到喷管长高比为

$$\frac{l}{h} = \frac{\cos\theta_B}{\theta_B}\left(\frac{S_B}{S}\right) + \frac{1}{\theta_B} + M_T\cos\mu_T - 2\cot\theta_B\left(\frac{1}{S}\right) \tag{11.24}$$

如果采用圆弧加直线方法设计前段，得到喷管长高比为

$$\frac{l}{h} = \frac{1}{\theta_B} + M_T\cos\mu_T - \frac{1}{S}\left(\cot\theta_B + 8\tan\frac{\theta_B}{2}\right) \tag{11.25}$$

7. B 点折转角 θ_B 的选取

折转角 θ_B 的大小直接关系到设计喷管的长度，θ_B 选取得小，喷管就长；θ_B 选取得大，喷管就短。根据经验对不同 M 数可选取不同的 θ_B，如表 11.3 所示。

表 11.3　最大膨胀角的选择

实验段 M 数	1.5~2	3~4	5~7	10
θ_B	3°~5°	8°	12°	
长高比 l/h	6~7	8	10	12~13

8. 边界层修正

势流曲线设计后,需要进行边界层修正,即计算出边界层位移厚度。边界层修正的方法很多,繁简不一。实用简单的修正方法是线性修正的经验方法。认为位移厚度 δ^* 沿轴向线性发展,即

$$\delta^* = x \tan \beta \tag{11.26}$$

β 角与实验段 M 数有关,可按表 11.4 取值。

表 11.4　不同 M 数下边界层修正 β 角

实验段 M 数	1.5～4	6	8	10
β	0.5	0.7	1.5	2

上面仅考虑了上下壁面的边界层,实际上侧壁也存在边界层。一般不修正侧壁边界层,而对上下曲壁边界层多修正一些,以弥补侧壁发展的边界层。具体方法是

$$\delta^*_{有效} = \frac{2h + w}{w} \delta^* \tag{11.27}$$

式中 w 是实验段的宽度。

9. 超声速喷管设计流程

设计超声速风洞喷管的已知条件有实验段气流 M 数 M_T、喷管出口半高 $h_{实际}$(实验段半高)、喷管长度 l 和实验段宽度 w。设计流程如图 11.9 所示,大致有以下步骤:

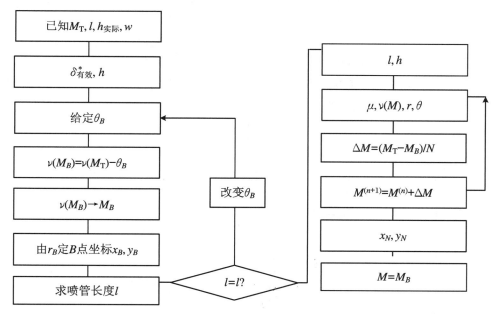

图 11.9　超声速喷管设计流程

(1) 首先根据喷管长度、高度和宽度要求,用(11.26)式和(11.27)式,进行边界层修正,计算出 $\delta^*_{有效}$,进而计算出喷管无黏势流出口半高 h。

(2) 进入无黏流形线计算。先根据表 11.3 选择一个折转角 θ_B,算出 $\nu(M_B)$,根据 ν-M

关系(11.20)计算 B 点 M 数 M_B。再从(11.13)~(11.15)式求出 B 点纵坐标 y_B，并从(11.17)式求出 B 点横坐标 x_B(其中 y^* 根据面积关系(11.1)和实验段气流 M 数计算)。

(3) 根据(11.23)式求喷管长度 l。判断此长度与给定的喷管长度是否一致，如果不一致，改变折转角 θ_B。重复(2)，直到喷管长度满足要求。

(4) 在确定的折转角 θ_B 下，计算超声速前段坐标。

(5) 计算超声速后段坐标。从 M_B 开始按步长 ΔM 增加直到 M_T，对每个 M 数根据(11.20)~(11.22)式计算后段各点坐标。

一个超声速风洞需要有若干副不同 M 数的喷管，但是稳定段和实验段只需要一个。因此，要求所设计的喷管具有相同的长度和实验段高度，以便于安装。

11.3　超声速风洞的起动和运行

11.3.1　超声速喷管的起动过程

正如在超声速风洞特点三所说，超声速喷管在起动过程中一定会产生一道起动激波。本小节将较详细地介绍超声速喷管的起动过程。相关内容在一般气体动力学教材中也能找到。

图 11.10(a)表示一个吸气式喷管的起动过程。吸气式喷管是指喷管上游压力 p_0 维持不变，喷管下游通过一个阀门接到一个真空罐。阀门可调节喷管出口压力 p_e，在喷管两端产生一定压力差。喷管起动前整个喷管保持相同压力 p_0，当阀门打开后，背压 p_e 由高向低变化，这时喷管内会出现下列状态：

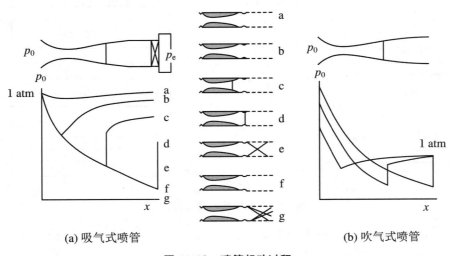

(a) 吸气式喷管　　　　　　　(b) 吹气式喷管

图 11.10　喷管起动过程

（1）曲线（a）和曲线（b）

这时出口压力 p_e 刚从 p_0 开始下降。这两种情况喷管内都是等熵流动。曲线（a）对应于整个管道内都是亚声速流，沿收缩扩张管道，速度先增大后减小，对应压力先减少后增加；曲线（b）对应于喉道处达到声速，其他地方都是亚声速流动。在喉道处压力达到最小。喷管内任一截面处的 M 数和压力 p 由下列公式计算。先根据总压 p_0 和出口压力 p_e，用（11.28）式计算出口 M 数 M_e。

$$\frac{p_0}{p_e} = \left(1 + \frac{\gamma - 1}{2}M_e^2\right)^{\frac{\gamma}{\gamma - 1}} \tag{11.28}$$

然后，根据面积关系（11.29）和该截面面积 A、出口面积 A_e 计算该截面气流 M 数 M。注意（11.29）式有两个解，此时应取亚声速解。

$$\frac{A}{A_e} = \frac{M_e}{M}\left[\frac{1 + \dfrac{\gamma - 1}{2}M^2}{1 + \dfrac{\gamma - 1}{2}M_e^2}\right]^{\frac{\gamma + 1}{2(\gamma - 1)}} \tag{11.29}$$

最后根据总压 p_0 和当地 M 数 M 用（11.30）式计算该截面压力，结果如图 11.11 所示。

$$p = p_0\left(1 + \frac{\gamma - 1}{2}M^2\right)^{\frac{-\gamma}{\gamma - 1}} \tag{11.30}$$

（2）曲线（c）

当背压 p_e 进一步下降到状态（c）时，喉道下游部分开始出现超声速气流。如果假设喉道下游管道内全部为超声速等熵流，则喉道下游出口压力应为（f），远低于（c）（图 11.12）；如果假设喉道下游管道内全部为亚声速等熵流，则喉道下游出口压力应为（b），远高于（c）。

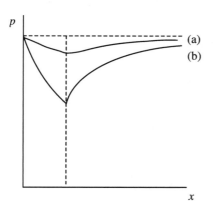

图 11.11 管道内亚声速流时压力分布

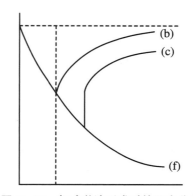

图 11.12 起动激波形成时的压力分布

为了满足出口背压条件，在喉道下游喷管某位置一定会出现一道正激波，通过激波调节出口压力。正激波前为超声速等熵流，正激波后为亚声速等熵流，激波前后出现压力突跃、M 数突跃，这就是产生起动激波的原因（图 11.12）。

如果已知背压 p_e 和总压 p_0，求起动激波位置就不是那么直截了当了。方法有多种，比如我们可以先假设起动激波在喷管喉道下游某处，该处截面面积是 A。按下面顺序进行

计算:

- 根据面积关系(11.1)计算出起动激波的波前气流 M 数 M_1(取超声速解)。
- 根据正激波前后总压比(11.10)式,计算出波后总压 p_{02},注意式中波前总压 p_{01} $= p_0$。
- 根据正激波波后气流 M 数关系(11.9),计算出激波波后气流 M 数 M_2。
- 根据面积关系和当地面积 A、出口面积 A_e、当地波后 M 数 M_2,计算出口 M 数 M_e.
- 根据等熵压力关系(11.2)和波后总压 p_{02} 及出口 M 数 M_e,计算出口压力 p_e。

(11.2)式中的总压 p_0 应该用波后总压 p_{02} 代替。

比较计算出的出口压力与给定的背压是否一致,如果不一致,则调整假设的起动激波位置,直至满足出口边界条件为止。注意,起动激波越靠近喉道,强度越弱,计算出的出口压力越高。也就是说,背压越低,起动激波越向喷管下游移动。

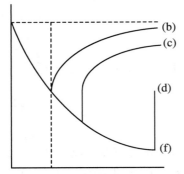

图 11.13　起动激波位于出口处以及设计工况时的压力分布

（3）曲线(d)和曲线(f)

当背压从(c)进一步下降,起动激波增强,激波位置也进一步向下游移动。当背压达到状态(d)时,正激波位置刚好在喷管出口处(图 11.13)。这时喷管内都是等熵连续流(喉道上游是亚声速流,喉道下游是超声速流)。起动激波在出口处,波后是亚声速流。激波波前 M 数刚好等于喷管的出口 M 数。

计算状态(d)不困难。先按面积关系(11.1)计算激波前气流 M 数 M_1,再由压力等熵关系(11.2)和总压 p_0、波前 M 数 M_1,计算波前压力 p_1。最后用正激波前后压力关系(11.6)计算波后压力 p_2,p_2 就是状态(d)对应的背压 p_e。

曲线(f)对应于整个喷管内都是等熵流动,喉道下游为超声速流,状态(f)又称为设计工况。这时出口背压可按等熵关系很容易计算出来。

从上面计算可知,状态(d)和状态(f)对应的背压并不相等。那么如果背压低于状态(d)而高于状态(f)对应的背压,会发生什么现象呢? 实际流动图像是,当背压从状态(d)进一步降低时,喷管出口处的正激波会演变成斜激波,伸出喷管,斜激波下游形成一条射流。这时状态记为(e)。斜激波是二维流动,斜激波损失比正激波小,状态(e)时仍然能满足边界条件。背压不断降低,斜激波逐渐变弱,最后成为声波(马赫波),这就是状态(f)。如果背压从工况(f)继续降低,这时喷管出口会出现膨胀波,这时记为状态(g),如图 11.10(a)所示。

图 11.10(b)是一个吹气式喷管的起动示意图。吹气式喷管起动时是保持背压固定,不断升高喷管入口压力,即提高稳定段总压。其起动过程与吸气式喷管类似,请自行分析。

11.3.2　超声速风洞的起动

上一小节介绍了一个喷管的起动过程,现在我们以吹气式风洞为例介绍整个超声速风洞的起动过程,看看实验段内的超声速气流是如何形成的。所谓超声速风洞的起动过程是指在超声速风洞实验段内建立起稳定的超声速气流的过程。

风洞吹风前整个管道内气体静止,保持一个大气压。风洞开始起动时,稳定段内压力上升,管道两端产生压力差。在压差的作用下,管道内产生流动,开始是亚声速流动(状态(a));随稳定段压力上升,喷管喉道处达到声速(状态(b));稳定段压力继续增加,喉道下游产生起动激波(状态(c));当起动激波到达喷管出口,即实验段入口时(状态(d)),实验段内还是亚声速气流。因为实验段是等截面的,稳定段略微增加一点总压,起动激波就会跳到实验段下游。当这道正激波推出实验段后,实验段内就建立起超声速气流了。一旦实验段内全部为超声速气流后,就认为风洞起动过程完成了。

在风洞起动过程中,起动激波从喉道生成,直到推出实验段,整个过程中起动激波最强的位置是激波在实验段时。因为从喉道到实验段,管道面积最大的地方是在实验段,面积越大对应的气流 M 数越高,激波也越强。图 11.14 是超声速风洞起动过程中起动激波在实验段内时,管道内的压力分布示意图。当起动激波在实验段内时,激波前后的总压比是

$$\frac{p_{01}}{p_{02}} = \left[\frac{2\gamma M_{\mathrm{T}}^2 - (\gamma - 1)}{(\gamma + 1)}\right]^{\frac{1}{\gamma-1}} \left[\frac{(\gamma - 1)M_{\mathrm{T}}^2 + 2}{(\gamma + 1)M_{\mathrm{T}}^2}\right]^{\frac{\gamma}{\gamma-1}} \tag{11.31}$$

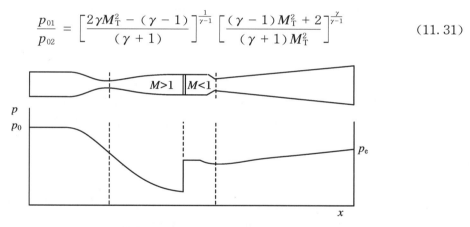

图 11.14　吹气式超声速风洞起动过程压力分布

激波前是等熵流,可以近似认为波前总压 p_{01} 就等于稳定段内压力 p_0。激波后也是等熵流,可以近似认为波后总压 p_{02} 就等于扩散段出口压力(认为出口速度很低了)。因此,起动时稳定段内需要的最高压力可以用(11.31)式计算。这就是风洞起动时应满足的最小压比,称为理想起动压比,记为 $\lambda_{理想}$。根据(11.31)式计算得到不同实验气流马赫数时对应的理想起动压比 $\lambda_{理想}$ 示于表 11.5。

表 11.5　不同实验气流马赫数时对应的理想起动压比

M_{T}	1.5	2.0	3.0	4.0	5.0
$\lambda_{理想}$	1.075	1.387	3.045	7.207	16.20

图 11.14 表示当起动激波位于实验段内时风洞内的压力分布。起动激波前是等熵流,气流从稳定段不断加速,从亚声速流加速到超声速流,压力不断降低,在实验段内压力达到

最低。穿过起动激波,压力发生突跃。起动激波波后是亚声速等熵流动,在扩压段内,随管道面积不断扩大,气流速度减小,压力逐渐恢复到一个大气压,排出风洞扩散段。

11.3.3 第二喉道的作用和第二喉道最小面积

在吹气式超声速风洞实验段下游需通过扩散段将气流减速后排入大气。扩散段包括超声速扩散段和亚声速扩散段两部分,实际上是一个先收缩后扩张的、倒置的 Laval 喷管。在超声速扩散段和亚声速扩散段之间称为第二喉道。

第二喉道在超声速风洞起动和运行中有十分重要的作用,但是从空气动力学的角度看,由于第二喉道的存在也给风洞起动和运行带来一些特殊要求。这就是,第二喉道的截面积在风洞起动时不能太小,存在一个最小面积,记为 A_{2min}。

为什么会存在一个第二喉道最小面积 A_{2min} 呢?这是因为当在管道中存在起动激波时,起动激波前方是超声速气流,激波后方是亚声速气流。波后的亚声速气流流过扩散段时,在管道收缩段速度增大,压力减小,在第二喉道处速度达到最大。如果第二喉道面积小,则就有可能在第二喉道处形成声速截面,一旦形成声速截面,就限制了管道流量。

我们来看一看管道中流量的计算方法。根据流量的计算公式(11.5)可知

$$\omega = \sqrt{\frac{\gamma}{R}\left(\frac{2}{\gamma+1}\right)^{\frac{\gamma+1}{2(\gamma-1)}}} \frac{p_0}{\sqrt{T_0}} A^*$$

管道中流量 ω 与总压 p_0、总温 T_0 及喉道面积 A^* 有关。当起动激波存在时,根据流量守恒,激波前后的流量必须相等($\omega_1 = \omega_2$),其中下标 1 表示波前参数,下标 2 表示波后参数。因为激波前后的总温相同($T_{01} = T_{02}$),总压不相等($p_{01} \neq p_{02}$),因此激波前后对应的喉道声速面积必将不相等($A_1^* \neq A_2^*$)。根据(11.5)式有

$$\frac{A_2^*}{A_1^*} = \frac{p_{01}}{p_{02}}$$

在风洞起动过程中,当起动激波位于实验段时,激波引起的总压损失最大。所以这时对应的 A_2^* 最大。也就是说,在起动过程中,第二喉道应该打开足够大,避免在第二喉道面积形成声速截面。第二喉道允许的最小面积是起动激波位于实验段时对应的第二喉道声速截面:

$$A_{2min} = \left(\frac{p_{01}}{p_{02}}\right)_T A_1^*, \quad A_2 > A_{2min} \tag{11.32}$$

式中下标 T 表示正激波在实验段时激波前后的总压比。如果实验段面积用 A_T 表示,可以写出超声速扩散段允许的最大起动收缩比 ψ 为

$$\psi = \frac{A_T}{A_{2min}} = \frac{A_T}{A_1^*} \frac{A_1^*}{A_{2min}} = \frac{(\gamma+1)^{\frac{(\gamma+1)}{2(\gamma-1)}} M_T^{\frac{\gamma+1}{\gamma-1}}}{\left[(\gamma-1)M_T^2 + 2\right]^{\frac{1}{2}} \left[2\gamma M_T^2 - (\gamma-1)\right]^{\frac{1}{\gamma-1}}} \tag{11.33}$$

对于 $\gamma = 1.4$ 有

$$\psi = \frac{216 M_T^6}{\left[M_T^2 + 5\right]^{0.5} \left[7M_T^2 - 1\right]^{2.5}}$$

对应不同实验段 M 数,第二喉道最小面积具体数值示于表 11.6 中。

表 11.6　不同实验段气流 M 数时第二喉道最小截面积

M_T	2.0	3.0	4.0	5.0
A_{2min} / A_1^*	1.387	3.045	7.207	16.20
A_{2min} / A_T	0.822	0.719	0.672	0.648

我们知道,风洞起动时需要的最大的压力比是理想起动压比,对应于起动激波在实验段内时需要的压比。此时,略提高稳定段总压,起动激波将会推出实验段,实验段内全为超声速流了,风洞也就完成起动过程了。

但是,起动激波推出实验段后应该位于何处呢?

它不会位于超声速扩压段中,因为超声速扩压段是一个收缩管道,激波在收缩管道中处于不稳定状态。这时激波会在亚声速扩散段某处(该处截面积等于实验段的面积)站住,如图 11.15 所示。这时激波是稳定的,稳定段压力升高一点,激波会向下游移动一点;稳定段压力降低一点,激波会向第二喉道靠拢一点。

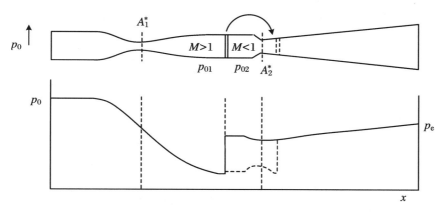

图 11.15　超声速风洞起动和运行时激波位置及风洞内压力分布

我们知道,风洞起动后如果激波位于亚声速扩散段内时,稳定段的总压是比较高的。风洞实际运行时稳定段的总压完全可以减低一些。运行时降低稳定段压力就可以增加风洞的运行时间。

风洞起动后,如果降低一点稳定段压力,那么位于亚声速扩散段的起动激波会向第二喉道靠近一点。如果我们设想一个极限情况,风洞起动以后,把第二喉道面积减小到和第一喉道面积一样大,使得 $A_2 = A_1^*$,同时降低稳定段压力使得激波位于第二喉道处,这样风洞的运行压力最小,运行时间最长。这种情况称为理想运行压比。对应理想运行压比,风洞内无激波,全部为等熵流。事实上,理想运行压比只是一种理想状态,是不可能发生的。

实际情况是,风洞起动以后,可以减小第二喉道面积,使得 $A_2 > A_1^*$,同时适当降低稳定段压力,可使得起动激波位于第二喉道下游不远处。这时的实际运行压比可以大大低于理想起动压比 $\lambda_{理想}$,延长风洞运行时间。

对于一些小一点的风洞,往往风洞起动后来不及减小第二喉道面积。如果仅减低稳定段压力,使起动激波靠近第二喉道,也可以起到延长运行时间的目的。说得极端一点,使起动激波刚好位于第二喉道处,这时对应的压比称为固定第二喉道运行压比 $\lambda_{固定}$。这个压比仍然低于理想起动压比 $\lambda_{\text{理想}}$，可以起到延长风洞运行时间的作用。

固定第二喉道运行压比 $\lambda_{\text{固定}}$ 是可以很容易计算出来的。计算步骤如下：① 计算风洞起动时，第二喉道最小面积 $A_{2\text{min}}$；② 计算起动激波位于第二喉道时的激波强度（波前气流 M 数等于第二喉道处的气流 M 数）；③ 计算固定第二喉道运行压比 $\lambda_{\text{固定}}$，即激波前后总压比。

在不同实验段气流 M 数时，理想起动压比 $\lambda_{\text{理想}}$ 和固定第二喉道运行压比 $\lambda_{\text{固定}}$ 比较见表 11.7。

表 11.7　不同实验段气流 M 数时的理想起动压比与固定第二喉道运行压比

M_{T}	2.0	3.0	4.0	5.0
$\lambda_{\text{理想}}$	1.387	3.045	7.207	16.20
$\lambda_{\text{固定}}$	1.199	2.293	4.963	10.68

例　某教学用小型超声速风洞实验段尺寸为 $A_{\text{T}} = 0.2 \times 0.2\ \text{m}^2$，求气流 M 数为 $M_{\text{T}} = 2.0$ 和 4.0 时的理想起动压比、第一喉道面积、第二喉道最小允许面积和固定第二喉道运行压比。

解　$M_{\text{T}} = 2.0$ 时，第一喉道面积为

$$A_1^* = A_{\text{T}} M_{\text{T}} \left(\frac{1.2}{1 + 0.2 M_{\text{T}}^2} \right)^3 = 0.04 \times 2 \times \left(\frac{1.2}{1.8} \right)^3 = 0.02370\ \text{m}^2 = 0.1185\ \text{m} \times 0.2\ \text{m}$$

理想起动压比为

$$\lambda_{\text{理想}} = \left(\frac{7 \times 2^2 - 1}{6} \right)^{2.5} \left(\frac{2^2 + 5}{6 \times 2^2} \right)^{3.5} = 1.3872$$

第二喉道最小允许面积为

$$A_{2\text{min}} = \left(\frac{p_{01}}{p_{02}} \right)_{\text{T}} A_1^* = \lambda_{\text{理想}} A_1^* = 0.03288\ \text{m}^2 = 0.1644\ \text{m} \times 0.2\ \text{m}$$

固定第二喉道运行压比

$$\frac{A_1^*}{A_2} = \frac{1}{1.3872} = 0.7209$$

查表得，$M_2 = 1.751$。

$$\lambda_{\text{固定}} = \left(\frac{7 \times 1.751^2 - 1}{6} \right)^{2.5} \left(\frac{1.751^2 + 5}{6 \times 1.571^2} \right)^{3.5} = 1.199$$

$M_{\text{T}} = 4.0$ 时，第一喉道面积为

$$A_1^* = 0.04 \times 4 \times \left(\frac{1.2}{4.2} \right)^3 = 0.003732\ \text{m}^2 = 0.01866\ \text{m} \times 0.2\ \text{m}$$

理想起动压比为

$$\lambda_{\text{理想}} = \left(\frac{7 \times 4^2 - 1}{6} \right)^{2.5} \left(\frac{4^2 + 5}{6 \times 4^2} \right)^{3.5} = 7.207$$

第二喉道最小允许面积

$$A_{2\text{min}} = \lambda_{\text{理想}} A_1^* = 0.02690\ \text{m}^2 = 0.1345\ \text{m} \times 0.2\ \text{m}$$

固定第二喉道运行压比

$$\frac{A_1^*}{A_2} = 0.1387$$

查表得，$M_2 = 3.564$。

$$\lambda_{\text{固定}} = \left(\frac{7 \times 3.564^2 - 1}{6}\right)^{2.5} \left(\frac{3.564^2 + 5}{6 \times 3.564^2}\right)^{3.5} = 4.963$$

11.3.4 超声速风洞运行参数计算

1. 实验段气流参数计算

认为风洞已经起动完毕，从稳定段到实验段为等熵流动。稳定段内速度很低，稳定段内压力、温度、密度近似等于气流总压、总温、总密度。实验段内参数可利用可压缩等熵流公式计算。这里我们再写一遍。

实验段气流 M 数由喷管面积比唯一确定：

$$\frac{A}{A^*} = \frac{1}{M_{\text{T}}} \left(\frac{1 + \frac{\gamma - 1}{2} M_{\text{T}}^2}{\frac{\gamma + 1}{2}}\right)^{\frac{\gamma+1}{2(\gamma-1)}} \tag{11.34}$$

实验段静压

$$p = p_0 \left(1 + \frac{\gamma - 1}{2} M_{\text{T}}^2\right)^{\frac{-\gamma}{\gamma-1}} \tag{11.35}$$

实验段密度

$$\rho = \rho_0 \left(1 + \frac{\gamma - 1}{2} M_{\text{T}}^2\right)^{\frac{-1}{\gamma-1}} \tag{11.36}$$

实验段静温

$$T = T_0 \left(1 + \frac{\gamma - 1}{2} M_{\text{T}}^2\right)^{-1} \tag{11.37}$$

实验段声速

$$a = \sqrt{\gamma R T} \tag{11.38}$$

动压

$$q = \frac{1}{2} \rho v^2 = \frac{\gamma}{2} p M_{\text{T}}^2 = \frac{\gamma}{2} p_0 \left(1 + \frac{\gamma - 1}{2} M_{\text{T}}^2\right)^{\frac{-\gamma}{\gamma-1}} M_{\text{T}}^2 \tag{11.39}$$

流量

$$\omega = \left(\frac{\gamma}{R}\right)^{\frac{1}{2}} \frac{p_0}{\sqrt{T_0}} \frac{M_{\text{T}} A_{\text{T}}}{\left(1 + \frac{\gamma - 1}{2} M_{\text{T}}^2\right)^{\frac{\gamma+1}{2(\gamma-1)}}} \tag{11.40}$$

单位雷诺数

$$Re_L = \left(\frac{\gamma}{R}\right)^{\frac{1}{2}} \frac{p_0}{\sqrt{T_0}} \frac{M_T\left(\frac{1}{\mu}\right)}{\left(1 + \frac{\gamma-1}{2}M_T^2\right)^{\frac{\gamma+1}{2(\gamma-1)}}} \quad (1/\mathrm{m}) \tag{11.41}$$

其中 R 是气体常数。对于空气 $R_{\mathrm{air}} = 286.7\,\mathrm{J/(kg \cdot K)}$。

2. 运行时间计算

超声速风洞的运行时间也是一个重要参数。运行时间与风洞运行方式有关。超声速风洞有两种运行方式:等动压运行和等流量运行。从(11.39)式可知,等动压运行要求稳定段总压 p_0 为常数。等动压运行的优点是,在吹风过程中作用在模型上的气动力是常数,便于天平测量。从(11.40)式可知,等流量运行不仅要求稳定段总压 p_0 为常数,而且要求总温 T_0 为常数。等流量运行包含等动压运行。比较(11.40)式和(11.41)式可以知道,等流量运行时实验雷诺数也是常数。而等动压运行时不能保证雷诺数是常数。

(1) 吹气式风洞等流量运行时间计算

计算中我们假设:① 管道内无热损失;② 容器内为多变过程。多变过程是指温度、密度和压力之间满足

$$\frac{T_1}{T_2} = \left(\frac{\rho_1}{\rho_2}\right)^{n-1} = \left(\frac{p_1}{p_2}\right)^{\frac{n-1}{n}} \tag{11.42}$$

其中 $n=1$,是等温过程;$n=\gamma=1.4$,是等熵过程;n 介于 1 和 γ 之间为多变过程。

吹气式风洞运行时,储气罐内的压力从初始 p_i 下降到 p_f 结束,稳定段内总压 p_0 保持不变,等流量运行时气流总温 T_0 也保持不变(图 11.16)。

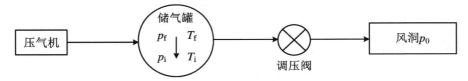

图 11.16 吹气式风洞运行示意图

储气罐内气体的质量是 $m = \rho V$,ρ 是气体密度,V 是储气罐的体积。单位时间储气罐内减少的气体质量就等于从风洞流出的流量:

$$-\frac{\mathrm{d}m}{\mathrm{d}t} = \omega = \text{常数}$$

即 $\mathrm{d}t = -\frac{\mathrm{d}m}{\omega} = -\frac{V}{\omega}\mathrm{d}\rho$。代入(11.40)式和(11.42)式有

$$t = -\frac{V}{\omega}\int_{\rho_i}^{\rho_f}\mathrm{d}\rho = -\frac{V}{\omega}(\rho_f - \rho_i) = \frac{V}{\omega}\frac{p_i}{RT_0}\left[1 - \left(\frac{p_f}{p_i}\right)^{\frac{1}{n}}\right]$$

代入流量公式(11.40),得到吹气式风洞等流量运行的运行时间是

$$t = \frac{1}{\sqrt{\gamma R}}\left(\frac{\gamma+1}{2}\right)^{\frac{\gamma+1}{2(\gamma-1)}}\frac{V}{A_1^*}\frac{p_i}{p_0}\frac{1}{\sqrt{T_0}}\left[1 - \left(\frac{p_f}{p_i}\right)^{\frac{1}{n}}\right] \tag{11.43}$$

考虑到风洞等流量运行时气流总温不变,可按等温过程处理,(11.43)式中取 $n=1$,并且对

于空气有 $\gamma = 1.4, R = 286.7 \, \mathrm{J/(kg \cdot K)}$，(11.43)式写为

$$t = 0.0862 \frac{V}{A_1^*} \frac{p_i}{p_0 \sqrt{T_0}} \left[1 - \left(\frac{p_f}{p_i} \right) \right]$$

（2）吹气式风洞等动压运行时间计算

风洞等动压运行时，流量不再是常数，即总温不再是常数。从多变过程出发，有

$$\left(\frac{\rho}{\rho_i} \right) = \left(\frac{p}{p_i} \right)^{\frac{1}{n}}, \quad \mathrm{d}\rho = \frac{1}{n} \rho_i p_i^{-\frac{1}{n}} p^{\frac{1-n}{n}} \mathrm{d}p$$

计算出等动量运行时间是

$$\begin{aligned}
t &= \int_{p_i}^{p_f} - \frac{V}{\omega} \frac{1}{n} \frac{p_i}{RT_i} p_i^{-\frac{1}{n}} p^{\frac{1-n}{n}} \mathrm{d}p \\
&= \int_{p_i}^{p_f} - \frac{V}{R} \sqrt{\frac{R}{\gamma}} \left(\frac{\gamma+1}{2} \right)^{\frac{\gamma+1}{2(\gamma-1)}} \frac{\sqrt{T}}{p_0 A_1^*} \frac{p_i^{\frac{n-1}{n}}}{nT_i} p^{\frac{1-n}{n}} \mathrm{d}p \\
&= \frac{1}{\sqrt{\gamma R}} \frac{\gamma+1}{2(\gamma-1)}^{\frac{V}{p_0 A_1^*}} \frac{2}{n+1} \frac{p_i}{\sqrt{T_i}} \left[1 - \left(\frac{p_f}{p_i} \right)^{\frac{n+1}{2n}} \right]
\end{aligned} \tag{11.44}$$

（3）吸气式风洞等流量时间计算

吸气式风洞总压和总温是常数，因此是等流量运行。运行时真空罐压力从初始 p_i 上升到 p_f 终止（图 11.17）。运行时间是

$$t = \left(\frac{\gamma+1}{2} \right)^{\frac{\gamma+1}{2(\gamma-1)}} \frac{1}{\sqrt{\gamma R T_0}} \frac{V}{A_1^*} \frac{p_f}{p_0} \left(1 - \frac{p_i}{p_f} \right) \tag{11.45}$$

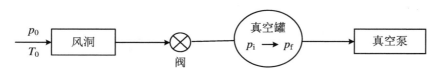

图 11.17　吸气式风洞等流量运行示意图

（4）储气罐充气时间计算

$$t = \frac{V}{Q} \frac{p_i}{p_a} \left(\frac{p_f}{p_i} - 1 \right) \tag{11.46}$$

式中 V 是储气罐体积，Q 是压气机入口（容积）流量，p_a 是入口压力。

（5）真空罐抽气时间计算

$$t = \frac{V}{K} \ln \frac{p_i}{p_f} \tag{11.47}$$

式中 K 是真空泵抽气速率。

例　某教学用小型超声速风洞储气罐容积 $V = 60 \, \mathrm{m}^3$，初始压力 $p_i = 10 \, \mathrm{atm}$，吹风结束时压力 $p_f = 5 \, \mathrm{atm}$。实验段面积为 $A_T = 0.2 \times 0.2 \, \mathrm{m}^2$，运行时稳定段压力 $p_0 = 2.4 \, \mathrm{atm}$。实验段气流 M 数为 $M_T = 2.0$，分别按等流量运行和等动压运行计算风洞吹风时间（总温 $T_0 = 288 \, \mathrm{K}$）。

解　先由实验段面积和气流 M 数求喉道面积，有

$$\frac{A_{\mathrm{T}}}{A_1^*} = \frac{1}{M_{\mathrm{T}}}\left(\frac{1 + 0.2M_{\mathrm{T}}^2}{1.2}\right)^3 = 1.6875$$

得 $A_1^* = 0.0237\ \mathrm{m}^2$。按等流量运行计算,代入(11.43)式求运行时间。

若按等温过程计算:$n = 1$,有

$$t = 0.0862\,\frac{60}{0.0237}\,\frac{10}{2.4\,\sqrt{288}}\left[1 - \left(\frac{5}{10}\right)\right] = 26.8\ \mathrm{s}$$

若按多变过程计算:$n = 1.2$,有

$$t = 0.0862\,\frac{60}{0.0237}\,\frac{10}{2.4\,\sqrt{288}}\left[1 - \left(\frac{5}{10}\right)^{\frac{5}{6}}\right] = 23.5\ \mathrm{s}$$

按等动压运行计算,代入(11.44)式求运行时间。

若按多变过程计算:$n = 1.2$,有

$$t = 0.0862\,\frac{60}{2.4 \times 0.0237}\,\frac{2}{2.2}\,\frac{10}{\sqrt{288}}\left[1 - \left(\frac{5}{10}\right)^{\frac{11}{12}}\right] = 25.2\ \mathrm{s}$$

11.3.5 水蒸气凝结和防治方法

1. 水蒸气凝结条件

空气中一般都含有水蒸气,常压下不同温度的空气含水气量如图 11.18 所示。在一定的压力和温度条件下,水蒸气会发生凝结(condensation)。是否发生凝结与四个参数有关:

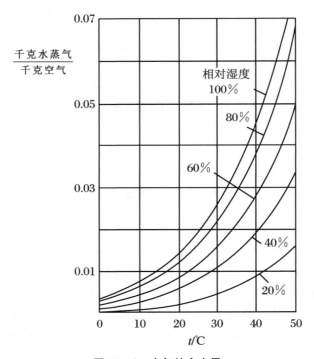

图 11.18 空气的含水量

空气的湿度(每千克空气含有的水蒸气量)、温度、压力以及空气处于低温下的时间。湿度越大,温度越低,压力越高,低温下持续时间越长,越易发生凝结。

在超声速风洞中气流通过喷管加速膨胀,气流静温急剧下降,在实验段达到很低的温度。若气流总温为 15 ℃,不同 M 数下实验段内静温如表 11.8 所示。从表中可知,超声速风洞实验段内温度很低,为水蒸气凝结创造了条件。因为随温度下降,水的饱和蒸气压急剧下降,一旦饱和蒸气压低于空气中实际水蒸气分压,凝结就发生了。然而,在超声速风洞喷管中,空气的静压也随 M 数增大而降低,水蒸气分压也随之降低,这是有利于防止凝结发生的。所以,如果风洞稳定段压力较高(如吹气式风洞),湿度较大,发生凝结是可能的。

表 11.8 不同 M 数下实验段静温(总温为 15 ℃)

M	1.5	2.0	2.5	3.0	3.5	4.0	4.5	5.0
$T/℃$	−74	−113	−145	−170	−190	−204	−216	−225

水汽凝结需要一段时间形成凝结核。在超声速风洞喷管内,气流参数变化很快,这就有可能是由水蒸气处于超饱和状态而不凝结导致的。即空气中水蒸气分压 p_v 大于饱和蒸气压 p_u,一般认为临界超饱和状态为 $p_v/p_u = 4.0$。

2. 水蒸气凝结对风洞实验的影响

当气流高速通过喷管加速膨胀时,温度迅速下降,很容易出现水蒸气过饱和状态,但不一定发生凝结。如果空气湿度较大,容易在第一喉道下游发生"凝结波",气流参数发生不规则突变。如果空气湿度不大,但没有达到应有的干燥程度,则可能在喷管出口或实验段发生凝结。这时水汽凝结成细微的液态粒子,如雾一样,称为"雾式凝结"。雾式凝结对气流参数影响不大。风洞起动时由于管道中原有空气干燥度不够,突然低温会造成雾式凝结。如果储气罐中气体足够干燥,则雾式凝结会很快消失。如果在喷管中出现临界饱和状态后,某些情况下水蒸气会突然凝结,形成凝结波,对气流会有较明显的影响。

水蒸气凝结过程会放出大量的热,使局部气流 M 数以其他参数发生变化。理论上可以分析得到以下凝结对气流 M 数和压力影响的公式:

$$\frac{\mathrm{d}M^2}{M} = \frac{1+\gamma M^2}{1-M^2}\left(\frac{\mathrm{d}Q}{H} - \frac{\mathrm{d}A}{A}\right) \tag{11.48}$$

$$\frac{\mathrm{d}p}{p} = \frac{-\gamma M^2}{1-M^2}\left(\frac{\mathrm{d}Q}{H} - \frac{\mathrm{d}A}{A}\right) \tag{11.49}$$

式中 $\mathrm{d}Q$ 是凝结产生的热量,H 凝结前气流的焓。在实验段中面积 A 不变,凝结波后 M 数必然下降,压力升高。在喷管中,M 数本身随面积增大而变大,凝结波后的 M 数变化要看具体情况才能确定。一般情况在喷管出口处面积变化很小,M 数也是减小的。

3. 防治凝结发生的方法

在超声速风洞中防治发生水蒸气凝结的方法有两种:加热和干燥。

(1) 第一种方法是加热空气、提高气流总温。根据实验数据,如果总温提高到 50 ℃,不出现凝结的 M 数可以到 1.5;如果总温提高到 200 ℃,则不出现凝结的 M 数可以到 2.5。同时空气的焓值提高,凝结放热的影响也可以减小。不过,对于暂冲式风洞来说,这种方法需要庞大的加热系统;对吸气式风洞来说,提高总温会缩短运行时间。对连续式风洞来说,增加总温要大大增加风洞功率。因此这种方法实际很少采用。

(2) 第二种方法是干燥空气,这是常用的方法。有数据证明,如果空气干燥到含水量低于每千克空气含水汽 0.5 克,相当于大气压下露点温度下降到 $-22\,^{\circ}\!C$,空气可以膨胀到 M 数 4.4 不出现凝结。若要保持 M 数的重复性,在 $M=3$ 时,含水量应低于每千克空气 0.1 克水汽。

要把空气干燥到上述指标,可以采用压缩法、冷却法、吸收法。其中吸收法被广泛采用,现在一般超声速风洞在储气罐上游都安装有冷却器、油水分离器和干燥器。干燥器内装有大量硅胶,硅胶具有强大的吸水功能。并且硅胶具有再生功能,通过加热可以使吸了水的硅胶还原,排出水分,反复使用。

11.4　跨声速风洞

一般认为跨声速风洞(transonic wind tunnel)实验段气流马赫数范围为 0.8~1.4。跨声速风洞大多为连续式,也有部分为暂冲式。

11.4.1　跨声速流动的特点

跨声速流动是指声速附近的流动。之所以把跨声速流动单独列出来研究,是因为在声速附近的流动十分复杂,出现了许多特有的现象,是空气动力学研究中的一个重要课题。在理论研究中,跨声速流动方程属于"混合型"方程,方程本身固有的非线性增加了求解跨声速流动方程的困难。在实验研究中,激波边界层干扰等现象的出现,使得跨声速流动图像变得十分复杂。

图 11.19 表示机翼在跨声速流动范畴可能出现的流动图像。在来流 M 数较小时($M=0.5$),机翼周围是连续亚声速流动。随来流 M 数增大($M=0.7$),在机翼表面局部达到声速,并出现激波以及由于激波与边界层干扰形成的 λ 形波。当来流 M 数接近声速时($M=0.9$),激波向下游移动,机翼表面超声速流动区域增加。来流 M 数一旦超过声速($M=1.05$),机翼头部就会出现脱体激波,亚声速区域缩小到机翼头部,机翼表面大部分为超声速流动。当来流 M 数较高时($M=4$),头部激波成附体激波,机翼后缘形成尾流激波。我们看到,当气流 M 数在跨声速范围时,流动图像要比亚声速流和超声速流复杂得多。而且来流 M 数变化一点,流动图像可能变化很大。也就是说,跨声速流动对来流 M 数十分敏感。

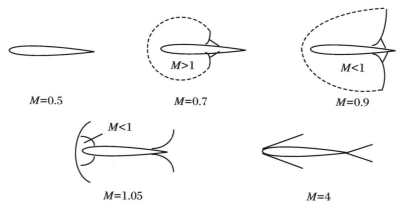

$M=0.5$　　$M=0.7$　　$M=0.9$

$M=1.05$　　$M=4$

图 11.19　跨声速流动图像

11.4.2　实现跨声速风洞的困难

跨声速流动对来流 M 数十分敏感,和雷诺数关系也很密切。因此,跨声速实验中既要模拟 M 数,又要模拟较高的雷诺数。因此,在空气动力学实验中把跨声速实验单独列出来研究。和超声速风洞比较,实现跨声速风洞要困难得多,因而跨声速风洞也出现得较晚。

跨声速风洞实验段内气流的速度范围是 $0.7 < M_T < 1.2$。在一个跨声速风洞中既需要实现亚声速流动,又需要实现超声速流动。按常规风洞的概念实现跨声速风洞有以下几点困难:

1. 高亚声速时发生堵塞

在亚声速范围内,如果在风洞实验段内安装一个模型,由于模型要占据实验段内一定体积,则气流速度会提高,这是堵塞现象。随来流速度增大,堵塞现象会增大。在高亚声速时,模型截面处速度最高,并有可能形成声速截面。一旦该截面形成声速截面(喉道),来流速度将不能再提高。这称为高亚声速时的“堵塞”。换句话说,高亚声速的堵塞现象限制了实验模型的大小。

出现堵塞时,来流 M 数将由面积关系唯一确定。如图 11.20 所示,实验段截面积为 A_T,模型最大截面积为 A_m,来流 M 数是 M_∞,如果在模型最大截面处出现声速截面,则满足下面计算公式:

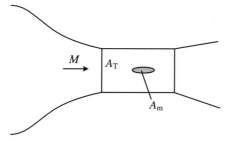

图 11.20　高亚声速时堵塞现象

$$\frac{A_{T}}{A_{T} - A_{m}} = \frac{1}{M_{\infty}} \left[\frac{1 + \dfrac{\gamma - 1}{2} M_{\infty}^2}{\dfrac{\gamma + 1}{2}} \right]^{\frac{\gamma + 1}{2(\gamma - 1)}}$$

于是高亚声速风洞不发生堵塞,允许的最大模型截面积是

$$\frac{A_{m}}{A_{T}} = 1 - M_{\infty} \left[\frac{\gamma + 1}{2 + (\gamma - 1)M_{\infty}^2} \right]^{\frac{\gamma + 1}{2(\gamma - 1)}} \tag{11.50}$$

按(11.50)式计算,对应不同气流 M 数,允许的最大模型面积和直径示于表 11.9 中。表中是按理想气体计算的,若考虑黏性边界层影响,情况会更严重。表中 d_{m} 表示圆截面模型允许的最大直径(实验段面积按 1 m×1 m 计算)。同时,由于沿实验段壁面边界层增长,即使无模型时,来流 M 数也不可能达到 $M = 1.0$。

表 11.9　不同气流 M 数时允许的最大模型截面积和直径

M	0.7	0.8	0.9	0.95	0.99	1.0
A_{m}/A_{T}/%	8.6	3.7	0.9	0.2	0.008	0
d_{m}/mm	321	217	107	50	10	0

注:计算允许最大模型直径时,A_{T} 按 1 m×1 m 计算。

2. 高亚声速时洞壁干扰

在风洞实验中,实验段一定有边界存在,或者是固壁边界,或者是射流边界,而真实飞行中没有这个边界存在。对于固壁边界,固壁一定是一条流线;对于射流边界,沿射流边界压力一定相等。这种因为实验段边界存在给实验造成的影响称为"洞壁干扰"。这种干扰是有害的,应该尽量消除或减少这种干扰,对于不能消除的干扰,必须进行修正。我们还知道,洞壁干扰随速度增大而日趋严重,在高亚声速时洞壁干扰十分严重。因此,建设跨声速风洞时克服高亚声速时的洞壁干扰是十分重要的。

3. 低超声速时反射波影响严重

在低超声速时,在模型头部形成的激波或膨胀波与来流几乎垂直,这些波在实验段边界上要发生反射(在固壁发生同类反射,在射流边界发生异类反射,如图 11.21 所示)。如果反射波打到模型上,会影响实验结果,这是不能允许的。因此,实验模型的长度只能限制在反射波到达前的有限区域内。因为在低超声速时头激波的角度接近 90°,所以反射波的影响是十分严重的。

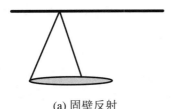

(a) 固壁反射　　　　　　　　　　　　(b) 射流边界

图 11.21　洞壁对反射波的影响

4. 低超声速时 M 数变化困难

我们知道在超声速风洞中实验段气流 M 数是由喷管面积比唯一确定的,在超声速风洞中改变实验 M 数,需要改变喷管面积比。而在本节开始时我们已经知道,跨声速流动对于 M 数又特别敏感,很小的 M 数变化都会改变跨声速的流动现象。因此希望跨声速风洞的实验 M 数能够实现连续变化。

综上所述,一个合格的跨声速风洞需要具备以下条件:

(1) 气流能连续地从高亚声速变化到低超声速,不发生堵塞;

(2) 高亚声速时能减轻或消除洞壁干扰;

(3) 低超声速时能消除或减小反射波的影响;

(4) 消耗最低的功率,达到上述效果。

11.4.3　跨声速风洞的特点

目前适用的跨声速风洞都采用声速喷管和通气壁实验段的结构(图 11.22)。正因为跨声速风洞采用了声速喷官和通气壁,解决了上一节提出的建设跨声速风洞的若干困难。通气壁是在实验段壁面上开孔或者槽,壁外部有一个封闭的空腔包围实验段壁面,称为驻室。实验段内多余的流量进入驻室,驻室内的气体由抽气泵抽除,或者由主气流引射进扩散段。

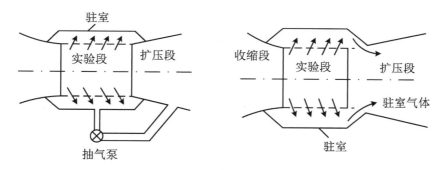

图 11.22　跨声速风洞实验段

1. 消除高亚声速时堵塞

风洞在高亚声速时发生堵塞是因为在实验段存在固壁,在模型和壁面之间形成了声速截面。一旦发生堵塞,在声速截面流量会达到极限,因而限制了上游 M 数提高。采用通气壁实验段以后,多余的流量可以从驻室排走,不再会出现声速截面,从而防止了堵塞发生。防止堵塞所应排走的流量,与很多因素有关,比较复杂,一般只能通过实验来确定。例如,对于一个开孔实验段,在空风洞情况,若要达到来流 M 数为 1,当壁面开闭比为 5.2% 时,需排除 1.4% 的主流量;开闭比为 33% 时,需排除 6.9% 的主流量。如果实验段安装了模型,排气量还将随模型堵塞度增大而增加。

2. 减轻高亚声速时洞壁干扰

简单地说,固壁和射流边界所产生的洞壁干扰形式是不同的,干扰的符号相反。因此采用通气壁后,壁面处于半通半闭的状态,刚好可以减轻洞壁干扰的影响。采用合适的开闭比,开孔或开槽都可以大部分甚至全部消除洞壁干扰。合适的开闭比应从理论、实验和经验三方面综合考虑。一般经常使用的开闭比是,开孔壁为 $20\% \sim 22\%$,开槽壁为 $10\% \sim 12\%$。一般来说,如果能消除洞壁干扰,风洞堵塞一般也就不会发生。

3. 减轻低超声速时反射波影响

我们知道激波在固壁反射激波,在射流边界上反射膨胀波。当斜激波入射到固壁时,激波波后气流方向偏折 θ 角,通过激波压力从 p_1 上升到 p_2。激波波后气流方向与固壁成 θ 角,为了满足气流与固壁方向一致的边界条件,必须通过反射激波使得流动方向再偏折 $-\theta$ 角,与壁面方向一致。并且反射激波波后压力再次上升到 p_3(图 11.23(a)),显然有 $p_3 > p_2 > p_1$。如果采用通气壁,使得驻室压力 $p_e = p_1$,激波前没有流体交换。激波后流体在压差 $p_3 - p_e$ 的作用下有流体流出通气壁,产生垂直壁面的气流分量。如果穿过通气壁的压差恰好等于入射激波的压力增量,$p_3 - p_e = p_2 - p_1$,那么就不存在反射激波了。只要通气壁开闭比合适就可以减轻甚至完全消除反射激波。

实际上,通气壁附近的流动是十分复杂的。激波波后气流通过开孔或开槽壁时产生一系列小的激波和膨胀波,激波和膨胀波需要经过一段距离才相互抵消。在实验段壁面附近存在一层非均匀区,因此我们不仅要求通气壁开闭比合适,而且要求孔或槽尽可能排列紧密,以使混合区减小(图 11.23(b))。

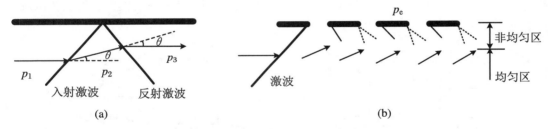

图 11.23 激波在固壁和通气壁反射

4. 低超声速时实现气流 M 数连续变化

由本节第 1 点我们已经知道,跨声速风洞采用声速喷管和通气壁实验段后,可以连续加速实验气流到 M 数 1,即声速。下面我们看看跨声速风洞是如何实现低超声速时连续变化实验 M 数的。要把气流从声速加速到超声速有两种方法:一种是采用固壁 Laval 喷管,另一种是采用声速喷管和通气壁实验段。

固壁 Laval 喷管可以看成是一维变截面的管道,带有通气壁的跨声速风洞实验段可以看成是有质量交换的等截面管道。下面我们写出一维变截面有质量交换等熵流动的基本方程。

连续性方程是

$$\frac{\mathrm{d}\rho}{\rho} + \frac{\mathrm{d}V}{V} + \frac{\mathrm{d}A}{A} = \frac{\mathrm{d}m}{m} \tag{11.51}$$

其中 A 是截面积,m 是质量。动量方程是

$$\frac{\mathrm{d}p}{\rho} + V\mathrm{d}V + V^2 \frac{\mathrm{d}m}{m} = 0 \tag{11.52}$$

(11.52)式表示通过通气壁有质量交换,但交换量不大,总的动量守恒。考虑到声速定义是

$$a^2 = \frac{\mathrm{d}p}{\mathrm{d}\rho} \tag{11.53}$$

从(11.51)式和(11.52)式得

$$(1 - M^2)\frac{\mathrm{d}V}{V} = (1 + M^2)\frac{\mathrm{d}m}{m} - \frac{\mathrm{d}A}{A} \tag{11.54}$$

方程(11.54)说明一维管道中气体速度的变化可以通过改变截面积实现(如超声速喷管),也可以通过质量交换实现。

当管道没有质量交换时(固壁),$\mathrm{d}m = 0$,方程(11.54)为

$$\frac{\mathrm{d}V}{V} = \frac{1}{M^2 - 1}\frac{\mathrm{d}A}{A} \tag{11.55}$$

这就是一般超声速风洞中采用的 Laval 喷管的原理。即对于亚声速流动,$M < 1$ 时,面积减小,速度增大,$\mathrm{d}A < 0$,$\mathrm{d}V > 0$;对于超声速流动,$M > 1$ 时,面积增大,速度增大,$\mathrm{d}A > 0$,$\mathrm{d}V > 0$。

当等截面管道中有质量交换时,则 $\mathrm{d}A = 0$,$\mathrm{d}m \neq 0$,方程(11.54)为

$$\frac{\mathrm{d}V}{V} = -\frac{1 + M^2}{M^2 - 1}\frac{\mathrm{d}m}{m} \tag{11.56}$$

可以看到,通过质量交换同样可以获得管道内速度变化,并且有和面积变化(Laval 喷管)同样的效果。即对于超声速流动,$M > 1$ 时,$\mathrm{d}m < 0$,有 $\mathrm{d}V > 0$。在低超声速时通过通气壁抽气可以连续改变 M 数。

从表 11.10 可以看出,对等熵流随 M 数增大需要排出的流量迅速增大。因此采用通气壁实验段方法只能使用于很窄的低超声速范围,M 数超过 1.2 或 1.4 以后,排出的气流量将占很大比重,因而风洞功率必将大大增加。

表 11.10　通气壁实验段排气量随 M 数的变化

M	1.0	1.1	1.2	1.3	1.4	1.5
$\Delta m/m/\%$	0	0.8	3.0	6.6	11.5	17.6

11.4.4　跨声速风洞实验段与驻室

跨声速风洞在结构形式上和超声速风洞基本相同,主要差别在喷管、实验段和驻室部分。因此现在很多风洞把跨声速风洞和超声速风洞建在一起,称为跨超声速风洞。把喷管和实验段做成可更换的部件,做不同实验采用不同的部件。

1. 实验段形状和长度

跨声速风洞实验段截面形状大多采用正方形或者矩形,正方形实验段截面适应性较强,大高/宽比的矩形实验段截面多用于进行二维翼型实验。

跨声速风洞实验段长度应根据实验模型长度、上游气流加速区长度和下游支架干扰区长度来确定。一般跨声速风洞实验段长度与高度之比为 3.0 左右,含支架的实验段长度与高度之比为 4.0 以上。

(1) 加速区长度

实验段入口处通气壁的作用是使实验段入口的声速气流继续膨胀,获得低超声速气流。因此实验段入口有一段气流加速区,也就是流量喷管。加速区内沿轴向通气率(即开闭比)分布规律对实验气流均匀性即实验区长度有明显影响。不同 M 数对应的气流加速区长度不同,例如,使用声速喷管,气流加速到 $M=1.2$ 需要的加速区长度是 0.75 倍实验段高度;气流加速到 $M=1.3$ 需要的加速区长度是 0.89 倍实验段高度。对于不同风洞,加速区长度、开闭比及其分布规律都会有所不同。驻室是采用直接抽气还是采用主气流引射方式建立跨声速流场,也对加速区开闭比规律有影响。

(2) 支架干扰区长度

支架干扰区长度与支架堵塞度、支架气动外形以及干扰区通气壁结构有关。如果精心设计可以使得支架干扰区长度限制在 0.6 倍实验段高度以内。经验指出以下情况有利于缩短支架干扰区长度:相同支架尺寸时,支架位于扩散段入口处要比位于实验段内好;加大干扰区通气壁开闭比更有利于缩短支架干扰区长度;相同开闭比时采用开槽壁更好。

2. 通气壁形式

通气壁分开孔壁和开槽壁,开孔壁又分直孔壁(孔轴线垂直于壁面)和斜孔壁(孔轴线与壁面成一定角度)。一般认为,在消除亚声速洞壁干扰方面,开槽壁优于开孔壁;在消除激波壁面反射方面,开孔壁又优于开槽壁,犹以斜孔壁最好。

理论上讲,不同 M 数范围,跨声速实验段应采用不同形式的通气壁,以便在不同实验气流 M 数时均可获得最好的气流品质。例如,$M<0.7$ 时,实验段上下壁板采用实壁;$M=0.7\sim1.0$ 时,实验段上下壁板采用开槽壁;$M=1.0\sim1.4$ 时,实验段上下壁板采用开孔壁;$M>1.4$ 时,实验段上下壁板采用实壁。

为了消除洞壁干扰,实验段最好四壁开孔或开槽,但是四壁都是通气壁不利于安装模型和观察窗。如果仅上下壁为通气壁,两侧壁仍为固壁,对纵向实验影响较小,对横向实验会有影响。

虽然用以消除风洞堵塞、洞壁干扰和反射波影响的开闭比各不相同,但实际上只能折中考虑,取一个最合适的开闭比。一般说,孔壁的开闭比是槽壁的 2 倍,如果是斜孔壁(例如 60°斜孔),则开闭比取 6% 为好。因为气流通过斜孔从实验段流入驻室的阻力远小于从驻室流向实验段的阻力,斜孔壁更有利于气流排出实验段。为了适应不同实验需要不同开闭比的要求,现在多数风洞已经采用可变开闭比的通气壁,方法是采用双层壁板,移动外层壁板,改变开闭比。

3. 驻室高度

驻室高度表示了它的体积大小,驻室高度不宜太小。在超声速情况,实验段前段为加速区,一部分气流要从实验段膨胀进入驻室,驻室应由足够的空间容纳这部分气流进入,并向后方排走。通常驻室高度是实验段高度的 0.3~0.5 倍,并且实验段四周的驻室常联通起来,维持一个相同的压力。

11.5 常规加热高超声速风洞

高超声速流一般指气流 M 数大于 5 的流动。在飞行 M 数大于 5 以后,表现出许多和一般超声速流不同的现象。因此把马赫数大于 5 的流动划为高超声速流。在实验设备方面,把实验段气流 M 数大于 5 的风洞称为高超声速设备。常规加热高超声速风洞(hypersonic wind tunnel)是高超声速设备的一种,本应该放在第 12 章讲解,但是因为常规加热高超声速风洞的原理与超声速风洞类似,因此仍放在第 11 章讲,主要介绍常规高超声速风洞的特点及与超声速风洞的差异。本节的许多内容(特别是相似准则部分)同样适用于第 12 章的特种设备。

11.5.1 高超声速飞行的主要相似准则

随飞行 M 数超过 5,气动加热变得十分明显,表现出许多不同于一般超声速流的特点。首先随温度增加,气体偏离完全气体状态,出现一系列真实气体现象。最先出现的是分子振动能激发,接着是空气中的氧分子离解,温度再增加会出现氮分子离解,温度继续增加直到出现电离现象。在飞行高度大于 40 km 后,气体会出现非平衡状态,在飞行高度大于 90 km 后,大气变得稀薄,出现稀薄气体效应。

在高超声速实验中不仅需要模拟 M 数,而且需要模拟速度、驻点温度等。下面列出几个实验中需要模拟的参数:① 自由流 M 数,② 自由流单位 Re 数,③ 自由流速度,④ 压力高度,⑤ 总焓,⑥ 穿过激波密度比,⑦ 实验气体,⑧ 壁温与总温之比,⑨ 热化学反应。

实际上,以上参数有的是重叠的,例如自由流速度和总焓。在许多情况下,两个参数是相关的,例如自由流 M 数和自由流速度。在地面实验设备中完全模拟以上参数是不可能的,因此可以说高超声速实验建模是一种部分相似的艺术。在不能完全模拟相似参数的时候,我们需要明白实验中最需要模拟的是什么参数,能模拟什么参数,以决定正确取舍。

11.5.2 高超声速风洞的特点

沿着建设超声速风洞的思路,随着气流 M 数增加到高超声速范畴,出现的主要困难是提供高压力比和防止空气液化需要加热空气。为了克服这些困难,高超声速风洞发展出了以下一些不同于超声速风洞的特点。

1. 起动压比高

在高超声速范围,风洞起动压比随 M 数增大急剧上升。表 11.11 表示了按(11.31)式计算的风洞需要的理想起动压比。当实验气流 M 数大于 5 以后,需要的理想起动压比如此之高,一般吹气式风洞没法达到这样高的压比。所以,高超声速风洞大多采用吹吸式或吹引式。图 11.24 是一个吹吸式风洞示意图,图 11.25 是吹引式风洞示意图。

表 11.11　高超声速时理想起动压比随马赫数的变化

M	5	10	15	20
$\lambda_{理想}$	16.2	328	2275	9298

2. 实验段静温低

M 数大于 5 以后,实验段内静温下降很快。表 11.12 表示了总温为室温(300 K)时,不同气流 M 数对应的实验段内静温。可以看出,在如此低的温度下,不仅空气中的水蒸气会凝结,而且实验气体本身也有可能液化。为了避免气体液化,需要提高气体的总温,即在稳定段上游安装加热器。把稳定段内气体加热到一定温度,以使气流在实验段内不发生液化。总温提高到一定温度后,又会带来真实气体效应。

表 11.12　高超声速时实验段气流静温随马赫数的变化
(总温按 300 K 计算)

M	5	10	15	20
T/K	50	14.3	6.3	3.7

3. 喷管面积比大

随着实验段气流 M 数增大,实验段与喉道面积比急剧增大。表 11.13 表示了不同实验气流 M 数对应的喷管面积比。可以看出,在高超声速风洞中,如果仍然延续超声速风洞的思路,采用二维型面喷管,那么喉道高度势必很小。表中第三行是假设实验段面积为 600 mm×600 mm 时对应的喉道高度。可见,如果实验中喉道受热微小变形,或者加工安装时喉道微小误差都可能造成实验 M 数较大偏差。因此,在高超声速风洞中喷管一般都采用轴对称喷管。表中第四行表示对应轴对称喷管时的喉道直径。为了便于比较,认为实验段为具有相等截面积的圆形截面(直径 677 mm)。可以看出,这时喉道直径要大得多,也便于加工。当然,采用轴对称喷管后会带来设计、加工以及不便安装观察窗等新的困难。

表 11.13　喷管面积比随实验段气流马赫数的变化

M	5	10	15	20	备注(实验段尺寸)
A/A^*	25	536	3755	15377	
h^*/mm	24	1.12	1.06	0.04	600 × 600
d^*/mm	138	29.2	11	5.46	677

11.5.3　常规加热高超声速风洞的主要形式

常规加热高超声速风洞类似于超声速风洞,很少采用连续式,一般采用吹吸式和吹引式。图 11.24 表示吹吸式风洞的示意图。如图所示,风洞上游有高压气瓶,下游有低压真空箱,二者保证了风洞有足够的压比。采用吹吸式可以适当降低高压气瓶的压力,减小流量。但还应该保持一定的驻点压力,以免实验段压力太低,模型表面上出现"滑流"的稀薄气体现象。

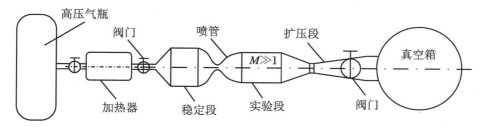

图 11.24　吹吸式高超声速风洞示意图

图 11.25 表示吹引式风洞的示意图。吹引式风洞提高压比的方法是,在扩散段中通过引射产生低压区,保证稳定段与扩散段之间的高压比。引射器由进气管道、可调节喷管及混合室组成。一般进气管道内速度保持在 $M = 0.3 \sim 0.5$,喷管一定要有一定的面积比,可以产生超声速引射气流。对不加热的引射气流,M 数控制在 $M = 3.5 \sim 3.7$,否则会发生凝结,降低引射效率。

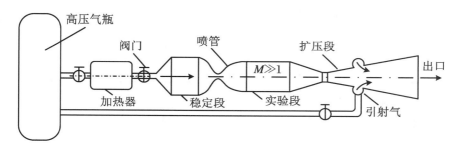

图 11.25　吹引式高超声速风洞示意图

高超声速风洞在高压气瓶和稳定段之间都安装有加热器,以使稳定段内气体有足够的总温。加热器有以下几种形式:

1. 储热式加热器

储热式加热器(storage heater)是预先将加热器内的卵石加热到一定温度,然后实验时实验气体通过卵石床时被加热。储热式加热器可以将气体温度加热到大约 750 K。储热式加热器包括电加热卵石床加热器(electrically heated pebble-bed heater)和燃气加热器(gas-fired pebble-bed heater)。

2. 连续式加热器

连续式加热器(continue heater)是直接加热实验气体。包括管式电阻加热器(resistance tube heater)、丝式电阻加热器(resistance wire heater)以及石墨加热器(graphic heater)。管式加热器可以达到的温度约为 1000 K,丝式加热器可以达到 1400 K,石墨加热器可以达到 3000 K。

11.5.4　气体液化条件

1. 气体液化条件

在高超声速风洞中实验段温度比超声速风洞低得多,不仅空气中的水蒸气会凝结,而且

气体本身也可能液化。气体液化(liquefaction)的条件是

$$p_u = 10^{\left(-\frac{A}{T} + B\right)} \tag{11.57}$$

其中 A, B 是常数,对不同气体不同。具体数值见表 11.14。

表 11.14　气体液化条件的常数

	A(T 的单位 K)	B(p_u 的单位 mmHg)	B(p_u 的单位 atm)
Air	336.3	6.995	4.114
N₂	314.2	6.949	4.068
O₂	386.0	7.251	4.370

例如,用(11.57)式计算的氮气的液化条件是

T/K	77.2	60.0	50.0
p_u/mmHg	757	51.6	5.14

用(11.57)式计算的氧气的液化条件是

T/K	81.8	60.0	50.0
p_u/mmHg	765	24.5	1.86

2. 高超声速风洞总温要求

若高超声速风洞实验段 M 数是 M_T,总压是 p_0,总温是 T_0,可以推出在实验段不发生液化的条件。根据(11.57)式和等熵想关系有

$$\lg p = -\frac{A}{T} + B$$

$$\lg p_0 - \frac{\gamma}{\gamma - 1}\lg\left(1 + \frac{\gamma - 1}{2}M_T^2\right) = -\frac{A\left(1 + \frac{\gamma - 1}{2}M_T^2\right)}{T_0} + B$$

$$T_0 = \frac{A\left(1 + \frac{\gamma - 1}{2}M_T^2\right)}{B + \frac{\gamma}{\gamma - 1}\lg\left(1 + \frac{\gamma - 1}{2}M_T^2\right) - \lg p_0} \tag{11.58}$$

例　美国 NOL No.4 高超声速风洞实验段口径为 $A_T = 12$ 英寸,实验段 M 数为 $M_T =$ 14~18,稳定段总压为 $p_0 = 2000$ psia,用氮气作工作介质,求气体总温 T_0 应加热到多少?

$p_0 = 2000$ psia $= 2000 \times 6.825 \times 10^{-2} = 136$(atm),代入(11.58)式,用 $M_T = 18$ 计算,有

$$T_0 = \frac{314.2 \times (1 + 0.2 \times 18^2)}{4.068 + 3.5 \times \lg(1 + 0.2 \times 18^2) - \lg 136} = 2491 \text{ K} \approx 4480 \text{ °R}$$

根据公布的实际数据,该风洞总温是 4500 °R,说明计算基本是可靠的。

11.5.5　常规加热高超声速风洞中的真实气体效应

安装加热器后,气体总温增加了,在喷管喉道、模型、天平等部位表面温度可能很高,因

此需要进行冷却。另一方面,高温产生的后果是给实验气体带来真实气体效应,必须加以考虑。

1. 完全气体的热力学特性

完全气体是一种理想化的气体,不考虑分子间的内聚力和分子本身的体积,仅考虑分子的热运动。满足状态方程 $p = \rho R T$ 的气体称为完全气体。式中 R 是气体常数,$R = R_0/\mu$,R_0 是普适气体常数($R_0 = 8314\ \text{J}/(\text{kmol} \cdot \text{K})$),$\mu$ 是摩尔质量。

气体液化的最高温度称为临界温度 T_{cr},与临界温度对应的压力称为临界压力 p_{cr}。因此,热完全气体成立的下限是 $T \gg T_{cr}$ 和 $p \ll p_{cr}$。那么热完全气体成立的上限就是我们将要讨论的真实气体效应问题。

分子热运动的能量包括分子的平动能、转动能、振动能和电子激发能,这些能量的总和就是热完全气体的内能。对于双原子气体,它们可以写为,平动能 $E_{tr} = \dfrac{3}{2} N k_B T$;转动能 $E_{ro} = N k_B T$;振动能 $E_{vi} = N k_B T_{vi}/(e^{T_{vi}/T} - 1)$。其中 N 是系统内气体分子总数,k_B 是波尔茨曼常数($1.38066 \times 10^{-23}\ \text{J/K}$),$T_{vi}$ 是振动特征温度,$T_{vi} = h\nu/k_B$。h 是普朗克常数($6.626196 \times 10^{-34}\ \text{J} \cdot \text{s}$),$\nu$ 是分子振动基频。在常温下气体分子只有平动能和转动能激发。当温度接近振动特征温度 T_{vi} 时,就需要考虑振动能激发的影响。当 $T \gg T_{vi}$ 时,分子振动能被完全激发。完全激发后有 $E_{vi} = N k_B T$。气体分子的振动能激发后,表现为气体的比热和比热比不再是常数,而是温度的函数。这时气体称为量热不完全气体,但仍是热完全气体。

当气体温度更高时,气体会发生离解、电离和化学反应,成为多组元的混合气体。这时虽然每个气体组元都是热完全气体,但混合气体总体上不是热完全气体。定义一个压缩因子 $Z = p/\rho R T$ 来衡量偏离热状态方程的程度。在高温低压下和在低温高压下都有 $Z \neq 1$。可以用压缩因子是否等于 1 来标志热完全气体状态方程适用的程度。图 11.26 概括了空气在不同温度时的物理化学性质。

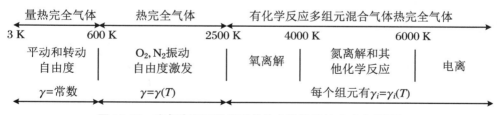

图 11.26　空气在不同温度时的热力学性质(1 个大气压下)

2. 加热对高超声速风洞气流的影响

常规加热高超声速风洞采用的加热器能够达到的温度大约是能使空气振动能激发,但还达不到离解的温度。因此在常规高超声速风洞中应该考虑量热不完全气体效应,这时状态方程仍然适用。

氧气和氮气的振动特征温度分别是 2270 K 和 3390 K。所以当空气温度达到 600 K 时,就需要考虑分子振动能激发的影响,先是氧分子振动能被激发,再是氮分子振动能被激发。分子振动能激发后气体的比热和比热比不再是常数,而是温度的函数。根据文献,考虑空气分子振动能激发的定压比热、定容比热和比热比可以用以下一组表达式描述,这些关系式可以满足工程应用需要：

$$C_{p_{vi}} = C_p \left\{ 1 + \frac{\gamma - 1}{\gamma} \left[\left(\frac{T_{vi}}{T} \right)^2 \frac{e^{T_{vi}/T}}{(e^{T_{vi}/T} - 1)^2} \right] \right\}$$

$$C_{v_{vi}} = C_v \left\{ 1 + (\gamma - 1) \left[\left(\frac{T_{vi}}{T} \right)^2 \frac{e^{T_{vi}/T}}{(e^{T_{vi}/T} - 1)^2} \right] \right\}$$

$$\gamma_{vi} = 1 + \frac{\gamma - 1}{1 + (\gamma - 1) \left(\frac{T_{vi}}{T} \right)^2 \frac{e^{T_{vi}/T}}{(e^{T_{vi}/T} - 1)^2}}$$

其中下标 vi 表示考虑了振动能激发的物理量。由于比热比随温度变化,带来所有物理量,比如密度、压力、声速、速度、马赫数等,都会随温度变化。

11.6 低密度风洞

地球大气层中随高空增加,密度越来越低,因而分子平均自由程越来越大。在 25 km 高空,大气密度是地面的 3.5%,在 35 km 高空是 1.1%,在 100 km 高空是 10^{-5}%。同时分子自由程变大,50 km 高空分子自由程是 10^{-4} m,130 km 高空是 1 m,200 km 高空是 100 m。

在稀薄气体动力学中,克努森数 Kn 是衡量气体稀薄程度的主要参数。可以按 Kn 数的大小将流动分为三个区域:$0.01 \leqslant Kn \leqslant 0.1$ 时,称为滑流区;$0.1 \leqslant Kn \leqslant 10$ 时,称为过渡流领域;$Kn \geqslant 10$ 时,称为自由分子流领域。滑流、过渡流和自由分子流分别对应于较稀薄、中等稀薄和高度稀薄的流动条件。不同区域内有不同的流动特征,为了研究飞行器在高空大气的飞行性能,有必要建设专门模拟稀薄大气的风洞,就是低密度风洞(low-density wind tunnel)或称稀薄气体风洞。

低密度风洞在形式上类似一个吹吸式超声速风洞。但它的特点是实验段密度低,M 数高,Re 数低。例如,某低密度风洞驻点压力约 $133 \sim 2660$ Pa,仅为大气压的 $1.3\% \sim 26\%$;实验段压力为 $2.7 \sim 66.7$ Pa;M 数可以达到 4.0;Re 数在 $10 \sim 2000$ 范围(特征尺寸为 0.3 m)。这样的实验条件可以模拟 $66 \sim 120$ km 的高空环境。

在低密度风洞中由于 Re 数低,边界层增厚,喷管面积中大部分会被边界层占有,这给喷管设计带来困难。边界层增厚使得核心气流区域变小,均匀性下降。

低密度风洞的另一个问题是稳定段压力低,为了能获得高 M 数实验气流,必须有足够的压比,那就势必要求下游真空箱有非常高的真空度。因此低密度风洞具有庞大的高性能真空系统,配有多级真空泵及冷却系统。

实验段压力很低,对测试设备也提出很高的要求,仪器的精度和准确度要求都大大提高。同时低密度带来密封要求非常严格。

11.7 电 弧 风 洞

电弧风洞(arc-heated wind tunnel,又称热射风洞)是通过电弧放电加热驻室内气体的一种高焓高超声速风洞,它在高超声速实验设备中具有独特的作用。电弧风洞不仅可以提供模拟高超声速再入飞行时的高焓高速气流环境,并且可以维持较长的实验时间。通常模拟飞行 M 数为 8~20,持续数分钟的热环境,这样的环境需要加热空气 3000~10000 K。电弧加热器还可以用于筛选烧蚀材料、元件的热结构性能。

图 11.27(a)是一张电弧风洞的示意图。实验气体在弧加热室内加热到指定温度后,经过喷管在实验段内膨胀为高超声速气流。和一般超声速风洞类似,实验段下游接扩散段,最后和真空罐相连。很明显,电弧风洞中最重要的部件是电弧加热器。

弧加热器中关键的技术难点是保持电弧的稳定和控制电弧在电极的位置,通常按照稳定电弧放电的方法将弧加热器分为以下几类。

图 11.27(b)是涡流稳定式弧加热器,在电弧室中采用强烈的旋转气流保证电弧的稳定。高介电性能的绝缘段隔开了水冷的管状阳极和阴极段。工作气体(通常是空气)沿切向进入电弧室,产生强烈的旋涡。在阳极和阴极的电弧附着点附近通过磁旋线圈增强了电弧柱的涡流,保证了在电弧电极接触处的高热流径向分布。这种弧加热器的优点是价格便宜,容易维护,运行可靠,运行时间长(可达数分钟甚至小时)。缺点是运行重复性差,电极污染较大,从电能到气流焓值的转化效率较低。

图 11.27(c)是磁稳定式弧加热器示意图。阳极位于中心轴处,阴极位于加热器壁面,沿径向放电。在加热室外面的磁旋线圈促使电弧在壁面的附着点旋转,保证电弧柱的稳定。气流从阳极上游注入,通过电弧加热后进入喷管。

图 11.27(d)是分段稳定式弧加热器示意图,这是一种现代高性能加热器,在高超声速实验设备中广泛使用。这是一种混合式加热器,在采用分段式的基础上同时采用涡旋稳定和磁稳定方式稳定电弧。每段两端都有电极,空气沿管壁切向进入加热室,产生旋流柱。同时使用磁旋线圈给电弧柱产生旋转力矩。分段稳定式弧加热器的优点是高效率,电弧稳定,运行电压高,重复性好。缺点是结构复杂,造价高。

11.8 风洞的发展趋势

为适应现代飞行器的研制发展,对风洞提出了更高的要求,未来风洞的发展趋势主要是在提高风洞实验雷诺数、消除实验段洞壁干扰以及消除模型支架干扰几个方面进行研究。

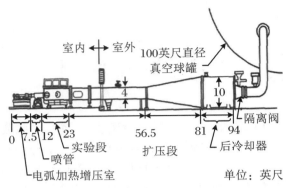

(a) 电弧风洞

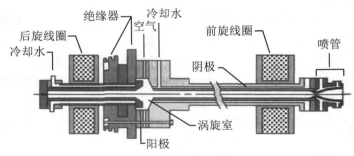

(b) 涡流稳定式弧加热器

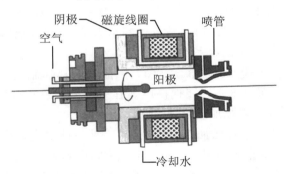

(c) 磁稳定式弧加热器

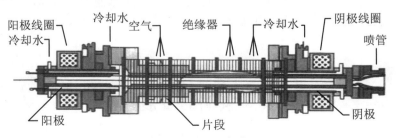

(d) 分段稳定式弧加热器

图 11.27 电弧风洞和弧加热器

11.8.1　研制高雷诺数风洞

众所周知,雷诺数是实验模拟中最重要的参数,目前常规风洞能够达到的实验 Re 数与实际飞行需要的 Re 数还相差甚远。因此,研制高 Re 数风洞一直是人们追求的目标。

1. 提高 Re 数的原理和方法

根据 Re 数定义, $Re = \dfrac{\rho V L}{\mu}$,要增大 Re 数需要增加密度 ρ、速度 V、尺寸 L 和减小黏性系数 μ。在保证马赫数一定的条件下,可以采用这样几种方法达到提高雷诺数目的:① 增大实验段压力 p;② 增加实验模型尺寸 L;③ 使用分子量大的重气体;④ 降低气体温度。也可以同时采用上述两种或两种以上的组合措施。

要增加实验气体密度 ρ,可以通过增加总压 p_0,也就是增加实验段静压 p 实现。压力风洞就是采取这个方法,风洞回路需要密封,对模型支架等都会带来结构上的不方便。要增加实验气体密度 ρ,还可以通过使用大分子重气体实现。但是使用重气体做实验气体会带来比热比与空气不同,以及真实气体效应等困难,目前没有采用这种方法的风洞。增加模型尺寸 L 势必要增大实验段尺寸,最好采用全尺寸风洞。但是连续风洞的功率随实验段尺寸的平方增长,造价按 2.6 次方增长。而增加实验气流速度受到 M 数模拟的限制,单纯增加气流速度也是不可取的。

降低气流温度是实现高 Re 数风洞的另一种方法,这种风洞称为低温风洞。在低温风洞中,气体黏性系数 μ 随温度下降而减小, $\mu \propto T^{0.8}$。密度随温度下降而增加 $\rho \propto T^{-1}$,声速随温度下降而减小 $a \propto T^{0.5}$,在 M 数不变时有 $V \propto T^{0.5}$。在低温风洞中同时得到动压不随温度变化 $q = \dfrac{1}{2} \rho V^2 \propto T^0$, Re 数随温度减小而增大 $Re \propto T^{-1.3}$。低温风洞还带来一个好处,驱动功率随温度下降而降低, $N = qV \propto T^{0.5}$(图 11.28)。鉴于以上分析可知低温风洞是实现高 Re 数的有效途径。

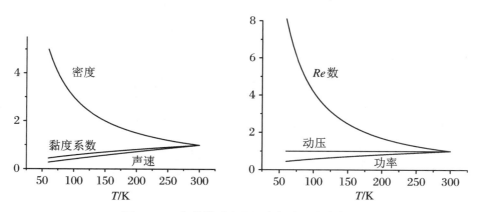

图 11.28　气体性质和风洞参数随温度的变化

2. 高 Re 数风洞

目前国际上实现高 Re 数风洞主要有两种方法:低温风洞和管风洞。

低温高 Re 数风洞大多以液氮作为冷却介质,氮气作为工作气体。风洞有连续式,也有下吹式。风洞需要有良好的绝热措施和排气系统,排出等量液氮的气体以保证洞体内质量平衡(图11.29)。低温风洞运行分为四个阶段:第一阶段是进行风洞净化,喷入少量液氮,保持洞内总温高于当时的露点,待洞内空气全部被氮气置换;第二阶段是风洞降温,加大喷入液氮,将风洞总温降到给定值;第三阶段是正式实验,取得实验数据;第四阶段是回温过程,结束实验。

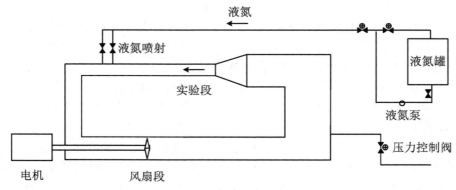

图 11.29 典型的连续式低温风洞示意图

路德维希管风洞是利用非定常等熵膨胀产生低温气体的一种设备,虽然属于瞬态设备,但设计得好的管风洞运行时间也可以达到 1 min 量级。具体管风洞内容请查阅第 12 章。

11.8.2 研制自适应风洞

我们知道消除风洞洞壁干扰是风洞实验模拟中非常困难的课题。20 世纪 70 年代初 Sears 和 Ferri 等人提出了自适应风洞(adaptive wall wind tunnel)的概念,由于自适应风洞理论上可以完全消除洞壁的影响,因此发展很快。目前世界上已有高、低速自适应风洞几十座,其中多数是二维风洞。

如图 11.30 所示,自适应风洞的基本原理是,在风洞中远离模型靠近壁面处取一控制面 S,S 面内为 I 区,S 面外为 II 区,即假想的无限制流场。因为 II 区远离模型,可以将该区的流动看作位势流。假设 S 面的扰动速度分量、压力、密度分别表示为 u,v,p,ρ。只要知道 S 面上一个参数(例如 u),那么根据在无限远处扰动为零的条件,就可以用计算流体力学的方法求解 II 区流动的微分方程,从而确定 II 区内的流动参数以及求出 S 面上的其他参数(例

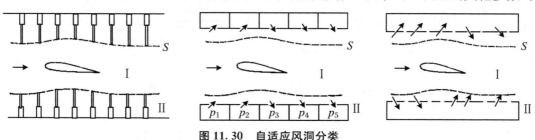

图 11.30 自适应风洞分类

如 v，p，ρ 等）。一般说，有洞壁存在时，在 S 面上测量的参数与计算得到的参数是有差别的，这个偏差的量就是洞壁干扰的大小。如果这时改变洞壁形状或者洞壁的通气率，使得在 S 面上测量的各个量满足无限制流动的函数关系，也就消除了洞壁干扰。因此，可以说自适应风洞是实验流体力学和计算流体力学结合的典型，被视为当今风洞发展的主要趋势之一。

自适应风洞有三种控制壁面流线的方法：① 柔壁。通过若干轴动筒调节壁面形状。② 变驻室压力。将通气壁的驻室分隔为若干小室，通过调节每个驻室压力来改变实验段内气流流线。③ 变开孔率。沿实验段气流方向采用可变开孔率的壁板，通过调节开孔率的分布来改变实验段内气流流线。后两种方法控制难度较大，不易得到所要求的无限制流场，而柔壁具有光滑的壁面、测量压力分布方便和壁面调节容易的优点，当今世界上大多数自适应风洞采用柔壁控制。

11.8.3 研制磁悬挂天平

在风洞实验模拟中，一般模型都是通过支架固定在实验段中的，而飞行器真实飞行时是没有支架的。因此，风洞实验中必须消除支架干扰。常规的方法是在正常实验后再做几次实验，估计出支架干扰的大小。磁悬挂天平是通过磁场将模型悬浮在实验段内并测量其气动力的设备，这是一种彻底消除支架干扰的理想方法。有关磁悬挂天平的具体内容在第 7 章中有较详细的介绍，读者可以阅读 7.6 节。

参 考 文 献

［1］ Pope A，Goin K L. High-speed wind tunnel testing［M］. New York：John Wiley & Sons，Inc.，1965.

［2］ 吴荣林，王振羽. 风洞设计原理［M］. 北京：北京航空学院出版社，1985.

［3］ 恽起麟. 实验空气动力学［M］. 北京：国防工业出版社，1991.

［4］ 任思根等. 实验空气动力学［M］. 北京：宇航出版社，1996.

［5］ 恽起麟. 风洞实验［M］. 北京：国防工业出版社，2000.

［6］ 中国人民解放军总装备部军事训练教材编辑工作委员会. 高低速风洞气动与结构设计［M］. 北京：国防工业出版社，2003.

［7］ 贺德馨. 风洞天平［M］. 北京：国防工业出版社，2001.

［8］ 童秉纲，孔祥言，邓国华. 气体动力学［M］. 北京：高等教育出版社，1990.

［9］ Bertin J J. Hypersonic aerothermodynamics［M］. Washington，DC：American Institute of Aeronautics and Astronautics，Inc.，1994.

［10］ Lu F，Marren D. Advanced hypersonic test facilities［M］. Washington，DC：American Institute of Aeronautics and Astronautics，Inc.，2002.

［11］ Ames Research Staff. Equations，tables，and charts for compressible flow［R］. NACA report 1135，1953.

第 12 章　特种超高速实验设备

与传统的空气动力学相比,超高速流动由于流动滞止产生的高温导致了空气分子的振动能激发、离解,甚至电离,使得其流动特性超出了经典气体动力学理论能够准确预测的范围。它已成为空气动力学的前沿学科,也对地面模拟实验技术带来了挑战。通常认为,传统的空气动力学实验模拟主要要求马赫数和雷诺相似,实验模型可以缩尺。而超高速流动实验模拟要求复现实验气体成分、气流速度、温度以及特征密度。由于存在化学反应,实验往往要求大尺度的实验模型。因此,为了开展超高速气动实验,复现飞行条件成为高超声速地面模拟的目标,至少要复现来流速度、温度和气体组分。同时模型的尺度效应也成为高超声速研究日益关心的重要问题。

本章介绍的实验设备不同于前面介绍的风洞。风洞(不论低速风洞还是高速风洞)都是以定常流动为基本原理的。而本章介绍的设备是以非定常流动为基本运行原理的,这样一类设备统称为特种设备,意即不同于一般风洞。特种设备可以分为管式、靶式和组合式。管式设备以激波管为代表,有激波管和激波风洞、炮风洞、长射风洞、Staklke 风洞、管风洞、膨胀风洞等。靶式设备是使模型高速运动的设备,有弹道靶、火箭橇等。组合式设备是把几种装置联合使用的设备。

12.1　一维非定常空气动力学关系式

本章介绍的特种设备的基本运行原理是一维非定常流理论。一维非定常空气动力学可以分为连续等熵流和间断流两部分。

12.1.1　一维非定常连续等熵流

量热完全气体的一维非定常等熵流基本方程包括连续方程、动量方程和状态方程:

$$\begin{cases} \dfrac{\partial \rho}{\partial t} + u\dfrac{\partial \rho}{\partial x} + \rho\dfrac{\partial u}{\partial x} = 0 \\[2mm] \dfrac{\partial u}{\partial t} + u\dfrac{\partial u}{\partial x} + \dfrac{1}{\rho}\dfrac{\partial p}{\partial x} = 0 \\[2mm] p = \rho RT \end{cases} \tag{12.1}$$

其中 ρ 是密度,u 是速度,p 是压力,T 是温度,t 是时间,x 是空间坐标,R 是气体常数。从 (12.1)式可以很容易得到这组双曲型方程的特征线方程:

$$\frac{a}{\rho}\left[\frac{\partial \rho}{\partial t}+(u \pm a)\frac{\partial \rho}{\partial x}\right] \pm \left[\frac{\partial u}{\partial t}+(u \pm a)\frac{\partial u}{\partial x}\right]=0 \tag{12.2}$$

其中 a 是声速,$a^2=\gamma RT$。这个方程表明沿特征线存在下列特征关系:

$$\frac{a}{\rho}\frac{\mathrm{d}\rho}{\mathrm{d}t} \pm \frac{\mathrm{d}u}{\mathrm{d}t}=0, \quad 沿\frac{\mathrm{d}x}{\mathrm{d}t}=u \pm a \tag{12.3}$$

利用量热完全气体等熵关系,从(12.3)式可得

$$\frac{\mathrm{d}u}{\mathrm{d}t} \pm \frac{2}{\gamma-1}\frac{\mathrm{d}a}{\mathrm{d}t}=0, \quad 沿\frac{\mathrm{d}x}{\mathrm{d}t}=u \pm a \tag{12.4}$$

或者

$$\frac{a}{\gamma p}\frac{\mathrm{d}p}{\mathrm{d}t} \pm \frac{\mathrm{d}u}{\mathrm{d}t}=0, \quad 沿\frac{\mathrm{d}x}{\mathrm{d}t}=u \pm a \tag{12.5}$$

积分(12.4)式后得到通过 $u-a$ 表示的特征关系:

$$u \pm \frac{2a}{\gamma-1}=常数, \quad 沿\frac{\mathrm{d}x}{\mathrm{d}t}=u \pm a \tag{12.6}$$

图 12.1 表示在物理平面 x-t 和速度平面 a-u 上的特征线。物理平面上 I 族特征线 $\mathrm{d}x/\mathrm{d}t = u+a$ 称为右行波,II 族特征线 $\mathrm{d}x/\mathrm{d}t = u-a$ 称为左行波。沿两族特征线满足的特征关系(12.6)式在速度平面上分别对应两族直线。

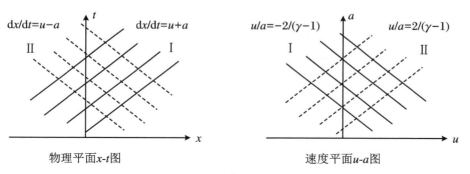

图 12.1　物理平面和速度平面上的特征线

从(12.3)式和(12.5)式我们可以得出右行波和左行波波后气体压力、密度的变化,波后密度增大的波称为压缩波,密度减少的波称为稀疏波。我们总结这些波波后的速度、压力、密度变化规律如下:

右行压缩波波后	ρ 增加	p 增加	u 增加
右行稀疏波波后	ρ 减小	p 减小	u 减小
左行压缩波波后	ρ 增加	p 增加	u 减小
左行稀疏波波后	ρ 减小	p 减小	u 增加

在物理平面上压缩波波面呈汇聚状态,稀疏波波面呈发散状态。

12.1.2　一维运动激波

一维非定常间断流主要指运动激波。运动激波前后压力、密度、温度、速度等参数都发生了变化。为了得出运动激波关系式，我们借助坐标变换，在随运动激波一起运动的运动坐标中，运动激波就转换为一个驻激波。我们就可以用定常流中的正激波关系推导出运动激波关系。

如图12.2所示，在实验室坐标系中运动激波以速度 $W_s + u_1$ 向右运动，波前气流速度为 u_1，波后气流速度为 u_2。做一下坐标变换，在随激波一起运动的运动坐标系内，激波为静止不动的正激波，波前速度为 W_s，波后速度为 $W_s + (u_1 - u_2)$。运动激波马赫数定义为

$$M_s = \frac{W_s}{a_1} \tag{12.7}$$

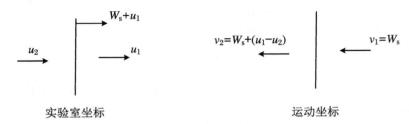

图 12.2　运动激波与正激波

我们知道，坐标变换不会改变激波前后的热力学静参数关系。借助正激波关系(11.6)～(11.8)得到运动激波前后的压力、密度和温度比为

$$p_{21} = \frac{2\gamma M_s^2 - (\gamma - 1)}{\gamma + 1} \tag{12.8}$$

$$\rho_{21} = \frac{(\gamma + 1) M_s^2}{2 + (\gamma - 1) M_s^2} \tag{12.9}$$

$$T_{21} = \frac{\left[2\gamma M_s^2 - (\gamma - 1)\right]\left[2 + (\gamma - 1) M_s^2\right]}{(\gamma + 1)^2 M_s^2} \tag{12.10}$$

其中下标2表示波后参数，下标1表示波前参数，下标21表示波后参数与波前参数的比值，例如 $p_{21} = p_2/p_1$。从运动坐标下的基本方程出发，还可以推导出运动激波波后气流的速度：

$$u_2 = u_1 \pm \frac{2a_1}{\gamma + 1}\left(M_s - \frac{1}{M_s}\right) \tag{12.11}$$

式中"＋"号是右行激波，"－"号是左行激波。

关于一维非定常流动和运动激波关系的详细推导读者可以参考一般气体动力学教科书。

12.2　激波管和激波风洞

12.2.1　激波管

激波管(shock tube)是管类设备的基础,本章首先详细地介绍激波管的运行原理,在此基础上介绍其他各种设备。

图 12.3 是激波管的运行示意图。激波管由两段管道组成,左端是高压段,右端是低压段,两段管道之间由一道膜片隔开。当高压段内气体压力达到一定值后,膜片破裂,在低压段内产生一道向右运动的右行激波,同时在高压段内产生一道向左运动的左行稀疏波。在 x-t 图中激波和稀疏波将平面分为几个区域。激波管运行前,低压段为(1)区,高压段为(4)区。激波管运行时,(1)区气体经过右行激波加速后为(2)区,(2)区气体压力和温度升高。(4)区气体经过左行稀疏波后加速为(3)区,(3)区气体压力和温度降低。(2)区和(3)区气体由接触面隔开,并具有相同的压力和速度。

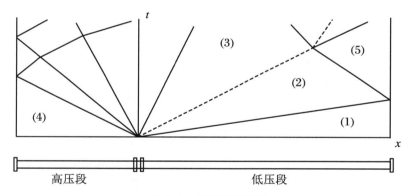

图 12.3　激波管示意图

从图 12.3 可以看出,激波管膜片破后,激波、稀疏波和接触面把 x-t 平面分为 4 个区域:(2)区气体由(1)区气体通过激波压缩形成,(3)区气体由(4)区气体通过稀疏波等熵膨胀得到;(2)区和(3)区气体满足接触面相容条件。一般求解激波管问题是已知(1)、(4)区参数,求运动激波马赫数和(2)、(3)区参数。

(1)、(2)区之间适用右行运动激波关系:

$$u_2 = \frac{2a_1}{\gamma_1 + 1}\left(M_s - \frac{1}{M_s}\right), \quad p_2 = \frac{2\gamma_1 M_s^2 - (\gamma_1 - 1)}{\gamma_1 + 1} p_1$$

(4)、(3)区之间适用左行稀疏波关系:

$$u_3 = \frac{2a_4}{\gamma_4 + 1} - \frac{2a_3}{\gamma_4 + 1}, \quad p_3 = (a_{43})^{\frac{-2\gamma_4}{\gamma_4 - 1}} p_4$$

(2)、(3)区之间适用接触面相容关系：

$$u_2 = u_3, \quad p_2 = p_3$$

联立上述方程可以得到下列运动激波 M 数 M_s 与高低压段压比 p_{41} 的关系：

$$p_{41} = \left[\frac{2\gamma M_s^2 - (\gamma_1 - 1)}{\gamma_1 + 1}\right]\left[1 - \frac{\gamma_4 - 1}{\gamma_4 + 1}a_{14}\left(M_s - \frac{1}{M_s}\right)\right]^{\frac{-2\gamma_4}{\gamma_4 - 1}} \tag{12.12}$$

其中 a_{14} 是低压段气体声速与高压段气体声速之比，γ_1 和 γ_4 分别是低压段和高压段气体的比热比。一旦激波马赫数 M_s 求得，(2)区和(3)区参数可以方便的得到。(2)区的压力、温度和速度可由(12.8)式、(12.10)式和(12.11)式求出，(2)区气流 M 数为

$$M_2 = 2(M_s^2 - 1)\{[2\gamma_1 M_s^2 - (\gamma_1 - 1)][(\gamma_1 - 1)M_s^2 + 2]\}^{-\frac{1}{2}} \tag{12.13}$$

(3)区参数为

$$M_3 = \left[\frac{(\gamma_1 + 1)M_s}{2a_{14}(M_s^2 - 1)} - \frac{\gamma_4 - 1}{2}\right]^{-1} \tag{12.14}$$

$$T_3 = \left(1 + \frac{\gamma_4 - 1}{2}M_3\right)^{-2}T_4 \tag{12.15}$$

$$p_3 = \left(1 + \frac{\gamma_4 - 1}{2}M_3\right)^{\frac{-2\gamma_4}{\gamma_4 - 1}}p_4 \tag{12.16}$$

运动激波到达激波管右端后，在固壁发生反射，反射激波 M 数 M_r 可写为

$$M_r^2 = \frac{2\gamma M_s^2 - (\gamma - 1)}{(\gamma - 1)M_s^2 + 2} \tag{12.17}$$

反射激波波后形成(5)区。(5)区是一个高温、高压的静止区，其参数可以通过反射激波马赫数和(2)区参数写出。进而，(5)区参数直接用 M_s 和(1)区参数表达的关系式为

$$p_5 = \frac{[2\gamma_1 M_s^2 - (\gamma_1 - 1)][(3\gamma_1 - 1)M_s^2 - 2(\gamma_1 - 1)]}{(\gamma_1 + 1)[(\gamma_1 - 1)M_s^2 + 2]}p_1 \tag{12.18}$$

$$T_5 = \frac{[2(\gamma_1 - 1)M_s^2 - (\gamma_1 - 3)][(3\gamma_1 - 1)M_s^2 - 2(\gamma_1 - 1)]}{(\gamma_1 + 1)^2 M_s^2}T_1 \tag{12.19}$$

根据上面公式我们可以计算激波管中(2)、(3)、(5)区的参数。假设用空气驱动空气，初始温度为室温，$T_1 = T_4 = 288\,\text{K}$，计算结果示于表 12.1 中。其中(3)区气流在激波马赫数很高时，静温接近绝对零度，数据没有意义。

表 12.1　激波管中(2)、(3)、(5)区参数随激波 M 数的变化
(空气驱动空气，$T_1 = T_4 = 288\,\text{K}$)

M_s	1.5	2.0	3.0	5.0	10.0	∞
M_2	0.604	0.962	1.358	1.661	1.827	1.890
T_2/K	396.1	506.2	803.7	1740	6116	∞
M_3	0.806	1.667	4.0	20	/	/
T_3/K	222.5	168.7	92.59	75	/	/
p_{51}	7.333	20	68.27	251.8	1163	∞
T_5/K	680.8	1000	1884	4689	17816	∞

有限长度的激波管实验时间受到两方面限制(图 12.3):一是从高压段端部反射的右行稀疏波会追上接触面,进入(2)区实验气流;二是从低压段端部反射的左行反射激波也会破坏实验气流。假设高压段长度为 L,低压段长度为 X_{D},可以得出激波管最佳长度比:

$$\frac{X_{\mathrm{D}}}{L} = \frac{\dfrac{M_{\mathrm{r}}}{M_2}}{1 + \dfrac{M_{\mathrm{r}}}{M_{\mathrm{s}}}a_{21} - \dfrac{M_2}{M_{\mathrm{s}}}a_{21}} \cdot \frac{X_{\mathrm{C}}}{L} \tag{12.20}$$

上式是认为反射稀疏波、反射激波与接触面同时交于一点,在该位置试验时间最长。式中 M_{r} 是反射激波马赫数。

激波管一般用(2)区气流做实验,从表 12.1 我们看到在 M_{s} 较低时,激波诱导的(2)区气流是亚声速的,当 M_{s} 较高时(2)区是超声速气流。但是随 M_{s} 增加,(2)区温度也提高,使得(2)区气流马赫数 M_2 是有限的。

激波管具有很多优点:很容易产生高焓值的高速气流;很容易将气体在短时间内均匀地加热到某一温度;设备结构简单等。但是激波管也存在一些局限性:不能产生较高马赫数的实验气流;产生的激波强度范围受限制;可供实验的气流持续时间太短等。

12.2.2 反射型激波风洞

激波管中(2)区气体是(1)区气体通过激波压缩后获得的高温高压气体,但是它的气流 M 数并不太高,不适于做高超声速实验。如果在激波管低压段末端安装一个 Laval 喷管、实验段和真空罐,即构成激波风洞(shock tunnel)。激波风洞分为直通型激波风洞和反射型激波风洞两种。早期激波风洞多是直通型,现在大部分激波风洞都是采用反射型。

直通型激波风洞是在低压段末端直接连接一个扩张的锥形喷管。如果运动激波足够强,激波诱导的(2)区气流是超声速的,那么(2)区气流通过扩张喷管,可以进一步膨胀为更高马赫数的气流。直通型激波风洞可以实现高超声速实验要求,但是实验时间很短。现在已经很少有人用直通型激波风洞做实验了,因此本章我们仅介绍反射型激波风洞。

反射型激波风洞采用收缩-扩张的 Laval 喷管。图 12.4 是反射型激波风洞的示意图。

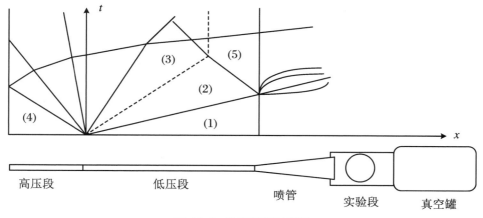

图 12.4 激波风洞示意图

风洞运行时安装两道膜片,在高低压段之间安装一道主膜片,隔开高低压气体;在低压段与喷管之间安装另一道膜片,隔开低压段的低压气体和真空罐的真空环境。由于激波风洞实验段内一般是高超声速气流,因此喷管出口面积很大,喷管喉道面积很小。当激波管运行时,运动激波到达低压段末端,发生完全反射,形成一个压力和温度非常高的(5)区。(5)区的高温、高压气体类似于常规高超声速风洞中的稳定段气体。(5)区的高温、高压气体经过Laval 喷管做定常等熵膨胀后,在实验段内形成高超声速气流。

激波风洞与常规高超声速风洞的区别在于,常规高超声速风洞是通过电能或者燃气加热气体的,通过压气机机械压缩获得高温、高压气体;而激波风洞是通过激波压缩(非定常、绝热、非等熵过程)获得高温、高压气体的。因此,通过激波压缩的(5)区气体为高超声速实验提供了具有足够高总温、总压的气源,可以防止实验段气体液化。通过气体动力学方法获得高温高压环境比用机械方法效率更高。

为了提高激波风洞的驱动能力,即产生较强的运动激波,根据(12.12)式可知,应该在高压段采用较轻的气体作为驱动气体。最好用氦气,既安全又有强驱动能力,但是价格较高。也可以用氢气或者氢氧燃烧加热后的氢气作为驱动气体,缺点是安全性较差。

根据图 12.4 所示,当激波管中反射稀疏波进入实验段后,实验段内均匀的超声速气流就被破坏了,实验也就结束了。激波风洞结构简单、运行成本低、参数调节方便,但是实验时间较短,一般在毫秒量级。

计算反射型激波风洞实验段气流的参数可以先计算(5)区的压力 p_5 和温度 T_5,作为实验段气体的总压和总温,再用定常等熵关系计算实验段气体的参数。但是由于实验气体总温总压很高,必须考虑真实气体效应。真实气体效应的计算方法,读者可以参考专门文献和专著。

(5)区的参数可以用(12.18)式和(12.19)式计算:

$$p_5 = \frac{[2\gamma M_s^2 - (\gamma-1)][(3\gamma-1)M_s^2 - 2(\gamma-1)]}{(\gamma+1)[(\gamma-1)M_s^2 + 2]}p_1$$

$$T_5 = \frac{[2(\gamma-1)M_s^2 - (\gamma-3)][(3\gamma-1)M_s^2 - 2(\gamma-1)]}{(\gamma+1)^2 M_s^2}T_1$$

反射型激波风洞实验段 M 数由喷管面积比确定:

$$\frac{A_e}{A^*} = \frac{1}{M_T}\left(\frac{1+\frac{\gamma-1}{2}M_T^2}{\frac{\gamma+1}{2}}\right)^{\frac{\gamma+1}{2(\gamma-1)}} \tag{12.21}$$

式中下标 T 表示实验段参数,上标 * 表示喉道,下标 e 表示喷管出口。实验段压力和温度写为

$$p_T = \left(1+\frac{\gamma-1}{2}M_T^2\right)^{\frac{-2\gamma}{\gamma-1}}p_5 \tag{12.22}$$

$$T_T = \left(1+\frac{\gamma-1}{2}M_T^2\right)^{-1}T_5 \tag{12.23}$$

12.2.3　激波风洞运行方式

1. 缝合接触面运行

反射型激波风洞有几种运行方式:缝合接触面运行、平衡接触面运行和高 p_5 运行。不同运行方式对应不同的模拟能力。

反射型激波风洞中,左行的反射激波与右行的接触面迎面相遇后,会发生相互作用。产生透射的左行激波和右行的反射波。反射的波有可能是激波,也有可能是稀疏波(图 12.5)。如果反射的是激波,则接触面向右运动(图 12.5(a))。如果反射的是稀疏波,则接触面向左运动(图 12.5(b))。介于二者之间,存在一种可能性是左行激波在接触面不发生反射,这种情况称为"缝合接触面(tailored contact surface)运行"(图 12.5(c))。此时(6)区和(7)区气体保持静止,接触面也不运动。缝合接触面运行的优点是,(5)和(6)区连成一片,使得左行激波波后在接触面与端壁之间存在很长时间的静止气体区。因此缝合接触面运行的反射型激波风洞的运行时间会大大增加。

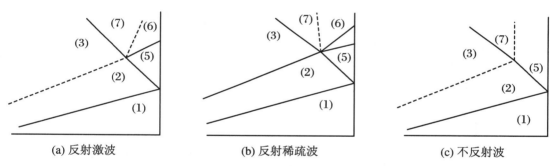

(a) 反射激波　　　　　　　　(b) 反射稀疏波　　　　　　　　(c) 不反射波

图 12.5　左行激波与接触面相互作用

在缝合条件下,很容易得出下面缝合方程:

$$a_{23}^2 = \frac{\gamma_1}{\gamma_4} \frac{(\gamma_1 + 1)p_{52} + (\gamma_1 - 1)}{(\gamma_4 + 1)p_{52} + (\gamma_4 - 1)} \tag{12.24}$$

上述缝合方程(12.24)可以还可改写为激波管气体性质($a_4, \gamma_4, a_1, \gamma_1$)与激波 M 数 M_s 的关系:

$$a_{41} = \frac{2}{\gamma_1 + 1}\left(M_{ST} - \frac{1}{M_{ST}}\right)$$

$$\cdot \left\{\left[\frac{(\gamma_1 - 1)M_{ST}^2 + 2}{2\gamma_1(M_{ST}^2 - 1)}\right]\left[\gamma_4^2 + \frac{\gamma_1\gamma_4(\gamma_4 + 1)(M_{ST}^2 - 1)}{(\gamma_1 - 1)M_{ST}^2 + 2}\right]^{2.5} + \frac{\gamma_4 - 1}{2}\right\} \tag{12.25}$$

其中 M_{ST} 称为缝合激波马赫数。(12.25)式说明对于一个给定的驱动状态($a_4, \gamma_4, a_1, \gamma_1$)只存在一个缝合激波 M 数 M_{ST}。需注意(12.25)式与(12.12)式的差别。(12.25)式表示,如果给定驱动和被驱动气体的声速和比热比,那么就存在一个缝合激波 M 数 M_{ST},而具体每次实验中的激波 M 数还与高低压段压比 p_{41} 有关,由(12.12)式确定。当实验中具体的运行激波 M 数大于缝合激波 M 数时($M_s > M_{ST}$),称为"超缝合运行";当实验中具体的运行激波 M 数小于缝合激波 M 数时($M_s < M_{ST}$),称为"亚缝合运行"。

2. 平衡接触面运行

我们知道,缝合接触面运行时激波风洞的运行时间很长,但是缝合状态很难调试。实际运行中,存在另一种激波风洞的运行方式,称为"平衡接触面(equilibrium contact surface)运行",它也可以获得较长的运行时间。平衡接触面运行是一种超缝合运行状态。如图 12.6 所示,在这种运行方式中反射激波在接触面和端壁之间发生多次激波反射。多次反射后,激波越来越弱,接触面向右运动速度越来越慢,几乎静止了。多次反射后,在接触面和端壁之间形成一个稳定的压力平台。在平衡接触面运行的激波风洞中,利用这个稳定的压力平台作为气体进入喷管前稳定段的气体,可以获得较长的运行时间。平衡接触面运行的另一个特点是,多次激波压缩有利于产生高温高压气体,因此这种运行方式适合于模拟高焓实验。

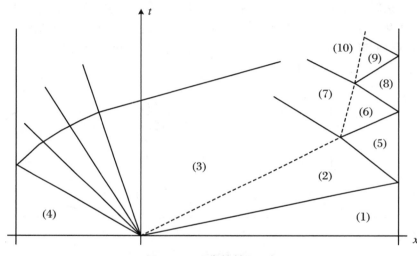

图 12.6　平衡接触面运行

3. 高 p_5 运行

和平衡接触面运行对应还存在一种高 p_5 运行方式。为了提高实验气流 Re 数,需要尽量提高实验气流的总压,对反射型激波风洞来说就是尽量提高(5)区压力 p_5。现在的问题是,当驱动压力 p_4 给定时,能否找到一种状态,使得 p_{54} 最大,即最有效地利用压力能。我们知道

$$p_{54} = \frac{p_{52} \cdot p_{21}}{p_{41}}$$

从(12.12)式和(12.17)式可知它们都是 M_s 的函数。对上式求导,求出满足高 p_5 运行的条件和高 p_5 运行的激波 M 数 M_{sp}:

$$a_{41} = \frac{\gamma_4 - 1}{\gamma_1 + 1}\left(M_{sp} - \frac{1}{M_{sp}}\right) + \frac{\gamma_4\left[(3\gamma_1 - 1)M_{sp}^2 - 2(\gamma_1 - 1)\right]\left[(\gamma_1 - 1)M_{sp}^2 + 2\right](M_{sp}^2 + 1)}{2\gamma_1(\gamma_1 + 1)^2 M_{sp}^3}$$

$$\tag{12.26}$$

和(12.25)式一样,对于一个给定的驱动状态$(a_4, \gamma_4, a_1, \gamma_1)$只存在一个高 p_5 运行的激波 M 数 M_{sp}。在给定 a_{41} 情况下,高 p_5 运行的激波 M 数 M_{sp} 比缝合激波 M 数 M_{ST} 低得多,因此,高 p_5 运行是一种远亚缝合运行方式,请见图 12.7 所示。

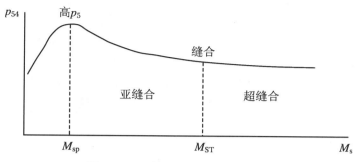

图 12.7　反射型激波风洞运行方式

最后小结一下,对于给定驱动和被驱动气体$(a_4,\gamma_4,a_1,\gamma_1)$,只存在一个缝合激波马赫数 M_{ST} 和一个高 p_5 马赫数 M_{sp}。具体运行时的激波马赫数还要由驱动压力 p_{41} 确定。运行激波马赫数大于缝合激波马赫数时属于超缝合运行,小于激波马赫数时属于亚缝合运行。平衡接触面运行是超缝合运行,适合模拟高焓状态。高 p_5 运行是亚缝合运行,适合模拟高 Re 数状态。

12.2.4　加热轻气体驱动的激波风洞

经过几十年的发展,激波风洞现在有三种驱动方式,即加热轻气体(如加热氢气和氦气)驱动、自由活塞驱动和爆轰驱动。

从(12.12)式可知,要提高激波管和激波风洞的驱动能力,也就是要得到高的激波马赫数 M_s,不仅需要提高高低压段比 p_{41},而且与驱动/被驱动气体的声速比 a_{41},气体比热比 γ_4、γ_1 有关。一般说,希望用轻的温度高的(也就是声速高的)气体作为驱动气体。

国际上应用加热轻气体驱动方式的激波风洞有美国 Calspan-UB 研究中心的 LENS 系列激波风洞和俄罗斯 TSNIIMASH 中心机械工程研究院的 U-12 大型激波风洞。LENS Ⅰ 采用电加热氢气或氦气作为驱动气体;LENS Ⅱ 直接采用氦气/氮气作为驱动气体。U-12 是一座巨型激波风洞,采用轻气体和氢氧燃烧驱动模式。表 12.2 是美国和俄罗斯典型的大型微波风洞尺寸和主要参数。

表 12.2　美国和俄罗斯典型的大型激波风洞尺寸和主要参数

名称	驱动段长度/m	驱动段内径/mm	被驱动段长度/m	被驱动段内径/mm	实验段马赫数	驻室总温/K	喷管出口直径/mm	实验时间/ms
LENS Ⅰ	7.62	280	18.3	203	7~8	<8300	914	5~18
LENS Ⅱ	18.3	610	30.5	610	3~7	<2000	1550	30~80
U-12	120	500	180	500	4.8~10.55	<3000	500~1400	25~220

LENS 系列风洞开展了大量的超高速流动实验研究工作,包括激波/边界层相互作用、双锥体气动热流、表面催化效应和气动光学特性等。LENS 系列风洞的研制是成功的,是世界上能够应用于研究复现高超声速飞行条件和超高速流动的主要实验装备。但是,LENS 系列风洞需要大量的轻气体作为驱动气体,运行成本高;而且大量氢气的储存、运输、加热

和排放存在诸多不安全因素,这对于进一步增大风洞尺寸、提高风洞性能具有很大的局限性。

U-12 是一座巨型激波风洞,能够模拟的飞行马赫数为 2~20,目的是用于气动物理、化学动力学进程、激波运动和气体动力学问题的研究。用空气、氢气、氮气、氩气和二氧化碳作为实验气体;用氢气、氦气、空气和氮气作驱动气体。风洞模拟低马赫数流动时应用压缩气体驱动;中等马赫数流动时用加热气体;高马赫数流动时用燃烧驱动。在马赫数等于 6 的条件下实验时间长达 200 ms。U-12 激波风洞的运行费用是非常昂贵的,低压段和高压段的长径比也大大超过了常规尺度。

12.3　活塞式驱动激波风洞

自由活塞驱动和爆轰驱动代表了国际高焓高超设备目前的发展方向。本节和下一节分别介绍这两种驱动的激波风洞。

12.3.1　炮风洞

活塞式驱动的激波风洞分为轻活塞和重活塞驱动两种。炮风洞(gun tunnel)是一种轻活塞驱动的激波风洞。轻活塞的质量大约是几克到几十克,由高强度合金铝制造。轻活塞运行前位于激波管膜片低压段一侧,运行时在高精度加工的低压段内运动。由于活塞质量很轻,在低压段内加速很快。因此,活塞右方开始形成等熵压缩波,很快压缩波就追赶形成激波。

如图 12.8 所示,活塞右方的气体进入喷管前在活塞与喉道间经过反射激波多次压缩,形成一个时间较长的压力平台,而活塞左方的膨胀波仅在活塞和高压段左端之间反射,不会进入活塞右方的实验气体。因此,炮风洞有较长的实验时间,一般可以达到 10 ms 以上。炮风洞的另一个优点是在实验结束后,驱动气体仍在活塞的左方,被驱动气体在活塞右方的真空罐内,驱动气体与被驱动气体实验后不会混合在一起,驱动气体仍然可以回收使用。这一点对于用价格昂贵的氦气做实验的设备是十分重要的。但是炮风洞的低压段管道要求有较高的光洁度,需要精加工。

12.3.2　长射风洞

长射风洞(long-shot tunnel)与炮风洞不同,采用重活塞驱动,活塞重量可达 1×10^3 kg,因此又称重活塞驱动激波风洞。由于采用重活塞,活塞加速缓慢。在活塞右方仅存在等熵压缩波,等熵压缩后的气体可以达到非常高的压力,因此长射风洞的运行 Re 数很高,这是它的一个优点。图 12.9 是比利时 von Karmen 实验室的长射风洞的示意图。VKF 长射风洞用 N_2 作实验气体,实验 M 数等于 15 时,总温 $T_0 = 2000$ K, $Re_{/L} = 2 \times 10^8/m$; $M = 20$ 时, $T_0 = 2400$ K,

$Re_{/L} = 2 \times 10^8/\mathrm{m}$。重活塞驱动的一个缺点是活塞惯性很大，加速后不易立刻停下来，会在低压段内左右振动。因而使得在活塞和低压段末端之间压力产生波动，对产生稳定的实验气流不利。可以在喷管入口前安装一个单向阀，控制压力波动。

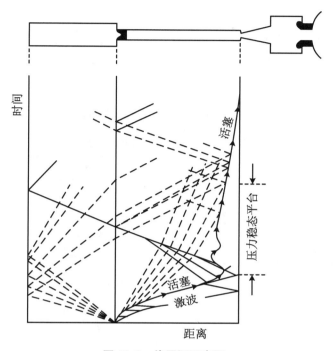

图 12.8　炮风洞示意图

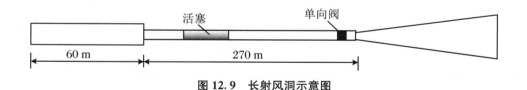

图 12.9　长射风洞示意图

12.3.3　自由活塞驱动激波风洞

澳大利亚 Stalker 教授首先提出利用自由活塞压缩产生高压驱动气体，在激波管里获得更强入射激波的方法，因此自由活塞驱动的激波风洞又称 Stalker 风洞。Stalker 风洞把重活塞驱动和轻活塞驱动结合在了一起。原来激波风洞或炮风洞中高压段的气体是靠机械压缩的方法产生的，Stalker 风洞用重活塞驱动，通过等熵压缩获得高压气体，再用这个高压气体驱动激波管中的低压气体，有的还在低压段内安装了类似炮风洞的轻活塞。图 12.10 是 Stalker 风洞的示意图，其中用储气罐、压缩管和重活塞代替了激波管中的高压段。因此，Stalker 风洞运行时通过重活塞的等熵压缩获得激波管的高压驱动气体，再通过激波压缩得到高温高压的(5)区滞止气体，最后高温高压的滞止气体经过喷管定常等熵膨胀得到高超声速实验气流。实验证明，该技术是切实可行的，确实能够产生高焓气源。自由活塞驱动方式得到了泛的应用,已经建造的自由活塞驱动激波风洞有澳大利亚国立大学的 T3,昆士兰大学的 T4,日本国家航天实验中心的 HEK 和 HIEST,美国加州理工的 T5,德国宇航中心(DLR)的 HEG。已经发展的这些自由活塞驱动激波风洞为高超声速研究提供了一系列重要的实验数据(表12.3)。

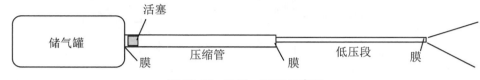

图 12.10　Stalker 风洞示意图

表 12.3　自由活塞激波风洞参数

		已建风洞					在建风洞	
		T1	T2	T3	T4	T5	RHYFL	GASL
压缩管	长度/m	1.5	3	6	25	30	47	12.3
	内径/mm	51	76	300	228	300	600	450
激波管	长度/m	1.35	2	6	10	12	31	—
	内径/mm	12	21	76	75	90	200	—
活塞	质量/kg	0.8	1.2	90	90	150	1750	250
	$\sigma/(g/cm^2)$	39	27	127	221	212	619	157
所在地		澳大利亚国立大学	堪培拉	昆士兰大学布里斯班	美国加州理工	美国洛杉矶		美国长岛

自由活塞驱动高焓激波风洞技术的发展是成功的,已经成为高超声速激波风洞的主流装备,但是这种技术能够产生的高超声速流动的实验时间太短、定常性差。例如,HIEST 的压缩段和激波管总共有 60 m 长,能提供的实验时间仅仅为 2 个多毫秒,而且在这段实验时间里驻室压力变化高达20%～30%。另外,自由活塞驱动激波风洞技术相对复杂,自由活塞的运动控制困难,风洞运行成本高,是自由活塞驱动技术发展的主要问题。

12.4　爆轰驱动激波风洞

爆轰波是在可燃介质中传播、包含了放热化学反应的特种激波,遵循 C-J(chapman-jouget)条件和 ZND(zeldovich neuman-doring)模型。简化的爆轰波物理模型是一道运动激波和波后一个化学反应区。

爆轰驱动模式虽然出现在 20 世纪 60 年代,但近十几年成功地发展成为一种先进的驱动技术。特别是中科院力学所俞鸿儒院士首次提出的反向爆轰驱动和卸爆技术，成功建立了国际上第一座氢氧爆轰驱动激波风洞 JF-10。近年来力学所又先后研制成功复现高超声速飞行条件的爆轰驱动激波风洞 JF-12、爆轰驱动的高焓激波膨胀管 JF-16 和复现真实飞行条件的高焓激波风洞 JF-22，在国际上确立了我国在爆轰驱动技术研究方面的领先地位。

爆轰驱动有前向爆轰和反向爆轰两种运行模式，各自具有不同的驱动特点。

12.4.1　反向爆轰驱动和卸爆段

反向爆轰模式是在激波风洞主膜处引爆混合气体，爆轰波向左运动，应用 Taylor 稀疏波后压力均匀的高压气体（4 区）作为激波管的驱动气体，在激波管中产生入射激波（图 12.11）。反向爆轰驱动的一个缺点是，爆轰波在爆轰段末端会发生反射，反射波后会产生非常高的压力，高压将会影响风洞的安全运行。另一个缺点是，反射波会提前进入激波管被驱动段，大大地缩短了实验时间。为此俞鸿儒院士提出，在应用反向爆轰驱动时应该在激波风洞末端增加一个卸爆段。爆轰波向上游传播进入卸爆段，消去爆轰波反射产生的高温高压，保证风洞安全，同时可延长实验时间。由于爆轰产物具有较高的声速，所以具有产生高 p_5 状态的优势。实验结果表明应用乙炔/空气混合产生爆轰进行高雷诺数的气动实验具有更明显的优势。

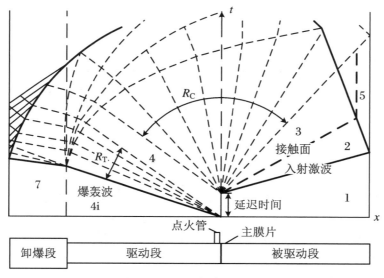

图 12.11　反向爆轰驱动模式

12.4.2　正向爆轰驱动和双爆轰驱动

相对于自由活塞驱动，应用反向爆轰获得的实验气流总焓相对较低，而正向爆轰具有更强的驱动能力，是一个重要的研究方向。正向爆轰模式是在风洞上游末端起爆，在激波管产生的入射激波强度会远高于反向爆轰。但是正向爆轰的缺点是，爆轰波后的 Taylor 稀疏波会直接影响激波管内产生的入射激波，使得入射波衰减严重，成为应用正向爆轰模式必须克服的主要问题(图 12.12(a))。分析爆轰波后产生 Taylor 稀疏波的原因可知,之所以产生稀疏波是因为驱动段左端气体必须保持静止,为了满足这个边界条件,爆轰波后的高速气体只有通过右行稀疏波膨胀减速后才能达到要求。为了克服这个缺点,提出了双驱动的概念。即在主驱动段的上游再增加一个辅助驱动段,在辅助驱动段内产生一个反向爆轰(图 12.12(b)),通过反向爆轰波和 Taylor 稀疏波诱导,在主驱动段上游产生高速气流。只要辅助驱动段内的反向爆轰波足够强,就能使得主驱动段内的正向爆轰波后没有 Taylor 稀疏波存在,从而完全克服了正向爆轰驱动原来的缺点。正向爆轰驱动激波风洞的优点是实验气流总焓高,可以进行高焓实验。

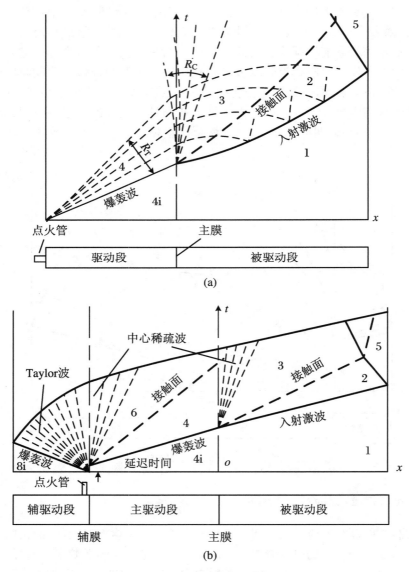

图 12.12 正向爆轰驱动模式

为了在正向爆轰驱动中克服 Taylor 稀疏波的不利影响,中科院力学研究所的科研人员还提出了多种方案,比如增长爆轰驱动段的长度、扩大爆轰驱动段横截面面积、插入环形空腔或收缩喉道等,都得到了一定的效果。

12.4.3　大幅度延长实验时间的爆轰驱动激波风洞

为了满足吸气式超燃冲压发动机实验要求,需要能产生长运行时间的高超声速实验设备。我们知道,在激波风洞中缝合接触面运行方式就可以获得很长的实验时间。但是爆轰驱动产生的入射激波马赫数都很高,远离了缝合条件。为了利用爆轰驱动的优势,产生满足缝合运行条件要求的驱动气体参数,俞鸿儒院士提出两种降低爆轰驱动能力的措施:一是缩小驱动段内径,二是采用乙炔、氧和氮混合气替代氢和氧混合气。这种“小驱动器”驱动“大激波管”的新方法简称为反向爆轰膨胀驱动模式(图 12.13)。具体思路是利用变截面技术将爆轰产物有效地膨胀,使其热力学状态降低到满足缝合条件的参数,从而产生所需的长实验时间。

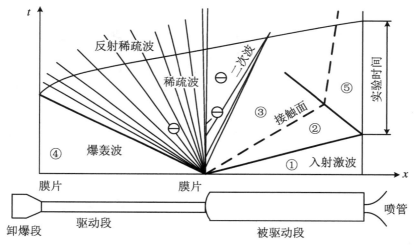

图 12.13　反向爆轰膨胀驱动模式

2012 年 5 月运用上述思想建成的 JF12 激波风洞顺利通过验收。该设备能够产生海拔范围为 25～50 km、马赫数范围为 5～9 的纯空气气流,运行时间大于 100 ms。它将是整体高超声速飞行器实验和研究高超声速/高温气体动力学中基本物理问题的强有力工具。

有关爆轰驱动激波风洞更详细的介绍,读者可以在第 15 章“爆轰驱动激波风洞”中找到。

12.5　膨胀管和膨胀风洞

　　最简单的膨胀管(expension tube)运行过程如下:分别在驱动段中充入高压轻质气体((4)区),在被驱动段中充入低压实验气体((1)区),在膨胀加速段中充入极低压力的加速气体((5)区)或者直接通过抽真空的方式保留一定压力的气体。当驱动段内的驱动气体压力达到一定值时,控制主膜片破裂,在被驱动段的实验气体中立即产生第一道激波 S1,使实验气体的温度和压力升高,实验气体被第一次加速((2)区)。此后激波通过全部实验气体后击破聚酯膜片形成第二道激波 S2,进入膨胀加速段。与此同时有一逆流膨胀波 R(非定常膨胀波)形成,往后传入实验气体,但由于实验气体的气流是超声速的,该非定常膨胀波仅往下游传播,使实验气体第二次加速((8)区),在加速的同时,实验气体的温度、压力亦随之下降。实验气体经过上述两次加速过程具有很高的速度和较高的焓值,不过实验时间很短。

　　膨胀风洞(expension tunnel)就是在膨胀管的基础上增加喷管,除了可以扩大膨胀管的实验流场均匀区外,还能在一定程度上延长膨胀管的实验时间。膨胀风洞的运行原理与膨胀管类似。需要说明的是,经过膨胀加速段的气流速度已经是高超声速气流,这个喷管与常规风洞的喷管不同,它不再是传统的收缩-扩张型的拉法尔喷管,而是没有收缩段,类似于激波风洞的直通型喷管。

　　活塞驱动膨胀风洞就是在常规运行的膨胀管风洞基础上,采用自由活塞作为膨胀管风洞的驱动器,由此进一步提高膨胀风洞设备的模拟能力。

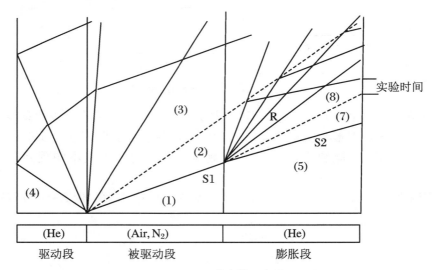

图 12.14　膨胀管示意图

12.6　管　风　洞

管风洞(tube tunnel)的概念最初是由德国 Lugwieg 教授 1955 年提出来的,这是一个利用非定常等熵膨胀产生高速气流的设备。它和激波风洞、炮风洞的不同之处是,管风洞利用稀疏波非定常等熵膨胀(而不是通过非定常压缩)获得高速气流,再经过喷管做定常等熵膨胀产生实验气流。它由压力管、喷管、实验段和阀门(或膜片)组成,它利用了类似激波管中的(3)区气流。图 12.15 是管风洞示意图。

因为管风洞的实验时间与压力管长度有关,一般管风洞的压力管很长(达数十米),所以管风洞实验时间可长达秒的量级,这是管风洞的一个特点。经过非定常膨胀得到的气流污染少,可以达到空气动力学研究中的理想洁净程度。

现在,在管风洞研究中的一个发展趋势是,采用声速喷管和通气壁构成一个跨声速风洞。这是获得高 Re 数跨声速流动的一种重要方法。

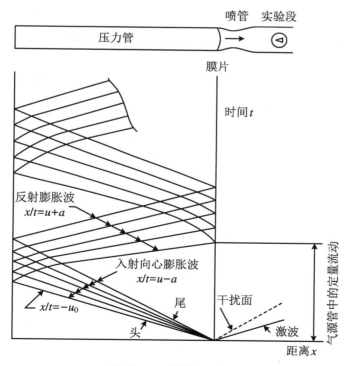

图 12.15　管风洞示意图

12.7 弹 道 靶

弹道靶(ballistic range)是一个靶类设备(图 12.16),它与一般风洞不同。风洞是模型不动,加速气流;而靶类设备是加速实验模型,而实验气体静止。因此,一般说靶类设备更经济,可以获得更高的速度。加速的弹丸在一个密闭的靶道中飞行,沿靶道设置若干观察窗,测量模型姿态和弹道。靶道内可以改变密度,从而模拟不同 *Re* 数。也可以设置雨区、雪区,模拟雨雪等恶劣环境。这都是一般风洞难以做到的。模型在发射管内由弹托包围,从离开发射管进入靶道前由分离装置使弹托与模型分离。

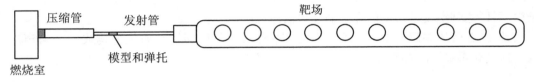

图 12.16　弹道靶示意图

弹道靶可以使模型加速到极高的速度,关键是它的发射装置不是一般的炮,弹道靶采用二级轻气炮(图 12.17)。其原理与 Stalker 管十分类似,不同点是:二级轻气炮用火药驱动重活塞,而 Stalker 管用压缩空气驱动重活塞。二级轻气炮在发射管中用弹托和模型代替了Stalker 管低压段中的轻活塞或膜片。

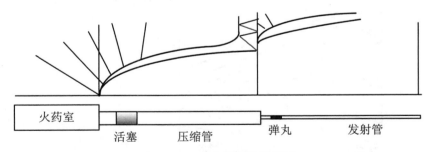

图 12.17　二级轻气炮示意图

弹道靶中分离弹托是一项十分重要的工作,如果在分离弹托过程中扰动了模型,将使得模型不能正确地运动,从而使实验失败。

12.8　各种高速设备原理及性能比较

这一节我们从气体动力学理论角度来研究现有的各种空气动力学设备的运行原理,评价不同设备的性能和效益。

12.8.1　高超声速设备中产生相对速度的方法

所有各种高超声速设备按照产生相对速度的形式可以概括为三种物理过程:① 加速流体,用于各种风洞,在实验室坐标中模型是静止的。② 加速模型,用于靶类、火箭撬。③ 为了获得更高的相对速度,有一种同时加速流体和模型的设备称为逆流靶。它们各种加速的方法列于表 12.4 中。

表 12.4　高超声速实验设备中产生相对速度的方法

造成相对运动的加速对象	加速方法		
① 加速流体(风洞类)	膨胀	压缩	机械压缩 用加热 用绝热压缩
		加热	绝热压缩 外部加热
		膨胀	定常等熵膨胀 非定常等熵膨胀
	压缩	正激波 非定常压缩波	
	彻体力	磁流体动力	
② 加速模型(靶类)	推进剂的非定常等熵膨胀(炮) 推进剂的定常等熵膨胀(火箭) 作用于模型上的彻体力		
③ 加速流体和模型(逆流设备)	将①和②组合		

更明确地说,各种设备的各种基本过程可以包括以下几种:

(1) 机械压缩。几乎所有的设备都需要用连续式机械压缩机压缩驱动气体或被驱动气体,有时两者都需要被压缩。

(2) 引射器作用。常在低密度风洞中应用,提高压比。

(3) 节流。吹气式风洞中控制压力。

(4) 绝热压缩。自由活塞驱动或者激波管中的等熵压缩和激波压缩。

(5) 等容加热。热射风洞中的驱动手段。

（6）等压加热。常规高超声速风洞和电弧风洞加热设备。

（7）定常等熵膨胀。在超声速喷管、变截面激波管等设备中的流动属于定常等熵膨胀。

（8）非定常等熵膨胀。在激波管高压段、膨胀管中通过稀疏波产生的等熵膨胀。

（9）非定常等熵压缩。在压缩管中通过压缩波产生的等熵压缩。

（10）正激波压缩。在激波管、炮风洞中通过运动激波产生的压缩。

（11）彻体力。如应用磁流体（MHD）加速流体的力。

每一种设备可能采用一种或两种基本过程实现加速流体或者加速模型。表 12.5 列出了各种设备的工作过程。表中将风洞、靶和橇以及逆流设备分组列出。因为管类设备（如激波管、激波风洞、炮风洞等）中模型在实验室坐标中是静止的，所以也放在风洞类了。表中第一列分别对驱动气体和被驱动气体（工作气体）列出工作过程。高超声速风洞中工作气体被加速后在实验段达到指定参数，因而这里作为被驱动气体列出。驱动气体是指在激波管和靶类设备的炮中使用的第二种气体，它们用来加速工作气体或者模型。在有些设备（如膨胀管）中还有可能使用第三种辅助气体。

12.8.2　高超声速设备原理分析

在我们所有介绍的设备中可以看出，在风洞中喷管内气体经历的基本过程都是定常等熵膨胀，在激波管和炮风洞中是激波（非定常、绝热、非等熵）压缩，在长射风洞、Stalker 风洞和弹道靶二级轻气炮中的重活塞驱动是非定常、等熵压缩，在管风洞中是非定常等熵膨胀等。总体看，实验气体的气体动力学过程可以分为等熵和非等熵，定常和非定常两大类。下面我们针对这两类现象进行分析。

1. 等熵压缩与非等熵压缩比较

根据热力学原理，熵的变化与温度、压力变化间的关系为

$$\mathrm{d}s = C_p \frac{\mathrm{d}T}{T} - R \frac{\mathrm{d}p}{p}$$

定性地看，等熵过程更有利于获得高的压力，非等熵过程熵更有利于获得高的温度，因为熵总是增加的（$\mathrm{d}s \geqslant 0$）。下面通过具体数据来分析。

（1）对于激波压缩和等熵压缩过程，如果达到同样的压力比，看温度比情况。

表 12.6 表示如果达到同样的压力比，激波压缩比等熵压缩可以达到更高的温度。表中第 1 列是激波压缩和等熵压缩达到的相同压力比 p_{21}，第 2 列是对应的激波马赫数（γ 等于 1.4 时），第 3 列是激波前后的温度比 T_{21}，第 4 列是达到同样压力比 p_{21} 时通过等熵压缩能达到的温度比，第 5 列是达到同样压力比时，激波压缩和等熵压缩得到的温度比的比较。

可以得出这样的结论，激波压缩比等熵压缩更有利于提高气体温度，也就是更有利于做高焓实验。例如，反射型激波风洞中采用平衡接触面运行方式，进入喷管前的气体就是经过多次激波压缩产生的高温高压气体，因而平衡接触面运行更有利于模拟高空高焓实验。

表 12.5　高超声速实验设备基本构成

基本过程		高超声速风洞 连续式	高超声速风洞 下吹式	高超声速风洞 低密度	绝热慢活塞压缩	炮风洞	长射式	热射式	激波管 等截面	激波管 变截面	激波管 爆炸驱动	激波风洞 等截面	激波风洞 变截面无MHD	激波风洞 变截面有MHD	风洞 波过滤器	膨胀管等截面	膨胀风洞管子等截面	压缩管	靶和橇 炮一级 靶箱	炮二级 靶箱	火箭发射器 靶箱	超声速风洞	逆流靶 一级靶	激波管	激波风洞	两级炮
驱动气体	机械压缩	×	×		×	×	×		×	×		×	×	×	×	×	×	×	×	×			×	×	×	×
	引射器			×																						
	等容加热																									×
	激波压缩										×															
	定常等熵膨胀				×	×	×			×		×	×	×					×	×			×	×	×	×
	非定常等熵膨胀					×	×		×	×	×	×	×	×	×	×	×		×	×			×	×	×	×
被驱动气体	机械压缩	×	×	×		×	×		×	×	×								×	×			×	×		×
	节流			×																						
	等容膨胀				×																					
	等压加热			×				×																		
	等熵压缩	×	×	×														×								
	激波等熵压缩							×												×	×	×				
	等压等熵定常膨胀	×					×																			
	等容等熵定常膨胀				×	×			×				×	×	×											×
	非定常等熵膨胀					×			×			×	×	×	×	×	×	×		×		×		×	×	×
	非定常等熵压缩															×	×	×								
	彻体力													×												×

表 12.6　达到相同压力时激波压缩与等熵压缩后的温度比较($\gamma = 1.4$)

| p_{21} | 激波压缩 | | 等熵压缩 | $T_{激波} / T_{等熵}$ |
| | M_s | 温度比 | 温度比 | |
	$M_s = \sqrt{\dfrac{6p_{21}+1}{7}}$	$T_{21} = \dfrac{p_{21}(p_{21}+6)}{6p_{21}+1}$	$T_{21} = p_{21}^{1/3.5}$	
10.3	3	2.67	1.95	1.37
18.5	4	4.05	2.30	1.76
41.8	6	7.94	2.90	2.72

（2）对于激波压缩和等熵压缩过程，如果达到同样的温度，看压力和速度情况。

表 12.7 表示了如果达到同样的温度，激波压缩和等熵压缩获得的压力和速度比较。表中第 1 列是激波压缩和等熵压缩达到相同的温度 T_{21}，第 2 列是对应的激波马赫数（$\gamma = 1.4$ 时）。第 3 列和第 4 列是激波前后的压力比 p_{21} 和激波诱导速度 u_2。第 5 列和第 6 列是达到同样温度比时，等熵压缩波前后压力比 p_{21} 和波后速度 u_2。第 7 列是等熵压缩和激波压缩达到的雷诺数之比。其中 a_1 是波前气体声速，u_2 是波后速度，并认为波前气体静止 $u_1 = 0$。

表 12.7　达到相同温度时激波压缩与等熵压缩后压力和速度的比较（$\gamma = 1.4$）

| T_{21} | 激波压缩 | | | 等熵压缩 | | $Re_{等熵} / Re_{激波}$ |
| | M_s | 压力比 | 波后速度 | 压力比 | 波后速度 | |
	$T_{21} = \dfrac{(7M_s^2-1)(M_s^2+5)}{36M_s^2}$	$p_{21} = \dfrac{7M_s^2-1}{6}$	$u_2 = 5\left(M_s - \dfrac{1}{M_s}\right)a_1$	$p_{21} = T_{21}^{3.5}$	$u_2 = 5(T_{21}^{\frac{1}{2}}-1)a_1$	
2.67	3	10.3	$2.22a_1$	31.47	$3.18a_1$	4.36
4.05	4	18.5	$3.12a_1$	133.33	$5.06a_1$	11.66
7.94	6	41.8	$4.86a_1$	1410.86	$9.09a_1$	63.09

可以得出这样的结论，等熵压缩与激波压缩相比更有利于提高气体的压力和速度，也就是说更有利于提高气流 Re 数。例如，长射风洞的重活塞、Stalker 风洞压缩管中的活塞、弹道靶中压缩管的活塞都是通过等熵压缩获得高压驱动气体。

2. 定常等熵膨胀与非定常等熵膨胀比较

所有常规超声速风洞和激波风洞、炮风洞等都采用了喷管产生超声速气流，气流通过喷管属于定常等熵膨胀过程。从定常等熵膨胀和非定常等熵膨胀方程比较中可以明显看出高超声速流非定常膨胀在理论上的优点。应用这些非定常过程才出现了膨胀管、压缩管等设备。

（1）气流速度比较

对于定常等熵流有

$$\frac{\mathrm{d}H}{\mathrm{d}t} = \frac{\mathrm{d}}{\mathrm{d}t}\left(h + \frac{1}{2}u^2\right) = 0$$

其中 H 是总焓，h 是静焓。所以有 $\mathrm{d}h + u\mathrm{d}u = 0$，即

$$\mathrm{d}u = -\frac{\mathrm{d}h}{u} = -\frac{1}{M}\frac{\mathrm{d}h}{a} \tag{12.27}$$

又因为 $\mathrm{d}h = \dfrac{2a}{\gamma-1}\mathrm{d}a$ 和 $\mathrm{d}h = \dfrac{\mathrm{d}p}{\rho}$，所以得到

$$\mathrm{d}u = -\frac{1}{M}\frac{2}{\gamma-1}\mathrm{d}a \tag{12.28}$$

对于非定常等熵流（以左行波为例）有

$$\mathrm{d}u = -\frac{2}{\gamma-1}\mathrm{d}a \tag{12.29}$$

和

$$\mathrm{d}u = -\frac{1}{a}\mathrm{d}h \tag{12.30}$$

比较(12.28)式和(12.29)式，或者(12.27)式和(12.30)式，可知在相同条件下（$\mathrm{d}a$ 相同或 $\mathrm{d}h$ 相同），非定常膨胀产生的速度增量是定常膨胀速度增量的 M 倍：

$$\left(\frac{\mathrm{d}u(非定常)}{\mathrm{d}u(定常)}\right)_{\mathrm{d}h,s} = M \tag{12.31}$$

由此式可知，当 $M>1$ 时，$\mathrm{d}u(非定常)>\mathrm{d}u(定常)$，即超声速时非定常膨胀有利提高速度；当 $M<1$ 时，$\mathrm{d}u(非定常)<\mathrm{d}u(定常)$，即亚声速时定常膨胀更有利提高速度。

由此理论上可以分析，所有的风洞喷管不管亚声速还是超声速都是定常等熵膨胀，膨胀管和压缩管是非定常等熵膨胀（压缩），而管风洞亚声速时是非定常等熵膨胀，超声速时是定常等熵膨胀。

（2）气流凝结问题比较

假设初始状态都为静止气体，压力 $p_0 = 5\ \mathrm{kg/cm^3}$，温度 $T_0 = 300\ \mathrm{K}$，气体为 N_2，声速 $a_0 = 350\ \mathrm{m/s}$。气流膨胀到 $M=5$，考查气体分别经过定常膨胀和非定常膨胀到相同 M 数时，气体是否凝结。

对于定常等熵膨胀，有

$$\frac{T_0}{T} = \left(1 + \frac{\gamma-1}{2}M^2\right) \tag{12.32}$$

$$\frac{a_0}{a} = \left(1 + \frac{\gamma-1}{2}M^2\right)^{0.5} \tag{12.33}$$

和

$$\frac{p_0}{p} = \left(1 + \frac{\gamma-1}{2}M^2\right)^{\frac{\gamma}{\gamma-1}} \tag{12.34}$$

由此算出定常膨胀后有，$T = 50\ \mathrm{K}$，$a = 144\ \mathrm{m/s}$，$u = 721\ \mathrm{m/s}$ 和 $p = 7.0\ \mathrm{mmHg}$。

对于非定常等熵膨胀，有

$$\frac{T_0}{T} = \left(1 + \frac{\gamma-1}{2}M^2\right)^2 \tag{12.35}$$

$$\frac{a_0}{a} = \left(1 + \frac{\gamma - 1}{2}M^2\right) \tag{12.36}$$

和

$$\frac{p_0}{p} = \left(1 + \frac{\gamma - 1}{2}M^2\right)^{\frac{2\gamma}{\gamma - 1}} \tag{12.37}$$

由此算出非定常膨胀后有，$T = 75\,\mathrm{K}$，$a = 176\,\mathrm{m/s}$，$u = 883\,\mathrm{m/s}$ 和 $p = 28.7\,\mathrm{mmHg}$。

根据 $\mathrm{N_2}$ 的液化条件(见 11.5.4 节)

$$p_u = 10^{-\frac{314}{T} + 6.95}$$

对于定常等熵膨胀，$T = 50\,\mathrm{K}$ 时对应临界压力 $p_u = 4.7\,\mathrm{mmHg} < 7.0\,\mathrm{mmHg}$。或者说，静压 $p = 7.0\,\mathrm{mmHg}$ 对应的凝结温度 $T = 51.4\,\mathrm{K} > 50\,\mathrm{K}$，会发生凝结。

对于非定常等熵膨胀，$T = 75\,\mathrm{K}$ 时对应临界压力 $p_u = 580\,\mathrm{mmHg} > 28.7\,\mathrm{mmHg}$。或者说，静压 $p = 28.7\,\mathrm{mmHg}$ 对应凝结温度 $T = 57.1\,\mathrm{K} < 75\,\mathrm{K}$，不会发生凝结。由此得出结论：从静止开始膨胀，和定常膨胀相比，非定常等熵膨胀更有利于不发生凝结。

（3）总焓比较

对于定常等熵膨胀，总焓不变。即 $\mathrm{d}H = \mathrm{d}h + u\,\mathrm{d}u = 0$。

对于非定常等熵膨胀，初始$(u = 0)$总焓记为 H_i，非定常膨胀时当地总焓记为 $H = h + u^2/2$。有

$$\frac{H}{H_i} = \frac{h + \frac{1}{2}u^2}{H_i} = \frac{\frac{1}{\gamma - 1}a^2 + \frac{1}{2}u^2}{\frac{1}{\gamma - 1}a_i^2} = \frac{1 + \frac{\gamma - 1}{2}M^2}{\left(\frac{a_i}{a}\right)^2}$$

其中 a_i 为初始滞止声速，$\dfrac{a_i}{a} = 1 + \dfrac{\gamma - 1}{2}M$。所以

$$\frac{H}{H_i} = \frac{1 + \frac{\gamma - 1}{2}M^2}{\left(1 + \frac{\gamma - 1}{2}M\right)^2} \tag{12.38}$$

为了具体考查非定常等熵膨胀时总焓变化与 M 数的关系，可以求极值，

$$\frac{\mathrm{d}(H/H_i)}{\mathrm{d}M} = \frac{(\gamma - 1)(M - 1)}{\left(1 + \frac{\gamma - 1}{2}M\right)^3} = 0$$

当 $M = 1$ 时，为极小值 $H/H_i = \dfrac{2}{\gamma + 1}$；当 $H/H_i = 1$ 时，有 $M = 2.5$；当 $M \to \infty$ 时，$H/H_i = 2/(\gamma - 1) = 5\,(\gamma = 1.4)$。由此可以画出总焓随 M 数的变化曲线，如图 2.18 所示。

结论：理论上说，利用非定常等熵膨胀可以获得更高性能的高超声速实验设备。

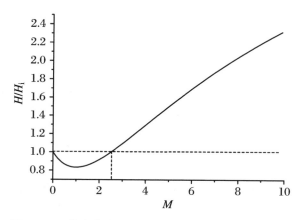

图 12.18　非定常膨胀时气流总焓随 M 数的变化曲线

参 考 文 献

［1］　中国人民解放军总装备部军事训练教材编辑工作委员会. 高低速风洞气动与结构设计［M］. 北京：国防工业出版社，2003.

［2］　Pope A，Goin K L. High-speed wind tunnel testing［M］. New York：John Wiley & Sons，Inc.，1965.

［3］　Lukasiewicz J. Experimental methods of hypersonics［M］. New York：Marcel Dekker Inc.，1973.

［4］　Ben-Dor G，Igra O，Elperin T. Handbook of shock wave［M］. San Diego：Academic Press，2001.

第 13 章　实验设计及研究方法

　　本章将介绍基本的实验设计概念及研究方法。这里所介绍的是一般的流程和规范,在具体实验中还需要同学们根据需要进行调整,以适应具体实验的条件和所研究问题的需求。在随后的几章中,我们选择了几个具体的研究实例作为本章的补充,所选的例子都与实验研究有关,其中有偏工程应用的,也有偏理论研究的,有硕士论文,也有博士论文。目的不是希望同学们了解具体实验细节,而是希望大家能从中体会到如何进行实验研究的方法。

13.1　实验设计的基本逻辑方法

　　在科学的发展过程中,研究人员日益发现哲学思想在科学演化与发展中的作用,在 20世纪出现了一个哲学分支——科学哲学,从哲学的角度思考科学的基础、方法与内涵。这里所介绍的内容并不是从科学哲学上展开,而是从科学方法论的角度对具体研究方法进行阐述。对科学哲学有兴趣的同学可以选择阅读专门的著作。

　　哲学是研究世界基本规律和普遍问题的学科,它不仅仅存在于人文与社会科学中,还贯穿于自然科学的发展史。早在牛顿时代,他关于经典力学的著作即被称为《自然哲学的数学原理》,时至今日,博士的最高称谓依然是哲学博士(doctor of philosophy)。科学的发展与哲学息息相关,哲学可以看作是人类科学活动的高层次抽象以及对科学实践活动的指导,同时它也是人类对自然规律认知的一种内在反映。

　　在哲学中存在两种基本的逻辑方法:归纳法(induction)与演绎法(deduction)。归纳法是指从大量的观察与实践中总结规律的一种方法,它根据某事物中一部分所具有的特性推测该类事物的普遍共性。这是一种由特殊到一般的认知过程。而演绎法是指从某个特定的前提出发,通过逻辑推理得出新的认知的过程,是由共性的普遍规律推导出特性的具体结论的过程。这是一种由一般到特殊的认知过程。

　　这两种逻辑方法普遍存在于人类的科学研究活动中。往往归纳法与实验一起出现,通过若干次的实验观察,总结出某一事物所具有的一般性质或运行规律,通过分类归纳与总结,得出具有可重复性的结论,并指导进一步的实践活动。而演绎法经常与假说一起出现,提出一个理论,并通过演绎应用到一类具体事物上,预测事物的运行规律,并由实验去检验预测的准确性,进而确立假说的可靠性。

归纳法与演绎法是在哲学上对科学认知方法的总结,以它们为基础构建了基本逻辑推理方法。如果我们将人类认知活动看成是一个金字塔结构,金字塔的底部是一系列的科学事实,而顶部是科学理论与规律,那么归纳法就是一个自下而上的过程,而演绎法则是自上而下的过程。

在具体的认识世界的活动中,人们将归纳与演绎两种逻辑方法结合运用,对数学、物理和工程等各个学科的发展都起到了巨大的推进作用。具体到本书所涉及的流体力学研究领域,由于涉及流体现象的普遍性及流体力学的重要性,流体力学实质上是在具体包括数学、物理以及工程科学等不同的大学科内同时发展的,流体力学的研究人员也分布在各高校的数学系、物理系及工程学科内开展研究,这其中的工程学科又涉及机械工程、海洋工程等。在这些不同学科领域里,大家对同一科学对象“流体”开展研究,所采用的具体研究方法也是多种多样的。

从数学的角度去研究流体力学,往往探索的是流动模型的建立或者方程解的存在性等问题,无论是千年难题中关于“纳维-斯托克斯的解的存在性与光滑性”问题,还是探索湍流问题的数值模拟,都是人们尝试从数学的角度对这一问题开展研究,由于数学研究一般不涉及实验,这里我们不做过多阐述。

从物理学的角度来研究流体力学,则往往是希望揭示流体现象背后的规律,建立描述这一规律的物理模型,从而实现对这一现象的解释并能够预测其发生。物理学家们在研究流体力学时往往并不关注所研究问题的工程背景或者应用前景,他们更关注于揭示现象背后的物理规律,而非现象的来源或规律的应用。当然这也不是说他们的研究是空中楼阁,而是他们更习惯于对所研究的问题进行简化与抽象,而对具体的工程问题本身没有太多的兴趣。物理学对流体力学中问题本身的关注远多于有什么用的关注,使得其研究更具有基础研究或者纯科学(pure science)的特性。

从工程科学的角度出发,对流体力学的研究则更为广泛,更贴近于将工程技术与科学理论相结合,更关注于实际问题。具体来说包含两个方面:① 是运用科学理论来分析解决工程问题。② 是从工程问题中抽象物理问题,创新理论,进而指导工程实践,也即应用基础研究。工程问题往往错综复杂,从物理学的角度去研究,往往会由于过度简化而无法将结论直接应用于问题本身。在这种情况下,就需要工程科学家们来从工程科学的角度开展工作,对实际工程问题开展研究并提供解决方法。在工程实践中,往往由于时间紧任务重,当工程师们完成第一个方面后,并没有进一步开展第二方面的研究就已经进入了下一个工程项目中了,从而更多的是从工程角度去解决问题而错失了从科学角度去探索与总结的机会。

在物理学和工程科学开展的流体力学研究中都同样涉及实验,但是它们在具体做法上又有所不同。物理学的研究可以看作是求解一个简单问题的精确解或解析解,而工程科学则是希望找到一个复杂问题的近似解,这种差异也使得它们所采用的实验设计方法不尽相同。

在具体讨论这种不同之前,我们需要再引入两个概念:科学假说与科学理论。

科学假说(hypothesis)是根据已知的科学事实和科学原理,对所研究的自然现象及其规律性提出的推测和说明,科学假说是在经过分类、归纳与分析现象和数据之后得到的一个暂时性但是可以被接受的解释。任何一种科学理论在未得到实验确证之前表现为假设学说或假说。比如爱因斯坦在 1916 年就提出了引力波存在的假说,20 世纪 60 年代物理学家开始筹划对应力波的测量,1984 年 LIGO 开始建设,2015 年检测到引力波,2016 年公布实验发现。引力波从科学假说走向科学理论跨时一百年。

科学理论(theory)是一种解释亦是描述,它按照科学方法来阐述自然界中某方面事物的原因,即可以反复实验,并需使用一个预定义的观察和实验协议。已建立的科学理论是经得起严格检验的,也是科学知识的广泛形式。

实验观察所得到的科学事实是决定所提出理论成立与否的关键。如果我们以实验为参考点,那么在实验验证前提出的理论或者解释可以视为科学假说,而在实验后总结出的理论或解释则可以视为科学理论。而物理学与工程科学,由于其研究对象的复杂性不同,给出理论的时间节点往往并不一样。物理学上往往采用现象观察—提出假说—实验证明,而工程科学上的基础研究则往往是现象观察—实验重现—提出理论。从提出理论与实验观测事实的时间顺序来看,它们分别对应了自上而下的演绎法与自下而上的归纳法。

与演绎法和归纳法对应的就是两种基本的实验设计逻辑思想,它们各有其优点与风险。

对于演绎法所指导的实验研究,由于有科学假说的指导,实验更具有针对性,目标也很明确,即验证科学假说所预测的结果是否成立。但由于假说的提出是在科学实验之前,则其可能存在种种考虑不周的情况,从而使得假说预测与实验不一致,在这个时候科学诚信则是每个科研人员需要谨守的最基本的准测。科学研究中科学假说与实验观测不一致的事情比比皆是,其出现是由于科学理论的局限和不足,正是科学新发现的大好机会。例如,正是由于地心说与星相观测之间 20 角秒的误差,才引出开普勒三定律与日心说。达朗贝尔佯谬是理想流体理论与实验观察之间的矛盾,正是这一矛盾推动了流体力学的发展,直到普朗特提出了边界层理论。而掩盖这种差异,篡改实验观测,将会误导学术同行,轻则造成学术资源浪费,重则害人害己。

而归纳法的局限则在于实验观察得到的数据有限而不能全面反映事物,容易做出过大的总结。一个大家都知道的中国古代笑话,说地主家请先生教小孩写字,一是一横,二是两横,三是三横,小孩自认为已经掌握了汉字数字的精髓,就把先生赶回家了。地主让他的孩子给姓万的朋友写请柬,孩子奋笔疾书,一下午才勉强写到五百。同样地,在我们开展流体力学实验的时候,需要仔细地设计实验,避免由于参数的局限,得到过度夸大的结论。但同时我们也需要知道,管中窥豹,可见一斑,对一个事物局部的认知正是对其整体认知的一部分,正是从各个角度的认知结合起来才能构建更大一统的理论,所以在实验中精心准备、认真设计是必要的,但也不需要过度苛求面面俱到。

在人类对气体物理性质的认知过程中,先后提出过三个理论:玻意耳-马里奥特定律(温度不变、压强与气体体积关系)、查理定律(压力不变、温度与体积关系)和盖吕萨克定律(体积不变、压强与温度的关系)。今天我们知道这三个定律是理想气体状态方程中,温度、体积和气压三个参数固定其中一个后另外两个的关系。

在实验研究中,特别是与工程相关的实验研究中,其实还存在另一个问题——就事论事,从保守的角度出发,同时处于慎重和稳妥的考虑,将实验的结论限制在一个很小的范围里,也就是我们实验的参数范围,甚至局限在实验点的几个值那里。这样做无疑会保障结论的可靠性,但如果这样做,会将我们的发现附加过多的限制性条件,那么这一发现的价值就会大打折扣。其他研究人员希望你的发现和结论对他们也同样有用,而非仅仅适用于此时此地的某项特定研究。如何在理性逻辑的条件下尽量扩大发现的适用范围,同样是一个很重要的事情。只有你的研究成果可以适用于更广泛的范围,那么对于其他的人来说,它才具有参考性、启发性以及具有一定的价值。

13.2　选　　题

13.2.1　选方向和选课题

选方向和选题有很大的不同,选方向要十分慎重。研究方向是指一个较宽的研究领域,可以在较长时间内从事研究的方向。作为一名研究生,他的研究方向一般就是导师的研究方向,这是在报考研究生阶段就已经确定了的。但是研究生毕业以后,或者从事一段研究工作以后,就有可能面临重新选择研究方向的问题。

在选择研究方向时,一定要事先做充分的准备和调研,确保该研究方向具有较好的研究前景,以及本人具有足够的研究基础和兴趣。一旦选定研究方向就不要轻易变更。现在学科划分越来越细,像古代科学家那样有广泛的兴趣,同时涉足多个领域并做出贡献的例子已经变得日益困难了。所以我们在选方向时,切记不宜涉及过多研究领域。当然也有例外,在面临国家重大需求时,即使本人并不熟悉该领域义无反顾地选择该研究方向,重新开始学习,是值得赞赏的。

选课题是在一个研究方向上确定一个可以具体进行研究的题目。根据任务来源不同,选课题比较灵活。

13.2.2　选题

本节讨论实验选题的问题,也就是我的研究课题从哪里来。也许有的同学会说,题目是导师布置的,我没得选。实事求是地说,硕士研究生的课题大多数是由导师具体制定的,博士论文的课题一般导师仅划定一个范围,同学在确定课题时是有相当大主动权的。通常是同学通过广泛调研在和导师不断讨论过程中确定的。到博士后阶段,或者参加工作以后,一定会遇到选题的问题,这里我们介绍一下基本的选题方法和原则,供大家参考。

1. 课题来源

我们的研究课题一般来自三个方向:

(1)来自工程实践

在工业、农业和国防建设中存在大量的流体力学有关的课题,这类课题是直接为型号设计和生产服务的。课题一般通过合同形式确定,目标明确,内容、时间和经费都有明确规定。个人机动范围不大。

（2）来自国家重大需求

在国家科学发展规划中确立了一系列重大研究计划,这些研究计划在执行过程中会分割出一批可以具体实现的课题。这类课题一般属于应用基础研究,研究的内容都是较前沿的工程科学问题。这些课题需要通过申请和竞争取得,课题目标明确,时间有限制,经费有保证,具体研究内容有一定灵活性。

（3）来自个人兴趣

这是一类自选课题,出于个人兴趣或者研究需要自己确定的研究课题。这类课题可以来自工程实践,也可以来自观察大自然,也可以来自他人研究成果的延伸。经费来源可以通过申请自然科学基金或者自筹经费。自选课题灵活性大,没有固定的目标限制,有时会得到出人意料的成果。

2. 选题的原则

无论课题的来自何处,在选题的过程中应该遵守一定的原则。首先选题应该具有新意,也就是有创新性,避免做重复性的课题。其次选题前要做充分的调研,了解前人的工作。调研一方面是避免重复性劳动,另一方面也是考察自己能不能做这项研究。选题要量力而行,要有一定的研究基础,特别要考虑自身已有的实验基础。如果白手起家,从研制设备和仪器开始,费时费力,在没有长期或系统规划的前提下是不可取的。

13.3 研 究 类 型

在确认选题后,就需要进一步决定所要采用的研究方法。在这里我们不讨论具体的研究手段,而是将研究方法划分为老技术与新技术。老技术是指在本领域已经发展成熟的研究方法,在多年实践中已经形成可靠的流程。新技术是指在近些年内新发展起来的或者在本领域未经实践检验的研究手段,往往在技术层面上较老技术存在优势,但是还没有形成成熟的流程。同样我们也将所要研究的问题分为老问题与新问题,老问题指研究多年的现象或者工程应用,新问题指新出现或新近成为热点的问题,往往是由于需求或者实践的变化而涌现的新问题。

由老技术、新技术、老问题、新问题,我们可以构建以下的关系：

	新问题	老问题
新技术	A	C
老技术	B	D

它们的组合可以构成四种研究,从学术价值的角度出发,A 新技术/新问题,往往是最具有价值的研究,但是同时也是最具有挑战性的研究。比如热线风速仪的出现,可以实现高速高精度的流体流速测量,将这种新方法应用到以往无法涉及的湍流脉动量测量研究中,大幅度推进了人们对湍流的认知。

B 老技术/新问题,则是常见的研究。通常对于新出现的问题,并不一定能够或者需要开发出新的研究手段,采用既有的技术对新出现或发现的问题开展研究是一种符合逻辑的选择。大部分的研究工作都是这类使用已有的工具来研究新问题。

C 新技术/老问题,则是一种回顾式的研究路线,采用新的技术对已有的研究成果开展回顾式的研究,可以更好地确立现有研究结论的可靠性,纠正认知中的误区与局限,推进人类对世界的认知。这类研究旨在挑战或者完善现有认知,甚至教科书上的结论,具有高度的挑战性和难度,很难突破,但一旦有新的发现也同样可能带来突破性认知。比如物理学上的光是波动还是粒子,在早期就有波动与粒子学说之争,而牛顿对光线反射与折射的实验确立了微粒说的地位,之后菲涅尔干涉与双缝干涉的实验又让波动说占据了统治地位,而光电效应这一实验发现又重新挽救了微粒说,直到波粒二象性理论的提出。在这一过程中,不断有新的实验技术来挑战已经确立的学说与体系,推进人类对光的本质认知。

而 D 老技术/老问题,这类研究一般较难有新的发现,一般是不具有紧迫性和价值的研究,在一定层面上来说,也很难做出突破性工作。

13.4　实　验　设　计

13.4.1　制订方案(实验前)

在确定了选题与方法之后,就需要开展实验设计。在没有实验计划的情况下开展实验有如"脚踩香蕉皮",滑到哪里算哪里,这并不是一件好事情。但我们往往会面临这样一种情况,那就是实验前预期会出现 A、B、C 三种情况,而实验的时候发现并没有出现,反而出现了D、E、F,当出现这些意料之外的情况时,应该怎么办?

我想这里有几点需要先强调一下:首先也是最重要的一点是尊重实验数据。客观产生的数据不应该受到主观意志的影响而被改动。我们可以去检查实验的每一个细节,查找可能的影响因素,有时候这些因素并不显而易见的出现在我们的视野里,比如,射电望远镜实验室的微波炉和机箱背后松脱的信号光缆这样的乌龙事件。在确保实验可靠的前提下,纵使数据与既有理论或者预期向左,我们依然需要尊重它们,因为这正是潜在的突破或者新发现的起点。其次,实验设计与计划并不是教条,应该根据实际的实验结果做出调整。在一个拟定好的实验中,如果有了新的发现,那么是否就这一个新发现继续进行下去,往往有两种不同的选择:第一种是本着重合同守信用的原则,如果我们在计划书中列了三条,那么就必须在规定的时间里把这三条都完成,如果每一条都能达到 70 分,那么三条的合成,就可能有一个 80 分的一个综合效益;另一种选择是,如果我们有一个新的发现,且评估确定这个发现是有价值的新发现,在这种情况下应该继续深入地对这个发现进行研究,在这一点上做到 90 分,那对其他两点,由于时间和精力的原因则可能会无法顾及而需要舍弃。前者往往在工程研究领域常采用,而后者往往是基础研究方向的选择。

在实验设计中需要拟定好开展实验的流程,计划使用的设备仪器,拟采用的研究方法,计划采集的数据,数据量及存储格式,分析数据的方法与可能得到的结论。实验设计中需要考虑实验参数的选取。与数值模拟不同,参数扫描型的实验方案是不推荐的。往往需要在实验前依据相似理论确定无量纲相似参数,根据相似参数确定实验中的控制参数及参数条件范围,使用科学的设计方法降低需要的实验次数。实验计划与筹备往往需要花费较长时间,但凡事预则立,不预则废,充分的准备可以有效地保障实验的顺利开展,一些实验会涉及实验平台与其他保障人员,有效的计划可以更高效率地协调不同方面的参与人员共同开展好实验研究。

如果是开展一项新的研究工作,则有可能需要一些实验室没有的设备与工具。这里就有一个问题,这些设备和工具在哪里?一般说来存在两种情况,可以买到和买不到。用于数据采集的工具往往有成熟的商品,大型的科研设备提供商设计并制造了很多用于数据采集的采集与记录仪,但是可以直接用于开展新实验的设备则往往没有现成的,无法直接购买,这时的选择则包括外包定制与自行研制。这两种方法各有优势,外包定制往往速度和质量都有一定的保障,但是费用较高,同时外包人员由于不是从事具体科研的人员,只能根据需求制作,如果需求提出的不准确、不到位则可能得到的设备需要返工或者无法使用。而实验室自行研制的优势是可以根据实验进展和需求快速调整方案并最适用于当前的实验研究,这也就是最先进的设备不是买来的而是在实验室中做出来的原因。当然自研也存在一定的不足,比如学生由于经验不足往往需要多次迭代之后设备才能达到或勉强达到预期功能需求,这也同样需要时间和经费的保障。

13.4.2　实验过程(实验中)

在开展实验活动时需要按计划和操作规范快速开展,这里快不仅仅是为了节省时间,同样也是为了获取准确可靠的结果。实验的过程中同时存在环境参数的变迁与人的状态的改变。比如开始实验的时候是白天,而随着实验开展进入夜间,则室温可能会发生变化;开始实验时实验人员精神焕发,重复多次后可能会进入疲劳状态。为了避免人所带来的影响,除了采用统计方法外,还可以设计出计算机控制的自动化实验流程与装置,以降低人的影响。这里还需要强调一点的是对设备的正确操作,在操作设备前需要仔细阅读设备操作手册,避免基本方法的错误,比如循环水洞反向开启,驱动电源电压设置错误导致设备烧毁等。

13.4.3　数据处理(实验后)

在对实验数据方面,简单地来说可以分为三个层次:
(1) 实验数据的记录(实验报告);
(2) 数据点的曲线拟合(唯象总结);
(3) 实验涉及的物理/量纲分析(规律揭示)。

最基本的一个层次是实验记录,这里包括对实验过程的记录,对所采集数据的统计分析。完成这一步骤就可以得到最基本的实验结果,这也是一份实验报告所需要包含的内容。如果拿图表作为例子,在这一阶段数据就是一张图表上的一堆数据点、数据点上的误差条以及以这些数据点为基础的平均值。

在工程领域大量存在这样的图表,比如尼古拉兹(J. Nikuradse)测量了不同粗糙度下管道沿程阻力系数随雷诺数的变化,并制成图表,在这篇报告图 9 中,可以看到实验测试的数据点以及将这些点连在一起的一条条曲线。

在这里有一点需要同学们注意,通过实验我们会获取一些数据点,有些时候同学们会将数据点用线连起来,折线是一次插值,除了在少数离散分布情况下,将从实验得到的数据点直接使用折线连接一般认为没有问题的。但是有时一些同学出于美观的原因,使用 excel 等软件提供的绘图功能将这些数据点用曲线连接起来,这里就存在一个问题,即在没有依据的情况下假设了数据点背后存在某个特定的函数关系,这种假设存在的依据及条件是无法直接接使用折线自然出现的,因此这样的美化操作并不合适,如果想让得到的曲线更加光滑,就需要进入第二个层次。

第二层次是唯象总结,即完全依据实验中所观察到的现象对实验对象做出归纳总结,从而对实验未涉及的参数做出基于插值的预测,也就是上面所说的用曲线拟合所得到的数据点。而实际上当你采用曲线拟合数据时你已经在脑海中假设了实验背后存在的某种客观规律,这里第二层次的局限在于并没有涉及数据背后的物理规律,所假设的曲线往往是单纯的相关参数曲线拟合,而拟合出曲线或者经验公式的目的也只是为了能够简化图表,更方便地开展计算。

再以管道沿程阻力的研究为例,在尼古拉兹的实验测量基础上,将沿程阻力进行拟合,找到了一个较为通用的经验公式科尔布鲁克公式(Colebrook-White equation):

$$\frac{1}{\sqrt{\lambda}} = -2\ln\left[\frac{\epsilon}{3.7D_h} + \frac{2.51}{Re\sqrt{\lambda}}\right]$$

这一公式与商用圆管的阻力实验结果吻合度好,是很多标准规范普遍应用的公式。但如果你要问公式中 3.7 或 2.51 这样的数值有什么物理意义,或者其中为什么会有对数和平方根,就很难有一个合乎物理的解释,在这个层次上,得到的多数是唯象公式,不具有特别物理意义,但是工程上管用,是一种工程操作手法。

而第三层次则是规律揭示,在这一阶段需要对实验背后的物理量、物理现象、物理规律做出分析,运用诸如量纲分析这样的分析方法,找到问题中的控制量,现象中的竞争量等。从物理角度揭示控制现象出现的物理规律,从而为实验点找到合理的方程与曲线。比如热传导与热对流、黏性力与惯性力的竞争等。在尼古拉兹图中,层流区沿程阻力系数为 $\lambda = 64/Re$,这一结果就有着清晰的物理含义,可以直接从理论分析中得出一致的公式。

这三个层次实际上也是人们认识世界的不同深度,但就如人们认识世界不能一蹴而就,对数据的理解与分析有时也是在艰难中曲折前进的。所谓看花容易绣花难是一个很常见的情况,这就需要我们在日常的学习工作中多思考、多积累,当我们看到其他研究学者能够从一个简单的实验中找到一个非常好的发现、一个极具深度的物理事实,那么我们有没有考虑过在类似的情况下能不能产生同样、相近或者更好的想法,当我们拿到同样的数据,能不能够得出同样的发现,做出相类似的分析。这种不断地思考与反思,作为一种训练会帮助我们进一步地提高自身的分析和判断能力。

13.5　成　果　处　理

实验以后会面临成果处理问题,对于不同来源的课题有不同的成果处理方法。如果任务来自工程实践,应该根据合同要求为甲方提供研究报告,成果以报告的形式或者成品的形式完成。至于下一步如何处理成果,如申请专利、报奖等,应与甲方在工作开始前协商并纳入合同,避免后期出现知识产权纠纷。如果任务来自基金或者其他国家任务,成果多数以论文的形式完成。一般小的课题写结题报告上报,大的课题会通过组织专家评审结题。论文有一系列投稿和评审程序,论文的署名和书写也有一定的规范,同学们要注意。对于自选课题大部分也是通过发表论文完成的。

特别要说的是学位论文和技术报告是有区别的。学位论文是研究生在学习阶段研究工作的总结,应该更全面、更规范。现在一般学校对于学位论文都有具体的格式和要求,大家应该遵守。要强调几点的是:① 实事求是。对于论文的创新点应该认真总结,既不要夸大,也不要自我贬低。② 充分尊重别人的工作。对于论文中涉及引用、借鉴他人成果时应该指明,切不可含混地把别人的工作写成自己的成果。③ 保证论文中的数据和图表准确,不能任意修改实验数据和照片。

13.6　培养科学的工作态度

在科学研究特别是实验研究中,实验室不仅需要具有良好的实验设备和先进的测量仪器这些硬件条件,而且需要建设良好的软件条件,即和谐的科研环境、优良的研究传统和一批高素质的科研队伍。作为一名科研工作者应该具有以下科研素养:

(1) 良好的科研习惯;

(2) 善于与他人合作的团队精神;

(3) 淡泊名利的平常心;

(4) 保持对研究的好奇心;

(5) 勇于服从真理,修正错误;

(6) 坚持科研诚信:不伪造实验数据;不弄虚作假;不剽窃他人成果。

参 考 文 献

［1］　钱学森. 工程和工程科学［J］. 力学进展，2009：39(6)：643-649.

［2］　Woolston C. Microwave oven blamed for radio-telescope signals［J］. Nature，2015，521：129.

［3］　Samuel R E. Timing glitches dog neutrinoclaim［J］. Nature，2012，483：17.

［4］　Nikuradse J. Stromungsgesetz in rauhren rohren，VDI Forschungshefte 361. (English translation：Laws of flow in rough pipes)［R］. Washington，DC：National Advisory Comission for Aeronautics，NACA Technical Memorandum 1292，1950.

［5］　Colebrook C F，White C M. Experiments with fluid friction in roughenedpipes［J］. Proc. R. Soc. Lond. A，1937，161：367-381.

第 14 章　双波干扰实验研究

"双波干扰"全名应该是"平面运动激波与尖锥头激波的相互作用"。这是 20 世纪 80 年代初由中国科学技术大学韩肇元教授研究组承担并完成的一项国防科研任务,这也是一项有明确应用背景的应用基础性研究工作。本章采用这项工作作为例子的目的是,向同学们介绍如何进行一项完整的偏工程应用的实验研究项目,也就是使同学们认识实验研究的全过程。

14.1　实验研究的全过程

一项具体的实验研究项目一般都会经历以下几个步骤(图 14.1)。

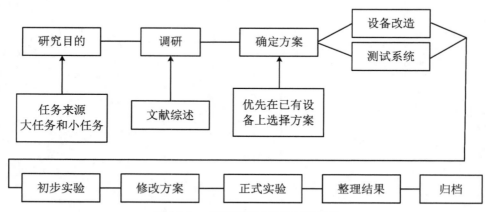

图 14.1　实验研究项目经历的步骤

1. 明确研究目的

首先需要明确所承担项目的研究目的,也就是需要研究什么。研究目的是和任务来源直接相关的,任务来源有大有小,大项目往往需要由几个甚至十几个单位联合完成。有一个共同的目标,为了这个总目标,大任务会分解成若干小课题。当我们接到每个具体课题时一定不要忘记总的大目标。作为研究生,可能大多数研究项目是由导师指定的。即使是导师指定的项目,也需要了解导师的意图和总的研究目的。

2．调研

在接到研究任务后首先要做的事是调研前人已经做过的研究工作,也就是所谓的文献综述。这项工作十分重要,曾经发生过这样的事情,某研究生做了一二年的研究,快出结果了,才发现别人已经做过了。原本以为是一项创新的研究变成了重复别人的工作,这是很悲哀的事情。因此文献调研一定要充分,好在现在有互联网,查阅文献方便多了。

网上有很多如何查阅文献的方法介绍,这里就不再重复了。在浩瀚的文献中,一定要学会取舍,有的文献要粗读,有的文献要精读。

3．确定方案

确定实验方案是实验研究中重要的一步。因为实验研究(特别是流体力学实验)往往涉及实验设备问题。我们在确定实验方案时首先要立足于本单位已有的设备,因为新建一个设备涉及大量的人力、物力和财力,一定要慎重。

实验方案不一定是一成不变的,可以先做预备性实验,对方案进行修改、完善。最后再确定正式实验方案。

4．设备改造和测试仪器准备

在初步确定了方案以后,如果涉及设备改造,就要抓紧进行,因为设备改造涉及工厂机械加工需要时间。另外要准备测试仪器,如果实验室有现成的仪器可用最好,如果没有,需要购买或者自行研制,这些都需要时间。

5．正式实验

准备工作就绪以后可以进行正式实验了。正式实验过程中需要制定详细的实验程序,认真记录数据,对实验数据进行分析,总结规律。对于异常的实验数据一定不要简单剔除了事,要分析原因。很多重大的科学发现就是从异常数据中产生的。

6．整理结果,归档

正式实验完成后,需要对实验结果写成正式报告,交有关部门归档。后续工作还包括论文发表、课题验收、报奖等。

14.2　双波干扰的研究背景

14.2.1　引言和历史背景

航天部一院 14 所 1979 年召开了一个科研协调会,会上提出了一项"双波干扰"的科研任务。

双波干扰大的背景是来源于导弹突防。当战略导弹攻击敌方时,敌方需要防护。在早期还没有反导系统时,一种防守导弹的方法是当导弹未到达目标时,在高空爆炸一颗小型炸弹,利用爆炸产生的冲击波和辐射摧毁来袭导弹(图 14.2)。

导弹突防的任务可以分割成几项工作:① 防核辐射,属于核物理学科;② 防电磁波干扰,属于电子学;③ 防冲击波,属于空气动力学;④ 抗粒子云侵蚀,属于两相流范畴。因此,我们知道了双波干扰研究项目是整个导弹突防任务中的一部分。

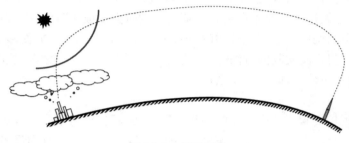

图 14.2　导弹突防

14.2.2　明确研究目标

了解研究背景后,知道了冲击波对弹头的影响主要包括冲击波作用到弹头表面后会产生脉冲压力,损坏弹头;也可能在弹头上下表面产生压力不平衡,从而使弹头偏离原来的弹道,不能命中目标。我们研究的目的是得出这个压力差有多大,为弹头设计做参考。

对将要研究的对象可以建立这样一个物理模型:由于弹头离爆炸中心较远,弹头相对爆炸波半径来说是小量,爆炸波应该近似为一个平面运动激波(如果离爆心很近,就没必要防护了)。弹头可以近似为一个尖锥,弹头以超声速运动,尖锥头部会产生头激波。双波干扰就是平面运动激波与尖锥头激波的相互作用。

图 14.3 就是这样一个物理模型的示意图。所谓"双波干扰"就是指,一个平面运动激波以一定角度(称为干扰角 λ)与另一个超声速运动的尖锥相遇的全过程。双波干扰又可以分为迎面干扰($\lambda = 0$)和斜干扰。当然,迎面干扰仅仅是双波干扰的特殊情况。

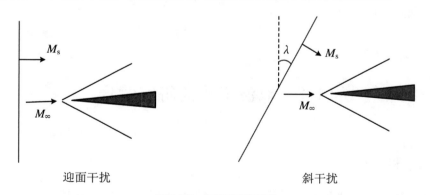

迎面干扰　　　　　　　　　　　　　斜干扰

图 14.3　双波干扰图像

总结一下,本项研究的目的是要求实现:① 运动激波是平面激波;② 尖锥以超声速运动;③ 干扰角 λ、运动激波马赫数 M_s 和来流马赫数 M_∞ 在一定范围内可变。

14.2.3　工作分工

双波干扰和一般研究工作一样可分为实验研究、数值计算和工程估算三个部分,分别由三个单位承担。其中,数值计算部分由 29 基地(现为中国空气动力研究与发展中心)承担,工程计算部分由 701 所(现为中国航天科技集团第十一研究院)承担。中国科学技术大学承担的是其中的实验研究部分。到此,已经完全明确了研究任务。

14.3　前人的工作

明确了研究目标后,首先要做的事就是调研国内外已有的工作。这项工作十分重要,对于基础型研究来说,通过文献调研需要了解前人已经做了哪些工作,一方面要避免重复别人的工作,另一方面需要借鉴前人的成果,开拓自己的思路。对于应用型研究来说,前人成功的经验和失败的教训都是自己开展研究的基础。

在 20 世纪 80 年代初还不能通过网络获得信息,当时虽然条件艰苦,但是课题组还是查阅到了一些前人的工作。来源主要是美国人公开发表的一些解密后的文献,可惜没有见到苏联的工作。调研发现,这项研究最困难的是如何实现两个激波的相互作用,实验方案是关键。概括起来前人的研究大体有以下几种研究方案。

1. 超声速风洞＋滑膛枪

这是 Nicholson 在 1967 年发表的工作。实验在外弹道实验室 3 号柔壁风洞中进行,实验段气流马赫数范围是 2.17～4.0。如图 14.4 所示,一把滑膛枪放置在超声速风洞稳定段上游,它发射的子弹模型穿过稳定段、喷管、实验段和扩散段,最后由放在风洞外的子弹收集器捕获。模型顺气流运动,必须达到相当高的速度,即相对于实验段气流达到超声速,从而在模型头部形成头激波。在实验段中安装一尖楔模型,产生平面斜激波。这样就可以在实验段内实现头激波与平面激波的相互作用。

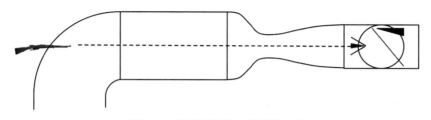

图 14.4　超声速风洞＋滑膛枪方案

测量系统主要有两部分:速度测量系统和照相系统。为了测量模型速度。在实验段两侧安装了两套 He-Ne 激光器和光电接收装置。激光器发出的激光形成光片,当模型穿过光片时发出散射光,由光电倍增管接收模型的后向散射光,并由示波器记录倍增管的电信号,从而测得模型速度。由于直接测量模型上的压力很困难,实验结果主要是记录流场的阴影照片。照相系统由 20 ns 火花光源、照相机和无透镜阴影仪组成。触发火花光源的信号来自激光片光源和延时电路。

该项研究进行了两组实验,第一组实验主要是为了检验获得数据所需要的测量技术。模型采用自旋稳定的钝头子弹,速度达 3800 ft/s(约 1160 m/s),气流马赫数范围是 2.17~4.0。因此,测得的实验条件是,模型相对于气流的马赫数是 1.97~2.86,斜激波与模型飞行轨迹的夹角范围是 31.0°~63.0°,斜激波的法向马赫数范围是 1.47~2.86。第二组实验的目的是获取数据,模型采用 9.5°锥柱体(不旋转)。为了保持飞行稳定,模型头部用铜钨合金,后部用聚碳酸酯材料组合而成。实验先在封闭的弹道靶中进行,检验模型的强度和稳定性。测量模型在喷管道处的散布度,确定模型的飞行速度范围。正式实验在 3 号风洞进行,拍摄了一系列阴影照片。

最后,数据处理的方法是从照片中测量各种激波的角度,用解析方法计算两种激波干扰的压力和反射激波角度,比较实验和理论的差别。

超声速风洞加枪的方案优点是可以产生平面的斜激波,可以照相。缺点是不能直接测量模型压力,子弹飞行必须控制精准,否则可能产生损坏风洞的风险。

2. 高超声速风洞 + 激波管

这是 Bingham 等人在 1965 年发表的工作。实验在 Ohio 州立大学空气动力学实验室的 12 英寸高超声速风洞中进行,喷管出口马赫数为 7.3,实验段带有射流边界。用于模拟运动激波的激波管相对风洞轴线按 30°,60°,90°,120°角度插入实验段。60°钝锥模型用于产生头激波(图 14.5)。

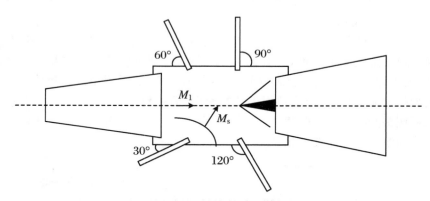

图 14.5　高超声速风洞 + 激波管方案

模型表面安装了 2 个压电压力传感器用于测量压力,激波管中装有薄膜传感器用于测量激波速度。配有多火花光源的纹影仪用于拍摄系列实验照片。

高超声速风洞加激波管方案的优点是,可以直接测量模型表面的压力,可以拍摄流场照片,结构简单、激波管参数易控制。缺点是激波管产生的激波出管口后会发生变形,再与射流边界作用后进入流场,因此与模型头激波相互作用的运动激波已经不是平面激波。

3. 高超声速风洞 + 电爆炸

这是 Mitler 在 1966 年发表的工作。实验在 Douglas 航空物理实验室的超高速风洞中进行。在实验段中安装一个锥模型，用以产生头激波。在喷管出口通过火花放电产生一个爆炸波，该爆炸波随气流向下游运动的同时，爆炸波球半径不断增大并保持球形。随着爆炸波穿过模型实现了爆炸波与模型头激波的相互作用(图 14.6)。

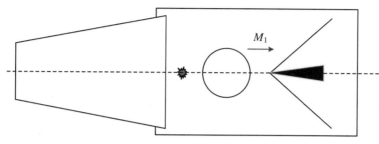

图 14.6　高超声速风洞 + 电爆炸方案

根据该文献介绍这种方法的一个优点是，可以模拟爆炸波与模型头激波相互作用的全过程，即模型开始进入爆炸波压力升高过程、穿过爆炸波后的压力稀疏过程以及模型穿出爆炸波时的压力衰减过程。该方法从测量角度来说可以直接测量模型表面压力变化，可以照相，拍摄流场照片。它的最大缺点是爆炸波成球形，球激波半径与模型尺度相当，对模型来说，激波不能近似为平面激波。

4. 弹道靶 + 激波管

这是 Merritt 和 Aronson 在 1967 年发表的工作。如图 14.7 所示，实验在一个弹道靶中进行，模型从弹道靶的发射器中发出，以超声速飞行并在头部产生头激波。为了模拟平面爆炸波，在弹道靶一端斜插一个激波管。这个实验方案的困难是两个激波都是运动的，必须确保模型到达激波管实验段时，激波管中的运动激波也刚好到达，实现两个激波的相互作用。为了做到精确控制时间，方案采取了两个措施：一是准确测量模型在弹道靶中的飞行速度，在弹道靶中设置了一系列测量站，每个站点由一组激光光片和光电接收器组成。当模型飞过测量站时测出模型的飞行速度，并计算出飞行速度的变化，从而确定模型到达实验区的时间。另一个措施是激波管采用了电破膜方法，即在激波管膜片上事先安装塑料炸药，当接到弹道靶测量的信号后，用电爆炸方法破膜。该文献指出，这个方法可以使得破膜时间控制在 $50\,\mu s$ 内，确保实现两个激波在实验区准确相遇。

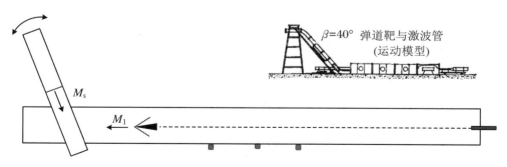

图 14.7　弹道靶 + 激波管方案

为了使得激波管中的激波在通过实验区(即激波管和弹道靶连接的区域)时不发生变

形,在实验区激波管两个壁面用纸板组成,当模型穿过时可以仅留一个洞,不会引起激波管中激波变形。激波管可以方便地改变与弹道靶的角度,从而改变干扰角。

这个方案的优点是,运动激波不变形是平面激波,可方便地改变干扰角,可以拍摄照片。缺点是不能直接测量模型表面压力,实现同步困难。

5. TNT 炸药 + 火箭车

这是 Ruetenik 等人在 1973 年的工作,可能是保密的原因我们始终没有查到他们的报告,还是从数值计算的文献中知道这项研究的。实验是在火箭车上进行的,火箭车是在野外非常平整的场地上铺设轨道,火箭车是由火箭发动机推动的装置,可以在轨道上实现超声速运行。模型安装在火箭车上,模型可以安装传感器,测量仪器放在火箭车上,可以实现压力自动测量。为了模拟爆炸波,在高空安装 TNT 炸药,通过控制装置点燃炸药,产生爆炸波。由于炸药位置较远,爆炸波和火箭车相遇时可以近似看成平面的。通过改变炸药位置,或者改变起爆时间,实现改变干扰角(图 14.8)。

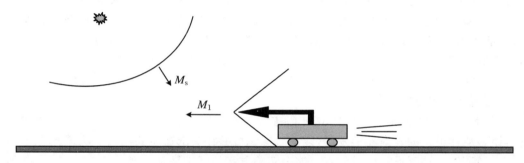

图 14.8　TNT 炸药 + 火箭车方案

这个方案是比较完美的方案,优点是可以测量模型表面压力,可以照相,状态变化多,数据准确。缺点是火箭车运行价格昂贵。

6. 前人工作小结

韩肇元教授带领课题组分析了前人的研究工作后,总结出前人的实验方案归纳起来是两种:一种是运动模型;另一种是固定模型。所谓运动模型方案有:① 超声速风洞 + 枪;② 弹道靶 + 激波管;③ TNT 炸药 + 火箭车。所谓固定模型方案有:① 超声速风洞 + 激波管;② 高超声速风洞 + 电爆炸。

对于活动模型方案,可以获得较好的平面运动激波,双波相互作用的流动图像与真实飞行状态很接近,便于与计算结果对照分析,这是优点。但是也存在一个根本性的缺点,就是很难用压力传感器直接测量模型表面压力,而只能从光学测量结果再加以计算获得数据。这样,在流场比较复杂的情况下,就难以获得可靠的数据。对于固定模型方案来说,最大的优点是有可能用压力传感器直接测量双波相互作用时的表面脉冲压力,但是从以往的固定模型双波斜相互作用的实验方案看来,似乎难以获得平面的运动激波。

当然调研国内外相关研究的目的是为了确立自己的研究方案,确立自己方案的首要条件是立足已有的研究基础。我们知道双波干扰实验通常很难在单一设备上完成,大多是在组合设备上进行,因此设备改造是不可避免的。改造设备需要十分谨慎,因为涉及经费、人力、精力和时间等诸多方面。

14.4　确定实验方案

14.4.1　确定方案的原则和要求

根据任务来源方的要求,确定的方案需要满足几个条件:能测量压力、能拍摄流场照片、运动激波是平的。根据经费和时间要求,确定方案的原则是立足已有的实验条件。当年中国科大已有的实验设备是激波管、激波风洞和小型超声速风洞。

分析前人的研究方案,TNT 炸药 + 火箭车的方案是最理想的,但也是最不现实的。高超声速风洞 + 电爆炸的方案缺点是爆炸波不是平的,不符合要求。这两个方案最先被排除了。超声速风洞加激波管的方案符合学校已有的条件,方案的缺点是爆炸波变形严重,并且很难克服,考虑再三这个方案也被排除了。比较剩下的两个方案,弹道靶 + 激波管方案和超声速风洞 + 枪方案,两个方案都是运动模型,都不能测压,但是运动激波都是平的。当时学校没有弹道靶,有超声速风洞,而且当时精确实现两个运动物体的同步是比较困难的。所以最后选择了超声速风洞 + 枪的方案作为第一方案。

14.4.2　确定初步实验方案

确定超声速风洞 + 枪作为第一方案的原因是这个方案最符合当时学校已有的条件,中国科大当时有一座 $0.2\,\text{m} \times 0.2\,\text{m}$ 的小型超声速风洞($M = 2.0$),步枪可以从军工厂购买。

确定了初步方案后,开始仔细分析方案,发现首先不能用一般的步枪,因为步枪子弹是高速旋转的,不符合任务方的要求。只能改用滑膛枪,幸好安徽省就有生产滑膛枪的军工厂,很快课题组就开始了对滑膛枪的调研。滑膛枪与来复枪相比差别就是没有膛线,子弹不旋转,但是精度较差。根据方案要求子弹相对于马赫数 2 的气流必须达到超声速(约大于 $1000\,\text{m/s}$),而现有滑膛枪子弹的速度达不到这个要求,解决的方法是加大装药量。经过一段时间实验后,发现加大药量会使得子弹精度大大下降。

学校的超声速风洞比较小,喷管喉道高度只有 $110\,\text{mm}$ 左右。考虑到滑膛枪的精度问题,这个方案太危险,如果把超声速风洞喷管打坏了,不仅损失大,而且实验也不能进行了。考虑再三,还是否定了这个初步方案。

14.4.3　第二方案:电控双驱动激波管

1. 方案的雏形和电控双驱动激波管原理

否定了第一方案后,必须下决心寻找新的方案。既然前人的方案都不适合,就需要立足自己的基础寻找新方案。当时课题组对激波管技术比较熟悉,还是决定在激波管上下工夫。

双波干扰实验的关键是能够实现两个激波的干扰,在激波管中也能实现两道激波。如果在激波管中实现了一前一后两道运动激波,而且如果前面激波速度足够高,那么它所诱导的波后气流是超声速的,就可以用来产生模型头激波,后面的激波在适当的时候到达模型处就可以实现双波干扰。这就是第二方案的雏形。

能够实现两道运动激波的激波管是电控双驱动激波管,如图 14.9 所示,双驱动激波管由三段管子组成,分别是驱动段、中间段和被驱动段。驱动段和中间段之间用铝膜隔开,中间段和被驱动段之间用聚酯膜隔开,聚酯膜上事先布置电爆丝。当驱动段和中间段之间的压差达到一定时,铝膜自然破膜,产生向右运动的激波(称为第二激波)和向左运动的稀疏波。当激波到达中间段某位置时触发传感器给出电信号,电信号通过延时电路触发高压放电系统,使得聚酯膜瞬时破裂。这时又产生一道向右的激波(称为第一激波)和一束稀疏波。第二激波穿过稀疏波区和接触面后,在被驱动段内形成一前一后两道运动激波。

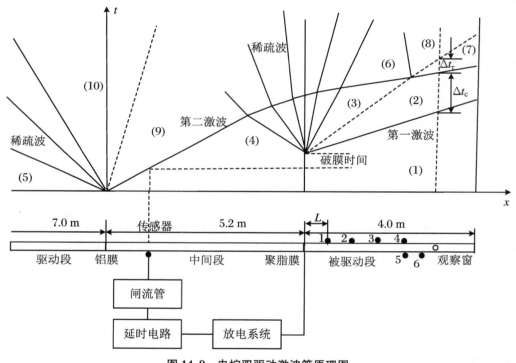

图 14.9　电控双驱动激波管原理图

2. 实施方案前的准备工作

在上述基本思路的基础上,实施方案前需着手进行一系列准备工作。由于 20 世纪 80 年代初,条件非常困难,所有的设备改造和测试系统几乎都是从零开始。

(1) 计算电控双驱动激波管的运行参数

第一项准备工作是计算电控双驱动激波管的运行参数。要求是第一激波波后气流是超声速的,在观察窗位置第一激波与第二激波之间有足够的建立流场时间(记为 Δt_c),第二波与接触面之间有足够的双波干扰时间(记为 Δt_τ)(图 14.9)。计算得出了三种可控选择的运行状态,如表 14.1 所示。计算初始条件为驱动段充氢气,中间段充 5% 氮气和 95% 氢气,被驱动段充氮气和 $T_1 = T_4 = T_5 = 300$ K,$P_4 = 4.0$ kg/cm^2(0.39 MPa),$P_5 = 16.0$ kg/cm^2

（1.57 MPa）。在以上实验状态下，气体分子的振动能已开始激发。计算中分别考虑了完全气体和量热不完全气体状态的影响。从计算结果可以看到，与完全气体的计算结果相比较，在考虑气体的量热不完全效应时，第一激波波后的(2)区气流的马赫数 M_2 是增大的，而可供建立流场时间 Δt_c 和可供实验时间 Δt_τ 都缩短了。在用(2)区气流做实验的双波干扰实验中，上述 M_2 的差别是不能忽略不计的，而其他参数的差别则对实验的影响不大。

表 14.1　电控双驱动激波管运行参数计算结果

状态	状态 1		状态 2		状态 3	
P_1	50.2 mmHg(6.69 kPa)		29.3 mmHg(3.90 kPa)		17.6 mmHg(2.34 kPa)	
热力学状态	完全气体	量热不完全气体	完全气体	量热不完全气体	完全气体	量热不完全气体
M_{s1}	3.5	3.47	4.0	3.96	4.5	4.44
M_2	1.47	1.53	1.55	1.64	1.61	1.74
M_{s2}	1.65	1.66	1.63	1.64	1.617	1.63
M_7	1.97	2.10	2.02	2.20	2.07	2.28
$\Delta t_c/\mu s$	505	490	356	331	133	110
$\Delta t_\tau/\mu s$	138	128	131	118	164	148

（2）改造现有的激波管

第二项准备工作是对现有的激波管进行改造。将原有的激波管改造为三段，驱动段保持原有 7 m 长不变，原被驱动段截为两段，中间段长 5.2 m，被驱动段长 4 m，两段之间增加夹膜装置。

（3）研制电破膜系统

与此同时，第三项工作是研制了一套高压放电装置，用于电破膜。该系统包括安装在中间段的传感器，用于当第二激波到达时发出电信号的闸流管触发电路，闸流管的信号经过延时电路触发的放电电路。放电回路由 8 个 2 μF 的电容和 8000 V 直流高压电源组成。

（4）研制测量激波速度的测量系统

第四项准备工作是研制一套测量激波速度的系统，用于调试设备时监控两道激波的位置和追赶情况。沿被驱动段安装传感器 1～6(图 14.9)，传感器 4,5 在同一位置。由于第一激波波后压力较低，第二激波波后压力较高，因此，把传感器 1～4 的触发电平调得低一些，用于测量第一激波速度，把传感器 5,6 的触发电平调得高一些，用于测量第二激波速度。需要注意的是，传感器 5,6 的触发电平应该调到，当第一激波通过时不触发，当第二激波通过时触发的水平。这些触发电路的输出脉冲用示波器记录。当时还没有记忆示波器，都是用照相机拍摄示波器的照片。由于传感器 4,5 安装在激波管同一截面，它们的输出脉冲记录了该位置处两激波的时间间隔。

如果传感器 1 与聚酯膜的距离为 L，放电系统放电时刻到传感器 1 触发的时间为 t_1，那么可以估计出聚酯膜的破膜时间是

$$t_d = t_1 - \frac{L}{W_{s1}} \tag{14.1}$$

其中 W_{s1} 是第一激波速度。

3. 电控双驱动激波管状态调试

在以上准备工作做好后,开始调试电控双驱动激波管。为了获得双波干扰的流场,首先要做的是能控制第一激波和第二激波之间的间隔 Δt_c 和第二激波与接触面之间的间隔 Δt_τ,并确保其重复性。如果第二激波的运动速度为 2000 m/s,则第二激波通过观察窗需要 25 μs。取 $\Delta t_c \geqslant 300$ μs, $\Delta t_\tau \geqslant 30$ μs。根据以上 Δt_c 和 Δt_τ 的值,可估算出第二激波追上接触面的时间允许偏差约为 ±300 μs。

影响第二激波追上接触面的因素很多,但最主要的影响因素是聚酯薄膜的破膜时间长短及重复性。如果破膜时间太长(如大于 1 ms),则第二激波就会在到达实验段前追上第一激波,如果破膜重复性不好,就无法确保所要求的 Δt_c 和 Δt_τ 值。

为此,开展了电破膜技术研究,进过反复试验,寻找到最佳操作工艺。采用 0.1 mm 厚的聚酯薄膜,该膜片在现有设备条件下可承受 4.5 kg/cm² 的压差。在使用前需事先将膜片在 4.0 kg/cm² 状态下预变形 30 min。然后,在预变形后的膜片上用 0.15 mm 直径的铜线布置成十字形,此铜线作为爆炸丝用。获得了破膜时间小于 100 μs 和 ±50 μs 重复性的结果,确保了双波干扰流场的实现。

在突破了电破膜的关键工艺后,成功调试出了可供实验的电控双驱动激波管运行状态,证实了计算的结果基本是正确的。

4. 完善电控双驱动激波管方案

(1) 获得双波迎面干扰的照片

在电控双驱动激波管状态调试完成后,着手进行双波干扰实验。首先在激波管实验段中安装了一个尖劈模型(半顶角 7.5°),第一次拍摄到了双波干扰的纹影照片。图 14.10 是两张运动激波在不同位置时的流场照片,实验条件是状态 1,测量得到第一激波马赫数 $M_{s1} = 3.4$,波后气流马赫数 $M_2 = 1.5$,第二激波马赫数 $M_{s2} = 1.6$。

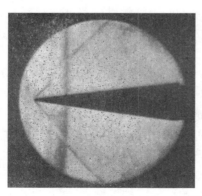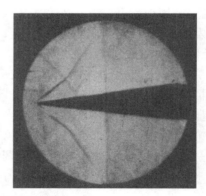

图 14.10　尖劈的双波迎面干扰照片

从实验照片我们可以看到平面运动激波 S_B 和原来的尖劈头激波 S_O 作用后形成一穿透激波 S_T 和一折射激波 S_R,而尖劈的头部又形成了新的尖劈头激波 S_N,并与折射激波 S_R 以一定角度相交。为了看得更清楚,图 14.11 是用激波关系对双波相互作用的流场计算的结果,计算结果与实验基本吻合。

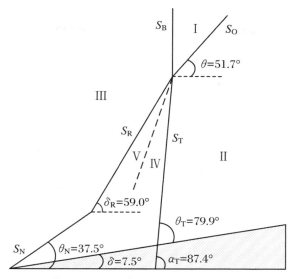

图 14.11　双波干扰各种激波位置图

（2）实现双波斜干扰的可能性

我们知道,实现双波迎面干扰仅是一小步,任务的总目标是实现双波斜干扰。从图 14.10 可以得到两点启发:第一,尖劈头激波 S_O 与劈面之间的 II 区流场是超声速的,气流方向与劈面平行;第二,平面激波 S_B 与头激波 S_O 相互作用后产生的穿透激波 S_T 是直的,并与劈面成一定角度。

如果在 II 区流场中安装尖锥模型,尖锥模型轴线与劈面平行,就可以产生尖锥头激波。用穿透激波 S_T 作为模拟爆炸波,就可以实现两个激波的斜干扰。这是一个绝妙的想法! 打开了实现双波斜干扰的通道! 这个新想法与以往所有的方案都不同,过去前人的方案都是通过两种设备的组合实现双波干扰流场的,而这个方案是通过激波动力学方法在波系干扰的基础上实现双波干扰流场的。这就是创新!

为了验证这个新想法,他们在激波管实验段安装了一套模型,并获得了如图 14.12(a)所

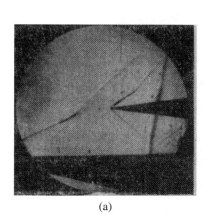

(a)

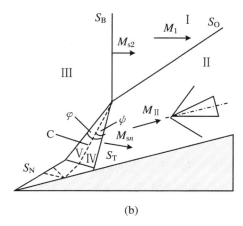

(b)

图 14.12　双驱动激波管中获得的双波斜干扰实验照片和示意图

示的实验照片。实验照片是在状态 2 下拍摄的,测量的干扰角是 $10.5°$,证明了在电控双驱动激波管中进行双波斜干扰的实验方案是可行的!

（3）方案的缺陷

虽然在电控双驱动激波管中初步验证了实现双波斜干扰的方案是可行的,但是还需要进一步研究方案的细节。为此,估算了三个实验状态下平面运动激波 S_B 与 $\delta = 7.5°$ 尖劈迎面干扰后的流场参数,计算结果示于表 14.2。表中,η 角是透射激波 S_T 与运动激波 S_B 的夹角,λ 角是双波斜干扰的干扰角,ψ 角是透射激波 S_T 与接触面 C 的夹角,φ 角是透射激波 S_T 与折射激波 S_R 之间的夹角。显然 ψ 角愈大,可供实验的区域也愈大。

表 14.2　双波迎面相互作用后的流场参数（$\delta = 7.5°$）

实验状态	状态 1	状态 2	状态 3
M_{I}	1.53	1.64	1.74
M_{s2}	1.66	1.64	1.63
η	$2.7°$	$3.0°$	$3.1°$
λ	$10.2°$	$10.5°$	$10.6°$
M_{II}	1.28	1.40	1.50
M_{sn}	1.62	1.60	1.59
φ	$28.6°$	$32.3°$	$34.8°$
ψ	$12.2°$	$13.8°$	$14.9°$

从表 14.2 可以看出,随 M_{I} 增大,M_{II} 和 ψ 角都增大,这对实验是有利的。但是在劈角 δ 不变的条件下,干扰角 λ 变化很小。为了增大干扰角 λ 需要增大劈角 δ,见表 14.3。

表 14.3　干扰角 λ 随劈角 δ 的变化（$M_{\mathrm{I}} = 1.6$）

δ	$7.5°$	$8.5°$	$10°$	$12°$	$14°$
λ	$10.4°$	$11.8°$	$13.7°$	$16.3°$	$18.7°$

在电控双驱动激波管中进行双波干扰实验有几点不足:① 气流参数比较低（$M_{\mathrm{II}} < 1.5$,$M_{sn} = 1.6$ 左右）;② 受激波管尺寸限制,模型较小;③ 干扰角较小（$\lambda < 20°$）,并且很难改变干扰角。为了克服这些缺点,提高实验参数,满足任务方要求,决定把实验扩展为在电控双驱动激波风洞中进行。

14.4.4　电控双驱动激波风洞方案

1. 电控双驱动激波风洞原理

电控双驱动激波风洞是在电控双驱动激波管基础上发展的,不同之处是在被驱动段下游接一锥形喷管,喷管与风洞实验段相连,实验段下游接真空罐,形成直通型激波风洞。喷管与被驱动段之间用涤纶膜隔开,实验段尺寸有 $0.5\,\mathrm{m} \times 0.5\,\mathrm{m}$,因而可以采用更大尺寸的实验模型。

双驱动激波风洞的运行原理与双驱动激波管类似,不同之处是激波管中的(2)区超声速气流经过喷管继续膨胀,在实验段达到高超声速。在状态计算中需要在双驱动激波管计算基础上考虑喷管的起动时间和第二激波在喷管中的运动时间(图 14.13)。

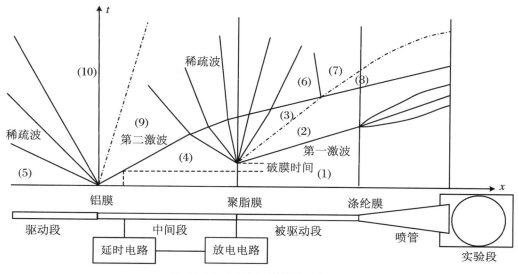

图 14.13　双驱动激波风洞原理图

2. 完善实验方案

在电控双驱动激波风洞中进行双波干扰实验的方案克服了激波管方案中模型小和实验参数低的缺点,现在还剩一个改变干扰角问题没有解决。

为了研究运动激波在模型表面规则反射和马赫反射之间的转变,就必须在运动激波马赫数 M_s(表 14.2 中 M_{sn})和来流马赫数 M_∞(表 14.2 中 M_Π)保持不变的条件下(至少基本上保持不变),改变干扰角 λ。

然而,前面介绍的在激波管中进行双波斜干扰的实验方案就不可能在上述条件下改变干扰角 λ。这是因为改变角 λ 必须通过改变尖劈角 δ 来实现,而角 δ 的改变必然导致气流马赫数 M_∞ 的改变。为了克服这一困难,韩肇元教授提出一种改进方法,其基本思想叙述如下。

当前面所说的第二激波离开锥形喷管时,此激波的波面就会发生弯曲,成为一个曲面(接近于一个曲率半径很大的球面)。如果此运动激波波面的弯曲被利用,就能达到上述目的。即在劈角 δ 给定(也就是近似保持 M_s 和 M_∞ 不变)的前提下,改变干扰角 λ。如图 14.14 所示,如果沿着平行于观察窗、垂直喷管轴线的方向上下移动尖劈模型,当尖劈由它的最低位置向上移动时,角 β 就从 $\beta>0$ 改变为 $\beta<0$(角 β 是曲面激波与垂直方向的夹角),达到了在劈角 δ 给定的前提下,改变干扰角 λ 的目的。

角 β 为运动激波与垂线的夹角,角 β 与角 λ 之间存在以下关系:

$$\lambda = \eta(M_{s1}, M_1, \delta, \beta) + \delta \tag{14.2}$$

其中 M_{s1} 是 1 区的曲面激波马赫数,M_1 是 1 区的气流马赫数。干扰角 λ 的改变是在 M_{s1},M_1 和 δ 给定的前提下,通过改变 β 来实现的。

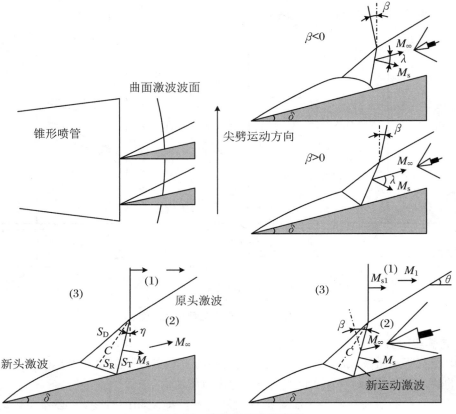

图 14.14 改变干扰角的方案

在现在的情况下,用于双波干扰的运动激波马赫数 M_s(也就是曲面激波与尖劈头激波作用后的穿透激波),可以用下式来表示:

$$M_s = (M_{s1} + M_1\cos\beta)\frac{a_1\cos(\theta + \beta + \eta)}{a_2\cos(\theta + \beta)} - M_\infty\cos(\beta + \eta + \delta) \tag{14.3}$$

其中 a_1,a_2 分别是(1)区和(2)区的声速,η 是穿透激波的偏转角。而气流马赫数 M_∞ 的关系式为

$$M_\infty = \frac{1}{\sin(\theta - \delta)}\left(\frac{1 + \dfrac{\gamma - 1}{2}M_1^2\sin^2\theta}{\gamma M_1^2\sin^2\theta - \dfrac{\gamma - 1}{2}} \right) \tag{14.4}$$

至此,完成了在电控双驱动激波风洞中进行双波斜干扰实验的方案。接下来就可以开展正式实验了。

14.5　正 式 实 验

14.5.1　实验模型

为了在激波风洞中进行正式实验，专门加工了如图 14.15 所示的模型。模型以一个 0.5 m 长的 $\delta=18°$ 尖劈作为基座，尖劈模型可以沿支架上下移动。尖劈斜面后部安装一个半顶角 9° 的尖锥实验模型，尖锥模型长为 50 mm，模型上装有测压传感器。尖劈模型下部还安装了一个压力传感器用以触发火花光源。

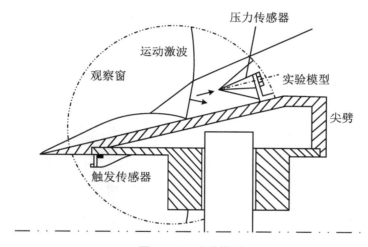

图 14.15　实验模型

14.5.2　实验状态

双驱动激波风洞与双驱动激波管的实验状态是不同的，必须事先通过计算得到若干满足要求的状态。这些要求就是，在风洞实验段能有足够长的建立流场时间和足够长的双波干扰时间。然后再通过调试得出实验用的状态。正式实验的状态是：

状态 1：激波管的被驱动段（（1）区）压力为 118 mmHg（15.7 kPa），充氮气；中间段（（4）区）压力为 4.0 kg/cm²（0.39 MPa），充 30% 氮气和 70% 氢气的混合气体；驱动段（（5）区）压力为 16.0 kg/cm²（1.57 MPa），充氢气。

状态 2：激波管的被驱动段（（1）区）压力为 80 mmHg（10.7 kPa），充氮气；中间段（（4）区）压力为 4.0 kg/cm²（0.39 MPa），充 50% 氮气和 50% 氢气的混合气体；驱动段（（5）区）压力为 26.0 kg/cm²（2.55 MPa），充氢气。

注意到在改变实验状态时，始终保持中间段的破膜压力不变，这是因为在这个压差下获得的工艺可以保证破膜时间小于 100 μs 和 ±50 μs 重复性的结果,以满足控制两激波位置的要求。通过改变各段的充气压力和气体种类来改变实验参数(两个激波马赫数),这就是激波管调节参数方便的好处。

14.5.3　测量系统

有了好的实验方案还需要有对应的测量技术才能完成实验。

本实验中,除了前面介绍的需要在激波管中测量激波速度外,还需要测量的参数有运动激波马赫数 M_s、气流马赫数 M_∞、干扰角 λ 以及压力比(即模型表面反射激波波后的压力与入射激波波前压力之比)。为此,在实验中研制了以下测量系统。

1. 压力测量——研制小型高响应压电传感器

在双波干扰试验中,运动激波的速度很高,双波干扰持续的时间非常短,因此,要测量运动激波通过模型表面时压力的上升,需要一种高响应的压力传感器。同时实验的尖锥模型很小,需要传感器小型化。当时在市场上根本买不到这种传感器,研究小组只能自行研制这种小型高响应压电传感器。经过努力终于成功试出一种直径为 4 mm、长度为 5 mm、上升时间为 1.2 μs 的小型化的压电传感器。

图 14.16 是该传感器在尖锥表面测到的压力曲线,其中图 14.16(b)是图 14.16(a)的局部放大,每格代表 2 μs。

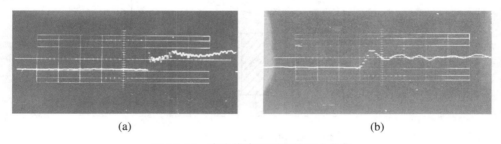

(a)　　　　　　　　　　　　　　　(b)

图 14.16　在尖锥表面测到的压力曲线

2. 光学测量——研制火花光源

图 14.17 表示实验用的光学测量系统。主要的光学仪器是纹影仪,为了提高灵敏度,纹影仪采用了单个球面反射镜光线两次通过实验段的光路。这个实验中主要要介绍的是同步系统和光源系统。

(1)同步系统

在双波干扰试验中,在没有高速摄影机的条件下,实验采用了最简单的方法,即实验室布置为暗室,实验时照相机打开 B 门,当运动激波到达实验段时控制纹影仪的光源发光,完成拍摄任务。由于运动激波的速度非常高,要准确捕捉到激波干扰现象,需要准确地同步纹影仪的光源。在尖楔模型下部安装一个触发传感器(图 14.15),当运动激波到达时传感器发出信号,通过延时电路触发火花光源。因为传感器距离尖锥模型很近,所以同步精度很高。

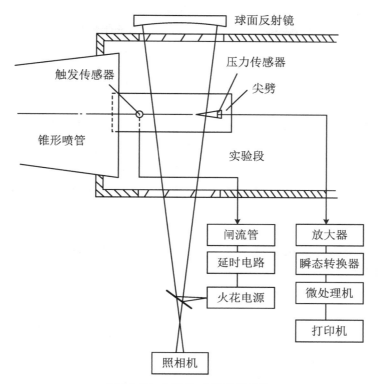

图 14.17 同步和光学测量系统

（2）火花光源

由于运动激波速度非常快，需要光源发光时间特别短。调研后知道，当时最合适的光源是火花光源，发光时间最短的火花光源仅有零点几微秒。当时国内也买不到这样的光源，只能自己研制。火花光源的原理并不复杂，如图 14.18 所示，电容器安装在两个金属板之间，两个金属板分别和直流高压电源的正负极相连。金属板之间装有两个电极，和负极相连的电极是空心的，中心插入一个触发电极，并用绝缘套和负电极绝缘。用直流高压电源先给电容器充电，这时两电极调整到留有一定间隙，使得电容器不放电。当需要火花光源发光时，

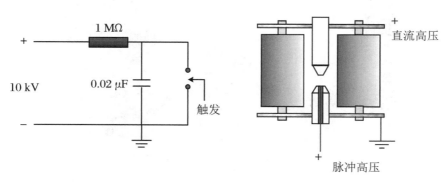

图 14.18 火花光源

触发电极输出一脉冲电压,使得触发电极和负电极之间产生小火花,主电极之间由于部分空气被电离而电阻减小,导致电容器发电,在主电极之间产生非常亮的火花。

火花光源的关键是电容器,由于一般电容器有较大的电感,在电容放电时会发生振荡,从而使得光源的发光时间增长。因此,当时专门到上海无线电厂定制了一批无感(低感)电容,效果很好。

(3)激波速度和气流速度测量

正式实验时需要事先知道运动激波马赫数 M_s 和气流马赫数 M_∞。测量运动激波马赫数 M_s 是比较困难的,因为运动激波波前是有气流的。因此,为了得到 M_s,不仅需要知道运动激波速度,而且还必须知道波前气流声速和波前气流速度。

为了测量运动激波速度和气流速度采用了双曝光技术。如图 14.19 所示,在尖劈表面上方某处安装一个放电火花隙。当待测的运动激波到达尖劈时,触发了位于尖劈下方的传感器,传感器产生的电信号使得位于尖劈上方的火花隙放电。与此同时,该电信号通过延时电路,触发纹影系统的双火花光源,两个火花通过延时电路先后发光,这样就可以得到如图 14.19 所示的既有运动激波,又有放电形成的球面波的两次曝光的照片。

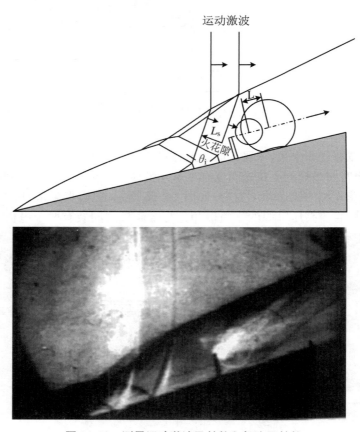

图 14.19 测量运动激波马赫数和气流马赫数

如果测量得到球面波两球心之间的距离为 L,运动激波两个位置之间的垂直距离为

L_s、入射激波倾角为 θ_i,波前气流马赫数为 M_∞,波前气流速度可通过下式求得:

$$V_\infty = \frac{L}{t}$$

运动激波马赫数为

$$M_s = M_\infty \left(\frac{L_s}{L} - \sin \theta_i \right) \tag{14.5}$$

为了测量 M_∞,在尖劈上方均匀流场中放置一个半角 δ 的小尖劈模型,测出小尖劈头激波角 β,通过激波关系求得 M_∞。角 θ_i 可以从照片中测出。

为了拍摄两次曝光的纹影照片,纹影仪采用了两个串联放置的火花光源,并且通过透镜系统使两个光源都成像在狭缝处。来自触发传感器的触发信号,通过不同的延时电路,分别触发两个火花光源的电源,适当调节延时电路的延时时间,可以获得不同时间间隔的双曝光的照片。

14.5.4　实验结果

在上述实验状态下,通过上下移动 18° 的尖劈模型,可以得到干扰角 λ 由 24° 到 36° 之间的变化。

在状态 1 的实验条件下,获得了锥面上压比(反射激波波后压力与入射激波波前压力之比)随干扰角 λ 变化的曲线,并得到了在规则反射和马赫反射之间转变时的干扰角 λ_T(结果从略)。在状态 2 的实验条件下,获得了双波斜干扰的瞬态压力曲线和流场照片。图 14.20 表示在状态 1 下的实验照片,其中图 14.20(a)是运动激波在锥表面发生规则反射的照片,图 14.20(b)是在锥表面发生马赫反射的照片。图 14.16 是状态 1 下锥表面上测得的瞬态压力曲线。

 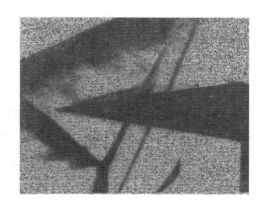

(a) 在锥面规则反射　　　　　　　　　　(b) 在锥面马赫反射

图 14.20　双波斜干扰的实验照片

图 14.21 为状态 2 下运动激波在尖劈表面双马赫反射的照片。图中左方像云一样的图像是接触面快要到了。这种状态下实验时间很短,稍不注意接触面就会追上第二激波。

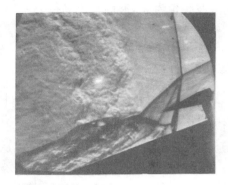

图 14.21　状态 2 下的实验照片

14.5.5　实验方案小结

实验已经证明,在双驱动激波风洞中进行双波干扰实验的方案是可行的。这个方案的优点是:运动激波是平的,模型是固定的,既可以测压又可以照相。但是方案也有缺点,实验时间短,实验的有效区域是透射激波 S_T 和接触面 C 构成的三角区域(图 14.12)。当运动激波马赫数 $M_s<1.4$ 时,图 14.12 中 IV 区和 V 区之间的差别可以略去不计,因此实验区可以近似扩大为由穿透激波 S_T、反射激波 S_R 和折射激波 S_D 与所组成的三角区域(图 14.20)。但是,当运动激波比较强时,接触面就不能忽略(图 14.21)。所以,这个方案更适合于弱运动激波与模型头激波的斜相互作用的情况。

14.6　归档和成果处理

当正式实验完成以后,所有实验数据必须整理成册,交档案室保管。如果是工程单位委托的任务,需要写好总结报告提交给提供任务的单位,然后召开结题验收会。如果是国家基金课题或者是自选课题,研究成果一般以论文形式发表,当然基金也需要将结题报告交基金委审查。视成果的重要性和创新性决定是否报成果奖。

本　章　小　结

从本章介绍的例子中我们可以得出几个结论:

(1) 双波干扰实验能够成功的首要原因是有一个好的实验方案。而这个方案的产生完全是在前人的方案都走不通的情况下,立足自我产生的,用现在的话说是原始创新的。因此我们在科学研究中一定要自信,成功就是不懈的努力加一点灵感。

(2) 一个项目的成功是许多人共同合作的结果,在科学研究中一定要学会与同事友好相处。在双波干扰项目进行过程中,前后有近 20 人参与研究,大家在项目中各自承担自己的工作。一个地方有了困难,大家一起攻克难关,整个课题组充满了团结互助、同心协力的气氛。

(3) 在实验研究中有许多看似不起眼的工作,千万不能忽视。例如,在双波干扰实验中摸索电破膜工艺就是一个最好的例子,看似简单,也没有高深的理论,但它确是整个研究的关键,没有成功的电破膜工艺一切都无从谈起。另一个例子是克服电干扰的问题,在整个实验中由于涉及高压放电,会产生严重的电干扰。这个问题始终缠绕着大家,一直没有完全解决。类似这样的问题在实验过程中是常见的,实验的过程就是克服困难的过程,是在克服了一个又一个困难后,才完成任务的。

(4) 现在实验条件改善了,但是请不要忘记自力更生。在 20 世纪 80 年代条件有限,几乎什么测量仪器都要自己研制,虽然困难,但是也学会了许多知识,养成自己动手的习惯。现在各种进口仪器多了,也学会了懒惰。要知道最先进的仪器不是买来的,而是由科学家在实验室研制出来的。

参 考 文 献

[1] Nicholson J E. Oblique blast wave interaction with a supersonic vehicle. AIAA paper 67-180[C]// New York：AIAA 5th Aerospace Sciences Meeting, 1967.

[2] Bingham G J, Davidson T E. Simulation of the interaction of a hypersonic body and blast wave[J]. AIAA J., 1965, 3(3)：584-566.

[3] Mitler H R. Shock-on-shock simulation and hypervelocity flow measurements with spark-discharge blast waves[J]. AIAA J., 1967, 5(9)：1675-1677.

[4] Merritt D L, Aronson P M. Oblique shock interaction experiments. NOLTR 69-108[R]. White Oak, Silver Spring, Md：Naval Ordnance Lab., 1969.

[5] Kutler P, Sakail L. Three-dimensional shock-on-shock interaction problem[J]. AIAA J., 1975, 13 (10)：1360-1367.

[6] 韩肇元等. 用于研究双波迎面相互作用的电控双驱动激波管实验技术[J]. 力学学报, 1982, 18(4)：394-400.

[7] 韩肇元等. 在激波管中实现"固定模型"双波斜相互作用的研究[J]. 空气动力学学报, 1983, 3(1)：86-94.

[8] 韩肇元等. 电控双驱动激波管和激波风洞波系和状态计算方法[J]. 空气动力学学报, 1986, 4(1)：120-126.

[9] 韩肇元等. 一种在双驱动激波管和激波风洞中实现运动激波与头激波斜相互作用的新方法[J]. 中国科学 A 辑, 1987(1)：74-81.

[10] 尹协振, 姚久成. 测量低密度气流速度和运动激波马赫数的火花放电法[J]. 实验力学, 1987, 2(1)：68-73.

第 15 章　爆轰驱动激波风洞研制

2012 年 5 月 JF-12 激波风洞项目顺利通过验收,标志着我国独立自主设计、制造的大型高超声速爆轰驱动激波风洞研制成功。爆轰驱动激波风洞是中国科学院力学研究所科研工作者在俞鸿儒院士带领下几十年不懈努力的结果,是我国在高超声速实验设备研制方面取得的重要创新性成果。

15.1　研　究　背　景

15.1.1　激波和爆轰波

雷雨天电闪雷鸣时,人类最先从自然现象中感受到激波效应。18 世纪中叶,科学家们在求解简单波方程时逐步发现了激波,建立起公认的激波关系式。由于传播介质不同(如纯气体、含灰或含雾气体、含蒸汽的气体、可爆气体等)以及驱动方式的差异(突然释放能量、运动物体等)存在各种类型的激波。本小节是基于俞鸿儒院士的一篇文章写成的,重点介绍普通激波与爆轰波的差异。

1. 普通激波

众所周知,声波是一种弱扰动,其传播速度为声速。激波是强扰动,传播速度远快于弱扰动,传播马赫数大于 1。如果激波前后的气体遵守相同的状态方程,这种激波称为普通激波。

普通激波的厚度很薄,仅为几个分子自由程,理论上可以看成无限薄的间断面。普通激波遵循守恒方程和状态方程,得出一系列激波关系式(参见第 11 章)。

物体在空间运动时可以产生激波,其激波传播速度可以等于也可以大于运动物体的速度。只要运动物体的飞行马赫数 $M_\infty > 1$,就能在物体头部产生与运动物体速度相同的脱体头激波。只有当飞行马赫数超过某一临界值(取决于尖劈或尖锥的顶角)才能形成附体直的斜激波。在 $M_\infty < 1$ 条件下,如果飞行器周围存在局部超声速流区,则在这些部位也可能出现激波。

活塞在管道中突然运动也能产生激波,无论活塞以多么小的速度向前运动,都能产生激波,并且激波传播速度大于活塞运动速度。激波管中驱动气体与被驱动气体的分界面以及管道中火焰阵面都具有与运动活塞相同的驱动作用。

2. 爆炸波

爆炸波是由有限空间内突然释放能量,驱动产生的特殊的变强度激波。在强爆炸假设条件下,离爆心距离 R 处典型的压力波形为瞬间达到峰值后迅速随时间衰减,并且峰值压力以 R^3 减少。爆炸波的传播速度与 $R^{3/2}$ 成反比,即随传播距离增大而迅速减慢。

3. 含灰气体激波

激波扫过含灰气体,波阵面后气体流场可分为三个区域来处理,即紧靠波阵面的冻结区、下游的平衡区以及两区之间的松弛区。冻结区内气体速度和热力学参数可按纯气体激波关系式求解。在下游平衡区,只要用含灰气体的平衡声速和含灰气体比热比代替纯气体声速和比热比,就可以用纯气体激波关系式求得平衡区参数。松弛区参数比较复杂,一般说松弛区内参数可将冻结区与平衡区参数连接起来,单调变化。理论预测,实验也已经证明,含尘气体中会产生无间断前沿的耗散激波。

4. 爆轰波

爆轰波是在可爆介质中传播,包含了放热化学反应的特种激波。一般情况下,燃烧火焰波传播速度很低(只有每秒数米),当传播速度变得特别快时(高达 2000 m/s 或更快),这种高速传播的燃烧波就是爆轰波。

爆轰波传播特性和求解均与普通激波存在明显的差异。

(1) Chapmann-Jouguet 假定

讨论爆轰波一定会提到 Chapmann-Jouguet 假定。这是 Chapmann 于 1899 年和 Jouguet 于 1905 年独立提出的假设:爆轰波与其后的爆轰产物的速度差为已燃气体声速,并据此给出简单且令人信服的有关爆轰现象的解释。Chapmann-Jouguet 假定(简称 CJ 条件)后来由 Zeldovich,von Neumann 和 Doring 从理论上予以证实。

(2) 气动热力学激波

Polachek 等提出气动热力学激波的概念,它是指包括增热($q>0$)或失热($q<0$)的普通激波。令

$$C_q = \frac{q}{C_p T_0}$$

式中 q 为单位质量气体的增热量或失热量,$C_p T_0$ 为完全气体初始滞止焓。再令

$$Z = \frac{M_s^2}{(M_s^2 - 1)^2}\left(M_s^2 + \frac{2}{\gamma - 1}\right)(\gamma^2 - 1)C_q \tag{15.1}$$

从守恒定律可求得

$$\frac{p}{p_0} = \frac{\gamma}{\gamma + 1}(M_s^2 - 1)(1 + \sqrt{1 - Z}) + 1 \tag{15.2}$$

$$\frac{\rho}{\rho_0} = 1 - \frac{1}{\gamma + 1}\frac{M_s^2 - 1}{M_s^2}(1 + \sqrt{1 - Z}) \tag{15.3}$$

从(15.2)式和(15.3)式可知,激波存在的必要条件是上两式有实解,即要求 $Z \leqslant 1$。对于普通激波 $q = 0$,得出 $Z = 0$。将其代入(15.2)式和(15.3)式中,便得到与普通激波相同的

关系。将 $Z \leqslant 1$ 代入(15.1)式,得到

$$f(M_s) = \frac{(M_s^2 - 1)^2}{M_s^4 + \dfrac{2M_s^2}{\gamma - 1}} \geqslant (\gamma - 1) C_q \tag{15.4}$$

由(15.4)式可知,当 $M_s = 1$,$f(M_s) = 0$;当 $M_s \to \infty$ 时,$f(M_s) \to 1$;在 $1 < M_s < \infty$ 区间,$f(M_s)$ 随 M_s 增加单调升高。由此可得出如下结果:

① 吸热过程中 $q < 0$,即 $C_q < 0$。不论吸热量多大,均可解出 p/p_0 和 ρ/ρ_0。因此,转变过程吸热的激波,存在范围与普通激波相同。

② 放热过程中 $q > 0$,转变过程放热的激波存在一个最小临界值 $M_s \geqslant M_{cr}$,M_{cr} 随 q 值增大而升高。常见的可爆气体爆轰波最低传播马赫数 $M_{cr} = M_{CJ} \approx 5 \sim 10$。

(3) 爆轰波的解

爆轰波和普通激波具有同样的质量、动量和能量守恒方程,加上各自遵守的状态方程,各有四个控制方程。对于普通激波,要求的变量为波后气体速度 u,压力 p,密度 ρ 和温度 T。因此,给定激波传播速度,就可以求解。

爆轰波传播速度不能任意给定,需要和 u, p, ρ, T 联合求解。四个控制方程求解五个变量,方程组不封闭。如果加上 CJ 条件,可将爆轰波控制方程组封闭。受 CJ 条件约束的爆轰称为 CJ 爆轰。最常见的由燃烧释放的能量驱动的能自持传播的爆轰就是 CJ 爆轰,CJ 爆轰传播速度 U_{CJ} 只取决于可爆介质的特性和初始状态,为爆轰波传播速度的最低值。

若外源(例如活塞)参与驱动,当活塞速度 $u_p \leqslant u_{CJ}$,对爆轰波传播速度不发生影响(u_{CJ} 是 CJ 爆轰波波后气体速度);若活塞速度 $u_p > u_{CJ}$,则将使爆轰波传播速度加快。这种外源驱动产生的爆轰为强爆轰。强爆轰波传播速度大于 CJ 爆轰,而波阵面与波后气体速度差则小于声速。

图 15.1 表示了长管中的自持爆轰和强爆轰的差异。长管中充满可爆轰气体混合物,左端有一可活动活塞,爆轰在活塞表面处起始。若活塞向右运动速度 $u_p \leqslant u_{CJ}$,则爆轰波传播速度不受活塞影响,仍为 U_{CJ}。当 $u_p < u_{CJ}$ 时,如图 15.1(a)所示,爆轰波后紧跟一个中心稀疏波(又称为 Taylor 稀疏波),它使爆轰产物速度由紧靠波后的 u_{CJ} 减速至 u_p,其中 $u_{CJ} > u_p > 0$ 区为稀疏波后恒速区,气体速度向右运动;当 $u_p = 0$ 时(活塞静止或封闭端),稀疏波尾与端面之间内的气体静止,静止区长度约占爆轰波传播距离的一半;当 $u_p < 0$ 时(活塞反向运动或相当于开口),稀疏波使爆轰产物反向流动。

若活塞速度 $u_p \geqslant u_{CJ}$,如图 15.1(b)所示,爆轰波后为恒速 u_p 和恒热力学参数区。只有当 $u_p > u_{CJ}$ 时,爆轰波速才能高出 U_{CJ} 而产生强爆轰。当 $u_p = u_{CJ}$ 时,流场结构虽相似,如前所述爆轰产物速度为 u_{CJ},爆轰波速仍为 U_{CJ} 这种条件下产生的爆轰仍为 CJ 爆轰。

球爆轰波与平面爆轰波一样以恒速传播,其差别只是波后气体速度或压力梯度不同。爆轰波与爆炸波传播特性最明显的差别是:爆炸波传播速度随时间或传播距离增长而不断衰减;而爆轰波(包括平面、柱、球爆轰)则以恒速传播。

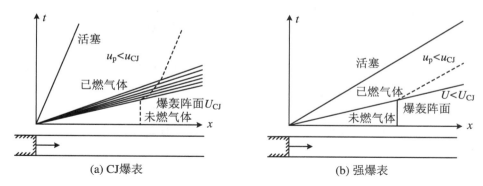

图 15.1　活塞驱动爆轰流动示意图

15.1.2　激波风洞驱动方式

1. 高超声速飞行对实验气流的要求

风洞是在实验室里产生高速实验气流,用来对飞行器的气动力、气动加热以及气动物理特性进行模拟实验的装置。当飞行速度低于 2 km/s,飞行器周围气流温度升得不高,空气组分基本不变,分子内振动激发亦不明显。在这种条件下,风洞实验可应用马赫-雷诺模拟,即只要风洞实验的马赫数和雷诺数与实际飞行值相同,则按照几何相似的缩尺模型在风洞中测得的数据可以外推用于真实飞行条件。马赫数为气流速度与声速之比,通过降低气流声速也能提高马赫数。常规加热高超声速风洞通常只将气源加热到使膨胀加速的实验气流避免出现凝结的较低温度,使实验气流声速尽量低,从而降低气流速度以节省能耗。如只要将气源加热到约 10^3 ℃,便可获得 $M = 8 \sim 10$ 的实验气流。同时,降低实验气流温度还能提高雷诺数,从而减轻对气源压力的要求。

对于高超声速飞行,当飞行速度超过 2 km/s,飞行器周围气体温度逐步升高,空气分子振动能激发逐渐增强,氧分子和氮分子先后开始离解和化合。这些高温真实气体效应对飞行器气动特性的影响随飞行速度提高而愈来愈重要。在这种条件下,风洞实验除了马赫-雷诺模拟外,还应增加气流动能与离解能之比以及松弛距离与飞行器特征尺寸之比的相似条件。这就要求风洞实验复现真实飞行速度,由于模型缩尺的影响,实验气流密度高于大气密度,即要求风洞气源温度与飞行器驻点温度一样高,气源压力比真实飞行总压高。例如,飞行速度为 7 km/s,要求气源压力数达 10^2 MPa,温度达 10^4 K。

常规加热高超声速风洞难以产生如此高参数的气源,激波风洞是通过激波加热的方法产生高温高压气体,因此是一种最有前途的高超声速设备。

2. 氢氧燃烧驱动的激波风洞

激波风洞是产生高焓(同时具有高滞止压力)实验气流最有前景的一种设备。为了提高气流焓值,需提高入射激波强度。这就要求尽可能提高驱动气体的声速和压力。20 世纪 70 年代前,较实用的强驱动技术是加热氢和氢氧燃烧驱动。在驱动段中利用氢氧燃烧释放的热量,加热混合气体中富余的氢或氦作为驱动气体,这种氢氧燃烧驱动方式被预期是一种最满意的技术。由于氢或氦被加热至高温,虽然生成的水汽会增加混合气体的分子量,但其低的比热比具有一定补偿作用。因此其驱动能力远高于常温氦甚至氢的驱动能力。燃烧加热时,伴随着压力升高,因而高压操作时无需添置高压压缩机,加上耗气量大大降低,因此费用非常低廉。

从 20 世纪 50 年代初起,许多国际知名实验室,如美国 Cornell 航空实验室(CAL)、VACO 研究实验室、通用电气实验室以及英国国家物理实验室(NPL)均采用燃烧驱动技术。

但是氢氧燃烧驱动也有缺点,实践结果表明,燃烧驱动产生的实验气流品质低,加上潜在的不安全性,从 20 世纪 50 年代末起,由于当时化学工业已拥有将氢气压力提高到 150 MPa 的实用经验,各国实验室都逐渐放弃使用燃烧驱动技术。例如,CAL 实验室就改用高压氢代替燃烧驱动来产生强激波。

3. 自由活塞驱动激波风洞

1972 年澳大利亚昆士兰大学 Stalker 教授首次提出自由活塞的驱动方式。自由活塞驱动激波风洞是利用高速运动的自由活塞压缩产生高压驱动气体,在激波管里产生更强的入射激波的驱动方式。Stalker 的研究表明,该技术是可实现的、确实能够产生高焓气源。从此,自由活塞驱动方式得到了广泛的应用,世界各国纷纷建造自由活塞驱动激波风洞。已经建造的自由活塞驱动激波风洞有澳大利亚国立大学的 T3、昆士兰大学的 T4、日本国家航天实验中心的 HEK 和 HIEST、美国加州理工学院的 T5、德国 DLR 的 HEG。

自由活塞驱动高焓激波风洞技术的发展是成功的,已经成为高超声速激波风洞的主流装备,但是这种技术能够产生的高超声速流动的实验时间太短、定常性差。例如,HIEST 的压缩段和激波管总共有 60 m 长,能提供的实验时间仅仅为 2 ms 多,而且在这段实验时间里驻室压力波动高达 20%~30%,反映了自由活塞的加速、减速过程,不存在压力平台。当压缩管压力达到给定压力值后,主膜片破裂产生入射激波。主膜片破裂引起压缩管压力的迅速下降,自由活塞又不能提供适当的压缩补偿,这将导致入射激波的衰减,成为驻室气体状态定常性差的主要因素。另外,自由活塞驱动激波风洞结构复杂,技术相对要求高,自由活塞的运动控制困难,风洞运行成本高,成为自由活塞驱动技术发展的主要问题。

4. 爆轰驱动激波风洞

激波风洞另一种驱动技术是爆轰驱动。早期有不少研究者对爆轰驱动做过探索。1957 年 Bird 就首先提出了用爆轰驱动激波管产生高焓气源的思想,并对驱动段末端和膜片处起爆的氢氧爆轰驱动方式进行了分析计算。研究结果指出:驱动段上游末端起爆的爆轰驱动(称为正向爆轰,图 15.2(a)),由于受紧跟爆轰波后的 Taylor 稀疏波的干扰,被驱动段中的入射激波强度不断下降,波后无定常气流区。主膜片处起爆的爆轰驱动(称为反向爆轰,图 15.2(b)),爆轰波阵面向驱动段上游传播,在初始条件相同的情况下,入射激波最大强度低于前者。但在爆轰波反射波赶上入射激波前,激波强度不受干扰而保持定常值。Balcarzak 进行了驱动段尾端起爆的爆轰驱动实验,证实了 Bird 分析的部分结果。Coates 和 Lees 先后对氢/氧和甲烷/空气在膜片处起爆的爆轰驱动进行了实验。前者采用双驱动段,利用主膜处反射激波起爆,后者利用爆炸丝起爆,两者初始压力均低于大气压,不足以产生高超声速实验气流所要求的驱动压力。

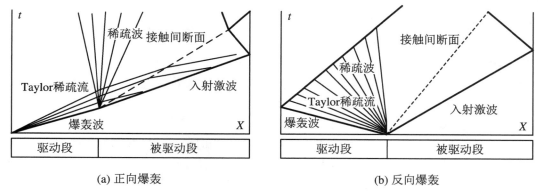

(a) 正向爆轰　　　　　　　　　　(b) 反向爆轰

图 15.2　爆轰驱动模式

15.2　力学所早期的工作

15.2.1　俞鸿儒院士的贡献

早期国内激波风洞大多和国外同类设备一样采用氢氧燃烧驱动方式。随着氢氧燃烧驱动激波风洞的缺点逐渐被认识,到 20 世纪 80 年代国际上掀起了自由活塞驱动热,各国纷纷建设自由活塞驱动的激波风洞。从航天技术要求来看,我国当然也迫切希望能有高性能的高超声速实验设备。但是当时从国力来说建设大型自由活塞激波风洞有困难。

面对这种形势,俞鸿儒院士率先提出采用爆轰驱动方式代替自由活塞驱动。它分析了爆轰驱动的优点,提出了克服爆轰驱动缺点的方法。在力学所先后实现了反向爆轰驱动和正向爆轰驱动的激波风洞,并于近期建成了具有长运行时间的爆轰驱动激波风洞,为国家研究高超声速飞行器和超燃冲压发动机提供了可靠的实验平台。

15.2.2　俞鸿儒院士与郭永怀先生

俞鸿儒院士是我国研究激波管技术的先驱,他也是郭永怀先生回国后招收的第一批研究生。俞先生在纪念郭先生 100 周年诞辰的文章中回忆了他与郭先生的往事。

"1957 年 1 月,我在清华园第一次见到郭永怀先生,当时郭先生承担主讲清华大学和力学研究所合办的力学研究班'流体力学'讲座,他对我们几个流体力学辅导教员说:'实验工作很重要,今后你们的主要工作就是准备并指导实验。'为此他亲自带我们去北京航空航天大学参观风洞实验室并拜访陆士嘉先生。

力学研究班开学后不久,我接到中国科学院研究生录取通知,便到力学研究所报到,恰巧导师就是郭先生。郭先生当时共指导 5 名研究生(3 名流体力学、2 名物理力学),他指定 4

人做实验,我是4个做实验的研究生中的一个。郭先生自己擅长理论研究,为何回国带首批研究生就让这么多人投身实验工作?

郭先生说:无论是国内或是国外,中国人会做实验的很少,考虑到为中国力学事业打好基础,他引导研究生们投身这一薄弱环节。力学研究所当时只下设研究组,先后成立了弹性力学组、塑性力学组、空气和流体动力学组、自动控制理论组、化学流体力学组、物理力学组、运筹学组、激波管组和等离子体动力学组。从设立做实验的激波管组这件事,可看出力学所当时非常重视实验工作。"

"郭先生回国前,在Cornell大学航空研究院工作,当时那里是国际激波管研究中心。因此他熟悉激波管的性能及其用途,了解激波管结构简单造价低,实验时间短而耗能少。在超高速流领域,激波管是唯一的固定模型实验设备,已产生的实验气流速度高达15 km/s。郭先生认为这一方面的技术目前正在发展,前途是无限的。"

"做实验首先要创建实验条件,建造实验装置并配备测量仪器。郭先生没有让我仿造马上就可使用的装置。郭先生对我说:大型高超声速风洞将来是不可缺少的。我国经济和技术基础还很差,难以仿效发达国家依靠大型常规高超声速风洞实验的途径。何况常规风洞加热达到的高温受限,难以模拟超高速飞行器周围的高温绕流。激波管能产生高温和高压气体且费用低廉,他让我探索在国内条件下研制激波风洞的方法。郭先生估计我们做这项工作有相当大的难度,为此他为我们营造能专心工作的环境。一是无需制订进度计划,只要求持续不断的有正面或反面的进展。再就是想怎么干就什么干,把想法和结果告诉他就可以。"

"当我们开始调试激波风洞时,首先需要决定采用何种驱动方案,氢氧燃烧驱动具有驱动能力强和费用省的特点,50年代初就受到广泛重视。但是国外多年实践经验表明:产生的实验气体品质差且潜伏重大危险,已基本放弃而改用耗气量大以及技术装备复杂的高压氦或氢驱动。我们经过慎重考虑,决定从克服氢氧燃烧驱动存在的缺陷着手工作,如果成功将可以大大节省投资并减轻对技术装备的要求。在探索产生潜伏重大危险根源的实验过程中,可能还会发生事故。郭先生考虑到这个问题,他要求我们格外小心,要绝对防止人身伤亡,并事先向所领导做了说明。后来进行探查实验时,出现了几次事故,由于郭先生预先做了工作,领导和周围同志不仅能理解,还给予安慰与鼓励。

郭先生对我们也有要求,不过没明说。他从未让我去办公室汇报工作,而是在他会议或工作间隙时到实验室来看我们。来的时间事先无法约定,一两个星期来一次,前后十来年间只有一两次他来实验室时我不在场。他不喜欢做实验的不在实验室,还要求实验工作者要自己动手做实验。我们自己安装实验设备,清洗真空泵,改装或研制仪器,他看到后都很高兴。郭先生来实验室后不让我们停下工作向他汇报,而是边工作边回答问题或向他提问题。他多次说过,他自己不会做实验,但对实验方法和具体的技术都很关心。他来实验室的时间有早有晚,但大多都快下班时才离开。郭先生希望我们不要依赖先进的仪器设备,而要多动脑筋想办法解决问题,为了培养我们克服困难的能力和作风,他严格限制科研经费的使用。下面列举几个实例展示我们如何贯彻他提出的要求:

(1)激波管和激波风洞特别适合气动加热率测量,开展这项工作的核心传感器为薄膜电阻温度计。当时国际上普遍采用一种特制的浆液制造薄膜,由于禁运,无法得到这种材料。我们便改用蒸发溅射制造薄膜,虽然麻烦但形成的薄膜品质更高。以后我们的经验推广到国内有关单位,90 年代我将这种制造工艺介绍给德国亚琛激波实验室,目前国外许多实验室也改用我们的工艺制造薄膜电阻温度计。

(2) 激波管和激波风洞实验时间很短促,因此各项操作的延迟时间要很准确。采用电阻、电容或电感组成的延时线路,有时调不准或者调准了又发生飘移,容易导致实验失败。60 年代初市场上尚无数字延迟器产品,我们自己动手将实验室的数字计时器改造为计时和延迟两用,延时精度为 1 μs,扩展了数字计时器的功效并在实验中发挥了重要的作用。

(3) 高超声速风洞的喷管都采用合金钢或不锈钢制造,价格比较贵,我们经过分析和实验验证后改用优质铸铁制造喷管,由于材料费便宜和加工容易,造价可降低一个量级,这些喷管已正常使用四十余年。”

“实验工作的核心是用实验手段开展研究工作,但到郭先生殉国前,我们只完成激波风洞研制和基本测量系统的配备。20 世纪 70 年代中,国家组织‘气动攻关’时,亟须大型高超声速风洞。我们研制成的耗资极少的 JF-8 激波风洞和瞬态测量系统赶上了亟须,利用它解决了设计与试飞中出现的疑难问题,并提供了大量设计必需的数据,至此突显郭先生十余年前的英明预见。”

15.2.3　力学所早期的爆轰实验

俞鸿儒院士在他的博士论文中叙述了以下实验情况。在早期氢氧燃烧驱动实验中,在膜片附近点火时出现了意外,测出的入射激波马赫数值以及沿被驱动段的分布均与燃烧驱动不同。虽然当时未能看到 Bird 的论文,但对出现的反常现象,开始就怀疑是由意外爆轰所引起的。不过当时诊断手段很差,没有条件用常规测量做出判定是否发生了爆轰。当时采用了推理分析的方法,判断出确实发生了爆轰而不是燃烧。由于燃烧火焰阵面传播速度比较慢,膜片愈强,燃烧愈接近完全,燃气压力和温度亦愈高。因此,燃烧驱动产生的入射激波马赫数应该依赖于膜片强度。与燃烧驱动不同,自持爆轰不受外界因素影响,爆轰驱动强度应与膜片强度无关。正是利用这种差别,判定确实发生了爆轰。

对比实验结果表明:在初始条件相同时,反向爆轰驱动产生的入射激波也比燃烧驱动强,与 Bird 的分析预计不同。这是由于 Bird 假定燃烧驱动中破膜时燃气已燃尽以及未考虑管壁散热损失,计算求出的入射激波马赫数值较实际偏高得多,而爆轰驱动两者差别则小得多。因此实测得到的反向爆轰驱动产生的入射激波马赫数较燃烧驱动高。实验数据还显示:反向爆轰驱动产生的入射激波衰减特性与重复性较燃烧驱动好得多。然而当爆轰波抵达驱动段尾端时,将在那里反射,产生的反射峰压超过初始压力 200 多倍。当爆轰气体初始压力升至 1 MPa 时,实验中管体剧烈震动,所有连接螺栓均被震松。由于当时未能想出安全保护措施,这种高性能驱动方法未能完善与实用。

如何消除反向爆轰驱动段尾部脉冲高压,俞鸿儒院士一直在脑中思考,逐渐地形成一种设想:如果在驱动段尾部串接卸爆段,卸爆段与驱动段之间加个膜片。预先将卸爆段抽空,当爆轰波抵达膜片处,膜片被爆轰波冲开。如果卸爆管体积足够大,爆轰波对设备的破坏作用或可消除。上述设想是否正确,需经实验证实。当时钱学森所长离开力学所,郭永怀所长因公牺牲,难以再做自由探索实验了,俞鸿儒院士只能无奈地将设想留在脑海中。

15.3 反向爆轰驱动

等待了 20 年之后,机遇终于来了。1988 年德国亚琛激波实验室 Grönig 教授邀请俞鸿儒院士前去短期工作。到达之后,由于非科学技术方面的原因,原定计划无法执行。加上当时 Grönig 教授竞争建造自由活塞激波风洞没有成功,在这种情况下,俞鸿儒院士向 Grönig 教授建议开展突破爆轰驱动技术发展障碍的探索研究,如果能获得成功,就可能开辟建造高焓激波风洞的新途径。Grönig 教授对俞先生的建议非常有兴趣,决定立即按照这个设想开展实验工作。

俞鸿儒院士提出的建议是在驱动段末端串接一卸爆段,两者之间用薄膜隔开,卸爆段内充不能点燃的气体或抽成真空。带有卸爆段的反向爆轰驱动激波管的波系如图 15.3 所示。当主膜附近起爆的爆轰波传播到达卸爆段入口处时,爆轰波阵面冲破膜片传入卸爆段,消除了爆轰波在该处的正反射。传入卸爆段内的爆轰波立即熄灭。当爆轰波到达卸爆段端壁时反射激波。如果在卸爆段预先抽真空,爆轰波冲破薄膜进入真空,则反射回膨胀波。由于膨胀波速度总是低于激波速度,因此反射膨胀波与反射激波相比,赶上接触面和入射激波的时间将延迟,亦即有效驱动时间将延长。与高压气体驱动的典型激波管相比较,反向爆轰驱动的波图只是增加了爆轰波和其后的 Taylor 波 R_{T}。由于 Taylor 波尾与主膜破膜后形成的中心稀疏波 R_{c} 的波头相平行,形成一个均匀区(4)区。因此在爆轰波从驱动段尾端壁反射回

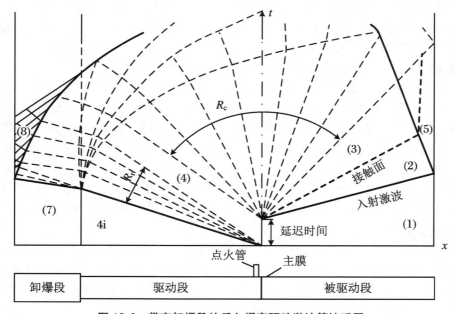

图 15.3 带有卸爆段的反向爆轰驱动激波管波系图

的反射波追到以前,增加的爆轰波和 Taylor 波对激波管流动没有影响。反向爆轰驱动特性取决于(4)区气体的状态。如前所述(4)区气体静止,热力学状态参数均匀。因此,驱动品质与典型激波管的高压气体驱动相当,由于(4)区气体声速高因而驱动能力强得多。

在 Grönig 教授的支持下,开展了数值模拟和实验验证。数值模拟的目的有两个:一是计算不同氢/氧混合比和初始压力时,对应的 CJ 爆轰后的压力和温度;二是计算整个爆轰管的波系图。实验在小型爆轰管中进行,驱动段长为 12 m,卸爆段长为 6 m,被驱动段长为 0.4 m,所有管子内径为 150 mm。驱动段初始氢/氧混合比为 4,初始压力为 1 MPa,另两段抽真空。测量了被驱动段内的压力,与计算结果比较符合得很好。数值计算和初步实验产生了有意义的结论,并指出了爆轰驱动激波风洞广泛的应用前景。

有关工作发表后,展现了反向爆轰驱动技术的优点和克服制约性障碍的方法,很快引起国际同行的高度关注。1994 年 7 月,NASA Ames 中心的 John Hicks 致函顾诵芬院士,请他在国际航空科学会议上,介绍我国的氢氧爆轰驱动激波管。在学术交流会议上,宣读的有关论文逐渐增多,仅 AIAA 1996 年会议报告就有 6 篇,沉寂二十多年的爆轰驱动技术开始复苏。NASA Langley 中心的膨胀管原拟采用自由活塞驱动段改建为激波、膨胀管/风洞,由于自由活塞驱动段费用太昂贵,Bakos 和 Erdos 重新对现有各种高性能驱动技术进行综合分析比较后认为:"基于成本/效益比,满足当前预期的超高速研究要求的最佳选择为爆轰驱动。"并决定改用爆轰驱动段代替自由活塞驱动段来改建设备。

Grönig 教授于 1990 年就申请到经费,着手将欧洲最大的 TH-2 激波风洞改造成可爆轰驱动的激波风洞。当时力学所很难申请到用来建造爆轰驱动激波风洞的经费,只能改变策略,转向国家自然科学基金委和其他基金组织申请经费。虽然基金经费不多,但可用来突破将来建造爆轰驱动激波风洞可能会遭遇的单个技术难题。Bakos 和 Erdos 在其报告中曾指出,两个关键难题如果不能妥善解决,则反向爆轰驱动的潜力难以发挥:① 需要引爆后能立刻形成平面爆轰阵面的强力起爆器;② 卸爆段真能消除反射高压。Bakos 等担心的问题,俞先生领导的研究组早已想到了。在 Bakos 的报告发表时,上述两个难题和气体均匀混合问题均已得到解决。

在中国科学院和 863 项目经费联合支持下,1995~1998 年期间力学研究所在 JF4A 炮风洞基础上,建成氢氧爆轰驱动激波风洞 JF-10(图 15.4)。它可采用反向或正向爆轰驱动两种模式运行。正向爆轰驱动能将气体加热升温至 8000 K(压力 80 MPa);反向爆轰驱动能产生压力高达 113 MPa(温度 1500 K)气体。

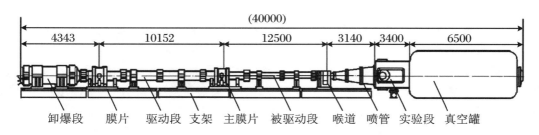

图 15.4　JF-10 爆轰驱动激波风洞

图 15.5 绘入了 Cornell 大学航空实验室加热氢(690 K)驱动激波风洞和力学所反向氢

氧爆轰驱动激波风洞 JF-10 的数据。两者的被驱动段内径相同（100 mm），初始压力与长度相近，具有可比性。由图可以看到，反向爆轰驱动模式产生的入射激波衰减特性与加热氢驱动相近，显示出反向爆轰驱动具有与加热氢驱动相同的品质。在相同驱动压力比条件下，爆轰驱动能力更强，费用低廉得多。

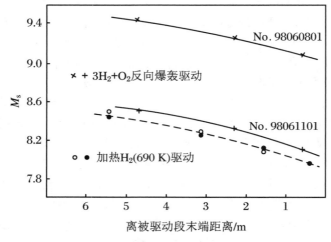

图 15.5　入射激波衰减特性比较

15.4　正向爆轰驱动

相对于自由活塞驱动方式，反向爆轰驱动方式获得的实验气流总焓相对较低，不能满足更高飞行马赫数条件下的实验需求。正向爆轰具有更强的驱动能力。但是如何消除稀疏波的影响，获得稳定的驱动气源是一关键问题。为此，力学所继续开展了正向爆轰驱动激波管的研究。

15.4.1　反向与正向爆轰驱动性能的比较

在驱动品质方面，反向爆轰驱动的有效驱动条件均匀，而正向爆轰驱动的有效驱动条件则是随时间衰变的。因此，反向爆轰驱动品质优于正向爆轰驱动。

在驱动能力方面，反向爆轰驱动的有效驱动气体参数为 Taylor 波后的静止区参数。无论是压力还是温度，均较爆轰产物 CJ 值低很多。正向爆轰驱动气体的压力和温度虽然随时间变化，但其数值高出反向爆轰驱动很多。加上爆轰产物正向运动速度所携带的巨大动能进一步提升了正向爆轰驱动的能力。因此，正向爆轰驱动能力大大高于反向爆轰驱动。

Bird 在初始条件（爆轰气体为 $90\%H_2 + 10\%O_2$，初始压力 20 MPa；被驱动气体为空气，初始压力 0.1 MPa；两者初温均为 15 ℃）以及简化假定（忽略壁面影响，全过程所有气体比

热比为 $\gamma = 1.4$)均相同时,计算求得,反向爆轰驱动产生的入射激波马赫数为 9.8 时,而正向爆轰驱动产生的最大激波马赫数则高达 15.8。从俞鸿儒院士的实验数据也可以看到,在入射激波马赫数和波前气体状态相同时,正向爆轰所需驱动气体初始压力较反向爆轰低约一个数量级。两者都证实正向爆轰驱动能力远远超过反向爆轰驱动。

正向爆轰驱动的这种优异特性极其诱人,然而最大的缺点是,紧随爆轰波的 Taylor 稀疏波,使被驱动段中的入射激波强度不断下降,严重降低了实验气体的品质。

15.4.2　消除 Taylor 波的方法

为了充分发挥正向爆轰驱动模式的优势,减低稀疏波对驱动气源的影响,提高正向爆轰驱动的气流品质,在俞先生带领下的力学所科学家们采取了多种方法消除 Taylor 稀疏波的影响。

1. 增长爆轰驱动段的长度

长管中封闭端起始的爆轰波,当波阵面向前传播时,波后已爆轰气体的速度很高,而在封闭端处,气体必须静止。在爆轰波阵面后跟随着中心稀疏波,使爆轰产物从波阵面后的高速逐渐下降为零,压力、温度和密度也逐渐下降。参数下降区与静止均匀区的长度大约各占爆轰波传播距离的一半。当爆轰驱动段长度增加时,破膜时驱动气体沿长度的衰变率下降,其对入射激波的有害影响也减缓。然而依靠增加爆轰驱动段长度来缓解 Taylor 波影响的作用是有限的。采用这种方法需大量增加爆轰驱动气体的耗用量。一旦用量超过阈值,将引起激波管内壁的烧蚀。

2. 扩大爆轰驱动段横截面面积

若驱动段截面面积大于被驱动段截面积,当爆轰波阵面到达两者连接处的收缩截面时,将在那里形成部分反射,反射激波与跟随在爆轰放后的 Taylor 稀疏波迎面相互作用。穿过反射激波的稀疏波扇夹角被展宽,因而具有缓解 Taylor 波有害影响的作用(图 15.6)。

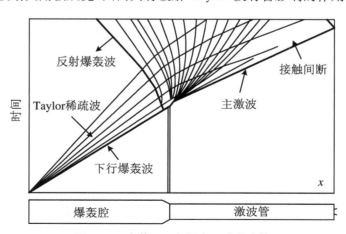

图 15.6　变截面正向爆轰驱动激波管

力学所在设计 JF-10 激波风洞时(图 15.4),选取了较长的驱动段,驱动段与被驱动段长度比达到 0.8。其次,采用变截面驱动方法,选取驱动段内径(150 mm)大于被驱动段内径

（100 mm）。实验结果表明：采取上述两种措施后，正向爆轰驱动产生的入射激波衰减率已达到实际应用可接受的程度（图15.7）。但与反向爆轰相比，其驱动能力强得多。当被驱动气体初始压力与入射激波强度相同时，所需爆轰驱动段初始压力，正向爆轰驱动较反向爆轰约低一个量级。由于无需卸爆段，结构亦简单得多。

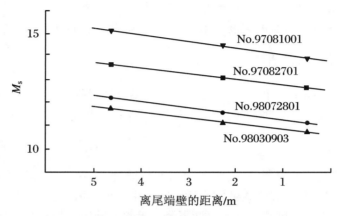

图15.7　变截面正向爆轰驱动段产生的入射激波衰减特性

已建成的JF-10激波风洞的爆轰段强度允许使用氢氧可爆轰气体的初始压力高达10 MPa。当初始压力为4.5 MPa，氢氧比为4时，已获得压力为80 MPa，焓值为16 MJ/kg（相当于8400 K）的高压高焓气源。为开展高温真实气体效应和高雷诺数实验奠定了基础。

3. 插入环形空腔或收缩喉道

姜宗林等数值检验了不同变截面构型对于爆轰波后流动均匀性的影响，发现带有环形空腔的管子较之30°或45°收缩段能获得更加均匀的气流，并在新加工的BH60爆轰驱动激波管和JF-10爆轰驱动激波风洞上进行了实验。

对于建造的带有环形空腔的正向爆轰驱动段由直径为90 mm的驱动段、直径为130 mm的环形空腔和直径为60 mm的被驱动段组成，如图15.8（a）所示。该驱动段具有扩大驱动

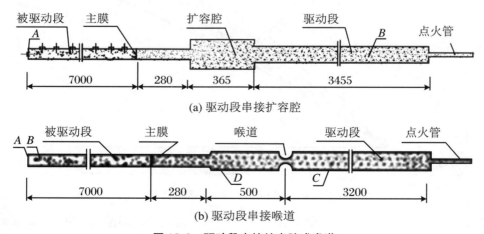

图15.8　驱动段串接扩容腔或喉道

段内径和插入环形空腔双重作用。不仅会产生一个向上游传播的反射激波,缓解 Taylor 稀疏波的影响,而且由爆轰波在腔环中携带的一部分存储能量能补偿由 Taylor 稀疏波减少的压力,有利于改善驱动气流。当环形空腔长度达到 360 mm 后,测得反射压力平台长达4.5 ms。

同时也在爆轰激波管中进行了在主膜片附近插入收缩喉道的实验(图 15.8(b))。激波管尺寸是:驱动段 4 m 长 90 mm 内径,被驱动段 7 m 长 60 mm 内径,直径 30 mm 和 40 mm 的两种喉道被实验。实验结果表明,采用收缩喉道对改善气流品质有一定的效果,两种不同尺寸的收缩喉道差别不大。

4. 双爆轰驱动段

增加爆轰驱动段长度、扩大爆轰驱动段横截面积和在膜片处插入环形空腔都能缓解 Taylor 稀疏波的有害作用。只有完全消除跟随在爆轰波后面的 Taylor 稀疏扇,正向爆轰驱动产生的实验气源的品质才能真正赶上反向爆轰驱动。2004 年俞鸿儒院士提出在正向爆轰驱动段上游增加反向辅助爆轰驱动段的方案。这种双爆轰驱动段方案只要辅与主驱动段初始压力比等于或大于临界值,主驱动段中的 Taylor 波将不再出现,可产生均匀的高温高压驱动气体。此外,还能产生过驱动爆轰波(强爆轰波),进一步提高驱动能力。

(1) 双爆轰驱动段的基本原理和方案的提出

在 15.1.1 节我们知道,爆轰波在封闭长管中传播,波后流速很高,而管端处气体静止,Taylor 稀疏波就是匹配这两种速度差才出现的。如果爆轰波后有一个活塞向前推动,稀疏波扇形角将随活塞速度增大而缩小。如果活塞速度达到 CJ 爆轰气体速度($u_p = u_{CJ}$),则爆轰波后将不出现 Taylor 波,跟随在爆轰波后的将是一段速度和热力学状态参数恒定的气柱。如果活塞速度大于爆轰气体速度($u_p > u_{CJ}$),如同 $u_p = u_{CJ}$ 的情况一样,亦不会出现 Taylor 波,爆轰波传播速度将更快,波后气体状态参数亦更高。

爆轰波后气体速度很高(>1 km/s),在激波管类脉冲设备中难以将机械活塞加速到如此高的速度。1965 年 Coates 和 Gaydon 在氢氧爆轰驱动段上游增加辅助驱动段,采用氢作驱动气体,膨胀加速形成的气柱代替活塞。但要使气柱压力和速度分别等于已爆轰气体的压力和速度,则要求氢气压力较氢氧混合气初始压力高出百倍。Bakos 和 Erdos 改用未加热氦代替氢,在这种情况下,要求初始压力比超过 6~7 百倍。产生高焓高压实验气流的爆轰驱动段,爆轰混合气体初始压力大多为数 10 MPa 或更高,因此要完全消除正向爆轰驱动段中 Taylor 波,所需氢或氦的充气压力过高。除了需配备昂贵的高压气源和充气设备外,对辅助驱动段的结构和破膜技术亦带来严重的技术困难。

为了解决这一技术难题,俞鸿儒院士提出利用氢氧爆轰气体代替轻气体作为辅助驱动段的驱动气体。辅助驱动段与主驱动段初始压力比只需数倍就能消除主爆轰段中正向爆轰波后的 Taylor 波,并产生热力学参数和速度均匀的驱动气体。加上从辅助驱动段射出的爆轰燃气可直接起爆主爆轰驱动段中的爆轰波,解决了实用中的又一技术障碍。

(2) 辅驱动段与主驱动段初始压力比的影响

图 15.9 是双爆轰驱动段激波管波系和结构示意图。当辅驱动段与主驱动段初始压力比 P_{8i}/P_{4i} 较小时,辅驱动段已爆轰气体膨胀加速后,其速度仍低于主驱动段爆轰波后气体速度,Taylor 波仍会出现,只不过波扇夹角较封闭段起始爆轰有所缩小(图 15.9(a))。若初

始压力比 P_{8i}/P_{4i} 增加到临界值,使已爆轰气体膨胀加速后速度等于爆轰气体速度,则主驱动段的 Taylor 波将全部消失(图 15.9(b))。若初始压力比 P_{8i}/P_{4i} 高于临界值,则流动波图仍如图 15.9(b)所示。驱动段中爆轰波变成过驱动爆轰波,其传播速度超出 CJ 爆轰波速。爆轰气体温度、压力和速度随 P_{8i}/P_{4i} 比值增加而升高。因此,提高辅助段初始压力,可成为进一步增强正向爆轰段驱动能力的有效手段。

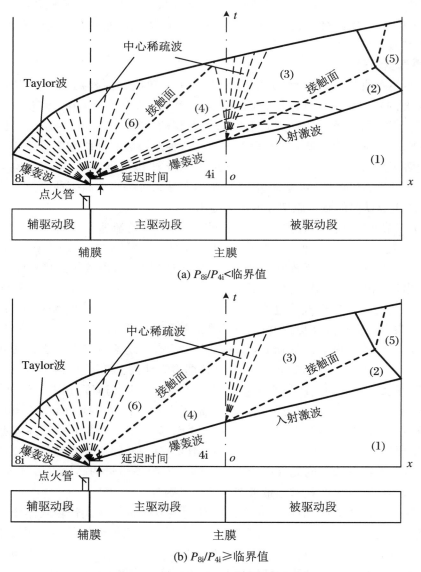

(a) P_{8i}/P_{4i}<临界值

(b) P_{8i}/P_{4i}≥临界值

图 15.9　双爆轰驱动段激波管波系示意图

如何确定这个临界值 $(P_{8i}/P_{4i})_{CR}$ 呢?可以用以下方法来估算。

由图 15.9(b)可知,辅助驱动段中已爆轰气体通过 Taylor 波反向减速至静止,再通过中心稀疏波加速至 u_6,有

$$u_{8CJ} + \frac{2}{\gamma - 1} a_{8CJ} = u_6 + \frac{2}{\gamma - 1} a_6$$

假定已爆轰气体膨胀过程中比热比($\gamma = 1.2$)恒定,辅和主驱动段可爆轰混合气体组分为 $H_2 : O_2 = 3 : 1$,初始温度为 18 ℃,忽略初始压力对爆轰气体参数和波前后压力比的影响,借用前人的爆轰参数计算值,$u_{CJ} = 1443$ m/s 和 $a_{CJ} = 1845$ m/s。如果主驱动段中爆轰波后刚好不出现 Taylor 波,则 $P_6 = P_4 = P_{4CJ}$,$u_6 = u_4 = u_{4CJ} = -u_{8CJ}$,由上式得出

$$a_{8CJ}/a_6 = 1.18, \quad P_{8CJ}/P_6 \approx 7$$

因此,$(P_{8i}/P_{4i})_{CR} \approx P_{8CJ}/P_{4CJ} \approx 7$。

（3）实验结果

为了观察主驱动段爆轰波后气体参数随时间的变化,在主驱动段一侧,离辅/主驱动段膜片距离 0.45 m 和 1.95 m 两处管壁上安装了压力传感器,测量结果如图 15.10 所示。图 15.10(a)为无辅驱动段时正向爆轰驱动段的测量曲线。爆轰波扫过之后,压力迅速地升高至初始压力的 17 倍左右,接着由于 Taylor 波的作用,压力迅速下降至峰值的一半以下,然后维持恒定值。$x = 1.95$ m 的曲线尾段压力再次下降,是由主膜片破膜后形成的中心稀疏波引起的。图 15.10(b)为双爆轰驱动段中 $P_{8i}/P_{4i} = 4$ 的压力曲线。由于初始压力比低于临界值,压力跃升至峰值后仍下降,但下降延续时间缩短,平台压力值较前升高。图 15.10(c)为 $P_{8i}/P_{4i} = 6$ 的压力曲线。由于初始压力比接近临界值,压力跃升后不再下降,表明已

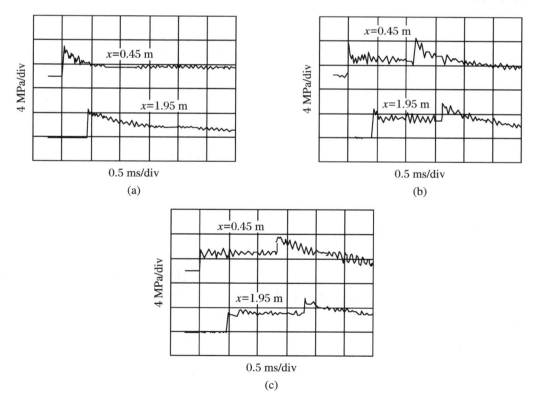

图 15.10　主驱动段压力变化曲线

无 Taylor 波,平台压力与峰值压力相等。曲线后部出现的压力上升,是由于辅驱动段不够长,反向爆轰波在尾端形成的反射激波追到该处形成的干扰。在实际使用中,辅助驱动段尾部还要增加卸爆段,反射激波将被稀疏波所替代,干扰到达时间将大大延迟,再加上匹配好各段的长度,这种干扰不难消除。

爆轰驱动激波风洞的研究在近年突破了一些重要的关键技术,以其产生高焓试验气流的能力强、提供的有效实验时间长、运行成本低、扩展性好成为一种具有良好发展前途的高超声速激波风洞。2002 年 AIAA 出版了 Progress in Astro-&Aeronautics 系列丛书第 188 卷,该书选入全世界最先进的高超声速实验装置,氢氧爆轰驱动激波管及风洞为其中第 6 章。

15.5 爆轰驱动的高焓膨胀管

15.5.1 膨胀管的发展历史

在高超音速实验设备发展过程中,膨胀管是一种有前途的技术,可以产生近轨道速度下的高焓气流,用于再入物理研究。由于膨胀管采用非定常膨胀原理(见第 12 章),进一步加速激波管中的实验气体,可以达到更高的气流速度。因此,与反射式激波风洞相比,膨胀管产生的流动具有较低的静温和较小的气体解离度。

膨胀管的概念最早是由 Resler 和 Bloxom 在 1952 年提出的,1962 年 Trimpi 进行了相关的理论研究。但是他的实验结果表明,膨胀管没有能达到预期的稳态实验流动。澳大利亚昆士兰大学高超声速中心将自由活塞驱动装置应用于膨胀管,建立了三个高焓膨胀管(X1、X2 和 X3)并进行了一系列的轨道速度实验。其后,日本东北大学 Sasoh 教授建成了 JX-1 自由活塞驱动的膨胀管,并于 2000 年发表了校测报告。迄今为止,膨胀管的技术进步是显著的,获得了一些有价值的实验数据。

然而,因为自由活塞的运动很难控制使其保持产生稳定的压缩,因此自由活塞驱动的膨胀管产生的实验流动状态并不十分稳定,进一步改善设备性能受到限制。因此,探索膨胀管发展的新技术仍然是一个重要的研究课题。

已经建成的 JF-10 激波风洞证明爆轰驱动是一种十分优越的驱动方式,如果把爆轰驱动应用于膨胀管可以大大改进现有膨胀管的性能。中科院力学所于 2006 年建成了爆轰驱动的 JF-16 高焓激波膨胀管。

15.5.2 JF-16 爆轰驱动高焓膨胀管

1. JF-16 膨胀管基本结构

JF-16 膨胀管采用正向爆轰腔式驱动方式(forward detonation cavity,FDC),膨胀管主要由五部分组成:FDC 驱动器、激波管、膨胀管或称加速管、实验段和真空罐(如图 15.11 所示）。FDC 驱动器是一根长为 6 m、内径为 150 mm 的圆管，在它的左端接一点火器直接产生正向爆轰。FDC 驱动器在爆轰段和激波管之间安装了一段特别设计的面积收缩段，可以产生多次激波反射，增加爆轰波波后压力，改善实验气流的均匀性并延长实验时间。激波管是一根长为 2.75 m、内径为 68 mm 的圆管（不同实验要求时可以改用 4.75 m 长）。主膜片安装在 FDC 和激波管之间，隔开爆轰气体和实验气体。加速段是一根长为 7.6 m、横截面为 60 mm×60 mm 的方管。第二膜片安装在激波管和加速段之间，隔开实验气体和加速气体。实验段装有一对观察窗，用于流动显示照相。真空罐接在最右端，用于减弱波的反射，缩小反射波对实验气流的影响。

爆轰段内充体积比为 4∶1 的氢/氧混合气体，激波管和加速段内充空气。对于不同的工况可以改变管内的气体压力和比例。点火器是一个小直径的细管子，产生一定量的热气体输到 FDC 中保证直接产生爆轰，而点火器中的混合气体用爆炸丝点燃。

沿激波管和加速管等距离地安装了 10 个离子探针，用于测量入射激波速度。同时也安装了 6 个压力传感器，用于测量管内压力变化，其位置在图 15.11 中用字母 A～F 标出。同时配有 1 台高速摄影机用于流场纹影照相。

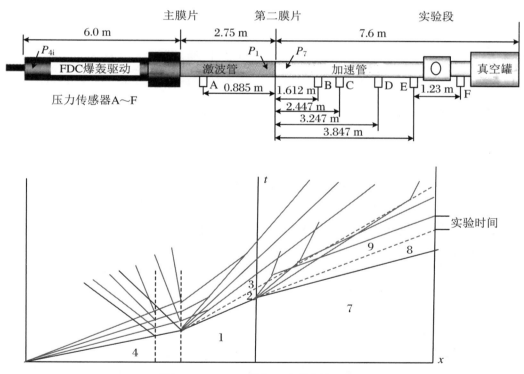

图 15.11　JF-16 爆轰驱动膨胀管示意图

2. JF-16 膨胀管性能测量

为了评估 JF-16 膨胀管性能进行了一系列实验，下面介绍两组基本实验结果。在激波管和加速管中充空气，激波管内初始压力为 $P_1 = 20$ mmHg，加速管中压力为 $P_7 = 0.15$ mmHg，激波管和加速管之间的第二膜片为 25 μm 厚的赛璐玢（cellophane）玻璃纸。FDC 爆轰段内充体积比为 4∶1 的氢/氧混合气体,初始压力为 $P_{4i} = 1.0\,\text{MPa}$ 或 $P_{4i} = 1.5\,\text{MPa}$。

图 15.12 是爆轰管初始压力 $P_{4i} = 1.0\,\text{MPa}$ 时加速管中四个压力传感器测到的压力变化。图中可见,入射激波过后都存在压力平台,传感器 B 测得的压力曲线存在压力过冲,而传感器 C、D 的曲线中过冲就消失了,说明在位置 C、D 已经获得了稳定的实验气流,图中标出这个实验时间大约是 $50\,\mu\text{s}$。

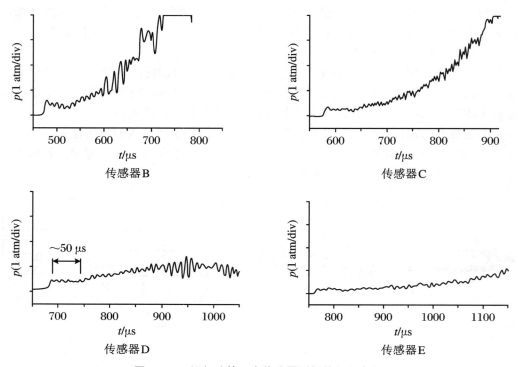

图 15.12　沿加速管四个传感器测得的压力变化
($P_{4i} = 1.0\,\text{MPa}, P_1 = 20\,\text{mmHg}, P_7 = 0.15\,\text{mmHg}$)

图 15.13 是爆轰管压力 $P_{4i} = 1.5\,\text{MPa}$ 时加速管中四个压力传感器测到的压力变化曲线。很明显这种工况下在 E 点测得压力平台,持续时间约 $70\,\mu\text{s}$。但是仅从压力曲线判断实验时间长短是不严格的,因为在接触面两侧的气体压力相等,但温度不相等。要准确地确定实验时间,还需要结合流场纹影照片进一步分析。

3. 影响膨胀管的参数

（1）激波管初始压力

激波管初始压力 P_1 是影响 JF-16 膨胀管的一个重要参数。为了研究 P_1 的影响,保持 $P_{4i} = 1.0\,\text{MPa}$ 不变,激波管初始压力 P_1 从 $10\,\text{mmHg}$ 变到 $50\,\text{mmHg}$ 进行了一系列实验。图 15.14 是对应 $P_1 = 10\,\text{mmHg}, 20\,\text{mmHg}$ 和 $50\,\text{mmHg}$ 时激波管内固定一点测得的压力曲线。图中驱动气体和实验气体的分界线是通过一维无黏平衡流理论计算得到的。可以看到,初始压力 P_1 越高,实验气体波动越大。分析认为,这些扰动主要是由于驱动气体发生爆轰和主膜片破碎时产生的。扰动从驱动气体传到实验气体中直接与接触面两边的声速比(驱动气体/实验气体,a_{32})有关。实验中,保持 P_{4i} 不变和增大激波管初始压力 P_1 导致主膜

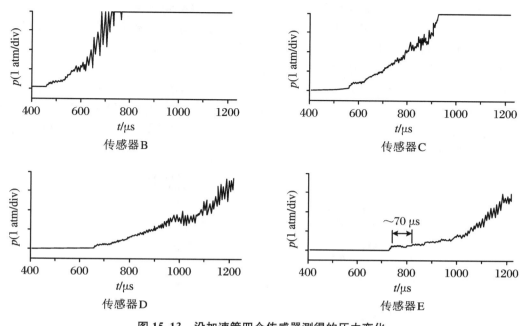

图 15.13　沿加速管四个传感器测得的压力变化

（$P_{4i} = 1.5\,\text{MPa}$，$P_1 = 20\,\text{mmHg}$，$P_7 = 0.15\,\text{mmHg}$）

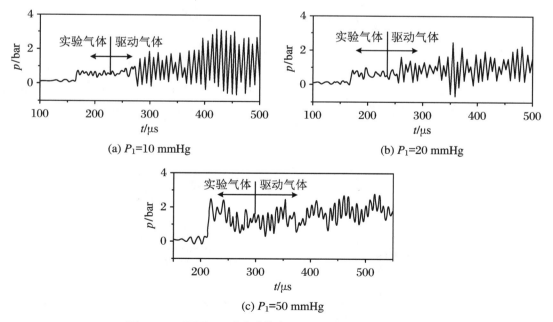

图 15.14　不同 P_1 时激波管内同一位置测得的压力曲线

（$P_{4i} = 1.0\,\text{MPa}$）

片破碎时产生的入射激波减弱,实验气体声速 a_2 减小。计算得到图 15.14 中对应的声速比分别是 0.826,0.877 和 1.086。从图中可以看出声速比越高,声波越容易从驱动气体传入实验气体。因此保持声速比小于 1 是获得高质量实验气体的必要选择。

激波管初始压力 P_1 不仅影响激波管中试验气体的声学性质,而且是影响加速管中入射激波性质的关键参数。保持 $P_{4i} = 1.0\ \text{MPa}$ 和 $P_7 = 0.4\ \text{mmHg}$ 不变,P_1 从 10 mmHg 改变到 50 mmHg 进行了一系列实验。从图 15.15 可以看出,三种 P_1 时加速管中激波衰减比几乎相同(约每米 3%),但是 $P_1 = 20\ \text{mmHg}$ 时激波最强。这个现象说明,要得到最佳的膨胀管性能需要选择合适的激波管初始压力。

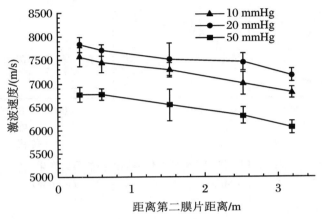

图 15.15　不同 P_1 时沿加速管入射激波的衰减

($P_{4i} = 1.0\ \text{MPa}$ 和 $P_7 = 0.4\ \text{mmHg}$)

(2) 第二膜片

激波管和加速管之间第二膜片的厚度也是影响 JF-16 膨胀管的重要参数。选择三种膜片进行了实验:90 μm 涤纶(terylen)膜,60 μm 涤纶(terylen)膜和 25 μm 赛璐玢(cellophane)玻璃纸,实验结果示于图 15.16。从图可见,用 25 μm 赛璐玢膜片效果最好。

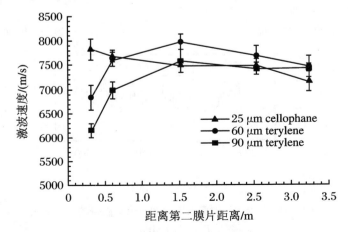

图 15.16　沿加速管入射激波的衰减

($P_{4i} = 1.0\ \text{MPa}, P_1 = 20\ \text{mmHg}, P_7 = 0.3\ \text{mmHg}$)

厚膜片会引起气体加速和激波衰减。

15.5.3　流动显示

为了证明实验气流的稳定性和确定有效实验时间,在 JF-16 膨胀管中进行了流动显示实验。实验模型是 15°尖劈,用高速摄影机拍摄了模型的彩色纹影照片,结果示于图 15.17。图中每幅照片曝光时间是 $1\,\mu s$,相继两幅照片的时间间隔是 $25\,\mu s$,当激波通过尖劈顶点 $25\,\mu s$ 后开始拍摄。JF-16 膨胀管运行条件是 $P_{4i}=1.5\,\mathrm{MPa}$,$P_1=20\,\mathrm{mmHg}$,$P_7=0.15\,\mathrm{mmHg}$,第二膜片材料是 $25\,\mu m$ 赛璐玢。

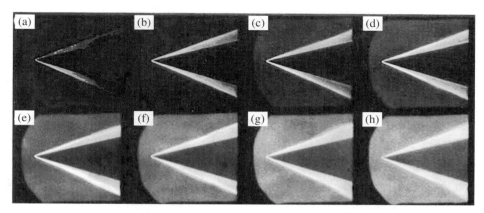

图 15.17　15°尖劈模型的纹影彩色照片

从照片 15.17(b)~(d)可以看到,模型有相同的激波角和相同的色彩,说明这时流场是稳定的,加速管中充满了低压气体。从照片 15.17(e)开始照片颜色发生改变,说明这时驱动气体进入了流场。以上事实说明 JF-16 膨胀管有效实验时间不短于 $50\,\mu s$,不长于 $100\,\mu s$。根据高温气体平衡流理论从照片激波角计算得到实验气流速度是 8100 m/s,总焓是 39 MJ/kg。

实验证明爆轰驱动的 JF-16 高焓膨胀管具有良好的性能,可以用于开展超高速飞行和高温气体实验。膨胀管的缺点是实验时间偏短。

15.6　大幅度延长实验时间的爆轰驱动激波风洞

15.6.1　吸气式超燃冲压发动机对地面实验设备的要求

喷气发动机分为吸气和火箭发动机两大类。吸气发动机又分为涡喷和冲压发动机。上述三种喷气发动机中,冲压发动机无需自带氧化剂以及结构简单而优势突出,但发展进程却较涡喷和火箭发动机艰难得多。涡喷和火箭发动机早已分别成为升力飞行器和弹道飞行器的动力基础。亚燃冲压发动机虽有应用，但其实用范围和效果仍远离人们的预期。超燃冲压发动机的研发已经投入巨额资金和大量人力，历时也逾半个世纪，其实用前景仍不明朗，这种异常现象也许是阻碍其发展的潜在障碍还未被人们发现或重视。

吸气发动机内流的燃烧过程，化学物理变化复杂，地面实验要求"复现"飞行条件，即要求实验气流速度、压力、密度和温度要与真实飞行参数相等。实验介质组分与大气相同、实验模型尺寸与飞行器相近。而常规高超声速风洞实验采用"模拟"实验，只要求马赫数、雷诺数、比热比和普朗特数相同。实验气流速度和热力学状态参数可以异于真实飞行条件，实验模型可以缩尺，实验介质也可以更换。很明显常规高超声速风洞不能适应超燃发动机的实验要求。

20 世纪 60 年代初，中国科学院力学研究所曾计划开展超燃冲压发动机研究，钱学森所长请吴仲华副所长主持该项工作，吴仲华调研后认为当时不具备地面实验条件，因此力学所当时未能正式启动该项研究工作。由此可窥探出两位所长的一致观点：可信赖的地面实验装置在开展超燃冲压发动机研究中是不可或缺的。

美国航空航天学会（AIAA）近年出版的"飞行图书馆系列丛书"《通向马赫数 10 之路：X-43A 飞行研究计划的经验教训》中指出："现有的超燃冲压发动机地面设施无法提供马赫数 5 以上的速度""用干净的空气模拟高马赫数提出了各种方法，但都有缺陷"。

以空气为实验介质的常规高超声速风洞实验马赫数上限大于 10，以氮气为实验介质的 AEDC9 号高超声速风洞实验马赫数高达 16.5。为何用干净的空气作为实验介质的超燃冲压发动机地面实验马赫数未超过 5 呢？

常规高超声速风洞普遍采用降低实验气流温度来提高实验马赫数，因而较易达到较高实验马赫数，而不能复现实验气流速度。冲压发动机地面实验装置除了需复现实验气流速度外，还要求实验介质为空气和模型尺寸相近，实验要求比"模拟"实验苛刻，因而实验马赫数更难提高。

美国曾利用 NASA Langley 8 英尺高温风洞的气源，改造用于高超声速推进实验。但 8 英尺高温风洞实验介质为甲烷和空气燃烧生成的高温燃气。用于高超声速推进实验时，虽经补氧使氧含量与空气相同，但相当部分氮气被水蒸气与二氧化碳所取代。在发动机燃烧温度范围内，氮气为惰性气体，而水蒸气和二氧化碳会发生剧烈的离解、化合等化学物理变化，导致实验结果的不确定性。

激波风洞利用激波加热风洞气源，具有将空气加热到很高温度的能力，能满足冲压发动机高马赫数实验所需的实验气流状态参数要求。但由于冲压发动机实验包含燃料注入、混合、点火等过程，实验时间至少需要 60～70 ms。由于常规激波风洞实验时间只有几毫秒，因而难以用作冲压发动机实验。

为了满足冲压发动机实验需求，需要将激波风洞实验时间至少延长一个数量级。俞鸿儒院士认识到，这是一个长期难以解决的问题，但攻克后能为冲压发动机实验走出困境开辟新的途径，决定为此努力。

15.6.2　激波风洞实验时间

1. 激波管类设备性能

激波管类设备包括直通型激波风洞、反射型激波风洞、膨胀管和膨胀风洞等。直通型激波风洞原理是，入射激波后的超声速气流通过扩张喷管定常膨胀加速至高超声速。膨胀管的原理是，用等直径管替代扩张喷管，入射激波后的气流通过非定常膨胀加速到高超声速。膨胀管后再加接一个喷管就构成膨胀风洞，膨胀风洞是上述两者的结合，实验气流加速过程部分为定常膨胀，部分为非定常膨胀。在入射激波马赫数相同条件下，实验气流的总焓是膨胀管最高，膨胀风洞次之，直通型激波风洞最低；实验时间是直通型激波风洞最长，膨胀风洞次之，膨胀管最短。

如果直通型激波风洞中的扩张喷管改为拉伐尔喷管，入射激波抵达喷管入口时将形成反射激波，这种激波风洞称为反射型激波风洞。反射型激波风洞中缝合接触面运行时可以获得非常长的运行时间（见 12.2.3 节）。缝合激波马赫数 M_{ST} 高低由驱动与被驱动气体初始声速比 a_{41} 及其比热比 γ_4，γ_1 决定。初始声速比愈高，缝合激波马赫数愈大。例如，驱动和被驱动气体初始温度相同时，氦驱动空气的理论缝合激波马赫数为 $M_{ST}=3.42$，氢驱动空气为 $M_{ST}=6.02$，燃烧或爆轰驱动的缝合激波马赫数更高。

2. 各国为开展高超声速实验的努力

20 世纪 80 年代中期，随着超高速研究的复兴，超高速地面实验设备的需求重新涌现。为满足这种需求，发达国家掀起建造大型自由活塞激波风洞的热潮。Cornell 航空实验室（当时已组建为 Calspan 中心）仍坚持采用传统的高压氦或氢驱动建造大能量国家激波风洞（LENS）。

当时不仅是自由活塞激波风洞努力提高实验气流总焓，LENS 激波风洞最早的设想总焓也要达到 35 MJ/kg。高压轻气体驱动要产生这么高的焓值，需要采用高温氢驱动。高温高压氢对金属的侵蚀极其严重，1990 年出现了严重事故。加上实际需求除了提高实验气流总焓外，还要求延长实验时间。后者对高超吸气推进实验尤其关键。20 世纪 90 年代初 Calspan 中心修正了 LENS 激波风洞的性能指标，并重视延长实验时间。这些改变使得建成的 LENS 激波风洞成为有重要应用效能的激波风洞。

提高激波风洞实验气流总焓和延长实验时间是难以兼顾的。因为提高激波风洞实验气流总焓必须提高入射激波马赫数。但实验时间随着入射激波马赫数增大而急剧缩短。Calspan 中心将提高总焓与延长实验时间两个难点分离，LENS 激波风洞分别建成 LENS I 和 LENS II 两座风洞，前者实验马赫数范围为 7～14，用作复现全尺寸拦截器飞行条件；后者实验马赫数范围为 3～7，在高马赫数端，实验时间为 30 ms，开展吸气推进等长实验时间需求的实验。

要满足吸气推进实验的需求，30 ms 实验时间显然不够。能否沿着他们的路子进一步延长实验时间，使得能够比较充分地满足实验需求呢？

15.6.3　爆轰驱动的新应用

激波风洞实验时间与激波管被驱动段长度成正比。延长实验时间需按比例加长被驱动段,同时为了不使黏性不利影响增大,激波管内径需相应增大。因此驱动段和被驱动段容积以及驱动气体耗用量均随实验时间的三次方增加。LENS Ⅱ激波风洞驱动气体耗用量已经相当多,再延长实验时间,驱动气体耗用量将过多。

激波风洞实验马赫数为 7 时,采用高压氢作驱动气体可满足缝合接触面要求。低实验马赫数可采用氢与氮混合气作驱动气体。氦气价格高,大量耗用氦气将导致运行成本昂贵。若改用氢氦混合气作驱动气体,由于大量使用氢可能引发安全问题。

为了避开这些困难,俞鸿儒院士提出,采用驱动气体耗用量很少的爆轰驱动替代压缩轻气体驱动进一步延长实验时间。但爆轰生成的燃气声速高,缝合激波马赫数也高,因而爆轰驱动是一种适用于高马赫数实验的强驱动技术。复现飞行速度的激波风洞中,缝合激波马赫数只有实验气流马赫数的 57%。实验马赫数低于 8 时,缝合马赫数应低于 4.6。爆轰驱动的激波马赫数过高,接触面不缝合,实验时间不能大幅度延长。能否降低爆轰驱动的缝合马赫数,成为采用爆轰驱动建造长实验时间激波风洞的制约性障碍。

爆轰驱动不像压缩轻气体驱动那样,只要混入氮气便能轻易降低氦或氢的缝合激波马赫数。理论上改变爆轰前初始混合气的成分和混合比能降低爆轰驱动的缝合激波马赫数。但是爆轰驱动操作中,必须确保点火后立即形成爆轰波,否则爆轰驱动的优良品质将被破坏以及出现后期爆轰将对设备将造成极大危害。受此约束,单一使用这种措施来降低缝合马赫数的幅度有限,需要探求其他更有效的降低缝合激波马赫数方法。

接触面不缝合,实验时间将不能极大增长,只有削弱爆轰驱动能力才能缝合接触面。爆轰驱动的优势是驱动能力强,人们用其所长,选用它来产生高温高压气源。现在却反其道而行,抑制驱动能力,发挥其驱动气体耗量低的优势。

俞鸿儒院士提出两种降低爆轰驱动能力的措施:一是缩小驱动段内径,二是采用乙炔、氧和氮混合气替代氢和氧混合气。

人们熟悉增大驱动段直径能加强驱动强度。在驱动和被驱动气体组分、初始状态参数 (p,T) 不变条件下,增大驱动段直径能提高入射激波马赫数。其原因是在等截面激波管中,驱动气体通过非定常波从静止加速至声速。由于在亚声速区定常膨胀加速时温度和压力下降速率较非定常慢,在增大直径的驱动段中,相当部分加速过程通过收缩喷管来完成。因而临界声速和临界压力较高,驱动能力增强。在超声速区,情况恰恰相反,定常膨胀加速时温度和压力下降速率较非定常更快。缩小驱动段直径后,扩张喷管中的定常膨胀将降低驱动气体有效声速,从而降低缝合激波马赫数。

根据上述分析及思考结果,提出采用小直径驱动段方案建造长实验时间激波风洞。这种发达国家尚无先例的大型实验装置,很难申请到经费支持,幸遇财政部专门安排国家财政资金支持重大科研装备自主创新,并以中科院为试点实施。复现高超声速飞行条件的脉冲风洞(JF-12)被列入首批试点项目。

15.6.4 JF-12 长运行时间爆轰驱动激波风洞

JF-12 爆轰驱动激波风洞又称高超声速飞行复现激波风洞(hypersonic flight duplicated shock tunnel 或者 hyper-dragon Ⅰ)于 2012 年 5 月建成并顺利通过验收,是目前世界上最大的高超声速设备。它能复现飞行马赫数取值范围为 5～9 的飞行器在高空 25～50 km

处的飞行实验。下面对该设备的性能和特点做简要介绍。

1. JF-12 激波风洞主要性能

图 15.18 表示了 JF-12 爆轰驱动激波风洞的整体示意图。风洞全长 265 m，带有两套喷管。该设备能够产生海拔在 25～50 km、马赫数 5～9 范围内的纯空气气流，运行时间大于 100 ms。它将是整体高超声速飞行器实验和研究高超声速/高温气体动力学中基本物理问题的强有力工具。

图 15.18 中从右向左实验部件分别是：① 30 m 长、600 m³ 体积的 E 形真空罐，用于风洞启动过程中衰减激波反射；② 15 m 长、3.5 m 直径的实验段；③ 15 m 长的型面喷管，一个喷管是出口直径为 2.5 m，马赫数取值范围为 7～9，另一个喷管是出口直径为 1.5 m，马赫数取值范围为 5～7；④ 85 m 长、720 mm 内径的被驱动段；⑤ 120 m 长、400 mm 内径的驱动段，反向爆轰驱动模式运行。在被驱动段和驱动段之间通过一个内径逐渐从 720 mm 减少到 400 mm 的过渡段连接。最左端是 20 m 长、400 mm 直径的卸爆段。

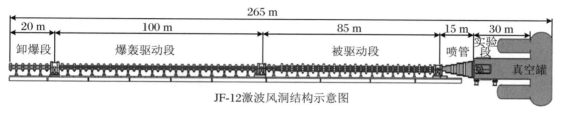

JF-12激波风洞结构示意图

图 15.18　JF-12 激波风洞

在测量仪器方面，JF-12 装备有 384 通道的数字采集系统，能实时地采集、放大、A/D 变换和存储数据，每次实验后立刻通过计算机处理数据。另外专门设计制造了基于 100 ms 实验时间的 6 分量力和力矩天平，并通过了标定实验。

2. JF-12 激波风洞的几个关键技术

（1）反向爆轰驱动器

如前所述，采用反向爆轰驱动的优点是没有 Taylor 波的影响，可以获得均匀压力的驱动气体。为了使实验气体达到足够高的总温，需要有足够强的入射激波。另一方面由于被驱动段内空气初始温度是室温，为了满足缝合接触面条件，爆轰后产生的驱动气体温度不能太高。因此，研制长运行时间激波风洞的第一个关键问题是，爆轰驱动气体必须有足够高的压力来产生强的入射激波，但同时温度不能太高，才能满足缝合接触面条件。

根据爆轰物理,不同的爆轰气体混合物具有不同的爆轰温度和压力。通过谨慎选择气体混合物,获得了具有高压力而温度不高的驱动气体。图 15.19 给出了两组压力实验数据的结果,显示了风洞运行过程中驻点压力 P_5 的变化。其中图 15.19(a)是初始压力 $P_{4i}=3.5\,MPa$ 的氢/氧混合气体的实验结果,产生的入射激波马赫数 $M_s=2.5$。图 15.19(b)是初始压力 $P_{4i}=3\,MPa$ 的乙炔/氧混合气体的实验结果,产生的入射激波马赫数 $M_s=2.47$。对比二者发现,图 15.19(b)中 P_5 压力高达 $80\,MPa$,比图 15.19(a)情况高出 50%。因此,采用乙炔/氧混合气体的反向爆轰驱动适合于产生 $M=5\sim7$ 范围的低马赫数高超声速实验气流。

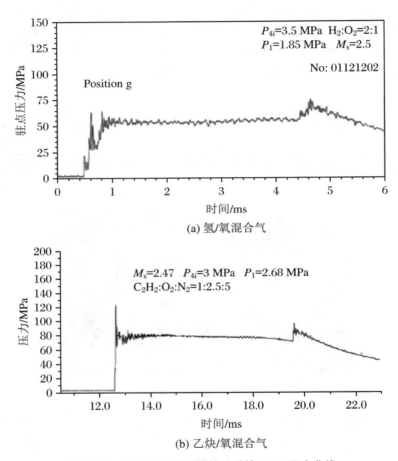

(a) 氢/氧混合气

(b) 乙炔/氧混合气

图 15.19 在相同位置测量的两种情况 P_5 压力曲线

(2) 缝合接触面运行条件

研制长运行时间激波风洞的第二个关键问题是,必须满足缝合接触面条件(见(12.25)式)。图 15.20 表示了根据缝合条件计算的声速比 a_4/a_1 与缝合激波马赫数 M_{ST} 的关系。在大多数实验中,被驱动段气体都是采用室温的空气,要调整声速比 a_4/a_1 只能选择不同的爆轰混合气体。从图中可以看出,对于给定的 M_{ST},比热比 γ_4 越大,声速比 a_4/a_1 越高。乙炔/氧混合气体适合于低马赫数高超声速实验,氢/氧混合气体适合于高马赫数高超声速实验。还有另一种调整声速比的方法,就是前面介绍的采用小直径驱动段,在驱动段与被驱动段之间插入扩张段。采用这种方法可以在高超声速实验中扩展到更低的马赫数范围。

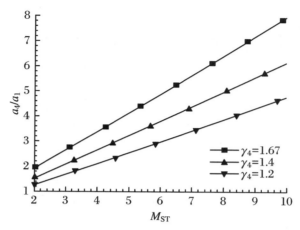

图 15.20　不同混合气体满足缝合条件的声速比与缝合激波马赫数 M_{ST} 的关系

3.标定实验结果

JF-12 激波风洞项目 2008 年开始启动,2011 年 3 月安装完成,2012 年 5 月通过验收。下面简要介绍标定实验的结果。

(1)实验时间

图 15.21(a)是在被驱动段末端测量的 P_5 压力曲线,该曲线对应入射激波马赫数 $M_s =$ 4.57,实验段气流马赫数 $M = 7$,总温 $T_0 = 2468$ K。可以看出,均匀压力平台保持了长达

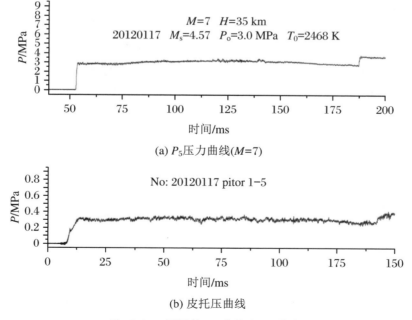

(a) P_5压力曲线($M=7$)

(b) 皮托压曲线

图 15.21　测量的 P_5 曲线和 P_t 曲线

130 ms,这样长的实验时间对于激波风洞来说是非常了不起的。

图 15.21(b)是同一次实验中在实验段内测量的皮托压 P_t 曲线,曲线和图 15.21(a)非常相似,证明了测量的实验时间是可信的。

(2) 喷管流动均匀性

为了考查实验段气流的品质,采用了皮托耙来测量皮托压力分布,这个皮托耙在水平和垂直方向各有 2 m 长,等距离安装了 40 个压力传感器。图 15.22 是皮托耙中心右侧第 5 个探头测量曲线。

图 15.22 是在喷管出口平面测量的皮托压分布。可以看出,中心部分实验气流品质要好于边界区域,喷管出口平面的有效试验区直径至少有 2 m,边界层厚度小于 250 mm。

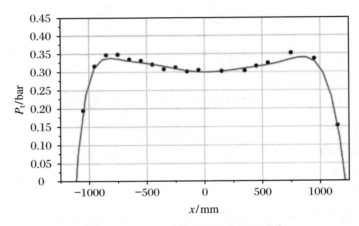

图 15.22　$M=7$ 喷管出口处皮托压分布

(3) 传热和气动力测量

传热标定实验用自制的热电偶和 7°锥实验模型完成,热电偶为 1 mm 直径,锥模型有 1000 mm 长。马赫数 $M=7$,总温 $T_0=2200$ K 时的测量数据示于图 15.23 中。图 15.23(a)是离模型顶部 500 mm 处热流曲线,在驻点测得热流为 1.47 MW/m²,理论值为 1.38 MW/m²。图 15.23(b)是 Stanton 数分布和对应理论值,最大偏差小于 10%。

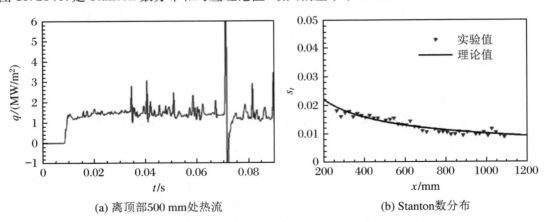

(a) 离顶部500 mm处热流　　　　　　　(b) Stanton数分布

图 15.23　对于马赫数为 7 飞行高度为 35 km 的传热标定数据

气动力标定实验用六分量应力天平和 10°锥模型完成,模型长为 1500 mm。图 15.24(a)是马赫数 $M=7$,总温 $T_0=2200$ K 在攻角 5°时测得的天平电压信号。图 15.24(b)是 JF-12 测得的法向力数据与其他下吹式风洞数据的比较,达到良好的一致性。

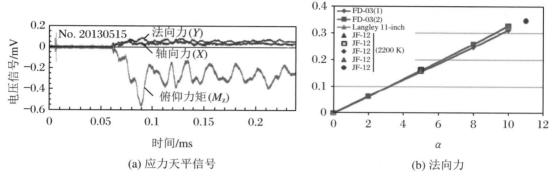

(a) 应力天平信号　　　　　　　　　　(b) 法向力

图 15.24　马赫数 7 的气动力标定数据

综上所述,JF-12 爆轰驱动激波风洞具有产生 25~50 km 高空、马赫数取值范围为 5~9、时长达 100 ms 纯空气流实验条件的能力,是世界上最大的能够进行真正高超声速飞行模拟的激波风洞,这项工作极大地提高了大型高超声速试验设备的技术水平。

15.7　JF-22 超高速高焓激波风洞

15.7.1　各类临近空间高超声速飞行器飞行走廊

70 多年来,世界主要航天大国在发展先进空天飞行器需求的推动下,开展了有关邻近空间飞行器的大量研究。从火箭推进到高超声吸气飞行、从探月返回到火星探测着陆、从空间站建设到民间开发 Space-X 计划,高超声速研究经历了从宇航强国之间的军备竞赛到军民共享空间开发的转变。

天地往返飞行器需要在宽空域、宽速域范围内安全可靠地起飞、飞行和返回。大气层是飞行器飞行与往返的必经空间,图 15.25 表示了各种临近空间飞行器的典型飞行走廊(高度-速度图)。而超高速、超高温流动是这一飞行走廊区域的主要气动物理特征。从图中可以看到,这个飞行走廊覆盖了速度为 1.5~10 km/s,飞行高度为 20~80 km 的范围。

高速飞行产生的一个重要问题是高温,高焓气流在飞行器表面的滞止能量可以高达 50 MJ/kg。在超高速、高温情况下,空气在飞行器表面滞止后形成极高的温度,可达 1500~10000 K,由此形成超高速流动独特的高温气体动力学效应。此时,飞行器周边的空气不再是一成不变的双原子理想介质,空气分子微团发生了复杂的热化学过程,包括分子振动能激发、离解与复合、电离等现象。而且,上述真实气体效应与飞行器外形、几何尺度和速度密切相关,表现出强烈的非平衡和非线性特征,并且通过介质物性变化,能量转移和热量传递显著影响了宏观流动。同时,高超声速条件下,高温边界层与薄激波层耦合,黏性流动的强剪切结构与可压缩流动的强间断结构耦合,形成了复杂的高温边界层物理现象。正如在本章15.1.2节所述,在高超声速模拟实验中不能简单地模拟马赫数和雷诺数,必须要求风洞实验复现真实飞行条件。

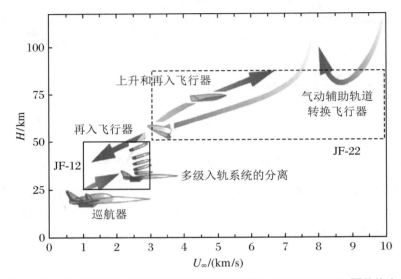

图 15.25　各种临近空间飞行器的典型飞行轨道及 JF-12 和 JF-22 覆盖能力

15.7.2　实现复现真实飞行条件的各种技术途径

临近空间飞行器和天地往返飞行器飞行速度覆盖了 1.5～10 km/s 区域,相当于飞行马赫数取值范围为 5～30;飞行高度覆盖了 20～80 km,几乎包含了整个大气层。对应这样的飞行条件,地面实验设备需提供的实验气流总温应达到 1500～10000 K。复现飞行条件的实验设备必须能提供超高速、高温条件,才能实现高温气体动力学相关的热化学非平衡效应、真实气体效应、热辐射效应和壁面催化效应的研究,同时实验设备还需考虑飞行器模型实验的时间尺度和空间尺度模拟。

现在国际上已有的产生高焓风洞的技术途径包括常规加热高超声速风洞、电弧加热风洞和高焓激波风洞。常规加热空气的高超声速风洞,由于受热源能力和耐热材料的限制,实验气流总温一般低于 2000 K;电弧加热风洞实验气流总温一般小于 10000 K。这两类风洞中都还存在着不同程度的气体污染,不能很好地模拟纯净空气的热化学反应。强驱动的高焓激波风洞能够实现马赫数取值范围为 5～30、气体总温范围为 1500～10000 K 的纯空气实验环境,是比较理想的高焓复现风洞。

高焓激波风洞分为三类:第一类是自由活塞驱动的高焓激波风洞,第二类是加热轻气体驱动的高焓激波风洞,第三类是爆轰驱动的高焓激波风洞。此外有一类近轨道速度的膨胀风洞。

国际上比较有名的自由活塞驱动激波风洞有澳大利亚国立大学的 T3 风洞、昆士兰大学的 T4 风洞、美国加州理工大学的 T5 风洞、日本国家航天实验室的 HIEST 风洞、法国的 TCM2 风洞、德国的 HEG 风洞。无疑自由活塞驱动激波风洞技术是成功的，其最高总焓模拟能力已达 25 MJ/kg，气流速度接近 7 km/s，已经成为国际高焓风洞的主流装备。然而，这种风洞也存在与生俱来的缺点。首先，自由活塞驱动高焓激波风洞的总焓模拟能力已经达到其机械压缩工作原理所允许的极限，获得更大尺度喷管条件下的高焓实验气流非常困难。其次，自由活塞驱动高焓激波风洞的实验气流品质不好、重复性差、实验时间太短，仅为毫秒量级。根本原因是自由活塞运动缺乏可控机制，不存在定常压缩过程，造成驻室压力波动严重。尤其是在该类风洞总焓模拟能力上限附近，实验气流品质和有效时间更受限制。同时自由活塞驱动激波风洞技术相对复杂，风洞运行成本高，也在一定程度上限制了自由活塞驱动技术的应用与扩展。

加热轻气体驱动模式的激波风洞有俄罗斯 TSNIIMASH 中心机械工程研究院的 U-12 激波风洞和美国 CUBRC 高超研究中心的 LENS 系列激波风洞。LENS 系列风洞中 LENS-Ⅰ 采用电加热氢气或氦气作为驱动气体，实验能力为马赫数范围是 7～24；LENS-Ⅱ 直接采用氢气/氮气作为驱动气体，模拟马赫数范围为 3～7，运行时间范围为 30～80 ms。LENS-X 和 LENS-XX 是大型膨胀风洞，在 LENS-Ⅱ 基础上增加一个膨胀加速段，通过入射激波的非定常膨胀加速实现实验气流的总焓倍增。LENS-X 能够产生 2.5～4.6 km/s 的高超声速气流，也具有模拟总压为 70 MPa、流速为 7 km/s 超高速流动的能力。LENS-XX 具有能够产生最大滞止焓为 90 MJ/kg、流速为 13 km/s、马赫数为 30 的超高速流动的能力，但是膨胀风洞的实验时间仅在百微秒量级。CUBRC 三个风洞并用，能实现从高超声速到超轨道速度的全速域覆盖模拟能力。

LENS 系列激波风洞的研制是成功的，是世界上能够实现天地往返飞行器的从高超声速到轨道速度的全速域覆盖模拟能力的唯一实验平台。但是，由于 LENS 系列激波风洞采用了加热轻气体驱动模式，每次实验需要大量的轻气体作为驱动气体，运行成本相对很高；而且大量轻气体的储存、运输、加热和排放存在诸多不安全因素，这对进一步增大风洞尺寸、延长有效实验时间、提高风洞性能具有很大局限性。

爆轰驱动的高焓激波风洞有中国科学院力学所研制的 JF-10 氢氧爆轰驱动高焓激波风洞、JF-12 复现高超声速飞行条件激波风洞、美国 NASA 的 HYPULSE 风洞和德国 Aachen 工业大学的 TH2-D 风洞。

15.7.3 JF-22 实现超高速高焓激波风洞

虽然 JF-12 复现风洞的性能参数都明显占优，但是主要针对飞行高度范围为 25～50 km、马赫数范围为 5～9、来流总温范围为 1500～3000 K，速度范围为 1.5～3 km/s 的范围内的气动试验。在这个范围内，解决了吸气式高超声速巡航飞行器的实验需求。而高度在 40～80 km、马赫数 10～30、来流总温 3500～10000 K，飞行速度 3～10 km/s 的范围内的气动实验，超出了 JF-12 复现风洞的设计能力。为了发展可重复使用天地往返高超声速飞行器，需要新建设一个复现这个区域的超高速试验设备。

据作者所知,力学所在国家自然科学基金委的支持下正在研制一个新的复现飞行条件的高焓激波风洞。新风洞称为 JF-22 超高速高焓激波风洞(hypervelocity shock tunnels 或者 hyper-dragon II)。

JF-12 复现激波风洞采用的驱动方式是反向爆轰驱动。新建的超高速风洞需要实现更高的焓值,因此采用了正向爆轰驱动方式。为了消除正向爆轰驱动中 Taylor 波的影响,拟采用双爆轰驱动或者带环形腔式驱动方式。为了产生更高焓值的实验气流,设备也可以在激波管下游增加一个加速段,成为爆轰驱动的膨胀风洞。

到本书定稿为止,JF-22 超高速风洞已经安装完毕,正在调试阶段。下面我们只能简单给出该风洞的主要设计性能指标。

该风洞驱动段长为 42 m,内径为 520 mm,被驱动段长为 42 m,内径为 400 mm。带有三套反射型激波风洞喷管和一套膨胀风洞喷管。其中三套反射型激波风洞喷管长为 15 m、出口直径为 2.5 m 的型面喷管,马赫数范围分别为 8～10、10～13、14～17;一套膨胀风洞喷管为长为 15 m、出口直径为 0.8 m 的锥形喷管,马赫数范围为 18～25。实验段长为 12 m,直径为 3.5 m。实验段后接一个长为 25 m、容积为 400 m³ 的真空罐。

JF-22 激波风洞预计实验气流总温达 10000 K;实验气流总压范围为 100～500 atm;实验气流速度为 3～10 km/s;有效实验时间范围为 10～40 ms(3～6 km/s);1～2 ms(6～10 km/s);实验区域范围为 $\varPhi$2.5 m(3～6 km/s),$\varPhi$0.8 m(6～10 km/s)。

JF-22 激波风洞的建成将和 JF-12 激波风洞一起实现天地往返飞行器飞行走廊范围全覆盖。

本 章 小 结

从本章介绍的爆轰驱动激波风洞研制可以得出以下结论:

(1) 老一辈科学家的创新精神永远是我们学习的榜样。在 20 世纪 80 年代,当世界各国纷纷兴建自由活塞激波风洞时,俞鸿儒院士不跟风,独树一帜,另辟捷径提出采用爆轰驱动代替自由活塞驱动,需要何等的勇气呀! 先生能做到这一点来源于他敢于对前人的结论问为什么,来源于多年来他对爆轰现象的深刻理解,更来源于他始终把国家的需要放在心上。先生说过:"搞科研就要做和别人不一样的工作。"在俞鸿儒院士的其他研究中,提出过利用普通激波管产生完整爆炸波的构思,成功地用于冲击伤的实验研究;提出过用反向射流混合加热裂解方法生产乙烯的工艺;提出过籍热分离器降低总温的低温风洞的构想。这每一项成果都是具有原创性的。

(2) 从爆轰驱动激波风洞研制过程我们看到一项科研成果的取得需要几代人持之以恒的奋斗。力学所自 20 世纪 60 年代起就开展了爆轰驱动技术的系统研究;在原 JF-8 激波风洞上开展了氢氧爆轰实验,并成功地产生了高温、高压驱动气源;随后于 1990 年建立了 BBF100 爆轰实验激波管,开展了系统的反向爆轰驱动技术研究,并重点解决了可燃气起爆、反向爆轰高反射峰压消除、高初始压力气体的充气均匀混合等关键技术；并于 1996 年研制成功了 JF-10 爆轰驱动高焓激波风洞，为开展高超声速气动力/热、真实气体效应、气动物理等问题的研究创造了基本条件；于 2008 年 1 月启动 JF-12 激波风洞项目，于 2012 年 5 月顺利通过验收，成为世界上性能最先进的高超声速气动试验装置。从俞鸿儒院士 20 世纪 50 年代做博士论文开始，到 2012 年 JF-12 激波风洞建成，这是几代人的努力和心血呀！

（3）在这项研究中我们也看到了中国科学家们在科学研究中自力更生，艰苦奋斗的精神。1965 年研制 JF-8 激波风洞时仅花了 8 万元，就是 2008 年研制 JF-12 激波风洞才用了 4600 万元，在国外建同样的设备是不可想象的。

参 考 文 献

［1］俞鸿儒. 激波在气体中传播［J］.气体物理，2006，1(1)：1-5.

［2］俞鸿儒，赵伟，袁生学. 氢氧爆轰驱动激波风洞的性能［J］. 气动实验与测量控制，1993，7(3)：38-42.

［3］张欣玉等. 氢氧爆轰直接起始的射流点火方法研究［J］. 气动实验与测量控制，1996，10(2)：63-68.

［4］俞鸿儒. 氢氧燃烧及爆轰驱动激波管［J］. 力学学报，1999，31(4)：389-396.

［5］姜宗林等. 爆轰驱动高焓激波风洞及其瞬态测试技术的研究与进展［J］. 力学进展，2001，31(2)：312-317.

［6］陈宏，冯琦，俞鸿儒. 用于激波管/风洞的双爆轰驱动段［J］.中国科学，物理学 力学 天文学，2004，34(2)：183-191.

［7］俞鸿儒，李斌，陈宏. 激波管氢氧爆轰驱动技术的发展进程［J］. 力学进展，2005，35(3)：315-322.

［8］李进平等. 爆轰驱动激波管缝合激波马赫数计算［J］. 空气动力学学报，2008，26(3)：291-296.

［9］姜宗林，俞鸿儒. 高超声速激波风洞研究进展［J］. 力学进展，2009，39(6)：766-776.

［10］赵伟，姜宗林，俞鸿儒. 高焓激波风洞爆轰驱动技术研究［J］. 空气动力学学报，2009，27：63-68.

［11］俞鸿儒. 探索发展激波风洞爆轰驱动技术［J］. 力学学报，2011，43(6)：978-983.

［12］俞鸿儒. 大幅度延长激波风洞试验时间［J］. 中国科学，物理学 力学 天文学，2015，45(9)：094701.

［13］俞鸿儒. 郭永怀先生引导我做实验［J］. 力学与实践，2009，31(2)：97-99.

［14］Yu H R et al. Gaseous detonationdriver for a shock tunnel［J］. Shock Waves，1992，2(4)：245-254.

［15］Jiang Z L，Zhao W，Wang C. Forward-running detonation drivers for high-enthalpy shock tunnels［J］. AIAA J.，2002，40(10)：2009-2016.

［16］Jiang Z L，Yu H R. Experiments and development of the long-test-duration hypervelocity detonation-driven shock tunnel (LHDst)［C］//National Harbor，Maryland：AIAA SciTech Forum，52nd Aerospace Sciences Meeting，2014.

［17］赵伟，姜宗林，王超. 增设收缩截面后的爆轰驱动激波管性能研究［J］. 流体力学实验与测量，2001，15(2)：34-40.

［18］ Zhao W，Jiang Z L，Saito T，et al. Performance of a detonation driven shock tunne［J］. Shock Wave，2005，14(1-2)：53-59.

［19］ Jiang Z L，Wu B，Gao Y L，et al. Development of the detonation-driven expansion tube for orbital speed experiments［J］. Sci. China Tech. Sci.，2015，58(4)：695-700.

［20］ Jing Z L，Hu Z M，Wang Y P，et al. Advances in critical technologies for hypersonic and high-enthalpy wind tunnel［J］. Chinese J. Aeron.，2020，33(12)：3027-3038.

［21］ Jiang Z L，Yu H R. Theories and technologies for duplicating hypersonic flight conditions for ground testing［J］. Nat. Sci. Rev.，2017，4(3)：290-296.

［22］ Jiang Z L，Li J P，Hu Z M，et al. On theory and methods for advanced detonation-driven hypervelocity shock tunnels［J］. Nat. Sci. Rev.，2020，7：1198-1207.

第16章 激波反射现象

激波反射现象属于基础研究范畴,本章通过介绍激波反射研究过程中的几个关键事例试图使同学们体会到在基础研究中理论分析、实验研究和数值模拟起到同等重要的作用,理解弄清一个物理现象机理是需要几代人不懈努力的。

16.1 预 备 知 识

16.1.1 引言和历史背景

一百多年前著名科学家 E. Mach 在 1878 年首次报道了激波反射现象。在他独创的实验中,桌上放了一块涂满烟灰的玻璃板,玻璃板上方安装了两个火花隙,并使两个火花同时放电。图 16.1(a)是一张示意图,图中表示在玻璃板上留下了激波在平板反射后波前的相继位置(虚线)和它们相互作用后留下的痕迹(实线)。直线是两个爆炸的对称面,超过直线某个位置,每个端点处烟线分为两个分支,形成"V"形,即所谓"Mach-V"。Mach 称这个结果为非规则反射,也就是现在的马赫反射。图 16.1(b)是 1981 年复现当年实验的照片。

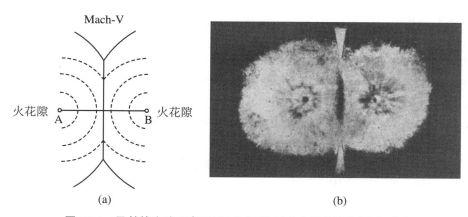

(a)   (b)

图 16.1 马赫的实验示意图(1878 年)和后人复现的照片(1981 年)

激波反射研究被搁置了大约 60 年后，直到 20 世纪 40 年代初，von Neumann 教授和 Bleakney 教授重新开始了对它的研究。在他们的指导下，对准定常流动中激波反射的各个方面进行了长达 15 年的深入研究。正是在这一时期，人们发现了四种基本的激波反射结构：规则反射（RR）、单马赫反射（SMR）、过渡马赫反射（TMR）和双马赫反射（DMR）。然后，从 50 年代中期到 60 年代中期大约 10 年时间，世界各地对激波反射现象的研究持续处于低谷（如澳大利亚、日本、加拿大、美国、苏联等）。直到 20 世纪 70 年代苏联 Bazhenova 教授、以色列 Irvine 教授、加拿大 Glass 教授和澳大利亚 Henderson 教授重新开始相关现象的研究。在他们的领导下，许多与这一现象有关的发现被报道。在接下来的 10 年里（80 年代），美国计算流体动力学家在激波反射现象的研究方面取得了最显著的进展，也证明了他们杰出的模拟能力。一度，人们担心计算流体力学家会把实验流体力学家赶出这个行业。幸运的是这并没有发生。相反，实验科学家、计算流体动力学家和理论家和谐地合作，1981 年发起了国际马赫反射研讨会，每一年/两年见面一次，交换意见和想法，该研讨会成为世界各地对激波反射现象感兴趣的科学家进行良好合作的平台。

激波反射研究可分为三个领域：定常、准定常和非定常流动。所谓"定常流动"是指在定常流场（如超声速风洞）中，尖楔模型产生的头激波在平面上的反射或者两个尖楔产生的头激波相交产生的激波反射；所谓"准定常流动"是指一个平面等速运动的激波在静止尖楔表面产生的反射，这种反射的图像是自相似的。所谓"非定常流动"是指等速运动的激波在曲壁的反射或者不等速运动的激波在平壁的反射以及不等速运动的激波在曲壁的反射。在定常激波反射中流动参数依赖于两个空间坐标，x 和 y；在准定常激波反射中流动参数依赖于两个坐标，x/t 和 y/t，流动是自相似的；在非定常激波反射中流动参数依赖于三个坐标，x，y 和 t。

16.1.2　描述 RR 和 MR 的解析方法

早期研究中，人们认识了两种不同的激波反射结构：一种是二激波结构，现在称为规则反射（regular reflection，RR）；另一种是三激波结构，称为非规则反射（irregular reflections，IR），即马赫反射（Mach reflection，MR）。

RR 波系结构由两个激波组成，入射激波 i 和反射激波 r，两个激波在反射面上的反射点 R 相遇（图 16.2(a)）。MR 波系结构由三个激波组成，入射激波 i、反射激波 r、马赫杆 m 和一个滑移线 s。这四个间断面相交于一个点，称为三波点 T，它位于反射面上方。在三波点处入射激波与马赫杆之间的斜率存在明显的不连续。马赫杆的底部在反射点 R 垂直于反射面（图 16.2(b)）。

von Neumann 首先提出了研究 RR 和 MR 的解析方法，即二激波理论用于研究 RR，三激波理论用于研究 MR。激波理论的基本假设是：在所关心的点（对于 RR 指反射点 R，对于 MR 指三波点 T）附近，激波是直的，激波两侧的流体是无黏的并处于热力学平衡状态。穿过斜激波满足下列守恒方程：

质量守恒方程为

$$\rho_i u_i \sin \varphi_j = \rho_j u_j \sin (\varphi_j - \theta_j) \tag{16.1}$$

法向动量守恒方程为

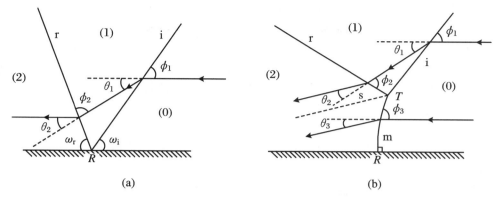

图 16.2　规则反射和马赫反射

$$p_i + \rho_i u_i^2 \sin^2 \varphi_j = p_j + \rho_j u_j^2 \sin^2 (\varphi_j - \theta_j) \tag{16.2}$$

切向动量守恒方程为

$$\rho_i \tan \varphi_j = \rho_j \tan (\varphi_j - \theta_j) \tag{16.3}$$

能量守恒方程为

$$h_i + \frac{1}{2} u_i^2 \sin^2 \varphi_j = h_j + \frac{1}{2} u_j^2 \sin^2 (\varphi_j - \theta_j) \tag{16.4}$$

其中下标 i,j 分别表示激波的波前和波后状态，ρ,u,p 和 h 分别表示气体密度、速度、压力和焓，φ 是激波和来流夹角，θ 是气流通过激波后的偏折角。在热力学平衡态假设下，两个热力学参数足以定义热力学状态，即 $\rho = \rho(p,T)$ 和 $h = h(p,T)$，T 是温度。

1. 二激波理论

如图 16.2(a)所示，RR 中有两个激波，入射激波 i 和反射激波 r。两个激波把周围流场分割成 3 个区域，入射激波波前为(0)区，波后为(1)区；反射激波波前为(1)区，波后为(2)区。将方程(16.1)～(16.4)分别用于入射激波和反射激波两侧，即对于入射激波有 $i=0,j=1$ 和对于反射激波有 $i=1,j=2$。除了上述 8 个方程外，还需要满足边界条件：

$$\theta_2 - \theta_1 = 0 \tag{16.5}$$

即反射波后的气流需要平行于壁面。

综上所述，二激波理论中包含了 9 个方程和 13 个参数，即 $p_0,p_1,p_2,T_0,T_1,T_2,u_0,u_1,u_2,\varphi_1,\varphi_2,\theta_1$ 和 θ_2（其中考虑到热力学平衡态假设时用 p,T 代替 ρ,h）。因此，为了使得方程组封闭，13 个参数中需要有 4 个参数已知，例如可以已知 p_0,T_0,u_0,φ_1。

Henderson 指出，如果气体满足状态方程 $p = \rho RT$ 并属于热完全气体 $h = C_P T$，二激波理论方程组可以合并为一个 6 阶多项式。原则上，多项式有 6 个根，但是 6 个根中有 4 个不合理可以丢弃，意味着二激波理论不会只有唯一的一个解。

2. 三激波理论

三激波理论用于分析 MR。如图 16.2(b)所示，MR 图像中包含四个间断面：入射激波 i，反射激波 r，马赫杆 m 和滑移线 s。四个间断面会聚于三波点 T，并把流场分割为 4 个区域，入射激波前为(0)区，入射激波和反射激波之间为(1)区，反射激波后为(2)区，马赫杆后方为(3)区，(2)区和(3)区之间是滑移线 s。一般情况马赫杆是弯的，根据初始条件马赫杆可以是凹的也可以是凸的,在马赫杆根部 R 点垂直于反射面。

三激波理论仅考虑三波点附近的区域,认为在三波点附近各间断面是直的,各个区域流动是均匀的。将方程(16.1)~(16.4)分别用于入射激波、反射激波和马赫杆,即对于入射激波有 $i=0,j=1$;对于反射激波有 $i=1,j=2$ 和对于马赫杆有 $i=0,j=3$。除了上述 12 个方程外,滑移线两侧应满足压力相等和速度方向一致的相容条件:

$$p_2 = p_3 \tag{16.6}$$

$$\theta_1 \mp \theta_2 = \theta_3 \tag{16.7}$$

(16.7)式意味着三激波理论有两个可能的解,其中 $\theta_1 - \theta_2 = \theta_3$ 为"标准"解,$\theta_1 + \theta_2 = \theta_3$ 为"非标准"解。

综上所述,三激波理论中包含了 14 个方程和 18 个参数,即 $p_0,p_1,p_2,p_3,T_0,T_1,T_2,T_3,u_0,u_1,u_2,u_3,\varphi_1,\varphi_2,\varphi_3,\theta_1,\theta_2$ 和 θ_3。因此,为了使得方程组封闭,18 个参数中需要有 4 个参数已知,即已知 p_0,T_0,u_0,φ_1。

3. 激波极线

根据斜激波关系(16.1)~(16.4)可以画出压力和气流方向的曲线,称为压力 p-偏折角 θ 激波极线。(p,θ)-激波极线是分析激波反射的最有力工具。图 16.3(a)是一张典型的激波极线图,图中纵坐标是穿过斜激波的压力比 p_j/p_i,横坐标是气流穿过斜激波的偏折角 θ_j。对于不同的来流 M 数有不同的 (p,θ)-激波极线,沿着极线每一点表示一个激波波后状态。下面介绍激波极线上四个特殊的点(图 16.3(a)):

(1) 马赫波点 a

斜激波后气流状态与波前状态相同的点,表示激波为声波,气流入射角为马赫角 $\varphi_j=\mu_i=\arcsin(1/M_i)$,这种情况下,穿过声波压力不变 $p_j=p_i$,气流偏折角为零 $\theta_j=0$。

(2) 正激波点 b

穿过激波压力最大的点,也就是穿过正激波的波后气流状态。这种情况下,$\varphi_j=90°$,压力比 p_j/p_i 对应正激波解,波后气流不偏折 $\theta_j=0°$。

(3) 脱体点 m

有时也标为点 d,也就是穿过斜激波气流偏折角最大的点或者脱体点。对于斜激波,这是波后气流偏离来流方向最大的角度,再大就没有解了。物理上对应模型头激波从附体变成脱体激波的点。

(4) 声速点 s

激波后气流速度为声速的点。声速点 s 将极线分为两部分:点 s 以下 $a\sim s$ 段表示波后气流为超声速,$M_j>1$;点 s 以上 $b\sim s$ 段表示波后气流为亚声速,$M_j<1$。有时习惯上也称 $a\sim s$ 段为激波的弱解,$b\sim s$ 段为激波的强解。从图 16.3(a)可以看出,声速点 s 离脱体点 m 非常近,即 θ_s 与 θ_m 的差很小,在实验上区分它们十分困难。

4. RR 中反射点 R 附近流场的极线表示

图 16.3(b)通过 $(p_i/p_0,\theta_i^R)$ 激波极线表示 RR 中反射点 R 附近的流场。图中纵坐标 p_i/p_0 为流场压力与来流压力之比;横坐标 θ_i^R 为在随 R 点运动坐标系中气流相对来流方向的偏折角。图中极线 I 是用马赫数 M_0 画的入射激波极线,点(0)为入射激波波前区域 0 的状态,$p_i/p_0=1,\theta_i^R=\theta_0^R=0$。沿极线 I 上点(1)表示通过入射激波后区域 1 的状态,p_1/p_0

和 θ_1^R。区域 1 也是反射激波的波前区域,所以从点(1)开始用马赫数 M_1 画反射激波极线 R,由于气流通过反射激波的偏折方向与通过入射激波的气流偏折方向相反,所以,和极线 I 不同,极线 R 采用了极线左半部分。沿极线 R 表示通过反射激波后的状态,根据边界条件 (16.5),满足 RR 的解应该位于极线 R 与纵坐标的交点。从图 16.3(b)看出极线 R 与纵坐标有两个交点,2^w 和 2^s,其中 2^w 是弱解,2^s 是强解。根据实验证明,除非特殊的情况外,一般实验中总是得到弱解点 2^w。

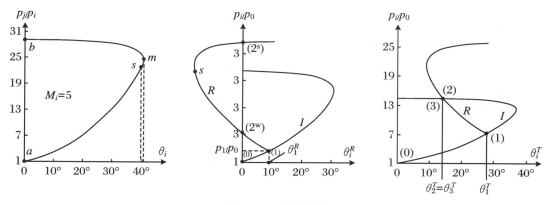

图 16.3　激波极线

5. MR 中三波点 T 附近流场的极线表示

图 16.3(c)通过(p_i/p_0,θ_i^T)激波极线表示 MR 中三波点 T 附近的流场,θ_i^T 是在随 T 点运动的坐标系中气流相对来流方向的偏折角。和 RR 情况一样,点(0)表示来流区域 0,沿极线 I,点(1)表示通过入射激波后区域 1 的状态,p_1/p_0 和 θ_1^T。从点(1)出发用马赫数 M_1 画反射激波极线 R。反射激波后区域 2 的状态应该是沿极线 R 上的一点,马赫杆后的区域 3 应该是沿极线 I 上的一点。滑移线 s 两侧的区域 2 和 3 应该满足的条件是压力相等 $p_2 = p_3$ 和流动方向一致 $\theta_2^T = \theta_3^T$(在随点 T 的运动坐标系中(16.7)式的表达式),也就是说点 (2)和(3)在图中应该重合在一起,所以极线 I 和极线 R 的交点表示区域 2 和 3。图 16.3(c) 中 $\theta_1^T > \theta_3^T$ 表示是三激波理论的标准解,即 MR。

16.1.3　激波反射的分类

一百多年来全世界科学家不懈的努力已经发现了 13 种不同的激波反射图案。一般来说,激波反射可以分为规则反射 RR 和非规则反射 IR。在 IR 中把三激波理论有标准解的称为马赫反射 MR,其他的统称为弱激波反射(weak Mach reflection,WMR),WMR 中又包含 von Neumann 反射(vNR)、Vasilev 反射(VR)和 Guderley 反射(GR)。

在 MR 中,根据三波点相对于反射面的运动方向分为三种:三波点离开反射面运动的称为正 MR(direct MR,DiMR)、三波点平行反射面运动的称为稳定 MR(stationary MR,StMR)和三波点向着反射面运动的称为逆 MR(inverse MR,InMR)。DiMR 在定常、准定常和非定常流中都存在,StMR 和 InMR 只在非定常流动中存在。在 InMR 中,一旦三波点撞到反射面,InMR 就终止了,形成新的图案(RR 后跟着一个 MR),称为过渡 RR(transitioned

RR,TRR)。

在准定常流中的 DiMR 根据反射激波形态分为单马赫反射(single MR,SMR)、准过渡马赫反射(pseudoTransitional MR,PTMR)、过渡马赫反射(transitional MR,TMR)和双马赫反射(double MR,DMR)。

在 DMR 中根据第二个三波点相对于第一个三波点的方位进一步分为 DMR$^+$ 和 DMR$^-$。在 DMR$^-$ 中如果第二个三波点和反射面接触,称为终止 DMR(terminal DMR,TerDMR)。

现有的各种激波反射分类示于图 16.4 中。在定常流动中仅有 RR 和 SMR 存在,在准定常流动中有 RR,SMR,vNR,VR,GR,PTMR,TMR,DMR$^+$,DMR$^-$ 和 TerDMR 存在,在非定常流动中除了上述反射外再增加 StMR,InMR 和 TRR。

RR 和 SMR 是首先由 Mach(1878)观察和记录的;TMR 是首先由 Smith 报道的;DMR 是由 White 第一个发现和报道的;DiMR,StMR 和 InMR 首先由 Courant & Friedrichs 提出;Ben-Dor 第一个提出可能存在 DMR$^+$ 和 DMR$^-$;Lee & Glass 第一个提出 TerDMR;而 vNR 是首先由 Colella & Henderson 提出的。

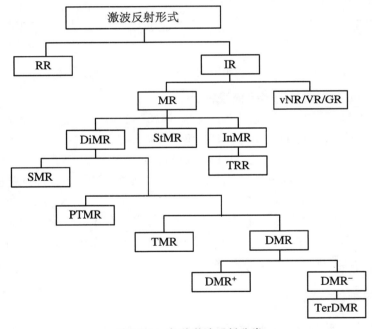

图 16.4 各种激波反射分类

16.2 RR ↔ MR 转变准则

在这一章中我们选择了三个专题,即 RR ↔ MR 转变准则、弱激波反射中的 von

Neumann 悖论以及准定常激波反射中的 SMR↔TMR/DMR 转变准则。通过深入讨论这些专题中是如何提出问题、克服困难,直到解决难题的,认识到在基础研究中选题的重要性以及理论分析、实验研究和数值计算的作用。这一节首先讨论 RR↔MR 转变准则的确立这一困扰了科学界几十年的难题。

在 1878 年 Mach 首次报道了激波反射的实验,发现了规则反射和非规则反射。其后这项研究停滞了约 60 年,20 世纪 40 年代初 von Neumann 和 Bleakney 重新开始对斜激波反射现象进行研究。von Neumann 首先从理论角度开展了 RR↔MR 转变准则的研究,其后无数的研究者对此进行了长期不懈的研究。之所以这个课题如此引人注意,是因为提出的各种判据始终不能与实验结果达到令人满意一致。

16.2.1 几种转变准则

规则反射和马赫反射(这里指单马赫反射,SMR)是人们最早发现的两种激波反射类型,von Neumann 首先从理论上研究了 RR 和 MR 之间转变的准则,其后人们又相继提出了不同的转变准则。但是这些转变准则和实验结果之间始终不能完全一致,这就引起人们不断探索的兴趣。下面我们首先总结现有的几种转变准则。

1. 脱体准则

脱体准则(detachment criterion)最初是由 von Neumann 提出的,从图 16.3(b)和 16.3(c)注意到,在 RR 情况下,极线 R 与 p 轴相交于两点,而在 MR 情况下,极线 R 与 p 轴完全不相交。极限情况就是极线 R 与 p 轴相切,相交于一点(脱体点)。这种情况被称为脱体准则。图 16.5(a)、(b)表示了脱体准则时的激波极线,向右轻微移动极线 R 将导致极线 R 与 p 轴完全不相交,因此不可能有 RR 解。

由于在脱体准则下,反射激波的流动偏转最大,即 $\theta_2 = \theta_{2m}$,由脱体准则产生的转变线可用二激波理论(16.1)～(16.4)式和边界条件(16.5)式计算,只要用 θ_{2m} 代替 θ_2 即可。

根据初始条件 (M_0) 不同,极线 R 与 p 轴的切点可以在极线 I 的外面(图 16.5(a)),也

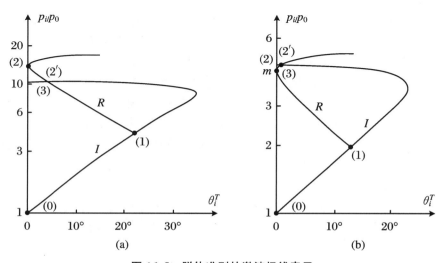

图 16.5 脱体准则的激波极线表示

可以在极线 I 里面(图 16.5(b))。根据 Henderson 提议,脱体时导致极线 R 与 p 轴切点的位置在极线 I 外侧的入射激波称为"强激波",而导致极线 R 与 p 轴切点的位置在极线 I 内侧的入射激波称为"弱激波"。这里我们仅讨论强激波反射问题,弱激波反射问题放在后面讨论。

2. 力学平衡准则

虽然力学平衡准则(mechanical-equilibrium criterion)最初也是由 von Neumann 提出的,但是 Henderson 和 Lozzi 重新对转变准则问题提出疑问,使得对转变准则研究再次成为热点。考虑图 16.5(a)、(b)所示的(I-R)极线组合,两者都对应于脱体准则。这些(I-R)极线组合表明,如果在脱体点发生 RR $\leftrightarrow$ IR 转变,RR 对应点 2,MR 对应点 2',那么 RR 终止和 MR 形成必然伴随着压力突然从 p_2 到变化 $p_{2'}$(2 是极线 R 和 p 轴相切的点。2'是极线 R 和极线 I 相交的点)。Henderson 和 Lozzi 认为,这种突然的压力变化必须由压缩波(或激波)或膨胀波支持,这取决于 p_2 是大于还是小于 $p_{2'}$。但是这些额外的波在实验中从来没有观察到过,因此 Henderson 和 Lozzi 得出结论,脱体准则不是物理的。他们提出了另一种可能的转变准则,这种转变示于图 16.6 中。随着 θ 角增大,极线 R 不断向右移动,当极线 R 和极线 I 的正激波点相交时认为发生了 RR $\leftrightarrow$ MR 转变。θ 角小于这个点时是 RR,大于这个点时是 MR,在发生 RR $\leftrightarrow$ MR 转变时保持了力学平衡,没有压力的突然变化,因此他们称这个准则为力学平衡准则,在有的文献中也称为 von Neumann 准则。通过三激波理论并取条件 $\theta_1 - \theta_2 = \theta_3 = 0$ 求解,可得到力学平衡转变线。

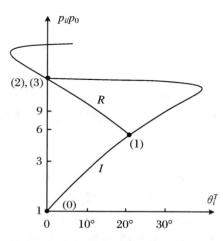

图 16.6　力学平衡准则的激波极线表示

3. 声速准则

声速准则(sonic criterion)也是由 von Neumann 首次作为一种可能的转变准则提出的,其依据是 RR $\leftrightarrow$ MR 转变取决于拐角产生的信号是否能赶上 RR 的反射点 R。因此,只要反射激波后的流动马赫数是超音速的,反射点就与拐角产生的信号没有关系,信号无法到达反射点。因此,在激波极线中当极线 R 的声速点 s 与 p 轴相交时,就是声速准则的转变点。值得注意的是,由于声速点 s 和脱体点 m 非常接近,声速准则导致的转变条件与脱体准则导致的转变条件非常接近。在许多情况下,它们反映在反射楔角的差异只是零点几度。由于这个原因,从实验上几乎不可能区分声速准则和脱体准则。通过求解二激波理论方程并用 θ_{2s} 代替 θ_2 可以计算出声速准则转变线。

4. 长度尺度准则

长度尺度准则(length-scale criterion)是由 Hornung 等人提出的,他们认为在 RR 中与任何长度尺度无关,因为入射激波和反射激波可以延伸到无限远;而 MR 和 RR 不同,固有地包含一个长度尺度,即有限长的马赫杆,它从反射面上的反射点 R 扩展到三波点 T。因此,他们进一步提出,为了形成 MR,也就是为了使有限长度的激波存在,在反射点必须有一个物理长度标度,即扰动压力信号必须传送到 RR 的反射点。这个论点最终使他们得出这样的结论:对应定常流动和准定常流动,RR 结束 MR 开始会有不同的条件。

对于准定常流动 RR(图 16.7(a)),注意到只要在点 Q 和 R 之间建立亚音速流(在附着于点 R 的坐标系中),反射面的长度 l_w 就可以传达信号到反射点 R,这个要求就对应于前面说的声速准则。对于定常流动 RR(图 16.7(b)),点 Q 和点 R 之间都是超声速流,那么楔的长度 l_w 的信号怎么才能传到反射点 R 呢? 点 Q 的信号通过膨胀波传到点 Q',要使得点 Q 的信号传到点 R,只有当点 R 和点 Q' 之间的流动是亚音速时才有可能。根据 Hornung 等人的说法,如果 MR 存在,MR 马赫杆后的气流总是亚音速的。因此,从 RR 到 MR 的转变发生在 MR 第一次在理论上成为可能的时候,这一要求就对应于力学平衡准则。

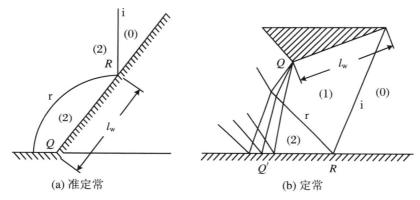

图 16.7　物理长度 l_w 的定义(a)准定常和(b)定常

因此,Hornung 等人的长度尺度概念导致了两种不同的转变线。在定常流动中由力学平衡准则 $\theta_1 - \theta_2 = \theta_3 = 0$ 预测转变点。在准定常流动中由声速准则 $\theta_1 - \theta_{2s} = 0$ 预测转变点,它与脱体准则,$\theta_1 - \theta_{2m} = 0$,几乎相同。

16.2.2　转变准则对应的 RR ↔ MR 转变边界

总结上述准则,长度尺度准则对定常流给出力学平衡准则,对准定常流给出声速准则,而声速准则与脱体准则十分靠近。差别比较大的还是力学平衡准则和脱体准则。

图 16.8 表示了三种不同的(I-R)极线组合。(I-R_i)极线组合对应于力学平衡准则;(I-R_{iii})极线组合对应于脱体/声速准则;而(I-R_{ii})极线组合对应一个中间情况。对于后一种极线组合,力学平衡准则预测在极线 R_{ii} 与极线 I 的交点(2 和 3)处发生 MR,而脱体准则预测在极线 R_{ii} 与 p 轴的交点(2′)处发生 RR。对于极线 R_i 和极线 R_{iii} 之间的所有极线 R,在理论上都可能有两个解,RR 或 MR。

用二激波理论和三激波理论可以给出 RR 和 MR 之间的转变边界。图 16.9 给出了 $M_s - \theta_w^C$ 平面内脱体准则和力学平衡准则的转变线,以及 RR 和 MR 可能存在的区域。其中 θ_w^C 是 φ_1 的补角,即 $\theta_w^C = 90° - \varphi_1$。可以清楚地看到,上方一条线是由力学平衡准则给出的边界,在该边界上方理论上只有 RR 存在;下方一条线是由脱体准则给出的边界,在该边界下方理论上只有 MR 存在。在力学平衡准则和脱体准则给出的边界之间的区域(称为双解区域)是非常大的。在该区域到底应该是 RR 呢还是 MR 呢？这个问题引起科学家们极大的兴趣。请注意,如果在图 16.9 中加入由声速准则产生的转变线,它将会略高于脱体转变线。

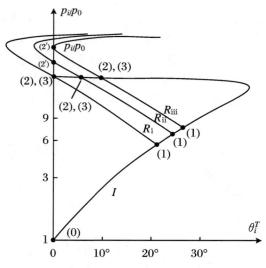

图 16.8 对应不同转变准则的激波极线图

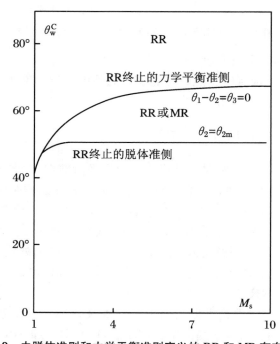

图 16.9 由脱体准则和力学平衡准则定义的 RR 和 MR 存在的区域

当时解决这个疑问的最好方法当然是通过实验来验证。Henderson 和 Lozzi 的报告说,他们的定常流实验(即风洞实验)结果和力学平衡准则符合得很好。但是在准定常实验

（如激波管实验）中，他们观察到 RR 波系不仅存在于图 16.9 所示的双解区域，而且还存在于略低于脱体转变线以下的区域（RR 可持续在理论极限下约为 2°），理论上在那里 RR 是不可能存在的。其他研究者也进行了实验研究，得到了类似的结果。

同时我们还注意到两条转变线有一个交点，力学平衡准则只在马赫数大于该点时才成立，而脱体准则在整个马赫数范围内都成立。在这个交点右方属于强激波反射，左方属于弱激波反射。我们现在讨论的仅限于强激波反射。

总之，一般实验结果表明，在定常流动中 RR ↔MR 转变和力学平衡准则给出的条件一致，而在准定常和非定常流动中，RR ↔MR 转变似乎与脱体准则和声速准则给出的条件一致。由此可以得出结论，Hornung 等提出的长度尺度概念最可能为 RR ↔MR 转变提供了足够的判据，因为它在定常、准定常和非定常流动中都给出了正确的转变线。

16.2.3　定常流动中的迟滞现象

几十年来，关于上述转变准则的争论一直没有停止，寻求正确转变准则的努力也在继续。对于在准定常流研究中激波反射基本遵循脱体准则基本没有争议，只是实验中出现的 RR 略超出了脱体线。对于在定常流研究中 RR 和 MR 同时可能存在的双解区域实际上一直没有解决，有的实验支持 RR 存在，有的实验支持 MR 存在。下面我们先讨论定常流中的问题。

在定常流研究中用来流马赫数 M_0 更方便，力学平衡准则只对 $M_0 \geqslant M_{0C}$ 存在，而脱体准则在所有 M_0 都存在。Molder 计算出了 M_{0C} 的精确值，发现对于双原子的完全气体（$\gamma = 7/5$），$M_{0C} = 2.202$；对于单原子完全气体（$\gamma = 5/3$），$M_{0C} = 2.470$。因此，在 $1 < M_0 \leqslant M_{0C}$ 范围内，只有脱体准则的转变线存在，而在 $M_0 \geqslant M_{0C}$ 范围内，脱体准则和力学平衡准则的两条转变线同时存在。力学平衡准则转变线和脱体准则转变线在 $M_0 = M_{0C}$ 处开始分开形成双解区域。

定义 β_1 为入射激波入射角（$\beta_1 = \varphi_1$），力学平衡准则和脱体准则分别对应的入射角记为 β_1^N 和 β_1^P。图 16.10 表示了在（M_0-β_1）平面内的转变线，图中点 K 表示双原子气体的 M_{0C}

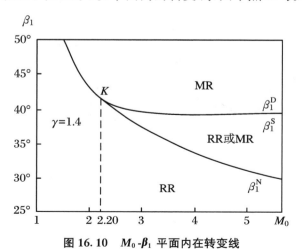

图 16.10　M_0-β_1 平面内在转变线

值,β_i^P 上方区域理论上只有 MR 是可能的,β_i^N 下方区域理论上只有 RR 是可能的,β_i^P 与 β_i^N 之间的区域理论上 MR 和 RR 都是可能的。图中虚线表示声速准则对应的入射角 β_i^s,它与脱体准则线 β_i^P 靠得很近。

1979 年 Hornung 等提出在 RR $\leftrightarrow$ MR 的转变过程中可能存在迟滞现象的假设。Chpoun 等首次实验记录了双解区域中稳定的 RR 波系结构以及在 RR $\leftrightarrow$ MR 转变中楔角变化引起的迟滞现象,该实验验证了 Hornung 的假设,重新开启了科学界对定常流动激波反射过程中的兴趣。

图 16.11 显示了 Chpoun 实验的纹影照片。实验在马赫数 $M_0 = 4.96$ 的超声速风洞中进行,为了避免反射面黏性的影响,实验用两个相同的楔产生倾角相同的斜激波,两个斜激波在对称面相遇产生反射,用 β_i 和 β_r 分别表示入射激波和反射激波的激波角。理论上对应的力学平衡准则和脱体准则值分别是 $\beta_i^N = 30.9°$ 和 $\beta_i^P = 39.3°$。

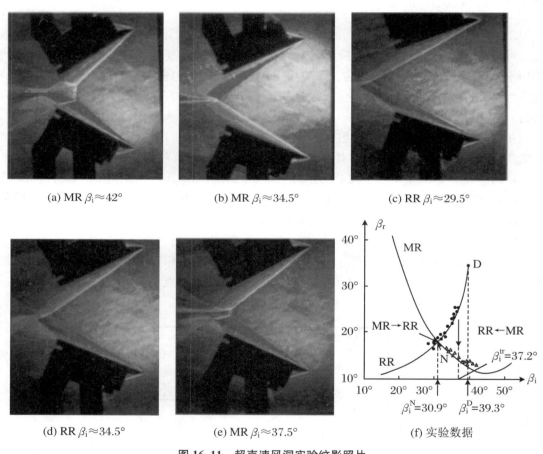

(a) MR $\beta_i \approx 42°$ (b) MR $\beta_i \approx 34.5°$ (c) RR $\beta_i \approx 29.5°$

(d) RR $\beta_i \approx 34.5°$ (e) MR $\beta_i \approx 37.5°$ (f) 实验数据

图 16.11　超声速风洞实验纹影照片

实验从 $\beta_i = 42° > \beta_i^P$ 开始,这时是 MR 波系结构(图 16.11(a))。随着 β_i 减小,一直保持 MR 波系结构,图 16.11(b)表示 $\beta_i^N < \beta_i = 34.5° < \beta_i^P$。当 β_i 减少到 β_i^N 以下,至 $\beta_i = 29.5° < \beta_i^N$ 时,MR 终止,并得到 RR 波系结构(图 16.11(c))。当这一过程反过来,β_i 增加

超过 β_i^N 回到 $\beta_i^N < \beta_i = 34.5° < \beta_i^D$ 时，波系保持为 RR（图 16.11(d)）。注意，图 16.11(b) 所示的 MR 波系和图 16.11(d) 所示的 RR 波系实际上具有相同的条件。RR 和 MR 波系结构都是稳定的这个事实清楚地证明了 RR $\leftrightarrow$ MR 转变过程中存在迟滞现象。当 β_i 进一步增加到 $\beta_i = 37.5° < \beta_i^D$ 时，RR 突然终止，MR 形成（图 16.11(e)）。在几年后不同的研究者也实验记录了类似的迟滞过程。

图 16.11(f) 表示风洞迟滞实验的数据，其中横坐标是 β_i，纵坐标是 β_r，空心三角形表示 MR，实心圆表示 RR。实验结果表明，MR→RR 转变非常接近理论的 β_i^N，即 β_i^{tr}(MR→RR) $\simeq \beta_i^N = 30.9°$。反过来，RR→MR 转变发生在大约 β_i^{tr}(RR→MR) $= 37.2°$，比理论的脱离角小 2.1°。上述实验结果表明 MR→RR 转变和力学平衡准则符合得很好，RR→MR 和脱体准则符合得不好，有人认为这是因为风洞实验中存在三维效应。

同一时期，Ivanov 等进行了该现象的蒙特卡洛直接模拟（DSMC），也证实了迟滞过程的存在。在他们的数值研究之后，许多研究者使用各种数值方法模拟了迟滞过程。需要指出的是，与部分受三维效应影响的实验不同，数值模拟都是纯二维的。

图 16.12 是 Ivanov 等采用高阶有限体积 MUSCL TVD 格式完成的无黏数值模拟结果。图中表示了来流马赫数 $M_0 = 5$ 时，随楔角变化引起的激波反射迟滞现象。该模拟从楔角 $\theta_w = 20°$（对应的入射激波角 $\beta_i = 29.8°$）开始，正如在图(1)可以看到，获得了 RR 波系结构。继续增加楔角（或入射角），一直维持 RR 波系结构（图(2)～(4)），直到 $\theta_w = 27.9°$（对应 $\beta_i = 39.5°$）（图(5)）和 $\theta_w = 28°$（对应 $\beta_i = 39.6°$）（图(6)）之间时，突然改变为 MR 波系结构。如果在这一点反过来减小楔角，MR 波系结构持续（图(7)～(9)），直到 $\theta_w = 22.15°$（对应 $\beta_i = 32.3°$）（图(9)）和 $\theta_w = 22.1°$（图中没有显示）之间时，它变回到 RR 系结构。最后，当楔角降低到它的初始值时，$\theta_w = 20°$，再次获得一个稳定的和图(1)相同的 RR 波系结构。数值上得到的转变角和理论上的力学平衡（$\theta_w^N = 20.9°$）和脱离（$\theta_w^D = 27.8°$）楔角不完全一致。

数值获得的 MR→RR 转变角比理论的力学平衡角大 1°。这可能是由于在力学平衡转变角附近的马赫杆非常小，在计算中没有得到很好的解决。网格细化的研究证实，当网格细化时，数值计算得到的 MR→RR 转变角接近于理论值，$\theta_w^N = 20.9°$。与 MR→RR 的转变角不同，RR→MR 的转变角并不依赖于足够精细网格的分辨率，而强烈地依赖于模拟方法的数值耗散。大的数值耗散或低阶重建会导致转变角数值与理论值存在显著差异。

16.2.4　准定常流动中黏性的影响

下面接着讨论在准定常激波反射中出现的 RR 略超出了脱体线的问题。所谓准定常激波反射是指一个平面运动激波在一个尖楔表面反射，现象是自相似的。对于规则反射 RR，在随反射点 R 运动的坐标系中，反射点附近的流场可以看成是定常的，入射激波 i 和反射激波 r 是直的，周围流场是均匀的，因此可以用二激波理论求解 RR。同理，对于马赫反射 MR，在随三波点 T 运动的坐标系中，三波点附近的流场是定常的，可以用三激波理论求解 MR。运用二激波理论和三激波理论可以得到准定常激波反射中不同的 RR→MR 转变边界（图 16.9）。大量的实验结果已经证明在准定常反射中 RR $\leftrightarrow$ MR 转变基本遵循脱体准则或声速准则，同时也证明 RR 不仅存在于图 16.9 所示的双解区域，而且还存在于略低于脱

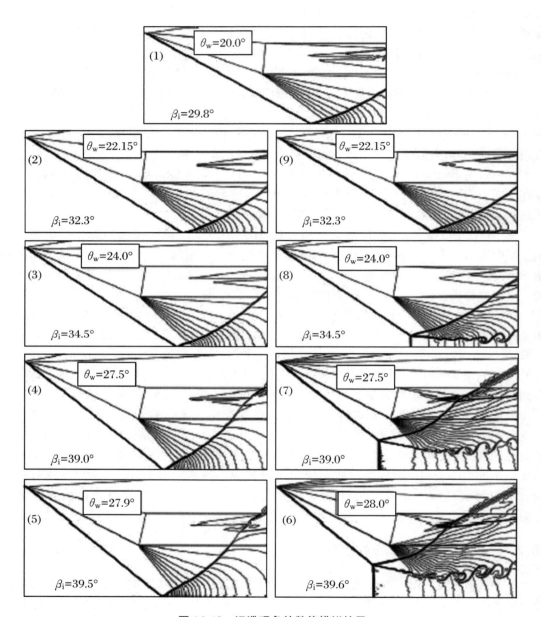

图 16. 12 迟滞现象的数值模拟结果

体/声速转变线以下的区域,进入理论上 RR 不可能存在的区域,RR 最多可持续在理论极限下约为 2°。

为什么实验结果与理论预测会出现不一致呢? 人们认识到不管是二激波理论还是三激波理论都是建立在无黏假设基础上的,实际上所有的流体都具有一定的黏性。在 RR 和MR 中黏性的影响主要表现在反射楔表面,在 MR 中黏性的影响还表现滑移线两侧。

图 16.13(a)表示平面激波 i 在尖楔表面上的 RR 波系,在随反射点 R 运动的参考系中,点 R 附近的流场是定常的。在入射激波 i 波前的(0)区,来流和壁面以相同的速度运动,流体与壁面之间没有发生摩擦。在入射激波 i 与反射激波 r 之间的(1)区,气体与反射表面没有接触。因此(0)区和(1)区的流体仍然可以假设为无黏流体,黏性影响主要表现在反射激波与壁面之间的(2)区气流。如图 16.13(a)所示,边界层 $\delta(x)$ 从反射点 $R(x=0)$ 开始增长,并沿反射面不断发展,该边界层是黏性效应占主导地位的流动区域,其影响不应该忽略。

图 16.13(a)表示实际的流动情况,保留 RR 的边界条件 $\theta_1 - \theta_2 = 0$,那么(2)区中的气体就不能被视为无黏的,这时需要求解 NS 方程。然而,有一种简单的方法可以克服这个困难,即边界层位移技术。应用边界层位移技术,改变反射楔面的几何形状,使流经楔面的流动视为无黏。如图 16.13(b)所示,反射点 R 后面的反射楔面被边界层位移厚度 $\delta^*(x)$ 取代。反射激波与假想壁面之间的流动可视为无黏的,边界条件取为 $\theta_1 - \theta_2 = \zeta$。即反射激波后的流动并不平行于真实的反射楔面,相反它移动了一个角度 ζ。原则上,这个角度可以从 $\delta^*(x)$ 获得。研究已经证明这个概念是正确的,正是由于壁面黏性的影响使得 RR 持续超过理论预测的边界,产生实验与理论之间的偏差。实验还证明,这个偏差随着初始压力 p_0 的降低而增大,这与边界层理论也是一致。

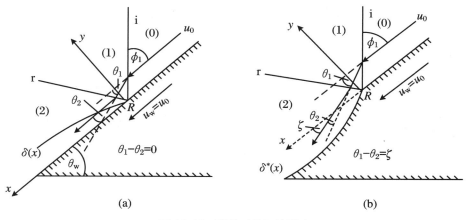

图 16.13　黏性对 RR 的影响

TWIK 性对 MR 的影响体现在壁面边界层的影响和对滑移线两侧流体的影响。壁面黏性可能影响马赫杆与壁面的角度,而滑移线在黏性的影响下不再是无限薄的面,会有一定厚度和角度,直接影响三波点附近的流场,导致影响 SMR 与 TMR/DMR 和 TMR 与 DMR 的转变准则。

16.3 弱激波反射和 von Neumann 悖论

前面已经提到过，当 $M_0 < M_{0C}$ 时属于弱激波反射（$M_{0C} = 2.202$，对于 $\gamma = 1.4$）。长期以来人们一直对弱激波反射的很多现象争论不休，直到 21 世纪初才有了比较一致的共识。

16.3.1 von Neumann 悖论

对于非规则激波反射可以采用三激波理论分析，图 16.14 是用三激波理论画出的 *I-R* 激波极线图。在图 16.14(a)中反射激波后状态(2)的流动净偏转角比状态(1)的小。因此，三波点轨迹上方一点，来自状态(0)的流动先通过入射激波偏向楔面，然后再通过反射激波偏离楔表面，导致 $\theta_2^T = \theta_3^T < \theta_1^T$ 的情况。这种情况，意味着 $\theta_1 - \theta_2 = \theta_3$，这是三激波理论的"标准"解，它对应的是 SMR。

图 16.14(c)所示的 *I-R* 极线组合表示了另一种可能的解。可以看到，来自状态(0)的流动通过入射激波达到流动状态(1)，它的流动方向偏向楔面；然后，状态(1)的流动经过反射激波后不是偏离楔面，而是进一步偏向楔面，导致 $\theta_2^T = \theta_3^T > \theta_1^T$ 的情况。这种情况意味着 $\theta_1 + \theta_2 = \theta_3$，这是三激波理论的"非标准"解，这种反射称为 von Neumann 反射（vNR）。图 16.14(b)表示 SMR 和 vNR 分界时的 *I-R* 极线组合，表明通过反射激波的气流没有偏转，即 $\theta_2 = 0$，则有 $\theta_2^T = \theta_3^T = \theta_1^T$。即边界条件简单地为 $\theta_1 = \theta_3$。

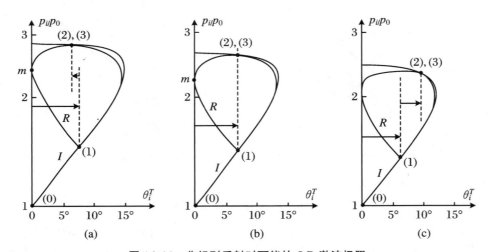

图 16.14 非规则反射时可能的 *I-R* 激波极限

另外还有一种情况，极线 *R* 完全嵌入到极线 *I* 中，与极线 *I* 完全不相交。三激波理论没有给出任何解，既没有标准的也没有非标准的三激波解存在。但是这时实验结果却揭示其流动图像内部的波系类似 MR 波系，人们把这种现象被称为 von Neumann 悖论（von

Neumann paradox)。

为了解决 von Neumann 悖论,大约 70 年多前 Guderley 第一个提出假设,认为反射波后方存在一个膨胀扇区。因此,不是三激波汇合,而是四波汇合,因而三激波理论未能描述这种反射也就不足为奇了,但是这个假设一直没有得到实验和数值计算的支持。后来 Skews 和 Ashworth 建议把这种反射称为 Guderley 反射(GR)。Vasilev 和 Kraiko 对弱激波反射也进行了数值研究,发现在 vNR 和 GR 之间还存在一种中间形式,其中发生了尚未完全理解的反射。这种反射被称为 Vasilev 反射(VR)。

16.3.2 理论分析和数值研究

为了解开 von Neumann 悖论,长期以来许多科学家进行了不懈的努力。首先介绍在理论分析和数值计算方面的进展。所有的理论和数值研究采用了两种不同的方法:一些集中于整体反射模式的研究,另一些则集中于研究三波点附近的流动。

对于第一种整体反射模式的研究,这些分析模型侧重于研究反射波的形状,衡量其是否正确的标准是检验三波点轨迹角与实验是否一致,但是他们对三激波汇合处的流动只字未提。这些研究中有 Sakurai 和 Takayama 通过奇异摄动法计入非线性,将 Lighthill 的线性理论扩展到非线性领域;Sandeman 把反射波看成爆炸波在楔面反射;还有许多模拟实验数据的数值研究,如三波点轨迹角以及反射波的形状和位置,但都没有进一步揭示产生这一悖论的原因。Colella 和 Henderson 的研究是这类研究中比较有影响的例子。这是一个高分辨率的欧拉方程数值研究,其结果与实验的三波点轨迹角吻合较好,但波的反射角存在差异。他们的结论是,vNR 不同于 SMR,当三激波理论预测的反射波和滑移线之间的角度超过 $\pi/2$ 时,理论和实验就偏离了,就会发生 SMR 到 vNR 的转变。进而,他们得出结论,入射波和马赫杆之间没有斜率间断,形成了光滑曲线,在三波点附近反射波不是激波而是压缩波。然而,他们没有详细检查流场的性质,也没有任何实验证据支持他们的假设。

在过去的几十年里,人们提出了许多假设试图解决这个明显的 von Neumann 悖论:例如,假设在三波点附近可能存在额外的未被观测到的波,比如膨胀扇(Bleakney 和 Taub;Courant 和 Friedrichs;Guderley;Sternberg),或者第四个激波(Henderson);假设在三波点后的流场解中可能有奇点(Richtmeyer;Tabak 和 Rosales),或者反射激波曲率有奇点(Sternberg)等。总之,认为平面波的局部近似可能是不正确的;或者认为反射激波在遇到入射激波之前已经扩散成一个连续波,因此实际上没有三波点存在。因此,为了解决 von Neumann 悖论,对三波点附近的流动进行更详细的全局研究显然是必要的。

Vasilev 和 Kraiko 通过欧拉方程的高分辨率数值研究表明,确实存在 Guderley 提出的四波模式。在楔角 12.5° 和马赫数 1.47 的条件下,滑移线和反射激波之间的夹角超过了 $\pi/2$,并且存在一个以三波点为中心的膨胀扇。在反射波后方的亚音速流是汇聚的,并通过声速线产生一个小的超音速区域,就像 Guderley 最初提出的那样。随着楔角增加到 20°,超音速区域缩到非常小,即使进一步细化网格,也不再能分辨它。他们证明了第四种波的区域范围是扰动流尺度的千分之几,从而得出论断:Guderley 的工作几十年没有得到应有承认的原因是,这种结构发生的区域非常小,超出现有实验测量的范围,在数值计算中不使用特殊技术也很难分辨它。

Hunter 和 Brio 用二维广义无黏 Burgers 方程代替可压缩的欧拉方程,这是一个非定常跨音速小扰动方程。渐近方程比全欧拉方程分析起来要简单得多,而且用数值方法解决它们所需的计算资源更少。他们在极细网格上完成了渐近激波反射问题的数值解,给出了弱激波在薄楔上反射的渐近描述,在三波点后方第一次发现了一个微小的超音速区域。结果如图 16.15 所示,图(a)是速度分量 u 的等值线,图(b)是速度分量 v 的等值线,虚线是声速线。

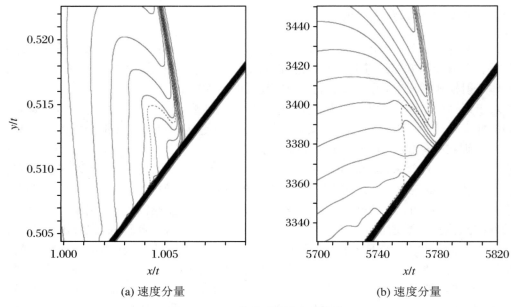

(a) 速度分量   (b) 速度分量

图 16.15　三波点附近速度等值线

Hunter 和 Brio 进一步对非定常跨声速小扰动方程进行理论分析,得出如图 16.16(a) 所示的流场结构。其中点线是负特性线,虚线是正特性线,点划线是声速线。R 和 S 是反射波和马赫波上的声速点(虽然根据 Guderley,R 和 T 很可能重合,三波点是声速点)。此外,类似于跨音速翼型上超音速区域被激波终止的情况,作者还推测在弱激波反射情况下,超音速区域后面也可能存在小的激波,并且可能存在一系列这样的超声速小区域。Tesdall 和 Hunter 通过开发一种新的数值方法证明了这一点,他们的结果(图 16.16(b))显示了在音速线和马赫激波之间存在一系列以激波终止的三波点和超音速小区域。

Zakharian 等在三波点附近采用六重自适应网格给出了欧拉方程的数值解,研究了弱激波反射的问题。其结果与 Hunter 和 Brio 中跨音速小扰动非定常方程的数值解非常一致,入射激波、反射激波和马赫杆在三波点相遇,在三波点后方存在一个微小的超声速区域。对于理想气体($\gamma = 5/3$)、马赫数为 1.04、入射角为 $11.46°$ 的激波,超音速区域的高度大约是马赫杆高度的 0.5%,宽度比高度小 5 倍,整个超音速区域隐藏在比它大 5 倍的衍射波区内。

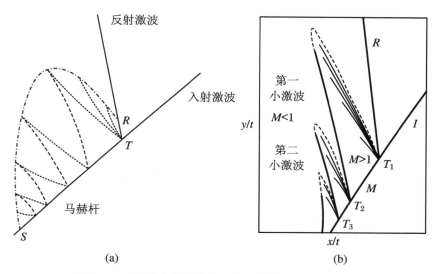

(a)　　　　　　　　　　　　　(b)

图 16.16　理论分析弱激波反射三波点附近可能的结构

在实验中从未观察到过这个超音速区域,但考虑到它的极小尺寸,这并不令人惊讶。举个例子,假设马赫数为 1.04 的激波遇到一个 11.50°的楔。用渐近方程的数值解估计区域的大小,我们发现激波沿着楔面传播 1 m 距离后的马赫杆高度是 0.1 m,垂直于楔面的超音速区域的高度是 1 mm,沿着楔面超音速区域的宽度是 0.1 mm。

16.3.3　实验研究

以上理论和数值研究的结果都指向三波点后方可能存在一个微小的超声速区域,还有可能存在一系列这样的区域,但是这些一直都没有得到实验的验证。因此设计一个高分辨率的实验是十分必要的。直到 21 世纪初期这个愿望终于得以实现,von Neumann 悖论得到完美解决。

Skews 和 Ashworth 设计了一个用于弱激波反射研究的特殊激波管,该激波管实验段截面高 1105 mm,宽 100 mm(图 16.17)。驱动段是长 1.5 m、直径 150 mm 的圆管,连接到一个长 300 mm、截面积 100 mm×100 mm 的方管。方管再和一个长 3750 mm、宽 100 mm、张角 15°的扩张管道相连,用以产生柱形激波。实验段长近 4 m,右下方是照相窗口,离入口拐角 2660 mm 处安装传感器用于测量激波速度。实验激波不是严格的平面激波,而是半径很大的圆柱激波,上壁面用作反射面。在照相窗口处激波半径约 7.5 m,可近似看作平面激波。

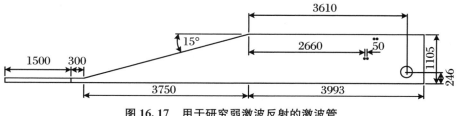

图 16.17　用于研究弱激波反射的激波管

在测试的马赫数范围($M=1.05\sim1.1$)内拍摄了40幅纹影照片。

图16.18是两张典型的纹影图像,如果将图中照片顺时针旋转90°就是传统的马赫反射。因此,入射激波位于左上方,向上传播。图中照片采用了两种刀口方向,图像宽度约对应于17 cm实际尺寸,图中两条黑色竖线是窗口的标记线。这两幅图像清楚地显示了在反射波后面紧接着存在一个膨胀波区,证明了Guderley提出的假设和各种数值模拟的结果。因此,在这些实验所覆盖的参数空间中,反射激波后有膨胀波的四波结构是一个真实的弱激波反射现象。

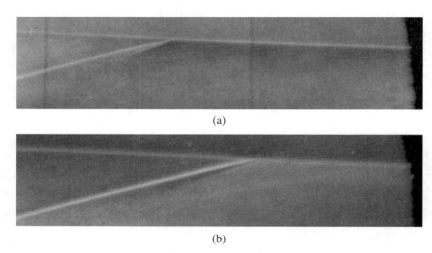

(a)

(b)

图16.18　典型的弱激波反射照片

此外,这两幅照片在膨胀波后立即出现了明显的对比线,表明存在一个长度约为15 mm的终止激波,即小于马赫干长度2%的终止激波,称为第一小激波。因此,就像跨音速翼型上发生的情况一样,证实了在弱激波反射中膨胀波区可能被一个激波终止。在这个波的后面还有一个相当强的密度梯度,但是它的特征还不能立即识别。为了更详细地研究这一波后的区域,对所有的图像进行了进一步处理,以寻找其他的特征,并对那些有迹象的图像进行了放大,调整感兴趣区域图像的对比度以突出这些效果。

图16.19显示了两个处理后的结果,经过处理的图像的放大倍数是原纹影图像的两倍。在第一组增强图像(图16.19(a))中,膨胀波和第一小激波都很明显。然而,更感兴趣的是寻找在第一小激波后面存在第二小激波的证据。值得注意的是在第二组图像(图16.19(b))中不仅显示了明确定义的第一小激波,还在第二幅增强图像中清楚地显示了两个膨胀波之后存在第二个白色区域,再次表明了第二小激波的存在。在第三幅图像中该区域更加明显,其中所选灰度值的轮廓线是直接从纹影像中得到的。一些额外的图像处理,如图像锐化,显示了一些结构更多的证据,但这是不包括因为这样处理图像中可能引入的工件,而对比度增强和轮廓仅基于每个像素的灰度等级从原来的照片。

上述实验结果已经清楚地证明了Guderley假设是正确的,从而von Neumann悖论基本得到解决。还需要进一步研究的是黏性和入射波形状的影响。

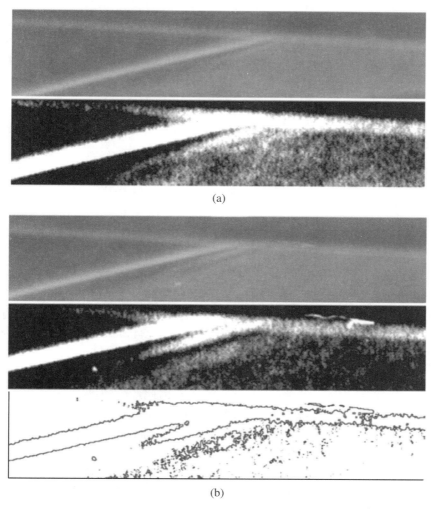

(a)

(b)

图 16.19　处理后的结果

16.3.4　弱激波反射类型和转变准则

首先总结一下激波反射的类型：激波反射分为规则反射（RR）和非规则反射（IR），规则反射用二激波理论分析，非规则反射用三激波理论分析。非规则反射又分为以下四种类型：三激波理论可以给出标准解的称为单马赫反射（SMR）；三激波理论给出非标准解又产生两种情况：如果解是物理的称为 von Neumann 反射（vNR），如果解是非物理的可能是 Guderley 反射（GR）或者 Vasilev 反射（VR）。其中 vNR，GR 和 VR 属于弱激波反射。

图 16.20 表示三种不同类型的弱激波反射，图中灰色区域代表亚声速区。图 16.20（a）是 vNR 示意图，在反射激波和马赫杆后的流动区域都是亚音速的。因此，三波点嵌在具有对数奇异性的亚音速流中。图 16.20（b）是 VR 示意图，图中有一个超音速区域（白色的），它从滑移线延伸到反射激波，内部有一个 Prandtel-Meyer 膨胀扇。图 16.20（c）是 GR 示意

图,图中有两个超音速区域,一个类似于刚才在 VR 中提到的,从滑移线延伸到反射激波,里面有一个 Prandtl-Meyer 膨胀扇,还有一个延伸到滑移线和马赫杆之间。因此,在 VR 中三波附近有两个亚音速区域,一个在反射激波后面,一个在马赫杆后面。而 GR 在三波点附近只有一个亚音速区域,在反射激波后面。于是,在三波点附近具有对数奇异性的不同亚音速区域的数目是 vNR,VR 和 GR 的特征。

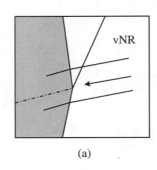 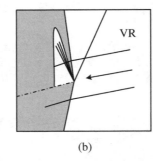 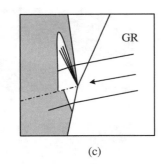

      (a)   (b)   (c)

图 16.20　弱激波反射示意图

为了更详细地介绍弱激波反射的类型,下面用一组 $M_s = 1.47$ 和 $\gamma = 5/3$ 的（I-R）激波极线组合为例,看看激波反射是如何演化的。图 16.21 是七种（I-R）激波极线组合,其中 $\theta_w^C = 90° - \varphi_1$ 作为楔角的补角,从开始值 41° 减少到 38.2°,34.5°,33.9°,32.5°,31.8°,最后到 30°。声速点在所有激波极线上都标记为空心圆。

图 16.21(a) 表示对应于 $\theta_w^C = 41°$（$\varphi_1 = 49°$）的（I-R）激波极线组合。极线 I 和极线 R 的交点产生了三激波理论的标准解（即 $\theta_1 - \theta_2 = \theta_3$）,因此产生的反射是 MR。图中还表示极线 I 和极线 R 在它们的强解部分相交,即沿着它们的亚音速分支。因此,在三波点附近,在产生的 MR 波系结构中滑移线两侧的气流是亚音速的,即 $M_2 < 1, M_3 < 1$。这意味着在准定常流中,MR 是单马赫反射,SMR。

图 16.21(b) 表示当 θ_w^C 减小到 $\theta_w^C = 38.2°$（$\varphi_1 = 51.8°$）时,出现 $\theta_2 = 0$ 的情况,即 $\theta_1 = \theta_3$。实际上,在这一点 MR 终止和 vNR 形成,这是 MR $\rightleftarrows$ vNR 的转变点。对应的流动图像中,1 区气流速度垂直于反射激波。从图 16.21(b) 还可以看出,$M_2 < 1, M_3 < 1$。图 16.21 (a) 和 (b) 的放大图示于图 12.22 中。

图 16.21(c) 表示对应 $\theta_w^C = 34.5°$（$\varphi_1 = 55.5°$）的（I-R）激波极线组合。局部放大图见图 16.23(a)。极线 I 和极线 R 的交点导致了三激波理论有一个非标准解（即 $\theta_1 + \theta_2 = \theta_3$）。因此,得到的反射是 vNR。图 16.21(c) 还可以看出,所得到的 vNR 的滑移线两侧为亚音速流动,即 $M_2 < 1, M_3 < 1$,因为极线 I 和极线 R 沿亚音速分支相交。vNR 的波系结构如图 16.20(a) 所示。

图 16.21(d) 表示当 θ_w^C 减少到 $\theta_w^C = 33.9°$（$\varphi_1 = 56.1°$）时的（I-R）激波极线组合。局部放大图见图 16.23(b)。这时极线 I 的亚音速分支与极线 R 精确地在极线 R 的音速点相交。因此,在这种情况下,$M_2 = 1, M_3 < 1$。这种情况标志着超过了三激波理论有解的极限,这是非物理的！因此,这是 vNR 终止并产生 VR 的点。VR 的波系结构如图 16.20(b) 所示。于是,图 16.21(d) 表示 vNR 终止和 VR 形式,即 vNR $\rightleftarrows$ VR 的转变点,也是三激波理论 (3ST) 的解不再是物理解的点,因此应该被另一种理论,即四波理论 (4WT) 取代,此情况标

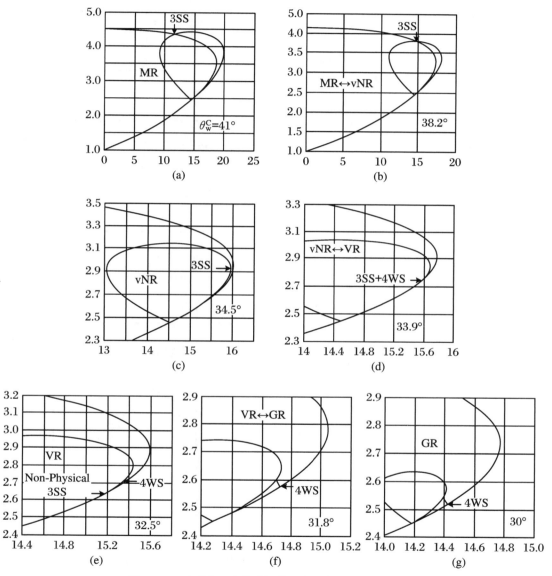

图 16.21 七种 $(I\text{-}R)$ 激波极线组合 $(M_s = 1.47, \gamma = 5/3)$

志着 3ST $\rightleftarrows$ 4WT 的转变。

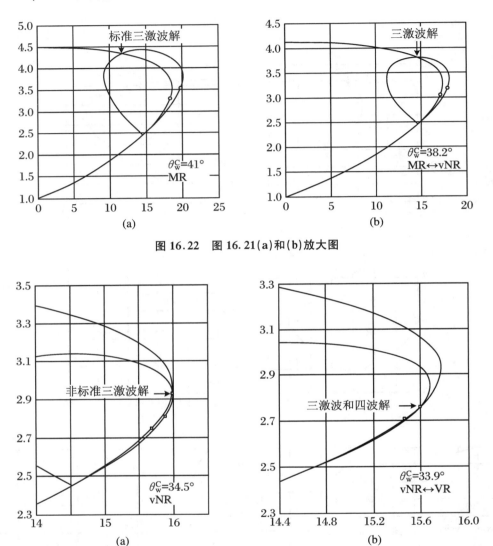

图 16.22　图 16.21(a)和(b)放大图

图 16.23　图 16.21(c)和(d)放大图

　　图 16.21(e)表示当 θ_w^C 进一步降低到 $\theta_w^C = 32.5°(\varphi_1 = 57.5°)$时的（$I$-$R$）激波极线组合。从放大图 16.24(a)可以看出，极线 I 和极线 R 仍然相交，即三激波理论仍可以提供一个解。然而，两极线沿其弱解分支相交，这意味着在滑移线两侧的流动是超音速的，即 $M_2>1$，M_3 >1。这个解意味着马赫杆后的 3 区的流动是超音速的，并且是指向楔面的，它不是物理的！因此，另一种代表四波理论的（I-R）极线组合出现了，表示产生了 VR，它连接极线 I 上的亚音速状态 3 与极线 R 的声速点（状态 2）。正如刚才提到的，VR 的波系结构示于图 16.20 (b)。在非超音速流动区域之间存在 Prandtl-Meyer 膨胀扇的事实可以用以下方式解释。Prandtl-Meyer 膨胀扇不能存在于均匀亚音速流动中。但是，在特殊情况下，膨胀扇前方有

一个强的不均匀会聚流,因此 Prandtl-Meyer 膨胀扇可以存在。如果我们考虑两个相邻的流线,它们之间的流动类似于 Laval 喷管内的流动,该喷管最小截面在膨胀扇的边界处。

图 16.21(f)表示当 θ_w^C 减少到 $\theta_w^C = 31.8°$($\varphi_1 = 58.2°$)时的(I-R)激波极线组合。从局部放大图 16.24(b)看出,现在极线 I 和极线 R 完全不相交,三激波理论不提供任何解。基于四波理论,把极线 I 和极线 R 的两个声速点连接起来,因此 $M_2 = 1$ 和 $M_3 = 1$。事实上,这是 VR 终止和 GR 形成的点,即 VR $\rightleftarrows$ GR 转变点。

进一步减小 θ_w^C 到 $\theta_w^C = 31°$($\varphi_1 = 59°$)导致如图 16.21(g)所示的情况。放大图示于图 16.24(c)。极线 I 和极线 R 不相交,三激波理论给不出任何解。基于四波理论,极线 I 和极线 R 在 $M_2 = 1$ 和 $M_3 > 1$ 处连接。得到的反射是 GR,如图 16.20(c)所示的。Prandtl-Meyer 膨胀扇表示连接状态 2 和状态 3 的流动。

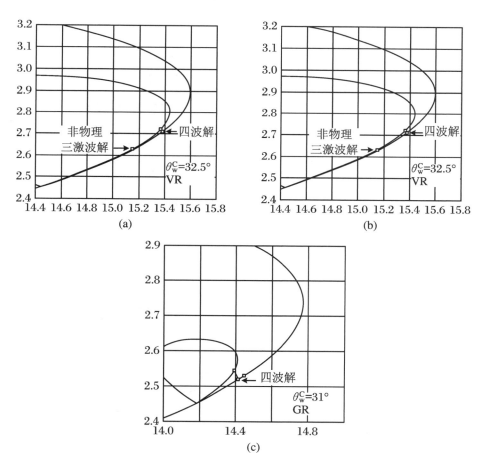

图 16.24　图 16.21(e),(f),(g)放大图

将以上所讨论的各种弱激波反射演化树中的转变准则总结于图 16.25 中。

基于前面的讨论,图 16.26 给出了双原子气体($\gamma = 7/5$),不同激波反射在(M_s, θ_w^C)平面上的区域和转变边界(回想一下,$\theta_w^C = \theta_w + \chi$,其中 χ 是三波点轨迹角)。线 1 为 MR $\rightleftarrows$ vNR 的转变线,即沿这条线 $\varphi_2 = 90°$。在这条线上方 $\varphi_2 < 90°$,反射是 MR。线 2 是 vNR $\rightleftarrows$

VR 的转变线,即沿这条直线 $M_2=1$。这条线也将三激波理论有或没有物理解的区域分开。线 3 是 VR $\rightleftarrows$ GR 的转变线,即沿这条线 $M_3=1$。线 4 是 $M_1=1$ 线。在这条线以下,入射激波后面的气流是亚音速的,不能发生反射!这条线下面的区域有时称为无反射区(NR)。NR 区域只存在于 (M_s,θ_w^C) 平面上。线 5 将 (M_s,θ_w^C) 平面划分为两个域:在它上面的区域,三激波理论至少有一个解(不一定是物理的);在它下面的区域,三激波理论没有任何解。因此,在线 2 和线 5 之间,三激波理论有一个非物理的解。von Neumann 悖论存在于线 2 和线 4 为边界的区域内。Guderley 通过提出四波概念(三个激波和一个膨胀波),解决了线 3 和线 4 为边界的区域内的悖论。这个区域内的反射是 GR。发生在线 2 和线 3 为边界区域内的反射是 VR,如图 16.20(b)所示。

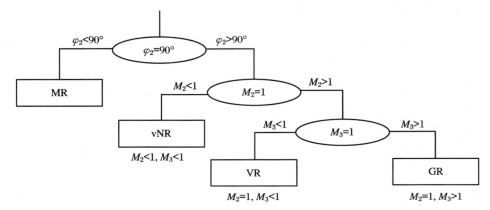

图 16.25　弱激波反射演化树

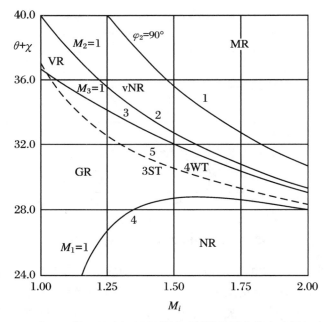

图 16.26　(M_s,θ_w^C) 平面上不同弱激波反射的区域和转变边界($\gamma=1.4$)

总之,在线 1 上方区域是 MR;在线 1 和线 2 之间区域是 vNR;在线 2 和线 3 之间区域是 VR;在线 3 和线 4 之间区域是 GR;在线 4 以下区域是 NR。在线 5 以上的区域中,三激波理论至少有一个解 (不必是物理的),而在线 5 以下的区域中没有解。

16.4　SMR ↔ TMR/DMR 转变准则

这里我们要介绍的第三个例子是发生在准定常流动中的马赫反射又存在多种复杂的反射类型,例如 SMR,PTMR,TMR,DMR,DMR$^+$,DMR$^-$,TerDMR 等 (图 16.4)。在研究 SMR 与 TMR/DMR 转变准则过程中,曾经理论模型的改进使得理论预测的结果更合理,与实验结果的比较更一致。通过这个例子我们可以更清楚地了解到理论模型的重要性。

16.4.1　准定常激波反射的类型

从图 16.4 已经知道,激波反射分为 RR 和 IR,IR 又分为 MR 和 vNR/VR/GR,MR 又分为 DiMR,StMR 和 InMR。在准定常流动中存在 RR,MR,vNR/VR/GR 和 DiMR,下面我们从 DiMR 开始介绍。

当一个激波马赫数 M_s 的平面运动激波遇到一个斜角 θ_w 的尖楔时,在楔面可能发生 RR,也可能发生 MR。实验结果已经证明这种激波反射现象是自相似的,称为准定常激波反射。前面已经知道,在准定常反射中满足 RR $\rightleftarrows$ MR 转变的准则是声速准则。如果发生 MR,三波点的迹线是一条直线,并且随入射激波向前传播,迹线逐渐偏离楔面,这种反射称为 DiMR。

1. SMR

在 DiMR 中首先要介绍的是 SMR,如图 16.27 所示,SMR 的特征是入射激波 i,反射激波 r 和马赫杆 m 汇聚于三波点 T,同时一条滑移线 s 从三波点出发,分开了反射激波后的 2 区气流和马赫杆后的 3 区气流。图中我们还发现马赫杆近似是直的,并且与壁面垂直。

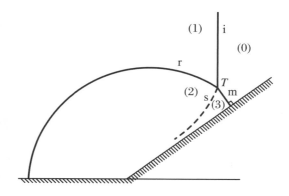

图 16.27　SMR 的干涉照片和示意图

我们看到 SMR 的另一个特征是，整个反射激波是弯曲的，并且曲率是连续的。这表明来自楔顶点的扰动信号在整个(2)区气流中传播，直到三波点。正是这些扰动信号使得整个反射激波是弯曲的。从空气动力学的观点出发，这个扰动通道存在的唯一条件只能是：在随三波点 T 运动的坐标系中(2)区气流是亚声速的，即 $M_2^T < 0$。

2. TMR

如果 $M_2^T > 0$，意味着三波点 T 附近的(2)区气流是超声速的了，也就是顶角产生的扰动信号不再能传到三波点了。反应在流动图像上，反射激波分成了两段：在三波点附近的反射激波是直的(扰动未到达)，其他部分反射激波保持是弯曲的。这种反射称为过渡马赫反射(transitional Mach reflection，TMR)。如图 16.28 所示，反射激波弯曲部分和直段连接处 K 点称为扭结(kink)，三波点 T 迹线角记为 χ，扭结 K 迹线角记为 χ'。

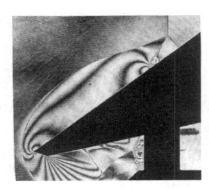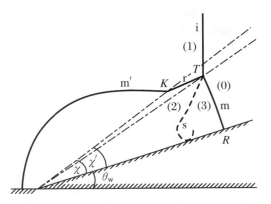

图 16.28　TMR 的干涉照片和示意图

K 点的出现表明顶角产生的扰动只能到达 K 点，因此在(2)区气流中实际存在一个压缩波带，波带的前缘只能到达 K 点。在压缩波带未到达的(2)区是均匀区，因此反射激波后的(2)区相对于 K 点的气流速度是声速，即在 TMR 中 $M_2^K = 1$。

3. DMR

一旦相对于 K 点(2)区气流变为超声速，顶点产生的压缩波带就汇聚成了激波，反射波的曲率在扭结处发生尖锐的变化，形成第二个三波点 T'。三个新的激波 r，r′ 和 m′ 汇聚于同一点 T' 处，同时一个新的滑移线 s′ 也从 T' 点发出。这种反射称为双马赫反射(double Mach reflection，DMR)，如图 16.29 所示。因此 TMR 和 DMR 之间的转变准则可以写为 $M_2^T = 1$。

很长时间人们一直以为 TMR 中的 K 点和 DMR 中的 T' 点是同一点，但是最新研究表明这是两个不同的点。

4. DMR⁺ 和 DMR⁻

根据第二个三波点轨迹角 χ' 的大小，DMR 分为两种：当 $\chi' > \chi$ 时，称为正双马赫反射，记为 DMR⁺；当 $\chi' < \chi$ 时，称为负双马赫反射，记为 DMR⁻。图 16.30 是两种马赫反射的干涉照片。DMR⁺ 和 DMR⁻ 之间的转变准则是 $\chi' = \chi$。

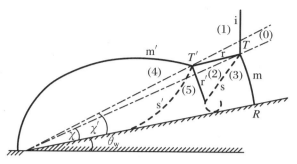

图 16.29　DMR 的干涉照片和示意图

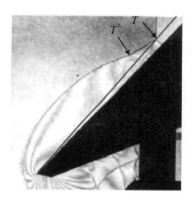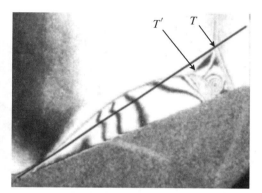

图 16.30　DMR⁺ 和 DMR⁻ 的干涉照片

5. TerDMR 和其他反射

如图 16.31 所示,当 DMR⁻ 中的第二个三波点 T' 落到壁面时,称为终止双马赫反射(terminal double Mach reflection),记为 TerDMR。因此,形成 TerDMR 的条件是 $\chi' = 0$。

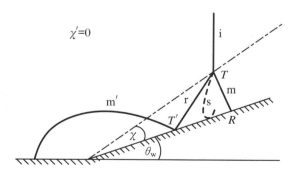

图 16.31　TerDMR 的照片和示意图

根据从 SMR 到 TMR/DMR 转变的逻辑,可以推想,如果(4)区气流相对于 T' 点变为超声速($M_4^{T'} > 1$),新马赫杆 m' 上会出现第二个的扭结 K'',形成过度双马赫反射 TDMR。如果(4)区气流相对于第二个扭结 K'' 变为超声速,就会出现第三个三波点 T'',形成三马赫反射 TrMR。以此类推,可能出现更多的反射类型。

16.4.2 Law-Glass 假设以及 T, K, K' 的计算

从上一节的介绍我们知道,在写出各种反射转变准则以及画出转变边界时,首先需要计算出三波点 T、扭结 K 和第二个三波点 T' 的位置。如果这些特殊点的计算不准确就会影响转变边界计算的准确性。以下计算是基于三激波理论的,因此认为16.1.2节提出假设是正确的。

1. 三波点 T 的计算

图16.32表示三波点 T 附近流场示意图。把三激波理论直接改写为以下形式:

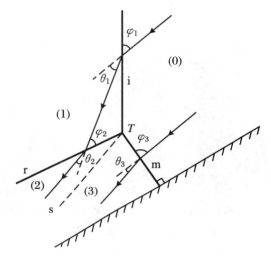

图 16.32　三波点附近的流场示意图

$$\theta_j = \arctan\left[2\cot\varphi_j \frac{(M_k\sin\varphi_j)^2 - 1}{M_k^2(\gamma + \cos 2\varphi_j) + 2}\right] \tag{16.8}$$

$$p_j = p_k \frac{2\gamma(M_k\sin\varphi_j)^2 - (\gamma - 1)}{\gamma + 1} \tag{16.9}$$

其中下标 k 和 j 分别表示斜激波前后的流动状态,M 是流动马赫数,φ_j 是斜激波入射角,θ_j 是流动偏转角,p 是压力。对于入射激波 i 有 $j=1$ 和 $k=0$,对于反射激波 r 有 $j=2$ 和 $k=1$,对于马赫杆 m 有 $j=3$ 和 $k=0$。除上述方程外,我们还有

$$M_0 = \frac{M_s}{\cos(\theta_w + \chi)} \tag{16.10}$$

$$M_1 = \frac{\left\{1 + (\gamma - 1)M_0^2\sin^2\varphi_1 + \left[\left(\frac{\gamma + 1}{2}\right)^2 - \gamma\sin^2\varphi_1\right]M_0^2\sin^2\varphi_1\right\}^{\frac{1}{2}}}{\left(\gamma M_0^2\sin^2\varphi_1 - \frac{\gamma - 1}{2}\right)^{\frac{1}{2}}\left(\frac{\gamma - 1}{2}M_0^2\sin^2\varphi_1 + 1\right)^{\frac{1}{2}}} \tag{16.11}$$

$$\varphi_1 = \frac{\pi}{2} - (\theta_w + \chi) \tag{16.12}$$

以及滑移线两侧的匹配条件为

$$p_2 = p_3 \tag{16.13}$$

和

$$\theta_1 - \theta_2 = \theta_3 \tag{16.14}$$

注意,方程(16.8)和(16.9)实际上是 6 个方程,加上(16.10)~(16.14)式,一共有 11 个控制方程,12 个未知数,即 M_0, M_1, p_1, p_2, p_3, φ_1, φ_2, φ_3, θ_1, θ_2, θ_3 和 χ,而 M_s, θ_w 和 p_0 是已知的。因此,为了得到一组可解的方程,需要一个附加的关系。这个附加的关系就是,假设马赫数杆 m 是直的,并且垂直于楔面,则有

$$\varphi_3 = \frac{\pi}{2} - \chi \tag{16.15}$$

这样方程组就封闭了,可以解出三波点 T 的位置角 χ。

2. Law-Glass 假设和 K 及 T' 的计算

很长时间人们认为扭结 K 和第二个三波点 T' 是同一点,那么也就有 $\chi_K = \chi'$。要计算 χ_K 或者 χ',有一定困难。Law-Glass 提出一个假设,即第二个三波点 T' 与三波点 T 的相对速度可以写为

$$V_{T'}^T = \frac{\rho_0}{\rho_1} V_s \cosec (\varphi_1 + \varphi_2 - \theta_1) \tag{16.16}$$

其中 ρ 是密度,V_s 是入射激波速度。基于假设(16.16)以及一系列几何关系得出 K 点及 T' 点的位置(忽略了具体过程):

$$\chi_K = \chi' = \arctan\left\{ \frac{M_s a_0 \left[\tan(\theta_w + \chi) + \cot \omega_{ir} \right] - M_1 a_1 \cot \omega_{ir}}{M_1 a_1} \right\} - \theta_w \tag{16.17}$$

其中 a 是声速,ω_{ir} 是入射激波与反射激波之间的夹角。

实践已经证明,基于 Law-Glass 假设预测的不同类型反射之间的过渡边界与在各种气体(如 O_2, N_2, Ar, 空气, CO_2, SF_6 和 Freon 12)中的实验结果符合得并不理想。人们研究其原因,起初怀疑三激波理论和这个假设是否过于简化,于是开始考虑黏性、热传导和真实气体效应的影响。但是始终没有解决解析预测和实验结果之间的不一致问题。

16.4.3　Li-Ben-Dor 模型

Li 和 Ben-Dor 重新考查了激波反射现象,提出一个新的模型。他们提出的模型的基本思想是激波在楔面的反射是由两个过程组成的,即激波在壁面的反射过程(shock reflection process)和尖楔引起的气流偏折过程(flow deflection process)。反射激波上扭结 K 和第二个三波点 T' 的出现是这两个过程相互作用的结果。虽然这个思想早就有人提出了,但是几乎所有的研究者在研究转变边界时都忽略了气流偏折过程,仅仅考虑反射过程。

图 16.33 表示了反射过程和偏折过程相互作用的两个模型的示意图。其中激波反射过程构成了 MR 的三激波结构,气流偏折过程产生的头激波 B 一直延伸到 b 点。点 Q 和点 b 之间的区域就是两个过程相互作用的区域。

假设在 Q 点附近反射激波 r 的波后压力是 p_2,头激波的波后压力是 p_b。如果 $p_b < p_2$（图 16.33(a)）,一个膨胀波带向(2)区传播,衔接 Q 点和 b 点间的压力差;果 $p_b > p_2$

（图 16.33(b)），一个压缩波带向(2)区传播，衔接 Q 点和 b 点间的压力差。根据 Semenov 和 Syshchikova，这两个模型的边界 $p_b = p_2$ 对应于实验室坐标系中激波诱导气流速度是声速，即 $M_1^\perp = 1$。也就是，当 $M_1^\perp < 1$ 时有 $p_b < p_2$；当 $M_1^\perp > 1$ 时有 $p_b > p_2$。

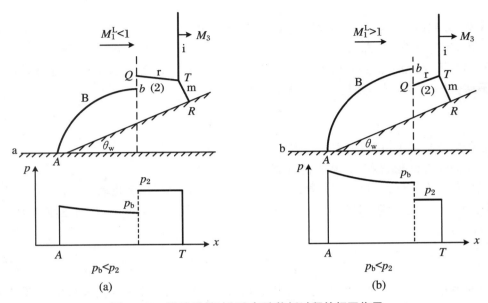

图 16.33　激波反射过程和气流偏折过程的相互作用

当 $p_b < p_2$ 时，反射是准过渡马赫反射，PTMR。存在一个向(2)区传播的膨胀波带，反射激波 r 不像常规的 TMR 那样出现曲率的逆转。当 $p_b > p_2$ 时，反射是 TMR 或 DMR，反射激波出现扭结或者三波点。

16.4.4　TMR 中扭结 K 的位置计算

如前所述，在 TMR 中，扭结 K 的位置正是楔前缘拐角产生的信号沿反射激波 r 传播能到达最远的点。

图 16.34 表示了 TMR 的波系结构，其中粗虚线表示楔前缘产生的扰动前锋的位置。在实验室坐标系中，入射激波 i 诱导的(1)区气流以速度 $u_1^\perp$ 沿水平方向运动。(2)区气流是由反射激波 r 诱导产生的，诱导速度 $u_2^\perp$ 的方向应该垂直于反射激波，因此(2)区气流速度 $u_2^\perp$ 应该是(1)区速度 $u_1^\perp$ 和诱导速度 $u_2^\perp$ 的矢量和。

如图 16.34 所示，线段 OQ 是 Δt 时间内(1)区气流从顶点运动的距离 $L_1 = u_1^\perp \Delta t$。从 Q 点向反射激波 r 的延长线作垂线 QQ'，线段 QQ' 与诱导速度 $u_2^\perp$ 的方向重合。线段 OO' 正是 Δt 时间内(2)区气流从顶点运动的距离 $L_2 = u_2^\perp \Delta t$。因此，扰动前锋是原点在 O' 并且半径等于 $a_2 \Delta t$ 的圆弧。如图 16.34 所示，扰动前锋与滑移线 s 相交于点 R，与反射激波相交于点 K。由图可以得出

$$\overline{O'T} = u_2^T \Delta t = M_2 a_2 \Delta t \tag{16.18}$$

$$\overline{O'R} = \overline{O'K} = a_2 \Delta t \tag{16.19}$$

$$\omega_{ir} = \frac{\pi}{2} + (\theta_w + \chi + \theta_1 - \varphi_2) \tag{16.20}$$

$$\omega_{rs} = \varphi_2 - \theta_2 \tag{16.21}$$

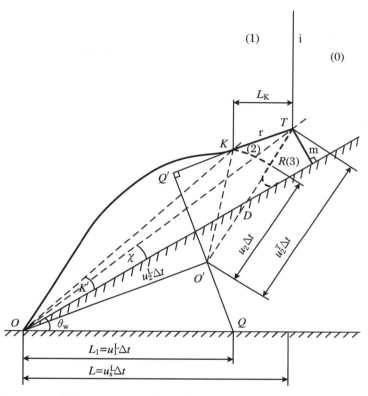

图 16.34　TMR 波系示意图及各种参数的定义

其中 ω_{ir} 是入射激波 i 和反射激波 r 间的夹角，ω_{rs} 是反射激波 r 和滑移线 s 间的夹角。

对三角形 $O'TK$，根据余弦定理有

$$(\overline{O'R})^2 = (\overline{KT})^2 - 2\,\overline{KT}\,\overline{O'T}\cos\omega_{rs} + (\overline{O'T})^2 \tag{16.22}$$

从图 16.34 中几何关系，适当运算后有

$$\frac{\overline{KT}}{L} = \frac{a_2}{a_0}\,\frac{M_2^T\cos\omega_{rs} - \sqrt{1 - (M_2^T)^2\sin^2\omega_{rs}}}{M_s} \tag{16.23}$$

其中 a_2/a_0 可以根据斜激波关系计算。图 16.34 中扭结 K 滞后于三波点 T 的水平距离 L_K 可计算为

$$\frac{L_K}{L} = \frac{\overline{KT}}{L}\cos\left(\omega_{ir} - \frac{\pi}{2}\right) = \frac{\overline{KT}}{L}\sin\omega_{ir} \tag{16.24}$$

最后从几何关系和(16.23)式可以推导出扭结 K 的轨迹角 χ_K 是

$$\chi_K = \arctan\left\{\frac{M_s a_0 \tan(\theta_w + \chi) + \overline{KT}\sin\omega_{ir}}{M_s a_0 - \overline{KT}\cos\omega_{ir}}\right\} \tag{16.25}$$

图 16.35(a),(b)分别显示了对于固定 θ_w 和 M_s 值的理论预测结果和实验结果的比较。图中"新"模型是指 Li-Ben Dor 模型,"旧"模型是指基于 Law-Glass 假设的模型。从图中可以看出,基于 Li-Ben Dor 模型的"新"模型预测的 K 点位置 L_K 和实验符合得很好,基于 Law-Glass 假设的"旧"模型预测非常糟糕。值得注意的是,新模型的预测表明,随 M_s 或 θ_w 减小到适当的 TMR→SMR 的过渡点时,$L_K \to 0$,而"旧"模型不能预测这个逻辑行为。例如,从图 16.35(b)中可以看出,对于 $M_s = 2.75$,"旧"模型预测的结果是常数 $L_K/L = 0.277$,当然与过渡点的距离无关。最后还应注意的是,对于 γ 具有其他值(如 1.14,1.29,1.33 和 1.67)的气体,所得到的结果与图 16.35(a)和(b)类似。

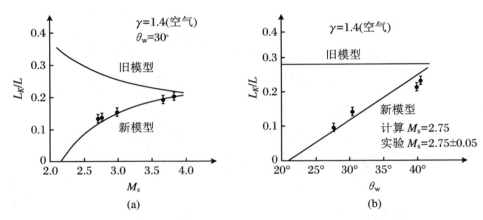

图 16.35   理论预测的 TMR 中 K 点位置与实验值比较

16.4.5   DMR 中第二个三波点 T' 的位置计算

当激波反射过程和气流偏折过程的相互作用强烈时,压缩波会聚形成激波,形成 DMR,在反射激波上形成第二个三波点 T'。根据 Li-Ben Dor 模型,K 点和 T' 点不是同一个点。确定第二个三波点 T' 精确位置的唯一途径是求解与 DMR 相关的整个流场,即数值求解完整的 Navier-Stokes 方程。幸运的是,通过使用一些简化假设,Li 和 Ben-Dor 成功地提出了两个简化的分析模型,得到了非常好的预测结果。

这两种模型产生于两种不同的双马赫反射波系结构,两种 DMR 波系的差别在于激波 r' 与主滑移线 s 相互作用的方式不同。它们是,情况 I,激波 r' 在滑移线 s 的某处终止,并且激波 r' 垂直于滑移线 s;情况 II,激波 r' 终止于滑移线 s 与楔表面的交点处,这种情况 r' 不必垂直于 s。这两种模型的波系图和对应的实验照片示于图 16.36 中。

1. 情况 I:激波 r' 垂直于滑移线 s

图 16.37 显示了情况 I 中感兴趣流场的放大图以及一些参数的定义。在随第二个三波点 T' 一起运动的坐标系中,应用三激波理论,我们可以写出下式(类似于(16.8)式和(16.9)式):

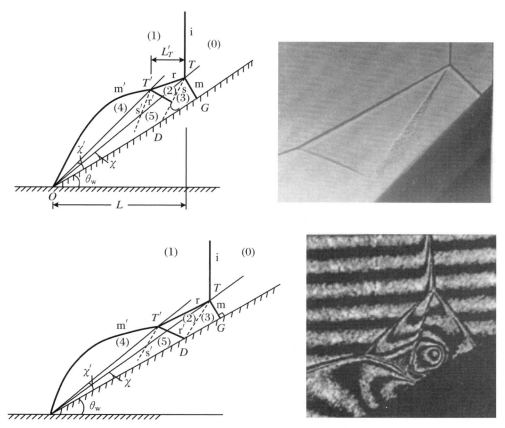

图 16.36　两种 DMR 模型及实验照片

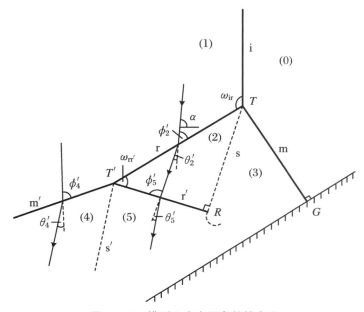

图 16.37　模型 I 中主要参数的定义

$$\theta'_j = \arctan\left[2\cot\varphi'_j \frac{(M'_k\sin\varphi'_j)^2 - 1}{M'^2_k(\gamma + \cos 2\varphi'_j) + 2}\right] \tag{16.26}$$

$$p_j = p_k \frac{2\gamma\ (M'_k\sin\varphi'_j)^2 - (\gamma - 1)}{\gamma + 1} \tag{16.27}$$

其中所有物理量的定义与(16.8)式和(16.9)式相同,上标 $'$ 意味着相对于第二个三波点 T' 的性质。对于激波 r,有 $j = 2, k = 1$;对于激波 m′,有 $j = 4, k = 1$;对于激波 r′,有 $j = 5, k = 2$。

滑移线 s′ 两侧的匹配条件是

$$p_4 = p_5 \tag{16.28}$$
$$\theta'_2 - \theta'_5 = \theta'_4$$

注意,运动学参数与坐标系有关,因而有上标 $'$,而热力学性质不依赖于坐标系,不必带上标 $'$。(16.26)式和(16.27)式中的 M'_1 可以由下式获得:

$$M'_1 = \left[(M^L_1)^2 + \left(\frac{V_{T'}}{a_1}\right)^2 - \frac{2M^L_1 V_{T'}\cos(\theta_w + \chi')}{a_1}\right]^{\frac{1}{2}} \tag{16.30}$$

$$V_{T'} = \frac{M_s a_0 - V^{T'}_T \sin\omega_{ir}}{\cos(\theta_w + \chi')} \tag{16.31}$$

$$V^{T'}_T = \frac{V_T\sin(\chi' - \chi)}{\sin(\varphi_2 + \chi' - \chi - \theta_1)} \tag{16.32}$$

$$V_T = \frac{M_s a_0}{\cos(\theta_w + \chi)} \tag{16.33}$$

在上面关系式中,V_T 和 $V_{T'}$ 分别是实验室坐标系中第一个三波点 T 和第二个三波点 T' 的速度,$V^{T'}_T$ 是 T 相对于 T' 的速度。其他参数,即 $\omega_{ir}, a_1, \chi, \varphi_2$ 和 θ_1,都可以通过解第一个三波点 T 周围的流场得到解决。此外,还可以写作

$$\alpha = \arctan\left[\frac{V_{T'}\sin(\theta_w + \chi')}{V_{T'}\cos(\theta_w + \chi') - M^L_1 a_1}\right] \tag{16.34}$$

其中如图 16.37 中所定义的,α 是在随 T' 运动的坐标系中,1 区气流与水平线的夹角。角 α 与入射角 φ'_2 的关系是

$$\varphi'_2 = \alpha - \left(\omega_{ir} - \frac{\pi}{2}\right) \tag{16.35}$$

此外还有

$$\omega_{rr'} = \frac{\pi}{2} - (\varphi_2 - \theta_2) \tag{16.36}$$

$$\varphi'_5 = \pi - (\omega_{rr'} + \varphi'_2 - \theta'_2) \tag{16.37}$$

$$M'_2 = \frac{\left\{1 + (\gamma - 1)(M'_1\sin^2\varphi'_2)^2 + \left[\left(\frac{\gamma + 1}{2}\right)^2 - \gamma\sin^2\varphi'_2\right](M'_1\sin^2\varphi'_2)^2\right\}^{\frac{1}{2}}}{\left[\gamma\ (M'_1\sin^2\varphi'_2)^2 - \frac{\gamma + 1}{2}\right]^{\frac{1}{2}}\left[\frac{\gamma + 1}{2}\ (M'_1\sin^2\varphi'_2)^2 + 1\right]^{\frac{1}{2}}}$$

$$\tag{16.38}$$

上述方程组由 16 个方程和 16 个未知数组成,即未知数有 φ_2',φ_4',φ_5',θ_2',θ_4',θ_5',p_4,p_5,M_1',M_2',$V_{T'}$,V_T,$V_T^{T'}$,α,$\omega_{\mathrm{rr'}}$ 和 χ',已知参数有 M_s,M_1^L,a_0,a_1,θ_w,χ,φ_2,θ_1,θ_2 和 ω_{ir}。它们是从第一个三波点 T 附近的流场的解得到的。

2. 情况Ⅱ:激波 r′与滑移线 s 在反射壁面相交

图 16.38 显示了情况Ⅱ中感兴趣流场的放大图以及一些参数的定义。从图中可以看出,第二反射激波 r′并没有使(5)区的流动平行于反射楔面。这是因为滑移线 s 和壁面边界层之间的相互作用导致产生了一个分离区。事实上,第二反射激波 r′从未到达过反射楔面。相反,它被推出分离区。因此,要求在靠近 D 点的地方,也就是滑移线 s 到达反射楔面的地方,紧跟着 r′后面的流动应该与反射楔形面平行的提法是错误的。但是,考虑到分离区尺寸相对于整个波型较小,可以近似认为第二反射激波 r′与滑移线 s 的交点位于反射楔面。基于这个假设,下面的关系是不言自明的:

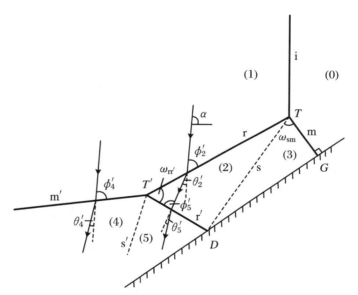

图 16.38　模型Ⅱ中主要参数的定义

$$\overline{DT} = \frac{\overline{GT}}{\cos \omega_{\mathrm{sm}}} \tag{16.39}$$

$$\omega_{\mathrm{sm}} = \varphi_3 - \theta_3 \tag{16.40}$$

$$\overline{GT} = V_T \Delta t \sin \chi \tag{16.41}$$

$$V_T^D = \frac{\overline{DT}}{\Delta t} \tag{16.42}$$

把(16.39)~(16.41)式带入(16.42)式得

$$V_T^D = \frac{V_T \sin \chi}{\cos (\varphi_3 - \theta_3)} \tag{16.43}$$

在上式中,V_T^D 是 T 点相对于 D 点的速度。对三角形 $TT'D$ 用正弦定理有

$$\frac{\overline{TT'}}{\sin\left(\omega_{\mathrm{rr'}} + \varphi_2 - \theta_2\right)} = \frac{\overline{DT}}{\sin\omega_{\mathrm{rr'}}} \tag{16.44}$$

$$\overline{TT'} = V_T^{T'}\Delta t \tag{16.45}$$

合并(17.44)式和(17.45)式有

$$\omega_{\mathrm{rr'}} = \arctan\left[\frac{V_T^D\sin\left(\varphi_2 - \theta_2\right)}{V_T^{T''} - V_T^D\cos\left(\varphi_2 - \theta_2\right)}\right] \tag{16.46}$$

(16.26)~(16.38) 式,不含(16.37)式,与 (16.43)式和(16.46)式一起组成 17 个方程和 17 未知数。17 个未知数是 φ_2',φ_4',φ_5',θ_2',θ_4',θ_5',p_4,p_5,M_1',M_2',$V_{T'}$,V_T,$V_T^{T'}$,α,$\omega_{\mathrm{rr'}}$,χ 和 V_T^D。注意,前 16 个未知数与情况 I 中的 16 个未知数相同。因此,情形 II 的控制方程原则上是可解的。

3. 情况 I 和情况 II 之间的转变准则

两种不同情况的 DMR 之间的转变准则可表示为

$$V_T^{T''}\cos\left(\varphi_2 - \theta_2\right) = V_T^D \tag{16.47}$$

因此它可以改写为

$$\frac{\sin\left(\chi' - \chi\right)}{\sin\left(\varphi_2 + \chi' - \chi - \theta_1\right)} = \frac{\sin\chi}{\cos\left(\varphi_3 - \theta_3\right)} \tag{16.48}$$

4. 两种模型的计算结果以及与实验结果的比较

利用上述两种模型可以计算出 DMR 的第二个三波点 T' 的位置。因为这两种模型与 TMR 中计算 K 点的模型不同,所以点 T' 的位置也不同于点 K 的位置。这与 Law-Glass 假设是不同的,在 Law-Glass 假设中,K 和 T' 被视为同一点,并计算它的位置也是使用同一个模型,该模型完全忽略了流动偏折过程。

图 16.39 所示为理论预测与实验结果的比较,图中实线是基于 Li-Ben Dor 模型("新"模型)预测的结果,虚线是基于 Law-Glass 假设("旧"模型)预测的结果,圆点是实验结果。图 16.39(a)表示 $\theta_{\mathrm{w}} = 30°$,$\theta_{\mathrm{w}} = 40°$ 和 $\gamma = 1.4$ 时,第二个三波点轨迹角 χ' 随入射激波马赫数 M_{s} 的变化规律,结果表明"新"模型明显优于"旧"模型。当 M_{s} 降低到 $M_{\mathrm{s}} = 6$ 以下时,"旧"模型的预测越来越差,而"新"模型的预测非常符合该范围内的实验结果。注意,在 $M_{\mathrm{s}} > 6$ 时,两种模型的预测彼此接近。

图 16.39(b)表示对于空气和 $M_{\mathrm{s}} = 3.7$ 时,第二个三波点位置 $L_{T'}$ 随反射楔角 θ_{w} 的变化规律,结果表明,基于 Law-Glass 假设的"旧"模型预测结果与反射楔角 θ_{w} 没有关系,完全与实验结果不同。而用 Li-Ben Dor 模型的预测结果非常好,它们很好地再现了 $L_{T'}$ 对反射楔角 θ_{w} 的依赖关系。随着 θ_{w} 增加 $L_{T'}$ 下降,朝向发生 DMR $\rightleftarrows$ RR 转变的值,完全和"旧"模型的结果不一致,"旧"模型预测结果 $L_{T'}$ 始终是一个定值。

图 16.39(c)表示对于氩气和 $\theta_{\mathrm{w}} = 50°$ 时,两个三波点轨迹夹角 $\chi' - \chi$ 随 M_{s} 的变化规律,结果表明,与实验结果比较,"新"模型的预测结果优于"旧"模型。而且,"旧"模型的预测出现了与实验结果不同的趋势,即随 M_{s} 减小,预测值增大。

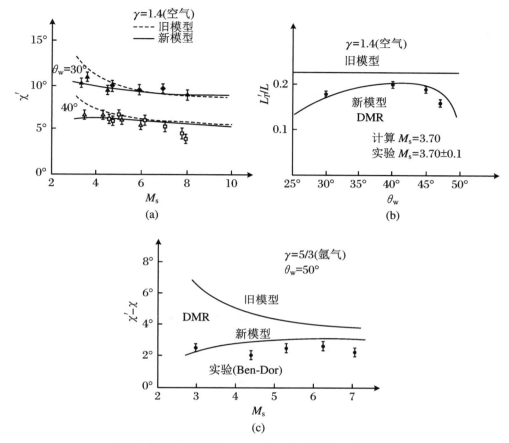

图 16.39　理论预测的 DMR 中 T' 点位置与实验值比较

16.4.6　SMR，TMR 和 DMR 间的转变边界

图 16.40 表示在准定常激波反射中马赫反射的演化树以及它们之间相互转变的准则。这里我们重复一下这些转变准则。SMR 和 PTMR/TMR/DMR 之间的转变条件是，相对于三波点 T，反射激波波后 2 区气流马赫数为 1：

$$M_2^T = 1 \tag{16.49}$$

SMR 结束后得到什么波系结构与入射激波诱导的 (1) 区气流马赫数 M_1^L 有关。如果实验室坐标系中 (1) 区气流是亚音速的，那么所产生的反射就是 PTMR，它的反射激波中没有曲率的反转。然而，如果这个流动是超音速的，那么所产生的波系结构就是 TMR 或 DMR。因此 PTMR 和 TMR/DMR 之间的转变准则为

$$M_1^L = 1 \tag{16.50}$$

确定 TMR 和 DMR 之间明显差别的条件是非常困难的。这是因为顾名思义 TMR 实际上是 DMR 的一个初级阶段。因此，这两种反射波系有共性，而且有时很难区分它们。一

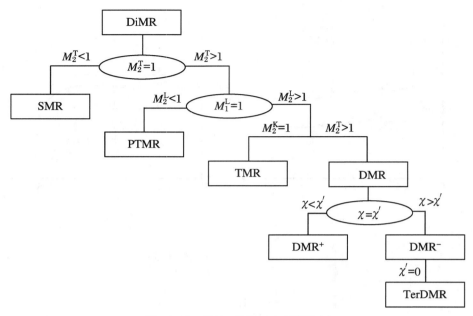

图 16.40　SMR,TMR,DMR 演化树

般来说,TMR 存在的条件是,相对于扭结 K,2 区气流速度为声速,即

$$M_2^K = 1 \tag{17.51}$$

类似地,可以写出 DMR 存在的条件是,相对于第二个三波点 T',2 区气流速度为超声速,即
$M_2^{T'} > 1$。因此,TMR 和 DMR 之间的转变准则是

$$M_2^{T'} = 1 \tag{16.52}$$

一旦 DMR 形成,根据三波点轨迹角 χ 和第二个三波点轨迹角 χ' 的大小,DMR 分为
DMR$^+$ 和 DMR$^-$。因此,DMR$^+$ 和 DMR$^-$ 之间的转变准则是

$$\chi = \chi' \tag{16.53}$$

最后,对于 DMR$^-$,当第二个三波点落到反射楔面时形成 TerDMR。因此形成 Ter-
DMR 的条件是

$$\chi' = 0 \tag{16.54}$$

基于气体动力学观点,类似于三波点完全落在楔面上的波系结构理论上是不可能的。

图 16.41 显示了空气介质中在 $(M_s - \theta_w)$ 平面上各种激波反射存在的区域及其转变边
界,其中 A 区域表示 SMR、B 区域表示 PTMR、C 区域表示 TMR 和 D 区域表示 DMR。注
意,根据 16.4.1 节中的介绍,在 TMR 区域(C 区域)内,到处都有 $M_2^K = 1$!

SMR(A 区域)与 PTMR(B 区域)及 TMR(C 区域)之间的转变边界由 $M_2^T = 1$ 给出。
TMR(C 区域)与 DMR(D 区域)之间的转变边界由 $M_2^{T'} = 1$ 给出。C 区和 D 区之间的转变
边界从 $M_2^{T'} = 1 + \varepsilon$ 开始计算,其中 $\varepsilon \to 0$。计算不从 $M_2^{T'} = 1$ 开始的原因是因为 $M_2^{T'} = 1$ 意
味着激波 r' 实际上不是激波。因此,为了保证 r' 仍然是激波,采用了 $M_2^{T'} = 1 + \varepsilon$ 条件。分开
TMR 和 DMR 之间转变边界的确切位置取决于选择的 ε 值。对于图 16.41 所示的边界线,
选择了 $\varepsilon = 0.01$。较大的 ε 值将使过渡线进一步偏向 DMR 域。

注意,因为 TMR 和 DMR 的存在意味着激波诱导的流动应该是超音速的,因此转变边界线 $M_2^T=1$ 和 $M_2^{T'}=1$ 终止于 $M_s=2.07$,这里对应 $M_1^t=1$。这里也就是 PTMR(B 区域)和 TMR(C 区域)的转变边界。

从图 16.41 可以看出,有 5 个 TMR 实验数据位于 DMR 区域中(圆圈标出的三角符号)。这可能是一种误导,因为在早期实验中只有当激波 r' 可见时才被定义为 DMR。结果,有些实验,扭结处曲率出现明显间断但激波 r' 不可见的结果都被定义为 TMR 了。然而,气体动力学观点表明,附加的激波和滑移线应该补充激波中的尖锐扭结。因此,所有具有尖锐扭结的波形都是 DMR,不管是否有可见的激波 r'。在 PTMR 域中也有一些 SMR(已标出的方形)。这并不奇怪,因为 SMR 和 PTMR 波系结构实际上是一样的,而且当时这些实验被分类时还不知道有 PTMR。

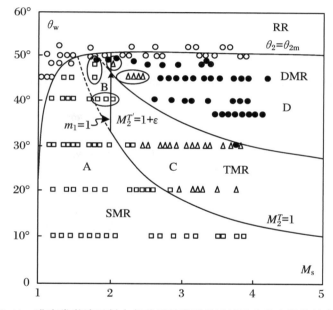

图 16.41　准定常激波反射中各种反射类型的区域及它们之间的转变边界

本 章 小 结

通过本章介绍的激波反射研究可以得出几点结论:

(1) 在做基础研究时选题是最重要的。首先我们需要知道所研究问题的历史过程,现在进展到什么程度。最重要的是其中的科学问题是什么,当然要回答这个问题不是很容易的。现在不少人在选题时往往是跟着别人走,高度不够,或者是做一些边边角角的小问题。要出一流的成果,必须能提出一流的问题。

（2）从激波反射研究我们可以看出理论分析、实验研究、数值计算三者是相辅相成、密不可分的。为了解决一个难题需要三者共同努力。往往是理论分析先提出问题，通过实验去论证，在实验做不到时，数值计算去补充。在激波反射研究中这样的例子很多，大家可以慢慢体会。现在大家在做研究中也要学会理论、实验、计算多条腿走路。

（3）在激波反射研究中我们看到国际合作的重要性。这样一个基础理论问题前后研究长达百年，每个时期国际上都有几个活跃的研究小组，这些研究组之间的交流是十分频繁的。我们要在基础研究上做出一流的工作，一定要随时掌握国际动态。最好的方法是积极参加国际会议，邀请国际著名学者来访讲学。

参 考 文 献

［1］ Ben-Dor G. Shock wave reflection phenomena［M］. 2nd. Berlin，Heidelberg：Springer-Verlag，2007.

［2］ Hornung H. Regular and Mach reflection of shock waves［J］. Ann. Rev. Fluid Mech.，1986，18：33-58.

［3］ Skews B W，Ashworth J T. The physical nature of weak shock wave reflection［J］. J. Fluid Mech.，2005，542：105-114.

［4］ Ben-Dor G. A state-of-the-knowledge review on pseudo-steady shock-wave reflections and their transition criteria［J］. Shock Waves，2006，15：277-294.

［5］ Li H，Ben-Dor G. Reconsideration of pseudo-steady shock wave reflections and the transition criteria between them［J］. Shock Waves，1995，5(1/2)：59-73.

第 17 章　肥皂膜水洞中细丝与流体相互作用

　　本章选择了我们课题组的一篇博士论文,该论文介绍了在肥皂膜水洞中开展的关于柔性细丝与流体相互作用的实验研究,本章的目的并不是希望读者了解多少研究的细节,而是从研究背景、选题过程、遇到的困难、论文的特色等方面向学生介绍在博士阶段应该如何学习和开展研究工作。

17.1　研　究　背　景

　　这项工作的出发点有两个,一是我们课题组当时正在参与由童秉纲院士和陆夕云院士牵头的生物飞行与游动机理研究的重点课题。该课题涵盖了多个学校和多个课题组,我们课题组侧重鱼类游动的实验研究。在研究过程中我们先后开展了活鱼运动观测、模型水洞实验和机器鱼研制等。但是在研究过程中也遇到了困难,如观察活鱼运动时难以控制,刚体模型实验与鱼类游动差别较大,机器鱼结构复杂等。苦于一直没有能找到一个好的简单柔性大变形物理模型和实验对象。

　　我们工作的另一个出发点来自 2000 年 *Nature* 上发表的一项研究。美国纽约大学的张骏教授等以流动肥皂膜中的柔性细丝为实验对象,研究了一个二维风中旗帜的摆动问题。在实验中观察到细丝的摆动幅度很大,呈现出明显的几何非线性特征,并且可以清晰地看到细丝留在肥皂膜中的尾迹及精细涡结构。实验还发现,肥皂膜中的柔性细丝在流场的作用下呈现两种状态:如果保持肥皂膜流速不变,当细丝较短时处于拉直静止状态;增加丝的长度,超过某临界值后,细丝进入周期摆动状态。反之,如果减少周期性摆动丝的长度,当达到上述临界值时丝仍然保持摆动状态,直达到更小的另一临界值时,丝才进入静止状态。也就是说,在过渡区间存在双稳态,即细丝可以处于拉直静止状态,也可以处于周期性摆动状态,具体状态取决于初始扰动。他们还发现,当把两根并列摆放的细丝靠近时,双丝之间的摆动会发生耦合,并且这种摆动耦合与双丝间距离密切相关,当距离较近时,双丝为同相摆动,而距离增加后会转换为反相摆动。这项研究工作给我们留下了深刻印象。

17.2 选　　题

　　这篇博士论文的选题实际上经历了一个很长的过程,并不是一开始就完全规划好了整个研究计划。在选择了一个有潜力课题之后,先开展探索研究,并在此之后不断深入挖掘,逐步完成选题。

　　在开始阶段仅仅感到在肥皂膜水洞中细丝摆动的实验很有趣,我们实验室完全有条件做,而且感觉到细丝摆动的双稳态以及两根并行细丝耦合振动现象是一个稳定性问题,我们可以在这个方向上探索一下。因此,第一步决定先在肥皂膜水洞中进行并行双丝的耦合实验,同时从理论上开始进行稳定性分析。幸运的是,很快在理论分析方面得到了突破,理论结果能够很好地解释并行双丝耦合的实验现象。实验和理论结果定性地一致,论文很快被JFM接受,坚定了沿这个方向做下去的决心。

　　接下来自然想到在肥皂膜水洞中进行两根串行排列细丝的耦合实验。这个实验的背景源于2003年Liao在 *Science* 上发表的一项研究,该研究发现活鱼会在卡门涡街中穿行,节省能量。我们是否能在肥皂膜中模拟这个现象呢?第二个实验的基本思路是用前面一根细丝形成卡门涡街,用后面的丝模拟鱼游。这个实验的难点在于如何让后面的细丝头部不是固定的,而是可以自由左右摆动,这样才能模拟鱼在涡街中穿行。克服了这个困难后,实验得出了满意的结果。这项研究的另一个亮点是如何从细丝的摆动规律中计算出了前后细丝的能量,从而解释后面细丝在卡门涡街中穿行的确可以获取能量。由于这个实验的新颖性,论文被PRL录用。

　　第三个实验是用圆柱代替细丝产生卡门涡街,更真实地模拟鱼在涡街中穿行的习性。这个实验的创新点是设法直接测出细丝在涡街中运动的力。由于这个力是微牛量级的,一般天平没法测量,我们试制了用光学方法测力的系统。在实验中发现了细丝在圆柱涡街中存在三种不同的运动模式,在其中一种运动模式下,细丝可以在涡街中维持自身的位置而不被水流冲走,换而言之,即使是无生命的细丝,在卡门涡街中也可以产生足以抵抗流动带来的阻力而维持自身位置。

　　这三个实验构成了这篇博士论文的主体。三个实验都在肥皂膜水洞中进行,互有联系,又各有特色,每个实验都有亮点。这是一篇优秀的博士论文,获得了全国百篇优秀博士论文提名奖、中科院优秀博士论文和安徽省优秀博士论文。

17.3　实验准备阶段

17.3.1　搭建竖直肥皂膜水洞

虽然早在 20 世纪 80 年度就有人用肥皂膜开展实验研究了,但是能够提供稳定可靠、均匀流动的肥皂膜实验装置直到 2003 年才趋于成熟。我们课题组最先关注肥皂膜水洞实验的是另一位硕士研究生,他搭建了一个可调倾角的竖直肥皂膜水洞,并尝试探索了被动波状摆动流动控制机理,为本章所要介绍的研究提供了极其重要的研究工具。

17.3.2　拍摄方法

在国内我们是率先开展肥皂膜实验研究的课题组,能参考的主要是公开报道的外文文献,其中涉及的一些材料在国内不易获得,一些测量方法文献中没有提到或者一笔带过,需要我们自行探索解决方案。这些过程不见于论文等报道,但同样是我们花费了精力去探索和尝试的地方,这里与读者分享,希望能对大家有所启发。

在实验准备阶段遇到的第一个困难是拍摄的照片不理想,这主要是经验不足。肥皂膜相当于一个镜面,无法准确对焦,在手动对焦的前提下难以确认肥皂膜的平面落在了焦面内。通过在肥皂膜位置摆放纱网,从拍照预览图像上查看是否出现云纹,从而确定对焦面在肥皂膜平面上,解决了这一问题,这是对莫尔条纹的一个运用。

接下来出现的问题是拍摄的照片亮度不够。出现这个现象的原因有两个,一个是拍摄角度不对,由于液面具有镜面特性,其表面光滑,没有漫反射。拍摄肥皂膜照片实际上是拍摄光线在肥皂膜两层气液界面上的反射光间的干涉。这就需要将相机朝向灯具在肥皂膜平面中镜像位置才能捕捉到足够的光线。为了拍摄到均匀亮度的干涉条纹,我们在灯具的前面放置了一张白纸。

另一个原因是光源问题。文献中西方国家普遍使用的是低压钠灯,这种光源具有单色性极好,发光效率极高的特点,非常适合在肥皂膜干涉实验中使用。但是当时没有好的跨境购物渠道,能够在中国市场上买到的是高压钠灯。相比于低压钠灯,高压钠灯谱线更为复杂,作为白光干涉光源,其能够工作的肥皂膜厚度要小于低压钠灯。高压钠灯作为金属气体放电灯,发光强度与电压相关联,在市电下会出现工频闪烁,也即灯光会忽明忽暗。虽然肉眼察觉不到,但所拍摄的照片,有三分之一存在严重的曝光不足问题。为了解决工频闪烁问题,我们将三盏高压钠灯接入三相四线电路的三相中,三盏灯交替明暗变化,在任意时刻至少有一盏是明亮的,虽然最终的照明亮度由于灯泡以及整流器之间的差异,依然存在轻微的明暗变化,但杜绝了一片黑的照片。

17.3.3 细丝材料

另一个需要解决的是细丝材料问题。文献中只是简略地介绍了如何使用细丝开展实验，但是使用何种细丝却没有细说。为此我们购买了不同的线进行尝试，出现诸如线太硬，线放入肥皂膜导致肥皂很容易破裂等问题。在尝试了不同材料、直径的丝线之后，我们找到了合适的细丝材料，用多股蚕丝纤维绕制的细线均匀一致，具有合适的弹性和亲水性。

17.3.4 流速测量

在实验中必须测量肥皂膜的流动速度。肥皂膜是一层极薄的液体薄膜，速度与流量相关，一个简单的方法是测量流量，再根据肥皂膜的宽度与厚度计算速度。但是肥皂膜的厚度并不是均匀的，从其干涉条纹看，中间薄两边厚，流量只能作为参考，而不能直接得到其厚度。在实验中我们尝试了两种方法来测量速度，都是通过记录肥皂膜中颗粒物的运动轨迹实现测量流速的。

第一种是单次曝光测速法。通过颗粒物衍射轨迹的定时长曝光，测量颗粒物长曝光下的轨迹长度除以曝光时间，就得到了流场的速度。在操作拍摄粒子迹线时，需要在光源与相机之间的光路上放置适当大小的遮光物，挡住由光源直接射向相机的光线，以避免过度曝光现象的出现。最终效果如图 17.1(a) 所示。在实际操作中，发现相机拍摄时快门和卷帘动作会带来轻微抖动而导致轨迹并不是一条直线，在结尾处略有弯曲和抖动。

第二种方法是从高速摄影记录下的干涉图像中找到由于颗粒物形成的瑕疵，通过多张照片定位置取样重构出类似狭缝扫描相机照片。测量颗粒物轨迹的斜率得到当地流场速度，这种方法的局限是非实时性，优点是测量到的是实验时的速度，见图 17.1(b)。

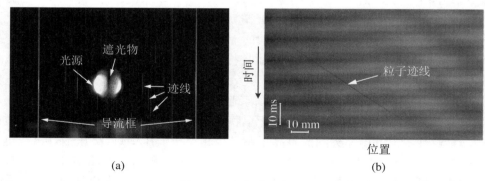

(a)   (b)

图 17.1　肥皂膜流速测量

17.4　并行排列的双丝耦合实验

17.4.1　物理模型

在开始进行并行排列的双丝摆动实验前,先进行稳定性分析。在理论分析前首先需要建立合理的物理模型。通过调研发现柔性旗子在流场中摆动是一个典型的流固耦合现象,一般将旗子简化为一端固定的悬臂梁,流体假设为不可压缩无黏流体。影响这个流固耦合现象的无量纲数有两个:无量纲质量 $S = m_L/\rho dL$ 和无量纲速度(或者称为无量纲刚度) $\hat{U}$ = $U\sqrt{\rho dL^3/B}$,其中 m_L 是梁的单位长度质量,d 是梁的厚度,L 是梁的长度,B 是梁的抗弯刚度,U 是来流速度,ρ 是流体密度。

调研还发现,当时用于研究旗子在流体中振动稳定性的物理模型有两个:一个是 2005 年 Shelley 等在 PRL 上提出的较简单模型,该模型把旗子看作是一个有限长、具有有限刚度的悬臂梁,梁在两侧无黏流体的作用下振动。支配方程是 Euler 梁的振动方程和无黏流 Laplace 方程,在线化小扰动假设下,通过标准的时间稳定性分析得到色散方程

$$(-S\omega^2 + \hat{U}^{-2}k^4)k - 2(\omega + k)^2 = 0 \tag{17.1}$$

该模型在 $(S\text{-}\hat{U})$ 平面内预测了梁的稳定边界,并和他们水洞中"重"旗帜实验结果一致。另一个模型是同年 Argentina 在 PNAS 上提出的,该模型比较复杂,考虑因素较多,包含了流动稳定性、附加质量、尾缘脱涡、有限长度和有限抗弯刚度等的影响,当然结果更理想一些。

我们研究的目的是要将单丝的稳定性分析推广到并行排列的双丝情况。考虑到 Shelley 模型的优点是简单,缺点是考虑的因素较少;而 Argentina 模型虽然考虑的因素较全面,但是操作较复杂,扩展到两根细丝的情况难度较大。最终我们选择了在 Shelley 模型基础上进行扩展。

我们建立的模型如图 17.2 所示。两根细丝的长度分别为 L_1 和 L_2,放置于 $y = h$ 和 $y = -h$ 处,两丝间距为 $2h$。假设两根细丝之间为无黏不可压流体,流体密度为 ρ,来流速度为 U_0。从 $x = 0$ 到 $x = L$ 的空间被两根细丝分成三个部分,其对应的流场速度记作 (u_1, v_1),(u_2, v_2) 和 (u_3, v_3),两根细丝的纵向位移分别记作 η_1 和 η_2。

17.4.2　稳定性分析

对图 17.2 所示的物理模型写出支配方程,并在小扰动假设下得出线化方程,进一步进行时间稳定性分析就获得 $\omega\text{-}k$ 色散方程。和单根细丝情况的差别是现在包括两个梁的振动方程和三个无黏流方程,边界条件也增加了。具体的推导过程读者可以参考文献[1],这里直接写出结果。

$$a_1\eta_{01} + a_2\eta_{02} = 0$$

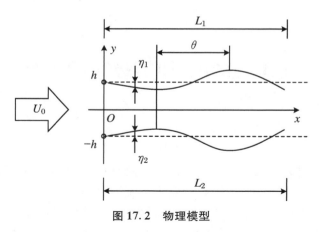

图 17.2　物理模型

$$a_2\eta_{01} + a_3\eta_{02} = 0$$

其中 $a_1 = -S_1\omega^2 + \hat{U}_1^{-2}k^4 - \dfrac{1+\coth(2kh)}{k}(\omega+k)^2$，$a_2 = \dfrac{\coth(2kh)}{k}(\omega+k)^2$，$a_3 =$

$-S_2\omega^2 + \hat{U}_2^{-2}k^4 - \dfrac{1+\coth(2kh)}{k}(\omega+k)^2$。(17.2)式有解的条件,即色散关系

$$\begin{vmatrix} a_1 & a_2 \\ a_2 & a_3 \end{vmatrix} = 0 \tag{17.2}$$

简而言之,上述理论预测了:

(1) 当两根细丝参数完全一样时,(17.2)式给出 $a_1^2 - a_2^2 = 0$,即 $\eta_{01} = \pm\,\eta_{02}$。这一结果表明,两根细丝摆动的振幅相等,相位差为 $0°$(同相)或 $180°$(反相)。这一结果与文献[2]的实验观察相一致,说明我们的模型和分析是正确的。

(2) 进一步分析发现,对于极限情况的两根相同的丝,当丝间距离很远时,$h\to\infty$,色散关系退化为(17.1)式,即细丝之间的相互作用解耦,和单根细丝单独摆动一样。当丝间距离很近时,$h\to0$,色散关系退化为类似(17.1)的形式,差别仅在于 S 和 $\hat{U}^2$ 是单根细丝时的两倍,即此时两细丝合为一根丝,其线密度和抗弯刚度是单丝时的两倍。

(3) 理论分析认为两根相同细丝存在四种耦合模式,分别为静止模式、同相摆动模式、反相摆动模式和不确定模式。上述的摆动模式不仅受无量纲参数 S 和 $\hat{U}^2$ 控制,也同时取决于 h/L。

(4) 当两根细丝长度不同时,存在类同相摆动和类反相摆动模式(位相差不是严格的 $0°$ 或 $180°$)。

17.4.3　实验过程结果

理论模型预测表明肥皂膜流速、细丝长度与细丝间距都是重要的参数,同时它们也是在实验中可以调节的参数。在实验中,我们尝试了 3 种不同的流速,结果具有相似性,均为长度较短的细丝不动,长度增加后发生摆动,双丝耦合时存在同向与反相摆动的耦合模式。为了化繁为简,我们选取了 1.7 m/s 流速,针对 6 种不同长度的细丝对,连续调节了它们之间的间距,开展实验测量。

图 17.3 显示了实验中拍摄的照片,肥皂膜的流速为 1.7 m/s。图 17.3(a)和(b)中细丝的长度为 37 mm,图 17.3(c)和(d)中细丝的长度为 15 mm。图 17.3(a)中两根细丝的间距为 2.0 mm,可以看到两根细丝做同相摆动。图 17.3(b)中两根细丝的间距增加到 16 mm,这时两根细丝的摆动为反相摆动,细丝脱落的尾迹呈对称结构。图 17.3(c)和(d)中两根细丝的间距分别为 2.1 mm 和 18 mm,在这种情况下,细丝间的摆动耦合方式均为反相摆动。可以看到对于比较长的细丝,当两根细丝间的距离较小时,两根细丝做同相摆动;当两根细丝的间距较大时,它们的摆动为反相。而当细丝长度较小时,即使细丝间的距离很近,两者依然是反相摆动关系。

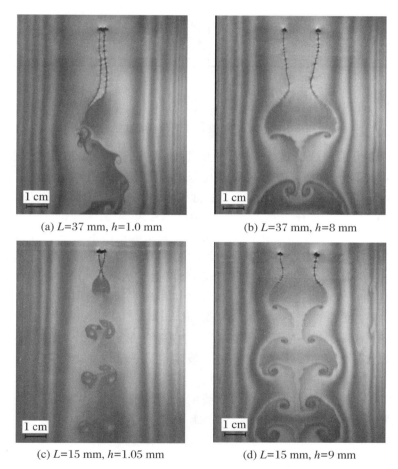

(a) L=37 mm, h=1.0 mm　　(b) L=37 mm, h=8 mm

(c) L=15 mm, h=1.05 mm　　(d) L=15 mm, h=9 mm

图 17.3　在肥皂膜中两根相同细丝耦合的实验照片

图 17.4 表示了有量纲的理论预测模式与实验测量结果比较。图 17.4(a)是理论预测结果,其中Ⅰ、Ⅱ、Ⅲ和Ⅳ分别表示静止、同相、反相和不确定摆动状态,黑色曲线为各状态的分界线,灰度等高线为该状态下的角频率,虚线标出的是在不同精度下Ⅳ区域的边界。图 17.4(b)是实验测量结果,其中圆点为静止状态,正三角为同相,倒三角为反相,菱形为过渡状态,即回滞区域,在这里细丝的摆动可能为同相,也可能为反相,具体状态依赖于初始条

件和扰动。比较理论预测和实验结果可以发现二者趋势是一致的,但差别还是较大的,这也显示了简化模型的局限性。

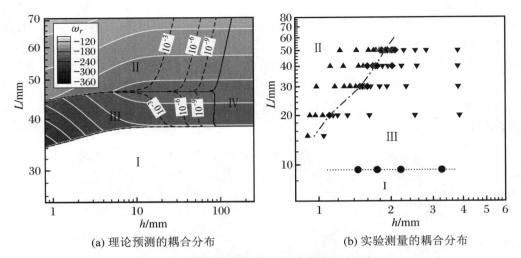

(a) 理论预测的耦合分布　　　　　　　　(b) 实验测量的耦合分布

图 17.4　两根相同细丝摆动耦合模式的分布

这是一项同时开展理论建模与实验测量的工作,但在最初投稿时,由于理论预测与实验结果差距较大,我们回避了二者之间的直接比较。但是审稿人还是建议我们将二者放在一起,因为只有这样才能将模型与实验真正结合起来,否则两者就是相对独立的两个内容。反观我们之所以没有将它们放在一起,是从负面角度思考出发,因为理论预测与实验测量在数值上存在较大差异,认为这样的差异是在否定模型的正确性。但是审稿人的意见让我们意识到了具体数值差异之上的东西,也就是理论模型预测的模态分布与实验测量在趋势上具有一致性。考虑到我们的模型预测的是双丝耦合摆动小扰动情况下的模态,而实验测量的则是双丝耦合摆动充分发展之后的结果,二者之间存在差异是合理的。在文章修改的过程中,我们还有了一个意外的发现,由于 MATLAB 与 MATHEMATICA 两个软件在计算精度上的差异,会导致耦合模态边界的变化,在允许误差存在的情况下,随着误差的增大,边界不断向左移动,也即图 17.4(a)中的虚线,这一发现也进一步说明理论与实验之间存在的差异可能是由于实验与理论的诸多差异引起的。

同时,审稿人对我们工作的评述也帮助我们从更基础和广泛的层面上去重新看待这项工作。有时候我们开展实验研究,由于我们是第一观察人,往往会不自觉地关注很细节的层面,而忽视了从更基础、宽泛和物理的角度去审视所开展的研究。作为一项有影响力的研究工作,它除了在实验条件限定的参数下获得结果,更需要总结与思考,从更宽泛的层面上去揭示自然现象,解决基础问题,对除了研究这一具体问题之外的小同行或者大同行也有启发性。

17.5　串行排列双丝耦合摆动实验

17.5.1　选题背景

在完成了并行排列双丝耦合的理论与实验工作后,结果受到肯定的同时,我们也在思考如何开展下一步工作。如果说两根细丝并行排列会发生耦合运动,那么把它们前后排列会发生什么?我们并没有从文献中找到现成的答案,也就是说当时这还是一个开放问题。与这个问题最相关的是 Weihs 1973 年关于鱼类群游的菱形布局(diamond formation)假说。同时,2003 年 Liao 等在 *Science* 发表的研究表明活鱼会在卡门涡街中穿行,弯曲摆动身体绕过涡列的涡核,节省能量。而这两个研究都与我们当时正在从事的生物飞行与游动的流体力学这样一个大背景相关,这就促使我们开始构想如何开展双丝串行布局下的实验。

17.5.2　实验设计

实验仍在流动的肥皂膜中进行,用两根串行排列的细丝来研究串行排列柔性体之间的相互作用。处在上游的细丝由于流动诱导而发生周期性摆动,在其尾迹中形成涡街结构。下游细丝则处在卡门涡街中,在卡门涡街周期性流动的作用下,细丝发生摆动,这一现象通常称为涡激振动(vortex induced vibration)。

与活鱼不同,细丝是不会主动控制身体向前游动的,为了让它待在流动的肥皂膜里,就需要固定它,而固定了细丝,也就限制了细丝的自由度。这是研究的一个难点,在这个问题上我们提出了一种新的悬挂细丝的方法,从而使得细丝可以在垂直流向的方向上左右移动。图 17.5 表示了传统的套管固定法(a)和新的蚕丝悬挂法(b)。

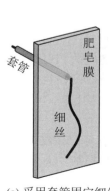
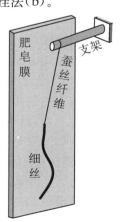

(a) 采用套管固定细丝　　　　(b) 采用蚕丝纤维将细丝与支架连接

图 17.5　两种细丝支撑方式

最终的实验装置如图 17.6 所示。在上游细丝 A 采用传统的套管固定法,头部固定不动,在流体作用下细丝摆动,在下游形成涡街。下游细丝 B 采用蚕丝悬挂法,头部在水平方向是自由的,可以在细丝 A 的尾迹中沿垂直于流向的方向左右运动,同时在流向方向上保持与细丝 A 的间距不变,以便于研究柔性细丝在涡街中的运动规律。同时两根细丝之间的距离可以通过机构调节控制。

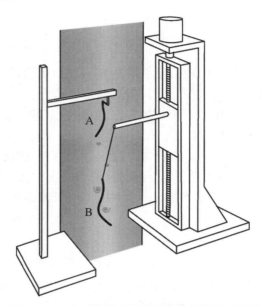

图 17.6　研究串行排列细丝相互作用的实验装置

17.5.3　实验过程和结果

这项实验我们并没有既有的理论或他人的研究做参考,实验参数的选取依赖于我们前一项工作中所积累的经验,最终我们选取了高、中、低三种流速(2.1 m/s、1.9 m/s 和 1.5 m/s)和两种细丝长度的组合(上游 A 丝长度 20 mm,下游 B 丝长度 20 mm 和 40 mm)来实验。

实验照片用高速摄影机拍摄,图 17.7(a)是从系列照片中摘取的一张。我们观察到,下游细丝在涡街中有着独特的运动方式。它在涡街中弯曲运动,但是细丝并不穿过涡街的旋涡中心,而是通过弯曲自身在涡核之间穿行。为了更清楚地描述这种运动,从高速摄影连续拍摄的一段实验录像中提取细丝的曲线和涡街中涡核与细丝的相对位置,固定涡核位置并保持细丝与涡列的相对位置不变,就可以得到如图 17.7(b)所示的细丝在涡街中穿行的曲线叠加图。图中从右往左为细丝随时间变化的曲线,可以看到细丝在涡街中弯曲穿行,细丝通过自身的弯曲摆动,绕过涡街中的涡核部分运动。

在这项实验中一时没有可用的理论用于分析,我们没有停留在仅拍摄几张照片阶段,而是想方设法从实验照片中获取更多的信息。基本的思路是把细丝看作一根不可拉伸的梁,从梁的振动方程可以计算出丝受到的力以及包含的能量。关键是如何从一系列高速摄影照片中获得细丝的运动方程。

图 17.7　串行排列细丝在肥皂膜中的流动结构及细丝在涡街中的运动方式

　　和前一项双丝并行布局实验相比，在处理这个实验时我们已经开发了更具针对性的数据处理软件。从高速摄影拍摄的细丝摆动图像中提取出细丝的形状信息，并通过控制点将这一形状描述记录下来。在获得细丝摆动信息后，进一步对其进行多项式拟合，获得随体坐标系下细丝运动的方程。再将运动数据代入柔性细丝的动能和势能的计算公式，就可以得到每条细丝一个周期内的能量。具体的细节这里就忽略不写了，读者可参阅文献[1]。

　　图 17.8 是细丝能量随时间的变化曲线。图中点线表示势能，虚线表示动能，实线表示总能量。左图是上游细丝，右图是下游细丝。上游细丝 A 的能量在一个摆动周期内存在两个能量积累阶段和两个能量释放阶段，细丝脱涡时刻在能量释放阶段的中间，图中用▽标出。下游细丝 B 的能量在一个周期内也有两个能量积累阶段和两个释放阶段。细丝动能要大于势能，细丝 B 的势能、动能和总能量均大于细丝 A。

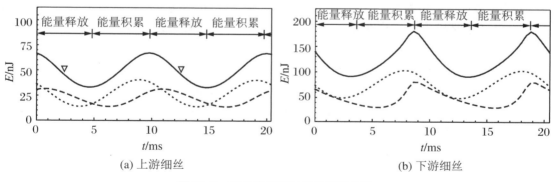

图 17.8　细丝能量随时间的变化曲线

　　图 17.9 是不同间距时细丝的周期平均能量及受力的最大值。图 17.9(a)中白色直方图表示丝的势能，黑色直方图表示丝的动能。最左方表示单独一根细丝的情况。从图中可以看出，在不同间距下上游细丝 A 的能量与单根细丝相差无几，而下游细丝 B 的能量则有很大增加，其中动能的增加尤为明显。也就是说，下游细丝在卡门涡街中运动时从涡街中吸取了能量，而下游细丝的存在对上游细丝影响不大。这个实验从一个侧面证明了鱼为什么喜爱在涡街中穿行。

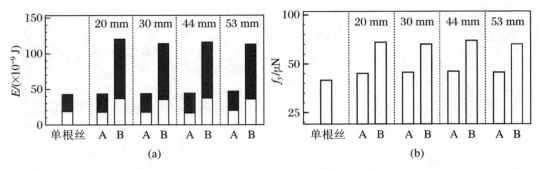

图 17.9　不同间距下细丝周期平均能量及受力的最大值

17.6　细丝在圆柱尾迹中的运动模式

17.6.1　背景

第三个实验是研究丝在圆柱尾迹中的运动模式,这是前两项研究的自然延伸。众所周知,自然界中旋涡无处不在。当流体流过钝体时,钝体的尾迹中就会形成周期性的涡街,与涡街对应的是周期性的压力变化。而处在钝体尾迹中的物体和钝体本身,都会受到周期性压力变化的作用而发生摆动。这种流动诱导的振动现象不仅给人们的生活带来不必要的麻烦,而且对各种工程结构(如大桥、高层建筑、海上平台等)带来危害。与此同时,人们也在不断探讨如何合理利用旋涡产生清洁能源。因此有必要开展柔性体在圆柱尾迹中运动的研究。

实验的目的有两个:一是研究细丝在涡街中可能的运动模式;二是弥补第二个实验的遗憾,直接测量细丝在尾迹中受到的力。要测量细丝在肥皂膜中受到的力,必须先完成两件准备工作:一是制作一个水平肥皂膜水洞,克服重力对阻力测量的影响;二是再研究一种测量微小力的方法。水平肥皂膜水洞的制作这里就不写了,下面侧重介绍是如何测力的。

17.6.2　测力方法

大家都知道肥皂膜吹弹可破,其能承受的力非常小,而其能提供的力也同样非常小,但具体到有多小,我们也不能确定。为此我们设计了一个简单的测量方法来初步测量确定细丝所受到的力的量级,再考虑如何开展更为精确的测量工作来测量细丝的受力。

这种简单测力方法如图 17.10 所示。细丝通过蚕丝纤维牵引连接在固定物上,在牵引蚕丝纤维上悬挂一重物,则蚕丝纤维和重物会形成图 17.10(a)所示的结构,其中重物悬挂点为 A,蚕丝纤维与细丝连接点为 B。受力分析如图 17.10(b)所示,简单计算可得

$$f_d = \frac{mg}{\cot\alpha - \tan\beta}$$

其中 mg 为重物受的重力,α 和 β 是图示的角度。图 17.10(c) 是实验拍摄的照片。通过对多组不同流速下的细丝摆动测量发现,处在肥皂膜中的细丝所受到的阻力在 10^{-5} N 量级。

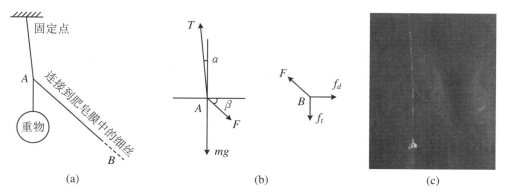

<table>
<tr><td>(a)</td><td>(b)</td><td>(c)</td></tr>
</table>

图 17.10 细丝受力的简单测量方法

但当细丝处于圆柱尾迹中时,细丝头部在垂直于流向方向会发生较大幅度的摆动。这一摆动通过蚕丝纤维传递到重物上,导致重物也发生摆动。由于重物是悬挂在蚕丝纤维上,整个系统的响应速度很低,这一方法就无法再有效地动态测量细丝在流场中所受到的阻力了。这时需要研究一种动态响应更快的测量方法。

新的方法采用了将微小位移进行放大的光学测量技术,测量光路如图 17.11 所示。肥皂膜中的细丝通过蚕丝纤维固定在一个很细的悬臂梁上,在悬臂梁的自由端粘一块微小的反光镜,使用激光器发射一束高亮度激光照射在反光镜上,反光镜将激光束反射投射到接收屏幕上。细丝在肥皂膜中受到的阻力沿蚕丝纤维传递到悬臂梁上,使得悬臂梁发生微小的位移。在悬臂梁发生位移时,其末端会转过一个微小的角度 $\Delta\theta$,从而导致反射激光光束转过 $2\Delta\theta$ 角,对应的激光束在接收屏幕上的光斑产生位移 Δd。计算或者标定后就可以通过

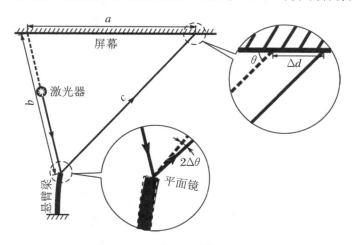

图 17.11 悬臂梁反射激光测力法

测量接收屏上光斑的位移得到细丝上受力的大小。

在实验中选用了直径为 100 μm 的光纤作为测力悬臂梁,在其头部粘一块微小的上表面镀银的平面反光镜。悬臂梁反射激光测力装置使用前进行了静态标定和动态标定。标定结果显示该系统的测力精度可以达到 0.1 μN,适用于测量 100 Hz 以下周期性变化的力。

17.6.3　实验结果

实验在水平肥皂膜水洞中进行,实验装置如图 17.12 所示。肥皂膜的流速范围在 0.9 m/s 到 2.1 m/s;圆柱直径从 4 mm 到 11 mm;细丝长度从 5 mm 到 30 mm。

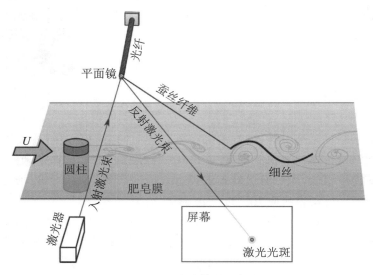

图 17.12　实验装置示意图

当细丝置于圆柱后方不同位置上时,存在三种不同的运动模式。当细丝位于圆柱下游不远处某适当位置时,牵引细丝的蚕丝纤维会呈现松弛状态,而细丝依然可以在尾迹中保持原位置摆动。也就是说细丝可以在尾迹中通过摆动获得足够的推力来克服肥皂膜作用在细丝上的阻力,细丝不需要蚕丝纤维的牵引就可以维持在肥皂膜中的某个位置而不被肥皂膜冲走。这里称其为 P 模式(propulsion mode),这一模式出现在细丝距圆柱仅几个圆柱直径时。当细丝与圆柱间距很大时,牵引细丝的蚕丝纤维会被拉直变紧,而细丝则在圆柱的尾迹中绕过涡街的涡核,做"之"字穿行,类似两根细丝串行排列时下游细丝的运动模式,这里称之为 S 模式(swing mode)。在 P 模式和 S 模式之间,存在一个过渡模式,这里称其为 R 模式(rock mode)。在这一模式中,细丝在流场中前后移动,牵引细丝的蚕丝纤维时松时紧。图 17.13 表示了这三种运动模式的照片,实验条件是肥皂膜的流速为 0.95 m/s,圆柱直径为 11 mm,细丝长度为 20 mm。

与此同时,我们用悬臂梁反射激光系统测量了各种模式下细丝受到流动肥皂膜作用的阻力,如图 17.14 所示。图 17.14(a)为细丝处于 P 模式下测得的阻力,由于牵引蚕丝处于松弛状态,阻力的测量值为 0。图 17.14(b)为细丝处于 S 模式时测量的得到的阻力曲线,这时所测得的阻力周期为细丝摆动周期的两倍,大小为(12.3±1.5) μN。图 17.14(c)为细丝处

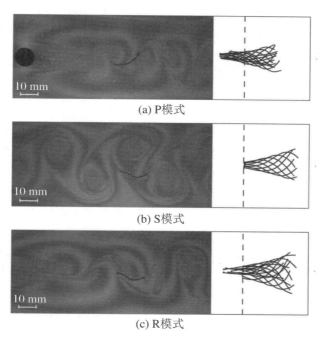

(a) P模式

(b) S模式

(c) R模式

图 17.13　三种运动模式

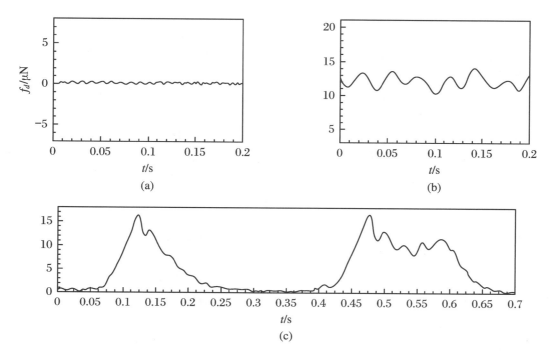

图 17.14　三种模式下的细丝所受阻力随时间的变化曲线

于 R 模式时测得到的阻力曲线，可以看到所测得的力呈间歇性变化。在一段时间力为 0 之后，细丝所受到的阻力突然增大到 15 μN，在维持数个周期后，细丝上的阻力又逐渐减小到 0，如此反复。

本 章 小 结

本章从论文选题、研究方法、论文构成、研究结果几个方面介绍了怎样撰写一篇博士论文。虽然这是一篇以实验为主的论文，但是主要观点也适用于其他类型的研究。

（1）先说一下博士论文应该达到的标准。作为一篇合格的博士论文应该保证所研究问题的新颖性，同时通过研究获得若干创新点。一篇博士论文千万不能写成一篇实验报告，仅仅是数据的堆积和整理。不管是做实验还是做数值计算，都是为了说明一个道理，得出一个规律或者发现一个新现象。

（2）我们用第 13 章中所提出的观点来回顾一下这篇论文的研究方法，总结以下几点：对于第一个并行细丝耦合实验，这项工作从 2005 年开始，2006 年完成并投稿。理论部分是对 2005 年新提出的理论进行扩展，属于新技术。同时肥皂膜用于柔性结构大变形的研究在当时也是新颖的技术。研究的对象（双丝耦合现象）是 Zhang 于 2000 年首先报道的，同时 Zhu，Peskin 和 Farnell 与 2003 年和 2004 年对这一现象开展了数值模拟，这些工作的侧重点各有不同，但还没有成为老问题。所以第一项工作可以算是新技术（半）新问题类别的研究。再看研究结果，提出了新的理论用来分析和解释所观察到的现象，从这一点来说，这项工作达到了第三个层次，对所研究的问题提出了理论。

对于第二个串行细丝耦合实验，从研究方法来说，这是一项纯实验研究，采用了肥皂膜这种研究工具，具有方法上的新颖性，这也是当时 PRL 的编辑曾经提到过会将论文送外审的原因之一。从研究的问题来说，属于当时的热点问题，柔性体与涡的耦合，同时是首次对双丝串行开展的研究，是一个新问题。结合这两点，这项工作应该能够算上新技术新问题类别的研究。再看研究结果，发现了新现象，并且基于实验测量数据更进一步分析了其中能量的变化规律，进入了第二个层次，很遗憾由于问题的新颖性和复杂性，没有能够达到第三个层次，但从理论上对现象给出了解释。

第三个圆柱后柔性细丝与卡门涡街的耦合实验，也同样是柔性体与涡的耦合研究，可以看作（半）新技术（半）新问题的研究，而这项研究的结果，发现了三种基本的耦合模态，并通过波动板理论给出了一个定性的解释，属于触碰到第三个层次边缘。

（3）从整篇论文构成来说，三个实验互有联系，又各有特色，结构完整，结论明确，可以说是一篇合格的博士论文。

虽然研究工作完成已经十多年了，今天再回顾这项研究，它们的出发点都是当时的新发现和新成果。正如论语中所说"取乎其上，得乎其中；取乎其中，得乎其下。"我们在治学中，还是应该志存高远，并为之努力，才有可能达到新的高峰。

参 考 文 献

［1］　贾来兵. 二维流场中板状柔性体与流体相互作用的研究［D］. 合肥：中国科学技术大学，2009.

［2］　Zhang J，Childress S，Libchaber A，et al. Flexible filaments in a flowing soap film as a model for one-dimensional flags in a two-dimensional wind［J］. Nature，2000，408(6814)：835-838.

［3］　Jia L B，Li F，Yin X Z，et al. Coupling modes between two flapping filaments ‖ ［J］. Journal of Fluid Mechanics，2007，581：199-220.

［4］　Liao J C，Beal D N，Lauder G V，et al. Fish exploiting vortices decrease muscle activity［J］. Science，2003，302(5650)：1566-1569.

［5］　Jia L B，Yin X Z. Passive oscillations of two tandem flexible filaments in a flowing soap film［J］. Physical Review Letters，2008，100：228104.

［6］　杨义红. 波状摆动若干非定常流动控制机理的实验研究［D］. 合肥：中国科学技术大学，2005.

［7］　Weihs D. Hydromechanics of fish schooling［J］. Nature，1973，241(5387)：290-291.

第 18 章　振动调制黏附强度实验

本章介绍的是西北工业大学一位硕士研究生的论文,严格来说这项研究不属于流体力学实验,它是一个固体力学问题,在流体力学为研究方向的实验室里完成的。论文研究了利用机械振动调制黏附强度的方法。该论文有实验,有理论,是一项跨学科的合作研究工作。

18.1　选　题　背　景

这项工作最初的科学假说来自武汉大学税郎泉博士的一个长期思考。当他在西工大攻读博士学位和博士后工作期间,从事的是固体力学的裂纹发生、扩展与生长研究。在研究过程中他不断积累了对裂纹扩展的认知,在他的脑海里逐步产生了这样一个想法:平时我们都有用透明胶带的经验,如果将一段胶带靠近固体表面,是不需要消耗多少能量的。但是一旦胶带粘在了固体表面上,再想把它撕下来就需要费一番力气。而且如果撕快了,胶带上的胶还会从其塑料基底上脱落,黏附在固体表面上。那么在这样一个过程中到底发生了什么?胶带贴在固体表面上,黏胶与固体表面构建紧密连接,在分子尺度上形成相互作用。而撕胶带的时候,在黏胶与固体表面间形成一个裂纹,而要让这个裂纹扩展,就需要输入能量。同时裂纹生长的过程中伴随应力波的传播,存在一个应力波传播速度极限。当我们慢慢撕胶带的时候,裂纹扩展速度低于应力波传播速度,整个过程平和发生;而当我们快速撕拉胶带时,整个裂纹形成的速度超过了应力波的传播速度,这时会发生强烈的断裂,局部应力陡增,黏胶就可能会从基底上被撕下来。撕胶带的过程伴随巨大的能量变化,以至于这一过程甚至还伴随 X 光发射等现象。税郎泉博士提出一个设想,如果我们把胶带固定到一个物体上,让它快速接触另一个固体表面,然后脱离,快速不断重复黏胶带和撕胶带这样一个过程,是否可以改变两个固体间的黏附力,如果两物体脱离速度足够快,能否大幅度提高胶带的黏附效果。

一个偶然的机会,税博士和我们交换这样一个构想。这时学术交流上的互补性特点就体现出来了,他从事的是理论研究,但这样一个构想仅仅有理论支持是不够的,而我们实验室在长期实验研究中,正好有可以尝试这一想法的基本设备。于是我们决定做一个初步实验,验证一下这个猜想是否成立。

在简单订购了一片车用防滑胶垫后，我们就开始做了一个最简单的实验。在一个喇叭的纸盆上粘接一个 3D 打印的平台，在平台上粘上防滑垫，在功放和波形发生器的共同驱动下，我们可以实现一个带有黏性的平台快速的往复运动。将喇叭倒置，黏性平面向下。我们尝试在上面粘一个长尾票夹，由于防滑垫的黏性很小，长尾票夹无法被粘在上面。但是当我们把功放打开，喇叭振动起来后，神奇的一幕发生了，长尾票夹牢牢地吸附在了黏性平台上。为了测试效果，我们又往上挂了两个长尾

图 18.1　黏附增强初步实验

票夹，依然没有掉下来，可以说振动对黏附的增强效果非常显著。图 18.1 所示的就是当时拍摄的录像中的一帧。

初步实验的效果非常让人鼓舞，这也让我们有了将这项工作开展下去的决心。

18.2　文　献　调　研

文献调研发现，在自然界的长期进化中许多生物表现出优良的表面黏附控制能力。如壁虎可以在竖直墙壁上攀爬；荷叶的超疏水性具有表面自清洁功能；海中的藤壶可以牢牢黏附于船体表面或海龟的龟壳上；蜜蜂、苍蝇、蚊子等昆虫可以自由地在各种表面着陆，而不会坠落。在生产生活中黏附现象也有着广泛应用，为我们的生活有时带来极大便利，有时又带来不利的影响，甚至危害我们的生命安全。

增强或减弱界面黏附强度是如今的热点研究问题之一，直接影响到它的应用。目前已经有一些研究通过机械触发、电磁触发、光触发、液体触发、热触发等方式实现黏附强度的调节。这些调节黏附强度的方法大多数只能识别"强""弱"两个黏附状态，无法对黏附强度进行可靠连续调节，而且黏胶需要采用特殊的制作方式。

目前仍缺少一种简单有效、能连续调节黏附力强度的方法。本书提出的研究课题，利用机械微振动调节黏附强度就可以做到这一点，不仅不需复杂易损坏的表面微观结构，而且能连续调节黏附力强度。因此，这是一个值得深入进行的研究项目。

18.3　确定实验方案

18.3.1　初步方案

仅有一个长尾票夹的初步实验结果是不够的,这只是定性地证明了科学假说的成立,还需要从定量的角度去探索黏附增强的控制参数与机制。因此,我们开始设计实验方案,来实现对现象的定量测量。

首先需要设计一个开展实验研究的装置。如图 18.2 所示,按照假说所提到的,我们需要一个平台 1,一根固体圆柱触头 2,在触头上固定一片黏胶 3,一个测力天平 4 测量触头上接触力的变化,还有一个平移台 5 控制触头与平台的距离。用初步设计的装置,实验开始时触头接触到平台,然后触头开始振动,边振动边远离平台,天平测量触头上的受力变化。但是按照这样布局设计的实验装置,天平 4 就需要在触头 2 振动的情况下测量上面的力的变化,触头的振动会对测力带来很大的干扰。同时振动发生装置也很难嵌入可移动的触头 2上,这就需要我们把测力与振动分开。

为此我们把装置改成了测力与振动分离的布局,将平台 1 置于振动装置上,如图 18.2(a)所示,装置分为两个部分,灰色的部分 1 为振动平台,白色的部分不振动,做到测力与振动隔离,提高测量精度。但是初步的实验结果还是让人失望,测力结果并没有显示出黏附力的增加,我们甚至开始怀疑为什么最初实验时长尾票夹会黏附得那么好。但是当我们重新找回喇叭和长尾票夹,再试一次,依然效果显著。对比长尾票夹和喇叭的结构与新搭建的实验装置,逐条剖析其中的差异,最后在固体圆柱触头上找到了突破口。

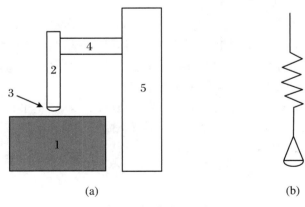

图 18.2　实验装置示意图

在新设计的装置上,当平台 1 与黏胶 3 接触并开始振动后,触头 2 也被加速到振动状态。触头 2 是一根大质量金属杆,在其整体振动的情况下,黏附力的变化变得不显著。在找到差异后,我们对触头 2 的结构做了调整,变成一个微型触头加弹性橡皮筋连接,避免了大质量块与物体的硬连接,如图 18.2(b) 所示。

18.3.2　实验装置

最后的实验装置如图 18.3 所示,整体装置固定在精密光学隔振实验平台上,减小实验中振动对整体实验的影响。两个扬声器用做激振器,它们通过底部的磁铁吸附于隔振平台上。用超声振子胶水在两个扬声器振膜上粘连一个 3D 打印的平台,粘连时确保平台保持水平。另一个 PDMS 材料制成的平台水平镶嵌进 3D 打印平台中。平凸透镜和一个 3D 打印的硬连接件用黏胶固定,并与一根直径 0.8 mm 的刚性连杆连接,组成刚性接触器。刚性接触器与橡胶条缓冲器和力传感器串联,力传感器固定于垂直平移台的滑块上。垂直平移台固定于光学隔振平台,并于顶部安装一台步进电机,带动垂直平移台滑块移动。在 3D 打印平台侧方将一个横向位移约束装置固定在光学平台上,约束刚性接触器与 PDMS 表面的接触始终在法向方向上。

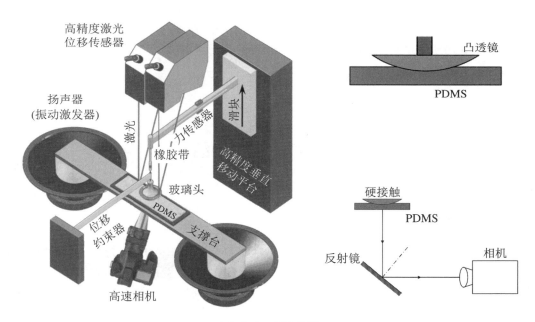

图 18.3　实验装置

18.3.2　测量系统

平台上方竖直固定多台高精度激光位移传感器,利用激光反射原理测量振动平台的振动参数。在 PDMS 平台下方利用高速摄像机拍摄振动时黏附界面的变化,最高可以实现 225000 fps 的拍摄速率,实验中拍摄时采用的是 3500 fps。扬声器通过功率放大器与信号发生器连接,激光位移传感器与传感器数据采集仪相连,将采集的数据导入至 NI USB-6212 数据采集卡中,并上传至计算机保存。

黏附力测量装置由一个悬臂梁传感器和一块高精度应变片放大板(增益放大倍数为 470 倍)组成,测量范围为 2 N,分辨率为 30 μN,工作频率小于 2 kHz。悬臂梁力传感器表面贴附 4 个应变片组成全桥放大电路。并且在实验前对力测量装置进行了静态校准。

18.3.3　实验材料

虽然车用防滑垫可以表现出黏附力的变化,但是它的结构与成分我们都控制不了,而且考虑到可重复性问题,需要找一种可以广泛获取的材料。这时我们实验室长期积累的经验发挥了作用,PDMS 是在微流体中广泛使用的一种材料,它具有一定的黏性,道康宁 184 是一种可以广泛获取的 PDMS 材料,可以随意浇筑定性。初步尝试发现它也同样在振动下表现出黏附力的变化。

PDMS 的黏附性能(w_0,v_0 和 v_c)可以通过表面脱离实验测得。将 PDMS 窄胶带贴在清洁的光滑玻璃板上,施加轻微压力,以确保 PDMS 窄胶带与玻璃板之间黏合良好。竖直放置玻璃板,稍微剥离 PDMS 胶带上端,并用一根绳子将 PDMS 胶带的上端连接到一个自由砝码上。一旦释放砝码,砝码在重力作用下竖直下落,PDMS 胶带以 180° 的剥离角从玻璃表面脱落。通过高速摄影以 1000 fps 记录砝码下落的轨迹,确定砝码下落的加速度。通过公式计算得到 PDMS 的静态黏附功 $w_0 = 40 \ \text{mJ/m}^2$,裂纹扩展速度 $v_0 = 0.6 \ \mu\text{m/s}$,常数因子 $\alpha = 0.46$,$v_c = 0.16 \ \text{m/s}$。

18.4　实验过程和结果

18.4.1　实验过程

实验装置和测量系统搭建完成后就可以正式实验了。首先将平凸透镜的凸面缓慢下降与 PDMS 表面接触,该接触的表面压力为重力,平凸透镜的位置由位移约束机制限制,使其平面平行于 PDMS 平面。然后信号发生器与功率放大器共同激励扬声器振动,功率放大器放大倍数固定,通过控制输入信号的电压和频率分别调节扬声器振幅和频率。持续稳定振动 1.5 s 后,启动步进电机,使得垂直平移台上升,通过位移约束装置精确控制刚性接触装置沿 PDMS 平台的正上方向移动,加载速率控制为 3 μm/s。垂直平移台持续运行过程中,扬声器保持振动状态不变,直到刚性接触器与 PDMS 平台分离。分离时黏附力即为该状态下的脱附力。实验全程使用三个激光位移传感器测量 PDMS 平台、刚性接触器以及橡胶条缓冲器上侧的位移,采样频率为 100 kHz,使用力测量平台测量黏附力的大小,并由数据采集卡记录。

这个实验使用的振动频率覆盖了 50~800 Hz,其中部分是人耳敏感区域,即使在有隔噪耳塞的情况下也让人很不舒服。为了避免平移台运动过快带来额外的误差,平台运动速度控制在 3 μm/s,这使得单次加载的时间往往在十几分钟到一个小时左右,随着黏附力的增强,触头 2 与 PDMS 平台 1 的脱离时间越来越长,在高噪音的环境中等待 1 与 2 脱离瞬间,这对人的耐心是一种考验。为此,我们通过 MATLAB 程序结合 labview 驱动和 arduino 模块,实现了实验过程的自动化,自动复位,自动加载,同步数据记录等。仅在黏附力极大时脱附导致触头 2 飞出后才需要手工复位。实验过程的自动化程序不仅减轻了实验者的工作量,而且大大减小人为操作造成的实验误差,这也是本项实验的亮点之一。

18.4.2　实验结果

图 18.4(a)是触头和平台脱附时测力计测得的典型载荷曲线。随着位移平台滑块上升,PDMS 平板与刚性接触器之间黏附载荷逐渐增大,直至达到最大黏附载荷后,两者脱离黏附状态。由于悬臂梁脱附前处于负载状态,脱附后负载消失,产生振荡,震荡持续约 1 s 时间。因此在测量脱附力时,记录脱附前 1 s 的数据,以及脱附后 1 s 的数据,将两者的平均值做差,得到实际脱附力。

图 18.4(b)是测量得到的脱附力与振幅和频率的关系。其中横轴是频率,纵轴是振幅,云图颜色表示归一化的脱附力 $F_{off}/F_{off,0}$,F_{off} 是最大脱附力,$F_{off,0}$ 是准静态下的最大脱附力(即垂直平移台的加载速率在 3 μm/s 和 0 μm/s 之间变化,保持时间分别为 1 s 和 10 s,也就是移动 1 s,暂停 10 s),实验数据点用 + 号标记。

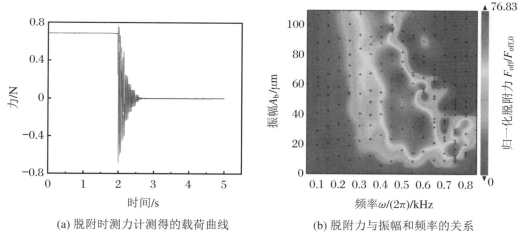

(a) 脱附时测力计测得的载荷曲线　　　(b) 脱附力与振幅和频率的关系

图 18.4　脱附力测量结果

实验数据显示黏附力的大小呈现区块化分布,在 300～600 Hz 之间黏附力基本为增强状态,并且最大黏附力出现在 450 Hz 振动频率下。黏附力的变化范围为固有黏附力的 0～76.83 倍,黏附力既可以增强也可以减弱,且能连续调节。

实验结果显示,在 100～350 Hz 的频率下,黏附力增强倍数随着振幅的增加而不断增加;在 400～600 Hz 的频率下,黏附力增强倍数随着振幅的增大呈现出先增大后减小的趋势;在 600 Hz 以上的频率下,在 50 μm 以下的振幅中黏附力还呈现出增大的趋势,但是随着振幅的增大,黏附力反而减小,甚至完全无法黏附。同时,在同一振动频率下即使微小的振幅变化,也会引起巨大的脱附力变化。这些结论对实际应用是十分重要的。

图 18.5 是用高速摄影机拍摄的一个周期中接触半径的变化情况(光路如图 18.3 所示)。图中实验条件是振动频率 450 Hz,拉力载荷 $F=0.6$ N,发现接触半径在一个周期内的变化小于 2%。结果表明,机械微振动对界面黏附强度的调节源自于系统的动态响应,而不是有效接触面积的变化。

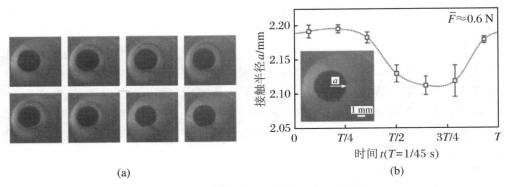

(a)   (b)

图 18.5　接触半径在一个周期内的变化情况

18.5　其 他 工 作

论文除了实验研究外,还包括理论建模和应用型实验。理论建模是基于税郎泉博士所进行的理论工作,建模得到了动态黏附系统基于黏附功的裂纹扩展速度本构关系,并且通过理论很好地解释了实验中观察到的现象。应用型实验包括对影响应用的三个参数(黏附状态切换时间、黏附耐久型和输入功率)进行了测量以及制作了一个黏附足原型进行爬墙黏附实验。

本 章 小 结

(1) 分析整个研究工作,虽然主要思想是导师提出的,但是从文献调研,装置研制,系统调试到结果分析,同学得到了全面训练,成果是十分理想的。因此,我们认为这是一篇优秀的硕士论文。

(2) 这项研究工作是不同学科交流合作的结果。原始想法来自固体力学搞理论的学者,当和流体力学搞实验的学者交流以后,就使得原始思想得以实现。实际上良性的学术交流也是创新想法的重要来源,他山之石可以攻玉,其他领域的研究人员的想法往往也能够起到启发作用,同时借助于开展合作,可以更快更好地在新的领域开展前沿研究工作。

(3)从研究方法上看,这项研究虽然自行搭建了实验测量装置,并在其中做出了很多微创新,但是整体实验方法并没有特别新颖的地方。从研究问题看,这是一次绝对全新的尝试,将振动引入到接触黏附的控制上,属于原始创新研究。综合而言,这是一个介于 B + 到 A - 的选题。再从研究结果上看,有数据,有理论模型解释实验观察,达到了第三个层次。

参 考 文 献

[1] 李杭波. 机械振动控制的黏附强度研究[D]. 西安:西北工业大学,2021.

[2] Camara C G, Escobar J V, Hird J R, et al. Correlation between nanosecond X-ray flashes and stick-slip friction in peeling tape[J]. Nature,2008,455:1089-1092.

[3] Shui L, Jia L, Li H, et al. Rapid and continuous regulating adhesion strength by mechanical micro-vibration[J]. Nature Communications,11:1583,2020.